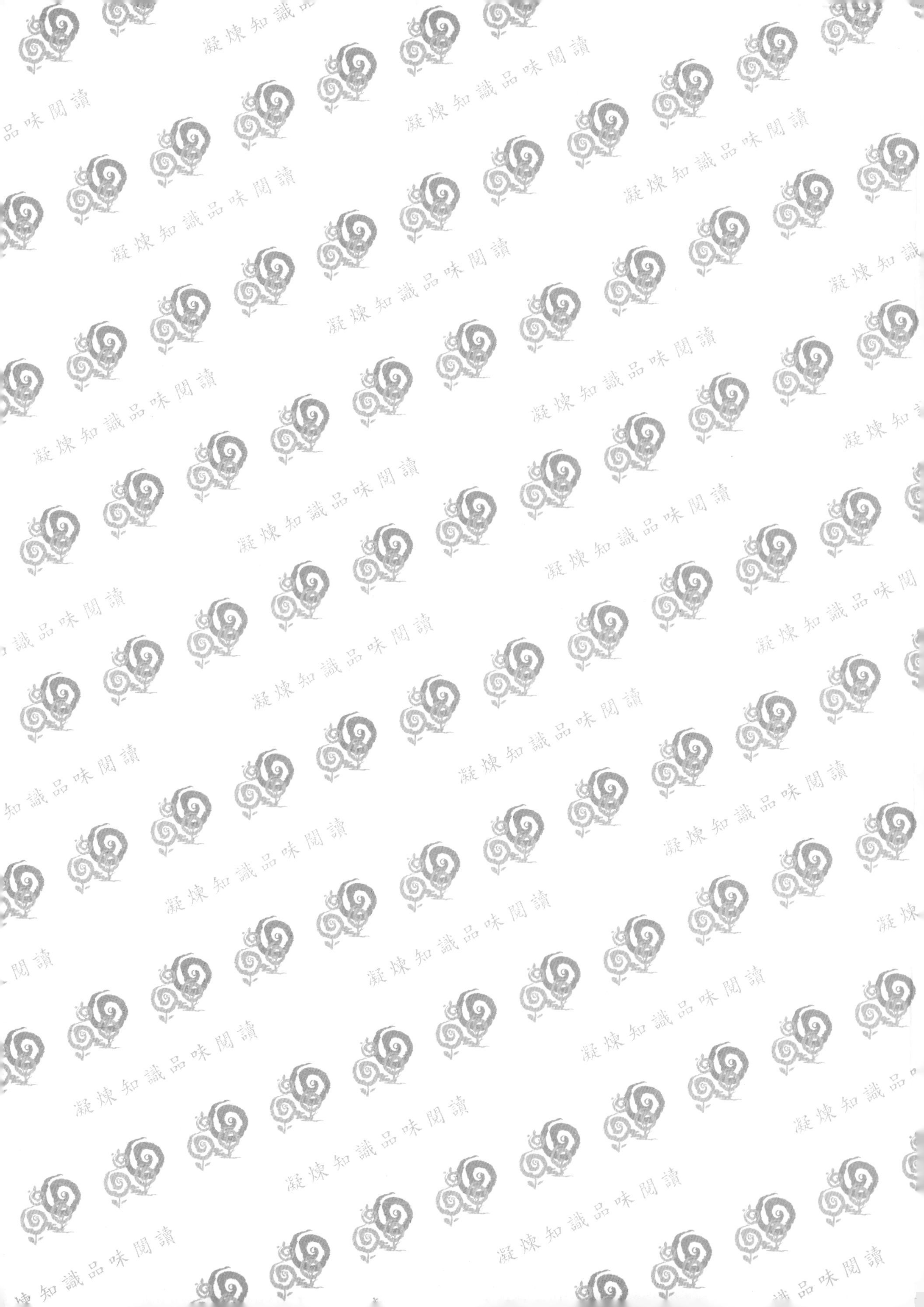

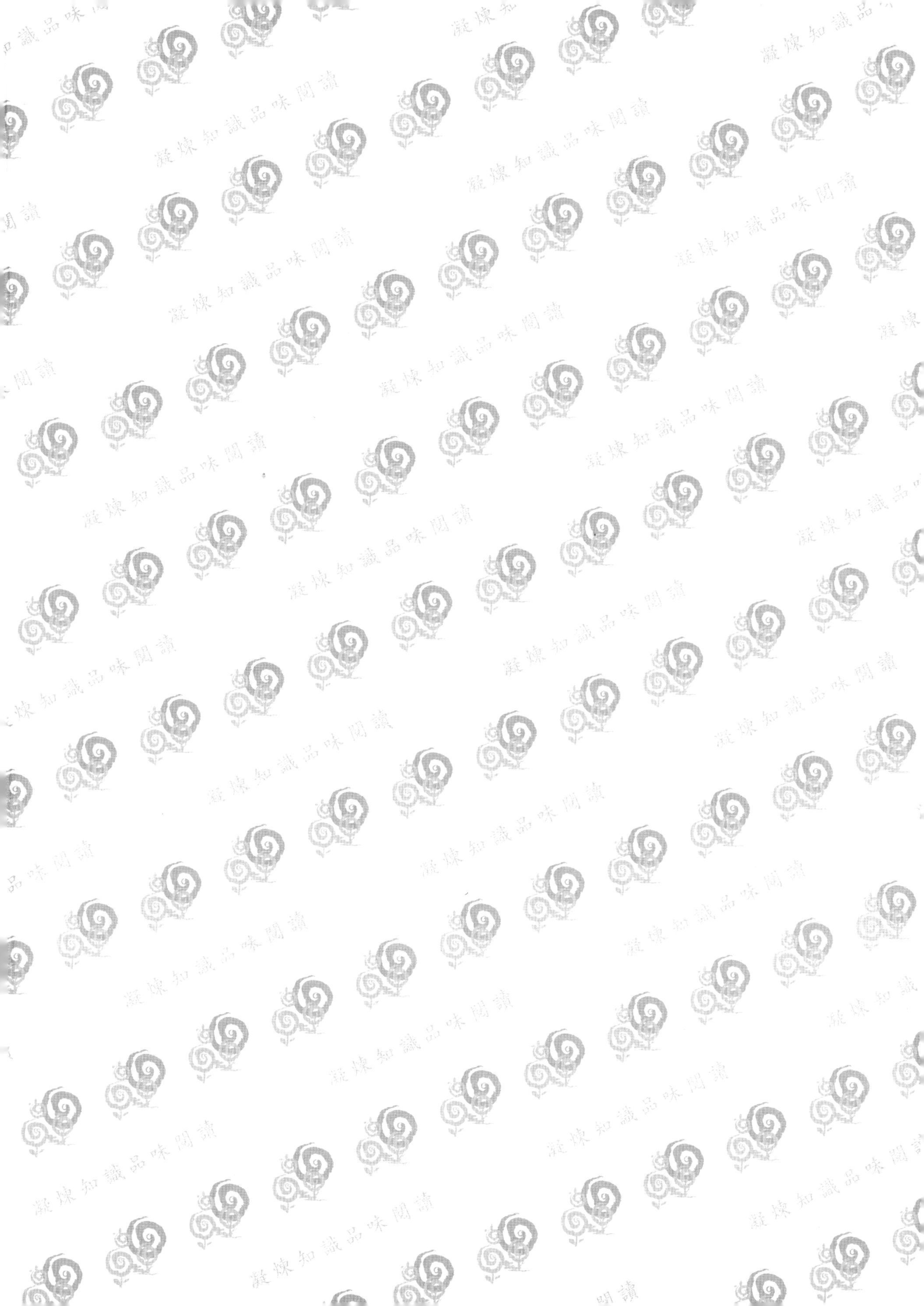

光機電系統設計與製作

Design and Fabrication of Optro-Mechatronics system

黃君偉 著

五南圖書出版公司 印行

推薦序 1

根據研究，我們日常生活中接收的資訊，有 80%來自視覺。近年來視覺的功能，拜科技之助，大為擴充，小自智慧型手機，大至太空探索，遼闊的視野，遠遠超越了人體有限的生活範疇。這其中，可看到光學，機械，電子學門科技的長足進步，而結合這些科技所發展的光機電系統技術，更將其應用推到極致。

面對這樣複雜的系統，台灣的產業界雖長於製造，卻亟待加強技術創新。我們過去產業技術的發展，著重在「知其然」（如何做？），而忽略了「知其所以然」（為何如此做？），另一方面，我們勤於改進，卻鮮少探究學理的根源，因此，台灣有很多改良式的發明，卻缺乏足夠的、原創的、本質上的創新。這些狀況，反應在我們的製造業，經數十年的努力，雖然卓然有成，然而當前面臨先進及後進國家的競爭，必須更上層樓。因此，加強基礎學理的研究，產生原創的發明，乃成為科技發展當務之急。此外，我們也亟需強化系統產品的創新設計能力，架基在基礎學理之深耕，能夠促成差異化創新，引領風潮。

這種基礎學理的深入探討，和系統產品的設計方法，正是本書的特色。作者黃君偉博士乃我摯友，早年留美專攻光機電學，返國後一直在中山科學研究院從事研究工作，公餘之暇並在台大應力所開授光機電設計和製造課程，多年來其教學研究成果十分豐碩，堪稱國內光學領域之權威。本書首先介紹光機電學的理論基礎，依此基礎衍伸探索設計原則，以及設計用的工具軟體。光機電學的學習貴在實作。在本書中亦帶領學習者探索製作與測試，系統設計實例。最後再論及光機電應用的未來發展。在光機電的領域中，少有書籍涵蓋範圍如此之廣，而又切中台灣產業的需要。

本書的價值，對於初學者而言，在於學到基礎的學理之後，能進一步了解這些學理在實務世界的應用，與達成應用的設計。對於有經驗的工程師，長期使用設計軟體工具之餘，能夠回頭檢視學理，而思有以改進，從而超越設計工具的限制。在此產業界面臨變革之際，此書的出版，饒具意義。我們期待本書能夠嘉惠讀者，從而培養產業所需的基礎科技和系統設計的創新人才。值此書付梓之際，爰為之序。

前經濟部部長 張家祝

推薦序 2

操控「眼球」

遙遠如太空中的哈伯望遠鏡、咫尺於您掌心的智慧型照相手機，這些我們熟知的儀器、裝置，專業的術語統稱「光機電系統」。光機電系統拓展人類的視野到一般無法親眼見到的火星，也讓您可以與親友分享記憶中珍貴的畫面。光機電系統之於人類，就如同五感之首，視覺，一般重要。讓您看到遙遠的宇宙世界、微小的病毒世界，以及作為機器視覺分擔我們無數無聊的工作。而本書《光機電系統設計與製造》則以深入淺出的文字，教導青年學子，如何操控這個特別的「眼球」。

為了培育光學設計、機械力學、電子電路和儀器介面軟體設計等領域之整合型人才，自民國 96 年起，我在台大開設「光機電系統設計與製造」這門同名課程，希望藉由大學人才教育，打穩我國光機電系統產品國際競爭力的基礎；自民國 97 年起，我有幸邀得黃君偉博士共同講授。君偉兄是國內少數具光學設計實務經驗的翹楚之一，他將千錘百練之實務經驗融入教學之中，於課堂上春風化雨的教育學子，課程內容以理論為經，以光機電系統的設計為緯，再配合上操作演練單元來加深學生的體認，一步一步地培育我國下一世代的光機電系統人才。以君偉兄寶貴的實務經驗，加上幾屆學生的回饋，終於累積成為這本《光機電系統設計與製造》專書，這本書可以充當大學或研究所的教科書，也可以作為光機電系統領域專家的參考書。

我有幸參與這本書的規劃，並看著君偉兄幾年來嘔心瀝血地撰寫、修改、勘誤，今天可以看到這本專書的問世，深深感到與有榮焉。相信君偉兄這本巨作的問世，一定可以吸引更多青年學子的眼球，進入光機電系統的世界，學習操控人類觀看世界的眼球，為我國產生更多吸引世界眼球的光機電系統創新發明。

前經濟部部長
台灣大學應用力學所特聘教授　李世光　謹序
工業技術研究院董事長

序

一本教科書的撰寫是從已過世紀多位科學工作者成果，依其發展的次序，編寫而成，教科書的目的是吸收前人的知識，依照發展歷史的次序寫出，作者可引用前人的理論和成果寫成可讀的文意；重在其包羅性及精確性，讓讀者能對本學門有完全的領會；而所引用的理論出處，多為作古的科學家，引用其著作之處也都再研究其引用的出處加以整理，其目的使讀者能知本學門的真實意義。

本書原是依據台灣大學應力所光機電系統設計講義編寫而成；起初原課程光學設計和工程是以 Warren Simith（WS）第三版及 Paul R. Yoder 為本課程之參考書，配合光學設計及照明光機軟體的實際操作，以光學工程理論配合軟體的操作以達到理論和實際合一的現代教學理念而編成；於 2008 年春本課程，原課程的發起人：當時經濟部工研院副院長李世光教授指示，配合我國經濟發展需求，改為光機電系統設計和製作，作者因而為此重新編寫教材必須針對教材內容的準確性及合乎目前光機電發展進行的方向，進行編寫時參用光學設計和工程是以 WS 第三版，發現該書雖然國內外眾多光學學者和工程師引用多年，經過詳細閱讀在多年的教學經驗中發現該書的光學基本參數定義，如：高斯光學節點、主點的定義、光瞳、光欄、出瞳、入瞳等重要定義都過於鬆散，及最基本光學追跡式 WS 也未能述明原引用作者之方程式的原義；而所用例子在 2 版及 3 版錯誤也未更動，讀者很難得知其光學參數和光學計算方法真實意義，也會因學界及工程界等定義的多年不明確，書中內容而造成困擾，又因 WS 已於 2009 年 6 月去世，該書已經是遺作，無法更動或建議修正，因而開始編寫本書。

本書的主要結構，可以分為六部分：一、光機電基本原理，二、光機電設計原則，三、光機電軟體應用，四、製作和測試，五、系統整合實例應用，及六、未來發展。讀者若依序閱讀，應能從其中領會本學門的精意；尤其在光機電基本原理和光機電設計原則中－光學理論部分是參考 OSA 的 HANDBOOK OF OPTICS，在高斯光學節點、主點的定義、光瞳、光欄、出瞳、入瞳等重要定義是參考 Kingslakes，WELFORD 之著作定義，像差部分除參考俄系及大陸科學家外，並參考 SPIE 研討會中的短期課程並講義編輯而成；基本光學追跡式，並不是 WS 創作，經查文獻：先有 1920 年 T. Smith 開始推導，於 1951 年 D. P. Feder 在美國國家標準局，即用當時的 SEAC 電子計算機和第一代 IBM 商用電腦作光學計算，這一種方法也得到俄國 G. G. Slyusarev，大陸作者：王之江，及袁緒滄等作者的書中所採用；在此也整理後編入。

稜鏡部分是採用連銅淑先生的式子加以推導而得，光機及測試部分是經由作者的光學工廠的實際經驗，並參考英國 Kingslcks、Welford 等人的書編成；至於軟體操作部分是作者多年操作光學，機械及電子軟體所寫出的操作手冊，可適合初學者參用，或已從事本學門的人士參考。

對使用本書的人，若適當使用，應能在本書得到幫助。

・對教師而言：

本書是依據台大光機電設計和工程課的講義編寫而成；經過多年在課堂上使用；本書課程可以分為二部分使用，在上下二學期以一年實施完成。在第一學期內容主要使學生對光機電基本原理中 1～6 章，光機原理 16～18 章及量測的基本感測單元——眼睛的傳授，並配合光學及照明軟體的使用，在第二學期內容主要使學生在第一學期內容較為深入，主要是對光機電基本原理中 7～9 章，光機電設計原則 10～15 章及量測的基本感測單元——眼睛的傳授，並配合光學及照明軟體的使用，對光機電基本原理中 1～6 章，機電原理 20～23 章，整合，控制及規格 23～26 章，機電軟體 27～31 章和系統量測 31～34 章，實例應用 35～40 等章節，依課程之需求，選定章節使用應用，應使學生能對本課程充分的領會。

・對學生而言：

這書將可以成為本課程的較完全的資料，可當成一課本或本門課的參考書，若配合上課及習作本科目所提及設計程式，將可以依所學之光機電理論設計或製作出基本的產品。

・對現職工程師和自學者而言：

現職工程師最需要的是在最短的時間取得知識，並可以立即融入所學，本書可以提供這一種功能，自學者知識平台，及軟體操作手可以運用本書去設計，評估及應用在產品上，應可以提供知識和建議。

本書是初版，以先求有，再求精的原則；因此，難免都有疏漏・請多指教，非常感謝！

前　言

從產業革命之後，十九世紀末汽車發明，熱力學，放射化學及白熱燈的發明，及二十世紀初萊特兄弟的發明飛機，除了在一次和二次世界大戰，及韓戰和越戰等區域戰，在軍事上已廣泛使用；但同時，也在民生技術應用上發展；尤其在後冷戰時期，網路技術使得軍用管制系統技術的普遍公開，個人電腦知識的普遍使用，軟體的進步，使得已有「光電」、「機電」或「光機」的原理，控制原理、統計、優化原理、工程管理及施工規化等技術普遍運用，已經可更進一步模擬，除了原有產品性能提升，並且有更多因資訊普及的新創產品已由此技術產出；並且可預知在本世紀將有更多的創新的產品，不但使得生活品質提升，並因為採用控制、優化等原理，將能產生更多的綠能光機電的產品及開發效率高的風光能源光機電的產品。

從二十世紀末到二十一世紀初的開始，無論在軍事、交通、通訊、儀器及家電方面，已同時應用到光學、機械、電子的技術，因此，以這三種技術整合而成的新學門漸漸形成：光機電學（opto-mechatronics）是整合光學、電機、機械的科學，其中包括光電學（opto-electronics）與機電科學（mechatronics），其目的是要產生光機電系統，以符合人們生活的不斷進步。

光機電學可以分為光機、機電、光電三個分領域，而這三個分領域原各有其分領域，但因歷史的演進使得三個領域逐漸調合成為一個領域，稱為光機電，機電由日本安川電機公司使用電路控制馬達，原先是以電來控制或驅動的能源來作機械的元件，再以機械或電的感測去檢驗是否達成的系統的目的；光機原是指在光學鏡組上的光學機械，包括機座、定位、變焦鏡頭的機械路徑等機械設計和制作，在二次世界大戰結束以前，顯微鏡、望遠鏡等系統，這些的儀器只用到光學和機械方面的技術；在二十世紀初，愛因斯坦發現光電效應後，隨著量子理論的逐漸建立、能階理論的建立，除了在固態物理上的應用：如：MNR 及 ESR，更在鐳射及氣體雷射之光電領域上的發展，使得光電科技也漸進成形。

在 1950 年引進電子計算機作為控制機械的系統，及在 1960 年起各種雷射技術的引進，使得機電和光機的技術在需求上逐漸整合，同時對光學使用的機械研究，為要達到光波或一個原子的尺寸的需求，光機的精度就需更加提昇到原子尺寸的等級。尤其已往機電機具控制系統簡單，因電子及控制技術的進步，無論是軍用或是民用，已經使得這些系統都能有性能的提升，並且也有更進步和更新系統正在發明及建立中。

特別是從 1980 年起，由於個人電腦成功讓普遍研發人員使用後，各種光學，電子，機械軟體及光機電整合軟體，及同步工程概念的應用，而產出光機電的系統，這樣的系統，除了系統化光機電設計及工程流程，也建立新一代光機電系統發展流程的趨勢；就是，除了光機電理論的強化外，更需要熟悉軟體以產出新一代的光機電系統及設計軟體。

以光電機技術分類：

光機電的元件可以包括：光學鏡組、照明、感測元件、制動系統、機構設計、微處理器、製程技術、介面整合、控制及顯示元件；

以光機電系統分類：

光機電整合系統：光機電元件若要整合成為一個系統，缺一是無法運作：如數位相機；內嵌光學／光電裝置之機電系統：沒有內嵌光學／光電裝置仍可以操作之機電系統：如數位相機；內嵌機電裝置之光學系統：沒有機電系統仍可以操作之光學系統：如傳統顯微鏡。

以光機電產業分類：

我國產業分類多半是以光為主的第一種光機電系統：光輸出、光輸入、影像顯示、光電儲存、光電通訊、光電加工、光能—太陽能、光在生物科技的運用

雖然，國內外各校工學院有力學、機械設計、電子學、電路學、電路設計、電機原理及理學院的光學課程等專業課程，但是，較缺少整合性課程和課本，無法應付產業界之人力在此專業的訓練。因此，有此課程建立的必要，以符合時代的要求。

光機電系統設計是一種跨越光學、機械、電子三領域的系統工程技術，除了以上技術外，也包括了同步系統工程、應用數學、數值分析、施工估價等技術。因此，利用現有工程軟體，這些專業的設計軟體是已經將光學設計、照明設計、機械設計、電子設計、儀器介面整合等功能內建於內，便於光機電設計整合之用。

於 2003 年，本課程響應台大應力所教授李世光博士開始這一個教學理念；因此，應力所與工科海洋所自 2004 年 2 月開始講授光學工程和設計課程，第一學期是光學設計，所用軟體為 CODEV，而第二學期則著重於光機設計和製作，因此所採用的設計軟體為 LightTools，此課程講授為期三年半，雖已培養相當多的人才；為求進一步，2007 年開始修改原光學工程和設計課程，增強光機整合的設計，並加強課程中光機，光電，機電整合等關鍵主題來建構光機電系統設計和製造這門新課程。本書產生就是為這一個目的。

原課程分兩個學期的講授內容：

第一學期為：光機電系統設計和製造(一)

1. 基礎光學原理
2. 光學規格之介定和高斯光學
3. 反射鏡面與稜鏡
4. 光度與照度
5. 如何用 LightTools 建構光學系統
6. 光機結構
7. 機械材料
8. 用 SolidWorks 設計及輸入 LightTools
9. 垂直／大鏡組光機設計
10. 水準大鏡組光機設計
11. 金屬鏡光機設計／製作-鑽石加工機
12. 單鏡／鏡組光機設計／小型稜鏡光機設計
13. 眼睛光學
14. 三鏡組製作與光機設計
15. 光學校正

實習與作業

第二學期為：光機電系統設計和製造(二)

1. 光機電系統——CCD 攝影機設計
2. 照明及光機軟體——LightTools
3. 8051 電路及電路板設計
4. 電路軟體——Protel 之 board 設計轉譯成 SolidWorks 檔
5. SolidWorks 輸出檔轉譯成 LightTools 檔
6. 用 CODEV 優化 LightTools 數據再將所得結果轉譯回 SolidWorks 或其他機械軟體來做進一步的系統整合
7. 以光電系統所得模擬成果來進行電路設計
8. 三階像差
9. 鍍膜技術
10. 光學調制傳遞函數
11. 光學功能參數評估
12. 用 CODE V 設計與評估

13. 以 LABVIEW 來進行儀器介面軟體系統的整合

14. 專題與實例

15. 鼓勵孔徑以本課程專題模擬

經過數年的教學講義的修改和撰寫，本書提供光機電理論和軟體使用方法及實例，俾使讀者應用本書的知識及應用實例提示，以完成光機電系統設計，而產出極佳化光機電系統。

因此，本書是一本光機電系統設計和製造的基礎理論教材，使讀者能整合技術，先領會光學、機械、電子三領域的系統工程技術，除了以上技術外，也包括了同步系統工程、應用數學、數值分析、施工估價等技術。因此，利用現有工程軟體，這些專業的設計軟體是已經將光學設計、照明設計、機械設計、電子設計、儀器介面整合等功能，以便應用於發展光機電系統。

光機電學主要使學習者能熟悉光學、光機、電子基礎知識，從而由光機電設計之重要設計理論之陳述，俾使學習者能領會光機電整合的精義；簡而言之，光（光學設計和工程）、機（光學機械、光學及機械材料、大小鏡座及光學加工技術）、電（控制及顯示有關技術—CCD 及 CMOS）；光機電工程用具—開發軟體（光—CODEV，照明—LT，機械—SOLIDWORKS，電路設計—PROTELS 或其他電路設計軟體，儀器介面控制軟體-LABVIEW，自行開發介面—8051 軟體撰寫）；而光機電系統工程化及優化（以光功能為主的機電系統—可控光學鏡組，電為主的光機系統—數位相機，以機為主的光電系統—類人機械）。

本書的撰寫，其編著之內容採取多本參考書：從幾何波前光學材料，採用 Fermat（1667）、Malus（1808）、Hamilton（1820-30），等前輩之光學理論，光學設計部分採用 Warren Smith 光學設計及工程三階版、Paul Yoder 光機工程三版、網路搜集到的資料及個人著作等，進行編寫，其中 Warren Smith 光學設計及工程三版由上課同學共同編譯；作者依教學經驗編修章節，以符合學習者逐一漸進之學習步驟，期盼能對此技術能有入門而達自我進修之效果。

致　謝

本書的完成首先要感謝——李世光教授大力的支持和鼓勵，使這本書能順利完成；同時感謝 CODEV 和 LIGHTOOL 台灣總代理思渤公司的李偉州先生和 NI-LAB-VIEWS 美商國家儀器公司的孫荻雯小姐，同意使用該公司授權的軟體在書使用，並同時感謝他們幫忙在軟體操作部分的審稿，並同時也感謝 SOLIDWORKS 台灣代理－實威公司的李玉蓮經理同意在本書中使用該軟體；但很可惜已無法寫信給 Warren Smith，因他已在 2008 年離世，因在光學部分對本書也多有引用；也為記念家兄黃君雄，父母——黃泉源和陳秀軟；更為感謝家兄之兒女們，為我在父親節時買一部四核心的筆電使我在寫作上更為方便；最後，也感謝五南圖書出版公司，才使本書可以出版。

目錄

第一篇

光機電基本原理

光機電基本原理整合光學、機械、電子三領域的知識，也包括了同步系統工程、應用數學、數值分析、施工估價等技術，及利用現有工程軟體，這些專業的設計軟體是已經具有光學設計、照明設計、機械設計、電子設計、儀器介面整合等功能，以便應用於發展光機電系統。所以，在本篇先討論光學原理，其他主題將在後續章節中逐一討論。

I. 光學系統原理

第一章　基本光學簡介

從古到今，光和人們的生活無法脫離關係，多以接近地球的兩大光體及天上的眾星去定日夜，四季及節期，光是為著生出生命；光也是為著生命的長大；植物要光合作用才能生長，動物因光的作用可以使得地球保持在適合人類居住；因此，光和光的應用影響人們的生活。

因為光具有以下幾種特質，這些的特質成為應用的重要參數：

光的同調性（Coherent）：同調性是光在行進中不會改變他在空間和時間域能保持其波的性質，但是若實際光並不是單色光，而是頻寬較廣的光，因而，只會在有限距離時會有同調性現象，而這有限距離就是同調長度；其估算方法如下：

$$L_c = \lambda f/\Delta f$$

Lc：同調長度

λ：波長

Δf：頻寬

f：頻率

光也具有干涉（Interference）、折射（Reffraction）及繞涉（Diffraction）等現象外，光也具有偏振性（Polayity）：因為光的電場和磁場彼此垂直，且都與行進方向垂直；光經過的介質或材料也影響光的性質，有些材料是均方性材料，但有些確是非勻方性材料，光經過時材料各光軸折射率不同，因而影響光學折射率的影響而產生偏極現象；在光學的應用上：光所經過的材料可以是鏡組，反射面，或非線性晶體，或是介質，這些物理性質是光機電應用的基礎，同調性和量測有關，干涉和鍍膜及二元光件有關，繞射和成像的極限有關和光機電的精確性有關。

光存在於宇宙的每一個時間和空間，無所不在，非常廣泛；在光機電工程中，界定在可見光，紅外光及紫外光。可見光波長由 0.4μm 的紫光到 0.76μm 的紅光。而紅外光區由 0.9μm 的紫光到 25μm，其餘皆在一個與微波區交雜且波長約為一釐米的區域，此區域為手機長用波段。而紫外光區域是從可見光波長較短的區域到波長約 0.01 μm 到 X 光線區域，如表 1-1 電磁波頻譜。

表 1-1　電磁波頻譜

電磁波種類	頻率	波長（μm）	說明
宇宙光線	10^{22}-10^{23}	10^{-8}-10^{-9}	銀河系等由原子形成所發的光源

電磁波種類	頻率	波長（μm）	說明
伽瑪光線	10^{20}-10^{21}	10^{-6}-10^{-7}	放射線物質因為原子核合成或融合產生
X-光	10^{17}-10^{19}	10^{-3}-10^{-5}	原子核結構能量躍遷
真空紫外	$10^{16.5}$-10^{17}	$10^{-2.5}$-10^{-3}	原子核能階躍遷
紫外	$10^{14.8}$-10^{16}	$10^{-0.8}$-10^{-2}	原子核能階躍遷
可見光	$10^{14.3}$-$10^{14.8}$	$10^{-0.3}$-$10^{-0.8}$	原子核能階躍遷
紅外	10^{12}-$10^{14.2}$	10^{2}-$10^{-0.2}$	μm
EHF (ETREMELY)	30-300G	10^{4}-10^{3}	極高頻（波長 1mm）
SHF (SUPER)	3-30G	10^{5}-10^{4}	超高頻（1M）
UHF (ULTRA)	300M-3G	10^{6}-10^{5}	特別高頻（TV）（波長 1m）
VHF (VERY)	30-300M	10^{7}-10^{6}	非常高頻（FM）
HF	3-30M	10^{8}-10^{7}	高頻（AM）
MF	300K-3M	10^{9}-10^{8}	中頻（波長 1km）
LF	30-300K	10^{10}-10^{9}	低頻

表 1-2　電磁頻譜的光波部分

電磁波種類	頻率	波長（μm）	說明
真空紫外	$10^{16.5}$-10^{17}		奈米製程
紫外	$10^{14.8}$-10^{16}		次微米製程
可見光	$10^{14.3}$-$10^{14.8}$		光罩曝光
紫		0.42	可見光
靛		0.45	可見光
藍		0.48	可見光
綠		0.55	可見光
黃		0.59	可見光
橙		0.61	可見光
紅		0.63	可見光
紅外	10^{12}-$10^{14.2}$		星光夜視
近紅外		1.5	人眼安全
中紅外		3-7	燃燒熱像
遠紅外		8-25	室溫熱像

表 1-3　常用波長單位

單位	簡寫	換算成 mm	換算成μm	換算成 nm
Amstrong	A	10^{-7}	10^{-4}	0.1
Narometer	nm	10^{-6}	10^{-3}	1
micrometer	um	10^{-3}	1	10^{3}
milimeter	mm	1	10^{3}	10^{6}
centimeter	cm	10^{1}	10^{4}	10^{7}
meter	m	10^{3}	10^{6}	10^{9}
kilometer	km	10^{6}	10^{9}	10^{12}

當然，介於兩波形間的距離為輻射之波長。在真空中光波的傳播光感率大約為 3×10^{10}cm/s。在其他的介質當中速率會小於在真空中。舉例來說，在一般的玻璃中，其速率大約在自由空間中的三分之二。而在真空中與在介質中的速率比，稱為其介質的折射率，利用字母 n 來表示。

$$\text{折射率（n）}=\frac{\text{真空中的速率}}{\text{介質中的速率}} \quad \text{式 1.1}$$

波長和速率皆會因為折射率而減少，但其頻率則保持定值。一般空氣之折射率約為 1.0003，且在所有的光學工程中（包括折射率之量測）皆是在一般氣壓中實行的，利用空氣來表達其他介質之折射率是相當便利的準則（和真空比較），而且，假定空氣的折射率為 1.0。

在溫度為 15℃ 中真實的空氣折射率可表示為

$$(n-1)\times10^{8}=8342，1+\frac{2406030}{(130-f^{2})}+\frac{2406030}{(38.9-f^{2})} \quad \text{式 1.2}$$

其中 $f=1/\lambda$（λ＝波長，單位為μm），而在其他溫度中的折射率可從下式計算得知

$$(n_{T}-1)=\frac{1.0549(n_{15^{\circ}}-1)}{(1+0.00366T)} \quad \text{式 1.3}$$

而折射率隨壓力的改變為每 15lb/in^{2} 變化 0.0003，或 0.00002/psi。

雖然大多數的光學材料都假定是均方性（Isotropic），且有相當好的均勻性（homogeneous）折射率，但有相當顯著的例外。在一給定海拔的地球氣壓再折射率有相當好的一致性，而在考慮一個相當大範圍海拔，折射率的改變從海平面的約 1.0003 到

相當高的高度的 1.0。所以，穿越大氣的光線將不會是完全的直線；它們將會折射而變成曲線，對於地球來說，換言之，便是對於較高的折射率。謹慎被製造出之梯度折射率之光學玻璃則可彎曲光線而控制曲線路徑。除非特殊狀況之外，將會假定為同質的介質。

雖然，對光的解釋有多面，但都不容易描述；以光學理論發展史，依其歷史的次序，大致可分為四個階段：光線光學、波光學、電磁光學，及量子光學；每一個階段都有多位科學家窮其一生之力研究，也同時引進更多的理論和實驗去解釋證明他們的論點。每一種理論都有其假設，這些假設都是研究者的認定的無定義的物件，有些是無法證實的。在此將依續討論，並說明其物理性質及可應用的範圍。

1.1 光線光學及物理性質

首先，根據牛頓顆粒子理論（Corpuscular Theory）及 P. D. Fermat 光最小路徑理論：假設光是一種的彈性粒子，其行徑是採用最小路徑原理。因此所走的路徑在均方性物質（Isotropic Material）中是以直線行進，並可以表示出其位置及方向；但是，卻不具有任何的質量。根據這一個理論，對自然現象，如：光的反射（Reflection）、折射（Refraction）、可以用顆粒子理論解釋；光學設計時常採用光路徑，就是假設光是一種的光子或顆粒子（Corpuscule），所經過的路徑在直空及均方性介質都是直線行進的，稱為為光線光學。

當光波以一個平面波行進到一個平面時，行進方向光線和平面波垂直，在行進到不同介面時會有反射及折射現象，所依據的原理為司乃爾定律（Snell's Law）。

司乃爾定律假設一個平面波前入射在一平滑表面上而分成兩個介質，如圖 1-2 所示。光從圖的上方向下傳遞且有一個角度的到達一個邊界表面。平行線表示在一定時間區隔中波前的位置。在上方介質的折射率，稱為 n_1 且較低的部分稱為 n_2。

在經過相消與重整之可以得到

$$n_1 \sin I_1 = n_2 \sin I_2 \qquad \text{式 1.4}$$

這個式子為在光學系統中光線的基本關係，稱為司乃爾定律（Snell's law）。

既然司乃爾定律與光線和表面的垂線之間角度的正弦值有關，所以它很快的被應用。除了上面所提及的平面例子之外的表面中，可以經由計算得到通過任何、想要決定其與光線交接點和表面垂線之表面的光光線路徑。

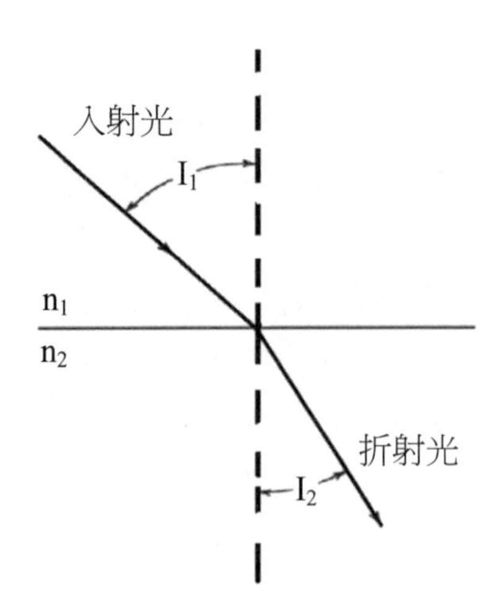

圖 1-1　在平表面上入射光線與其折射和反射之關係

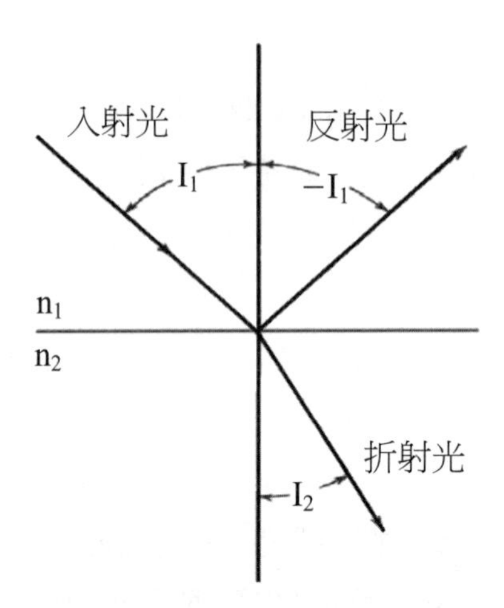

圖 1-2　為在表面上入射、反射和折射光線的結果之關係

在入射光線與表面垂線之間的角度 I_1 被稱為入射角，而 I_2 則稱為折射角。

所有在邊界表面上的入射光並不會隨著表面傳遞；某部分將會反射回原入射介質。一個類似於先前圖 1-2 的架構可以被用來驗證表面垂線和反射光線之間的角度（反射角）和入射角相等，而且相對於入射光線（和折射光線相較）是在垂線另一端的反射光線。所以，對於反射而言，司乃爾定律可以以下列形式表示

$$I_{incident} = -I_{reflectd}$$

在這個論點之中，必須強調入射光線、垂線、反射光線和折射光線皆在相同的一個平面之上，而此平面稱為入射平面，而在圖 1-2 中此平面為書本的這張紙上。

1.2 波光學理論及物理性質

但是，對於無法用光線光學理論去解釋的現象，如：折射（Refraction）、色散（Dispersion）、散射（Scattering）、偏振（Polarization）、干涉（Interference）、繞射（Diffraction）等物理現象，以波動理論去解釋卻更為合適，各說明如下：

- 折射（Refraction）：若陽光經過三角稜鏡，因陽光具有可見光－從紅到紫，而在介質中的使得行進光線的方向發生改變的現象；可見不同的光波在同一介質行進的速度是不相同的。
- 色散（Dispersion）：因光的折射率在不同波長並不相同，若是光不是單色時，在行經過一個距離後會產生分光的現象。
- 散射（Scattering）：光射入一個非光滑面時，光會產生四面分散的現象，其分散方向，除了在反射方向外，其他光會隨的主反射光作分散式分布。
- 偏振（Polarization）：光的行進中，偏振方向和行進方向彼此垂直，若經過偏振元件可以使得光產生偏振現象。
- 干涉（Interference）：同源性光若經過兩個或以上的光路徑，因為路徑光程差不同，若有和光波長相關的光程差；波會產生加成或相減的作用。
- 繞射（Diffraction）：光若經過方型或圓型單光瞳或多光瞳，在會聚面上會因為光瞳的型狀和尺寸而產生波的加成現象，Frensnel 和 Fraunhofer 導出圓型，方型，單夾縫或雙夾縫光欄的分光布函數，Airy 以圓型的光欄定義出繞射的極限。

以下部分，先就折射、干涉，及繞射部分先作討論；其他將在後面相關的章節再作說明。

1.2.1 色散

對於光學介質來說，折射率隨著光的波長而改變。一般而言折射率再波長較短時比較長時大。在先前的討論中，假定在折射表面上的入射光為單色光所組成的。依照司乃爾定律，如圖 1-3 為一個白光的光線藉由一個反射平面分成許多不同的組成波長。要注意的是藍光是透過一個比紅光還要大的角度彎曲，或折射。這是因為藍光的n_2比紅光的n_2還要大。當在這個實例中$I_2 = n_1 \sin I_1$ = 一個常數，這是很顯而易見的。假如在n_2藍光中比紅光大，且I_2在藍光中必定比紅光小。這樣隨著波長的折射率改變稱為色散；當被當作微分時被寫成 dn，而在其他方面色散則為$\Delta n = n_{\lambda 1} - n_{\lambda 2}$，其中$\lambda_1$與$\lambda_2$為在色散中兩種不同顏色光的波長。相對的色散可表示為$\Delta n/(n-1)$而且，在實際上，也可表達當中間波長的光彎曲總數的折射率時不同顏色光的散播。

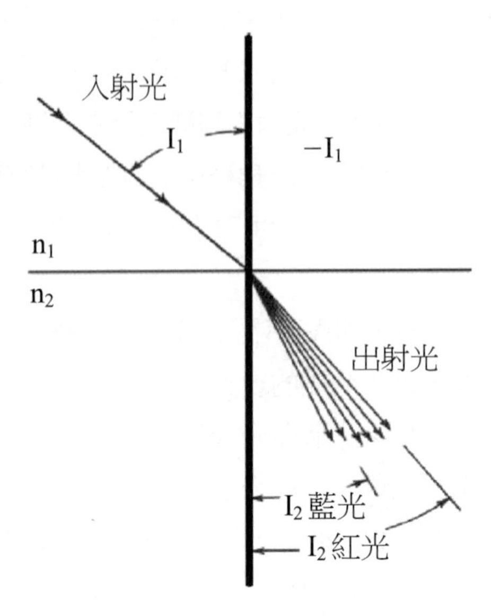

圖 1-3　表示白光的色散由於折射的關係分成期所構成的顏色（較為誇飾來表示）

1.2.2 波的折射

以波動理論解釋光的波性是根據惠根斯原理（Huygens' Principle）：如圖 1-4 波前的傳遞可以藉由考慮波前中的每一點當作一個新的球面為波來源被建構出來；這些新的微波的外層可以表示波前的新的位置。

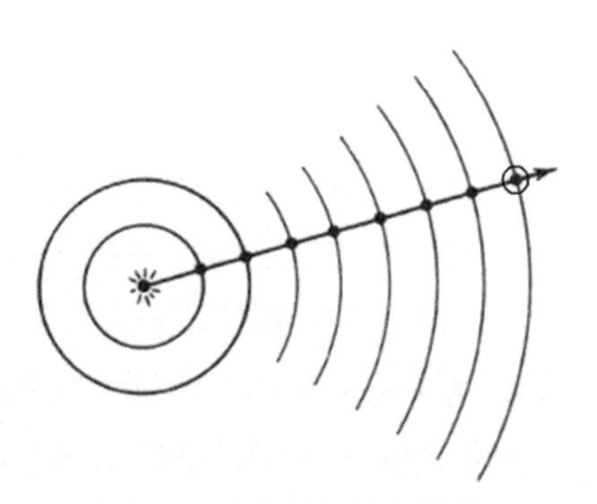

圖 1-4　光球面波示意圖

根據惠根斯原理，光波從一點光源且在一等向介質中傳遞會形成球面波；而波前的曲率半徑等於波前和點光源的距離。在波前行徑路徑稱為光線，而且在等向介質中其將會直線，且光線垂直於波前。

以下是光依據惠根斯原理以波前行進在基本透鏡和稜鏡的現象說明：

1.2.2.1 球面波前入射進入一個雙凸鏡

在圖 1-5 中一點光源 P；以 P 點為中心的弧線表示在一定的時間區間當中完整的位置。波前入射進入一個雙凸鏡，由兩個曲率曲面和較高的折射率所組成，當波前經過 A 點之前波前為一個理想球面波前，在進入透鏡 B 點時球面波前在鏡內部分開始改變成為較大的波前半徑，但在進入透鏡C點時，波前已離開雙凸鏡，因此，波前在同一介面內又有相同的波前半徑，在此，假設為理想匯聚透鏡或正透鏡，波前保持球面，不受影響；而此物體 P 點與影像 P'點稱為共軛點。

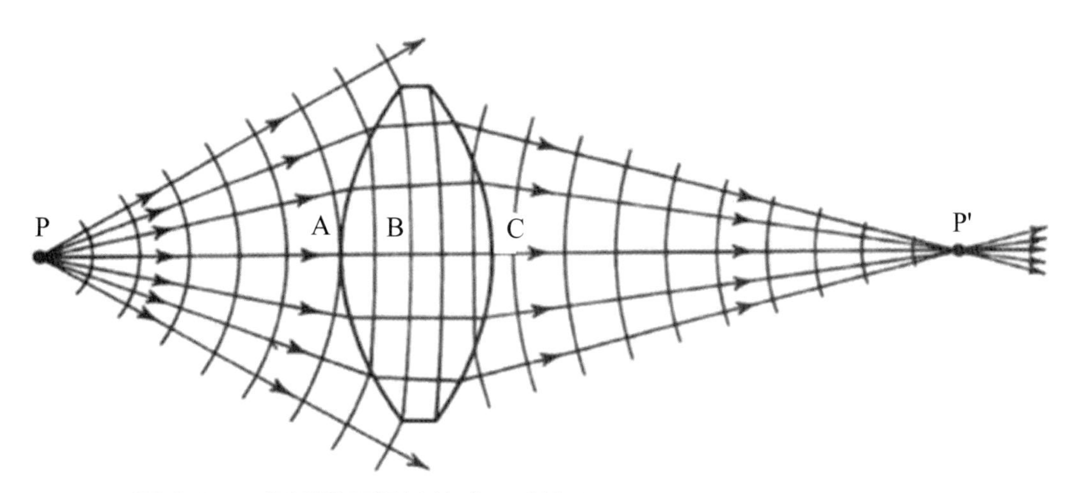

圖 1-5　一個透過匯聚透鏡或正透鏡的波前，光線和波前之間的關係

1.2.2.2 球面波前入射進入一個凹透鏡

圖 1-6 為凹透鏡。當中透鏡在邊緣的部分較厚，而且波前在邊緣的部分較中間更減慢波前的光感率因此而更增加其發散。當通過透鏡時，波前會看起來像以 P'點發射，而由P點經過透鏡所得之影像也會在這點上。因為找到光的聚集點；這種影像，稱為虛像來和圖 1-5 實像來做區分。因此，一個虛像可以直接的被觀察或被一個連續鏡組系統當作再成像的的來源。P'真實光線的延伸，稱為虛像焦點。

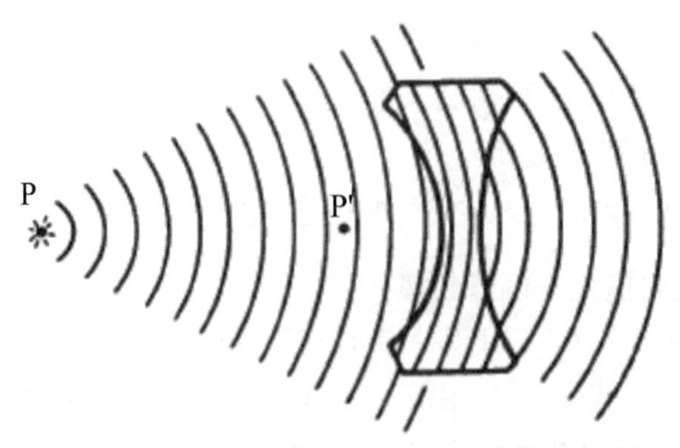

圖 1-6　一個透過發散透鏡或負透鏡的波前通路

1.2.2.3 平面波前入射進入一個稜鏡

在圖 1-7 中波前因為其光源距離相當遙遠所以其波前在接近擁有兩個平拋光面的稜鏡時，像如圖所示曲率是可忽略的。而當它穿越稜鏡中的每個面時，光便會向下折射，如此一來，其傳遞的方向將會偏離。稜鏡的偏離角度將會介於入光線與出光線之間。值得注意的是波前在穿越稜鏡之後其形狀還是保持平面。

假設光線入射至稜鏡時具有超過一個的波長時，較短波長的光線將會因為稜鏡的介質而會減少較多的光感率而偏離較大的角度。這是用來分離不同波長光方法之一，而這當然也是牛頓對於光頻譜的基本經典實驗。

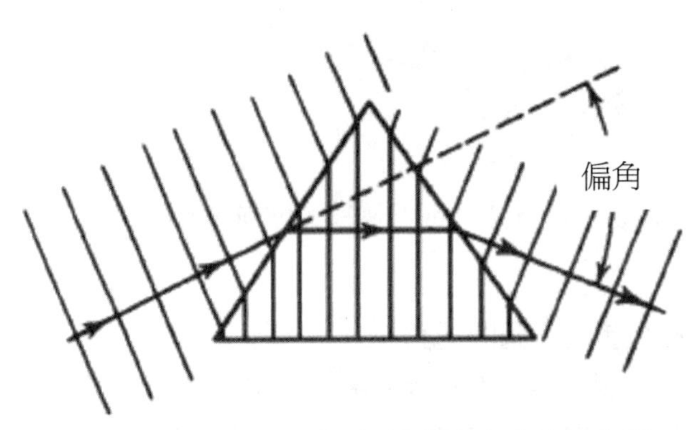

圖 1-7　光通過一折射式之稜鏡時波前的路徑

1.2.3 干涉

1.2.3.1 楊氏干涉

楊氏（Thomas Young），以單色光經過雙夾縫而產生干涉，證明光有波的性質，在光波在進行在銀幕上產生光學之干涉。

在圖 1-8 表示楊式實驗，在圖中告訴，此實驗既有干涉也有繞射。光源穿越插圖中一個不透光的螢幕裡的一個狹縫或小孔 s。

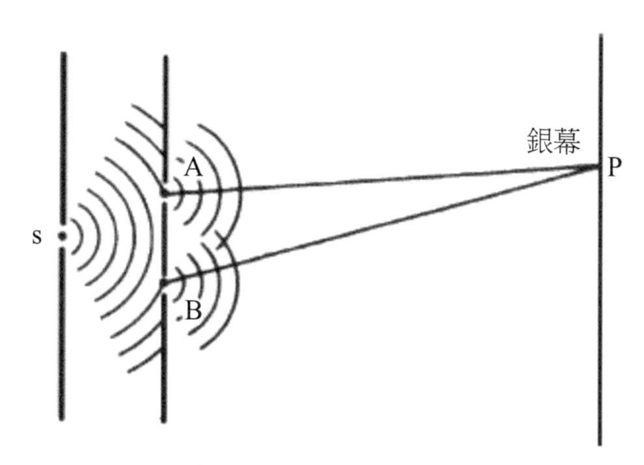

圖 1-8　楊式繞射實驗

如圖 1-8 提供一個足夠小尺寸的 s，則可以被認為為一個新的球狀或柱狀波（根據 s 是小孔或狹縫而定）。這些從 s 開始的繞射波前將會傳遞到第二個不透光的螢幕中，而在這螢幕中有兩條狹縫（或小孔）A 和 B，從這兩點中產生新的波前。這個波前再一次的藉由繞射散開而且在同一個方向落在觀察螢幕中。

現在，考慮一個在螢幕的特殊的點 P，假如兩個波前同時到達（或同相位），他們將會互相加強而使 P 點發亮。然而，假如距離 AP 和 BP 在事實上並不是同相位到達，相消性干涉將會產生導致 P 點變暗。

如果，假定 s、A 和 B 的位置都已安排好使得從發射出來的波將會同時到達 A 和 B（換言之，就是 AP 距離等於 BP 距離），之後新的波將會同時從 A 和 B 點向螢幕出發。現在，假定距離 AP 等於 BP，或者是 AP 和 BP 剛好差距一個整數倍的波長，波長將會同相位的到達 P 點而產生相長。若 AP 和 BP 差距半個波長，則從兩個不同來源出來的波將會互相抵消。

假如這個正在發亮的光源為單色，也就是說，僅僅發射出一個波長的光，在螢幕上的結果將會是一連串逐漸改變強度的亮帶與暗帶（假設 s、A 和 B 皆為狹縫）。經由仔細測量狹縫的幾何位置和條紋的間隔，光線的波長將可以被計算出來。（距離 AB 應該要小於一公釐而且狹縫和螢幕之間的距離應為數公尺來進行這個實驗。）

參照圖 1-9，可以發現到根據初步的概算，AP 和 BP 路徑差，以Δ表示，可寫為

$$\Delta = \frac{AB \cdot OP}{D}$$

$$OP = \frac{\Delta \cdot D}{AB} \qquad \text{式 1.5}$$

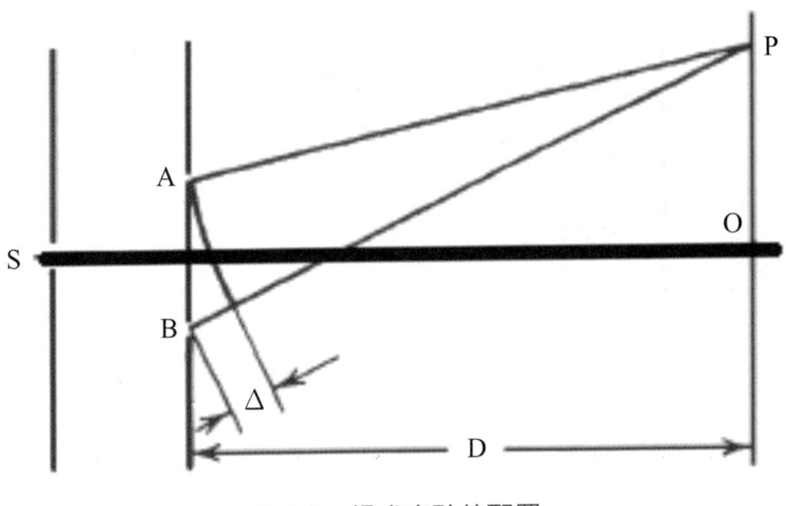

圖 1-9　楊式實驗的配置

現在就如圖 1-9 所繪，這式是很顯而易見的光學路徑 AO 和 BO 是完全相同的，所以在 O 點波將會相長加強而且產生亮帶。假如，設定在式 1.5 中Δ為二分之一波長，可以得到 OP 值的第一個暗帶

$$OP(1st\_dark) = \frac{\pm\lambda D}{2AB}$$

而假如，假設從狹縫到螢幕的距離為一公尺、狹縫之間的間距為 0.1 釐米，而紅光的波長為 0.64μm，因此，可以用以上的值代入得到下列的式子：

$$OP_{1st\_dark} = \frac{\pm\lambda 10^3}{2 \cdot 10^{-1}} = \frac{\pm 10^4\lambda}{2} = \frac{\pm 10^4 \cdot 0.64 \cdot 10^{-3}}{2} = \pm 3.2mm$$

所以第一暗帶將會發生在主軸上下 3.2mm 處。同樣的，藉由設定Δ等於一個波長等，下一個亮帶的位置在 6.4mm。假如這個實驗是使用波長為 0.4μm 的藍光，可以發現第一暗帶會發生在±2mm 而下一個亮帶則會發生在±4mm 處。

假設，利用包含所有波長的白光光源來代替單光，可以發現到每個波長將會產生自己的光列和自己暗帶與亮帶的排列。在這個情況下螢幕的中央所有的波長將會被照

亮且為白色。從中央開始出發，第一個可以被眼睛所察覺的影響將會發現藍光的暗帶，而同時在這個點上其他波長的光將持續發亮。相同的，在紅光的暗帶出現時，藍光以及其他波長的光也會持續發亮。因此會產生一連串的色帶，當路徑增加的不同時，從軸上的白光開始透過紅、藍、綠、橙、紅、紫、綠和紫。然而，在更遠離軸時，所有波長所產生許許多多的亮帶與暗帶會變成相當「不規則」以致於帶狀結構將會彎曲在一起且因而消失。

藉由從兩個非常靠近的表面所反射出來的干涉光線將會產生牛頓環。圖 1-10 為一個平行光束入射到一對部分反射的表面上。在某個瞬間時波前AA'在A點處接觸第一個表面。在 A 點上的波前穿越兩平面中的空間後來到第二平面的 B 點且當中的某部分則被反射；這個反射的波向上傳遞且再C點穿越第一平面。同時在A'上的波前已經在 C 點產生折射因此這兩個路徑將會在這個點上重合。

若波到達 C 點時為同相位，則他們則會相長；假設它們抵達時差二分之一波長時，他們則會相消。在決定C點的相位關係中，必須將光波會通過的介質之折射率和在反射時所產生的相差列入考慮。這個相差會在光傳遞過一個低折射率的介質後接著到一個高折射率的表面反射而產生；然後這個相位將會突然地改變 180°，或二分之一個波長。在入射光遇到反向的階層時相不會產生相差。所以隨著如圖 1-10 中相對的入射光，在C點將會有一個相差因為光隨著 A'CD 路徑前進，但是在B點則會因為光從較低的表面反射而不會有相差產生。

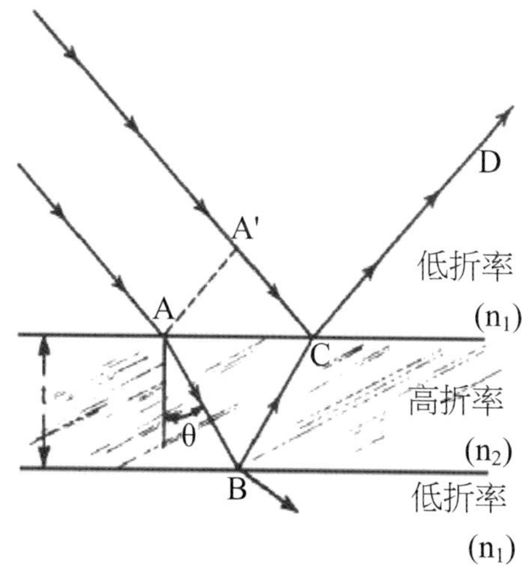

圖 1-10　光在介面間行進

1.2.3.2 鍍膜干涉

就如同先前楊式實驗所說的，光路 ABC 和 A'C 的差異會決定其相位的關係。既然折射率和光在介質裡的光感率成反比，這是很明顯的波前在介質 n 中傳遞厚度 d 的時間長度可寫為 t = nd/c（在這裡 c ≒ 3．10^{10}cm/s = 光在真空中的光感率）。電磁輻射的固定頻率將可寫為 c\λ，如此一來週期的數目將可藉由(c/λ)．(nd/c)或 n_d/λ 可得到 t = n_d/c。因此，假如週期的數目為相同，或著是差距一個整數倍的週期時，當兩道光的路徑交叉時，兩道光線會以同相位到達。

在圖 1-10，路徑 A'C 的週期數目可寫為 $1/2 + n_1A'C/\lambda$（二分之一的波長是用來表示反射的相位差）而且對於 ABC 路徑可用 n_2ABC/λ；假如這些數目差為整數倍，這些波將會相長；若他們的差為整數倍加二分之一，他們將會相消。

利用週期來表示在這方面的應用是相當不方便的，而通常，會利用光路徑長來表示，這個值為距離乘上折射率而且是用來量測光的行徑時間。這是很明顯的；假如，考慮這兩個路徑長差（由相乘先前波長λ的週期數到達），事實上，當差距為整數倍的波長（以相長來說）或一個整數倍加上二分之一波長（對於相消來說）時，可以觀察到相同的結果。因此，在圖 1-10 中，光程差可以被寫成

$$\mathrm{OPD} = \frac{\lambda}{2} + n_1A'C = n_2ABC$$

或

$$\mathrm{OPD} = \frac{\lambda}{2} + 2n_2 t\cos\theta$$

當波程差是利用λ/2 來表示。

1.2.3.3 牛頓環干涉

牛頓環這個詞通常是指當兩個接近的球面鏡放置在一個平面上干涉光帶所形成的環形圖形。在圖 1-11 表示放置在平面上鏡頭的曲面。在這個接觸點上從較高和較低的表面反射的光程差相當明白的為零。從較低表面所產生的反射將會造成光束在不同相位時會和，將會造成完全相消，而且中間將會產生所謂「Newton's black spot」牛頓黑圈。從表面中的距離將會在四分之一波長時分離，而這個二分之一波長的光程差加上相位差將會形成相長，造成一個明亮的光環。在稍微遠離中點處，會有二分之一波長的分離，而會導致一個暗紋等諸如此類。

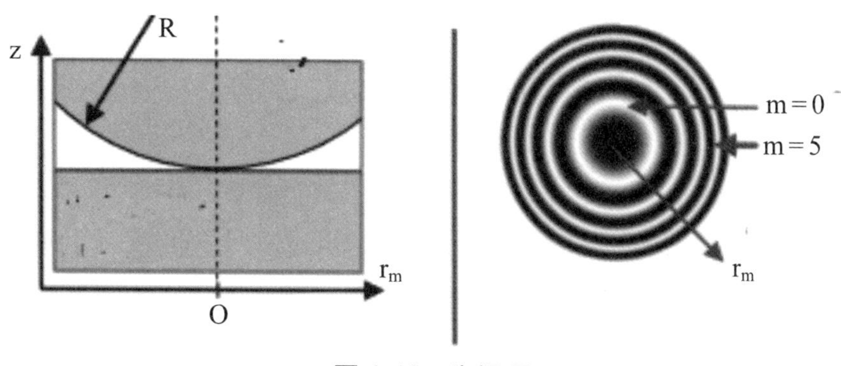

圖 1-11　牛頓環

就像在楊式實驗，不同波長的亮帶與暗帶將會在距離中央不同距離處發生，而導致再接處點附近產生一個相邊緣逐漸消失的色環。

一個類似於圖 1-11 的裝配可以很明顯的使用於測量光的波長假如透鏡的曲率半徑是已知的而且亮紋和暗紋的半徑是小心地被測量出的。在平面之中的空間為半徑的子午切面高度，可寫為

$$SH = R - (R^2 - Y^2)^{1/2}$$

在這裡 Y 為良測出來的環半徑，再第一個亮環時 SH 等於$\lambda/4$，第一暗環時為$\lambda/2$，第二亮環則為 $3\lambda/4$，以此類推。

1.2.4 繞射

光波的另一性質是通過單一有限制的透光孔徑，在距焦點會形成繞射現象，即使為一個完美的透鏡，都會散開成一個具有微弱亮度光環的小型光盤。其原理是光經過單一孔徑時，在成像位置時，會因其波前相加，而形成同心的干涉圖形，而不是一個點；因此，孔徑大小及波長，可以決定其繞射圖形的聚焦狀，稱為繞射極限。

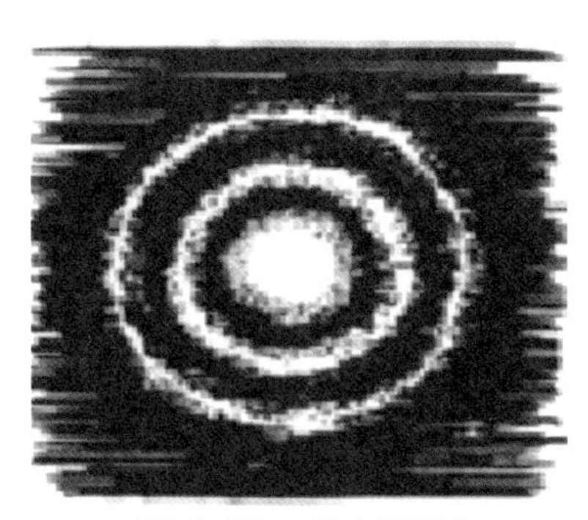

圖 1-12　繞射圖形

1.3 電磁及晶體光學

光也具有偏振的現象，且也由實驗證明，極化光行進時方向和電場和磁場方向彼此互相垂直，也證明光也是一種電磁波，較為具體的建立理論的是 J. C. Maxwell，它將庫倫，法拉地，高斯，安培理論綜整為四個式子，稱為馬克斯（Maxwell）方程式：

$$\nabla \cdot E = 4\pi\rho$$
$$\nabla \times E = -\frac{1}{c}\frac{\partial B}{\partial t}$$
$$\nabla \cdot B = 0$$
$$\nabla \times B = \frac{4\pi}{c}J + \frac{1}{c}\frac{\partial E}{\partial t},$$

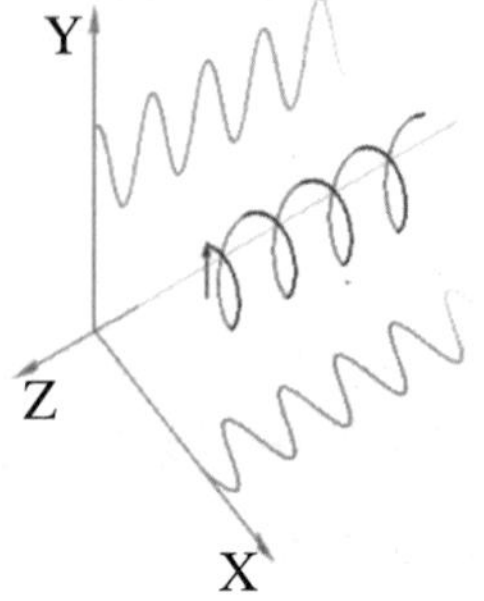

圖 1-13　電磁波光學描繪

由以上式子可以推出平面波，球面波方程式，若是波方程式經過漸近，可以得到高斯光束的方程式。

1.3.1 偏極作用

因為光具有偏極的現象，在此利用偏光鏡將光分為二道，極化光行進時方向和電場和磁場方向彼此互相垂直，也證明光也是一種電磁波。對入射極化光波可以用偏極化器或板，可將光波 TE 和 TM 波分開，因而路徑分開，利用光路徑不同，可以利用作測距儀，干涉儀等。

Broadband Polarizing Cube Beamsplitter, 25.4×25.4×25.4mm, 620-1000nm

圖 1-14　偏極分光鏡

1.3.2 光在材料中的不同性質

在馬克斯方程式，其光的折射率及磁導率，在不同物質下可以影響其吸收量及對不同波長的折射率，因此，可由電磁理論中推導出，光在不同之材料下之參數，進而對聚焦光的電場，物質的傳導和吸收，及色散介質的振幅調變等光的應用性質。

1.4 量子光學理論及應用

自從波耳原子理論提出，愛因斯坦的光電效應原理，Shrödinger 的物質波，等的理論，及量子理論漸漸確立，因而產生更多對光應用的領域，例如：電子光學Electro-optics是指使用電效應而產生的光學裝置（雷射，電光調制器及開關），Optoelctronics是指光電子學是指用和光應用有關的裝置（LED、LCD.CCD），及現代大銀幕電視，手機及自由空間光傳輸等的應用。

1.4.1 光電效應

1921 年，愛因斯坦提出：以短波長的光撞擊到光電材料上時，將會從材料上撞擊出一個電子。若合乎能階條件，這個效應可以藉由光波的能量將可以激發一個電子使其鬆脫解釋。然而，當入射光的性質被修改，發射出來的電子其性質會有難以預期的改變。當光的強度增加時，電子的數目將會如同預期般的增加。

1.4.2 非線性光學

光用增益介質之非對稱的折射率，可以利用其參數和方向性，形成光因著相位Phase Matching 和摻入晶體的材料能階相匹配，而產生相位相加的作用－產生另一波長的光，或因而產生光放大器的現象，這現在摻稀土的固態雷射中已經使用；另外而使輸入光進入一晶體後而形成不同波長的光，或稱多波混合，這一種非線性的現象，在分秒雷射中使用。

1.5 光學理論在光機電上的應用

光學理論在光機電學，有幾方面的應用：在光學鏡組設計時以光線光學理論為基礎，而在光學系統的繞射極限及以干涉為主的光機電工程設計，如以干涉現象為主的，則運用波光學；於光學材料及偏極化之光機電應用時採用電磁光學；及對偵測器，光源及固態雷射使用非對稱軸晶體之非線性光學性質之應用時，則依據量子光學；在本書是將依據各章主題，選擇相關之理論，作為光機電應用之依據。

參考資料

B. Rossi, Optics, Addison-Wesley, 1957.

B. H. Saleh, and M.C. Teich, "Fundamentals of Photonics", Wiley-Interscience, 1991.

M. Bass, "Handbooks of Optics", McGraw Hill, 1995.

W, Smith, "Modern Optical Engineering-The Design of Optical system", 3rd, Ch.1, (2001)

習題

1. 如果光進入非對稱軸晶體 CaF_2 的 $n_x = 1.43$，$n_y = 1.42$ 的兩個平面。光在這兩個面的上行進的速度為何？
2. 在何種介質的折射率，光的速度為 2×10^{-8}米／秒？若折射率 1.33，則光的速度為何？
3. 在下列介質中，若光束和表面垂直面成 30°的角度，求折射角為何。(a)空氣 n = 1.0 和玻璃 n = 1.5。(b)水 n = 1.33 和空氣。(c)水和玻璃。
4. 直徑光學元件都聯繫一個邊緣，用一張紙（0.03mm 中厚）在對面的邊緣分隔。0.0006mm 在波長的光照亮時，將會看到多少條紋？假定光由法線射入。
5. 凸透鏡的表面和平板玻璃的接觸。如果曲面的半徑是 500mm，在什麼直徑會第一，二和三個暗環之出現半徑的平均值？

軟體操作題

假設單鏡組入瞳大小為 20mm，有效焦距為 100mm，中心波長為 550nm、請用光學設計程式求出入瞳位置的干涉圖型？

第二章 光學成像原理

依照波動光學理論，影像是波前經過理想光學鏡組疊合所形成，通常是以波前各點計算光的行進。但是，由於波前在實際的元件中常無法計算量太大，結果常常無法簡化。因此，以垂直方向代表的法線——光線（Ray）來計算光的行進路徑；用光線去計算光在光元件上所走的路徑稱為光線光學（Ray Optics），或幾何光學（Geometry Optics）。

因為光線是以向量表示，可以同時代表光行進的方向和位置。因此，可將一個物體視為一系列的點源組成，在已知的光學系統中，計算從物體各點發出的光線軌跡與其成像的位置和大小的關係：利用司乃爾定律求出每一條光線在介面關係。藉由三角數學法——光線追縱法推導的簡單方程式，以精準定位光學系統中之影像的理想位置與大小。如此可以在初期設計時，提供光的行進數據，以便於設計構型尺寸估算。

2.1 一階光學成像原理

1841 年德國科學家高斯（C. F. Gauss, 1841）提出一階光學成像原理，或平行光學（Paraxial Optics），其理論簡述如下：「一階光學」是將一物件和像面的關係是鏡面孔徑的尺寸之一次方程式，稱為一階光學。

如圖 2-1，一個軸對稱光學系統，如一個透鏡組，可以由以下的架構點（Cardinal points）來定義這個系統的特性，包括：第一和第二的焦點（focal points）、第一和第二的主點（Principal points）及第一和第二的節點。這些點稱之為主點或高斯點（Principal points 或 Gauss points）；經由這些主點的定義，就可以使得系統的完整描繪系統，只需要有幾個架構點就可以描繪出一個光學系統。

光學基本參數的定義：

焦點：是從無窮遠處平行主軸的光線，會聚焦於軸上的某處的點。

主點：當平行光線在光學系統中聚焦時，首先將聚到焦點的光線反向延伸，其次，並將平行入射光不考慮光學的折射效應，直接延伸，使兩線相交；而平行光束由小而大，相交的點形成一個面，這一個就是主面，主面和光軸的交點稱為主點；若稱為第一主點。

若以相反方向進行以上的步驟，也可以同時找到焦點，主平面和主點，也稱為第二焦點，主平面和主點。

節點：為光軸上的兩個點。光在通過系統後，其方向可顯示出第一節點，同平行於該方向可觀察出第二節點。在光學系統中以一個普通薄透鏡之節點示意如圖 2-2。當一光學系統固定在兩邊都是空氣的介質下（這是最普遍的應用），節點是會和主點重合。

有效焦長（effective focal length, efl）是指從主點到焦點的距離，

後焦長（back focal lenth, bfl）或是後聚焦是光學系統表面頂點與第二焦點的距離。

前焦長（front focal lenth, ffl）則是指前表面到第一焦點的距離。

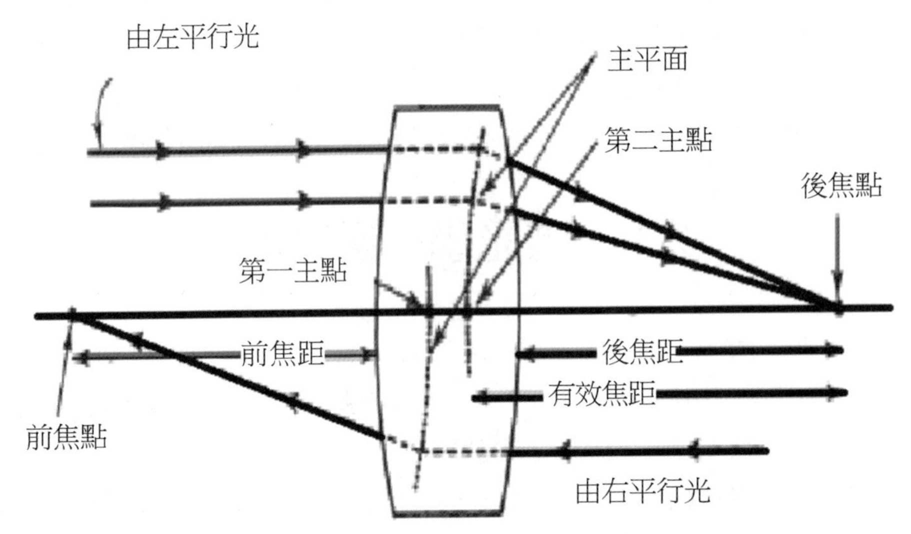

圖 2-1　光學系統中各焦點和主點的位置示意圖

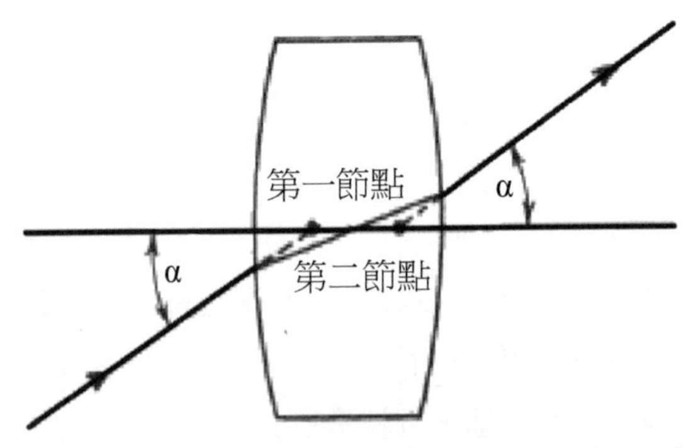

圖 2-2　無角度偏向光學系統中，一光線入射直接指出第一節點，同時可顯示出第二節點

在光學系統中一個透鏡的屈光率和有效焦長是互為導數；屈光率，通常用希臘字Φ來表示。假如焦長的單位為（m、mm、cm），則屈光率以屈光度（Diopter）為焦距的倒數以 m^{-1}為單位。

2.2 物像位置與大小初步估算

如圖 2-3，以高斯的架構點，主要是以相似三角形法，對光學系統的成像的位置與大小是可以作初步的估算。在圖 2-3 中，F_1和 F_2為系統焦點，P_1與 P_2是光學系統架構下主點的位置，物體以箭頭 OA 表示。

平行主軸的 AB 光在高斯的架構點下將通過第二焦點 F_2，並且繼續延伸。而另一道光 AF_1，經過第一焦點 F_1在第一主平面 C 點上會發生折射現象而形成平行光 CA'並同時延伸；兩道光同時交於 A'，而在此也形成了 O'A'影像。在此物像之關係也可以互換計算而得同樣之結果。

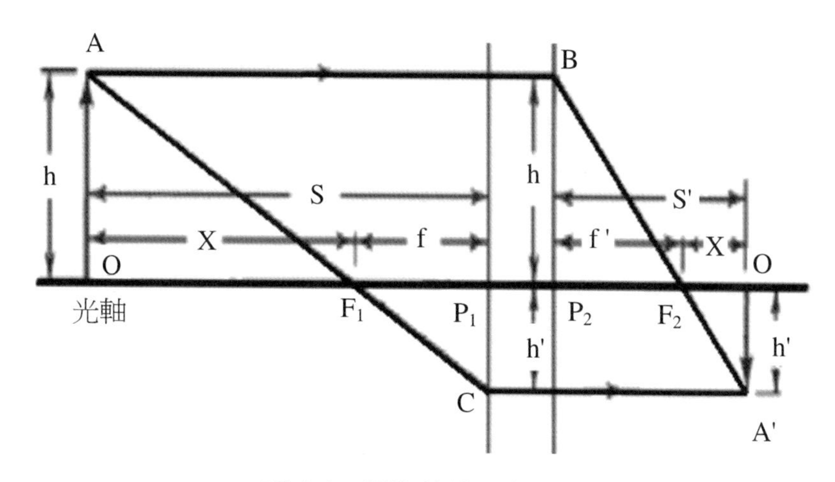

圖 2-3　影像的位置與大小

依慣例，光學系統架構，有以下的定義：

1. 高度在光軸上方其值為正（例：OA）；高度在下方時以負值表示（例：A'O'）。
2. 在參考點左側的量測距離為正，而右側為負。
3. 聚焦透鏡的焦長為正；發散透鏡的焦長則是為負。
4. 習用標誌的說明是由左向右。

5. 光從左到右移動。
6. 焦距若為聚光鏡是正的。
7. 在軸上高度是正的。
8. 在右邊距離是正的。
9. 如果曲率中心是在表面右邊，半徑或曲率是正的。
10. 如果光線順時針轉動到伸手可及法線或軸的距離，角度是正面的。
11. 在反射以後（當光的方向被反轉）時，隨後折射率的符號和間距被反轉：即，如果光從右到左移動，折射率是負值：如果下表面在左面，空間是負值。

2.2.1 影像位置計算

在圖 2-3 可以有 AOF_1 和 F_1P_1C 及 BP_2F_2 和 A'O'F 兩組相似三角形，若定義：物體和影像的高度分別以 h 和 h'表示；焦長分別以 f 和 f'表示；物體和影像的距離（是從主平面開始算）分別定義為 s 和 s'；焦點到物體和影像的距離則定義為 x 和 x'。根據，所定義的符號，h、f、f'、x'和 s'都是正值，而 x、s 和 h'則都是負的。有「'」符號指的是和影像有關的尺度，反之，沒有「'」的符號則與物體本身有關。

從相似三角形來看，

$$\frac{h}{-h'} = \frac{-X}{f} \qquad \text{式 2.1}$$

使每個方程式的右項相等，並整理該方程式為

$$ff' = -xx' \qquad \text{式 2.2}$$

假設光學系統是架構於空氣中，然而 f 就會等同於 f'。

$$x' = \frac{-f^2}{x} \qquad \text{式 2.3}$$

這就是呈像方程式：牛頓式。當已知焦點位置時代入式子就可以成為很有用的計算公式。

假如，用 s+f 代換 x 而 s'−f 代換 x'，則，可以推導出影像呈像位置的另一種表示式：高斯式。

$$\begin{aligned} f^2 &= -xx' = -(s+f)(s'-f) \\ &= -ss' + sf - s'f + f^2 \end{aligned}$$

同除 ss'f 並省略 f^2，使，可以得到

$$\frac{1}{s'} = \frac{1}{f} + \frac{1}{s} \qquad \text{式 2.4}$$

或是

$$s' = \frac{sf}{s+f} \quad f = \frac{ss'}{s-s'} \qquad \text{式 2.5}$$

影像大小尺寸

光學系統中橫向的放大率是由影像尺寸和物體尺寸的比值（h'/h）求得。重新整理式 2.1，得到放大率，m

$$m = \frac{h'}{h} = \frac{f}{x} = \frac{-x'}{f}$$

用 s+f 代換 x，則可以改變其表示式為

$$m = \frac{h'}{h} = \frac{f}{s+f}$$

而根據式 2.5 可知 f/s+f 等同於 s'/s，所以最後可以導得

$$m = \frac{h'}{h} = \frac{s'}{s}$$

其他相關的關係式為

$$s' = f(1-m)$$

$$s = f\left(\frac{1}{m} - 1\right)$$

在此需要特別強調式 2.3 到式 2.7 都是假設物體和成像在空氣的前提下，而圖 2-3 和圖 2-4 則是顯示為負的放大率情況。

縱向放大率則指沿著光軸的放大率，例如：物體縱向厚度放大率或是沿軸向縱向移動放大率。若 s_1 和 s_2 分別代表物體的邊緣的前面和後面，而 s_1' 和 s_2' 分別代表相對應影像的邊緣的前面和後面，然後，定義縱向放大率為

$$\overline{m} = \frac{s_2' - s_1'}{s_2 - s_1}$$

以式 2.5 替代有「'」的距離項並整理後可得，

$$\overline{m} = \frac{s_1'}{s_1} \cdot \frac{s_2'}{s_2} = m_1 \cdot m_2 \qquad \text{式 2.6}$$

這邊，知道 $m = s'/s$。當 $s_2' - s_1'$ 和 $s_2 - s_1$ 都趨近於零，然而 m_1 和 m_2 會等值，所以

$$\overline{m} = m^2 \qquad \text{式 2.7}$$

上述式子是指出縱向放大通常都是正值，也就是說物體和影像會以相同方向移動。

光學系統不在空氣中進行

若物體和成像不在空氣中，需要作一些假設，後續所推導的式子將會取代先前標準模式下所推導的式 2.2 到式 2.9。

假定光學系統物體端的介質為折射率 n 的物質，而成像端為折射率 n'。第一和第二有效焦長分別為 f 和 f'。之中的關係式為：

$$\frac{f}{n} = \frac{f'}{n'} \qquad \text{式 2.8}$$

上式中焦長可以利用光線追縱法在以空氣為介質的光學系統計算得出，舉例來說 $f' = -y_1/u_k'$（參考式 2.34）。

物體和成像的距離

$$\frac{n'}{s'} = \frac{n}{s} + \frac{n}{f} = \frac{n}{s} + \frac{n'}{f'} \qquad \text{式 2.9}$$

$$x' = \frac{-ff'}{x} \qquad \text{式 2.10}$$

放大率

$$m = \frac{h'}{h} = \frac{ns'}{n's} = \frac{f}{x} = \frac{-x'}{f'} \qquad \text{式 2.11}$$

對於無窮遠處的物體而言，

$$h' = fu_p = f'u_p\, n/n' \qquad \text{式 2.12}$$

$$\overline{m} = \frac{\Delta s'}{\Delta s} = \frac{ff'}{x^2} \qquad \text{式 2.13}$$

注意這邊 $\overline{m} \neq m^2$。焦點到節點的距離同於到另一條焦長。

推估在一個設計完全的透鏡系統物體和影像相對距離之近似值。

若物體和影像與軸上相交其距離分別為 l 和 l′，則放大率可以定義為：

$$m = \frac{h'}{h} = \frac{nl'}{n'l}$$

2.2.2 鏈型畸變和校正——Scheimpflug 效應

通常物件是由是正常的對光軸的平面表面定義的。然而，如果物件平面垂直傾斜，然後像平面也傾斜。

二十世紀初，奧地利上尉 Scheimpflug 分析勘與地圖中發現如果鏡組的物面和成像面不平行時之關係，在近代眼睛醫學也常用此一原理作校正，說明如下：

如圖 2-4，顯示在透鏡兩端的傾斜地物件和像平面。若依照高斯成像公式，像面的 1 點面為成像在 1'位置，而像面的 2 點面為成像在 2'位置。因此，若是一個鏡組的物面不平行時，可依以下之公式將成像面傾斜角度擺置時，就可以得到一個校正後的影像。

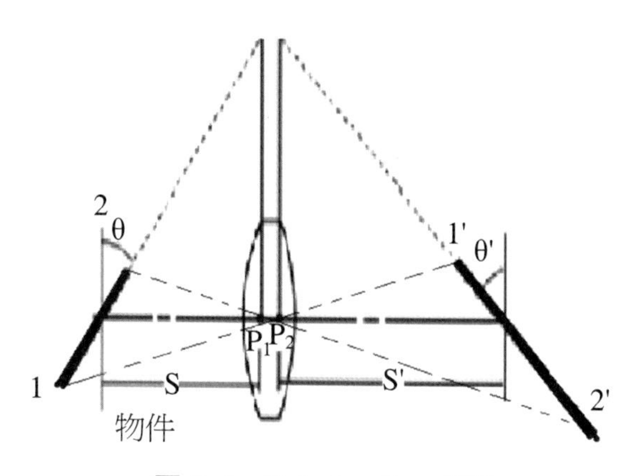

圖 2-4　Scheimpflug 條件

Scheimpflug 條件可以用於確定像面的傾斜。放大在這些情況下橫跨場角將變化，導致按鏈型畸變。如用圖解法表示，物件上面的放大率大於底部。（比較像距比率到物距為光線從物件的上面和底部。）

物面和成像面的角度關係

$$\theta' = \theta \frac{s'}{s} = m\theta \qquad \text{式 2.14}$$

m 是放大率。

若角度大時，可由以下的公式表示出來

$$\tan\theta' = \frac{s'}{s}\tan\theta = m\tan\theta$$

一般一個傾角的物件或像平面將導致按鏈型畸變，因為影像從頂向下放大率改變。起因於從頂向下這物件和像距場角的變異。

在投影機的物面通常和投影鏡面 AA'平行，因此，為保持其影像無鍵型畸變，影像面及銀屏面，也必須和投影鏡組成平行。而這一個例子並不是 Scheimpflug 效應。

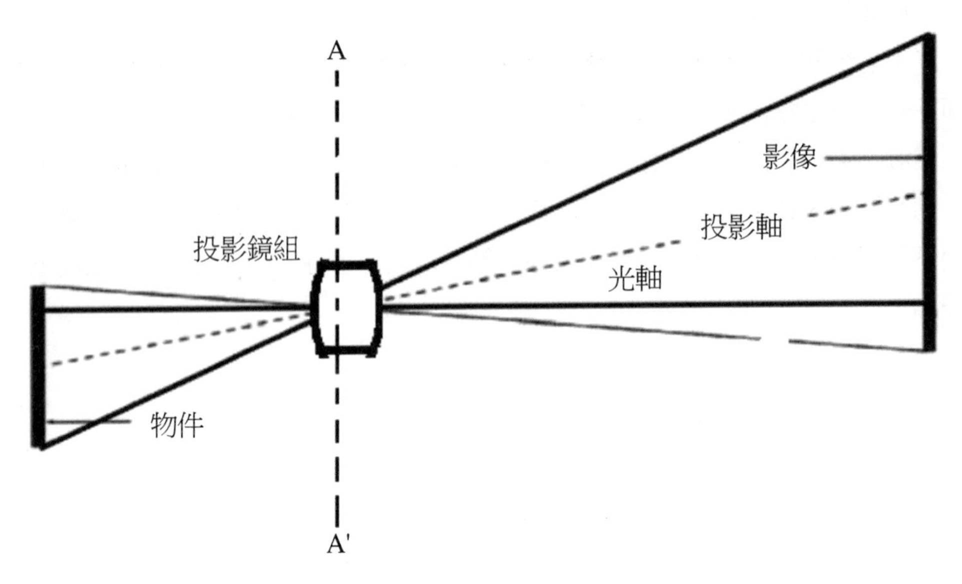

圖 2-5　物件和像平面是平行的鍵型畸變可以被避免。圖顯示怎麼「投射軸」可以傾角向上，無需導致鍵型畸變

2.3 光線在鏡面介面的路徑計算

2.3.1 三角函數法

光學系統的平行軸區域是指極細長且薄接近光軸的區域，光線的本身的角度必須很小（例如：指的是斜面角和入射、折射角。），其值會等同於其正弦值和正交值。若簡化正弦值成為一次式可以使計算和操作達到快速和簡易的目的。因此大部分實際運用於光學系統架構下，所得到較好的成像其光路徑至少都能通過接近於平行軸的影像。以三角形幾何關係可以推導出在操作區域當角度接近零時，符合平行軸關係等同於討論其極限關係。以圖 2-6 為例，光經過一個曲率半徑較大的鏡面，其光學表示如下：

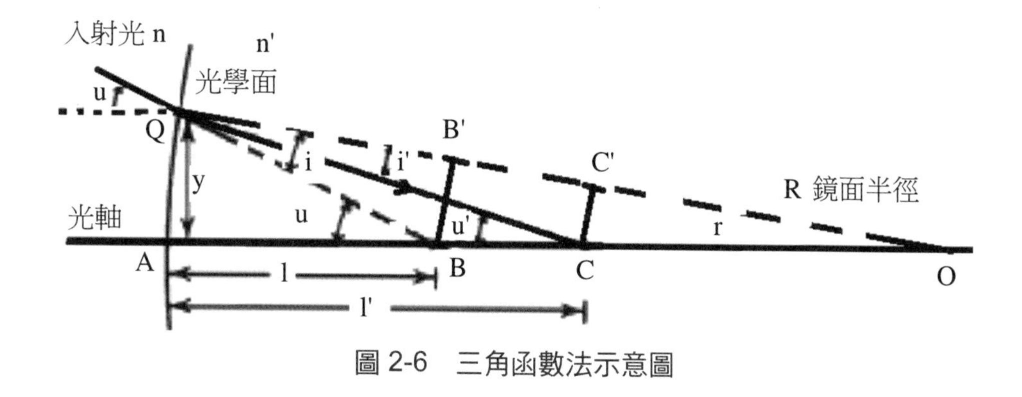

圖 2-6　三角函數法示意圖

當入射光 QB 方向，以入光線和 OA 夾角為 u，從折射率 n 介質進入鏡面半徑 R 之折射率 n'介質，若介質 n 小於介質 n'，則光路折為 QB 到 C 點與光軸 OA 之交點為 C，

$$y = QC'\sin u = QB'\sin u'$$
$$u = u' + i - i'$$
$$QC' = R - (R - l)\cos r$$
$$QB' = R - (R - l')\cos r$$
$$\sin i' = \frac{CC'}{QC}$$
$$\sin i = \frac{BB'}{QB}$$

公式 $n\sin i = n'\sin i'$

$$B'B = \left(\frac{R - l}{R}\right)y$$

$$\sin i = \frac{BB'}{QB} = \frac{\left(\frac{R - l}{R}\right)y}{[R - (R - l)\cos r]}$$

若 $\cos r \sim 1$

$$\sin i = \frac{BB'}{QB} = \frac{R - l}{l}$$
$$\sin i' = \frac{CC'}{QC} = \frac{R - l'}{l'}$$
$$\frac{\sin i'}{\sin i} \sim \left(\frac{l}{l'}\right)\left[\frac{R - l'}{R - l}\right] = \left(\frac{u'}{u}\right)[R - l'/R - l] = \frac{n}{n'}$$

或可以整理為：

$$l' = \frac{ln'R}{(n'-n)l + nR}$$

$$\frac{n'}{l'} = \frac{(n'-n)}{R} + \frac{n}{l}$$

同乘 y，且 $u = y/l$，$u' = y/l'$

可以寫成：

$$(n'u - nu') = \frac{y}{R}(n - n')$$

$$u' = \frac{nu - \frac{(n'-n)}{R}y}{n'}$$

$(n'-n)/R$ 該項是指在表面曲率分布的情形，其值為正會將光線聚縮至光軸；其值為負則光線會被發散而遠離光軸。

2.3.2 光學的不變量

經由以上式子整理，光學鏡組介面存在著不變量或是拉葛蘭居不變量（Lagrange Invariant）。而這一個不變量是指在一光學系統中保持常數型態，在一些數值分析計算中，可以不用考慮某些中間運算的必要性，也不需要光追跡計算，是相當有用的方法。

其理論可由以下式子證明：若有兩道光通過一光學系統：其中一道光（稱作軸向光）是從物體的底部或是與光軸相交處出發；另一道光（斜向光）則是從物體非軸向上的一點出發。圖 2-7 顯示出此兩道光通過一廣義的光學系統。

在系統中每一個表面上，都可以針對每一條光寫出如式 2.15。就軸向光而言

$$n'u' = nu - y(n'-n)c \qquad \text{式 } 2.15$$

藉由以 p 代表物邊光的資料，而以物邊光來表示

$$n'u'_p = nu_p - y_p(n'-n)c$$

設法得到式子中共通項而以兩種表示式寫成：

$$(n'-n)c = \frac{nu - n'u'}{y} = \frac{nu_p - n'u'_p}{y_p}$$

同乘 yy_p 並左右整理一下可得

$$(nu - n'u')y_p = (nu_p - n'u'_p)\ y \qquad \text{式 2.16}$$

注意在左邊等式角度和折射率為左邊表面（即在折射之前），並且，在經過透鏡，折射以後的等式的右邊表面，也有同樣數值。因而 $y_pnu - ynu_p$ 是橫跨所有表面是不變的常數。

由根據式 2.16 的操作的相似系列。可以表示，$y_pnu - ynu_p$ 為特定表面對下一表面 $y_pnu - ynu_p$ 是相等的；因而這個數值不僅橫跨表面是不變量，而且橫跨表面之間間隙也是不變量：因此它在整個光學系統或任何連續的部分系統中是不變量。

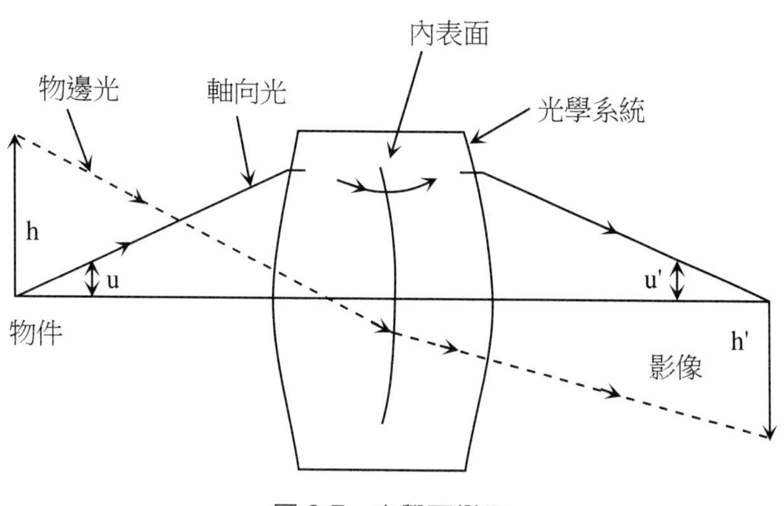

圖 2-7　光學不變量

2.3.2.1 不變量和放大率

如以下應用實例，寫一個物面和像面上的不變量在物空間有

$y_p = h'$，$n = n'$，$y = 0$，可以得到 $\text{In } v = hnu - (0)uu_p = hnu$

在相關的成像面 $y_p = h'$，$n = n'$，$y = 0$，可以得到

$$\text{In } v = h'n'u' - (0)u'u'_p = h'n'u'$$

兩式因不變量相等

$$hnu = h'n'u' \qquad \text{式 2.17}$$

它可以重新以光學系統方大率提供一個非常通用的表示形式

$$m = \frac{h'}{h} = \frac{nu}{n'u'} \qquad \text{式 2.18}$$

以上式子只有在光軸上成立，但是若在角度大時，可以使用以下式子：

$$hn \sin u = h'n' \sin u' \quad 式 2.19$$

在無限遠物件影像高度

當考慮一個透鏡，透鏡和物件在無限時，在第一面的不變量

$$In\ v = y_p u(0) - y_1 n u_p = -y_1 n u_p \quad 式 2.20$$

因為「軸向」光線從一個無限遠的物件角度斜率為零。在像平面 y_p 是影像高度 h'，並且 y 為「軸向」光線是零：因而

$$In\ v = h'n'u' - (0)u'u'_p = h'n'u'$$

視同二個 In v 表示為

$$h'n'u' = -y_1 n'u'_p$$

或

$$h' = u_p \frac{ny_1}{n'u'} \quad 式 2.21$$

對系統是有用的，物件和影像不在空氣中。如果物件和影像在空氣，設置 $n = n' = 1.0$，可得：

$$h' = u_p f = \tan u_p f$$

2.3.2.2 望遠鏡的放大率

如果，評估在系統的入口和出射光孔不變量，y_p 為（由定義）零，不變量成為

$$In\ v = ynu_p - y'n'u'_p \quad 式 2.22$$

y 是孔徑半徑，並且有半視場角。為一個無聚距系統，可以視同不變量在入口和出射光孔然後為了解無限聚焦（或望遠鏡）角度放大率，可得

$$MP = -\frac{u_p'}{u_p} = -\frac{yn}{y'u'} \quad 式 2.23$$

表明望遠鏡放大與入射光孔直徑比是相等的與出射光孔直徑（假設那 $n = n'$）。這會在之後進一步談論。

從前二組被追跡的光線數據

由前所述方法，一個近軸系統由可由二無關的光線數據完全地描述。因此，當追跡了二光線時，可以確定三階光線的通過的數據，不用進一步光線追跡，

$$\bar{y} = Ay_p + By \quad \text{式 2.24}$$

$$\bar{u} = Au_p + Bu \quad \text{式 2.25}$$

y 和 u 提到的三階光線和 y_p，y 和 u 是光線斜率和軸向光線的數據。常數 A 和 B 取決於解決式 2.24 及 2.25。得到

$$A = \frac{\bar{y}u_p - \bar{u}y_p}{uy_p - yu_p} = \frac{n}{\ln v}(\bar{y}u - \bar{u}y) \quad \text{式 2.26}$$

$$B = \frac{\bar{u}y_p - \bar{y}u_p}{uy_p - yu_p} = \frac{n}{\ln v}(\bar{u}y_p - \bar{y}u_p) \quad \text{式 2.27}$$

為一些表面在高度和斜率數據為所有三光線被知道的光學系統被評估（即在表面或在入瞳光欄）。常數 A 和 B 被插入式 2.24 和 2.25：y 和 u 的值。

2.3.2.3 入光欄和入射光瞳

可應用上式，導進入射光，以決定入瞳光欄的位置。假設，追跡了軸向和主光線，可用上式確定 B 值。再將追跡的主光線的式 2.24 和 2.25 轉換，以便它的高度在期望光欄表面上是零。這產生

$$B = -y_p/y$$

yp 和 y 在光欄表面。然後新的主光線在陳舊表面上的數據是

$$新\ y_p = -舊 y_p + By \quad \text{式 2.28}$$

$$新\ u_p = -舊\ u_p + Bu \quad \text{式 2.29}$$

對應於必需的光欄位置的孔徑位置是在 yp/up，並且主光線經過孔徑的中心也將穿過光欄的中心。

2.3.3 矩陣光學

近軸光線追跡的等式是 $A = B + CD$。使用二個矩陣，由上例增加以下二個表示式，

$$u' = u - y\phi \;（+y = y）$$

$$y_2 = y_1 - du'_1 \;（u_2 = u'_1）$$

在矩陣符號可以寫第一個矩陣形式為

$$\begin{bmatrix} u' \\ y \end{bmatrix} = \begin{bmatrix} 1 & -\Phi \\ 0 & 1 \end{bmatrix} \begin{bmatrix} u \\ y \end{bmatrix}$$

第二個矩陣形式為

$$\begin{bmatrix} u_2 \\ y_2 \end{bmatrix} = \begin{bmatrix} 1 & 0 \\ d & 1 \end{bmatrix} \begin{bmatrix} u'_1 \\ y_1 \end{bmatrix} \quad \text{式 2.30}$$

矩陣形式

$$\begin{bmatrix} u_2 \\ y_2 \end{bmatrix} = \begin{bmatrix} 1 & -\Phi \\ d & 1-\Phi \end{bmatrix} \begin{bmatrix} u_1 \\ y_1 \end{bmatrix} \quad \text{式 2.31}$$

如果需要，這個過程可以包含一個整個光學系統光束，並且所有內在矩陣，最終可以產生基點、焦距等描述。

這過程是一個實際計算。相當數量的計算和對應的近軸光線追跡方面相同。也許對追跡光程和有旁軸光線高度和斜率的資料及知識的優點。然而，若以矩陣操作是第二選擇。

2.3.4 y-ybar 圖法

y-ybar 圖是軸光線高度 y 對斜向主光線高度 ybar 的圖表。因而每點在圖表代表組件（或表面）系統。圖 2-8(a)顯示一臺架設的望遠鏡和 2-8(b)顯示對應的 y-ybar 圖。注意點 A 在 y-ybar 圖對應於組件 A 等。一個有經驗的設計者可以使用系統 y-ybar 圖速寫元件和光線。y-ybar 圖可簡化為組件曲率和間距無論如何介入相同數量計算，與光線對一套數值。雖然y-ybar圖比光線追跡圖，但是，明顯地在光線追跡有更多光學參數資訊——一個有經驗的設計者能容易地畫光線追跡圖，可以計算出元件的實際大小和性質等。但是，使用y-ybar圖法除了元件位置及主光線在元件上的高度，其他數據外，無法得到其他數據。

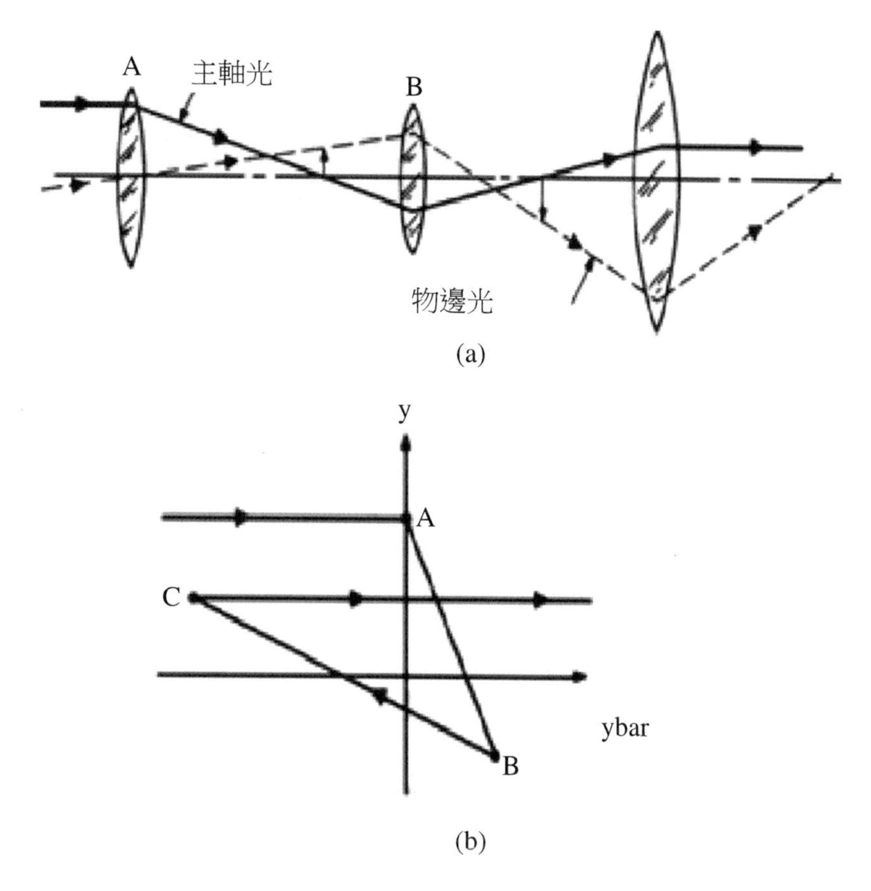

圖 2-8　(a)顯示一臺架設的望遠鏡和(b)顯示對應的 y-ybar 圖

2.4 光線追跡計算參數

若以 ynu 光追縱法是就是利用上節之數學關係式，求出光在光學介面方程式依續求出下面之像高，折射率及折射角的方法：

由於 y 是光線離光軸的高度，n 和 n'為兩相介質的折射率；通常為已知量。

$$u' = \frac{nu - \frac{(n' - n)}{R}y}{n'} \qquad \text{式 2.31a}$$

為了連續計算系統中的各表面，需要一組適用的轉換方程式。

$$y_2 = y_1 + tu'_1$$

以上二式為 ynu 光追縱法的主要式子，常應用在平行光軸系統。

圖 2-9 為在兩個光軸距離 t 的表面間所分隔出的光學系統示意圖。圖中光線是指在通過表面 1 產生折射現象後的光路徑，它的斜率設成 u'_1。光線分別與表面 1、2 相交於 y_1、y_2 兩點，而就平行的觀念討論介於兩個不同高度間的差設為 tu'_1。因此最後式子變成

$$y_2 = y_1 + tu'_1 = y_1 + t\frac{n_1 u_1}{u'_1} \qquad \text{式 } 2.32$$

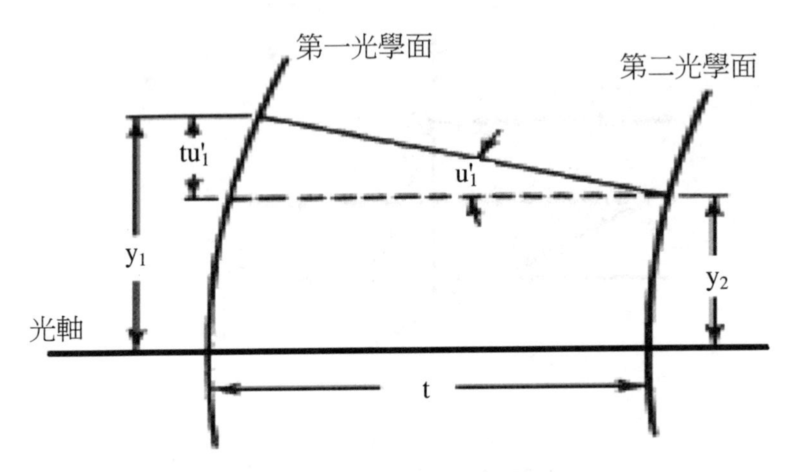

圖 2-9　圖示一平行軸光在平面間轉換

假設入射第二表面的光即為經第一表面折射後的光，又可得到另一轉換關係

$$u_2 = u'_1$$
$$n_2 u_2 = n'_1 u'_1$$

這些方程式可以用來估算一個複雜的光學系統中成像的位置與大小，但此僅適用於同軸的系統中。

2.4.1 近軸焦點和主點計算

一般而言，在近軸光學系統之焦長可以很容易藉由平行光軸（亦即初始斜率角度為零）的光線追跡法決定。然而有效焦長（efl）可定義為當光由最後的表面浮現時，原本第一表面光高度除上光的斜角 u'_k 的負值。

$$\text{efl} = \frac{-y_1}{u'_k} \qquad \text{式 } 2.33$$

同理，後焦長則定義成在最後表面光高度除以 u'_k 之負值，常以 k 為下標表示。

$$bfl=\frac{-y_k}{u'_k} \qquad 式 2.34$$

單一透鏡的幾個重要的點可以由前述光線追跡公式決定。焦點是光從無窮遠處的物體聚焦到光軸上的一點。這個點位在透過透鏡之初始斜率為零之處，可與軸向相交決定。

圖 2-10 為在透鏡中的一道光顯示其路徑為何。主平面（P_2）位於入射光和出射光的交會處。有效焦長（effective focal length, efl）或焦長（通常以 f 符號代表）是指在平行光軸區從 P_2 到 f_{-2} 之間的距離。可以定義為

$$efl=f=\frac{-y_1}{u'_2} \qquad 式 2.35$$

而後焦長（back focal length, bfl）則可以由下式求出

$$bfl=f=\frac{-y_2}{u'_2} \qquad 式 2.36$$

上例的這些等式的應用若以光學不變量法，可考慮一個已被追跡軸向和斜光線的系統。前焦、後焦和有效焦距是固定的，無需另外光線追跡，計算如下：內初始光線（第一光學面的 y, u, y_p, u_p）和為最後的光線（最後光學面的 y', u', y'_p, u'_p）的數值：希望確定最後的數據 $\bar{y}', \bar{u}'$ 為三階光線啟始數據為，$\bar{y}=1$，$\bar{u}=0$ 由加上式 2.26 和 2.27

$$efl=\frac{\bar{y}}{\bar{u}'}=\frac{-(yu_p-uy_p)}{uu'p-u_pu'} \qquad 式 2.37$$

$$bfl=\frac{\bar{y}'}{\bar{u}'}=\frac{-(y'u_p-uy'_p)}{uu'p-u_pu'} \qquad 式 2.38$$

$$ffl=\frac{\bar{y}'}{\bar{u}'}=\frac{-(-u'_p y-uy_p)}{uu'p-u_pu'} \qquad 式 2.39$$

數光學計算機程序利用式 s。設置入射光孔的 2.24 到 2.27，當給入瞳光欄位置和運用計算式。

大部分的光學程式，可用上述式子，求出入瞳和出瞳位置。若將物件置有限距離，焦距或其他的參數計算，必須直接地逐面特別計算。

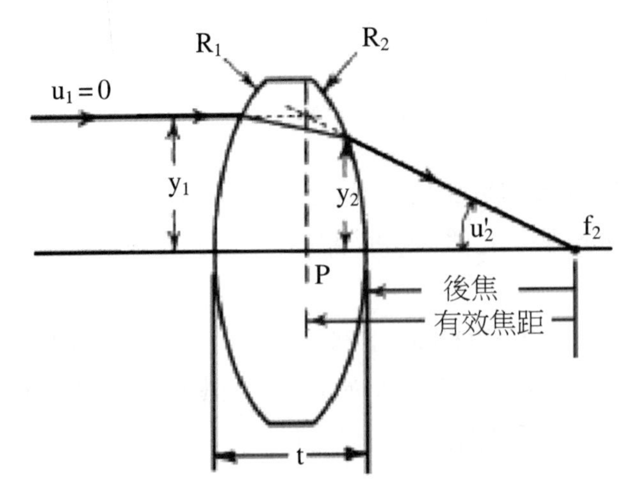

圖 2-10　藉由追跡平行光線來求得

2.4.2 實際透鏡有效焦長和後焦長

若以實際透鏡的折射率相對於外界空氣折射率 1 設為 n，然而 $n_1 = n'_2 = 1.0$ 和 $n'_1 = n'_2 = n$ 成立。表面曲率半徑分別為 R_1 和 R_2、曲率為 c_1 和 c_2、厚度為 t。運用之前的式子討論第一個表面，

$$n'_1 u'_1 = n_1 u_1 - (n'_1 - n_1) y_1 c_1 = 0 - (n-1) y_1 c_1$$

在第二表面上的高由式 2.32 可得出

$$y_2 = y_1 + \frac{t n'_1 u'_1}{n'_1} = y_1 - \frac{t(n-1) y_1 c_1}{n} = y_1 \left[1 - \frac{(n-1)}{n} t c_1\right]$$

可計算出最後斜率為

$$n'_2 u'_2 = n'_1 u'_1 - y_2 (n'_2 - n_2) c_2$$

$$= -(n-1) y_1 c_1 - y_1 \left[1 - \frac{(n-1)}{n} t c_1\right] (1-n) c_2$$

$$u'_2 = u'_2 = -y_1 (n-1) \left[c_1 - c_2 + t c_1 c_2 \frac{(n-1)}{n}\right]$$

然而透鏡的焦率（或是有效焦長）則可以表示成

$$\phi = \frac{1}{f} = \frac{-u'_2}{y_1} = (n-1) \left[c_1 - c_2 + t c_1 c_2 \frac{(n-1)}{n}\right] \qquad \text{式 2.40}$$

假如，以半徑的倒數（1/R）代替曲率（c），

$$\phi = \frac{1}{f} = (n-1)\left[\frac{1}{R_1} - \frac{1}{R_2} + \frac{t(n-1)}{R_1 R_2 n}\right] \qquad \text{式 2.41}$$

後焦長也可以由 y_2 除以 u_2' 可得，

$$bfl = \frac{-y_2}{u_2'} = f - \frac{ft(n-1)}{nr_1} \qquad \text{式 2.42}$$

而由式 2.39 的最後一項明顯看出從第二個表面到第二個主點的距離剛好是後焦長與有效焦距的差值（參閱圖 2-10）。上述的討論已經定義出透鏡的第二主點和第二焦點位置，至於第一焦點由透鏡兩曲率半徑和缺口方向判斷之。

2.4.3 不同鏡型的單鏡組主點位置

對於各式的透鏡其焦點和主點的位置繪如圖 2-10。特別注意一個凸透鏡或凹透鏡其主點幾乎均勻地介於透鏡間。在平凸或平凹透鏡中，其中一個主點必定位於曲率的表面處，另一點在透鏡中約距離三分之一透鏡厚處。參圖 2-13，彎月型透鏡其一主點必定位於透鏡之外，若其曲率過大，會致使兩個主點皆落於透鏡之外，甚至在順序上有顛倒的可能。在此以正型透鏡與負型比較，會發現其焦點位置剛好相反。

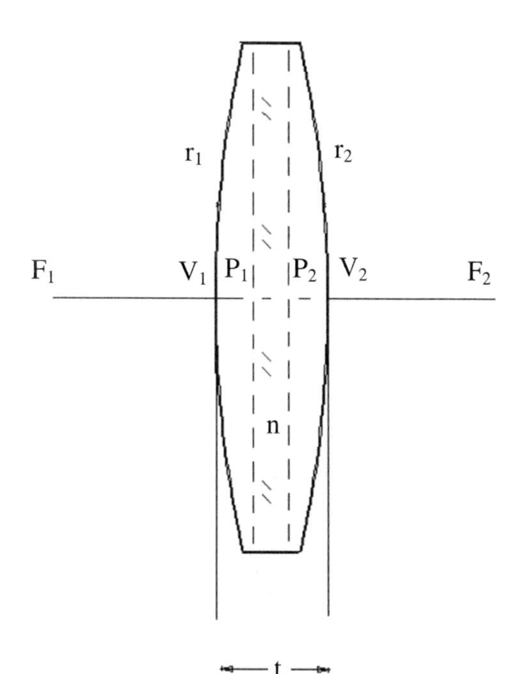

圖 2-11　單一鏡片之主點定義

若透鏡不是在空氣介質中，可以推導出類似的展開式。假設物體面介質折射率為 n_1，透鏡折射率為 n_2，成像面介質折射率為 n_3，則有效焦長與後焦長經計算可得：

$$\frac{n_1}{f}=\frac{n_3}{f'}=\frac{(n_2-n_1)}{R_1}-\frac{(n_2-n_3)}{R_2}+\frac{(n_2-n_3)(n_2-n_1)t}{n_2R_1R_2} \quad \text{式 2.43}$$

$$bfl=f'-\frac{f't(n_2-n_1)}{n_2R_1} \quad \text{式 2.44}$$

表 2-1 主點定義表

在光軸上點的定義	物空間（前）	像空間（後）	
主點	P	P'	共軛
節點	N	N'	共軛
焦點	F	F'	非共軛
頂點	V	V'	非共軛
軸上物／像點	O	O'	共軛
軸上出入瞳點	E	E'	共軛

$$F_1P_1=P_2F_2=f=\left[(n-1)\left(\frac{1}{r_1}-\frac{1}{r_2}\right)+\frac{t}{n}\frac{(n-1)^2}{r_1r_2}\right]^{-1}$$

$$P_1P_2=t\left[1-\frac{n-1}{n}\frac{r_1-r_2}{r_1r_2}f\right]$$

$$V_1P_1=-\frac{n-1}{n}\frac{t}{r_2}f$$

$$P_2V_2=\frac{n-1}{n}\frac{t}{r_1}f$$

$$N_1=P_1$$

$$N_2=P_2$$

表 2-2 光學元件的各間離定義

距離定義	物空間（前）	像空間（後）
前／後焦距	V_1F_1	V_2F_2
物／像焦距	P_1F_1	P_2F_2
物／像頂點和節點距	V_1P_1	V_2P_2
頂點厚度	V_1V_2	
主點距離	P_1P_2	

例如，由以上的公式，可以求得各主點的位置；這些的方程式同時可以運用在不同的形狀上；以一個 $R_1 = 2.5$、$R_2 = -12.0$、$V_1V_2 = 0.8$、$n = 1.5$ 的透鏡為例：

$$F_1P_1 = P_2F_2 = f = \left[(n-1)\left(\frac{1}{r_1} - \frac{1}{r_2}\right) + \frac{t}{n}\frac{(n-1)^2}{r_1r_2}\right]^{-1} = 4.215457$$

$$P_1P_2 = t\left[1 - \frac{n-1}{n}\frac{r_1 - r_2}{r_1r_2}f\right] = 0.246674$$

$$V_1P_1 = -\frac{n-1}{n}\frac{t}{r_2}f = 0.993677$$

$$P_2V_2 = \frac{n-1}{n}\frac{t}{r_1}f = 0.449649$$

如圖 2-12 所示，根據以上的公式，若折射率在 1.5，計算下面六種主點的位置，雙凸和雙凹的主點是在透鏡的內部，而平凸和平凹透鏡一在頂點，另一在內部；而對於半月型透鏡則是一在內部，另一在外部；這些點在實際鏡組設計時是重要的位置參數資料。

如果 n_1 和 n_3 其值為 1.0（以空氣舉例來說），則展開式可還原成式 2.36 和 2.37。

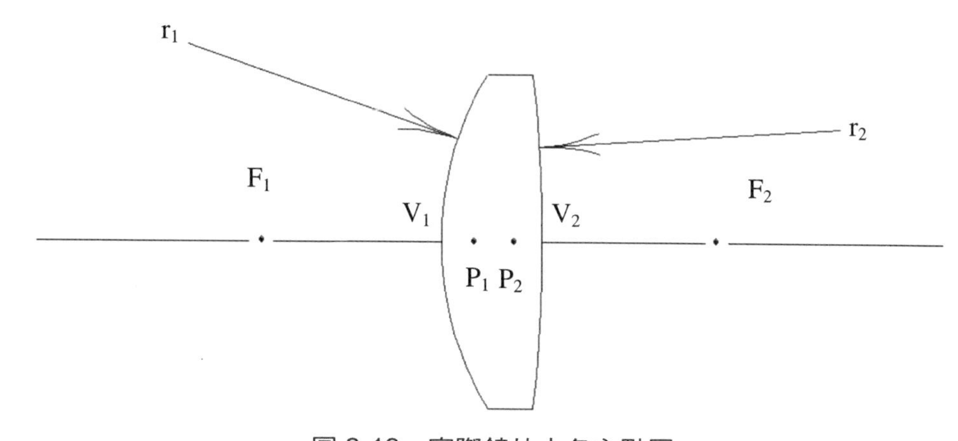

圖 2-12　實際鏡片之各主點圖

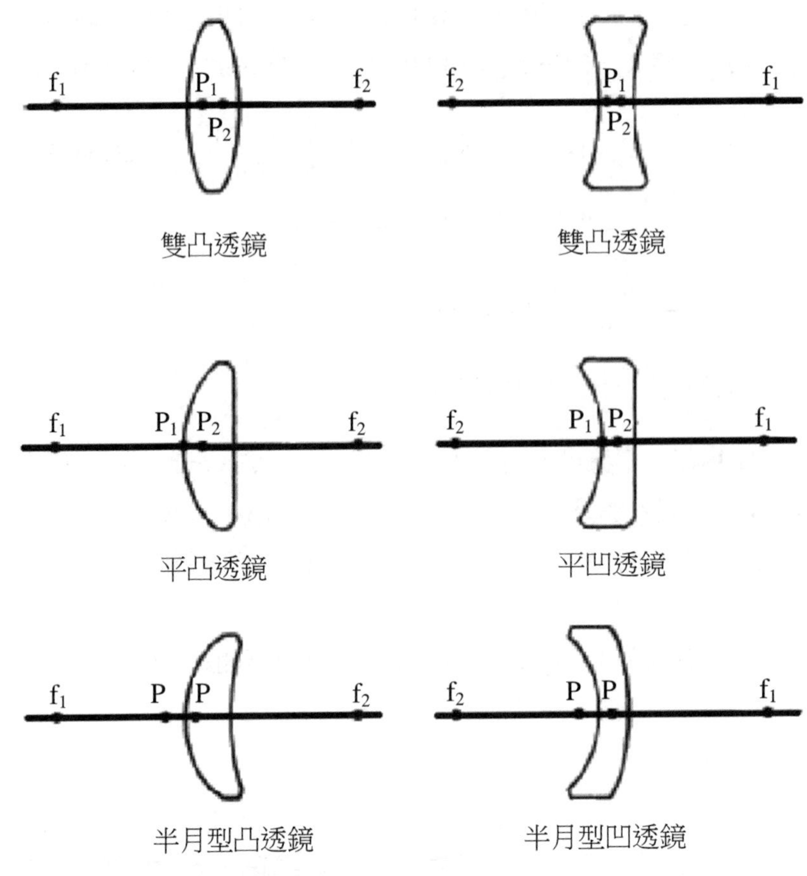

圖 2-13　各式發散、收斂透鏡其焦點與主點的位置

2.4.4 薄透鏡

假如透鏡的厚度小到對於計算精確度的影響可以忽略，這一類型的透鏡稱為薄透鏡。「薄透鏡」的觀念被大量應用在設計透鏡時作快速計算及分析程式之工具。薄透鏡焦點在厚度值設為零的前題下，可經式 2.36 推導可得

$$\frac{1}{f} = (n-1)(c_1 - c_2) \qquad \text{式 2.45}$$

$$\frac{1}{f} = (n-1)\left(\frac{1}{R_1} - \frac{1}{R_2}\right) \qquad \text{式 2.46}$$

因為透鏡的厚度估計為零，則薄透鏡的主點會與透鏡剛好在同一位置上，因此在前面式 2.4、2.5 和 2.7 計算物體和影像的位置時，所帶出的距離 s 和 s'即為到透鏡本身距離。而 $c_1 - c_2$ 項通常稱作總曲率或是簡單來說為透鏡的曲率。

2.5 系統組裝機構的光學參數計算

一個光學系統是由很多的分開的光學元件或機構組成的。若要計算總焦長，可利用一個一個表面進行計算。

如單一鏡片，圖 2-14 所示在一個光學機構中（可能由很多光學零件所組成），物體距第一主平面的距離為 s，其影像成像於離第二主平面 s'處。主平面是一個具單位放大率的平面，在上面可以看到入射光和出射的光路，而在第一和第二主平面上，光線會保持相同的高度。然而從圖 2-14 中可以看出一道光從物體出發（假如延伸光線會與第一主平面在離軸 y 處相交），從第二主平面在高度同為 y 處射出，根據這樣結構，可寫出下列的關係式：

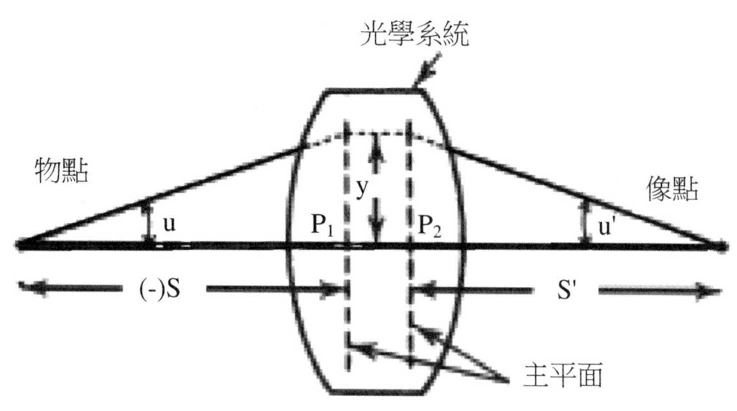

圖 2-14　光學系統物點和像點圖

$$u = \frac{-y}{s} \quad 和 \quad u' = \frac{-y}{s'}$$

將式子做些轉換而導出 $s = -y/u$ 及 $s' = -y/u'$，並代入式 2.4：

$$\frac{1}{s'} = \frac{1}{s} + \frac{1}{f}$$

$$\frac{-u'}{y} = \frac{-u}{y} + \frac{1}{f}$$

$$u' = u - \frac{y}{f}$$

假如現在，定義焦長的倒數（1/f）用組成放大率ϕ代替，可以重寫方程式為：

$$u' = u - y\phi$$

在此一系統中，對於元件所建構的轉換方程式，在平行軸系統下，以光追跡法應用於表面到表面：

$$y_2 = y_1 + du'_1 \qquad \text{式 } 2.47$$

$$u'_1 = u_2 \qquad \text{式 } 2.48$$

這邊 y_1 和 y_2 分別代表在主平面#1 和#2 光的高度，u'_1 是指通過第一元件後的斜率角度，而 d 是從#1 元件的第二主平面到#2 元件的第一主平面之軸向距離。

上述各式皆可等應用於不論是厚或是薄的透鏡系統。明顯地，當所使用的為薄透鏡系統，則 d 就是指介於各元件的間隔，因為此時元件和其主平面重合。

2.5.1 兩元件系統的焦長

運用前面的公式可以推導出在兩元件構成的系統中，有效焦長和後焦長的表示式。假設兩個透鏡的放大率分別為ϕ_a和ϕ_b，其分開距離為 d（假如兩透鏡皆為薄透鏡，如果其為厚透鏡，那 d 就是指其主平面間的距離）。將此一光學系統繪如圖 2-15。

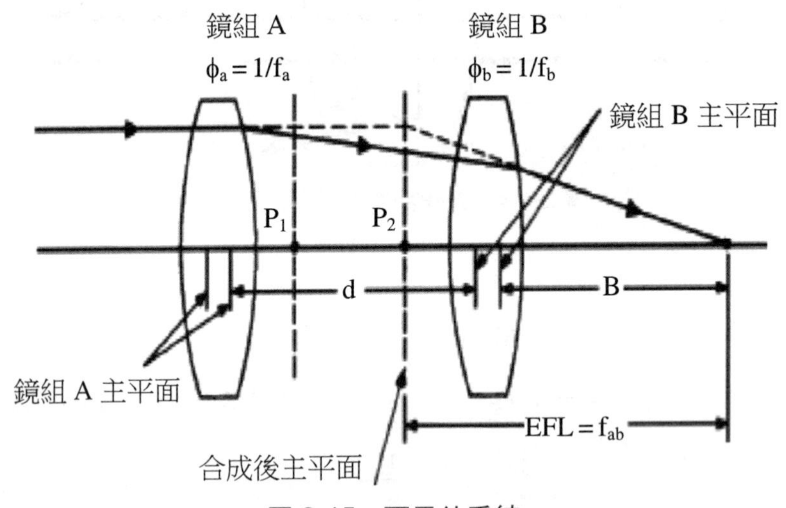

圖 2-15　兩元件系統

光線平行軸向開始向透鏡 a 入射，在透鏡 a 其光高為 y_a，可得：

$$u_a = 0$$

$$u'_a = 0 - y_a\phi_a \qquad \text{式 } 2.49$$

$$y_b = y_a - dy_a\phi_a = y_a(1 - d\phi_a) \qquad \text{式 2.50}$$

$$u_b' = -y_a\phi_a - y_a(1 - d\phi_a)\phi_b \qquad \text{式 2.51}$$

$$= -y_a(\phi_a + \phi_b - d\phi_a\phi_b)$$

系統的放大率（焦長的倒數）經計算可得

$$\phi_{ab} = \frac{1}{f_{ab}} = \phi_a + \phi_b - d\phi_a\phi_b$$

$$= \frac{1}{f_a} + \frac{1}{f_b} - \frac{d}{f_a f_b} \qquad \text{式 2.52}$$

然而，

$$f_{ab} = \frac{f_a f_b}{f_a + f_b - d} \qquad \text{式 2.53}$$

後焦長距離（從第二主平面到 b 點）由下式得出：

$$B = \frac{-y_b}{u_b'} = \frac{y_a(1 - d\phi_a)}{y_a(\phi_a + \phi_b - d\phi_a\phi_b)} = \frac{(1 - d/f_a)}{1/f_a + 1/f_b - d/f_a f_b} = \frac{f_b(f_a - d)}{f_a + f_b - d} \qquad \text{式 2.54}$$

以 $\frac{f_{ab}}{f_a} = \frac{f_b}{f_a + f_b - d}$ 取代，可將上式改寫

$$B = \frac{f_{ab}(f_a - d)}{f_a} \qquad \text{式 2.55}$$

而系統前焦長（front focus distance, ffd），則以光追跡法反相操作可得（舉例來說，光從右邊向左邊行進），或是簡單來說，把上式中 f_a 換成 f_b 即可。

$$(-)\,ffd = \frac{f_{ab}(f_a - d)}{f_b} \qquad \text{式 2.56}$$

當系統中焦長、後焦距

$$f_a = \frac{df_{ab}}{f_{ab} - B} \qquad \text{式 2.57}$$

$$f_b = \frac{-dB}{f_{ab} - B - d} \qquad \text{式 2.58}$$

2.5.2 兩元件機構系統之通式

藉由相同的方法，可以推導出在兩元件架構底下，符合光學系統的關係式。一般會引出兩種類型的問題，根據圖 2-15，帶出第一類型的題目是已知光學系統的放大

率、兩元件間的相對位置和物體到成像的距離（在此忽略介於元件中主平面間的區間）。然而在 s'、s'、d 和放大倍率 m 皆確認下，求取由兩物件所組成的系統之放大率（或是稱作焦長）可得：

$$\phi_A = \frac{(ms - md - s')}{msd} \qquad \text{式 } 2.59$$

$$\phi_B = \frac{(d - ms + s')}{ds'} \qquad \text{式 } 2.60$$

第二類型的題目則倒過來，知道了各元件的放大率，欲求物體到影像的距離和系統的放大倍率；首先，必須先定下兩元件的位置，在數學上為討論一個二次方程式的問題，因此其解有二；一個有解，一個則為無解（以虛數解為例）。下面則是以標準式解一個 d 的二次方程式（使用 $x = (-b \pm \sqrt{b^2 - 4ac})/2a$ 解 $O = ax^2 + bx + c$）。

$$O = d^2 - dT + T(f_A + f_B) + \frac{(m-1)^2 f_A f_B}{m} \qquad \text{式 } 2.61$$

因此 s 和 s'就可以很輕易的決定出

$$s = \frac{(m-1)d + T}{(m-1) - md\phi_A} \qquad \text{式 } 2.62$$

$$s' = T + s - d \qquad \text{式 } 2.63$$

從式 2.52 到 2.63 可以組成一組關係式適用於解任何含有二個元件的光學系統。注意放大倍率（magnification, m）其值為正或負，需完全由光學系統取決，同時也會影響成像是放大或縮小；不同的系統會造成正立成像或是倒立的影像，因此在應用上需多作考量。

例 2.1 一個數位相機，若鏡頭焦長為 50mm，對一物件高為 100m，置於第一焦點左邊的 100mm，如何找到 CCD 影像的成像位置和大小？

使用式 2.3：牛頓式，

$$x' = \frac{-f^2}{x} = \frac{-50^2}{-100} = +25\text{mm}$$

因此可知影像位元於距第二焦點右邊 25mm 處，接著應用式 2.6 求取像高，

$$m = \frac{h'}{h} = \frac{f}{x} = \frac{50}{-100} = -0.5$$

$$h' = mh = (-0.5)(100) = -50\text{mm}$$

因此假使物件在光軸第二焦點 25mm，則影像向下 50mm，可以高斯方程式

用來計算，但需注意從第一主平面到物體的距離以 s 來表示。

$$s = x - f = -100 - 50 = -150$$
$$\frac{1}{s'} = \frac{1}{f} + \frac{1}{s} = \frac{1}{50} + \frac{1}{-150} = \frac{1}{-75}$$
$$s' = 75\text{mm}$$

而影像在第二主平面右邊 75mm 符合之前的節在第二焦點右邊 25mm
像高可以由式 2.7a 決定如下：

$$m = \frac{h'}{h} = \frac{s'}{s} = +\frac{75}{-150} = -0.5$$
$$h' = mh = (-0.5)(100) = -50\text{mm}$$

例 2.2　若一放大鏡其焦距為 50mm，若一長為 10mm 物體在第一焦點右邊 10mm，如圖 2-16 所示，求影像的位置和像高為何？

$$x' = \frac{-f^2}{x} = \frac{-50^2}{+10} = -250\text{mm}$$

負值代表的意思為像位置在第二焦點的左邊。事實上，在適當厚度的光學系統中，像在系統的左邊同時也在物體的左邊。從式 2.6，可得放大率計算公式：

$$m = \frac{h'}{h} = \frac{f}{x} = \frac{50}{10} = 5$$
$$h' = mh = (5)(10) = +50\text{mm}$$

放大率和像高的值皆為正值。在這個例子中影像是虛像。在放大鏡另一端不會有任何的影像形成，但虛像可以藉由人眼從放大鏡的右方觀察出。對於一個簡單的透鏡而言，後放大率為正值代表呈像為虛像；反之如果放大率為負值時，即呈像為實像。圖 2-16 就是表現出其像與放大率的關係。

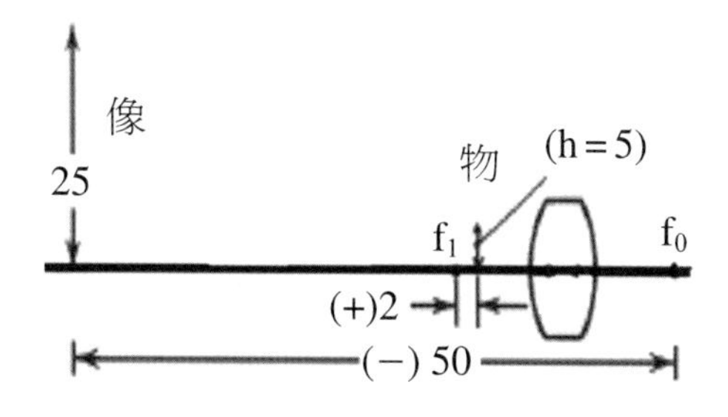

圖 2-16　虛像呈像示意圖（參閱例 2.2）

例 2.3 若例 2.2 的物體為 2mm 厚，則在影像上厚度的變化為何？因為在例 2.2 中已經討論過放大率為 5 倍，而根據式 2.9 可知，縱向放大率接近 5^2 或是 25 倍。因此影像厚度的變化也會趨近於 2mm 的 25 倍或是 50mm。若要求得實際的厚度變化就必須計算物體每個表面所呈像的位置。同於前面假設，物體距第一焦點 f1 右方 10mm，而距離後方表面約 40mm 處，則影像位於：

$$x' = \frac{-f^2}{x} = \frac{-50^2}{12} = -208.3333\text{mm}$$

是距離第二焦點 −208.333 處。因此在前後成像處表面的距離約為 41.6666mm，與之前所得的結果十分相符，也就是逼近 50mm 的方法可行。

例 2.4 一個手機式投影器，將物高 10mm 成像在距離 120mm 處高 50mm 的螢幕上，假設透鏡折射率為 1.5，需設計透鏡半徑為何使其在位置處有適當的成像尺寸？

首先計算出透鏡的焦長，因為成像是實像，所以放大倍率使用負號表示，從式 2.6、2.7，可得

$$m = \frac{h'}{h} = (-)\frac{50}{10} = \frac{s'}{s} \quad \text{或} \quad s' = -5s$$

又物體與像的距離為 120mm，

$$120 = -s + s' = -s - 5s = -6s$$
$$s = -20\text{mm}$$

因此可求得

$$s' = -5s = +100\text{mm}$$

將所得到物距與像距代入 2.4 中求出焦長 f

$$\frac{1}{100} = \frac{1}{f} + \frac{1}{-20}$$
$$f = 16.67\text{mm}$$

特別強調凸透鏡的 $R_1 = -R_2$，利用式 2.41 解得透鏡半徑為

$$\frac{1}{f} = +0.06 = (n-1)\left(\frac{1}{R_1} - \frac{1}{R_2}\right) = 0.5\,\frac{2}{R_1}$$

$$R_1 = \frac{1}{0.06} = 16.67\text{mm}$$
$$R_2 = -R_1 = -16.67\text{mm}$$

例 2.5　圖 2-17 是一個 doublet，包含有三個表面的光學系統，其透鏡半徑、厚度和折射率如圖所示。物體位置在第一個表面左方 300 釐米處，物高為 20 釐米。假設透鏡浸入空氣中，所以物體和影像是在介質折射率為 1.0

第一步是將問題中各參數以相關符號列表顯示，圖上所示為一般常用符號：

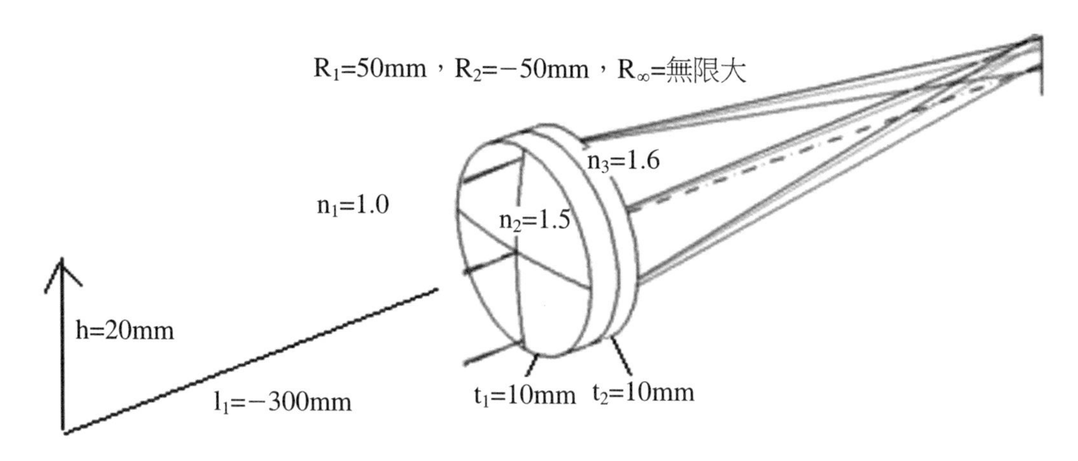

圖 2-17　例 2.5 光線追縱示意圖改成為 CODEV DOUBLET

參數如下表

$h=20mm$，$l_1=-300mm$，$R_1=50mm$，$R_2=-50mm$，$R_\infty=$ 無限大，

$t_1=10mm$，$t_2=2mm$，$n_1=1.0$，$n'_1=n_2=1.5$，$n'_2=n_3=1.6$，$n'_3=1.0$

先求出影像位置，再求出影像大小：

影像的位置可以從一個軸上相交的點（如上圖 O 點）經由光線追縱取得；影像將會隨著光線再度通過軸上 O'而定位出來。可以使用合理的數值為一道光的初始資料，從 O 點開始追縱一道光的路徑，到第一表面是離光軸 10 釐米高的點。因此 $y_1=+10$ 同時可以得到起始角度斜率為

$$u_1=\frac{-y_1}{l_1}=\frac{-10}{-300}=+0.0333$$

又因為 $n_1=1.0$，所以 $n_1u_1=+0.0333$。經折射後的角度其斜率從式 2.31a 可得

$$\begin{aligned} n'_1u'_1 &= -y_1(n'_1-n_1)\,C_1+n_1u_1 \\ &= -10(1.5-1.0)(+0.02)+0.0333 \\ &= -0.1+0.0333=-0.0666 \end{aligned}$$

從式 2.32 推得光在第二表面上的高度為

$$y_2 = y_1 + \frac{t_1(n_1' u_1')}{n_1'}$$
$$= 10 + \frac{10(-0.0666)}{1.5}$$
$$= 10 - 0.444 = 9.555$$

$n_2u_2 = n_1'u_1'$，進而討論第二表面上的折射

$$n_2' u_2' = -y_2(n_2' - n_2)\ C_2 + n_2u_2$$
$$= -9.555(1.6 - 1.5)(-0.02) - 0.0666$$
$$= +0.01911 - 0.0666 = -0.047555$$

在第二表面上光的高度經計算為

$$y_3 = y_2 + \frac{t_2(n_2' u_2')}{n_2'}$$
$$= 9.555 + \frac{2(-0.04755}{1.6}$$
$$= 9.555 - 0.059444 = 9.496111$$

系統最後一個表面為平面，亦即是半徑值為無窮，其曲率為零，nu 的乘積值也在這個表面有改變：

$$n_3' u_3' = -y_3(n_3' - n_3)\ C_3 + n_3u_3$$
$$= -9.496111(0 - 1.6)(0) - 0.047555$$
$$= -0.047555$$

因此在最後的截取長度 l' 中影像位置的量測經計算為

$$l_3' = \frac{-y_3}{u_3'} = \frac{-9.496111}{-0.047555} = +199.6846$$

只需透過計算用追縱法從物體頂端到影像面找到相交點而得出像高，光線在圖 2-17 中以虛線顯示出。

此道光線的計算得到 $y_3 = -0.52888$ 和 $n_3' u_3' = -0.067555$。在此圖 2-17 中像高 h' 同於在三階表面上光高加上光在行進至投影面時爬升或降下總量。

$$h' = y_3 + l_3' \frac{n_3' u_3'}{n_3'} = -0.52888 + 199.6846 \frac{-0.067555}{1.0}$$

$$= -14.0187$$

如上式展開計算 h'值；假如，將表面 4#視為影像面，影像距離為 l_3' $= 199.6846$，根據式 2.32 計算可得 y_4，也就是 h'。

同樣地，在考慮物體面為表面 0#，並令 $u_0' = u_1$ 以解得初始的角度斜率 u_1，所示如下：

$$y_1 = y_0 + t_0 \frac{n_0' u_0'}{n_0'}$$

$$u_0' = u_1 = \frac{y_1 - y_0}{t_0} = \frac{h - y_1}{l_1}$$

例 2.6　可以應用不變量於在例 2.5 做的演算中，通過假設，由軸向光線先被追跡。軸向光線斜率在物件是 0.0333⋯，並且影像對應的斜率 0.047555⋯，從物件和影像兩者都在空氣中，折射率為 1.0，因此，影像高度

$$m = \frac{h'}{h} = \frac{h'}{20} = \frac{nu}{n'u'} = \frac{1.0(+0.0333..)}{10(-0.047555..)}$$

$$h' = \frac{20(+0.0333..)}{(-0.047555..)}$$

$$h' = 14.0187$$

這值與在此例發現的高度和上一例其中通過追跡光線從物件的影像的技巧一致。因此，不需要這額外光線的演算，可以節省時間，證明不變量的有用性。

參考資料

C.F. Gauss, Dioptriche Unter suchungen, Delivered to the Royal Society, Dec. 10. 1840, Transactions of the Royal Society of Sciencs at Gottingen, VolI. 1843, “Optical Investigations”, (translatd by Bernard Rosett), July 1941.

Karl Friedrich Gauss

W, Smith, “Modern Optical Engineering-The Design of Optical system”, 3rd, Ch.2, (2001)

Working Draft of ISO 10110 Standard for the Preparation of Drawings for Optical Elements and Systems.

R. E. Fischer, “Introduction to Optical System Design and Engineering”, Video Short Course Notes of SPIE, (1992)

G. E. Wiese, “Basic Optics of Mechanical Engineers”, Video Short Course Notes of SPIE, (1992)

J. C. Wyant, “Modern Optical Testing”, Video Short Course Notes of SPIE, (1992).

習題

1. 焦距為 250mm 鏡頭，若一電線桿在 50 公尺處（從其第一次的主要點）求出成像位置。(a)距離焦點，(b)距離第二主點？若電線桿高度為 10 公尺，像高為何？(c)放大率為何？
2. 若是一個 1mm 正方體置於 20mm 之 5mm 焦距的負鏡頭；求的正方體的成像尺寸（高度、寬度、厚度）為何？
3. 雙凸鏡片曲率半徑 100mm，厚度 10mm，孔徑 20mm 與折射率 1.5，透過鏡頭，作光線追跡，若物件的高度(a)1.0 和(b)10.0mm 光束高度（平行於光軸），擺在 100mm，其成像位置和大小如何？
4. 一個鏡頭有效焦距 100 毫米和光圈直徑 15 毫米，而在前面具有 5 毫米高度的物件與鏡頭的距離 300 毫米，請評估圖像的距離和放大率。

軟體操作題

1. 建立有效的焦距的單鏡組鏡頭 50 毫米，玻璃 BK7，與孔直徑 5mm。光譜使用 Photopic 5。
2. 用 ynu 法計算圖像距離和外語單鏡組鏡頭高 100mm，物件的距離是 150mm，和高的物件是 10mm，鏡頭直徑 20mm。
3. 使用兩透鏡組所構成的鏡頭系統，請計算有效焦距 s，如果兩個 singlets 的分離值各為 0，20，40mm。

第三章　鏡面和稜鏡

在光學系統中，不僅包括光學鏡組用以成像外，若是一個整合的系統需要分光，改變光路徑，或偏極化應用等，這些功能就需要鏡面和稜鏡。

鏡面若不考慮鍍膜，單一鏡面具有反射或分光的功能，多面的鏡面的組合可以使得影像轉像，而稜鏡是一種塊狀之光學元件，依其不同的功能，將各面製作為反射面為不反射面，使光線可以入射其中而經過其光路徑而出射達到原設計的目的。若考慮鍍膜，鏡面且具有濾光及偏極化的功能。

稜鏡可提供兩種主要功能：一為分光，另一為改變光路徑；對光譜儀器而言（光譜儀、攝譜儀、光譜成像儀等），需要稜鏡的分光功能；亦即將光源色散為不同的波長。再者，光學系統改變光路徑的功能，可以使得系統縮小或改變光路徑的方向使其達到應用的目的。在其他的應用中，稜鏡的功能包括了將光束或影像進行平移、偏移或重新定位。在這些應用中，稜鏡必須小心的設置以避免分光的產生。

3.1 鏡面與稜鏡原理

在討論鏡面與稜鏡原理前，首先，必須討論反射面定義，如圖 3-1：

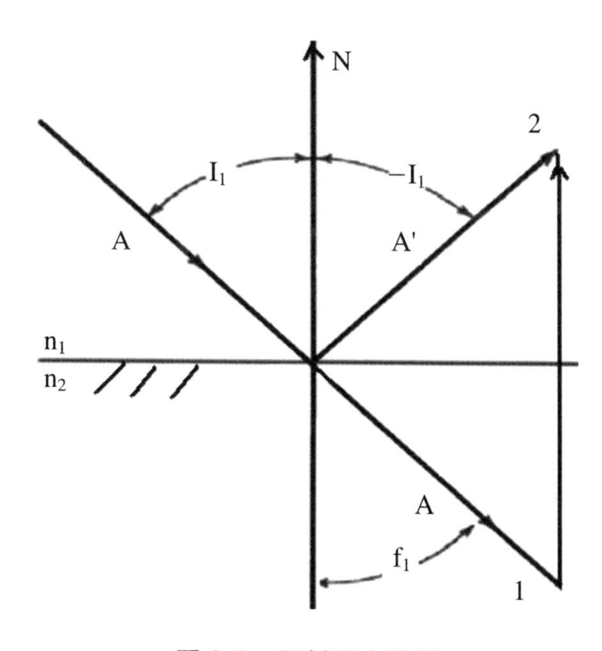

圖 3-1　反射面定義圖

鏡面與稜鏡原理都是利用反射原理，依照第一章定義，在一平面上，入射角等於反射角；而若入射光以向量 A 表示，反射光以向量 A'表示，平面以向量 N 表示，並以正弦函數表示向量，入射和出射向量可以用以下之關係式：

$$\overline{A}'=\overline{A}-2(\overline{A}\cdot\overline{N})\overline{N}$$

在直角座標中，若以距陣表示寫出，其中 A 為光線向量，N 為表面向量，A'為反射光線向量。

$$\begin{bmatrix} A'_x \\ A'_y \\ A'_z \end{bmatrix}=\begin{bmatrix} 1-2N_x^2 & -2N_xN_y & -2N_xN_z \\ -2N_xN_y & 1-2N_y^2 & -2N_xN_z \\ -2N_xN_z & -2N_xN_z & 1-2N^2N_z \end{bmatrix}\begin{bmatrix} A_x \\ A_y \\ A_z \end{bmatrix} \qquad \text{式 } 3.1$$

若入射光經過折射，依據司乃爾定律，將光線行進以向量表示如下：

$$nA\times N=n'A'\times N'$$

依照向量運算通用公式

$$A\times(B\times C)=B(A\cdot C)-C(A\cdot B)$$

由此可導出以下的關係

$$nA\times N=n'A'\times N'$$

$$N\times(A\times N)=\frac{n'}{n}N\times(A'\times N')$$

$$A(N\cdot N)-N(A\cdot N)=\left(\frac{n'}{n}\right)[A'(N\cdot N')-N(A'\cdot N)]$$

$$\because N=N';\ N\cdot N=1$$

$$A'=\left(\frac{n}{n'}\right)[A-N(A\cdot N)]+N(A'\cdot N)$$

$$\because A'\cdot N=\sqrt{\left[1-\frac{n^2}{n'^2}(1-(A\cdot N)^2)\right]}$$

由此可以得到 A'

$$\begin{bmatrix} A'_x \\ A'_y \\ A'_z \end{bmatrix}=\begin{bmatrix} (N_x/N'_x)\cdot(n_x/n'_x) & 0 & 0 \\ 0 & (N_y/N'_y)\cdot(n_y/n'_y) & 0 \\ 0 & 0 & (N_z/N'_z)\cdot(n_z/n'_z) \end{bmatrix}\begin{bmatrix} A_x \\ A_y \\ A_z \end{bmatrix} \qquad \text{式 } 3.2$$

若光線向量在一個光軸上旋轉，可以將其表示為：

若向量 A 繞轉軸向量 P，若對 P 轉一角度而到 A'時，其 A'值可表示為

$$\overline{A}' = (\overline{A}\cdot\overline{P})\overline{P} + [\overline{A}\cdot(\overline{A}\cdot\overline{P})\overline{P}]\cos\theta - (\overline{A}\times\overline{P})\sin\theta$$

$$\begin{bmatrix} A'_x \\ A'_y \\ A'_z \end{bmatrix} = \begin{bmatrix} \cos\theta + 2P_x^2\sin^2\frac{\theta}{2} & -P_z\sin\theta + 2P_xP_y\sin^2\frac{\theta}{2} & -P_y\sin\theta + 2P_xP_z\sin^2\frac{\theta}{2} \\ P_z\sin\theta + 2P_xP_y\sin^2\frac{\theta}{2} & \cos\theta + 2P_y^2\sin^2\frac{\theta}{2} & -P_x\sin\theta + 2P_yP_z\sin^2\frac{\theta}{2} \\ -P_y\sin\theta + 2P_xP_z\sin^2\frac{\theta}{2} & P_x\sin\theta + 2P_yP_z\sin^2\frac{\theta}{2} & \cos\theta + 2P_z^2\sin^2\frac{\theta}{2} \end{bmatrix} \begin{bmatrix} A_x \\ A_y \\ A_z \end{bmatrix}$$

式 3.3

位置可以用以下距陣表示為

$$\begin{bmatrix} Q'_x \\ Q'_y \\ Q'_z \end{bmatrix} = \begin{bmatrix} Q_x \\ Q_y \\ Q_z \end{bmatrix} + L\begin{bmatrix} 1 & 0 & 0 \\ 0 & 1 & 0 \\ 0 & 0 & 1 \end{bmatrix} \begin{bmatrix} A_x \\ A_y \\ A_z \end{bmatrix}$$

式 3.4

其中，可以將其表示為起始點位置為(Q_x, Q_y, Q_z)，經過 L 距離後的位置為(Q'_x, Q'_y, Q'_z)。

光在稜鏡中行進時的計算，可以運用以上三個轉換距陣計算：式 3.1、3.2 及 3.3 計算，因而可以得到起始位置及經過稜鏡之後的位置。

3.2 分光稜鏡

現討論用簡單光線路徑的計算方式。如圖 3-2 所示的典型分光稜鏡中，光線以 I_1 的角度入射至第一面並折射向下，產生與正交面夾 I'_1 的角度。

若頂角為 60 度，折射率在稜鏡中為 n = 1.5，而在空氣中 n = 1，第一面法線方向為(cos 30, 0, sin30)，而第一面法線方向為(cos 30, 0, −sin30)代入，並將稜鏡內的光方向餘弦為(0, 0, −1)對第一面可由式 3.2 求得入射光及出射光：

$$\begin{bmatrix} A'_x \\ A'_y \\ A'_z \end{bmatrix} = \begin{bmatrix} -(0.866)(1.5/1). & 0 & 0 \\ 0 & 0 & 0 \\ 0 & 0 & 0.5(1.5/1) \end{bmatrix} = \begin{bmatrix} 0 \\ 0 \\ -1 \end{bmatrix} = \begin{bmatrix} 0 \\ 0 \\ 0.75 \end{bmatrix}$$

可得

$$\begin{bmatrix} A'_x \\ A'_y \\ A'_z \end{bmatrix} = \begin{bmatrix} (0.866)(1.5/1). & 0 & 0 \\ 0 & 0 & 0 \\ 0 & 0 & 0.5(1.5/1) \end{bmatrix} = \begin{bmatrix} 0 \\ 0 \\ -1 \end{bmatrix} = \begin{bmatrix} 0 \\ 0 \\ -0.75 \end{bmatrix}$$

在將兩向量求其夾角為

$$\begin{bmatrix} A'_x \\ A'_y \\ A'_z \end{bmatrix} = \begin{bmatrix} (N_x/N'_x)\cdot(n_x/n'_x) & 0 & 0 \\ 0 & (N_y/N'_y)\cdot(n_y/n'_y) & 0 \\ 0 & 0 & (N_z/N'_z)\cdot(n_z/n'_z) \end{bmatrix} \begin{bmatrix} A_x \\ A_y \\ A_z \end{bmatrix}$$

光線在此表面因此偏移了$(I_1 - I'_1)$的角度。在第二個表面上光線偏移了$(I'_2 - I_2)$，因此光線的總偏移量為

$$D = (I_1 - I'_1) + (I'_2 - I_2) \qquad \text{式 3.5}$$

由圖中的幾何可知角I_2等於$(A - I'_1)$，其中 A 為稜鏡的頂角；將此代入式 3.5，則

$$D = I_1 + I'_2 - A \qquad \text{式 3.6}$$

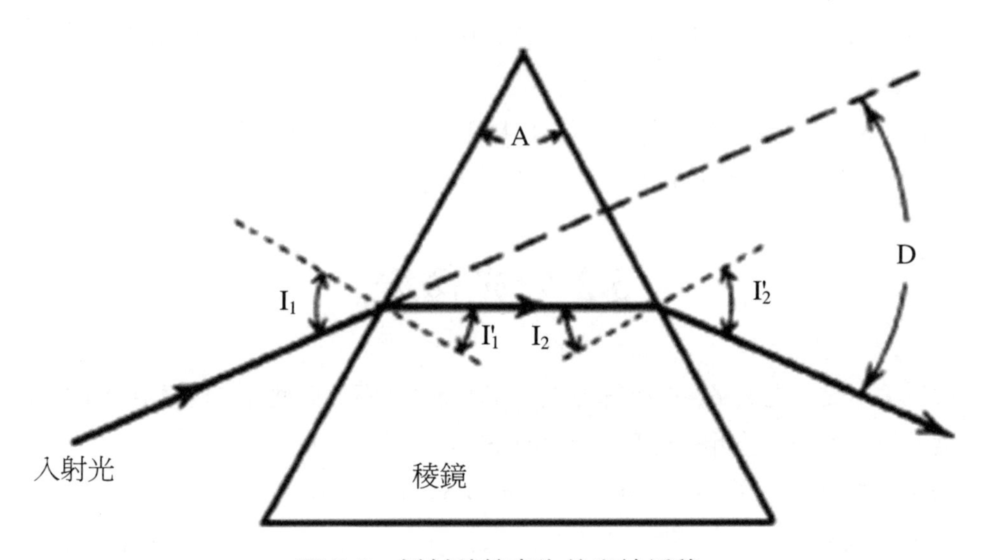

圖 3-2　折射稜鏡產生的光線偏移

計算稜鏡的偏移量，可以應用司乃爾定律（式 1.4）很快的決定式 3.6 中的角度如下（其中 n 為稜鏡折射率）：

$$\sin I'_1 = \frac{1}{n}\sin I_1 \qquad \text{式 3.7}$$

$$I_2 = A - I_1 \qquad \text{式 3.8}$$

$$\sin I'_2 = n\sin I_2 \qquad \text{式 3.9}$$

一般而言，使用上述的公式一步一步的計算偏移量會較為方便，但也可以將上列

公式結合為 I_1、A 和 n 對 D 的單一表示式如下：

$$D = I_1 - A + \arcsin[(n^2 - \sin^2 I_1)^{1/2} \sin A - \cos A \sin I_1] \qquad \text{式 } 3.10$$

由上式明顯可以看出偏移量為稜鏡折射率的函數，且偏移量會隨著增加折射率之值而增加。對光學材料而言，折射率在較短波長（藍光）下會比較長的波長（紅光）高。因此藍光的偏移角會較紅光為大，如圖 3-3 所示。這種與波長相關的偏移差異被稱為稜鏡的色散。對之前的公式取折射率 n 的微分，並假設 I_1 為常數，可以得到色散的表示式：

$$dD = \frac{\cos I_2 \tan I_1' + \sin I_2}{\cos I_2'} dn \qquad \text{式 } 3.11$$

對於波長的角色散即為 $dD/d\lambda$，可以藉由對式 3.11 兩邊同除以 $d\lambda$ 獲得。公式右邊產生的 $dn/d\lambda$ 項即為稜鏡材料的色散指數。

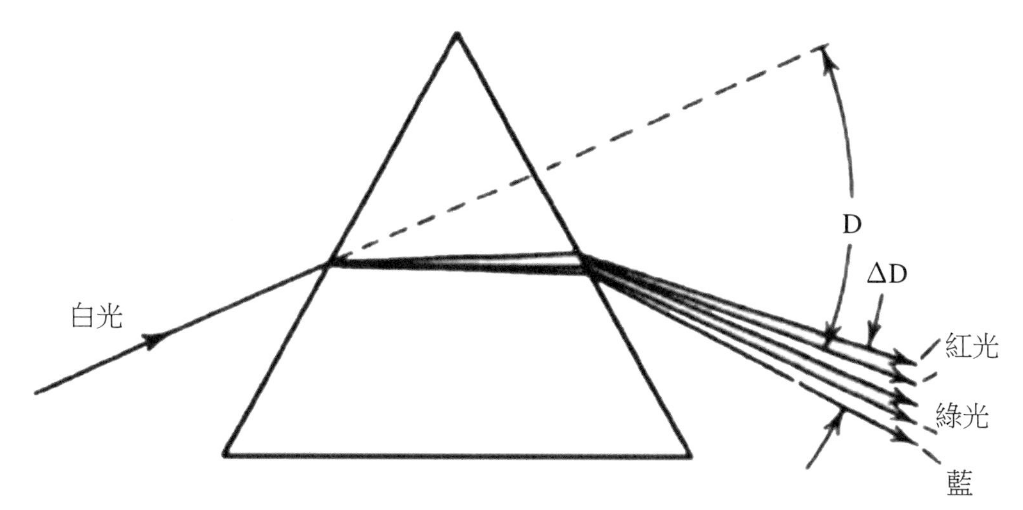

圖 3-3　白光在折射稜鏡下產生不同波長的色散（放大化示意圖）

「薄」稜鏡

如果在稜鏡中所牽涉的角度都很小，可以如同在透鏡中的平行例子一樣，將角度的正弦值以角度本身替換。這種情形發生在稜鏡的角度 A 甚小，而光線幾乎為正交入射至稜鏡面的時候。此時，可以得到：

$$i_1' = \frac{i_1}{n}$$

$$i_2 = A - i_1' = A - \frac{i_1}{n}$$

$$i_2' = ni_2 = nA - i_1$$
$$D = i_1 + i_2' - A = i_1 + nA - i_1 - A$$

於是，得到：

$$D = A(n-1) \qquad \text{式 } 3.12$$

如果稜鏡的角度A甚小但入射角度I並不小，則可以得到如下的對於D的估計式（忽略I的三次方以後之項）：

$$D = A(n-1)\left[1 + \frac{I^2(n+1)}{2n} + \cdots\right] \qquad \text{式 } 3.13$$

這些式子對於用來估計在建構光學系統時微小的稜鏡誤差產生的效應十分有用，因為，可以很快的得到光線的總偏移量。

對於「薄」稜鏡的色散，可以將公式 3.8 對 n 微分，得到 $dD = Adn$。代換式 3.8 中的 A，可以得到

$$dD = D\frac{dn}{(n-1)} \qquad \text{式 } 3.14$$

則分式$(n-1)/\Delta n$為描述光學材料的一項基本值。，將其相互關係稱為相對色散，阿貝數 V（Abbe V number），或是 V 值（V-value）。一般而言 n 值決定於使用氦的 d 線（0.4861μm）時的折射率，而Δn 則為氫的 F 線（0.5876μm）與 C 線（0.6563μm）的差值，而 V 值則由下式獲得：

$$V = \frac{n_d - 1}{n_F - n_C} \qquad \text{式 } 3.15$$

將式 3.14 中的$dn/(n-1)$以 $1/V$ 代替，則

$$dD = \frac{D}{V} \qquad \text{式 } 3.16$$

則可以很快的計算出薄稜鏡產生的色散。

最小偏移量

稜鏡的偏移為一個與初始入射角度I_1相關的函數。，可以證明當光以對稱的方式穿過稜鏡時，其偏移量為最小。此時$I_1 = I_2' = 1/2(A + D)$，而$I_1' = I_2 = A/2$，所以如果知道稜鏡的角度 A 與最小色散角度D_0，可以很容易的由以下的是子計算出稜鏡的折射率：

$$n=\frac{\sin I_1}{\sin I_1'}=\frac{\sin 1/2(A+D_0)}{\sin 1/2\,A} \qquad \text{式 3.17}$$

上式被廣泛使用於精確量測折射率的方法，因為最小偏移可以很容易的由光譜儀量測得到。稜鏡的這項功能也經常被使用在大部分的光譜儀器中，已得到大直徑的光束穿透一給定的稜鏡，並得到最小的表面反射損失。

消色差稜鏡與直視稜鏡

有時，會用到光線的無色散偏移。這時，可以結合兩片稜鏡來達到此一需求，其中一片為高色散的玻璃，而另一片則為低色散的玻璃。，希望這兩片稜鏡的偏移和為 $D_{1,2}$，而色散和則為零。利用「薄」稜鏡公式（式 3.12 與式 3.15），可以表示這些需求如下：

$$\text{偏移}\quad D_{1,2}=D_1+D_2=A_1(n_1-1)+A_2(n_2-1)$$

$$\text{色散}\quad dD_{1,2}=dD_1+dD_2=\frac{D_1}{V_1}+\frac{D_2}{V_2}$$

$$=\frac{A_1(n_1-1)}{V_1}+\frac{A_2(n_2-1)}{V_2}$$

對此兩片稜鏡存在一共同解如下：

$$A_1=\frac{D_{1,2}V_1}{(n_1-1)(V_1-V_2)}$$

$$A_2=\frac{D_{1,2}V_2}{(n_2-1)(V_2-V_1)} \qquad \text{式 3.18}$$

顯而易見地，稜鏡的角會存在一相反值，且具有較大 V 值（較小相對色散）的稜鏡會有較大的偏移角。無色差稜鏡的示意圖如圖 3-4 所示。注意其中出射光並不重合但為平行出射，亦即其角偏移量為相等。

在直視稜鏡中，希望產生無偏移的色像散線。在之前的方程式中使 $D_{1,2}$ 為零而維持色散項 $dD_{1,2}$，則可以解得兩片稜鏡之間產生，所希望的結果的角度。其解為：

$$A_1=\frac{dD_{1,2}V_1V_2}{(n_1-1)(V_2-V_1)}$$

$$A_2=\frac{dD_{1,2}V_1V_2}{(n_2-1)(V_1-V_2)} \qquad \text{式 3.19}$$

一個由兩片稜鏡所組成的直視稜鏡如圖 3-5(a)所示。為了在實用上得到足夠大的色散，通常需要用到更多的稜鏡。圖 3-5(b)即為一個應用這種稜鏡的手持光譜儀的例子。

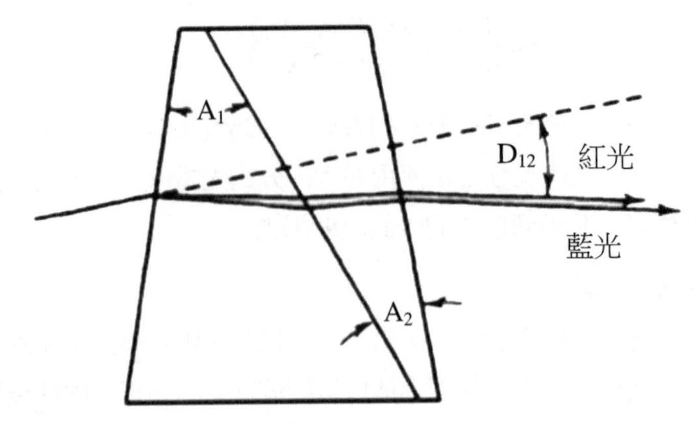

圖 3-4 無色差稜鏡。紅光與藍光以平行方式出射；在光偏移的過程中並無色散發生

由於公式 3.13 與公式 3.14 皆由推導薄稜鏡公式而來，顯然在這裡所使用的稜鏡元件的稜鏡角度值在非薄稜鏡的時候僅會接近實際值。在實際使用時，這些估計值必須實際以光線的照射追跡，並以司乃爾定律作調整。

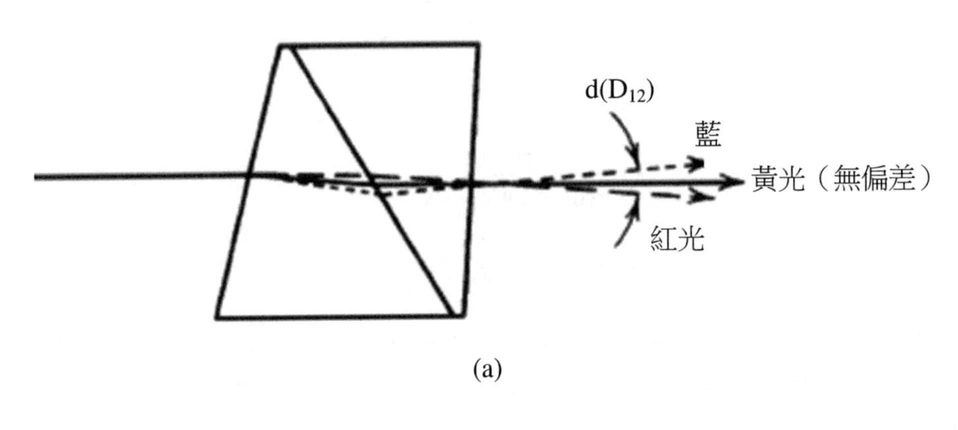

(a)

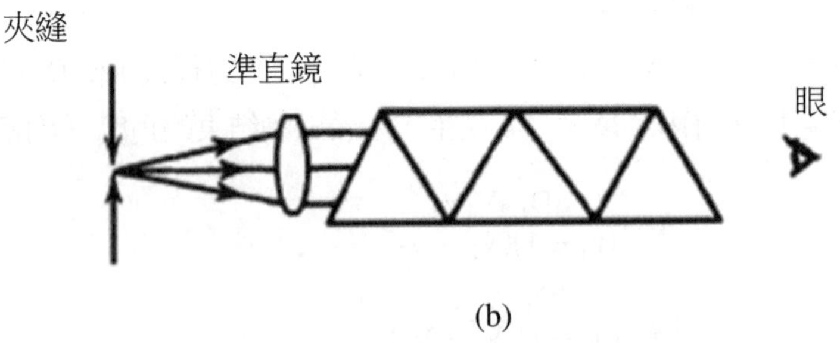

(b)

圖 3-5 (a)一個直視稜鏡可以將光線色散成不同的光譜單元而不會產生光線偏移
(b)手持光譜儀。其中的平行透鏡組可以將狹縫的影像產生放大至無窮遠處以方便觀察。稜鏡接下來則將光線色散為光譜而不會偏移黃光

全內反射

當光線通過高折射率的介質至低折射率的介質，光線會折射而偏離與表面的正交線，如圖 3-5(a)所示。當入射角逐漸增加，則折射角也會以更大的比例增加，則依據司乃爾定律（$n > n'$）：

$$\sin I' = \frac{n}{n'} \sin I$$

當入射角達到一定值使得 $\sin I' = n'/n$，則 $\sin I' = 1.0$，而 $I' = 90°$。在此點沒有任何光線可以傳導通過表面；光線會完全反射回較密介質，如同任何光線產生比垂直更大的角度。該角度

$$I_c = \arcsin \frac{n'}{n} \qquad \text{式 3.20}$$

稱之為極限角，對於典型的空氣-玻璃表面而言，若是玻璃的折射率為 1.5，其值約為 42°；對於折射率為 1.7，其值約為 36°；對於折射率為 2.0，其值約為 30°；對於折射率為 4.0，其值約為 14.5°。

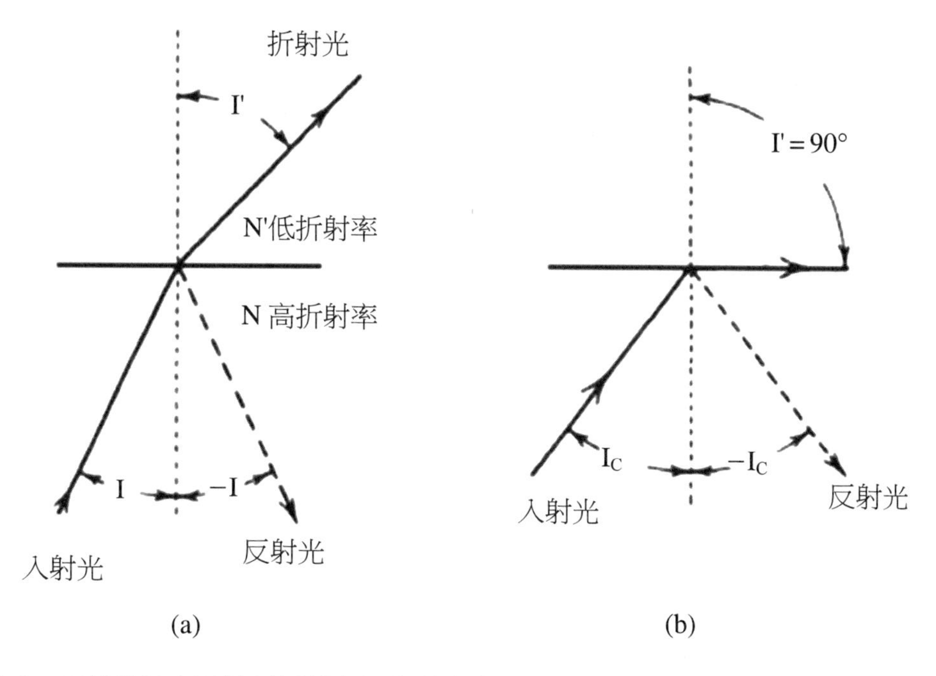

圖 3-6　光線從較高至較低折射率得介質時產生之全內反射，其入射角之正弦值等於或大於 n'/n

在實際的應用上，如果邊界表面平滑且乾淨，100%的能量會依著全反射光線的方向傳導。然而，必須注意的是光線的電磁場確實會穿過該表面一段距離（約為波長的等級）。如果有任何東西接近邊界表面的另一面，則全內反射會「無效化」到一定程度，而一部分的曲光率會發生傳遞。由於該有效穿透距離的等級僅為該光線的波長等級，光閥或調幅器即以此一現象為基礎之應用。在德國的「LichtSprecher」，一個外部的玻璃被放置在與稜鏡的反射面接觸的地方以減低反射，然後移動極小的距離（如：數微米）以恢復反射。

同時必須注意的是全反射面的反射會因為鍍鋁或鍍銀而減低。此時反射率會由100%降低至反射面上鍍層的反射率。

平面反射

由於在本章所討論的稜鏡系統大多為反射稜鏡（主要用來取代光學系統中的平面鏡組），首先，應該討論平面反射表面的成像性質。從一個光源發射出來的光線會依照反射定律發生反射，及入射光與反射光皆會位在入射面，且兩道光線與平面法線的夾角皆相等。其中平面的法線係指通過光線入射點的垂直線，而入射面係指包含入射光線且垂直的平面。

在圖 3-7 中，頁面的平面即為入射面。兩道由 P 點出射的光線由平面 MM'反射。將反射光線向後延伸，可以發現反射後兩道光線如同由 P'點出射，而該點即為 P 點的虛像。P 點和 P'點皆位於垂直平面的線（POP'）而 OP 的距離實際上與 OP'相等。

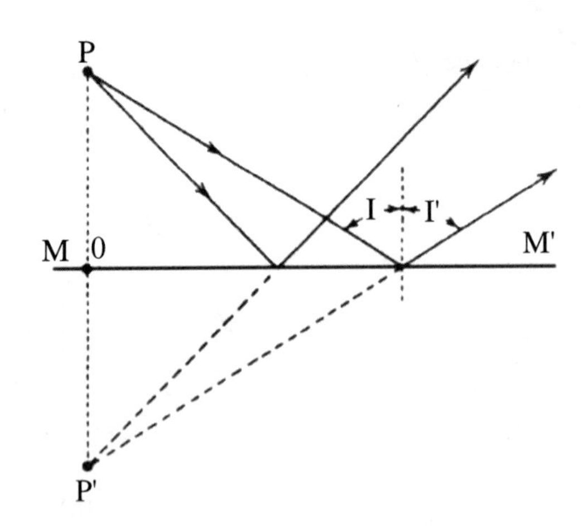

圖 3-7　反射平面產生物體點的虛像。物與像與反射面皆為等距，並且皆位於平面的垂直線上

如果，現在考慮延伸的物體，例如圖 3-7 中的箭頭，可以利用同樣的原理很容易的找到 A 和 B 點虛像的位置。一個位在 E 點直接觀測該箭頭的觀測者將會看到箭頭的前端A位於箭頭的頂端。然而，在反射的虛像中，箭頭的前端（A'）則為於箭頭的底部。箭頭的影像在反射後被重新定位（或是轉換）。

如果，增加一個對箭頭的交叉線 CD，其成像將會如同圖 3-8 所示，同時雖然箭頭的影像被轉換方向，交叉線的影像仍然會與物體有同樣的左右方向。

在前面的討論中，將觀察者所見由定點的反射視為反射的影像。由於光線的路徑完全反向，可以將圖 3-7 中的 P'完全視為等同於由右方的一組透鏡產生的成像。同樣的在圖 3-8 和圖 3-9 中，可以將眼睛以透鏡取代，而其成像為轉換後的圖形（A'B'或 A'B'C'D'），而未轉換的圖形則為其反射的成像。

在這裡值得注意的是反射係由一種光路的「折疊」所組成。在圖 3-10 中，鏡頭將箭頭成像至 AB。如果，現在插入反射面 MM'，則反射的影像位於 A'B'。如果，將頁面沿著 MM'折疊，箭頭 AB 與實線光線將會與箭頭 A'B'與反射光線（虛線）重合。通常「反折疊」一個複雜的反射系統會十分方便；這個方法的其中一項優點在於可以，可以簡單的以直線畫出精確的光路。

一個決定光線通過反射系統後的影像方位的有用技巧，是將影像想像成橫向的箭頭或鉛筆從反射面反彈，如同對著牆丟一根棒子會反彈回來一般。這個技巧如圖 3-11 所示。其中第一張圖顯示一枝鉛筆接近並撞擊到反射面，第二張圖則為碰撞點從反射鏡彈回，而鉛筆的鈍端則繼續沿原來方向前進，三階張圖則為鉛筆在反彈後沿著新的方向移動。如果上述的過程以鉛筆垂直平面的方式重複，則可以得到影像的另一個路徑方向。這個步驟接下來可以在系統的每一個反射過程中進行重複。

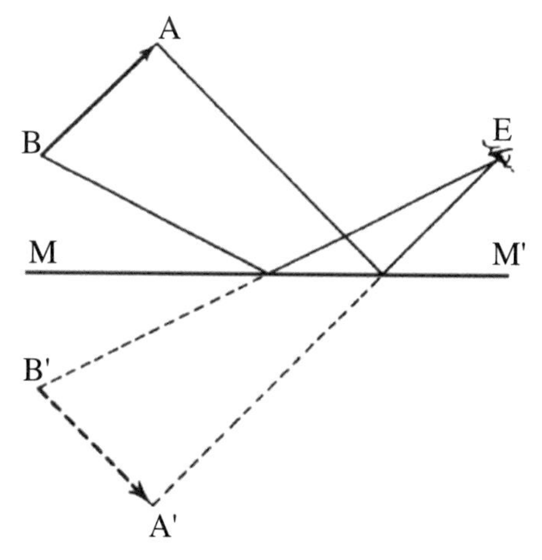

圖 3-8　對 E 點的觀察者而言，箭頭 AB 的反射像 A'B'會呈反向

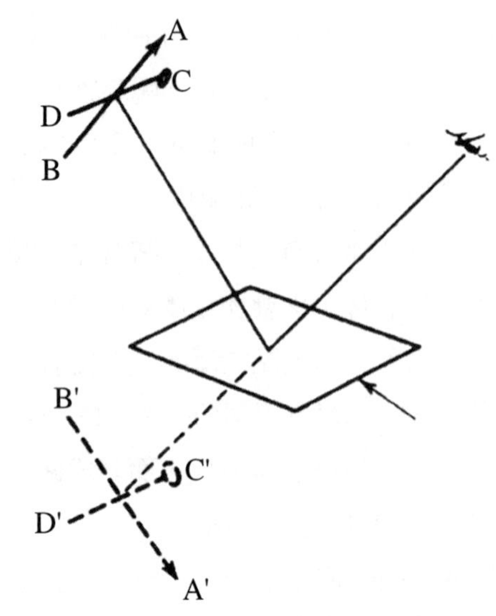

圖 3-9 反射的成像上下顛倒，但左右不變

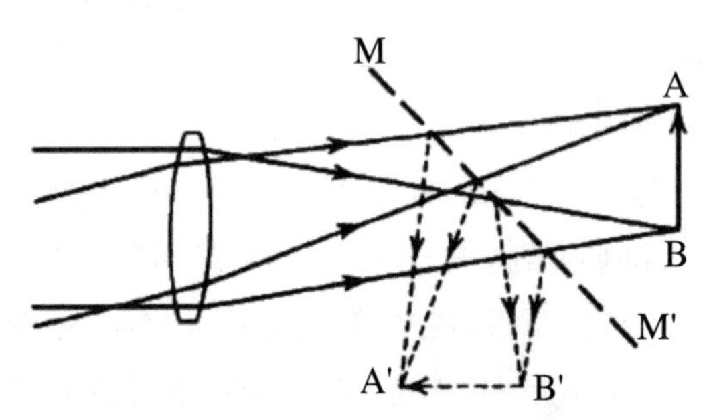

圖 3-10 反射面 MM'將光學系統進行折疊。注意如果頁面沿著 MM'折疊，光線和影像將會重疊

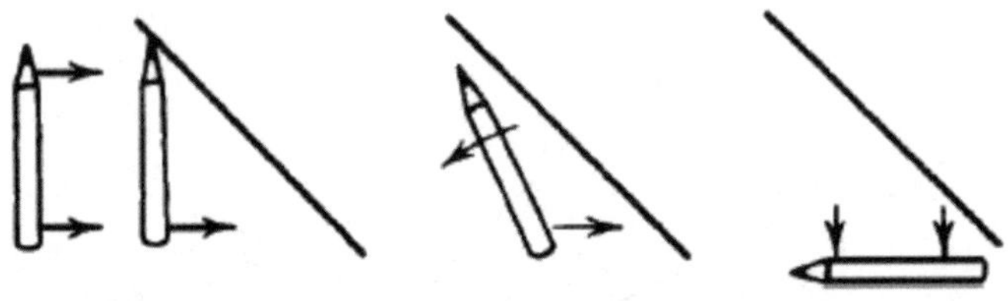

圖 3-11 一個決定光線通過反射系統後的影像方位的有用技巧，想像鉛筆的影像在沿著系統的軸向移動的過程中從牆上「反彈」

在圖 3-11 中，一張畫著箭頭與橫棒的卡片同樣對達到目的來說十分有用。讀者應該注意鉛筆或圖案的初始方向的選擇，使得圖案的其中一個線條會與入射面重合。在大多數的反射系統中，圖案其中之一的線條必定會在穿過系統的過程中與入射面重合，且這項技巧的應用十分直接。然而在這裡，卡片上可以畫上第二組線條，使得第二組線條與入射面重合。於是第二組線條可以如同之前一樣的加以處理，最後影像的方向當然會由原先的圖案決定。

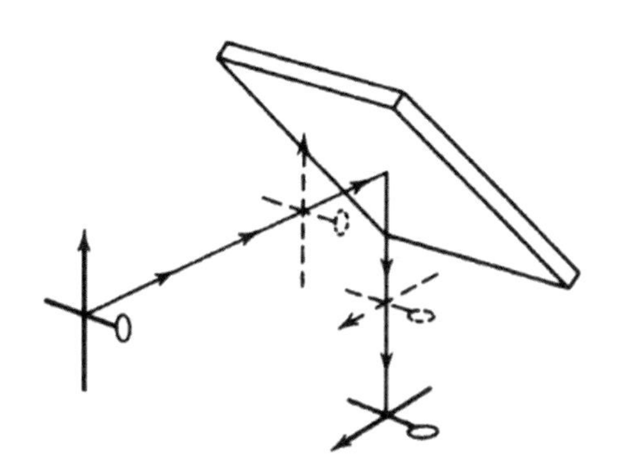

圖 3-12　反射後的影像方向

平行平面平板

顯然的，大部分的稜鏡系統都相當於一塊厚玻璃。因此，繼續討論平行玻璃平面板的效應。圖 3-13 中的透鏡會在 P 點產生影像。如果，在透鏡和 P 點間插入一塊平行平面平板，則P點將會位移到P'點。如果，順著光線穿透平板的路徑回溯，首先會注意到，依司乃爾定律，$\sin I_1' = (1/n)\sin I_1$，以及 $I_2 = I_1'$（兩個表面為平行），所以由平板出射的光線的斜角會與光線穿過平板前的斜角相同。於是，$\sin I_2 = \sin I_1' = (1/n)\sin I_1 = (1/n)\sin I_2'$，且 $I_1 = I_2'$。因此，鏡頭系統的有效焦距與成像的大小並不會因為該平板的插入而改變。

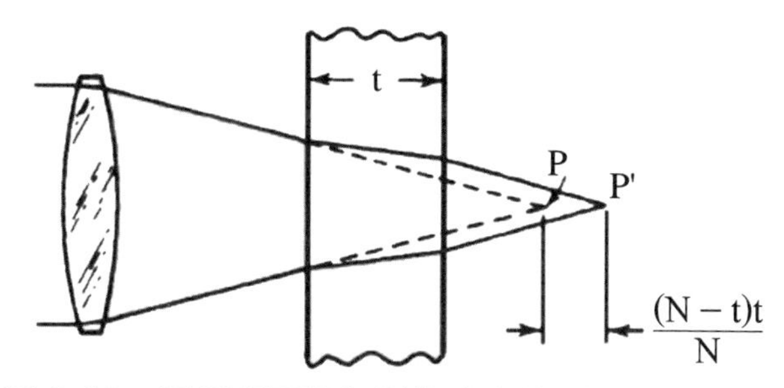

圖 3-13　平行平面平板影像產生的縱向影像位移

影像在縱向方向的位移量可以很容易的由第二章的近軸光線回溯公式求得，其為 $(n-1)t/n$。平板與空氣相比的有效厚度（等同的空氣厚度）會因移動量而較實際的厚度為小。該等值空氣厚度即可藉由厚度減去位移量求得，等於 t/n。該等值厚度的概念在用來決定稜鏡的尺寸以置入光學系統中時十分有用，同樣也適用於稜鏡系統設計。

如果平板旋轉了角度I，如圖 3-14 所示，則可以發現「軸向光線」會側向位移距離 D，其值由下決定：

$$D = t\cos I\,(\tan I - \tan I') = t\frac{\sin(I - I')}{\cos I'} \qquad \text{式 } 3.21$$

或

$$D = t\sin I\left(1 - \frac{\cos I}{n\cos I'}\right) \qquad \text{式 } 3.22$$

或

$$D = t\sin I\left[1 - \sqrt{\frac{1 - \sin^2 I}{n^2 - \sin^2 I}}\right] \qquad \text{式 } 3.23$$

以級數展開可以得到如下的表示式：

$$D = \frac{tI(n-1)}{n}\left[1 + \frac{I^2(-n^2+3n+3)}{6n^2} + \frac{I^4(n^4 - 15n^3 - 15n^2 + 45n + 45)}{120n^4} + \cdots\right] \qquad \text{式 } 3.24$$

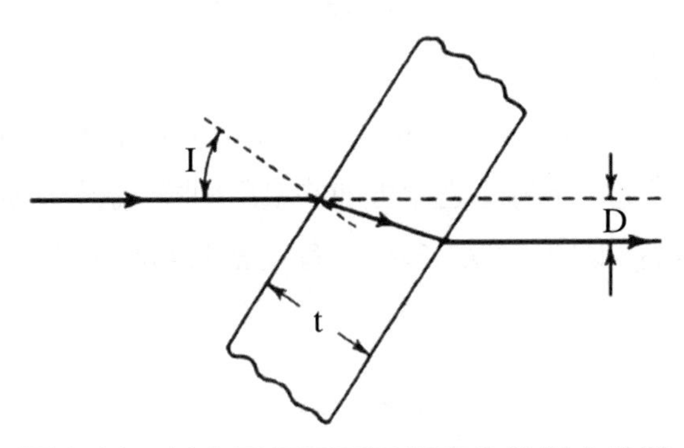

圖 3-14　斜率平行平面平板產生的側向位移

對小角度而言，可以將該角以其正弦值或正切值代替，或是直接使用其展開式之第一項，則可以得到

$$d = \frac{ti(n-1)}{n}$$

該項由斜率的平板產生的位移常常使用在高速相機（藉由旋轉的平板將影像位移一段距離，其位移量約等於底片連續捲動的光感率）以及光學測微計中。光學測微計常常被放置於望遠鏡的前端以使視線產生位移。其位移量被讀取到一個校準鼓連接到機械裝置上以斜率該平板。

在使用平行光時，平行平面平板不會產生像差（因為光線以相同的角度入射與出射）。然而，如果平板被置放於收斂或發像散束下，則平板確實會造成像差。縱向的成像位移$(n-1)t/n$在光的波長較短的時候（折射係數較大）會較大，所以會產生改正過量的單色像差。光線與軸向夾角較大時也會產生較大的位移，所以同樣的會產生改正過量的球形像差。當平板發生斜率，子午面方向產生的影像會向後移動，而像面方向（圖中垂直頁面方向的平面）會移動較小的距離，於是便會發生像散。

由平面行行平板產生的像差量可以藉由以下公式計算求得。參考圖 3-15 可以得到各符號代表的意義：

U 及 u：光線對軸向斜率的角度

U_p 及 u_p：平板的斜率度

t：平板的厚度

n：平板的折射係數

V：阿貝數$(n_d-1)/(n_F-n_C)$

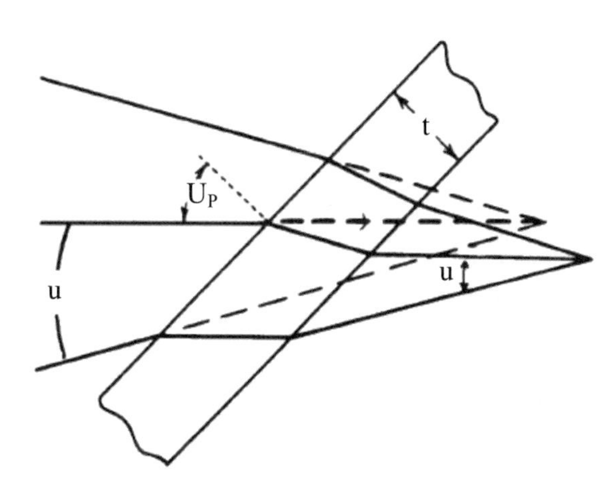

圖 3-15　平面平板產生的側向位移

$$單色像差 = l'_F - l'_C = \frac{t(n-1)}{n^2 V}$$

$$球形像差 = L' - l' = \frac{t}{n}\left[1 - \frac{n\cos U}{\sqrt{n^2 - \sin^2 U}}\right]（確實解） \quad 式 3.25$$

$$= \frac{tu^2(n^2-1)}{2n^3}（三階階） \quad 式 3.26$$

$$像散 = (l'_s - l'_t) = \frac{t}{\sqrt{n^2 - \sin^2 U_p}} \times \left[\frac{n^2\cos^2 U_p}{(n^2 - \sin^2 U_p)} - 1\right]（確實解） \quad 式 3.27$$

$$= \frac{-tu_p^2(n^2-1)}{n^3}（三階階） \quad 式 3.28$$

$$像面慧差 = \frac{tu^2u_p(n^2-1)}{2n^3}（三階階） \quad 式 3.29$$

$$側向單色像差 = \frac{tu_p(n-1)}{n^2V}（三階階） \quad 式 3.30$$

以上這些公式在用來估算加入（或移除）平板或稜鏡系統對光學系統產生的修正效果時特別有用。

玻璃平板常應用作為分光器。將平板斜率 45°，其產生的像散大約為平板厚度的四分之一。由於這會嚴重的降級影像，這類的平板分光器並不建議使用在收斂或發像散束（即：在圖 3-15 中為非零）。注意像散可以藉由插入另一片相同的平板並沿著原來平板的子午面方向旋轉 90°，或是加入一個薄圓柱面或斜率球面抵銷，或是將平板楔住來抵銷。

3.3 系統用稜鏡

直角稜鏡

直角稜鏡的角度分別為 45° −90° −45°，為非色散稜鏡系統中的基本元件。圖 3-15 顯示平行光穿透一塊直角稜鏡的過程，光線進入稜鏡的其中一面，經由斜邊反射後，由第二面離開。如果光線正向入射稜鏡面，則光線將會以 90°的角度離開。在斜面上光線入射的角度為 45°，所以光線會在內部完全反射。如果入射與出射面均經由低反射鍍膜，則稜鏡會成為一個高效的可見光反射元件，因為唯一的能量損失僅為材料的能量吸收與表面反射造成的能量損失，其總和所占的百分比均甚小（在紫外光和紅外光的部分，稜鏡的能量吸收可能會大很多），由此可知，完全內反射受限於光線入射角度是否大於臨界角，因此許多的稜鏡系統都是由具有較高的折射係數的玻璃製成，以便在較大的入射角度下仍能得到全反射。

將稜鏡的光線傳播路徑展開，如同圖 3-16 中虛線所示部分，則明顯可見稜鏡等同於一塊具有平行面的玻璃塊，其厚度等於光線入射與離開的長度。其等值空氣厚度則等於該厚度除以稜鏡的折射係數。

圖 3-17 同時顯示展開後的稜鏡路徑與影像的方向。需要注意的是影向被由上而下進行了反轉，如果 45° −90° −45°稜鏡使用在光線由斜面入射，如圖 3-18 所示，則光線會發生兩次全反射，並且沿相反的方向離開，即其傳播角度會被導向 180°。但由左而右則不變。展開後的稜鏡路徑被稱為通道圖。這類的圖可以被用來決定稜鏡的角度場以決定光束會通過稜鏡的大小。

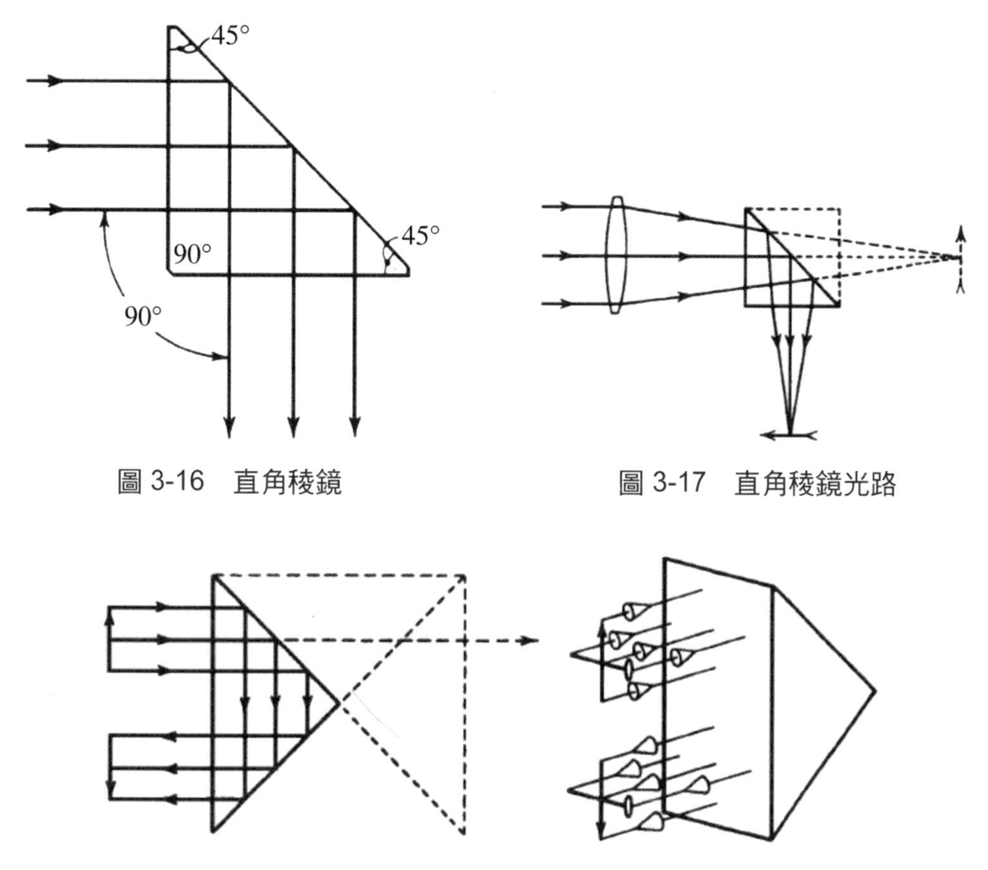

圖 3-16　直角稜鏡

圖 3-17　直角稜鏡光路

圖 3-18　使用斜面作為入射面的直角稜鏡

利用這個方法，稜鏡會成為恆偏向稜鏡。不考慮光線進入稜鏡的角度，出射的光線會呈現平行，如圖 3-19(a)所示。這項特徵係稜鏡的兩個反射表面提供的性質。依各能夠將光線導引回光源本身的系統稱為反向導向器；這個稜鏡即為在子午方向的反向導向器。（另一個多恆偏向系統可能的雙反射器為 90°偏向分布，如圖 3-19(b)所示，其反射面比次互為 45°。）其恆偏向角正為兩面鏡子間夾角的兩倍。

一面直角稜鏡係以切割一塊方塊的對角製成。所以其有三個互相垂直的反射面，在兩個子午線上互為反向。隅角立方反射器會將所有入射的光線反射回光源，雖然光線同時會有平行的側移。

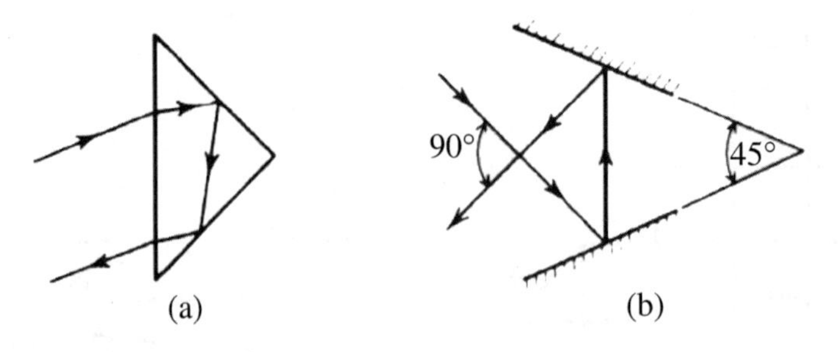

圖 3-19 (a)在這裡使用直角稜鏡作為恆偏向稜鏡，每一道入射的光都會正好 180°反射。不論光線初始入射至稜鏡的角度為何，入射與出射的路徑為平行。(b)一組恆偏鏡。在這個例子中，由兩面鏡子產生的反射遠永遠為 90°

45°−90°−45°稜鏡的三階向如圖 3-20 所示，一束光線以平行稜鏡的斜面入射稜鏡。經折射向入射面的下方，光線受到斜面的反射回上方，並發生第二次的折射後出射。光線的展開路徑（如虛線所示）顯示該稜鏡面等同於平行平面平板對光束軸斜率一定的角度，相較於前一個例子中稜鏡面垂直於軸向。如果該稜鏡使用在收斂光束，將會產生大量的像散（大約等於厚度的四分之一）。因此，該道威稜鏡大部分的用途均排除平行光。由於稜鏡的尖端並未受到光束的使用，稜鏡通常會沿著 AA'截短。

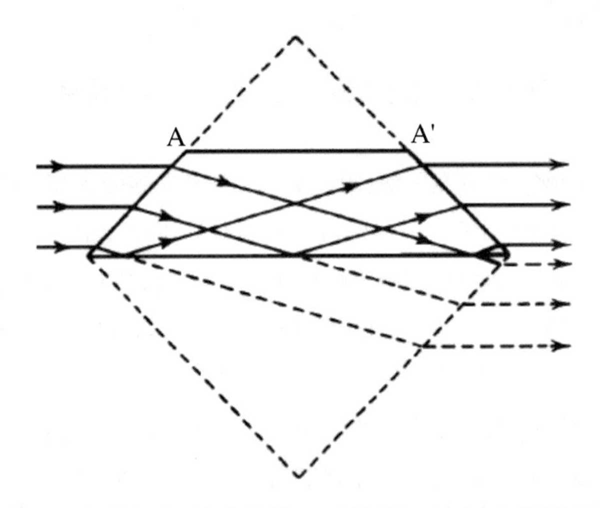

圖 3-20 道威稜鏡。由虛線可知道威稜鏡可以等同一塊斜率的平板，並且當使用在收斂或發像散束下時會產生像散

道威稜鏡對於成像的定位具有穩轉的功能。在圖 3-21(a)中，箭頭與十字的圖形被由上而下反轉但由左而右則不變。如果稜鏡旋轉了 45°，如圖 3-21(b)所示，影像將會旋轉 90°；如果稜鏡如同圖 3-21(c)旋轉 90°，圖形將會旋轉 180°。因此，稜鏡對光軸旋轉量，是成像面的 1/2 倍。（圖 3-21(b)中的影像定位分析為一個使用輔助圖形的例子。該輔助圖形如同圖 3-21(b)中點虛線所示。）

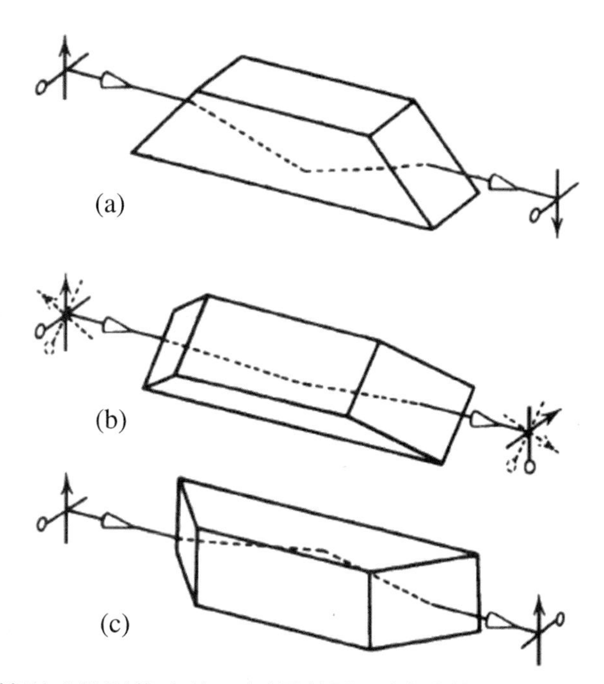

圖 3-21　道威稜鏡形成的影像定位。(a)原位置。(b)稜鏡旋轉 45°；影像旋轉 90°。(c)稜鏡旋轉 90°；影像旋轉 180°。注意虛線的箭頭與十字在(b)中的方向，因此點虛線線的箭頭位於入射面可以簡化影像定位的分析

道威稜鏡的長度為其所傳遞光束直徑的四到五倍。如果兩片道威稜鏡沿著斜面接合（在這些面上鍍銀或鍍鋁），其光欄理論上會變為兩倍而無須增加其長度。這必須精確的進行製造以避免產生兩個些微分離的影像。當雙道威稜鏡對其中心開始旋轉或是斜率，將可以用作掃描器以改變望遠鏡或潛望鏡的視線方向。

屋脊型稜鏡

如果直角稜鏡的斜面被一個「屋脊」所取代，如：兩個表面呈 90°且其交界面位於斜邊，則該稜鏡被稱為*屋脊型稜鏡*，或是*阿米其稜鏡*。屋脊型稜鏡的正視與側視如圖 3-22 所示，將屋脊加到稜鏡可以產生額外的影像反轉，如同比較圖 3-11 和圖 3-22 中十字的最後位置。這可以藉由追跡圖 3-23(a)中虛線光線的軌跡，何者在光線入射前

和穿透稜鏡後以箭頭連接圓環和十字的圖形來理解。

在圖 3-22 中光線入射的角度（對屋脊表面）約為 60°，而非直角稜鏡中同樣光線的 45°入射。即便是一道垂直入射屋脊的光其入射角也為 45°。結果使得屋脊的表面可以允許光線角度的內部全反射，何者會傳遞通過值角稜鏡的斜面。

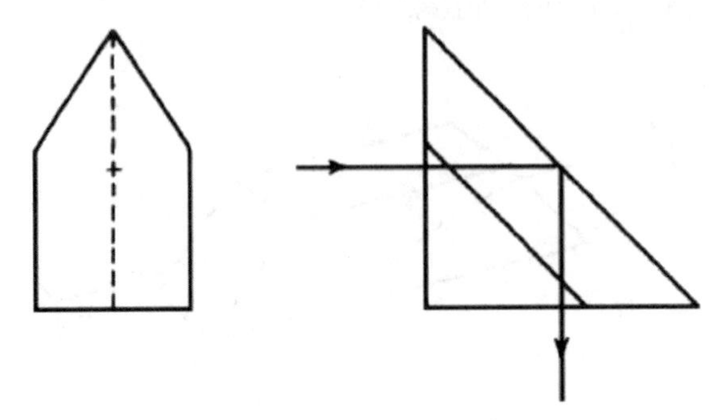

圖 3-22 屋脊（或是阿米其）稜鏡

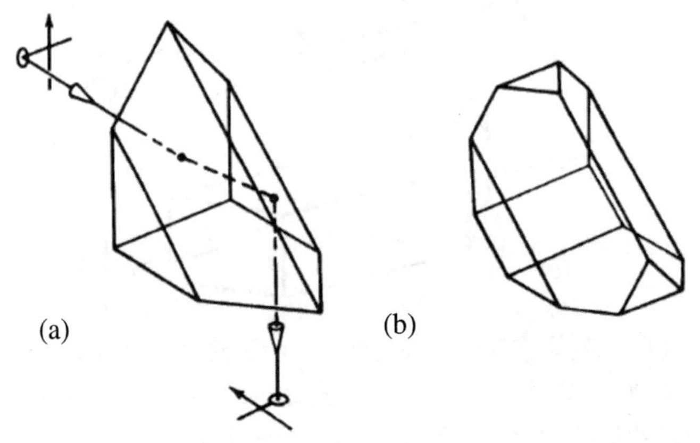

圖 3-23 阿米其稜鏡(a)顯示一道單一光線通過稜鏡的路徑，並指出其影像定位。(b)截角以減低重量，而仍能滿足有用的光欄

在實用上，阿米其稜鏡通常會被製造成截角的形狀，如圖 3-23(b)所示，以減低稜鏡的大小與重量。該 90°屋脊角度必須以高階的準確度製造。如果在屋脊角上有任何誤差，光束將會被色散成兩道光束，並發散到一個角度，其大小為該誤差的六倍。因此，為了避免任何明顯的雙重成像，屋脊角通常都會被要求到弧度一到兩秒的準確度。

屋脊稜鏡的使用會減低繞射極限的解析度，不論稜鏡被製造得多完美，在垂直屋脊邊緣方向減低的因數大約為 2（因為反射的偏極／相位的平移）。應用多層鍍膜的技術可以減低該效應。

正像稜鏡系統

在一般的望遠鏡中，其物鏡的成像會與物體相反，然後透過目鏡觀測。眼睛觀測到的影像會上下及左右顛倒，如同圖 3-24 所示。為了消除這種因影像倒向造成的觀測不便，正像稜鏡系統經常被用來再反向影像至適合的定向。這可能為一個透鏡系統或稜鏡系統。

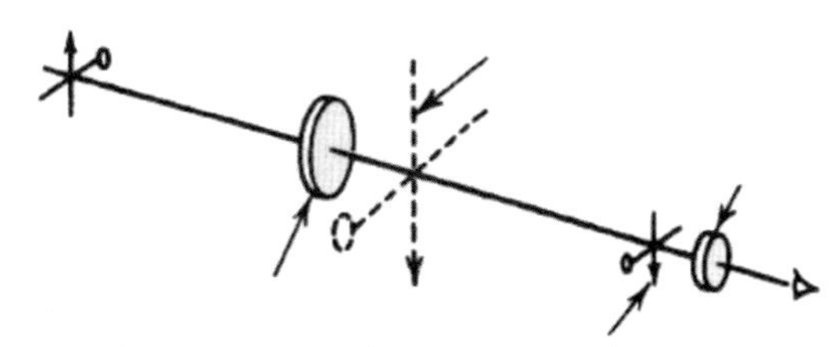

圖 3-24　在一個簡單的望遠鏡中，物鏡產生物體的內部倒向實像，並由目鏡重新成像。眼睛所看到的影像為物體倒向後的虛像

第一類波羅稜鏡

最常見的稜鏡-正像系統為第一類波羅稜鏡，如圖 3-25 所示。波羅稜鏡系統包含兩個直角稜鏡，其定向互為。第一面稜鏡將影像由上至下倒轉，第二面稜鏡則將影像再由左至右倒轉。在以上的過程中光軸會發生側移，但不會發生偏射。顯然如果該系統被置入圖 3-25 的望遠鏡中，最後成像的方向將會與物體相同雖然一般而言稜鏡系統均被置入物鏡與目鏡之間（以最小化其大小），實際上無論該系統放置於光學系統何處都可以達到正像的效果。

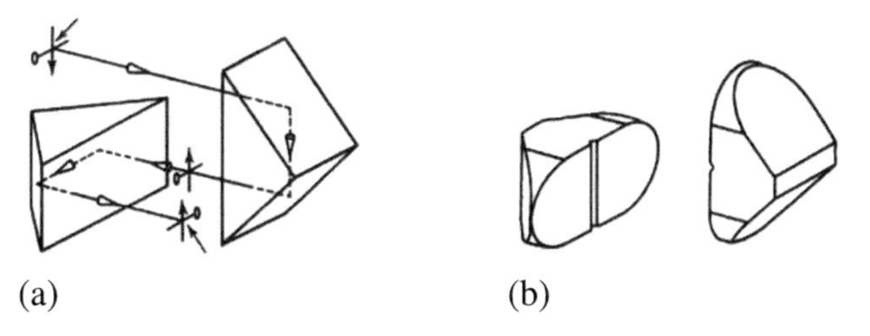

圖 3-25　波羅稜鏡系統（第一類）(a)波羅稜鏡系統將影像倒正的過程。(b)波羅稜鏡通常都被製成圓形的邊緣以節省空間及重量。圖中稜鏡的間距係為了說明而大於實際距離

波羅稜鏡系統因為其構成為 45°－90°－45°稜鏡，相對在製造上較為容易且便宜而被廣為採用。然而，如果稜鏡並未達到彼此間固定，最後的成像將會產生兩倍誤差的

旋轉。這在雙眼系統中的問題尤其嚴重，因為在雙眼系統中，在一隻眼睛中呈現的影像必須與另一隻眼睛完全相同。

第二類波羅稜鏡

第二類波羅稜鏡如圖 3-26 所示，其使用目的與第一類波羅稜鏡系統相同。兩種波羅稜鏡系統均使用全內反射，所以並不需要鍍銀處理。一般均將稜鏡的邊緣磨圓以節省空間並減少重量。

第二類波羅稜鏡在製造上較第一類稍微困難，但是在某些應用上其堅固小巧以及稜鏡可以很容易的被結合在一起的特性可以帶來相對的優點。第二類波羅稜鏡也可能以三塊稜鏡的方式來製造，其方式如圖 3-26(b)所示，係結合兩塊較小的直角稜鏡在一塊大的直角稜鏡的斜邊上。在第二類波羅稜鏡系統中造成的光軸偏移小於第一類波羅稜鏡系統。

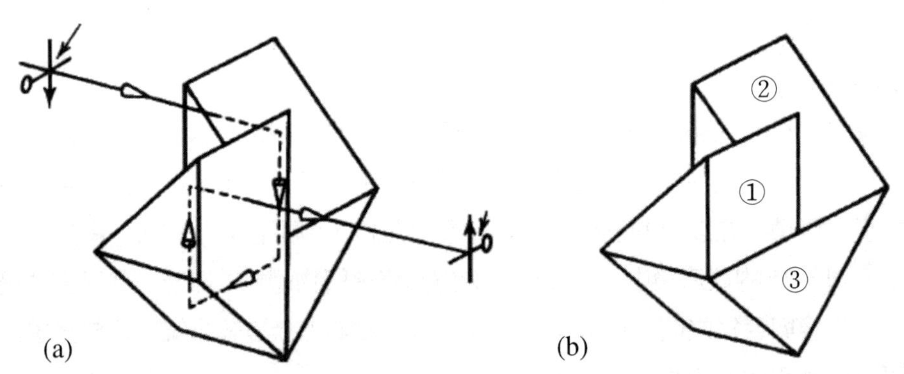

圖 3-26　波羅稜鏡系統（第二類）(a)將影像倒正的過程。本系統可以如(a)所示以兩塊稜鏡構成，或如(b)所示以三塊稜鏡構成

阿貝稜鏡

阿貝（或稱柯氏、或布雷謝爾-海斯丁氏）稜鏡（圖 3-27）為一種可以用來將影像正像而不會如波羅稜鏡般將光軸偏移的正像稜鏡。阿貝稜鏡必須有如圖中的屋脊以提供左右的倒像；屋脊的角度製造必須十分精確，以避免產生重像。

如果稜鏡被製造成不含屋脊，則僅會將影像沿子午方向倒轉，如同道威稜鏡的功能一樣。然後，由於其入射與出射面均垂直於光軸，因此適用在收斂光束的系統，而不會產生像散。

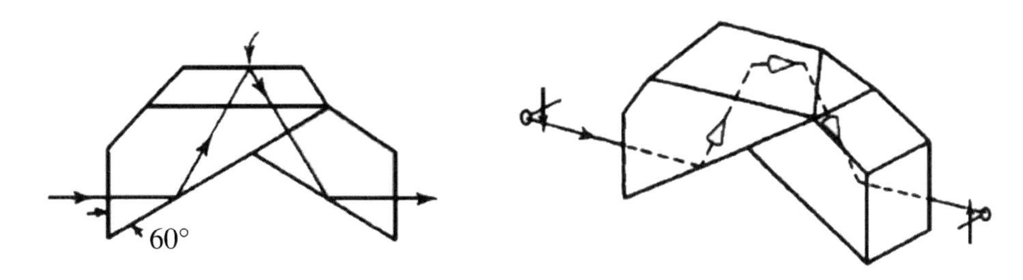

圖 3-27　阿貝稜鏡。用於同軸正像系統，相較於波羅稜鏡，該稜鏡不會產生光軸的位移，也不會因材料產生軸像的影像位移

其他的正像稜鏡

各種的正像稜鏡如圖 3-28 所示。這些稜鏡將影像倒像或是左右反轉的現象如前節所述。注意每一種稜鏡（除了圖 3-28）都被安排使軸向光進入和離開稜鏡時均垂直於稜鏡的鏡面，且所有的反射均為全內反射。在萊曼與高茲稜鏡中，光軸會發生平移但不會偏射。在施密特與修正阿米其稜鏡中，光軸可由設計者控制偏向一定的角度（其範圍需在全內反射的極限內）。注意屋脊的表面也同時被用在入射角較小或是可能可能發生漏光的一般表面。

倒像稜鏡

前節中提到的道威稜鏡（圖 3-20 和 3-21）與無屋脊阿貝稜鏡為將影像沿著子午方向而非另一個方向倒像的稜鏡例子。平面鏡與直角稜鏡（圖 3-12 與 3-17）同樣為簡單的倒像系統。圖 3-28 為以上所提的稜鏡加上貝泉稜鏡，何者為一種相對輕巧而能達成倒像目的的稜鏡。注意在這裡任何一種稜鏡中加上「屋脊」，為使其轉變為正像系統。

任一種倒像稜鏡均被視為*抗旋轉稜鏡*，因為所有的倒像稜鏡均會以相同於道威稜鏡的方法將影像進行旋轉，如圖 3-21 所示。

圖 3-28(b)中的鏡子被稱為 k 鏡，在紅外與紫外這類固體稜鏡材料較不適合的應用上特別有用。

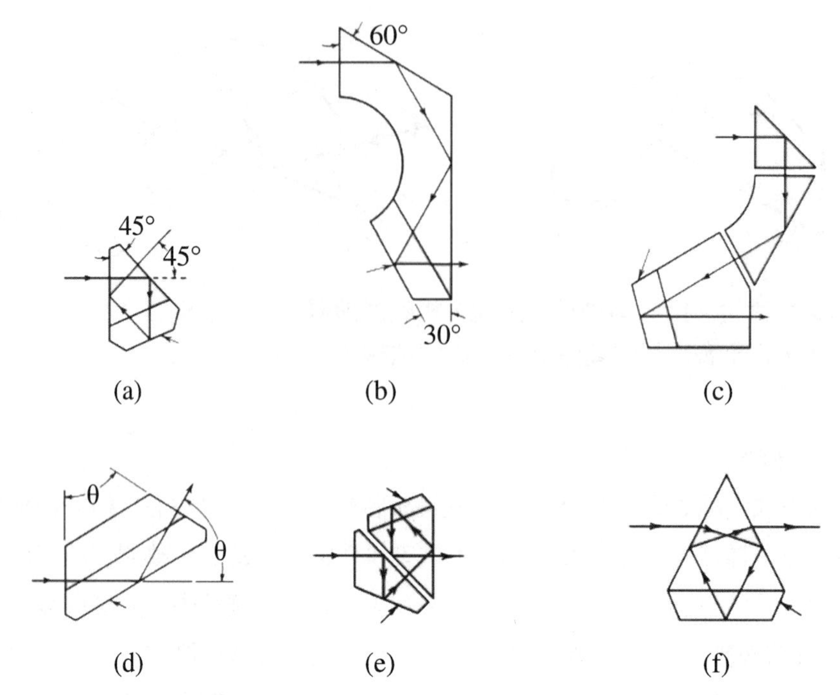

圖 3-28 正像稜鏡：(a)施密特稜鏡；(b)萊曼（或史普蘭格）稜鏡；(c)高茲稜鏡；(d)修正阿米其稜鏡；(e)屋脊式貝泉稜鏡；(f)屋脊式三角稜鏡

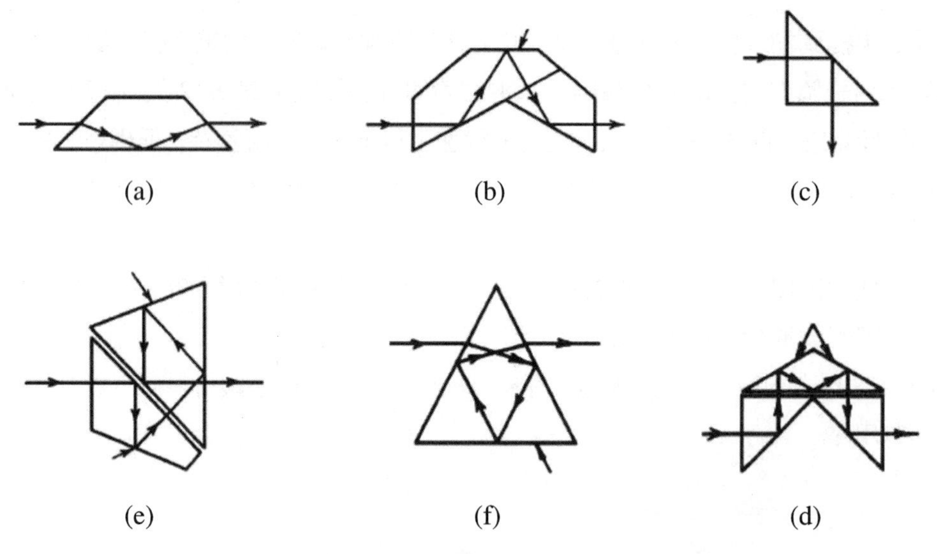

圖 3-29 倒像（或抗旋轉）稜鏡：(a)道威稜鏡；(b)反轉稜鏡；(c)直角稜鏡；(d)貝泉稜鏡；(e)三角，或泰勒，稜鏡；(f)緊密稜鏡

五角稜鏡

五角稜鏡既不會倒像也不會將影像反向，其功能為將光線進行 90°的偏向。這種具有恆偏性質的稜鏡具有十分有用的性質，因為其可以將光線進行相同角度的偏向，而不用考慮光線的取向。

大部分在本章中所描述的稜鏡系統均可以被一系列展開的平面鏡所取代，有時也會因為重量或省錢的考量而如此採用。然而，一面稜鏡，作為一個單片整體的玻璃塊，可以成為一種非常穩定的系統而不會受到環境的變異而像鏡子組裝的金屬支承一樣會發生角度的變化。

五角稜鏡使用在需要產生確實的 90°偏向，而不需要精準的對稜鏡定像的情況。測距儀中的最終反射器常常使用這類的稜鏡，而在光學工具以及精密校準工作中，五角稜鏡對於精確的 90°角十分有用。然而，在大型的測距儀中，稜鏡會被兩面穩固的膠結在支承上的鏡子所取代（如圖 3-30(b)所示），以避免大塊實心玻璃產生的重量、吸收與花費等問題。

有時候屋脊會被用來取代五角稜鏡中的一道反射面，以將影像沿子午方向倒轉。

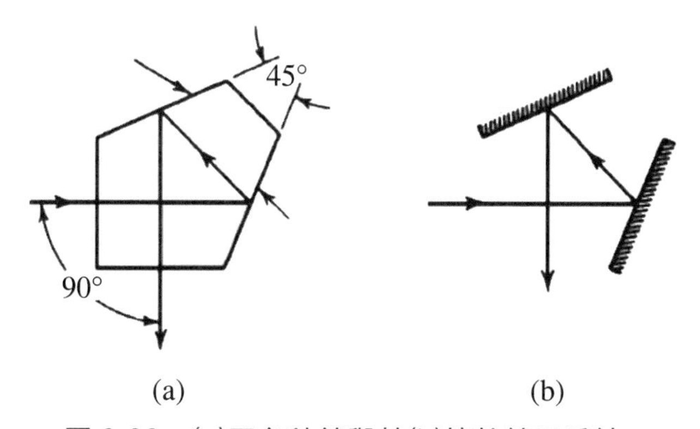

圖 3-30　(a)五角稜鏡與其(b)等效鏡子系統

偏長稜形稜鏡與分束器

偏長稜形稜鏡是一種簡單的可以將光線平移而不影響影像的定向或是將光線偏向的工具。偏長稜形稜鏡與其等效鏡組系統如圖 3-31 所示。

分光器是將兩道光束（或影像）結合為一，或是將一道光束一分為二的用途上。一塊玻璃薄板將其中一面鍍上鍍膜，如圖 3-32(a)，亦可達到此目的，但是會產生兩個缺點。首先，如果使用在收斂或發像散束，將會產生像散；其次，由第二面產生的反射雖然微弱，但是會產生由主要影像平移的能譜影。（注意在平行光中只要平板的兩個表面確實平行，這些現象便均不會發生。）分光立方稜鏡（如圖 3-31b）可以避免這些問題。這種稜鏡由兩面直角稜鏡膠結組成。膠結前在其中一面稜鏡的斜面上鍍上半反射鍍膜。

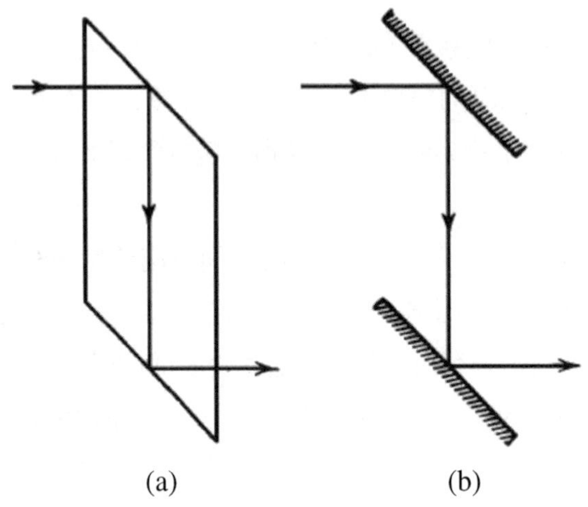

圖 3-31 (a)偏長稜形稜鏡。(b)其等效鏡組系統。兩種系統都可以將光軸平移而不會產生偏向或是影像的重新定向

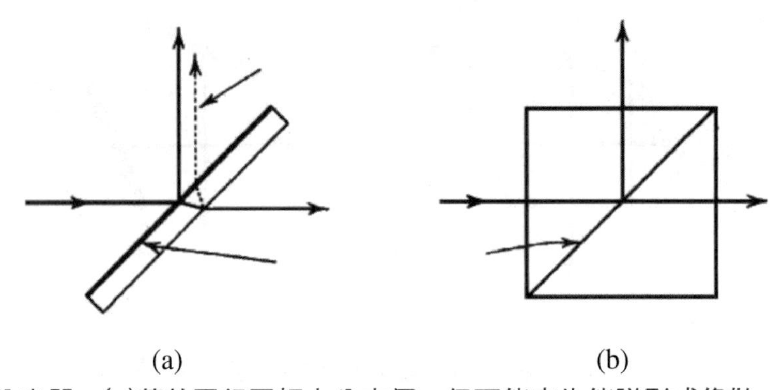

圖 3-32 分光器。(a)薄的平行平板十分方便，但可能產生能譜影或像散，除非用在平行光下。(b)分光立方稜鏡，在膠結前在對角面上進行半反射鍍膜

當重量或立方稜鏡的吸收效應無法被允許，顯然的，薄膜表面的形狀會尤其邊框的延展形狀所決定，則一種*半透膜*會被用來作為半反射器之用。所謂的半透膜是一種十分薄（2 到 10μm）的膜狀物（通常為塑膠類，像是硝化棉）拉伸在一個框架上；由於其十分薄的優點，色散及能譜影均可以被減低至可接受的值。

顯然的，半透膜的形狀會由框架的形狀決定，且必須有確實的平面支承。半透膜的使用至少有兩點的缺點：(1)由極薄的半透膜的兩個表面反射的光產生的干涉可以產

生漣狀的波長函數的傳遞，且(2)半透膜可以發生如同麥克風的放大器的行為，且任何大氣的振動都可能改變反射面的形狀，造成系統明顯的影像改變。此為一種「用光束對話」光學與機械界面轉換原理。

如圖 3-33 所示為一種常常用在顯微鏡的目鏡以將光線的方向由垂直變為更方便的 45°的稜鏡。如圖所示，稜鏡可以被用來當作分光器以提供同軸的照明或是允許第二片目鏡的設置；如果沒有分光器，則其只能將光線重新導向。

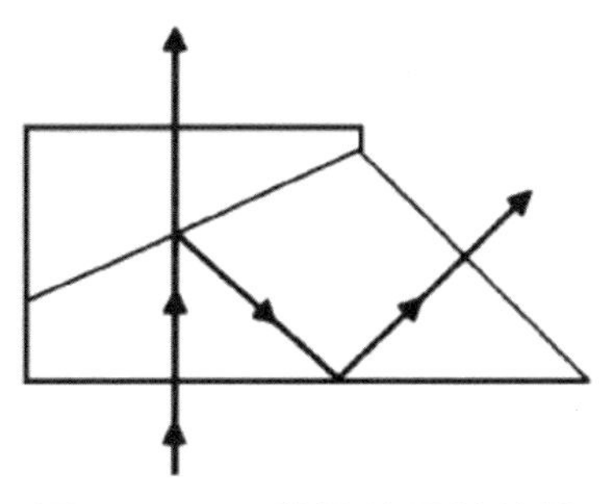

圖 3-33　顯微鏡的目鏡稜鏡

在圖 3-34 中繪出了兩個雙眼目鏡稜鏡系統。兩種系統都具有相同的功能，即將光束由物鏡分為兩部分。這兩道光束均會位移足夠的距離以便兩個目鏡均能同時的看到同樣的物體。注意在這兩個系統中，額外的玻璃被加到左手方向的路徑中以使得兩個路徑中的玻璃數量均相等。在這些系統中大部分的玻璃都可以是需求而去除，因為其均等同於分光立方稜鏡加上三個反射器。在圖 3-34(b)的系統中，每一半的系統都可以對物軸進行旋轉以改變目鏡間的距離，如圖 3-34(c)所示。注意影像在這一個步驟中並不會旋轉，但是會維持其原有的方向，因為其反射表面均為偏長稜形稜鏡的形式。

通常兩個波羅系統會被使用在可旋轉的架構中，以允許改變眼睛的距離。

平面鏡組

在先前的討論中，指出了許多次如何以鏡組取代稜鏡。在大部分的應用中，這些鏡子必須為第一面鏡而非第二面鏡。這兩種形式如圖 3-35 所示。通常，比較希望使用第一面鏡，因為其不會像第二面鏡一樣產生能譜影。再者，第二面鏡需要額外一面的製造程式。通常也需要光線穿過一個玻璃的厚度，而可能造成像差，或是在紅外或紫外的應用中吸收能量。然而，第二面鏡可以較為耐用，因為其反射鍍膜可以以銅的鍍膜與塗裝的方式進行保護。第一面鏡通常以真空沉積鋁膜的方式製造，並以一層透明的一氧化矽或是氟化鋁鍍膜保護。

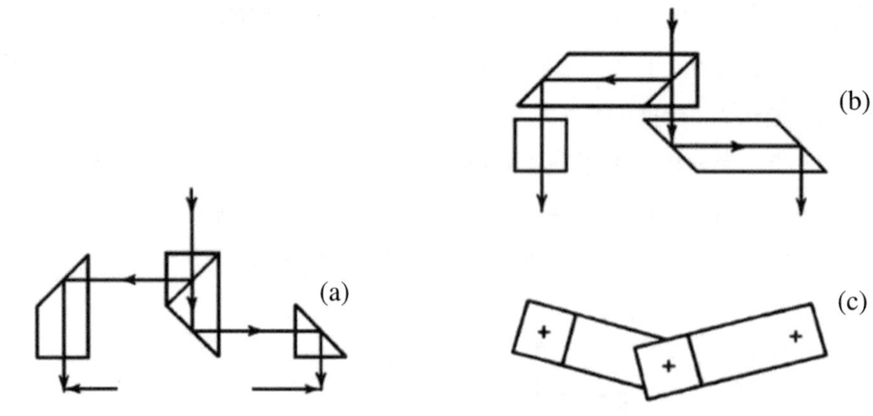

圖 3-34　雙眼目鏡儀器的稜鏡系統。系統(a)可以向內或向外滑動兩個外側的稜鏡的方式進行調整以符合觀測者的眼睛距離；這會產生儀器的移焦。圖(c)顯示(b)中的兩個半系統如何對物軸旋轉以進行調整

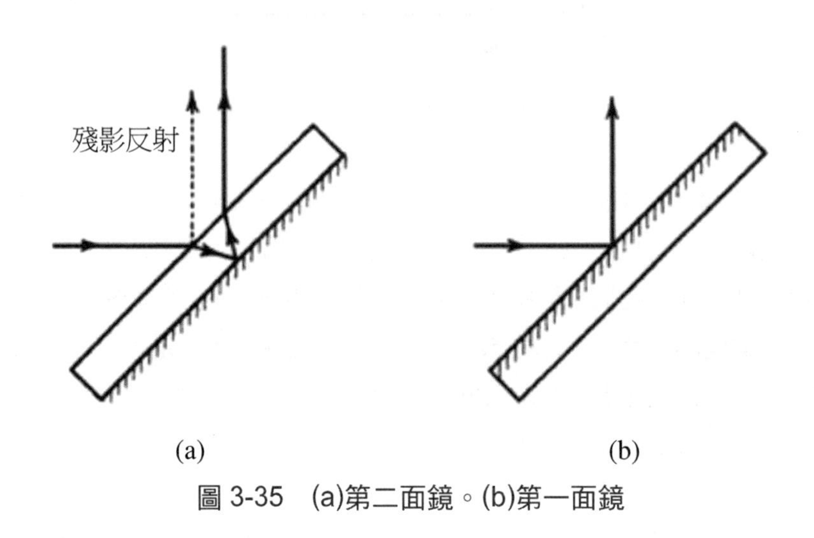

圖 3-35　(a)第二面鏡。(b)第一面鏡

3.4 稜鏡與反射系統的設計

一般而言如果要將影像以一定的方式定位，則需要用到稜鏡（或反射）系統。這項設計工作通常最好以建立最少且能達成需求的反射器開始。這可以以最簡單（也可能是最好）的直接以試誤法來達成。一個粗略的透視圖架構可以指出必要的反射以定位影像至需要的定位。影像的定位然後可以用 3.3 節的技巧來進行檢查；反射器加入至不同的位置直到影像的定位達到正確。通常可能產生數個大致相同的計畫，且其中一個選擇可以建立在使用需求的基礎上。

當反射系統完成，則光學系統將被展開，即沿著光軸延展乘一直線。物體、影像與透鏡有效孔徑被加入延展線且必要的反射器尺寸在兩條子午線上均加以決定。如果系統係由稜鏡組成，展開圖將沿著軸向距離重複以調整至該系統玻璃部分的「等效空氣厚度」（t/n），以使光的路徑可以被畫為直線。

作為一個反射系統設計的例子，考慮如圖 3-36 的問題。在 A 點的物體被一個一般的透鏡投影至 S 的螢幕。然後平面 S 平行原來的投射軸，且其中心位於軸上方 Y 的距離。物體與影像的需求方位如圖中所示。

一開始注意由投射透鏡形成的影像會在兩個子午線上相對於物體倒轉，如同圖 3-36 中的C。現在跳到圖 3-37，考慮在D放置的鏡子的效用。在這四個方向顯示的可能的對 D 的反射，上方的反射標示為 D_1 似乎最為可能，因為其所送出的光係沿著其最終所需選擇的方向，所以，選擇繼續追跡這條線。在E以同樣的理由，應該傾向於選擇E_2；然而，在E_2的影像對，希望的定位旋轉了 90°。基於此選擇影像方向最接近需求的E_1，考慮其反射F。若再一次，F_3 為較希望的方向，但是影像從左反轉至右。而F_1 可以得到較希望的方向，但是光線會從螢幕離開。如果，加上一面鏡子將傳遞的方向進行反向，可以同時符合定位與方向的需求。為了完成這點而不直接將光線引導回 F，如圖 3-38 中的四個安置以圖解整個系統。

顯然的，圖 3-38 僅表現出需多可能的鏡子安排方式中的一種，並且可以用來完成同樣的結果。讀者可能注意到這裡的討論僅侷限在平面入射光延其中一個卡氏參考平面的反射，同時第一項考慮也僅針對偏向光軸 90°的反射。解決這些限制條件有許多建議的方法；其中一個甚為推薦的方式為盡可能的以簡單且單一的方式保留第一個這類的嘗試。再者，如果避免使用複雜的角度，系統的減低可以將問題大為簡化。如果需要在最後將影像旋轉 45°，則可能需要將其從卡氏平面分割出來以達到希望的結果。

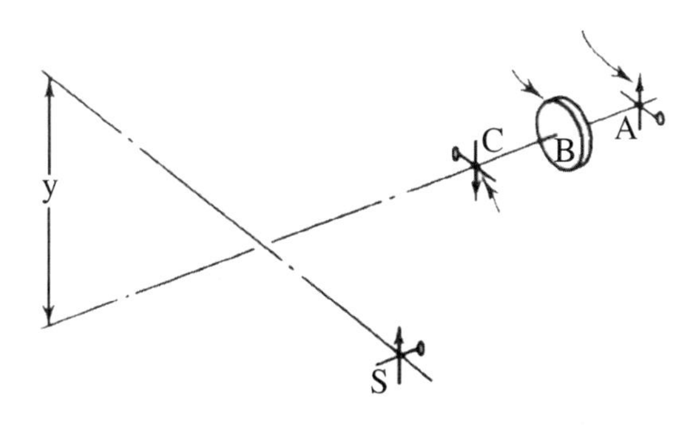

圖 3-36　目鏡正像系統

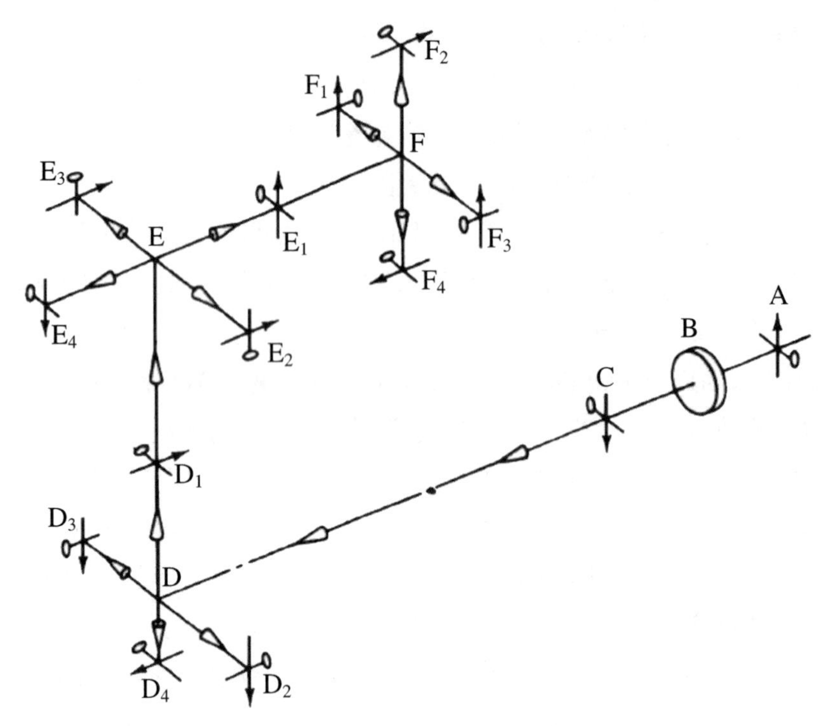

圖 3-37　投射透鏡形成

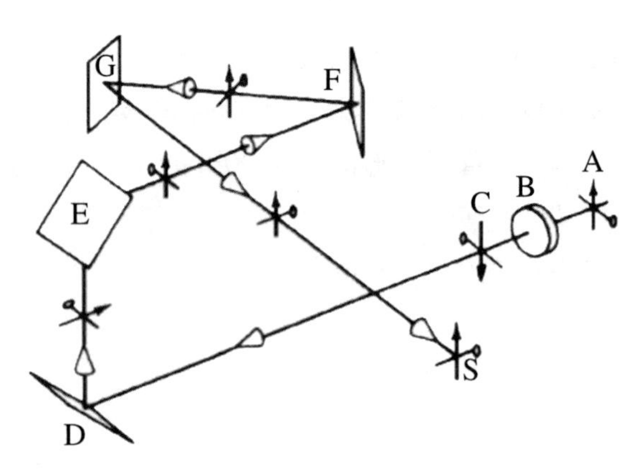

圖 3-38　鏡子安排方式

波羅正像稜鏡（圖 3-39(a)）可以提供「展開」技巧用在稜鏡系統設計的說明。在圖 3-39(b)中，稜鏡被展開（為了清楚說明，第二面稜鏡的顯示對光軸旋轉了）。每一面稜鏡可以被視為等同厚度為終端面尺寸的兩倍的玻璃塊。注意由透鏡出射的光線在系統中的每一個空氣—玻璃介面均會發生折射，所以影像會被平移至稜鏡的右方。

在圖 3-39(c)中，稜鏡會以其「等效空氣厚度」繪製，於前節討論過。這使得以直線畫出（近軸）穿過稜鏡的光線，簡化了問題的架構。

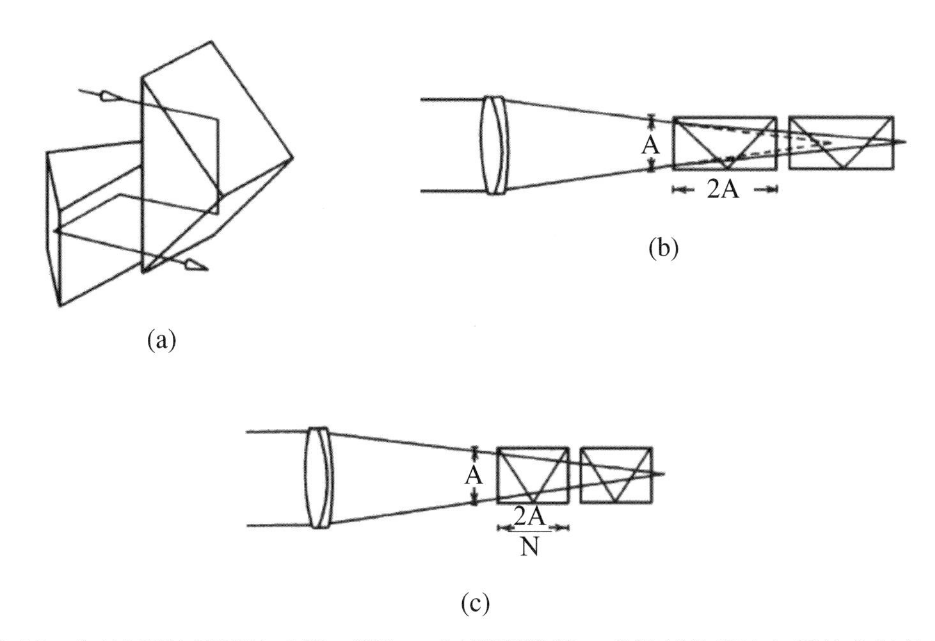

圖 3-39　(a)波羅稜鏡系統（第一類）。(b)展開稜鏡。虛線部分指出如果沒有稜鏡光線將行進的路徑。實線部分顯示焦點因稜鏡產生的位移。(c)稜鏡被以其等效空氣厚度繪製，所以光線可以被畫為直線

現在假設將設計 7×5 雙眼的波羅稜鏡系統的最小尺寸，主要透鏡的焦長為 7 in，孔徑為 2 in，且可以涵蓋 5/8 in 直徑的區域，如圖 3-39(a)所示。首先注意到每個稜鏡面的寬度對「等效空氣厚度」的比例（圖 3-39(a)）為 A：2A/n = 1：2/n，或假設折射係數為 1.50，3：4。由影像開始設計並且嘗試達到目的。將稜鏡的出射面放置在距離影像 1/2 in 的地方（以方便清潔並保持玻璃表面距離對焦面有一定的距離），建立如圖 3-39(a)的虛線，其斜率為 3：8（面對有效厚度比例的一半），開始於出射面與光軸的交界面。當然，這條線為一系列不同尺寸的邊角的軌跡，且其交叉點的極限露光定義了最小尺寸的稜鏡，何者能從物體傳遞整個影像光錐。為了實用的目的，稜鏡必須稍微大於這個尺寸以允許斜邊與底座的設置。

這個過程現在被重複在另一個稜鏡上；在這兩個稜鏡間留下空氣間距以允許放置固定板固定兩個稜鏡。在圖 3-39(b)中，系統被依比例繪製，即將稜鏡塊延展為其真實長度。在波羅稜鏡的斜面上切出的磨槽可以由檢查展開圖來分析。從視界以外傳遞的光線可以從這些面上被反射（藉由全內反射）為較不易處理的區域；這些溝槽在他們掠過斜面的時候可以加以攔截。

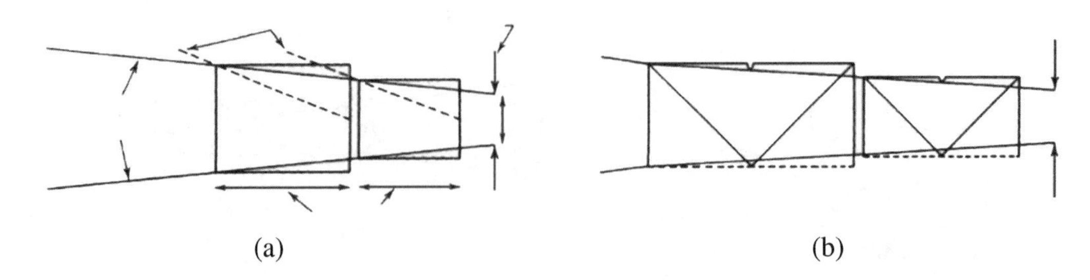

圖 3-40　最小稜鏡系統的設計如(a)所示。極限露光連接了物體的邊緣與視界的邊緣。虛線與這些光線的交叉點（見文字說明）定義出了能讓整個影像光錐通過的最小稜鏡尺寸。在(b)中稜鏡按比例繪製，指出其真實厚度

3.5 反射鏡

曲面鏡只有一個焦長，但亦可當作透鏡來成像。應用平行軸光追跡法（式 2.31 和式 2.32）於反射式表面，需考慮到兩個額外常用的符號。物質的折射率在第一章已經定義過為光在真空中的速率與在介質中之比值。因為光在行進經反射後方向會顛倒，就邏輯上來說光感率和折射率的表示應該都成反相。一般仍遵守以下敘述：

(1)折射率會因為反射成顛倒，所以光從右邊行進至左邊時，折射率會是負值。

(2)假如表面向左的話，間隔也會因反射而成反相。

明顯地假如有兩個反射表面在一系統中，則折射率和間隔會經兩次轉換，在第二次轉換之後，會與原本正值成反相，因此光的行進方向又再回到從左邊到右邊。

圖 3-41 顯示凸面鏡與凹面鏡焦點和主點的位置。當光線從無窮遠處射入系統，定義 n = 1.0 和 n' = −1.0，經下面討論可得到焦點位置。

$$nu = 0\text{（因爲光線平行主軸）}$$
$$n'u' = nu - y\frac{(n' - n)}{R} = 0 - y\frac{(-1 - 1)}{R} = \frac{2y}{R}$$

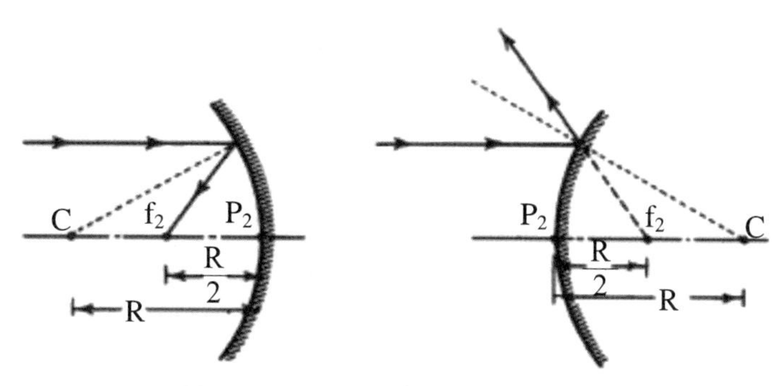

圖 3-41　反射鏡焦點位置示意圖

然而

$$u' = \frac{n'u'}{n'} = \frac{n'u'}{-1} = \frac{-2y}{R} \qquad \text{式 } 3.31$$

最後交叉高度為

$$l' = \frac{-y}{u'} = \frac{yR}{2y} = \frac{R}{2} \qquad \text{式 } 3.32$$

發現其焦點位於鏡子到曲率中心一半的位置。

凹面鏡可看成是一收斂透鏡，對於較遠的物體會成一實像，反之，凸面鏡會發散而成虛像。由於反射緣故，使折射率發生改變進而影響焦長，對一個簡易型鏡子而言其焦長可得

$$f = -\frac{R}{2} \qquad \text{式 } 3.33$$

所以一般正值指收斂，而負值指的是發散。

範例

計算如圖 3-42 所示之凱瑟葛蘭（Cassegrain）鏡系統之焦長。假設第一個鏡子的曲率半徑為 200mm，第二個鏡子半徑為 50mm，兩鏡子間的距離為 80mm。根據一般常用的符號表示，兩鏡子的半徑皆為負值，同時因為光從右方往左方移動，從第一個鏡子到第二個鏡子間的距離也考慮為負值。介質空氣的折射率考慮為+1.0，將問題所提供的資料和計算的問題列如表 3-1 所示。仔細的考慮各數值為正或負，以避免計算誤差。

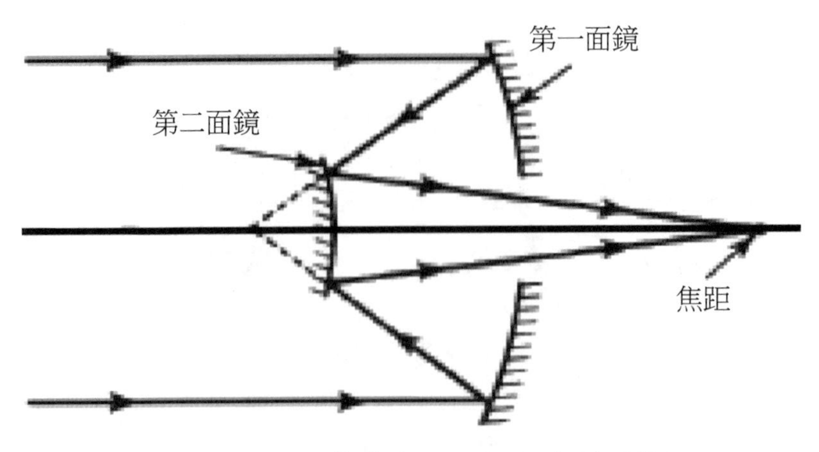

圖 3-42　凱瑟葛蘭（Cassegrain）鏡系統

表 3-1　光學參數表

項目					
半徑		−200		50	
厚度			−80		
折射率	1		−1		1.0
光線高		1.0		0.2	
光線斜率對折射率 Nu	0		−0.01		0.02

系統焦長可由求得 $-y_1/u'_2=-0.1/-0.002=500$m，最後交點距離（從 R_2 到焦點）為 $-y_2/u'_2=-0.2/-0.002=100$m，而焦點位於第一面鏡子右邊 20mm 處。第二主平面位在第二面鏡左邊 400mm 處，已完全在系統外面。這一類小且緊密的系統可提供較長的焦長和較大的成像。

3.6 製造微誤分析

因稜鏡角度的誤差產生的效應（由於製造上的容許度）可以很容易的加以分析。這些角度的誤差可以被視為等同於反射面對其正常位置的選轉，及／或在系統加上一個薄的折射稜鏡。

舉例來說，考慮如圖 3-43 的直角稜鏡，假設上方的 45°角大了ε，且下方的 45°角小了ε。一道垂直於入射面的光線將會產生對斜面為 $45°+ε$的入射角；反射角因此亦為且光線將會反射一個角度為 $90°+2ε$。因此，旋轉反射面ε將會產生延光線方向 2ε的誤差。

在出射面上，光線的入射角為 2ε，且若是折射指數為 1.5，則折射角為 3ε。同樣的由於光線因折射而在該面上被偏向了角度ε，光線將會發生色散，分離為弦角為ε/V 的光譜。

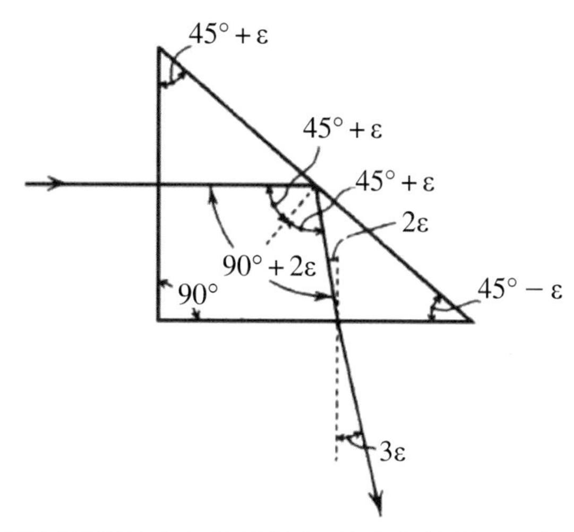

圖 3-43　光線通過一面斜面對其應有位置斜率ε的直角稜鏡。反射後，光線偏向了 2ε：經折射後在出射面偏向角度為 3ε（或 2nε）

習題

1. 簡述 Porro 稜鏡、直角稜鏡及直角校正鏡的不同。
2. 對 Pechan 稜鏡若輸入偏角為 0.2 度，輸出偏角為何？
3. Pechan 稜鏡的 F/#為何（光路徑／輸入面）？

軟體操作題

1. 比較單鏡組同一個圖像傾斜 45 度鏡像系統和兩個傾斜 45 度的鏡像系統。
2. 單鏡組插入 Dove 稜鏡，並轉動在 0、90、180、270 度時結果如何？用在 0、90、180、270 度旋轉 pechan 稜鏡設計單鏡組。
3. 使用光學軟體使光線經過單鏡組與矩形稜鏡而成像。
4. 使用光學軟體顯示光經過單一鏡組再經一個反射鏡和兩個反射鏡之成像比較。
5. 計算卡塞葛蘭鏡像系統的有效焦距：第二個鏡面曲率半徑為 400mm，第一個鏡面曲率半徑是 200m，兩鏡之間的距離是 80mm。

第四章　光學系統的要件

光學系統在工程化時，設計必須考慮光學系統的要件，這些要件將是設計的基要參數。

4.1 光瞳與光欄

光學系統的限制通過系統能量的通光孔徑（孔洞）。這些通光孔洞的直徑大小就是系統裡的透鏡和光檔板的直徑。這其中之一的孔徑，其直徑大小可以決定光進入系統孔徑後到接收端的總能量。這稱孔徑光欄，並且它的尺寸可以決定在這幅影像照明量（光度）。孔徑的另一個功用是可以限制影像的尺寸或視角。這一類的孔徑被叫視角光欄。

1940 年時，一個初期簡單的照像機之光學系統，如圖 4-1，說明了孔徑光欄和視角光欄之最大多數的基本形式。孔徑光欄在透鏡的前面限制大量光束的直徑，使系統能接受經過孔徑光欄（或稱 STOP）的光線。在底片附近的遮照，決定那些視場角覆蓋的系統，亦是照像機的視場光欄。

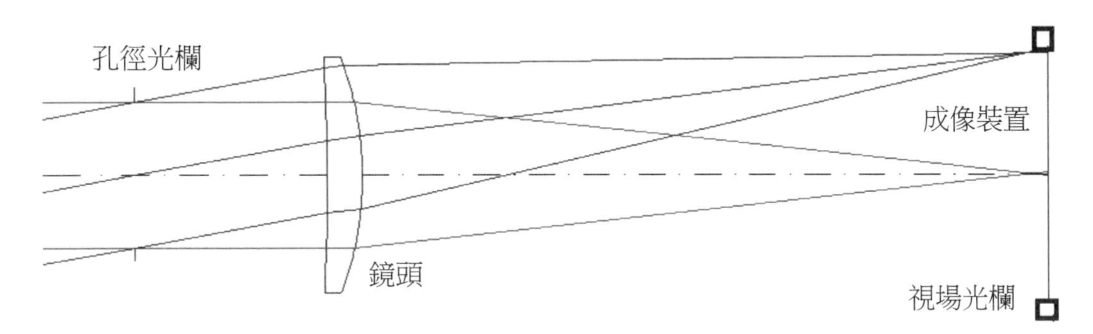

圖 4-1　簡單照像機說明孔徑光欄和視場光欄的功能

4.1.1 孔徑光欄、入瞳及出瞳定義

系統中光欄的位置和孔徑大小的決定，主要是由兩個主要的斜向光的路徑而定。如圖 4-2 所示，第一道光為主要光（Principal Ray 或 Chief Ray），第二道主要光為邊緣光（Marginal Ray）的兩道光：最大視角的入射光線通過各光欄或光瞳的中心稱為主光線。邊緣光是從物件在光軸的交點為起始點，經過各光瞳或光欄的邊緣的光；主

光線和光軸的交會處的位置，即是各孔徑的位置，而相對於邊緣光的大小即是孔徑的大小。其中一個限制系統總能量的，稱為孔徑光瞳。

4.1.2 孔徑光欄

一個光學系統是以孔徑光瞳限制其光通量，也是以視場光欄來限制其視場角的大小；如圖 4-2，望遠鏡系統以無限遠的距離聚焦在一個物體上。如圖 4-2(b)這系統包括一個物鏡透鏡、目鏡，和兩個內部的孔徑檔片。物體可以藉由物鏡組和目鏡組，再經由理想鏡組進入偵測器。影像是藉著物鏡組成像在擋片一，再由目鏡組成像到無限遠；或經由理想鏡組成像到偵測器。物鏡組和目鏡組形成一個無限共軛系統，圖中的擋片一是系統的孔徑光欄，限制物體軸向圓錐尺寸的能量。系統中所有其他元件都大得足以接受更大的圓錐。孔徑光欄是入射最大視場角的主要光和光軸的交點。

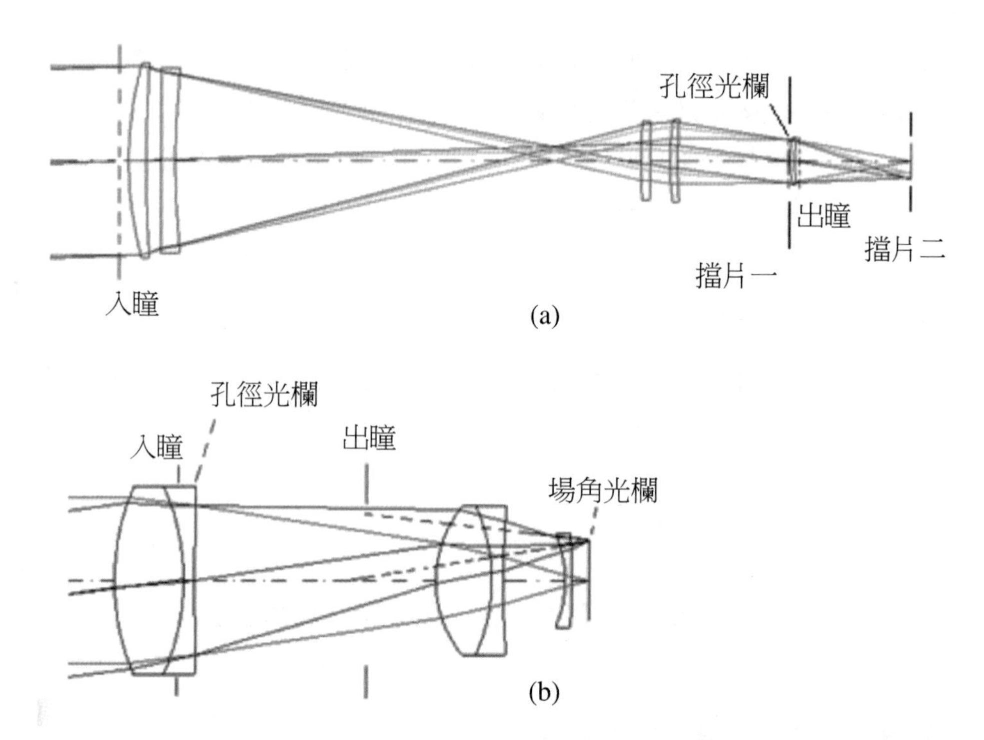

圖 4-2 (a)光學系統：USSR PATENT 1371271 150986 BARMICHEVA，(b)Petzval 孔徑光欄，及各光學元件之關係

4.1.3 入瞳和出瞳

照 Welford 的定義：根據高斯光學，在平行光軸的系統，入瞳是孔徑光欄的物面方向的成像，出瞳是在像面方向的成像；其位置是成像和光軸的交點；若視場角較大或系統較為複雜時：入瞳和出瞳位置各是入射主光線和出射主光線或其延長線和光軸的交點；光瞳尺寸大小即是在出射最大視場角的邊緣光線之延長線在出瞳位置的所含括的直徑。

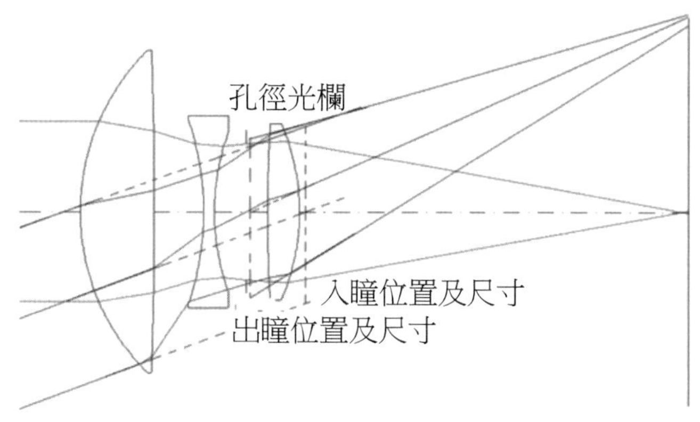

圖 4-3　Triplet 鏡組之孔徑光欄、入瞳和出瞳

4.1.4 視角光欄

圖 4-2(b)中，主光線的路徑可被視為另一束主要光從一點開始，距離主軸更遠的物體，藉著擋片二將被防止透過系統。因此，擋片二是這個系統的視角光欄，用以限制光線的擴大。

4.1.5 入光窗和出光窗

而孔徑光欄的成像在物件和成像面上，分別被稱為入光窗和出光窗。

4.1.6 角視場和視角

角視場是由入瞳位置，對物件的夾角或視角是由出瞳位置，對成像面的夾角；視角是物件最高點到光瞳位置和光軸的夾角，因此，視角為角視場的 2 倍，視角受視角光欄的限制。對望遠系統或成像系統，角視場也可以定義為由第一節點到物件，或第二節點到像面之夾角。

4.2 光暈和光暈係數

暈邊是經過入瞳的成像，若不同場角之邊緣光受到邊緣光受到遮檔的現象稱為光暈，而遮檔量和不遮檔的比值，稱為光暈係數，如圖 4-4 是一個成像的系統，由兩個正像透鏡所組成，A 和 B。由於軸向的光線分明；孔洞孔徑是一清楚的透鏡光欄 A，入口孔徑在 A，而出口孔徑是成像是因透鏡 A 的光欄和透鏡 B 所形成。遠離軸的一些距離，然而情勢顯著的不同。從 D 點接受的圓錐能量受限在較低的透鏡 A 邊緣的

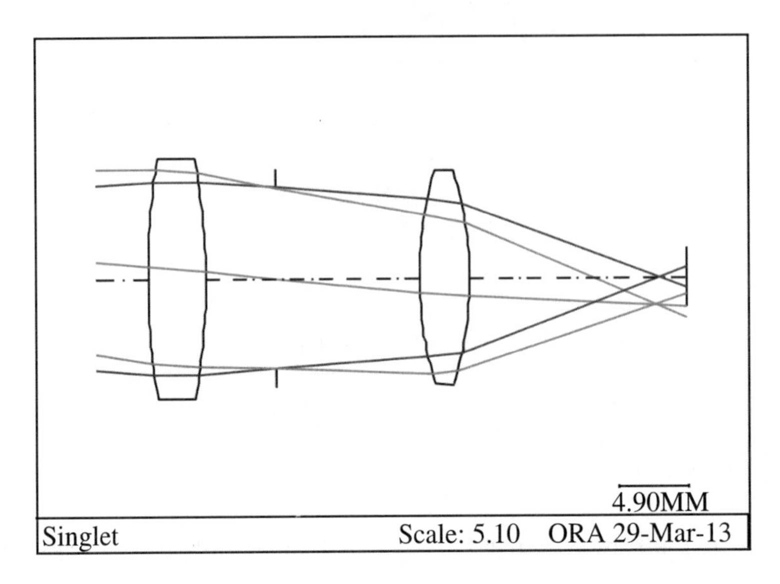

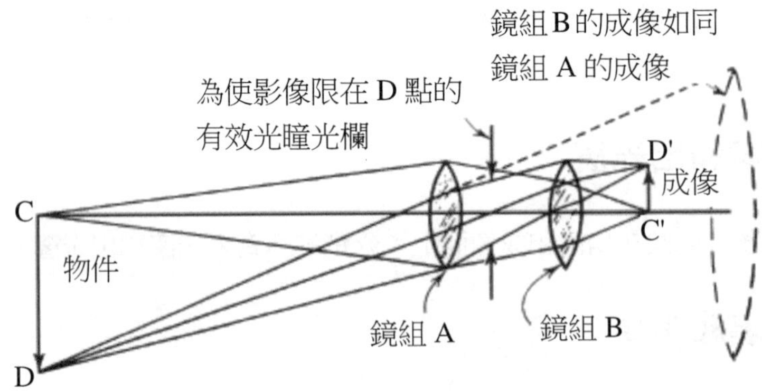

圖 4-4　光學系統的暈邊現象。D 點的圓錐光線的被更低邊的透鏡 A 和高邊的透鏡 B 限制，和小於C。注意來自D的上面光線只透過透鏡B經透鏡A所形成的成像

較低邊和在較高的透鏡 B 邊緣的較高邊。從 D 點可接受的圓錐能量的尺寸少於透鏡直徑 A 是唯一的限制。這種影響叫做暈邊現象，並且它引起了在成像點 D 照明的消減。它明顯為一些物體距離軸心較D點遠，將沒有光穿透過系統；如此就會有視場透鏡在這個系統裡，如圖 4-4 顯示的那樣。

由圖所示在光軸的邊緣光在大視場角時會產生像差，由此若選擇適當的淨空孔徑，可以使得在大視場角且會造成大像差的光線可以被遮檔，而在經過設計後，可以使得鏡頭之性能提升，體積變小，材料減少；通常，30 到 50%的暈邊是可以接受的，

圖 4-4 顯示出系統D點的概觀。入口孔徑為兩個圓的共用區，清楚表示透鏡A直徑，和另一個透鏡 B 直徑作為 A 的成像。短虛線在圖 4-5 中表明 B 影像的位置和大小，和箭頭表明實際有效的一孔洞孔徑，有一個尺寸，形狀和位置完全不同於軸向的情形。

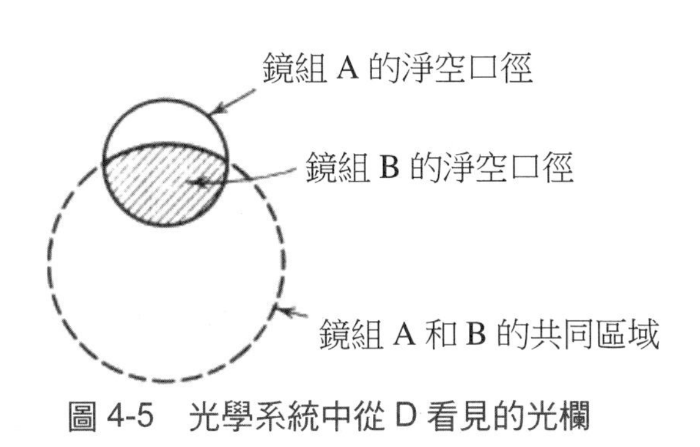

圖 4-5　光學系統中從 D 看見的光欄

在一攝影的透鏡裡有一可調整的虹膜孔徑，它的位置被光欄在一小的直徑，它通光孔徑的孔被集中在暈邊斜射光束裡。

4.3 遠心光欄

遠心系統在一在入瞳和／或出瞳是在無限遠。遠心光欄是一個光欄孔徑，位於一個光學系統的焦點。它被廣泛地運用在光學系統中，為計量學設計（例如，比較器和輪廓放映機和在微影技術）因為它傾向於降低那些輕微系統離焦的測量誤差。圖 4-6 (a)顯示一個遠心系統。注意到受光主要光線在透鏡左側與軸平行。如果這個系統用來計畫一個影像的規模（或者一些其他物件），顯然小的離焦位移並不會改變在主要光線上的高度尺度規模，雖然它當然會使這幅影像變模糊。把這與圖 4-6(b)對照，那些孔徑在透鏡上，和那些離焦有成比例的誤差在光線的高度上。離心光欄也被使用在想

有深度（沿著軸）一個物體的影像，回有較少干擾的一個物體邊緣的影像。

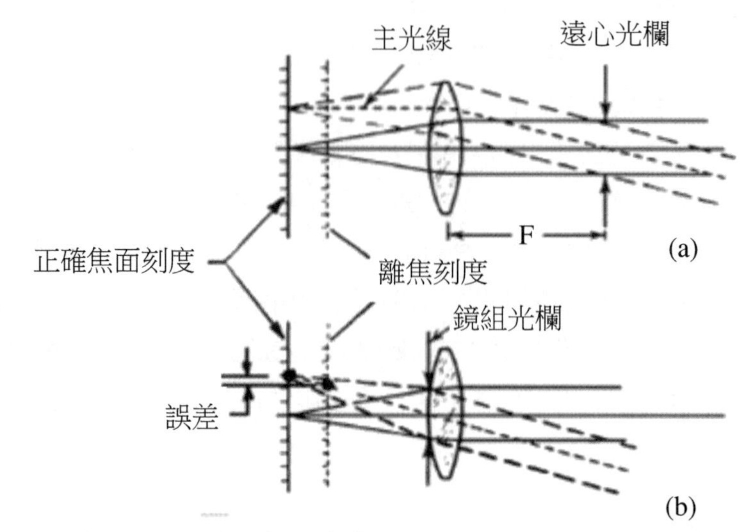

圖 4-6　遠心光欄位於投影系統的焦點中顯示，主要光線是與物體的軸向平行。當物體稍微遠迷焦點，投射的影像尺寸沒有誤差，如同在用孔徑透鏡的系統裡的影像一般，顯示在下方的草圖中

光欄和影像照明—f-number and Cosine-Fourth f-Number

f-number 當一透鏡從一個延長的物體形成一影像，從一個物體的小區域收集的能量是成正比於到通光孔徑區域，或者透鏡的入口孔徑。在這影像，照明（每單位面積提供能量）成反比於這個物體被傳播的影像平面。此時光欄區域成正比於孔徑直徑的平方，而影像區域與影像距離的平方成正比，或者焦點長度。因此，這些二維的二次方比率是一個度量標準有關的照明在影像的產生中。

焦距和一個聚焦系統通光孔徑間的比率稱為相關的光欄、f-number、或者系統的「光感率」（其他元素相等），在一影像內的照明與這比率的平方成反比。相關的光欄是給透過：

f-number＝有效焦距／淨空口徑　　式 4.1

舉例，一個 8in 的焦距透鏡在 1in 的清楚光欄中 f-number 為 8；照例寫作 f/8 或者 f：8。另一種方式來表示這種關係是透過數值表示的光欄（通常簡寫為 N.A 或 NA），這是折射係數（界質中的影像狀態）圓錐半形照明的正弦值。

數值孔徑 Numerical aperture＝NA＝n'sin U'　　式 4.2

數值光欄和f-number是顯而易見的兩個方法來確定相同的系統特性。數值光欄是更方便地用於在有限共軛系統（例如顯微鏡物鏡），和f-number應用於系統遠的物體（例如照像機透鏡以及望遠鏡物鏡）。無限的物距的等光程系統（如系統改正與球形的偏差）有兩倍數量的關係：

$$\text{f-number} = \frac{1}{2\text{NA}} \qquad \text{式 4.3}$$

專有名詞「fast」和「slow」經常被用於光學系統 f-number 的描述，稱「speed」。大光欄的透鏡（小的 f-number）被稱做為「fast」，或者有高的「speed」。一較小光欄的透鏡被稱作為「slow」。這專有名詞在攝影用法中常用，一較大光欄允許一較小光欄（或者較快的）在底片上較長曝光時間去得到相同的能量，並且允許迅速地把物體移動拍照而沒有使其變模糊。

一個工作系統在共軛有限域，物體邊緣的數值光欄和影像邊緣的數值光欄一樣好應該是明顯的，而此比率 NA/NA'（物體邊緣 NA）/（影像邊緣 NA'）必須等於那些放大的絕對值。專有名詞「working f-number」有時用來描述 f-number 的條件。如果使用專有名詞「infinity f-number」在式 4.1 裡定義 f-number，影像邊緣的工作 f-number 等於無限 f-number 倍數（1 公尺），這裡公尺單位是方便放大率的計算。

偶爾遇到的另一個名詞是 T-stop，或者 T-number。這與 f-number 相似，除了它帶進給透鏡的穿透量以外。從未塗布，多元件的由特別玻璃做成的透鏡只傳送小部分光，較簡單架構的低反射塗布透鏡將傳送對攝影者具有相當大數值的光感率等級。在 f-number，T-number 和穿透量之間的關係是

$$\text{T-number} = \frac{\text{f}-\text{number}}{\sqrt{\text{transmission}}} \qquad \text{式 4.4}$$

Cosine-to-the-fourth

對離軸像點來說，即使沒有暈邊現象時，照明通常低於在軸上的像點。圖 4-7 概要的顯示出口孔徑和影像平面的軸向 A 點與離軸 H 點之間的關係。照明在一像點成正比於出口孔徑邊對固體角。

從 A 點孔徑邊對固體角是出口孔徑除以距離 OA 平方的區域。從 H 點，固體角度是孔徑除以距離 OH 平方的投射區域。OH 大於 OA，相當於 $1/\cos\theta$，這增加的距離降低了照明的 $1/\cos^2\theta$。出口孔徑從 H 點間接觀看，並且它的投射區域大約降低 $\cos\theta$。（這是近似假如 OH 尺寸大於孔徑的尺寸；而高速透鏡使用在大的斜率中，它可能是受影響而發生誤差）。

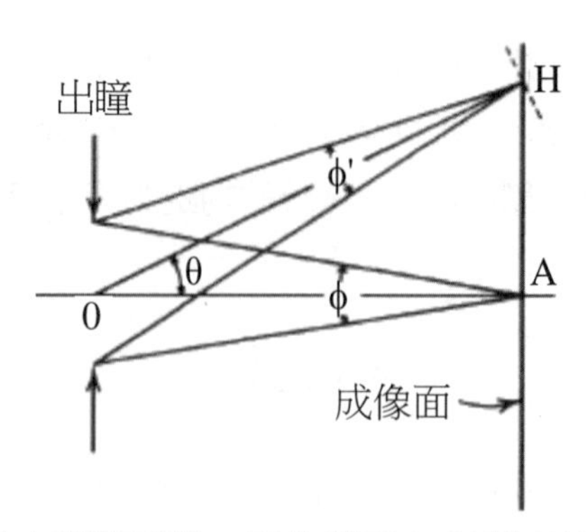

圖 4-7　出口孔徑和像點之間的關係，用此證明在 H 點的照明是在 A 點的 $\cos^4\theta$倍

因此在 H 點的照明以 $\cos^3\theta$降低。不過這是適合照明的平面垂直線 OH（在圖 4-7 的短劃線表示），想要照明在 AH 平面上，照明 x 流明每平方英尺在猛衝的平面上將被降低在 AH 平面上，因為相同的數目流明中，傳遍一個更大的區域在 AH 平面。消減係數是 cosθ，以及結合所發現的全部係數：

$$\text{Illumination at H} = \cos^4\theta\ (\text{illumination at A}) \qquad \text{式 4.5}$$

這對廣角物鏡影響的重要性可能從事實 $\cos^4 30° = 0.56$，$\cos^4 45° = 0.25$ 判斷，以及 $\cos^4 60° = 0.06$。可以看出照明在一架廣角照像機內的膠捲上將十分迅速從上落下。

注意到那些先前基於假設孔徑直徑是個常量（關於θ）和θ角成像在影像空間（雖然很多人把它用於在物體空間的視角角度）。「The fourth law」被修改如果透鏡的建設是如此以孔徑的外觀尺寸增加隨著偏離軸點，或者如果足夠大量的變形被採用來保持有更小的值，相較於指望用物體空間從相應場角角度。某些極端廣角照像機透鏡利用這些原則增加離軸的照明。$\cos^4\theta$除了影響任何照明之外還以暈邊現象引起減少。cosine-fourth 效應不是定律而是一次 4 次 cosine 關係式。

4.4 平滑孔徑、冷卻孔徑、反射板

在大多數望遠鏡系統中，孔徑光欄會非常接近物鏡，如圖 4-8。這個位置給了盡可能小的物鏡直徑，既然物鏡通常是最昂貴的組成部分，使它的直徑減到最小最符合省錢效益。此外，經常考慮偏差一個合乎需要的位置。不過，有一些系統，例如掃描器，需要減小掃描器鏡到最小尺寸和重量使孔徑或孔徑在掃描器鏡內而不是在物鏡內。這使物鏡更大，更昂貴，而且更難設計。

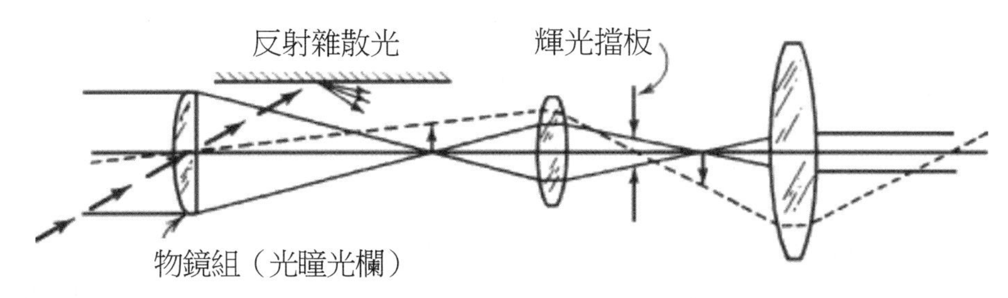

圖 4-8　雜射光從一堵望遠鏡的內部牆反射出，被位於物鏡的內部影像的平滑孔徑攔截

以類似的模式，孔徑視角可能被安置在內部影像更進一步降低偏離的輻射。這裡的原則是簡單易做的。一旦一個系統的主要視角和孔徑光欄被確定，輔助孔徑可能位於其他孔徑位置，用以阻斷影像的過亮。如果平滑閃耀孔徑是準確定出，並且和主要孔徑的影像一樣大（或者稍微更大），他們不降低視角或者照明，他們也不引出暈邊現象。

在一個系統裡，擋板經常用來降低從牆反射出的輻射數量等。圖 4-9 顯示簡單的輻射計由一收集透鏡和一個遮蔽檢測器組成。一強的光源（例如太陽）的輻射，從內部牆反射出到檢測器上並遮蔽了欲測目標的輻射測量。如圖 4-9 上半部所描繪。在這些條件下，不可能使用內部的平滑閃耀孔徑（既然沒有入口孔徑的內部影像）和內部牆的底座，必須被遮蔽如圖 4-9 下半部所顯示（雖然如果情形允許，一個永久遮罩或者遮光罩也能被使用）。

阻隔板有效利用的關鍵，是為了使那些檢測器能看到直接的表面觀測。擺放一套阻隔板的方法在圖 4-10 說明。從透鏡的邊到檢測器邊緣的虛線表明必要間隙空間，阻隔板不能闖入從沒有被要求的視角堵塞輻射的部分。短劃線 AA'是一視線從檢測器對外來輻射開始的牆上的點。第一個阻隔板被建造在和點虛線 AA'的交叉口。實線 BB'

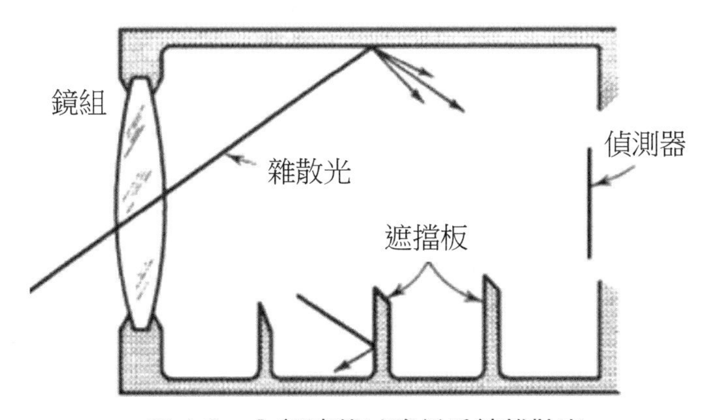

圖 4-9　內部遮蔽以降低系統雜散光

從透鏡的頂端，表明了雜射光對牆的路徑。對於觀測的檢測器來說，從阻隔板#1 到 B 的區域是如此遮蔽和安全。而阻隔板#2 在 AB 和淨空線的交叉口，將防止檢測器免受看見照明在 B 以外的牆。這個程式被重複，直到整個側壁被保護。注意到阻隔板的內部邊緣應該是敏銳的，表面粗糙和變暗的。

來自有用外邊偏離的（不想要）輻射的簡單輻射計，可以從內部遮蔽並且降低系統功能。尖刻的阻隔板，顯示在較低的部分，阻止輻射和防止檢測器看見直接照亮的表面。

注意到阻隔板#3 保護牆點 D；因此，全部阻隔板有一些前移，以便他們覆蓋部分重疊。製造擋板的機構如圖 4-10 展示，顯然製造擋板是昂貴的。若較便宜的選擇包括：清洗強製在間隔之間，玻璃子成型銑製可能黏牢或擠壓得到解決。這類的擋板不是在任何情況必要。經常，內部的散布可能足夠透過金屬或穿過內部底座的表面而降低。以這種方法，反射被拆散並且散布，降低反射的數量並且破壞任何平滑閃耀影像。使用黑色油漆是非常明智的，雖然必須在意油漆保持表面粗糙度和黑色在近場的入射角和在波長的應用。噴沙噴成粗糙表面並且使其變黑（適合鋁，黑色的陽極氧化處理）是一種簡單和有效的處理方法。另一種處理方法是黑色「聚集」的應用。這可以以捲的方式獲得，切到需要的尺寸，並且黏牢引起問題的表面；這特別對大的內部表面和實驗室的設備有用。

專業的黑色油漆適用於特定的應用以及波長。缺乏特別的油漆的情況下，Floquil 牌的黑色模型漆通常可達到需求目的的黑色。專業化陽極氧化處理過程，馬丁光學布萊克（或者 Martin infrablack 為紅外光）極其有效（0.2%反射），但是非常容易壞。

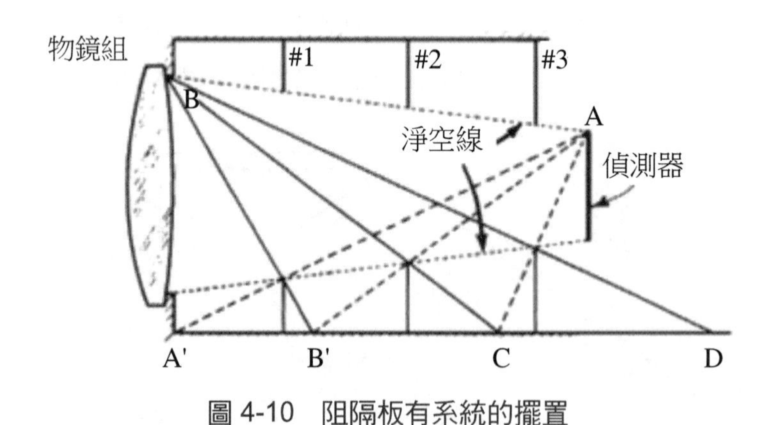

圖 4-10　阻隔板有系統的擺置

4.5 光欄的繞射影響

根據波動理論，無窮小的點光源是可能的，沒有透鏡系統仍形成一真實的點影像，即使透鏡完美的設計製造和絕對沒有偏差。這適時的結果為光其實不在直線光線裡傳播，而是如波浪運動一樣，在角和障礙物周遭彎曲一小有限的角度。

根據惠根斯原理之光波傳播理論，每一個波前上的點可能被認為是一個球形子波的來源；這些子波加強或者互相干擾形成新波前。當原先的波頭範圍無限時，新波前是簡單的在傳播方向傳遞的子波外殼。在另一個極端，波前是被光欄受限制到一個很小的尺寸（半個波長方面來說），對於光欄，新波前成為球形波前。圖 4-11 顯示完美的透鏡前面的入射波前平面，在AC上的狹縫。透鏡對心於布幕EF，希望在布幕上確定照明的性質。圖 4-11 的透鏡被假定完美，光程距離 AE，BE 和 CE，是全部相等的而且波將到達同相的 E 點，加強彼此產生一個明亮的地區。對於海根司子波理論來說，從波前平面的方向開始指示了角度，路徑的不同；路徑 AF 不同於路徑 CF 藉由距離CD。如果CD是完整的波長，來自A和C的子波數量會增強在F點上，假如CD是一半個波長的奇數，相消就會發生。照明在F將從每增加分割的狹縫貢獻量相加，考慮相位間的關係。它可能容易證明當CD是完整的波長數量時，在F的照明為零，如下：如果 CD 是一波長，然後 BG 是一半波長，結果子波從 A 和 B 消失。與此類似，從 A 和 B 以下的子波也會消失，所以在狹縫的寬度以下也是。如果 CD 是 N 個波長，分開成 2N 個部分（而不是兩個部分），使用相同的推理。因此，在 F 有一個暗的區域當

$$\sin\alpha = \frac{\pm N\lambda}{\omega},$$

N = 任一整數，λ = 光的波長，= 狹縫的寬度

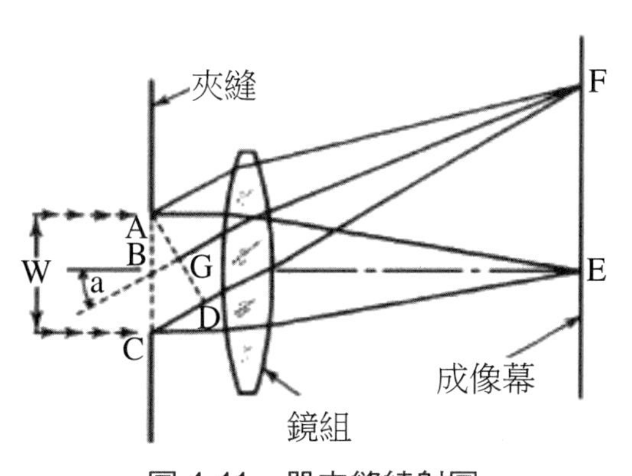

圖 4-11　單夾縫繞射圖

因此，在EF平面裡的照明是一系列的光和暗的能帶。中央的亮光帶是最強烈的，而能帶在其他兩邊相繼的漸弱。一個能實現那強度應該變小的是當CD是1.5、2.5等，當CD是1.5，子波從2/3的狹縫（如同用先前的段落）顯示干涉和相消，留下1/3從光欄的子波；當CD是2.5，只有夾縫的1/5是不相消的。既然未相消子波前不精確或精確非同調，照明在相關點的螢幕上的相應點將少於1/3或者是中心能帶裡的1/5。

對一更嚴格數學計算方法的發展來說，在光欄之上作漸近積分，結合一合適的技術，子波的增加既不精確，在這裡也產生不精確地同調。這種近似可能是適用於矩形和圓的孔洞，如同狹縫一樣。

對一個矩形的孔徑來說，在螢幕上的照明為下式：

$$I = I_0 \frac{\sin^2 m_1}{{m_1}^2} \cdot \frac{\sin^2 m_2}{{m_2}^2} \qquad \text{式 4.6}$$

$$m_i = \frac{\pi\omega_i \sin\alpha_i}{\lambda} \quad i = 1.2 \qquad \text{式 4.7}$$

用這些表達方式是波長ω，出口光欄的寬度，在螢幕上的點對於角度，m_1和 m_2代表兩個主要的維度，矩形光欄的ω_1和ω_2和I_0是在這種圖案的中心照明。

當光欄是圓的時候，照明為

$$I = I_0 \left[1 - \frac{1}{2}\left(\frac{m}{2}\right)^2 + \frac{1}{3}\left(\frac{m^2}{2^2 2!}\right)^2 - \frac{1}{4}\left(\frac{m^3}{2^3 3!}\right)^2 + \frac{1}{5}\left(\frac{m^4}{2^4 4!}\right)^2 - \cdots\right]^2 = I_0\left[\frac{2J_1(m)}{m}\right]^2 \qquad \text{式 4.8}$$

m 為式 4.8 的定義，明顯的代替圓形出口光欄的直徑，對於寬度 w 和 J_1 ()第一階的Bessel函數，照明圖案為一明亮但迅速減小強度的包圍中心的的同心光環。這明亮的中心斑點圖案稱為艾瑞環。

能轉換角度成Z，來自中心半徑距離的圖案，可參考圖 4-12。如果這個光學系統合理無偏差，那麼

$$l' = \frac{-\omega}{2\sin U'}$$

並且在一接近的近似，當α很小

$$Z = \frac{l'\alpha}{n'} = \frac{-\alpha\omega}{2n'\sin U'} \qquad \text{式 4.9}$$

表 4-1 舉出對於圓形和狹縫而言折射圖案的特性。表是由方程式 4.8 和 4.9 而來，但是數據以 Z 和 U'取代α和ω。注意到 Z 和 U'光學系統中光欄的 NA 值。

注意到在圖案內能量的百分之 84 包含在中心點裡，而在中心的點裡的照明幾乎

是第一個亮環的 60 倍大。通常中心光點和第一個兩個明亮的光環支配這種圖案的出現，其他光環太微弱不能注視到。在一次繞射過程中的照明圖案，如圖 4-12 設計。應該記住這些能源分布應用於完美、無偏差的系統中的圓或者狹縫孔洞，均勻傳送而且被相同震幅的波前照亮。偏差的存在將修改分布，如同任何不規則的輸送或者波前震幅。

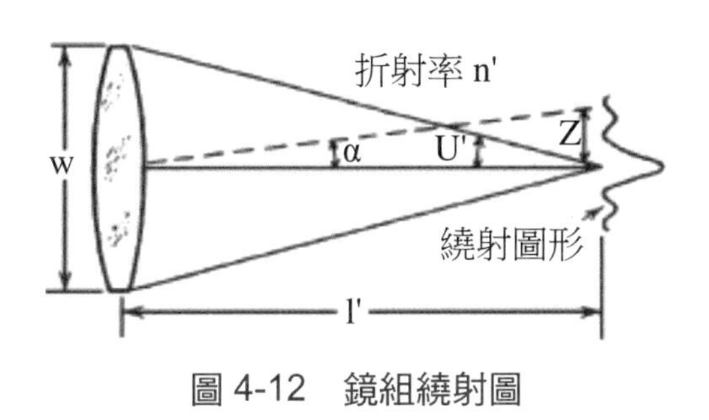

圖 4-12　鏡組繞射圖

表 4-1　在一完美透鏡的焦點中折射圖案內的能量大小和能量散布

圈（或區帶）	圓光瞳			細縫光瞳	
	z	照度峰值	圈能	z	照度峰值
中心最大值	0	1.0	83.9%	0	1.0
第 1 圈（黑）	0.61λ/n' sin U'	0.0		0.5λ/n' sin U'	0.0
第 1 圈（白）	0.82λ/n' sin U'	0.017	7.1%	0.72λ/n' sin U'	0.047
第 2 圈（黑）	1.12λ/n' sin U'	0.0		1.0λ/n' sin U'	0.0
第 2 圈（白）	1.33λ/n' sin U'	0.0041	2.8%	1.23λ/n' sin U'	0.017
第 3 圈（黑）	1.62λ/n' sin U'	0.0		1.5λ/n' sin U'	0.0
第 3 圈（白）	1.85λ/n' sin U'	0.0016	1.5%	1.74λ/n' sin U'	0.0083
第 4 圈（黑）	2.12λ/n' sin U'	0.0		2.0λ/n' sin U'	0.0
第 4 圈（白）	2.36λ/n' sin U'	0.00078	1.0%	2.24λ/n' sin U'	0.0050
第 5 圈（白）	2.62λ/n' sin U'			2.5λ/n' sin U'	0.0

光學系統解析度

即使在一個完美的光學系統中，有限大小的光欄所造成的繞射效應，使得成像結果並不會如預期般的完美。先考慮一具有兩個等亮點光源所成像之光學系統，其中任一點所成的像都如艾瑞環（Airy disk）一樣為一個同心圓環，若是兩點間距離越來越靠近，則這樣的繞射圖形將會相互重疊，而當兩點距離夠遠，足以區分出其為兩點而非一點時，稱此兩點能被解析。圖 4-14 為兩個繞射圖形在不同距離下的各種情形。當成像的兩點距離小於 0.5λ/NA 時（NA 為此系統之數值光欄＝n'sin U'），兩重疊的繞射圖形最大值出現在圖形中央，就像單一光源的成像一般，距離為 0.5λ/NA時，雖然沒有最小值出現在兩圖形最大值之間，但其雙倍大小之成像恰巧能使此光學系統剛好被解析。此為解析力的 Sparrow 標準。

當影像分離達到 0.61/NA，最大的圖案與另一第一個暗環相合，且有一兩個最大值的清楚跡象被結合在圖案內。這是瑞利標準解析，並且廣泛有數值地用於一個光學系統的極限解析度。

從表 4-1，發現從第一個艾瑞環暗環中心的距離給定為

$$Z=\frac{0.61\lambda}{n'\sin U'}=\frac{0.61\lambda}{NA}=1.22\lambda(f/\#) \qquad \text{式 4.10}$$

這分離二象點相當於瑞利標準的解析度，表示被廣泛地使用來確定顯微鏡的極限解析度等。對於影像的解析度而言，影像圓錐的 NA 被使用；對於物體的解析度來說，物體圓錐的 NA 被使用。

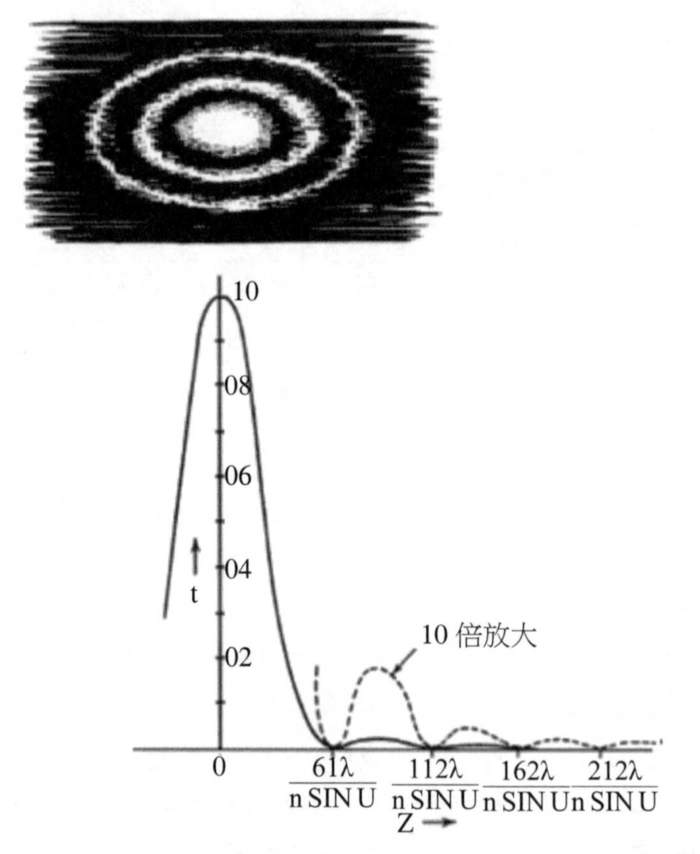

圖 4-13　艾瑞環裡的照明分布。艾瑞環的出現顯示在上圖右

兩幅點影像的折射圖案永遠由於折射有一些不同於單個點的模型。如此，發現兩個點的存在是可能的（與一相反），甚至兩個點不能在視覺上被解析或者分開（這種情況的產生時，越過解析理論的限制）。在第 11 章，顯然有真的極限解析度在一正弦曲線線目標上；在空間頻率上的限制為 $\nu_0 = 2NA/\lambda = 1/\lambda(f\#)$。

評估望遠鏡和其他系統在長物體距離的性能限制，物體點的角度分離表示更為有用。重新安排式 4.8 和從式 4.9 以 Z 的限值代替，得到在弧度測量，

$$\alpha = \frac{1.22\lambda}{w}\text{radians} \qquad \text{式 4.11}$$

對一般的視覺儀器來說，λ可能被認為是 0.55m，每 1 秒使用 4.85×10^{-6}弧，可發現

$$\alpha = \frac{5.5}{w}\text{ seconds of are} \qquad \text{式 4.12}$$

當 w 是用英寸表示的光欄直徑時。透過一系列詳細的報告，天文學家道斯發現，當他們分離時是 4.6/w 秒，那兩顆星相等的亮度是可被看得見的。如果使用 Sparrow 標準而不是在式 4.10 裡的瑞利標準，極限解析角為 4.5/w 秒，很接近 Dawes 的結論。

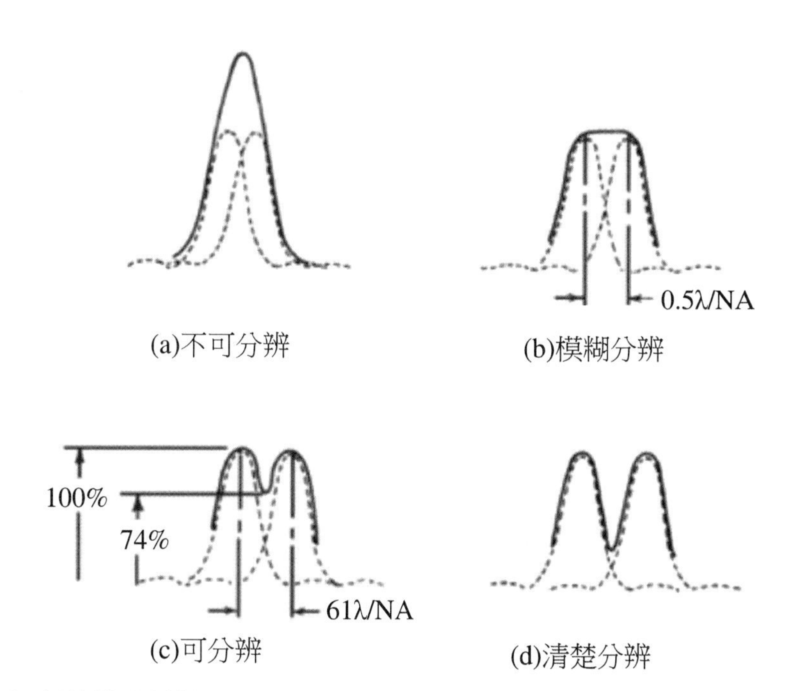

圖 4-14　短劃線描述折射在各式各樣分離的兩幅點影像的圖案。實線指示了結合的折射圖案。情況(b)是 Sparrow 標準解析度。情況(c)是瑞利標準

這裡強調角的解析度限制是波長直接的功能和光欄的反函數系統是值得的。因此，極限解析度透過減小波長或增加光欄數目被改善。要注意焦距或者工作距離不直接影響角的解析度。線解析度取決於波長和數值光欄（NA 或者 f-number），而不是光欄直徑。

在一架分光鏡的儀器中，想要分開不同的波長，測量的解析度最小的波長差別，dλ，可能被解析。這通常是以λ/dλ表示；因此，一個 10000 的解析度將表明最小能發現的差別波長 1/10000 儀器被確定的波長以上。

對一架稜鏡分光鏡來說，這個稜鏡經常是限制的光欄，並且當這個稜鏡被在最小量偏向使用時，解析度給定為

$$\frac{\lambda}{d\lambda} = B\frac{dn}{d\lambda} \qquad \text{式 4.13}$$

這裡的 B 是稜鏡的基礎長度，dn/dλ是散布稜鏡材料。

折射式光柵是由一系列確切清楚的界線組成。光能直接透過光柵，但是也會折射。像狹縫光欄一樣在之前討論過的，在特定角度折射子波會加強，並且產生最大值，當

$$\sin\alpha = \frac{m\lambda}{S} \pm \sin I \qquad \text{式 4.14}$$

這裡 λ 是波長， I 是入射角，S 是光柵空間，m 是一整數，稱為最大階數，正號用於光柵的傳送，負號為反射（注意到光柵的正弦曲線只有第一階）。因為取決於波長，這樣的一個設備能用來分開折射光的原始波長。在圖 4-18 指出光柵解析度給定為

$$\frac{\lambda}{d\lambda} = mN \qquad \text{式 4.15}$$

這裡的 m 是階數，而 N 是所有光柵總線條的數目（假設光柵的尺寸限制系統的光欄）。

4.6 焦深和景深

焦深（depth of focus）是一個光學系統使其離焦，使得焦點發散而模糊的容許距離，但是因為聚焦點在偵測器或其他的接收單元上，雖因為焦距的微量變動而使得焦點變大而發散，聚焦點分布的大小仍在接收單元內，光學系統之可移動的縱向距離。焦深的計算乃是聚焦點能夠對於一個參考平面縱向移動，而不超過系統所定最大的發

散量。另外，景深（depth of field）也就是物體所能夠縱向移動——直到達可容許的最大的發散量的距離。焦深和景深是相對的：一個是物件固定在焦距已固定之成像面上最大允許改變量；另一則是成像面固定時在物件在縱向上最大允許改變量。

由此，可定義一光學成像系統，如圖 4-15，若孔徑光欄大小為A，發散光點大小可以用散光點的直徑尺寸，或是以散張角（angular blur）表示，即聚焦光點發散模糊尺寸 B 和焦距 D 所產生的β弧角。因此，散光斑直徑與弧角（B 和β）和距離 D 之關係為：

$$\beta = \frac{B}{D} \qquad \text{式 4.16}$$

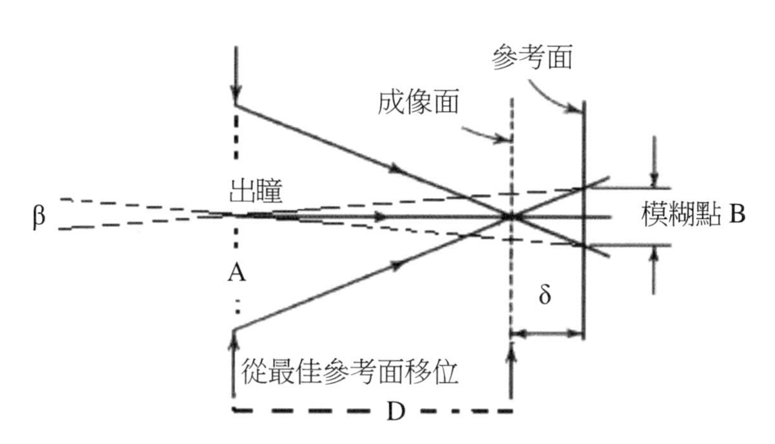

圖 4-15　當光學系統離焦時，成像點會變為模糊點

弧角焦深（Angular depth of focus）

圖 4-16 是從物件方面分析景深和成像面模糊的關係，若由系統光瞳A向外觀看，若聚焦在D點的前和後景深是由模糊角延長線和兩條主光線交點內所界定，若物件在此範圍內則成像清楚，可得到光欄 A 和景深 δ 關係式：

$$\frac{\delta}{\beta(D \pm \delta)} = \frac{D}{A}$$

這樣的景深表示法能夠被解出得到，

$$\delta = \frac{D^2\beta}{(A \pm D\beta)} = \frac{DB}{(A \pm B)} \qquad \text{式 4.17}$$

值得注意的是，朝向光學系統的景深較小於離開光學系統的景深。若δ比起距離 D 夠小的話，則能化簡為

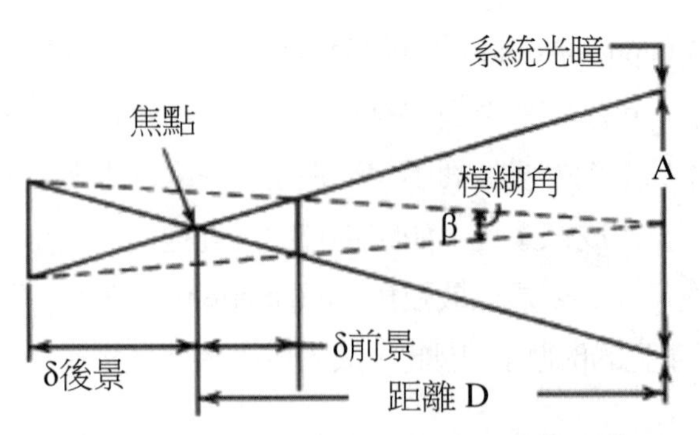

圖 4-16　系統光瞳外縱向景深以可容許的弧角模糊表示之關係

$$\delta = \frac{D^2\beta}{A} = \frac{D\beta}{A} \qquad \text{式 4.18}$$

對於成像邊而言，此關係為

$$\delta' = \frac{D'^2\beta}{A} = \frac{F^2\beta}{A} = F\beta(f/\#) = B'(f/\#) \qquad \text{式 4.19}$$

其中，右手邊第二，第二和第四項引入，此時成像位於系統的焦點，而F為此系統的焦長。

以線性定義所得的模糊焦點大小 B 之焦深能夠將式 4.19 代入上面式子得到。也注意景深 δ 和景深 δ' 和系統的縱向放大倍率之關係為

$$\delta' = \overline{m} \approx m^2\delta \qquad \text{式 4.20}$$

系統之超長焦距（hyperfocal distance）乃是此系統必須被聚焦，以致於景深能延伸到無限遠。若$(D + \delta)$相當於無限大，則 β 等於 A/D，得到

$$D(\text{hyperfocal}) = \frac{A}{\beta} = \frac{F\Delta}{B} \qquad \text{式 4.21}$$

攝影之焦深（The photographic depth of focus）

攝影之焦深之概念乃是使離焦的模糊點小於感光底片上銀的晶粒大小，以使其不會有明顯的影響。這個觀念也可適合於光耦合器（CCD）的畫素之中。假如可容許的模糊直徑為 B，則焦距（於成像邊）可簡化為

$$\delta' = \pm B(\text{f-number})$$

$$\delta' = \pm\frac{B}{2NA} \qquad \text{式 4.22}$$

所對應的的景深（在物體邊）是從 D_{near} 到 D_{far}，其中

$$D_{near}=\frac{fD(A+B)}{(fA-DB)} \qquad 式 4.23$$

$$D_{far}=\frac{fD(A-B)}{(fA+DB)} \qquad 式 4.24$$

而其超焦距距離簡化為

$$D_{hyp}=\frac{-fA}{B} \qquad 式 4.25$$

其中 D = 名義上之聚焦點之距離，依根，慣用符號定義，D 通常是負的。

A = 透鏡入瞳光欄。

f = 透鏡焦長。

注意，這裡將有一些誤差的假設。假設影像是完美的光點，即不考慮繞射效應，也不考慮透鏡的像差，且在焦點兩邊的模糊是相同的。雖然這些假設並不是正確的，但是上面的式子真的能夠得到合用的模型去估算焦深。實際上，可容許的模糊直徑 B 通常是依經驗去決定，透過一連串的離焦影像得出可容許的程度。

4.7 高斯光束之繞射

如 4.6 與 4.7 節所示，一點光源的強度分布仍基於以下假設：光學系統為完美的與透射率與波前振幅在整個光欄裡為均勻的。任何光束的強度變化將改變繞射圖案。很明顯地，對於透射率相似的變化也會造成相同的效果。

所謂「高斯光束」即其段面的強度如同高斯方程式一樣，$y=e^{-x^2}$。雷射的輸出光束就很接近高斯光束。從數學上來看，知道指數函數，如高斯是相當能夠抵抗轉換的（像是 e^{-x} 的積分或是微分）。相同地，只要在合理的無像差光學系統下，高斯光束也傾向維持高斯光束，而一個點的繞射影像也是如同高斯分布般。

高斯光束的的強度分布如圖 4-17 所示，其能夠如式 4.26 所述。

$$I(r)=I_0\, e^{-2r^2/w^2} \qquad 式 4.26$$

其中　I(r) = 與光束軸距離 r 之強度

I = 光軸之上強度

e = 2.718⋯

w＝強度降到 I_0/e^2 之徑向距離，即中心值之 13.5%，這通常稱為光束的寬度，雖然它僅僅是半徑值，其包含了 86.5%的光度能量。

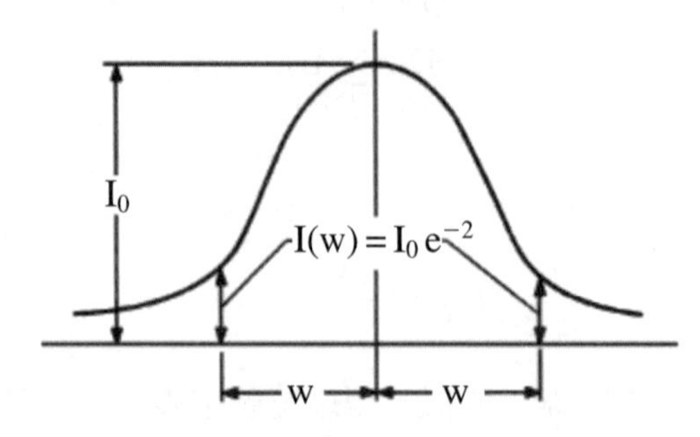

圖 4-17　高斯光束強度圖

光功率（Beam power）

透過對式 4.26 之積分，發現光束之總功率為，

$$P_{tot} = 1/2\ \pi I_0 w^2 \qquad \text{式 4.27}$$

透過半徑為 a 之圖形光欄之功率值為，

$$P(a) = P_{tot}\left(1 - e^{-2a^2/w^2}\right) \qquad \text{式 4.28}$$

透過寬度為 2s 的狹縫之功率值為，

$$P(s) = P_{tot} \cdot \operatorname{erf}\left(\frac{s\sqrt{2}}{2}\right) \qquad \text{式 4.29}$$

其中 $\operatorname{erf}(u) = \int_0^u e^{-t^2}dt$＝誤差函數（error function）。

高斯光束之繞射散布（Difraction spreading of a gaussian beam）

高斯光束在某一點具有最窄的寬度，稱為「光腰」（waist），此點可能接近光束聚焦點或是接近雷射輸出區。隨著光束的向前傳播，其依據下式向外擴散，

$$w_z^2 = w_0^2\left[1 + \left(\frac{\lambda z}{\pi w_0^2}\right)^2\right] \qquad \text{式 4.30}$$

其中 w_z＝光腰縱向距離之半直徑量

w_0＝光腰處之半直徑量

λ＝波長

z＝沿著光軸從光腰至平面 w_z

對於較大的距離，色散角度描述比較方便。故將式 4.30 兩邊同除以 z^2，當 z 趨於無限大時，可得到：

$$\frac{\alpha}{2}=\frac{w_z}{z}\Big|_{z\to\infty}=\frac{\lambda}{\pi w_0}=\frac{2\lambda}{\pi(2w_0)} \quad 或 \quad \alpha=\frac{4\lambda}{\pi(2w_0)}=\frac{1.27\lambda}{\text{diameter}} \qquad 式 4.31$$

其中 α 為以徑度量表示的光束色散角。於大多數應用上，高斯繞射在成像面上之模糊量能夠以乘影像共軛距離得到（s'出自於第二章）。

光束遮斷（Beam truncation）

光束遮斷效應即減小孔徑或是截斷光束的外部區域，此部分由 Campbell 和 DeShazer 所討論，他們表示若光束的直徑沒有減少到小於 2(2w)，其中 w 為在 $1/e^2$ 點的半直徑量，則光束強度分布仍在真實高斯光束的數個百分比以內。但假如光欄減少到小於這個值，光束圖案將引進像是環狀的構造，此圖案會隨光欄減少漸漸接近式 4.18。

一個光欄夠大的透鏡若是透過寬度為 4w 之光束大小，從轉換的觀點很明顯是相當沒有效率的。基於這個理由，大部分的系統常會截斷光束到約 $1/e^2$ 直徑，繞射圖案會對應的改變。若光束截斷到 $1/e^2$ 直徑的百分之六十一，將難以觀察到一均勻光束的差異。

透過一完美光學系統所形成新光腰之大小與位置（Size and location of a new waist formed by a perfect optical system）

當一高斯光束通過一光學系統，新的光腰即形成。其大小與位置由繞射所決定（並非由第二章近軸方程式）。光腰與焦點將會在不同的位置，在慢速收斂的光束下，其分離程度可能相當大。以下的方程式將是計算新的光腰與位置，

$$x'=\frac{-xf^2}{x^2+\left(\frac{\pi w_1^2}{\lambda}\right)^2} \qquad 式 4.32$$

$$w_2^2=\frac{f^2w_1^2}{x^2+\left(\frac{\pi w_1^2}{\lambda}\right)^2}=w_1^2\left(\frac{x'}{-x}\right) \qquad 式 4.33$$

其中 w_1 = 原本光腰之半徑值（至 $1/e^2$ 點）

w_2 = 新光腰之半徑值

f = 透鏡之焦長

x = 從透鏡第一焦點至 w_1 面之距

x' = 從透鏡第二焦點至 w_2 面之距

值得注意的是，x 和 x' 通常分別是一負一正的，其也與牛頓近軸方程式類似（式 2.3）。

關於以上結果有兩項是值得注意的。第一，雷射研究者通常說「光腰」（beam waist），但上述的方程式中常用半徑量，而不是直徑量；光腰的直徑量為 2w。第二，光腰與焦點並不指相同的意思，如式 4.32 和 4.33 所述。對於大部分的情況，其差異是不太有意義的，而高斯光束可以在一般近軸方程式下運用。但當光束收斂程度較小時（即 f/# 數具有數百），則可能區分焦點與光腰的差異。例如，若投射出一吋大小的雷射光到五十呎遠的螢幕上，能使光束聚焦於螢幕上到達可能最小的光點。所以焦點即位於螢幕上，然而將會在位於螢幕幾呎短的位置上有最小的光腰存在。這即所謂的光腰。這能夠藉著移動螢幕朝向雷射，則可以觀察光點的減小量。注意，讓螢幕位元在光腰的位置，則擴束器能在聚焦以得到仍然很小的光點。然而將有一個新的光腰存在於較靠近雷射的位置。

因此，焦點是在一個給定表面上的最小光點之距離，乃固定距離。而光腰是光束的最小直徑。所描述的現象皆是來自於高斯強度分布，而不是指雷射光源的結果，相同的效果可以藉著放置一個濾波器於系統的光欄來達到（雷射光為時間與空間同調，當然它實際上較方便呈現出此效果）。

4.8 傅立葉轉換透鏡與空間濾波器

在圖 4-18 中，有一透明物體位於透鏡 A 的第一個焦點，如圖中虛線光線的指示那樣，透鏡 A 成像在無限遠以致於光線瞄準於物體的軸向起源點。這些光線被帶到一個焦點，在透鏡 B 的第二個焦點面，物體座落的影像上。

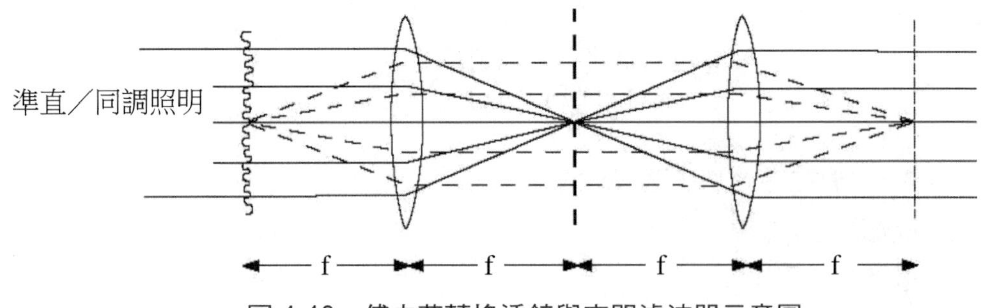

圖 4-18　傅立葉轉換透鏡與空間濾波器示意圖

傅立葉理論允許考慮物體包括一不同頻率、震幅、相位和定位的正旋曲線的光柵收集、幅度、階段和定向。如果物體是一簡單線性的光柵與除了單個空間頻率，它將會透過一個角度，根據式 4.13。除了一正弦光柵單一第一階的折射，假如目標是瞄準干涉光，那折射光將如兩個不同的光源經過透鏡 A 在第二焦平面上聚焦（指出傅立葉平面，在透鏡之間的中間如圖 4-18）。此點將是側面的替代$\delta = f\tan\alpha$名義上的焦點。因此，如果在傅立葉平面上的環形被堵塞，頻率的全部空間訊息相應於阻礙的半徑來說，將被從最後的影像中除去（過濾）。因此顯然傅立葉平面形成一類物體的空間頻率地圖內容，這內容可以被分析或者在這平面裡修改。

參考資料

W, Smith, “Modern Optical Engineering-The Design of Optical system”, 3rd, Ch.6, (2001)

Campbell, J., and L. DeShazer, *J. Opt. Soc. Am.*, vol. 59, 1969, pp.1427-1429.

Gaskill, J., *Linear Systems, Fourier Transforms, and Optics*, New York, Wiley, 1978.

Goodman, J., *introduction to Fourier Optics*, New York, McGraw-Hill,1968.

*Hardy, A., and F. Perrin, *The Principles of Optics*, New York, McGraw-Hill, 1932.

*Jacobs, D., *Fundamentals of Optical Engineering*, New York, McGraw-Hill, 1943.

Jenkins, F., and H. White, *Fundamentals of Optics*, New York, McGraw-Hill, 1976.

Kogelnick, H., in Shannon and Wyant (eds.), *Applied Optics and Optical Engineering*, vol. 7, New York, Academic, 1979.

Kogelnick, H., and T. Li, *Applied Optics*, 1966, pp. 1550-1567.

Pompea, S. M., and R. P. Breault, “Black Surfaces for Optical Systems,” in *Handbook of Optics*, vol. 2, New York, McGraw-Hill, 1995, Chap. 37.

Silfvast, W. T., “Lasers,” in *Handbook of Optics*, vol. 1, New York, McGraw-Hill, 1995, Chap. 11.

Smith, W., in W. Driscoll (ed.), *Handbook of Optics*, New York, McGraw-Hill, 1978.

Smith, W., in Wolfe and Zissis (eds.), *The infrared Handbook*, Office of Naval Research, 1985.

Stoltzman, D., in Shannon and Wyant (eds.), *Applied Optics and Optical Design*, vol. 9, New York, Academic, 1983.

*Strong, J., *Concepts of Classical Optics*, New York, Freeman, 1958. Walther, A., in Kingslake (ed.), *Applied Optics and Optical Engineering*, vol. 1, New York, Academic, 1965.

習題

1. 找出入瞳和出瞳直徑及位置，若 100mm 焦距鏡頭，鏡頭直徑為 15mm，在鏡頭 20mm 的右側的，若有擋片，通光孔徑直徑為 10mm。

2. 一個望遠鏡物鏡，f = 254mm，直徑 25.4mm 和目鏡，f = 25.4mm，直徑 12.7mm，其中兩鏡組相距 27.94mm。(a)找到出入口入瞳孔徑並找到它們的直徑。(b)確定以弧度為單位表示物件和像面欄位的視角。假定物件和圖像在無窮遠。
3. 在 f/4 焦距用於專案在放大 4 倍（4 米）的圖像。在物件空間和圖像空間的數值孔徑是什麼？

軟體操作題

1. 計算和標記出三片鏡組的入口和出口瞳孔位置。
2. 設計一組沒有 vignetting（遮暈）三片鏡組鏡頭。

II. 照明原理

光機電系統需要提供光源。因此，如何產生光的原理是非常重要的。在本章節中討論各種光源，包括：黑體、發光二極體、固態雷射；而後討論照明原理。

第五章　光源

設計一個光學系統必須包括：光學鏡組，光源及接收器三部分；鏡組在前章節中已經過詳細討論過，而在本章節將對光源作說明。

通常，將光源分為天然和人工光源。太陽是地球上最大的天然光源；而人工光源，包括人類以鑽木取火、油燈、白熱燈、電燈及日光燈等，都是人工光源。而人工光源在近五十年來有長足進步，有氣體雷射、發光二極體、半導體雷射等；人工光源又可以分為非同調性光源及同調性光源。如：電燈是一種非同調性光源，氣體雷射是一種同調性光源。

5.1 黑體輻射

黑體是一種理想吸收光和發射光的物體。太陽之輻射特性是目前所知最接近完全黑體，在工業上使用的黑體儀器是一種輻射量測的調校工具。而太陽是天然光源，是一個大的、熱的電漿體，它的光譜由紫外光到遠紅外光，包括很廣，其性能接近一個完美的黑體輻射。

5.1.1 原理

依照用 Planck 定律中所描述的黑體輻射公式計算輻射量：

$$W_\lambda = \frac{C_1}{\lambda^5(e^{C_2/\lambda T} - 1)} \qquad \text{式 5.1}$$

W_λ = 黑體射入半球體內的輻射，單位為 $Wcm^{-2}\mu m^{-1}$

λ = 波長（μm）

T = 絕對溫度

C_1 = 常數，當面積單位為公分，波長單位為μm 為 3.742×10^4

C_2 = 常數，當面積單位為公分，波長單位為μm 為 1.4388×10^4

圖 8-7 繪出了 W_λ 對波長的曲線。注意其光譜輻射 N_λ 為 W_λ/π

在一絕對黑體中其發射輻射會是溫度和波長的函數：若對式 5.1 做積分，可得到在所有波長下的輻射。其結果就是 Stefan-Boltzmann 定律

$$W_{TOT} = 5.67\times10^{-12}\,T^4\ W/cm^2 \qquad \text{式 5.2}$$

且其指出了總輻射功率會隨著絕對溫度的 4 次方而變。

若對式 5.1 微分，且令結果為零，可找出何種波長會使得 W_λ 為最大值，及其最大 W_λ 值：Wien's displacement 定律給出了此波長大小

$$\lambda_{max} = 2897.8T^{-1}\mu m \quad \text{式 5.3}$$

在 λ_{max} 之下的 W_λ

$$W_{\lambda,max} = 1.286 \times 10^{-15} T^5 \ W/cm^2 \cdot \mu m^{-1} \quad \text{式 5.4}$$

注意，當溫度越高下，則 W_λ 最大值時之波長越短，而 W_λ 之最大值隨著絕對溫度的 4 次方變動。

Planck 定律以圖表或表格的方式去對照溫度和波長是很方便的，圖 5-1 就是以此為目的的一簡便對照表。

對於圖 5-1 的使用如下：首先對於總能量（W_{TOT}）、峰值波長（λ_{max}）、最大光譜發射輻射（$W_{\lambda,max}$）在式 5.1 到 5.3 中都是由溫度得出。圖 5-1 中所畫為 $W_\lambda/W_{\lambda,max}$ 對波長做圖。則若想得知在某一特定波長下的 W_λ 值，由 λ/λ_{max} 所對應的 $W_\lambda/W_{\lambda,max}$ 再經由式 5.4 可算出所需。

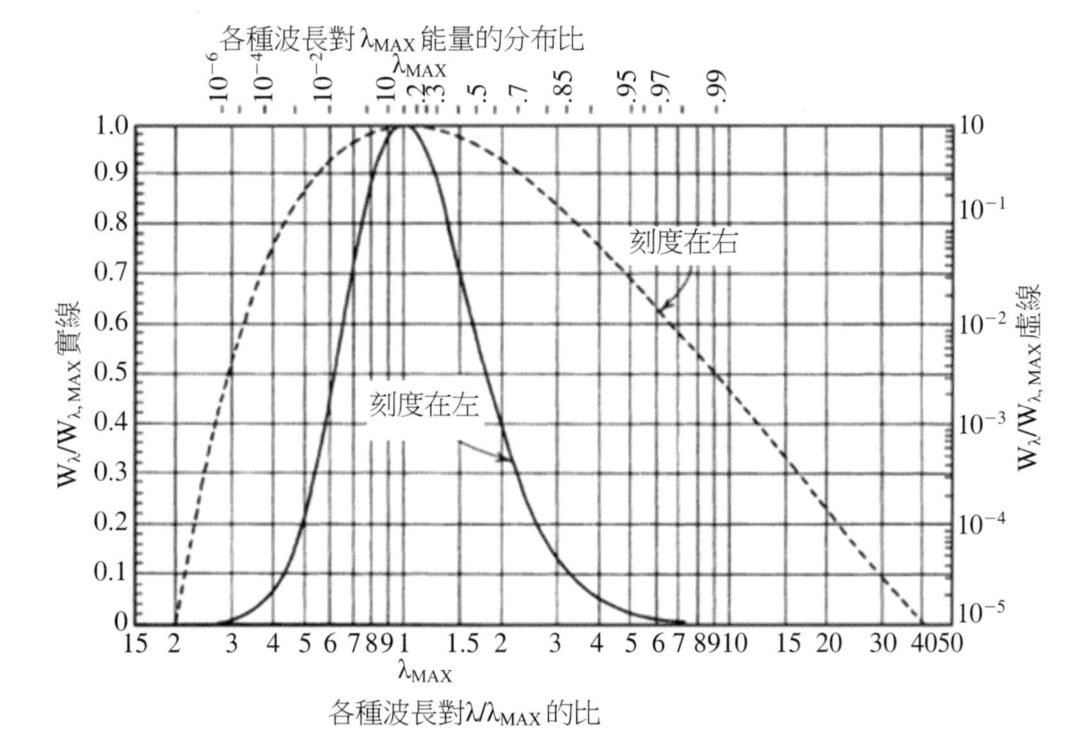

圖 5-1　黑體輻射之光譜變化（單位化過）

圖 5-1 中其上方的尺寸使用，表示為在一特定波長下所有發射能量和比上所有波長下的總能量和。注意當在 25%的黑體輻射總能所對應的波長是比 λ_{max} 小的。若有需要去找出在光譜譜線為 λ_1 和 λ_2 間距之發射輻射功率，需要先找出相對波長（λ_1/λ_{max} 和 λ_2/λ_{max}），及由圖 5-1 上方的標示找出其所對應的能量和，則由式子 5.4 的總能量（W_{TOT}）乘上兩波段各自的能量和差值就是在這兩波段區間的發射輻射功率。

Example B

一個位於 27℃絕對溫度為 300K 的黑體，其總發射輻射為

$$W_{TOT} = 5.67 \times 10^{-12}(300)^4 = 4.59 \times 10^{-12} W/cm^2$$

最大 W_λ 所對應的波長為

$$\lambda_{max} = 2897.9(300)^{-1} = 9.66 \mu m$$

由前式可得最大 W_λ 為

$$W_{\lambda,max} = 1.288 \times 10^{-15}(300)^5 = 3.13 \times 10^{-3} W/cm^{-2} \mu m^{-1}$$

當處於環境溫度之下（300K）時，上面的結果給出了在波長為 10μm 時所有的事物皆有著最強的發射輻射。這也就是 FLIR 系統（夜視系統）為何在此波段下會如此靈敏了；許多這種的光學系統大多使用可在波長 8 到 14μm 範圍穿透的鍺（且其在大氣中形成一個很好的穿透率範圍選擇）。所以若你能用一 10μm 波長的輻射偵測器就可偵測到。

假設，想要知道在 4 到 5μm 波長範圍的黑體特性。則，λ/λ_{max} 為 4/9.66 = 0.414 和 5/9.66 = 0.518。由圖 5-1 中其相對應的 $W_\lambda/W_{\lambda,max}$ 值為 0.07 和 0.25；再乘上 $W_{\lambda,max}$ 即為其各自的光譜發射輻射

在 4μm 時

$$4 \times 10^{-4} W\ cm^{-2}$$
$$4 \times 10^{-4} W\ ster^{-1}\ cm^2$$
$$W_\lambda = 2\pi$$

在 5μm 時

$$W_\lambda = 0.78 \times 10^{-3} Wcm^{-2}\ \mu m^{-1}$$

由圖表上方的百分比尺寸標示，在 5μm 以下有著 0.011（1.1%）的發射輻射，而

在 10μm 以下有著 0.0015（0.15%）的發射輻射。所以在這波長範圍之內大約有 1%的總發射輻射（W_{TOT}），約為 4×10^{-4}W cm^{-2}、輻射率會為 4×10^{-4}W ster^{-1} cm^{-2}。若此黑體為一方體，有著 1000cm^2 面積，則其在 4 到 5μm 的波段中、2π/ster 入射至一半球中的輻射功率為 0.4W。

大部分的熱輻射計不是絕對黑體，而是叫做灰體（gray-bodies）。它跟黑體物理性質類似，在相同溫度下有著同樣的光譜特性影響，只是其強度較低。一物的發射係數（total emissivity, ε）是在同溫下，總發射輻射除上絕對黑體的總發射輻射。一絕對黑體的ε = 1.0。表 5-1 為各種常用物質的發射係數，注意發射係數會是隨著波長和溫度而變動的。

對於一入射至物體的輻射，其是可被穿透、反射（散射）、吸收。穿透反射吸收率皆是最大為 100%。吸收率和發射率是兩互補為一的。所以當有一材質有著高穿透率或高反射率時必定也有著低發射係數（emissivity）。

而對於太陽而言，它是一種 G 級星，直徑 695,000 公里，最佳黑體溫度近似值為 5900K；對全大氣輻射量為 1353W/m^2。

表 5-1　各物質的發射係數

材料		總發射率
鎢	500K	0.05
	1000K	0.11
	2000K	0.26
	3000K	0.33
	3500K	0.35
拋光銀	650K	0.03
拋光鋁	300K	0.03
拋光鋁	1000K	0.07
拋光銅		0.02-0.15
拋光鐵		0.2
拋光銅	4-600K	0.03
氧化鐵		0.8
黑氧化銅	500K	0.78
氧化鋁	80-500K	0.75
水	320K	0.94
冰	273K	0.96-0.985
白紙		0.92

材料		總發射率
玻璃	293K	0.94
暗燈	273-373K	0.95
實驗室黑體		0.98-0.99

當在處理 gray-bodies 時必須要將發射係數ε代入黑體公式；Planck 定律（式 8.14）、Stefan-boltzmann 定律、Wien displacement 定律皆是。對大部分物質來說發射係數（emissivity）都是波長的函數，就如大部分的基座來說（如玻璃），在某些波長之下有著可忽略的吸收率和低發射率，但在其他波長之下則會是幾乎完全吸收。在光譜的場角之下發射係數就會變的跟其他光譜函數一樣，成為光譜發射係數（ε_λ）。在許多的物質下當波長越長其發射係數越小。且發射係數也是會隨著溫度變化，大多會隨著溫度升高而高，在一精準的計算要求下這都需得考量到。

注意到所有的光源並不是連續性的發射。氣態燈絲在低壓下其發射光譜分布是離散的線條；這類的光源既使其有著低能的連續背景輻射，同時發射及輻射。

色溫

在一光源中的色溫是一種比色法的概念運用至光源外表之顏色，並不是指其溫度。對一黑體來說色溫等效於其實際絕對溫度（K）。對於其他光源來說，色溫是有一和光源相同外表顏色的黑體之溫度。所以對一有著極亮的光源和一微暗的光源，也許會有著相同的色溫，但其輻射功率或強度是不相同的。色溫經常會是高於白熱燈絲 1500K 之溫度。色溫在比色法和彩色攝影中對於色彩的解析是很重要的。

5.1.2 顏色定義

在液晶顯示器，為了使色彩更接近真實，顯示器是以國際色彩標準圖 CIE，定義色彩的顏色，因此，顯示器光源中的色彩是光源外表之顏色，對顯示器而言顏色是一種的規格，1931 年 International Commission on Illumination（CIE）將顏色比及頻色空間定義出來；根據定義的色光而定義出顏色的標準；而常用自然界可見光也標在上面；對於一個顯示器的顯示，如圖 5.2 之三角形，也代表了該顯示器之顏色的規格。

色溫對人眼觀察的光譜功率分布 I(λ)表示如下：

$$X = \int_{380}^{780} I(\lambda)\,\bar{x}(\lambda)d\lambda$$

$$Y = \int_{380}^{780} I(\lambda)\,\bar{y}(\lambda)d\lambda$$

$$Z = \int_{380}^{780} I(\lambda)\,\bar{z}(\lambda)d\lambda$$

$$x = \frac{X}{X+Y+Z}$$

$$y = \frac{Y}{X+Y+Z}$$

$$z = \frac{Z}{X+Y+Z} = 1 - x - y$$

$$X = \frac{Y}{y}x$$

$$Z = \frac{Y}{y}(1 - x - y)$$

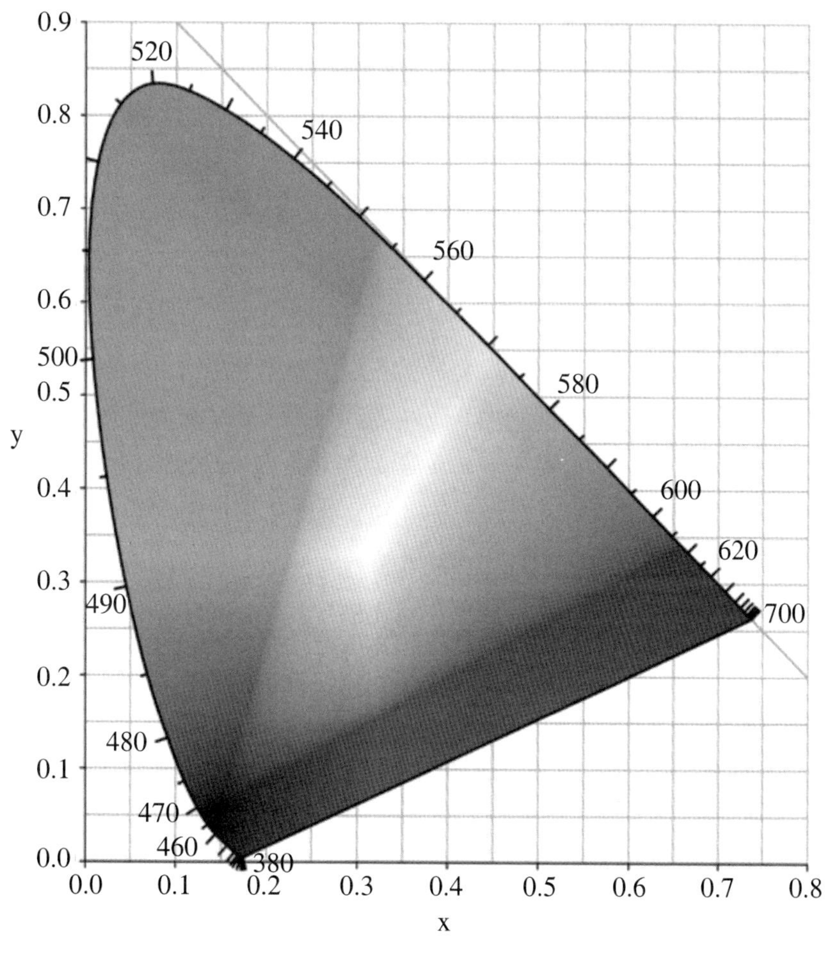

圖 5-2　1931 CIE 彩色圖

需釐定標準值。

5.2 發光二極體

5.2.1 LED 的原理

LED 係 Light Emitting Diode 之縮寫，中文稱之為「發光二極體」。LED 就是會「發光」的「二極體」，是一種人工光源。LED之理論基於量子力學、固態物理及電磁學；一般整流二極體（Diode）以矽為材料，因為矽是間接能隙（indirect bandgap）材料所以不會發光。

發光二極體（LED）是以半導體（增益介質，gain medium）造成的P-N接面（P-N junction），當電子受到外來電場（激發來源，pumping source）的牽引下從較高能級的 N 區域進入低能級的 P 區域時，受激電子藏有的能量便釋放出來。當 P-N 接面加入順向偏壓時，P型區的多數載子電洞會往N型區移動，而N型區的多數載子電子則往 P 型區移動，最後電子與電洞兩載子會在 PN 接面之空乏區復合，此時因電子由傳導帶移轉至價電帶後喪失能階，若能選擇適當的材料，使其能階能在光的波段內可以將能量以光的方式釋放出來。

一般 LED 僅在順偏的 P-N 接面下工作，且微小的順向電流就能使 LED 發光。其光的波長由材料的能隙決定，而光的波長也決定了發光顏色。加上順偏後，大量的電子由N側注入到P側，大量的電洞由P側注入到N側，P-N 接面即形成導通的狀態。在電子、電洞往接面處移動的情況下，在接面處，電子從導帶跳到價帶與電洞進行復合，其損失的能量便以光的形式輸出。而 LED 之能量是以散射光的方式釋放，屬於冷性發光；由於選用的半導體做成的P-N接面的能帶隙是直接間隙，所以能量釋放的形式是光子（光線）而不是熱。另外，有些 LED 之發光原理則是藉由電子加速後之撞擊、游離化過程釋出能量而發光。

發光二極體是一種化合物半導體元件，主要由Ⅲ族（鋁、鎵、銦）、V族元件（氮、磷、砷）組成，屬直接能隙材料，當以微小電流（～20mA）通過二極體之 P-N 接面，即可因電子、電洞之結合而放光，與一般白熱燈泡及日光燈之發光原理不同。發射之光波長由能隙大小決定，而發射之光波長也決定了發光顏色。可以依其亮度區分為一般亮度的傳統 LED（主要由 GaP、GaAsP 等材料構成），高亮度的 LED（主要由 AlGaAs 材料構成）及超高亮度 LED（inGaAlP、inGaN）等材料構成。紅外線二極體 IRED 之構造與原理基本上與其他 LED 相同，但發射之紅外線為不可見光，其有不同之應用。

5.2.2 白光發光二極體

白光發光二極體是一種人工光源（White Light Emitting Diode, WLED），由於它還具有無汙染、長壽命、耐震動和抗衝擊的鮮明特點，光譜域和白熱燈和日光燈相近，已漸漸成為人們日常生活中常用光源。它具有效率高、壽命長、不易破損等傳統光源無法與之比較的優點，簡列如下：(1)體積小：可用於陣列封裝之照明使用，且可視其應用條件做不同顏色種類的搭配組合；(2)壽命長：其發光壽命可達 1 萬小時以上，比一般傳統鎢絲燈泡高出 50 倍以上；(3)耐用：由於發光二極體是以透明光學樹脂作為其封裝，因此可耐震與耐衝擊；(4)環保：由於其內部結構不含水銀，因此沒有汙染及廢棄物處理問題；(5)省能源與低耗電量：白光發光二極體為「綠色照明光源」，因其耗電量約是一般鎢絲燈泡的 1/5～1/3。

「白光」通常係指一種多顏色的混合光，以人眼所見之白色光至少包括二種以上波長之色光，例如：藍色光加黃色光可得到二波長之白光，藍色光、綠色光、紅色光混合後可得到三波長之白光。

白光發光二極體可依照其製作所使用的物質而分為：有機發光二極體與無機發光二極體。半導體白光光源主要有以下三種方式：

- 以紅藍綠三單色光二極體晶粒組成白光發光模組，具有高發光效率、高仿色性之優點，但同時也因不同顏色磊晶材料不同，使得操作電壓也隨之不同，控制線路設計複雜且混光不易，因此使得成本偏高。
- 日亞化學提出以藍光發光二極體激發黃色 YAG 螢光粉產生白光發光二極體，為目前市場主流方式。其結構如示意圖（圖 5-3）。在藍光發光二極體晶片的外圍填充混有黃光 YAG 螢光粉的光學膠，此藍光發光二極體晶片所發出藍光之波長約為 400-530nm，利用藍光發光二極體晶片所發出的光線激發黃光螢光粉產生黃色光。但同時也會有部分的藍色光發射出來，此部分藍色光配合上螢光粉所發出之黃色光，即形成藍黃混合之二波長的白光。

  白光 LED 的主要構造，包含底部的 GainN 藍光 LED 晶片、塗布於 LED 晶片 YAG 黃色螢光粉、以及隔絕外界的環氧樹脂封裝。如下圖 5-3

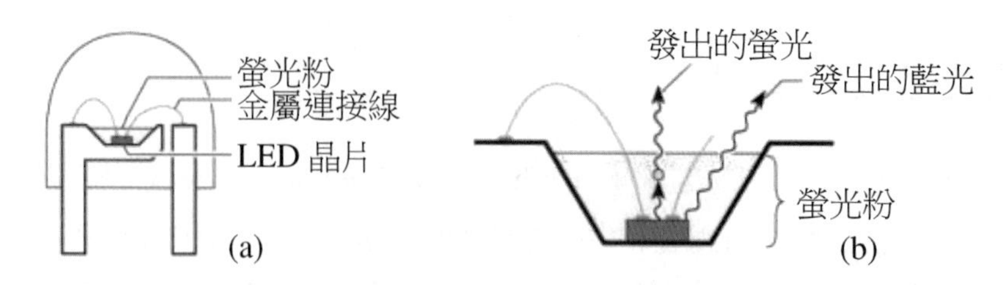

圖 5-3　(a)白光 LED 的主要結構是由 GainN 藍光晶片及螢光粉封裝組成
(b)LED 發出的螢光與藍光，經由混合轉換成白光

當底部的GainN藍光晶片接受電能的激發後，產生電子與電洞對，當電子與電洞再結合的時候，LED便發出第一發射光（藍光）。這第一發射光可以被螢光粉吸收並轉換成第二發射光（黃光），再利用透鏡原理將互補的第一發射光與第二發射光予以混合以後，便得到白光，如圖 5-4。

然而，此種利用藍光發光二極體晶片與黃光螢光粉組合而成之白光發光二極體，有下列數種缺點：(1)由於藍光占發光光譜的大部分，因此，會有色溫偏高與不均勻的現象。基於上述原因，必須提高藍光與黃光螢光粉作用的機會，以降低藍光強度或是提高黃光的強度；(2)因為藍光發光二極體發光波長會隨溫度提升而改變，進而造成白光源顏色控制不易；(3)因發光紅色光譜較弱，造成仿色性（color rendition）較差現象。

- 以紫外光發光二極體激發透明光學膠中含均勻混有一定比例之藍色、綠色、紅色螢光粉，激發後可得到三波長之白光。三波長白光發光二極體具有高演色性優點，但卻有發光效率不足缺點。

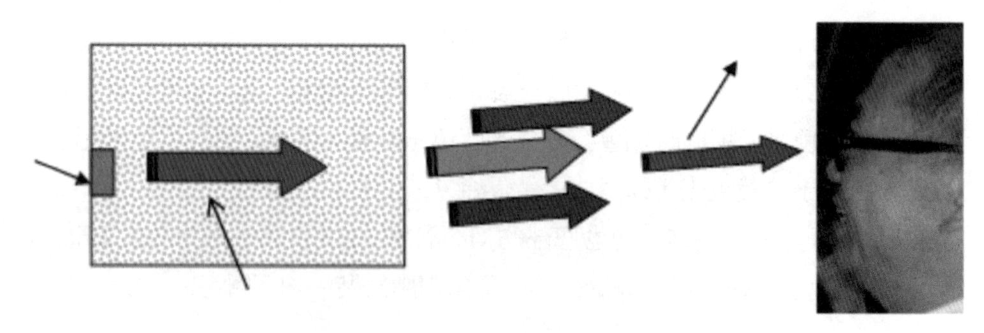

圖 5-4　三色混光成向光進入人眼

以紫外光（UV）或藍光晶片與螢光粉搭配而成的，其共同缺點為發光亮度不足與均勻度控制不易。目前工業界以增加透光度與從晶粒導出或汲取出更多可用發光量

來解決發光二極體亮度不足之問題。例如使用透明導電材料以增加晶粒的出光量、改變晶粒磊晶或電極結構設計以便汲取出更多可用發光量。另外當使用紫外光 LED 作激發白光之光源時，因紫外光的波長越短時對人眼的傷害愈大，須將紫外光阻絕於白光LED結構內（如圖 5-4 所示）。如要改善以上問題則一方面必須提升螢光粉的白光轉換效率與阻絕紫外光外漏，一方面是希望改進螢光發光量的同時亦可改善發光均勻度。

為改善上述之缺點，在美國專利第 5,962,971 號使用紫外光濾波器（UV filter）作為發光二極體螢光粉層光出射面的封裝。此方式除可增加螢光粉層的發光均勻度外，並可吸收阻絕發光二極體晶片所發出之紫外光對人眼的傷害。另外在飛利浦所申請美國專利第 5,813,753 號是在紫外光／藍光發光二極體晶片的發光面上鍍上一層短波穿透濾波器（short wave pass filter），以增加發光晶片之紫外光出射量與發光二極體發光面之可見光（螢光）反射量：另一方面，在紫外光／藍光發光二極體之前端出射面以可見光穿透濾波器（long wave pass filter）作封裝，以增加可見光的穿透率。而在美國第 6,833,565 號專利則是使用全方位反射片形成一激發腔結構，將紫外光限制在螢光粉層中，以提高白光發光二極體的發光效率。此全方位反射器（omni-directional reflector）的功能係為針對某一波長範圍的光線在 0～90 度入射角範圍內，產生高反射曲度。此一白光發光二極體結構原理為利用全方位反射器的原理，設計成僅全方位反射特定（紫外光）發光二極體的波長，再將螢光粉層夾於鍍有全方位反射器與電路基板中間，形成類似共振腔結構。當發光二極體所發特定紫外光穿過螢光粉層時，紫外光會激發螢光粉產生二次可見光源，即發出螢光，因全方位反射層膜會全方位反射紫外光波長，使具紫外光波長之光子被拘束在螢光粉層間，反覆多方向反射與穿過螢光粉層，進而增加螢光粉轉換效率、螢光的色溫與均勻度。

5.3 雷射二極體

雷射二極體是一種雷射產生器，其工作物質是半導體，屬於固體雷射產生器，大部分雷射二極體在結構上與一般二極體相似。由於雷射二極體的運作中，電子的能量轉變過程只涉及兩個能階，沒有間接帶隙做成的能量損失，所以效率相對高。

雷射二極體的基本結構與發光二極體（LED）相同，是一以半導體（增益介質，gain medium）造成的 P-N 接面（P-N junction），當電子受到外來電場（激發來源，pumping source）的牽引下從較高能級的 N 區域進入低能級的 P 區域時，受激電子藏有的能量便釋放出來。由於選用的半導體做成的P-N接面的能帶隙是直接間隙，所以能量釋放的形式是光子（光線）而不是熱。雷射二極體內有兩個互相平行的光學反射面（也即鏡子）形成光學共振器（共振腔，resonator）。構成這兩反射面的只需平滑的半導體表面，由於半導體有整齊的晶體結構，所以很容易造出光滑同平行的表面，而半導體的高折射率亦很易形成全內反射。光學共振器使得半導體內產生的光在兩平行的晶體表面間反覆來回而激發更多光子，當反覆來回下雷射的增益大過耗損時，穩定的雷射束便從二極體射出。因為雷射的波長只有與兩晶體面間距離能諧振才會產生雷射，產生相干的光子。

5.4 雷射半導體激發固態雷射

雷射二極體激發之固態雷射（Diode-pumped Solid State Laser, DPSS）是利用高效率且體積小的半導體雷射取代早期用來激發固態雷射的閃光燈，這使得雷射的體積變小適合用於光機電系統，其中 Nd：YAG 和 Nd：YVO_4（vanadate）雷射最普遍。

雷射二極體激發之固態雷射的主體是由四個部分組成，分別為激發光源、共振腔、雷射晶體（Nd：YVO_4為增益介質）；其激發流程為（以Nd：YVO_4為例）：首先，先使用一個電流驅動的雷射二極體發出波長 808nm的紅外光後，將紅外光耦合進入雷射光腔中，再經雷射晶體激發出波長 1064nm 的光。

半導體雷射的基本結構如圖 5-5：

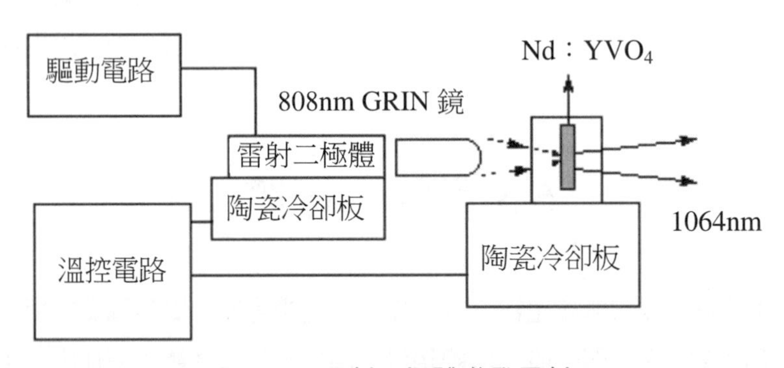

圖 5-5　雷射二極體激發雷射

參考資料

W, Smith, “Modern Optical Engineering-The Design of Optical system”, 3rd, Ch.8 (2001)
http://www.lightemittingdiodes.org/

習題

1. 何為黑體？
2. 簡述白光 LED。
3. 簡述固態雷射原理。

軟體操作題

1. 計算 6500 度黑體圖並將其轉換為波長。
2. 光學軟體計算在 4500K、310K 和 200K 黑體溫度的能譜。
3. 能計算出人體溫度（36.5℃）的黑體曲線嗎？

第六章　輻射和光度

無論是天然光源或人工光源，其基本性質就是產生光，而光的能譜及單位時間產生的能量，是有其計量方式：通常分為輻射計量（radiometry）和光度（photometry）。輻射計量處理任一波長之輻射計量；光度學是被限制在可見光區裡應用的輻射計量。在輻射計量中其每單位時間能量轉移率，單位為瓦特；在光度中則為流明（lumen），在此瓦特和流明在基本物理量的單位是相同的。但是，在原子核或核能，因為波長較短，計量是以居禮（curie）為單位，此用法是另一領域的應角，在此不會討論。

光度或輻射量度必須考慮波長變化，例如，光譜變化之發射、受到大氣中穿透量的變化，和因為波長變化而使得偵測器和底片感光結果改變。處理這類的變化，一種便利的方法是增加因波長變化而再加回來的權重，使其互相相抵消。

6.1 光度學

光度學（photometry）處理人眼所見的輻射。光度學的基本輻射功率單位是流明（lumen），其定義為，一個 $1cm^2$ 面積的黑體於白金凝固溫度（2042K）下之 1/60 強度的點光源，其發光通量射至 1 單位（steradian）的立體角。

人眼只有在這其中的一段區間能夠有所反應，且在這區間中波長的變化影響是很大的。那麼，若一光源輻射有著光譜函數（spectral power function）$P(\lambda)$（W μm^{-1}），這輻射中的視覺影響則是乘上一 $V(\lambda)$*，視覺反應函數則如圖 6-1 所示。那麼一光源的有效可見功率會是在一適當的波長區間上 $P(\lambda)V(\lambda)d\lambda$的積分。由流明的定義中，可得知一瓦特的輻射能量在最大感光波長（0.555μm）上是等效於 680 流明。如此，一有著光譜函數 $P(\lambda)$（W μm^{-1}）的光源其發射光通量：

$$F = 680\int V(\lambda)P(\lambda)d\lambda \text{流明} \qquad \text{式 6.1}$$

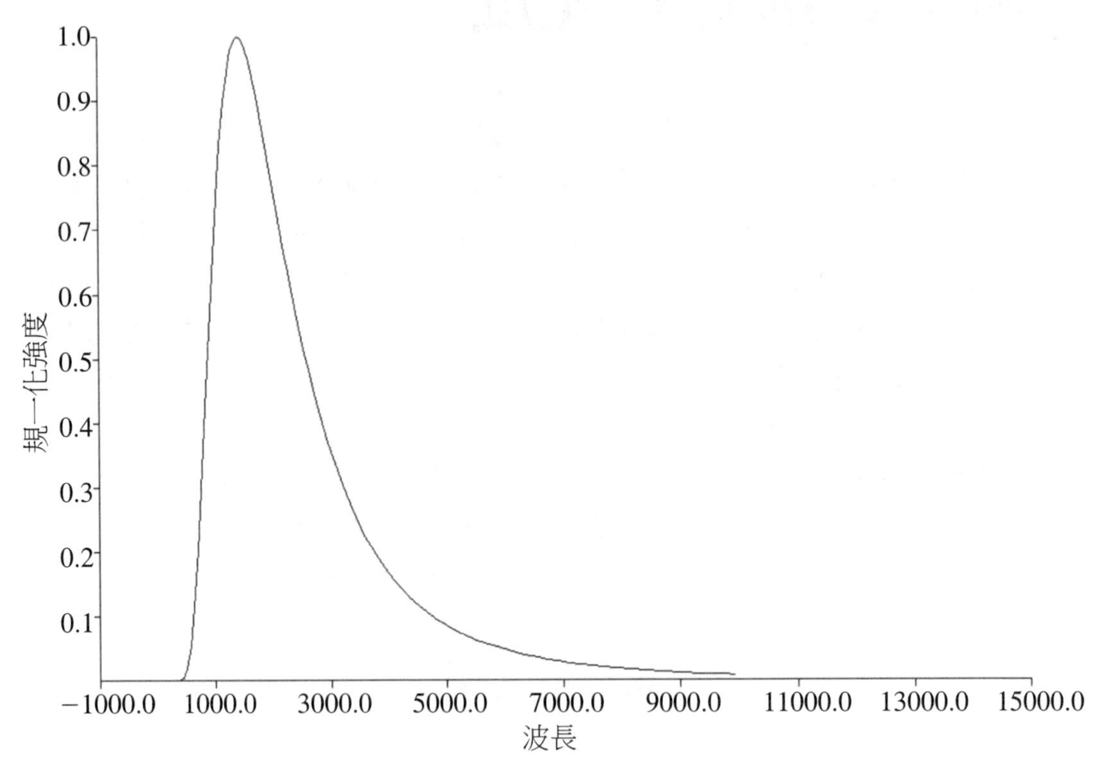

圖 6-1 典型黑體光譜圖

流明強度單位為燭光（candle）。1 燭光的點光源其發散著 1 流明輻射至 1 單位（steradian）立體角。1 燭光之光源其在各發射方向上有著均勻的 4π流明。由流明的定義來看為，$1cm^2$的黑體在 2042K 時有著 60 燭光。

表 6-1 各種光源之亮度

光源	亮度，candles cm^{-2}（cd/cm^2）
太陽在子午面穿入大氣	1.6×10^5
太陽在子午面大氣之下	2.75×10^5
太陽（水平面）	6×10^2
晴空	0.8
黑雲	4×10^{-3}
陰天	5×10^{-9}
月	0.25
白天室外	1
夜間室外	10^{-6}

光源	高度，candles cm^{-2}（cd/cm^2）
白天室內	10^{-2}
水銀燈（實驗室）	10
水銀燈（高壓）	5×10^5
氙燈	1.5×10^4 to 1.5×10^5
碳燈	10^4 to 10^5
鎢-3655K（融點）	5.7×10^3
鎢-3500K（融點）	4.2×10^3
鎢-3000K（融點）	1.3×10^3
鎢燈絲（通壓）	5×10^2
鎢燈絲（投影燈）	3×10^3
黑體-2040°K	60.0（1 candle 定義）
黑體-4000°K	2.5×10^4
黑體-6500°K	3×10^5
螢光燈	0.6
鈉燈	6
火焰（燭光、媒油）	1
最低光度	5×10^{-11}
最低點光源	2×10^{-8}cd 在 3 公尺
星爆	1.5×10^6
原子彈	10^8
閃電	8×10^6
紅寶石雷射	10^{14}
金屬鹵素燈	4×10^4

照度為一平面上的單位面積光通量，在照度裡最常使用的單位為呎燭光（foot-candle）。一呎燭光為一流明入射至一呎平方的面積。呎燭光常因其名而誤解為一面積在 1 呎遠的 1 燭光光源上的照度。在光度學中的照度就如同於輻射計量學中的輻射率。

亮度（luminance）等效於輻射。亮度是物之表面單位面積（垂直於發射方向的投影面積）單位立體角之光通量。對於亮度有著許多的通用單位。單位平方公分之燭光等效於單位球面度（steradian）單位平方公分之發射流明。一朗伯（lambert）等於每單位平方公分之 1/π燭光。而呎燭光（foot-lambert）則是每單位平方英尺之 1/π燭光。由於亮度為呎燭光照射於一完美的散射面上，所以，呎燭光對於照度工程是個方便的單位。由於一流明的光照射於一呎平方的面積為一呎燭光，為一總輻射，流量射進 2π

球面度（ster）。對於一完整的散射面為 1 流明（如同在式 6.4 和例 6-1 中，其最後結果的亮度為 1/π流明 $ster^{-1} ft^{-2}$，不是 1/2 流明 $ster^{-1} ft^{-2}$）。各種物質光源的亮度已製成表格於表 6-1，而發射和反射強度如表 6-2 所示；表 6-3 為光度計學上之各種單位。

表 6-2　各物質表面反射率

材料	反射率
象牙	0.05
樹木，草	0.20
紅磚	0.35
水泥	0.40
雪	0.85
鋁建築	0.65
玻璃	0.70

表 6-3　各量化單位之光度學

光流量（F）	
lumen 流明	功率單位
光強度（I）	1 平方公分的黑體處於白金凝固溫度（2042K）下之 60 分之一強度的點光源
candle (“candela”)燭光	
carcel	9.6 燭光
hefner	0.9 燭光
“old candle”	1.02 燭光
照度（E）	
footcandle	每平方呎流明入射到面上
phot	每平方公分流明
lux	每平方公尺流明
meter-candle	每平方公尺燭光
亮度（B）	
每平方公分燭光	每單位立體角流明 正向投射光
stilb	每平方公分燭光
lambert	1/π每平方公分燭光
foot-lambert	1/π每平英呎燭光

若將流明以瓦特單位替換則所有的計算方式就都可通用。由於單位不同，所以各個在輻射學中的運算結果，會有著一定的倍率乘積才等效於光度學之單位。為了方便起見，對於輻射單位（左方）和光度學單位（右方），將其列舉統整出來。

6.2 輻射量度和光度

光度學是應用在可見光區裡的電磁輻射能源。在輻射計量學中其能量（能量轉換率）的單位為瓦特；在光度學中則為流明（lumen），瓦特和流明有相同的單位（每單位時間之能量）。

全部的輻射計量學必須考慮到因波長變化而改變的特性，例如，光譜變化之發射、受到大氣中穿透量的變化和因為波長變化而改變的偵測器和底片感光結果。處理這類的變化，一種便利的方法是增加因波長變化而再加回來的波長權重，使其互相抵消，如此光度學和輻射計量學就會只是某個特殊波長權重。

在輻射計量學和光度學，以其單位來看就會很容易了解其意思，在此，輻射計量學時是以瓦特來描述，而若以流明（lumens）來描述光度學等效於瓦特之如非可見光之輻射計量學。

6.3 光的強度

考慮一個可見光點光源，其在任一方向上的光皆為相同。如果光功率是流明（lum），則此一點光源有著光強度燭光為 lum/4π，單位為每單位立體角（steradians, sr）多少立體角為 4π。當然沒有真的均勻向四面八方散發的點光源，若是一光源大小和其散發距離比率相當的小，則可假設為一點光源，且每一方向上光強度可表示為 lum/sr

若是一個紅外線點光源，其在任一方向上的輻射皆為相同。如果能量被散發出的比率是 P 瓦特，則此一點光源有著輻射強度 J 為 P/4π，單位為每單位立體角（steradians, sr）多少瓦，即能量輻射之立體角為 4πsr。當然沒有真的均勻向四面八方散發的點光源，若是一光源大小和其散發距離相比相當的小，則可假設為一點光源輻射，且每一方向上輻射均勻可表示為 watt/sr。

如果，現下考慮一距離光源 S 公分處的表面，則此 $1cm^2$ 的表面積，有著 $1/s^2$ 之單位立體角（sr）。在這表面上之輻照度 H 為每單位面積之入射輻射能，可用數學式表示為：

$$H = J\frac{1}{s^2} \qquad \text{式 6.2}$$

即輻射率之單位為 watt/cm^2，式 6.2 即為一個「Inverse square」定律，其意義如下：在一表面上的照度（illumination）（輻照度）會是表面和光源距離的平方成反比。

如果有一均勻點光源之發散輻射為 10W，則它會有著強度為 $J = 10/4\pi = 0.8 W ster^{-1}$，並且座落於 100cm 表面積的輻射（radiation）會是 0.8×10^{-4} watt/cm^2 或是 80μ watt/cm^2。在圖 6-2 中可以看出光源至表面之距離會增加為 S/cos θ，並且有效面積會是減少為 $\cos^2\theta$倍，如此一來立體角所張開的面積輻照度會是原來之 $\cos^3\theta$倍。

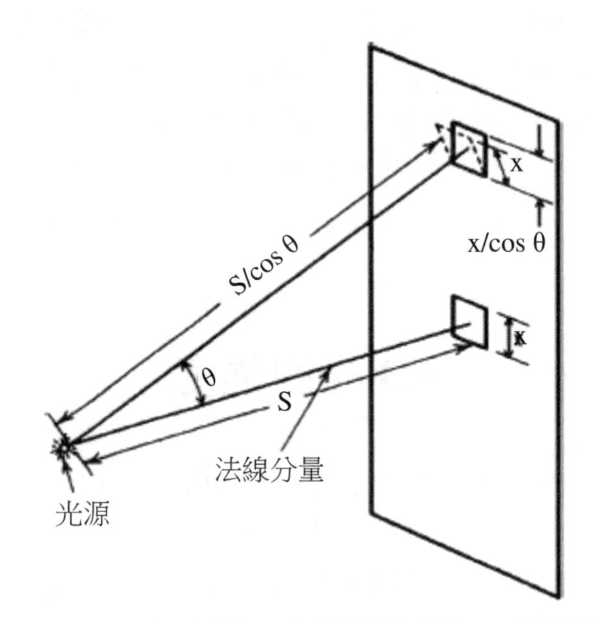

圖 6-2　一點光源對一面之輻射量會隨 $\cos^3\theta$而變

6.4 輻射率和 Lambert 定律

一個擴展光源定義為其至少有一維以上的方向是和點光源不同的。在光源中的一小區域輻射為每單位立體角有多少能量。所以在擴展光源之輻射特性為每單位面積每單位立體角之能量，此稱為輻射率；其常用單位為 $W\ ster^{-1}\ cm^{-2}$，符號為 N。注意的是其所量測的面積是指正交於輻射方向上之面積，並不是指投射面積。

許多的擴展光源其在最小近似下符合 Lambert 定律

$$J_\theta = J_0 \cos\theta \qquad \text{式 6.3}$$

J_θ 為光強於光源上之一微小增加的面積，其方向為原處指向表面之 θ 角上。J_0 為原增加面積之光強。例如有一被加熱的金屬圓盤其面積為 $1cm^2$，輻射率為 $1Wster^{-1}cm^{-2}$，則在其正交方向上之輻射為 1W/ster；而在相對正交 45°上會散發 0.707W/ster。

雖然輻射率為 $W\,ster^{-1}\,cm^{-2}$，但這並不代表輻射在一全面積範圍內或全 ster 範圍內其為均勻分布的。現來看一個 $0.01cm^2$ 大小的白熱燈泡，外圍為直徑 20cm，假設其被塗上遮蔽顏料使得只剩 1 平方公分範圍之能量穿透量出來，則約略只有 50 分之 1 瓦特的原燈絲能量通過這限制範圍。現在這 $0.01cm^2$ 燈絲輻射散發著 0.02W 於 0.01sr 立體角內，所以在這立體角內其輻射率為 $200Wster^{-1}cm^{-2}$，而在立體角外的輻射率則為零，這種觀念在處理輻射率於成像面上格外特別重要。

在 Lambert 定律中所感興趣的並不只是其結果，對於其在 radiometric 上的基本運算仍是相當重要。在一表面上的輻射率照慣例仍然是以正交於輻射方向上的表面積做運算，這可看出由 Lambert 定律中每單位立體角的發出輻射會跟 cosθ 相關，而一表面的投影面積也會是跟 cosθ 成正比，這種結果會造成在 Lambertian 表面中，其輻射率會是對 θ 成一常數關係。這和在可見光裡所提的亮度（brightness）會等效於輻射率是一樣的道理，即在特定一角度下的觀測方向，其散射面上的 brightness 會是恆值。

6.5 半球面上之輻射

一平直擴散的光源輻射進一半球中。若是光源有著 $N\ Wster^{-1}cm^{-2}$，可以預估在這半球中 2π立體角之輻射功率為 $2N\ Wcm^{-2}$。

圖 6-3 中，若 A 為一微小光源，有著 $N\ Wster^{-1}cm^{-1}$ 輻射率，且其輻射光強為 $J_\theta = J_0\cos\theta = NA\cos\theta$ W/ster。半徑為 R 所增加的半球環狀面積為 $2\pi R\sin\theta \cdot Rd\theta$，而這時從 A 所張的立體角為 $2\pi R\sin\theta \cdot Rd\theta/R^2 = 2\pi R\sin\theta\, d\theta$ ster。

則此環狀區域的輻射是立體角和光源輻射強度的乘積：

$$dP = J_\theta 2\pi \sin\theta\, d\theta = 2\pi NA\sin\theta\cos\theta d\theta \qquad \text{式 6.4}$$

積分以得到球面之總輻射功率：

$$P = \int_0^{\pi/2} 2\pi NA\sin\theta\cos\theta d\theta = 2\pi\ NA\left[\frac{\sin^2\theta}{2}\right]_0^{\pi/2} = \pi\ NA\ \text{watts} \qquad \text{式 6.5}$$

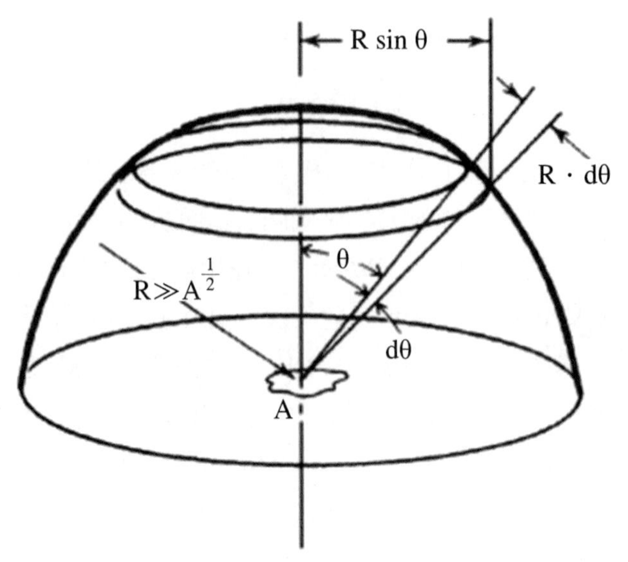

圖 6-3　Lambertian 光源對一半球面上之輻射

6.6 發散光源之輻照度

對照明光學來說，經常會處理一點發光處於一個有限大小的 lambertian 光源。由圖 6-4 中，有一圓盤型光源半徑為 R，在垂直圓盤中心距離 S 處量取一點 X 處輻照度（量測的輻照度是平行於光源平面的平面）一微小面積 dA 上的輻射強度座落於指向 X 點處，結果和式 6.2 相同。

$$J_\theta = J_0 \cos\theta = NdA\cos\theta$$

N 為光源之輻射率。而 dA 至 X 處的距離為 S/cos θ，輻射以θ角入射。則因為 dA 而增加的輻照度會是：

$$dH = J_0 \cos\theta\left[\frac{\cos^3\theta}{S^2}\right] = \frac{NdA\cos^4\theta}{S^2} \qquad \text{式 6.6}$$

相同的輻照度也會跟因為半徑為 r 寬度為 dr 之環所增加的面積而產生的輻照度一樣，所以，可以替換掉式 6.5 中的 dA 為 2πrdr：

$$dH = \frac{2\pi rdrN\cos^4\theta}{S^2} \qquad \text{式 6.7}$$

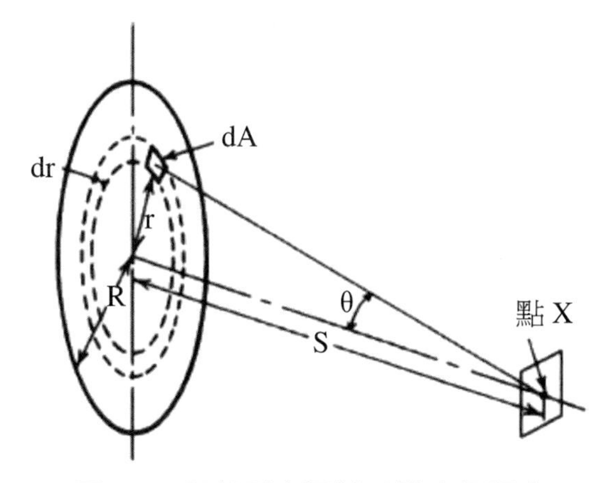

圖 6-4　圓盤型光源對 X 點之輻照度

為了簡易積分，假設：

$$r = s\tan\theta$$
$$dr = s\sec^2\theta d\theta$$

代入式 6.6，得到：

$$dH = \frac{2\pi S\tan\theta\, S\sec^2\theta d\theta\, N\cos^4\theta}{S^2}$$
$$= 2\pi\tan\theta\cos^2\theta d\theta = 2\pi N\sin\theta\cos\theta d\theta$$

對此做積分來得到整個光源所發之輻照度：

$$H = \int_0^\theta 2\pi N\sin\theta\cos\theta d\theta = 2\pi N\left[\frac{\sin^2\theta}{2}\right]_0^\theta \qquad \text{式 6.8}$$
$$H = \pi N\sin^2\theta_m \text{ watt/cm}^2$$

如此，H 為一有著輻射率為 N W $ster^{-1}$ cm^{-1}：就是立體角為 $2\theta_m$ 的圓形光源於某一點處之輻照度（此點位於光源之光軸上）。注意其立體角 θ_m 是由光源直徑大小來決定。

不幸的是非圓盤型的光源並未完整分析。然而對於一個微小的非圓形光源，可以在一合理的角度下，近似一由點 X 所張立體角之面為：

$$\omega = 2\pi(1-\cos\theta) = 2\pi\frac{\sin^2\theta}{1+\cos\theta}$$

並且對於一微小θ而言 cosθ近似為一，則：

$$\omega = \pi \sin^2 \theta$$

所以若光源有著適當立體角之面，可把式 6.7 改寫為：

$$H = N\omega \qquad \text{式 6.9}$$

若是點 X 並未位於光軸之上（光源中心之正交方向之上），則輻照度會和 6.7 章節的「cosine-fourth」定律，有著一樣的乘積倍率。即，若是點 X_ϕ 和光源中心之正交方向夾一ϕ角，位於 X_ϕ 之輻照度為：

$$H_\phi = H_0 \cos^4 \theta \qquad \text{式 6.10}$$

這裡的 H_0 是式 6.7 或是 6.8 所提之正交方向上的輻照度，而 H_ϕ 是位於 X_ϕ 的輻照度是以平行光源之平面量測而得（見例 6-1 中之討論在大角度的ϕ和θ下的cosine-fourth定律）。

只要在任何可接受公差量的角度之下，式 6.8 和 6.9 都可被結合使用去計算任何可被想到的光源所生之輻照度。

6.7 輻射計量學之成像：輻射率恆定關係

一光學系統的成像也會有著輻射率，並且也可把這成像當作第二個輻射光源。但有件事讀者們需謹記在心，在成像處之輻射率和原來光源處的輻射率是不相同的，因為在成像處的立體角所張之面早已被光學系統中的光瞳所限制住了。在這角度之外的成像處其輻射率為零。

圖 6-5 顯示了一等光程的光學系統由一 lambertian 光源對於一會增加面積的 A 成像於 A'，將考慮在成像處 A'之輻射率會是通過由光學系統主平面上的 P 處（由於是等光程系統則將無球面差和慧差，而所謂的主平面在此是指一球面位於物和像之中點處。）光源處的輻射率為 $\text{NWster}^{-1}\,\text{cm}^{-1}$，且在 θ 方向物之投影面積為 $A\cos\theta$。由 A 至 P 所張之立體角為 P/S^2，S 為物至第一個主平面距離，如此在面積為 P 之輻射功率為：

$$\text{power} = N\frac{P}{S^2}A\cos\theta \text{ wattw}$$

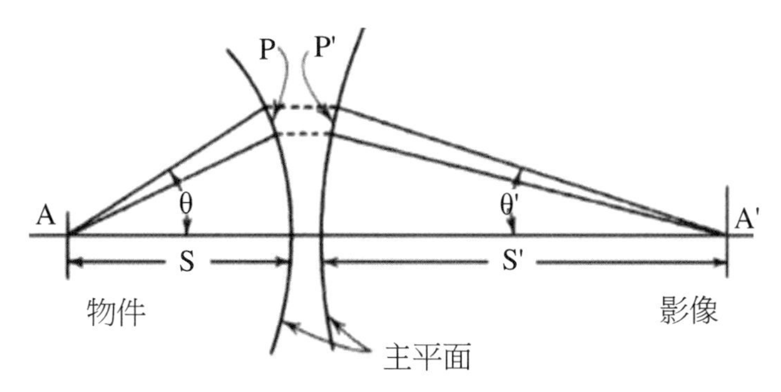

圖 6-5　一等光程系統對一增加中之光源 A 成像於 A'

此光學系統在 A'所成像之輻射率，是經由立體角 P'/S'^2，投影面積為 $A\cos\theta$，即在 A'處之輻射率：

$$N' = TN\frac{P}{S^2}A\cos\theta\left[\frac{S'^2}{P'A'\cos\theta'}\right]\text{watt ster}^{-1}\,\text{cm}^{-2}$$

T 為光學系統之穿透率，現在假設位於 A 處之增加面積和 A'之關係，是符合近軸光學之關係，且在系統兩側之介質都相同，即 $A'S^2 = AS'^2$。

且在主平面上（主面）皆為均勻性質，則當此主平面有所斜率時，得到 $P\cos\theta = P'\cos\theta'$。在了解以上之假設之後，發現在像平面上之輻射率會是在物平面處之輻射率乘上穿透率

$$N' = TN \qquad \text{式 } 6.11$$

此亦指出在像上之輻射率是不可能大過於物之輻射率。

在式 6.8 到 6.10 中皆是在假設物像兩邊之介質相同情況之下，若是在不同兩面之介質之下，以 n_i 和 n_o 各代表像和物面之介質，則以上兩式改寫為：

$$N' = TN\left(\frac{n_i}{n_o}\right)^2 \qquad \text{式 } 6.12$$

$$H = TN\left(\frac{n_i}{n_o}\right)^2\pi\sin^2\theta = TN\left(\frac{n_i}{n_o}\right)^2\omega \qquad \text{式 } 6.13$$

通常在一系統中之光源所包含輻射率之立體角是很小的，就跟系統總功率中穿過透鏡成像於像平面後之功率一樣微小。所以以這像處之微小功率來令像平面有著和光源處一樣大小的輻射率是很困難的，可以靠第二章中的 first-order 假設來簡單地了解。

假設一微小光源輻射率為 N，面積為 A。所以光源處有著強度為 AN。距光源 S 處有著面積為 P 之光學系統來成像，而由光源對透鏡所張之立體角為 P'/S'^2，則經由

透鏡成像於像平面之功率為 ANP/S^2。

系統之放大率為 M。故像處之面積為 AM^2，像距為 MS，由像處對透鏡所張之立體角為 P/M^2S^2 ster。則在像處面積 AM^2 立體角 P/M^2S^2 內有著功率 ANP/S^2。輻射率定義為每單位面積單位立體角分之功率。故在像平面處有輻射率為：

$$像處輻射率 = \text{power/area} \cdot \text{solid angle}$$
$$= (ANP/S^2)/(AM^2)(P/M^2S^2)$$

可消去 A、P、S 和 M，而直接得到：

像處輻射率＝N 物處輻射率

這就是為亮度之表達方式。

使用跟 6.6 節一樣的積分技巧簡化，像平面之輻照度為：

$$H = T\pi N \sin^2\theta' \ \text{watt/cm}^2 = TN\omega \text{（在小角度下）} \qquad \text{式 6.14}$$

T 是系統穿透率，N（$W\ ster^{-1}\ cm^{-1}$）為物之輻射率，θ'為 1/2 的系統出瞳角度。在小的或非球型出瞳及圓柱透鏡的系統下可用 $\pi \sin^2\theta'$ 來代替固體角 ω（就如式 6.8）；由於遮暈現象的損失效應，任何離開光軸上的像點皆以使用 cosine-fourth 定律（式 6.10 和 6.6 節）。

由擴像散源和一光學系統所成的輻射率關係式中，可以由像點處看去，一光學系統的孔徑會呈現出此物之輻射率。這會是一個很有用的觀念。當為了輻射目的來看，一個複雜的光學系統可以被看成為一單獨有著穿透率損耗，以及在出瞳有著同物相等之輻射率大小。相同的，當一光源對一系統成像時，此像又可以被當作為一有著相同輻射率之新的光源（有著少穿透率損耗時）。此像所發之輻射當然會被系統孔徑所限制住。

當物很小以至於其成像為繞射圖案艾瑞環（Airy disk）時，則之前所講的在寬廣光源條件下的式子皆不能使用。相反的，散布在繞射圖案上的功率會由於系統遮蔽且由於穿透損耗上而減少。為了計算在像上之輻照度（或輻射率），注意到有 80%的功率被系統擷取而由透鏡穿透量對心在亮點中心。一個精準的輻照度計算需要令在這亮點中心上之輻照度和面積的乘積會相等於像處之 80%功率。若 P 為艾瑞環亮點上的總功率，H 是中心亮點的輻照度，z 為第一個暗環半徑，則式 4.8 在亮點中心的積分如下：

$$0.84P = 0.72H_0 z^2$$

重新整理由式 4.10 的 z 代入

$$H_0 = 1.17\frac{P}{z^2} = \pi P\left(\frac{NA}{\lambda}\right)^2$$

λ是波長，NA 為 n' sin U' 4 數值孔徑。而在像之非中心圖案處之輻照度由式 6.8 計算。注意，在之前的假設中為圓形孔徑，若為方形孔徑則以式 4.6 計算。

例 6-1

圖 6-6，A 為一圓形光源，有著 10W $ster^{-1}cm^{-1}$ 輻射率射向 BC 平面，由點 B 對 A 所張之角度為 60°，AB 距離為 100cm，BC 距離為 100cm。一光學系統位於 D 點將 C 成像於 E 點。BC 面為一散射面（lambertian），反射率為 70%。光學系統有著 1in 平方孔徑，DE 距離為 100in。光學系統之穿透率為 80%。希望能得出在 E 點 $1cm^2$ 大小的光二極體所收的入射功率。

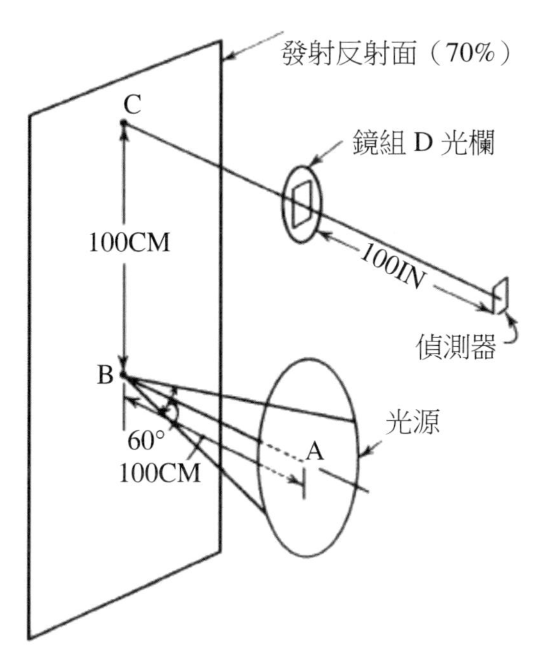

圖 6-6　光源照入發散面經光欄回偵測器

首先從 B 點的輻照度算起，使用式 6.8；半形θ為 30°

$$H_B = \pi N \sin^2\theta = \pi \cdot 10 \cdot (1/2)^2 = 7.85 w/cm^2$$

角 ABC 為 45°，則由式 6.9 可得出 C 點幅照度為：

$$H_C = H_B \cos^4 45° = 7.85 \cdot 0.704^4 = 1.96 W/cm^2$$

注意在 6.6 節中的 cosine-fourth 效應有一個 cosine 倍率為近似而來；其孔徑和像平面的距離要比孔徑直徑大上許多才夠準確。在例 6-1 中的假設近似已證明在 Bulletin of the Bureau of Standards 12，583（1915），其給出了以下當光源和距離相比要大時的輻照度關係式。

$$H = \frac{\pi N}{2}\left[1 - \frac{1 + \tan^2\phi - \tan^2\theta}{[\tan^4\phi + 2\tan^2\phi(1 - \tan^2\theta) + 1/\cos^4\theta]^{1/2}}\right]$$

若把它拿來和式 6.8 及 6.9 相比較，而角度 ϕ 和 θ 是由例 6-1 中所解出，則可發現其輻照度為 42%，大於 cosine-fourth 結果。

現在必須要計算 C 處的輻射率。C 處反射了 70%的入射輻射（1.96W/cm^2），則反射至一半球上的輻射為 1.37W/cm^2。在 6.6 節中，一輻射量為 N 的光源對一半球的輻射為 $\pi N\ \text{W/cm}^2$

6.8 輻射參數和照明參數比較表

輻射參數和照明參數比較表如下：

表 6-4　輻射參數和照明參數比較表

輻射參數	照明參數
輻射強度：$J = P/\Omega$ J = 輻射強度（radiant intensity） P = 發射輻射功率 Ω = 射入之立體角	光強度：$I = F/\Omega$ I = 光強度（luminous intensity） F = 發射光通量（luminous flux） Ω = 射入之立體角
輻照度：$H = J/S^2 = J\Omega$ H = 輻照度（irradiance） S = 點光源距離被照面距離 J = 光源之輻射強度 Ω = 被照面上單位面積對光源所張之立體角	照度：$E = I/S^2 = I\Omega$ E = 照度（illumination） S = 點光源距離被照面距離 I = 光照強度 Ω = 被照面上單位面積對光源所張之立體角
$H = \pi N \sin^2\theta$ H = 發散圓光源對某點之輻照度 N = 光源之輻射率（radiance） 2θ = 光源直徑兩端對某點張之角	$E = \pi B \sin^2\theta$ E = 發散圓光源對某點之照度 B = 光源之亮度（brightness or luminace） 2θ = 光源直徑兩端對某點張之角

輻射參數	照明參數
$H=N\omega$ H＝發像散源對某點之輻照度 N＝光源之輻射率 ω＝光源對點張之立體角	$E=B\omega$ E＝發像散源對某點之照度 B＝光源之亮度 ω＝光源對點張之立體角
$H=T\pi N\sin^2\theta$	$E=T\pi B\sin^2\theta=T\pi B/4(f/\#)^2(m+1)^2$
$H=TN\omega$	$E=TB\omega m=s'/f-1$
H＝光學系統成像之輻照度 T＝系統穿透率 2θ＝像點上對出瞳直徑張之角 N＝物之輻射率	E＝光學系統成像之照度 T＝系統穿透率 2θ＝像點上對出瞳直徑張之角 B＝物之亮度
輻射率：$N=P/\pi A$ P＝輻射功率，N＝發像散源上之面積A之輻射率射至一半球為2球面度	亮度：$B=F/\pi A$ F＝光通量，B＝發像散源上之面積A之亮度射至一半球為2π球面度

例 6-2

在此，以例 6-1 為範本，來計算在光度學上的一簡易換算單位，再度使用圖 6-6；唯一改變的是光源 A 有著亮度為 10lumens $ster^{-1}\,cm^{-2}$。

由表 6-4 中，注意到亮度可以等效由以下來表示：每單位平方公分 10 燭光、10stil-b、10 朗伯（lamberts）、9290 呎朗伯（foot-lamberts）。

在 B 點之亮度為式 6.8 計算而來：

$$H=\pi N\sin^2\theta$$
$$E=\pi B\sin^2\theta=\pi(10L\ ster^{-1}\,cm^{-2})\left(\frac{1}{2}\right)^2=7.85lumen\ cm^{-2}$$

使用 cosine-fourth 定律可發現 C 之亮度為：

$$E_C=E_B\cos^4 45°=7.85\times(0.707)^4=1.96lumen\ cm^{-2}$$

而每平方英呎等於 929 平方公分

$$E_C=929\times1.96=1821\ lumens\ ft^{-2}=1821\ foottcandles$$

由於在BC面上有著反射率為 70%，再乘上這係數得到亮度單位呎朗伯（foot-lamberts）

$$B=0.7\times1821=1275foot\text{-}lamberts$$

同樣的也可為：

$$B = 0.7 \times 1.96 = 1.37 \text{lamberts}$$

或者，保留流明單位，1.37lumen/cm^{-2} 入射至一半球，並且根據之前的推導計算亮度如下：

$$B = \frac{1.37}{\pi} = 0.44 \text{ lumen ster}^{-1}\text{ cm}^{-2} = 0.44 \text{ lumen cm}^{-2}$$

E 之亮度由式 6.13：

$$E = TB\omega = 0.8 \times 0.44 \times 10^{-4} = 0.35 \times 10^{-4} \text{ lumen cm}^{-2}$$
$$= 929 \times 0.35 \times 10^{-4} = 0.032 \text{ footcandles}$$

參考資料

W, Smith, “*Modern Optical Engineering-The Design of Optical system*”, 3rd, Ch.8, 2001.

習題

1. 點光源 10 W/立体角發光朝 F/# = 5，EFL = 100mm 之光學系統收集光，若其光源的距離是(a) 10 英尺，(b)1 米，其偵測器能量是多少？
2. 一組 10 燭光功率光線點源照亮一個完美擴散的表面，向右傾斜 45°至到源的視線。如果它是來自源 10 英尺，表面的亮度是什麼？

軟體操作題

1. 假設 1W550 點源 nm 發光光平面距離 100mm，請計算 1mm 的正方形、發光強度、光通量在這表面的 Lightools 中的光芒。
2. 設計一個搜索燈使用 LED 和對準 lens（有效焦距 = 50mm），並顯示在 1m 外，同口徑接收機的強度。

III. 光電轉換

第七章　光電效應及其他相關應用

光電效應是由愛因斯坦提出：以短波長的光藉由光波的能量激發光電材料時，若合乎能階條件，將會從材料上撞擊出電子，使其鬆脫解釋。然而，當波長改變時入射光的波長改變，若波長小於大於能階差，發射光增強時，電子的數目將會增加。但是，因較長波長的粒子並沒有足夠的能量去撞擊電子使其鬆脫，而且當長波長光的強度增加時，這個效應雖會使得更多的光子去撞擊表面，還是仍然不具有足夠的能量去從束縛中釋放電子。

對於波動行為以及粒子行為兩者之間明顯的矛盾將可以藉由光電效應來解釋，因為每個「粒子」皆具有波長，照 DE BROGLIE 物質波的觀念，波長將會和它的動量成反比。這個理論證實了實驗中的電子、光子、離子、原子和分子。舉例來說，一個藉由電場來加速且擁有數百伏特電壓的電子將會有數埃的波長（10^{-4} μm）。由表 1-1 可指出這個波長具有 X 光線的特性，而的確，這個波長的電子將會像 X 光線一般折射出某些圖形（藉由晶格）。

光電轉換元件主要是利用物質的光電效應，即當物質在一定頻率的光的照射下，釋放出光電子的現象。當光照射金屬、金屬氧化物或半導體材料的表面時，會被這些材料內的電子所吸收，如果光子的能量足夠大，吸收光子後的電子可掙脫原子的束縛而逸出材料表面，這種電子稱為光電子，這種現象稱為光電子發射，又稱為外光電效應。有些物質受到光照射時，其內部原子釋放電子，但電子仍留在原能階，使物體的導電性增加，這種現象稱為內光電效應。

7.1 光電物理現象

7.1.1 量子效率

光電探測器吸收光子產生光電子，光電子形成光電流。因此，光電流 I 與每秒入射的光子數，即光功率P成正比。根據統計光學理論，光電流與入射光功率的關係：I 為光電流，P 為光功率，是光電轉換因數，e 為電子電荷，h 為普朗克常量，v 為入射光頻率，即為量子效率。

7.1.2 二次電子發射效應

當電子束撞擊某物體時，如果該電子的動能足夠大，被束撞擊物體將會有新的電子發射出來，該現象稱為二次電子發射效應。束撞擊物體的電子稱為一次電子，物體吸收一次電子後激勵體內的電子到高能態，這些高能電子的一部分向物體表面運動，到達表面時仍具有足夠的能量克服表面勢壘而發射出來的電子稱為二次電子。

7.1.3 二極體電壓和電流的特性

當沒有光照射時，光電二極體相當於普通的二極體。其伏安特性：I 為流過二極體的總電流，為反向飽和電流，e 為電子電荷，k 為玻爾茲曼常量，T 為工作溫度，V 為加在二極體兩端的電壓。對於外加正向電壓，I 隨 V 指數增長，稱為正向電流；當外加電壓反向時，在反向擊穿電壓之內，反向飽和電流基本上是個常數。對於矽光二極體來說，其伏安特性可描述為流過矽光電二極體的總電流，是反向光電流，S 是電流靈敏度，P 是入射光功率，因矽光二極體是反向偏壓工作，故上式可簡化為矽光電二極體的伏安特性曲線，相當於把普通二極體的伏安特性曲線向下平移。

7.2 一維的接收系統——光接收器

光感測器是光電效應應用技術之一。光感測器通常是指紫外到紅外波長範圍的感測器。它是利用材料的光電效應製作成的探測器，故也稱為光電轉換器。其主要參數有靈敏度、光譜回應範圍、回應時間和可探測的最小輻射功率等。

光電轉換元件主要是利用光電效應將光信號轉換成電信號。自光電效應發現至今，目前各種光電轉換元件已廣泛的應用。常用的光電效應轉換元件有光敏電阻、光電倍增器、光電池、Pin 管、CCD 等。在此將其原理和功能略述於後。

7.2.1 光電二極體探測器

光電二極體是「耗盡層光電二極體」典型的光電效應探測器，具有量子雜訊低、回應快、使用方便等特點，廣泛用於雷射測距儀。矽光電二極體的工作原理如下所述：外加反偏電壓於結內電場方向一致，當 pn 結及其附近被光照射時，就會產生載子（即電子－空穴對）。結區內的電子－空穴對在耗盡層電場的作用下，電子被拉向

n 區，空穴被拉向 p 區而形成光電流。同時耗盡層一側一個擴散長度內的光生載流子先在耗盡層擴散，然後在勢壘區電場的作用下也參與導電。當入設光強變化時，光生載流子的濃度及通過外迴路的光電流也隨之發生相應的變化。這種變化在入射光強很大的動態範圍內仍能保持線性關係。在理論上，半導體 pn 結合區附近成為耗盡層，該層的兩側是相對高的空間電荷區，而耗盡層內通常並不存在電子和空穴。只有當光照射 pn 結時才能使耗盡層內產生載流子（電子－空洞對），載流子被結內電場加速形成光電流。利用該原理製成的光電二極體稱為「耗盡層光電二極體」。耗盡層光電二極體有 pin 型、pn 型、金屬－半導體型、異質型等。光電二極體具有頻率回應寬、靈敏度高、時間回應快等特點，是一種常用的光電探測器。光電二極體的光譜回應主要由構成 pn 結合的材料決定。

7.2.2 雪崩光電二極體

「雪崩光電二極體」是利用光二極體在高的逆向偏壓下，會因反向電壓的微增，而使得在P介質中的電洞大量吸取電子，而引起短時間大量電子流的產生，如同一小區域的雪地滑落而造成大區域的雪崩現象，稱為雪崩效應，由此而製成的光電元件。雪崩光電二極體的倍增效應與外加電壓有關。逆閥光電二極體具有增加電流增益功能，因此，它的靈敏度很高，並且相應光感率快，常用於超高頻的調製光和超短光脈衝的探測。

7.2.3 光電倍增管

光電倍增管是把微弱的輸入光轉換為電子流，並使電子流在真空元件中數量倍增。當光信號強度發生變化時，陰極發射的光電子數目相應變化，由於各倍增極的倍增因數基本上保持常數，所以陽極電流亦隨光信號的變化而變化，此即光電倍增管的簡單工作過程。由此可見，光電倍增管的性能主要由光陰極、倍增極及極間電壓決定。光電陰極受強光照射後，由於發射電子的速率很高，光電陰極內部來不及重新補充電子，因此使光電倍增管的靈敏度下降。如果入射光強度太高，導致元件內電流太大，以至於電陰極和倍增極因發射而分解，就會造成光電倍增管的永久性破壞。因此，使用光電倍增管時，應避免強光直接入射。光電倍增管一般用來測弱光信號。

7.2.4 太陽能電池

太陽能電池是將光能直接變成電能。它也可作為光電子探測器元件。單晶與多晶矽的太陽電池平均效率約在 15%上下，只要能有效的抑制太陽電池內載子和聲子的能量交換，有效抑制載子能帶內或能帶間的能量釋放，就能有效的避免太陽電池內無用熱能的產生，大幅地提高太陽電池的效率，甚至達到超高效率的運作。可作為儲能元件，及衛星上等儲存及供應能源的單元。

7.2.5 光敏電阻

某些半導體材料在光的照射下，內部電子吸收光子後，掙脫原子的束縛而形成自由電子，使其導電性能增加，電阻率下降，這種半導體元件稱為光敏電阻，這種現象稱為光電導效應。當光被遮擋後，自由電子又被失去電子的原子所俘獲，其電阻率恢復原值。利用光敏電阻的這種特性製成的光控開關在日常生活中隨處可見。

7.3 二維接收器 CCD

電荷耦合元件（Charged Coupling Device, CCD）是一維和二維光電轉換元件，主要由光敏單元、輸入結構和輸出結構等組成。它具有光電轉換、資訊儲存和延時等功能，而且集成度高、功耗小，在攝像、信號處理和儲存等大場角中廣泛應用，尤其是面陣 CCD 在各場角的應用中已廣泛使用。

CCD 是通過輸入面上光電信號逐點的轉換、儲存和穿透量，在其輸出端產生一時序信號。隨著科技的進步，CCD 技術日臻完善，已廣泛用於安全防範、電視、工業、通信、遠端教育、可視網路電話等場角。也是一種新型光電轉換元件，它能儲存由光產生的信號電荷。當對它施加特定時序的脈衝時，其儲存的信號電荷便可在 CCD 內作定向穿透量而實現自掃描。它主要由光敏單元、輸入結構和輸出結構等組成。尤其是在影像感測器應用方面取得令人矚目的發展。就外觀來說，CCD 有平面及線二類。

7.3.1 CCD 的原理

CCD 的原理是由許多個光敏單元按一定規律排列組成的。每個單元就是一個 MOS 電容器（大多為光敏二極體），它是在 P 型 Si 襯底表面上用氧化的辦法生成 1 層厚度約為1000～1500Å的SiO_2，再於SiO_2表面蒸鍍一金屬層（多晶矽），在襯底和金屬電極間加上1個偏置電壓，就構成1個MOS電容器。當有1束光線投射到MOS電容器上時，光子穿過透明電極及氧化層，進入P型Si襯底，襯底中處於價帶的電子將吸收光子的能量而躍入導帶。光子進入襯底時產生的電子躍遷形成電子－空穴對，電子－空穴對在外加電場的作用下，分別向電極的兩端移動，這就是信號電荷。這些信號電荷儲存在由電極形成的「電位井」中。

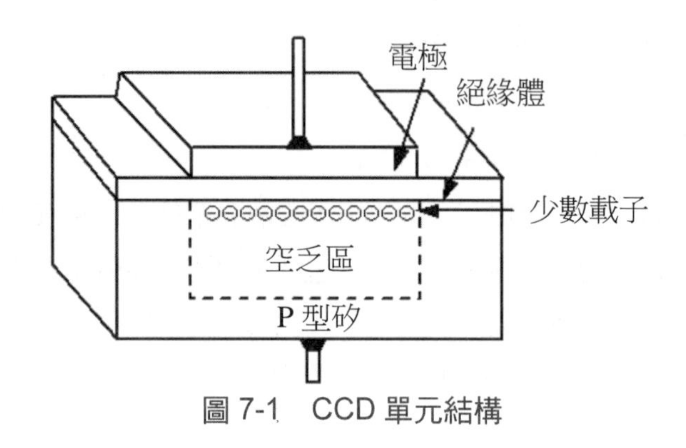

圖7-1 CCD單元結構

並且可用式$QS = Ci \times VG \times A$求出MOS電容器的電荷儲存容量。（注：QS：電荷儲存量；Ci：單位面積氧化層的電容；VG：外加偏壓；A：MOS 的面積）由此可見，光敏元面積愈大，其光電靈敏度愈高。

而平面向的CCD的結構一般有三種：

1. 第一種面資料轉換型CCD。它由上、下兩部分組成，上半部分是聚焦成像畫素的光敏區域，下半部分是被遮光而對心垂直寄存器的儲存區域。其優點是結構較簡單並容易增加畫素數，缺點是CCD尺寸較大，易產生垂直拖影。

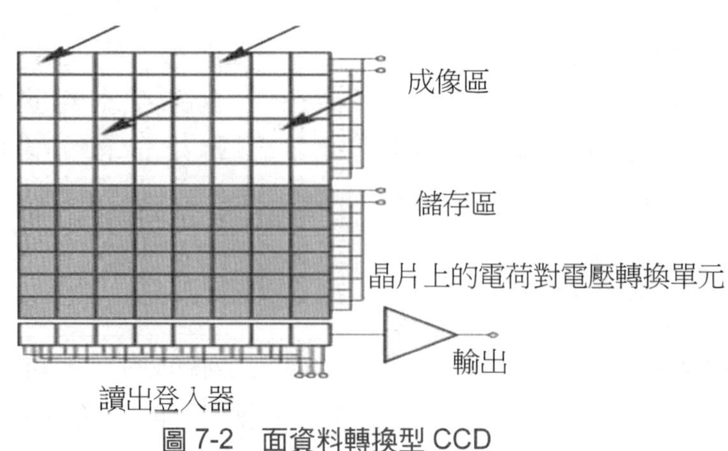

圖7-2 面資料轉換型CCD

2. 第二種是行間轉移性 CCD。它是目前 CCD 的主流產品，它的畫素群和垂直寄存器在同一平面上，其特點是在一個單片上、價格低、容易獲得良好的攝影特性。
3. 三階種是幀行間轉移性CCD。它是第一種和第二種的複合型，結構複雜，但能大幅度減少垂直拖影，並容易實現可變速電子快門等優點。

7.3.2 CMOS 影像感測器

CMOS 影像感測器的應用範圍非常的廣泛，包括數位相機、PC Camera、影像電話、三階代手機系統、視訊會議、智慧型保全系統、汽車倒車雷達、玩具，以及工業、醫療等用途。由於使用層面廣泛，非常有利於 CMOS 產品的普及，CMOS 不但體積小，耗電量也只有 CCD 的 1/10，售價也比 CCD 便宜 1/3，畫質已接近低階解析度的 CCD，國內相關業者已開始採用 CMOS 替代 CCD。

7.3.3 CCD 和 CMOS 的區別

如表 7-1，CCD 和 CMOS 在製造上的主要區別是，CCD 是集成在半導體單晶材料上，而CMOS是集成在被稱做金屬氧化物的半導體材料上，在本質上工作原理沒有區別。CCD 只有少數幾個廠商，例如索尼、松下等掌握這種技術。而且 CCD 製造工藝較複雜，採用CCD的攝像頭價格都會相對比較貴。事實上經過技術改造，目前CCD和 CMOS 的實際效果差距已經減小了不少。而且 CMOS 的製造成本和功耗遠低於CCD，所以很多攝像頭生產廠商採用CMOS感光元件。成像方面：在相同畫素下CCD的成像通透性、色彩鮮明度都很好，色彩還原、曝光可以保證基本準確。而CMOS的產品往往通透性一般，對實物的色彩還原曲率偏弱，曝光也都不太好，由於自身物理特性的原因，CMOS 的成像品質和 CCD 還是有一定距離的。但由於價格低廉及整合性高，因此在攝像頭場角還是被廣泛的應用。

表 7-1　CCD 與 CMOS 影像感測器的特性比較

項目	CCD	CMOS
可達解析度（Pixel）	3M	1.5M
影像品質	優異	良好
畫素大小（μm）	12	5
雜訊瓶頸	無	尚需進一步克服

項目	CCD	CMOS
價格	USD$10～50	USD$8～15
系統整合	晶片組	單晶片
暗電流（pA/cm²）	10～30	100～1000
耗電量	100's of mW	10's of mW
電源供給	多電壓軸（－8V～15V）	單一電壓（5V）

CCD 是目前比較成熟的成像元件，CMOS 被看作未來的成像元件。因為 CMOS 結構相對簡單，與現有的大型積體電路生產工藝相同，從而生產成本可以降低。原理上，CMOS 的信號是以點為單位的電荷信號，而 CCD 是以行為單位的電流信號，前者更為敏感，光感率也更快更為省電。現在高級的 CMOS 並不比一般 CCD 差，但是 CMOS 工藝還不是十分成熟，普通的 CMOS 一般解析度低而成像較差。

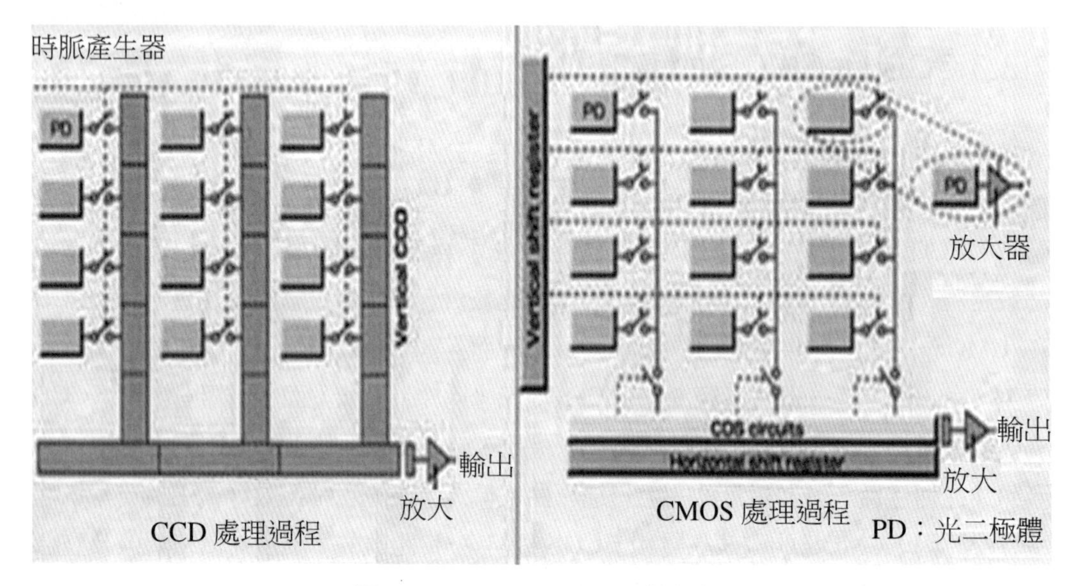

圖 7-3　CCD 和 CMOS 的結構

CCD 或 CMOS，基本上兩者都是利用矽感光二極體（photodiode）進行光與電的轉換。這種轉換的原理是將光影像轉換為電子數位信號。

比較 CCD 和 CMOS 的結構，ADC 的位置和數量是最大的不同。簡單的說 CCD 每曝光一次，在快門關閉後進行畫素轉移處理，將每一行中每一個畫素（pixel）的電荷信號依序傳入「緩衝器」中，由底端的線路引導輸出至 CCD 旁的放大器進行放大，再串聯 ADC 輸出；相對的，CMOS 的設計中每個畫素旁就直接連著 ADC（放大兼類比數位信號轉換器），訊號直接放大並轉換成數位信號。

兩者優缺點的比較如表 7-2。

表 7-2　CCD 與 CMOS 優缺點比較

項目	CCD	CMOS
設計	單一感光器	感光器連接放大器
靈敏度	同樣面積下高	感光入瞳小，靈敏度低
成本	線路品質影響程度高，成本高	整合集成，成本低
解析度	連接複雜度低，解析度高	低，解析度高
噪點比	單一放大，噪點低	百萬放大，噪點高
功耗比	需外加電壓，功耗高	直接放大，功耗低

由於構造上的基本差異，可以表列出兩者在性能上的表現之不同。CCD的特色在於充分保持信號在穿透量時不失真（專屬通道設計），透過每一個畫素集合至單一放大器上再做統一處理，可以保持資料的完整性；CMOS的製程較簡單，沒有專屬通道的設計，因此必須先行放大再整合各個畫素的資料。

整體來說，CCD 與 CMOS 兩種設計的應用，反應在成像效果上，形成包括 ISO 感光度、製造成本、解析度、噪點與耗電量等不同類型的差異：

1. ISO 感光度差異：由於 CMOS 每個畫素包含了放大器與 A/D 轉換電路，過多的額外設備壓縮單一畫素的感光區域的表面積，因此相同畫素下，同樣大小之感光器尺寸，CMOS 的感光度會低於 CCD。
2. 成本差異：CMOS 應用半導體工業常用的 MOS 製程，可以一次整合全部周邊設施於單晶片中，節省加工晶片所需負擔的成本和良率的損失；相對的，CCD 採用電荷傳遞的方式輸出資訊，必須另闢穿透量通道，如果通道中有一個畫素故障（fail），就會導致一整排的訊號壅塞，無法傳遞，因此 CCD 的良率比 CMOS 低，加上另闢穿透量通道和外加 ADC 等周邊，CCD 的製造成本相對高於 CMOS。
3. 解析度差異：在第一點「感光度差異」中，由於CMOS每個畫素的結構比CCD 複雜，其感光入瞳不及 CCD 大，相對比較相同尺寸的 CCD 與 CMOS 感光器時，CCD 感光器的解析度通常會優於 CMOS。不過，如果跳脫尺寸限制，目前業界的CMOS感光原件已經可達到 1,400 萬畫素／全片幅的設計，CMOS技術在良率上的優勢可以克服大尺寸感光原件製造上的困難，特別是全片幅 24mm-by-36mm 這樣的大小。

4. 噪點差異：由於 CMOS 每個感光二極體旁都搭配一個 ADC 放大器，如果以百萬畫素計，那麼就需要百萬個以上的ADC放大器，雖然是統一製造下的產品，但是每個放大器或多或少都有些微的差異存在，很難達到放大同步的效果，對比 CCD 的單一個放大器，CMOS 最終計算出的噪點就比較多。
5. 耗電量差異：CMOS的影像電荷驅動方式為主動式，感光二極體所產生的電荷會直接由旁邊的電晶體做放大輸出；但 CCD 卻為被動式，必須外加電壓讓每個畫素中的電荷移動至穿透量通道。而這外加電壓通常需要 12 伏特（V）以上的水準，因此 CCD 還必須要有更精密的電源線路設計和耐壓強度，高驅動電壓使 CCD 的電量遠高於 CMOS。

儘管 CCD 在影像品質等各方面均優於 CMOS，但不可否認的 CMOS 具有低成本、低耗電以及高整合度的特性。CMOS的低成本和穩定供貨，成為廠商的最愛，也因此其製造技術不斷改良更新，使得 CCD 與 CMOS 兩者的差異逐漸縮小。新一代的 CCD 朝向耗電量減少作為改進目標，CMOS 系列則開始朝向大尺寸面積與高速影像處理晶片統合，藉由後續的影像處理修正噪點以及畫質表現，特別是 Canon 系列的 EOS D30、EOS 300D 的成功，足見高速影像處理晶片已經可以勝任高畫素 CMOS 所產生的影像處理時間與曲率的縮短，CMOS 未來跨足高階的影像市場產品，前景可期。

7.4 影像感測器的發展

以目前的發展情形來看，除由日商所長期掌握的電荷耦合原件影像感測器（CCD）外，目前互補式金屬氧化半導體影像感測器（CMOS）隨著半導體製成技術逐漸成熟，如今低解析度（百萬畫素以下）的數位相機業者逐漸採用 CMOS 替代 CCD。

CMOS 由於其低成本及系統整合性高的優勢，被視作 CCD 感測器的替代產品。CCD 感測器與 CMOS 感測器都由矽晶圓製造而成，因此，兩者對可見光及近紅外線光譜的感應程度基本上相似。兩種技術都藉由相同的光電轉換過程，將影像入射光（光）轉換成電壓（電），如果還需要彩色感測器，再將每個畫素上覆蓋彩色濾光片（R、G、B）即可。

CCD 所採取的特殊 IC 製程技術發展已有 40 年的歷史，雖然 CCD 可以把其他數位相機的功能（例如：數位訊號處理、定時邏輯等）一起整合，在技術面可行，但卻沒有經濟效益，實際應用上，其他功能多建在另外的晶片上。大多數採用 CCD 的數位相機，有 3～8 顆的晶片。在未來資訊產品將邁入整合單晶片的趨勢下，就長遠來看，CMOS 是未來感測器的主流產品。

目前，日本市場正值大力促銷數位攝錄影機與 330 萬畫素以上的數位相機，造成 CCD 需求大增、產能不足，所以自 2000 年 2～3 月之前，CCD 產品開始短缺。在臺灣生產百萬畫素以下數位相機的業者，有些已考慮採用 CMOS 來替代 CCD，如此將可降低成本並提高產品的競爭力。

而且，隨著數位相機價格之下滑，CCD 感測器在 2010 年之後亦有跌價的趨勢。CMOS 感測器，價格差距有限的情況下，仍將只能依畫素數位相機市場中，此外，在電子玩具、可攜式資訊家電產品（手機、PDA、筆記型電腦等）、視訊攝影體（PC Camera）、影像電話、汽車和保全用途監視攝影機等場角，CMOS 感測器具有很高的發展潛力，值得國內廠商投入開發。

習題

1. 簡述 CCD 原理。
2. 若為 1/3 英吋（12M 畫素相機）之感知單元的大小為何？

軟體操作題

用光學軟體設計一 EFL = 45mm，1/3 英吋之手機鏡頭

IV. 機電整合

在光機電整合是利用機械達到定位及聚焦的目的，以多數攝影機的對焦系統，外以電源作為機械動力來源，而成為一個機電控制系統，因而馬達成直接動力的代表物件，其他的機電系統也都以馬達為機電轉換器單元；馬達有類比（直流、交流）及數位（步進）馬達，依其功能使用在系統中，可以用來驅動系統。因為類比馬達是應用直流電位，調整位置；而步進馬達是以馬達轉子中所繞線圈的結構，與電磁鐵型成作用，控制馬達轉子的時序控制馬達方向，速度及動作，因此，可用如微處理器控制，以達到定位和聚焦等目的。

第八章　機電結構

光機電的裝置是利用機械達到定位及聚焦的目的在光機電的電路，以一個數位照相機來說，除了光學鏡組外，包括：外殼，機殼及動力機械；電子部分，包括電源，驅動電路，控制電路及數個處理器及控制器，以程式管制其各種功能，都有其結構的連貫性；以結構分工，以控制層次為最高。

8.1 機械結構

光機電系統中，光學和電結構是建立在機械結構上。機械結構是支持光學及電的裝置之平台；因此，要使系統能達到其設計之功能，必須要有機械結構的配合；例如：光機電產品之機台結構，除了載運光學及電子元件在變化環境下自然運作外，還需要滿足在正常動力機械運作下結構的穩定及功能的保持。

8.2 儲能裝置

光機電系統的儲能裝置有：電池或其他勢能的裝置，其能源也可來自：原子核反應、燃燒、水位差、太陽及風等，經過能量轉換機制，都可以儲在電池，未用的核原料，包含碳原料或其他形式之能源儲存方式：如：水庫，都可以是儲能裝置。

將能量轉換成為動力，通常有直接轉換的，如：引擎是將汽油點火後產生化學爆炸反應依各汽缸時序衝程，經過機械機制能量轉換成動力；核動力是在反應爐中因核原料所產生的原子核反應所發出熱蒸汽，經過渦輪而經發電機而產生電力；一般系統是以交流 110/220/380V 為電源，或以電池；而轉換裝置以馬達較為普遍。

8.3 動力機械——步進馬達

動力機械除了機械結構外，還必須包括：馬達；而其中以微精密型馬達具有響應光感率快、定速旋轉、起動時間短、解析度高、定位準確、超低速下可有高轉矩傳動、沒有累積誤差等特色。微精密型馬達必須趨向耗電小、動能大、準確性高、轉動角度誤差小及較高精準度。主要應用於數位相機或數位攝影機使用的變焦鏡頭上，配合 LCD 液晶顯示模組製成驅動控制迴路。

8.3.1 步進馬達基本原理

步進馬達（stepping motor）是一個固定步階的運轉馬達，是以數位控制器控制馬達的行徑；因為技術的不斷精進；步進馬達已達到：小型化、響應光感率快、定速特性、起動時間短、高、定位準確等之特性，因而在光機電產品已廣泛使用步進馬達。步進馬達其主要特徵有以下各點：

(1)以數位信號控制，可直接以開迴路控制。

(2)有效光感率範圍，脈波與轉速成正比。

(3)起動、光欄、正反轉控制容易。

(4)轉動的角度與脈波數成正比。

(5)角度誤差小，沒有累積誤差。

(6)靜止時可保持轉矩，以保持位置。

(7)超低速下可有高轉矩傳動。

但步進馬達也有其缺點，例如失步，共振問題，因此在各種不同情形的使用下，馬達的加減速問題就比較複雜，因此在使用步進馬達時，也需詳細了解其優缺點以使能有效應用。

8.3.2 步進馬達分類

步進馬達依其轉軸構造又分類為：(1)可變磁阻式步進馬達 VR 型；(2)永久磁鐵式步進馬達 PM 型；(3)混合式步進馬達等三類。

VR 型步進馬達

轉子以軟鐵加工成齒狀，線圈繞在定子上，在定子線圈加上直流電時，產生電磁吸引力帶動轉子旋轉，這種形式的步進馬達當定子線圈不加激磁電壓時，保持轉矩為零。換言之，沒有保持目前位置的轉矩，和一般小形旋轉電機比較，其轉子慣性小，響應性佳，然其容許負荷慣性不大。一般 VR 型的步進馬達，其步進角的種類有 15°、7.5°、1.8°，但是在數量上以步進角 15°最普及化。主要用途是用在比較大的轉矩上之工作機械，或者特殊使用的小型起動機的上捲機械上。其他也有用在出力為 1W 以下的超小型馬達上，總而言之，VR 型的數量是非常少的，在步進馬達的全部生產量上只占幾個百分點程度而已。

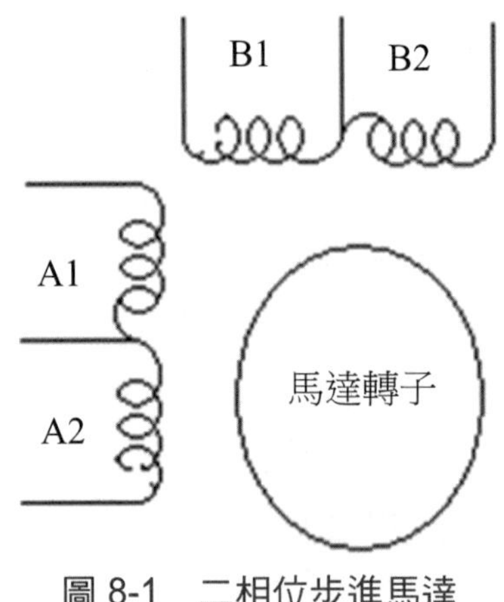

圖 8-1　二相位步進馬達

永久磁鐵式步進馬達

其轉子由永久磁鐵所構成，其磁化方向為軸向磁化，所以就算在無激磁（定子的任何線圈不通電）時，也需在一定程度上保持轉矩的發生，因此利用這種性質可以構成省能的系統。它的步進角種類很多，釤鈷系磁鐵的轉子是用在步進角 45°或 90°上，而且轉子也可以用氟萊鐵（ferrite）磁鐵作為多極的充磁，故步進角有 3.75°、7.5°、11.25°、15°、18°、22.5°等種類，但步進角 7.5°是最為普及化的。還有這種馬達也有步進角 1.8°，但只限定於扁平構造的產品。

混合式步進馬達

是磁極做成複極的形式，換言之，磁極由數個小磁極所構成，轉子的圓周由許多齒狀的小凸出物構成，轉子又稱為感應子，由軸向磁化的磁鐵製成。混合式步進馬達乃兼採用可變磁阻式步進馬達及永久磁鐵式步進馬達的優點，在步進角上有 0.9°、1.8°、3.6°，比起其他的馬達而言，具有極細的步進角。一般上，混合型因具有高精確度、高轉矩、微小步進角和數個優異的特徵，故特別是使用在磁片記憶關係的磁頭傳送上。

此外依其激磁極性又可分成：

單極性型（unipolar）：定子磁極極性為同一方向，如可變磁阻式步進馬達，磁極線圈只有一組，所加的激磁電流為固定方向，因此單極性步進馬達所需的電源較簡單。

雙極性型（bipolar）：定子磁極極性為兩個方向，如永久磁鐵式步進馬達，其轉子的極性和定子磁極極性有交互變化的需要。單一激磁線圈時其激磁方向為正負交替變化，兩組磁極線圈時，一組正向激磁，另一組負向激磁，兩組交替變化，使定子磁極極性變化。以雙極方式運用，其電源較為複雜。

如圖 8-2，永久磁鐵式步進馬達之動作原理是，當 A 相線圈加上負電流 Ia，A1 為 S 極，A2 為 N 極，因此永久磁鐵的轉子被吸引成轉子的 N 極對準 A1 極，轉子的 S 極對準 A2 極，而後靜止。接著 B 相線圈加上負電流 Ib，A 相線圈電流降為零，定子 B1 為 S 極，B2 為 N 極，轉子按順時針方向旋轉 90°，其次，A 相線圈加上正電流 Ia，定子 A1 為 N 極，A2 為 S 極，轉子按順時針方向旋轉 90°，接著，B 相線圈加上正電流 Ib，定子 B1 為 N 極，B2 為 S 極，轉子按順時針方向再旋轉 90°。故此類馬達的定子線圈，必須加上正負兩個方向的電流。

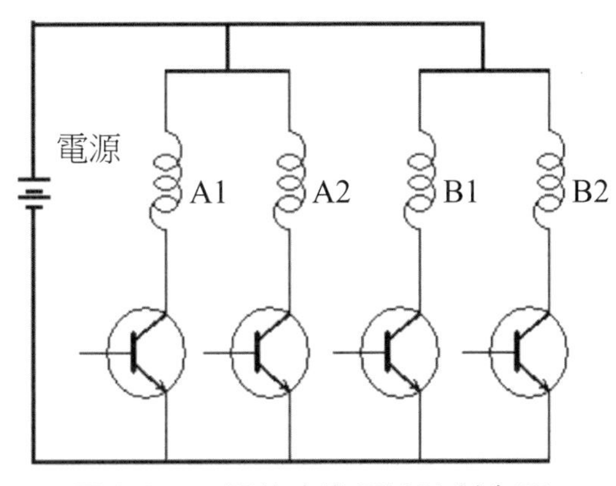

圖 8-2 二相位步進馬達控制介面

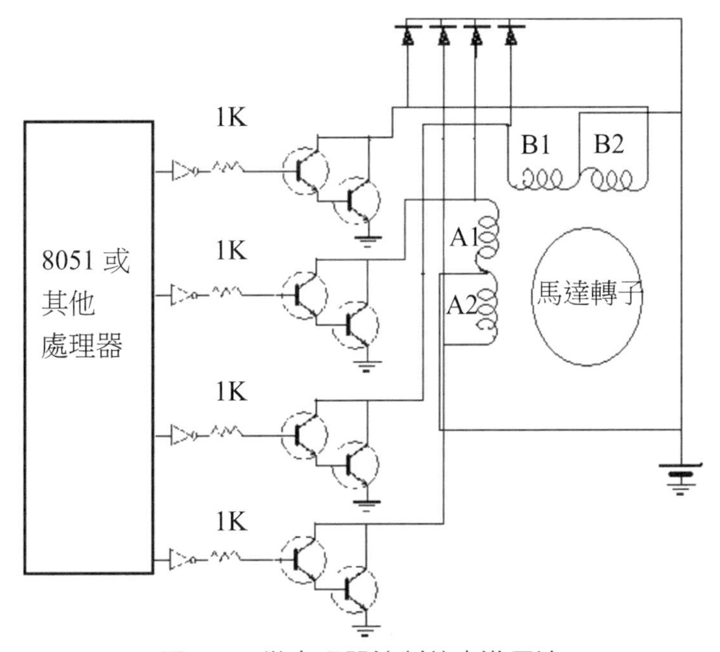

圖 8-3 微處理器控制的步進馬達

直徑 8mm 步進馬達一般來說，在企業界中對步進馬達的對應稱呼都以步進馬達的圓柱面直徑稱之。目前用量較大的都約於直徑 42 到 25mm 之間，但是，對於直徑 10mm 以下的步進馬達之開發已漸成熟。

因為 PM 型馬達在機構設計的理論場角裡，唯有 PM 型的結構體可以漸漸往小型發展，VR 型或混合型的結構在組合機構中是相當難小型化的，其牽扯的場角擴及至鐵件沖壓的曲率與精度，製程過程的複雜性與困難度等，都是目前這個業界無法大量運用 VR 型或混合型的因素。不單臺灣業界如此，全世界的業界都較多使用 PM 型的結構來衍生機種。

在步進馬達的電氣結構中有分為 BIPOLAR（單級線繞組）與 UNIPOLAR（中間抽頭雙極性繞組）兩種繞線的驅動方式，這兩種繞線的電子電路驅動器也有所不同。

其兩種繞線各有優缺點，BIPOLAR 繞組可產生較大的迴轉轉矩，但由於電流的流動方向是屬於相互交連，也因此會產生較大的反電動勢，造成馬達的振動較大；反之 UNIPOLAR 其特性剛好相反，但由於小型的步進馬達本身的迴轉轉矩就較小，若是產品的小型化配合使用小型的步進馬達，轉矩是最重要，而振動問題就必須依靠機構來排除。

8.4 馬達的應用

應用步進馬達小型化的產品，例如：數位相機鏡頭小型化、數位攝影機、光碟機的光碟片讀取頭、自動對焦式的投影機等，都是需要應用到小型馬達的，而未來馬達一定會趨向於耗電小、動能大、準確性高的方向發展，所以說，小型化的步進馬達於未來幾年中也可能是一項明星產業。現近高科技產品，許多都必須使用步進馬達，例如：現在熱門的數位相機、DVD Player、MP3 Player 及 CD-ROM 燒錄器。步進馬達在這些產品中，都被視為最關鍵的零組件。相信在往後的時間裡，微精密型的馬達，將會被使用於在通訊產品上，例如；手機、PDA 等。馬達的進入將會使得這些通訊產品變得更人性化及生活化。手機能夠拍照、PDA 能夠當成 CD 隨身聽，這些功能都得必須依賴這一顆小小的微精密型步進馬達來完成。因為有微精密型步進馬達的加入，才會顯得通訊產品的高貴。

未來的微精密馬達走向，是最低成本及最好的動作特性；馬達的部品以現階段而言，都採用金屬材質為主要的組裝部材，但有它本身的缺失所在：如金屬的散熱作用較差、重量也較重。將來，馬達所需的部品都將朝向塑膠製品為導向，且配合攜帶型產品的特性，開發出輕薄短小且易散熱的微精密步進馬達。

習題

1. 簡述步進馬達優點。
2. 簡述二相步進馬達的作用原理。

軟體操作題

用 C 或 ASSEMBLY 寫一可調焦之馬達的控制軟體

第九章　光機電應用實例——數位相機

9.1 數位相機的起源

數位相機是由 Kodak 工程師 Steve Sasson 在 1975 年 12 月提出：因應當時照像機都是以底片為成像的接收單元－他將影像由鏡頭接收後進入 CCD 影像器，將取樣數據數位化後存入卡帶中，唯存一張時間為 23 秒；卡帶中的資料可以重新回讀並顯示，因為當時採用標準 NTSC 影像信號；但當時電子元件的技術，還在發展階段，因而未充分的發展。

直到電子元件技術不斷功能進步，尺寸縮小，並配合個人電腦及手機等產品之廣大市場的需求，引進攝影技術及影像處理技術不斷精進，在儲存格式製定及記憶元件的精進；另外，存取時間及輸出介面的改進，數位相機已成為全球廣泛使用的產品之一，如圖 9-1。

圖 9-1　數位相機

9.2 數位相機工作原理

數位相機是由光、機、電一系統的產品。它的核心零件是 CCD（Charge Couple Device，電荷耦合元件）影像偵測器。CCD是在1969年由AT&T Bell實驗室的Willard Boyle及George E. Smith發明；CCD是使用一種高感光度的半導體材料製成，在光線作用下，可將光線作用強度轉化為電荷的累積，再通過模數轉換晶片轉換成數位信號（也就是0與1的訊號），數位信號經過壓縮以後由數位相機內部的快閃記憶體或內置儲存媒體來保存，因而可輕易的透過各種方式把影像資料傳到電腦，並借助電腦的處理軟體根據需要來修改影像。

9.3 數位相機與傳統相機的比較

數位相機的最大優勢在於利用數位化的資訊，可以借助遍及全球的數位通信網即時傳送（例如 Ethernet），得以實現影像的即時傳遞。它的外觀、部分功能和操作方式與普通的35mm相機差不多，但毋須對焦、設置快門光感率等（但是少數的專業型數位相機操作方式卻和傳統相機一般）。此外，數位相機與傳統相機相比，還有以下幾個不同點：

9.3.1 取像時間

數位相機從按下快門到確實儲存好影像之前，需要延遲時間。這是由於需要進行光感測器讀取景像、高速光欄或改變快門光感率、檢查自動聚集、打開閃光燈等，將所拍攝下的影像轉成位元信號等操作，數位相機可以做到像傳統相機一般的連續拍攝，高解析度較低解析度的影像時處理時間會較長，但隨著技術的進步，數位相機已具有傳統高級相機的優點。

9.3.2 儲存媒體

數位相機攝取的影像元方式儲存在記憶卡上，而傳統相機的影像則是以化學方法記錄在鹵化銀的底片上。

9.3.3 影像品質

用傳統相機拍攝的影像晶狀格會遠遠小於 CCD 採集的影像畫素數，其次傳統相機的鹵化銀膠片可以捕捉連續色調和色彩，而數位相機的採集原理只能是亮或暗兩種情況。

9.3.4 輸入輸出方式

數位相機拍攝的影像可直接輸入電腦，經由影像處理軟體處理後列印出來。傳統相機的影像則必須在暗房裡沖洗，想要進行處理必須通過掃描器輸入電腦，掃描得到的影像品質必然受到掃描器精準度的影響。如此一來，即使攝影品質很好，經過掃描以後得到的影像就差得遠了。

9.3.5 成本

傳統相機要沖印成相片，必須交給沖印店沖洗，但是數位相機可不用這麼麻煩，因為可供輸出的管道十分的多，例如可用噴墨印表機、相片印表機、數位沖印店，甚至透過 internet 傳輸影像到數位沖印店的電腦中，然後經由數位沖印店輸出之後，交由快遞送至收件者家中，這樣的方式，可以省去舟車勞頓，也方便無法到沖印店送件的使用者。

經過調查顯示，數位相機的功能上具有明顯的優點，便於在電腦上進行編輯處理，存儲量大，易於傳輸並可長期保存；只要具備適當的輸出設備，輸出也相當方便快捷，這些優勢是傳統相機所無法比擬的。

9.4 數位相機的光學

9.4.1 數位相機的鏡頭

依調焦區分為固定鏡頭（固定焦距鏡組或 free focus）及可自動對焦鏡頭模組（Auto focus 鏡組）。固定鏡頭顧名思義就是光學鏡頭本身與機身為固定不動，且兩者無相對運動。其另一涵義就是此光學鏡頭無法調焦。所以其成像品質與可對焦之光學鏡頭相比較之下，就遜色不少。另外，為使拍攝範圍能涵蓋從近距離到無窮遠，因此就必須使其拍攝條件設定在景深長的狀況，所以其採用的光欄值就不能太小，也由於F/#值大時，就必須靠閃光燈來補光。一般此鏡頭在低階相機或PC Camera最常見。

依鏡頭焦距值可否變化區分為單焦點鏡頭和變焦鏡頭：取像用光學鏡頭若以焦距可否變化，可分為單焦點鏡頭及變焦鏡頭。單焦點鏡頭顧名思義其此鏡頭的焦距值就只有一個；如 5.7mm、6.2mm，如前所述固定鏡頭（固定焦距鏡組）一般都為單焦點鏡頭，但單焦點鏡頭不一定就是固定鏡頭，因高階單焦點鏡頭包括有可對焦鏡頭。而變焦鏡頭的焦距值，不是一個固定值，而是一段範圍；如 6～18mm、5.5～11mm；因其焦距值可變化，所以其機構相對就更複雜。一般變焦鏡頭的採用會搭配在中高階數位相機上，而用在數位相機上其變倍比（最大焦距值與最小焦距值之比值）通常 2～3 倍之間最多，而變焦鏡頭通常都為可對焦鏡頭。依視角可區分廣角、標準、望遠視角的鏡頭，以一般人雙眼能充分辨識色彩的角度範圍為 50°的視角來說，依此來區分光學鏡頭的視角為廣角、標準或望遠，約略可依成像面尺寸（即 CCD 尺寸）來出略判別光學鏡頭其焦距值對此 CCD 的視角。有一簡單的判別方法，就是若焦距值約等於 CCD尺寸對角線，則可說此鏡頭對此CCD展現的視角為標準鏡頭，舉例來說，以 1/2 英吋 CCD 成像面尺寸約為 4.8mm×6.4mm，對角線為 8mm。若搭配光學鏡頭，其焦距值若為 8mm，則其視角接近人眼的辨識色彩的視角，此光學鏡頭可稱為標準鏡頭。反觀之，若焦距值約明顯小於或大於 CCD 尺寸對角線，其將造成通過鏡頭成像後，視角將大於或小於人眼的辨識色彩的視角，則稱為廣角或望遠鏡頭，其影響就是可成像的範圍較廣、景物較小或可成像的範圍較窄、景物較大。例如 4mm 的焦距值的光學鏡頭對於 1/3 英吋 CCD 的成像面（對角線約 6mm），其視角約 74°大於 50°人眼的辨識色彩的視角甚多，因此，稱此鏡頭對於 1/3 英吋 CCD 為廣角鏡頭。而一般數位相機單焦點鏡頭皆小於 CCD 對角線長度，以使其具廣角視角效果有如 14mm 的焦距值的光學鏡頭對於 1/3 英吋 CCD 的成像面，其視角約 24°小於 50°人眼的辨識色彩的視角甚多。因此在遠處之景物也可透過此光學鏡頭，得到較大的像。因此，稱此鏡頭對於 1/3 英吋CCD為望遠鏡頭，一般數位相機除了搭配變焦鏡頭外，較少有數位相機單焦點的鏡頭，視角為望遠視角。然而，在數位相機焦距值規格中，經常以相當於傳統33mm 底片相機的焦距值來表示，而 35mm 底片規格尺寸為 24mm×36mm 而其對角線尺寸約略為 43mm。但是常以鏡頭焦距值 50mm 為 35nm 底片相機的標準鏡頭。依CCD畫素區分數位相機可分為低階、中階、高階數位相機；同樣的，光學鏡頭亦可分為低階、中階、高階光學鏡頭。首先，若從數位相機畫素發展的歷程來區分的話，大抵可分為三階段。第一階段則以 CCD 有效畫素在 30 萬畫素以下的低階數位相機為主，第二階段則以CCD有效畫素在 30 萬畫素以上到 80 萬畫素之間的中階數位相機，第三階段則以 CCD 有效畫素在百到千萬畫素以上的高階數位相機。在此三階段搭配的光學鏡頭，其規格及技術也不盡相同。

以第一階段低階數位相機來說，此時搭配的光學鏡頭，幾乎全部是固定鏡頭（固定焦距鏡組或 free focus 鏡組）為主，也就是以低階光學鏡頭為主，其所提供的功能有限，諸如光欄值大部分為一段固定光欄口徑，而只有少數有提供兩段的光欄口徑，對焦功能方面無（也就是不用對焦）。因此，此階段數位相機的光學鏡頭規格與 PC Camera 的光學鏡頭幾乎相同，兩者的差異只在於鏡片材質的不同而已，數位相機為玻璃鏡片，PC Camera 為塑膠鏡片居多。第二階段數位相機搭配的光學鏡頭，在規格及功能上已明顯提升，諸如具自動對焦功能、近距拍攝、多段光欄變化、機械快門及2～3 倍變倍比之變焦鏡頭等。此時光學鏡頭的技術，已牽涉較複雜的光學、光機及電氣控制技術。第三階段數位相機，由於具百萬畫素CCD（2 百萬或 3 百萬）其每個畫素尺寸約在 3～4μm 之間。因此，光學解像力被要求就相當嚴格（光軸中心解像力需200 lps/mm，四周約 160 lps/mm），同時為了表現百萬畫素的影像品質，其搭配的光學鏡頭，無論是在功能上或是在光學性能上，皆相當嚴格，光學及光機技術困難度也相對的高。此時搭配的光學鏡頭不論是單焦點（固定焦距）鏡頭或是變焦鏡頭，皆有提供自動對焦、近距拍攝、多段光欄變化、機械快門等功能。同時，在光學鏡頭模組本身的對位（alignment）及定位上，以及鏡頭模組與 CCD Sensor 之對位（alignment）、調整等技術就相當重要，否則就空具有超高畫素的CCD，而無法表現出其影像品質的細膩。

9.4.2 影像感測器參數

CCD感測器的參數，可分為Full Frame、Frame Transfer（FT）、Interline Transfer（IT）三種，以下將分別引進這三種CCD。

- FullFrame

FullFrame 是三者中架構最簡單者，由於整個感測器的都是感光區域，可以用於長時間曝光的超高畫素影像感測器等特殊用途。

- FrameTransfer（FT）

FT 方式採用兩個陣列方塊區域，一是曝光區，另一是不透明儲存區，FT 方式適用於讀取光感率需比Full Frame方式更快的高階CCD影像感測器，近來Philips與Sanyo 即強調 FT 方式的技術優異性，聯手進軍消費型數位相機市場。原則上，FT 方式CCD其每個畫素的受光面積較大，所以要提高感度及飽合輸出電壓較容易，但是會產生藍光感度較低、影像干擾模糊的問題，這是因為採 FT 方式時，每個畫素的入瞳率較高所致、一般認為FT方式可以較IT方式獲得更佳的畫質，對照IT方式CCD必須採用微鏡頭來提高感度，FT 方式 CCD 卻無此需要，所以 FT 方式在高畫素數位相機產品的應用，將會愈來愈廣泛。

- Interline Transfer（IT）

IT 是目前通用的處理方式，CCD 包含多個直條狀陣列，並由曝光區及儲存區間隔組成。目前在數位相機、PC Camera、攝錄影機上用的 CCD 感測器，主要是採 IT的轉送方式，因為其資料讀取光感率較快，透過採用微鏡頭，可達到與FT方式CCD相同的實質入瞳率。

目前，數位相機的CCD感測器，主要採用IT方式。儘管一千萬畫素以上數位元相機今年以來相繼上市，但畫質與傳統相機相比仍有差距，主要原因是 CCD 的動態範圍（Dynamic Range）窄；動態範圍代表一張相片中，最明亮處與最黑暗處之間差距所能表現的程度，另一問題是景深的表現力較差。動態範圍窄，一直是 CCD 感測器的弱點，但由於 FT 方式 CCD 其每個感光元件的感光面積，是 IT 方式 CCD 的 2倍，相對提高FT方式CCD的動態範圍，同時，FT方式CCD的構造比較簡單，在景深表現方面也較 IT 方式為佳。

CCD感測器的未來發展方向，不能單單只考慮小型化及高畫素化，以FT方式達到與傳統相機相匹敵的豐富表現曲率，也是CCD真正需要達到的目標之一。

· 傳輸介面

相片一旦在記憶體內，是一 JPEG 等方式存成照片檔或以 MP-4 或更新的格式存成影像檔 H.264/MPEG-4 Part 10 or AVC（Advanced Video Cod 英吋 g）壓縮檔，再經過 USB 介面傳入電腦。

9.5 CCD 和鏡頭尺寸的匹配

無論是 CCD 攝影機或數位相機的光學鏡頭和 CCD 的配匹是相當重要的；其重要參數有以下幾項：一個 1200 萬畫素（1280×1024）的相機，其每一畫素為 2um×1.5um 可依其尺寸，選擇不同焦距鏡頭，而達到最佳化像值。以下 CCD 的尺寸表，可供設計參考用。

表 9-1　CCD 的尺寸表

Type（單位：英吋）	長寬比	對角線機械尺寸（mm）	對角線 Diagonal	寬 Width	長 Height
1/3.6"	04:03	7.056	5	4	3
1/3.2"	04:03	7.938	5.68	4.536	3.416
1/3"	04:03	8.467	6	4.8	3.6
1/2.7"	04:03	9.407	6.721	5.371	4.035
1/2.5"	04:03	10.16	7.182	5.76	4.29
1/2.3"	04:03	11.044	7.7	6.16	4.62
1/2"	04:03	12.7	8	6.4	4.8
1/1.8"	04:03	14.111	8.933	7.176	5.319
1/1.7"	04:03	14.941	9.5	7.6	5.7
2/3"	04:03	16.933	11	8.8	6.6
1"	04:03	25.4	16	12.8	9.6
4/3"	04:03	33.867	21.64	17.3	13
1.8"(*)	03:02	45.72	28.4	23.7	15.7
35mm film	03:02	n/a	43.3	36	24

9.6 智慧型手機

智慧型手機（Smartphone）是指具有行動作業系統，除了無線電話的功能外，可透過安裝應用軟體、遊戲等程式來擴充功能的手機。其運算能力及功能均優於傳統功能型手機。最初的智慧型手機功能並不多，而且還有鍵盤，但後來iPhone以後的機型增加了可攜式媒體播放器，可以成為輸出入的控制指令、數位相機和閃光燈（手電筒）、和GPS導航、NFC、重力感應水平儀等功能，使其成為了一種功能多樣化的裝置。透過這樣的破壞性創新，不只是手機產業被顛覆，而是智慧型機徹底成為了電子市場主流硬體，替代了相當多的各類電子產品，集其一機。新一代的手機還擁有高解析度觸控式螢幕和網頁瀏覽器，從而可以顯示標準網頁以及行動最佳化網頁，透過WiFi和行動寬頻，智慧型手機還能實現次世代高速資料存取，雲端存取等。自從具備連網能力後短短幾年內大大增加了手機的實用性，轉變成以網路行動端點為核心的通訊工具。

今日，行動應用程式市場及行動商務、手機遊戲產業、社交即時通訊網路的高速發展，促成了近年來移動網路的概念被實現，網際網路走向即時型態後，人人能夠隨時隨地接入線上，讓智慧型手機成為了最重要的資訊產業相關平台，並逐步進駐了現代社會的方方面面，成為了如衣服一般不可或缺的必需品。

圖 9-2　智慧型手機 iPhone

習題

1. 請使用一個 1/2 吋的 VGA 的 CCD，若是要看到 1km 以外的成人（橫向約 0.3m），占 CCD 的偵測單元三個點，請計算出鏡頭有效焦距及視場角為何。
2. 如果一個鏡頭有效焦距為 100mm，同時具有高 5mm 鏡頭的物件與 300mm 的距離，請評估像距和放大率。

軟體操作題

1. 用機械軟體設計照像機外殼。
2. 用光學軟體設計一 EFL = 100，1/3 英吋之鏡頭。

第二篇

光機電設計原則

若要光機電系統成為一個極佳化的系統，必須要了解其原則，其原則的項目，包括光學、機械、電子及整合原則，以下將依其次序討論。

I. 光學設計原則

第十章 光學計算

光學系統的分析，可以有二種較普遍的方法：一是光線追跡法，另一是波前之光程差法。

光線追跡法：光可藉由司乃爾定律求得在各表面上光線的路徑。因此，有各種不同的追跡方法。這些方程式並不需要對平面或大曲率表面進行特別計算，而與方程式有關的量都具備「有限」的特徵，也就是說，在方程式中所有項的最大值都被可經由光學系統本身的尺寸來預測。追跡穿透單一表面的子午光線，進一步，統計的光成像點可以得到光點分布圖，由此可以分析線分布函數、調制傳函數、像差等參數，可以用判斷光學系統的性能。追跡方法所做的工作可以被描述為：給一個光學系統，定義其曲率半徑、厚度、以及指標（折射率），而光線可以被其方向以及在空間中的位置明確地定義，方向以及在空間中的位置可以在光束穿越系統後被找到。

波前之光程差法是將每一點光源發出全向性光源，垂直於光行進方向稱為波前。若是波前在參考球面之前，這向前的距離就是所謂的光程差（optical path difference，也就是OPD），習慣上會以波長為單位來表示。像差也可以光的波動性來描述。因波前的疊合可在光瞳位置形成干涉圖，或在成像面形成繞射圖。可以作為像差分析之根據。

光追跡方程式有四個運算的步驟：一、起始方程式，使光進系統內。二、折射方程式，決定通過表面後光線的方向。三、轉移方程式，使計算的結果能傳至下一個表面。四、關閉方程式，允許決定最後的長度截距以及高度。其中折射和轉移方程式為反覆使用，也就是說，他們在系統的各個表面上皆會使用到。起始及關閉方程式則僅在開始和結束計算的時候所使用。本書的座標系統以 Z 軸為光軸。

10.1 光線路徑的計算方法

10.1.1 近軸光線

首先，光學系統的平行光軸區域是指極細長且薄接近光軸的區域，光線本身的角度必須很小（例如：指的是斜面角和入射、折射角。），其值會等同於其正弦值和正交值。若簡化正弦值成為一次式可以使計算和操作達到快速和簡易的目的。因此大部分實際運用於光學系統架構下，所得到較好的成像其光路至少都能通過接近於平行軸的影像。以三角形幾何關係可以推導出在操作區域當角度接近零時，符合平行軸關係等同於討論其極限關係。以圖 10-1 為例，光經過一個曲率半徑較大的鏡面，其光學：

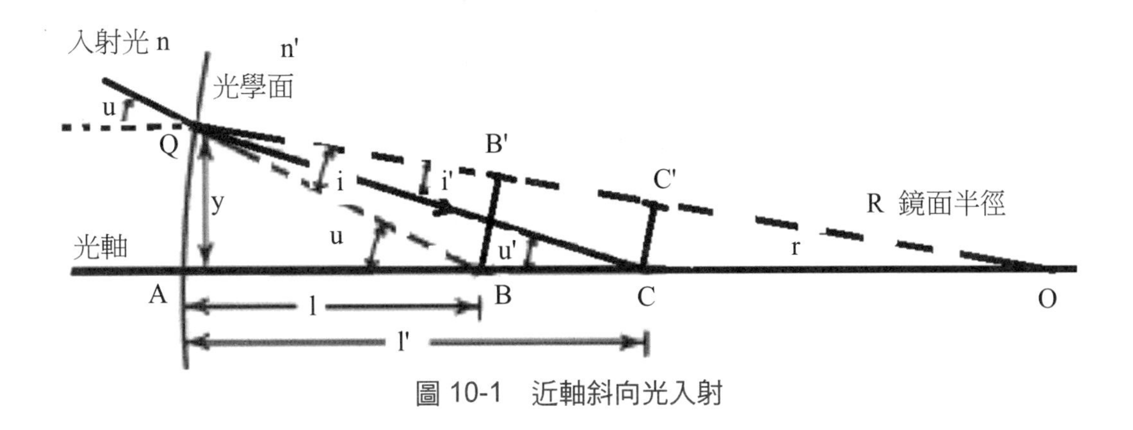

圖 10-1　近軸斜向光入射

當入射光 QB 方向，以入光線和 OA 夾角為 u，從折射率 n 介質進入鏡面半徑 R 之折射率 n'介質，若介質 n 小於介質 n'，則光路折為 QC 到 C 點與光軸 OA 之交點為 C，

$$y = QC\sin u = QB\sin u'$$

$$u = u' + i - i'$$

$$\sin i = \frac{BB'}{QB}$$

$$\sin i' = \frac{CC'}{QC}$$

公式 $n\sin i = n'\sin i'$

$$B'B = \left(\frac{R - l}{R}\right)y$$

$$\sin i = \frac{BB'}{QB} = \frac{\left(\frac{R - l}{R}\right)y}{y/\sin u'}$$

$$C'C = \left(\frac{R - l'}{R}\right)y$$

$$\sin i' = \frac{CC'}{QC} = \frac{\left(\frac{R - l'}{R}\right)y}{y/\sin u}$$

若 $\sin u \sim u$，$\sin u' \sim u'$

$$\sin i = \frac{BB'}{QB} = \frac{R-l}{R}u'$$

$$\sin i' = \frac{CC'}{QC} = \frac{R-l'}{R}u$$

$$\frac{\sin i'}{\sin i} \sim \left(\frac{u'}{u}\right)[R-l'/R-l] = \frac{n}{n'}$$

因為 $u = y/l$，$u' = y/l'$

$$\left(\frac{l'}{l}\right)[R-l'/R-l] = \frac{n}{n'}$$

或可以整理為：

$$l' = \frac{ln'R}{(n'-n)l + nR} \quad \text{式 10.1}$$

$$\frac{n'}{l'} = \frac{(n'-n)}{R} + \frac{n}{l}$$

同乘 y，且 $u = y/l$，$u' = y/l'$

可以寫成：

$$(n'u - nu') = \frac{y}{R}(n-n')$$

$$u' = \frac{nu - \frac{(n'-n)}{R}y}{n'} \quad \text{式 10.2}$$

$(n'-n)/R$ 該項是指在表面曲率分布的情形，其值為正會將光線聚縮至光軸；其值為負則光線會被發散而遠離光軸。

10.1.1.1 光線進入鏡片之追跡

對一光線進入鏡片之追跡如下圖：

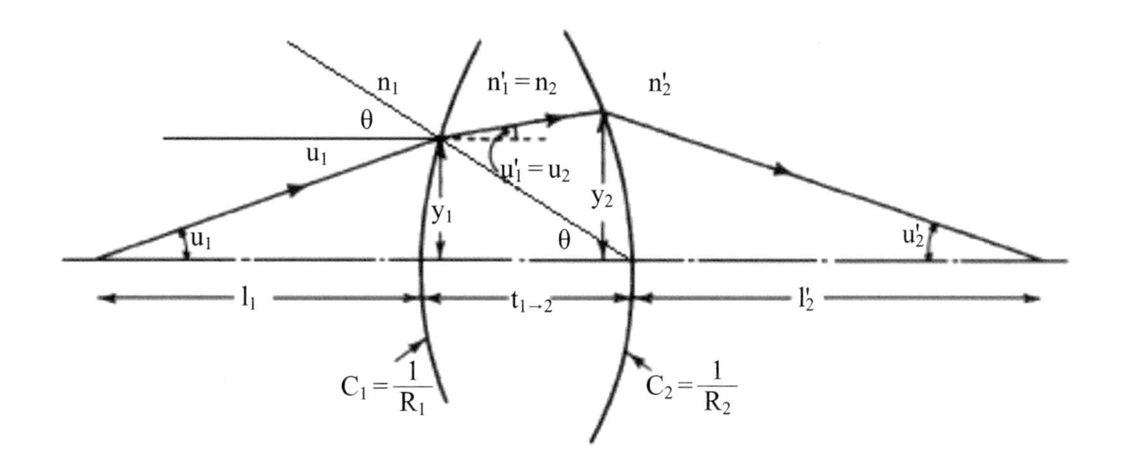

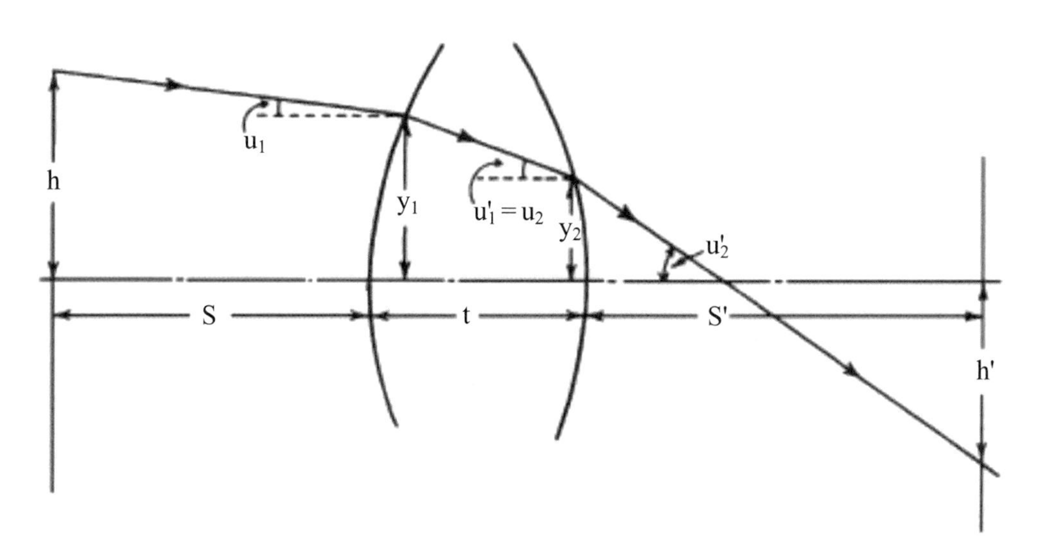

圖 10-2　描述在近軸追跡方程式中使用之各符號的圖表（式 10.1～10.9）。

起始：在第一面 y 和 u 的定義為

若是由光軸

$$y = -lu \qquad \text{式 10.3}$$

若是物件高度為 h

$$y = h - su \qquad \text{式 10.4}$$

由圖 10-2 及介面折射率司乃爾公式可知

$$n\sin(u+\theta) = n'\sin(u'+\theta) \qquad \text{式 10.5}$$

在小角度時：

$$n(u+\theta)=n'(u'+\theta) \quad \text{式 10.6}$$

$$\sin\theta \cong \theta=\frac{y}{R}=cy \quad \text{式 10.7}$$

經過整理

折射：

$$u'=\frac{nu}{n'}+\frac{-cy(n'-n)}{n'} \quad \text{式 10.8}$$

轉移至下一面：

$$y_{j+1}=y_j+tu'_j \quad \text{式 10.9}$$

$$u_{j+1}=u'_j \quad \text{式 10.10}$$

若最後一面為 k

$$l'_k=\frac{-y_j}{u'_k} \quad \text{式 10.11}$$

或

$$h'=y_k+s'_k u'_k \quad \text{式 10.12}$$

10.1.1.2 光進入凸透面

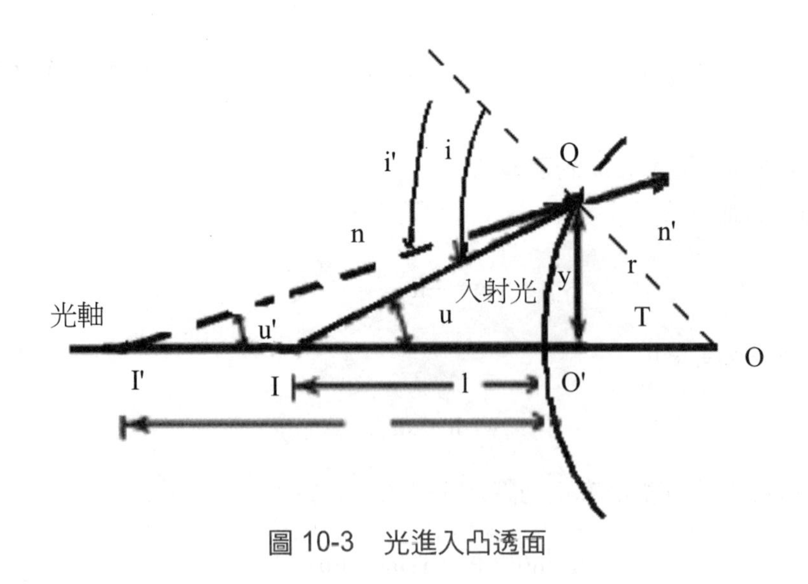

圖 10-3　光進入凸透面

對於一圖由正弦函數的關係式，可得：

$$\frac{l+r}{\sin i}=\frac{r}{\sin u}$$

$$\sin i=\frac{l+r}{r}=\frac{r}{l+r}\sin u$$

可得入射角 i

$$i=\sin^{-1}\left(\frac{r}{l+r}\sin i\right) \qquad \text{式 10.13}$$

球面和光軸夾角 T

$$T=i-u$$

可得光線在球面上的高度

$$y=r\sin T$$

同時由司乃爾定律

可得 I'

$$i'=\sin^{-1}\left(\frac{n\sin i}{n'}\right)$$

再得到

$$u'=i'-T$$

在此假設：

$$n'>n$$

10.1.1.3 光進入凹透面

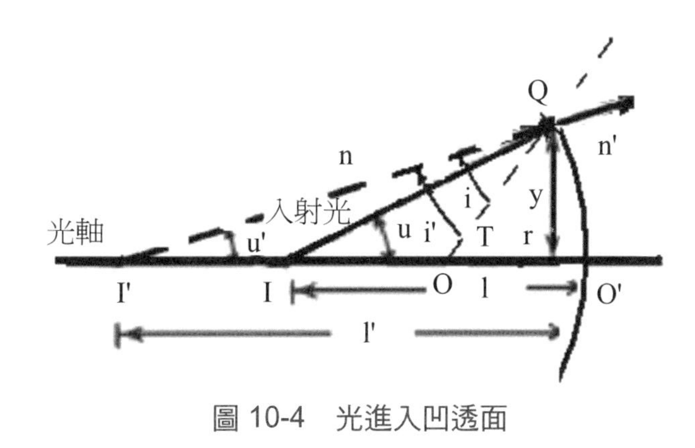

圖 10-4　光進入凹透面

由正弦函數的關係式，可得：

$$\frac{l-r}{\sin i}=\frac{r}{\sin u}$$

$$\sin i=\frac{l-r}{r}\sin u$$

可得入射角 i

$$i=\sin^{-1}\left(\frac{r}{l-r}\sin i\right) \qquad \text{式 10.14}$$

球面和光軸夾角 T

$$T=i+u$$

可得光線在球面上的高度

$$y=r\sin T$$

同時由司乃爾介面折射率公式可得 I'

$$i'=\sin^{-1}\left(\frac{n\sin i}{n'}\right)$$

再得到

$$u'=T-i'$$

在此假設：

$$n'<n$$

10.1.2 子午面追跡

因為近軸光追跡是一種近似的計算，因此，在角度大時採用子午面追跡計算；子午面是指與光軸共面，且與水平面垂直的平面。子午光線的二維特性使其相對容易地進行追跡。雖然極大量有關光學系統的資訊，但只需要從幾條子午光線加上一或二個柯丁登追跡，用光學設計程式計算的結果，就可以分析出光學系統的特質。

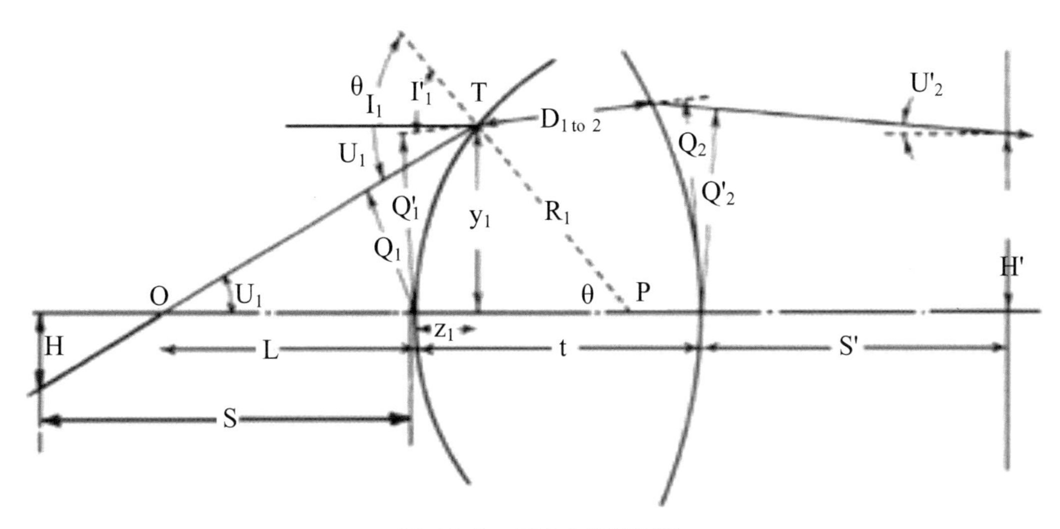

圖 10-5　子午面追跡圖

起始：在第一面給定 Q 和 U

$$Q = -L \sin U \tag*{式 10.15}$$

或者：若是物件高度為 h

$$H = H \cos U - s \sin U \tag*{式 10.16}$$

由圖 10-5 以三角形 TOP，

$$\sin I = \sin (\pi - I) \tag*{式 10.17}$$

由正弦定律

$$\frac{\sin I}{L+R} = \frac{\sin U}{R} \tag*{式 10.18}$$

整理可得

$$\sin l = \frac{L \sin U}{R} + \sin U = Qc + \sin U \tag*{式 10.19}$$

及司乃爾介面折射率公式可知

$$n \sin I = n' \sin I' \tag*{式 10.20}$$

在小角度時：

$$I - U = I' - U' = \theta \tag*{式 10.21}$$

因此

$$I = U - U' + I' \text{或} I - U = I' - U' \qquad \text{式 10.22}$$

因此

$$\sin(I - U) = \sin(I' - U') \text{及} \cos(I - U) = \cos(I' - U')$$

可知

$$\frac{Qc'}{Qc} = \frac{\sin I' - \sin U'}{\sin I - \sin U} = \frac{2\sin\frac{1}{2}(I' - U')\cos\frac{1}{2}(1 + U)}{2\sin\frac{1}{2}(I - U)\cos\frac{1}{2}(I + U)}$$

$$= \frac{2\cos\frac{1}{2}(I' - U')\sin\frac{1}{2}(I' - U')\cos\frac{1}{2}(1 + U)}{2\cos\frac{1}{2}(I' - U')\sin\frac{1}{2}(I - U)\cos\frac{1}{2}(I + U)}$$

$$= \frac{2\cos\frac{1}{2}(I' - U')\cos\frac{1}{2}(1 + U)}{2\cos\frac{1}{2}(I - U)\cos\frac{1}{2}(I + U)} = \frac{\cos I' + \cos U'}{\cos I + \cos U} \qquad \text{式 10.23}$$

轉換式

$$Q_{j+1} = Q'_j + t \sin U \qquad \text{式 10.24}$$

$$U_{j+1} = U_j \qquad \text{式 10.25}$$

最後一面鏡

$$L'_k = \frac{Q'_k}{\sin U'_k} \qquad \text{式 10.26}$$

和

$$H' = \frac{Q'_k + s'_k \sin U'_k}{\cos U'_k} \qquad \text{式 10.27}$$

另外

$$y = \frac{\sin\theta}{c} = \frac{\sin(I - U)}{c} \qquad \text{式 10.28}$$

$$z = \frac{1 - \cos\theta}{c} = \frac{1 - \cos(I - U)}{c} \qquad \text{式 10.29}$$

$$D_{1到2} = \frac{t - z_1 - z_2}{\cos U'_1} \quad \text{式 10.30}$$

在本節所使用的符號為：

θ　光線在入射點對圓心的方向和光軸方向的夾角。

Q　從表面頂點至入射光線的距離，垂直於光線；若向上則此值為正。

Q'　從表面頂點至折入射光線的距離，垂直於光線。

I　表面上的入射角；若光線必須以順時針方向轉動以抵達表面之法線（也就是曲率半徑），則此值為正。

I'　折射角。

z　光線與表面交叉點的縱向座標；若交叉點位於軸頂點之右側，則其值為正。

$D_{1\,to\,2}$ 光線從表面 1 至表面 2 行進的距離。

這些符號的物理意義在圖 10-2 中

例 10.1　光通過雙凸曲率半徑 100mm、厚度 5mm 及折射率為 1.50，而鏡子的大小半徑為 50mm 之透鏡，若物件在光軸上 200mm 處，高度為 5mm：若物高 5mm，以平行光軸光線和一條子午光進行追跡。求像高和成像位置如何？若 $u = 0.2\ \sin U = 0.2$

一條經過物體位置的軸向光線

第一面 C＝1/半徑＝0.01；第二面 C＝1/半徑＝−0.01

$N = 1 \quad N' = 1.5$

$Y = 200 \times 0.2 = 40$

$U1 = [0.2 + 40 \times 0.01(1 - 1.5)]/1.5 = 0.0$

$Y = 40 - 0 \times 10 = 40$

$U2 = (0. + 40 \times 0.01(1 - 1.5))/1 = 0.2$

$40/0.2 = 200$

例 10.2　對通過曲率半徑為 50mm、厚度 15mm 及折射率為 1.50 之雙凸透鏡徑緣區的一條近軸光線和一條子午光線進行追跡。將從第一面左側軸向 200mm 處開始產生追跡光線，並且決定兩條光線在通過透鏡後的軸向交會處。同時，也決定徑緣（子午）光線在近軸焦平面上所截取的高度。假設透鏡的孔徑為 40mm，將使用+0.1 為近軸條件的 u 和子午條件的 Sin U 之值，故光線穿過透鏡時大約為距離光軸 20mm。

一條子午光進行追跡

$Q = \sin U \times 200 = 40$

$\text{Sin } I = Qc + \sin U = 40 \times 0.01 + 0.2 = 0.4$

$I = \sin^{-1}(0.4) = 0.411516846$

$I' = \text{SIN}^{-1}(n \sin I/n') = \text{SIN}^{-1}(0.4/1.5) = 0.269932796$

$U = \text{SIN}^{-1}(0.2) = 0.201357921$

$U' = U - I + I' = 0.059773871$

$Q' = Q(\cos U' + \cos I')/(\cos U + \cos I) = 40(1.034641921) = 41.38567685$

$Q'' = Q' + t \sin U = 41.98305968 + 10 \times \sin 0.059773871 = 41.98305968$

$I'' = \sin^{-1}(Qc + \sin U') = \sin^{-1}(41.98305968 \times 0.01 + \sin(0.059773871)) = 0.5001$

$I' = \text{SIN}^{-1}(n \sin I/n') = \text{SIN}^{-1}(1.5 * \sin I/1) = 0.802870918$

$U = 0.059773871$

$U' = U - I + I' = -0.059773871 - 0.5001 + 0.802870918 = 0.362481445$

$Lk = -Q''/\sin U' = 174.5285692$

10.1.3 圖解追跡術

見圖 10-6，子午光線只使用刻度板、直尺及圓規進行追跡。將光線畫至朝向表面，並將表面之法線豎直於光束與表面之交會點。以交會點為圓心繪製兩個圓，其半徑分別以 n 和 n2 為比例，也就是表面之前與之後的折射率。

從光線與圓 n 的交會點 A，繪製一條與法線平行的直線，並與圓 n'交會於點 B。將折射光線由點 B 開始穿越光線與表面的交會點（對反射來說，n' = −n，所以只會畫出一個圓。點 B 位於平行線與折射率圓交會於表面另一側的點上）

若是有此期望，折射率圓的結構可以被偏離至圖形的另一側（避免圖表的雜亂）而角度轉移至圖形。替代方案為量測入射角以及使用司乃爾定律（$n \sin I = n' \sin I'$）以計算折射角。圖解追跡術的精確度是不足且過程為費力的。因此除了粗糙的聚光鏡之設計外，此法甚少被使用。使用電腦並且藉由計算所得資料繪製光線是比較適當的，或者更好的是，使用電腦完成所有工作。

10.1.4 錯軸光線追跡

先有 1920 年 T. Smith 開始推導，於 1951 年 D. P. Feder 在美國國家標準局，即用當時的 SEAC 電子計算機和第一代 IBM 商用電腦作光學計算，這一種方法也在俄國 G. G. Slyusarev 的書中所採用。

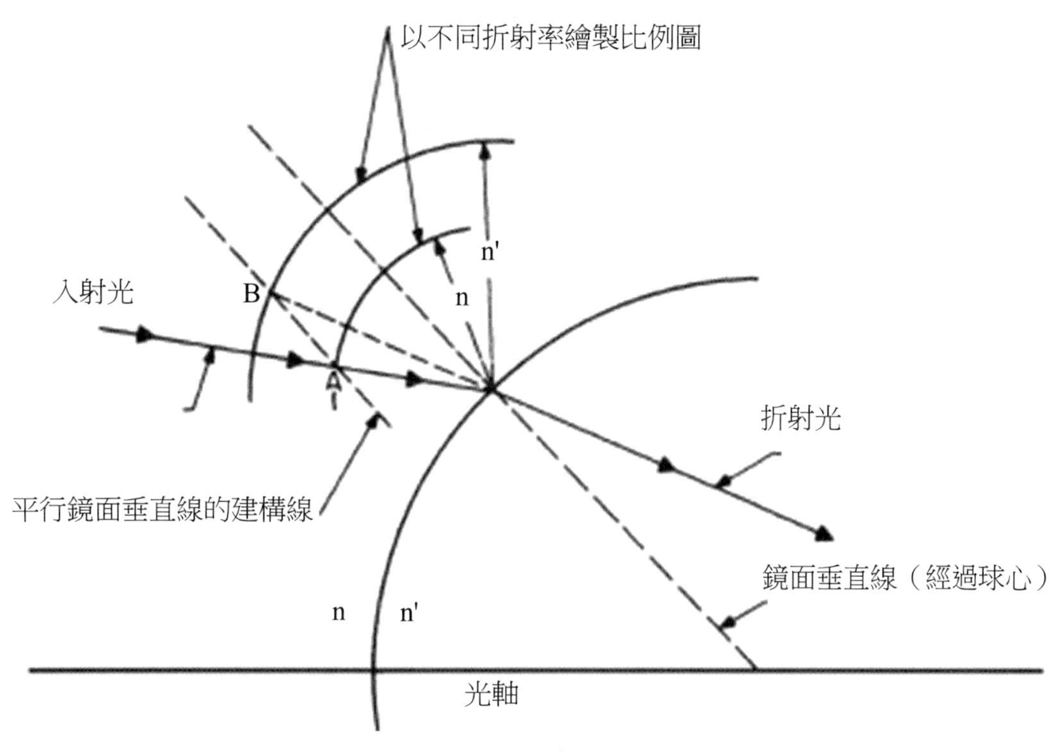

圖 10-6　圖解追跡圖

首先，在一般光線錯軸光線或稱為歪斜光線在球面上的計算，因為理論上光經過折射球面是完美的；然而「歪斜」這個術語的應用通常被限制為並非子午光線的光線。錯軸光線必須被三個座標軸 x、y 和 z 定義，這與只需 y 和 z 軸定義的子午光線不同。子午光線通常被視為一般光線中的特例。錯軸光線追跡如下定義。

如圖 10-7，光經由參考面交會的 T(x、y、z)向量座標，以及其方向餘弦 Q(X、Y、Z)向量座標所決定。座標系統的原點為各個表面的軸頂點。圖 10-2 顯示了這些術語的意義。注意如果 x 和 X 皆為零，這道光線便為子午光線而方向餘弦 Y 等於 cos U。

方向餘弦為單位長度向量在座標軸上的投影，方向餘弦可能被想像為一個對角線長度為單位長度的矩形立方體或盒子的長、寬或高。（注意光學上的方向餘弦為純粹如上述定義之方向餘弦乘以折射率）。

計算的起始值為 x、y、z、X、Y 和 Z 有關之任意選擇的參考表面所決定，可能為平面（通常的選擇）或是球面。對於參考表面位置較便利的選擇是位於物體（若是適當則可允許曲線狀的物體表面），第一面的軸頂點或是入瞳。注意方程式 10.32 為一簡化後的球體方程式（以此確認光線的原點位於參考表面上），而方程式 10.32 保證單位向量的平方值為 1.0。

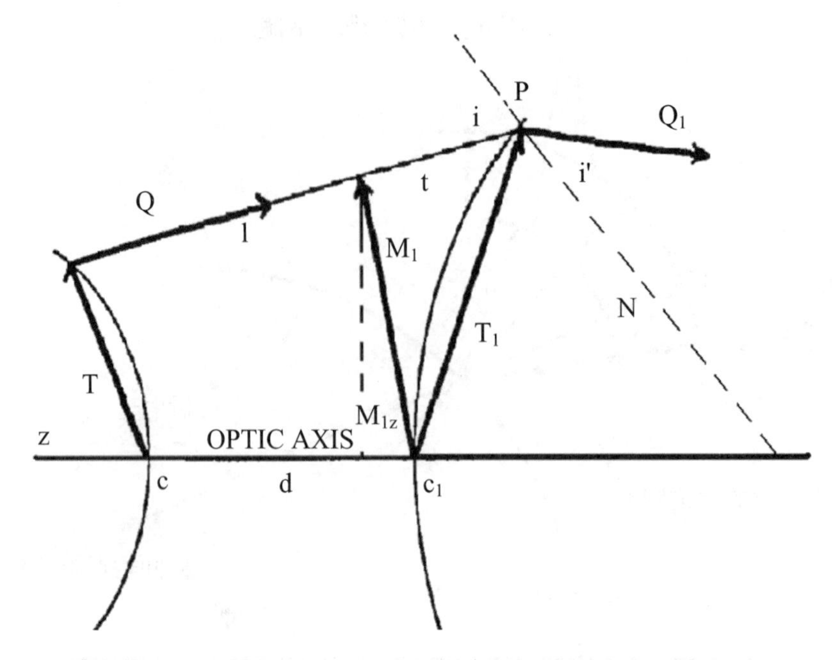

圖 10-7　錯軸光經過兩介面

$$c(x^2+y^2+z^2)-2z=0 \qquad \text{式 } 10.31$$

$$X^2+Y^2+Z^2=1 \qquad \text{式 } 10.32$$

由式可得參考圓心是在

$$x^2+y^2+(z-R)^2=R^2 \qquad \text{式 } 10.33$$

如圖 10-7，以向量法則，對光路徑和相對光元件座標分析，可得以下的式：

$$l\vec{Q}+\vec{T}=d\vec{k}+\vec{M}_1$$

$$\vec{Q}\cdot(l\vec{Q}+\vec{T})=\vec{Q}\cdot(d\vec{k}+\vec{M}_1)$$

$$\vec{Q}\cdot\vec{M}_1=0$$

$$l+\vec{Q}\cdot\vec{T}=\vec{Q}\cdot t\vec{k} \qquad \text{式 } 10.34$$

$$Q=X\vec{i}+Y\vec{j}+Z\vec{k}$$

$$l=\vec{Q}\cdot d\vec{k}-(x\vec{i}+y\vec{j}+z\vec{k})\cdot(X\vec{i}+Y\vec{j}+Z\vec{k})$$

$$=dZ-(xX+yY+zZ)$$

$$\vec{M}_1=l\vec{Q}+\vec{T}-d\vec{k}$$

$$M_1^2=x^2+y^2+x^2-l^2+d^2-2dz \qquad \text{式 } 10.35$$

$$M_{1z}=[(z-t)\vec{k}+l(X\vec{i}+Y\vec{j}+Z\vec{k})]\cdot\vec{k}=z-d+lZ \quad \text{式 10.36}$$

$$\frac{x_1-M_x}{X}=\frac{y_1-M_y}{Y}=\frac{z_1-M_z}{Z}=t$$

或寫成

$$x_1=M_x+tX$$
$$y_1=M_y+tY$$
$$Z_1=M_z+tZ$$
$$XM_x+YM_y+ZM_z=0$$

由以上所列式定義，參數代入得到一個一元二次方程式，可得到：

$$t^2-2r_2t_z+M^2-2r_2M_z=0$$

若解以下的程式可得 t：

$$t=r_2z(r_2^2-M^2+2r_2M_z)^{1/2}$$

若第一面在 P 點法線 N 定義如下

$$N=\alpha_N i_x+\beta_N i_y+\gamma_N i_z=-c_1(x_1i_x+y_1i_y+z_1i_z)=-(x_1i_x+y_1i_y+z_1i_z)/r_2+i_z$$

而對光進入第 1 面之入射角（光在P點球面的半徑為法線和入射光的夾角）可得

$$\begin{aligned}
-\cos i_1=Q\cdot N&=\frac{x_1}{r_2}X+\frac{y_1}{r_2}Y+\frac{z_1-r_2}{r_2}Z\\
&=\frac{(M_x+tX)X+(M_y+tY)Y+(M_z+tZ)Z}{r_2}-Z\\
&=\frac{M_xX+M_yY+M_zZ+t}{r_2}-Z \quad \text{式 10.37}\\
&=\frac{t}{r_2}-Z\\
&=-\left(Z^2-\frac{M^2}{r_2^2}+\frac{2M_z}{r_2}\right)^{1/2}
\end{aligned}$$

由 l 和 t 值相加可得光線在兩面之間的長度，並利用上式正弦函數式子，可以簡化成為以下結果：

$$\begin{aligned}
L&=l+t=l+r_2Z(r_2^2Z^2-M^2+2r_2M_z)^{1/2}\\
&=l+r_2Z-(r_2^2Z^2-M^2+2r_2M_z)^{1/2}\frac{r_2Z+(r_2^2Z^2-M^2+2r_2M_z)^{1/2}}{r_2Z+(r_2^2Z^2-M^2+2r_2M_z)^{1/2}} \quad \text{式 10.38}
\end{aligned}$$

$$=1+\frac{M^2-2r_2M_z}{r_2Z+(r_2^2Z^2-M^2+2r_2M_z)^{1/2}}=1+\frac{c_2M^2-2M_z}{Z+(Z^2-c_2^2M^2+2c_2M_z)^{1/2}}$$

$$=1+\frac{c_2M^2-2M_z}{Z+\cos i_1}$$

如此可得第一面轉換

$$x_1=x+LZ-t$$
$$y_1=y+LY$$
$$z_1=z+LZ \qquad \text{式 10.38(a)}$$

折射關係式

因此，可以得到 $T_1(x_1、y_1、z_1)$

又由折射率向量及 P 點法線向量可表示為：

$$T_1+rN=ri_z$$
$$N=i_z-\frac{T_1}{r}$$
$$N=\alpha_N i_x+\beta_N i_y+\gamma_N i_z=-c_1(x_1i_x+y_1i_y+z_1i_z)+i_z$$

因此，對 P 點的法線方向餘弦函數為

$$\alpha_N=-x_1c_1$$
$$\beta_N=-y_1c_1$$
$$\gamma_N=1-z_1c_1 \qquad \text{式 10.39}$$

由司乃爾定律

$$nQ\times N=n'Q_1\times N$$
$$(n'Q_1-nQ)\times N=0 \qquad \text{式 10.40}$$

若設

$$n'Q_1-nQ=gN$$

則

$$n'Q_1\cdot N-nQ\cdot N=g$$
$$g=n'\cos I'-n\cos I$$
$$\cos I=Q\cdot N=|\alpha Xc-\beta Yc-\gamma(1-Zc)|=\frac{x_1}{r_2}X+\frac{y_1}{r_2}Y+\frac{z_1-r_2}{r_2}Z$$

$$\cos I' = \sqrt{1 - \frac{n^2}{n'^2}(1 - \cos^2 I)}$$ 式 10-40(a)

$$Q_1 = \frac{n}{n'}Q + \frac{g}{n'}N$$

若以三個方向餘弦表示

$$X_1 = \frac{n}{n'}X + \frac{g}{n'}\alpha_N = \frac{n}{n'}X + \frac{g}{n'}(-x_1c_1)$$

$$Y_1 = \frac{n}{n'}Y + \frac{g}{n'}\beta_N = \frac{n}{n'}Y + \frac{g}{n'}(-y_1c_1)$$

$$Z_1 = \frac{n}{n'}Z + \frac{g}{n'}\gamma_N = \frac{n}{n'}Z + \frac{g}{n'}(1 - z_1c_1)$$ 式 10.41

因而，可以得到 $Q_1(X_1、Y_1、Z_1)$

符號的意義分別如下：

$T(x, y, z)$	入射光線與參考表面交會點的空間座標
$Q(X、Y、Z)$	入射光線方向餘弦向量座標（折射前）。
$T(x_1, y_1, z_1)$	光線與第一面交會點的空間座標
$Q(X_1、Y_1、Z_1)$	經過第一面折射後的方向餘弦。
M_1	第一面的軸頂點至光線的距離（向量），方向與光線呈垂直。
M_{1z}	M_1 的 z 方向分量
N	光在 P 點球面的半徑為法線
Cos i	第一面入射角之餘弦
L	從參考表面(x, y, z)沿著光線至第一面(x_1, y_1, z_1)的距離。Lj 從第 j 面到第 j+1 面的距離。
cos I	第一面上折射角之餘弦。
c	參考表面的曲率（曲率半徑的倒數＝1/R）。
c_1	第一面的曲率。
n	位於參考表面與第一面間之間隔的折射率。
n'	位於第一面之後的折射率。
d	位於參考表面與第一面間之軸向間隔。

注意在式 10.37 內的平方根若為正值，則光線與表面的交會點會較靠近表面軸頂點。同樣地，若是式 10.39 之根號內的參數值為負，這表示光線未達到（從未交會）球面。若是式 10.40(a)之根號內的參數值為負，這表示入射角已經超過臨界角；光線因而容易造成全反射而無法穿透表面。

計算的開始為插入 c 即參考圓，其半徑為 R，座標(x, y, z)的其中兩個，以及方向餘弦(X, Y, Z)代入式 10.31 和 32，並且解出三階個座標值及方向餘弦。而式 10.3c 至 10.3j 將決定光線與第一面表面(x_1, y_1, z_1)的交會點。接下來光線在經過第一面(X_1, Y_1, Z_1)折射後的方向餘弦會經由式 10.31 至 10.32 得到。這便完成了穿過第一面時的追跡手續；在這點式 10.31 和 10.32（以及其單位下標）可用以檢查計算的精確度。

在穿越第二面，從式 10.33 至 10.38a 的下標將往前推進 1，因而決定了 x_2、y_2和 z_2。相似地，經第二面折射後的方向餘弦(X_2, Y_2, Z_2)將會由式 10.39 至 10.41，並隨著下標的增加而找出。

這個過程會被重覆至光線與系統的最後一個表面，通常為像面的交會點決定之時。這便完成了計算。

注意任何光束與軸交會便為子午光線；因而這只需要對離軸的物體點發散的錯軸光線做追跡。進一步來說，普遍性在假設物點位於座標系統的 y-z 平面上的情況下並不會造成損失（由於假設的是一個軸對稱系統）。因此，任何錯軸光線都可以在 x 為零之下原點。當這完成之時，很明顯地這光學系統在 y-z 平面之前和之後的兩半，互相會形成鏡像，而任何光束 X_k, Y_k, Z_k 穿越 x_k, y_k, z_k 會在系統的另一半產生($-X_k$), Y_k, Z_k 穿越($-x_k$), y_k, z_k 的鏡像。基於這個理由，只需要對其中一半穿越系統孔徑的光線作追跡即可；穿越另一半孔徑的光線便可以對 x 和 X 做變號來表示之。

10.1.5 一般，或是錯軸（歪斜）光線：非球面

Feder 對於非球面的輪廓方程式可以從球面方程式開始推導：

為了光線追跡，若在 z 軸上，參考圓的中心為(0, 0, z)，而圓形半徑為 r，曲率為 c=1

$$z = r - (r^2 - s^2)^{1/2} = r\left[1 - \left(1 - \frac{s^2}{r^2}\right)^{1/2}\right] = \frac{cs^2}{1+\sqrt{1-c^2s^2}} \qquad \text{式 } 10.42$$

以上的式子 r 半徑可以為零，因此，加上多項次後可以表示為以下式子：

$$z = f(x, y) = \frac{cs^2}{1+\sqrt{1-c^2s^2}} + A_2s^2 + A_4s^4 + A_6s^6 + \cdots + A_js^j \qquad \text{式 } 10.43$$

對稱的非球面可用以下方程式的形式來表示：

在此

$$s^2 = x^2 + y^2$$

z 為距 z 軸的距離為 s 之表面上一點的縱向座標（橫座標）。徑向距離與座標 y 與 x 相關

如圖 10-8 所示，式 10.50 等號右邊的第一項為球面半徑 R＝1/c 之方程式。隨後的其他項表示球面的變形，如 A2、A4 等放大率變形的項式。既然任何數量的變形項都可以被包括，式 10.4 相當彈性且可以表示一些頗為極端的非球面。注意式 10.50 有點冗長因為第二個變形項（A_2s^2）並不需要去指明表面的性質，這是由於其在曲率 c 便已經內顯出來。但將這個項式包含進來仍具有相當的重要性，否則在曲率很大（也就是說，曲率半徑很短）仍然需要描述表面的情形下，事實上會與非球面交會的光線可能不會和參考球面交會。若是必要則參考球面可能會為平面。

在圓錐面之非球面下（如拋物面、橢面、雙曲面）仍然可以用冪級數函數表示。對於穿越非球面的光線進行追跡的困難之處在於決定光線與非球面的交會點，因為無法直接決定。在這裡所用的方法，為經由一個近似的級數所完成，其將被持續直到近似的誤差可以被忽略為止。

第一步為計算 x_0、y_0 和 z_0，光線與球面（曲率為 c）的交會座標通常經過直接的近似成為非球面。這是經由先前的式 10.30 至 10.39 所得出的。

接著與從 z 軸出發之距離相符的非球面之 z 座標（Z_0）可以藉由將 $s_0{}^2 = x_0{}^2 + y_0{}^2$ 代換進非球面方程式 10.43 得到

$$\bar{z}_0 = f(y_0, x_0) \qquad \text{式 10.44}$$

然後計算

$$l_0 = \sqrt{1 - c^2 s_0^2} \qquad \text{式 10.45}$$

$$m_0 = -y_0[c + l_0(2A_2 + 4A_4 s_0^2 + \cdots + jA_j s_0^{(j-2)})] \qquad \text{式 10.46}$$

$$n_0 = -x_0[c + l_0(2A_2 + 4A_4 s_0^2 + \cdots + jA_j s_0^{(j-2)})] \qquad \text{式 10.47}$$

$$G_0 = \frac{l_0(\bar{z}_0 - z_0)}{(Xl_0 + Ym_0 + Zn_0)} \qquad \text{式 10.48}$$

X、Y 和 Z 為入射光線的方向餘弦。

現在一個對於交會座標改進過的近似被給定為：

$$x_1 = G_0X + x_0 \qquad \text{式 10.49}$$

$$y_1 = G_0Y + y_0 \qquad \text{式 10.50}$$

$$z_1 = G_0Z + z_0 \qquad \text{式 10.51}$$

第一次漸近過程在圖 10-3 中已描述出來，接著從第一次漸近計算所算出位置，再找出第二個參考圓，並重覆上面這個計算過程（從式 10.40 至 10.49），可以計算 k 次，直到誤差

$$|\bar{z}_k - z_k| < \varepsilon$$

ε為計算要求之精度，所得到的(x_k, y_k, z_k)已和非球面相合，這個位置也確定在此非球面的交點，也可以繼續以下光學追跡的計算。

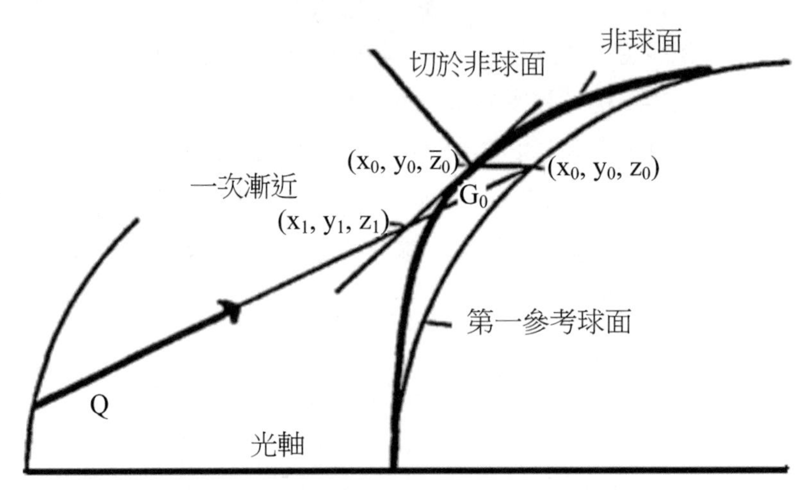

圖 10-8　決定光線與非球面的交會點圖

在足夠的精確範圍內以達到計算的目的。

10.2 光學設計程式的實際步驟

因為系統的像差是由全系統各元件像差的總合，以前章節之光路徑法，是將在像面的物件各主要場角；用光路徑法追蹤經過孔徑光欄及各元件在到成像面做各光線之落點搜集光經過光元件的位置的，如圖 10-9。

對於一個光學系統的計算是將物件的各視場為啟始點，每一啟始點分成 5 條光線，1 條為主光線，其他 4 條各上下左右對準入瞳的光線，經過入瞳後，標定五個必經的點，稱為 R1 到 R5，其中由各物件各場角的光都是經過這五個點，在匯聚在焦面上，因為在一個場角分成為 5 條光再聚在焦面上形成一個聚點區，其中 R1 為那個場角的主要光，R2 和 R3 為弧矢光（SAGITTAL 或 HORIZOTAL），R4 和 R5 為橫向光（TRANSVERE），如此就可以將光線在匯聚在焦面上，由於 R1 到 R5 在離軸時多不

交於一點，因此，CODEV 程式將其加總後求取 5 點的中心點位置標定在影像面上成為一點，如此可以將子午光線像差圖以子午面以相對相對各視場角對光線匯聚點和高斯聚焦點位置之差作成，同樣水平面光線像差圖也如圖 10-9。

而以光程差作為計算的則是以光瞳和系統軸上焦點作為半徑及參考點，將各場角的光路徑和理想光路徑的差值作相減而得到的。

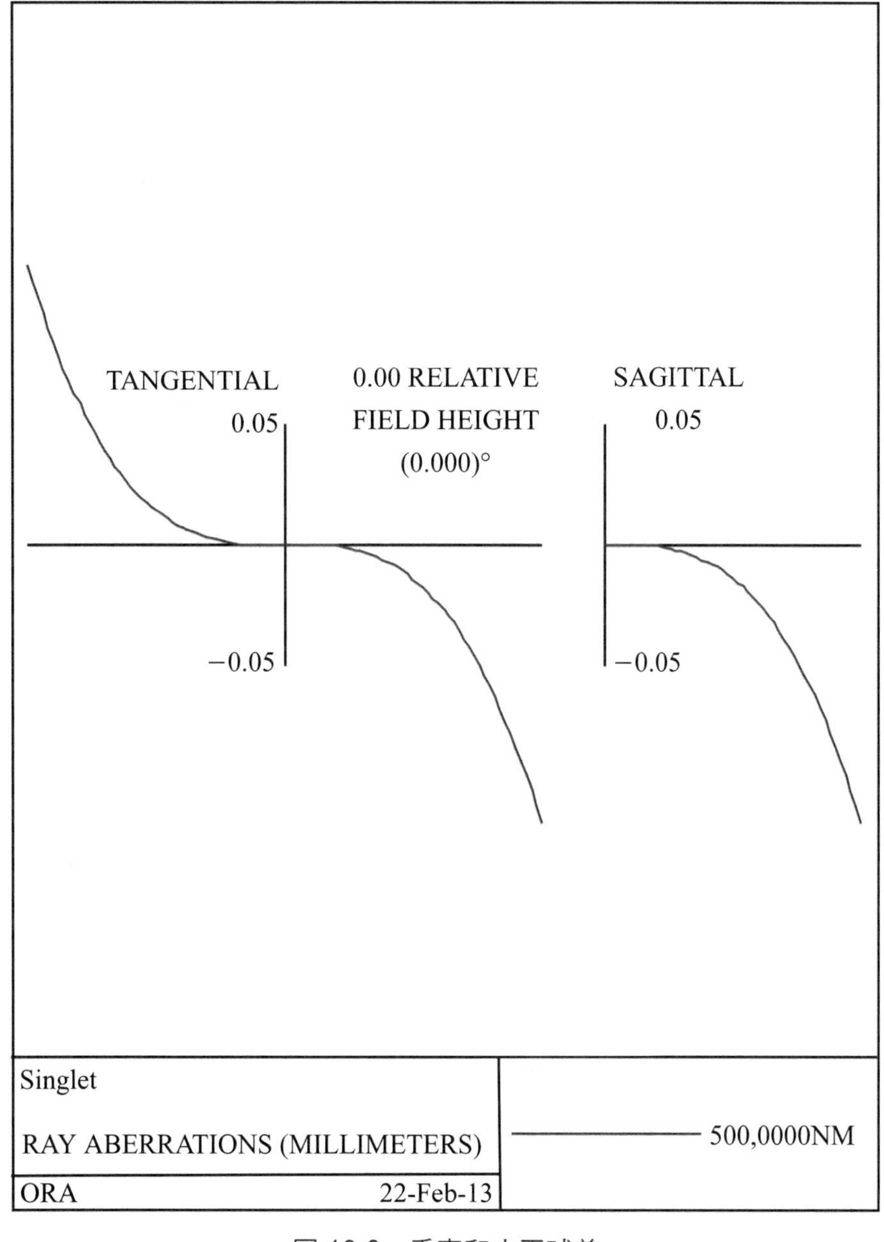

圖 10-9　垂直和水平球差

光線展開圖可以顯示在特定視場角時不同的總象差量，因而，這個影像面上相對各視場角對光線匯聚點和高斯聚焦點的數據，是可運用前節的公式來計算三階差或高階的像差。

若將數據轉成光程差並同時轉成在出瞳位位置和標準球面而產生的干涉圖時，可以用 zernekie 函數來擬合，其擬合的係數依據其項次可以歸納出各種不同的象差量；同時也可以得到影像面的 SPOT diagram 光斑圖及其他圖形。

10.3 自動化設計

電腦的高速運算是可以根據所定義優化函數，執行大部分光學設計的運算。其中一種方法，其根本上是重複的過程的計算，可提供設計師及時參與改正系統的主要像差。程式設定提供以一張最初的試算表和一組限量像差的期望值。然後機器計算像差的部分差，依各個參數（曲率、間距等）逐步被調整；建立一套聯立方程式，解決在參數上必要的變化。因為這種解是近似解，電腦應用對處方中的改變這些參數（假設解是可以改善的），然後繼續重複過程直到像差達到期望值。當有比系統特徵更加易變的參數被控制時，對聯立方程式沒有獨特的解答；在這種情況下，電腦將增加其他要求，即適當地計算的參數變量的二次方的總和使其達到極小值。使系統計算緊挨啟始值，這允許解答被找到，並且有其他的優點。因為同時等式的解答也許過分地要求將變數大幅改變；而如果它們超出有些被預先決定的數值，電腦程式通常可以被指示縮小變動。

這種「平等處理」技術是有用的。普通電腦能處理這個問題，並且這型幾個簡單電腦程式是可利用的，經常根據三階像差貢獻。因為設計者是在相當情況的嚴密控制，這技術如上已描述；實際上，簡單地常規方法的自動化在進行的部分。因而，設計師應該有系統的相當好知識，並且系統必須合理地建立有一種接近期望值的方法。在設計上造成普通的變化或為接觸設計，這類型方法是非常高效率的。並且系統可以將極為複雜參數相互關係的工作做的很容易，譬如 Dagor 或 Protar 類型的更舊的半月型抗象散的極佳化。

10.3.1 全自動透鏡設計優化

對自動設計許多其他方法幾乎所有用途是於「優化方程式的描繪」，優化方程式是表明電腦對因任一元件之任一參數值的變動而改進鏡組功能。以一個優化方程式代表全系統的可優化參數；因此，優化方程式的選擇更加重要；「設計」優化方程式比優化方程式代表透鏡的設計有更多要求。優化方程式使用以下排序：先從在視角的幾點有大量的光線被追跡，為各影像「理想的」成像點，距離各個光線交叉點（以影像平面）為那光線被計算並且被採取這些距離二次方的總和。然後是總和為影像點優化方程式總和的。因為優化方程式將是大的，如果影像散光斑點是大的，明顯的，優化方程式的小數值是理想的。

以上所建構優化方程式是基礎，實際上，還需要許多更精確化的手續。因為外面場角的部分比頻繁地使用中心較不重要，這各自的總和考慮也許被衡量。表明普通的相當數量計算在：恆定的五階球像差面，光線位移二次方的總和的最小的數值，從 OPD 立場並不代表最佳解。或考慮減少大量光線位移的權重。對光線（對離軸點）「理想的」交叉點的選擇是一件複雜事情；對高斯影像點的計算，畸變存在的系統可能會誤導。同樣的，利用主光線的影像平面交叉點作在慧差面前為理想的點，可能產生不合理的評估。將優化過程，加入畸變和縱向色彩像差（適當權重），並分開計算數值，並使用電腦程式設計以選擇散光斑斑點的重心作為「理想的」焦點。

其他類型優化方程式，也廣泛被應用在描繪透鏡系統的品質。一些使用 OPD 或波前像差；比如優化方程式，採取波前的變化為場角幾點，在選擇參考點以後（即影像平面）在場角改變參數使優化方程式減到最小。其他非常廣泛被應用的方法是，可允許使用者建立優化方程式。優化方程式，可以包括：光線移動量、OPD、離焦、場曲、色彩像差、斜率或曲面光線交叉圖，透鏡的設計數據，光線高度或斜率，或古典像差，加上幾乎任一個這些數學上可能的組合。優化方程式常被人誤以為只是像差和從期望的情況離開的數值的總和；其實它是誤差函數可以表示出設計的瑕疵。若已建立了「優化方程式」，就可以由優化方程式數值的大小了解影像優劣。

幾乎所有自動透鏡設計程式允許至優化方程式一些調整參數的調整。典型地，在有限的彈性程式，如不同部分的入瞳、場角或光譜不同權重以適合應用和設計形式。一般做法是先由設計者建立優化程式，再查驗結果，並調整或修改優化方程式，最後可達到期望的特徵和像差的期望值。

10.4 設計參數的實際考慮

以下是設計特徵的查核清單，雖然有些設計的功能表現也許是相當有利的，但若有較不合理的材料和製程，使得製作困難和花費大；除非是不得已的設計，以下所列事項，應該儘量避免。

1. 軟和容易磨蝕的材料。
2. 受熱量易碎的，並且也許在溫和的熱衝擊就能一分為二材料，譬如遇到在固定模具或在熱或冷水洗下，輕拍之一下就會碎裂。
3. 材料以低酸抵抗或高汙點特徵。
4. 昂貴的材料。（您能經常發現一塊幾乎相似，並且更加便宜的玻璃。）
5. 薄的元件，即那些以直徑大比與平均厚度。這樣元件在上模側壓或拋光之下可能扭曲，使表面幾何準確要求，幾乎不可能生產。負元件，若有實質厚度邊緣厚度，可以容忍薄的元件中心厚度。
6. 薄邊元件容易尖端化，如果處理比完成件直徑大的鏡組，也許邊緣變得尖端；在製造時，薄邊元件很難安裝。
7. 一個非常厚的元件明顯地要求更多材料，如果元件厚度和直徑值接近，所需固定模具就粗大笨拙，相反的，若是薄的透鏡以同樣半徑可能有更多透鏡在固定模具上；因為它們可能與厚的透鏡安置一起，因此，使各表面距離更加緊密；在加工時，因是大而未加工粗材，使元件表面拋光困難。
8. 「曲率大」曲線（即以一個大直徑對半徑比率）非常導致固定模具每工具只能有少數元件，並且使加工成本增加、在拋光的表面困難，和測試表面準確性與測試板材或干涉儀量測上的困難。
9. 表面是同心或幾乎同心互相的半月型元件。一個單一對心元件必須被研磨和被拋光以便在這些操作期間二表面適當地被排列；它無法「被對心」在後拋光，如同一般元件。
10. 近等雙凸或等雙凹元件可能導致麻煩，因為在組裝時無法確定哪一面鏡面正確。
11. 超大曲率的鏡片，如製成幾乎平面表面，但是，比製成平面所使用工具加工和製造昂貴。若改為平面在影像品質只有一點點或沒有犧牲。
12. 高精度斜面。如果可能，避免安裝二平行的表面。使用寬鬆地 45°，公差 0.5mm 的斜面，其斜面可消除鋒利的邊緣；並且這種斜面可以自由的在邊緣微調到需求角度。
13. 避免不常用精確度斜面。許多工廠常用加工工具為 45°、30°或 60°；其他角度就需要求製作精準夾具。
14. 用光膠塗的三透鏡鏡組和四面鏡組在一些工廠並不被接受。
15. 避免太緊的抓痕和開掘規格，對顧客而言是浪費金錢。有幾個例外（譬如表面在影像平面或一個大倍率的雷射系統的光學附近），必須考慮不是純為著表面亮麗（除非透鏡入瞳很小開掘可能實際上阻礙光線區域的一個重大比例）。

16. 太緊的公差量。

參考資料

1. D. Feder, “Optical Calculation with Automatic Computing Machinery”, JOSA, V.41, No, 9, 630-635, 1951.
2. W. Smith, Modern Optical Engineering: The Design of Optical system, 3rd, Ch.12, 2001.
3. J. E. Harvey, “29.0 Coddgington’s Equation”, OSE 6265, U. of Central Florida, 2010.

習題

1. 光學計算的步驟如何？
2. BK7 雙凸透鏡的 R1 = 50，R2 = 50mm，直徑為 30mm，若物距為 200mm，物高為 10mm，若一道主光以 17mrad 和光軸夾角，進入透鏡，請用近軸光漸近法及三角法計算，這一道光經過鏡組後和光軸相交的位置。
3. 用玻璃的雙膠合透鏡（BK7 和 F4 的凸透鏡 R1 = 50mm、厚度 12mm、平凹透鏡 R3 = 50mm，R4，R2 = 50mm = 無限，厚度 3mm，而將一個物件的高度 15mm 鏡頭 400mm，像距和放大率為何？

軟體操作題

1. 運用光學軟體計算題 2，在成像面的高度。
2. 計算 TRIPLET 的三個場角的成像高度。

第十一章 像差

若光學鏡組可依其目的：望遠鏡、顯微鏡、潛望鏡等的鏡組已定出，下一個主要步驟，是以數學方程式算出各物件各點在成像面的位置，且成像點是否都在光學規格內，或有像差。

像差可以藉由計算物體經過近軸成像的點直接的描述是從數學上定義透鏡組的像差，從真實孔徑開始計算任何可能的範圍。然而，先把各種成像的缺點分類以及了解其每一種的作用，就只要追跡少量的光線就可以計算出每一種的像差，此將可以大大簡化測定透鏡組像差的工作。

(1)小量像差的鏡組是利用光的光波前產生的光路徑差。

(2)大量像差的鏡組是利用光的幾何性質－使用光路追跡。

11.1 像差理論

由光路徑的計算，可以得到高斯光學的成像位置和實際光路徑的差值；使得光路徑差可以依相對場角的位置，計算出對場角和各像差之值；由於一個光學系統光進入入瞳後，若不在近軸上，無論在平行於光軸，或離軸，在實際的光會因而產生不同的聚焦點，稱為像差：依照高斯理論的近軸光學，雖找出近軸的Lagrange不變量，但是如果入瞳開始大時，就發現像差問題的影響，後有 W. Hamilton 以光瞳面及影像面的正弦函數定出像差的種類；其中以賽得（Seidel）像差分析較有系統；後有Feder將式子簡化，以適合電腦計算；於 1952 年 Wynne 也在薄透鏡像差的計算中，將式子簡化成為更合於計算的形式，後由其他光學公司簡單計算像差。

11.1.1 三階像差

幾何波前的理論從 Fermat（1667），Malus（1808），Hamilton（1820-30），都是以由光源產的波面之垂直方向作為光路徑；由於光源出來的光源主要有二條主要光：一條從物件最高點，若經過入瞳中心到成像面的視角最高點，另一條光是經過物件和光軸的交點，經過入瞳的到成像面和光軸的交點。

賽得（Seidel）研究並整理出主要的三階像差，又稱為初階像差，且以解析解的表示方式。在圖 11-1 中，假設光學系統對光軸對稱，所以每一個面隨著軸旋轉都是一樣的圖。因為對稱，可以在不失去普遍適用性狀況下來定義物體的點落在 y 軸上；其距離光軸 h，定義光束從物點出發經過系統孔鏡上極座標的點(ρ, θ)。之後光束會與成像面交於點 x'，y'。

$$\begin{aligned}W(x, y, x_0) &= W(x^2+y^2, xx_0, x_0^2)\\&= a_1(x^2+y^2)+a_2xx_0+a_3x_0^2+b_1(x^2+y^2)+b_2xx_0(x^2+y^2)^2\\&\quad +b_3x^2x_0^2+b_4x_0^2(x^2+y^2)+b_5xx_0^3+b_6x_0^4+\cdots\end{aligned} \qquad \text{式 11.1}$$

將

$$x=\rho\cos\theta,\ y=\rho\cos\theta$$

代入可得到，

$$\begin{aligned}W(x_0, \rho, \theta) &= \sum_{j,m,n} W_{klm}x_0^k\rho l\cos^m\theta,\ k=2j+m,\ l=2m+n\\&= W_{200}\,x_0^2+W_{111}\,x_0\,\rho\cos\theta+W_{020}\,\rho^2+W_{040}\,\rho^4+W_{131}\,x_0\,\rho^3\cos\theta\\&\quad +W_{222}\,x_0^2\,\rho^3\cos^2\theta+W_{220}\,x_0^2\,\rho^2+W_{311}\,x_0^3\,\rho\cos\theta,\end{aligned} \qquad \text{式 11.2}$$

若用賽得（Seidel）三階像差項表示可得：

$$\begin{aligned}W(x_0, \rho, \theta) &= \sum_{j,m,n} W_{klm}x_0^k\rho l\cos^m\theta,\ k\\&= W_{040}\,\rho^4+W_{131}\,x_0\,\rho^3\cos\theta+W_{020}\,\rho^2+W_{222}\,x_0^2\,\rho^2\cos^2\theta\\&\quad +W_{220}\,x_0^2\,\rho^2+W_{111}\,x_0\,\rho\cos\theta+W_{311}\,x_0^3\,\rho\cos\theta+W_{200}\,x_0^2\\&= \frac{1}{8}S_I\,\rho^4+\frac{1}{2}S_{II}\,x_0\rho^3\cos\theta+W_{020}\,\rho^2+\frac{1}{2}S_{III}\,x_0^2\,\rho^2\cos^2\theta\\&\quad +\frac{1}{4}(S_{III}+S_{IV})\,x_0^2\,\rho^2+\frac{1}{2}S_V\,x_0^3\,\rho\cos\theta\end{aligned} \qquad \text{式 11.3}$$

在此：

$$W_{200}=x_0^2\ \text{爲物件平方項}$$
$$W_{111}=x_0\,\rho\cos\theta\ \text{爲傾斜項}$$
$$W_{020}=\rho^2\ \text{爲離焦項}$$
$$W_{040}=\frac{1}{2}S_I=\rho^4\ \text{爲球差}$$
$$W_{040}=\frac{1}{2}S_{II}=x_0\,\rho\cos\theta\ \text{爲彗差}$$
$$W_{040}=\frac{1}{2}S_{III}=x_0\,\rho^2\cos^2\theta\ \text{爲像散}$$
$$W_{040}=\frac{1}{2}S_{IV}=x_0^2\,\rho^2\ \text{爲場曲}$$
$$W_{040}=\frac{1}{2}S_V=x_0^3\,\rho\cos\theta\ \text{爲畸變}$$

在於圖 11-1 物面上 $y=h$（$x=0$）發射的光束在光學系統孔徑上通過極座標點，最後交於成像面上 x'、y'。

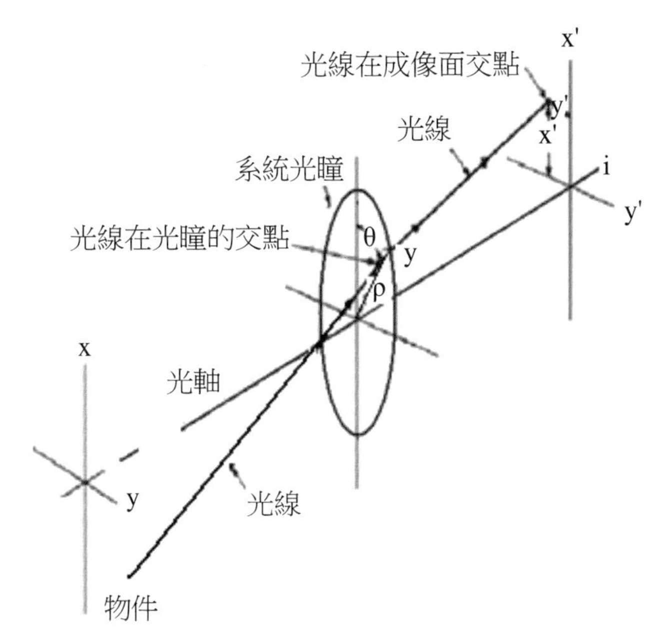

圖 11-1 光學系統經光瞳之架構

成像面上的 x'和 y'的成像方程式描述如下，並以 $h=\sqrt{x^2+y^2}$ 為像高、ρ為孔徑光欄的直徑、為光在孔徑光欄落點在光軸的夾角；這樣的方程式應該是一種冪級數展開。在此，一階、三階和五階項。共有 2 個一階項、5 個三階項、9 個五階項，n階項的總數為：$\frac{(n+3)(n+5)}{8}-1$。在軸對稱的系統中是沒有偶次項的；只有奇次項能夠存在〔除非，偏離了軸對稱，超環面（toroidal surface）或加入非軸對稱的面〕。

11.1.2 球面像差（單色球差）

各種像差的計算可以使用前章中計算的程式計算。球面像差是因為鏡組在不同光欄具有不同焦點。圖 11-2 是一個無限遠物件經過簡單的透鏡成像。這裡要注意的是光束相交的點（交於光軸上）是非常接近近軸焦點。隨著光束打到透鏡上的入射高度增加，光束相交於光軸上的點距離近軸焦點愈遠。

縱向球面像軸差指的是光束聚焦點距離近軸焦點的距離。橫向球面像差就是從垂直方向量測的偏移量。在圖 11-2 中對於光束 R 來說 AB 是縱向球面像差，而 AC 就是橫向球面像差。

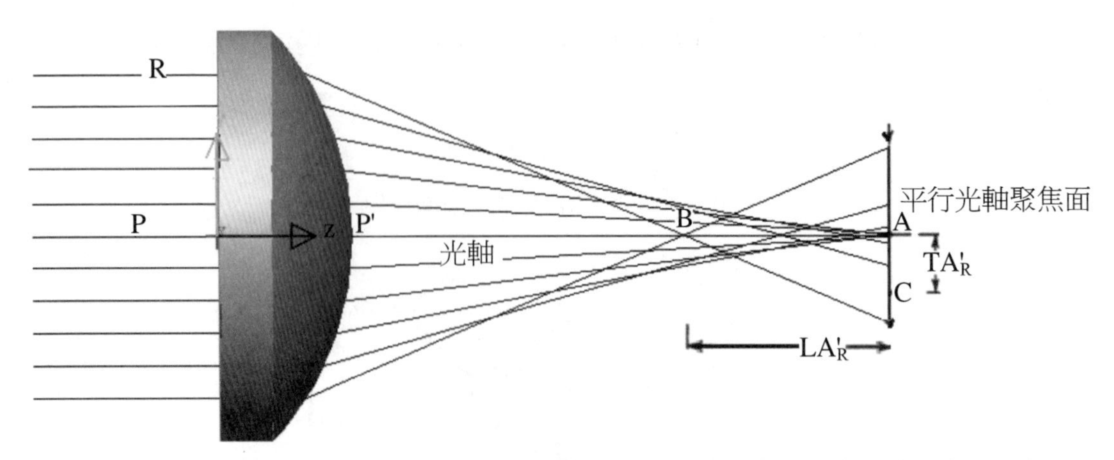

圖 11-2　簡單聚焦透鏡的校正不足球面像差圖。偏離光軸愈遠的光束聚焦愈靠近透鏡

球面像差就是因為光束通過透鏡孔徑上的邊緣或臨界附近所造成的，在式子中寫成 LA_m 或 TA_m。

球面像差的測定是從同樣的軸上物點開始分別使用近軸光線追跡法與三角光線追跡法找出最後光線相交點的距離：近軸法所得為 l'，三角法求得為 L'。在圖 11-2 中 l' 所代表的是 OA 長度，而 L'為 OB。影像點的縱向球面像差縮寫為 LA'而

$$LA' = L' - l' \qquad \text{式 } 11.4$$

橫向球面像差也與 LA'有關，其表示式為：

$$TA'_R = -LA' \tan U'_R = -(L' - l')\tan U'_R \qquad \text{式 } 11.5$$

式中 U'_R 是光束 R 與軸的夾角。這裡使用的標記法是：負號的球面像差稱為校正不足球差，這通常是結構單一未校正的元件所造成的。同樣的定義下正號球面像差為過校正球差，這一般與發散元件（diverging elements）有關。

系統的球面像差通常用圖形來表示，圖 11-3(a)是縱向球面像差對光線高度的關係圖；圖 11-3(b)是橫向球面像差對最後光束斜率的關係圖。圖 11-3(b)是光線焦點軌跡。一般習慣上會把打在透鏡頂點的光束畫在光線焦點軌跡圖的右方，這裡先不管光束斜率角度的正負號。

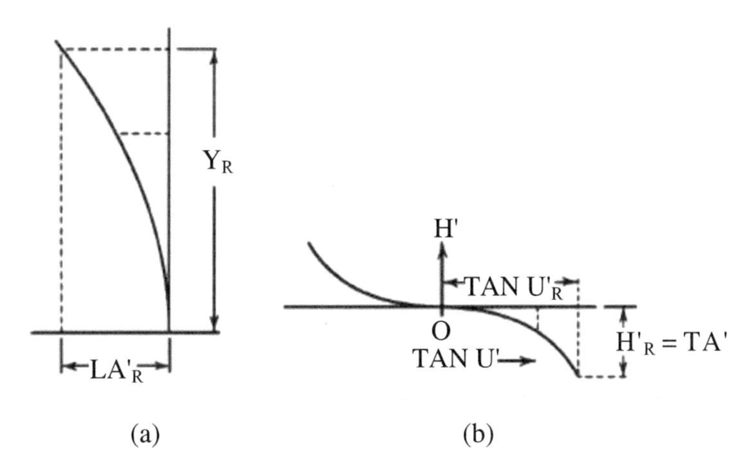

圖 11-3　球面像差的圖示。(a)縱向球面像差，水準軸為球面像差（LA'），而垂直軸為光束入射高度（Y）。(b)橫向球面像差，水平軸是最後斜率角度（tan U'），垂直軸指的是在近軸參考面上的光線軌跡高度（H'）

對於一給定的孔徑大小與焦距的透鏡組，其球面像差的量是物體位置、透鏡形狀與透鏡彎曲程度的函數。舉例來說，一個薄透鏡對於無限遠的物體成像，凸面朝向物體的平凸透鏡球面其像差最小。新月狀透鏡或凸凹透鏡具有相當大的球面像差。如果物體與成像大小相同（物體跟影像都在兩倍焦距處），擁有最小球差的透鏡形狀是等凸透鏡。一般來說，能夠把光束彎曲或偏離的量均勻分布就可以把球面像差最小化。

一理想光點（point）經過一個有球面像差的透鏡組成像，會形成一個周圍有光暈的粗點（dot）；這是由於球面像差有擴展影像的效果，會把影像的對比柔軟化以及把細部模糊化。

一般來說，一個正聚焦的透鏡或面都會造成系統有校正不足球面像差的情況，而負發散的面則相反；不過總是有些例外。

圖 11-3 中為兩種方式去描述球面像差，不是縱向球面像差就是橫向球面像差。在式 11.4 指出這兩個的關係。像散像差（astigmatism）、場曲（field curvature：3.2.3 節）和軸向色像差（axial chromatic：11.3 節）也有相同的關係式。不過要注意的是彗星像差、畸變像差（distortion）和橫向色像差沒有縱向的像差量。所有的像差也可以表示成角像差（angular 像差 ration）。角像差簡單來說就是從第二節點（或是在空氣中，主點）對橫向像差的弧角。例如：

$$AA = \frac{TA}{s'} \qquad \text{式 11.6}$$

像差的橫向量測直接與影像的模糊大小有關。把橫向像差繪成光線交點圖（ray

intercept plot），如圖 11-3(b)和圖 11-4，可以幫助觀測者去判別何種形式的像差影響光學系統。這些值對於鏡頭設計者來說非常重要，橫向像差的光線交點圖幾乎普遍用來表示像差的量。在光程差（OPD）或波前變形法會是最有用的方法來測定適當校正系統的影像品質；光程差的量在這方面通常是被認定最可靠的表達方式。像差的縱向表示法對於了解場曲（field curvature）和軸向色散很有幫助，特別是在二級光譜色像差。

球面像差

如圖 11-4，平行光或在光軸上點物件發散的光的經過鏡組的在不同的光欄半徑的光，會在光軸上聚焦點各為不同，其軸向截距L和高斯光學聚焦在軸向截距l'之差值，稱為縱向球面像差（LA'）：

$$LA' = L' - l' \qquad \text{式 11.7}$$

而橫向球面像差（TA）是在近軸焦平面上的截距高度 H'。被給定為：

$$TA' = H' = -(LA')\tan U' \qquad \text{式 11.8}$$

若 nLA'的符號為正，表示球面像差被過度校正；若符號為負，表示校正不足。

帶狀球面像差可以藉由追跡穿越 0.707 區的第二道光線（也就是說，一條打在入孔徑上與光軸之距離為徑緣光之 0.707 倍的光線）決定。帶狀像差可由式 11.2 和 11.3 找出。若需要對系統的軸向像差有更完整的敘述，光線也可能被追跡穿越孔徑的其他區。對於帶狀區的光線其最習慣的選擇為 0.707 = 0.5 區，這是從大多數系統中得到的事實，縱向的球面像差可以被近似為：

$$LA' = aY^2 + bY^4 \qquad \text{式 11.9}$$

Y 為光線高度且 a 和 b 為常數。因此，若是球面的徑緣在光線高度 Y_m 被校正為零時，最大的縱向帶狀像差會發生在：

$$Y = \sqrt{\frac{{Y_m}^2}{2}} = 0.707Y_m \qquad \text{式 11.10}$$

最大的橫向像差會發生在：

$$Y = \sqrt{0.6{Y_m}^2} = 0.775Y_m \qquad \text{式 11.11}$$

既然像差的量明顯是與光束入射高度有關，那麼，就可以很方便的指出哪些光束是與像差的量有關。其推導的方式以單球鏡軸為例，如圖 11-4：

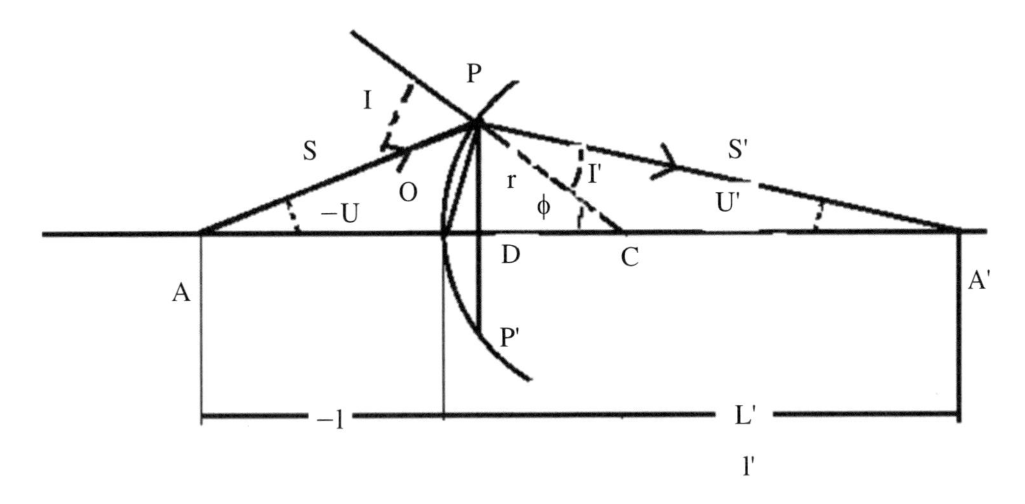

圖 11-4　圓型曲率面上的球面像差

由上圖，推導在一個圓型曲率面上的球面像差：

由基本三角法公式，

$$\sin I = \frac{L - r}{r} \sin U$$

$$\sin I' = \frac{L' - r}{r} \sin U'$$

可得到

$$L' = S'\{\cos U' + \sin U' \tan [(U + I)/2]\}$$

若將三角函數展開，因為 U、U'、I、I'角度都不大，近似取到二次項，可表示如下：

$$L' \cong S' \left\{\left(1 - \frac{U'^2}{2}\right) + \frac{1}{2}(U'^2 + U'I')\right\} = S'\left(1 + \frac{1}{2}U'I'\right)$$

也可得到

$$L \cong S\left(1 + \frac{1}{2}UI\right)$$

上下兩式相除可得

$$\frac{S}{S'} = \frac{L\left(1 + \frac{1}{2}U'I'\right)}{L'\left(1 + \frac{1}{2}UI\right)} = \frac{\sin U'}{\sin U} \approx \frac{L}{L'}\left[1 + \frac{1}{2}(u'i' - ui)\right]$$

由前公式可得：

$$n\frac{r-L}{r}=n'\frac{r-L'}{r}\cdot\frac{L}{L'}\left[1+\frac{1}{2}(u'i'-ui)\right]$$

整理後可得：

$$n\left(\frac{1}{L}-\frac{1}{r}\right)=n'\left(\frac{1}{L'}-\frac{1}{r}\right)\left[1+\frac{1}{2}(u'i'-ui)\right]$$

又由近軸光學式

$$n\left(\frac{1}{l}-\frac{1}{r}\right)=n'\left(\frac{1}{l'}-\frac{1}{r}\right)$$

在此因為是和近軸軸上位置相比，因而，若 $L=l$，時
以上兩式相減可得到：

$$n'\frac{-(L'-n')}{L'n'}+n'\left(\frac{1}{L'}-\frac{1}{r}\right)\left[\frac{1}{2}(u'i'-ui)\right]$$

若

$$L'-l'=\delta L'$$

$$\delta L'=n'\left(\frac{1}{L'}-\frac{1}{r}\right)\left[\frac{1}{2}(u'i'-ui)\right]$$

再經過整理後可得：

$$-i'=h\left(\frac{1}{l'}-\frac{1}{r}\right)=l'n'\left(\frac{1}{l'}-\frac{1}{r}\right)$$

由此可得：

$$\left(\frac{1}{l'}-\frac{1}{r}\right)=\frac{-i'}{l'u'}$$

由上式可得：

$$\delta L'=\frac{-l'i'}{2u'}[(u'i'-ui)] \qquad \text{式 11.12}$$

由於 u、u'、i、i'都和像高成正比；

$$\delta L'=ah^2$$

$$a_1=\frac{-i'}{2l'u'^2}[(u'i'-ui)] \qquad \text{式 11.13}$$

以上是對單一球面介面之球差的計算。

11.1.3 彗差（Coma）

彗星像差可以定義為隨著孔徑有不同的放大倍率。因此當一具率的光束射入透鏡產生彗星像差，是因為光束打在透鏡邊緣部分最後的成像點與打在透鏡中心區域光束的成像點有不同高度差。在圖 11-5 中，光束 A 與光束 B 分別打在上邊緣與下邊緣，其在像平面上相交點在光束 P 的像點的

$$\text{Coma}_T = H'_{AB} - H'_P \qquad \text{式 } 11.14$$

這裡 H'_{AB} 是從光軸到上邊緣與下邊緣光線光束相交點之間的高度，H'_P 是光軸到光束 P 在一平面上的交點高度，此平面與光軸垂直並通過 AB 兩光束的交點。圖 11-6 顯示出一個有彗星像差的透鏡組的點成像圖。很明顯的可以看到一個彗星形狀的圖，所以稱作彗星像差。

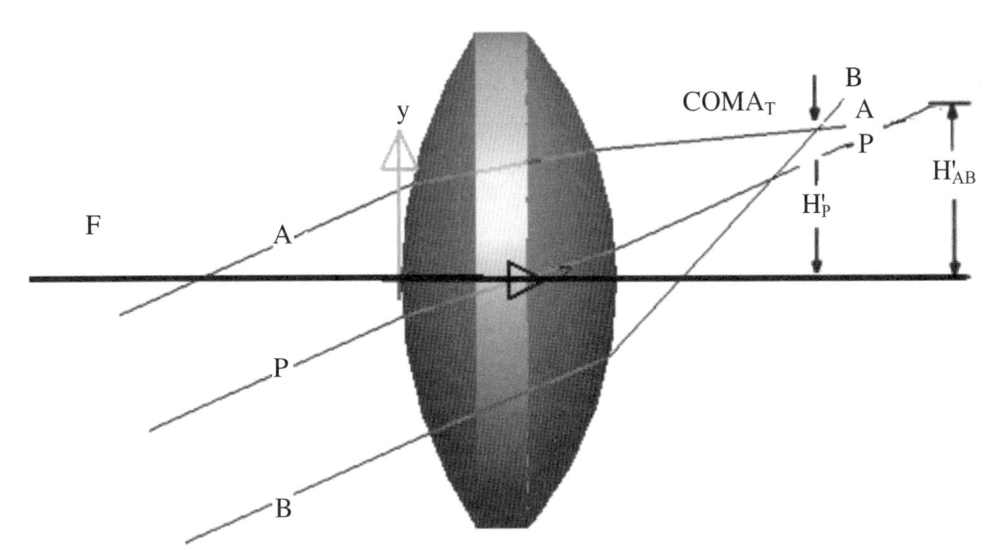

圖 11-5　彗星像差，光束通過透鏡的外邊，與通過透鏡中心的光束聚焦於不同高度

圖 11-7 指出光束入射進透鏡孔徑的位置與彗星像差斑點上的位置之間關係。圖 11-7(a)顯示為透鏡孔徑的正視圖，上面從 A 到 H 與 A'到 D'的字母表示光束的入射位置，A'到 D'代表的是內圈。圖 11-7(b)是彗星像差的結果，上面字母對應(a)圖的入射光束。這裡，注意到孔徑上的圓也在彗星斑點上形成一個圓，不過當光束圓擴張一倍，在最後影像中的圓會變兩倍；這是在式 11.1 與 11.2 中的 B_2 像所造成。在孔徑上

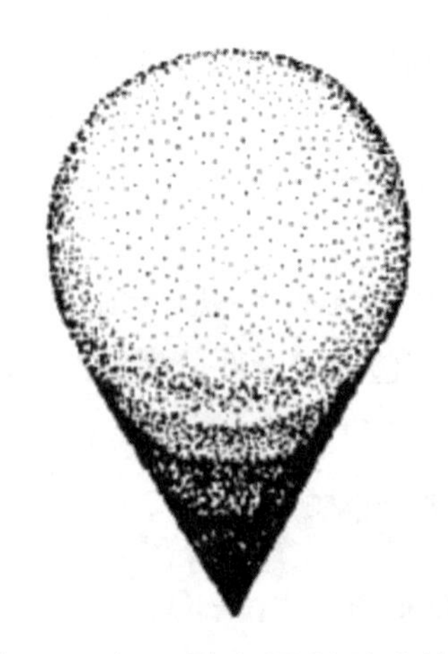

圖 11-6 星像差的斑點（patch）。點光源所形成的影像成為張開的彗星形狀

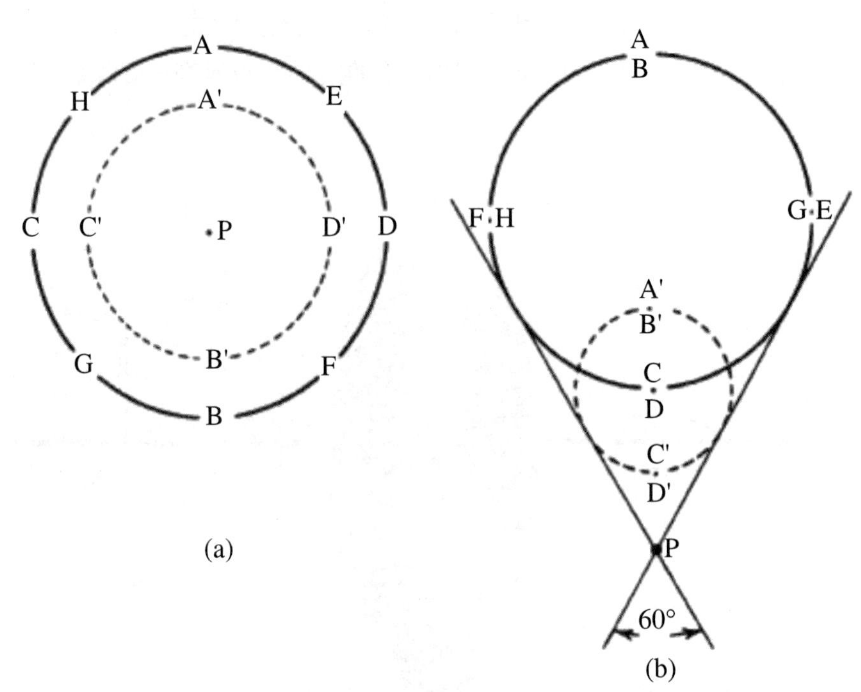

圖 11-7 光束在透鏡光欄上的位置與會星像差斑點位置關係圖。(a)大字母代表光束射入光欄位置。(b)字母代表光束在圖上的相對應位置。這裡發現斑點圖中圓的直徑與光欄圓直徑平方成正比

的光束圓較小也就對應比較小的影像圓，所以光束P形成的為一個點。所以彗星影像可以視為由一系列不同大小的圓排列而成，其相切於 60°夾角線。影像中的彗星圓大小與在孔徑上的光束圓直徑成正比。

在圖 11-7(b)中，P 點到 AB 之間的距離是式 11.6 中的正切彗星像差。P 點到 CD

之間的距離是子午彗星像差（sagittal coma），為正切彗星像差的 1/3 大小。大約一半的彗星像差能量大小落在 P 與 CD 之間的小三角區域內；所以子午彗星像差會比正切彗差來的較好量測其實際造成影像模糊的量大小。

彗星像差是非常特別的像差，因為它會不對稱的輝光（flare）。彗差的出現對於要精確判別影像點有決定性的影響，比起球面像差造成的模糊圓來說，要找出彗星狀斑點重心（center of gravity）是非常困難的。

慧差

三條子午光線從離軸物點開始被追跡：穿越入孔徑中心之主光線以及穿越孔徑上下邊緣的上下緣光線。這些光線與近軸焦平面交會的高度也被決定。而切向彗差被給定為：

$$\text{Coma}_T = H'_A + H'_P + \frac{(H'_A - H'_B)(\tan U'_A - \tan U'_p)}{(\tan U'_B - \tan U'_A)} \qquad \text{式 } 11.15$$

對於大部分光束斜率 U'的光束位置在孔徑的透鏡而言，其為一個平滑且均勻的函數，以下簡化的方程式精確度相當高，這可以藉由檢視光束交會圖以一條直線連結圖表的末端來導出，並且要注意從主要光線的高和這條線相交的距離。

$$\text{Coma}_T = \frac{H'_A + H'_B}{2} - H'_P \qquad \text{式 } 11.16$$

其中 H'_P 是主要光束的交會點而 H'_A 和 H'_B 則是邊緣光束的交會點。

通常來說，弧矢慧差幾乎等於切向慧差的 1/3，弧矢慧差可以藉由追跡一條入射至孔徑 $y=0$ 且 x 等於孔徑半徑的錯軸光線來決定，於是從 H'_P 位於像平面在 y 交會的的距離會產生弧矢慧差（注意在此時像平面應該是較高和較低的邊緣光束交錯所組成的平面，其中 $H'_A = H'_B$ ）。

隨著場角（或是像高）變化的慧差可以藉由對於其他物高重覆相同的步驟來決定，慧差隨著孔徑的變化可以藉由追跡帶狀斜率的光束來得出。

不同的透鏡元件形狀以及孔徑或光欄位置的不同都會造成不同的彗星像差，其中孔徑與光欄在成像中會限制光束的量。在一個軸對稱系統的光軸上是沒有彗差的。彗差斑點的大小與偏離光軸距離有線性相關變化。

在此討論到阿貝正弦條件（Abbe sine condition）這與彗差有關。

為了說明，對於光學系統，只要成像範圍小，在近軸區域內，以下公式都成立：

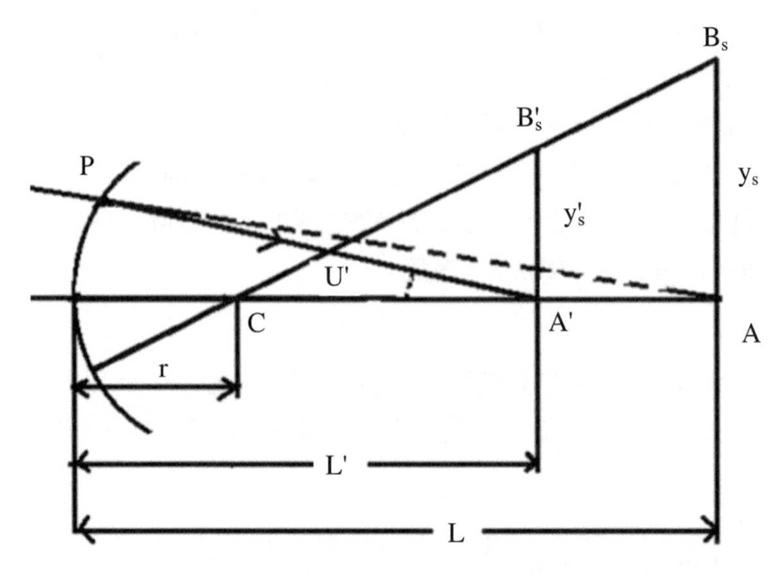

圖 11-8 不同的透鏡元件形狀以及孔徑或光欄位置圖

對一個光學介面，有二道光，一道為經過P點入射的主要光，另以一為經過鏡片曲率中心的光，其成像位置在A及A'，像高為y_s'、y_s，由以下的參數可導出以下的式子：

$$\sin I = \frac{L - r}{r} \sin U$$

$$\sin I' = \frac{L' - r}{r} \sin U'$$

兩式相除可得

$$\frac{\sin I}{\sin I'} = \frac{(L - r)\sin U}{(L' - r)\sin U'} = \frac{n'}{n}$$

$$\frac{(L - r)}{(L' - r)} = \frac{n' \sin U'}{n \sin U} \qquad \text{式 11.17}$$

$$\frac{(L - r)}{(L' - r)} = \frac{y_s}{y_s'} = \frac{n' \sin U'}{n \sin U}$$

因而可得在此介面可得以下的關係式：

$$n_1 y_{s1} \sin U_1 = n_1' y_{s1}' \sin U_1' \cdots = n_k' y_{sk}' \sin U_k'$$

利用以上式子，再由圖 11-8 中，A'及A_0'為軸上物件之邊緣光交點和近軸成像點：首先，理想像高可得y_0'：

$$y_0' = \frac{n_1 u_1}{n'u'} y_1$$

理想像點為近軸光線的點，

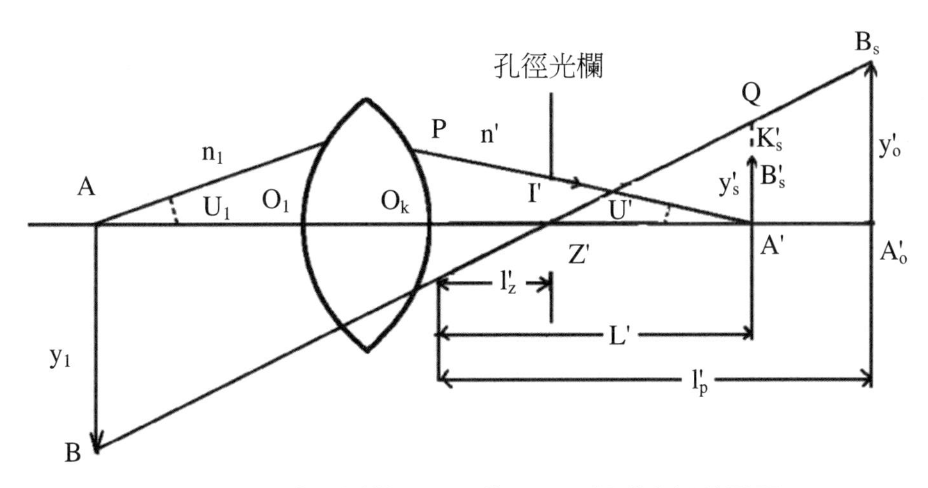

圖 11-9　實際透鏡元件形狀以及孔徑或光欄位置圖

由於

$$n_1 \sin U_1 y_{s1} = n' \sin U' y_s'$$

又可推導

$$A'Q = A'B_s' + B_s'Q = y_s' + K_s' = y_s \frac{L - l_z'}{l' - l_z'} = \frac{n_1 u_1}{n'u'} \frac{L - l_z'}{l' - l_z'} y_1 \qquad \text{式 } 11.18$$

可得子午彗差如下：

$$SC' = \frac{K_s'}{A'Q} = \frac{y_s}{A'Q} - 1 = \frac{\sin U_1 u'}{\sin U' u_1} \frac{1 - l_z'}{L' - l_z'} - l_1 \qquad \text{式 } 11.19$$

以上為（阿貝）正弦條件－抵觸（阿貝）正弦條件（OSC）的指標在光軸附近區域慧差：

其中 u 和 u'是近軸光束的最初斜率和最終斜率，U 和 U'則是徑緣光束最初和最終的斜率，l'和 L'是近軸光束和徑緣光束最後的交會長度，而 l'p 是主要光束的最後交會（因此 l'p 是從最後一個表面到出孔徑的距離）。如果物體是在無窮遠處，最初的 y 和 Q 在式 11.20 會被拿來取代 u 和 sinU。

對於在光軸附近的區域而言：

$$\text{Coma}_s = H'(OSC)$$
$$\text{Coma}_t = 3H'(OSC) \qquad \text{式 } 11.20$$

11.1.4 像散像差與場曲

如果在透鏡系統中特別畫出軸區域，光束落在所繪出的平面上就是所謂的子午（meridional）光束或正切光束。在圖 11-7 中的光束 A、P 和 B 就是正切光束。同樣的，這個通過光軸的平面稱作子午或正切平面，任何通過光軸的平面皆是。

沒有落在子午平面的光束稱作斜光線（skew rays）。入射於透鏡孔徑中心的斜率的子午光束稱作物鏡組束（主光）或主光束（chief ray）。假想一個通過主光束並與子午面垂直的平面，然後（斜率）光束從物體射出，這個落在弧矢面（sagittial plane）上的光束就是弧矢光束（sagittal ray）。例如圖 11-7 除了 A、A'、P、B'和 B 之外都是斜光線，而弧矢光束就是 C、C'和 D'。

如同圖 11-10 所示，一個點光源經過正切平面上的斜率光束成像，得到的影像是一條線；此條線稱作正切影像（tangential image），並與正切平面垂直；換言之就是落在弧矢平面上。相反的，經過弧矢扇（sagittal fan）的光束成像會是落在正切平面上的一條線。

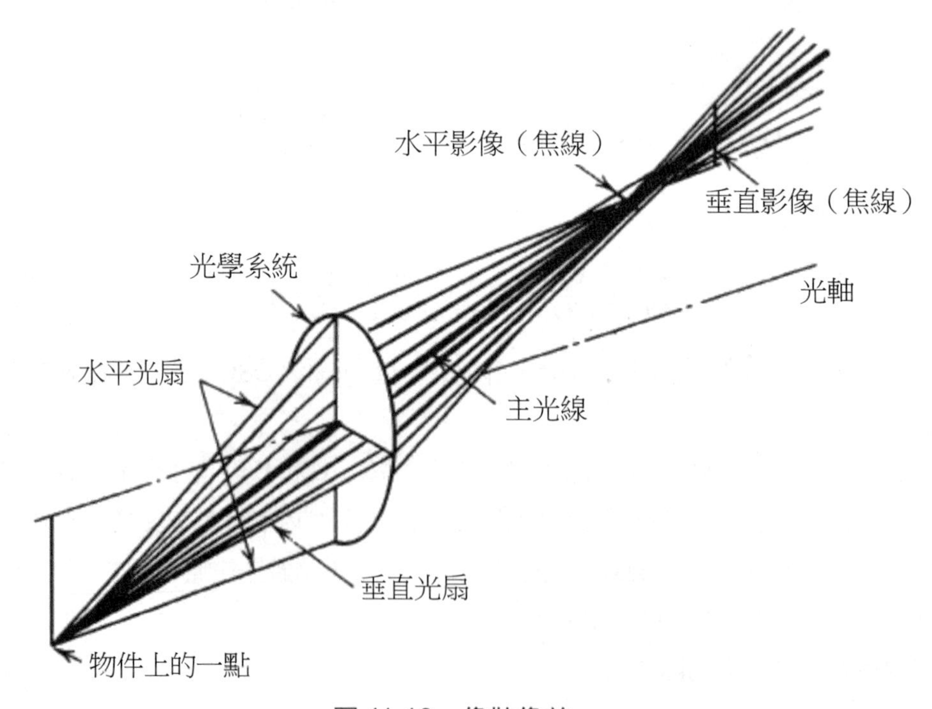

圖 11-10　像散像差

當正切影像與弧矢影像（有時稱作弧矢影像）沒有重合時就會發生像散像差。在像散像差存在下，點光源的影像就不是一個點，而是兩條分開的光線，如圖 11-7 所示。在像散像差交點附近，影像是一個模糊橢圓狀或圓狀（要注意的是若是繞射現象很明顯時，模糊斑點可能會有正方狀或稜形狀）。

除非透鏡製造的很糟，不然當在光軸上一點成像時是不會有像散像差的。隨著像點偏離光軸愈遠，像散像差的量會漸漸增加。偏軸影像很少會精確落在正確的平面上；在一個有初階像散像差的透鏡系統下，影像會落在曲面上，這曲面形狀為一拋物面。在圖 11-8 中就顯示出一個簡單透鏡的成像面形狀。

透鏡組像散像差的量是透鏡焦度（屈光率）和透鏡形狀相關的方程式此外也是孔徑或光欄（限制光束進入透鏡的量）與透鏡間的距離的方程式。至於一個簡單透鏡或反射鏡，其直徑就限制了光束進入的量，所以像散像差的量就是軸到影像距離的平方除於元件的焦深；換言之就是 $-h^2/f$。

切向場曲之斜率 Z_t 等於光線斜率。此斜率可藉由對兩個間距相近的子午光線追跡及計算可得到

$$Z_t = \frac{H'_1 - H'_2}{\tan U'_2 - \tan U'_1} = \frac{-\Delta H'}{\Delta \tan U'} \qquad \text{式 } 11.21$$

而類似的過程用於相近的弧矢（錯軸）光線可以得到 Zs：弧矢場曲。

每一個光學系統都會帶有幾分基本的場曲（field curvature），也稱作佩茲瓦曲率（Petzval curvature），其為透鏡折射係數與透鏡曲面曲率的方程式。當沒有像散像差時，弧矢影像面與正切影像面彼此重合並落在佩茲瓦曲面（Petzval surface）上。當有初級像散像差發生時，正切影像面離佩茲瓦曲面的距離會比弧矢影像面離佩茲瓦曲面大三倍；這裡要注意的是：兩個影像面都在佩茲瓦曲面的同一邊，見圖 11-11。

當正切影像在弧矢影像左邊（兩者都在佩茲瓦曲面左邊）時，此像散像差稱作負、校正不足或向內彎曲（inward curving）。當相反時，像散像差為過度校正或反向彎曲。在圖 11-11 中，像散像差是校正不足的，而所有三個曲面都是像內彎曲的。發生過度校正（反向彎曲）的佩茲瓦曲面時，可能同時也有校正不足的像散像差，反之亦有可能。

正透鏡會對系統產生向內彎曲的佩茲瓦曲面，而負透鏡則產生向外彎曲的佩茲瓦曲面。一簡單薄元件的佩茲瓦彎曲（即佩茲瓦面與理想平整影像面有縱向的偏離）即影像高度的平方除於二在除於焦深與元件的折射係數，$-h^2/2nf$。另外，場曲（field curvature）指的是聚焦面與理想成像面（習慣認為是平面）有縱向的偏離，此外並不與影像面的半徑相互影響。

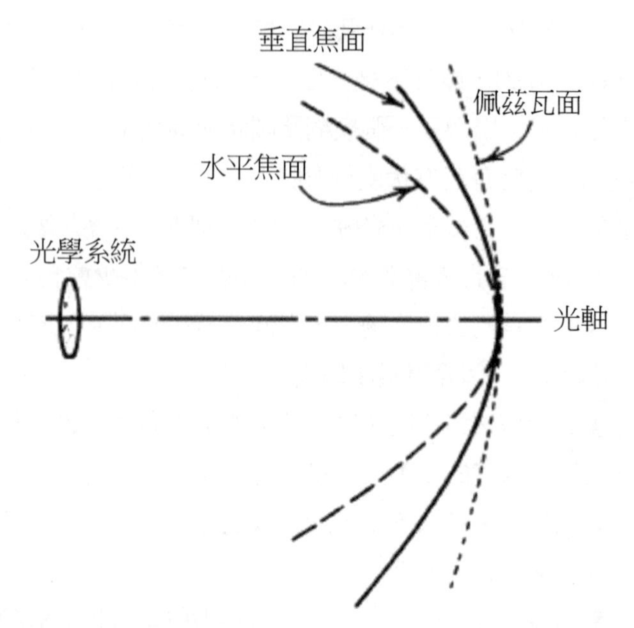

圖 11-11　一簡單透鏡的初級像散像差。正切影像比弧矢影像距離佩茲瓦面遠三倍。附註：本圖並沒有按照比例

柯丁登（Coddington）方程式是計算場曲的另一種方法：

1829 年，柯丁登提出子午與水平場曲可以等效地藉由對近軸光線沿著主光線夾角光路進行追跡，而可以得到不同角度之子午與水平場曲。柯丁登方程式等效於對一對無限長的光線作追跡，公式標記與近軸追跡方程式十分相似。然而，物與像的距離與表面和表面的間隙為沿著主光線而非光軸，而表面之焦度（power）也會因光線的斜率而作修正。

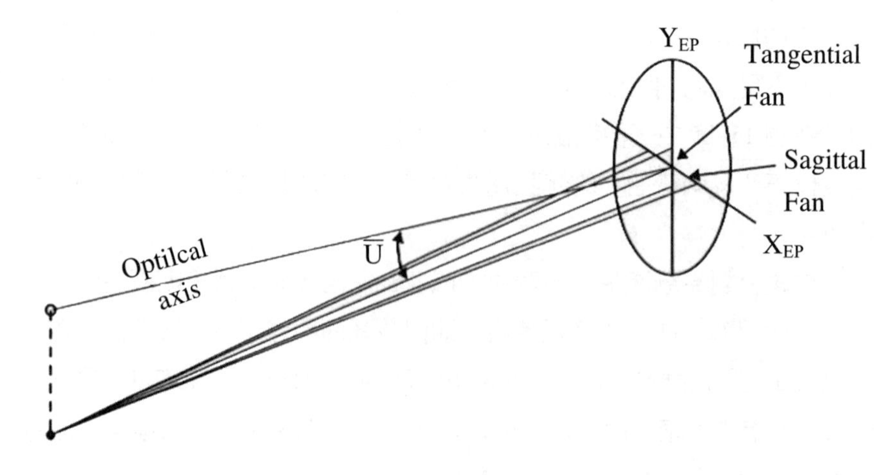

圖 11-12　光學弧矢和切向光束相對於光瞳圖

圖 11-14 顯示了當主光線穿越表面以及自物點發射的弧矢和切向光束在焦距上收斂。從表面上沿著光線至焦距的距離可以用 s 和 t 來表示物距以及用 s'和 t'來表示像距。正負符號的表示法則照例；若焦距或物點在表面之左側，則其值為負；在右側，其值則為正。在圖 11-14 中，s 和 t 為負，s'和 t'為正。

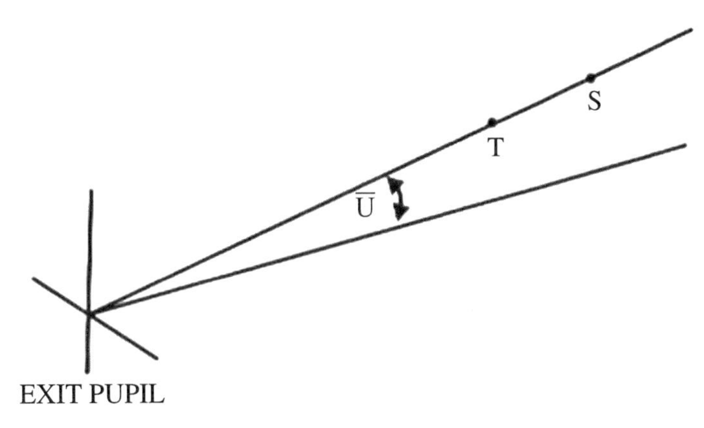

圖 11-13　弧矢和主軸光相對於光瞳圖

計算的完成需使用 11.1.3 節中提到的子午公式對穿越系統的主光線進行追跡，決定各表面斜率的焦度則是藉由

$$\phi = c(n' \cos I' - n \cos I) \qquad \text{式 11.22}$$

而藉由式 10.30 決定沿著光線從表面至另一表面的距離（D）。s 和 t 的初始值被決定，而焦距會在下列方程式解出 s'和 t'後被決定。

$$\frac{n'}{s'} = \frac{n}{s} + \phi \quad \text{水平} \qquad \text{式 11.23}$$

$$\frac{n' \cos^2 I'}{t'} = \frac{n \cos^2 I}{t} + \phi \quad \text{垂直} \qquad \text{式 11.24}$$

下一面的 s 與 t 值則會被給定為

$$s_2 = s'_1 - D \qquad \text{式 11.25}$$

D 為經由式 10.30 得到的。

計算會對系統的任一表面作重複運算；s'和t'的終值代表沿著光線從最後一面至最終焦點的距離。最後的場曲（分別對於從最後一面至參考面的軸向距離 l）可以得到

$$z_s = s' \cos U' + z - l' \qquad \text{式 11.26}$$

$$z_t = t' \cos U' + z - l' \qquad \text{式 } 11.27$$

最後一面的 Z 則經由式 10.29 決定。

先前的方程式並不適合在電腦上使用，這是由於 s 和 t 對於機器的計算容量而言太大，或太小（因為如此 1/s 和 1/t 就變大了）。下列的方程式於是被發展以避免這個困難，他們使用 y_s 和 y_t，一條與主光線不同的虛構的光線之高度（類似於式 10.1 至 10.12 的計算所用的近軸光線之高度）和分別均與主光線相等的虛構光線斜率與折射率之乘積 P_s 和 P_t。

整個計算又再一次地從描繪主光線開始。起始方程式為

$$P_s = \frac{-ny_s}{s} \qquad \text{式 } 11.28$$

$$P_t = \frac{-ny_t \cos^2 I}{t} \qquad \text{式 } 11.29$$

當資料與系統第一面有關，而 y_s 和 y_t 則為任意選擇之。

折射之後光線斜率與折射率之乘積則被決定為

$$P'_s = P_s - y_s\phi \qquad \text{式 } 11.30$$

$$P'_t = P_t - y_t\phi \qquad \text{式 } 11.31$$

為由式 11.22 決定之斜率表面的焦度。下一面的「光線高度」則給定為

$$(y_s)_2 = (y_s)_1 + \frac{(P'_s)_1 D}{n'_1} \qquad \text{式 } 11.32$$

$$(y_t)_2 = \frac{\cos^2 I'_1}{\cos^2 I_2}\left[(y_t)_1 + \frac{(P'_t)_1 D}{n'_1 \cos^2 I'_1}\right] \qquad \text{式 } 11.33$$

在第二面，入射光線斜率與折射率之乘積被給定為 P2 = P'1。

這個過程在系統的任一表面皆會重複運算，而最終在最後一面的像距則會發現為

$$s' = \frac{-n'y_s}{P'_s} \qquad \text{式 } 11.34$$

$$t' = \frac{-n'y_t \cos^2 I'}{P'_t} \qquad \text{式 } 11.35$$

最終的場曲會藉由式 11.16 和 11.17 以得到。

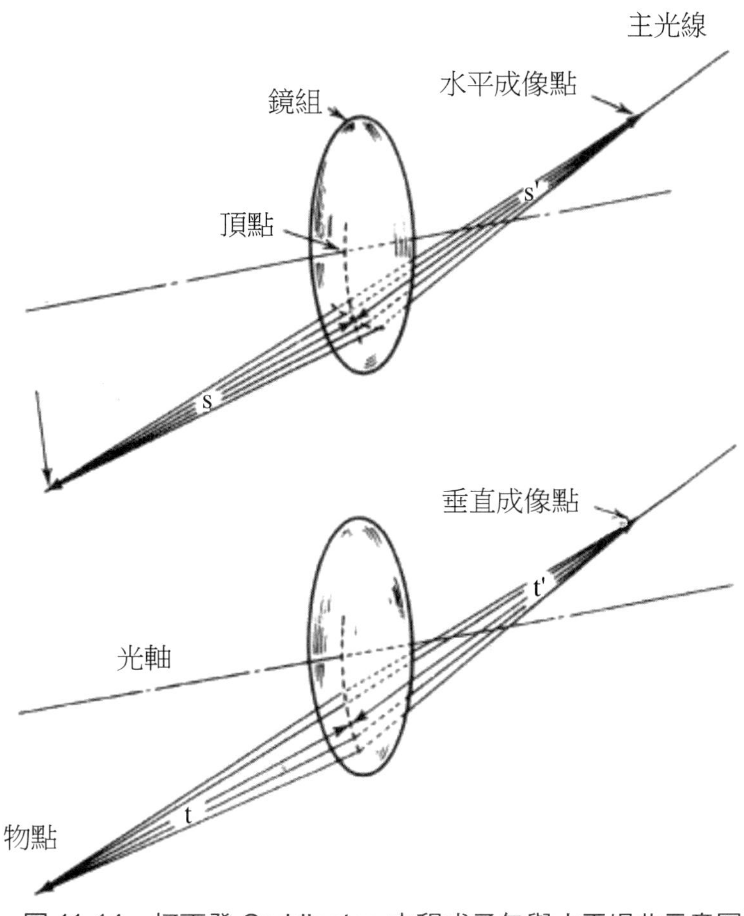

圖 11-14　柯丁登 Coddington 方程式子午與水平場曲示意圖

例 11-1　子午光線為主光線及描繪接近的弧矢和切向光線，假設物點位於光線與軸的交點，也就是說，在軸上位於第一面左側 200mm 處〔從實際的觀點來看，這相等於當使用一個距離光軸（弧矢）20mm 的針孔光欄以決定透鏡之像〕，為了找出 s 和 t 的初始值，藉由式 11.27 找出 z，然後

$$s=t=\frac{1-z}{\cos U}=\frac{-200-4.415778}{0.994987}=-205.445587$$

斜率面的焦度可以被式 11.22 決定為

$$\phi_1=+0.02(1.5\times0.942809-1.0\times0.866025)=+0.0109638$$
$$\phi_2=-0.02(1.0\times0.701248-1.5\times0.879835)=+0.0123701$$

式 10.1 至 10.12 給定沿著光線在表面間的距離為

$$D=\frac{15.0-4.415778+(-4.177626)}{0.996508}=+6.429045$$

然後對於第一面

$$\frac{1.5}{s'}=\frac{1}{-205.445}+0.0109638$$

$$s'=+246.0488$$

$$\frac{1.5(0.942809)^2}{t'}=\frac{0.750}{-205.445}+0.0109638$$

$$t'=+182.3186$$

轉移至第二面以得到

$$\frac{1}{s'}=\frac{1.5}{239.6198}+0.0123701$$

$$s'_2=+53.6768$$

$$\frac{0.491748}{t'}=\frac{1.161164}{175.8896}+0.0123701$$

$$t'_2=+25.9200$$

然後對於第二面使用式 11.23 和 11.24

$$s_2=+239.6198$$

$$t_2=+175.8896$$

設定式 11.26、11.27 的 l'值等於+45.6310

$$z_s=49.8086-4.1776-45.6310=0.00$$

$$z_t=24.0521-4.1776-45.6310=-25.7565$$

藉由繪出系統內，已作過追跡的數條光線的路徑可以得到更為有趣的結果，記住一個雙凸透鏡會受到大量未經校正的球面像差的影響。抑或者，對於未經校正的球面（隨著座標的旋轉說明瞭參考面對於徑緣光焦距的偏移）光線截距曲線的研究可以指出上述 z 值的意義。

像散（astigmatism）**和場曲**（curvature of field）

從一離軸的物高到入孔徑的中心對一條主光線進行追跡，然後藉由柯丁登方程式來追跡弧矢與切向光線並且決定最後相對於近軸像平面的Z'_s和Z'_t；Z'_s和Z'_t接著會變成對於此成像點上的弧矢和切向場曲。

換句話說，一條從物體上到系統接近主要光線的子午光線可以追跡到，因此：

$$Z_t = \frac{H'_p - H'}{\tan U' - \tan U'_p} \qquad \text{式 } 11.36$$

將會提供一個近似方式來趨近 Z'_t，因為 Z_t 接近 Z'_t，因此兩條光線彼此會互相靠近，一個使用錯軸光線的簡單程式將會產生 Z'_s。

因為場曲隨著像高的變化一直以來都令人感到興趣，Z'_s 和 Z'_t 可對於額外的物高或是場角而被決定。

注意將場曲（Z_s 和 Z_t）和 xs、xt 產生關聯性是很普遍的，當光軸被標示為 x 軸的時候，其和早期的應用一致。

11.1.5 畸變像差（distortion）

當一偏軸的影像點比第二章近軸影像高度遠離或靠近光軸時，一擴展物體（extended object）的影像就稱為畸變像差。畸變像差的量是影像與近軸位置的偏移距離，可以直接如此表示或與理想像高的百分比來表示，理想像高是從無限遠的物體成像計算得來，其值為 $h' = f \tan \theta$。

畸變像差的量一般會隨著影像大小增加而增加；畸變像差本身通常隨著影像高度三次方而增加（畸變像差百分比是隨像高平方增加）。所以如果一個位於中心的直線物體經過一個有機變像差的系統成像，可以看到影像的角邊比邊上有更多移位。圖 11-15 為一三次方經過有畸變像差的透鏡系統成像示意圖。在圖 11-15(a)中畸變像差造成影像從正確位置有向外移位，導致了喇叭形展開或邊角尖端化。這稱作過（over）校正畸變像差或光柵枕形畸變（pincushion）。在圖 11-15(b)是另一種形式的畸變像差，而且三次方的邊角比側邊更被往內拉；這是負畸變像差或桶形畸變像差（barrel distortion）。

由以上結果可知，當物體與影像交換位置時，一個會產生正（負）畸變的系統會造成負（正）畸變像差。所以一個有桶形畸變像差的攝影鏡頭用來當作投影鏡頭時（換言之就是原本膠捲的位置換了邊）會有光柵枕行畸變的現象。顯然的如果相同的透鏡組用來當照相以及投影滑軌（slide），投影影像將會是直線的，這是因為滑軌的畸變經過投影後會被抵消掉。

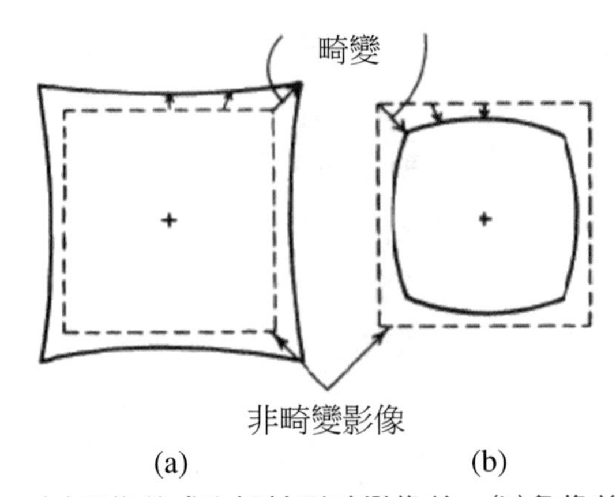

圖 11-15　畸變像差　(a)正像差或光柵枕形畸變像差。(b)負像差或桶行畸變像差。因為像差的量隨著離光軸距離三次方變化，所以影像邊緣有彎曲。因此在這例子中邊角比邊上中心扭曲 $2\sqrt{2}$ 倍

畸變（distortion）

畸變像差可以藉由追跡一條在子午面上的主光線從一物體離軸的點到入孔徑的中心來決定並且可以決定其在近軸聚焦平面上的相交截距高度 H'_P，而一條近軸主光線也可從同樣物體上的位置來追跡以決定近軸的像高 h'，或是在第二章使用過的光學不變值 I 也可以被用來做為指標。

$$\text{Distortion} = H'_P - h' \qquad \text{式 } 11.37$$

$$\text{畸變} \quad \text{Distortion} = H'_P - h' \qquad \text{式 } 11.38$$

畸變通以像高的百分比來表示，因此：

$$\text{百分比} = \frac{H'_P - h'}{h'} \times 100 \qquad \text{式 } 11.39$$

畸變隨著像高或是場角的變化量可以藉由對於許多不同的物體高度來重複以上的步驟來得到。

11.1.6 色散像差

因為物理現象——折射係數變化與波長有函數關係，使得光學元件的性質也會隨波長而變化。軸向色散是不同光波波長有不同縱向焦點（或成像位置）。一般而言相較於長波長來說，光學材料的折射係數對於短波長光來說比較高；這造成了短波長在每一個透鏡面上會被彎折的較嚴重，以一個簡單正透鏡舉例來說，藍光會比紅光的聚

焦焦點更靠近鏡面。在光軸上兩焦點的距離就是縱軸色散像差。圖 11-16 所示的例子為一個簡單正光學元件的色散像差。當短波長光束聚焦在長波長光束交點的左邊時，此色散像差稱為校正不足或負的。

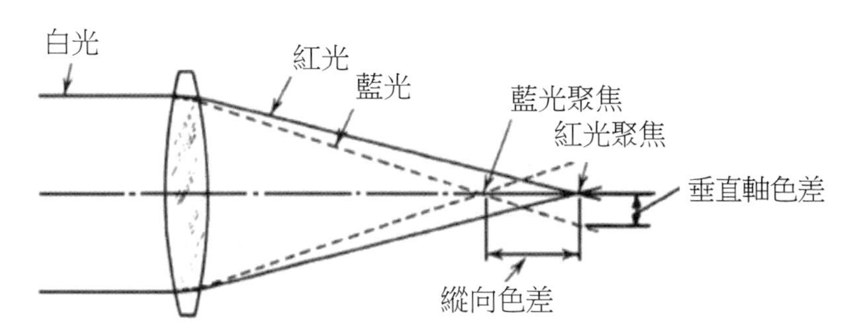

圖 11-16　一簡單透鏡的未校正縱向色散像差，這是因為藍光比紅光遭遇更大的折曲

在色差存在下，軸點的影像是一個位於中心的亮點，周圍環繞著光暈。在焦點上的光束和那些靠近焦點的光束形成鮮明的亮點。離焦的光束（out-of-focus rays）形成光暈。所以在一個校正不足的目視儀器（visual instrument）中，影像會有一淡黃色斑點（橙、黃和綠光所造成）和一紫色光暈（由於紅和藍光造成）。如果成像螢幕往透鏡組靠近，中心光斑會變成藍色；若是往外移，中心光斑會變成紅色。

當一透鏡系統對不同光波波長形成不同影像大小或把影像的偏軸點展開成彩虹時，不同顏色有不同影像高度，稱作為縱向色散像差或屈光率（焦距倒數）色像差。

折射像數隨顏色變化也產生了單色像差變化，單色像差在 11.1 節中有引進。既然每一個像差都是由光學系統的面把光束折射所造成，可以預期到對於每一個顏色光線產生的像差會有一些的不同，因為不同的顏色光束有不同的折射的程度。通常這也證明，和在所有像差都校正後，色差的效應實際上同等重要。

11.1.7 色像差——軸向（或縱向）

近軸的縱向色像差可以藉由決定對於系統裡的頻譜中最長和最短光波長的近軸成像點來得出，這可利用一種波長的折射係數再換另一個折射係數來由決定 l'而完成，對於可見光系統而言，長波長通常設定為 C 光（$\lambda = 0.6563 \mu m$）和短波長設定為 F 光（$\lambda = 0.4861 \mu m$），縱向色像差於是可以寫成：

$$LchA' = l'_F - l'_C \qquad \text{式 11.40}$$

軸向色像差的橫向量測可以從下式得出：

$$TAch = -LchA \tan U'_K \qquad \text{式 } 11.41$$

或是藉由計算在聚焦面中段波長光束的高度以及

$$TAch = h'_F - h'_C$$

對於孔徑上其他區域的色像差可以藉由追跡從軸向物體上對於每個波長的子午光線來得到以及將最後的軸向交會點代到方程式 11.41。

而第二頻譜則是可以藉由追跡至少三個波長的軸向光束，長波長、中波長和短波長來得出，並且畫出它們對於波長的軸向交會點，一個對於第二頻譜數值分析所得到的值嚴格上來說只有當在長波長和短波長成像是單一聚焦的時候有效，因此：

$$l'_F - l'_C$$

然後

$$SS' = l'_d - l'_F = l'_d - l'_C \qquad \text{式 } 11.42$$

其中下標 c、d 和 F 表示長波長、中波長和短波長，對於可見光而言，C，F 和 d 表示氫氣中的 C 線和 F 線，和氦氣中波長 0.5876μm 的 d 線。

球面色像差（隨著球面像差變化的色像差）可藉由決定在許多波長上的球面像差來得到，因此，對於可見光而言球面色像差將是在球面上的F光減去在球面上的C光。

11.1.8 色像差-橫向

橫向色像差或是色彩差異的放大可以藉由追跡一條從物體一離軸上的點到入射孔徑的中心長波長以及短波長的主要光線來得出，並且找出最後和聚焦平面相交會的高度，因此

$$TchA = H'_F - H'_C \qquad \text{式 } 11.43$$

對於可見光而言，近軸橫向的色彩可以藉由追跡近軸兩個顏色的主要光線來得到並且將 h'f 和 h'c 帶入方程式 11.29 中，色彩放大的差異則會變成：

$$CDM = TchA/h'$$

橫向色像差應該不能夠和軸向（縱向的）色像差的橫向表示法混淆，其為：

$$TAch = H'_F - H'_C = -(LchA) \tan U' \qquad \text{式 } 11.44$$

其中這些資料都是從來自一個物體在光軸上的點的光束追跡而推導出來。

11.2 像差的計算

一般光線對參考光線的橫向像差需要三角光線追跡法（trigonometric ray tracing）（即：在參考面上橫向交會點的分色）推導解析解，該解析解可以表示成對光線參數的由各階組成的展開式。通常這些選擇的參數為：(1)參考光線的斜率，及(2)兩道光線在系統中的孔徑位置；這兩項參數與下列條件相一致：(1)影像的高度，及(2)系統的孔徑。一階像差可以藉由鎖定在近軸影像的參考點位置來消除。一階像差因此將會依孔徑或斜率度呈線性變化而決定偏離焦點，或是改變影像的尺寸，例如簡單的對焦或是近軸色差（橫向軸的顏色或是橫向的顏色）。

因為，三階項與主要的像差有關。所以，在展開式中的 y^3 項（y 為半孔徑，或是光線的分色）不含 h（影像高度）項並與球面像差相對應。而 y^2h 項則與彗差相對應。yh^2 項係代表像散與場曲，而 h^3 項則為畸變。由這些項所表示的總像差即稱為三階像差。

同樣的，在展開式中存在有 y^5、y^4h、y^3h^2、y^2h^3、yh^4 及 h^5 項（稱為五階像差），以及第七階、第九階以及更高階的指數（注意在歐洲的用法中，三階與五階常被視為主要以及次要的像差）。這些像差貢獻的重要性隨著指數的遞增而迅速的減低，正如同一個角度的正弦級數展開式一樣：

$$\sin x = x - \frac{x^3}{3!} + \frac{x^5}{5!} - \frac{x^7}{7!} + \cdots$$

上述的類比在這裡非常有用，因為對光學系統中所牽涉到的角度的正弦值可以表示成 $\sin x = x$，一階（近軸）光學的基礎即建立在這項假設上，並能完全滿足影像的描述。對具有較大角度的系統，其展開式需要更多項以描述影像的性質，同時三階（或更高階）的像差貢獻必須加以考量。

因此有關近軸與三階特徵的知識常可以用來對光學系統的性能作合理的近似，尤其對孔徑與角收斂的近似結果與真實解十分近似。即使在一個五階或更高階可以被察覺的系統，較高階通常在設計參數（如曲率半徑、間隙、折射係數）改變時，其改變非常緩慢，因此，雖然一階與三階可能不足以完全描述系統的校正，但卻足以指出當設計參數進行適度改變時對系統產生的改變。舉例來說，如果一個參數的改變會產生三階像差的Δx的改變，則可以預測總像差ΔX（由三角幾何光跡決定）的改變會十分近似於Δx，即使三階像差 x 可能與三角幾何值 X 大為不同。再者，對三階像差產生較大貢獻的表面同樣也會對更高階同號的像差產生較大的貢獻，而對於高階殘餘項來源的知識常被用來消除這些部分。

在計算三階像差的理論推導中，有不同的算法：其中較重要的有 Feder 的計算、G. G. Slyusarev 及俄系光學的計算、Welford 計算、C. G. Wynne 計算等，這些方法已成為近代光學設計程式的核心；在此將依續介紹各方法以供比較。

11.2.1 適合電腦程式的三階像差計算

Feder 計算是運用前章節錯軸光線的計算方式，計算三階像差－其方法由將兩道近軸光線；一道經過入瞳中心主光線及一道經過入瞳邊緣與軸向的主光線的資料加以計算。這些光的敘述見式 10.1 至 10.30 接下來，軸向光線的資料將以未下標的字母（y、u、i等）表示，而經過入瞳中心主光線則以下標p的字母（y_p、u_p、i_p等）表示。

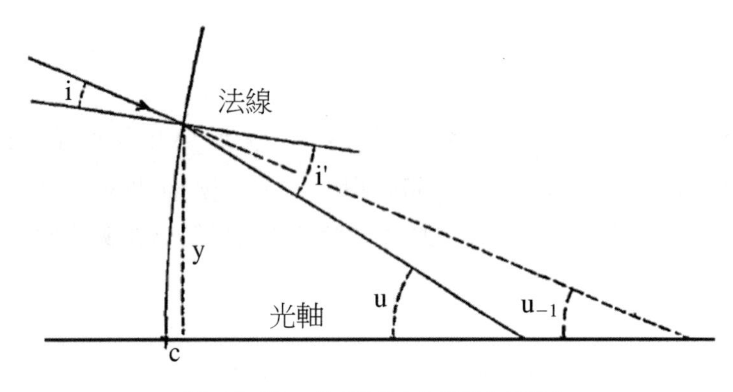

圖 11-17　入射光在球形介面圖

光學不變量In v係由第一面的兩道光線的資料決定，或是任何的表面。可由折射方程式

$$u = c(1-\mu)y + \mu u_{-1} \qquad \text{式 11.45}$$

及

軸換方程式

$$y_1 = y - tu$$

及光學不變式，

$$I = N\,[uy_p - u_p\,y]$$

所構成

在此 I 是一個常數，稱為 Lagrange's 不變量

式 11.46

最終影像高度（即：近軸「主」光線在像面上的交叉點）由主光決定，或是：

$$I = N'u'h'$$

或可表示高度為

$$h' = \frac{I}{N'u'}$$

在此 I 從第一個面到成像面都是不變的，因此，在計算時物件及成像面旳高度。

其中 n_k' 與 u_k' 為穿過系統最後面後的折射係數與（軸向光的）斜率。

於是下列為對系統的每個表面的計算：

$i = cy - u_{-1}$ 以計算鏡面入射角

$P = (\mu - 1)c/N_{-1}$ 爲 Petzval 的貢獻

$$S = \frac{1}{2}N_{-1}\,y(u - i)(1 - \mu)/I$$

在 N_{-1} 為向左的折射率，

u_{-1} 為前一入射面的夾角

在一個球面系統的初階像差，分別在成像面及光瞳面計算其像差：

在成像面：

球差　$B = Si^2$

慧差　$F = Sii_p$

像散　$C = Si_p{}^2$

場曲　$D = C + \frac{1}{2}PI$

畸變　$E = \phi + \frac{1}{2}\left(u_p{}^2 + u_{-1p}{}^2\right)$　　式 11.47

在光瞳面；

$$
\begin{aligned}
&\text{球差} \quad \beta = S_p\, i_p^2 \\
&\text{慧差} \quad \phi = S_p\, i i_p \\
&\text{像散} \quad \gamma = S_p\, i^2 \\
&\text{場曲} \quad \delta = \gamma - \frac{1}{2} PI \\
&\text{畸變} \quad \varepsilon = -F + \frac{1}{2}(u^2 - u_{-1}^2)
\end{aligned}
\qquad \text{式 11.48}
$$

Feder 在光學參數運用在單一光線運用電腦的計算方法為多數人所採用，其像差的計算方式也都簡化了像差的計算。

11.2.2 G. G. Slyusarev 及俄系光學的計算

G. G. Slyusarev 及俄系光學的計算－是將像差式中歸類為二項 P 及 W，再進行計算，P 和 W 定義如下：

$$P = \left(\frac{\alpha' - \alpha}{1/n' - 1/n}\right)^2 \left(\frac{\alpha'}{n'} - \frac{\alpha}{n}\right)$$

$$W = \left(\frac{\alpha' - \alpha}{1/n' - 1/n}\right) \left(\frac{\alpha'}{n'} - \frac{\alpha}{n}\right)$$

$$\Pi = \frac{\alpha' n' - \alpha n}{n' n}$$

$$S_I = \Sigma h_k P_k$$

$$S_{II} = \Sigma h_k P_k - J \Sigma W_k$$

$$S_{III} = \Sigma \frac{y_k^2}{h_k} P_k - 2J \Sigma \frac{y_k}{h_k} W_k + J^2 \Sigma \frac{1}{h_k} \Delta \frac{\alpha_k}{n_k}$$

$$S_{IV} = \Sigma \frac{1}{h_k} \Pi_k$$

$$S_V = \Sigma \frac{y_k^3}{h_k^2} P_k - 3J \Sigma \frac{y_k^2}{h_k^2} W_k - J^2 \Sigma \frac{y_k}{h_k^2} \left(3\Delta \frac{\alpha_k}{n_k} + \Pi_k\right) - J^3 \Sigma \frac{1}{h_k^2} \Delta \frac{1}{n_k^2} \qquad \text{式 11.49}$$

11.2.3 Welfold 的計算

依據 Conrady. A，Welfold 的計算是利用波前光路徑差的原理計算像差，在此整理成以下的式子：

$$S_I = \Sigma A^2 h \Delta \left(\frac{u}{n}\right)$$

$$S_{II} = \Sigma \overline{A} A h \Delta \left(\frac{u}{n}\right)$$

$$S_{III} = \Sigma \overline{A}^2 h \Delta \left(\frac{u}{n}\right)$$

$$S_{IV} = -\Sigma H^2 c \Delta \left(\frac{1}{n}\right)$$

$$S_V = -\Sigma \left\{ \frac{\overline{A}^3}{A} h \Delta \left(\frac{u}{n}\right) + \frac{\overline{A}}{A} H^2 c \Delta \left(\frac{1}{n}\right) \right\} \qquad \text{式 } 11.50$$

以上五項為三階像差值

其中

$$A = n(hc + u)$$

$$\overline{A} = n(\overline{h}c + \overline{u})$$

$$H = n(uh - uh) = Ah - Ah$$

$$\overline{HE} = h/\overline{h} = (HE)^{-1}$$

$$\overline{H} = -H$$

11.2.4 C. G. Wynne 方式

C. G. Wynne 主要將 Welfold 計算式，運用在薄透鏡計算，並簡化其表示方式。說明如下：

首先，定義形狀參數及放大參數：

形狀參數

$$X = \frac{r_2 + r_1}{r_2 - r_1} \qquad \text{式 } 11.51$$

r 若為正－曲率的中心在表面的左邊，r 若為負－曲率的中心在表面的右邊

放大參數

$$Y = \frac{S - S'}{S + S'} = \frac{u - u'}{u + u'} \qquad \text{式 } 11.52$$

將三階像差等項推導結果如下所示：

$$S_I = \Sigma A^2 h \Delta \left(\frac{u}{n}\right) = n_0(hc + u_1)^2 \left\{\frac{u_1 - (n-1)hc_1}{n^2} - u_1\right\} + n_0(hc + u_1)^2 \left\{\frac{u_1 - (n-1)hc_1}{n^2} - u_1\right\}$$

$$= \frac{h^4 K^3}{4 n_0^2} \left\{ \left(\frac{n}{n-1}\right)^2 + \frac{n+2}{n(n-1)^2} \left(X + \frac{2(n^2-1)}{n+2} Y\right)^2 - \frac{n}{n+1} Y^2 \right\}$$

由上式公式中，因為是光在介面上的高度 h 值相等。

其他式子也是以相同方法相加並簡化以 X 和 Y 的函數：

$$S_{II}=\frac{h^2\phi^2H}{2n_0^2}\left\{\frac{n+1}{n(n-1)}X+\frac{2(n+1)}{n}Y\right\}$$

$$S_{III}=\frac{H^2\phi}{n_0^2}$$

$$S_{IV}=\frac{H^2\phi}{n_0^2n}$$

$$S_V=0$$

因為 Petizval 總和，並不受共軛和光欄位置的影響，

若主光線和鏡組的相會是薄透鏡光軸上且方向不變，使得

E. Wiese 的三階像差光欄移位方程式推導方法。可得以下之式子：

$$S_I=\frac{h^2\phi^3}{4n_0^2}\left\{\left(\frac{n}{n-1}\right)^2+\frac{n+2}{n(n-1)^2}\left(X+\frac{2(n^2-1)}{n+2}Y\right)^2-\frac{n}{n+1}X^2\right\}$$

$$S_{III}=\frac{H^2\phi}{n_0^2}-HE\cdot\frac{h^2\phi^2H}{2n_0^2}\left\{\frac{n+1}{n(n-1)}X+\frac{2(n+1)}{n}Y\right\}+(HE)^2\cdot S_I$$

$$S_{II}=\frac{h^2\phi^2H}{2n_0^2}\left\{\frac{n+1}{n(n-1)}X+\frac{2(n+1)}{n}Y\right\}+HE\cdot S_I$$

$$S_{IV}=\frac{H^2\phi}{n_0^2n}$$

$$S_V=HE\cdot\frac{H^2\phi}{n_0^2}\left(3+\frac{1}{n}\right)-3(HE)^2\cdot\frac{h^2\phi^2H}{2n_0^2}\left\{\frac{n+1}{n(n-1)}X+\frac{2(n+1)}{n}Y\right\}+(HE)^3\cdot S_I \quad \text{式 11.53}$$

如此，就可以推出三階像差光欄移位方程式。

11.2.5 G. E. Wiese 的方法的應用

G. E. Wiese 使用 C. G. Wynne 公式光學系統運用在薄透鏡，並將式子簡化。如此應用到三階像差的計算；結果則可形成對光學系統設計的初步分析很有用的工具。下述之方程式可以藉由先前節中對於透鏡元件厚度為零之方程式的應用而導出對單一薄透鏡之像差提出更簡單的計算方法；他將計算因子減化，以形狀參數及放大參數，及其他相關參數來決定各種不同的三階像差：

形狀參數

$$X = \frac{r_2 + r_1}{r_2 - r_1} \qquad \text{式 11.54}$$

r 若為正－曲率的中心在表面的左邊，r 若為負－曲率的中心在表面的右邊

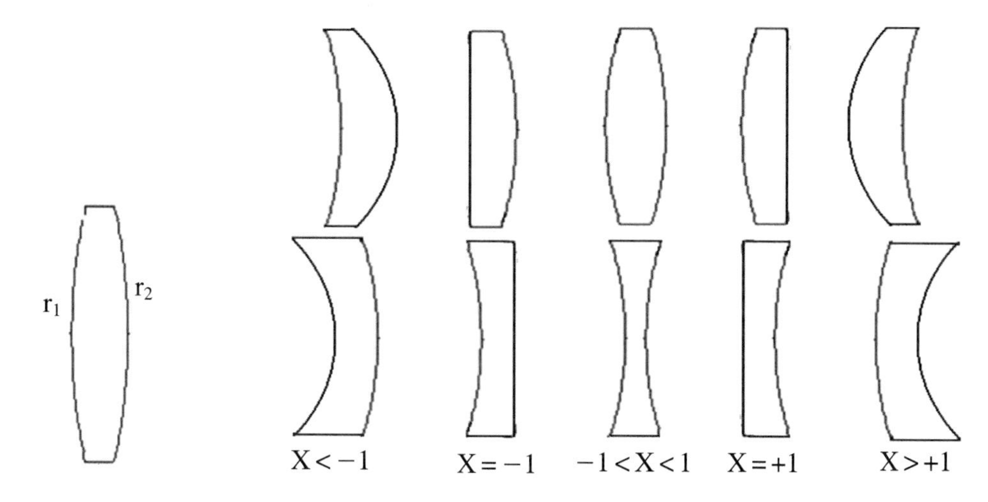

圖 11-18　形狀參數表示圖　　　圖 11-19　不同形狀參數表示圖

放大參數

$$Y = \frac{S - S'}{S + S'} = \frac{u - u'}{u + u'}$$

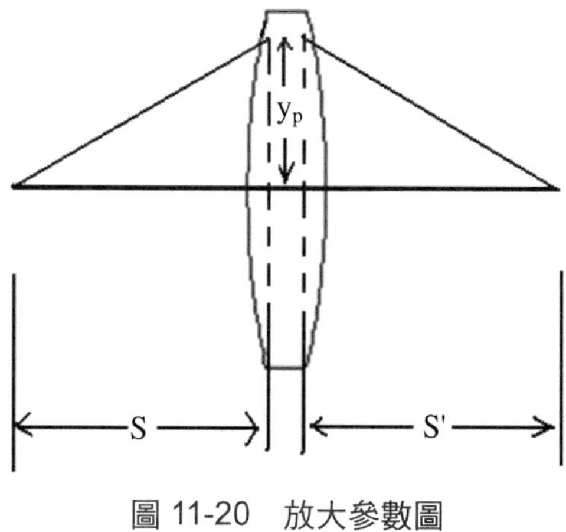

圖 11-20　放大參數圖

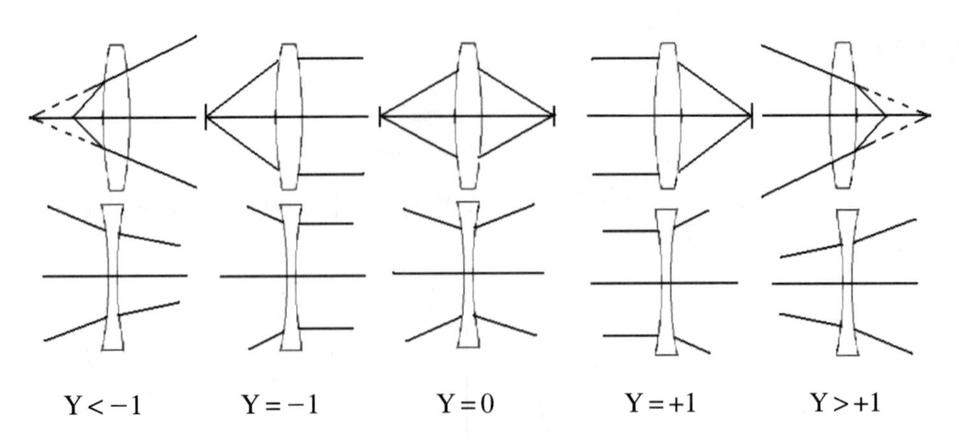

圖 11-21　不同放大參數光路圖

以上的式子，較前些方法較容易且簡單，較被廣泛使用；因此，也被使用在光欄移位時，三階像差的計算。

球差

$$SA=-\frac{1}{8NA}y_p^4\phi^3(AX^2-BXY+CY^2+D)$$

慧差

$$CMA=-\frac{3}{4NA}I\,y_p^2\phi^2(EX-FY)$$

像散

場曲

$$PTZ=-\frac{1}{2NA}I^2\phi\frac{1}{n}$$

畸變

$$DIS=0$$

以上畸變為零是光在薄透鏡入射角和光軸重合；使得參數

軸向色差

$$AC=-\frac{1}{NA}y_p{}^2\phi\frac{1}{V}$$

橫向色差

$$LC = 0 \qquad 式 11.55$$

參數定義如下：

$$A = \frac{n+2}{n(n-1)^2}$$

$$B = \frac{4(n+1)}{n(n-1)}$$

$$C = \frac{3n+2}{n}$$

$$D = \left(\frac{n}{n-1}\right)^2$$

$$E = \frac{n+1}{n(n-1)}$$

$$F = \frac{2n+1}{n}$$

n 為折射率

y_p 為影像高度

I 為光學不變量和 Welford 定義相同

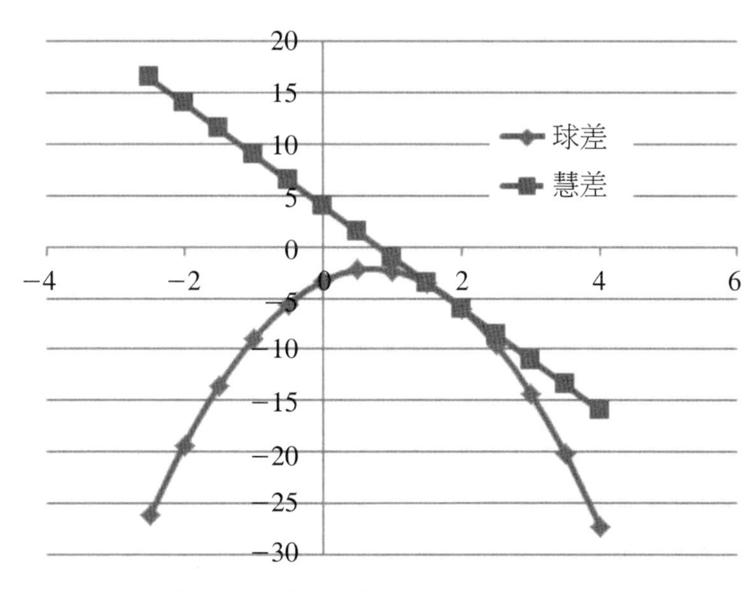

圖 11-22　用 G. E. Wiese 公式計算像差

孔徑光欄的位置可以影響像差，有關參數定義如下：

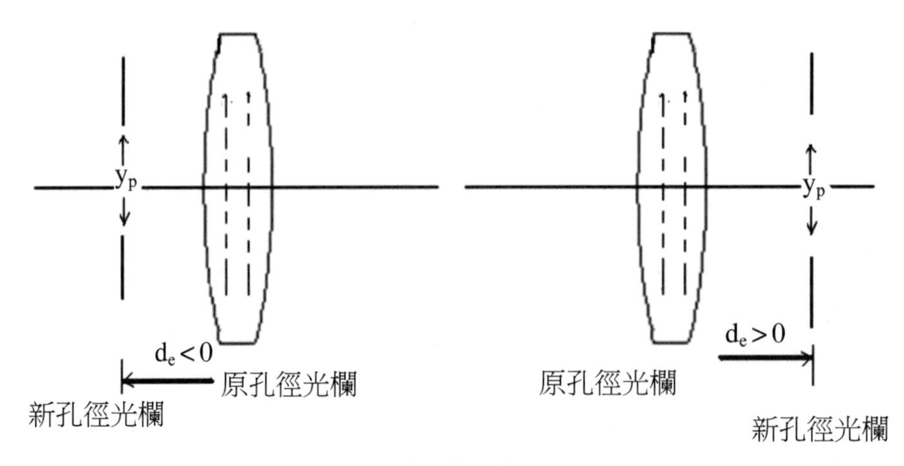

圖 11-23　孔徑光欄的位置圖

若是孔徑光欄位置改變，也可以使得像差改變；若為了特定像差，可以使用以下之方程式而達到其原初的目的。

孔徑光欄移動因子

$$Q = -\frac{d_e}{(Y-1)d_e - 2f} \qquad \text{式 } 11.56$$

球差

$$SA' = SA = -\frac{1}{8NA} y_p^4 \phi^3 (AX^2 - BXY + CY^2 + D)$$

慧差

$$CMA' = -\frac{3}{4NA} I y_p^2 \phi^2 (EX - FY + Q(AX^2 - BXY + CY^2 + D))$$

像散

$$AST' = -\frac{1}{NA} I^2 \phi (1 + 2Q(EX - FY) + Q^2 (AX^2 - BXY + CY^2 + D))$$

場曲

$$PTZ' = PTZ$$

畸變

$$DIS' = -\frac{1}{NA}\frac{I^3}{y_p^{\,2}}\left(Q\left(\frac{1}{n}+3\right)+3Q^2(EX-FY)+Q^3(AX^2-BXY+CY^2+D)\right)$$

軸向色差

$$AC' = AC = -\frac{1}{NA}y_p^{\,2}\phi\frac{1}{V}$$

橫向色差

$$LC = -\frac{1}{NA}I\frac{Q}{V} \qquad \text{式 } 11.57$$

以上為孔徑光欄位置改變之像差

11.2.6 像差公式的應用

使用 C. G. Wynne 公式光學系統運用在薄透鏡上的公式，對單一鏡片或雙膠合鏡很容易求其解：

・抗球差鏡組

可以運用 C. G. Wynne 球面公式 S_I，

$$S_I = \frac{h^4K^3}{4n_0^{\,2}}\left\{\left(\frac{n}{n-1}\right)^2+\frac{n+2}{n(n-1)^2}\left(X+\frac{2(n^2-1)}{n+2}Y\right)^2-\frac{n}{n+1}Y^2\right\}$$

由上式可以有二個最小值：其就是

若

$$X = -\frac{2(n^2-1)}{n+2}Y$$

$$S_{I,MIN} = \frac{h^4K^3}{4n_0^{\,2}}\left\{\left(\frac{n}{n-1}\right)^2-\frac{n}{n+1}Y^2\right\}$$

另一是以 Y 的二次函數，使其項為零，則可以表示如下：

$$S_{I,MIN} = \frac{h^4K^3}{4n_0^{\,2}}\left\{\left(\frac{n}{n-1}\right)^2-\frac{n(n+2)}{4(n^2-1)^2}X^2\right\}$$

以上二式都可為零：

若前式為零，

$$Y^2=\frac{n}{n+1}\left(\frac{n-1}{n}\right)^2$$

則若玻璃材料折射率 n = 1.5 左右，則放大參數絕對值 Y 在 4.5 和 2.5 之間；

若後式為零，

$$X^2=\frac{4n(n+1)^2}{n+2}$$

若玻璃材料折射率 n = 1.5 左右，則形狀參數絕對值 X 在 3.3 和 8 之間

以上形狀參數和放大參數在+1 到 −1 之間時，球面像差不會為零；若要為零在形狀參數的要求下，形狀必須是極端的半月型；折射率偏高，如高折射率大於 1.8 玻璃材料，或矽及鍺材料。

若依照以上的公式，適當形狀和折射率選擇時，單一鏡組球差的校正；在材料已被限制時，依以上的關係式，可以得到最小球差。

例 11-2 若物件在無限遠：放大參數 Y 為 1，若折射率 n 為 1.5，最小球差為何？

若在極小值時：

$$X=-\frac{2(n^2-1)}{n+2}Y$$

可得到：

$$S_{I,MIN}=\frac{h^4\phi^3}{4{n_0}^2}\left\{\left(\frac{n}{n-1}\right)^2-\frac{n}{n+1}Y^2\right\}$$

若物件在無限遠：Y = 1，代入 S_I，

可以得到球面像差為：

$$S_{I,MIN}=\frac{h^4\phi^3}{4{n_0}^2}\left\{\left(\frac{n}{n-1}\right)^2-\frac{n}{n+1}\right\}$$

例 11-3 證明將一個單鏡分為兩個透鏡可以減少球差？

若以上例將鏡組分為二個鏡組

$$\phi_a=\phi_b=\frac{1}{2}\phi;\ Y_a=1,\ Y_b=3$$

若在極小值時：

$$X_a=-\frac{2(n^2-1)}{n+2}Y_b$$

$$X_b = -\frac{2(n^2-1)}{n+2} Y_b$$

$$S_{I,MIN} = \frac{h^4\phi^3}{4n_0^2}\left\{\left(\frac{n}{n-1}\right)^2 - \frac{n}{n+1} Y_a{}^2\right\}$$

$$S_{I,MIN} = \frac{h^4\phi^3}{4n_0^2}\left\{\left(\frac{n}{n-1}\right)^2 - \frac{n}{n+1} Y_b{}^2\right\}$$

若二式相

$$S_{TOTAL} = SA_{a\,min} + SA_{b\,min} = \frac{h^4\phi^3}{4n_0^2}\left\{\left(\frac{n}{n-1}\right)^2 - 10\frac{n}{n+1} Y_a{}^2\right\}$$

若折射率為 $n = 1.5$ 時，球差為原有球差之 0.2 倍；因此可知，若鏡片一分為二可以減少球差。

例 11-4 如何設計一消球差的鏡組

依 G. E. Wiese 的薄透鏡簡易像差公式，消球差的單鏡組的球差和慧差必須為零：

球差

$$SA' = SA = -\frac{1}{8NA} y_p^4 \phi^3 (AX^2 - BXY + CY^2 + D) = 0$$

慧差

$$CMA' = -\frac{3}{4NA} I\, y_p^2 \phi^2 (EX - FY + Q\,(AX^2 - BXY + CY^2 + D)) = 0$$

由球差式得知：

若參數 A 到 B 參數已定出，可以解出 X 和 Y 關係解；

若假設放大參數已定出，也就是相對位置物件和像面位置已經確定，

$$Y = \frac{S - S'}{S + S'} = \frac{u - u'}{u + u'}$$

$$S' = -nS$$

$$Y = \frac{S - S'}{S + S'} = \frac{n+1}{n-1}$$

$$X = \pm(2n+1)$$

$$r_1 = \frac{n}{n+1} r_2 = \frac{n}{n+1} S$$

$$r_1 = \frac{n}{n+1} r_2 = -S$$

再將形狀參數和放大參數代入可得球差為折射率函數：

$$SA'(n) = SA(n) = -\frac{1}{8NA} y_p^4 \phi^3 (A(n)X(n)^2 - B(n)X(n)Y(n) + C(n)Y(n)^2 + D(n)) = 0$$

上式可為一多項式解，若折射率折射率在目前可得到的光學材料 $n = 1.0$ 到 $n = 4.2$，則本設計就可以完成。

例 11-5 光學系統為何需要平場鏡？

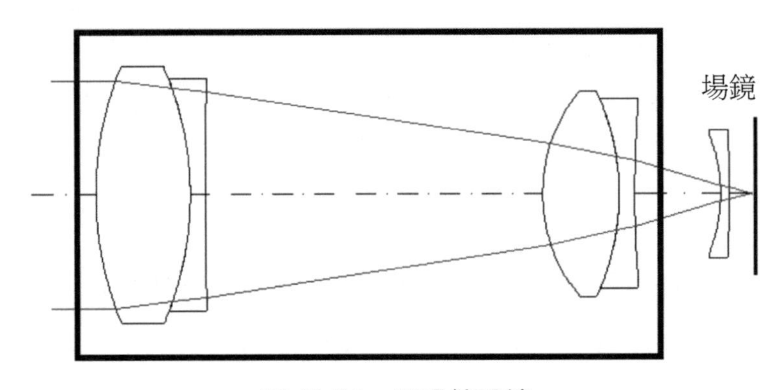

圖 11-24　平場鏡系統

一般光學系統的場曲為負時，

$$PTZ < 0$$

由場曲公式可知

$$PTZ = -\frac{1}{2NA} I^2 \phi \frac{1}{n}$$

若屈光率 I 為負時，可以使得場曲為正。

例 11-6 薄半月形鏡片可以場曲性質

$$PTZ = -\frac{1}{2NA} I^2 \phi \frac{1}{n}$$

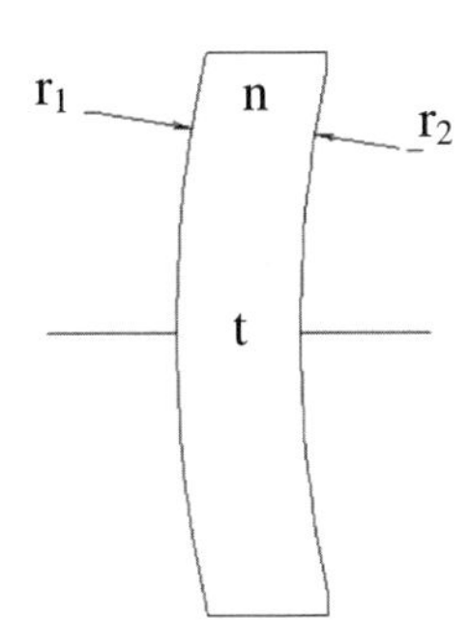

圖 11-25　薄透鏡

$$PTZ = -\frac{1}{2NA} I^2 \phi \frac{1}{n}$$

由於

$$r_1 = r_2 = r$$

$$f = \frac{n}{(n-1)^2} \frac{r^2}{t}$$

$$\because r \gg t$$

$$\therefore f \propto \infty$$

$$\phi \propto 0$$

因此

$$PTZ = -\frac{1}{2NA} I^2 \phi \frac{1}{n} \cong 0$$

$$r_2 = r_1 - t = r - t$$

$$f = -\frac{n}{(n-1)} \frac{r(r-t)}{t}$$

$$PTZ = \frac{1}{2NA} I^2 \frac{(n-1)}{n} \frac{t}{r(r-t)}$$

例 11-7　如何設計一抗色差之雙合鏡

抗色差之雙合鏡的條件：

$$AC = 0 \Rightarrow y_p{}^2 \left(\frac{1}{f_a V_a} + \frac{1}{f_a V_b} \right)$$

$$LC = 0$$

對任何光欄位置

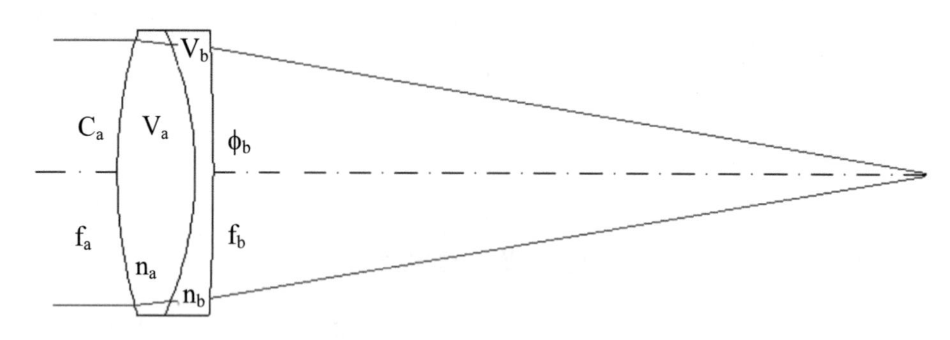

圖 11-26　雙膠合鏡組

可以解出

$$f_a = \frac{V_a - V_b}{V_a} f$$

$$f_b = \frac{V_a - V_b}{V_b} f$$

例 11-8　對稱鏡組的設計

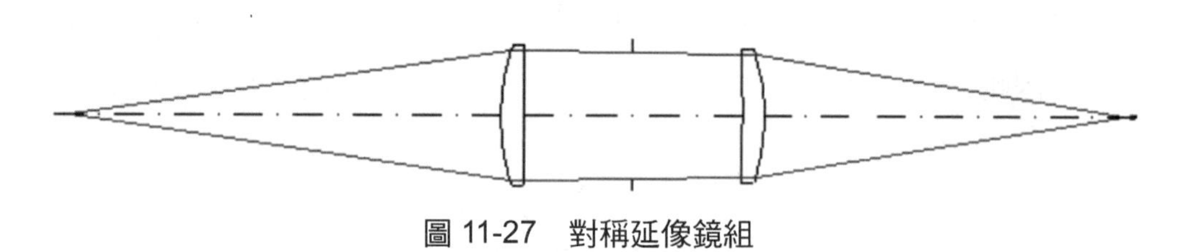

圖 11-27　對稱延像鏡組

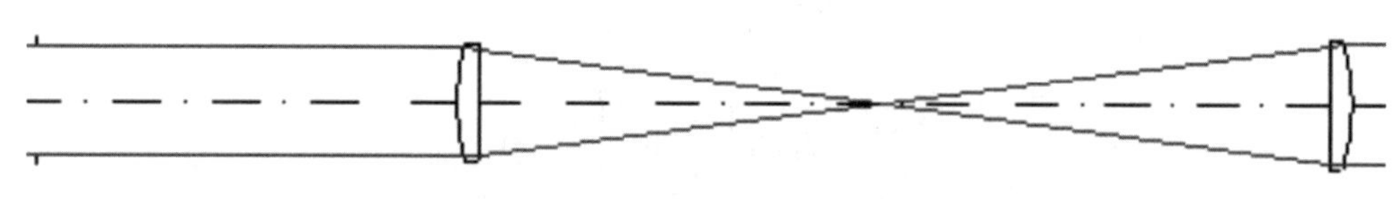

圖 11-28　對稱無限共軛鏡組

$$f_a = f_b$$
$$n_a = n_b$$
$$X_a = -X_b$$
$$Y_a = -Y_b$$
$$CMA_a' = -\frac{3}{4NA} I y_p^2 \phi^2 (EX - FY + Q\,(AX^2 - BXY + CY^2 + D)) = -CMA_b'$$
$$CMA_{Total} = CMA_a' + CMA_b' = 0$$

因而像差可以為零。

若是使用多鏡片可以減少像差；若球差可以校正，慧差不能校正；如球差，慧差被校正時，像散不能用孔徑光欄不同而改變。

11.3 影響像差的因素

依照前節的方法，可以分別計算影響像差的因素。

11.3.1 三階球面像差所造成的幾何點像

三階球面像差可以直接從一個點的成像作截線來找到在成像上的縱向和光軸的交點（圖 11-29）。對於軸上的點來說，成像上的模糊點是具對稱性且大小是可被預測的。圖 11-29 表示在系統的像平面附近，被球面像差所影響的光線軌跡。顯然的，最小的模糊點位在縱向焦點與平行軸焦點的中間，且是從平行軸焦點到縱向焦點的 3/4。

圖 11-29 上半部利用光線軌跡表示在焦距附近的球面像差最小的模糊點發生在從平行軸焦點算起，0.75 倍的線段 LA_M 處。下半部的圖表示，在同樣的球面像差下，成像光線與光軸的交線（H'對 U'），虛線的斜率（dH'/d tanU'）等於 0.75 LA_M 而此了調虛線的間距代表模糊點的直徑大小

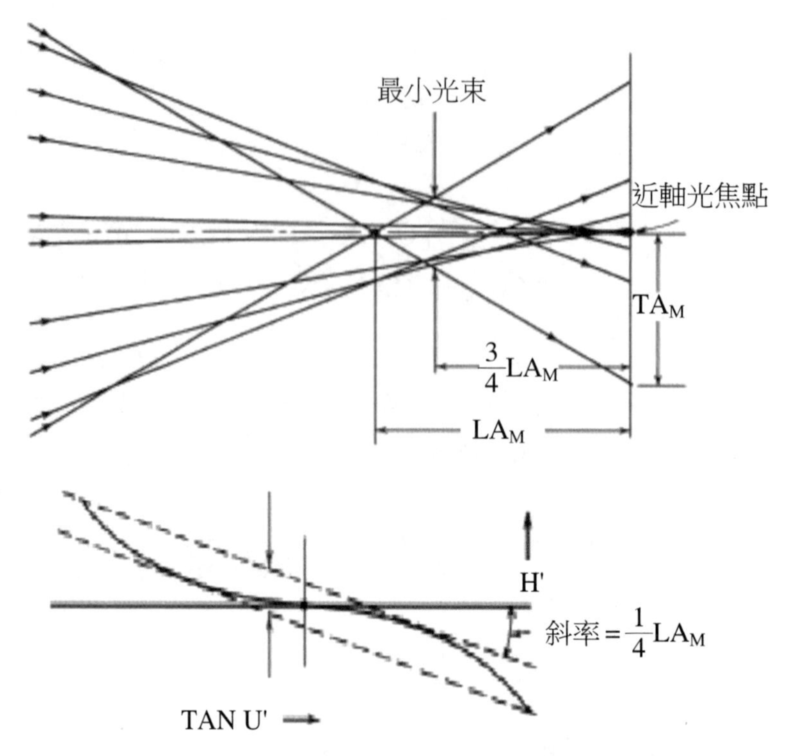

圖 11-29　圖上半部利用光線軌跡表示在焦距附近的球面像差

此模糊點的直徑可由：

$$B = \frac{1}{2} LA_m \tan U_m$$

$$= \frac{1}{2} TA_m \qquad \text{式 11.58}$$

11.3.2 透鏡形狀與光欄位置對於像差的影響

不管是考慮後透鏡的焦深公式：

$$\frac{1}{f} = (n-1)\left(\frac{1}{R_1} - \frac{1}{R_2} + \frac{n-1}{n}\frac{t}{R_1 R_2}\right) \qquad \text{式 11.59}$$

或是薄透鏡焦深公式：

$$\frac{1}{f} = (n-1)\left(\frac{1}{R_1} - \frac{1}{R_2}\right) = (n-1)(C_1 - C_2) \qquad \text{式 11.60}$$

對於在給定折射係數和透鏡厚度下，一樣的焦深是包含無限多的 R_1 與 R_2 的組合。所以一特定光焦度的透鏡組可以任何不同形狀呈現或有不同的彎曲程度。透鏡組的像差會顯著的隨外形改變而改變；這些像差是光學設計的重要參數。

然而球面像差與彗星像差會隨著透鏡外形有極大的變化。若以

$$S_I = \frac{h^4\phi^3}{4n_0^2}\left\{\left(\frac{n}{n-1}\right)^2 + \frac{n+2}{n(n-1)^2}\left(X + \frac{2(n^2-1)}{n+2}Y\right)^2 - \frac{n}{n+1}Y^2\right\} \qquad \text{式 11.61}$$

$$S_{II} = \frac{h^2\phi^2 H}{2n_0^2}\left\{\frac{n+1}{n(n-1)}X + \frac{2(n+1)}{n}Y\right\}$$

以薄透鏡的焦距及焦光率公式

$$\phi = \frac{1}{f} = (n-1)[c_1 - c_2] = (n-1)\left[\frac{1}{r_1} - \frac{1}{r_2}\right]$$

配合型狀參數式

$$X = \frac{r_2 + r_1}{r_2 - r_1}$$

$X < -1$　$X = -1$　$-1 < X < 1$　$X = +1$　$X > +1$

及放大參數為 1，是以無窮遠為光源。

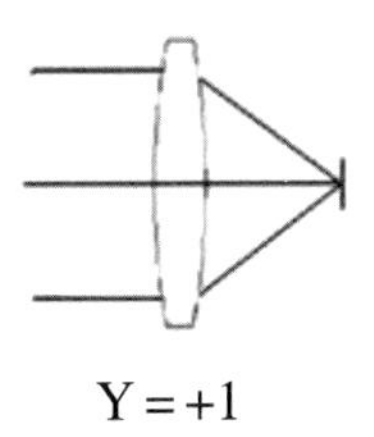

Y = +1

由上式所定之參數及玻璃折射率，像高等參數，代入式可得到以下之圖形

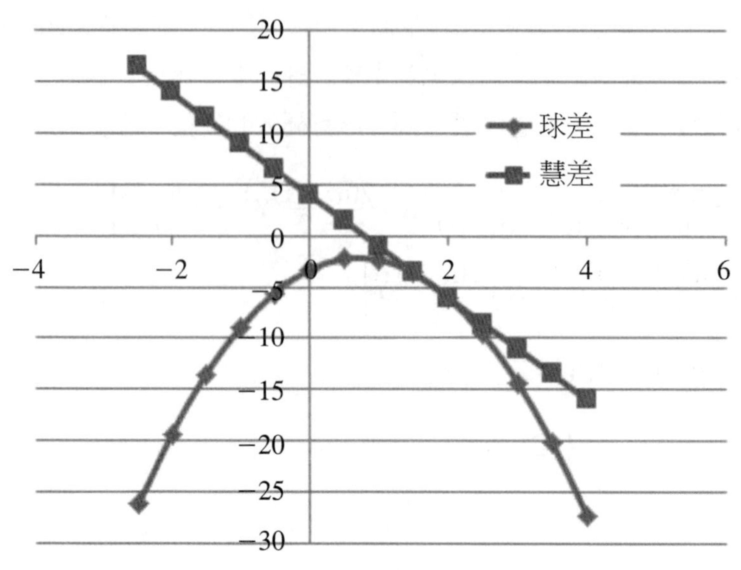

圖 11-30　球面像差與彗星像差為透鏡形狀的方程式

圖 11-30 為這兩種像差的量與透鏡第一面曲率關係作圖。這裡發現彗星像差隨著透鏡外形有線性的變化，當透鏡是新月形（兩面都是凹面朝向物體）時，有最大的像差正值。當透鏡彎成平凸透鏡、凸平透鏡和凸狀新月形，彗星像差會變成負值，在凸平形狀附近時有零值。

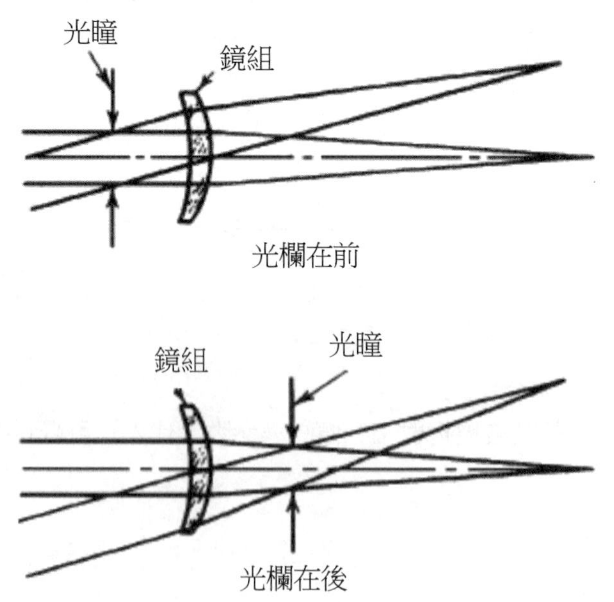

圖 11-31　當光欄離開透鏡的情況。這裡可以發現斜率光束在光欄置於前跟置於後是通過完全不同的透鏡區域

此透鏡的球面像差總是校正不足的，它的球差圖為一有垂直軸的拋物面。要注意的是球面像差到達最小值（或正確的說達到最大值，因為都是負值），此時大概為彗星像差為 0 時的透鏡形狀。既然這樣，如果透鏡要作為望遠鏡物鏡，在視角相當小之下會選擇此形狀。另外如果物體與影像都是真實的（即非虛擬的），正透鏡的球面像差值絕對是負的（校正不足的）。

現在，選擇一特定透鏡形狀，即 $C_1 = -0.02$，光欄放置與透鏡有所間隔，如圖 11-31 所示，觀察其所造成的影響。球面像差與軸像色散像差對於光欄的移動完全不會改變，因為軸光線不管光欄位置在哪裡都以同樣方式射入透鏡。然而當光欄在透鏡後面時，橫向色散像差與畸變的正值，而光欄在透鏡前時則是負的值。

圖 11-32 所示橫向色散像差、畸變像差、彗星像差與正切場曲（tangential field curvature）為光欄位置函數。移動光欄所造成最普遍明顯的效果是發現有彗星像差與像散像差的變化。當光欄往物體靠近，彗星像差會隨光欄位置而線性減少，光欄在透鏡前 18.5mm 時彗星像差達到零值。像散像差的負值會變的比較小，所以正切影像的位置會非常靠近近軸焦面（近軸 focal plane）。既然像散像差式是光欄位置的二次函數，正切場曲（x_t）的圖會是拋物面。這裡要注意的是拋物面最大值時的光欄位置，恰為彗星像差為零的位置。這就是所謂的光欄自然位置（natural position），對於所有校正不足初級球面像差的透鏡組來說，自然光欄位置或無彗星像差的光欄位置會比其他位置產生更向後彎曲的場曲（backward curving field）（或是比較不向內彎曲）。

圖 11-32 展示的是當光欄固定接觸在透鏡上時透鏡形狀的影響，而圖 11-34 是在透鏡形狀維持固定時光欄位置的影響。對於每一個考慮的簡單透鏡形狀都有一個自然光欄位置，在圖 11-35 中透鏡組的像差在一次對透鏡形狀關係作圖，然而在圖中像差的值，是當光欄在自然位置上時的。所以對每一個彎曲的彗星像差都因為選擇在這光欄位置而抵消掉，而視角則是盡可能的向後彎曲。

由上圖可知最小球面像差的透鏡會產生最大的場曲，所以此形狀在光軸附近會產生最好的影像，但在寬視場範圍（wide field converage）則就不太適合。新月形狀不管哪一方向都是不錯的寬視場選擇，雖然在這樣情況下的球面像差很大。這種類型的透鏡會用於便宜的照相機上，其感光度為 f/11 或 f/16。

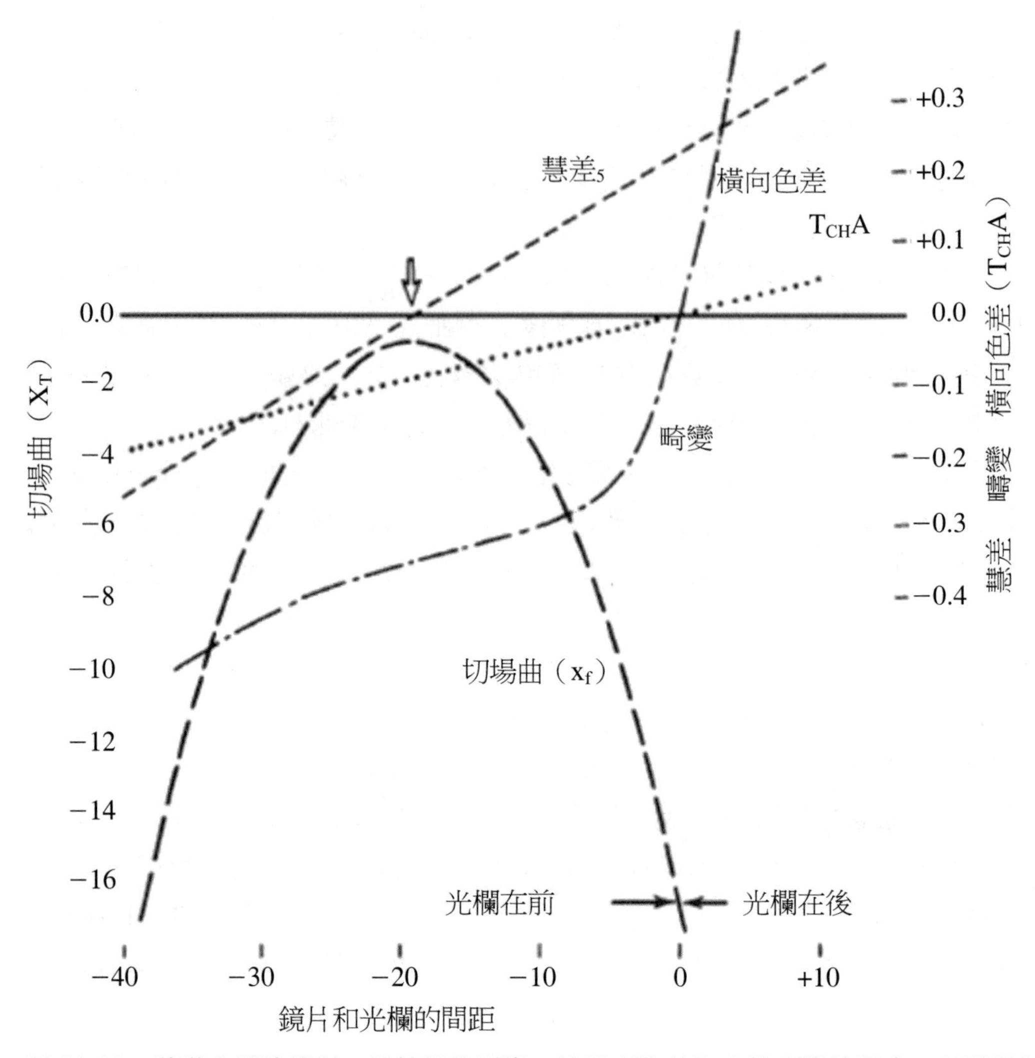

圖 11-32 移動光欄位置對一單鏡組的影響。箭頭所指的為自然光欄位置處，此點的彗星像差為 0（efl = 100，$C_1 = -0.02$，speed = f/10，視場角正負 17°）

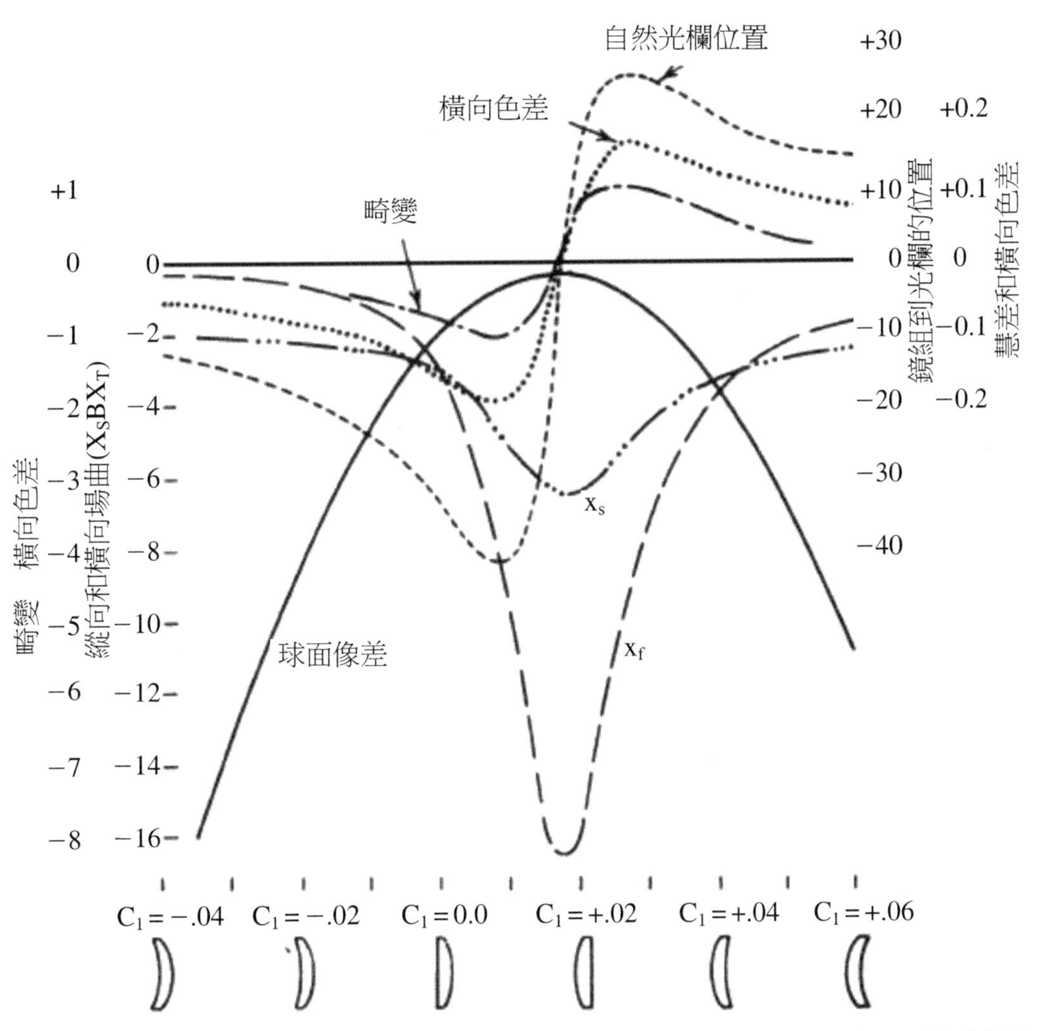

圖 11-33　當光欄位於自然位置上（慧差為零）時，像差隨透鏡形狀變化。透鏡資料為 100mm，f/10，視場角正負 17°，BSC-2 玻璃材質（517：645）

11.3.3 像差校正與殘餘校正

圖 11-34 橫向色散像差也可稱作不同顏色放大倍率（chromatic difference of magnification），造成不同波長有不同影像大小。

例如用一範例來說明，將考慮一由硼矽酸鹽（borosilicate）冕牌玻璃（crown glass）（又稱 BK 玻璃）的薄正透鏡，其焦深 100mm、光欄 100mm（感光度 f/10），對於無限遠的物體成像，視角（field of view）正負 17°。典型硼矽酸鹽冕牌玻璃是 517：

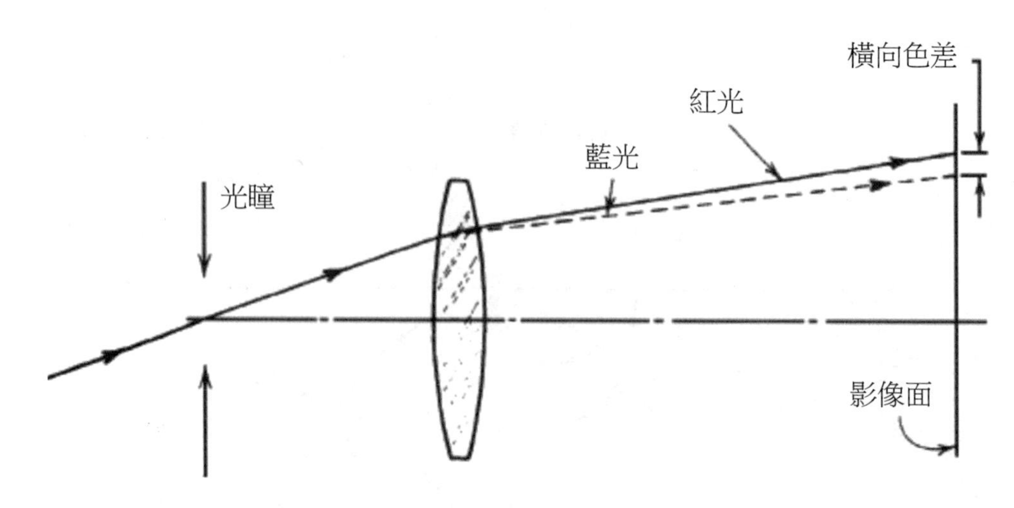

圖 11-34 橫向色散像差

642，對於氦的 d 譜線（波長 5876Å）來說是折射係數為 1.517，對於 C light（波長 6563Å）來說折射係數 1.51432，而對於 F light（波長 4861Å）其折射係數為 1.52238。

如果，先假設光欄或一限制的孔徑與透鏡相重合，可以發現像差並不會隨著透鏡外形而變化。軸色散像差（軸色差）是常數，其值為 −1.55mm（校正不足的）；所以藍光（F light）焦點比紅光（C light）焦點靠近透鏡，為 1.55mm。像散和場曲（field curvature）也都是常數。在視場的邊上（離光軸 30mm 以上），弧矢焦點（sagittal focus）比近軸焦點靠近透鏡 −7.5mm，而正切焦點（tangential focus）在近軸焦點往內 16.5mm 上。另兩種像差：畸變像差與縱軸色散像差，當光欄在透鏡上時，其值為零。

在前節中提到對於一簡單光學系統的兩種方法去控制像差，那就是透鏡形狀與光欄位置。為了有更多的應用，高階的校正是很需要的，必要時還會結合不同正負像差的光學元件，如此系統的像差可以藉由某一元件的像差來彼此消除或校正。一個經典的例子就是用於望遠鏡物鏡的消色散雙透鏡組，如圖 11-35。一簡單正光學元件會被校正不足的球面像差和色散像差所困擾。在負光學元件中則是相反，是被過度校正像差所擾。在雙膠合透鏡中，一正元件與一較小屈光率（焦距倒數）的負元件（less powerful negative element）結合，這樣的方式造成像差彼此互相抵消。正透鏡由低色散玻璃（冕牌 crown）所製造，而負元件由高色散玻璃（火石）所製造。因此負元件每單位屈光度（per unit of power）有嚴重的色散像差，藉由比冕牌元件有嚴重像散為特色。可選擇用來相對元件的曲率可精確的消除冕牌元件聚焦時的色散像差。

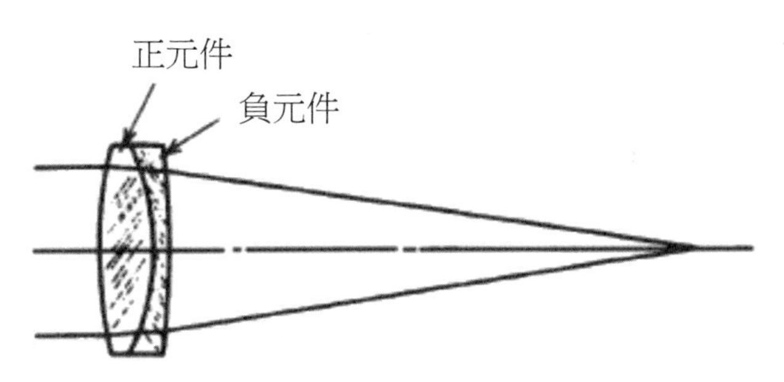

圖 11-35　消色散雙合鏡組的望遠物鏡。兩元件的 power 與形狀都搭配好使得可以彼此消除像差

色差和球面像差的狀況相似；除了元件的屈光度、形狀以及折射係數，取代在顏色的放大率與色散值（dispersion）有關之外；如果負元件的折射係數比正元件來的高，且靠內邊的面是發散的面，那麼在平衡外邊面的校正不足像差時將會造成過度校正球面像差情況。

像差校正通常對於透鏡的光欄區（zone of the aperature）或斜射角度的問題校正可以很精確，因為個別的元件並不會對所有區域與所有角度都精確的平衡抵消。因此對於光束射入光欄邊界造成的透鏡球面像差可以校正到零時，通過光欄其他區域的光束通常不會聚於近軸影像點上。圖 11-36 是對於「已校正」的透鏡其特有縱向球面像差的圖示。這裡發現只有通過某一環帶的光束會相交於近軸交點上。通過比這環帶還小的光束其聚焦點較靠近透鏡系統，為校正不足球面像差；在校正環帶以上的光束則是過度校正像差。校正不足的像差稱作殘餘像差，或球帶像差（zonal 像差）；圖 11-36 可以說是展示了未校正的球帶像差。對於一般光學系統這是很平常的情況。偶爾一系統才會設計成帶有過度校正球帶像差，不過這不是很常見。

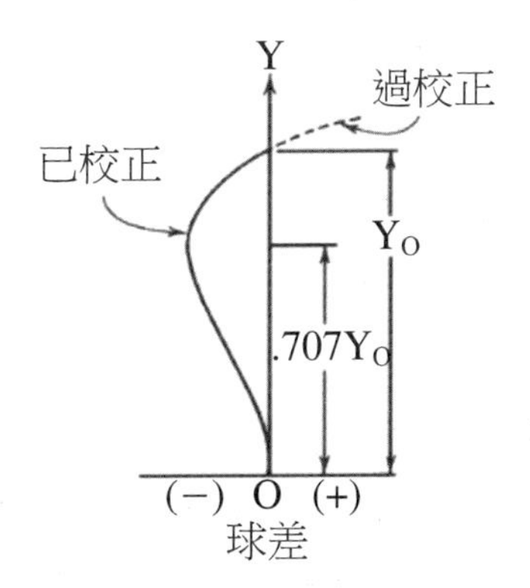

圖 11-36　已校正透鏡的縱向球面像差對光束高度的關係圖。對於大部分的透鏡，最大值的校正不足像差發生在無球差光線高度 0.707 倍的地方

色散像差的殘餘校正有兩種形式。藉由使兩個不同波長的焦點重合來校正色散像差。然而因為大多數光學材料的自然特性，用來消色散的正負光學元件其非線性色散是不互相匹配的，所以其他波長的焦點並不會與所選擇兩個顏色的焦點相重合。不同焦深的現象稱作第二譜線（secondary spectrum）。圖 11-37 是一典型的消色散透鏡其背焦距離（back focal distance）對波長關係作圖，這裡紅光（C light）與藍光（F light）聚於同一焦點。黃光聚焦點在紅藍光焦點之前，約紅藍光焦深的 1/2400 長度。

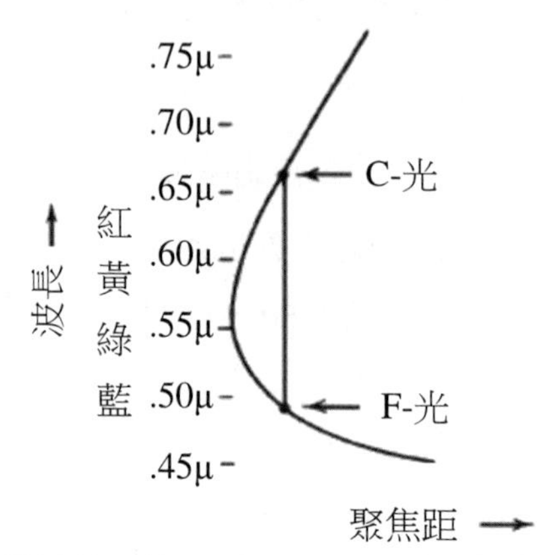

圖 11-37　一典型消色散雙透鏡的第二級譜線，其把 C light 與 F light 校正在同一焦點上。C 與 F 的共焦點與曲線最小處（在黃綠光區，大約 0.55μ）的距離稱作第二級譜線

第二光譜的殘留色散像差可使視為因光束入射高度不同而有不同色散像差，或是說不同波長有不同的球面像差，這可稱作球色散像差（球色差）。平常的球色散像差之下，藍光的球面像差是過度校正的，而紅光球面像差是校正不足的（當黃光的球面像差被完全校正時）。圖 11-38 是一典型具有大孔徑的消色像差雙合鏡組其三個不同波長下的球面像差圖。校正調整使得打在透鏡 0.707 倍邊緣光光線高（marginal ray height）的紅光和藍光可以聚焦於同一點。以此高度入射的黃光，其焦點距離紅藍焦點的距離，當然就是先前所討論的第二譜線。這裡要注意在 0.707 環帶之上，色散像差會是過度校正的，而在此環帶之下是校正不足的，所以一半的透鏡孔鏡區域是過度校正而另一半是校正不足。

其他的像差也有類似的殘留像差。彗星像差在某一角度下可以完全校正，但在此角度之上的斜率會過度校正，而此角度之下是校正不足的。彗星像差也會隨光欄遭遇到正負號的改變，當光欄中心部分是過度校正的而外邊環帶就是校正不足的。

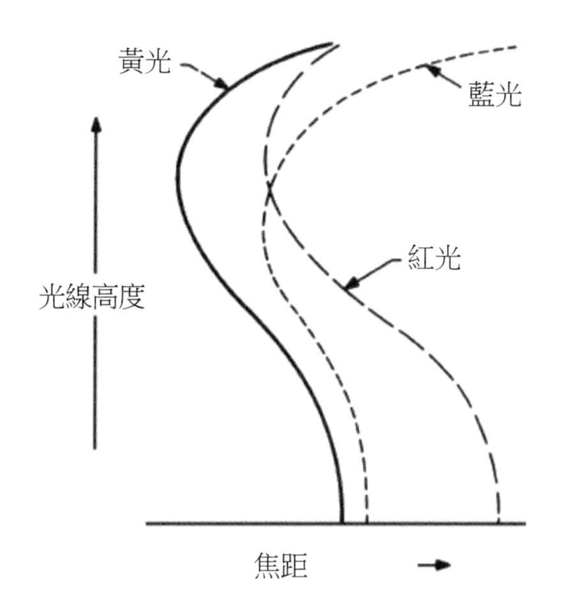

圖 11-38 球色散像差（球色差）。一已校正透鏡的三個不同波長之縱向像差。對於黃光的邊緣球差是校正完全的，不過對於藍光來說是過度校正的，而紅光是校正不足的。在此環帶上其色散像差是校正到零的，但在此環帶之上是過度校正的，而在其下為校正不足的。橫向像差的圖則在圖 11-3

像散像差通常會與視場角有顯著的變化。圖 11-39 為一典型攝影用無像散透鏡（抗像散）的弧矢場曲與正切場曲，這裡像散像差在某一環帶的值為零。這一個點稱作節點（node），超過節點後兩聚焦面會快速的分開為其特色。

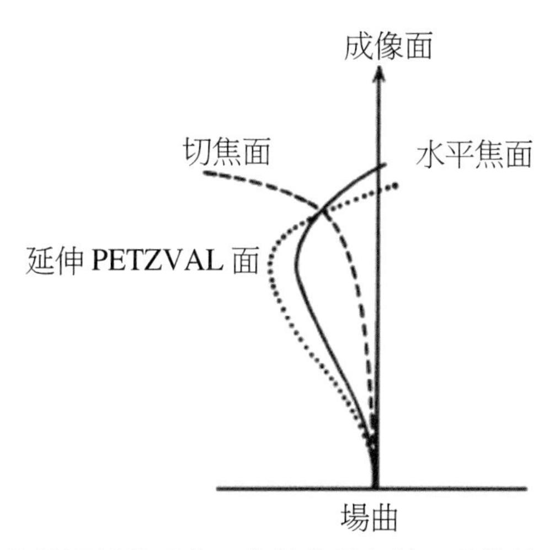

圖 11-39 攝影用無像散透鏡的場曲。像散像差在某一環帶校正完全，但在此環帶下則是校正不足

11.3.4 光欄與視場物件差的變化

光欄大小或視場之關係，整理如下表。

表 11-1　三階像差對光欄與場域變化

像差	對於光欄影響	I 視場角
球差（縱向）	y^2	
球差（橫向）	y^3	
彗差	y^2	h
場曲（縱向）		h^2
場曲（橫向）	y	h^2
像散（縱向）		h^2
像散（橫向）	y	h^2
畸變（線性）		h^3
畸變（百分比）		h^2
軸色差（縱向）		
軸色差（橫向）	y	
垂直色差		h
垂直色差（CDM）		

表 11-1 列舉了初級像差與半孔徑（semi-aperture）y（在第一個縱列上）之間的關係，第二縱列上的是視高（image height）與像差的關係。為了說明這個圖表，假設一個透鏡組，其像差未知；當光欄直徑增加 50%以及視場範圍減少 50%後，希望知道像差的大小。新的 y 值為原本的 1.5 倍，而新的 h 值為原本的 0.5 倍。

既然縱向球面像差是隨 y^2 變化，所以光欄變成 1.5 倍會造成球差變成$(1.5)^2$，也就是 2.25 倍增加。同樣的，橫向球面像差隨 y^3 變化，則會變成$(1.5)^3$，也就是 3.375 倍大（該事實就是球面像差造成影像模糊）。

彗星像差隨 y^2 與 h 變化，所以彗星像差將變成原來的$(1.5)^2\times0.5$，也就是 1.125 倍。佩茲瓦曲率和縱向像散像差（像散）隨著 h^2 變化，所以會比先前值減少，$(0.5)^2$也就是 0.25 倍，此時由於橫向像散像差或場曲所造成的模糊大小會是原來的 $1.5(0.5)^2$，也就是 0.375 倍。

透鏡組的像差也與物體跟影像位置有關。舉例來說，一個適當校正的透鏡組對於無限遠物體成像，如果用於對附近的物體成像會是非常糟的校正。這是因為隨著物體位置改變，光束路徑與入射角度也改變。

顯然，如果所有光學系統的尺寸倍放大或縮小，線性的像差也會以一樣的比例比率縮放。所以如果有效焦距為 100mm，f/# = 10 簡單透鏡組作例子，其焦長增加到 200mm，光欄增加為 20mm，而且視角範圍涵蓋增加到 120mm，然後像差也會增加兩倍。然而，這裡要注意的快門光感率（speed），即 f/number，仍然保持 f/10 且視場角也保持在正負 17°。因此畸變像差的百分比沒有變化。

像差偶爾會以角像差來表示。舉例來說，系統橫向球面像差對系統的第二主點的弧角，這個角度就是角像差。要注意的是角度像差不會隨著光學系統的尺寸縮放而改變。

11.3.5 光束截斷曲線與像差階數

當成像面與一扇狀子午光線相交的高度對光線的斜率（從透鏡射出時）作圖，這結果曲線稱作光束截斷曲線（ray intercept curve）或 H'-tan U'曲線。此截斷曲線的形狀並不是只直接的指出偏離的量或是影像的模糊量，也可以用來表示哪一種像差發生。以圖 11-3(b)當作例子來說，就表現了簡單未校正的球面像差。

在圖 11-40 中，從一定遠物體點射出一斜率扇狀分布的光線在 P 點形成一完美焦點。如果參考面通過 P 時，H'-tan U'曲線的將會是水準直線。然而，如果參考面在 P 點之後，光束截斷曲線會變成一斜率直線，當 tan U'減小而高度 H'也減小。所以明顯的發現參考面的平移（或是系統聚焦平移）與 H'-tan U'座標的旋轉相等。這類型像差的表示方式其有用特色為可讓使用者直接地藉由簡單旋轉圖的橫座標來評估光學系統重新聚焦的效果。要注意的是軌跡線的斜率（ΔH'/Δtan U'）與參考面到聚焦點的距離（δ）正好相等，所以對於一斜率扇狀分布光線，其正切場曲率與光束截斷曲線的斜率相等。

畫光線焦點時採用的習慣為：(1)正影像高度（即在光軸上方）、(2)穿過透鏡頂部的光束畫在圖的右方上方末端。對於複合系統，藉第二個元件來分程傳遞影像，畫在右方的光束有最大的負斜率，即穿過第一個元件底部的光束。這結果就是在光束截斷圖中的像差正負可以馬上被識別出來。舉例來說，校正不足球面像差的圖總是在右邊盡頭曲線向下，在左邊曲線向上；正彗差總是經過連接兩端主光線所代表點之圖示線之上端，特別值得注意的是在 H'-tan U'圖中，其繪圖慣例與光線斜率符號採用方式相反。

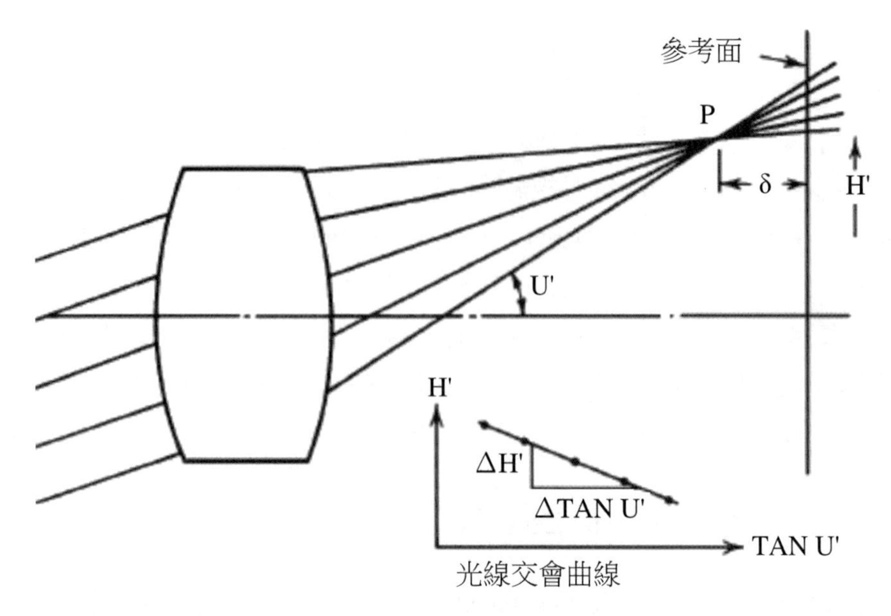

圖 11-40 對於未落在交點上參考面的光線截斷曲線（ray intercept curve，H'-tan U'），為一斜率直線。此線（ΔH'/Δtan U'）的斜率在數學上相等於δ，為參考面到焦點的距離。這裡要注意δ相等於 X_T，X_T 為當參考面選在近軸焦點面上時的正切場曲

圖 11-41 中展示一些截面曲線，每一個都代表像差。這些曲線的產生是藉由對每一個像差繪出每一光束路徑在每一點交叉高度與相對光束斜率角度的點畫出之曲線。在圖 11-41 中並沒有展示出畸變像差的圖；畸變像差是以曲線的垂直位置到近軸影像高度 h'來表示。縱向色差是用橫向色散像差以兩個不同表示的垂直曲線表示出來。圖 11-41 的光束截斷曲線是由追跡從物體點射出的扇狀子午光線或正切光線以及畫出它們交點高度對光線斜率的關係圖。其他子午線的成像可以藉由追跡扇狀弧矢平面（垂直於子午平面）的光束然後畫出其相交點的 x 座標對弧矢平面斜率（即相對主光線所在的子午平面的斜率）作關係圖。要注意圖 11-42(k)是與圖 11-42 的縱軸圖是同一個透鏡。

光線截斷曲線是奇函數特性，那就是此曲線有對原點旋轉或原點點對稱的特色，可以用數學方程式來表示：

$$y = a + bx + cx^3 + dx^5 + \cdots \qquad \text{式 } 11.62$$

或

$$H' = a + b \tan U' + c \tan^3 U' + d \tan^5 U' + \cdots \qquad \text{式 } 11.63$$

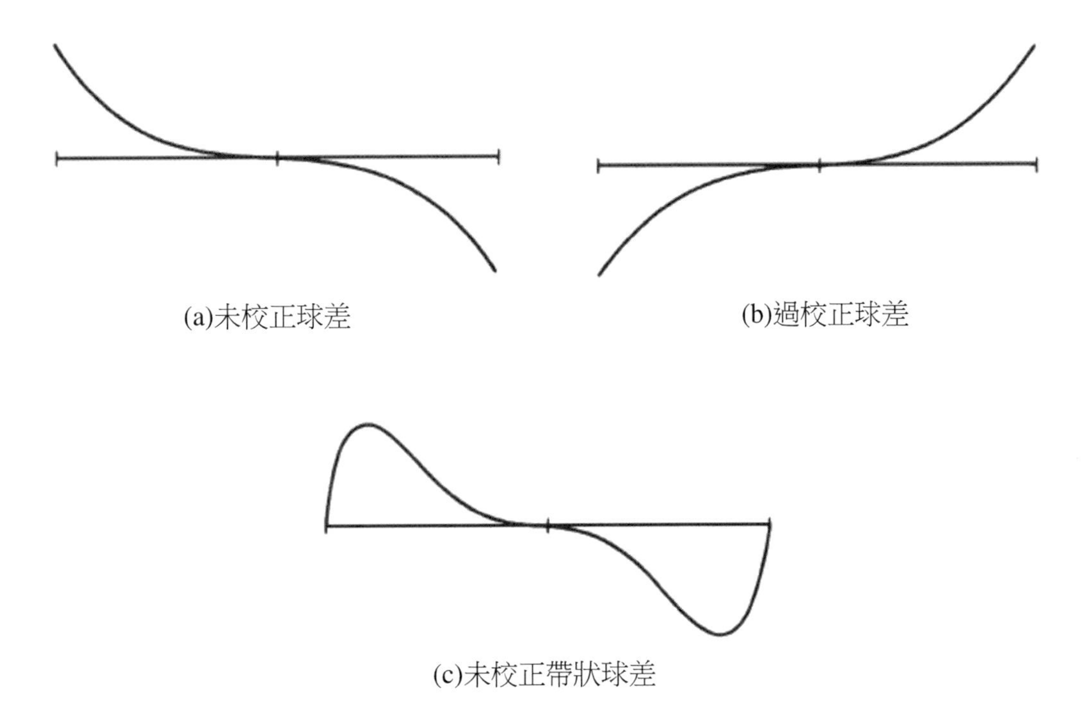

(a)未校正球差　(b)過校正球差

(c)未校正帶狀球差

圖 11-41　對於不同像差的光線截斷圖。縱座標為 H，即光束與近軸影像面的焦點高度。橫座標是 tan U，即最後光束對光軸的斜率。這裡要注意習慣上通過透鏡頂點的光束為圖上的右邊，且通常影像點是在光軸之上的（圖形接下為(d)到(k)）

所有光束截斷曲線類型都是軸影像點的光束截斷曲線。既然是軸影像的曲線，那麼當 $U'=0$ 時就會 $H'=0$，可以明顯看出常數 a 一定是零。也可以明顯的發現此例子的常數 b 可以代表參考平面偏離近軸影像面的量。因此關於橫向球面像差的曲線對近軸焦點的圖可以表示成方程式如下：

$$TA' = c\tan^3 U' + d\tan^5 U' + e\tan^7 U' + \cdots \qquad \text{式 } 11.64$$

當然可以把曲線以冪級數來表示，級數項可以是 U'最後角度、sin U'或光束射入透鏡的高度。不同表示項當然會有不同常數。

對於簡單未校正的透鏡組，式 11.64 的第一項通常就足夠描述像差。對於大多數的「校正」的透鏡組，前兩項掌控了像差；很少數的案例才必須需要前三項（很少會到四項）來令人滿意的表示像差。舉例來說，圖 11-2，11-42(a)和 11-42(b)可以用 $TA' = c\tan^3 U'$來表示，此種類型的像差稱作三階階球面像差（third-order-spherical），然而圖 11-42(c)就要展開式的兩項才能充分地表示；即 $TA' = c\tan^3 U' + d\tan^5 U'$。需要兩項來表示的像差量的像差稱作第五階像差。同樣地，用式 11.64 其前三項表示的像差稱作第七階像差。第五、第七、第九等階數像差全部都是高階像差。

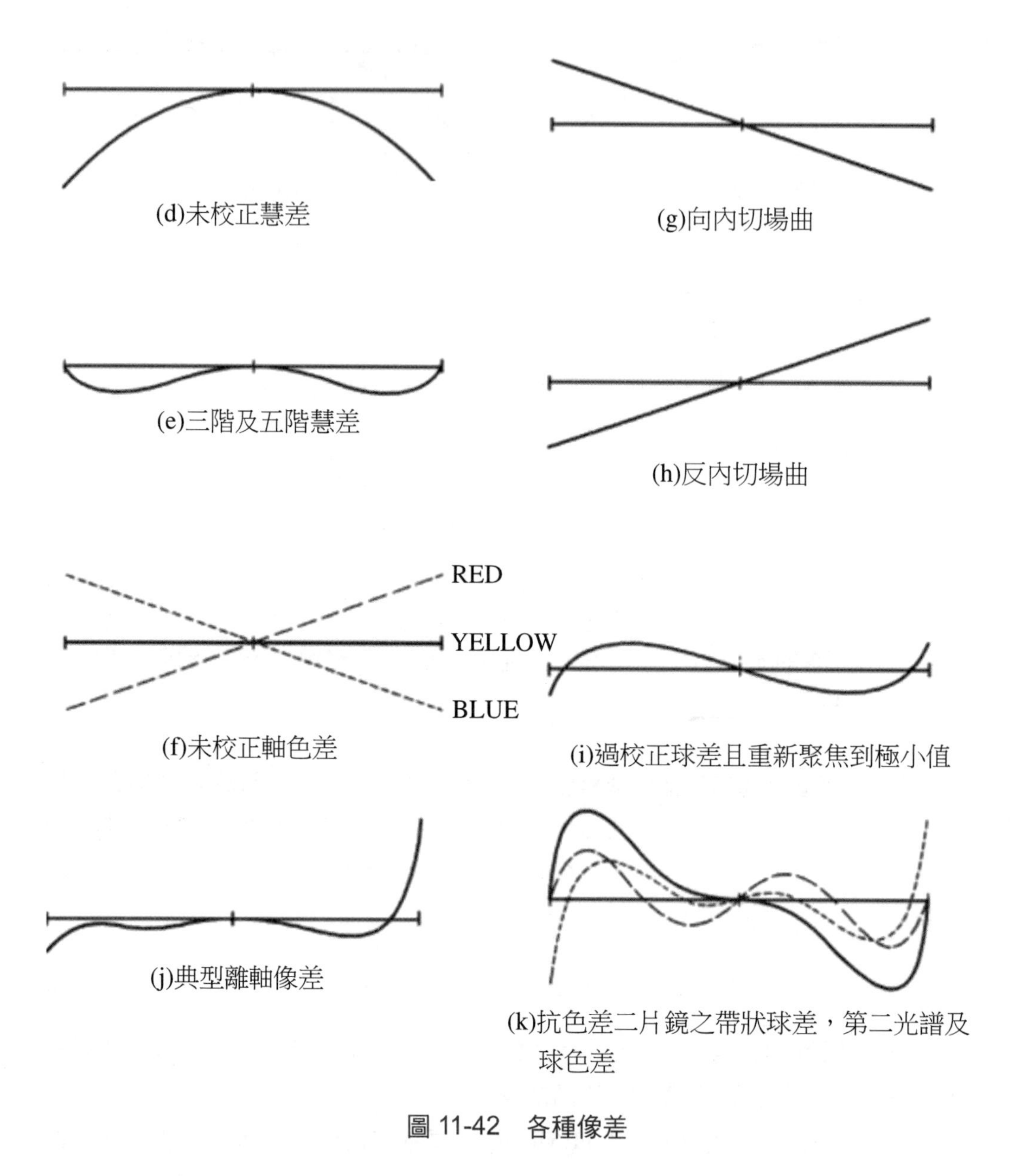

圖 11-42 各種像差

在下節中將會提到，在計算關於光束截斷曲線圖有說明；可以直接發現圖從頂點到底部的範圍造成模糊影像的大小。同樣地，圖水平線（橫座標）的旋轉就是對影像重新聚焦，可以用來確定重新聚焦對於影像模糊程度大小的效果。

圖 11-42 是離焦影像的光線截斷曲線圖，是一有斜率的直線。如果考慮 H-tan U 截斷曲線圖之每一點的斜率，這斜率等於經過那一聚焦點所代表之小直徑光束為中心的離焦值。換言之，這表示了通過針孔光欄的光束聚焦可放置於此，讓光束通過，如在 H-tan U 圖上所示之位置。同樣的，既然順著光軸移動光欄，對於斜率光束來說，就等於選擇光線截斷圖的一部分或是就是另一個圖，可以知道為何移動光欄位置可以改變場曲，就如同 11.3.2 所討論的。

光程差（optical path difference, OPD）或波前項差都可以從 H-tan U 光線截斷圖推導出來。在此曲線兩點之間的面積等於此兩點的光束的光程差（OPD）通常來說，OPD 的參考光不是光軸光線就是物鏡組（對於斜率光束來說）。因此對於一光束的 OPD 通常就是光線截斷圖上中心點到光束之間的面積。

數學上來說，OPD 就是 H-tan U 圖的積分，而離焦就是其第一次微分。彗星像差則與圖的曲率有關，也就是二次微分，如同圖 11-43(d)所示。

對於一給定物體點，其一般情況的光線截斷圖可以視為幕級數展開，其型式如下：

$$H' = h + a + bx + cx^2 + dx^3 + ex^4 + fx^5 + \cdots \qquad \text{式 } 11.65$$

這裡 h 是近軸影像高度，a 是畸變像差，x 是光欄變數（如 tan U'）。光線截斷圖的解釋變成可以類比為把圖分解成變數項。舉例來說，cx^2 和 ex^4 表示第三階與第五階彗星像差，而 dx^3 與 fx^5 是第三階與第五階球面像差。bx 項是因為與近軸焦點有離交所造成，也是由場曲（curvature of field）所造成。這裡要注意 a、b、c 等常數對於偏離光軸不同距離的點，會使常數的值也不同。對於初階像差，常數的變化按照表 11.1 的圖表所示，其一般式按照式 11.3。

11.3.6 五階球面像差

當同時把三階和五階的球面像差也考慮進去時，情況會更複雜。從幾何駐點算起，當邊緣球差是中央帶狀球差的 2/3 時，會有最小的模糊點，或是：

$$LA_z = 1.5LA_m$$

在 $y = 1.12Y_m$ 時 LA = 0。對大部分系統來說，這代表著當追求最小模糊點的同時，也校正了 LA_m 和 LA_z

於是最焦焦點發生在：

$$\delta = 1.25\ LA_m = 0.83\ LA_z$$

模糊點的直徑大小可表示為：

$$B = \frac{1}{2} LA_m \tan U'_m$$

$$= \frac{1}{3} LA_z \tan U_m \qquad \text{式 11.66}$$

如果邊緣球差被校正到零的話，則最佳化焦距為：

$$\delta = 0.42\ LA_z$$

再加上，對於很小的角度 U 來說，模糊點的直徑為：

$$B = 0.84\ LA_z \tan U_m \qquad \text{式 11.67}$$

以上所說的「最焦焦點」，不是非常直觀可以選擇。各位讀者可能有發現，本節所談的最焦焦點不同於 11.4 節以 OPD 為基礎的最焦焦點。圖 11.43 表示將邊緣球面像差降至零的四階球面像差。其中兩條實線的斜率代表兩焦距間平移的差量，可以用來使模糊點最小化（還記得 dH'/d tan U'等效於焦點的平移量，而且兩條斜率線的間距代表模糊點的直徑大小）。然而，這對虛線（大約包住了光欄的 80%）則表示焦點的位置有比較高的能量對心度以及較小的形狀，而這也是較喜歡的焦距位置，即使它的放大倍率只有 2。

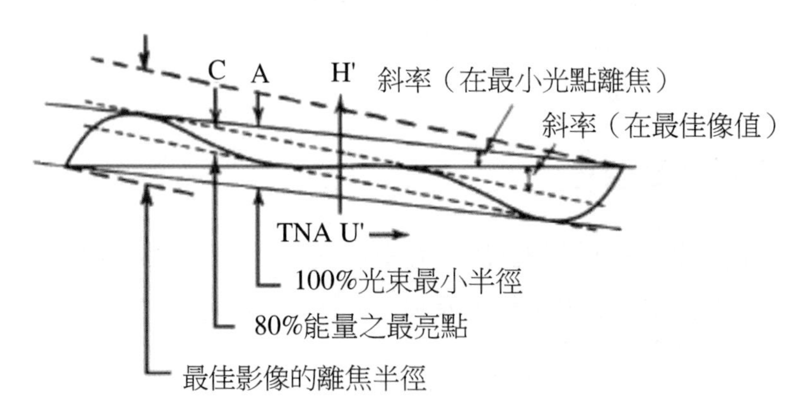

圖 11-43　在三階和五階的球面像差下，使得 $LA_m = 0$ 時，不同焦距位置對最小模糊點的影響

最小模糊點這個概念很少用在照相或視覺上的光學系統，因為最小模糊點的位置不容易出現，若是找到可用在焦點上。然而，在一個使用光偵測器的系統中，常常要能用最小的偵測器收集影像上所有的能量。在這樣的情況下，由式 11.58、式 11.66、式 11.67 推出的模糊點直徑是非常有用的。在 14.6 節中會引進很多評估包含光偵測器的光學系統的便利公式。最小模糊點常用來評估一些尚未達到繞涉極限的光學系統。

例 11-9　一個視覺系統，f/# = 5（$\sin U_m = 0.1$），有 0.22mm 的三階球面像差，最小模糊點位於 0.75 × 0.22 = 0.165mm 平行軸焦距前面，藉由式 11.58 可求出最小模糊圓的直徑：

$$B = \frac{1}{2} \times 0.22 \times 0.1005 = 0.011\text{mm}$$

值得注意的是，以 OPD 為基礎所分析的結果，最焦焦點位於 0.5 × 0.22 = 0.11mm 平行軸焦距前面，而且 Airy pattern 的中心圓直徑等於：

$$\frac{1.22\lambda}{n \sin U} = \frac{1.22(0.00055)}{0.1} = 0.0066\text{mm}$$

這個中心圓應該包含 68% 的能量，因為邊緣球面像差 0.22mm 剛好是 Rayleigh 極限。

如果一個 f/# = 5 的系統，包含三階與五階像差，將邊緣像差校正後，留下帶狀球差 0.33mm（在縱向量測），最小的幾何點位置約為 0.42 × 0.33 = 0.14mm 平行焦距前面，而其直徑為：

$$B = 0.84 \times 0.33 \times 0.1005 = 0.028\text{nm}$$

與 OPD 分析比較起來，這裡的結果比較不幸運，帶狀球面像差為 0.33mm 又再次等於 Rayleigh limit；期望繞射圖形的中心圓直徑為 0.0066mm，最焦焦點大約是 0.75 × 0.33 = 0.25mm 在平行軸焦距之前，如果使用圖 12-9 虛線斜率的方法來球焦距，結果會比較好；最佳化焦距的位置幾乎與 OPD 分析出的最焦焦點一模一樣，而且中心點的直徑在 0.01mm 這個等級。

11.4 波前光程差的計算

像差也可以光的波前差來描述。若以對稱非球面的式子為例：

因為

$$z = f(x, y) = \frac{cs^2}{1+\sqrt{1-c^2s^2}} + A_2s^2 + A_4s^4 + A_6s^6 + \cdots + A_js^j = W(s) = W(x, y)$$

光波函數 W(x, y)，可以在光瞳處，和參考球面波前形成干涉，而由干涉圖可以計算波前差的 3D 立體圖，並且可以用 Zernikes 函數擬合結果：依據計算出來 Zernikes 函數多項參數，由各參數可以計算出像差，若分析其結果，也可以得知如何減少像差。

因為，光束追跡的方法所得光束由物件到成像面，對於大量的像差而言，所描述的照明分布藉由光束追跡可以精確的表示出一個系統的光學功能，可以決定像差的數值分析。但是，對於一個高精度的鏡組，只有微小偏差角（像差所引起波前的變形量總計小於一或兩個波長）或許考慮對於一個像差影響繞射圖案能量分布的方式若以波光學來考量；鏡組會產生一個不完全的成像繞射圖案——艾瑞環（airy disk）以及其周圍的圓環會比較合適。

波前收斂形成一個完美影像，其形狀為球面。所以要表示一個透鏡系統的像差時，光波收斂在像點上與理想波形（為一處於像點中心的球面）比起來有了變形。校正不足的球面像差其波前發生在邊角上有向內的捲曲，如圖 11-44 所示。光束是在波前每一點的光路集合，以及光束垂直於波前這些現象，那就可以理解上面的論述。因此，如果光束交於光軸並在近軸交點的左邊時，與光束相關的波前剖面圖一定是向內彎曲。若是，波前在參考球面之前，這向前的距離就是光程差（optical path difference，也就是 OPD），習慣上會以波長為單位來表示。與軸向像差有關的波前是轉軸對稱的，與偏軸像差形成對比（偏軸像差如彗星像差和像散像差）。舉例來說，像散像差的波前剖面會是圓形隆起，不過在主子午面上有不同的曲率半徑。對於偏軸影像，參考球面選擇放在近軸的焦點上，並以焦長為參考球面的半徑的差值為光路徑差（在計算中為了方便計算，參考球面設定有無窮大的曲率半徑）。

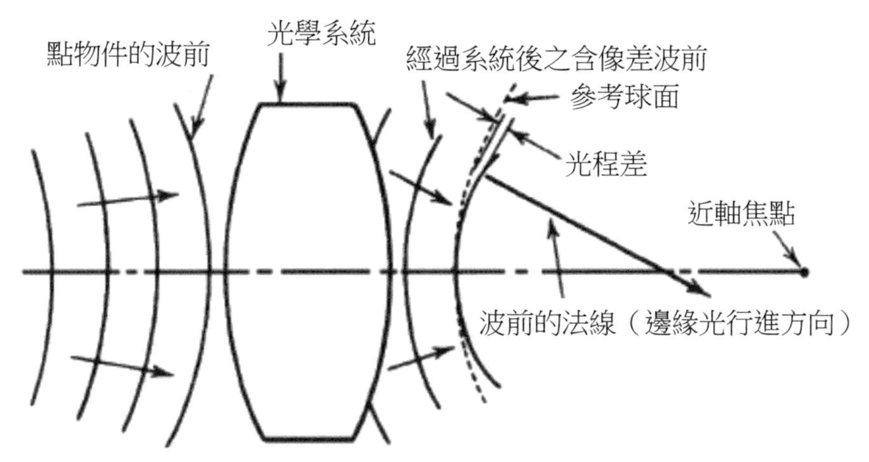

圖 11-44 光程差（optical path difference, OPD）是光波前與參考球面之間的距離，參考球面中心與光波潛在光軸上的位置相同。因此 OPD 就是軸點的主光路與通過系統軸光路之間的差值

11.4.1 波動像差多項式

式 11.1 和 11.2 表示了一展開級數，其代表橫向光束像差為 h、s 和Θ的函數（這些項的意義見圖 11-44），一個類似的表示法可以從波前像差或是光程差導出。

$$\begin{aligned} W(x, y, x_0) &= W(x^2+y^2, xx_0, x_0^2) \\ &= a_1(x^2+y^2)+a_2xx_0+a_3x_0^2+b_1(x^2+y^2)+b_2xx_0(x^2+y^2)^2 \\ &\quad +b_3x^2x_0^2+b_4x_0^2(x^2+y^2)+b_5xx_0^3+b_6x_0^4+\cdots \end{aligned} \qquad \text{式 11.68}$$

注意即使在這裡的常數和和式 11.1 和 11.2 符合，他們在數值上並不相同，然而表示法可以下列相關式表示：

$$y' = TA_y = \frac{1}{n}\frac{\partial OPD}{\partial y} \quad \text{and} \quad x' = TA_x = \frac{1}{n}\frac{\partial OPD}{\partial x}$$

其中 l 為孔徑到成像平面的距離而 n 為像空間的折射係數，注意孔徑半徑的指數 s 在波前表示法裡比在光束交會（ray － intercept）方程式裡還要大。這個方程式可得到任何像差結合的波前形狀。

11.4.2 光程差（波前像差）

在第一章曾提到一個形成完美成像的波前是一個球面波前而且中心點位於成像點

上，很明顯的一個光學系統成像的像差可以用波前從一個理想球面波前的偏差來表示，在一個折射係數為 n 的光速可表示成 c/n，其中 c 為光在真空中的光感率，而對於波前在介質裡面傳遞 D 距離所需要的時間為 nD/c，因此，如果從物體上發出的光束從一個光學系統來追跡的話，而且從一面到另外一面的距離也被計算出來的話（從式 10.30 或是 10.48），包含了從物體上面的點到第一面的距離，那麼 ΣnD/c 或 ΣnD 的點是一樣的。一個通過這些點的平滑表面是波前的軌跡。

參考例 11-1，從物體上面的點到第一面沿著光束的距離計算出結果為 205.446mm，而從第一面到第二面的距離 D＝6.429mm，而且從第二面到光束的軸向交會點為 $S_2=53.667$，如果，現在將每個距離乘上折射係數（1.0，1.5 和 1.0）並且將所有乘起來的值相加起來後可以發現光程差為：

$$\Sigma nD = 268.766$$

對於一條沿著軸向的光束可以重複這樣的計算，其距離為 200mm，15mm 和 45.631，而且沿著軸向的光程為：

$$\Sigma nD = 268.131$$

因為軸向路徑少於其他路徑 0.635mm，因此很明顯的可以發現當波前從軸向路徑從軸到達這一個點的時候，該點沿著徑緣光線所描述的路徑依舊為 0.635mm，如果，儲存一點（一奈米秒的一部分）到時間上，當波前剛好已經從透鏡射出並且建立起一個參考球面（或是圓），L＝45.631，很明顯的可以知道從參考球面離開的波前會等於到參考球面上面的光程差，因此波前像差或是光程差可以藉由追跡從物體到成像在參考球面中心的成像點來得到，其計算方式如下：

$$\text{OPD} = (\Sigma nD)_A - (\Sigma nD)_B \qquad \text{式 11.69}$$

注意到參考成像上點的位置的選擇將會在光程差的大小上面產生很大的效應，這是因為在參考點上的位移會等於聚焦點（在縱向的方向上）或是到點成像掃描的像平面上（當橫向移動參考點的時候）。在例 11-4，一個參考球面產生大約從最後一個鏡面到成像點 55.57mm 的距離將會比較符合波前，而有關這一點的光程差將表示（近似）對於這一個孔徑所能得到最小的表示法。

即使例 11-4 裡面所表示的光程差超過可見光波長的 1000 倍，應該還是要注意光程差通常還是以光波長作為量測單位，舉個例子來說，雷利準則可以表示成如下所示：如果參考面到成像點中心的球面存在的光程差少於 1/4 波長，則其成像將會被很完美的呈現出來，在計算光程差上面所需要數值的精確度高於一般所做的光束追跡的數值精確度，習慣上，光程差相對於一個球面（中心點位於參考點上）其曲率半徑會等於從出射孔徑到參考點的距離。

11.4.3 光程差：球面像差

焦點位移藉由決定光程差或是參考點的縱向位移波前變形來開始討論小量的像差。圖 11-45 顯示出一個來自具有聚焦點 F 的完美光學系統的孔徑所產生的球面波前（實線），希望找出相對於在R上的參考點的光程差，其為一個從F到δ的任意距離。如果，建立一個參考球面（虛線），其中心為R，且在光軸上跟波前重合，那麼對於一個給定區域（半徑為Y）的光程差就是從參考球面到波前沿著參考球面半徑方向的這段距離，如圖 11-45 所示。

從圖中，可以了解到對於不太大的光程差而言，路徑的差異等於參考球面（1+δ）的半徑減掉波前（1）的半徑皆小於δ cos U。

$$\frac{OPD}{n} = (1 + \delta - \delta \cos U - 1)$$
$$= \delta(1 - \cos U) \quad \text{式 11.70}$$

對於一個滿足近似值而言，可以採用替代式子：

$$\cos U \approx 1 - \frac{1}{2}\sin^2 U \quad \text{式 11.71}$$

而且從一參考點位移δ所造成的光程差為：

$$OPD = \frac{1}{2} n\delta \sin^2 U \quad \text{式 11.72}$$

一個參考點的縱向位移等同於系統離焦；利用 Rayleigh λ/4 準則，可以為容許景深建立一個可允許之公差量。設定光程差等於光的λ/4 並且求解焦點位移的許可值：

$$\text{焦深}\delta = \frac{\lambda}{2n\sin^2 U_m} = 2\lambda\left(\frac{f}{\#}\right)^2 \quad \text{式 11.73}$$

其中λ是光的波長，n 是介質的折射率，而 U_m 則是邊緣光束（marginal ray）通過整個系統的最後斜率，在此，引用 U_m 是因為最大光程差在波前的邊緣產生，可以藉由光束斜率乘法將此轉換成橫向的量測；使用 $\sin U_m$ 作為一個足夠近似的斜率，可以得到橫向 1/4 波長的失焦：

$$H' = \frac{0.5\lambda}{\sin U_m} = \frac{0.5\lambda}{NA} = \lambda(f/\#) \qquad \text{式 } 11.74$$

其中 $NA = n \times \sin U_m$ 而且 $(f/\#) = $ f-number

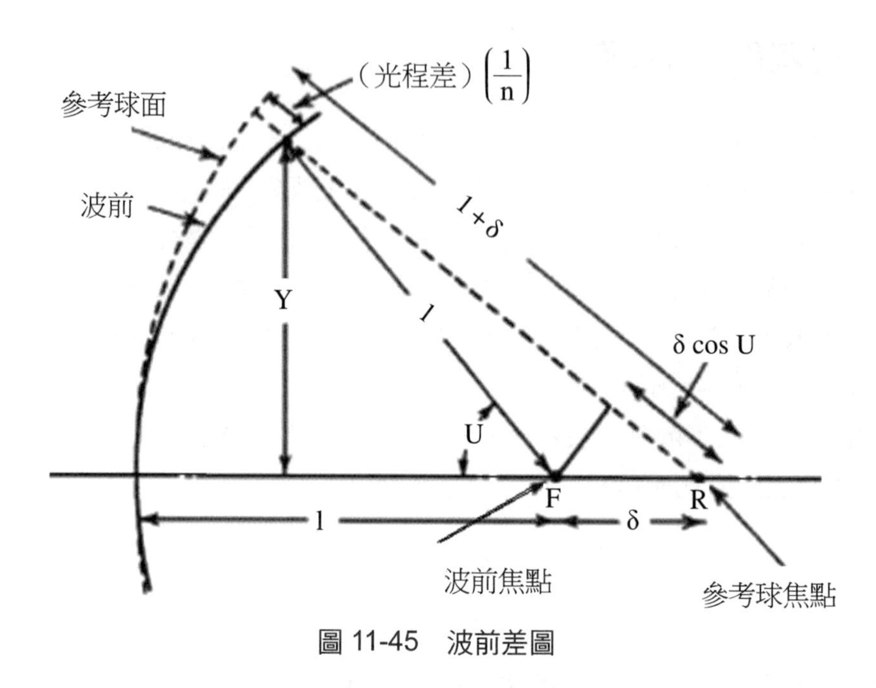

圖 11-45　波前差圖

從決定在近軸距焦相對於參考球面的光程差來著手。在圖 11-46 裡，變形的波前用實線來表示，而且從 Y 區出來的光束（垂直波前）交光軸於 M 點，參考球面以虛線表示，其中心為 P，而光程差就如同前面所討論為在半徑方向上面兩個面之間的距離差，因為波前落後參考平面因此光程差的符號為負值。

光束是垂直於波前而且半徑是垂直於參考平面；因此介於兩個面法線的夾角 a 等於兩個平面的夾角，其圖 11-46 所示。

11.4.4 光程差和像差的關

圖 11-46 波前差，相對於微小高度 dY 改變的光程差可以下式表示：

$$\alpha = \frac{-d\,OPD}{n\,dY}$$

但是角度像差同時也和球面像差有關聯如下式所示：

$$\alpha = \frac{(LA)\sin U}{l} = \frac{(LA)Y}{l^2}$$

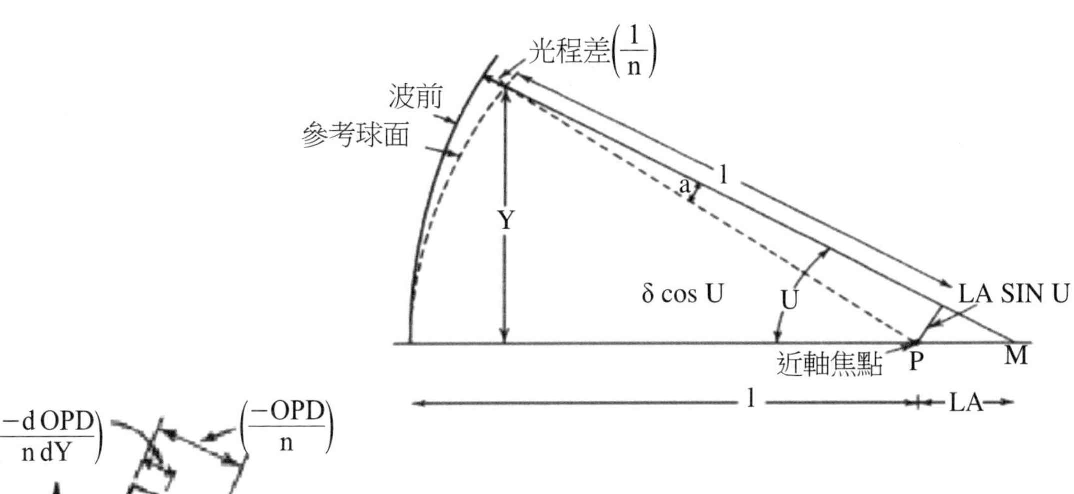

圖 11-46　波前差

現在縱向球面像差是 Y 的函數而且如下式所示：

$$LA = aY^2 + aY^4 + aY^6 + \cdots \qquad \text{式 } 11.75$$

再來做一些替代以及積分：

$$\begin{aligned} OPD &= \frac{-nY^2}{2l^2}\left(\frac{aY^2}{2} + \frac{bY^4}{3} + \cdots\right) \\ &= \frac{1}{2} n \sin^2 U \left(\frac{aY^2}{2} + \frac{bY^4}{3} + \cdots\right) \qquad \text{式 } 11.76 \end{aligned}$$

現在式 11.75 是相對於系統近軸距焦的光程差，可以很合理的預估一個希望得到的參考點，因此合併式 11.75 和 11.76，可以得到：

$$OPD = \frac{1}{2} n \sin^2 U \left[\delta - \left(\frac{aY^2}{2} + \frac{bY^4}{3} + \cdots\right)\right] \qquad \text{式 } 11.77$$

這是從近軸距焦點到軸上一點的距離δ的光程差。

三階球面像差——在很多光學系統中，球面像差幾乎全部是三階的像差；對於由許多簡單正焦元件（positive elements）所組成的光學系統而言幾乎是成立的，而且對於許多其他的系統而言也可以成立，在這樣的情況之下，式 11.75 可以簡化如下所示：

$$LA = aY^2 \qquad \text{式 } 11.78$$

而式 11.78 簡化成

$$OPD = \frac{1}{2} n \sin^2 U \left[\delta - \frac{aY^2}{2} \right] \qquad \text{式 } 11.79$$

在孔徑邊緣 $Y = Y_m$ 而且 $LA = LA_m$；將此值帶回式 11.80，可以得到下式（對於三階球面）：

$$a = \frac{LA_m}{{Y_m}^2}$$

而且

$$OPD = \frac{1}{2} n \sin^2 U \left[\delta - \frac{1}{2} LA_m \left(\frac{Y}{Y_m} \right)^2 \right] \qquad \text{式 } 11.80$$

為了求得會造成小量光程差的δ值，可以嘗試式 11.80 中許多不同的δ值並且畫出每一點相對於 Y 函數的光程差，這已經可以由 $\delta = 0$ 的位移量來達成，$1/2 \times LA_m$，以及 LA_m；結果描繪於圖 11-47，很明顯的可以發現從球面參考面最小的離開角會因為 OPD 在邊緣為零的時候而產生，相關的參考點位移為 $1/2 \times LA_m$，因此從波前像差的觀點來看，最佳的聚焦點在邊緣（marginal）和近軸（近軸）距焦點的中間。

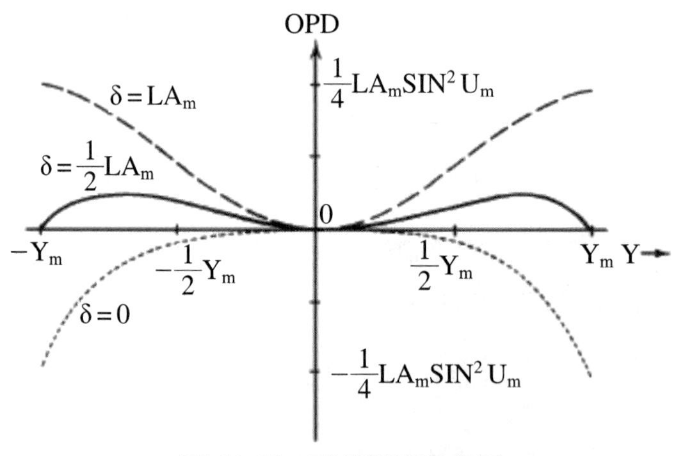

圖 11-47 球差對光程差圖

如果，現在代$\delta = LA_m/2$到式 11.80，可以發現（藉由對 Y 微分並且令結果為零）最大的光程差發生在 $Y = Y_m\sqrt{0.5} = 0.707Y_m$ 並且可以下式表示：

$$OPD = \frac{LA_m}{16} n \sin^2 U_m$$

這是在近軸距焦的 1/4 光程差。

藉由設定光程差等於 1/4 波長來應用 Rayleigh 準則可以發現相對於這個光程差邊緣球面像差的大小為：

$$LA_m = \frac{4\lambda}{n \sin^2 U_m} = 16\lambda(f/\#)^2 \qquad \text{式 11.81}$$

藉由乘上 $\sin U_m$ 來利用一個近似轉換到橫向像差可以得到：

$$TA_m = \frac{4\lambda}{n \sin U_m} = 8\lambda(f/\#) = \frac{4\lambda}{NA} \qquad \text{式 11.82}$$

五階球面像差——當球面像差包含了三階以及五階（而且這包含了大量的光學系統），可以得到以下式子：

$$LA = aY^2 + bY^4$$

代 $LA = LA_m$ 在 $Y = Y_m$ 而且 $LA = LA_z$ 在 $Y = 0.707Y_m$，發現常數 a 以及 b 和邊緣以及帶狀球面有關，可由以下表示式看出：

$$LA_m = aY_m^2 + bY_m^4$$

$$LA_z = \frac{aY_m^2}{2} + \frac{bY_m^4}{4}$$

$$a = \frac{4LA_z - LA_m}{Y_m^2}$$

$$b = \frac{2LA_m - 4LA_z}{Y_m^4}$$

光程差可以藉由刪減方程式 12.8 來表示：

$$OPD = \frac{1}{2} n \sin^2 U \left(\delta - \frac{aY^2}{2} - \frac{bY^4}{3}\right)$$

而且光程差對 Y 所做的圖所產生的曲線圖在圖 11-48 的上方，曲線的實際形狀和 a、b 以及δ的值有關係。

當下列式子成立時會產生最佳聚焦：

$$\delta = \frac{-3a^2}{16b} = \frac{-3(4LA_z - LA_m)^2}{32(LA_m - 2LA_z)} = \frac{3}{4}LA_{max}$$ 式 11.83

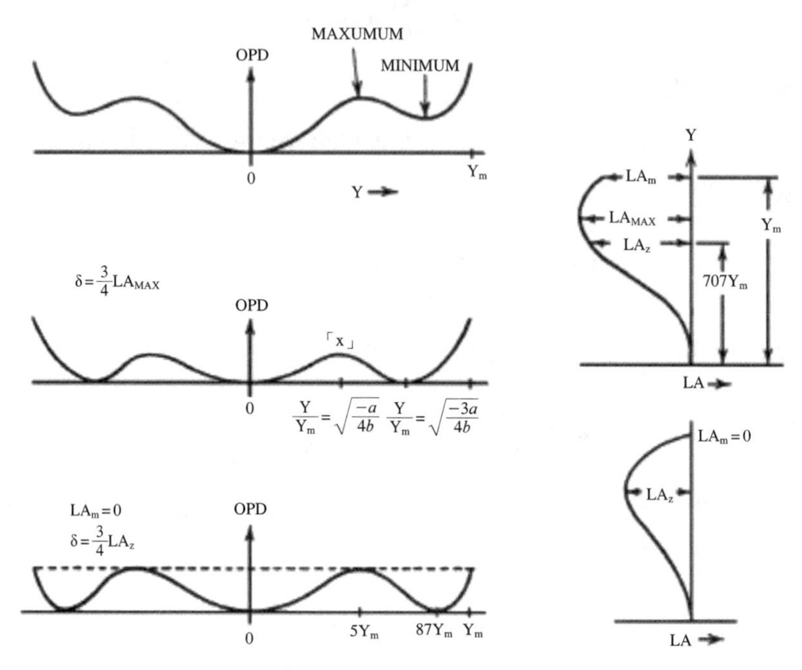

圖 11-48　垂直和水平橫向及縱向球差

因為在圖 11-48 中間的圖裡這一點對於 Y 的三個值而言光程差為零，在這個焦點上邊緣的光程差為：

$$OPD_m = \frac{1}{2} n \sin^2 U_m \left[\frac{-3a^2}{16b} - \left(\frac{aY^2}{2} + \frac{bY^4}{3}\right)\right]$$ 式 11.84

而且在最大值（x 點）發生在：

$$Y = Y_m\sqrt{-\frac{a}{4b}}$$

而光程差變為：

$$OPD_x = \frac{na^3}{96b^2Y_m^2} \sin^2 U_m$$ 式 11.85

如果系統邊緣的球面像差被修正的話（因此 $LA_m = 0$）那麼在邊緣上的光程差和在 x 點上的光程差將會相等，如圖 11-48 最下方的圖所示，這是五階最小球面光程差的條件，那麼參考點的位移為：

$$\delta = 3/4\ LA_z$$

此式表示最佳聚焦為從近軸距焦（近軸 focus）到帶狀聚焦（zonal focus）的 3/4 長度，光程差的殘值可以表示成：

$$OPD_m = OPD_x = \frac{nLA_z}{24}\sin^2 U_m \qquad 式\ 11.86$$

這是近軸聚焦光程差的 1/8，將此式表示成 1/4 波長，可以發現 Rayleigh 準則導出殘值圓環帶為：

$$LA_Z = \frac{6\lambda}{n\sin^2 U_m} \qquad 式\ 11.87$$

為了要近似轉換到橫向像差，可以乘上 sin Uz，其大略等於 0.7sin Um 並且可以得到：

$$TA_Z = \frac{4.2\lambda}{n\sin U_m} = \frac{4.2\lambda}{NA} \qquad 式\ 11.88$$

11.5 主要像差的調整

系統元件的焦距和間距可能通常是根據一個高度合理的依據而決定。首先，元件必須是因此安排於為系統提供期望的焦距、入瞳、場角等。在整個設計階段過程中，有些工圖的數值可能不完全；這樣工圖將企圖設計不可能的元件，譬如那些以負邊緣厚度或以半圓凹面表面。如果光的路徑是粗劣（根據一個優先處理的依據），且和較不易於要求帶領斜率或放大和入瞳超出 90 度。

通常方法是調整彎曲元件修正像差，即改變元件的形狀，並保持固定焦距和位置。但是，彎曲某些像差是無影響的（或少許影響）。這些是軸向色彩像差，側向顏色、Petzval 曲度和某種程度上畸變。色彩像差和 Petzval 曲度，如果它們曾經將被改正必須被改正在焦距和空間布局。三階像差等式，特別是利用薄透鏡，在這個狀況下是最有用的，並且這通常是一個相對地直接的做法調整系統 ΣTAchC、ΣTchC*和 ΣPC 以便與被選擇了像理想的數值是相等的（或至少可接受）。

然後可以保留它們的球狀、慧差、像散和畸變，並保留期望值。經常利用這一步選擇一定數量的參數。除非設計師有預先的經驗，都是依據類型系統建立，或除非是現有設計較小修改的優化，這在由各個元件（或組件）作為元件形狀下大概是做最佳像差功能貢獻圖。然後，從一套這樣的圖，區域（或地區）解可能被選擇。這些圖可能或在某些情況下，作為表面作用方程式的用途，從直接光線追跡薄透鏡獲得所得影響資料被繪出。電腦常使用後者二個方法；單一元件曲率並且變化在最後的像差上被繪出。使用薄透鏡方法有好處，如「n 次方程式的 m 個未知數」，明確且合理的被處理。

當「區域」解已經找到，通常是應用微分的修正方法。部分微分像差的相對形狀，δA/δC（或ΔA/ΔC）與像差數值，定規試驗變量。對試驗變量的分析和必要的數量（n），像差變量是由各曲率的變量而變動，可由以下方程式算出：

$$\Delta A_n = \Sigma_{i=1}^{i=k}\left(\frac{\delta A_n}{\delta C}\right)_i \Delta C_i \qquad \text{式 11.89}$$

若改變ΔC_i所需的改變量，可由上式可求出ΔA_n。由於等式的非線形性（即部分變化，如當形狀被改變），第一解答很少精確。但是，解答區域的先前選擇限制ΔC_i的大小以便以上方程式的線性解被解出。上式是一個通用方程式；同一系列解答迅速地收斂在需求的設計形式。

利用以上的式子，在技術有時可使適當限制數量的參數被使用。由於像差的一個有限量的變數被控制，問題被簡化；如果只允許使用有限數量的變數，這些變數是有效的，並且是解的許可值。像差的初步圖（對元件形狀）及強烈被推薦作為保證隨後選擇有解的；相反的，無效的參數和無解的聯立方程式就無法達到此目的。

某些系統使用疊算技術：一套強有力的設計工具。例如，假設有三像差 A、B 和 C 將被三個參數 x、y 和 z 調整改正。一張最初的被改變試驗處方：若修改參數 z 值，直到像差 C 被校正。然後參數 y 值任意地被改變，並且 z 的新數值被確定，以維持像差 C；若參數 y 變化，這樣變數修正直到像差 B 和 C 是同時調校修正。然後參數 x 被改變；以各參數 x、y 和 z 的變動，被調整如上所述，以維持像差 B 和 C 在期望值。參數 x 變化這樣直到像差 A 校正，並同時給 B 和 C 修正。在這樣過程中，圖 C 代表 z，B 對 y 圖及 A 對 x 圖，都是相當有用的。

薄透鏡像差也可運用於若元件需要增加厚度。這由調整一般做各個厚實的元件，次要曲度擁有厚實元件曲率相等與薄透鏡元件焦距。在元件之間間距被調整，以便厚實元件主點的間距與薄透鏡間距是相等的。這個方法，和薄透鏡系統一樣，是用於保留整個系統在數值上焦距和工作距離。一些設計師喜歡調整次要曲率，以精確地維護 Petzval 曲度。確切的做法：從薄到厚並不重要；重要的是：引進厚度手續必須是嚴謹且一致的（為了有差別的三角修正方法將是準確的）。

11.5.1 三角函數法修正

若三階像差所要達到期望值，它是必要用三角函數法追跡光線確定系統的修正實際狀態。它通常依據三階像差預測調整量。但是，單步或二步有差別的修正和列出上面五段圖，通常將以三角校正到期望值；在多數系統，三階像差像差變化演算值預測，運用三角函數變動法以達到最佳值最重要的參數法。

11.5.2 殘餘像差的減少

在主要像差修正之後，接著要消除殘餘像差。先前只修正入瞳或場角的單一區域主要像差，但是，其他區域被更改而離開期望值。一般原則幾個可以減少殘餘像差的方法，包括：像差及其他參數的調整，有多種補救方法。

如果有未被使用在主要像差校正任何「殘餘」參數，這些參數的變化會使系統的殘餘像差產生作用。除曲率之外，焦距、連續易變的參數、間距、玻璃型選擇經常是有效的可調的殘餘像差變量。並且不應該排除超過解答區域之外存在可能性，實際上，因為這是一個額外參數。對三階表面貢獻的來源的分析經常將一兩個表面或元件，特別重要貢獻者，精確定位。經常將減少殘餘的像差排除或減少，可以對鏡組的功能有明顯的貢獻。這可在影響設計目的鏡組附近引進一個改正元件（例如，轉換一個唯一元件成一個複合組件，或許抗色差），由將無法校正的元件分為二鏡片插入，合計那原物總焦距，由提高折射率，或將單一元件分成二個元件（較少見）由轉移影響設計目的鏡組到地點光線發生角度在它的表面被減少。配置或將一鏡片分為二鏡片引進二個新易變的參數：焦距的二個元件（雖然最佳的一鏡片分為二鏡片比率經常是近 50-50）並且增加的元件的形狀的比率。一種另外的可能性是，大幅度改變麻煩元件形狀，也減少像差，以達到一個可接受規格。對球色差、帶狀球狀和場角覆蓋面的具體補救有相當一般適用性。其他具體方法是系統引進零焦距半月型元件或一個同心半月型元件的。根據怎樣和它被使用的地方，半月型可能是有效的修改帶狀球狀，Petzval 曲度或像散。

非球表面可能是為殘餘的減少或將產生對沒有其他設計技術主要像差（畸變、像散和特別是球狀的）排除的一套強有力的設計工具。通常增加幾個球狀元件的設計，比製作精確非球面的費用較少。因此，除了為空間或重量考慮絕對必要，非球面很少被使用或不考慮成本（在已有的儀器裡），或表面精確度要求不高的地方（模造的聚光器元件）。雖然塑膠元件可以射出成型；鑽石輪轉加工機可以製作非球面；非球面玻璃可能被鑄造，但是，必須考慮工具加工的費用。

總之，殘餘像差的問題是整個系統最初的焦距和空間布局明智反思。有時由元件完成元件或「工作的」焦距（y或yp）布局完成校正，像差可以被減少。這是減少殘餘一個極端迅速和有效的方式。太小數值一個最初的選擇是為 Petzval 總和，導致大曲率和各元件所產生的殘餘像差。對場曲像差明顯的補救，是允許在系統內加一普通的透鏡以改變像差。

11.5.3 像差平衡

在光學設計過程最後階段包括平衡像差，或「接觸」設計。老練的設計師經常思考為了使殘餘的像差減到最小，以整體考量修正到最佳的狀態。在帶狀球差、球色差和像散，像差的相互影響，及被選擇為焦點平面位置，經常是選擇不修正像差。在先前的章節，關於 OPD 發生時，最佳校正的方法是修正焦點的球差，當球差近於零，參考平面被轉移往帶狀焦點；但是，要達到極小的幾何散光斑點大小要求，是需要少量未校正。因而，如果應用系統的解析度小，而不考慮繞射極限，則允許 OPD 帶狀球色差大，可有效保留未校正球差；除了攝像機鏡頭，過校正邊際球差很少是需要的；但是若系統要求更高的解析度和減少焦點移動量時，會因為校正邊際球差而減少影像對比。

其他未校正少量球差原因是斜率球差（y^3h^2）幾乎總是過校正，因此，軸向未校正將抵消這個傾向。依據Coddington方程式的x_s和x_t表明過校正斜率球差曲線曲率，可導致有效的場率彎曲落後，這對於正切場曲計算是特別可靠。因此像散很少被做的過校正，足夠導致一個正切場角落後彎曲的；通常你期望修正某處在$x_t = 0$和$x_t = x_s = x_p$之間；只要將焦點位置置於近軸焦平面內，並且場曲應該因此而定出。

早先注意到 Petzval 曲線在多數抗像散的效應，更好地被保留下在內彎曲線，可對有些元件曲率最小化和像差有貢獻。

除非球色差小，入瞳的0.707區域的明顯的選擇作為改正縱向色彩，很少是最佳選擇區域。在球色差面前和未校正帶狀球差，最佳焦點從近軸焦點內部移動，允許藍色光過校正球差，以使影像光暈或蘭色薄霧。因而，在入瞳大區域的色差，能被改正消除或減少。以上討論都限於一般鏡組，但是其他型鏡組高階殘餘像差會較大。

參考資料

1. D. Feder, "Optical Calculation with Automatic Computing Machinery", JOSA, V.41, No, 9, 630-635, 1951.
2. W. Smith, Modern Optical Engineering: The Design of Optical system, 3rd, Ch.12, 2001.
3. J. E. Harvey, "29.0 Coddgington's Equation", OSE 6265, U. of Central Florida, 2010.
4. R. Kingslake, Applied Optics and Optical Engineering, Academic Press, 1965.
5. W. T. Welford, Aberrations of Optical Systems, Adam Hilger Ltd, 1986.
6. G. G. Slyusarev, Aberrations and Optical Design Theory, Russian to English Translation, Adam Hilger Ltd, 1969.
7. R. R. Shannon, Applied Optics and Optical Engineering, Academic Press, 1992.
8. G. E. Wiese, "Basic Optics for Mechanical Engineers", Video Short Course Notes, SPIE, 1992.
9. 袁旭滄，光學設計，北京理工大學出版社，1988。
10. 王之江，光學設計理論基礎，科學出版社，1985。

習題

1. 何為三階像差？
2. 在單鏡組如何減少三階像差？

軟體操作題

1. 以軟體單鏡組為啟始值，限制球差最接近零值。
2. 設計一個雙鏡片抗色差鏡組：有效焦距 = 100，給 F/# = 5，波長 450 到 650nm，顏色畸變的要求是小於 0.02mm。光學材料可用 BK7 和 F4。

第十二章　成像評估

在前一章裡，從一個光學系統討論了有關於光束追跡的方法以及如何決定像差的數值分析，考慮到每一個光學計算結果所表示的意義。而所必須要面對最基本的問題是對於一個已知像差在光學系統上面的效能會產生什麼效應，並由分析像差後，可依表 12-1 預期的功能及成本判斷表，可以找出原因，並予以改進以達到原設計功能。

表 12-1　預期的功能及成本判斷表

重要參數	要項
功能重要參數條件 $Q(P_1, P_2)$	焦長 後焦 瞄準線 影像品質
參數靈敏度 $\frac{\partial Q}{\partial P_i}$	線性 二次漸近 逆靈敏度
預算方式 $\{\Delta P_j\}$	最差狀況 RSS 統計 亂數統計
誤差統計	平均值 標準誤差 高標準計算
成本數據	材料價質 加工機具

一個系統的光束追跡會產生一個不完全的成像特性圖，因為藉由一個完美透鏡或鏡子的成像並非由光束追跡所指示的幾何點，而是一個有限大小的繞射圖案－艾瑞盤（airy disk）以及其周圍的圓環，對於來自完美透鏡的小離開角（像差所引起波前的變形量總計小於一或兩個波長）或許考慮對於一個像差影響繞射圖案能量分布的方式會比較合適。然而，對於大量的像差而言，之前所描述的照明分布藉由光束追跡可以精確的表示出一個系統的表現，因此，可以很方便的將所考慮的事項分成以下部分：表 12-2 光學性能評估表可以協助分析。

表 12-2 光學性能評估表

分析方法	參數	決策條件
平行光追跡	有效焦距	對一個物件的尺寸和在光軸上的位置，可決定影像的尺寸和在光軸上的位置：如影像如何投射到偵測器上
	後焦	光學最後一組鏡和偵測器的距離
	瞄準線	因瞄準而產生指向的誤差
影像品質	波前誤差	描繪波前出系統後相對一個理想的波前的形狀（通常理想波前都是球面波前；可以後其顯示的干涉圖去判斷波前的誤差量去定出象差
	點分布函數	描繪點物件的能量分布，理想分布圖是決定在孔徑光瞳的繞射；其點分布函數圖可以顯示不同的影像品質特徵
	調制傳遞函數	描繪一個伸長物件在一個學系統對物件影像的細節的忠實性；理想的調制傳遞函數在孔徑光瞳的繞射極限傅利葉轉換圖；其函數圖可以顯示不同的影像品質特徵

12.1 像差公差量

在前一章節光學計算，已提供各種不同的像差值，而這是像差公差量所需要的基礎，然而，應該要注意的是有關於「公差量」這一個詞語的使用；公差量是以光學設計理論及程式為基礎，計算出光學參數的允許誤差量，以便為光學工件之施工依據。

在運用這一個詞語的時候必須要了解到其所代表的涵義，並且要注意當超過公差量的時候可能會突然不符合之前有關於公差的公式。任何有關於像差的量都降低成像品質；愈大的像差數值會導致情況更為嚴重，因此稱這一章叫做像差許可度會更為精確。Rayleigh 準則或是限制所允許相對於參考球面的波前光程差不能超過 1/4 波長，如此一來成像才會明顯的比較完美，為了方便起見，將採用 Rayleigh 限制來量測 1/4 波長的光程差，之前，已經注意到藉由一個完美透鏡所成的像是一個包含了 84%的能量在圓盤中心的繞射圖案，剩下 16%的光強分布在圓盤的周圍圓環上。而當光程差遠小於Rayleigh限制的時候，圓盤中心的大小基本上是不會有改變的，但是能量分布將會由中心轉移到周圍圓環，簡單說就是分布會比較均勻。

12.1.1 RMS 光程差

在前述的討論裡知道，可以其最大從參考球面離開角量測到光程差，這通常被稱為波峰對波峰或是波峰對波谷（P-V）光程差，當波前的形狀很平緩的時候，這跟成像品質具有相當的關聯性，然而如果波前突然相當沒有規則性，那麼這項分析方法就不適合，在這種情況下可以應用 RMS 光程微分析方式來分析這種波前變形的效應，RMS 代表「根均方值（root mean square）」，也就是系統所有孔徑取樣的光程差取其平方值再取平均值最後開平方根所得到的值，舉個例子來說，考慮一個完美的光學系統且其中一面有被碰撞過，如果碰撞的面積很小的話，那麼對於成像的影響是很小的，即使在波前波峰對波谷的碰撞非常大，在這樣的情況下，其 RMS 光程差將會非常的小並且對於碰撞影響成像的表現會比 P-V 光程差來的精確，關於 RMS 光程差和 P-V 光程差在非常平緩的波前變形的情況下兩者的關係如下：

$$\text{RMS OPD} = \frac{\text{P} - \text{V OPD}}{3.5}$$

而對於一個比較劇烈的波前變形其分母在這樣的表示法之下會比較大，這對於由高階像差或是製造產生的誤差所引起的波前變形更為明顯，大部分的製造者對於隨機產生的誤差會假設上式的分母為 4 或是 5，因此 Rayleigh1/4 準則符合第 14 或是第 20 的波的 RMS 光程差，第 20 波前高度比 1/4 波前更大，並且能貢獻在光學系統上。

12.1.2 Strehl 比例

Strehl比例是指在產生像差系統的艾瑞盤（airy disk）中心流明，其是對於一個產生像差的完美系統而言表示成流明的一部分，如圖 12-1 所示，當光學系統經過良好修正後這對於成像品質而言是一個很好的量測方法，一個 80%的Strehl比例符合 1/4P-V 光程差（對於失焦是精確的，可以近似成大部分的像差），對於大部分的光程差而言，Strehl 比例和 RMS 光程差之間的關係可以下列式子表示：

$$\text{Strehl ratio} = e^{-(2\pi\omega)^2} \qquad \text{式 12.1}$$

其中ω為光波上 RMS 光程差。

對大部分的光程差而言，有很多種關於成像品質測的方式如表 12-3 所示：

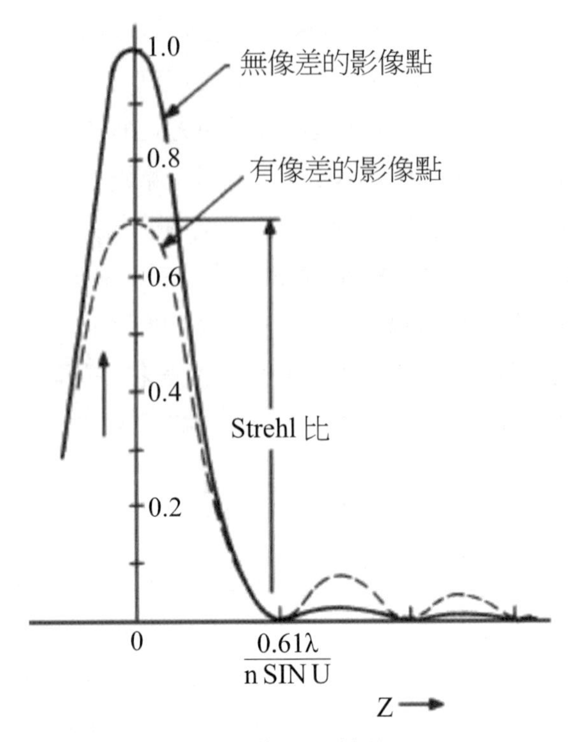

圖 12-1　產生像差系統的 airy disk

表 12-3　Airy disk 的能量分布

P-V 光程差	RMS 光程差	Strehl 比值	%在內能量	
			AIRY 碟	圈數 s
0.0	0.0	1.00	84	16
0.25 圈＝λ/16	0.018λ	0.99	83	17
0.5　圈＝λ/8	0.036λ	0.95	80	20
1.0　圈＝λ/4	0.07λ	0.80	68	32
2.0　圈＝λ/2	0.14λ	0.4*	40	60
3.0　圈＝0.75λ	0.21λ	0.1*	20	80
4.0　圈＝λ	0.29λ	0.0*	10	90

假設其光程差是因為失焦所造成的，P-V 光程差是由 Rayleigh 限制（RL）和波長所得到，而對於成像品質的 Marechal 準則是 0.8 Strehl 比例，其對於失焦和 Rayleigh 限制一致，但是比起 1/4 波限制更為普通常用。

很明顯的可以發現對於一個符合 Rayleigh 限制的像差會造成在成像特性上一個微小但是可估計的改變量，然而對於大部分的系統而言，可以假設如果像差減少到 Rayleigh 限制，效能表現將會是第一等級，而且將會發現到這些努力會得到其在效能上的差異，一個偶然的系統會需要校正到一部分 Rayleigh限制，顯微鏡跟望遠鏡通常會被校正以得到較佳的 Rayleigh 準則，照相機的的鏡頭很少會達到這種等級的近似。

當參考點很接近最小的 P-V 光程差的時候，底下的表格會顯示出相對於 Rayleigh 限制（光程差為 1/4 波長）的像差：

離焦

縱向：

$$\Delta l' = \frac{\lambda}{2n \sin^2 U_m} \quad \text{式 12.2}$$

橫向：

$$H' = \frac{0.5\lambda}{NA} \quad \text{式 12.3}$$

三階邊緣球面

縱向：

$$LA_Z = \frac{4\lambda}{n \sin^2 U_m} \quad \text{式 12.4}$$

橫向：

$$TA_m = \frac{4\lambda}{NA} \quad \text{式 12.5}$$

邊緣殘值球面（$LA_m = 0$）

縱向：

$$LA_Z = \frac{6\lambda}{n \sin^2 U_m} \quad \text{式 12.6}$$

橫向：

$$TA_Z = \frac{4.2\lambda}{NA}$$

切線慧差：

$$Coma_T = \frac{1.5\lambda}{NA} \quad \text{式 12.7}$$

色彩像差

軸向色彩：

$$LAch = L'_F - L'_C = \frac{\lambda}{2n\sin^2 U_m}$$

$$TAch = \frac{\lambda}{NA} \qquad \text{式 12.8}$$

橫向色彩：

$$TchA = H'_F - H'_C = \frac{0.5\lambda}{NA} \qquad \text{式 12.9}$$

其中λ為光波的波長，而 n 為像平面的折射係數，Um 為邊緣光束在像高為 H 的角度，而 H 為像高，NA＝n×sinU 為數值孔徑（Numerical aperture）。

縱向色差的公差量可以從失焦的公差量來導出，如果參考點是位於長波長和短波長焦點中間的話，那麼很明顯的可以發現在超過Rayleigh限制時，可以由兩次失焦公差量來分離，對於色彩像差這些數量以它們在成像品質上而言比起單色光像差的 1/4 波而言比較沒有意義，這是因為只有在最邊緣的波長（C 和 F 光）才是 1/4 微小的楔型波前，所有其他的波前都少於 1/4 波長，因為對於大部分的系統而言，其光譜反應至少在某種程度上在其中心波長會達到高峰，這意味著相對於式 12.8 和式 12.9 之下超過一半的有效有效照明度會少於一個 1/8 波長光程差，因此對於一般的色彩而言，可以假設對於單色光像差而言在 1/4 波長成像上有上述所提到數量 1.8 到 2.5 倍（這取決於系統光譜響應是平坦或是有峰值）時可以達到同樣的效果，如果色彩的形式是次要光譜，那麼係數為 2.5 和 4.5 會比較適當，人類對於上述的係數所產生的視覺響應會比較敏感，因此很適合來作為一個視覺系統。

由於慧差的公差量常常會超過，因此要將一個系統校正到這種等級的品質會很困難，而失焦的公差量可以應用到場曲（filed of curevature）而 Zs 和 Zt（Xs 和 Xt）應該要少於失焦公差量的兩倍，然而要校正到這樣程度的系統是很稀少的，而大部分包含一個延伸場的光學系統會超過公差量很多倍。

例 12.1　一個觀測光學系統 F/#＝5，$\sin U_m = 0.10$，光波長為 0.55μm＝0.00055mm，相對於 1/4 波長光程差的像差公差量為：

$$\text{離焦} = \pm\frac{0.00055}{2(0.1)^2} = \pm 0.0275\text{mm}$$

$$\text{邊界球差} = \pm\frac{4(0.00055)}{(0.1)^2} = \pm 0.22\text{mm}$$

$$帶狀球差=\pm\frac{6(0.00055)}{(0.1)^2}=\pm 0.33mm$$

$$垂直慧差=\pm\frac{1.5(0.00055)}{0.1}=\pm 0.00825mm$$

$$軸色差=\pm\frac{0.00055}{(0.1)^2}=\pm 0.055mm\ (=\pm 0.13mm\ 合理)$$

12.2 成像能量分布（幾何）

當像差超過Rayleigh限制好幾倍的時候，繞射效應會變的比較沒有意義，而且幾何光束追跡的效果可能會被用來預測一個合理準確度點像的呈現，這可以利用將光學系統的入射孔徑分割成許多的面積一樣的小區域並且追跡一條來自於物點到每一個小區域中心點的光線來完成，每一條在所選定像平面上的光線交會點可以繪製出來，而因為且每條光線表示在像平面上所有能量相同的切割區域，在所繪製的圖表上面點的密度表示在成像上面的功率密度（照度、流明度），很明顯的可以看出當所追跡的光束愈多時，所得到的幾何成像的結果也將比較銳利，這種光束交會的圖稱之為斑點圖，在圖 12-6 顯示出許多不同將光束放在入射孔徑的方式，並且顯示出一種斑點圖的範例，長方形的光束排列方式是最常用到的方式，並且操作上最簡單，同時在 OPD 以及 MTF 的計算上比較具有效用。

很明顯的，要產生斑點圖需要大量的光束追跡，如同在 10.1 節所提到的在子午平面一端的光束是另外一端的鏡射，這樣可以減少，追跡光線一半的數量，光線追跡的數量可以藉由改變追跡程式而減少，為了要製造出能夠精確重新產生影像的斑點圖，將會需要用到好幾百條光束交會點，然而如果能夠追跡到 20 到 30 條光線將可能符合所改寫的方程式到它們的交叉座標，因此所需要的計算點數目將可以藉由計算方程式，如第十章，將可以符合這個目的，然而在高計算效率的桌上型電腦愈來愈普及的現在，似乎也不需要這項簡化程式了，而且大部分的斑點圖已經可以藉由追跡光學系統的上萬條光束而得到。

為了達到精確的分析，波前在能量分布上面的影響也必須要考慮到，這可由追跡不同波長的光束來達到，系統敏感度隨著波前的變化可藉由追跡比較低敏感度的波前或是藉由適當的權重比例來列入考量範圍，對於可估計視角的機構而言，斑點圖也必須要為了許多不同的斜率光線而預備。

聚焦也必須要列入考慮，因為要事先預測在平面上正確的聚焦點也是一件很困難的工作，斑點圖通常可用在像平面上面許多不同的聚焦點並且為最佳選擇，一個達到這目的的方式為擷取在電腦記憶體上面的光束資料（交叉點以及方向）並且針對每一個聚焦平移去計算一系列的交叉點。

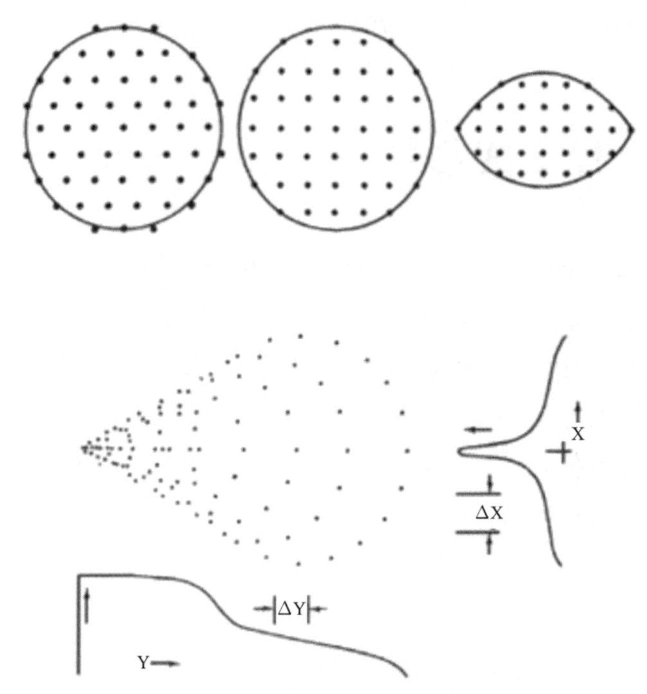

圖 12-2　上圖說明在入瞳位置不同光束的擺置，下圖說明一個具有慧差光點分布圖

12.3 點和線的展開函數

一個點的成像（不論是由一次精確的折射計算所得數據或由一張點圖－ spot diagram －而來）用三維的觀點來考慮，可被視為一種山形的流明分布，如圖 12-3。將三維的山形分布作橫切面，點展開函數即可描述為兩維平面。一條線段所形成的立體影像也被用圖 12-3 表示。因為線段所形成的像，僅僅是沿著它的長度對無窮多的點像作積分，所以，沿著與這條線平行的點像部分作積分，即可獲得此立體的橫剖面稱為線展開函數。圖 12-3 的下半部分為一個系統的三階慧差和從它得到的線展開函數。當透過刃緣對一個點成像時，將通過刃緣的能量對刃緣的位置作圖稱為刀刃蹤跡。這些刃緣掃描函數的斜率，或微分等同於線擴展函數的值。為了測量 MTF（下節），這種關係經常被用來測量線展開函數。

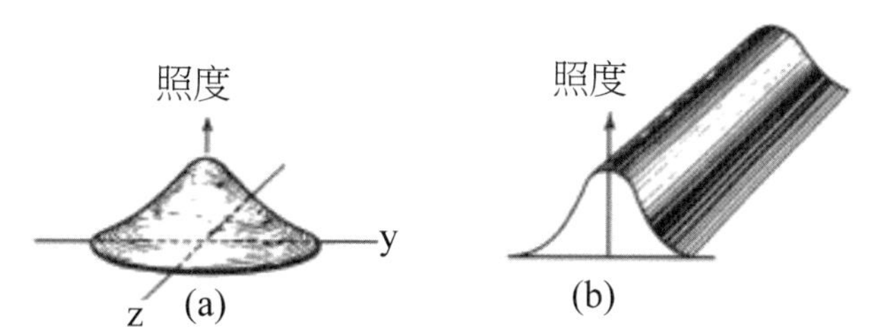

圖 12-3　透過對無窮多點的像積分可得(a)一個點成像的能量分布或是沿著它的長度積分可得，(b)一條線成像的能量分布

12.4 調制傳遞函數

調制傳遞函數 MTF（調制值 Transfer Function）是一種利用一連串等寬的明暗條紋，來測試光學系統表現的方法，如圖 12-4(a)。測試時，通常是利用數組不同間距的條紋圖樣，而系統能分辨的最細條紋圖樣，即稱為系統的解析極限，其所使用的單位為每釐米有幾對線。當光學系統對這種圖樣成像時，每一條幾何線（線寬無窮小）都是透過光學系統形成的模糊線，其斷面正是線展開函數。圖 12-4(b)表示每一條亮紋的斷面，圖 12-4(c)表示線展開函數會使原本的直角圓弧化。圖 12-4(d)表示線條愈細，影像愈模糊。很明顯的，當對比降至比系統可以看見的條紋要小的時候，這圖形就無法被解析。

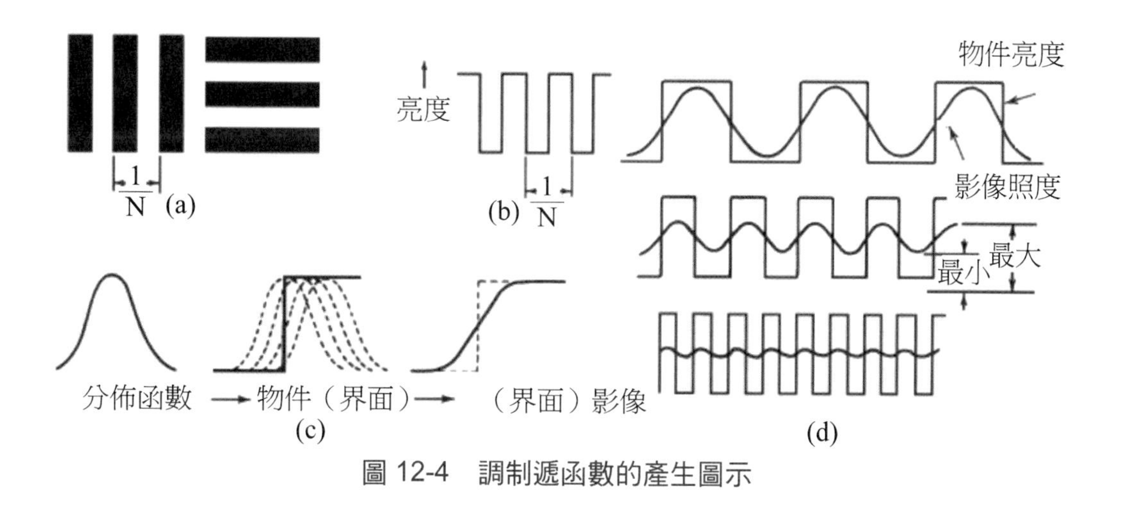

圖 12-4　調制遞函數的產生圖示

如果，將影像的對比用「調制值調制」來表示，式子為：

$$調制值=\frac{Max.-Min.}{Max.+Min.}$$

Max.和 Min.代表亮度的大小，如圖 12-4(d)，可以將調制值表示成空間頻率（每釐米有幾對）的函數，如同圖 12-5(a)。而調制值函數與系統能偵測到的最小調制值線的交叉處決定了系統的解析度極限。這條系統可偵測到的最小調制值線通常稱作AIM 曲線，而此曲線的起始點，代表著系統形成虛像的調制值。眼睛、軟片、影像穿透量管、CCD 等都利用 AIM 曲線來描述其調制反應特性。注意 AIM 通常隨著空間頻率上升，但是也有例外。圖 12-5 眼睛的等效 AIM 曲線；注意到在非常低的角頻率之下，眼睛的對比最低閥值會上升（因為生理的關係）。

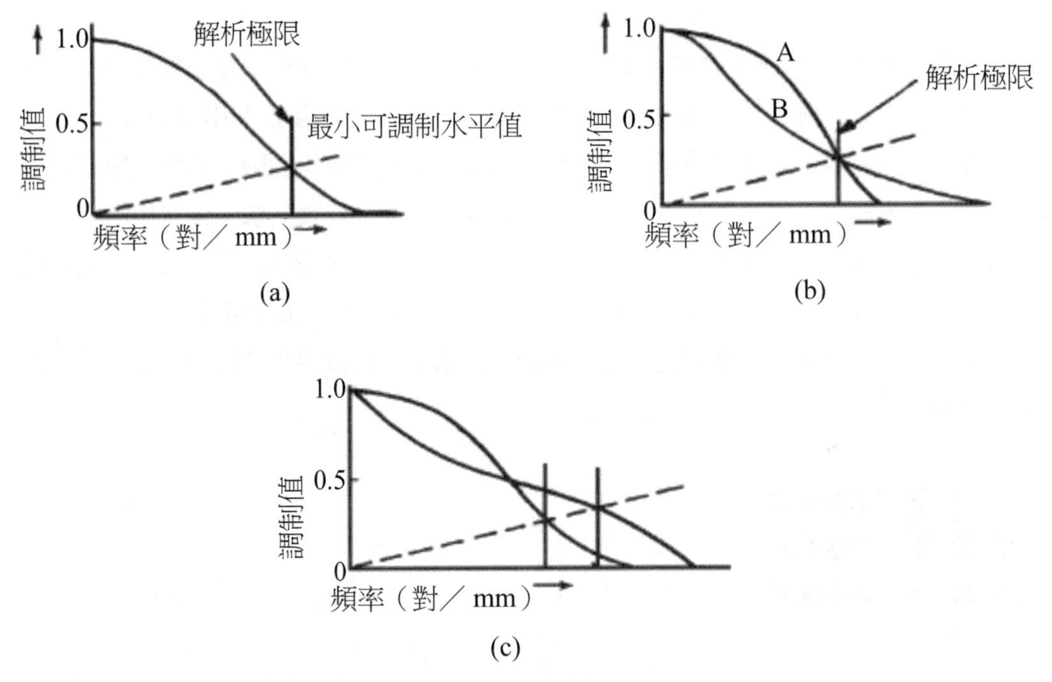

圖 12-5 兩條表現相當不同的調制函數

顯而易見的，解析極限並不能完全描述整個系統的表現。圖 12-5(b)代表兩條表現相當不同的調制函數，但卻有相同的解析極限。在頻率低時，有著較高的調制很明顯比較好，因為它會製造清晰、高對比的影像。不幸的是，常常要面對兩個不容易比較的系統。考慮圖 12-5(c)一條代表高的解析極限，另一條代表低的解析極限但卻有高對比。這種情況下，必須考慮整個系統需要高解析度亦或是高對比。

之前的討論是建立在光強分布是個方波，如圖 12-6(b)，實際上光強分布會被 AIM 曲線扭曲，如圖 12-6(d)。然而，如果物的光強分布是個正弦波，不管展開函數如何，像的光強分布也是個正弦波。由於這種現象，MTF 被廣泛用來評估一套光學系統的表現。MTF 函數其實是像的調制比上物的調制，以正弦波的空間頻率為自變數的函數（每單位長幾對）。

$$MTF(v) = \frac{M_i}{M_o}$$

MTF 對頻率 v 的圖對所有成像系統都適用，而且不只是對透鏡，對軟片、磷光劑、影像管、眼睛或甚至完整的系統，例如平面所攜帶的高空照相機。

MTF 一項特殊的優點就是它可以跟其他的 MTF 作連乘結合起來。舉例來說，一個照相機鏡頭的MTF是 0.5 在頻率 20cycle/mm時，用一張在同樣頻率下 MTF = 0.7 的軟片，則結合起來，整個系統的 MTF 為 $0.5 \times 0.7 = 0.35$。如果一物的調制值為 0.1，則像的調制值為 $0.1 \times 0.35 = 0.035$ 已經接近視覺偵測的極限了。

有一點需要注意，MTF的連乘性並不適用於直接接觸的光學元件間，因為這種做法大部分是為了補償像差，所以緊密接觸的光學元件影像品質會比單一元件要來的好，在此情況下的 MTF 會比兩個單一元件的 MTF 作連乘還要好。任何有經過校正的光學系統都要注意此情況。

在過去，MTF 被視為頻率響應，正弦波響應，或是對比的轉換函數。

如果，假設一個物是由明帶或暗帶所組成的，則亮度會隨餘弦（或正弦）函數而變化，如圖 12-12 的上半部，亮度的分布可以以數學形式表達成：

$$G(x) = b_0 + b_1 \cos(2\pi v x) \qquad \text{式 } 12.10$$

是每單位長度下亮度的變化頻率，$(b_0 + b_1)$是最大亮度，$(b_0 - b_1)$是最小亮度，x 代表垂直明暗帶的空間座標，此種圖案的調制值為：

$$M_0 = \frac{(b_0 + b_1) - (b_0 - b_1)}{(b_0 + b_1) + (b_0 - b_1)} = \frac{b_1}{b_0} \qquad \text{式 } 12.11$$

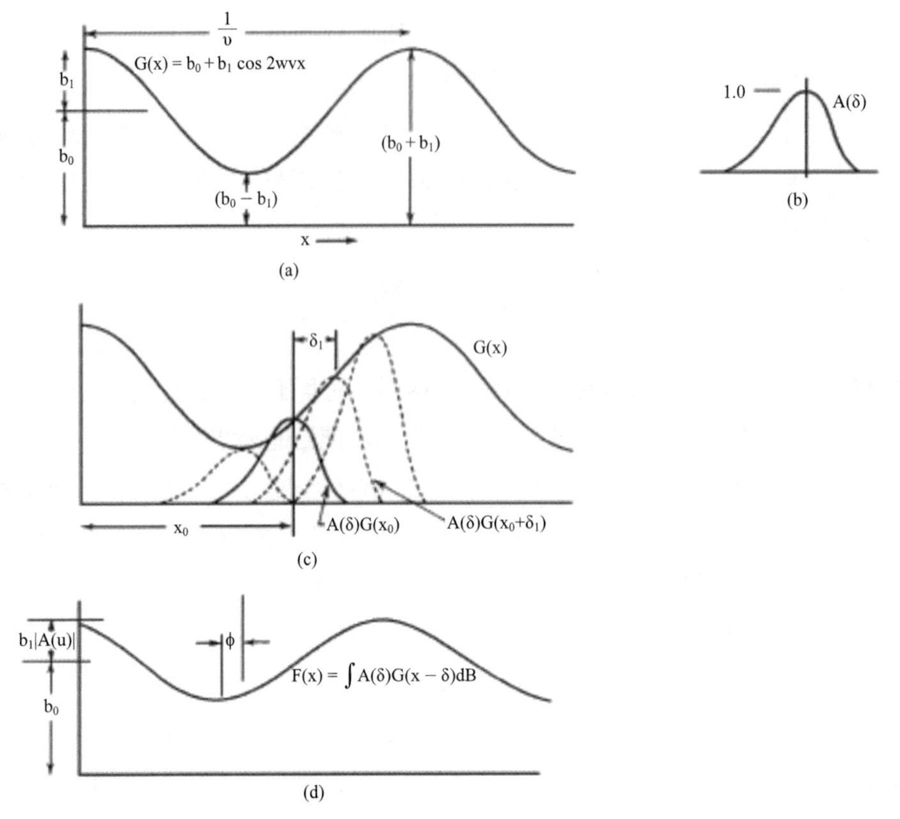

圖 12-6 調制傳遞函數的數學表示

當這些線圖案在光學系統成像時，物上的每一點都會被成像為一個模糊。此模糊團的能量分布取決於光學系統本身的孔徑與像差大小。因為，處理的是一個線狀的物體，每一條線的成像都會被描述成線展開函數（12.3 節，圖 12-3）如圖 12-6 的 $A(\delta)$，為了方便，假設式 12.10 中 x 的單位和 $1/\upsilon$的單位與成像的單位一樣。顯然的，成像在 x 處的能量分布為 $G(x)$與 $A(\delta)$的乘積，表示為：

$$F(x)=\int A(\delta)G(x-\delta)d\delta \qquad \text{式 12.12}$$

結合式 12.11 和式 12.12，可以得到：

$$F(x)=b_0\int A(\delta)d\delta+b_1\int A(\delta)\cos(2\pi v(x-\delta))d\delta \qquad \text{式 12.13}$$

對式 12.13 除$\int A(\delta)d\delta$作正規化，可得到：

$$\begin{aligned}F(x)&=b_0+b_1|A(v)|\cos(2\pi v-\phi)\\&=b_0+b_1A_C(v)\cos(2\pi vx)+b_1A_S(v)\sin(2\pi vx)\end{aligned} \qquad \text{式 12.14}$$

當

$$|A(v)| = (A_C^2(v) + A_S^2(v))^{\frac{1}{2}} \qquad \text{式 12.15}$$

$$A_C(v) = \frac{\int A(\delta)\cos(2\pi v\delta)\,d\delta}{\int A(\delta)\,d\delta} \qquad \text{式 12.16}$$

$$A_S(v) = \frac{\int A(\delta)\sin(2\pi v\delta)\,d\delta}{\int A(\delta)\,d\delta} \qquad \text{式 12.17}$$

$$\cos\phi = \frac{A_C(v)}{|A(v)|} \qquad \text{式 12.18}$$

$$\tan\phi = \frac{A_S(v)}{A_C(v)} \qquad \text{式 12.19}$$

注意最後在成像處能量的分布依然受到同頻率的餘弦函數影響，就像是一個餘弦分布的物永遠會生成餘弦函數的像。如果線展開函數 $A(\delta)$依然是非對稱關係，則會產生相位差。造成影像位置的橫像移動。

像的調制值為：

$$M_i = \frac{b_1}{b_0}|A(v)| = M_o A(v) \qquad \text{式 12.20}$$

其中$|A(v)|$為 MTF。

$$MTF(v) = |A(v)| = \frac{M_i}{M_o} \qquad \text{式 12.21}$$

optical transfer function（OTF）是一較複數的函數，自變數是正弦圖樣的頻率，OTF 的實數部分是 MTF，虛數部分是 phase transfer function（PTF），如果 PTF 與頻率呈線性，則影像只是呈現一種平移的關係（例如扭曲變形），但如果是成非線性關係，它就可能會對影像的品質造成影響。相位差為 180°時，圖形的明暗會對調，如圖 12-8

12.4.1 MTF 的計算

在前章節已經描述過 MTF 大略的計算和例子。實際上，要獲得精準的結果，計算必須要經過多次驗證。假設由光線追跡法得到一張點圖（spot diagram）如圖 12-7 (a)。藉由對點圖的一個方向所積分得到的線展開函數；所有增量 x 和計數值都發生在圍住增量的線之間。一張 Nx 對 x 所做的圖，正規化後代表其線展開函數（注意到點展開函數可經由折射計算所得到）。

既然實展開函數幾乎沒有用可解析函數來表示，就不能使用式 12.16 和式 12.17 在它的積分形式中。下面等效的方程式中給了一個相當接近的近似：

$$A_C(v)=\frac{\Sigma A(x)\cos(2\pi vx)\,\Delta x}{\Sigma A(x)\,\Delta x} \quad \text{式 12.22}$$

$$A_S(v)=\frac{\Sigma A(x)\sin(2\pi vx)\,\Delta x}{\Sigma A(x)\,\Delta x} \quad \text{式 12.23}$$

在實際例子中，要決定 MTF 當 v = 0.1 時（每單位長度 1/10 圈），而即將用線展開函數的值 A(x)在表 12-4 列 2，表 12-4 裡面列 4 表示出在同樣的 x 之下的值。表 12-4 列 5 和列 6 則分別代表每一點 cos(2πvx)和 sin(2πvx)的值。

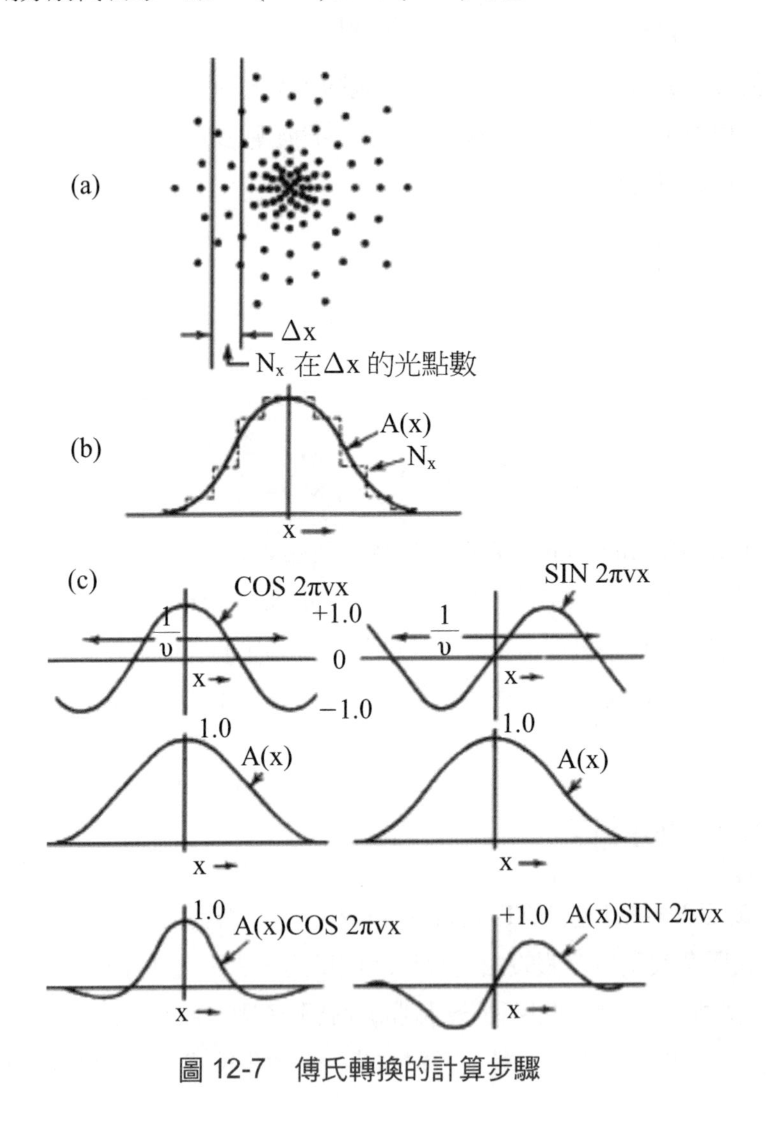

圖 12-7 傅氏轉換的計算步驟

表 12-4 傅氏轉換的計算表

(a)x(Δx = 1.0)	−4.5	−3.5	−2.5	−1.5	−0.5	+0.5	+1.5	+2.5	+3.5	+4.5
(2)A(x)	0.05	0.2	0.5	0.8	1.0	1.0	0.8	0.5	0.2	0.05
									ΣA(x)Δx = +5.10	
(3)vx	−0.45	−0.35	−0.25	−0.15	−0.05	+0.05	+0.15	+0.25	+0.35	+0.45
(4)2πvx	−0.9π (−162°)	−0.7π (−126°)	−0.5π (−90°)	−0.3π (−54°)	−0.1π (−18°)	+0.1π (+18°)	+0.3π (+54°)	+0.5π (+90°)	+0.7π (+126°)	+0.9π (+162°)
(5)cos (2πvx)	−0.95106	−0.58779	0	+0.58779	+0.95106	+0.95106	+0.58779	0.0	−0.58779	−0.95106
(6)sin (2πvx)	−0.30902	−0.80902	−1.0	−0.80902	−0.30902	+0.30902	+0.80902	+1.0	+0.80902	+0.30902
(7)A(x)cos(2πvx)	−0.04755	−0.11756	0.0	+0.47023	+0.95106	+0.95106	+0.47023	0.0	−0.11756	−0.04755
								ΣA(x)cos(2πvx)Δx = +2.51235		
(8)A(x)sin(2πvx)	−0.01545	−0.16180	−0.5	−0.54722	−0.30902	+0.30902	+0.64722	+0.5	+0.16180	+0.01545
								ΣA(x)sin(2πvx)Δx = 0.0		

列 7 和列 8 分別表示 A(x)cos(2πvx)和 A(x)sin(2πvx)。既然例子裡 x = 1，可以從式 12.45 和式 12.46 累加列 2、列 7、列 8 可以得到：

$$A(x)\Delta x = +5.10$$
$$\Sigma A(x)\cos(2\pi vx)\Delta x = +2.51236$$
$$\Sigma A(x)\sin(2\pi vx)\Delta x = 0.0$$

注意到 A(x)是 x 的對稱函數時，既然 x = 0 的兩邊是一正一負的正弦函數，會導致一邊被消掉，另一邊則累加。因此 A(x)是對稱的，計算的工作量會減少四倍，只有一半的餘弦需要被計算。

將以上計算的數值代入上式，發現：

$$A_C(0.1) = \frac{2.51236}{5.1} = +0.4926$$

$$A_S(0.1) = \frac{0.0}{5.1} = 0$$

藉由式 12.15 和式 12.17：

$$\tan\phi = \frac{A_S(v)}{A_C(v)} = \frac{0}{0.4926} = 0$$

$$|A(v)| = (A_C^2(v) + A_S^2(v))^{\frac{1}{2}} = (0.4926^2 + 0^2)^{\frac{1}{2}} = 0.4926$$

因此當頻率 v = 0.1 時，發現 MTF = 49%，可以對不同的做重複的計算，得到像圖 12-11 的樣子。正如之前所說的，如果需要得到一個準確的答案，必須用非常小的 x 作計算。

12.4.2 方波對弦波

一旦 MTF 決定了之後，可以對方波的圖（圖 12-10）作調制值 Transfer，可以將方波作傅立葉處理，則方波對頻率的調制值 Transfer S(v)可由下面的式子所決定：（為了簡化 MTF(v)寫成 M(v)）

$$S(v)=\frac{4}{\pi}\left[M(v)-\frac{M(3v)}{3}+\frac{M(5v)}{5}-\frac{M(7v)}{7}+\cdots\right] \quad \text{式 12.24}$$

$$M(v)=\frac{4}{\pi}\left[M(v)+\frac{S(3v)}{3}-\frac{S(5v)}{5}+\frac{S(7v)}{7}+\cdots\right] \quad \text{式 12.25}$$

解析度實行上的考量：

(1)下面列出了在照片列印或打字印刷對解析度的要求。

(2)絕佳的情況要求一個小寫的 e 的高度下由八條線去組成。

(3)易辨認的情況則要求一個字母的高度由五條線去組成。

(4)可辨認的情況則要求一個字母的高度由三條線去組成。

(5)字型的點大小（P 代表一點）。

(6)大寫字母＝0.22P/mm＝0.0085/Pin。

(7)小寫字母＝0.15P/mm＝0.006/Pin。

12.4.3 特別的調制傳遞函數：繞射限制的系統

12.8 節討論了調制轉移函數的幾何項：只有在像差很大時，spot diagram 才適用，當像差很小時，孔徑的繞射現象與像差之間的交互作用變得十分複雜，如果沒有像差存在則系統的調制轉移函數會跟繞射圖案的尺寸大小有關（繞射圖案又是數值孔徑與波長的函數）。對於一個理想的光學系統而言，其調制轉移函數：

$$MFT(v)=\frac{2}{\pi}(\Phi-\cos\Phi\sin\Phi) \quad \text{式 12.26}$$

其中

$$\Phi=\cos^{-1}\left(\frac{\lambda v}{2NA}\right) \quad \text{式 12.27}$$

而 v 是頻率（cycles per mm），λ是波長（mm），NA 是數值孔徑（n'sinU'）。

很明顯的，當Φ等於 0 時調制轉移函數亦等於 0，因此對於一個無像差的光學系統，其解析度限制（或稱為截止頻率）等於：

$$\nu_0=\frac{2NA}{\lambda}=\frac{1}{\lambda(f/\#)}\qquad 式\ 12.28$$

其中波長單位是 mm，(f/#)是系統的相對孔徑，ν_0 單位是 cycles per mm，要注意的是光學系統是一個低通濾波器，無法通過空間頻率超過其截止頻率的信號。

對於一個無焦距的光學系統（或者是一個成像在無窮遠處的光學系統），截止頻率為

$$\nu_0=D/\lambda\ \text{cycles/radian}\qquad 式\ 12.29$$

圖繪製成圖 12-8，頻率軸以ν_0 為單位，截止頻率由式 12.28 決定，值得注意的是，一般光學系統無法超越這種等級的效能，一個經良好修正的鏡片，從其光線追跡資料（並忽略繞射下）所推導出的調制轉移曲線有時候會超過圖 12-8 的值，當然這樣的結果並不正確，原因是光線的概念僅能部分描述電磁波的行為也要注意像差總是會降低調制轉移函數

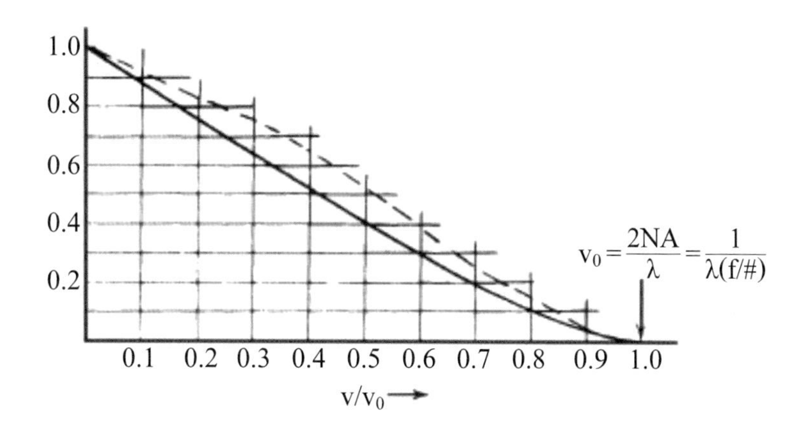

圖 12-8　無像差系統的調制傳遞函數（實線部分），注意頻率以與截止頻率的比例來表示，而虛線部分代表一個方波目標的調制因數，兩條曲線都基於繞射現象，並假設系統有一個均勻穿透量的圓形孔徑

微小的離焦對於受繞射限制的調制傳遞函數的影響展示在圖 12-9，曲線 B 代表由瑞立準則所允許的景深，如同 12.2 與 12.4 節所討論的，由 1/4 光程差所造成的微小效應對於影像品質的影響幾乎無法察覺。

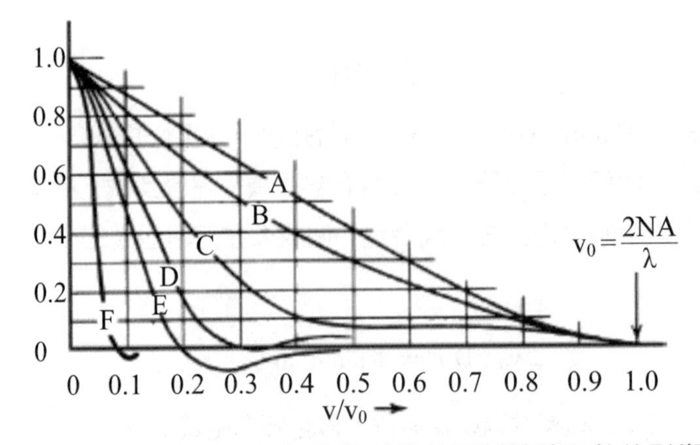

圖 12-9　離焦對於一個無像差系統的調制轉移函數的影響

(a)焦點上　光程差＝0.0

(b)離焦＝λ/(2nsin² U)　光程差＝λ/4

(c)離焦＝λ/(nsin² U)　光程差＝λ/2

(d)離焦＝3λ/(2nsin² U)　光程差＝3λ/4

(e)離焦＝2λ/(nsin² U)　光程差＝λ

(f)離焦＝4λ/(nsin² U)　光程差＝2λ

比較之下，

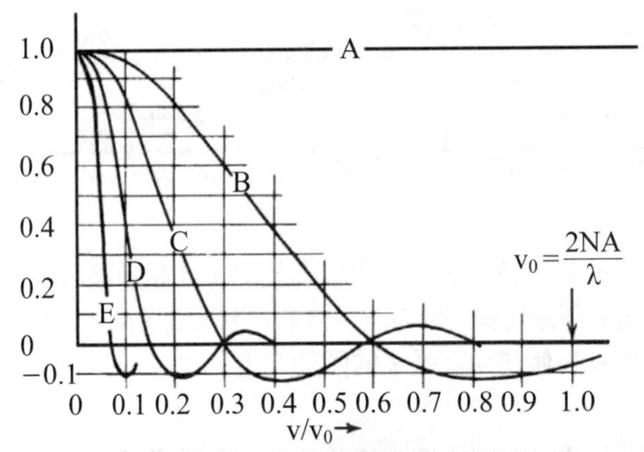

圖 12-10　一個完美系統經由幾何計算所得到的調制傳遞曲線

圖 12-10 顯示在同樣離焦程度之下，一個完美系統經由幾何計算所得到的調制傳遞曲線在光程差很小的情況下，經由波前分析所得的圖 12-9 與圖 12-10 只有很小的一致性，然而當離焦大到足夠使光程差達到一個波長以上時，兩者間的一致性就會改善，注意圖 12-10 的所有曲線屬於同一群體，可以藉由調整頻率刻度的比例來得到另

一個群體這些曲線可以用下式表示：

$$\mathrm{MTF}(v)=\frac{2J_1(\pi Bv)}{\pi Bv}\approx\frac{J_1(2\pi\delta NAv)}{\pi\delta NAv}$$

其中 J_1 代表貝索第一階函數，B 是光點由於離焦造成模糊光點的直徑，δ代表軸向的離焦量，NA 代表數值孔徑，v 為空間頻率。

注意在圖 12-9 和 12-10 中有些曲線顯示負值的調制轉移函數，這表示影像中的相移（式 12.27 的Φ）為 180°，並且影像中該暗的地方亮，反之亦然，此即為偽解析度（因為雖然可以看見圖案卻不是物體真實的影像），修正良好的透鏡若是離焦將會使影像模糊。

三階像差對於調制傳遞函數的影響顯示在圖 12-11 中，值得再次注意的是相當於瑞立極限的像差（光程差等於λ/4），其影響並不顯著，這種情況與離焦的例子很類似，也就是那些根據幾何計算所得的調制轉移函數曲線，與圖 12-11 像差很小的情況很不一致，但跟那些像差在光程差等於一至兩倍波長的情況很類似。

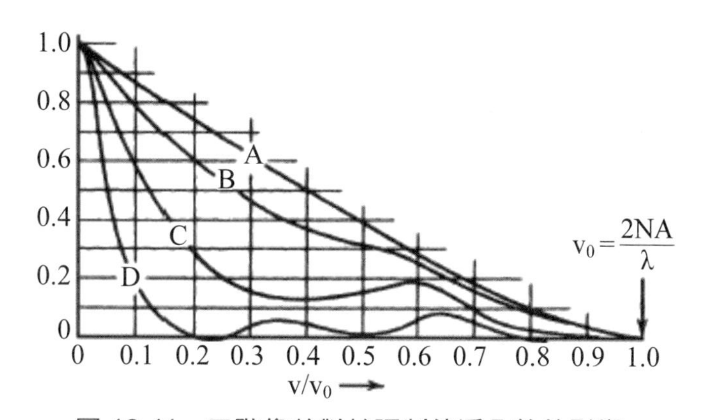

圖 12-11　三階像差對於調制傳遞函數的影響
(a) $LA_m = 0.0$　OPD = 0
(b) $LA_m = 4\lambda/n \sin^2 U$　OPD = λ/4
(c) $LA_m = 8\lambda/n \sin^2 U$　OPD = λ/2
(d) $LA_m = 16\lambda/n \sin^2 U$　OPD = λ

這些曲線是根據繞射波前計算，其像平面位於邊際與近軸焦點之間

圖 12-12 顯示一個孔徑中央有阻隔對於繞射極限系統的影響注意碟形障礙物置於孔徑中間會降低低頻響應，但會稍微提高高頻響應（雖然不會改變截止頻率）。因此，這樣的系統在粗糙的影像上的對比度會大幅降低，而解析度會提高，這是將光從 airy disk 移至繞射圖案的環形區域

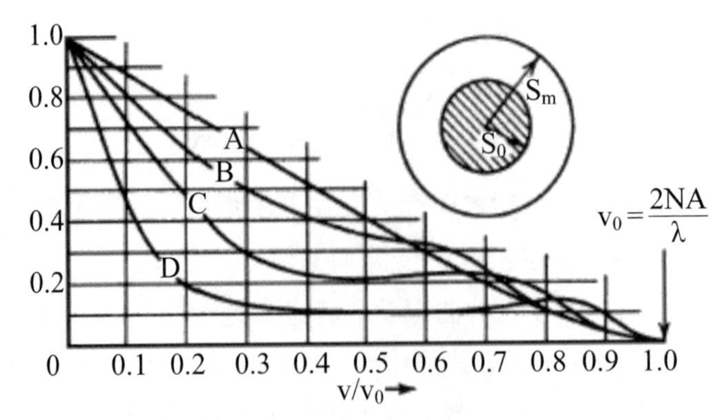

圖 12-12 孔徑中央障礙物對於無像差系統的調制轉移函數的影響

(a)$S_o/S_m = 0.0$

(b)$S_o/S_m = 0.25$

(c)$S_o/S_m = 0.5$

(d)$S_o/S_m = 0.75$

12.4.4 同調與半同調照明之下的調制傳遞函數

先前的討論（除了孔徑中央有障礙物的情況下）皆假設在一個被均勻照射與均勻穿透量的孔徑之下，當照明系統只照射孔徑的中央部分時（這可以藉由Koehler照明，如果一個聚光鏡將光源聚成一個比投射鏡的孔徑更小的像），則調制轉移函數的圖形近乎是圖 12-12 的倒反。

傅立葉理論告訴我們可以將一個物體的光強分布分解成許多不同頻率、強度與向位的弦波的總合。為了簡化起見，讓投影一個簡單弦波光柵的像，要記得弦波光柵只有一階繞射光，先看圖 12-13 的光學系統，如果在同調照射下，從光柵某一點射出的光會繞射至第一階，如圖 12-13(a)，如果繞射角比投射鏡的數值孔徑小，所有功率都會投射至影像上，但如果光柵頻率夠高（$v \geq NA/\lambda$），繞射光會超過透鏡孔徑，則該頻率的光將無法投射至影像，其結果顯示於圖 12-13(c)，在調制傳遞函數＝100%且空間頻率等於 NA/λ或更小的情況下，以及調制轉移函數＝0 且頻率大於 NA/λ的情況下注意 NA/λ只有截止頻率的一半，如同式 12.24 的非同調照射的例子。

如果在半同調照射之下，透鏡只有部分孔徑會被照射，如同圖 12-13(d)，當光柵頻率增加時，孔徑被照射的區域會移向邊緣，然而在孔徑邊緣，截止頻率處的調制傳遞函數變化會比較和緩，而不會是陡峭變化的，如同之前討論的同調情況，而調制轉移函數顯示於圖 12-13(f)。

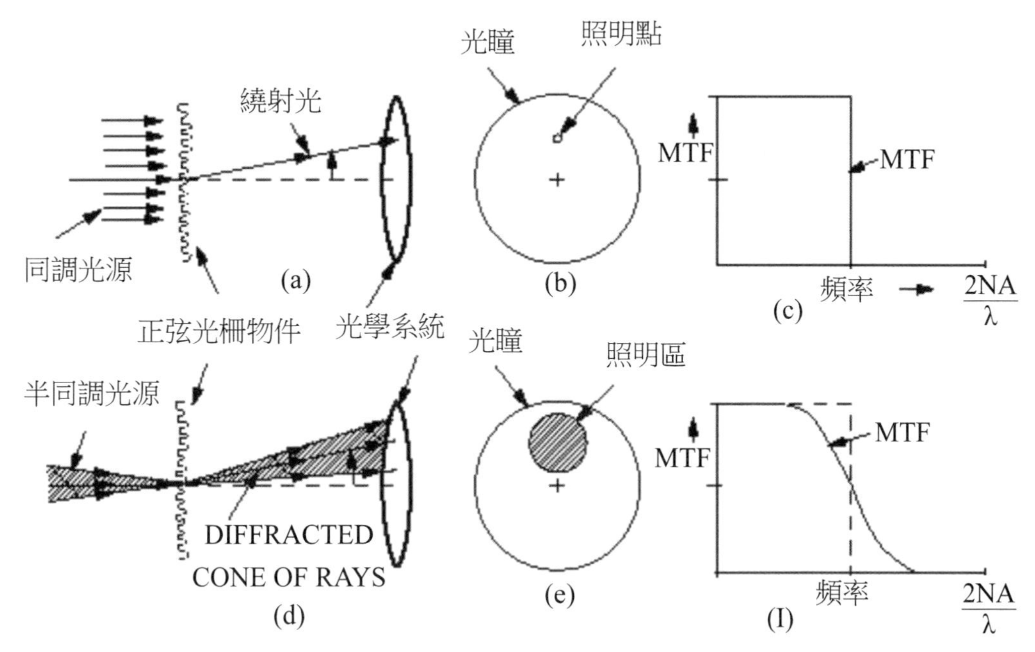

圖 12-13　(a)～(c)再同調照射之下的調制傳遞函數，(d)～(f)半同調照射之下的調制轉移函數（只照射部分孔徑）

圖 12-14 顯示不同照明系統 NA 值（以透鏡 NA 值的比例來表示）對於調制傳遞函數的影響，這些部分同調性效應在半導體蝕刻製程與顯微術中是很有用的注意若使照射光束離心或斜率，可以得到指向性效應，而環形照射可以特別強調某一個頻率。

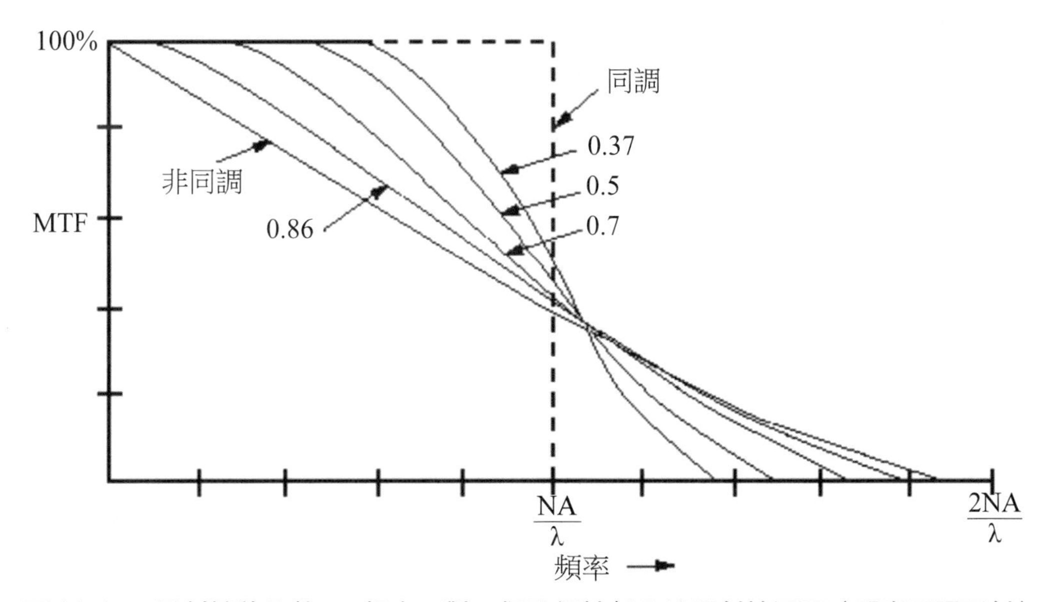

圖 12-14　調制轉移函數v.s.頻率，對一個孔徑被部分地照射情況下（即半同調照射）

圖中的數字代表照射系統的數值孔徑對光學系統數值孔徑的比例。

如先前所提，調制傳遞函數被應用於取像系統，而不是成像系統。圖 12-15 顯示在一系列照相感光之下的調制傳遞函數曲線，因為薄膜的調制傳遞函數是根據薄膜在弦波測試圖案曝光下的密度量測為基礎計算而得，而薄膜的調制傳遞函數是可能大於一。此結果是由鄰近區域的薄膜生成所產生的化學效應而得，並且可以在圖 12-15 的低頻曲線觀察到，另外在 12.8 節的 AIM 曲線也可以用來表示非成像裝置或感測器如薄膜的響應特性

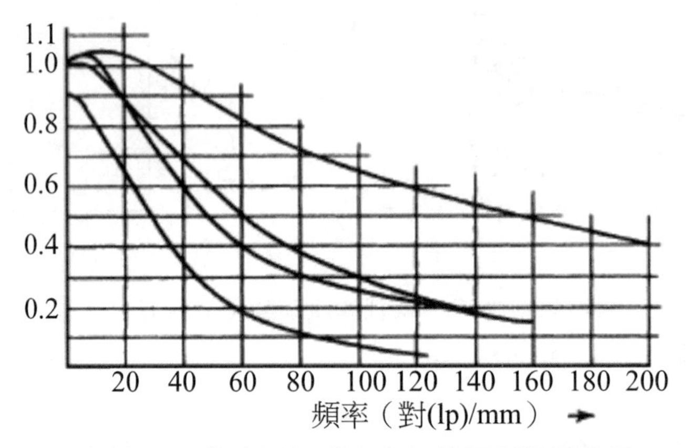

圖 12-15　數次照相感光之下的調制傳遞函數

12.4.5 徑向能量分布

點分布函數或光點圖的資料可以用徑向能量分布的形式來表示。

如果模糊光點是對稱的，很明顯的一個位元於影像中心位置的小圓孔會使一部分能量通過並擋住另一部分，一個更大的圓孔會使更大比例的能量通過，以下就有一個圖是根據通過能量的比例與孔洞半徑繪製而成，它就叫做徑向能量分布曲線。

一個徑向能量分布曲線，如同圖 12-16，可以藉著疊加算式來計算一個光學系統的調制傳遞函數。

$$MTF(v) = \sum_{i=1}^{i=m} \Delta E_i J_0[2\pi v \overline{R_i}] \qquad \text{式 } 12.30$$

其中 v 是頻率，ΔE_i 是 $E_i - E_{i-1}$，也就是通過能量之差，$\overline{R_i}$ 是 $1/2(R_i + R_{i-1})$，也就是兩相對應半徑的平均值，J_0 代表零階貝索函數。

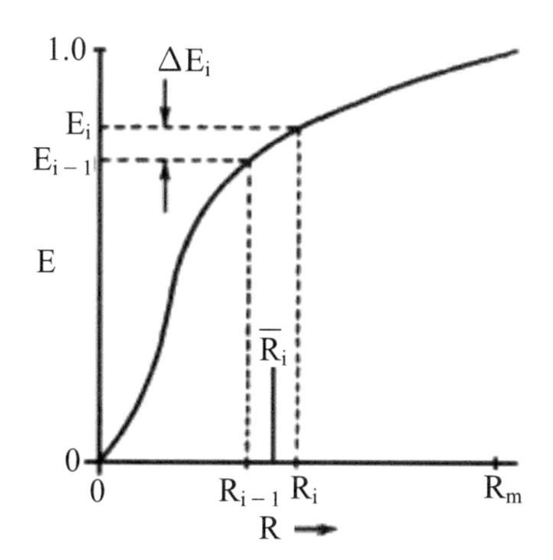

圖 12-16　徑向能量分布圖。曲線顯示出在影像圖案中的通過能量比例落於半徑 R 的圓，而所有能量都被包圍在半徑 R_m 之圓內；E_i 能量則被包圍在半徑 R_i 之圓內

雖然徑向能量分布關係只對點對稱的點影像有效，也就是那些在光軸上的影像，但它仍可以用來預測離軸點的平均解析度。這種方法雖然不能分開求得徑向與切線方向的解析度，但可以給設計者一個系統修正度的粗略概念。

12.4.6 像差的點分佈函數

本節的圖表說明一個光學系統的主要像差對點分布函數的影響，從圖 12-17 到 12-22 每一個圖顯示四個點分布函數，第一個的光程差峰對谷值等於 1/8 波長，第二個的光程差峰對谷值等於 1/4 波長（也就是瑞立判則），三階個的光程差峰對谷值等於 1/2 波長，第四個的光程差峰對谷值等於一個波長，每個圖的說明文字都指出光程差的均方根以及每個點分布函數的 Strehl ratio（見 12.4 節和圖 12-5）。

圖 12-17 顯示離焦對點分布函數的影響，注意在離焦情形下，瑞立法則（光程差等於 1/4 波長）跟 Marechal 判則（Strehl ratio 等於 0.8）是一樣的。

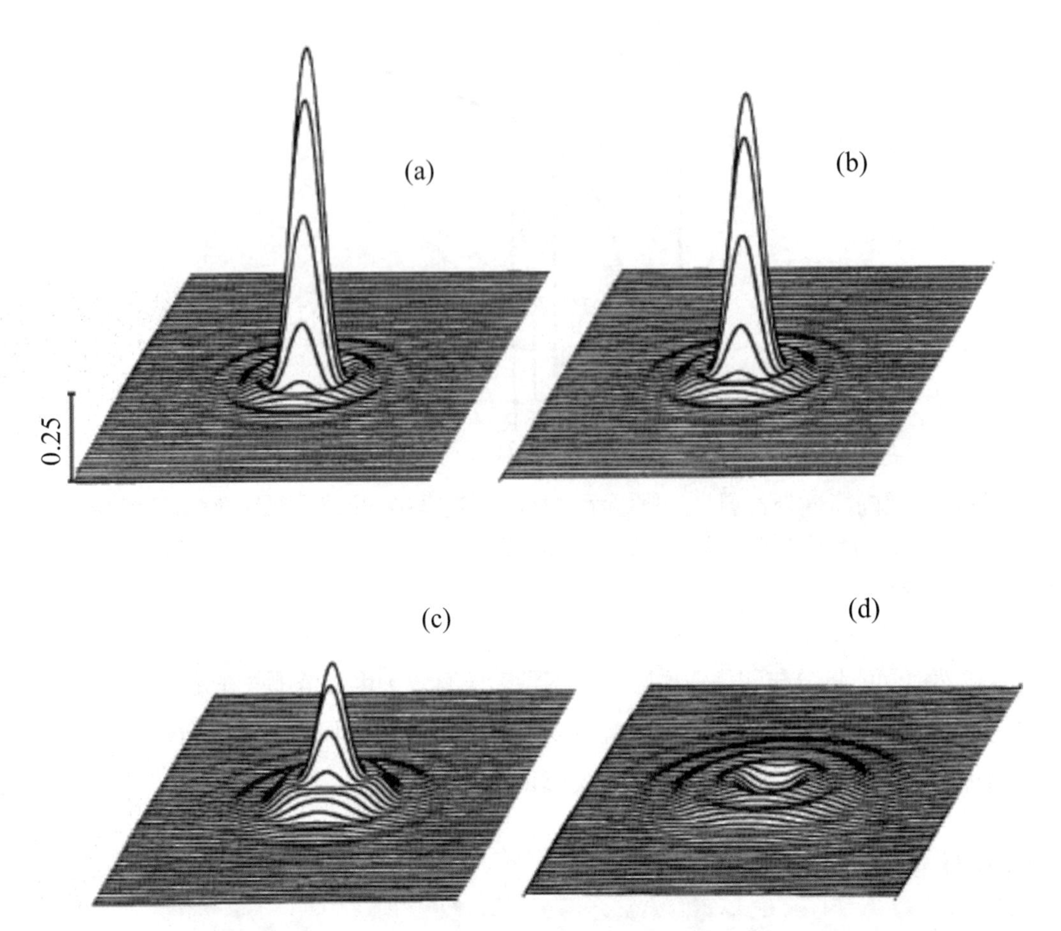

圖 12-17　在各種離焦情況下的點分布函數。(a)0.125 波長（峰對谷值），0.037 波長（均方根），0.95 Strehl；(b)0.25 波長（峰對谷值），0.074 波長（均方根），0.80 Strehl；(c)0.5 波長（峰對谷值），0.148 波長（均方根），0.39 Strehl；(d)1 波長（峰對谷值），0.297 波長（均方根），0.00 Strehl

在圖 12-18 顯示三階階圓形像差的影響，在 1/8 波長的點分布函數等於離焦下的點分布函數，而 1/4 波長下的點分布函數也非常類似，但是當比較 1/2 波長與 1/4 波長兩種情況時，兩者相差十分顯著，雖然解析度與調制傳遞函數的效應仍然是可相較的。

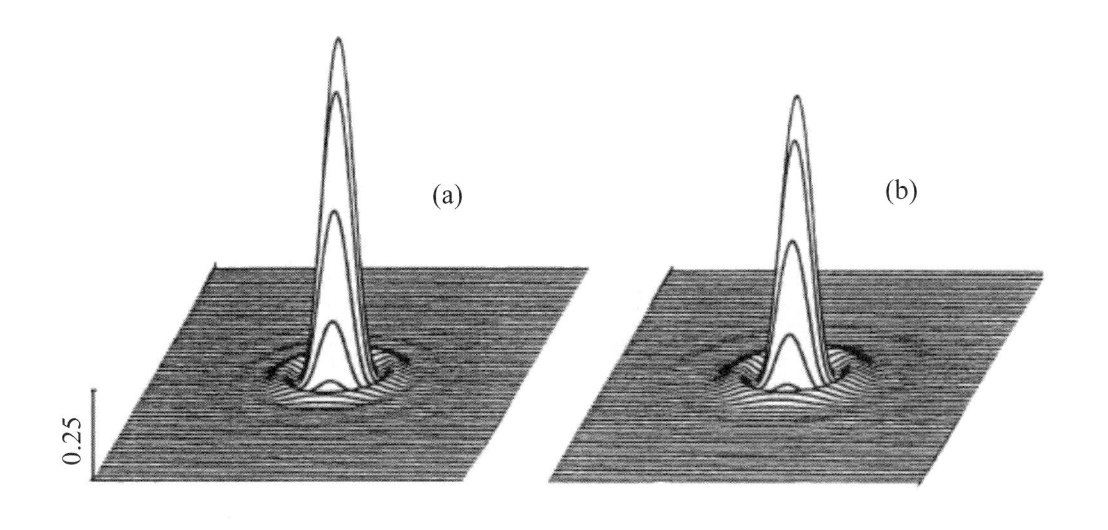

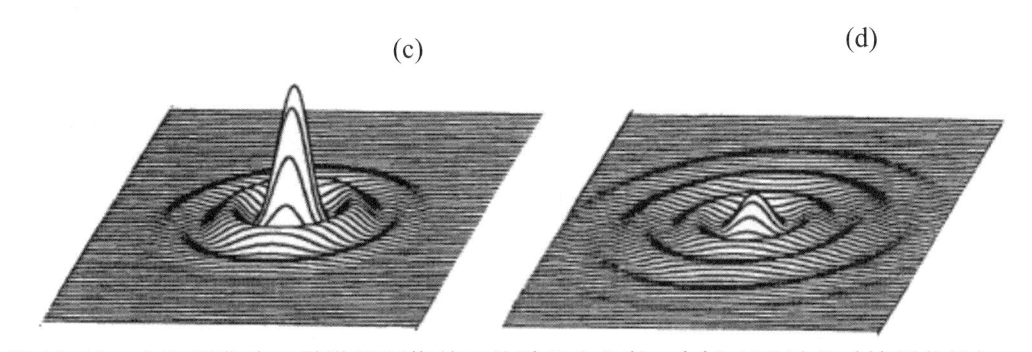

圖 12-18　在不同程度三階階圓形像差下的點分布函數。(a)0.125 波長（峰對谷值），0.04 波長（均方根），0.94Strehl；(b)0.25 波長（峰對谷值），0.080 波長（均方根），0.78strehl；(c)0.5 波長（峰對谷值）；(d)1.00 波長（峰對谷值）；0.318 波長（均方根）；0.08Strehl

然而圖 12-19 慧差的點分布函數相當顯著的不同，即使在 1/8 波長的光程差，也就是繞射圖案的非對稱環形區域很明顯的地方在光程差等於一個波長的情況下，點分布函數跟幾何光學光點圖一樣顯示出彗星狀的圖案（可以圖 12-6 為例）。

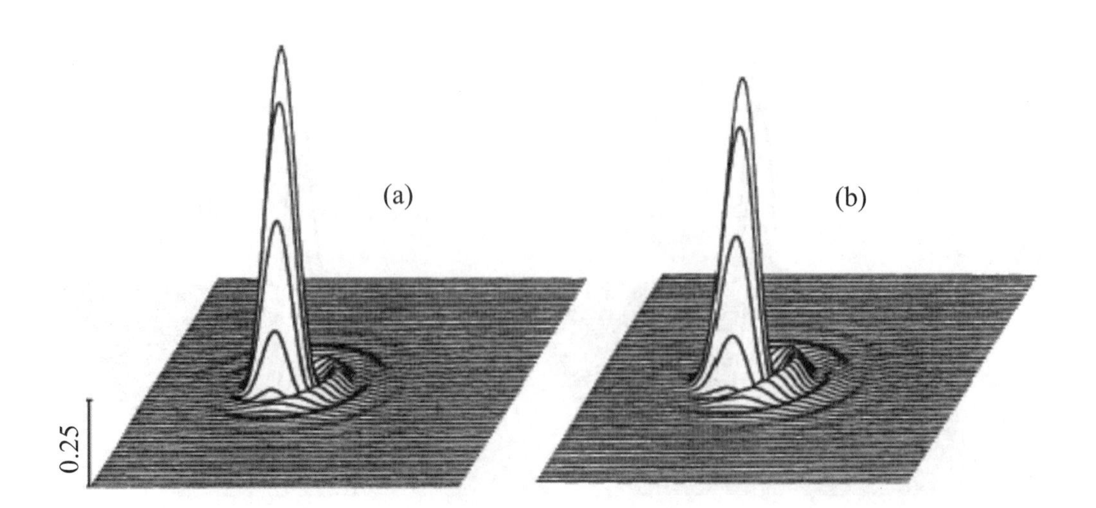

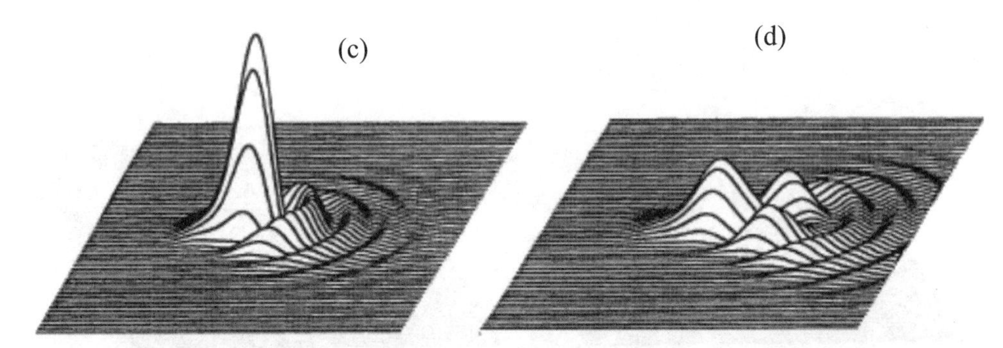

圖 12-19　在不同程度三階慧差下的點分布函數(a)0.125 波長（峰對谷值）；0.031 波長（均方根）；0.96Strehl　(b)0.25 波長（峰對谷值）；0.061 波長（均方根）；0.86Strehl　(c)0.5 波長（峰對谷值）；0.123 波長（均方根）；0.65Strehl　(d)1.00 波長（峰對谷值）；0.25 波長（均方根）；0.18Strehl

圖 12-20 大部分根據幾何光學對像散做的討論（包括 11.2 節）指出，在水準與垂直的聚焦線之間的模糊光點是橢圓或圓形的，視何種影像而定

然而，無論是在 1/2 波長或一個波長光程差之下的點分布函數，可以看出模糊光點不是圓形卻是四邊形的，若用顯微術觀察由一個以像散為主要像差的透鏡所產生的點光源像，就會觀察到以上現象（或許會想知道四方形影像從何而來）

要知道兩條聚焦線的作用如同孔徑，就有助於了解這種現象，而繞射現象也是造成這種交叉成形照射分布的原因。

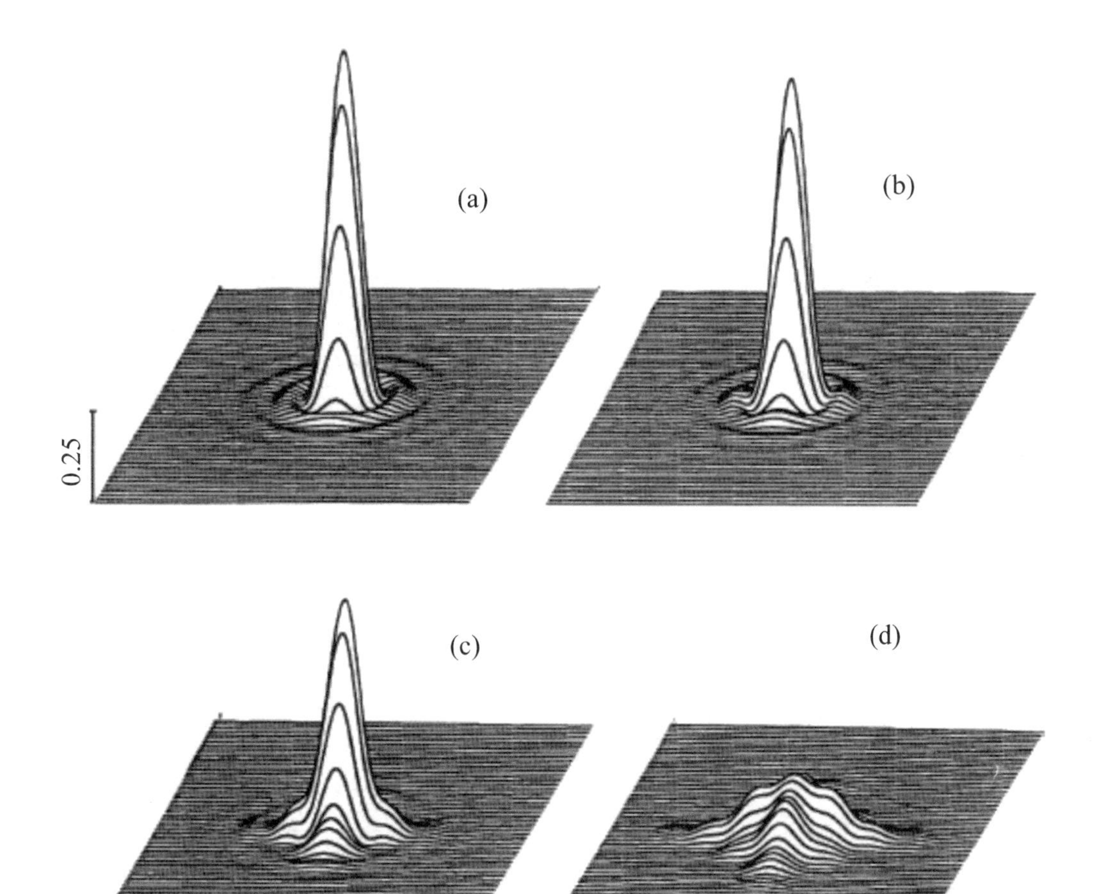

圖 12-20　在不同程度的像散下的點分布函數。(a)0.125 波長（峰對谷值），0.026 波長（均方根），0.97Strehl；(b)0.25 波長（峰對谷值），0.052 波長（均方根），0.90Strehl；(c)0.5 波長（峰對谷值），0.104 波長（均方根），0.65Strehl；(d)1 個波長（峰對谷值），0.207 波長（均方根），0.18Strehl

在三階圓形像差與五階圓形像差之間最慣常的平衡，是被修正為零的邊際光線像差，這樣的修正產生最少的光程差（如同 12.3 節所敘述），在圖 12-21 中，1/8 波長的點分布函數跟三階圓形像差或離焦下的點分布函數沒有顯著不同，但是在 1/4 波長的情況下，可以發現環形區域比起圖 12-17 與 12-18 更為顯著，這種效應在星形測試中相當顯著，其繞射圖案的重環代表帶狀圓形剩餘。

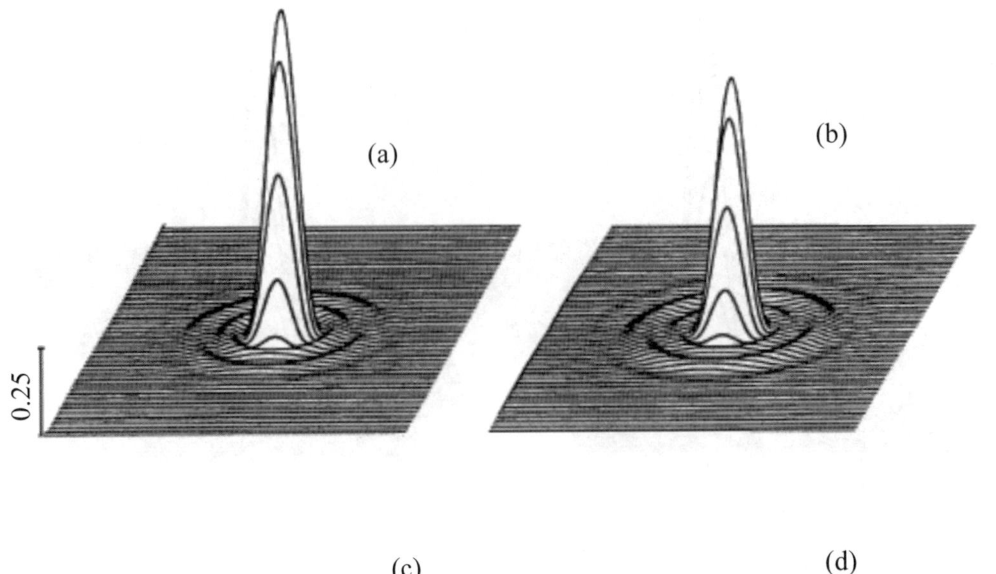

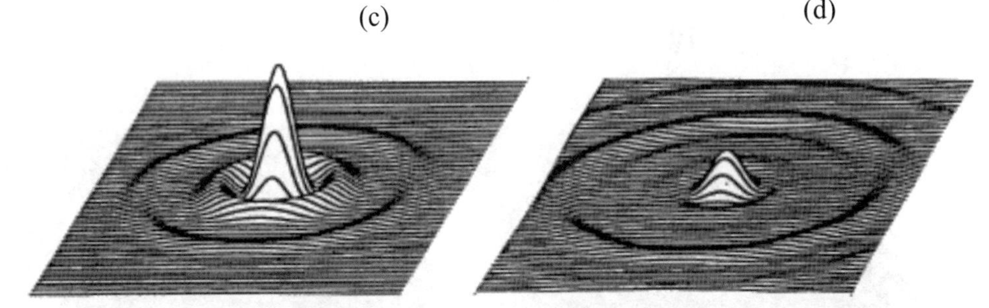

圖 12-21　在不同程度帶狀圓形像差（三階與五階圓形像差被平衡所以邊際圓形像差等於零）的點分布函數。(a)0.125 波長（峰對谷值），0.042 波長（均方根），0.93Strehl；(b)0.25 波長（峰對谷值），0.085 波長（均方根），0.75Strehl；(c)0.5 波長（峰對谷值），0.208 波長（均方根）；(d)1 個波長（峰對谷值），0.403 波長（均方根），0.09Strehl

最後一個圖 12-22，比較在不同像差下的點分布函數，每一個都設定一個 Marechal 判則的值（Strehl 比例等於 80%），如果靠近離焦與圓形圖看，會有很明顯的不同，且像散與慧差也有明顯的不同然而在影像品質上的淨效應令人驚奇地相似，這就是為何瑞立判則以及 Marechal 判則等於 0.8Strehl 這兩項影像品質標準如此廣泛的被透鏡設計者所接受的理由。

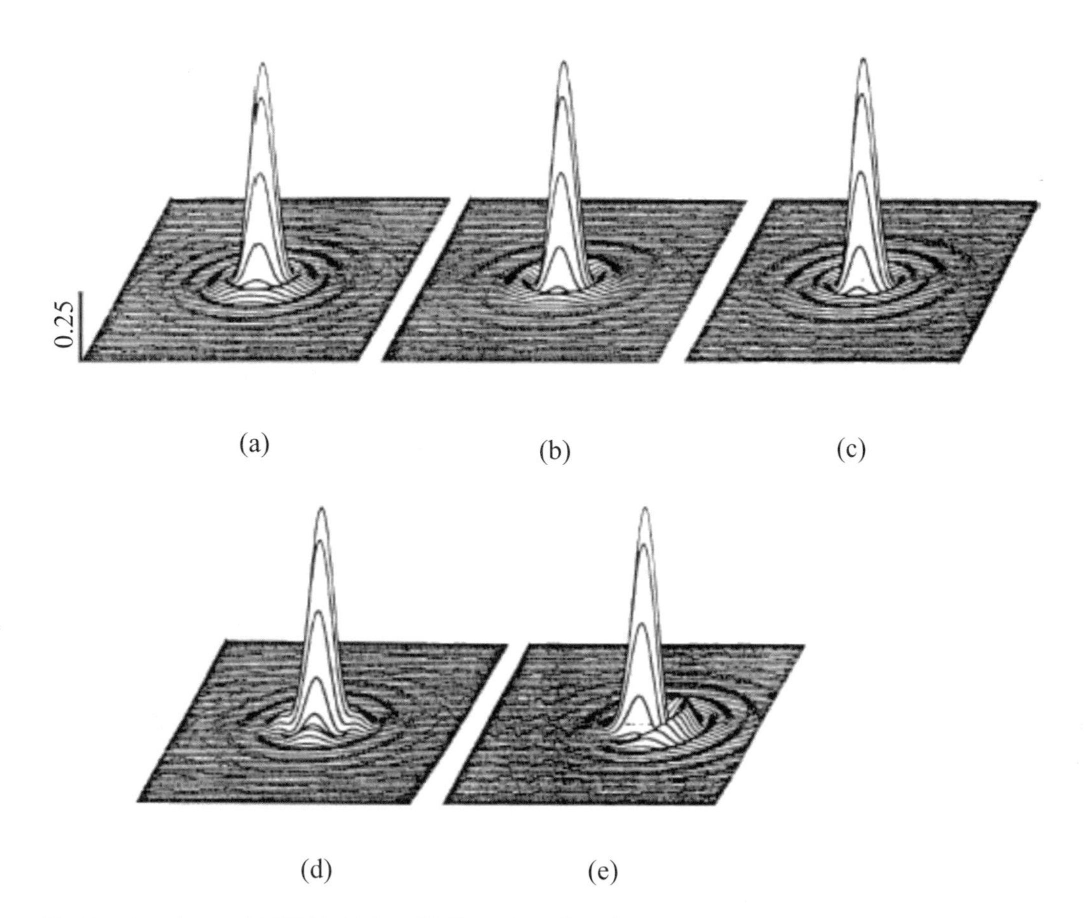

圖 12-22　在五種不同像差之下的點分布函數。每一種的 Strehl 比例階等於 0.8（Marechal 判則），在每一種情況中，參考球體的中心的位置使得光程差均方根最小化，也就是 0.075 波長。(a)離焦 0.25 波長（峰對谷值）；(b)三階圓形像差 0.235 波長（峰對谷值）；(c)被平衡的三階與五階圓形像差 0.221 波長（峰對谷值）；(d)像散 0.359 波長（峰對谷值）；(e)慧差 0.305 波長（峰對谷值）

注意：這些圖形是將光學軟體用於系統之中，並且只顯示考慮的像差，一個拋物面反射鏡是用來離焦點分布函數的明顯選擇，因為它的軸向影像是無像差的。

球面像差圖是將拋物面變形，其中將四階變形項用於三階圓形像差圖，而四階與六階變形項用於三階與五階圓形像差圖，慧差的點分布函數是根據拋物面反射鏡計算而得，反射鏡的孔徑光欄置於焦平面（可以消除像散），如同圖 12-22(a)，影像被置於一個近似於球面的彎曲表面，其半徑等於反射鏡的焦長，而反射鏡的中心置於拋物面的曲率中心，像散的點分布函數是由置入一個額外的圓柱拋物面反射鏡來產生。

12.5 製作誤差及公差

典型光學誤差的產生可有以下的分類；

表 12-5 典型光學誤差分類表

分類	例子	被影響的功能參數
對稱	曲率半徑 元件厚度 元件間距	焦距 後焦 影像品質
非對稱	元件傾斜 元件離心	影像品質 瞄準線
亂數	不規律性 均勻度 平整度	影像品質

12.5.1 製作誤差（deviation）

光學誤差是光學元件的尺寸，材料等規格，在光學元件製作完成後，與原設計的值所相差的值；由於在選擇材料，製作或組裝時都會因而引起誤差，這些誤差量的引進除了人為誤差外，另一個因素是製作的機器；都會引進誤差量。其誤差量產生的原因有以下幾點：

材料誤差；

工件的誤差；

夾具的誤差；

組合誤差；

因環境引進的誤差。

在過去二個最共同的困難是光學設計人員無法提出這些誤差量所能容忍的規格：一是規格太鬆，對產品之描述殘缺不全或需求未完全定出；另一是規格太緊，無法在現有的技術能作到的；因此，規格誤差量所能容忍的數值，稱為公差量（tolerance）。

12.5.2 公差（tolerance）

在理論公差計算，目前有 MONTE CARLO 法及 MTF 法：是依據系統功能的極限，設定允許偏差量，運用以上的方法，而產生的公差量；可以用在光學製作應用方面判定製造時間和成本。光學公差量是設計參數上最大的變量。通常在形狀精度上控制表面的球狀和鏡片厚度的 1/100 不難達到，但是，對 1/1000 精度就難達到。因此，公差量應該用一個清楚和毫不含糊的方式明白解說，且光學工廠習慣使用這樣的方式。

以下是光學的各種不同公差的釐定。包括為公差量的建立，及規格期望的特徵常規方法，和公差量特徵的依據，這些都是將產品送交典型工廠時所必須有的資料。規格和明智的選擇公差量是光學製作的重要工作。理論上，建立公差量，就如一個光學系統的成功運作時， 都要有合理的公差量。所以，設計應該建立，因生產變異導致之作用的因素，調整公差值使其達到功能目標。經常簡單的變化可使製造費用降低，而架構上可能做到，卻沒有損傷到系統的性能。在系統的品質要求時，需要有緊的規格公差。

12.5.2.1 表面品質

光學表面的二個主要特徵是它的品質和它的準確性。準確性提到表面，即是半徑的數值和均一的尺寸特徵。品質是關於完成後表面的優劣，包括像坑、抓痕、殘缺不全或「灰色」拋光劑、汙點等瑕疵。品質通常延伸到瑕疵在元件之內，譬如氣泡或雜質。總之，這些瑕疵吸收或色散量通常可對總輻射是一個微不足道的小數值，並不影響光通過系統，因此，並不會有大的影響。但是，如果表面是或臨近一個焦點平面，那麼瑕疵的大小相對它也許遮暗在影像的細節時就必須考慮。又如果系統對雜像散是特別敏感的，這樣瑕疵會嚴重影響功能。在任何情況下，你也許要評估瑕疵的作用時，要考慮在表面它的區域與那系統淨入瞳大小比值。軍規標準 MIL-O-13830 廣泛被運用在產業。表面品質是特別是由一個數字譬如 80～50，第一個數字與能忍受的抓痕明顯的寬度關係並且第二個數字表明可允許開掘、坑或泡影直徑在數百微米。因而，一個表面規格 80～50 會允許匹配一個明顯寬度的抓痕（由視覺比較）：#80 標準抓痕和 0.5mm 徑坑。全部的總長度抓痕並且坑的數量由規格並且限制。

製作手續上，瑕疵的大小是由一套的視覺比較判斷被分級的瑕疵標準。當然，被測量物件與顯微鏡、抓痕的寬度直接與它的物理大小有關，並且這個規格的部分有時視覺比較的概念與標準，是好或壞有時效率高。McLeod 和 Sherwood 發表指定表面品質的方法，在他們的文章裡描述，抓痕的數字與被測量的寬度是相等的在微米（測微表）抓痕由某一技術達成的。美國政府使用了一個關係式，表明以測微表量度只是抓痕數字的十分之一。因此依這法則，合理的懷疑在 40 年代（當系統發源）標準抓痕（寬度被保持在玻璃內）較小；表面品質 80～50 或更加粗糙，相對容易的被製造。60～40 的品質和 40～30 需多加小額費用。若表面品質規格 40～20、20～10、10～5，或相似組合，除了要求極端仔細處理，並且需要的昂貴成本來製造。這樣規格通常是為著場鏡、瞄準面，或雷射光學鏡片。

12.5.2.2 表面準確性

表面準確性通常根據鈉燈（0.0005893mm）或 HeNe laser（0.0006328mm）光波長。它由表面的干涉測量的比較確定與一個測試板材測量儀，由計數（牛頓的）圓環或「條紋的」數量和檢視圓環的規律性。依照先前所提，工件表面和測試板材之間的改變可由每一干涉條紋由 1/2 波長改變量得知。合適的準確性在工件和測量儀之間，當測量儀被安置與工件接觸時，根據條紋的數量，工件可以被量測。測試板材被製作成真平面或真球面，對干涉條紋是已達到小數點以下的準確性。然而，對球狀測試板材準確性，測量他們的半徑卻使用光學機械手段。因而測試板材的半徑只通常是對受測物件的準確性在一千或一萬之一。且測試板材價格昂貴，並且尺寸不是連續的。因而要常詢問光學工廠標準常測試板材組來製作工件。表面準確性通常以一塊工廠具體測試板材規格製作，並且要求的外形尺寸必須合於測量儀具一定數量的圓環之內，且必須是在球面（或在平面表面情況下）在一定數量的圓環之內。從合於五個到十個圓環，以球狀（或「規律性」）從 1/2 到一個圓環，不是困難的公差量。從合於一個到三個圓環與相應的規律性改善，只需少許花費，就能達到大規模的生產。然而，觀察合於圓環的不規則量的微小改變是很困難的。因而，微變量由指定保存合於十圓環和 1/4 單一圓環量，因為這樣的擬合量觀察少於 1/4 圓環不規則量比合於十個圓環的不規則量更為容易。不規則量的比值不能超過最大允許量的四到五倍；擬合量若在半徑上無法達到時是可以省略的。例如，若有二個 50mm 曲率半徑及孔半徑為 30mm 半徑的二元件而對應於五個圓環，經計算約 33μm。

表面輪廓很容易用干涉儀被測量。若工件為更難控制曲率半徑數值時，以干涉儀量測比測試板材量測具有優越性，因干涉儀可來測試對於球面誤差或規律性。這是因為量測時波前的有效半徑在對表面在測試之下可以被調整；且干涉儀量測總是與光軸垂直表面量測，因而不會引進因測試板材傾斜誤差。

如果可能，應該避免要求準確表面在小的厚度對直徑比值。這樣元件會常有反彈和翹曲，在此有必要拿著一個準確表面圖作核對。一個共同的經驗法則將做軸厚度至少 1/10 直徑為負曲率元件；若元件邊緣夠，比值為 1/20 或 1/30 有時是可接受的。若為極端精密工作，特別是在平面表面，光學技術人員更喜歡厚度直徑的比為 1/5～1/3。

誤差的表現作用按半徑數值（即離開從一般設計半徑）通常不是太嚴厲的。實際上，這是光學的一些採購人員在慣例不表明在指定的半徑公差量，而是要求最後的功能，是根據焦距和解析度。它通常是可能為一家很好用工具加工的光學工廠依規定選擇（從它的表列工具）而產出，其結果等效於設計數值的主要半徑值附近。如果公差量是特定在半徑之值，你應該記住多數作用，是因為半徑變量的事實與 C（或）而不是與 R 比例：可微分一薄透鏡式來說明：

$$\phi = \frac{1}{f} = (n-1)(C_1 - C_2) = (n-1)\left(\frac{1}{R_1} - \frac{1}{R_2}\right) \qquad \text{式 12.31}$$

若只考慮第一表面可得到以下：

$$d\phi = (n-1)dC_1 \qquad \text{式 12.32}$$

$$df = f^2(n-1)dC_1 = f^2(n-1)\frac{dR_1}{{R_1}^2} \qquad \text{式 12.33}$$

在複雜系統中，在焦距上變量是由於在第一面曲率上變化，可由以下式得知：

$$df = \left(\frac{y_i}{y_1}\right) f^2(n_i' - 1)dC_i \qquad \text{式 12.34}$$

$$df = \left(\frac{y_i}{y_1}\right) f^2(n_i' - 1)\frac{dR_i}{{R_i}^2} \qquad \text{式 12.35}$$

為半徑建立一致的公差量焦點在系統將為所有，一致的公差量應該是在曲率的函數，不是在半徑。所以，半徑公差量應該是與半徑的三次方之比。例如，給一個透鏡以半徑一邊為 1 in 和半徑另一邊為 10 in，如果在 1 in 半徑變化 0.001 in，對焦距的作用和在 10 in 半徑有變化 0.1 in 作為變動相同。如果第二表面寸有半徑 100 in，那麼等效變動會是大約 10 in。

以上是根據焦點長度作為唯一考慮。但是關於像差是較難推斷的，因為系統的表面也許是非常有效的在改變，但是指定的像差也許是完全無效的。因此軸向和主要光的高度確定在表面、折射率不連續橫跨表面，和入射角在表面，是相對靈敏的。在系統的因像差而產生的公差量，較精準的估計可利用三階像差的公式解出。

表面不規則量的作用的標準是更需要訂出的。例如牛頓的圓環不是圓的；就表示有軸向像散的特徵：一個在子午線曲率的比在其他方向強。所以在此提出Rayleigh 1/4

波長效應。OPD 由「最高點」高度生產 H 在表面與 H(n' − n)是相等的或根據干涉圓環（記得各個干涉條紋代表在等高表面上 1/2 波長變化）表示，OPD = 1/2（單位#條紋數）(n' − n)波長（單位#條紋數）是不規則性邊緣的數量。因而，停留在 Rayleigh 標準之內，總 OPD，整體系統總和，不應該超出 1/4 波長；這由以下不等式表達出來為 $\overline{2}$（單位#條紋數）(n' − n)0.5。因而，折射率 1.5 的唯一元件能有像散（或其他表面不規則性）1/2 干涉條紋在兩表面超出了之前（假設主要值是完善並且不規則性是疊加性的）Rayleigh 標準。以上討論，不考慮到事實系統大概將被重新聚焦，以使得任一表面不規則性減到最小的作用。看關於 OPD 和球狀像差的討論，已在前章節討論過；例如，為雜像散及重新聚焦以減少 OPD 的方法。

12.5.2.3 厚度

厚度和間距在系統的性能像差的影響，可用三階像差分析，或被光線追跡或在不同系統中，厚度變量重要性有很大地不同。在 Biotar（雙重高斯）物鏡組是負的抗色差，特別是關於球面像差，其厚度是極端重要的；因此通常選擇冠冕和火石元件之膠合的厚度是非常關鍵的設計參數。在另一極端的例子，一個平凸目鏡元件的厚度變量也許幾乎完全被忽略，因為它通常有一點點或沒有影響。總之，厚度和間距也許是重要的，尤其是在軸向光線的斜率是大的地方。通常是像散，特別是半月型元件，對因厚度和間距之公差很敏感。如小 f/#透鏡、大數值口值的顯微鏡物鏡等通常是敏感的。

但是，光學元件的厚度不是容易控制的。在同樣一塊材料有許多元件，在生產過程中，維持主要的厚度值，需要精確固定模具及工具。因此，研拋的操作，要足夠精確控制半徑是很難的。為了嚴密控制厚度，操作手續必須是準確的並且有一定的次序；研拋的階段必須準確的計時，以便達到適當使得完成面、半徑和厚度到達同時規格。精準工件合理的厚度公差量為 0.1mm（0.004）。這可能導致工廠某一困難在某些透鏡形狀和在更大的透鏡，在此 0.15 或 0.2mm 公差量是更結省成本的。但如果以 05mm 在大規模的在製程中，這公差量可能會導致失敗的可能；由手工作和選擇去製作元件，期望的公差量都可以達到；通常，以 0.01mm 為公差去適度量產（雖然有相當的製作費用）。

12.5.2.4 對心

對心公差量決定在(1)橫截面的直徑，和(2)機械軸對心光學軸的準確性。如果一個元件要對心（即作單一元件的對心操作手續），直徑公差量可能只是+0/−0.03mm 的普通技術，並且這是標準公差量在多數工廠可以作到的。較省錢方式是加寬鬆的公差量。普通的工件不需要緊的公差量。元件的同心度是由它的偏差量以最方便的方式而定義。離心角是透鏡的光軸對鏡組的機械中心的夾角。離心角是對離心狀況下一個特別有用的度量，因為一個小組的偏差元件就是各個元件偏差量的（向量）總和。

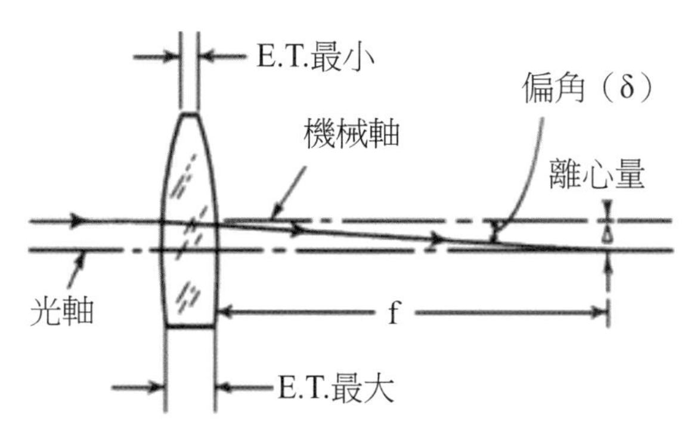

圖 12-23　離心元件的示意圖

圖 12-23 中，光軸和機械軸已有一個離心量。因為平行光軸的光線必定通過焦點，因此光軸和機械軸之間有一角度偏移量，其值為離心量除以焦距。

$$\delta = \frac{\Delta}{f} \qquad \text{式 12.36}$$

一個離心元件也許把視為一被對心的元件加上一個薄的楔型稜鏡。楔型稜鏡 W 角度偏差值是最大值和極小值邊緣厚度差除元件的直徑：

$$W = \frac{E_{max} - E_{min}}{d} \text{ radians} \qquad \text{式 12.37}$$

因為薄稜鏡的偏差量可以用 $D = (n-1)A$ 表示，在此因偏差角相等 $A = W$，

$$\delta = D = \frac{\Delta}{f} = (n-1)W \text{ radians} \qquad \text{式 12.38}$$

由於圓柱形夾無法在緊壓的邊緣厚度上的殘餘量的。因此，在多數機器都可以達到 0.0005 in的要求，這時再考慮殘餘的工具和旋轉工具誤差量。因而一個透鏡其直徑為 d in 其偏角為可由下式子表達：

$$W = \frac{0.0005}{d} \text{ inches}$$

由以上公式：

$$\delta = \frac{0.0005 \text{ in}(n-1)}{d}$$

若是折射率為 1.5 或 1.6 以上，式子可以用以下式子表示：

$$\delta = \frac{1}{d}\text{mm}$$

在此 d 以英吋表示，對心可以機械式的執行。

如果對心是可以用視覺上完成（如圖 12-23），然而眼睛對移動目標的偵測是一個限制的因素。如果，眼睛可能查出 6 個或 7×10^{-6} 弧度的有角度移動量，偏差近似將是

$$\delta = (n-1)\left(\frac{1}{R} \pm 0.06\right) \pm \text{（接點和軸承誤差）}$$

δ是誤差量

R 是半徑外面表面的曲率，是用英寸

其中，(n − 1)/R 項是從視覺上未被發現的外面半徑「擺動量」和 0.06(n − 1)項決定在眼睛不能查出的傾斜量，在對正的工具（這由按一塊平面鏡板材相反轉動的工具和觀察測試任一動作在被反射的影像）。當然，眼睛可能，可以協助將減少相當數量離心更精進一點可能查出相等與放大的望遠鏡或顯微鏡偏差量予以調整。

有時透鏡的製作不用對心。當這是實際情形，完成的透鏡的對心是由研拋的操作留下的楔型稜鏡角度確定。如果固定模具鑿出的裝飾仔細解決，它是可能導致元件與楔型稜鏡（即區別在相反邊緣的邊緣厚度之間）對 0.1 或 0.2mm 要求。在低廉攝像機鏡頭、聚光器、放大器，或幾乎任一個簡單的光學系統的唯一元件對心是可以省略不計。用玻璃作成圓窗鏡的簡單元件經常有殘餘的未對心量。

12.5.2.5 稜鏡維度和角度

雖然稜鏡的製作成為光學面和準確性的要求是較難達到的，但是，線性維度的稜鏡可以維持在一些普通的機器零件的公差量。因此 0.1 或 0.2mm 公差量通常是合理的；並且更緊的公差量也是容易達到的。稜鏡角度若使用標準的塊狀製具是可能使得主要值維持在 5 或 10 分的精度；雖有困難，如果你精心對塊狀製具的設計、製造、修正和運用，通常使角度準確度必須維持對這些公差量在分級的幾百分之一，確實是可能作到的。對秒級公差量的角度（譬如屋稜鏡）是以「人工校正方式」完成的。這樣角度和準直是可以量測的到的，若與標準片比較，或可使用內部自反射完成。所以，90°和 45°稜鏡可以用組合成 180°方法，完成自反射方式系統精確標準偏差。稜鏡大小的公差量通常要根據他們產生的影像位移偏差量（側向或縱向）的限制。角公差量通常建立在可控制的角度偏差量，在稜鏡系統的兩個角度，這些可能僅僅是控制和

其他角度允許變化量。例如，五角稜鏡的偏差，一個在反射面的 45°角引進的誤差量比 90°角引進的反射誤差量大六倍，而其他二個角度沒有偏差的作用。通常，稜鏡公差量會受像差的影響。因為稜鏡與平面的平行板材是等效的，會引進校正球差和色差；系統對設計主要值的像差之校正在於稜鏡厚度的增量。一些稜鏡角度誤差量的等效是由薄楔型稜鏡系統引進的。一個薄楔型稜鏡會有角色散作用，是由(n − 1)W/V（W 是楔型稜鏡角度及 V 是玻璃的 Abbe V 數值）所引進的軸向側色差總值會受角公差允許量的限制。

12.5.2.6 材料

在光學工件對折射材料的特徵值是折射率、色散作用，和穿透量。使用來源普通的光學玻璃，在視覺穿透量很少是一個問題。偶爾一個厚的高密度玻璃使用在一種重要應用的地方，必須先定出穿透量極限或顏色。同樣的，除了在特殊情況，色散作用或V數值很少是一個問題。但是，對偏微色散比率高在複消色差的系統中，這些因素是特別重要的。因此，在光學玻璃裡，折射率通常是首要注重的。依照前面章節，標準折射率公差量是 0.001 或 0.0015，在常用玻璃中，玻璃供應商要能嚴密維持折射率比，這可由選擇或由額外注重製作過程或需增加部分製作成本。在製作手續上，玻璃供應商可決定普通或其他用途的參數是折射率是唯一公差量（小數點第三位）用途唯一這公差量的分數，因為折射率在唯一融合材料或批料玻璃之內是非常一致的。因而，在全部玻璃之內折射率也許變化只在第四位。但是這變量也許是對心關於是 0.001 或 0.0015 從一般折射率的數值。有時省錢的接受折射率變量的標準公差量和調整設計補償很多玻璃的變異量，常是重要常見的實例。穿透量和能譜的特徵常不容易被標出。如過濾器和鍍膜，模糊的，可由圖型化特定化反射能譜（或穿透量），即由表明特徵部分的反射（或穿透量的）之波長必須表示出來，通常可避免。同時，你應該表明特定的區域外部的能譜特徵是否重要。例如，對一帶通濾波器，它要表明長和短波長過濾器的固定模具的動作必須延伸。表 12-6 是典型的光學元件精度分類表，可作為參數。然而，若是特殊規格，這類表無法包括許多特殊情況。

表 12-6　光學元件精度分類表

項目	表面品質	直徑差（mm）	偏心度（min）	厚度（mm）	半徑	規則度（非球面度）	線性尺寸（mm）	角度
低價	120-80	0.2	>10	0.5	尺規	尺規	0.5	度
商品價	80-50	0.07	3 到 10	0.25	10 條	3	0.25	15 分
精準	60-40	0.02	1 到 3	0.1	5	1	0.1	5 分到 10 分
特精準	60-40	0.01	<1	0.05	1	1 月 0 日	訂製	秒級
塑膠	80-50		1	0.02	10	5	0.02	分級

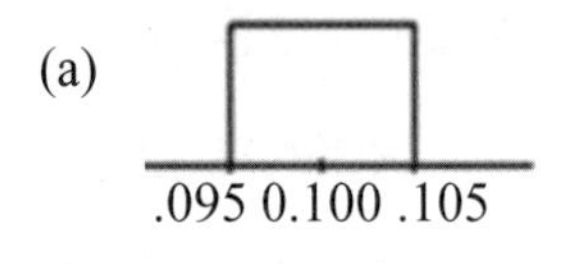

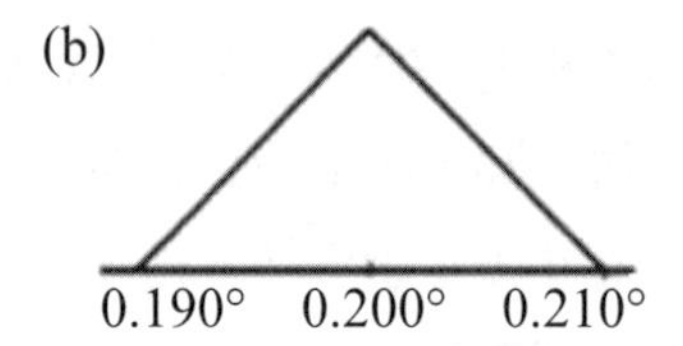

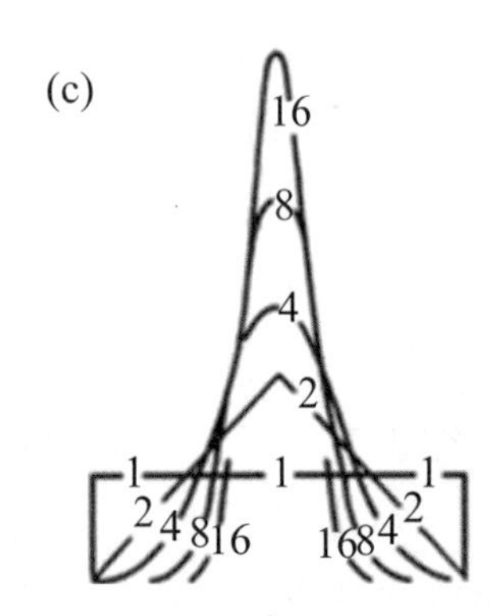

圖 12-24　疊合鏡組統計誤差

12.5.2.7 疊加性誤差量

分析一個光學系統時，將公差量運用在每一特定的維度時，可以將各維度（如尺寸、曲率或折射率）中的微變量的改變來分析計算系統各參數的改變，如聚焦位置、聚焦光點大小等。因而，可獲得焦距的部分微分量的數值，例如：各個厚度、間距、曲率和折射率；同樣為另一特值，也許包括聚焦、放大、涵蓋的場角，並且像差或波前變形。然後各尺寸公差量，以適當的微分量相乘，表示公差量對變異特點的貢獻。現在如果它是必要絕對肯定；例如：焦距比某一數額沒有變化更多，你會被迫建立參數公差量以便使得微分公差量相乘的絕對值的總和沒有超出允許的變化。雖然這種「最壞的」方法，但是，偶爾使用是必要的，你可能利用機率和統計組合法則，頻繁的允許更大的公差量。例如，考慮一疊圓環，如各厚度為 0.1。假設，製造出各個圓環有 0.005 公差量並且圓環的厚度的機率是任何給予數值在 0.095 和 0.105 之間是相同像機率，它的其他數值在這個範圍。這個情況由圖 12-24(a)長方形頻率分布曲線代表。因而，例如，有十分之一機率，任一個指定的圓環將有一厚度在 0.095 和 0.096 之間，如果堆積二個圓環尺寸已測得，可能為他們合併的厚度範圍從 0.190 到 0.210 寸。但是，組合的機率有，或者這些極端厚度數值是相當降低。因為或者機率圓環有一種厚度在 0.095 和 0.096，則是取十件中的一件。如果，任意地選擇兩個圓環，兩個的機率在這個範圍，則是取百件中的一件的百分之一。因而，一對圓環的機率厚度在 0.190 和 0.192 之間，則是取百件中的一件是百分之一；同樣的，一種合併的厚度 0.208 到 0.210 寸。一種合併的厚度的機率 0.190 到 0.191（或 0.209 到 0.210）是較少，則是取四百件中的一件四百分之一。頻率分布曲線代表這個情況被顯示在圖 12-24(b)作為三角形。圖 12-24(c)顯示頻率分布曲線為 1-，2-，4-，8-，和 16 元件組合品。這些曲線規格化了，以便在每個之下相同並且極端變異量區域被調平了；在此樣本空間的機率承擔極端數值巨大地被減少當做樣本空間的元件數量被增加。例如，在 16 個圓環堆一般總厚度 1.6 和可能的圖 12-25 加性公差量結合在樣本空間裡的型態。圖 12-25 展示一個在單件的維度一致的機率。當二片是合併，收效的頻率分布被顯示在歸一化曲線為組合品 1，2，4，8，並且 16 個片，如圖 12-24(c)。在 0.080 的厚度，任意堆的機率上變化有厚度少於 1.568 或超過 1.632（即 0.032）是少於取百件中的一件百分之一。這重要性在設置公差量立刻是清楚的。在堆積圓環例子，如果厚度的範圍表示由 1.568 到 1.632 為 16 個圓環是能被公差量的最大的變量，只要各個單獨圓環在 0.002 公差量，能絕對符合這要求。但是，如果在大規模的生產，是願意接受百分之 1 的不良率，能持續厚度在 0.005 公差量。如果各組件的費用被做對更緊的公差量像百分之一超出了各工件的費用被做對更加寬鬆的公差量作為一點（取 160 件中的一件 加上十六百分之 16 樣本空間，在二橫坐標數值之間代表物件的（相關）數量落在二橫坐標數值之間。因而一典型機率是由總面積劃分區域在曲線之下在二區域之間可落在二數值之間。多個樣本空間可得到「銳化」的特徵圖，可由圖 12-25 左顯示。

如圖 12-25 在左邊顯示一個指定的中央分數之內作為那個分數功能，樣本空間的百分比落在總公差量範圍。元件的數量在每樣本空間被表明在各曲線。如果您比較有興趣在 10 個元件樣本空間，可顯示在橫坐標對應到 10 和適當曲線的交叉點；所有除了 0.2%（使用 99.8%曲線）樣本空間在 0.55 總公差量範圍；由所有 10 公差量的總和代表，並且樣本空間的 1/2（使用 50%曲線）會在 0.15 公差量的範圍內。

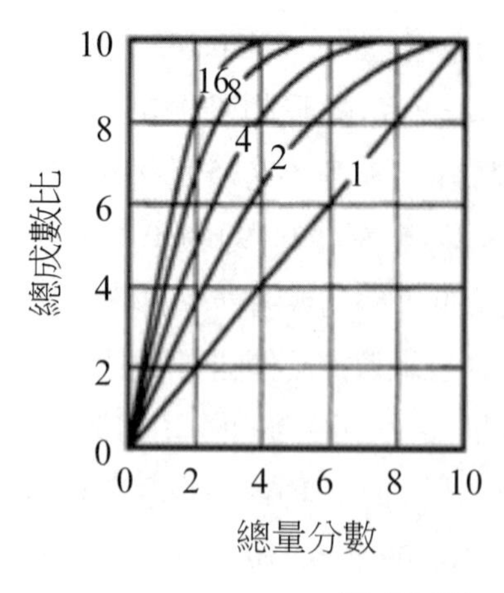

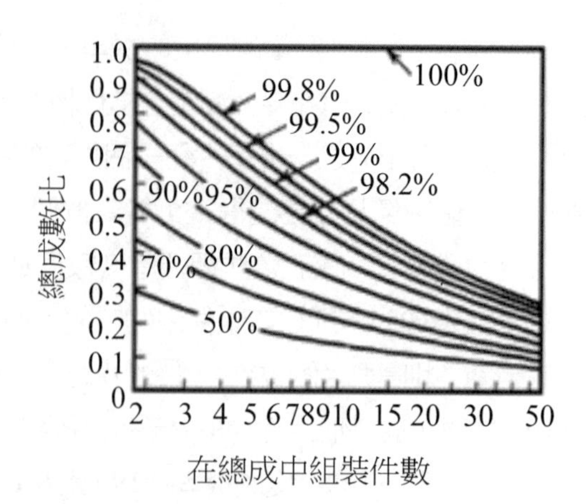

圖 12-25 多元件組合公差機率分布

在此(1)先前的討論較為理論，但實際上，每單獨物件有一長方形頻率分布，並且(2)每公差量實際上是相等的。在真實的製作手續上很少出現；通常，在製造零件頻率分布將使用公差量大小也許代表從不同的來源像公差量在折射率、厚度、間距和曲率的部分微分量公差量結果技術和控制方法。然而，在圖 12-25，進步也許開始在任一點。例如，生產方法引用三角統計法（譬如那被顯示為二個元件樣本空間），那麼曲線標記了 4（是為「四個元件」）是頻率分布為二個元件（三角統計法）等。並且作為包括在樣本空間元件組合系統，曲線成為一個更加接近和近似值；對不是無限數量元件，在統計分析（除了公差量類型曲線像法線方向的曲線）的正常分配曲線很有用。一個以疊加性樣本空間有用的統計結果是一正常曲線，它的「峰值」與在樣本空間裡元件的數量均方根。因而如果取 99%截線，被預計屬於一些被測量的範圍，那麼為 16 個元件樣本空間，99%會被預計屬於 1/16，或總範圍的 1/4。在較多元件的樣本空間中，也傾向於遵循這條規則。

以較常用經驗法建立的公差量可用以下式代表：

$$T = \sqrt{\Sigma_{i=1}^{n} t_i^2} \qquad \text{式 12.39}$$

這法則經常被稱為 RSS（the square roof of the sum of the squares）規則，為二次方的總和的方根。

RSS 規則意即：如果某一百分比（99%）的零件公差量，會產生比單一公差量 t 影響較少的值（和變化根據法線，或近軸解），同樣百分比（即 99%）的樣本空間然後將顯示一個總公差量作用比 T。如果在光學工程學上運用法，若以 Cooke 三鏡組為例，有影響它的焦距和變量，有以下維度：六曲率、三種厚度、二間距、三個折射率，和三V數值。這些總十四為單色特徵和十七為色像差。對這樣系統上的統計是合用的。注意這種方法有效性，不取決於一個大生產數量；它依靠一定數量的公差量作用的一任意組合。RSS規則有二個明顯的特點。其一是：方根作用。如果您有n大小的公差量作用，那麼RSS規則認為一任意組合僅僅0.4mm，不是0.16mm的變量。另一特點：是更大公差量主導組合公差量。例如有0.1mm 公差量九個元件和一公差量10mm組合。如果，在此使用RSS規則，到期望量變量為109開平方，或10.44mm，這與事實比較，唯0.10mm公差有0.10mm。而九個0.1毫米公差量元件相加，其公差量變量只有4.4%。以下是一種可能的方式建立的公差量計算，可使用這原則如下：

1. 計算像差的部分微分量為：製造公差量（半徑、非球面 ericity、厚度和 spac. ing、折射率、同質性、表面傾斜等）。以OPDs（波前變形）來表達。
2. 選擇初步公差量預算。
3. 在步驟1，以部分已計算的微分量乘公差量。
4. 計算RSS為所有像差為各元件公差量。將表明各公差量相對敏感性。
5. 計算RSS為所有作用被計算在步驟4被結合。
6. 步驟5的結果與表現比較要求系統。這可能由計算做RSS為設計OPD（依照由它的MTF表明或任何措施方便）相加與公差量預算OPD和使用光學材料確定收效的MTF或Strehl比率。
7. 調整公差量預算，以便步驟6的結果與必需的表現是相等的。因為RSS能控制更大的效應，如果您加強公差量（像相當可能的在第一去圓），您應該拉緊最敏感參數變量部分（和可能鬆開最少敏感參數變量）。注意如果在鬆開公差量下，在生產費用或價格的水準並不能減少，就沒有省錢用途。相反地，若是為了達到一個不可能的水平而卻要無限量的成本花費時，適當公差量是應該肯定的。
8. 在調整之後（步驟2至7），公差量預算量應該可收斂到一個省錢且合理公差量時，將可以生產一個可接受光學工件。

如果公差量必要得到可接受的表現是太緊，以至於不能在成本考量製造時，在常用減緩情況下有以下幾個方式：

1. 測試板材標準片：使用現有的被測量值半徑的測試板材的系統重新設計。這可以消除半徑公差量（除了由於工廠的測試玻璃變異「標準片」，和任一個在半徑的測量錯量。）
2. 光學玻璃標準片：可能有效地消滅折射率和色散像差的作用。重新設計光學玻璃標準片，使用被測量的折射率實際玻璃片的，以代替玻璃編目數值。

3. 厚度標準片：使用實際製作元件組合被測量的厚度；這在裝配作業時，元件空間是可以調整的。

以上被要求在所有三「標準片的」作業程序，重新設計並不容易，當一個光學設計程式被使用不是主要工作。

當傾向放鬆公差值時，要注意以下事項。其中，製作玻璃的折射率批量主要值和在玻璃廠的產品目錄規格值並不相同，在先前的分析是玻璃廠的產品目錄規格值，而製作成品確使用批量主要值。再者，在一些光學工廠，有傾向做透鏡元件對厚度公差量的採用最大公差量；這允許被加工的表面可以再被加工，當然，對理論機率預測不容易準確。其他方面，是使磨光機嘗試使用「空心」測試玻璃標準片——一個在測試板材和工件之間雙凸面空氣透鏡。這樣做是因被拋光「太多」透鏡難回覆原設計值。但以上這些不正常情況對RSS式並沒有大的影響（如果在樣本空間有足夠的元件）。因而仍然可以仔細考慮允許的程度，能支應公用微分量，鬆的公差量。運用RSS公式可以為那些希望避免一個詳細的分析。甚至假定，公差量累積值，這不會超出可能的最大變異的1/2或1/3，在更多的樣本空間裡，對幾個元件而言是相當安全公差量。總而言之，當考慮成本時，應該設法建立實際製作時的公差量。

12.5.3 決定鏡片的公差策略

1. 要定出元件的支撐架特徵的位置。
2. 選擇元件組裝次續及支撐架特徵的位置。
3. 對各特徵的公差量要方便的參考數據。
4. 設計支撐架特徵的位置必須減少手續。
5. 僅量元件放置在精準的光學面上。

參考資料

1. W, Smith, “Modern Optical Engineering-The Design of Optical system”, 3rd, Ch.11, 15 (2001) Altman, J. H., “Photographic Films,” in Handbook of Optics, vol. 1,New York, McGraw-Hill, 1995, Chap. 20.
2. Boreman, G. D., “Transfer Function Techniques,” in Handbook of Optics, vol. 2, New York, McGraw-Hill, 1995, Chap. 32.
3. Born, M., and E. Wolf, 主要 nciples of Optics, New York, PergammonPress, 1999.
4. Conrady, A., Applied Optics and Optical Design, Oxford, 1929.(Thisand vol. 2 were also published by

Dover, New York.)
5. Gaskill, J., Linear Systems, Fourier Transforms, and Optics, New York, Wiley, 1978.
6. Goodman, J., introduction to Fourier Optics, New York, McGraw-Hill, 1968.
7. Herzberger, M., Modern Geometrical Optics, New York, interscience,1958.
8. *Hopkins, M., Wave Theory of Optics, Oxford, 1950.
9. Levi, L., and R. Austing, Applied Optics, vol. 7, Optical Society of America, Washington, 1968, pp. 967-974 (離焦 used MTF).
10. *Linfoot, E., Fourier Methods in Optical Design, New York, Focal, 1964.
11. Marathay, A. S., "繞射 ction," in Handbook of Optics, vol. 1, New York, McGraw-Hill, 1995, Chap. 3.
12. *O'Neill, E., introduction to Statistical Optics, Reading, Mass., Addison-Wesley, 1963.
13. Perrin, F., J. Soc. Motion Picture and Television Engrs., vol. 69, March-A 主要 l 1960 (MTF, with extensive bibliography).
14. Selwyn, E., in Kingslake (ed.), Applied Optics and Optical Engineering,vol. 2, New York, Academic, 1965 (鏡組-film combination).
15. Smith, W., in W. Driscoll (ed.), Handbook of Optics, New York,McGraw-Hill, 1978.
16. Smith, W., in Wolfe and Zissis (eds.), The infrared Handbook,Washington, Office of Naval Research, 1985.
17. Suits, G., in Wolfe and Zissis (eds.), The infrared Handbook,Washington, Office of Naval Research, 1985 (film).
18. Wetherell, W., in Shannon and Wyant (eds.), Applied Optics andOptical Engineering, vol. 8, New York,Academic, 1980 (calculationof image quality).

習題

1. 光學系統評估的兩種方法？
2. 光學誤差和像差有何不同？

軟體操作題

1. 用光學軟體求出 TRIPLET 三合鏡組在軸上和離軸的光學 MTF 和 LSF。
2. 用光學軟體求出 TRIPLET 三合鏡組配一可見光 1/3 英吋 CCD 之公差。

第十三章　一般光學系統設計原則

基本光學元件設計時必須考慮到的基本要項：像差的減少、對稱原則、消色差理論、抗熱膨脹設計等要項，以實例進行逐一討論；包括全系統分析，再經修正和測試而達到可應用的階段。

對於初階的設計來說，可依原相近的構型開始——可以從專利或現有的搜集到的資料；然後，當設計已有初步構型或是構造是符合預定功能的水準時，對一有程度的設計者來說，過程就相當清楚去設計出一個要求的形式出來；再加上對已有的設計，做適度的改進就可以達到預期的目標；因此，其結果都受已建立的科技根基所影響。總之，表面上可以從專利，或設計的資料庫中，包含了直接以及詳細的知識；其中有廣泛的設計，它們的特徵、限制、特質以及潛力。在光學設計裡面有一部分是工藝；基本上它涵蓋了設計者選擇從哪些參數開始設計。

在二十一世紀光學的設計程式，積極改良技術；之前有個設計者分類出所有不好用的技術來避免追跡光，因為會花費大量的時間與金錢，電腦已經大大的減少了光路追跡的時間，並且現在依著系統追朔光源已經比從不完整的資料去推測、猜想或是插入還容易。一臺電腦甚至可以做為承載整個從開始到完成的設計過程，並且不太需要人的介入。由這種製作過程出來的結果雖然和設計啟始的選擇點有很大的關係（電腦作業系統也是同樣的作法），所以大部分的工藝是以大部分自動化技術來呈現。

13.1 設計基本步驟

一般的設計過程可以分為四個步驟，簡述如下：

執行設計類型的選擇，也就是和元件的數目多少和種類以及它們的基本構造。

1. 決定機械、材料、厚度以及分子的空間。這些通常是選來控制像差和系統的Petzval曲率，以及屈光率（或是放大倍率）、物距、視覺場角還有鏡徑（在這階段做的選擇可能會大大影響到最終的系統，以及在很多例子來說代表著成功與失敗）。
2. 調整分子或元件的形狀來校正基本像差到期望的數值。
3. 減少剩餘像差到可以接受的程度。如果在前三階段的選擇發展產生意外（偶然）。
4. 重新設計：也許可以完全不需要。在其他極端的例子來說，其他三階段的結果也許無法挽救，而重新開始是唯一的選擇。

在全部電腦自動設計過程中，包含第一階段的某些部分，和第二、三階以及第四階段也許或多或少可同時完成。

光學設計的基本原則接下來會用三個步驟來解釋：

1. 簡單的凹凸透鏡照相機的鏡片會用來展示彎曲以及光欄平移技巧的效果，同時也掌控一個簡單的調整以滿足更多的要求克服可用的自由大小。
2. 抗色差的望遠鏡透鏡會引進材料的選擇、無色度，以及多層彎曲技術。
3. 三透鏡組空間性三合透鏡無像散透鏡會解釋在控制第一和三階順序像差在一個系統配上一個足夠的自由度調整參數來完成這個然後會繼續作材料選擇的變換，以達到極佳化。

13.2 單鏡組設計

13.2.1 控制像差

簡單半月型透鏡像機鏡片，在設計一個凹凸透鏡像機相片時只有兩個元件：一個鏡片和一個光欄。假設在這個時候，把自己限制在薄球面表面元件，就是可能改變或調整的變數就是鏡片的材質、它的焦點長度、形狀（或彎曲）、光欄位置以及光欄的直徑。

可以運用 C. G. Wynne 球面公式 SI，

$$S_I = \frac{h^4K^3}{4n_0^2}\left\{\left(\frac{n}{n-1}\right)^2 + \frac{n+2}{n(n-1)^2}\left(X + \frac{2(n^2-1)}{n+2}Y\right)^2 - \frac{n}{n+1}Y^2\right\}$$

由上式可以有二個最小值：其就是

若

$$X = -\frac{2(n^2-1)}{n+2}Y$$

$$S_{I,\,MIN} = \frac{h^4K^3}{4n_0^2}\left\{\left(\frac{n}{n-1}\right)^2 - \frac{n}{n+1}Y^2\right\}$$

另一是以 Y 的二次函數，使其項為零，則可以表示如下：

$$S_{I,\,MIN} = \frac{h^4K^3}{4n_0^2}\left\{\left(\frac{n}{n-1}\right)^2 - \frac{n(n+2)}{4(n^2-1)^2}X^2\right\}$$

以上二式都可為零：
若前式為零，

$$Y^2 = \frac{n}{n+1}\left(\frac{n-1}{n}\right)^2$$

則若玻璃材料折射率 $n = 1.5$ 左右，則放大參數絕對值 Y 在 4.5 和 2.5 之間；

若後式為零，

$$X^2 = \frac{4n(n+1)^2}{n+2}$$

若玻璃材料折射率 $n = 1.5$ 左右，則形狀參數絕對值 X 在 3.3 和 8 之間。

以上形狀參數和放大參數在+1 到 −1 之間時，球面像差不會為零；若要為零在形狀參數的要求下，形狀必須是極端的半月型；折射率偏高，如高折射率大於 1.8 的玻璃材料，或矽及鍺材料。

若依照以上的公式，適當形狀和折射率選擇時，單一鏡組球差的校正；在材料已被限制時，依以上的關係式，可以得到最小球差。

為完成設計，下一步將排整個欲達到的實際焦距系統（那任何全部線的尺寸系統，包括偏差，可能被乘以相同的常量影響尺度的變化。沒有其他計算是必要的）。下一步將選擇孔徑的合適的尺寸，即減少偏差模糊到相當尺寸，以達到預期的應用。

在這個例子裡選定設計的透鏡形式，孔徑在前面，即在透鏡左側。這經常是稱為反凹凸透鏡形式。從圖 13-1 中一個半月型透鏡在左邊，有一個光欄。圖 13-2 在像差改正的基礎上，這個反凹凸透鏡效果還不錯。不過，有些前凹凸透鏡有幾個點是比較優良的。在一架照相機裡，照相機的長度大約等於那些正面透鏡焦距，因為反凹凸透鏡，必須添加距離，導致一個比較長的照相機。更進一步，在一架廉價的照相機裡，快門通常是簡單的彈簧驅動的葉片，放於光欄或光圈位置。因此，這個半月型透鏡，

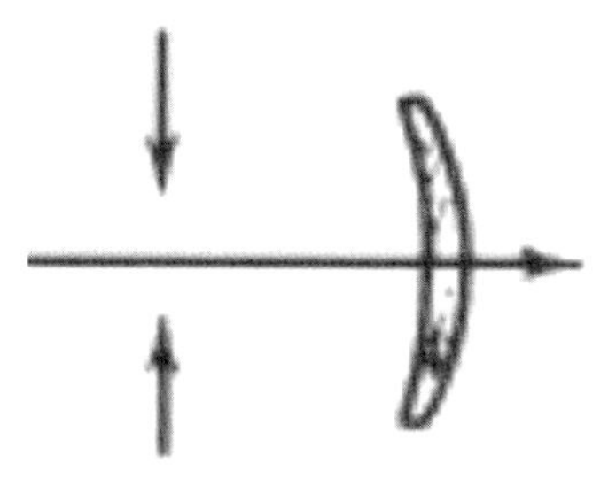

圖 13-1　古典照相機透鏡孔徑置於半月徑之前

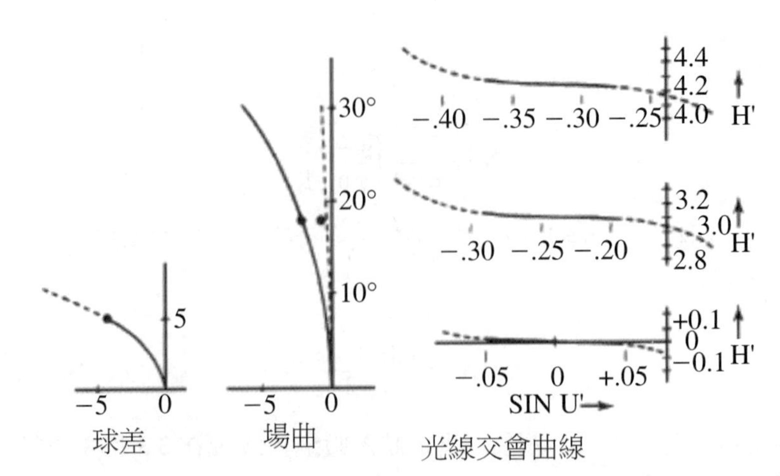

圖 13-2 一個古典照相機透鏡的偏差。環繞的點表明偏差預測藉薄透鏡三階階的偏差方程式（G-sums）

快門暴露於環境；在這前凹凸透鏡裡，透鏡作為保護。最後，或許非常重要，在正凹凸透鏡，透鏡在前面這樣對用戶是可以看見的，但在這反凹凸透鏡裡，全部用戶是看不見快門。因為這個商業因素，正凹凸透鏡形式普遍用於從 1950 年代的廉價照相機。顯然還有比像差改正更多的視覺考量。

在這個部分一開始的時候，假設透鏡是薄的，且它是球形的表面。如果，增加一個透鏡的厚度，透過調整其中一個直徑以保持它的焦距，從後透鏡的焦距方程式可以明顯看到，降低兩者中任何一個凸表面的屈光率（焦距倒數）或者增加凹的表面的曲率保持焦距作為厚度增加。兩種變化中的任一種將影響降低向內的Petzval區域曲率。這原則（即正和負的表面，元件或組成的分離為了降低 Petzval 總合）是強有力的，並且是所有無像散透鏡當中設計的基礎。

非球面表面在設計方面受限制，就如箱型照相機透鏡一樣簡單，不過，如果透鏡用塑膠製成，非球面表面就像球面一樣容易生產；現在很多簡單的照相機使用非球面塑膠物鏡。非球面給予設計者有利於修改系統。一個繞設表面可以使鏡片無色散（造成誤差）。

13.3 雙合鏡組

13.3.1 對稱原則

在完全對稱的一個光學系統內，慧差、畸變並且橫向色散值應為零。完成對稱性，系統運作必須使用單一放大率以及在光欄後面的元件一定是光欄前面的投影架構。

可以運用 C. G. Wynne 像差公式 11.1.6 節，

$$f_a = f_b$$

$$n_a = n_b$$

$$X_a = -X_b$$

$$y_a = -y_b$$

$$CMA_a' = -\frac{3}{4NA} I y_p^2 \phi^2 (EX - FY + Q(AX^2 - BXY + CY^2 + D)) = -CMA_b'$$

$$CMA_{Total} = CMA_a' + CMA_b' = 0$$

因而像差可以為零。

這是一個實用原則，不僅對單位系統，而且可用系統在無限共軛。雖然慧差、畸變和橫向色散在下面這些條件沒被完全消除，當任何系統中的元件變成對稱或相似時，它們將會明顯降低。為此原因，有低畸變的可見區域的透鏡並且低慧差傾向在架構上一般是對稱的。

如果，把這個原則用於透鏡照相機透鏡，僅僅使用兩邊等距離的兩個相同的凹凸透鏡光欄。使透鏡將幾乎沒有慧差、畸變以及橫向色散。廣角鏡用圖 13-3 表示做為原則。對稱性以及後透鏡原則（對使區域平坦）取得一條非常驚人的像散場，收斂±67° 在 Hypergon 透鏡中，如圖 13-3 顯示。這是完全用一球形的把它有用的光感率限制在大約 f/30 或者 f/20 的像差。

下圖顯示 Hypergon（美國有關專利 706，650-1902），接近同心的架構在 f/30 允許 135 度的範圍，並且在 Hypergon 的內部及外部半徑差只有一半，產生非常平的 Petzval 曲度。顯示在焦距 100 的像差。

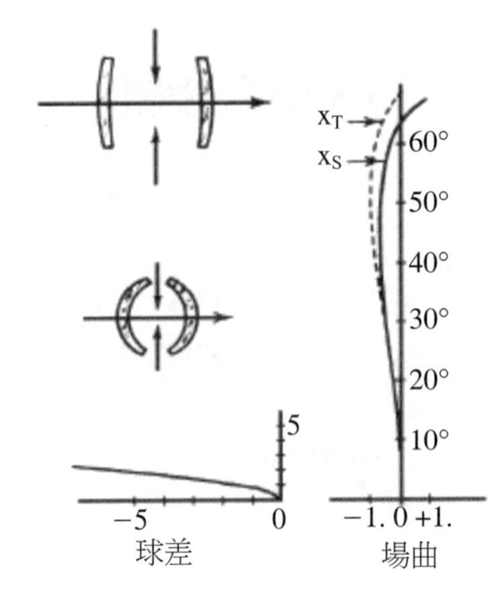

圖 13-3　對稱的（簡單）透鏡。上圖顯示兩個相同的凹凸透鏡組成廣角型透鏡

13.3.2 雙合鏡組－用薄透鏡理論以消色差

消色差雙鏡面由兩種元件組成：正的冠冕玻璃和負的火石玻璃（更一般說明，消色差雙鏡面由與雙合鏡組同符號的低相關分布組成和相反符號的高相關分布）。因為自由度的關係，要做玻璃類型，以及兩種元件的曲率的選擇。

若以設計一個望遠鏡為例子：光欄或者瞳孔徑將位於透鏡，並且透鏡將是薄的。薄透鏡的像散與光欄接觸，不管元件總數，參數或者它們的形狀已被修正。如式 11.67。

$TAC = (h^2\phi u_k')/2$ 為一種單個的元件。因此雙合鏡組曲率是元件的曲率的總合，這個方程式適用於雙合鏡組和單鏡。因此，不能影響那些像散（對 Petzval 曲度很難做）。場角將強烈向內彎曲。

關於圖 13-4，只有四個明顯可以用來改正像差的參數。實際上，任何透鏡設計一個參數必須控制焦距。因此，剩下三個變量；將使用它們以改正球形的像差、畸變和軸向的色差。

要透鏡沒有像差，必須分派元件曲率到焦距和像差控制，再次使用薄透鏡三階的像差方程式；a 和 b 分別表示兩種元件，抗色差式可寫為：

$$\Sigma TAchC = TAchC_a + TAchC_b = \frac{Y_a^2\phi_c}{V_a u_k'} + \frac{Y_b^2\phi_b}{V_b u_k'}$$

因為元件很接近，可以說 $y_a = y_b = y$ 和 $u = -y/f$ 得到

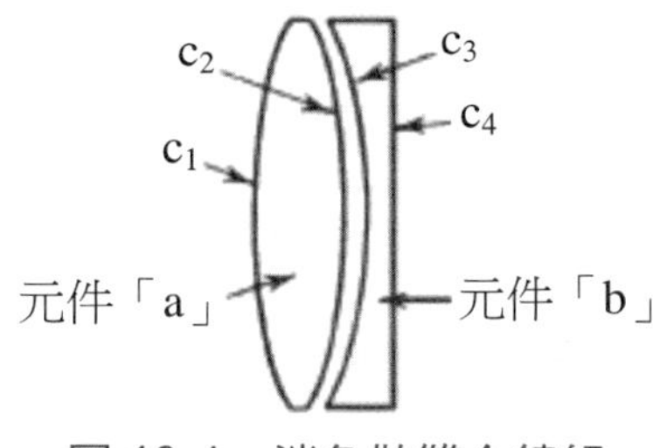

圖 13-4　消色散雙合鏡組

$$\Sigma TAchC = -f_y\left[\frac{\phi_a}{V_a} + \frac{\phi_b}{V_b}\right] \quad \text{式 13.1}$$

可以設 $\Sigma TAchC = 0$ 或其他值同時存在，式 13.1 的解

$$\frac{1}{f} = \phi_a + \phi_b \quad \text{式 13.2}$$

為了得到有利的元件。在零色像差時，得到：

$$\phi_a = \frac{V_a}{f(V_a - V_b)} \quad \text{式 13.3}$$

$$\phi_b = \frac{V_b}{f(V_b - V_c)} = \frac{-\phi_a V_b}{V_a} \quad \text{式 13.4}$$

決定 Φ_a 和 Φ_b，現在可以寫下薄鏡方程式在三階球面，以及慧差在不同元件形狀（用追跡一個近軸光去結合的 u'_k 以及 $v(v')$ 每一個元件的值）。

雙合鏡組望遠鏡，有光學軟體的一個設計者能非常容易處理這項案子。四個表面曲率將被宣布為變量和形成方程式，將由實際光線追跡的值組成球形像差、慧差和色散像差加上有效的焦距。這是一個合理起始的透鏡形式，然後開始作極佳值。

13.3.3 雙合鏡組－型狀設計原則

消色差望遠鏡物鏡取決於玻璃，有關的間隔，期望像差的選擇，以及二次解的選擇，13.3.2 節將過程列出，製成一個物鏡在圖 13-5。通常邊緣接觸形式，審慎的適合透鏡（3 至 4）的直徑，主要因為關係在之間元件（以軸相互對心以免除斜率）可以在製作過程中被更準確地維持。

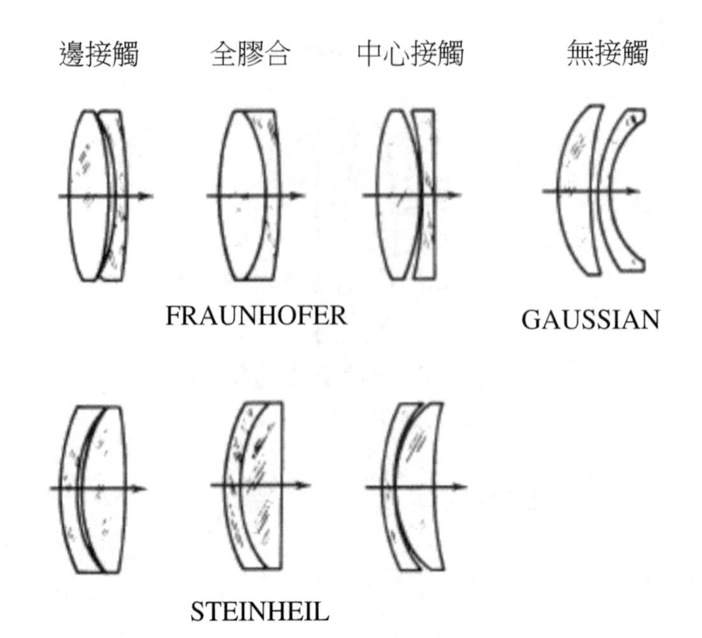

圖 13-5 不同形式的消色差雙合鏡組，上排為王冠在前雙合鏡組，下排為火石在前。曲率為過大清楚，中間接觸的形式要避免，因為那是很難製作的，這些形式為在左方有一距離物體矯正過的形式

冠冕玻璃在前面形式更常使用，因為前面元件更常暴露於嚴苛環境中，冠冕玻璃比起火石玻璃對氣候更有抵抗性。

Fraunhofer 和 Steinheil 形式的二次方程式，和高斯形式是不同的兩解。不論得到 Fraunhofer 或 Steinheil 形式，僅僅取決於左邊是否為冠冕或火石玻璃。在像質的觀點，在它們之間幾乎沒有差別。但是高斯物鏡非常不同。高斯透鏡有大約更圓形地帶殘餘以及稍微（大約 20%）比 Fraunhofer 更次要的範圍。

不過，它只有大約一半色像差。另一方面，如果透鏡元件太厚，對於高斯形式沒有解決辦法；因此光感率局限於大約 f/5 或 f/7，以避免過厚。Fraunhofer 和 Steinheil 形式可能矯正在比 f/3 快的光感率（雖然殘餘的地域像差在高速時相當大）。

如果設計者遵循第 13.3.2 部分的方法，設計緊貼的雙面鏡（即 $C_2 = C_3$）將是起始狀況，緊貼介面是必要的，一個替換的方式是可遵循的。球形和慧差貢獻很像圖 13-6 的其中之一。

ΣTSC 是一個拋物面，ΣCC 是一條直線。在圖 13-6 左圖，球差沒有解，中間畫出球形和慧差的解，在右邊有兩可能的解，為相同圓形及相反符號的慧差，和經常用顯著透鏡的形狀（這些後面解有數值）。如果一個人結合對稱利用雙合鏡組在中心的光欄，例如，作為一設定用或者Fast Speed大（F/#）的透鏡，慧差能用來降低或者矯正像散，像散值精確的形式是主要可用這類型玻璃的選擇。通常，球形的偏差拋物面可能透過用一個更低的係數火石玻璃以及高V值和，或透過選擇更高係數以及低V值得冠冕一起，如此曲率大凹凸透鏡右邊圖的解來自小V值差的一對玻璃，那些結果在接近圖 13-7 的中間，是用 BK7 和 SF2 材料。最好的玻璃選擇取決於透鏡的孔徑（f/#），圖 13-7 顯示在一典型緊貼的雙合鏡組的球形的像差和球型色差。如前例，一個光欄接觸的薄鏡系統的區域曲率大向內和不能被修改，除非光欄移動。因此，這系統局限於相對小的區域之影像的應用（從軸算起幾度）。要產生一個同時矯正帶狀及臨界球差，雙合鏡組物鏡是合乎需要的；這能透過分開的接觸雙合鏡組的空間作為增加的自由角度以完成設計。設計者可以開始於兩個（或更多）厚透鏡的解，可得到一個最小空間和增加其他空間。計算成帶球形然後繪制在空間的尺寸，和選擇等於零的LAz的間隔；這個形式通常沒有成帶的OSC。f/6 的光感率或者 f/7 可能達到，由於實際上在整個孔徑並沒有球或者軸向的慧差。選擇適當的玻璃是與兩者中任何一個相結合的低折射率的鋇王冠玻璃（BK 類），高折率的火石或者一塊高折射率的火石玻璃（SF 類）；王冠玻璃在前面或者火石玻璃在前面的形式都是可能的。在這類透鏡殘餘的軸向的像差裡會形成第二光譜。

球色差是球差的變量，是波長的函數，可以藉由改變元件（組成）的空間被修正，這些不同於其他的對球差及色散像差的符號。這原則可以同時使用於雙合鏡組消色差鏡利用鏡面空間改正帶狀球差；基本原則對兩種像差的修正是一樣的。

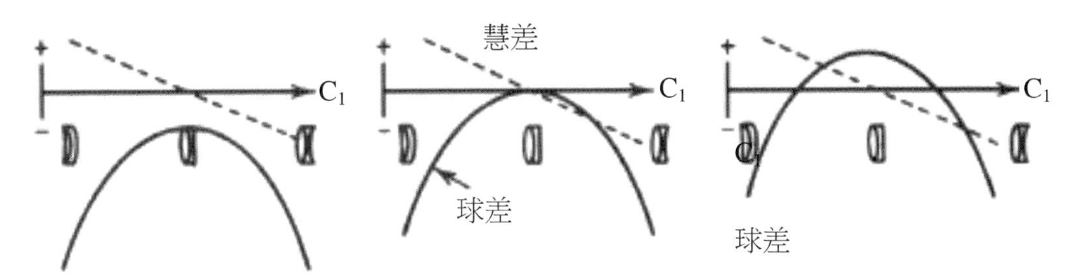

圖 13-6　球形的像差（實線）和慧差的變化量（虛線）與緊貼無色差雙合鏡組的形狀有關。取決於材料使用可能有兩個形式零球形的（右邊），一個形式（中心），或者沒有形式（左）。中間圖被更好的類型是當球形和慧差被都改正

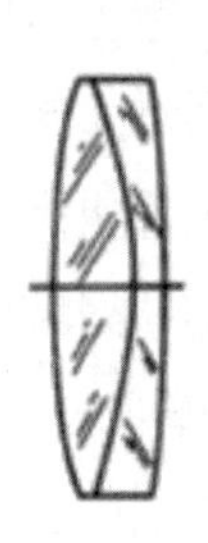

半徑	厚度		玻璃
+69.281			
	7.0	Bok2	540：597
−40.903			
	2.5	SF 2	648：228
−130.529			

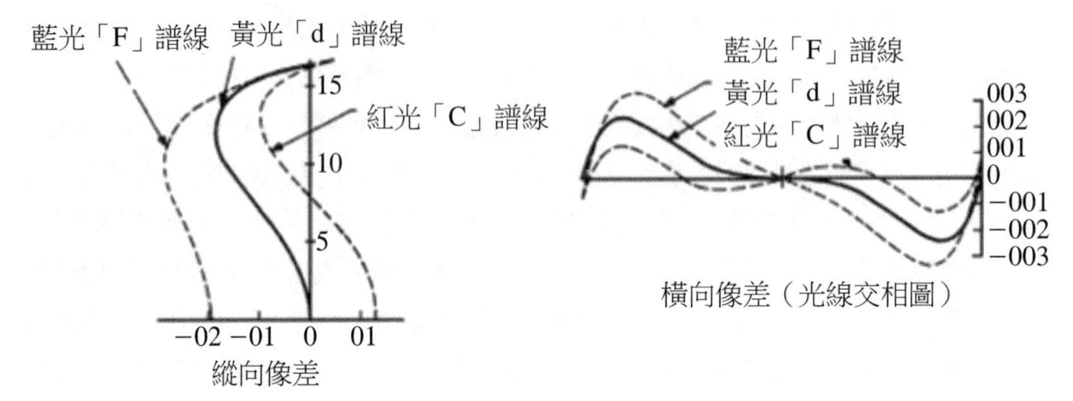

圖 13-7 緊貼消色差的雙合鏡組的球差和球色像差，efl = 100，f/3.0。色差被改正在邊緣。如果圓色像差是大的，這是良好的做法；否則這幅影像顯示藍色的閃光。對於小數量，在 0.7 個區域的改正來說是更好的選擇

球色差的來源是由於（在膠合的雙合鏡組內）二外表面在改正未校正球差，而被緊貼的介面曲率是用以改正的過校正球差。直接變量大小是由於折射率大小而改變或將兩膠合介面分開，貢獻改變量是為波長平衡。在更短的波長全部折射係數都更高；因為它更大的散布，負（火石）元件的係數增加兩倍如同正（冠冕）元件。此係數在二介面分開時，在全部三個表面色散於較小的波長中增大，不過，在外表面有分開的折射率(n − 1)，在緊貼的表面是(n' − n)；當波長和係數改變時，(n' − n)成適當比例改變多於(n − 1)。因此，用更短的波長，緊貼表面的矯正貢獻增加多於來自外表面的矯正。結果是短波長的光與中等或是更長的波常相比是更有利矯正的，這是校正球色差。

如果在元件之間的空間增加，像在圖 13-8(b)，藍色邊緣的光線比起紅光已經被冠冕玻璃元件強烈折射，將迫使火石元件在更低的高度。因此藍色的光線在火石的折射相對於紅光會減少，以及它的矯正相應地減少。

非常相似的原則能被用於矯正減少成帶狀球差（矯正五階球差所引起）使用一個增加的空間。此增加的空間將影響帶狀球差，因為矯正球差的正元件不成比例地把邊

緣的光線彎曲向軸，多於成帶的光線。因此，當空間被增加，在矯正的光線高度負的元件，要適當比例降低，對於邊緣的光線來說與成帶的光線相比更多。結果是，與在區域相比，矯正更多在邊緣。並且，當元件形狀重新調整去修正邊緣像差，帶狀圓形就減少了。一有空間的雙合鏡組用降低圓色差並且降低帶狀球差，如圖 13-9 顯示。

透過增加空間顯示在圖(b)降低高度，此時藍色的光線以更巨大的量撞上火石的高度對紅光線來說，因此降低邊緣的藍色的光線的矯正。圖(c)和(d)顯示三鏡組形式能同時用來改正球色差以及球形的成帶的像差值。

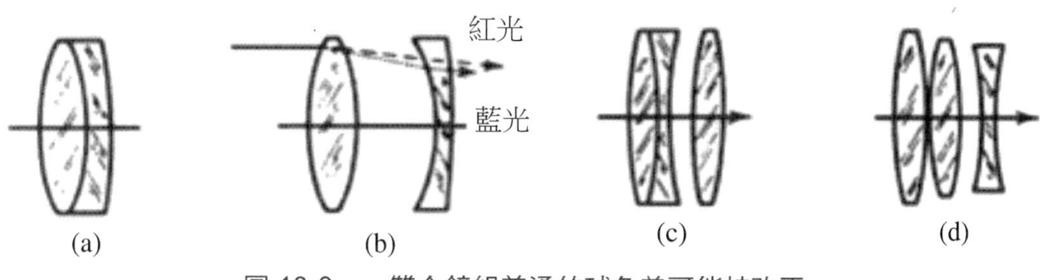

圖 13-8　一雙合鏡組普通的球色差可能被改正

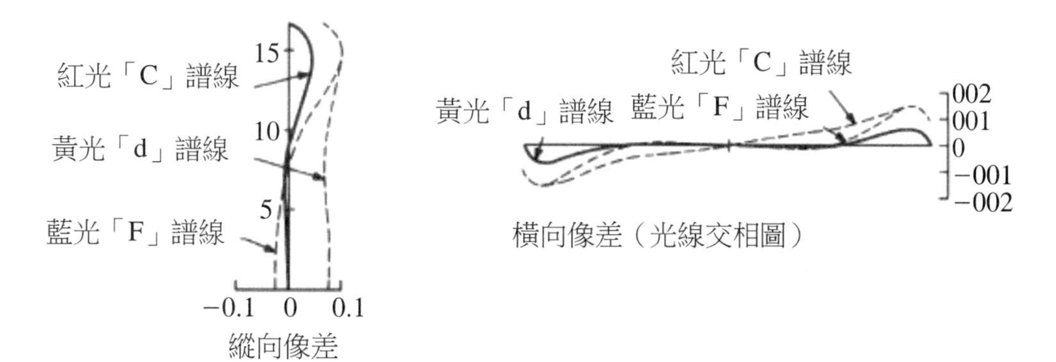

圖 13-9　空間球形的像差和空間無色差雙合鏡組的球色差，efl = 100，f/3.0

在這裡使用的空隙的大小作用是補償，使得成帶的球形像差減到最小值之間以及使球色差減到最小。比較殘餘像差在圖 13-8 的緊貼雙合鏡組。

兩個原則也都對更複雜的透鏡適用。圖 13-9 顯示一個這些原則的例子。

影響同時消除兩種球色差的方法並且成帶球形被表明在圖 13-8(c)那些雙合鏡組加上單鏡共軛（在內任何許多元件的安排），仍然導出另一自由度，即在正的（冠冕）在兩個組成部分之間的曲率中的平衡，被用於空間引起的矯正。空間性的三鏡組在圖 13-8(d)顯示也能有好的改正，但是更難生產。以元件一分為二以減少球面。圖 13-10 顯示空間性三鏡組望遠鏡物鏡。

一薄透鏡的二次譜線（SS）貢獻；結合消色差的要求，發現那薄消色差雙合鏡組的二次譜線可以表示成：

$$SS=\frac{f(P_b-P_a)}{(V_a-V_b)}=\frac{-f\Delta P}{\Delta V} \qquad \text{式 13.5}$$

為任何普通的玻璃結合使用在雙合鏡組，比率$\Delta P/\Delta V$ 基本上恆定，以及視覺二次譜線大約焦距 0.0004 到 0.0005。類似地，任何消色差的兩色散元件的結合的二次譜線為：

$$SS=\frac{\Delta P}{D\,\Delta V}[f^2+B(L-2f)] \qquad \text{式 13.6}$$

D 是空間，B 是後焦距，並且 $L=B+D$ 是從前面部件到焦點的長度。再次很明顯的，比率$\Delta P/\Delta V$ 是控制的元件。這裡兩個隔開的凸透鏡的第二色差比那薄的相同焦距的雙合鏡組少；相反，遠距離鏡的第二像差（正前面組件，負後面組件）或反轉遠距離鏡比相對應的薄雙合鏡組大。

有一些玻璃可以降低二次譜線，例如，FK51、52、54 用 KzFS 玻璃或 LaK 玻璃，當火石元件可以降低視覺二次譜線到一般值很小的部分。不過為大多數 V_a-V_b是小的，以及個別的元件屈光率（焦距倒數）要求的消色差比普通的玻璃高。元件曲率的增加造成符合在其他殘餘的像差裡增加。這些玻璃，帶有不平常部色散布，通常不易作業、缺乏化學穩定度和不能禁得住嚴重的熱震。

像在第 17 及 32 章提及的那樣，鈣氟化物（CaF_2，螢石）可能與普通玻璃相結合（選擇使 $P_b=P_a$）使基本上沒有二次譜線的消色差。值得注意的是，沒有普通的玻璃對，這形成有用的消色差在 1.0～1.5μm 的光譜寬；螢石與此地區做消色散的一個合適玻璃相結合。矽和鍺在更長的波長對消色散有用，與 BaF_2、CaF_2、ZnS、ZnSe 和 AM-TIR 一樣。

三鏡組消色散能用來降低二次譜線，不需要精確吻合部色散射的雙合鏡組，如果畫出部分色散P對V值的圖，藉製作一個兩片玻璃的雙合鏡組，要合成一玻璃，沿著一條線連接兩玻璃點。因此，可以安排一個三鏡組，兩個元件在合成上另一塊玻璃，當作三階塊玻璃，一些有用的Schott玻璃結合範例如下：（PK51、LaF21、SF15），（FK6、KzFS1、SF15），（PK51、LaSFN18、SF57）。

這些結合曲率安排分別是正的、負號，並且弱正。其他玻璃製造商有一樣的玻璃結合力，在一個單位曲率（f1.0）系統，薄鏡元件之間的力於三鏡組的複消色差可以從下式發現：

定義：$X = V_a(P_b - P_c) + V_b(P_c - P_a) + V_c(P_a - P_b)$

結果：

$$\phi_a = V_a(P_b - P_c)/X$$
$$\phi_b = V_b(P_c - P_a)/X$$
$$\phi_c = V_c(P_a - P_b)/X = 1.0 - \phi_a - \phi_b$$

可以複消色差三鏡組望遠鏡物鏡為例。

三波長普通焦點的透鏡是複消色差的。經常這也指那球形像差也被為兩波長改正。透過正確地平衡結合那些玻璃，可以使三鏡組四種波長的狀況消色差，這種鏡子叫做超抗色差空間性消色差（dialyte）。

一寬廣空間性雙合鏡組可能被消色差，但色差改正將隨物體距離而變化；它將是消色差，只在設計距離中。下列方程式將產生分開被為一個無限的物體改正的雙合鏡組。

$$\phi_A = \frac{V_A B}{f(V_A B - V_B f)}$$
$$\phi_B = \frac{-V_B f}{B(V_A B - V_B f)}$$
$$D = \frac{(1 - B/f)}{\phi_A}$$

f 為焦距，D 為空間，B 為背焦距

13.3.4 雙合鏡組－抗溫度變化原則

透鏡元件的溫度變化，二因素影響它的焦點或者焦距。因為溫度提升使全部尺寸增加，這將拉長實際的鏡子和背焦距，折射率也會被溫度影響，對很多眼鏡來說指數帶著溫度提升；這種影響傾向縮短焦距。

一薄圓鏡的曲率隨溫度變化：

$$\frac{d\phi}{dt}=\phi\left[\frac{1}{(n-1)}\frac{dn}{dt}-\alpha\right]$$

dn/dt是有溫度的折射率的差別，和α是透鏡材料的熱膨脹系數。於是一薄雙合鏡組

$$\frac{d\Phi}{dt}=\phi_A T_A+\phi_B T_B$$

此時

$$T=\left[\frac{1}{(n-1)}\frac{dn}{dt}-\alpha\right]$$

Φ是雙合鏡組曲率。一有抗輻射熱性的雙合鏡組（一個或一些dΦ/dt），能解出元件屈光率（焦距倒數）

$$\phi_A=\frac{(d\Phi/dt)-\Phi T_B}{T_A-T_B}$$

$$\phi_B=\Phi-\phi_A$$

得到一抗輻射熱性而無色差的雙合鏡組，繪製T對1/V的圖，全部玻璃都考慮進去，畫一條線在兩玻璃點之間，被延伸交叉到T軸。消色差雙合鏡組dΦ/dt的值與雙合鏡組T的曲率時間值延伸到T軸的焦點相同，因此，要一組鏡子有大的V值差和一個小的或是沒有與T軸相交值。

一抗輻射熱性消色差的三鏡片以下：

$$\phi_A=\frac{\Phi V_A(T_B V_B-T_C V_C)}{D}$$

$$\phi_B=\frac{\Phi V_B(T_C V_C-T_A V_A)}{D}$$

$$\phi_C=\frac{\Phi V_C(T_A V_A-T_B V_B)}{D}$$

此時 $D=V_A(T_B V_B-T_C V_C)+V_B(T_C V_C-T_A V_A)+V_C(T_A V_A-T_B V_B)$

V_n是元件n的V值，T上面定義過。

13.4 三合鏡組的無像散透鏡

三合鏡組的無像散透鏡由兩片外部正曲率的元件和一種內部負曲率元件組成，元

件之間有相對大的空間分開。這類透鏡很特別，因為正好有足夠可得到的自由度允許設計者改正所有主要偏差。基本的場角彎曲原理（即 Petzval 總數）很簡單；元件對於系統屈光率（焦距倒數）的貢獻與 Y 成比例，但是對於色彩的貢獻卻和 Y 平方不同。

然而，對於 Petzval 曲率的貢獻卻是一個單獨且獨立於 Y 的功能，現在，在一個緊密精實的系統中，所有的元件對Y來說都是相同的，且元件的曲率被焦距的長短和色彩的正確性所定義，因此在薄雙鏡的Petzval半徑常常為 1.4 倍焦距，而且很少超過 1.5 到 2 倍的焦距長。

然而，當系統中的排斥元件和正面元件區隔開時（這樣Y光數在排斥系統中會減少），則被拒絕的元件就必須產生更大的焦距去維持系統中焦距的長度及色彩的正確性，造成了被拒絕元件對Petzval彎曲的過度校正增加，如此藉由著適當的空間調整，Petzval 半徑可以被以適當比例變長到幾倍的系統焦距。

從圖 13-10 顯示出概要的三組件，可以定義可得到的自由度，它們分別為：

1. 三種屈光率（焦距倒數）。
2. 兩種空間。
3. 三個空間。
4. 玻璃的選擇。
5. 厚度。

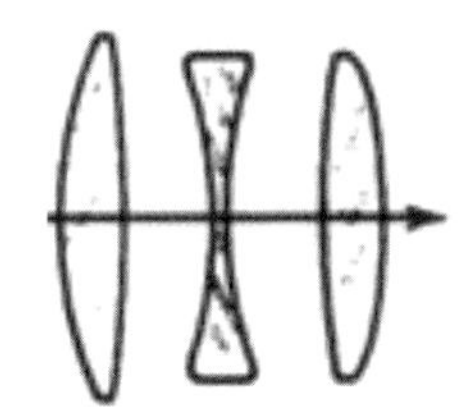

圖 13-10　抗像散三面鏡

其中，項目 1、2 和 3 將具有直接利益；它們總共有 8 個變量。項目 4 玻璃選擇是一件極其重要的工具，將在之後繼續討論。項目 5 片元件厚度，是唯一針對主要校正的邊際效益，結果指出了校對空間，在這八個自由度之下，設計者希望可以去校正或控制以下最主要的特徵和像差：

1. 焦距長度。
2. 成軸的色散像差。
3. 橫向的色散像差。

4. Petzval 彎曲。
5. 球面像差。
6. 慧差。
7. 像散。
8. 畸變。

所以，再這個八個校正之下，八個自由度是必須的，但是須注意的是，這八個變數並不能保證它們可得的結果，它們之間的關係在某些情況之下，解可能是非線性的，如同薄鏡片的方程式（11.2 節中的方程式）指出的；在沒有解的情況之下，選擇一套期望的像差值或是玻璃類型也是可能的。也就是說，會得到和那八個結果相差不遠的結論，如同在以下的章節所要引進的內容。

13.4.1 屈光度（焦度或焦距倒數）和元件間隔解

由前四個項目（涉及薄鏡片像差方程式），可以知道元件屈光率（焦距倒數）和光束高度的功能（空間上的功能），它們在元件形狀上是互相獨立的。因此，曲率和空間必須滿足這四個條件，列示如下：

屈光度

$$\text{期望值}\Phi = \frac{1}{f} = \frac{1}{y_a}\Sigma y\phi \qquad \text{式 13.7}$$

軸向色差

$$\text{期望值}\Sigma TAchC = \frac{1}{u'_k}\Sigma\frac{y^2\phi}{V} \qquad \text{式 13.8}$$

橫向色差

$$\text{期望值}\Sigma TchC^* = \frac{1}{u'_k}\Sigma\frac{yy_p\phi}{V} \qquad \text{式 13.9}$$

場曲和

$$\text{期望值}\Sigma PC = \frac{h^2}{2}\Sigma\frac{\phi}{n} \qquad \text{式 13.10}$$

以上的表示都是這不同象差三個元件的總量，這些結果的本質和象徵的意義其實和 11.2 節是相同的。

以上四個情況必須和那五個變數（三個屈光率的變數加上兩個鏡片間距的變

數），另外，還有一個必要的變量，利用這特別的變量去控制之後的步驟所得到的像差（通常為畸變），有許多的設計者採用這討模式來解決。

R. E. Stephens 提出三元件擬定這個代數學的解決辦法，並且在他的文章中表示曲率和空間的數值的明確方程式，這個反覆漸近的技術（可能容易被修改適用於超過三個組成部分的系統）沿用於下列可交替的方式當中，他的描述也可以幫助你更了解在這個設計當中交互關聯和限制。

1. 假設一個元件屈光率（焦距倒數）比例的數值 c 和 a，這就是剛剛提到那個「特別」的自由度（$K = \Phi_c/\Phi_a = 1.2$ 典型值）。
2. 選一個數值（隨機）給Φ_a（之前的經驗並沒有用過的），藉由步驟 1，$\Phi_c = K\Phi_a$，可以定義Φ_c這個數值，藉由式 13.10，可以定義Φ_b這個數值，並且得到結果當Φ_a、Φ_c、h 和ΣPC 是可知的或被假設的。
3. 選擇一個數值給 S_1（焦距的 1/5～1/10 是較合適的選擇）。
4. 解釋符合式 13.8 的數值 S_2（假設 u'_k 等於 Φy_a，是一樣可藉由光束的追跡（透過元件 ab 去定義的 y_a、y_b 和 u'_b）然後，可以發現 S_2 產生了符合式 13.8 式中的 y_c 的數值，（注意 S_2 可能產生和第一次計算相反的數據）。
5. 透過理想光柵來追跡主要光束（薄鏡片）對於元件 b 的極小化是非常方便的，重新假設 u'_k 由第四步驟來定義 $\Sigma TchC^*$。
6. 重複步驟 3 的動作並且假設一個新的 S_1 直到$\Sigma TchC^*$得到滿意的結果（第二次試驗，試著去找 S_1 跟 S_2 的平均值）。
7. 定義系統屈光率（焦距倒數）Φ若不是所期盼的，衡量步驟 2 裡面的Φ_a且重複步驟 2 直到結論符合相關的數值，且對步驟 6 跟步驟 7 是有幫助的元件形狀解。

元件曲率和空間被確定，有 3 個自由度，即形狀 3 種元件的（加上另外的「K」上面步驟 1 有提到）。這些變量必須被調整以便球形、慧差、像散和畸變被改正到期待值。

參考薄透鏡式 11.2 章節，像差是元件形狀的二次方程式；因此，同步代數的解不使用逐步近似法是必要的。

13.4.2 期望像差值的最初選擇

通常最初選擇對期望三階的像差總數在矯正數目下應該是小的，因為，高階像差通常是過校正 r。球形、Petzval 和軸向的色差遵循這法則。因為 Cooke 三鏡組相對勻稱，殘餘畸變、慧差和橫向色差是小的，以及最初設定的目標為零是合適的。要求的

Petzval 總數應該是明顯負值。對高速透鏡來說，Petzval 半徑經常是 2 或 3 倍焦距；合適的系統（f/3.5）通常ρ＝−3f 到 −4f；f/#大的系統可能有ρ＝−5f 或更長。這種關係的原因是要更好看，Petzval 作成更高的元件曲率；因此更高的殘餘像差，特別成帶球形。選擇的值ΣPC 也是在確定是否在步驟 5 曲率決定的過程中有沒有解的一個重要的元素，期望的像散總數被最好設定為正，在零和大約 1/3Petzval 的絕對值總數之間，以便 Petzval 表面的向內的彎曲的矯正補償像散。

13.4.3 玻璃選擇

選擇玻璃的在三鏡組內是個最重要的設計元素。從部分區域（Petzval）曲度考慮，正的元件有一個高的折射率是需要的，在負元件中降低ΣΦ/N，通常正元件的 V 值應該要很高，負元件則要低，這是為了色差的矯正。因為正的元件，折射率高的鋇王冠經常使用，折射率底的鋇王冠和稀有的（鑭）玻璃經常被使用。雖然三鏡組設計用普通的冠冕玻璃或者甚至塑膠製品是有可能的，它們的表現相對是不好的。

這是相互有關係的，通向長系統（即 S_1 和 S_2 為大）當這些差異在正和負元件的 V 值之間很大。因為鏡片厚度的透鏡將在任何的直徑會產生虛光照，比短長度的透鏡更容易。更進一步，更長的透鏡會有：(1)更小的球形成帶和(2)更小的區域光收斂（即高階的像散和慧差更大和限制那些可以得到好影像的角度當透鏡長）。因此，長的系統適合高速，小角度系統；短系統適合小孔徑，廣角應用的系統。在此提供非常粗略的經驗法則：三鏡組的頂點長度經常等於入口瞳孔徑的直徑。

三鏡組的長度受玻璃的選擇所控制。例如，如果要一短系統，高 V 值的火石替換（或是低的冠冕 V 值，V 是色散係數）將造成想要的結果。為了得到更長的系統，使用更高的 V 值冠冕和一塊更低的 V 值的火石（不過，注意到那一系統不能太長，不然將沒有元件形狀的解）。負元件的光線高度可能太低，所以球形像差矯正貢獻不足以補償正元件匯差像散矯正需要的矯正。

有趣的是，在頂點長度和成帶的球形和區域光收斂之間的這種關係是一般的並最適用於設計無像散透鏡。因為，無像散透鏡設計有太多成帶球形和多餘角的收斂，所以，能簡單選擇新玻璃使系統變長並達到預期在區域和孔徑之間的平衡，或者反過來思考也是一樣。當然這種技術是有效力限制。

通常，冠冕的參數愈高（正的）和火石的參數愈低，設計將愈好。換句話說，相等於三鏡組更精確的參數差（n 火石-n 冠冕），將有一小成帶球形和／或更廣泛的區域收斂。可看圖 13-10 知道折射率對像差的影響。

三鏡組 Cooke 最好設計使用一自動計算機透鏡設計的類型的程式如 13.4 章節說的，不過，如果設計者已經掌握訊息，自動的設計計畫可能好利用結果將在這個部分裡被獲得。Cooke 三鏡組設計有很多種類。其中，一個非球面區域矯正的三鏡組適於 point-and-shoot 照相機；還有顯示紅外的（8～14μm）三鏡組及另一紅外的高速（f/0.55）透鏡。

13.5 繞射光學設計原則

繞射的表面（或「kinoform」或「二進制表面」）與望遠鏡物組設計有關，可用於影像光學。在這個部分，牽涉不與 kinoform 的菲涅耳表面模數 2，而且到為了引進受控擴散，根據那些繞射計算表面，由一簡單雷射製成的資訊或樣式。經常這些表面是簡單的，有 2，4 或 8 層的樣式以隨機的方式成形在工件平面，如圖 13-11。這些設備最近已經很進步，可以製作微觀波長長度大小的表面細節的精度，在製造技術也成為可行。

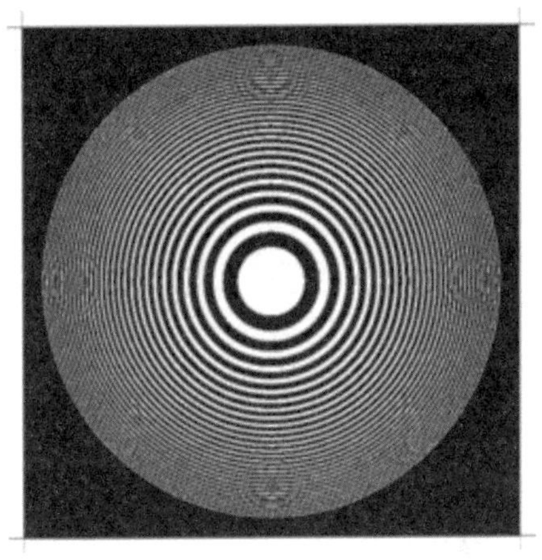

圖 13-11　二元光學光罩

可根據相位前或波前原理，利用半導體設備的形式，將依設計期望值，然後，輸入光束確定相位前表面可得到等高的相位前。然而，雖這樣幾何表面起作用是較少，卻有令人滿意的解釋。雖沒有特殊設備，但是可以製作出符合這些元件的需求。可以形成繞射面，使用可量度的微觀透鏡，可觀察表面到大約幾個波長，凹面或凸面，直徑比與總焦距及擴散角度。這樣色散器 12°、1°等擴散已經商品化。它們可以有一定數量的應用，例如，在雷射系統，可破壞空間頻率，以消除干涉圖形。表面透鏡概念不是必要的；同一個結果可以由區域性修改波前的跨步階層以形成的表面，可以有同樣的效果。

要產生這種表面樣式較為困難。表面形成是利用指向性雷射光束而產生小稜鏡，使其構成具體部分期望樣式。當這樣表面在一微觀波長等級時，面積內由光線產生許多微小的稜鏡，並且，因光束橫掃表面時被轉換，總有足夠的稜鏡形成樣式。愈大光線直徑，將是包含的更多稜鏡，並且可以形成更佳樣式的定義。在最後影像的過程中，有時會出現任意樣式生產光斑。在此，可以由波前繞射產成樣式修改而達到設計的期望值。

13.5.1 透鏡設計的繞射表面

繞射表面在透鏡設計中為fresnel表面（圖 13-12）「modulo 2π」。換句話說，它是一個 fresnel 表面，此時每階的高度是如此以至波前正好被一波長妨礙。因此階高為$\lambda/(n-1)$，假定表面被空氣界定住。對玻璃或者塑膠來說表面 $n=1.5$，這大約是二波長的階高，作為相反於一階高在一般塑膠為十分之一公釐或是更大的等級，fresnel的斜率和形狀方面可被球狀或非球狀所定義。相似的結果在折射率的一般變化中得到。

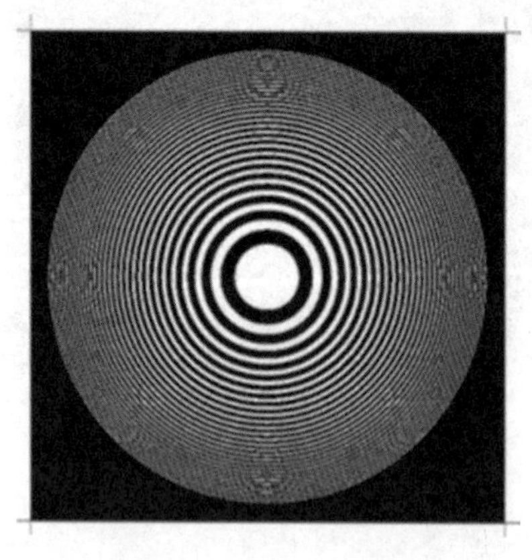

圖 13-12　kinoform 的表面

13.5.2 折射效率

kinoform 表示有一個光華琢面的表面。理論上的彎曲平面 kinoform 能有 100%的效率。一個線性（圓錐狀）kinoform可能99%的有效率。一個二元光原的表面粗略估計可以順利fresnel琢面與階層輪廓生產，用以一個高解析度的投影式微影過程。表面由光罩曝光建立。生產量的等級為 2^n，n 為光罩數量，因此命名二元光原。效率（即要求方向進入的光的百分比）二元光原表面被因為那些數量級限制用來接近fresnel的理想的光滑的輪廓，一個面罩，2級表面有40.5%效率；兩個面罩，4級表面有81.1%的效率；3個面罩，8級表面95.0%的效率；4個面罩，16級表面是98.7%效率；並且一個M階表面是 $[\sin(\pi/M)/(\pi/M)]^2$ 的有效率。任何折射表面的理論效率，不論是kinoform或二元光原，在製作過程中不會到達理想形狀，例如鋒利角落的磨圓等。

因為波前被折射性fresnel阻礙正好一波長，明顯系統一致的行為是保留名義上的波長。此波長來自頂的相位與先前的區域的底部的相位相合，表面對其他波長不那麼有效率，因此光譜頻寬超過一個有用折射表面，這是有限的。這限制使效率低或者作為不需要的折射等級，雙重影像、雜射光、低對比等。在效率除了名義上的波長（λ_0）是

$$E = [\sin \pi (1 - \lambda_0/\lambda)/\pi(1 - \lambda_0/\lambda)]^2$$

在 $\Delta\lambda$ 的頻寬之上平均的效能是：

$$\text{ave } E \approx 1 - [\pi(\Delta\lambda)/6\lambda_0)]^2$$

13.5.3 製造曲率

接下來的表達支持了繞射鏡片之實用性及可大量製造可能性之評估，如上所示，它的高度為 $\lambda/(n-1)$，放射調節間隔的距離從fresne這一步到下一步大約是：

$$\text{Spacing} \approx R\lambda/Y(n-1) = F\lambda/Y$$

當R是彎曲的繞射表面半徑，F是他的焦距長度，Y是從軸線到R的放射距離，則其最小的空間（在繞射鏡片的邊緣）為：

$$\text{Min spacing} \approx 2\lambda/(f/\#) = \lambda/NA$$

$f/\# = F/2Y_{max}$ = 這兩個相對的孔徑和 $NA = n \sin u$ = 以數值表示的孔徑，則fresnel步驟或區域為：

$$\text{Number of steps} \approx D^2/8\lambda F$$

D為鏡片的直徑，則，可以很明顯的看出，當波長的長度愈長，驅動繞射表面的屈光率（焦距倒數）愈小，步驟愈廣泛和深入，則製造組建的工作愈簡單應用在製造組建的科技包含了單點鑽石旋轉（特別是針對長波的紅外線）、離子照射機器、電子照射書面以及照相平板印刷（在有曲率的平面上非常困難，但是在平板的面上卻很容易）。針對廣大的商業量而言，注射模型可塑性的元件是最省錢的選擇，還有另一種可行的方式是環氧化物的複製。繞射的光學應用包含了混合（折射和繞射）而成的鏡片，微型平面（大約 50 公尺）的列陣、稜柱角柱、橫樑、多孔徑過濾器材等。

13.5.4 史瓦特模式

就鏡片設計的觀點來說，了解繞射表面最簡單的方式就是透過史瓦特模式。W. C. Sweat 表示光線的模擬是由高的折射指數所組成的，零厚度的鏡片可以用來預測繞射表面，愈高的指數則會得到愈相近的放射光線和繞射光線一致的的結果，大約 10000 指數是最適合的應用數值。雖然繞射的結果是波長最直接的功能，但是模式的指數會隨著波長而改變。

$$n(\lambda) = 1 + (n_0 - 1)(\lambda/\lambda_0)$$

λ_0 和 n_0 分別代表主要波長和折射率，即便如此，就視覺區域來說，可用 d、F 和 c 光譜線波長代入計算。

d 譜線光在 0.5875618μm.
F 譜線光在 0.4861327μm.
C 譜線光在 0.6562728μm.

$$V = (n_d - 1)/(n_F - n_C) = -3.45$$

負的V值是由隨著波長升高的指數而非由普通折射物質的下降而造成的部分的色散。

$$P = (n_F - n_d)/(n_F - n_C) = 0.5962.$$

這些極為異常的數值造成了最單數視覺材料的繞射表面，低的繞射裝置V值特性（如高色散）指出將會有很大量的色散像差，當繞射的表面在有效頻譜寬。

13.5.5 消色差繞射的單鏡

假設一個單一元件BK7（$n_d = 1.5168$，$V = 64.2$，$P = 0.6923$），可應用在本章 13.3

和 13.4 部分去定義單鏡和繞射元件造成消色差的影響力，分別為$\Phi_a = \Phi V_a/(V_a - V_b) = 0.949\Phi$以BK7 為元件和繞射元件$\Phi_b = 0.051\Phi$（正是消色差所需的屈克率，負的繞射表面 V 值，造成了消色差當兩種元件皆為正屈克率）。若允許繞射表面為非球狀表面，就可以製造校正像差、色差及慧差且符合要求焦距的單鏡，這四個重要的自由度是單鏡彎曲的屈光率（焦距倒數）和非球面表面繞射的焦距。

這項結果的圖 13-13 剩餘的像差（帶狀球面、橢圓體或副光譜）可拿來和普通消色差雙鏡作比較（請見圖 13-7）。注意那次光譜的符號和雙鏡是顛倒的（因為和那異常繞射表面的 P 和 V 值）而且那球體比圖 13-7 的兩個雙鏡還大。這個球狀體的雙鏡空間可以被某種程度上破壞畸變的非球狀表面來校正（見圖 13-13），藉由相關高度的不同來改變藍光束和紅光束衝擊表面的方式，帶狀球面可被第一個表面之六個順序毀壞畸變來分離，用在非球狀表面的方法是一個省錢又可實行的方式，假設鏡片為塑膠的注射模型，其結果為鏡片的成軸的像差大約為次光譜的 0.17mm 間隔交替著。

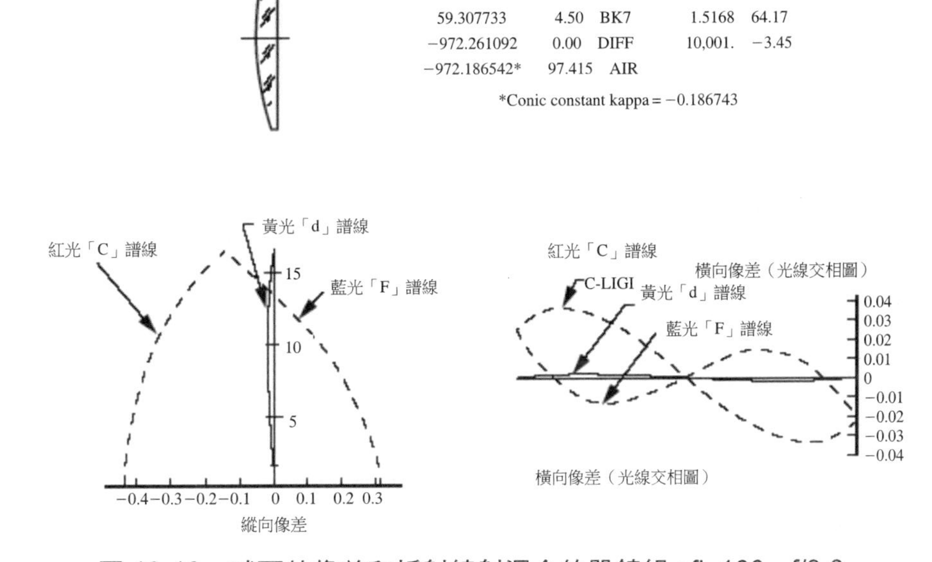

圖 13-13　球面的像差和折射繞射混合的單鏡組 efl_100，f/3.0

和圖 13-7 的雙鏡比較起來（但是請注意LA的度量是不一樣的）球狀體和次光譜都較大且由圖 13-13 相對的符號折射過來。同樣指出在本文球體跟帶狀的球面很容易就被非球狀表面排除在外。

因為影印石版畫的製造在平面上最為方便，也許想限制鏡片為平凸的樣式且達到四個自由度的鏡片指數，限制它的半徑及繞射的焦距及他非球狀的狀態，對這樣的鏡片來說，最理想的指數為 1.55。如果這個鏡片的原料為丙烯酸（n = 1.492）且控制其焦距長，球面跟色彩（忽略慧差）它的正切慧差在第一層級的成軸為 0.0156；若這個材料是聚苯乙烯，則正切慧差成軸為 010101。

消色差繞射的單鏡無疑的是非常令人滿意的接目鏡，照相機鏡頭和許多實際的應用，視角相對來說是一致且高穿透的。它們緊密堅實和輕薄的特性合一般玻璃的消色差來比較使得它們顯得更加令人滿意去應用在許多方面，但是繞射表面在近場角強光下和寬的應用色譜時，並不令人滿意。

13.5.6 複消色差繞射雙鏡

少見的V值及部分繞射表面的色散和普通玻璃加上繞射表面去排除次光譜的值有著極大的差異性，元件給這三元件複消色差的屈光率（焦距倒數）可以由以下這些方程式所證明。

$$X = V_a (P_b - P_c) + V_b (P_c - P_a) + V_c (P_a - P_b)$$
$$\phi_a = \Phi V_a (P_b - P_c)/X$$
$$\phi_b = \Phi V_b (P_c - P_a)/X$$
$$\phi_c = \Phi V_c (P_a - P_b)/X$$

Φ_{is}是負消色差的屈光率（焦距倒數）值，V_i則是V值，i是部分元件色散值，若用a和b來代表丙烯酸（n = 1.4918，V = 57.45，P = 0.7014）和聚苯乙烯（n = 1.5905，V = 30.87，P = 0.7108），c 代表繞射表面，就可以得到以下元件的起始屈光率（焦距倒數）為：

$$\phi_a = +1.9544\Phi$$
$$\phi_b = -0.9644\Phi$$

這些鏡片可以被邊際和帶狀的像差、慧差、色散像差，球狀體及以上科技的次光譜來校對，對這些特別的鏡片來說，它們的缺點就是這些特別的鏡片的次光譜會隨著孔徑洞變化和只會在一個地方呈現正確的狀態。

參考資料

W, Smith, "Modern Optical Engineering-The Design of Optical system", 3rd, Ch.3,10, 2001.

習題

1. 單鏡組的設計要項為何？
2. 如何設計抗色差雙鏡組？
3. 三鏡組如何使得視場角加大和像差簡少的要點？
4. 簡述反射鏡組的優缺點。

軟體操作題

1. 使用光學軟體設計一個 DOUBLE GAUSS 可以用在中心波長在 550nm 的 CCD 上，若格式為 SVGA。
2. 如何設計 PETZVAL 望遠鏡組可以使用 1/3 英吋之 CCD，使視場角極佳化。

第十四章 特定目的光學系統設計

特定目標的光學設計系統，是以常用的次系統（或稱為次總成）作為一個光學系統功能單元之系統設計。如物鏡、目鏡、正像鏡、場鏡等的次系統，都是依據常用之光學系統的共同認知的光學次統；這些次系統，都具有其各別之規格，如焦長、後焦距、場角、f/#等，依不同的次系統，有不同的規格。本章節就是針對以上的次系統的光學設計逐一說明，應可以在系統設計時，不用單各元件考慮，而以各次系統的觀點，考慮全系統之功能。

14.1 望遠鏡，無限聚焦系統

望遠鏡主要的功用放大遠距離物體的可見大小，這可以藉由成一像至眼睛來達成，從眼睛到此像所對應的角度要比從眼睛到物體所對應的角度來的大。望遠鏡的放大倍率（power）是像所對應的角度與物體所對應的角度的比值。名義上，望遠鏡的物距及像距都於無窮遠處，因為無限焦距，故與無焦設備相關。接下來將呈現一些在焦距像距都是無限大的系統中，望遠鏡與無焦系統間的基本關係。

望遠鏡主要分為三種：astronomical（或稱為反像）、terrestrial（或稱為正像）和Galilean。一astronomical或Keplerian望遠鏡是由兩個匯聚（converge）光學元件所組成，此二元件中間有一間距使得第一個元件的第二焦點與第二個元件的第一個焦點重合如圖 14-1(a)所示。物鏡（較靠近物體的元件）會於其焦點上成一倒立的像，接下來如圖 14-1(b)，目鏡會再次成像於無窮遠處使眼睛在看時較為舒適。因為內部的成像是上下顛倒的並且眼睛不會再次顛倒像，所以在眼中所見的是上下顛倒、左右翻轉的像。在Galilean或稱Dutch望遠鏡中如圖 14-1(c)，匯聚的目鏡由發散的目鏡所取代，兩鏡間隔使焦點重合。然而在Galilean望遠鏡中，內部並無成像，目鏡的物是個「虛物」，無倒轉發生，並且最後在眼中所見的像是正立且無左右翻轉的。因為在Galilean中無產生實像，所以沒有任何一處會上下顛倒或可能插入標線。

假設望遠鏡中的元件是薄透鏡，可以推導出一些重要的關係式應用於所有的望遠鏡及無焦系統。首先，在簡單的望遠鏡中長度（D）等於物鏡與目鏡的焦距和。

$$D = f_o + f_e \qquad \text{式 14.1}$$

在Galilean望遠鏡中，因目鏡的焦距 f_e 是負的，故兩鏡間的間距是兩鏡焦距絕對值的差。望遠鏡的放大倍率或放大能量是像所對應角度 u_e 與物所對應角度 u_o 之比例，

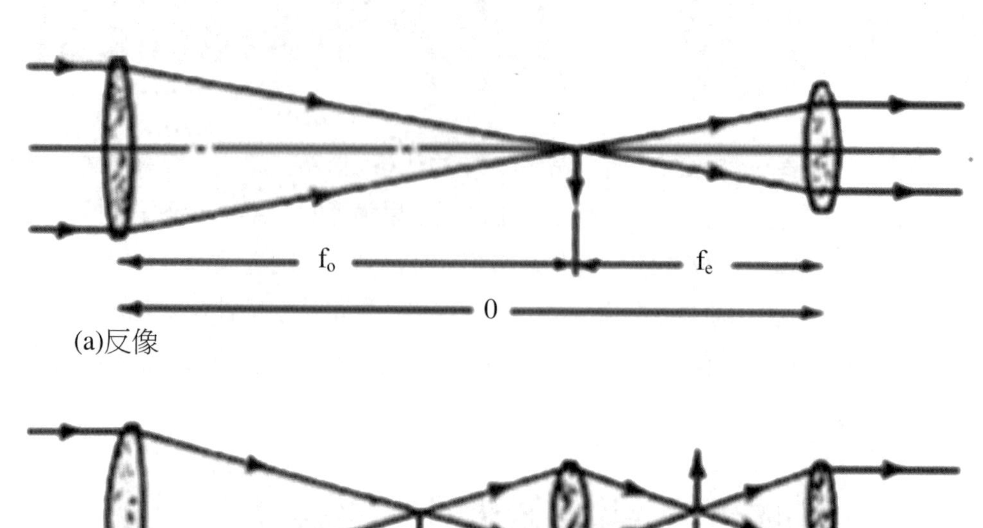

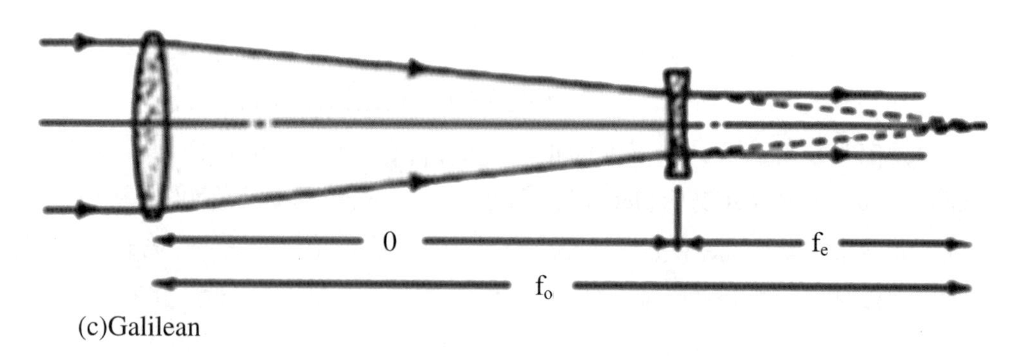

圖 14-1　三種不同的望遠鏡

由物鏡在內部的成像大小（h）則為：

$$h = u_o f_o \qquad \text{式 14.2}$$

從目鏡的第一個主點到此像所對應的角度為：

$$u_e = \frac{-h}{f_e} \qquad \text{式 14.3}$$

與式 14.2 及式 14.3 比較，可以得到放大倍率：

$$MP = \frac{u_e}{u_o} = \frac{-f_o}{f_e} \qquad \text{式 14.4}$$

和

$$f_e = D/(1 - MP) \quad \text{式 14.5}$$

$$f_o = MPD/(1 - MP) \quad \text{式 14.6}$$

依符號習慣，用正放大率代表正立像，但是，如果目鏡與物鏡均有正的焦距，則MP（放大率）是負，並且此望遠鏡是屬於成像倒立的，若有相反符號的物鏡與目鏡，則 Galilean 望遠鏡將會產生正的 MP 及正立的像。

在此 u_o 表示實質的角視場，而 u_e 則為觀測的角視場，在式 14.2 中定義了在小角度時的實質角視場和觀測小視場間的關係，對於大角度，在式中將以半視場角的正切函數（tangent）來取代。

從第 4 章，知道一系統的出射孔徑是入射孔徑的像（由該系統形成），在大多數的望遠鏡中，物鏡的入射孔鏡即是入射孔徑，而出射孔徑是物鏡由目鏡所成的像。由牛頓公式得知物像大小間的關係（$h' = hf/x$），再以 CA_e（出射孔徑直徑）和 CA_o（入出射孔徑直徑）來取代 h 與 h'，f_e 取代 f，和 $-f$ 取代 x，可得：

$$\frac{CA_o}{CA_e} = -\frac{f_o}{f_e} = MP \quad \text{式 14.7}$$

儘管以上的推導是假設入射孔徑就在物鏡上，但式 14.7 無論孔徑的位置均可適用，在圖 14-1 所繪的光線就明顯的說明。

亦可得到一簡單的表示式對於眼睛的緩和在 Kepler 望遠鏡中，如下：

$$R = (MP - 1)h_e/MP \quad \text{式 14.8}$$

對於使用者有近視或遠視時，為了要聚焦，接目鏡的移動量為：

$$\delta = Df_e^2/1000$$

其中，δ的單位是 mm，D 的單位是屈光度。

結合式 14.4 與 14.7 可連結任何非焦系統的外部特徵（放大率、視場、孔徑），無論其內部構造：

$$MP = \frac{u_e}{u_o} = \frac{CA_o}{CA_e} \quad \text{式 14.9}$$

圖 14-1(c)是正像望遠鏡，是由聚焦的物鏡與目鏡再加上一放置在中間的正像鏡組成，此正像鏡組會將物鏡所成的像再次成像至目鏡的焦平面上，且它在過程中會將像顛倒，因此最後在眼中所見的像為正立。因為考慮到顛倒的成像會造成混淆，最早被

用來觀測外太空物體的望遠鏡便是此形式的（直立的像亦可由使用一正像稜鏡得到，見第 4 章）。Terestrial 望遠鏡的放大倍率就是無正像鏡的望遠鏡乘上正像望遠鏡系統的線性放大率：

$$MP = -\frac{f_o}{f_e} \cdot \frac{s_2}{s_1} \qquad \text{式 } 14.10$$

其中 s_1 和 s_2 是正像鏡共軛的，如圖 14-1(c)中所示，在圖中、s_1 和 s_2 都是正值，s_1 是負值，因此最終的 MP 至正值，即正立像。

無限聚焦系統是雷射擴束器（laser beam expander）的基礎，當雷射光數由一望遠鏡的接目鏡端送入時，光束的直徑會被放大，擴束會減少光數的發散。Galilean 形式（圖 14-1(b)）通常是較受歡迎的，因為其無限聚焦點（若雷射能量夠強可產生空氣的分解）且光學設計上的特徵是較適合的。然而，當需要空間濾波器（space filter）（在焦點上的一針孔）時使用 Keplerian 形式，如圖 14-1(a)。

藉由將一系統插入無限聚焦系統中平行光之處，無限聚焦系統也可用來改變該系統的能量、焦距和／或視場（例如物或像在無窮遠處）。無限聚焦可被用來成像位於非無窮處的物，例如：一望遠鏡的出瞳是其孔徑光欄（aperture stop）的像，光欄通常是物鏡。再一次考慮圖 14-1 的光路徑，該圖說明了無論物與像的位置，線性放大率 m 是固定的，放大率 m = h'/h 相對的角放大率 MP，因此 m = h'/h = 1/MP。要特別注意的是若放置於焦點之內，則該無限聚焦系統在像空間與物空間變成望遠（telecentric）的系統。

場鏡及延像鏡組

在一具只有兩個元件的簡易望遠鏡中，視場會受限於目鏡的直徑，在圖 14-2(a)中，實線光線表示光束可通過望遠鏡且不會有遮暈現象，而產生的最大場角，對於虛線所表示的光束，只有通過物體上邊緣的光可通過，並且遮暈現象有效的被克服。

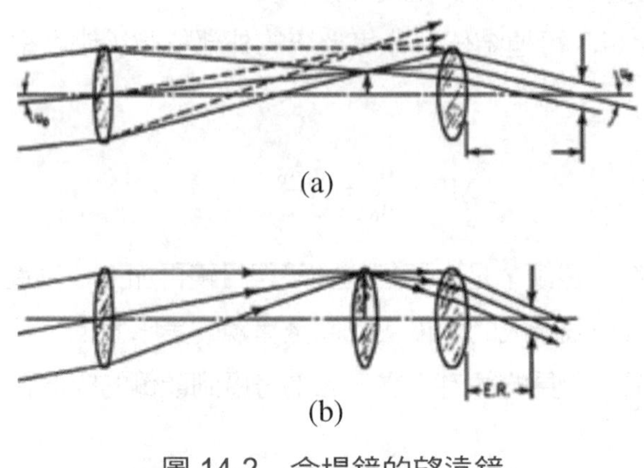

圖 14-2　含場鏡的望遠鏡

圖 14-2(b)描述場鏡的功能，若場鏡與內部像放置在同一位置，則它對此望遠鏡的倍率（power）完全沒有影響，但依舊使得光束向軸彎曲，因此可通過目鏡。以此方式，利用正的場鏡可以在不增加目鏡直徑的情況下增加視場，注意出射孔徑被左移而更接近目鏡。而目鏡頂點到出射孔徑的距離稱為視眼距（因為眼睛必須置放於孔徑處來看全部的視場）。正的視眼距的必須性限制了可使用場鏡的屈光率，事實上，場鏡很少被放置於像平面，通常被置於像平面的前或後，因此場鏡中的瑕疵並不在焦點上且是看不到的。

14.1.1 潛望鏡和內視鏡

當要在很遠處成像且鏡子直徑受到限制時，中繼鏡組（relay 鏡組）的光學系統就可以有效的被利用。在圖 14-3 中，物鏡成像在場鏡 A 上，接著像會被鏡 B 續傳至場鏡 C，其中場鏡 B 的功用就好比是一個正像鏡，然後像被鏡 D 續傳。因場鏡 A 的屈光率是經過選擇的，因此可成像在 B 上。同樣的，場鏡 C 將 B 鏡成像於 D 上，以此方式，入射孔徑依序成像在每個中繼鏡上，而物的像會通過該系統且沒有遮暈現象。由A鏡所發出的虛線光束表示需要更大的直徑來包含相同的視場，這類的系統被用作潛望鏡、內視鏡。

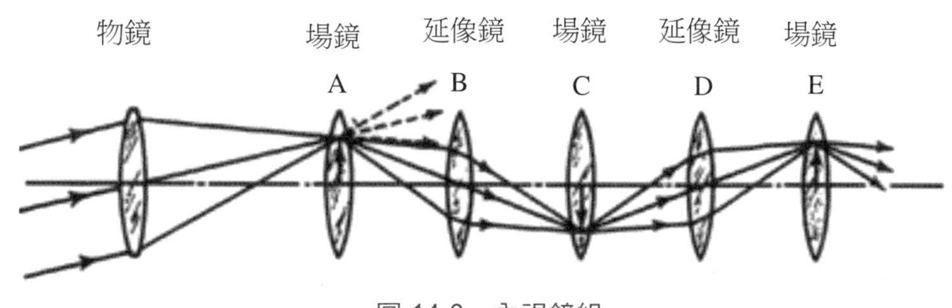

圖 14-3　內視鏡組

最佳的光學系統常是要求屈光率的最小的值之鏡片的設計；在一個潛望鏡系統，最小屈光率的系統是很容易設計的——對一個最大鏡片的半徑（可以依有效空間決定）在場鏡的影像是將半徑所包括的範圍充滿；且延像鏡組必須充滿光束；用圖 14-3為參考，物鏡組焦長設定為場鏡 CA 除以總場角，並且由 A 到 B 的距離是延像鏡組CA 乘以物鏡組 f/#-乘積，而 B、C、D 鏡片都有同樣的焦距，其長度為 A 到 B 距離的一半，B、C、D 鏡組也都相同，放大率都是為 1。這一安排是系統鏡組最小屈光率；這也是潛望鏡組的最佳擺置。

內視鏡組是小型的內視鏡組用小管以檢視內腔，在醫用上廣為使用。醫用內視鏡直徑為 2 到 3mm，等效空氣路徑是實驗路徑除以折射率。在內視鏡及潛望鏡，延像鏡組數是和儀器的長度有關。如果空氣間隙是用玻璃時會使等效空氣路徑以折射率倍數減短，而同時延像鏡組數也同時減少。若以玻璃桿簡單充滿空間時，延像鏡組一般都是一組雙合抗色差鏡及負的含氟鏡片充滿空間的厚度。含氟鏡片為外表面為雙鏡，其功能是場鏡，這是柱型鏡式的內視鏡，減少延像鏡組的數目可以減少內視鏡的造價及改進影像品質（特別是可以減少第二能譜及場曲）。

14.1.2 出射孔徑、眼睛及解析度

因為大多數的望遠鏡都是視覺儀器，所以望遠鏡必須設計使之具備有與人眼相容的特性，在第 32 章中，眼睛瞳孔的直徑會依據人的年齡及周遭環境的亮度在 2～8mm 間變化。事實上，眼睛的瞳孔即望遠鏡系統的光欄，所以要考慮其影響。一般使用中，3mm 直徑的出射孔徑會占滿眼睛的瞳孔，提供更大的出射孔徑並不會增加投射於視網膜上的光線，由式 14.7 可知，對於一般望遠鏡的物鏡最大的有效孔鏡是受限於 3mm 乘上放大倍率。然而，事實上這是十分有彈性的。量測系統的出射孔徑通常是 1～1.5mm，在一般的雙眼望遠鏡中，孔徑通常是 5mm，加大的孔徑直徑使得眼睛眼睛和望遠鏡的調校更簡單。基於相同的理由，步槍出射直徑範圍為 5～10mm。設計為在低光強環境下工作的望遠鏡，如夜視鏡，通常出射孔徑為 7 或 8mm，當眼睛瞳孔大時，可使視網膜上的光線量達最大值。第 32 章中指出，眼睛的 resolution 約為一分；對於完美的光學系統，其角的解析度為 5.5/D 秒，其中 D 是該系統口徑，單位為 in，這些限制將可控制任何光學系統的成像，若要設計一最佳的望遠鏡必須將以上兩限制考慮在內。如果相隔為α角的兩物要被分辨，經過望遠鏡放大後他們的像將會間隔角度為（MP）α，若（MP）α超過一分，則眼睛將能分辨這兩像。若小於一分則眼睛無法分辨。因此在選擇望遠鏡放大率時必須：

$$\begin{aligned} MP &> \frac{1}{\alpha} \\ &> \frac{0.003}{\alpha} \end{aligned} \quad \text{式 14.11}$$

其中α是要被分辨的角度。

從另一方面觀點，因為望遠鏡的解析度（在物空間）是受限於（5.5/D）秒，所以，在（MP）（5.5/D）秒下可以清楚的分辨影像，或者有分辨角等於或大於 1 秒時，

眼睛都可以分辨出來

如果將角度都是 1 分，可以導出望遠鏡最大有效放大率如下：

$$MP = 11D \qquad \text{式 } 14.12$$

（在 D 單位是 in）。

在大於屈光率的放大率稱為空放大率，在此狀況下也無法增加其解析度，無論如何，運用兩倍或三倍以上的放大率去減少視覺效應並不多；有效放大率的上限產生是發生在影像干擾而造成影像的機構的歸零。

例14-1　以下有幾個例子說明和應用，可運用屈光率和元件之間的間隔的望遠鏡有以下的特徵：4 倍放大率及全長為 10 英吋的例子：可以從 astronomical（或稱為 inverting）、terrestrial（或稱為正像）和 Galilean 三個系統，及限定元件大小為 1 in，分別討論。

對一個只有二個元件望遠鏡，可由式 14.4 去決定其放大倍數，可以用下面式子表示出全長：$D = f_o + f_e = 10$ 英吋

和放大率為：

$$MP = \frac{f_o}{f_e} = +/-0.4$$

在此放大率的正負號可以決定出正或反像。

使用兩個以上式子，表示出焦距：

$$f_o = \frac{(MP)D}{(MP) - 1}$$

$$f_e = \frac{D}{1 - (MP)}$$

對一個反像望遠鏡用 MP 為 4 和直徑 10 in 取代可以找出所需物鏡組和目鏡組的焦距各為 8 和 2 in，由方程式 9.5 若鏡組元件都為 1 in，由放大率公式可得出瞳大小為 0.25 in，而出瞳位置的決定可以由式 2.4 算出為 2.5 in，由此算出適眼距

$$\frac{1}{s'} = \frac{1}{f_e} + \frac{1}{s} = \frac{1}{f_e} + \frac{1}{-D} = \frac{1}{2} - \frac{1}{10} = 0.4$$

$$s' = 2,\ 5 \text{ 英吋}$$

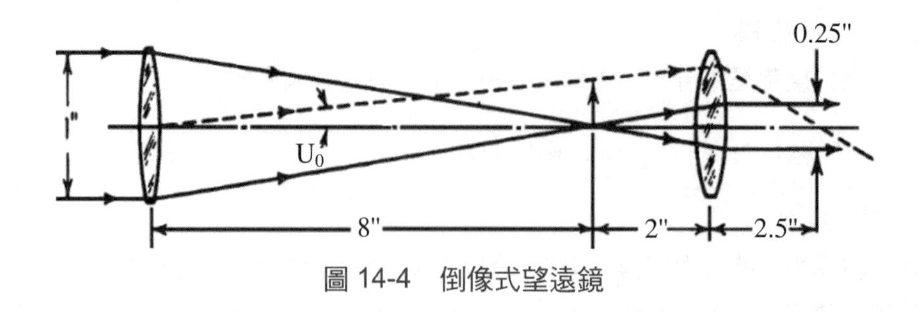

圖 14-4 倒像式望遠鏡

望遠鏡的場角在此並沒有清楚的定出，其原因是在目鏡組的遮罩作用是由圖所示，其中主要光經過物鏡組到場鏡的邊緣。因此，有 50%被遮罩；在這種狀況下，視場角可以以下公式得到

$$u_o = \frac{物鏡組直徑}{2D} = \frac{1}{2 \times 10} = +/-0.05 \text{ 徑度}$$

可得視場角為 0.1 徑度，或 5.7°

以上是眼睛能看到的估算值（視角），無論如何，遮罩出瞳在此角度為一近似的半圓其直徑為 0.25 in，並且可以包括 3mm 的眼瞳內，對這一場角，在這望遠鏡組並沒有其他光可以視場角的代表。如果觀察視場角尺 in，若它逐漸擴大，很明顯的從鏡子的底端和頂端會逐漸產生遮罩而到影像完成消失。以這一個例子而言，兩面鏡組都是以 1 in 為單位，明顯的，內影像都受 1 in 半徑的限制（若有其他不同尺 in 的半徑，都可以運用這一個比例去計算光線打到內影像焦面的高度），半視場角全遮罩量的大小是影像半徑除以物鏡組焦距的比值，或是±0.0625 徑度，而全視場角是 0.125 徑度，或 7.1°

同理可知，如果出瞳位置是 0.25 in，而在視場角 0.125 徑度全遮罩，0.1 徑度 50%遮罩，0.075 徑度無遮罩都在圖 14-5 表示，由此可知如果出瞳位置向內，遮罩作用將增強。

望遠鏡在物空間實際場角；在像空間上視場角。

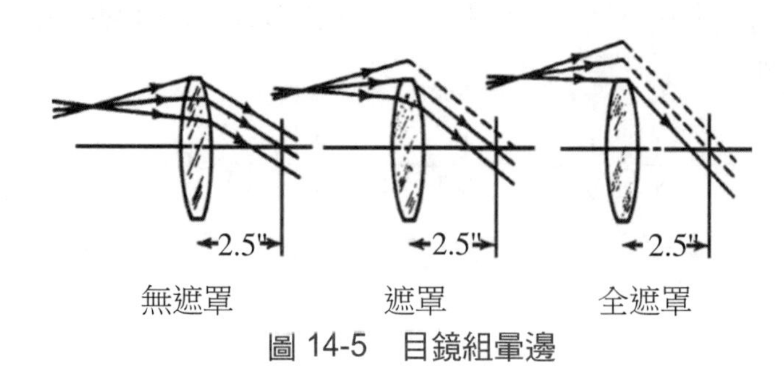

圖 14-5 目鏡組暈邊

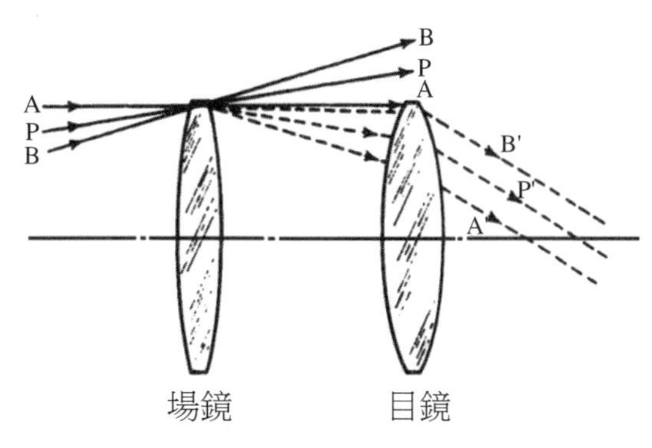

圖 14-6　具場鏡的目鏡組

決定場鏡的最小屈光率，可以在±0.0625 徑度場角下，使遮罩作用完成消除，如圖 14-6，場鏡可使得光從物鏡組來的方向改變，使得B光不再打到目鏡組的上緣；若B光斜率為 0.125（可由光經過物鏡組及場鏡的像高差，除以物鏡組到場鏡的距離），或到光經過場鏡之後，在這一個例子中是使得 B'光斜率（以虛線表示）為 0，可以利用式 2.41，推知場鏡的焦距，如下所列：

$$u' = u - y\phi_f$$
$$0.0 = 0.125 - (0.5)\phi_f$$
$$\phi_f = 0.25$$
$$f_f = \frac{1}{\phi} = 4 \text{ in}$$

在此也可以推知適眼距，由主光線由物鏡組的中心經由場鏡和目鏡組，計算出適眼距位置。

$$u'_0 = \frac{y_f}{f_0} = 0.0625 = u_f$$
$$u'_f = u_f - y_f\phi_f = 0.0625 - 0.5(0.25) = -0.0625$$
$$y_e = y_f - u'_f f_e = 0.5 - 0.625(2) = 0.375$$
$$y_e = u'_f - y_c\phi_e = -0.625 - 0.375(0.5) = -0.25$$
$$l'_c = \text{視眼距} = \frac{-y_c}{u'_e} = \frac{-0.375}{-0.25} = 1.5 \text{ in}$$

在此 u'_e 和 u_o 與放大率有關，如圖 14-4，在此

$$MP = \frac{u'_e}{u_0} = \frac{-0.25}{0.625} = -4x$$

因為系統屈光率並不會因為場鏡引進並置於焦面位置而有改變；如果將場鏡小量

移離焦面位置，依照理論，應會改變間距、光高度等；如果場鏡置於焦點之右，將可以使得望遠鏡長度減少。對伽利略望遠鏡，在上例子中，可以在方程式中用 4 倍元件焦距取代。

例 14-1 得

$$f_o = \frac{(MP)D}{(MP)-1} = \frac{(4)10}{(4)-1} = 13.33$$

$$f_e = \frac{D}{1-(MP)} = \frac{10}{1-(4)} = -3.33$$

如果假設孔徑光欄位置是在伽利略物鏡組位置，出瞳位置是在望遠鏡內，很明顯的，人眼是無法放在其內。因此，伽利略望遠鏡光欄的位置不是在物鏡組，而是在觀察者的眼睛；也是在目鏡組後 5mm 位置，如圖 14-7，決定視場角，必由主要光經過眼瞳中心到物鏡組的邊緣。如果假設一個任意值 u_e 並且將光線數據除一個比例常數後去追，而得到物鏡組光的高度等於淨孔徑半徑，更簡化的方法是假設孔徑和目鏡組重合，如此，u_e 為物鏡組半徑除以鏡組間的距離，或 0.05 瞬間徑度；因此，放大率為 u_e/u_o 由上式可以解出 $u_o = 0.05/4 = 0.0125$ 徑度。全實際場角是 0.025 徑度（大約 1.5°），其結果比倒像望遠鏡小的多；並且同樣場角遮罩，關於天文望遠鏡目鏡組也同以運用在伽利略望遠鏡的物鏡組，並且要記得伽利略觀測角方向可以改變觀測者測向移動量；但是對一個有實際內影像當場光欄在成像位置的望遠鏡就不正確。

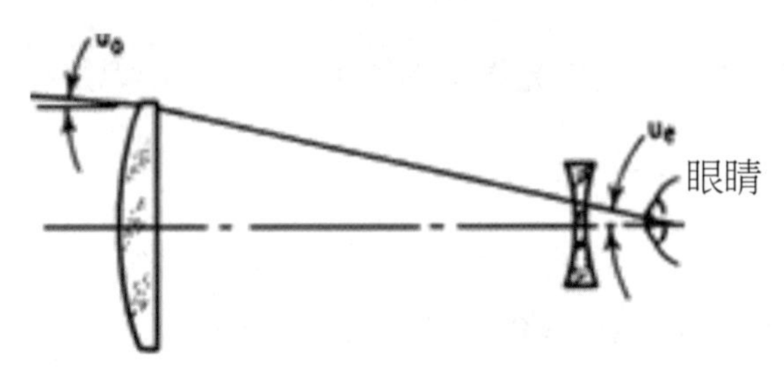

圖 14-7　在伽利略物鏡組，視場角是由物鏡組直徑和出瞳位置決定，這一個位置也時觀測者的眼瞳位置

對正像系統而言，如在每長步槍的瞄準器，有 4 倍放大，長度 10 in，最大鏡組尺寸 1 in，對.22 手槍，2 in 的適眼距是可以接受的；對於大砲適眼距通常是 3～5 in。假設望遠鏡 4 in 的適眼距，在物鏡組的入瞳如果是 1in；由式 13.6，可得出瞳直徑是 0.25 in，在目鏡組明晰場角（u_e）等於 $4u_o$，在此 o_i 是真實的場角，由參考圖 14-8，很清楚 u_e 是限制於目鏡組直徑和為了無遮蔽作用孔徑及直徑 1 in 目鏡組，4 in 的適眼距

R 限制明晰場如下：

$$u_e = 4u_o = (\pm)\frac{(物鏡組直徑 - 孔徑直徑)}{2R}$$

$$= (\pm)\frac{1}{2\times 4}(1 - 0.25) = 0.09375 \text{ 徑度}$$

$$u_o = (\pm)0.0234 = (\pm)1.3 \text{ 度}$$

定出元件間隙和屈光率，在此，其長度為：

$$L = f_o - s_1 + s_2 + f_e$$

放大率是

$$MP = \frac{f_o\, s_2}{f_e\, s_1}$$

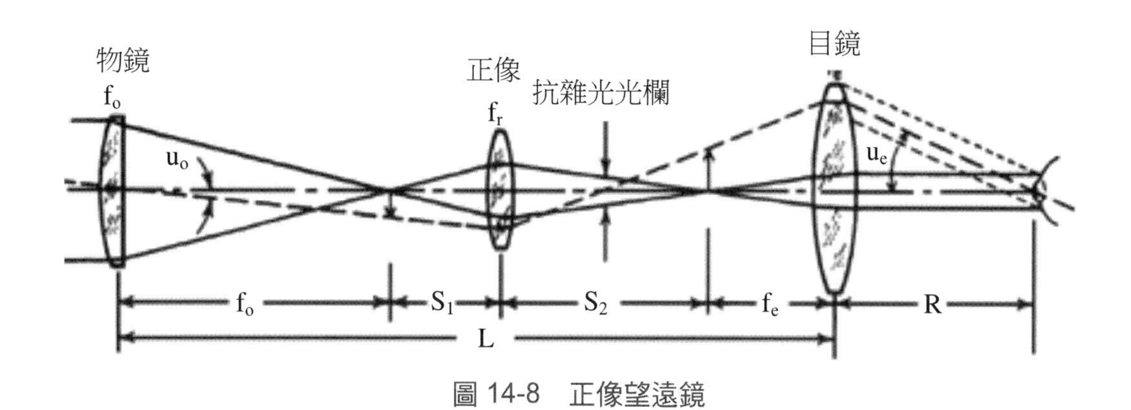

圖 14-8　正像望遠鏡

$f_o\, s_2\, Mf_e\, s_1$ 可以合併表示，並導出 S_1、S_2 and f_r 式子，取代 M、L、f_o和 f_e 如下：

$$s_1 = \frac{-f_o(L - f_o - f_e)}{(Mf_e + f_o)} \qquad \text{式 14.13}$$

$$s_2 = \frac{-s_1 Mf_e}{f_o} = \frac{-f_e(L - f_o - f_e)}{(Mf_e + f_o)} \qquad \text{式 14.14}$$

$$f_r = \frac{s_1 s_2}{s_1 - s_2} = \frac{Mf_e f_o(L - f_o - f_e)}{(Mf_e + f_o)} \qquad \text{式 14.15}$$

在這一點上，是在光學設計的步驟上常有的情形。可以用幾何方法找到f_o和f_e可以得到預定的適眼距R，或者能用數值方式進行。通常，第一次解是最佳數值漸近為是最好選擇，如果系統是在周詳考慮下去陳明；如果像只是改變參數的同樣系統，或開發或希望找到各個解時，通常需要付上代價用幾何方式去解它。

由前面的方程式顯示，有兩個自由度的選擇（f_o和f_e），並且可以達到 4 倍 10 in 長的望遠鏡，在此並不包括適眼距的計算。在數值上去解，像可以假設一些合理的f_o值，而後可以依序改變f_e值，直到解出預期的適眼距R時f_e即可以被決定。又因適眼距 R，並不是關聯尺吋，R 對 e 圖形解應足以滿足這一個目的增加 f_o值，解的範圍可以被確定。

如何得到一個解析解其步驟如下：主光線由物鏡組的中心開始使以任意定義的斜率角以薄透鏡公式，作光線追跡；應用間隙和各鏡組的屈光率像徵值，導出以下三個公式，而間隙和各鏡組的屈光率本徵值有關式如下：

$$\text{第一個間隙} = f_0 - s_1 = f_0 + \frac{-f_o(L - f_o - f_e)}{(Mf_e + f_o)} \qquad \text{式 } 14.16$$

$$\text{正立鏡屈光率} = \frac{1}{f_r} = \frac{(Mf_e + f_o)^2}{Mf_e f_o(L - f_o - f_e)} \qquad \text{式 } 14.17$$

$$\text{第二個間隙} = s_2 + f_e = f_e + \frac{Mf_e(L - f_o - f_e)}{(Mf_e + f_o)} \qquad \text{式 } 14.18$$

$$\text{目鏡組屈光率 } \phi_e = \frac{1}{f_c}$$

最後光線橫交長度，$l'_e = -y_e/u'_e$ 等於視眼距R，並且f_e解可以用f_o、M、L表示，而R是其最佳值。可以想像而知，這一過程是長的，並且因著嘗試漸近改變單元之企圖，提高由微調參數而產生失誤的機率，所以寫仔細和經常查核；因為不清楚的因素已經消除，可以找出：

$$f_e = \frac{M^2RL - f_0(M^2R + L)}{M^2(R + L) - f_o(M - 1)^2} \qquad \text{式 } 14.19$$

在此，對任何f_o的選擇，其值L小或大於零，一組的屈光率和間隙可以在滿足原先的狀況：放大率 M，長度 L，及視眼距 R 之條件下解出。

面對的是，無論有無達到元件或特徵，依照解所定出問題的合理值之f_o；在此依所得的解，有一些重要的評估值；在系統中通常期望各元件的屈光率小，在以下各章節中，通常建議在設計時要使以下一個或幾個參數極小化，$|y|$、$|y^2|$（在此$|x|$代表 x 的絕對值）是元件的屈光率，和軸向光或主要光在元件上的高度，或元件的半通光孔徑。

可以避免在以上討論點的考慮，還有一些進一步的技術，對一個任意選擇的f_o，可以定出所要的f_r和f_e（和S_1及S_2），然後，可以將元件屈光率ϕ_o、ϕ_r 和 ϕ_e（在此

1/f）及$|\phi|=|\phi_o|+|\phi_r|+|\phi_e|$對 f_o 的值繪出，其結果如圖 14-9，在此圖中最小值是在 $f_o=3.5$；在最好的重要的評估下，這是一個合理的選擇。

為了更進一步了解，可以由各個解來追蹤軸向光和主要光；若選定依據適眼距及目鏡半徑為考慮因素，由軸向光，$y=0.5$ 和 $u=0$ 的數據（在物鏡組上）及由主要光，$y_p=0$ 和 $u_p=0.0234375$ 的數據開始計算，可得以下幾圖，從以上的光線追蹤，可以定出在每一個鏡組的光軸高度，y_2 和在每一鏡組的最小通光口徑，$D=2(|y|+|y_p|)$ 穿過在場鏡緣的全部光束，正好和前面建立的條件是一致的，就是物鏡及目鏡組為 1 in，並且對所有的 f_o 值，正像鏡組的半徑為 0.3125 in。從這些資料，圖 14-10 可畫出這四個最小值，被選出是基於原定的光學材料，在一般情況下在上例中，可以減少Petzval場曲，最小的$|D|$值可以減少製鏡花費。另外，減少$|D|$、$|y|$、和$|y^2|$可以減少像差，這些值的決定是以要減少像差的次項決定。

如果假設選定 $f_o=4$，鏡片的屈光率及間隙的值，可以決定如下：

$$f_0=+4$$

$$f_e=\frac{M^2RL-f_0(M^2R+L)}{M^2(R+L)-f_0(M-1)^2}=\frac{4^24(10)-4(4^24+10)}{4^2(4+10)-f_0(4-1)^2}=\mp1.8298$$

$$s_1=\frac{-f_o(L-f_o-f_e)}{(Mf_e+f_o)}=\frac{-4(10-4-1.8298)}{(4)1.8298+4}=-1.4737$$

$$s_2=\frac{-s_1Mf_e}{f_o}=\frac{-(-1.4737)(4)(1.8298)}{f_o}=2.6965$$

$$f_r=\frac{s_1s_2}{s_1-s_2}=\frac{(-1.4737)\,2.6965}{(-1.4737)-2.6965}=0.9529$$

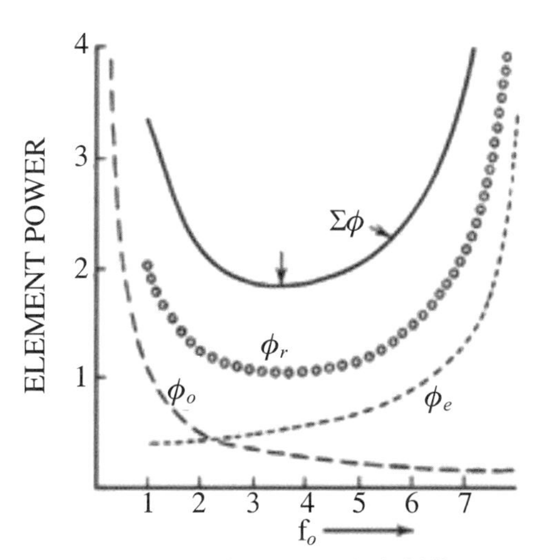

圖 14-9　各元件屈光率對焦距圖

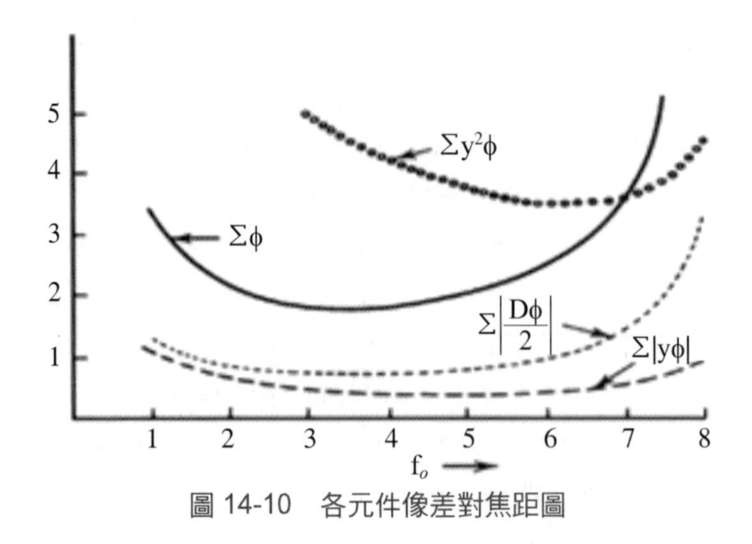

圖 14-10 各元件像差對焦距圖

14.1.3 望遠鏡

望遠鏡系統設計系統：先從各次系統分別設計，然後整個望遠鏡系統被修正。

14.1.4 目鏡組設計

通常首先設計目鏡；目鏡好像看一個無限遠的物件通過孔徑光欄座落在系統入瞳的像。光線在實際儀器行進的方向和光線追跡方向相反。通常主要光通過設置出口入瞳（或孔徑光欄），光線被追跡；然後，斜光束經目鏡反向追跡（從眼睛）以評估離軸影像。幾乎所有光學設計這樣完成，由追跡光線從長的共軛對到短的共軛對，主要為便利，因為焦距變量是小（由於像差和小光焦度變動），所以準備好作短共軛處理。

正立鏡組，通常包括在目鏡設計內，將正立鏡和目鏡視為一個單元（正立鏡也許被考慮作為物鏡組的部分；通常可以選擇在準星的位置）。通常物鏡組可以最後被設計，並且它的球差和色彩像差被調整，以補償目鏡的任一可校正的條件。稜鏡如果它們是在系統「裡面」，必須包括在設計過程中，因為它們必須由物鏡組和目鏡抵消的有效像差。稜鏡可能被引進入演算等效於平面適當的厚度平行板材。

目鏡是一個相當特別的系統，因為它必須通過是在系統之外的相對小孔徑（出口入瞳）含括一個很大寬視角。外在孔徑光欄和場率就必須考慮像差、畸變、側向色差、像散和場曲；前三項目可能變得異常地困難，從甚而許多透鏡系統的光欄近似對稱，也不可能減少這些像差。

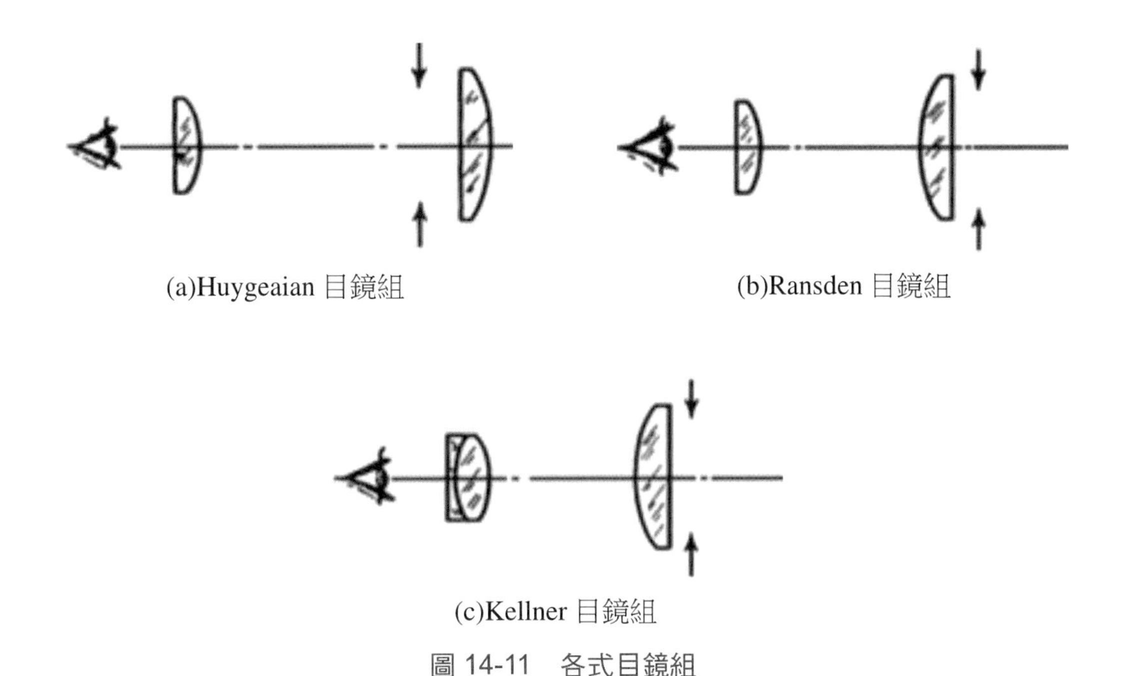

(a)Huygeaian 目鏡組　(b)Ransden 目鏡組

(c)Kellner 目鏡組

圖 14-11　各式目鏡組

另一方面，小的目鏡相對孔徑傾向於維持球狀和軸向色彩像差到合理的數值。典型的目鏡是為場像差（寬角度目鏡一個區域共有的 y2h3 型的五階像差）有相當好的校正，並且場曲在此被平化，過校正抵消未校正 Petzval 場曲的像散。側向色差不一定可以很好被改正；某一未校正通常存在抵消稜鏡的作用。明顯幾乎總有一些針墊畸變（當目鏡被從長對短的共軛組追跡，畸變的標誌被扭轉）。目鏡畸變可能考慮「合理地」改正為 3～5%；但是，若目鏡總場角在 60°或 70°，畸變到 8～12%是常見的。可使用非球面消除畸變，但是不常用，除非被鑄造的塑膠或玻璃被使用。在許多應用，視角的外面部分的作用是改變使用者的位置，用以找出物件，然後被帶到場角的中心，作更加詳細的測試。因而，目鏡修正軸不需要是像那攝像機鏡頭一樣，由於目鏡是視覺過程最後的評估，它有時難預測，從單獨光線追蹤收效的方法是無法預知會有什麼的視覺印象。因此，經常在透鏡平臺使用目鏡設計開始，將先用目鏡去試驗已製成的鏡組的元件。以更好掌握一系列的模型產生元件的許可的傾向和安排。然後設計師能使用這些作為起點，為以合理保證努力設計，視覺「感受」完成的設計將是可接受的。

以式 $h=f\tan\theta$修正畸變會導致影像的大小和掃描場角成線性。而產生 $h=f\theta$關係式，畸變將給恆定角大小；這是許多目鏡共同的類型畸變。

當眼睛被掃描橫跨系統入瞳，場曲導致影像的一個「游動」作用。通常大約 2diopters 或較少的場曲（以眼睛考量）；4d iopters 是關於最大值可接受。

14.1.4.1 Huygenian 目鏡

包括二個平－凸元件、一個目鏡組和一個場鏡，每個元件是安排在向眼睛方向的各平面上。焦點平面是在元件之間。為指定的套元件的光焦度，間距可能被調整以消除側向色差。必需的間距與元件的焦距的平均是大約相等的。唯一的剩餘自由程度是在元件之間光焦度比率。這可以消除像差。因為由眼睛透鏡單獨觀看影像平面是在透鏡之間，因此不易校正，也不合適用於有準星的系統。Huygenian 的目鏡組焦長經常是短的。

14.1.4.2 Ramsden 目鏡

Ramsden目鏡是由二個平－凸元件構成，其中場角的平面向外，元件之間間距是Huygenian的目鏡30%，可以外加聚焦平面，但也因此無法完全減少側向色差。在Huygenian 目鏡，慧差可以改變場境和目鏡距離，但是，在 Ramsden 目鏡可用準星調整像差。

14.1.4.3 Kellner 目鏡組

Kellner 目鏡組是有抗色差鏡的 Ramsden 目鏡，它通常在便宜的雙筒望遠鏡裡使用。

以上三種簡單的目鏡的相對特徵被描述總結於表 14-1。它們幾乎都以平－凸型鏡組，這個形式不改變。因為這些目鏡低成本最具商用價值，通常材料共同的冠冕玻璃為唯一元件；的確，它們的玻璃窗通常是唯一凸面。在 Kellner 目鏡組，折射率橫跨用的面孔光膠塗不同是重要的；通常使用輕的鋇冠玻璃，以保持當一個寬視角太大時的過校正像散。離開從平－凸形式，則傾向於兩凸透鏡的形狀，一般在 Kellner 目鏡是常使用的。這些目鏡依其功能，半視場可到 15°。

唯一元件目鏡組（通常平－凸）並且無畸變目鏡（圖 14-12(a)）包括三片膠合透鏡組（通常對稱）。目鏡組通常是以輕的鋇冠或輕的火石玻璃和三透鏡鏡組，由鋤冠和密集的火石玻璃組成。Petzval 比 Ramsden 或 Kellner 曲率大約少 20%且可用半視場角達到 20～25°。雖然在 18～20°，高次像的導致一個大角度彎曲的正切場在軸上有更大的角度（高像散值特徵限制多數目鏡視場覆蓋角度；若膠合面降低折射率差，將可減少高像散值）。目鏡適眼距是對焦距的 80%，畸變校正可以相當好的。

表 14-1　三種目鏡組的相對性能比較

像差／型式	Hugenian	Ramsden	Kellner
球差	1	0.2	0.2
軸色差（色差控制）	1	0.5	0.2
縱向色差	0	0.01	0.003
畸變	1	0.5	0.2
場曲	1	-0.7	-0.7
適眼距	1	1.5 到 3	1.5 到 3
慧差	0	0	0
放大率公差	1	5	5
有效焦比，高屈光率	2.3	1.4	0.8
有效焦比，底屈光率	1.3	1	0.7
各像差是以一為單位 放大率公差是以相對同一目鏡之比較值 有效焦比之高與低屈光率是望遠鏡的倍率有關			

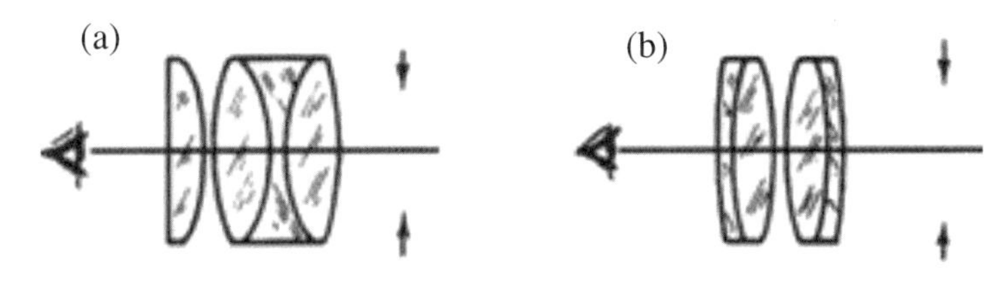

圖 14-12　二片目鏡組

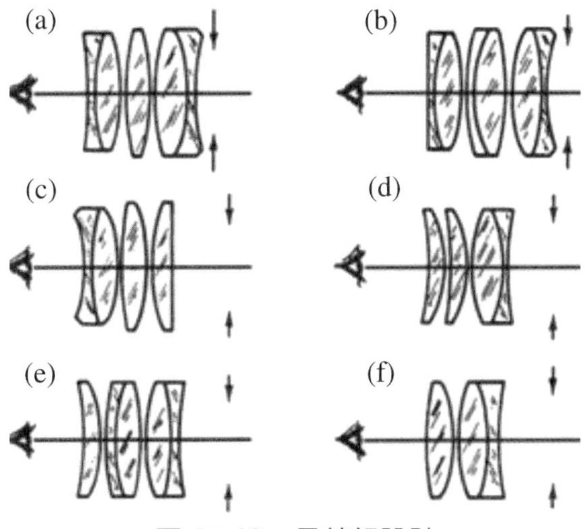

圖 14-13　目鏡組設計

這優質目鏡是以二組消色雙合鏡鏡（通常相同）鏡組構成，以它們的冠冕玻璃元件面對（圖 14-12(b)）。它通常被執行在硼矽酸鹽冠（517：642）並且密度高的火石（649：338）玻璃裡，它可以經過提高兩元件折射率。它較長的適眼距（0.8F）並且場角內無畸變的特徵。總之，除了它的畸變是典型的 30～50%大於無像差鏡組，它是優越目鏡，在軍用儀器裡廣泛被應用，一般是場角 25°的通用目鏡。偶爾，相似的目鏡以兩面含氟玻璃以眼睛相對使用。

14.1.4.4 Erfle 目鏡

這目鏡（圖 14-13(a)）大概是廣泛被應用的大場角 30 度以上的目鏡。目鏡組是長的（0.8F），但工作距離是相當短的。由於凹面場鏡表面可平化 Petzval 總和，比無畸變對稱型少 40%，並且畸變是與無畸變相同（為同樣有角場）。通常有未校正側向色差（至於使用與架設的稜鏡）通常使用密集的鋇冠玻璃和額外密集的火石玻璃，利用一個抗色差中心透鏡可減少側向色差。

14.1.4.5 放大器

放大器和觀察者透鏡除了沒有固定的出口入瞳，基本上是相同像目鏡。這意味著，眼睛幾乎在空間任一位置都是可以接受光線，並且因此放大器的像差必須對入瞳位置較不靈敏。因此，放大器在構型上傾向是對稱的。二個平－凸透鏡以凸面表面面對或對稱（Pl5ossl）構型，都是好的放大器。如果眼睛總是緊挨放大鏡，使用一個平－凸形式以平表面向著眼睛。如果眼睛總是離放大器很遠的地方，使用一個平－凸形式以凸面表面向著眼睛。如果眼睛位置是易變的，和在一個通用放大器，雙凸形式大概是最佳的妥協。

注意使用一支電子影像管，譬如狙擊鏡，也是放大器的一類別儀器的目鏡，因為它們可使用觀看影像管黃磷面散開線光影像。當它們被設計，以使得眼睛觀看位置可在更大範圍。

光學平臺滑軌觀察的光學、抬頭顯示器或 HUDs，和許多模擬器不僅歸入這個類別，而且要求兩隻眼睛通過分享單一光學系統而觀看影像。這樣系統稱雙眼（與雙眼系統相對，兩隻眼睛分別觀看通過一列火車分開的光學影像而後整合）。在一個雙眼系統，依照由二隻眼睛看見必須不僅關注眼睛動作的作用，但也必須關注任一影像之間差距。在設計系統必須仔細考慮眼睛因為它們觀看影像而產生匯合、分歧和發散（在方向垂直的不同）。因而一個雙眼設備在設計時為入瞳要足夠大，可包含兩隻眼睛，並加上觀察者頭部到鏡組的動作距離；雖然影像鋒利和解析度由入瞳定義是由像差大小，但是還是由觀察者眼睛大小而決定。

14.1.4.6 Diopter 調整（聚焦）目鏡

在雙眼系統，目鏡通常是可聚焦和可補償二隻眼睛之間在焦點區別。目鏡的動作可由以下公式算出

$$\delta = 0.001f^2D \text{ millimeters}$$

或

$$\delta = 0.0254f^2D \text{ inches}$$

f是目鏡焦距，並且D是影像位置在diopters（相對眼睛被假定被找出）的移動量，目鏡的第二位置。通常調整範圍是 4 diopters。

14.1.4.7 正立鏡

正立鏡系統可有不同大小和形狀。偶爾地一個唯一元件也許擔當正立鏡，或二個簡單的元件以 Huygenian 目鏡的一般構形常使用，依照在水平目鏡被顯示在圖 14-14 (a)。這個目鏡的形式廣泛被應用，偶爾與消色目鏡組在勘測的儀器裡。在長槍所使用是一個普遍的正立鏡，如圖 14-14(b)：包括一個唯一元件加上低光焦度，過校正的雙合鏡，經常是半月型的形狀。攝影物鏡組系統偶爾被使用作為正立鏡、Cooke 三透鏡鏡組的對稱形式，Dogmar或雙重高斯最普遍。被普遍使用的正立鏡大概包括二抗色差，面對冠冕玻璃元件，在它們之間以普通的間距。依照早先被提及，正立鏡在共軛組通常被設計或一個望遠鏡系統的目鏡或物鏡組。可觀的注意應該被採取在任一望遠鏡優先處理的初階設計肯定，在正立鏡工作負擔被安置是大的。適當場鏡的引進經常是需要的，在正立鏡以減少主要光線的高度，雖然這導致不受歡迎的在 Petzval 曲度的增量。許多正立鏡以強光光欄的形式在入瞳外。

14.1.5 物鏡組系統

為多數望遠鏡系統，物鏡組將是普通的消色雙合鏡組。攝影類型物鏡組也許被使用在大場角，Cooke 和 Tessars 最常用。當高的相對孔徑是必要時，Petzval 物鏡組是有用的。Petzval物鏡組建構是這樣：它的後方透鏡作為場鏡，和這個特徵偶爾是有用的。儘可能是保持理想系統一樣短的高倍率的望遠鏡，望遠照相類型建構是有價值的。前面組件是隻雙膠合消色組並且後方是一個負透鏡，或簡單或消色。焦距比物鏡組的整體長度通常 20～50%。Petzval或長焦類型物鏡組可能被使用作為一個內部聚焦的物鏡組（圖 14-15），因聚焦的位置由後方（裡面）組件移位完成，更加容易做一

臺密封的儀器。勘測的儀器和經緯儀，也常使用長焦形式，聚焦的透鏡位於前面組件對焦點平面大約 2/3，以便工作「常數」方式，將如同儀器，保持永遠聚焦。對校正望遠鏡使用一個大倍率正面聚焦的透鏡被安置在無限遠聚焦平面附近；因而，聚焦的透鏡對一個在前面物鏡組普通的位置移動，允許系統，甚至於物鏡組，可在極短的距離對心。注意在大範圍運作放大的系統，在設計時應該考慮，像差因影像放大時，像差值變小。（望遠鏡系統。(a)典型的勘測的望遠鏡與負聚焦的透鏡和目鏡。注意物鏡組是長焦，它有效的焦距比物鏡組長的。(b)準直望遠鏡。強的正面聚焦的透鏡，當移位後，允許儀器聚焦在極端短的距離聚焦）

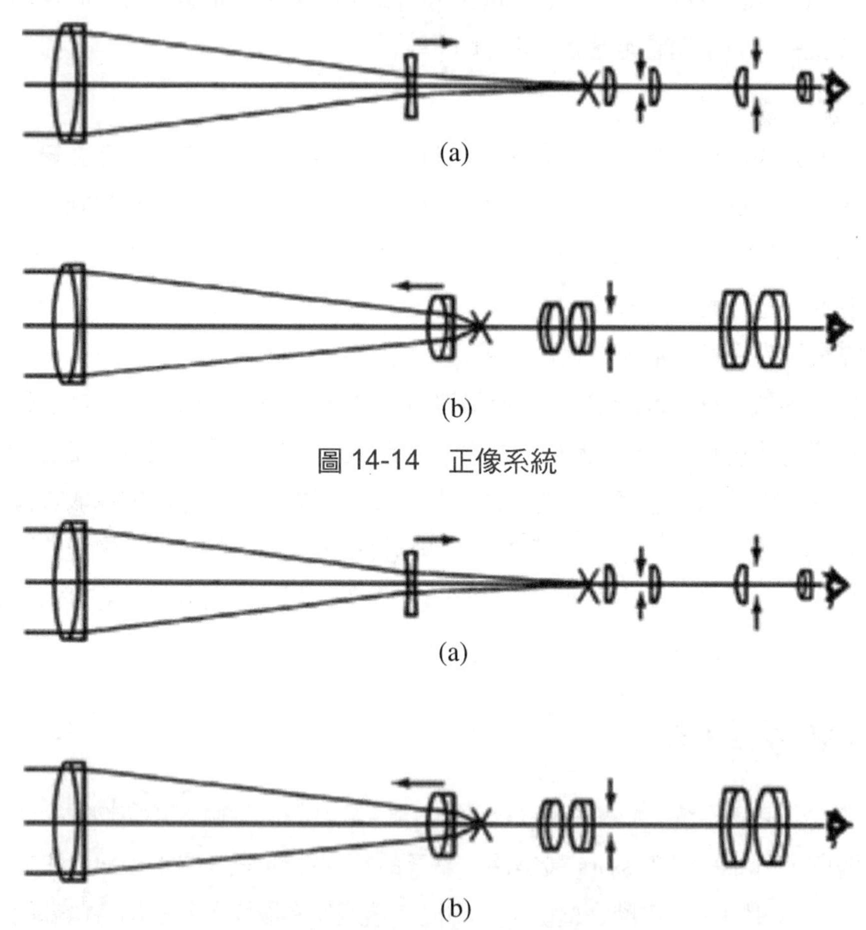

圖 14-14　正像系統

圖 14-15　望遠鏡系統。(a)典型的勘測的望遠鏡與負聚焦的透鏡和目鏡。注意物鏡組是長焦，它有效的焦距比物鏡組長的。(b)準直望遠鏡

14.2 顯微鏡

物鏡組顯微鏡物鏡組那些設計運作（圖 14-16）也許被劃分成三個主要等級；以物件在蓋玻片，那些被設計工作沒有蓋玻片，和被設計與液體聯繫物件被浸沒之下物鏡組。所有型由從長的對短小共軛光線追跡設計；蓋玻片的作用（當使用）在光線追蹤分析，必須考慮到它。標準蓋玻片厚度是 0.18mm（0.16 到 0.19mm，n = 1.523.0.005，v = 56.2）。顯微鏡物鏡組在具體共軛被設計運作，並且如果它們在其它距離被使用，它們將要修正。為蓋玻片物鏡組，標準距離從物件平面到影像平面是 180mm。為冶金型（沒有蓋玻片），標準距離是 240mm。在工廠也許可使用一塊餘料——非標準管長度或蓋玻片，如果瑕疵不是太嚴重的，使得物鏡組可以被校正了。首要作用，可從它一般值改變管長度或蓋玻片厚度，以校正球差。

注意普通的顯微鏡物鏡組設計後產生一個根本上完善的影像，並且像差（至少在軸）應該被減少到很好在Rayleigh極限之下。微物鏡組作為投射或攝影時，將在這領域外的參數作改正，但是，要根據它們確切的應用。

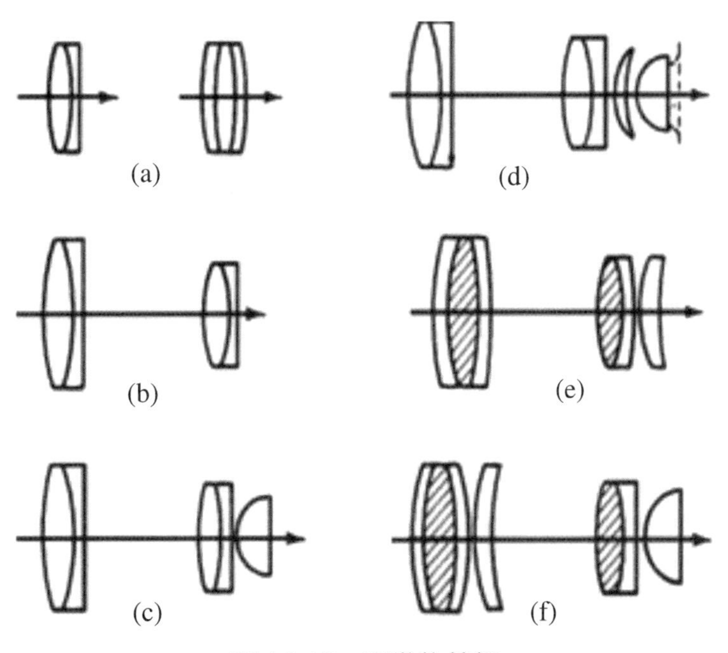

圖 14-16　顯微物鏡組

14.2.1 單筒顯微鏡或放大器

顯微鏡是對眼睛呈現一個近的物件的一個擴大的影像的一個光學系統。當在正常觀看距離，影像感覺被擴大，比物件對向（從眼睛）一個更大的角度。「正常觀看距離」常規認為大約 25.4 公分；這代表平均值為多數人看細節最清楚的距離。（明顯的，年輕人能在物件幾英吋內看清楚細節，從視覺適應產生的問題，成人則對集中於幾公尺外物件有困難。顯微鏡的放大或放大倍數被定義，視覺角度的比率由影像對向到角度由物件對向在眼睛遠處 25.4 公分處。

單筒顯微鏡或放大鏡包括一個透鏡與在它的第一焦點之內的位於或物件。在圖 14-17，物件 h，從放大器的一個距離 s，成像的在一距離 s'與高度 h'。根據我們的標示符號，影像是真正的，並且 s 和 s'是負數量。我們可以通過使用優先處理的等式。物件和像距式如下：

$$\frac{1}{s'}=\frac{1}{f}+\frac{1}{s}$$

可寫成：

$$s=\frac{fs'}{f-s'}$$

影高可表示為：

$$h'=\frac{hs'}{s}=\frac{h(f-s')}{f}$$

視角可表示為：

$$\alpha=\frac{h'}{s'}=\frac{h(f-s')}{f}$$

獨立的眼睛是在 25.4 公分處觀看物件

$$\alpha'=\frac{-h}{10\text{ 英吋}}$$

放大倍數是這二個角度比率：

$$h'=\frac{\alpha'}{\alpha}=\frac{h(f-s')}{fs'}\times\frac{10}{h}$$

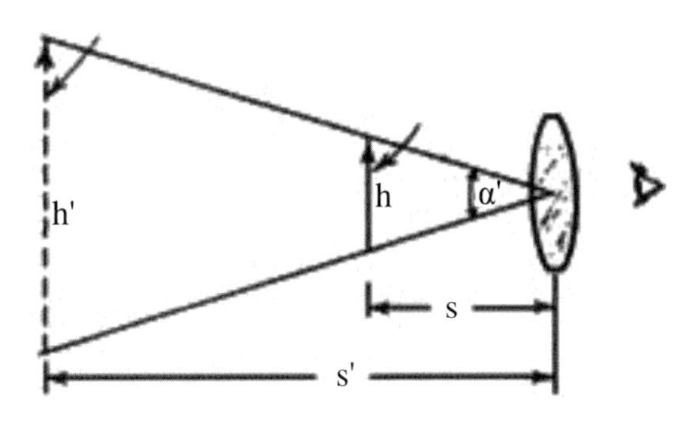

圖 14-17　放大鏡組的原理示意圖

因而發現放大由一個單筒顯微鏡生產了不僅取決於它的焦距，並且也決定其位置。如果你調整物距，以便影像在無限 $s=-f$ 和 $s'=\infty$ 並且可用眼睛放鬆的觀看：

$$MP=\frac{10\ \text{in}}{f}$$

如果你調整物距到 10 in，$s'=-10$

$$MP=\frac{10\ \text{in}}{f}+1$$

以上式子用於表達放大鏡、目鏡和甚而複合顯微鏡的放大倍率。

如果影像不是在無限遠，放大倍數將減少作為眼睛從透鏡被移動。如果R是透鏡對眼睛距離，放大率成為：

$$MP=\frac{10(f-s')}{f(s'-R)}$$

如果量度是以 mm 為單位，常數 10 將改為 254。

14.2.2 複合顯微鏡

圖 14-16 是一個複合顯微鏡包括一個物端透鏡和目鏡組。物端透鏡導致一個真正的倒像（通常擴大）的物件。用目鏡組將物件再成像在一個舒適的觀看距離，並形成一遠方的放大化影像。系統的放大倍數是將二個組件的聯合的焦距。

$$f_{eo}=\frac{f_e f_o}{f_e+f_o-d} \qquad \text{式 14.20}$$

放入上式而得：

$$MP = \frac{10\text{ in}}{f_{eo}} = \frac{f_e + f_o - d}{f_e f_o} \times 10\text{ in}$$ 式 14.21

更加常規的方式確定放大是觀看它作物鏡組放大率目鏡放大率。

$$MP = M_e \times M_o = \frac{s_2}{s_1}\frac{10\text{ in}}{f}$$ 式 14.22

以上二式是相等的，和若能將 $S_2 = d - fe$，S_1 用 d、f_e 和 f_o 替代，兩式可得相同結果。

一個普通的實驗室顯微鏡有 160mm 的管長度。管長度是從物件的第二焦點的距離到目鏡的第一焦點。因此物鏡組放大率是 $160/f_o$ 和重寫上式以 mm 為單位。

標準顯微鏡光學的放大倍率可由上式求得。因此，16mm 焦距物件有放大倍率為 10 倍；0.5 in 焦距的目鏡，放大倍率為 20。組合的二組件，將有一個放大倍數 200 或者直徑 200。

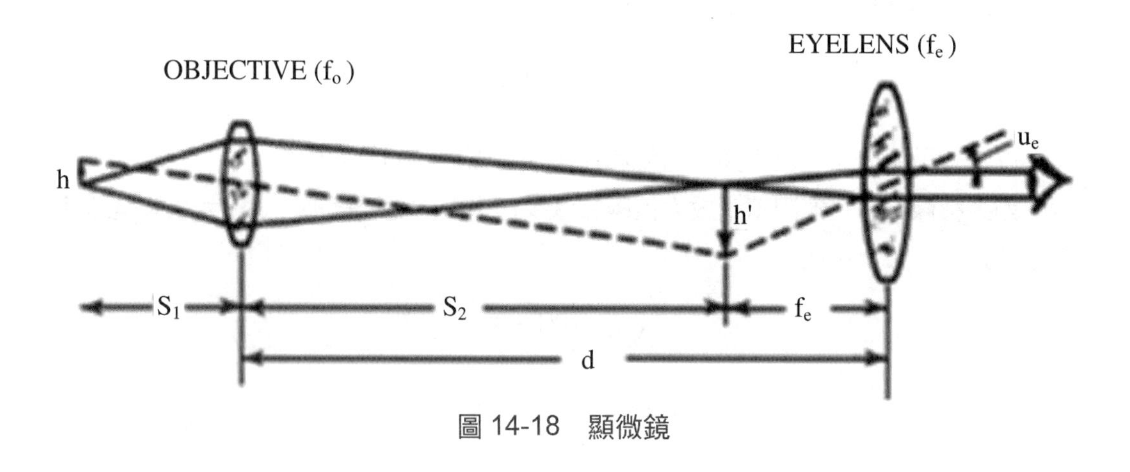

圖 14-18　顯微鏡

顯微鏡繞射解析度、眼睛的解析度和望遠鏡有相似限制。然而，在顯微鏡情況下，是對線性解析度而不是有角解析度感興趣。由 Rayleigh 的標準，將給它們被解決的二個目物點之間式給最小的解析度。

$$Z = \frac{0.61\lambda}{NA}$$ 式 14.23

波長和 $NA = \sin U$，系統的數值口徑。折射率 n 和物鏡組邊光 U 的斜率。由於數值口徑的重要性鑒於此，顯微鏡物件由放大倍率和數值口徑通常指定；例如，16mm 物件通常被列出作為 10 × NA 0.25。

在遠處 10 in，一弧分的視覺解析度（0.0003 弧度）對應於一個線性解析度大約 0.003 in 或者 0.076mm。一個光學系統物鏡組時，在物件可見光解析率可表示為：

$$R=\frac{0.003\text{in}}{MP}=\frac{0.076\text{mm}}{MP}$$

如果，現在視同視覺解析度 R 以繞射極限 Z 值取代

可得

$$MP=\frac{0.12NA}{\lambda}$$

以 mm 為單位，繞射極限和視覺限制放大率。

在這放大倍率眼睛可能解析影像所有細節，若設定波長 0.55μm，所有放大率超過 225NA 稱為「空的放大率」。然而在望遠鏡使用上，放大率通常更大。

14.2.3 低光焦度物鏡組

這些普通的消色雙合組或三元件系統，依照被顯示在圖 14-16(a)。32mm，NA0.10 或 0.12 是最共同和導致放大率大約 4，48mm ，NA0.08。這確切以方式的被設計和消色望遠鏡物鏡組一樣，除了「物件」位置由 150mm，或改放在無限。

14.2.4 中級光焦度物鏡組

依照被顯示在圖 14-16(b)，這些由二廣泛間隔的消色雙合鏡組常組成。最共同的物鏡組是 10X，16mm，是可利用的幾種形式。普通的消色 10X 物鏡組有 NA 0.25 和大概廣泛被應用所有物鏡組有不可分或可分開的兩種版本，以便它可能被使用作為一 16mm，或去除前面雙合鏡，作為 32mm 物鏡組。在此犧牲像散修正，因為二元件都分別沒有球差和慧差，就不需修正像散。一個複消色差的 16mm 物鏡組是還可利用的與NA0.3；螢石（CaF_2）取代冠冕玻璃位置來使用以減少次要光譜。光焦度初階設計為這類型物鏡組通常被安置，同樣為各雙合鏡；這樣「工件」（彎曲少量的光線）均勻地被分開。第二雙合鏡常被安置在第一雙合鏡和影像中間和第一雙合鏡形成。（在之前提到光線追跡序列在用途雙合鏡，「其次」是在物件附近被擴大化；並且「第一」雙合鏡是更近的實際影像。）這相對大的間距提供第二雙合鏡的被鞏固的表面對過校正像散和平化（承擔光欄是在第一雙合鏡）。這種初階設計導致一個薄透鏡安排以空間相等與物鏡組，第一雙合鏡的焦距近似兩位物鏡組焦距，和第二雙合鏡與物鏡

組相等。注意這個安排相似一種高速 Petzval 類型。通常二個組件鏡組可能有三組形狀，它們的球狀和像差已被修正。其中一個形式是將物鏡組分開，各雙合鏡組球差和慧差都為零；這形式通常是最粗劣的場曲度。

14.2.5 齊明性（APLANATIC）

如果表面作用方程式為唯一表面的球色差解為球狀零，將有三組解。第一個組解產生是當物件和影像都在平面上，這例子只有一點用。第二組解，有數值；當物件和影像落在曲率的中心，沒有球色差被引進（和不偏離的軸向光）。第三階組解，通常稱消球差解，允許光線錐體的收斂增加（或減少），其原因是沒有球差引進，而使得折射率相同。它發生是當任何以下關係是滿足的。

$$L=R\left(\frac{n^{-}+n}{n}\right) \quad \text{式 14.24}$$

$$L'=R\left(\frac{n^{-}+n}{n}\right)=\frac{n}{n'}L \quad \text{式 14.25}$$

$$U=I' \quad \text{式 14.26}$$

$$U'=I \quad \text{式 14.27}$$

$$\frac{n}{n'}=\frac{\sin U'}{\sin U} \quad \text{式 14.28}$$

如果任何在上面全部是滿意的，並且，因為球狀不被引進，如果 L＝l，然後 L'＝l'。並且是值得注意到，所有三個解像差是零，並且第一個和三階個解像散是零為和過校正之間。

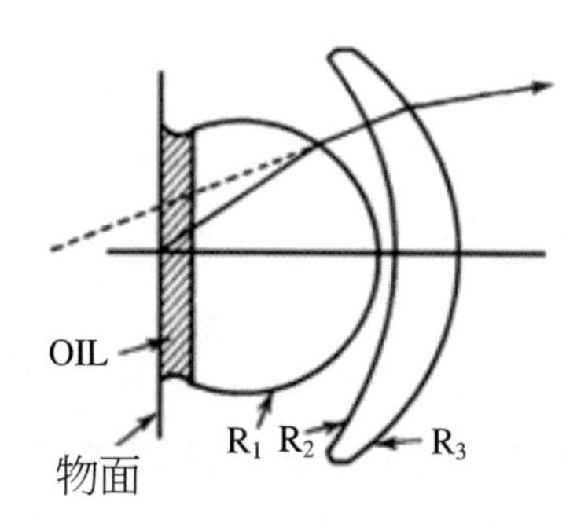

圖 14-19　平整面波前。物件被浸沒在匹配折射率流體那第一個元件的超球面球色差 R_1 是消球差表面。影像形成了由 R_1 是在 R_2 曲率的中心。R_3 和 R_1 一樣是平整面表面

14.2.6 高倍率的物鏡組

「平整面波前」這項原則被使用在一個油浸顯微鏡。物件被浸沒在第一透鏡折射率匹配油。R_1（圖 14-19）被選擇滿足式 14.24；這導致半圓球色差形式為第一元件。R_2 被選擇以便影像由 R 形成是在它的曲率的中心；R_3 被選擇滿足式 14.24。注意 sin U 被 n 因素減少在各個元件，並且「平整面波前」使光線錐體的數值口徑降低，從大數值（一樣高像 NA = n sin U = 1.4）到一個更加常規的「後面」系統可能處理的數值。Amici 物鏡組（圖 14-16(c)）包括一個超球面球色差前元件與後面（Petzval）類型被結合而成。因為 Amici 通常是用在觀察乾燥物件，超圓半球的半徑比那通常選上的平，引進乾燥平表面以抵消球差。超球面和毗鄰雙合鏡空間小，以減少前面元件被引進側向顏色球色差。物鏡組 Amici 物鏡組通常是標準 4mm40NA，0.65 到 0.85。在 Amici 工作距離（物件對前面表面）是相當小：半毫米的等級。因為在這類型帶球狀物鏡組和運作的距離之間有一個直接關係，高數值孔徑鏡組傾向於有非常短的工作距離。油浸式物鏡組運用充分「齊明面」和也許與圖 14-16(b)類型後面，依照被顯示在圖 14-16(d)，或一個更加複雜的安排被結合。Amici 和浸沒型通常與螢石（CaF_2）冠冕玻璃結合，以減少或消滅次要光譜。一些新 FK 玻璃也可符合同樣目的。

雖然平整面波前是物鏡組的典型的例子；但是，若不採取確切的平整面的構型也是常有的。例如，半月型透鏡將比平整面透鏡引進更大的光聚焦率；但是，平整面透鏡會產生過校正球差。這不僅減少後面元件必須完成的光線彎曲的工作，而且減少修正大的球狀像差（但不修正色彩）。平整面波前物鏡組有一種殘餘的側向色差，理由是因色彩經已校正的前鏡組和過校正的後鏡組而分離。這個情況，相反相當數量修正目鏡組提供側向色差，而得到特別補償。

14.2.7 平場顯微鏡物鏡組

已討論的物鏡組都因有強烈在內曲場而影像品質有所不足。這樣物鏡組可能在場的中心產生極端清晰的影像，但往邊緣深刻的場曲度並且／或者嚴格的像散限制顯微鏡解析度，甚至在小的場角。許多平場類型物鏡組，以厚半月型負元件，安置在長的共軛組，以減少有它們的 Petzval 曲度。這是抗色差雙合鏡依照被顯示，或簡單、厚實的單鏡組。如果使用負光焦度元件或表面，與正光焦度其他元件之間距離大時，場鋪平的作用更被加大。經常物鏡組的平衡，可以簡單地疊成正焦距元件。當與標準型物鏡組比較，場的邊緣影像品質改善是相當明顯的。這個物鏡組的形式其他理想的特點是從物件到前面透鏡有一個長的工作距離。注意這種配置是逆焦距或被扭轉的長焦攝像機類似的鏡頭。許多平場物鏡組合併建構相似與雙重高斯或Biotar形式的厚實半月型雙合鏡（參見圖 14-20）作為一個場鋪平的組件。其他技術將轉換消球差半球或超球面球色差前元件成為半月型元件。凹面表面是緊挨物平面和作為「平場鏡」。它的光焦度貢獻（y）小，是因為當緊挨物平面，少量的光線高度（y）小；但凹面表面卻引進一重大正落後彎曲Petzval值。商業名牌這型顯微鏡物鏡組的通常合併信件「平的」形式。

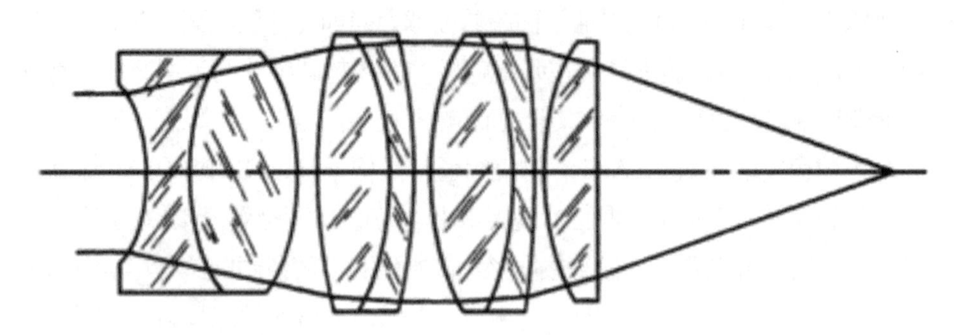

圖 14-20　顯示一個高倍率的平場物鏡組

14.2.8 反射的物鏡組

物鏡組用於紫外或紅外能譜地區通常被做以反射的形式，因為這些能譜地區非常困難找到適當的折射材料。因為中央的遮罩區有些光無法通過。所以，必須修改影像的繞射樣式，極大減少粗糙的目標對比和輕微的改進對比及設計建構。

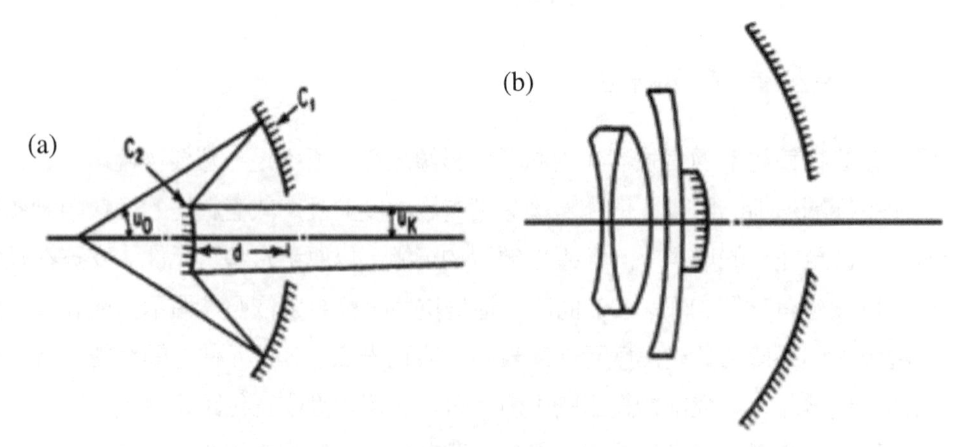

圖 14-21　反射的物鏡組的基本的建構

反射的物鏡組的基本建構如圖 14-21(a)；在 Schwarzschild 配置它包括二個 monocentric（或幾乎 monocentric）球面鏡（參見 14.5 節）。如果兩鏡在孔徑光欄有一個共同的曲率中心，系統可免於三階球差和像散；焦點表面球形圍繞著孔徑。無限共軛可能由以下表示描述（為有一定數量的變異在這個基本的形式，一些以較少遮障，一些以被減少的高階球狀像差）。一個焦距 f 反射鏡有以下的參數：

$$d = 2f \qquad \text{式 14.29}$$

$$\text{凸面半徑} \quad R_2 = (\sqrt{5} - 1)f \qquad \text{式 14.30}$$

$$\text{凹面半徑} \quad R_2 = (\sqrt{5} + 1)f \qquad \text{式 14.31}$$

$$R_1\,\text{對焦點距離} = (\sqrt{5} + 2)f$$

$$R_1\,\text{明晰孔徑}\ y_1 = (\sqrt{5} + 2)y_2 \qquad \text{式 14.32}$$

$$\text{區域遮障比} = 1/5 \qquad \text{式 14.33}$$

因有很多種的鏡頭都是依照以上參數設計，有一些可以減少遮障，有些可減少高階像差。收效的系統不僅有三階球差，由參數適當的選擇，甚而高階像差也傾向於極小；可取得簡單並有效用物鏡組。雙鏡面系統，為更高的放大和數值口徑，在 NA0.5 被限制到大約 35。紫外物鏡組，在 50mm，NA = 0.7 物鏡組，非球面表面並且被運用了，必須引進另外的折射的元件以維持校正，而增加的元件用於減少中央遮障或場曲平化。

14.3 攝影鏡組

本節概述攝影光學主軸光的基本設計原則。以主軸光根據它們的關係分類，可分為幾個主要分類：(a)半月型類型、(b)Cooke 三透鏡鏡組類型、(c)Petzval 類型和(d)望鏡組類型。這些類別被選擇是相當任意的，是以它們的數值作為設計特點的驗證，而不是考慮所有歷史發展結構的涵義。

14.3.1 半月型抗像變鏡組

主要利用厚半月型鏡組以修正主軸光的場曲。厚半月型元件和同樣曲率一個兩面凸的元件作比較，可大大減少內部 Petzval 場曲，如果厚度足夠，將使 Petzval 總和可能過校正。這類型最簡單的例子：透鏡是包括對稱半月型鏡組的 GoerzHypergon。由於凸面和凹面半徑是幾乎相等的，Petzval 總和非常小，並且關於光欄，各表面事實幾乎是同心的，使透鏡在非常低孔徑（f/30），含括一個極端寬場角（135°）。但是要增加的孔徑必要改正球色差和色像差。

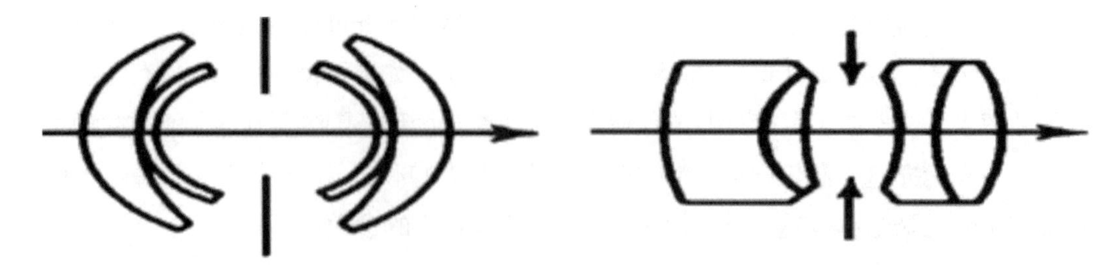

圖 14-22 半月型抗像變鏡組　　圖 14-23 雙高斯

這可以加入負火石元件完成；在Topogon透鏡，透鏡的構型對於光欄幾乎同心；這型透鏡總含括 75～90°場角，以 f/6.3 的光感率相對於對 f/11。企圖設計系統包括用光膠塗的半月型對稱雙合鏡組鏡鏡組，在十九世紀，後者一半是只部分地成功製作。如果通過將元件一分為二（即，以負曲率）膠合的表面，球狀像差被改正了，高次過校正象散被平化，在寬角度正切場傾向於變得相當大。如果高折射率冠冕玻璃和低折射率火石玻璃使用，可以減少 Petzval 場曲，但是，收光的膠合的表面卻是無法改正球差。

1890 年，Rudolph（Zeiss）設計 Protar，將前面組件使用一個低曲率「舊」抗色差（低折射率冠冕玻璃，高折射率火石玻璃）和後方組件使用一個「新」抗色差鏡（高折射率冠冕玻璃和低折射率火石玻璃）。前面組件用以改正球差，色散性膠合，而後方膠合鏡組可以控制像散。當一般對稱型厚實的半月型可幫助控制像差和畸變，可使得Petzval總和減少。Protar類型的透鏡包含60～90°的場角，光感率從f/8～f/18。幾年後，Rudolph和Hoegh（Goerz）獨立完成，結合了Protar的二個組件，加入唯一膠合的組件，包含必需的分散和膠合的表面組。GoerzDagor 被顯示在圖 14-24，和由對稱用光膠塗的三透鏡鏡組對所組成。各一半，這樣透鏡可以被獨立設計，或被改正以便攝影師能去除前面組件得到二個不同焦距。在過去，根據這項原則，設計同類的

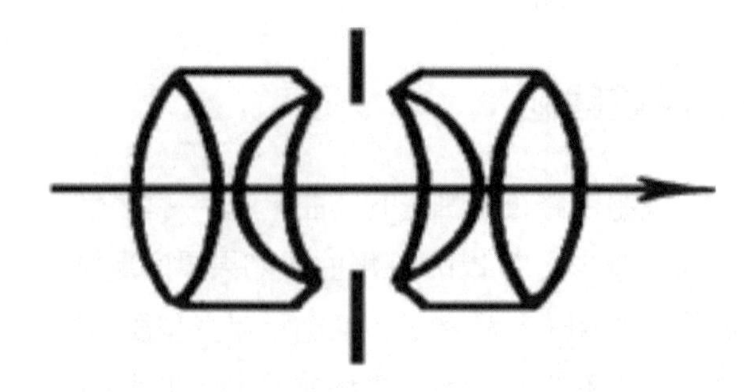

圖 14-24 美國專利 2031792 鏡組

大量鏡組，在各個組件使用三、四和五個膠合的元件，雖然增加的元件也很少得到解。Protars 和 Dagors 仍然被使用為寬角度攝影，由於理想的定義可得一個大場角，特別是當使用在被減少的孔徑。參見圖 14-24 為 Dagor 設計的例子。另外，將 Dagor 構型裡面的冠冕玻璃元件膠合分開取得自由度比另外的元件更有價值。這型透鏡（圖 14-25）應該是最佳寬角度半月型系統和含括場由 70 共計決定以 f/5.6 的光感率（或快速為更小的場）。Zeiss 等的 Orthometar 這構型，並且也是運用此構型製作影印機 1：1 拷貝透鏡（對稱）。將元件膠合分開，允許內在冠冕玻璃改做高折射率玻璃。

厚半月型抗象散的設計較為複雜，由於所有可變參數接近並相互關聯。總之，可以選擇外部形狀和厚度，可控制 Petzval 總和及曲率，並且光欄的距離可調整像散。元件曲率的色差調整，雖然會改變平衡，但是，也因整個半月型鏡組彎曲而改正球差。一種同時解答為相對曲率、厚度、彎曲和間距是必要的；各型的方法被描述，三階像差的可同時解出，相似的適合問題，用電腦設計程式可容易解出。

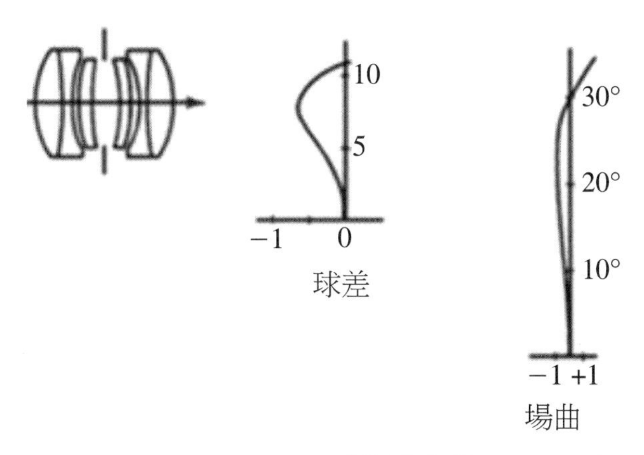

圖 14-25　Zeiss．Orthometar（美國專利 1792917）及像差曲線

過去設計師花費時間在這個方向，並且除非你運用光學玻璃（即罕見的稀土玻璃）在最佳的新型代表性設計，在這個類別它極難改善。雙重高斯（Biotar）（圖 14-26）並且 Sonnar 類型（圖 14-27）主軸光兩個利用厚實半月型原則，雖然它們與先前討論的半月型不同，它們使用更大的孔徑和更小的場角。以基本的形式 Biotar 主軸光包括：內有二厚實的負半月型雙合鏡組和外有二個正單鏡元件，依照被顯示這是一個極為有力的設計形式，並且許多高性能透鏡是這型的修改或闡述。如果端點長度突然變短，環繞中央光欄元件有較大場曲，可含括相當大場角。相反的，一長的系統與更平的曲線將包括一個在高的孔徑及狹窄的場角。一種可能的「手工」設計方法如下：

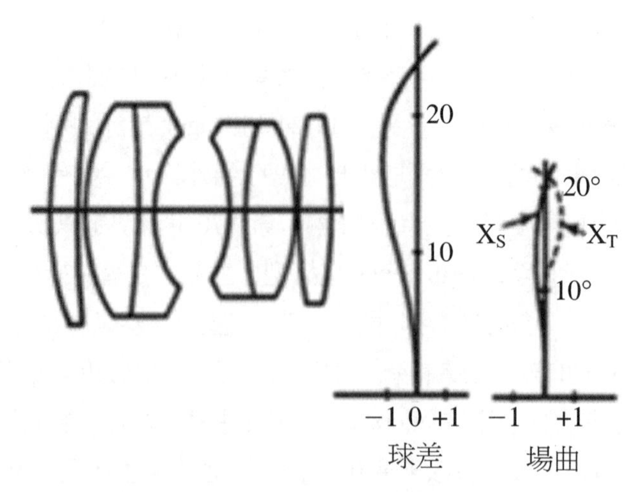

圖 14-26　雙重高斯（Biotar）

圖 14-27　Sonnar 類型

1. 根據孔徑和覆蓋場角的考慮，要選擇適當的端點長度。就此新近技術是有用的。通常這長度用玻璃幾乎被填裝，因為第一和最後空隙最小，並且邊緣中央含氟玻璃之清除間經常小。美國專利 2532751 建議經驗法則為狹窄的場（較少比.10.度），二半月型雙合鏡組鏡的總厚度加上中央空隙，數值的 0.6～0.7 倍焦距；為適度場（在.10.度和 20.度之間），0.5F/#＝0.5 對 0.6F/#＝0.6；為場角比 20 度大，0.4F/#＝0 的數值對 0.5F/#＝0。
2. 選擇玻璃型。冠通常是高折射率鋇或鑭冠玻璃。含氟玻璃通常是低於 1%以下折射率，雖然高折射率含氟玻璃並不少。在 V 上的區別：數值可能使用塑造膠合的表面；通常表面 4 對光欄使用凹面和 6 對光欄使用凸面。
3. 做一種概略的初階設計厚度和曲率。新近技術是一個有用指南。用途 R5 和 R6 調整 Petzval 總和和變化 R4 和 R7 改正軸向和側向顏色，可如期望。
4. 使用三階表面貢獻影響一種解答為期望像差值 1。這可能由企圖處理各個組件的貢獻，若改變它的形狀，找出解答的區域，和應用一有差別的修正技術。
5. 三角檢查和以差別修正結束主要設計階段。

6. 注意有許多未使用的自由度餘留。聚焦率分配從前支援元件和曲率的分配之間裡面和外部冠冕玻璃，也許在相當寬廣的極限內有系統化變化。玻璃和厚度選擇是依據修正。這些將有一個作用在殘餘和高次像差。
7. 用以下原則評估系統也許是有用的：
   (1)斜向球差（特徵是這些透鏡和導致球狀隨斜變化，即作為 y3h2）的五階像差通常麻煩，因軸經過校正，可減少影像對比。這來自為上部外緣在表面五大入射角光線和下部外緣第六表面光線。以下方法，可以有效減少球差：以減少其他像差 （犧牲修正），增加中央空隙或允許環繞光欄光線的在這些表面，被系統強烈彎曲，使光能更加同心的通過，或將在它們雙合鏡組的厚度於強迫一種彎曲的配置（和並且增加帶狀球狀），並且傾向於減少斜率球狀，使膠合的表面更加緊密。光暈經常被用於減少正切斜率球狀，但子午方向斜率球狀無法被光暈除去。
   (2)表面 7 的縱向位置可能被使用控制球色差。一個在右邊轉移將減少藍色光相對紅燈的球狀過校正。
   (3)如果折射率區別橫跨膠合的表面小，R4 的調整和R7 為色彩修正，但在單色像差將有一個相關小作用。
   (4)用光膠塗的厚度雙合鏡組（特別是前線的）可產生強的球差作用。增加厚度導致未校正，反之亦然。這種敏感性是厚實半月型系統的一個共同的特徵，雖然它使製造困難，但作為設計工具很有用。

以上第 1 到 3 步驟可能利用在開始雙重高斯設計進行，步驟 4，5，並且 6 可能由一個自動設計程式恰好處理。Biotar 格式的共同的闡述包括配置外面元件入雙合鏡組或三透鏡鏡組或轉換半月型雙合鏡組鏡成三透鏡鏡組。外面元件通常將一鏡片分為二鏡片（在轉移一些曲率以後從內在冠冕玻璃），是為了增加光感率。

一些有效的設計是將膠合的表面接觸分開，特別是在前面半月型。設計者也許在半月型雙合鏡組鏡加倍。在例外情況所有 Biotar 的元件可被複製，導致一個 12 元件設計與二前面單鏡組、二前面內在雙合鏡組、二後方內在雙合鏡組，和二後方單鏡組。其他有趣的變數（原則是在任一個設計有足夠大空間）都能將低或零曲率雙合鏡組插入中心區。這雙合鏡組玻璃被選擇有同樣或幾乎同樣折射率和V數值，但在部分色散顯著不同作用。以低曲率和匹配的折射率和V數值，但是具有大部分色散值，對多數像差的作用是微不足道的，但這樣的安排，透鏡的二次光譜可被減少。對於折射率高的火石玻璃元件，都可以達到這個目的。依照以上說明，雙重高斯（Biotar）是一個非常有用和應用廣的設計形式。它是多數正常焦距 35mm 攝像機所用鏡頭和極端高性能透鏡也能使用。它被做成寬角度透鏡或可被修改，以光感率超出 f/1.0 在相關的設施使用。雙重高斯設計有很多例子。

14.3.2 有空氣間隔的抗象散鏡

這些鏡組是運用在正面和負組件之間一大間隔以改正 Petzval 總和的系統。雖然它在歷史上幾個事例是不正確的，從設計立場它是有用的，觀看這些從Cooke三透鏡鏡組作為推導的實例。

Tessar（從半月型類型透鏡實際上獲得）也許被認為三透鏡鏡組以合成後方正面元件；Tessar 的經典形式。若無法獲得的玻璃型，也可簡單地自由利用合併二塊的玻璃配置取得；運用膠合介面的折射特徵表面，可強烈影響並控制上部外緣光線的路線。Tessar 的公式，或者依照前所顯示，或與反轉雙合鏡組，甚至以前面元件被配置，在那Cooke三透鏡鏡組之外，一點功能必需被運用。反轉雙合鏡組形式通常比罕見的高折射率稀土玻璃有更好用，如圖 14-28。

圖 14-29 是 Tessar 設計另外的例子。一個配置的進一步例子基本的三透鏡鏡組的元件如 Pentac（或 Heliar）類型，簡單地是 Tessar 原則的一個對稱延伸。

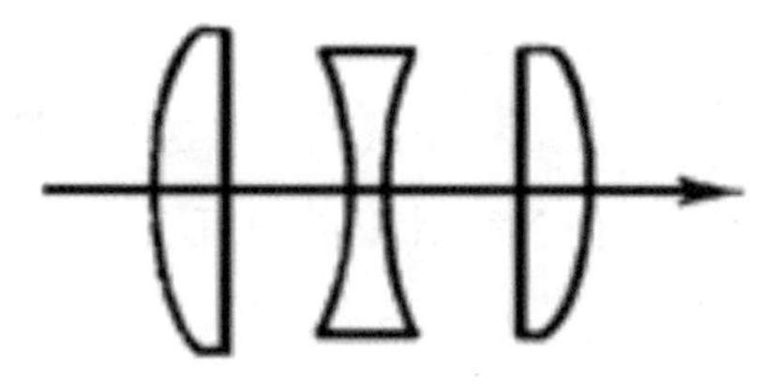

圖 14-28　Cooke 三透鏡鏡組

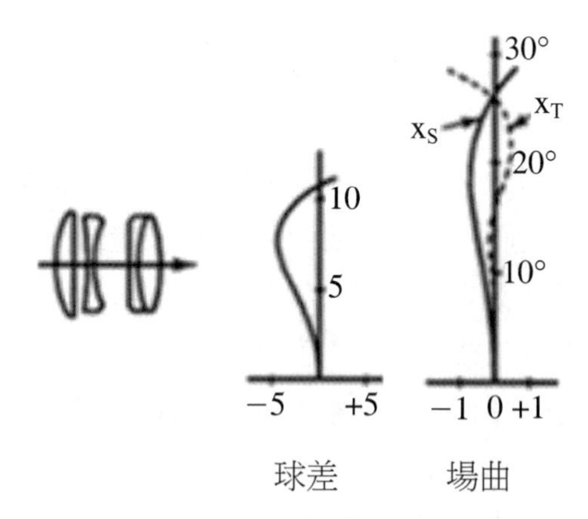

圖 14-29　Tessar主軸光（美國專利 1588073-1922）。構型和像差資料為一個焦距的 100

14.3.3 三階球差

Heliar設計被顯示在圖 14-30。在 Hektor（圖 14-31），三雙合元件被組成，並且光感率可能被上升對 f/1.9 場角-20 度；Hektor 負組件的膠合表面便是這樣表面例子。這是因為大彎曲的，膠合的鏡組，各表面依序排列，使得入射角迅速地增加往透鏡的邊際。這樣表面在軸附近對光線貢獻普通的相當數量未校正球狀，因為折射率因橫跨介面的改變不是大的。當入射角增加時（也許接近 45°），由於 Snell 的合理非線形性，球狀像差貢獻更加迅速地上升，並且未校正的作用控制少量的區域。結果顯示不僅負三和正面五階像差的球狀像差曲線，僅規模可觀的相當數量負面鏡第七階。球狀像差被顯示在圖 14-31 是這個技術一個相當極端例子。這是必須明顯需使用謹慎的方法，因為很多個高階像差可以精準的消除。這樣表面最好設置在光欄附近使它的對斜邊的作用減到最小差距對更低的外緣光線；否則，軸光線截住曲線也許趨向不對稱。雙合鏡組由一個正面冠冕玻璃及一個更高的折射率負火石玻璃組成。這樣雙合鏡組的在內彎曲的 Petzval 比那唯一透鏡元件貢獻較少。因為雙合鏡組可以部分消色差，因此，未校正色差比單鏡組較少。因為 Petzval 場曲與 n 成正比，以一個高折射率和高 V數值的組件，配置這些元件導致與一單鏡組是有同樣效果的（對於正雙合鏡組這是可靠；當然，反相負雙合鏡組是真實的）。幾乎雙合鏡組使用在消像散的例子比火石折射率玻璃多，這是一「新消色差」以高級冠冕折射率玻璃，而產生收斂的膠合表面。這構型傾向於上述「Mert3e」型，對高次球差的作用，但作為「老抗色差」雙合鏡組，膠合的表面分為二技術並不能改正三階球差。

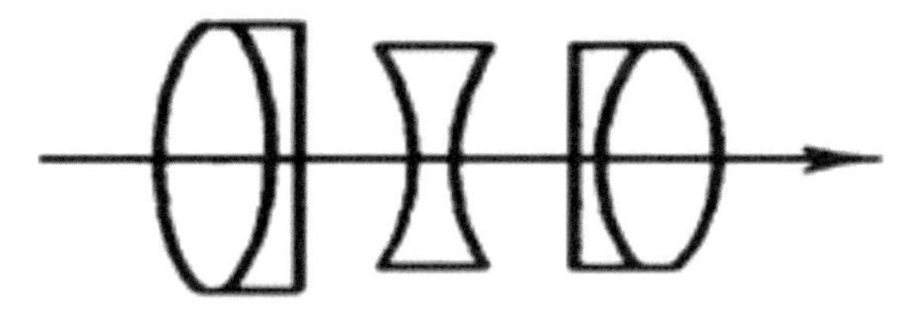

圖 14-30　Pentac-Heliar 抗色差鏡

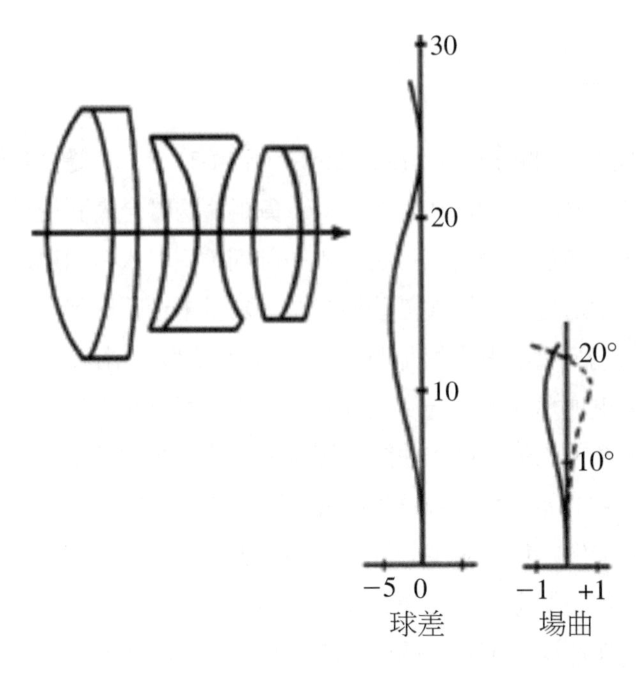

圖 14-31　Hektor 抗色差鏡（德國專利：526308）

其他減少殘餘像差基本的技術，是將一鏡片分為二鏡片各自的元件成二個（或更多）元件。一個唯一冠冕玻璃元件作為等效曲率二元件透鏡有大約五次一樣未校正球狀和孔徑當兩個元件是形狀為最小球差型狀。因而，將一鏡片分為二鏡片允許系統的其他元件的貢獻減少，造成在對應的高次像差減少。三透鏡鏡組的冠冕玻璃元件通常將一鏡片分為二鏡片可以達到更大的孔徑期望值，圖 14-32 和 14-33 是這個技術例子。因為它要求相當長的系統和快門速度（speca），這樣有覆蓋面的大角度系統通常非常普通。但是，由配置將一鏡片分為二鏡片元件，可獲得這些形式孔徑和場的優質組合。將一鏡片分為二鏡片前面冠冕玻璃分開比後方鏡組通常更有益，因為像散在將一鏡片分為二鏡片前面型，場的邊緣更好被控制，並且半月型形狀有利的為 Petzval 場曲度。雖然不常遇到，元件將一鏡片分為二鏡片，可能並且在場覆蓋面延伸的是一定程度有效。另外在將一鏡片分為二的變形鏡片冠三透鏡鏡組是常有的如美國專利 2310502、1998704、2012822 及 3024697。

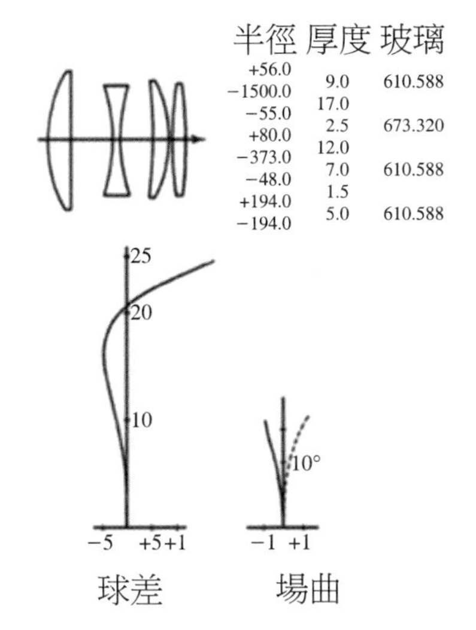

圖 14-32　冠冕玻璃四面鏡（後分為二）（美國專利 1540752）

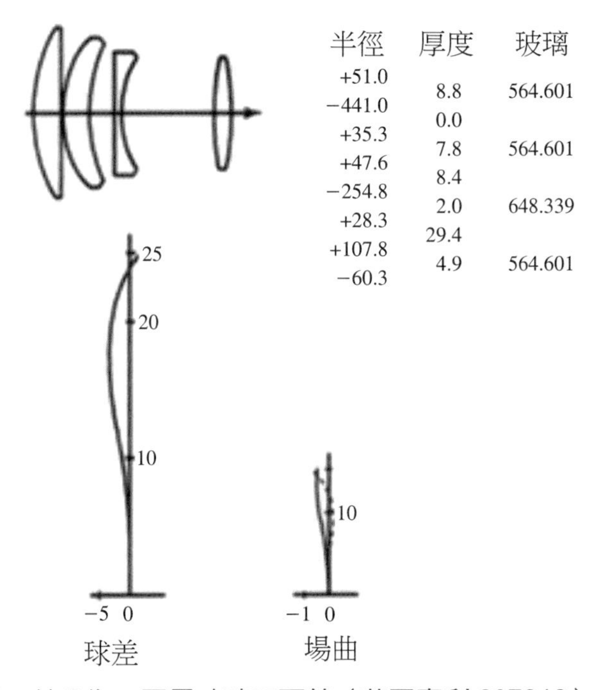

圖 14-33　前分為二冠冕玻璃三面鏡（英國專利 237212）焦長 100

將一鏡片分為二鏡片火石三透鏡鏡組（圖 14-34）應該真正地被認為厚實半月型系統與空氣透鏡分離各個一半冠和火石；這是依照歷史發展的次序而來。這個形式像將一鏡片分為二鏡片冠類型不是特別地減少帶狀球差，但一些最優質的通用攝影主軸光鏡頭（即f/4.5Dogmar和Aviar透鏡）就是這構型。這個設計一般對稱提供一寬角，如圖 14-34 的 Dogmar 消像散鏡（美國專利 1,108,307-1914）；焦距 100。覆蓋面比將一鏡片分為二鏡片冠類型，雖然和在多數「三鏡組衍生型」形式，定義覆蓋面極限經常尖銳並且影像品質傾向於迅速的掉下在像變結點之外。（最後的評論是冠火石間距小的較不真實的系統，因為這些型是離半月型透鏡較近比對三透鏡鏡組。）

圖 14-34 是 Dogmar 的例子之一。根據這個型式可設計出許多優質處理和擴大的透鏡。這型處理透鏡使用異常的部分色散玻璃做為了改正或減少二次光譜。這樣透鏡通常有信件「apo」在標示表示消色差或半消色差修正。透鏡為關閉共軛點，譬如放大鏡透鏡，是經常有空氣間隔抗象散。主要不同照相機主軸光是這鏡組被設計為低放大比率，而不是為無限物件距離。多數照相機主軸光維護鏡組的校正下來對物件距離到乘以鏡組的焦距 25 倍，並且一些做很好在更短的距離。放大鏡，無論如何，通常被使用在放大接近一個單位，並且擴大的透鏡通常被設計在共軛比率 3、4 或 5。近似對稱的透鏡（譬如 Dogmar）是一個好的放大鏡透鏡。

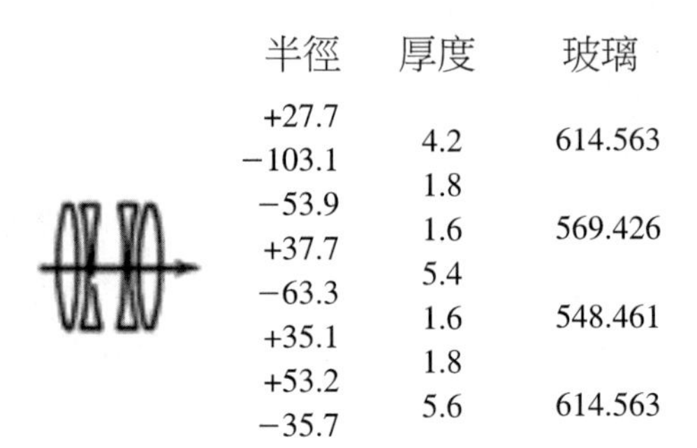

半徑	厚度	玻璃
+27.7		
	4.2	614.563
−103.1		
	1.8	
−53.9		
	1.6	569.426
+37.7		
	5.4	
−63.3		
	1.6	548.461
+35.1		
	1.8	
+53.2		
	5.6	614.563
−35.7		

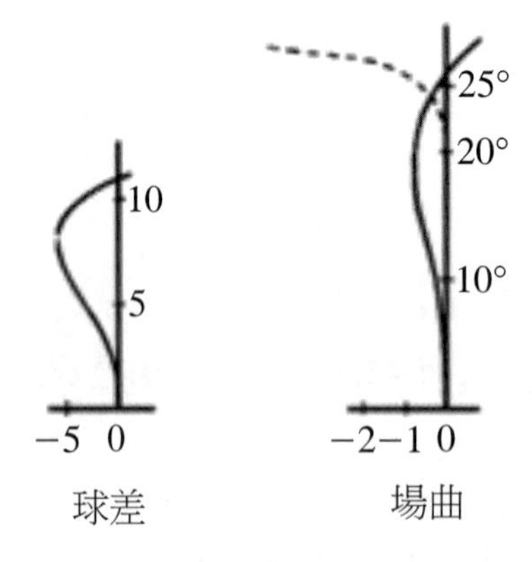

圖 14-34　Dogmar 抗相變鏡

因為它對物件影像距離變動是較不敏感的。近似對稱構型配置的三透鏡鏡組，並且改良型Tessar被廣泛應用是由於它的覆蓋面和相對地簡單和較經濟構型的大的場角鏡組。

14.3.4 Petzval 透鏡

原始的Petzval成像透鏡（圖 14-35）是一個相對關閉被結合的系統包括二消色之雙合鏡組，後一組雙合鏡組中間是有較大空隙尺寸的。通常能提供的場角為 f/3 的快門光感率。現代版本經常指Petzval投影透鏡，由於它的廣泛應用作為電影投射鏡頭，並且兩雙合鏡組有大的空隙（幾乎等於它的焦距），並且可以涵蓋 0.5 到 10°的場角，且可達到 f/1.6（圖 14-36），因它對軸上校正極佳，並且為它的強的場曲，因在後方有一場鏡雙合鏡組被引進，使得過校正的像差被修正。

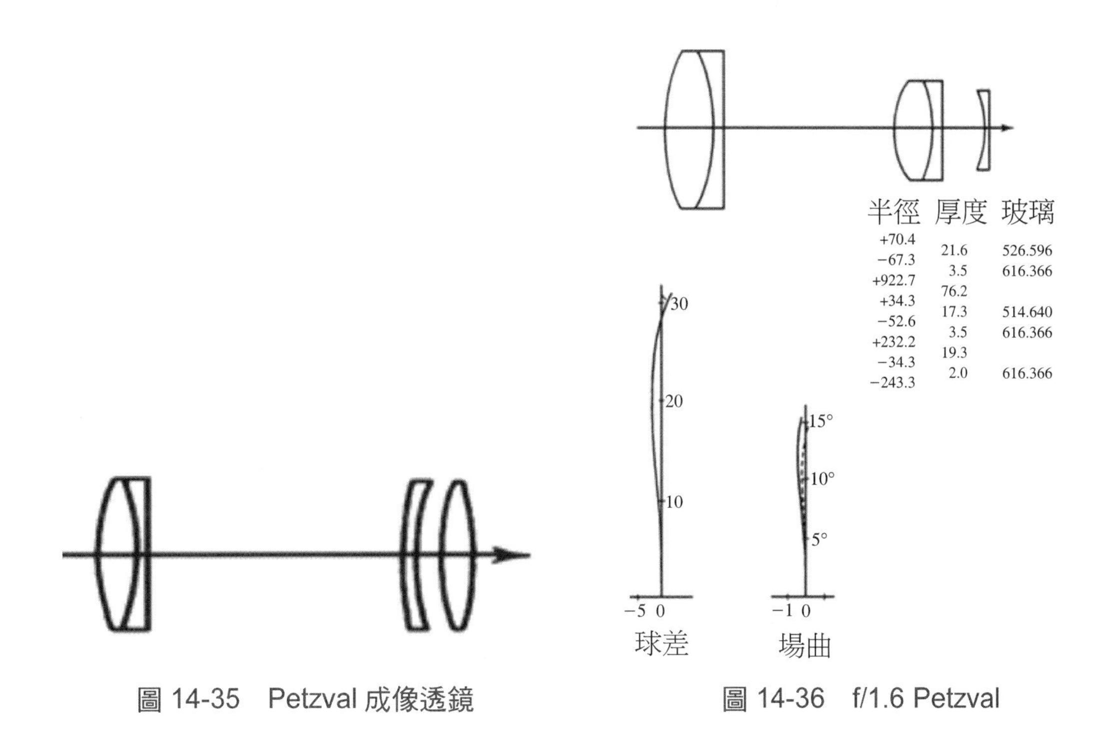

半徑	厚度	玻璃
+70.4	21.6	526.596
−67.3	3.5	616.366
+922.7	76.2	
+34.3	17.3	514.640
−52.6	3.5	616.366
+232.2	19.3	
−34.3	2.0	616.366
−243.3		

圖 14-35　Petzval 成像透鏡　　　圖 14-36　f/1.6 Petzval

可用一種典型的公式表示：薄透鏡間距與焦距相等，前面雙合鏡組具二倍系統的焦距，和後方雙合鏡組的焦距和系統焦距相近。因而，（薄透鏡）後面雙合鏡組焦點是一半焦距，並且前面雙合鏡組的端點到焦點平面距離是大約 1.5 倍焦距。如果空隙變短，它也許是必要的空隙及增加在後方雙合鏡組折射率差值，以保持對像散的校正。Petzval 投影透鏡，NA0.25 顯微鏡主軸光。Petzval 投影透鏡構型具有低球色差、低次要光譜，和一個相對地小帶狀球差。在內彎曲的 Petzval 表面可使用一個負「場平坦組」元件在焦點平面上改正，如圖 14-37。

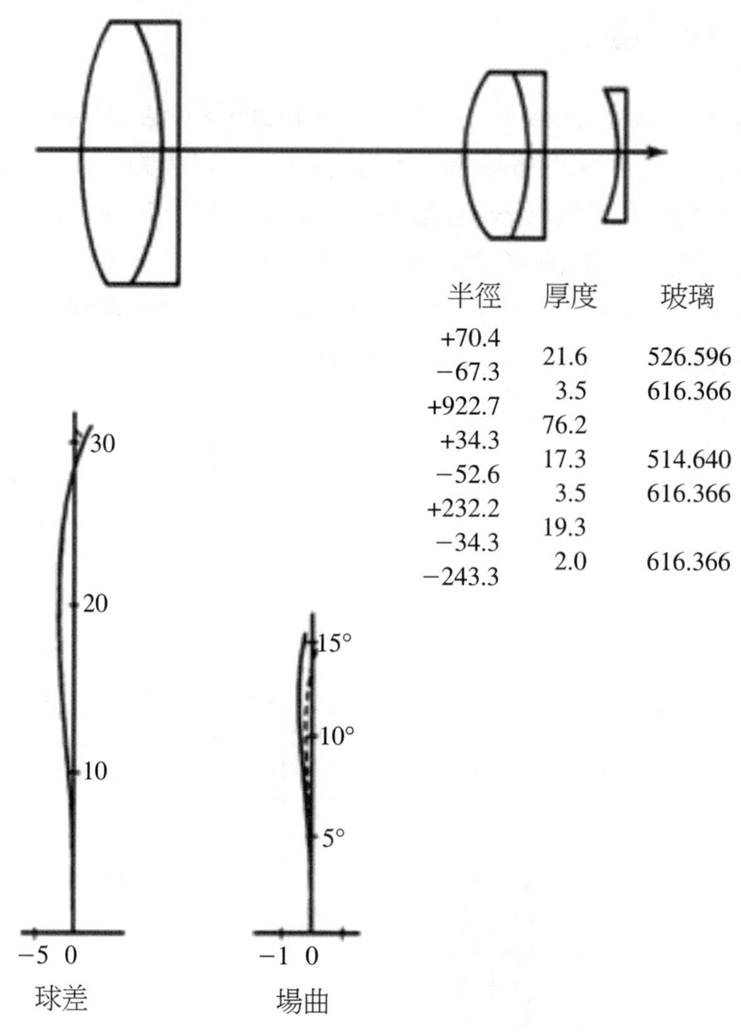

圖 14-37　Pezval 附場鏡之投影鏡組（美國專利 2076190）

在此曲率貢獻元件的 yϕ降低，但恰好 Petzval 場曲被平化，可以因這一小的視場角理想定義透鏡平化。缺點是元件在影像平面附近，落塵容易附著在外表面上，在影像面有雜物。因為，平場鏡組是由火石玻璃製成，幫助色彩像差的修正。使用在 Petzval 透鏡玻璃通常是一塊普通的冠冕和高密度的火石玻璃。偶爾使用高折射率玻璃，或將一或兩雙合鏡組是將元件膠合分開類型。有趣的變異在場平化元件 Petzval 被顯示在圖 14-38，後方負元件承擔二個責任，其一為作為後方火石和其二為場平化元件。

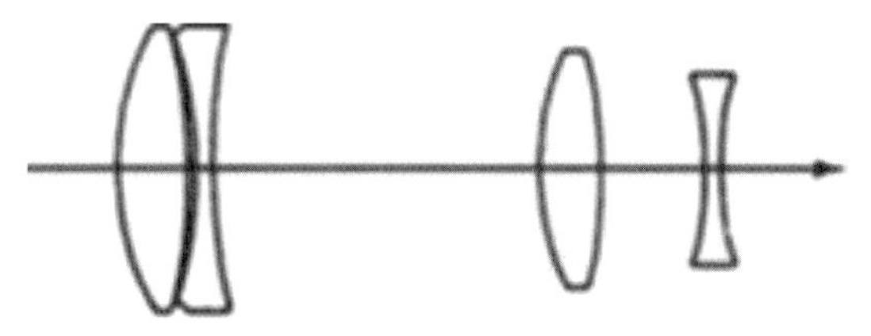

圖 14-38　f/1.3Petzval 透鏡以 SF 和 BK 二鏡之空間可以減少場曲

在前面雙合鏡組將元件膠合分開是必要改正像差。這個透鏡以及 y4h 類型的五階像差有一個傾向，是前面雙合鏡組空氣間隙被引進會增加帶狀球差。其他設計類型也有這個像差，當一個強的負「空氣透鏡」被使用，以改正球差。在這個透鏡裡被使用玻璃是密集的鋇冠（SK4）和密度高的含氟玻璃（SF1）。已有小帶狀球差 Petzval 透鏡可引進被半月型元件，或將一鏡片分為二鏡片後方雙合鏡組入二雙合鏡組和表示在圖 14-39 或入中央空隙，可以減少更多，如圖 14-40。

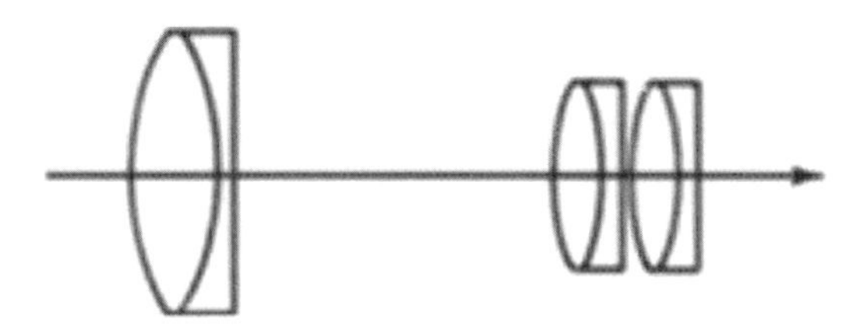

圖 14-39　f/1.3Petzval 透鏡以二後方雙合鏡組減少帶狀球差。美國專利 2158202（1939）

圖 14-40　f/1.6 附場鏡 Petzval 透鏡，後鏡組有空隙。

一修正型 Petzval 由將一鏡片分為二鏡片，達到了 f/1.0 的光感率（以幾乎球狀影像表面）的一可伸縮部分各元件分開為幾個冠冕玻璃元件有曲率的平凸元件。其他修正型是利用曲率較大的半月型前面校正片減少帶狀球差，或厚實的後方同心半月型元件改以改善場角，可使用 f/1.4 投影透鏡為 16mm 的二個最近設計，如圖 14-41。另外的變異在 Petzval 題材可參考美國專利 3255664，2649021，德國專利 607631。

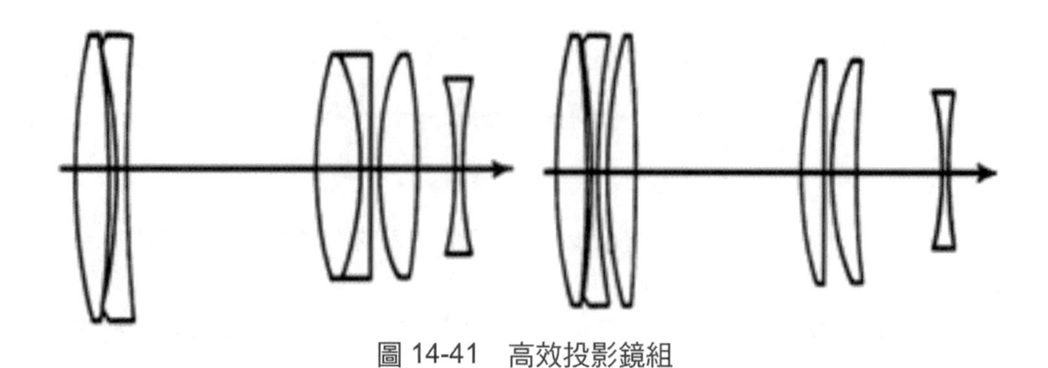

圖 14-41　高效投影鏡組

14.3.5 遠攝鏡頭

遠攝鏡頭定義：從前鏡組端點到成像面的長度比焦距少的透鏡。望遠比率是端點長度除以焦距；一個透鏡和比率較少一個透鏡合成為遠攝鏡頭。這由一個前方正組件和後方負組件以一個間隙相隔。幾個遠攝鏡頭的形式，畸變修正由將一鏡片分為二鏡片通常達到後方組件。望鏡組和反向遠攝鏡頭的一個共同的困難是，當望遠比率極大時，將會有強的過校正 Petzval 總和和一個落後場曲。如圖 14-42 顯示一個典型的遠攝鏡頭設計。

圖14-39 f/1.3Petzval 透鏡以二後方雙合鏡組減少帶狀球差（美國專利 2158202-1939）。

14.3.6 反向聚焦（逆望遠）透鏡

如圖 14-43，相反次序望鏡組的透鏡光焦度的安排，有效的焦距比後面焦距長。當稜鏡或鏡子是必要時，這是一個在透鏡和影像平面之間有用的形式；它允許短焦距投影透鏡加入焦長效長聚光器透鏡；因為入瞳位置常和影像平面相隔較遠。最初的結構是：前面是一強的負抗色差鏡，和一個修改後標準物鏡合成。這個後鏡組可以是 Biotars、三透鏡鏡組和 Petzval 鏡組。它通常是必要將對後方鏡組一鏡片分為二鏡片負抗色差鏡組和凹面彎曲以達到像差修正。以一個半月型負前面元件，以極端形式（「觀宇鏡組」或「魚眼睛」透鏡）覆蓋面可以超出 90°。明顯為了影像 180°或更多在一部有限大小的平的影片，引進畸變是難免的。

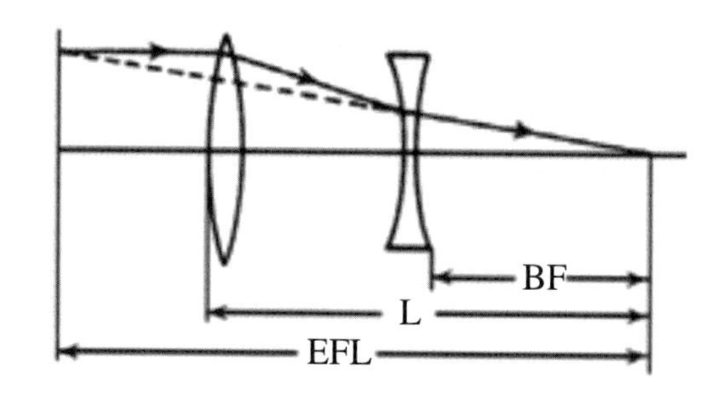

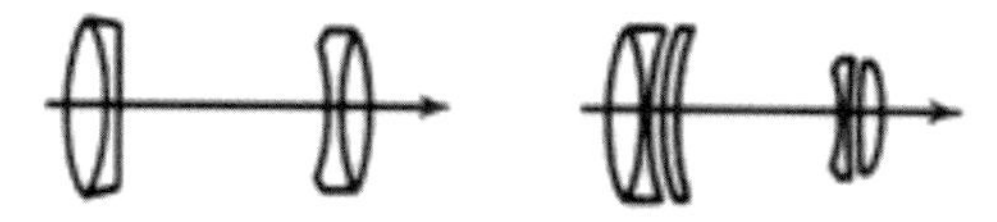

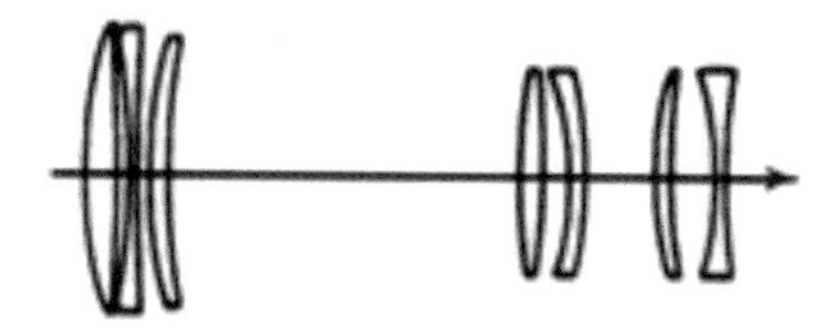

圖 14-42　望遠鏡組

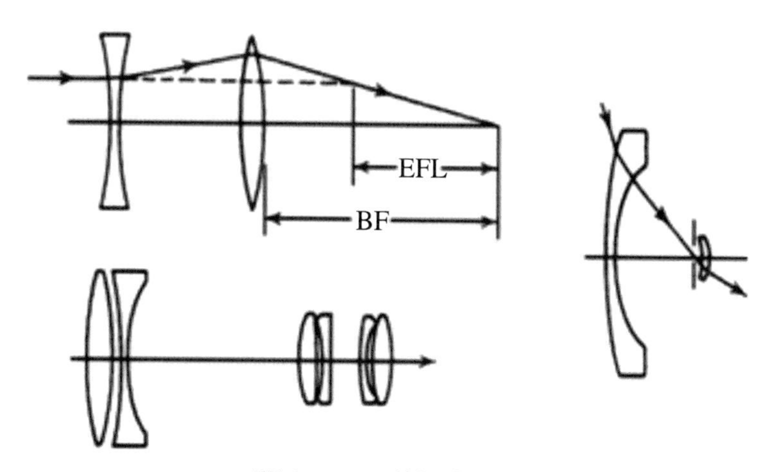

圖 14-43　逆望遠鏡組

逆望遠透鏡單眼照相機（SLR 單一透鏡反射 35mm 照相機）要求一個長的後焦，有一較寬的觀測器可以置入，並且將獨立鏡子可以在曝光時被轉動而沒有障礙。所有短焦點，寬角度 SLR 透鏡都是這型。逆望遠轉變成了一個非常強有力的設計形式因本身之曲率和可能不再把視為一個標準攝像機鏡頭與一個前負透鏡組所組成。終究，因為前面負組件可更多改正 Petzval 曲率，因過修正，鏡組已經場曲被鋪平的標準設計類型。圖 14-43 示一逆望遠和一個「魚眼睛」透鏡。如果你檢查光路徑，負焦元件要減少涵蓋角必須有正焦元件。這個想法是許多的依據寬角度攝像機鏡頭；這型包括前面正焦組件，被後面半月型負焦元件圍攏。Angulon 和幾個其他設計都是這型。如美國專利 2721499。

14.3.7 外加式無限聚焦鏡組

這些鏡組通常採用伽利略或反向伽利略望遠鏡的形式，如圖 14-44。「第一面」透鏡的焦距以望遠鏡附件的放大率相乘。視角限制望遠類型的光焦率到大約 1.5 倍，但寬角度類型附件是有用的到大約 0.5 倍。當然，這樣系統使用前鏡組的外在光欄的設計（特別是在更加簡單的構型，並且通常要求相當地調整光欄以達到令人滿意的成像）。一個無限聚焦附件，任一個光學系統可能增加或改變它的焦距或場或放大率。想法很明確，以便無限聚焦鏡組使用準直光在最可適用於有距離的物件或影像上。若非準直應用，就如 Bravais 系統（參 15.5 節）可發揮同樣作用。

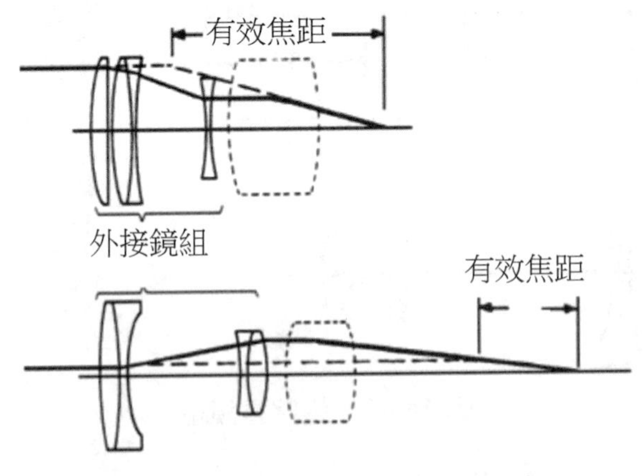

圖 14-44　可用無限聚焦套具可變焦長

14.4 聚光器系統

聚光器在投射系是相當類似於在望遠鏡或輻射計場鏡，如圖 14-45。

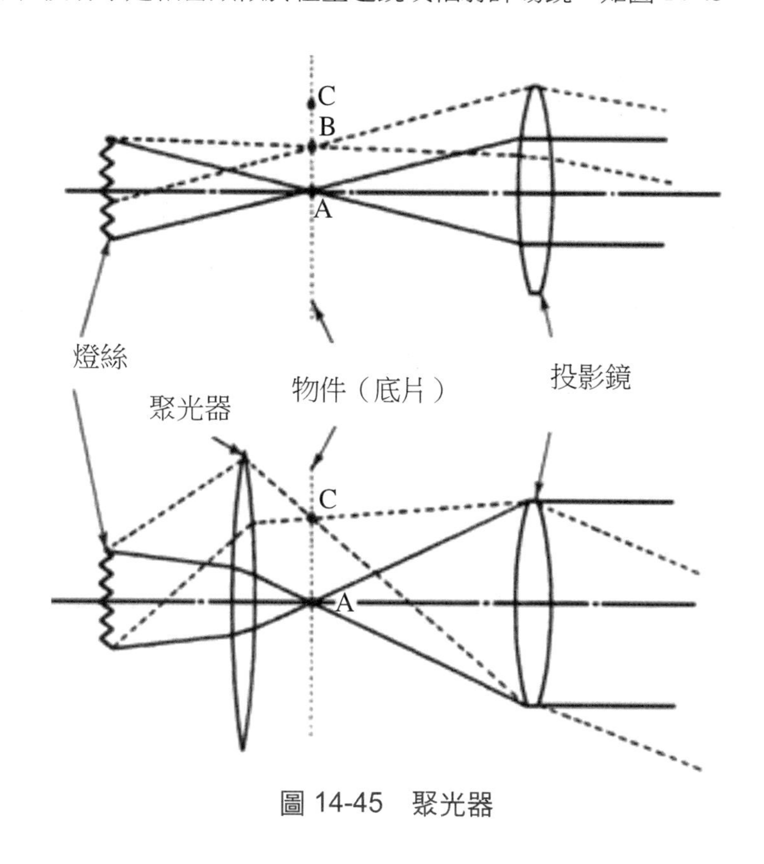

圖 14-45　聚光器

圖 14-45 顯示，投射系統中並不需要一臺聚光器。在此，軸向目標點 A，只有關於一半透鏡區域可能被使用，為了點 B 唯一透鏡的一個更小的分數被運用，結果光從燈通過，而通過後無法通過投影透鏡 C。在投影器照明的影像不是一樣高的像，它也許須從軸迅速地不下降。這可能被移動緩和有些燈離影片較近。但是，燈絲外形通常是不能直接被投射的，在外導致在影像上照明可厭惡的無法消除的非均勻化。「Koehler」投射聚光器如圖 14-45 顯示。影像燈燈絲直接地入投影透鏡的孔徑。如果影像大小相等與（或大於）透鏡孔徑大小，照明被優化，並且聚光器有足夠的直徑，照明在充分的影像場是盡可能一致的。一臺理想的聚光器的要求如下：燈絲的影像必須完全地通過一個小針孔被安置填裝投影透鏡孔徑在視場（即在影片平面）任何地方。

首要關心的在聚光器系統像差通常是球差和色彩像差；像差、場曲度、像變和畸變在普通的系統是次要的。圖 14-46 是聚光器球是狀像差放大。由聚光器的區域形成的燈絲影像完全地錯過透鏡孔徑投影，造成一明顯照明落在場角的邊緣。這個情況能被減少，緩和聚光器焦長以便少量的光線焦點在透鏡上；但是，這可能導致困難的案件；因為在場至少一些帶狀光線一個黑暗的帶狀圓環將錯過孔徑。色像差的相似作用；特別引人注目在場界限，除了光譜的一個結尾（紅色或藍色），也許錯過孔徑，導致一個參差不齊色視角。

除了在特別的例子（即一些顯微鏡聚光器）對一個能忍受顏色作用可維持的沒有抗色差元件；而由一鏡片分為二鏡片聚光器入近似地相等的曲率的二個或三個元件和曲率，控制各元件往「極小的球狀」形狀而得，在圖 14-47(a)和(b)。非球面表面和在圖 14-47(c)非球面經常在一個被鑄造的元件簡單的物面當中一個，減少球狀像差，並且被鑄造的表面可能足夠精確，以符合聚光器系統的要求。

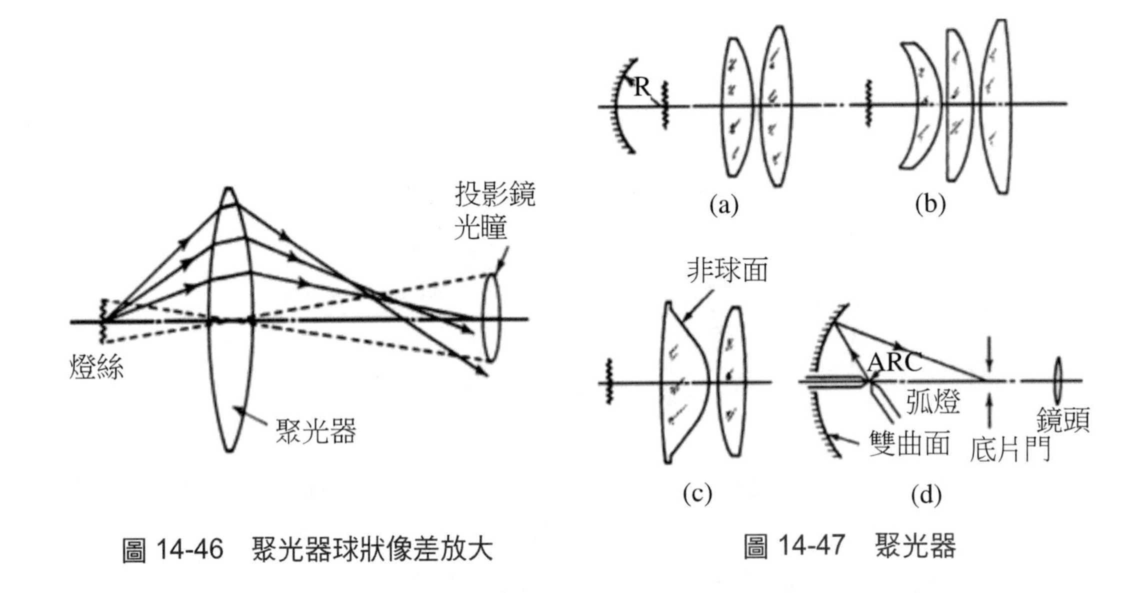

圖 14-46　聚光器球狀像差放大

圖 14-47　聚光器

當光源是均勻明亮的，可能直接成像在影像快門。在弧燈電影放映機裡，一個橢球面鏡可作為依充分的照明反射鏡，從投影透鏡孔徑底部通過影像快門的上面，必須夠大以接受光線的圖 14-47(d)，正如 Koehler 聚光器。橢球面鏡的使用是當弧是在橢圓的一焦點，並且影像成像在其他地方，因此它沒有球狀像差，因橢圓球面有實質會差，然而，離軸影像通過鏡子的邊際已離開，也可由第一階光學計算得知。

一些投影燈合併一臺反射器在起作用相似的玻璃電燈泡裡面，當橢面鏡 14.47(d)這允許系統推擠到極小，並使用小而低瓦數燈燈絲產生高效率光源。鏡子在這類型投影燈經常雕琢平面；這允許由反射器各個區域產生放大一些的控制和允許光反射，且調整為了提供在影像快門的最理想方向照明。

其他構型是一盞光源和平面，和更大的反射器鑄造在一起的。燈絲是位置緊挨反射器的焦點，和在投影透鏡孔徑聚光器影像整個反射器，是一種等效的Koehler配置，可將整個反射器作為光源。

多數聚光的系統依序說明。可能在光源之後加一臺球狀反射器的附件作為改進，在圖 14-47(a)。如果光源是在曲率的中心，鏡像光源在本身，有效增加它的平均亮光。與相對開放構型的燈絲，譬如V形狀，或二平行的卷材，在照明的增量也許接近反射器的反射性，即 80～90%。獲取是較少在一個緊緊包裝的來源，但雙翼平面燈絲將獲取 5 或 10%，從一臺適當排列的反射器。如果投影透鏡孔徑只填裝燈絲影像部分，繞射作用與那些將不同與相關充分地有發光性孔徑。例如，如果唯一孔徑的中心被照明，這「半同調照明」起因 MTF 在低頻率被增加，和 MTF 在高頻率被減少。如果二盤繞燈絲是影像的在極端邊緣孔徑和中心無光以卷影像，不僅是 MTF 平衡在上流和低頻率之間被改變，但成像在一個子午線（即線取向）與其他不同，經常給一個矯正像散影像的印象。

14.5 反射系統

反射系統對光譜的非視覺影像區，如紫外和紅外區的優點，使反射光學的使用增加。主要原因是折射材料為這些譜線區很難得到適當的材料，另外原因，反射鏡組系統已運用在照明、能源產業等用途。由於折射材料對寬能譜及穿透率高的材料較小。第二，色差存在難以消除。反射鏡組則無以上的缺點：如鋁製反射鏡，可以使用在紅外線和紫外線波段，並且無色差。

圖 14-48 是同心系統，任一條線通過光欄的中心，因球狀反射鏡組曲率的中心光欄形成在一同心球狀焦平面的影像。

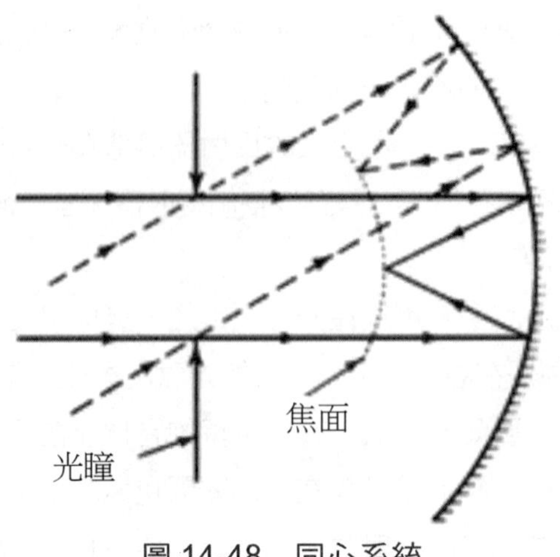

圖 14-48　同心系統

14.5.1 球面鏡

最簡單的反射的主軸光是球面鏡。球面鏡對遙遠的物件只有未校正球差，但球差只有等效玻璃透鏡 1/8 在「極小彎曲」球形是一個特別的系統，當孔徑光欄位於曲率中心，如圖 14-48，因為系統是同心，任一條線通過光欄的中心，因球狀反射鏡組曲率的中心光欄形成在一同心球狀焦平面的影像。影像在這個光欄位置認為光學軸，因而免於像差和像散。為任一個斜任角度光，影像品質是實際一致，並且唯一的像差是球狀像差。慧差和像散是零，並且影像表面是以焦距半徑為球形面，並與曲率的中心同心。利用三階表面貢獻方程式，估算球色差。在此

$$n = -n' = 10 \qquad \text{式 14.34}$$

在此

$$SC = \frac{y^2}{4R}\left[SC = \frac{(m-1)^2}{4R}y^2\right] \qquad \text{式 14.35}$$

y 是半孔徑，R 是半徑，並且 m 是放大率。第一式表示申一個無限物件距離應用，並且在弧度適用於有限共軛。

確定散光斑斑點 B 的極小的直徑，如下式

$$B = \frac{y^2}{4R^2}\left[B = \frac{(m-1)^2}{(m+1)4R^2}\right] \qquad \text{式 14.36}$$

這個表示可能被轉換成有角散光斑（在弧度）除以影像距離 l'（或焦距）得到

$$\beta = \frac{y^3}{4R^3}\left[\beta = \frac{(m-1)^3}{(m+1)4R^3}\right] \qquad \text{式 } 14.37$$

由的 f = R/2 和(f/#) = f/2y = R/4y = 相對孔徑或 NA = 2y/R，獲得以下方便表示為一個球面鏡的有角散光斑大小作為它的光感率功能（為無限距離物件）

$$\beta = \frac{1}{128(f/\#)^3} = \frac{0.00781}{(f/\#)^3} = \frac{NA^3}{16}\ \text{radians} \qquad \text{式 } 14.38$$

雖然這是確切只為三階球狀，表示是相當可靠的由 f/2 決定的光感率。在 f/1 確切的光線被追跡的值是 0.0091，在 f/0.75 它是大約 0.024，並且在 f/0.5 這是大約 0.13 弧度。

當光欄不是在曲率的中心，像差和像散是存在的，並且（為一個無限距離物件）三階貢獻是

$$CC^* = \frac{y^2(R-l_p)y_p}{2R^2} = \frac{(R-l_p)u_p}{32(f/\#)^2} \qquad \text{式 } 14.39$$

$$CC^* = \frac{y^2(R-l_p)y_p}{2R^2} = \frac{(R-l_p)u_p}{32(f/\#)^2} \qquad \text{式 } 14.40$$

$$CC^* = \frac{y^2(R-l_p)y_p}{2R^2} = \frac{(R-l_p)u_p}{32(f/\#)^2} \qquad \text{式 } 14.41$$

在此，是一半視場角度和 lp 是鏡子對光欄距離。注意當 lp 與 R 是相等的，CC*（子午方向的像差）並且 AC*（一半 S 和 T 場的分離）是零。為光欄的事例位元於鏡子，發現極小的有角的散光斑。

大小是

像差：

$$\beta = \frac{u_p}{16(f/\#)^2}\ \text{radians} \qquad \text{式 } 14.42$$

在妥協焦點

像散：

$$\beta = \frac{{u_p}^2}{2(f/\#)}\ \text{radians} \qquad \text{式 } 14.43$$

當與設計原理結合，以上等式，為一個球面鏡提供估計影像大小一個非常方便方式；(1)在曲率的中心像差和像散是零；(2)光欄的距離從曲率的中心，像差線性地變化

和像散二次方地變化。球狀、像差和像散散光斑角度的總和給一個球面鏡之點影像的有效的大小的一個公正的估計。

14.5.2 paraboloidal 反射器

因為反射的表面由圓錐形部分引起圓、拋物面、雙曲線和橢圓的自轉，產生二有價值的光學性質。首先，點物件位於一個焦點成像，而在另一焦點沒有球狀像差。物面自轉，如圖 14-49，描述了拋物面反射器當光欄是在焦點上，無像散。

$$x = \frac{x^2}{4f} \qquad \text{式 } 14.44$$

有一個焦點在 f 和其他的在無限遠，和是因遙遠而能形成軸向物件的完善的（繞射被限制）影像。第二個特徵是重合如果孔徑光欄是位在焦點的平面，那麼影像免於像散。

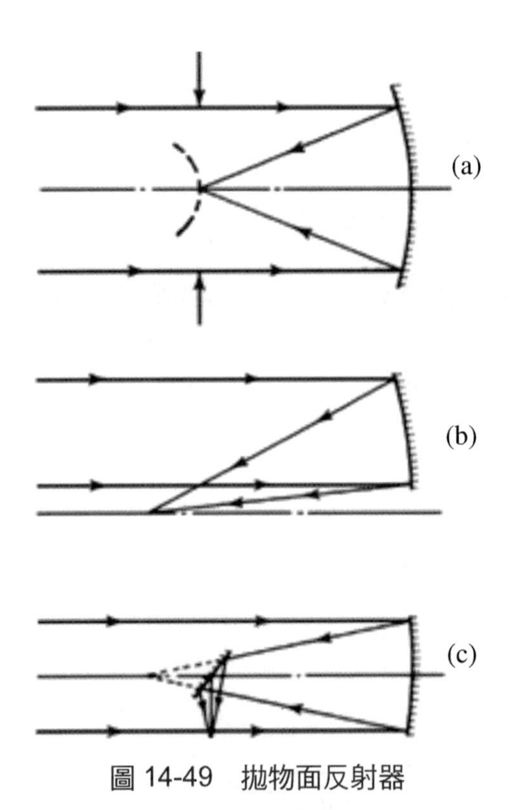

圖 14-49　拋物面反射器

但是，物面難免引進像差；它有像差和像散。因為它沒有球差，光欄的位置不改變相當數量像差，由上式相當數量像散因光欄位置修改。以上式在光欄位置鏡子像散；當光欄是在焦點平面，並且影像依照被顯示位於半徑 f 近似地球狀表面像散是零。圖 14-49(b)Herschel 使用 paraboloid 軸孔徑以保留焦點，而進入的光線外面。(c)牛頓式，是運用一 45 平反射器指向焦點對容易接近的點在望遠鏡的主要銳角之外。

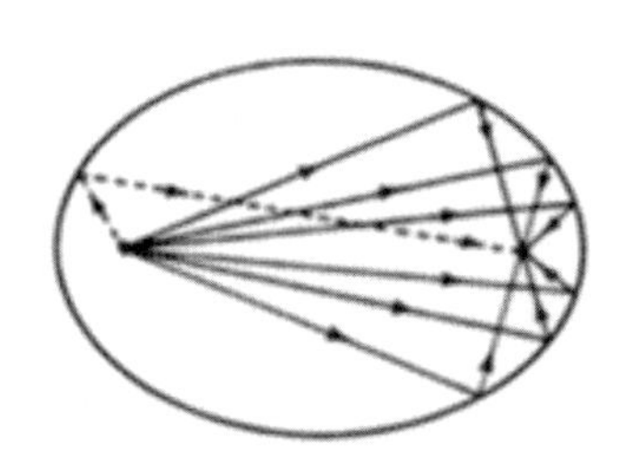

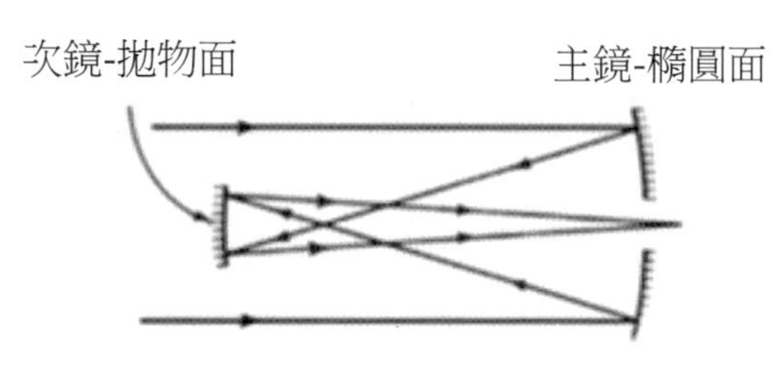

圖 14-50　點物件在 elliptical 反射器

一焦點的成像在另一焦點沒有球狀像差。古典格利高裏的望遠鏡使用 parabolic 主要鏡子和一省略次要以便影像免於球狀。

如圖 14-51，古典 Cassegrain 主軸光使用一個 par.abolic 主要鏡以 hyperboloid 次要鏡。當主要影像是在次要鏡子的焦點，最後的影像沒有球狀像差。如果表面的 osculating 的半徑是相等的，Petzval 場是平的。

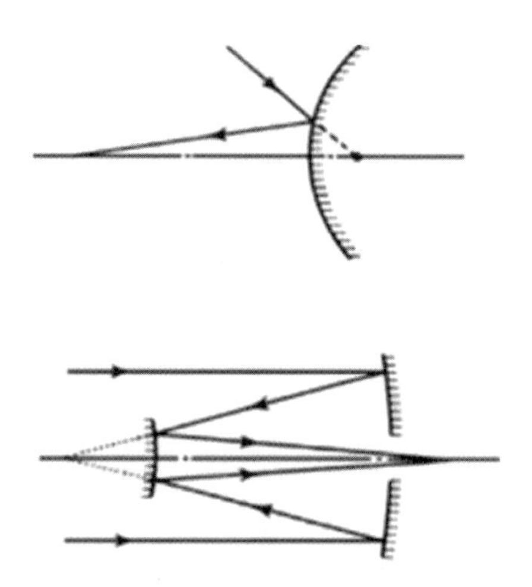

圖 14-51　光線指向 hyperbola 的一焦點被反射通過另一焦點

14.5.3 橢圓球面和雙曲球面

格利高裏和Cassegrain望遠鏡系統，這些圓錐面成像如圖 14-52 及 14-53。主要鏡子在它的焦點的物面的每個點都是無軸向影像像差。次要鏡子第一個焦點與物面的焦點相符。因而最後的影像位於次要鏡子的第二焦點和免於完全地球狀像差。拋物面、橢球和 hyperboloid 都有慧差和像散；影像只有在軸上無像差。

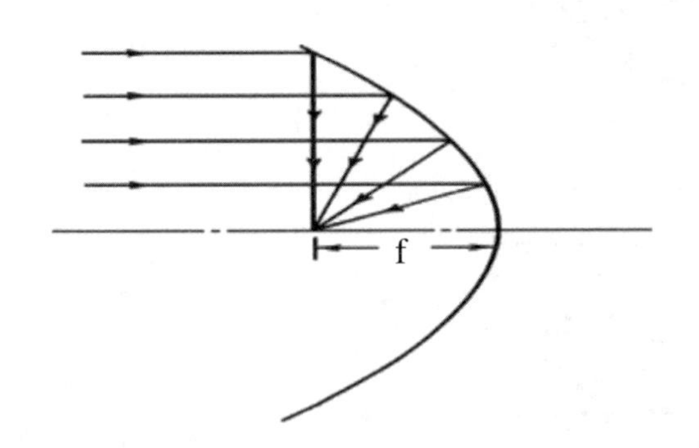

圖 14-52　平行光在拋物面鏡聚焦　　圖 14-53　Cassagrain 反射鏡組的檔光片

格利高裏或 Cassegrain 物鏡組系統幾乎任何任意自轉（在原因之內）主要鏡能被補償；次要鏡子可以找到轉上無球差的解。實際上，對於離軸成像差，設計師可以使用一個額外自由程度改進這些系統。

Ritchey-Chretien 物鏡組，在 Cassegrain 構型，使用這個額外自由程度，同時改正球狀和慧差。兩個鏡子是 hyperboloids。同樣想法，格利高裏或其他雙鏡面同樣配置也被應用。

三階像差表面作用方程式可能使用評估二鏡子系統的像差。不管配置，以下等式適用於任一個雙鏡面系統。主要和次要鏡子的曲率如下所列式子：

$$C_1 = \frac{(B - F)}{20DF}$$

$$C_2 = \frac{(B + D - F)}{20DB}$$

F 是組合的有效的焦距的，B 是後面焦點（即從#2 鏡子到焦點的距離），並且 D 是在鏡子之間空隙（D的標誌被採取，在這裡作為正面）。注意任一種配置可能由適當地選擇獲得F、B和D。Cassegrain 有一個正面焦距，格利高裏有一個負。兩個是有比 D 長的焦距。如果 B 比 D 長，則 Schwarzschild 有效配置。

如果，一個在無限物件和安置在主要鏡子光欄，三階像差總和，如以下式子：

$$\Sigma TSC = \frac{Y^3[F(B-F)^3 64D^3F^4K + B(F-D-B)(F+D-B)^2 - 64B^4D^3K^2]}{8D^3F^3}$$

$$\Sigma CC = \frac{HY^2[2F(B-F)^2 + (F-D-B)(F+D-B)(D-F-B) - 64B^3D^3K_2]}{8D^2F^3}$$

$$\Sigma TAC = \frac{H^2Y[4BF(B-F) + (F-D-B)(D-F-B)^2 - 64B^3D^3K_2]}{8BDF^3}$$

$$\Sigma TPC = \frac{H^2Y[DF-(B-F)^2]}{2BDF^2}$$

以上參數

Ｙ：系統的半孔徑

H，從鏡子的影像高度

B 距離#2 到影像的地方（即後面焦距）

F 系統焦距

D 間距（用途正號）

ΣTSC 橫向三階球狀像差總和

ΣCC 三階子午方向的像差總和

ΣTAC 橫向三階像散總和

ΣTPC 橫向 Petzval 曲度總和

並且為主要和次要鏡 K_1 和 K_2 是等效四階變形係數的地方。為一個圓錐形 K 係數等於圓錐形常數（kappa）8 乘表面半徑的立方。因而可表示為 $K=\kappa/8R^3$ 和 $\kappa=8KR^3$ 。

如果兩個鏡子獨立地被改正為球狀像差，得到古典 Cassegrain 或格利高裏，

$$K_1 = \frac{(F-B)^2}{64D^3F^3}$$

$$K_2 = \frac{(B+D-F)}{20B}$$

$$\Sigma TSC = 0$$

$$\Sigma CC = \frac{HY^2}{4F^2}$$

$$\Sigma TAC = \frac{H^2Y(D-F)}{20DF^3}$$

慧差是場（h）和 NA 的函數；B 和 D 並不是所有 Cassegrains 和 Gregorians 有同樣三階像差。

為 Ritchey-Chretien，能解決使 K_1 和 K_2 得到三階球狀和像差被改正，並且

$$K_1 = \frac{[BD^2 - (B - F)^3]}{64D^3F^3}$$

$$K_2 = \frac{2F(B - F)^2 + (F - D - B)(F + D - B)(D - F - B)}{64B^3D^3}$$

$$\Sigma TSC = 0$$

$$\Sigma CC = 0$$

$$\Sigma TAC = \frac{H^2Y(D - 2F)}{2BF^2}$$

Dall-Kirkham 系統有一球狀次要，並且所有 cor.rection 由非球面主要完成。因而

$$K_1 = \frac{F[(F - B)^3 + B(F - D - B)(F + D - B)]}{64D^3F^4}$$

$$K_2 = 0$$

$$\Sigma TSC = 0$$

$$\Sigma CC = \frac{HY^2[2F(B - F)^2 + (F - D - B)(F + D - B)(D - F - B)]}{8D^2F^3}$$

$$\Sigma TAC = \frac{H^2Y[4BF(B - F) + (F - D - B)(D - F - B)^2]}{8BDF^3}$$

有反向 Dall-Kirkham 有一主要球面和一次要非球面

$$K_1 = 0$$

$$K_2 = \frac{[F(B - F)^3 + B(F - D - B)(F + D - B)^2]}{64D^3F^4}$$

$$\Sigma TSC = 0$$

$$\Sigma CC = \frac{HY^2[2BD^2 + (B - F)^3]}{8BD^2F^2}$$

$$\Sigma TAC = \frac{H^2Y[(F - B)^3 + 4BD(D - F)]}{8B^3DF^2}$$

依照以上提到，這些完全是一般表示，能適用於任何和所有雙鏡面系統。它們當然被三階像差限制，但是卻由 f/2.5 或 f/3 決定光感率。你可能使用這些結果作為開始形式為更加快速或更加複雜的設計的發展，可併入一塊非球面校正片板材或三個鏡子達到其他像差的修正，如，像散。這些表示的結果做為設計高光感率系統極佳解起始值。

圓椎鏡也許看上去違犯影像照明的原則；但是可以物面以直徑更多比焦距兩倍製作，使得光感率f/0.25，的確將免於在軸球狀像差，但在折射系統最大可達到的孔徑，光感率 f/0.5。

這個明顯的矛盾可由圖 14-52 顯示是一 f/0.25 拋物面。注意焦距與 f 只在軸向區域是相等的，並且為少量的區域焦距是大的；為邊緣的區域拋物面的有效焦距如下：

$$F = f + x = f + \frac{Y^2}{4f} \qquad \text{式 } 14.45$$

拋物面是一個無平面像差的（無球差和慧差）系統。若為 f/0.25 拋物面邊緣的區域焦距是兩次那近軸區域並且放大是更相關的。因而，如果物件大小有限，影像由這個鏡子邊緣的區域形成像那些從軸向區域將是兩倍大的；這是普通的慧差（變數與放大的孔徑）。拋物面只確切地是因在軸而無像差。

影像照明原則的明顯的矛盾因而被解決，因為已經假設是無平面像差系統。從其他觀點，雖然拋物面，一個完善的影像形成無窮小的（幾何）點的，這樣點（是無窮小的）無法散發真正的相當數量能量；只要對任一個物件真正增維度大小，拋物面有場角，影像變成慧差化，並且影像的能量在一個有限散光斑斑點被分散。因而影像照明從最大值降低。

Cassegrain物鏡組系統（通常以修改過的形式）在應用上廣泛被使用，如圖 14-53 是由於它的微型化和影像第二反射鏡安置在主要鏡子之後，此容易接近的事實。但是在場角大時，會引進大量的雜散光造成影像對比降低，通常被使用內部擋板及外部管引伸的外「遮光罩」克服這個問題。

由於它們單軸的特點，在傳統的方法，非球面表面比普通的球狀表面更難製造。一個曲率大的拋物面也許比等效球形花費數量級更多；橢球和hyperboloids是困難的，並且非圓錐形非球面是更加困難。因而在指定非球面之前慎重考慮。一球狀系統經常幾乎在非球面費用的分數的。這是還真實的在幾個普通的球狀元件可能被購買，只花費適度大小的折射的系統的唯一非球面上。若在非常大型系統，非球面通常是一個熱門的選擇。這是因為大型系統（即天文學物鏡組）在最後的分析、手工製造，並且非球面，對光學工程師只增加一點的工作。

電腦控制單點鑽石加工機製造成為了製造非球面表面的一個實用技術。對於紅外光學，鑽石輪磨機技術的是可行的；對許多商務應用的非球面，譬如高級攝影光學，是特別可靠。極端穩定和精確機械工具（即車床、磨房），允許它們可能在足夠小光學系統以單點鑽石輪轉加工技術製作優質表面。一個鑽石輪磨機可被鑽石輪轉加工的材料數量不多。包括：鍺、矽、鋁、銅、鎳、鋅硫化物、硒化物，和塑膠。而玻璃和亞鐵金屬不包括在這裡。但是，玻璃模造允許到達了非球面技術，表面造型是能用在繞射極限系統的品質水準。例如，被鑄造的玻璃和塑膠非球面透鏡被做為CD的物鏡組主。精確模子在電腦控制的設備過程被製作，並且它們在某些情況下是鑽石被轉動製成的。

經過原點的圓錐曲線

可用以下公式表示：

$$y^2 - 2rx + px^2 = 0$$

$$x = \frac{-r \pm \sqrt{r^2 - py^2}}{p} = \frac{cy^2}{1 + \sqrt{r^2 - pc^2y^2}}$$

$$x = \frac{y^2}{2r} + \frac{py^4}{2^2 2!\, r^3} + \frac{1.3p^2y^6}{2^3 3!\, r^5} + \frac{1.3.5p^3y^8}{2^4 4!\, r^7} + \frac{1.3.5.7p^4y^{10}}{2^5 5!\, r^7}$$

r 是半徑（在軸）並且 c 是曲率（$c = 1/r$）。

橢圓 $p > 1$ 圓錐形常數 $kappa = p - 1$

圓 $p = 1$ 圓錐同心係數 $e = \sqrt{1 - p}$

橢圓 $1 > p > 0$

抛抛物面 $p = 0$

雙曲線 $p < 0$

距離到焦點：

$$\frac{-r(1 \mp \sqrt{1 - p})}{p}$$

$$r(1.1p)p$$

放大率

$$\left[\frac{1 + \sqrt{1 - p}}{1 - \sqrt{1 - p}}\right]$$

軸相交點

$$x = 0，\frac{2r}{p}$$

圓錐曲線和同心端點半徑之間 r（即從球形離開的圓）的距離：

$$\Delta x=\frac{y^2}{2r}+\frac{(p-1)y^4}{2^2 2!\, r^3}+\frac{1.3(p-1)^2y^6}{2^3 3!\, r^5}+\frac{1.3.5(p-1)^3y^8}{2^4 4!\, r^7}$$

法線之間對圓錐形和 x 軸角度：

$$\phi=\tan^{-1}\frac{-y}{(r-px)}$$

$$\sin\phi=\frac{-y}{[y^2+(r-px)^2]^{1/2}}$$

半徑曲率：

子午面：

$$R_t=\frac{R_2^3}{r^2}=\frac{[y^2+(r-px)^2]^{3/2}}{r^2}$$

子午方向（軸沿表面法線的距離）：

$$R_0=[y^2+(r-px)^2]^{1/2}$$

14.5.4 Schmidt 系統

Schmidt 鏡組（圖 14-54）是結合光欄和中心球形的寬一致的影像場「完善」物面的成像。在 Schmidt 反射器是球面的，並且是由在曲率的中心一塊稀薄的折射的非球面板材球差校正。因而當球差完全地被消滅（至少為一個波長），球同心特點被保存。

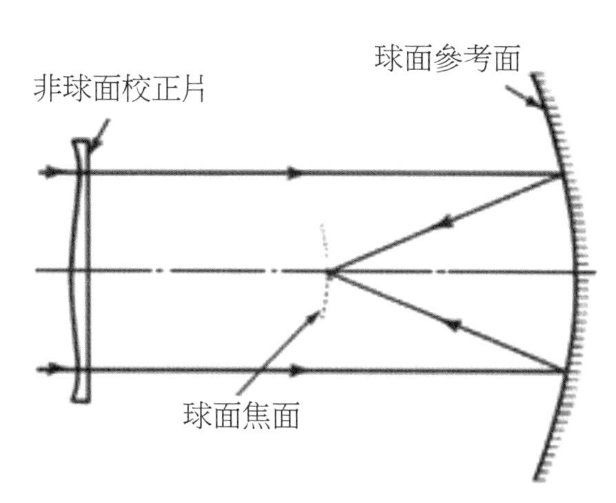

圖 14-54　Schmidt 系統包括一臺球狀反射器與一塊非球面校正板材在它的曲率的中心。非球面 e 表面在 f/1 系統被放大

某些高階球像差和像散的色彩變異或斜率球狀的軸光線的像差仍然餘留，起因於在光軸以外及在光軸上的光束在進入校正片角度不同。一個指定的區域校正片的動作是類似於那一面稀薄的折射的稜鏡。為在軸光束，稜鏡是在極小的偏差附近；當入射角改變，「稜鏡的」偏差被增加，引進過校正球狀。因為動作是在正切平面比在子午方向的平面不同的，因而引起像散。這個組合是斜率球狀像差。Schmidt 系統的子午圈角散光斑點近似式由下式表示

$$\beta = \frac{u_p^2}{42(f/\#)^3} \text{ radians} \qquad \text{式 } 14.46$$

校正片板材上非球面表面的一個無限數字被使用。如果在鏡子的近軸焦點被維護，校正片在近軸聚焦率是零，並且它採取微弱的凹面表面的形式。最佳的形式被表明在圖 14-54，以一個凸面近軸區域和極小的厚度在 0.866 或 0.707 區域，是依據使球色差像差減到最小或使材料減到最小去製造。Schmidt 的功能輕微地改善(1)不完全軸向校正球差補償離軸過校正，(2)「輕微地彎曲」校正片，(3)減少間距，(4)使用微非球面主要減少裝載，和校正片因而過校正被引進。進一步改進可使用多校正片和抗色差校正片。

一塊近優選的校正片板材有表面形狀可由下式表示：

$$z = 0.5Cy^2 + Kx^4 + Ly^2$$

$$C = \frac{3}{128(n-1)f(f/\#)^2}$$

$$K = \frac{\left[1 - \frac{3}{64(f/\#)}\right]^2}{32(n-1)f^2}$$

$$C = \frac{1}{85.8(n-1)f^2}$$

和 f 是焦距，f/#是光感率或數值口徑，並且 n 是校正片板材的折射率。

Schmidt 的非球面校正片比拋物面反射器的非球面表面通常更加容易製造。這是因為折射率差在兩面是大約 0.5 的玻璃校正片比在拋物面的反射的表面有效的折射率差 2.0 不敏感，只有 1/4 製造誤差。

這型非球面校正片板材可增加在多數光學系統。非球面表面被安置在孔徑光欄（和在 Schmidt 系統）可影響唯一球狀像差和非球面，如果它將被使用改正像差或像散，從光欄必須被安置很好。一塊非球面板材可以增加在任何雙鏡面系統；如果兩個鏡子是非球面，校正片板材的加入對球差，像差和像散校正可提供足夠的自由度。校

正片板材使用了在入口光線或在影像空間。例子是「Schmidt Cassegrain」Cassegrain 配置的兩個鏡子是簡單的球面。非球面校正片板材是系統的前窗和經常被使用支援次要鏡子。這是一個經濟和商業成功的系統。

14.5.5 Mangin 鏡

Mangin 鏡或許是最簡單的折反射（即反射和折射合成）系統。它的二表面球面鏡包括以第一表面的曲率被選擇改正反射的表面的球狀像差。圖 14-55 顯示一個 Mangin 鏡子。Mangin 的設計是直接的。半徑可以任意選定（數值大約是適當的反射器表面期望的焦距 1.6 倍），並且另一半徑隨系統地變化，直到球狀像差被改正。修正只為一個區域，然而，仍有未校正帶狀殘餘像差遺留。有角散光斑斑點的大小起因於帶狀球狀可由以下經驗式表示（為孔徑小比關於 f/1.0）

$$\beta = \frac{10^{-3}}{4(f/\#)^4} \text{ radians} \qquad \text{式 } 14.47$$

這是極小值直徑散光斑，而「堅硬核心」散光斑直徑更小。在更大的孔徑，有角散光斑預測了由上式計算太小；例如，在 f/0.7 散光斑像那預測由式 14.47 是大約 0.002 弧度，幾乎由上式計算的兩倍大。

因為 Mangin 與消色反射器等效於一對簡單的負透鏡，系統有一個非常大在校正的色彩像差。這可能被做改正消色雙合鏡組在折射的元件外面。為簡單的 Mangin，色彩有角散光斑大小如下式：

$$\beta = \frac{1}{6V(f/\#)} \text{ radians} \qquad \text{式 } 14.48$$

V 是材料的 AbbeV 數值。只有一個簡單的透鏡 1/3 色差。

Mangin 主要鏡子的慧差散光斑是那由前式計算的 1/2。因為球狀像差曾校正過，慧差因光欄位置的轉移而微小變化。Mangin 原則也許適用於一個系統的次鏡組及主鏡組。圖 14-55 顯示次鏡組是一個消色 Mangin 鏡式的 Cassegrain 類型系統。這樣系統相對地重量較輕和省錢，因為所有表面是球形，而唯一第二面鏡需要由優質光學材料製成。一個薄的二表面反射的元件的聚焦率為 $\phi = 2C_1(n-1) - 2C_2n$。

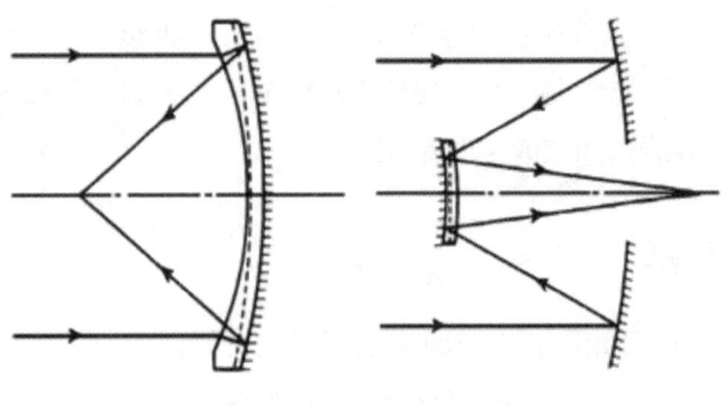

圖 14-55 Mangin 鏡組

Mangin 鏡經常作為複雜系統的元件使用。例如，主要或次要系統也許是 Mangin 用於改正像差，不需增加系統的重量或使用非球面。

14.5.6 Bouwers（Maksutov）系統

Bouwers（或 Maksutov）系統為改正值被分離透鏡，從鏡子允許二個另外的自由度 Mangin 鏡子原則的一個邏輯引伸，導致在系統的影像品質顯著改善。

這個設備的一個普遍版本是 Bouwers 同心系統，如圖 14-56。在這個系統，所有表面對孔徑光欄同心（在簡單的球面鏡情況下），導致在一個系統整個視角有一致的影像品質。這是一個極為簡單的系統設計，因為只有三個自由度，即三曲率。你選擇 R_1 設置透鏡（數值是適當的，R_1 和焦距大約 85%相等）並且 R_2 提供校正片一種適當的厚度和確定 R_3 的值——邊緣球差為零。由於單心構型，像差和像散是零，並且影像位於光欄，並且是與各球面同心，並且球面半徑的系統總焦距。因而只需要幾條光線被追跡，以完全確定系統被修正。這個系統當中一個有趣的特點是，同心校正片元件可被插入在系統任何地方（只要它依然是同心），並且它將確切地生產同樣影像校正。二個等效位置為校正片，如圖 14-57。第三光是線聚位置，在鏡子和影像之間。

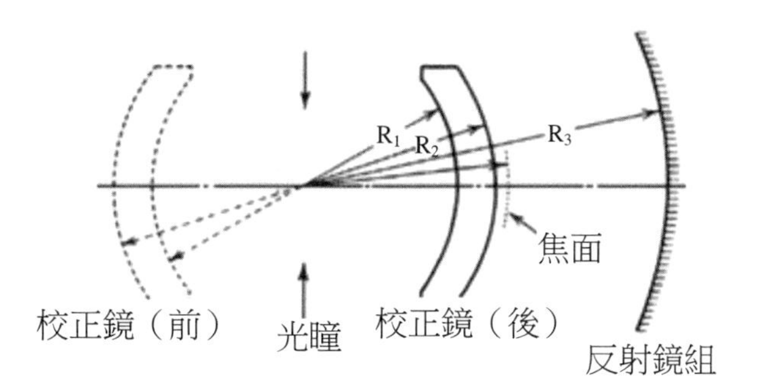

圖 14-56　在 Bouwers 同心反射折射的系統，所有表面是同心的關於孔徑。「前」和「校正片的後方」版本是相同的和產物相同修正。後方系統是更加緊湊，但前面系統可能是更好校正，因為它可能運用一種加大的校正片厚度不同干涉以焦點表面。校正片在兩個位置同時使用

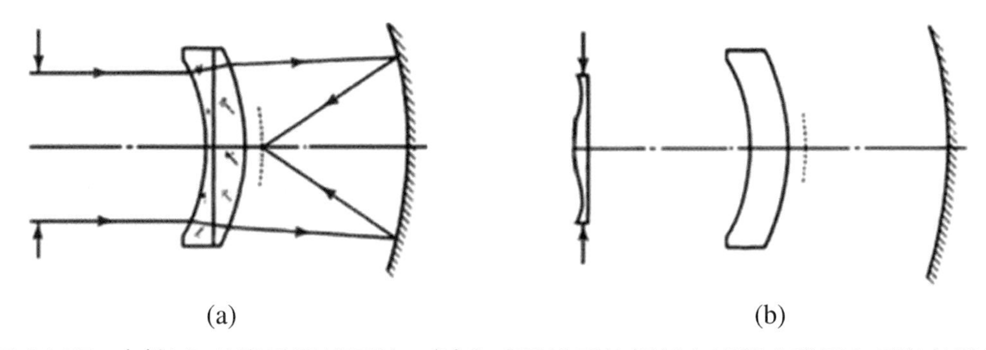

圖 14-57　(a)抗色差半月型校正片。(b)非球面校正片板材在光欄去除同心系統的殘餘的帶狀球狀像差

如果，接受曲率的焦點平面，Bouwers 同心系統的唯一像差是殘餘的帶狀球狀像差和縱向（軸向）色差。總之，當校正片厚度增加，帶狀被少並且色差增加。

同心系統多數應用在寬視角系統。當場角有允許需求，若離開同心方式構型，帶狀球差或色差可以減少，但同時會犧牲像差和像散修正。

如果將厚透鏡等式對折射率微分，如果為零，元件的形狀可以被解出；而曲率或影像距離不隨折射率變化（在波長變量不改變）。這是一消色單鏡組。它採取一個厚實的半月型的消色校正片。這是 Maksutov 系統的原理。

影響色差其他修正方法，使用消色差校正片半月型。注意同心被這個技術毀壞，雖然如果冠和火石元件由以同樣折射率，但不同的 V 數值材料製成（即 DBC-2，617：549 和 DF-2，617：366），同心可因為匹配折射率的波長被保存，但唯一斜入射色差，需要修正。

如圖 14-58，同心 Bouwers 系統與非球面校正片板材 Schmidt 類型合併，是一個非常強有力的系統。因為非球面板材需要只改正同心系統的小量帶狀殘餘像差，但是，對於以斜向光校正和變異相對作用是小的。衛星追跡照相機，根據這主要原則，雖然它們的構型是更加精心製作的，在光欄使用雙重半月型校正片和三位（抗色差）非球面校正片。

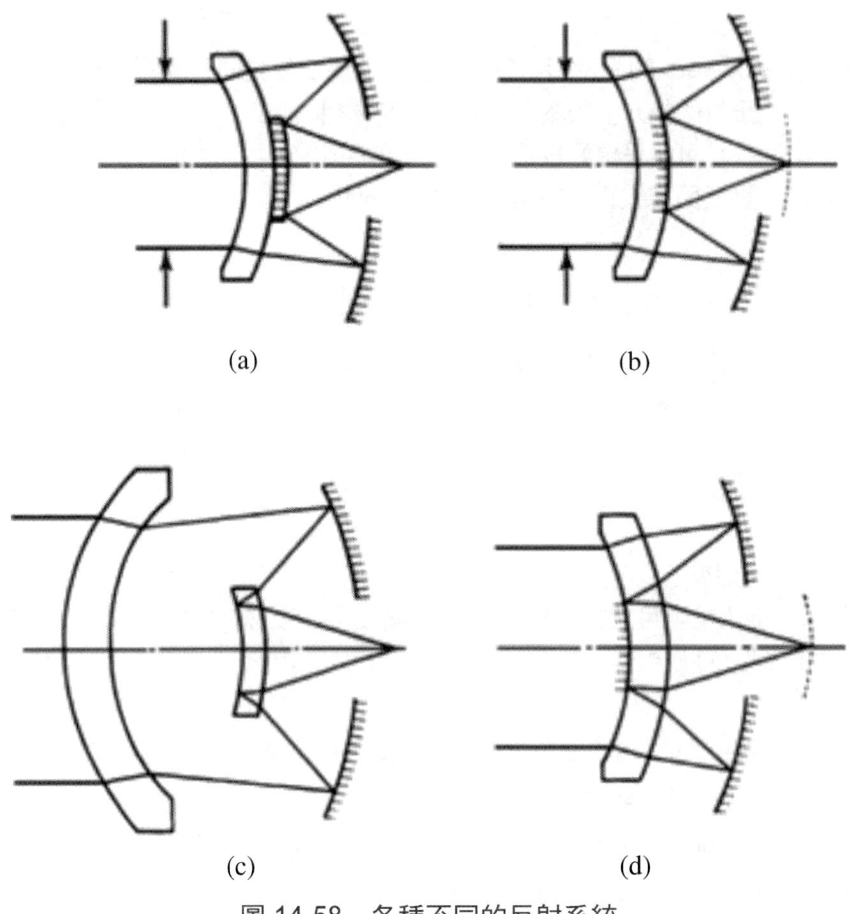

圖 14-58　各種不同的反射系統

基本 Bouwers-Maksutov 半月型校正片原則被運用在許多形式。其中一些原則是 Cassegrain 具體化。通常被使用在飛彈導引系統。校正片做一個合用的航空飛行窗口，或光罩，雖然系統不是同心的，但是，主要轉球並且次要轉球都能對於圓頂的曲率的中心轉動，成為一個單位，隨視角的方向變化，使得「軸向」修正被維護。

如圖 14-58 有許多折反射系統。折射校正片以幾乎難以想像的形式與鏡子結合。使用正場鏡被鋪平了基本的凹面反射器的 Petzval 表面過校正。校正過的場元件、拋物面元件和多重半月型校正片與球面元件，運用在設備時，可能有不同的名稱。這些通用系統基本的功能，對球狀反射器像差相當小；校正片的任務是去除缺點，而沒有失去優點。

總焦率有效值是零的二個或更多緊密間隔的薄校正片元件被組成以消除球面鏡的像差。如果玻璃是同樣為所有校正片元件組，主要或次要鏡組組合將只有一點點或沒有色差。折反射的系統有更多案例。

14.6 鏡組公差值評估

在簡單的光學系統中，鏡組公差值評估通常是有用能估計像差散光斑的大小，可以省去由光學追蹤分析麻煩。在初步工程工作或技術提案的準備時間是有限的，主要根據三階像差分析或經驗）的以下材料（可能有數值。像差根據以及角大小表示（同弧度大小而生產的）的散光斑點；可以被轉換成 B，散光斑的線性直徑，再乘以系統焦距。在這個部分物件是假設在無限遠。那裡散光斑大小為超過一個像差被測量，所有像差散光斑的總和將產生一個保守的估計總散光斑的。那裡散光斑歸結於色差，散光斑角度包含點的影像總能量。包含在散光斑 1/2 一樣大能量的 75～90%，並且包含那由等式測量在散光斑 1/4 一樣大像能量的 40～60%。在可看見抗色差系統色差散光斑通常少 1/40。球差散光斑極小值直徑大小是散光斑大小；這些數值最帶使用在探測器工作。在視覺或攝影工作，應該是一個「堅實」焦點，散光斑被給這裡應該相對修正。所有散光斑都是根據幾何考慮。因此，鏡組幾何型狀必須使光斑在繞射極限內。

在此，大多數的散光斑有關，因此，在作光斑分析前必須先將系統以下二式驗證是否是在繞射極限光斑大小內，若不是，就必須以其他的系統，或有更加完全的討論。

14.6.1 繞射極限系統

AIRY 樣式的第一黑暗的圓環的直徑由

$$\beta=\frac{2.44}{D}\text{ radians} \qquad \text{式 14.49}$$

$$\beta=2.44\lambda(f/\#)=\frac{1.22\lambda}{NA} \qquad \text{式 14.50}$$

λ是波長，D 是系統的清楚的孔徑，$(f/\#)=f/D$ 是相對孔徑，並且 f 是焦距。散光斑的「有效的」直徑（MTF）是大約 1/2 以上。

14.6.2 球面鏡

球狀像差：

$$\beta = \frac{0.0078}{(f/\#)^3} \text{radians} \quad \text{式 14.51}$$

弧度子午方向的像差：

$$\beta = \frac{(l_p - R)u_p}{16R(f/\#)^2} \text{radians} \quad \text{式 14.52}$$

像散：

$$\beta = \frac{(l_p - R)^2 u_p{}^2}{2R^2(f/\#)} \text{radians} \quad \text{式 14.53}$$

l_p 是鏡子對光欄距離，R 是鏡子半徑，$(l_p - R)$是中心對光欄距離，並且是一半視場角度在弧度。一個球面鏡的焦點平面是在一球表面同心，當光欄位置在鏡子曲率的中心。

14.6.3 Paraboloidal 鏡

球狀像差：

$$\beta = 0 \quad \text{式 14.54}$$

弧度子午方向的像差：

$$\beta = \frac{u_p}{16(f/\#)^2} \text{radians} \quad \text{式 14.55}$$

像散：

$$\beta = \frac{(l_p + f)^2 u_p{}^2}{2f(f/\#)} \text{radians} \quad \text{式 14.56}$$

以上參數已經定義。

14.6.4 Schmidt 系統

球狀像差：

$$\beta = 0 \quad \text{式 14.57}$$

高階的像差：

$$\beta = \frac{u_p^2}{48f(f/\#)^3}\text{radians} \quad \text{式 14.58}$$

球面色差：

$$\beta = \frac{1}{256V(f/\#)^3}\text{radians} \quad \text{式 14.59}$$

14.6.5 Mangin 鏡子

帶狀球差：

$$\beta = \frac{10^3}{4(f/\#)^4}\text{radians} \quad \text{式 14.60}$$

色差：

$$\beta = \frac{1}{6V(f/\#)}\text{radians} \quad \text{式 14.61}$$

子午慧差：

$$\beta = \frac{u_p}{32(f/\#)^2}\text{radians} \quad \text{式 14.62}$$

像散：

$$\beta = \frac{u_p^2}{2(f/\#)}\text{radians} \quad \text{式 14.63}$$

14.6.6 簡單的薄透鏡

球狀像差：

$$\beta = \frac{K}{(f/\#)^3}\text{radians} \quad \text{式 14.64}$$

色差：

$$\beta=\frac{1}{2V(f/\#)}\text{radians} \qquad \text{式 14.65}$$

子午慧差：

$$\beta=\frac{u_p}{16(n+2)(f/\#)^2}\text{radians} \qquad \text{式 14.66}$$

像散：

$$\beta=\frac{{u_p}^2}{2\left(\frac{f}{\#}\right)}\text{radians（在適當位置）} \qquad \text{式 14.67}$$

n 是折射率，V 是相互相對色散，並且光欄是在透鏡上。

14.6.7 同心 Bouwers 鏡組

這個形式的最大校正片厚度，必須被限制保留影像從下落在校正片裡面。與最厚實的可能的校正片：

帶狀球差：

$$\beta=\frac{4\times10^{-4}}{(f/\#)^{5.5}}\text{radians} \qquad \text{式 14.68}$$

14.6.8 一般同心鏡組

帶狀球差：

$$\beta=\frac{10^{-4}}{\left(\frac{t}{f}+0.06\right)(f/\#)^5}\text{radians} \qquad \text{式 14.69}$$

色差：

$$\beta=\frac{tf\Delta n}{2n^2R_1R_2(f/\#)}\text{radians} \qquad \text{式 14.70}$$

漸近式色差：

$$\beta\cong0.6\frac{t\Delta n}{fn^2(f/\#)}\text{radians} \qquad \text{式 14.71}$$

校正的同心高次像差：

$$\beta=\frac{9.75(u_p+7.2u_p^3)10^{-5}}{(f/\#)^{6.5}}\text{radians} \qquad \text{式 } 14.72$$

t 是校正片板材厚度，f 是系統焦距，n 是校正片材料的色散作用，n 是校正鏡的折射率，並且 R1 和 R2 是校正片的半徑。這些表示比 f/1.0，單色散光斑角度大的比上述快速地適用校正片給定值在 1.5 到 1.6 範圍和相對孔徑於 f/1.0 或 f/2.0.光感率要求（即，大約 20%在 f/0.7）。對高折射率校正片的用途（n > 2）將有些以高光感率減少單色散光斑。

習題

1. 為何增加目鏡組的可使得視場角增大？
2. 望遠鏡的目鏡組如何使其適眼距增大？

軟體操作題

1. 十倍雷射光束擴束器設計。
2. 設計一雙筒望鏡組（8X50）。
3. 設計一具高倍顯微鏡的目鏡組，若視眼距大於 25.4MM，F/# < 2。
4. 如何設計一個逆望遠鏡組在數位單眼相機上。

第十五章 光學和照明系統實例

本章主要介紹光學系統及照明系統實例。前半段主要討論多個光學系統：許多典型光學系統是用一階光學說明，因此，光學元件只是示意，其目的是在說明各系統的基本原理。在本章節的實例中只有架構上的光學擺置，用以說明原理及應用，省略了細節上的計算。因此，在各系統圖中只會有簡單的光學擺置表示。同樣的，這可以是反射鏡而無限聚焦透鏡，並且典型上會是十分複雜的透鏡元件組合。後半段（從15.12～15.15）是照明裝置，包括手電筒、投影機及積分球等。

15.1 測距儀

簡易的三角測量測距儀，如圖 15-1 所示。眼睛由二個光路徑觀看物件；直接的通過半透明的鏡子 M_1 和由一個垂距道路通過 M_1 和充分地反射鏡 M_2。鏡子調整角座標其中一個，直到兩個影像相符。在這裡顯示的基本儀器，附加鏡子 M_2 可以用於 $\theta/2$ 的值；距離到物件可由下式求得：

$$D=\frac{B}{\tan\theta} \qquad \text{式 15.1}$$

B 是儀器的地方基線長。在實際測距儀，望遠鏡經常結合以鏡子系統增加。

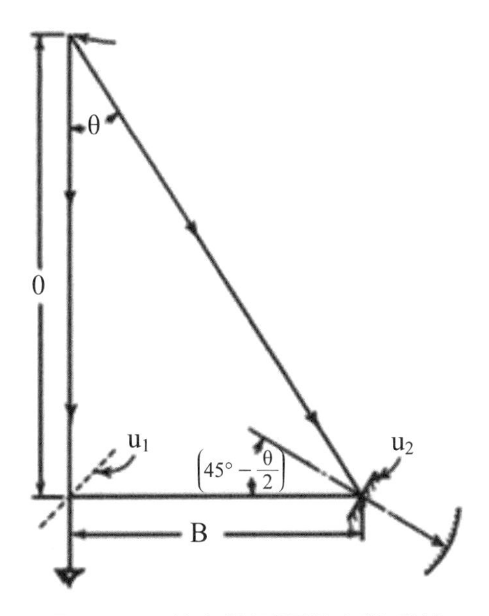

圖 15-1　基本的測距儀光學系統

眼睛觀看物件直接地通過半反射器M_1並且通過可移動的鏡子M_2。經由兩個視角進入有角度刻度的M_2影像重合。

量測值的準確性和設備有關；距離通常直接從一張適當的距離仰角對照表算出，以便省去不必要的演算。

$$D=\frac{B}{\theta} \quad \text{式 15.2}$$

對θ作微分可得：

$$dD=-B\theta^{-2}\,d\theta \quad \text{式 15.3}$$

若以$\theta=B/D$取代上式：

$$dD=-\frac{D^2}{B}\,d\theta \quad \text{式 15.4}$$

上式 dθ眼睛能分別二個影像在巧合的曲率而定。眼睛的微調敏銳度大約 10 秒弧（0.00005 弧度）。如果測距儀光學系統的放大是 M，則 d 是 0.00005/M 弧度，測距誤差是：

$$dD=+/-5\times10^{-5}\frac{D^2}{ME} \quad \text{式 15.5}$$

若基線 B 長，放大率 M 大，D 的值愈準確。

另外一些測距儀如下所述。如圖 15-2，末端鏡子被penta稜鏡（或「penta」-反射器）替換，是恆定偏差設備，另一光路徑彎曲視行 90°。原因為他們的使用是去除誤差源，因為在二個影像的相對角座標上變化沒有由 penta 稜鏡的不同心度導致和實際情形用簡單的 45°鏡子。這系統為一臺雙重望遠鏡改裝，以提供放大；必須仔細匹配望遠鏡的每個分支的放大倍率避免誤差。提供重合稜鏡分開視角成二個一半，與一條尖銳被聚焦的分界線之間。在圖 15-2 所示系統，最後的影像被倒置；一個架設的系統、稜鏡或透鏡。實際重合稜鏡比這裡顯示更多複合體。也許被運用帶領二個影像進入重合。

圖 15-2(b)到(d)顯示位於在物件和目鏡組的稜鏡。圖 15-2(b)顯示從影像的距離的像平面一個位移的增加，它通常是一面消色稜鏡。圖 15-2(c)顯示二面相同稜鏡以易變的間距，偏移但不偏離光線、轉動的元件。圖 15-2(d)操作使用同一項原則。所有上述傾向於引進像散（即區別焦點位置垂直和水平地被排列的影像），因為它們是傾角的

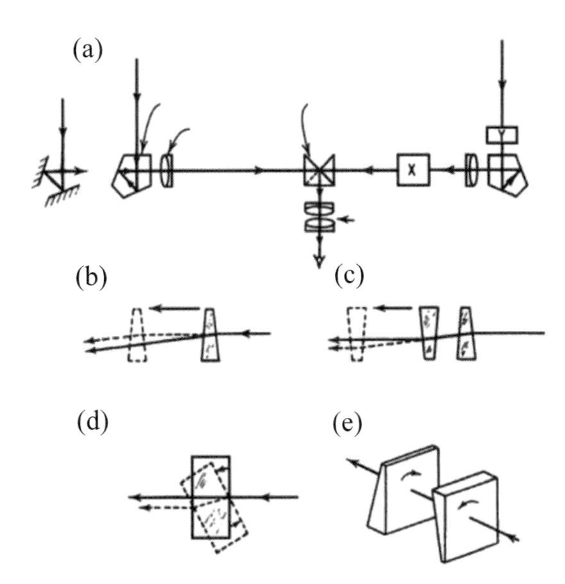

圖 15-2　(a)雙目測距儀。(b)滑稜鏡之間用於在 X 建立影像重合。(c)對滑稜鏡使用在 X。(d)轉動的平行的板材使用在 X。(e)櫃臺轉動的稜鏡用於在 Y 建立重合

表面在一條會聚光線是反轉的稜鏡。圖 15-2(e)可以位於平行的光，區域 Y 在 15-2(a)並且因而光軸可以重合。一個稜鏡順時針旋轉，其他必須通過同一個角度確切的左轉轉動；這樣，當水平的偏差可以變化加上或減兩次一個單獨楔子的偏差時，垂直的偏差可保持在零。這些有時稱 Risley 稜鏡。如圖 15-2 說明，(b)滑稜鏡之間用於在 X 建立重合。(c)對滑稜鏡使用在 X。(d)轉動的平行的板材使用在 X。(e)櫃臺轉動的稜鏡用於在 Y 建立重合。

導致一個易變的偏向角的另一個架構，其中包括一個固定的平凹透鏡和同一半徑的一個可移動的平凸透鏡與他們的一起內築式彎曲的表面。當平凸透鏡被找出時，以便它的平面表面與那是平行的凹透鏡，對不導致有角偏差。然而，如果平凸透鏡被轉動（關於它的曲率中心），有效的成為稜鏡，並且導致有角偏差。這個架構可以執行與球狀表面或與圓柱形表面。

單眼相機——單鏡組反射（SLR）照相機，不是用上述影像重合方式之分離影像測距儀。SLR 照相機的影像器包括：照相機物鏡組、場鏡和目鏡組。場鏡被劃分成三個區域。外面區域功能作為一個直接的場透鏡，在場角的邊緣改變光方向，以便它穿過目鏡組。以塑料菲涅耳透鏡製作，在一塊塑膠板材上，將透鏡分段曲率以環型區域割在其上，如圖 15-3 顯示。菲涅耳透鏡有折射的作用，但它的厚度小和重量輕。這樣菲涅耳透鏡的聚光器可用字幕片放映機，聚光和信號燈。SLR 場鏡的中心區域被分為二個一半。每個一半是楔子稜鏡；二稜鏡依相反方向被安裝。如果物端透鏡形成的影

像在焦點，它位於楔型稜鏡的平面，二區合併成清晰影像。如果影像是離焦，影像通過二楔型稜鏡的1/2在一個方向偏離；另外一半偏差在另一個方向，使得影像被分開。在楔型稜鏡外圍的場透鏡由微小的金字塔形稜鏡組成，若中間區域有表面偏離會破壞焦點影像並且更加模糊。

目前許多應用光學測距儀由雷射測距儀代替了。這根本上是因為光學雷達技術，距離量測，由光脈衝從觀測者到目標反射和返回通過測量旅行時間得到。在軍事使用大倍率雷射；例如在自反導向的測距的應用：對一個共同目標，使用「屋脊立方體稜鏡」和一個更低的光源已經足夠。

15.2 輻射計和探測器光學

輻射計是一個測量輻射來源的儀具。以一個簡單形式，包括從光源和影像LLD在探測器敏感表面能轉換事件輻射成一個電信號的一個物端透鏡（或鏡子）。和一個微型風扇的「葉片」週期性的阻斷光，作信號調制，在探測器前面通常必須放大和處理探測器產品的電子電路的目的提供一個調制的信號。

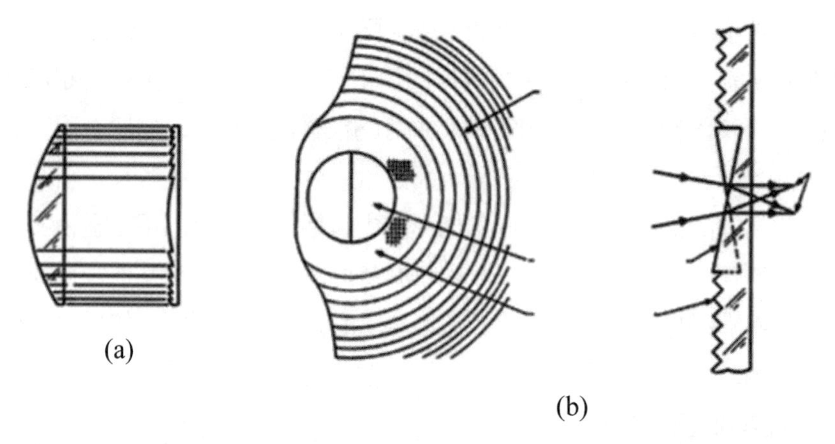

圖 15-3 (a)菲涅耳透鏡用它獲得的等效透鏡顯示。菲涅耳透鏡的每個環型區域有表面斜率和透鏡的對應的區域一樣。(b)35mmSLR 照相機的將一鏡片分為二鏡片稜鏡測距儀通過相反地針對的楔子稜鏡在二在它的中央區域將一鏡片分為二鏡片一個焦點影像

如果影像集中於菲涅耳鏡楔形表面，它沒有偏離也沒有被將一鏡片分為二鏡片。圍攏將一鏡片分為二鏡片稜鏡的區域破壞焦點影像並且放大它的散光斑的包括微小的

金字塔形稜鏡。外面區域是作為一個場角透鏡的菲涅耳透鏡為照相機反光鏡。

輻射計的目的是測量輻射。然而，它也是許多其他應用的依據。光纖通信系統是將影音轉換成可聽見的形式輻射。一枚紅外尋標器的空對空導彈（即響尾蛇）的尋標頭基本上是將彈上輻射偵測器計對準一架敵對噴氣機的熱的機尾而追瞄目標。

一個簡單的輻射計如圖 15-4，與直徑 D，位於一個物件的焦點與焦距 F 和直徑 A。

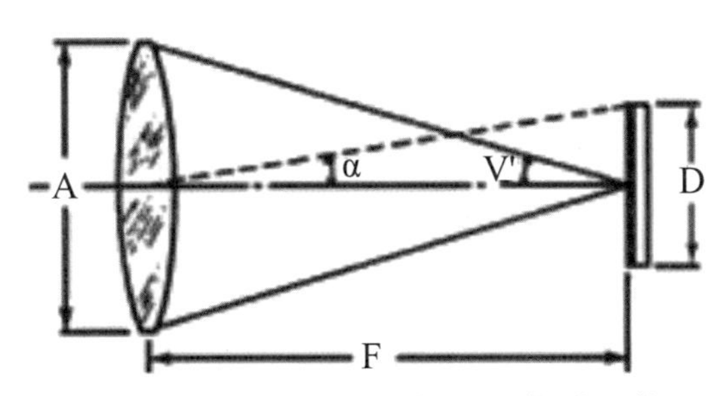

圖 15-4　探測器直徑 D，位於一個物件的焦點與焦距 F 和直徑 A

系統是半視場角：因為探測器在系統的焦點，它是明顯的 D 在輻射計的半視場角為 19 度，以下特徵在光學系統是理想的。

1. 為了從來源收集很大數量的放大倍率，系統的直徑 A 應該儘可能大。

2. 為了增加信號噪音比，探測器的大小 D 應該是一樣儘可能的小。

3. 為了包括實用視角，場角應該適當的尺寸。

A 和 F 之間的關係，如果光學系統是完全平面影像（即免於球差和慧差），第二主面（或主要「平面」）一定是球狀的；為此，有效的直徑 A 不可能超出焦距 F 兩倍，並且邊緣光的斜率在影像面不可能超出 90°。這限制系統的數值口徑到 $NA = n'\sin 90° = n'$；系統若是在空氣長距離的光源，將限制的相對口徑成為 f/0.5。物鏡的光感率加強偵測器的極限；系統的設計也許是不能達到大口徑比率任何解析度需求，或者物理尺寸（或規格）限制物鏡的可接受光感率。

可以將上式乘以有效的 f/#。(f/#) = F/A，重新整理：

$$\left(\frac{f}{\#}\right) = \frac{D}{2A\alpha} \qquad \text{式 15.6}$$

若在系統成像時的折射率為 n'

$$NA = u' \sin u' = \frac{A\alpha}{D} \qquad \text{式 15.7}$$

又依照光學不變量，將上式之物鏡組 $I = \frac{A\alpha}{2}$ 等於對在影像不變量 $I = \frac{Dn'u'}{2}$ 和替用

u 代 sin u'（完全平面的要求符合）。

因為(f/#)不可能少於 0.5 和 sin u'不可能超出 1.0，它是明顯的物鏡組入瞳 A，一半視場角α和探測器大小 D，可表示為：

$$\left|\frac{A\alpha}{n'D}\right| \leq 1.0 \qquad \text{式 15.8}$$

上式符合物件和探測器系統之間光學不變量並無附加假設，因此，所有類型光學系統是合用的，包括有或沒有：反射的和折射的物鏡組、場透鏡、浸沒透鏡、光導管等。試圖以上式設計，超出為 NA 0.5 值（高效率）之成像系統並不容易；這個式子極限，無論簡單或複雜，但對投射或照明系統，對所有光學系統是可適用的。

以上式為例，可決定 5 in 入瞳和 1mm（0.04 in）一個探測器輻射計一個最大的視角。如果探測器在空氣（n' = 1.0）依上式可得

$$\frac{5\alpha}{0.04} \leq 1.0 \text{ 或} \alpha \leq 0.008 \text{ radians} \qquad \text{式 15.9}$$

由上式，最大絕對總場角（0.016 弧度）少於一度（0.01745 弧度）。用浸沒透鏡在探測器（下述）與折射率 n'將增加最大場角到 0.016 n'。

由上式可知，改變浸沒透鏡的折射率 n 可增加一個光學系統的數值口徑，通常，不用修改系統的特徵。另一個方式考慮浸沒透鏡，可將探測器當作放大鏡可以增加放大器入光量的大小。如圖 15-5 浸沒透鏡最頻繁被運用的形式是將一個半球的元件置於光學鏡組與探測器之間。折射率 n'一個同心浸沒透鏡使影像降低的大小到 h'/n'。因為浸沒透鏡的第一表面與軸向像點是同心的，光線將垂直的指向表面這點，並且沒有被折射。為此，沒有引進非軸向色彩球差和軸向慧差。依據光學不變量在影像是 h'n'u'，因為浸沒透鏡沒有改變 u'：當 n'增加，h'必須減少。

在對浸沒透鏡的用途，必須注意在平面表面反射（特別是全反射）。理想的，鍍膜層數應該直接地鍍在探測器的浸沒透鏡。探測器在入射角大時，折射率高，光從探測器的低折射率層（例如空氣或光膠）分開，而產生全反射發生：可應用浸沒透鏡以加大接收角度。

在輻射計類型系統的應用，除了物鏡 f/#小與大視角及小探測器之系統外。使用場鏡也是常有的。因為透鏡位於物鏡組系統的像平面前，以改變在場角的邊緣往探測器方向光線，如圖 15-6，實際在探測器的表面場鏡影像物件的成像在出瞳上。

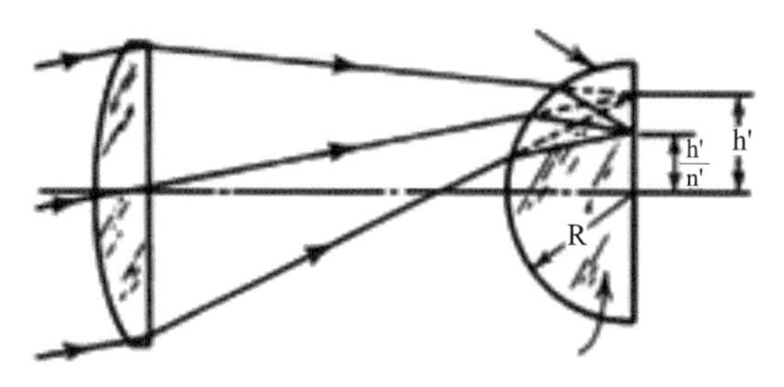

圖 15-5　光偵測器光學鏡組

最適宜的安排是將物鏡組口徑與探測器大小相同。

$$\frac{s_1}{s_2}=(-)\frac{A}{D}$$ 式 15.10

這個安排不僅可能做一個更大的場角，但有提供在探測器表面的一個大部分均勻照明。多數探測器在它們的表面各點敏感度不同；而場鏡的焦距可得：

$$f=\frac{s_1s_2}{s_1-s_2}$$ 式 15.11

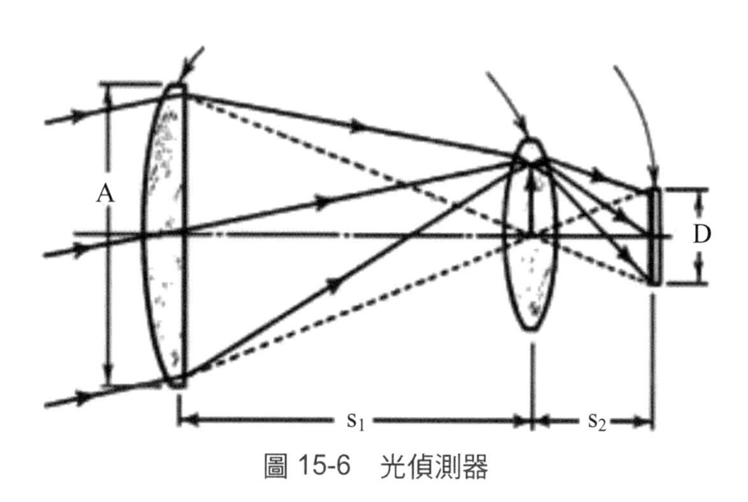

圖 15-6　光偵測器

從圖可看見實際在探測器的表面場鏡影像物件的口徑。

另外擴大一套小探測器輻射計的測量視場方法是使用光導管或者錐體渠道聚光器。如圖 15-7，主光線從物鏡組進入一根逐漸變細的光導管，光在牆壁被反射。在此，沒有光導管，光線完全無法進入探測器。光通過這樣系統使得光路被展開。光導管的實際由牆壁反射顯示為實線；破折線是牆壁從彼此反射形成的影像。這種布局是類似於稜鏡展開技術。

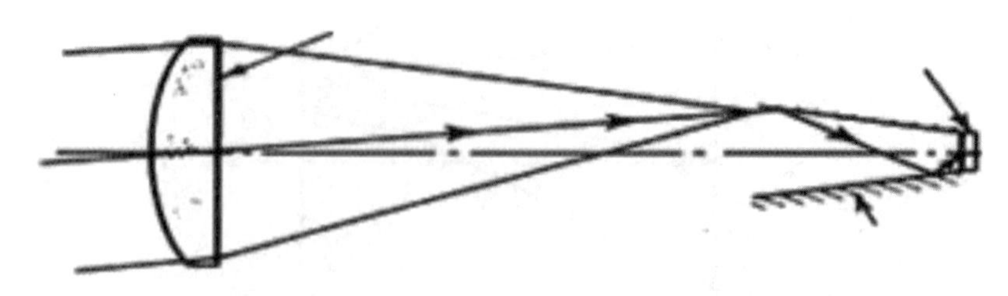

圖 15-7 偵測器的反射面

可將光路徑展開，允許光在其中行進。光線A在它到達管子之前的探測器末端經過三次反射。光線B入射角大，原無法進入探測器，但經過管子多次反射到末端進入探測器。這是一個光導管效率極限，類似於普通的光學系統 f/#或數值口徑極限。

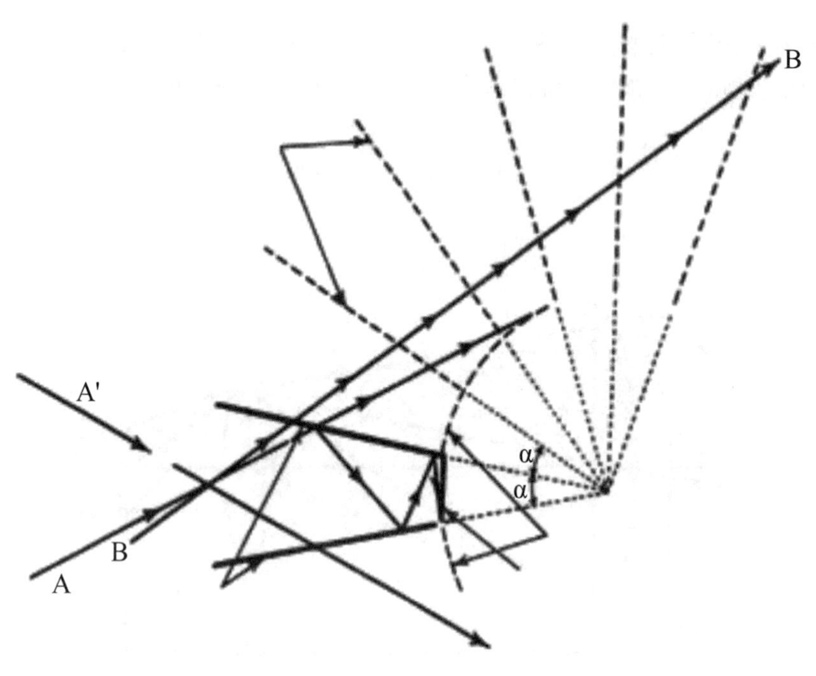

圖 15-8 光經過光導管

一根光導管也許被製作為空心錐體或金字塔，牆壁具反射性，如圖 15-7 和 15-9。也同是由透明光學材料所製作。牆壁也許塗上反射漆或角度合適可以全反射。用「浸沒」探測器在管子的出口末端，可以避免光導管的出口發生全反射。對一個光導管的用途：光導管材料折射率 n 的因素有效增加它的作用角；其功能類似於浸沒透鏡的用途，並且總輻射計系統仍由上述式子可推出。光導管也許使用向場透鏡；最共同的安排是把凸面球狀表面放在一個堅實管子上的入口面孔。如果你觀察一根金字塔形光導管的大末端，你將看出口面孔（或探測器的）有點像棋盤多重二維影像。棋盤在金字塔形管子的尖頂圍繞的球形附近被包裹。當然，這個影像是（擴大化）探測器和從物鏡組光錐體的有效的大小，光線 A 和 A'被伸長在這個列陣。這個作用是在逆相關探測器表面和建立的物鏡組入口之間的點為點關係，常使用場鏡；但是若是使用圓錐形光導管更合適。

在這個部分討論了於聚光的輻射一臺小探測器。相反的，如果用輻射的一個小來源替換探測器設備，例如：場鏡和光導管可以使用明顯增加來源的大小和減少它放熱的角度（或反之亦然）。

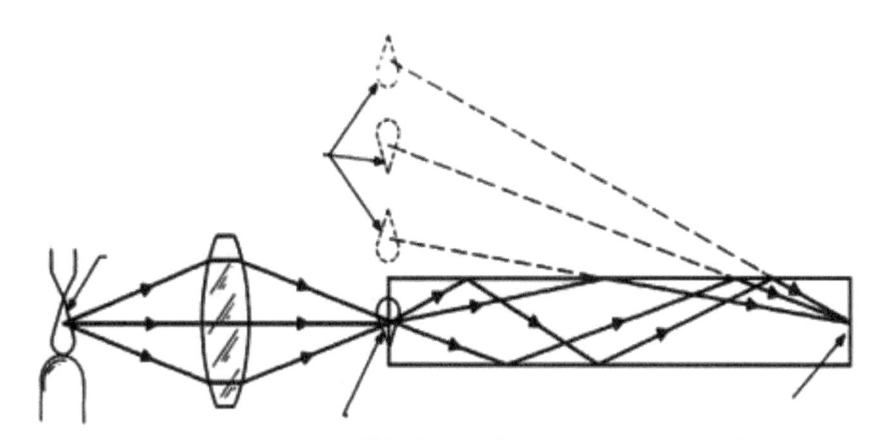

圖 15-9　光源以透鏡引入光導而形成照明重複影像

光導管在照明系統一種共同的應用，特別是極端需要一致的照明，並且來源是非常不均勻的，例如一盞高壓水銀或氙或者金屬鹵素弧光燈。如果光導管用平行的邊條做（作為一個圓柱面或與三次方或長方形橫斷面），光源的影像可以集中於管子的一個末端；另一個末端相當均勻然後被照明。並能端點看見光源因為多次反射，形成一個有效地新的光源的棋盤影像，並且橫跨管子的出口末端照明是相當均勻的。當然也可能使用一個逐漸變細的管子。注意光導管長度、直徑的比例，並且想像光線的匯合將確定反射的數量和被反射的源像的數量。

積分球

積分球常用來量測光線和光源，並可做為一個均勻的散射光源。其為一中空的球面在內層度上高反射率白色散射塗料。若有一點 A 在球內層被照射，由此斑點的反射光造成其他球內層的點 B 之照度。此照度會隨著 $\cos\phi$ 和 $\cos\theta$ 而變。ϕ 和 θ 為光線和 AB 兩點各自正交面積的夾角。如此在 B 點上的照度為：

$$\frac{\cos\phi\cos\theta}{D^2} \qquad \text{式 } 15.12$$

D 為 AB 在球內層之距離。所以所有在球內層的表面有著均勻的照度是經由被照射斑點的反射。如果在球上剪兩個小洞，一個為接受光線一個為光偵測用，我們就有儀器可偵測射入此球之輻射，且不會隨著光之方向光之大小或是在洞之入射位置。燈泡之發射總輻射或是其他光源被放置球內，都可被偵測到。相反的，若在光偵測區放置一光源，則另一洞口便為一幾近完美均勻非偏極態的朗伯（lambertian）輻射源。

15.3 光纖光學

光經過玻璃研拋過的圓柱面到圖柱壁以入射角大於臨界角為總內部反射條件下，可能傳達光從端到另一端，不會漏光。光在光纖子午面光線行徑如圖 15-10 顯示。

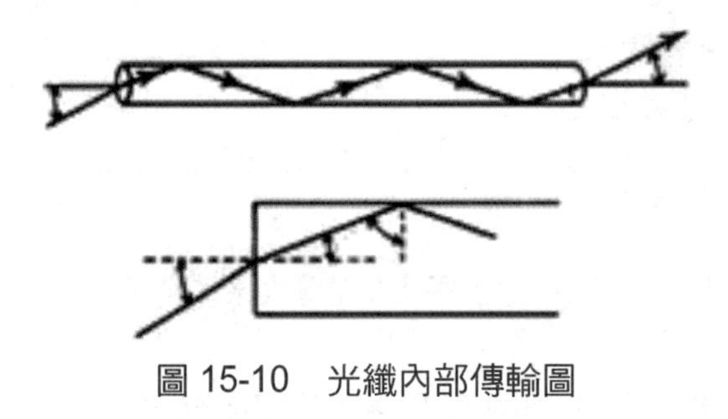

圖 15-10　光纖內部傳輸圖

子午面光線幾何學光學通過這樣設備是相對地簡單的。為長度 L 圓柱面，光路徑在子午面移動了長度 L。

$$光路徑 = \frac{L}{\cos U'} \qquad \text{式 } 15.13$$

反射次數如下式：

$$反射次數 = \frac{光路徑}{(d/\sin U')} = \frac{L}{d}\tan U' \mp 1 \qquad \text{式 } 15.14$$

U'是光線斜率在圓柱面裡面，d 是圓柱面直徑和 L 是其的長度。光被傳送而沒有反射損失，此為必要的角度且超出臨界角。

$$\sin I_c = \frac{n_2}{n_1}$$

n_1是圓柱面和n_2是圍繞圓柱面中間介質的折射率。從這一個能確定將完全被反射一絲子午面光線的最大外在斜率是：

$$\sin U' = \cos I_c = \sqrt{1 - \left(\frac{n_2}{n_1}\right)^2}$$

由司乃爾定律：

$$n_0 \sin U = n_1 \sin U'$$

$$\sin U = \frac{1}{n_0}\sqrt{n_1^2 - n_2^2}$$

最小值為數值口徑 NA：

$$NA = n_0 \sin U = \sqrt{n_1^2 - n_2^2} \qquad \text{式 15.15}$$

圖 15-11 是歪曲（nonmeridional）光線路徑通過一個反射的圓柱面以螺旋路徑行進，光線在橫斷接受特定長度的相當數量自轉取決於它的入口位置。

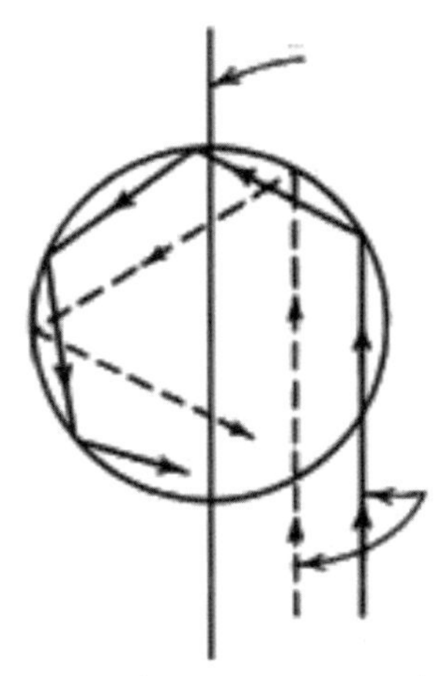

圖 15-11　歪曲（nonmeridional）光線路徑

關於不交軸光線比子午面光線有更大的 NA，如果光線於子午面充分地低於軸進入圓柱面，它將蓋住U斜率角度。一對不交軸光線。從子午圈平面自轉取決於光線的距離，不交軸光線以相當數量反射轉動。因此，光線以 2U（尖頂角度）通過空心錐體，平行光束在從圓柱面的一個末端將蓋住另一個末端。如果圓柱面的直徑是小的，繞射效應會大規模在空心錐體散開。因為不交軸光線觸擊圓柱面表面巨大的入射角比子午面光線上的大；所以，不交軸光線數值口徑大於子午面光線。

如果光適度曲線進入圓柱面，一定數量光將洩漏圓柱面的邊緣。然而，大部分的光仍然被困住在圓柱面裡面，並且一把簡單的彎曲的光纖可將一個光纖介面到另一光纖介面。

光纖是極端玻璃或塑料稀薄的絲。典型光纖的直徑從到 2μm 到 25μm 或者更大。在這些小直徑，玻璃是相當靈活的，並且光纖束構成一根靈活的光導管。以上為光纖光學在方向及同調性的應用。將光纖束由一個介面端點傳到另一個介面端點；如果光纖束被安裝在兩個末端，以便每一光纖和另一端位置相對，則光纖束也會依續束緊，不會影響影像傳送的性質。光學光纖束可以有數十英吋長度，卻可獲得高的穿透量。解析度限制（每個單位長度在光纖線對）一個連貫光學光纖束叢與一半接近相等的相互光纖直徑；若通過同調性光纖束用擺動或掃描光纖的兩個末端，解析度可以加倍。當光纖緊緊封裝時，它們表面彼此的聯繫，會有光漏現象發生。在光纖表面的濕氣、油或者土可能也會使內部因全反射產生干涉。這由鍍膜或用低折射率玻璃或塑料薄層的包覆以保護光纖。

例如，玻璃纖芯 $n_1 = 1.72$ 和纖殼 $n_2 = 1.52$，依公式計算出產數值口徑為 0.8。因為總內部反射（TIR）發生在纖芯和纖殼接面，如果纖殼足夠厚，濕氣或聯絡在外表面之間不會產生總內部反射。

另一應用在內視鏡或S狀結腸鏡。原理是物端透鏡因連貫光學光纖束在末端形成物件的影像；在另一邊被傳送的影像可用目鏡或攝像機觀看。

一般陰極光線管介面是一個低效率普通的攝影過程。用四面八方放熱黃磷，攝像機鏡頭只能攔截一個小部分放熱的光。若管由一個密封地被熔化的光纖列陣介面孔組成，所有能量放熱入它 NA 定義的錐體，能量損失少，傳到一個被接觸的膠片。被融合的光纖總是穿過分離光纖低折射率玻璃；通常以吸收的層數或吸收光纖來防止，因為散射光散發角度增加大於光纖的數值口徑的對比減少。光纖光學也是可利用此作為光導：即剛性被熔化的光纖束作為光高效率的穿透量通過雜像散的路徑。軟性的塑料光纖與直徑大約 0.5 使用作為唯一光纖常使用在照明系統。

逐漸變細、連貫、熔化光纖束可以使用作為或者放大器或 minifier（依靠原始的物件是否被安置在逐漸變得尖細的小或大末端）。通過扭轉一連貫光纖束，或者被熔接等技術成像；如稜鏡對影像的作用，將這些在光電倍增管之影像系統；經常在夜視系統中使用。

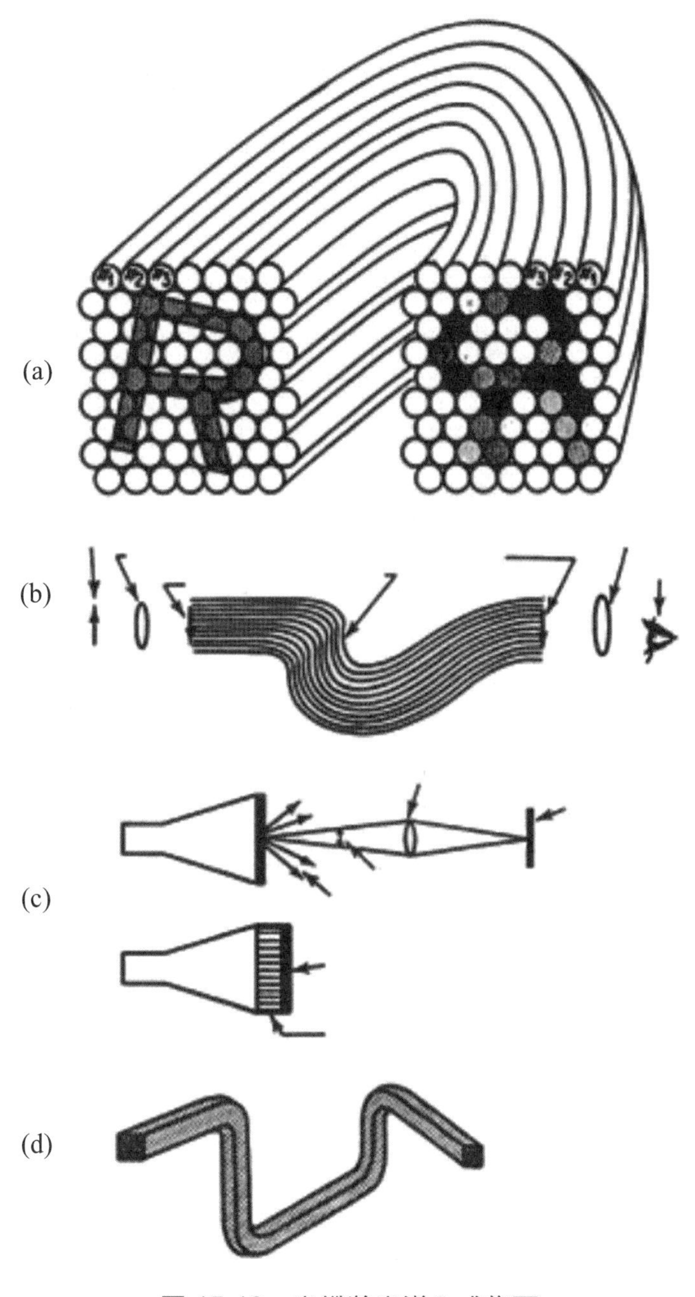

圖 15-12　光纖將光導入成像面

直徑從 0.5 到 1.0mm 的空心玻璃光纖，內部鍍膜，使在 10μm 波長區域傳送高能雷射。這些光纖可以用來保持雷射的高斯分布。

15.4 折射率漸變光纖

光纖主要作用將傳達光功率從一個端點到另一端點，光在光纖末端是均勻的或有效地被變形，但是，並不考慮聚焦；但是折射率漸變光纖是光纖在中心的高折射率，逐外部漸變成低，然後光程穿過光纖將彎曲而不是直線。如果折射率漸變適當地被選擇（從光纖的中心到外徑以半徑的平方近似），光程是正弦的，如圖 15-13 所顯示。這有二個重大作用。起源於點的光線給一個焦點週期性地被帶來沿光纖；因而正透鏡是光纖能形成影像。以 GRIN 或 SELFOC 柱面鏡為例。

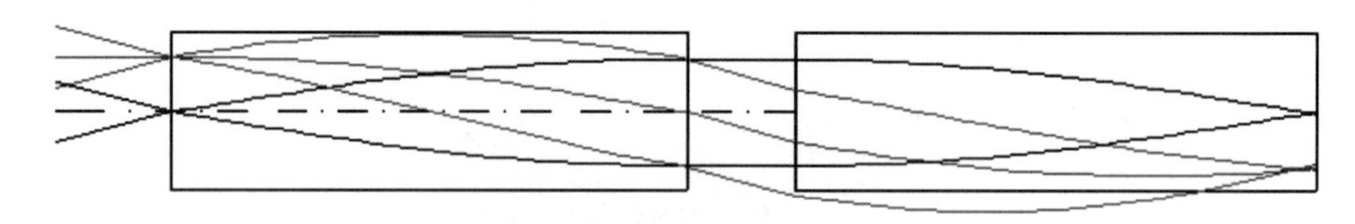

圖 15-13 GRIN 或 SELFOC 柱面鏡

如果折射率被給作為徑向距離 r 功能：

$$n(r) = n_0 (1 - kr^2/2) \qquad \text{式 15.16}$$

然後一把柱面鏡的焦距以 t 的軸向長度：

有效焦距

$$efl = \frac{1}{n_0 \sqrt{k} \sin(t\sqrt{k})} \qquad \text{式 15.17}$$

並且後面焦距

$$bfl = \frac{1}{n_0 \sqrt{k} \tan(t\sqrt{k})} \qquad \text{式 15.18}$$

「週期」正弦光程是 2/k。

因為沿柱面鏡的長度聚焦的作用是連續的，這樣設備和潛望鏡系統等效，柱面鏡的長度對應於二中繼鏡和一個中間域透鏡的長度。可使正像成像區域與柱面鏡直徑近似地相等。緊湊臺式柱面鏡列是（掃描）影印機的基本結構。折射率漸變鏡能作為內視鏡和短小柱面鏡（比長度 1/4）將像一個普通的透鏡作用。後者稱 Wood 透鏡。

這樣折射率漸變的另一個重大方面是，因為光線在正弦路徑移動，他們從未到達光纖的牆壁，對光纖並且不取決於反射在低折射率層數限制。並且，光路徑（折射率時間距離）是同樣為所有路徑；在最高的折射率下，明顯地軸向路徑是最短的。光路徑是定型的，在大的數值口徑下，所有路徑，光行進時間相同；光路徑斜率角度的依長度隨光線餘弦作變化。

光纖通信

對光纖在通信的應用。使用光作為一個極高頻載波，數據傳輸量可以非常高。光纖極低耗損率（每公里 0.1dB 耗損率損失），以便資料可以在 10km 以上長距離的傳輸。

然而，如果可能光程的長度與其他不同，從光纖在光行進的時間因路徑不同而改變。以高數據速率，雖光對行進時間不同區別，但是需要有足夠長度才會使得信號調制到失效斷線的水準。電話和數據傳輸通常不會用光波傳播直接地在光纖下傳，除非因長度考量。除路徑長度之外，另一個故障起因於多數材料折射率隨波長變化的事實，甚而以一個恆定的路徑長度，光路徑是隨波長變化的。通信光纖材料，除低吸收之外，在他們使用光譜的（狹窄的）區低色散的氧化矽（SiO_2）光纖在 1.3μm 波長有近於零的色散作用和在 1.55μm 非常低吸收率。多層纖殼到 1.55μm 有零的色散作用，可使光波 1.3 到 1.6μm 能譜平均化。

15.5 歪像的系統

一個歪像的光學系統是一條主子午線比在其他的水平線放大倍率不同。這樣的設備通常是利用圓柱面透鏡或稜鏡。如圖 15-14，考慮在圖上顯示的一平束光線，左邊為圓柱鏡對這些線相當於平面鏡。然而，右邊柱面鏡對這些光線相當是球面透鏡，因為對左透鏡相當於圓柱面的軸轉 90°。平束光線放大約為 0.5 倍。如果，在另一子午線考慮平束光線，然而，情況卻相反。因為透鏡在左透鏡放大率約為 2.0 倍。因而方形的物件之影像是長與寬比為四倍的長方形。因為圓柱面的聚焦是可變的，子午線放大倍率為平束光線角度的餘弦函數的平方，如果若兩條主要子午線聚焦在同面上，所有子午線都能聚焦。

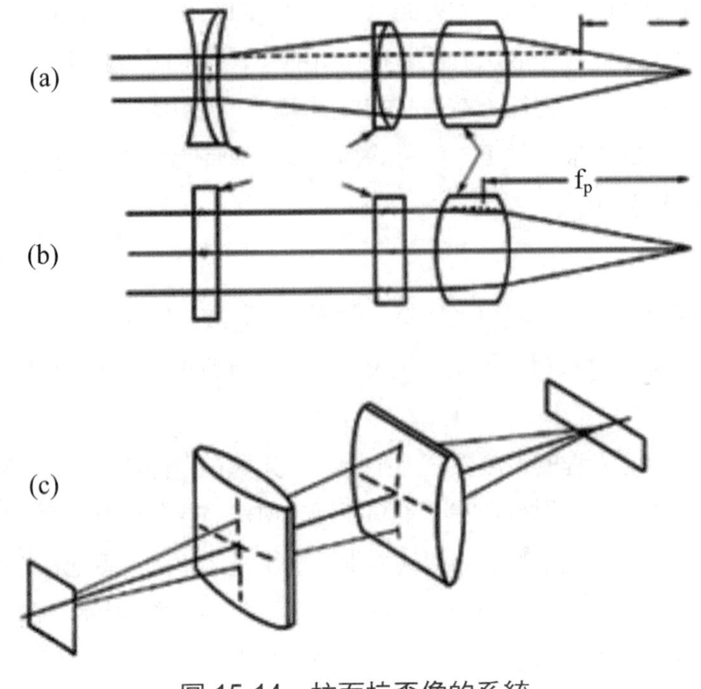

圖 15-14 柱面抗歪像的系統

另一個典型的歪像系統包括一個普通的球狀物端透鏡組成是由一臺伽利略望遠鏡和圓柱面透鏡結合的。其結構明顯的在一個子午線圓柱形望遠系統可縮短透鏡的焦距和在另一個子午線可加寬它的視角。圓柱面透鏡柱面與平面玻璃平行板材是等效的，並且不影響前面透鏡的焦距或覆蓋面。

因此，系統有一方向與前透鏡焦距 f_p 相等，另一個方向，焦距相等與附件的放大率乘以前透鏡焦距 Mf_p。另一例子，逆向伽利略望遠鏡有較小的放大率，且 Mf_p 比 f_p 值小。這是許多用於寬屏幕電影的系統。寬場角用於壓縮以產生大水平視角，用以符合正常影片格式。變形影像進入一個相似的附件投影透鏡被擴展成為正常比例影片。注意這些技術常使用於普通的照相機和放映機設備。

因為一個歪像的成像系統在每個子午線有不同的等效焦距，如果在有限遠處被聚焦，它在每個子午線將要求不同透鏡的轉移聚焦。因而前頭（球狀）透鏡必須與圓柱形組件分開地聚焦（例用改變二個組件之間空間而聚焦），以上述方法改變歪像的比率用在特寫鏡頭，會使得附加光學部分變大的方式。這不是一個普遍的方法可取代。因此改進方法有二：其一是將聚焦的組件置於系統前面。這通常是將一組對焦距較長的球面元件，一正面和一負面鏡，因此，當嚴密間隔他們的放大倍率是零；當在他們之間增加間距，使他們的放大倍率成為正面，並且系統於一個接近的距離聚焦。以上方法實際上是一個準直儀的物鏡組。另一個選擇稱司托克透鏡，包括一個對均等長焦的圓柱面，但放大倍率相反，將此在無限聚焦圓柱形安置二個鏡組之間，當它們的軸傾角和無限聚焦圓柱為 45°時。當二司托克柱透鏡是反轉時，系統的兩個子午線可以調到同樣的聚焦。

Bravais 系統是一個有限共軛物鏡組無限聚焦變倍器。如圖 15-15，Bravais 系統的原則是將一組光學鏡組插入在像方，可增加成像大小，但不會改變影像成像點的光學系統。依照共軛公式這個類型的系統組件之放大倍率可以計算出；將物鏡組設定到像距 T（軌道長度）均等為零的位置（更多組件安排放大倍率以正常扭轉影像，減少影像大小）。如果 Bravais 系統用圓柱鏡製作，影像在一個子午線但不在其他面上，則可以被擴大。

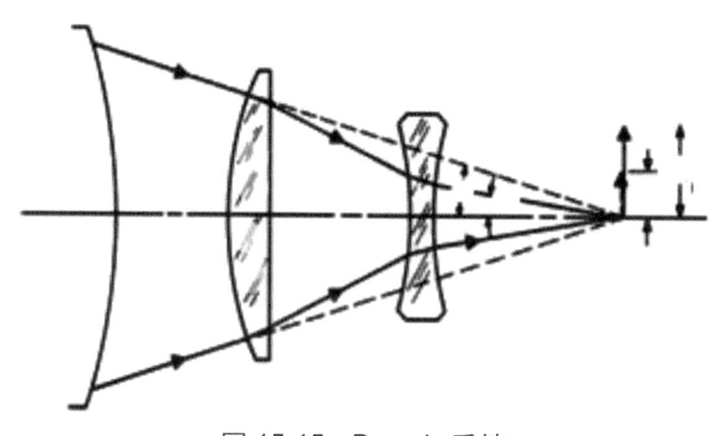

圖 15-15　Bravais 系統

當然一個歪像系統已在電影製作上成功地被使用了。這樣「後方」歪像的附件比在透鏡前面被安置其優點是：等效無限聚焦元件少，因而所占體積較小；這個特點是特別重要的，因為使用長焦點變焦鏡頭，前鏡組像變可以因而減少。另外，沒有聚焦和體積太大問題。

圓柱面透鏡可以應用於直線影像，在此需要一個狹窄的夾縫。圓柱面透鏡形成的一個小光源的影像是由線光源和透鏡的圓柱形表面的軸平行而產生。線的寬度可由一階光學計算出，影像高度是由柱面透鏡的長度限制，或者由另一個安置在 90°柱面透鏡控制。

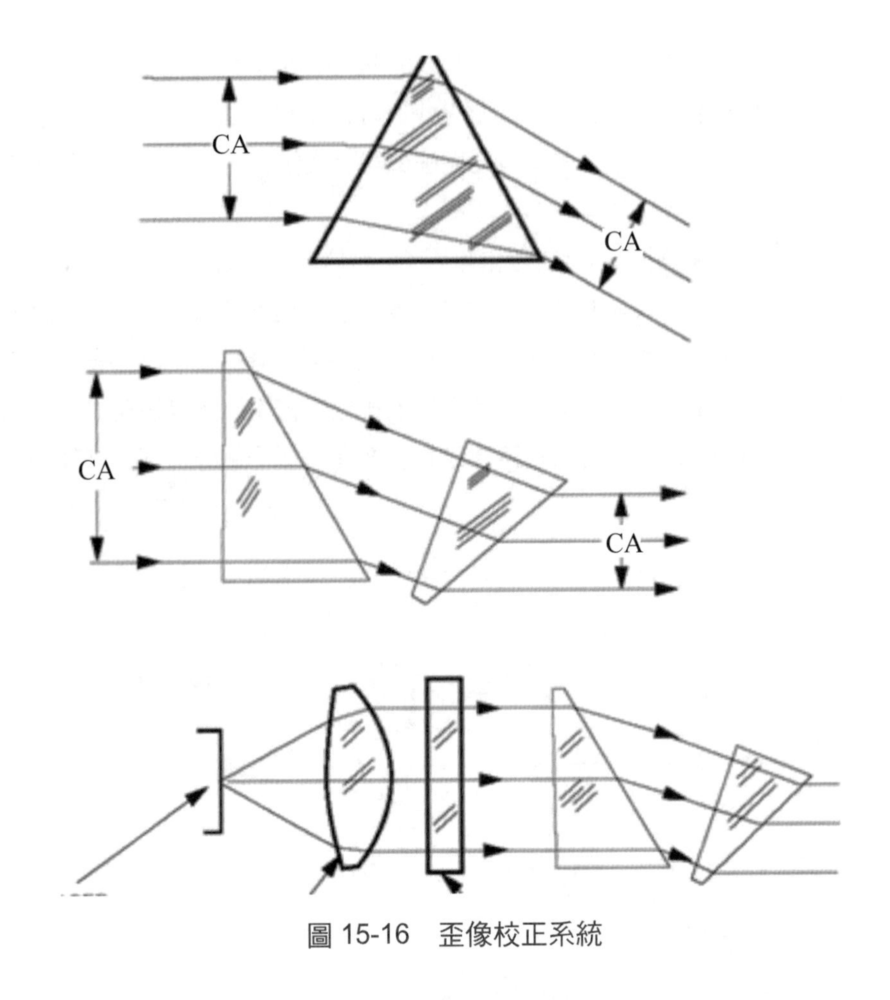

圖 15-16　歪像校正系統

如圖 15-16，稜鏡也可以導致歪像的作用。看見一個無限聚焦光學系統的放大率時由它的入瞳及出瞳直徑的比率所決定。單一折射的稜鏡，除了以不同估量入瞳，以產生最小偏向角之外，並且在出瞳位置子午線產生偏差，而使光束放大，因而單一稜鏡也許使用作為一個歪像的系統。若要消除角偏差，可使用結合雙稜鏡放大，以便取消它們的偏差。

一個複合歪像系統是由二稜鏡製成，在此說明單一稜鏡的作用，因為歪像的「放大」稜鏡是光線進入稜鏡角度的作用，變焦歪像可以通過兩稜鏡同時轉動，在這種情況下他們的總偏差被消除。稜鏡歪像的系統「在焦點」和只有當使用在平行的光（被瞄準的光）可免於軸向像散。稜鏡不同於圓柱形系統，它們不可能通過改變空間聚焦在元件之間。為此，稜鏡可以使用一對可聚焦球狀面鏡將物件先準直而產生歪像。

用於不是單色的系統，須使用無色稜鏡：無性型稜鏡用於射出寬屏幕變體電影；在此應用，每個消色稜鏡組件典型的包括了二個或三個稜鏡元件。這樣設備用在小場角；完全地非對稱性，它有像差所有（異向和平衡）順序，包括特殊方向的側向色差和畸變。

雷射二極體是一個有用的光源，通常有其二缺點：其一，光束有橢圓橫剖面，其二是光源小，但有相當數量像散，因此，出現時不是簡單的點，分散聚焦在水平和垂直位置。例如：二極管準直儀，包括一非球面單鏡、一個長焦的柱面透鏡，以消除光源像散和一對歪像的稜鏡將橢圓轉換成圓形光束。因為雷射為單色光所以無需考慮消色差。

15.6 變焦（變動焦距）系統

最簡單的變焦系統是應用在單位放大倍率的透鏡。如果透鏡被移往物件，影像將變得更大，並且會和物件漸行漸遠。如果透鏡從物件被移開，影像將變得更小，並且會和物件漸行漸遠。因而你也許看到同樣物件對影像距離，但放大率彼此成為倒數，形成共軛對。圖 15-17 可表明這個安排介入的關係。可由薄透鏡式子得到變焦的關係。

因為對變焦系統的商業需求在單位放大相當普通，這個特殊變動焦距系統的適用性是有限的。然而，通過結合移動的元件與一兩個另外的元件（通常負號相反），變動焦距系統可以在任一組期望共軛套得到不同倍率焦距。每個系統移動的透鏡經過它運作的點逐倍放大。通過增加一正面或負目鏡組或通過簡單調整系統，達到最後透鏡的放大倍率，如圖 15-18 示，望遠鏡或無限聚焦的附件。

但在二段變焦系統相當有用，如果系統只要求二個焦距（一次連續的「迅速移動」的動作不是必要的）。因二段變焦系統比在連續變動焦距在設計和修造是容易和便宜的。因此，在考慮真實的變動焦距是否在一種特定應用真正必要，或者只要有二放大焦距或放大倍率就夠用了。

所有變焦系統與一個移動的組件有影像偏移，並有同一個典型關係和放大（或焦距）。因而為一個非補償「唯一透鏡」變動焦距系統，可以在確切的焦點的二放大率有至多影像。在其他放大倍率影像離焦的情況，可以被用二種方式減緩。「機械上補償的」變動焦距系統是引進一個元件位置補償量消除系統的離焦。圖 15-19 因為補償的元件的動線是非線性的，鏡組安置鏡身凸輪機構上，因此稱為「機械補償」。

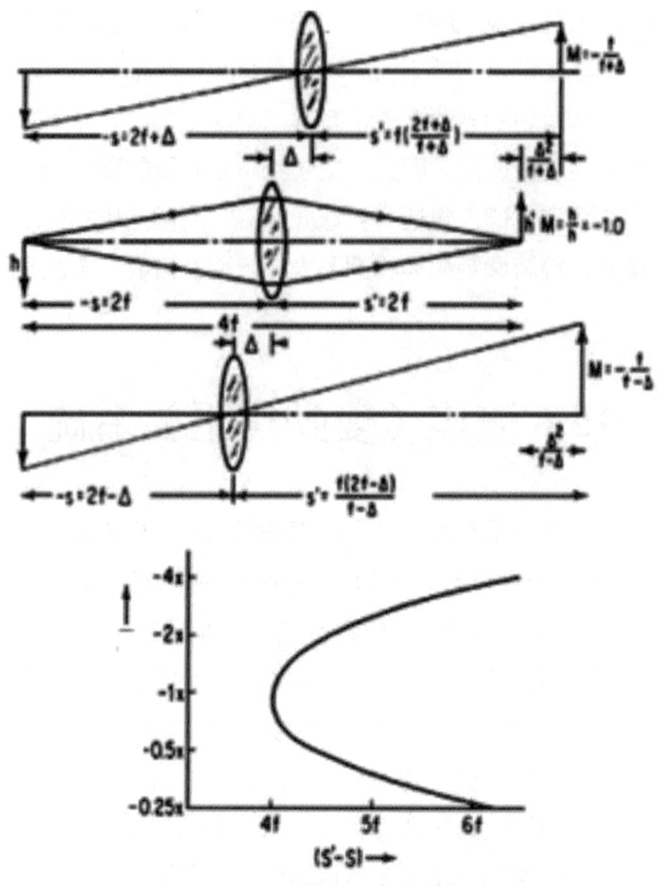

圖 15-17　基本焦率改變系統

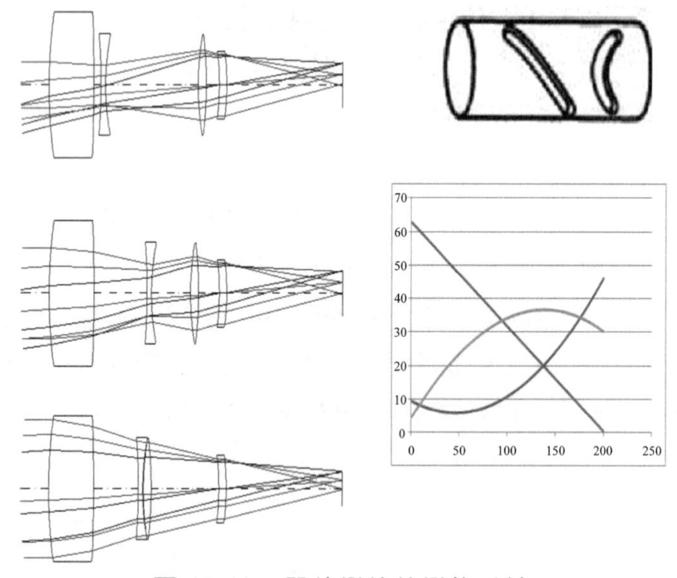

圖 15-18　單位變倍的變焦系統

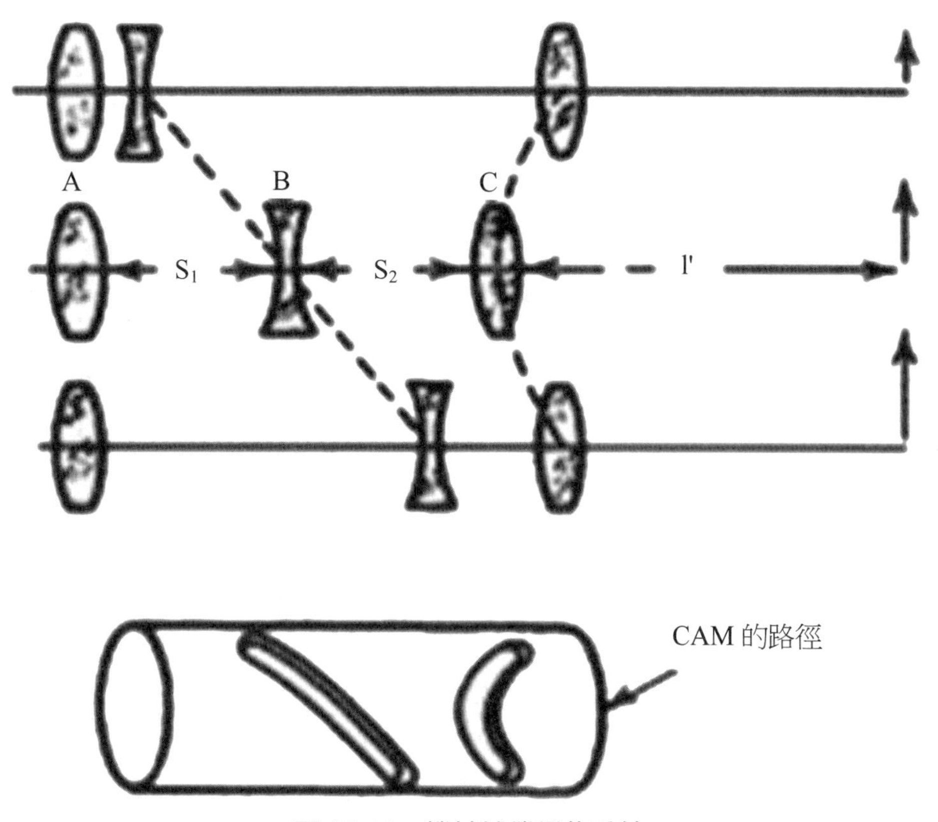

圖 15-19　機械補償變焦系統

如圖 15-18 在變動焦距系統，移動的元件，當然會使得光線高度、角度等改變。它是明顯的與一個唯一元件（分別）將相應地變化 $y^2\phi/V$ 和 $yy_p\phi/V$ 的比例成為軸向和側向色差貢獻。因此，為了通過變動焦距達到一個充分的消色系統，必須使每個組件單獨地消色差。然而，雖然小量色差可以經常在公差內，單鏡組也是經常有的。

通常系統以薄透鏡作為初階設計，並以一階光學計算。例如：一為 ϕ_A 任意值，第一個元件的放大倍率，然後確定 ϕ_E、ϕ_C 和間距為「最小的移動量」設定。要發現間距為移動的透鏡的其他位置，選擇適當值為一空間並且為補償的元件的位置解決維護最後的焦點在從固定的元件的同一個距離。

各元件之位置可由下敘述推導出：

ϕ：總曲率（1/efl），是系統的「最小的移動量」

M，放大倍率比是由在 $S_1 = 0$ 曲率與在 $S_1 = (R-1)/R\phi_A$ 曲率之比值

在此 $R = \sqrt{M}$

若 ϕ_A 為第一個元件的曲率被設置 $\phi_A = (R-1)/R(S_1+S_2)$ 的可控制 (S_1+S_2) 長度的

「最小的移動量」

$$\phi_B = \phi_A(R+1) - (1-M)/R(S_1+S_2) \qquad \text{式 15.19}$$

$$\phi_C = \frac{(\phi_A+\phi)R(R+1)}{3R-1} \qquad \text{式 15.20}$$

由上二式可得「最小的移動量」位置。

如圖 15-19 移動透鏡 C 可以算出和透鏡 A 的距離，是依據透鏡 B 被移動到聚焦位置。

以上為三個組件的變焦系統，任何二個組件，如果在它們之間改變空間，只有二個組件是必要做機械上補償的變焦鏡頭。依據一階光學公式，可改變有效的焦距。當然，後焦距也可改變，並且和整個系統將必須移動，已維持焦點。如果一個組件是正面和另一負面鏡，它通常結果是很有用的。無論哪一面鏡在前，曲率可依大小和焦點長度而估算。許多更新的 35mm 照相機的變焦鏡頭是這個類型。

許多較新的變焦鏡頭設計有超過二個移動的組件。使用透鏡額外動作使焦點相近，可用於通過變動焦距改進影像質量或穩定影像質量。

減少焦點轉移的另一個技術在變焦系統中稱光學補償，如圖 15-20。如果二個（或更多）供選擇透鏡與相關一起連接並且在他們之間透鏡移動，有超過二個放大倍率之間，影像有同一確切的焦點。這樣的系統有兩類。如圖 15-20，第一個和三階個元件連接並且移動導致變焦作用。第二個元件、其他元件和影片平面全部保持在一個固定位置。這個類型系統所引進的影像面聚焦位置是三次曲線。安排放大倍率和空間因而是可能的，以便影像在確切的焦點為三個位置在變動焦距。在這些離焦點之間很大地減少與被描述的簡單系統比較上面，並且，如果放大倍率的範圍普通，並且系統的焦距是短的，非線性補償的動作其中一個元件不是必要的。第二個系統，影像的動作是依據高階曲線，並且在焦面上有四交點，聚焦位置可以補償；餘像最小的移動量是關於以上系統的 1/20。結果它的最大數字確切的補償與易變的空間數量是相等的。（如圖 15-20，並且影像聚焦面為一拋物面，因為只有二個空間可以補償。）

它最初被認為生產一個機械上補償的變焦鏡頭幾乎是困難的，要求精確度到一個難達到的水平，因為凸輪等，組件夾具以用途，不可能被維護。這假定結果不正確，因為機械上補償的變動焦距系統已被廣泛應用。反而，光學補償是少見的，其原因為放大倍率和空間布局的要求達到光學補償是極端嚴密的，並且設計師要具有維護組合的修正及變動焦距範圍中制約透鏡的曲率。另外，光學上補償系統的大小大於等值的機械系統上補償。雖然，光學上補償的透鏡與它簡單和技術層次低，且不昂貴製造，若大小不是問題，有效地光學補償的變動焦距並不普遍。

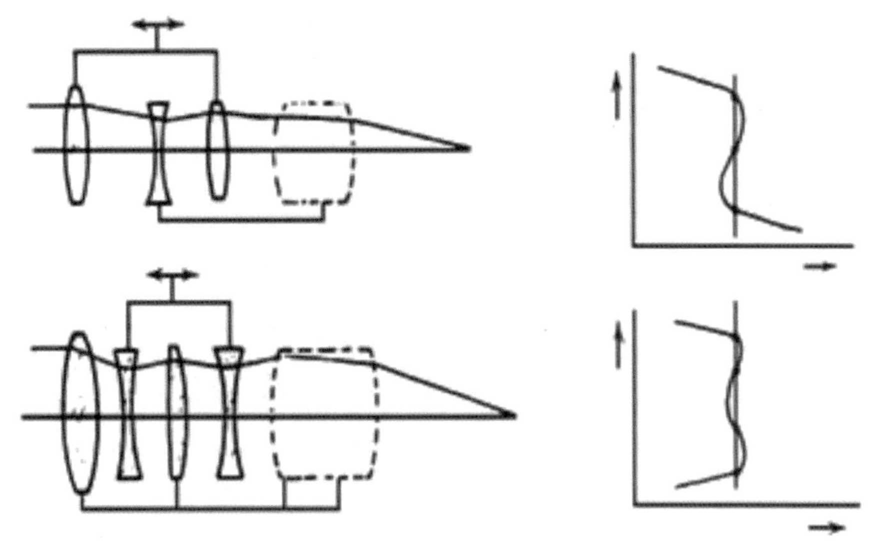

圖 15-20　光學補償變焦系統

在變動焦距系統，假設各元件組合以一個固定式第一個元件的焦距，及在後其他透鏡組和最後的元件相對任意移動以改變的關係，以保持各變倍焦點在同一個點；這樣整個系統變動焦距（或放大倍率），可引進相當數量影像偏移。然而，因為物件在關於其他元件位置上變化將轉到第一個元件的焦點位置，變動焦距系統對物件位置是敏感的。為了維護精確補償，多數變焦鏡頭通過移動第一個組件的元件代替其他組件聚焦以抵銷聚焦作用。如在前節歪像的系統，主要以物鏡作準直。

15.7 照明裝置

15.7.1 探照燈（searchlight）

探照燈本身有著一小光源至於透鏡或反射鏡的焦點上，則其會成像發射於無窮遠處。一個常見的誤解，認為其發射光線為一在無窮遠處有著不變的直徑和能量密度的平行光束。

的確，在光源上的任一點是會形成平行光束而出。然而，在光源上任一幾何點由於面積是零，故必是發射零能量，如此一平行光束也必是零能量。

由圖 15-21 中，一光源 S 位於透鏡 L 之焦點處，則成像（S'）會在無窮遠處。而光源對透鏡展開一角度α，像也對透鏡展開一角度α。在光軸上的照度會是由像之亮度和像所張之立體角決定。如此，對於一個靠近透鏡的點，照度為：

$$E = TB\omega \qquad \text{式 } 15.21$$

這從式 15-22 中重寫為一光度符號而更改，且加上一系統穿透率 T。B 為光源 S 亮度（像和物之亮度相等）。ω為像所張之立體角。現在來看透鏡上一參考點，可看出由透鏡對像 S'和透鏡對光源 S 所張之立體角是相同的。而 S'是位於無限遠處，當我們移動這參考點遠離透鏡一很小距離，這角度是不會改變的，而照度仍是不變的。然而在距離 $D = \frac{\text{lens diameter}}{d^2}$，光源成像會有著等效於透鏡直徑大小的角度，而當點離越遠時光源照射之立體角會被限制於透鏡直徑大小。此立體角就會等於 $\frac{\text{lens diameter}}{d^2}$，而當處於 D 之後的照度其會隨著距離透鏡的平方而降低。如此探照燈的照度公式如下：

$$D = \frac{\text{lens diameter}}{\alpha} \qquad \text{式 } 15.22$$

$$\text{for } d \le D\text{: } E = TB\omega = \text{(a constant)} \qquad \text{式 } 15.23$$

$$\text{for } d \ge D\text{: } E = \frac{TB\,\text{(lens area)}}{d^2} \qquad \text{式 } 15.24$$

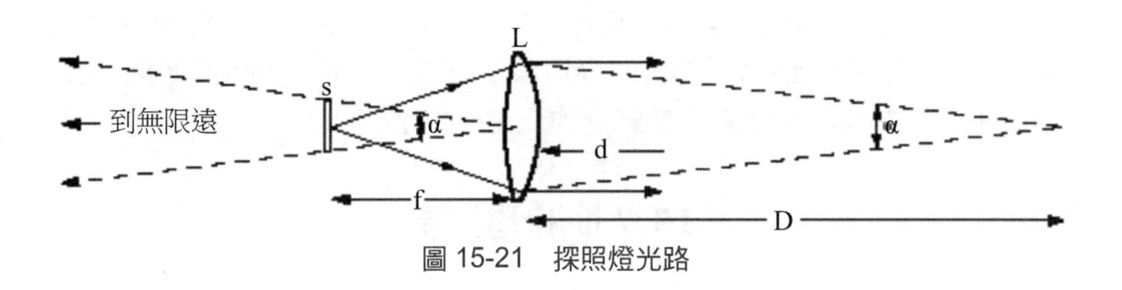

圖 15-21　探照燈光路

在這裡所用的一般性技術可以被應用至大多數的照度問題，在此敘述一般性於下：

為了計算一點之照度，必須要計算出由一點光源成像之大小位置。找出系統之孔徑和光窗（相對由此點所看）。此點的照度是由以下的乘積而來：由此點對於系統經過孔徑光窗所看的系統穿透率、光源亮度、光源面積所張之立體角再乘上 cosine 入射角。

當點（在光束之內）位於臨界距離 D 之後，這時探照燈就猶如其光源直徑會等於透鏡大小而亮度為 TB。如同 6.7 節所提，此種觀念在計算像點上照度時相當有用；有時也可用在非像點之上。

探照燈的光束燭光功率（beam candle power）為光源在很遠距離上可產生相同照度的光源強度。一點光源有著強度為 I 燭光會是每球面度發射著 I 流明。一個 1 平方英呎面積在距離點光源 d 英呎遠會有著 I/d^2 的球面度和每單位平方英尺的 I/d^2 流明（呎燭光）。由式 15.24 我們可以決定所需的燭光功率 I 當探照燈的照度相等時

$$E = I/d^2 = TB(\text{lens area})/d^2 \qquad \text{式 } 15.25$$

光束燭光功率：

$$I = TB(\text{lens area}) \qquad \text{式 } 15.26$$

I 為單位球面度之流明。注意透鏡面積單位需和光源亮度相符。

15.7.2 投影聚光鏡（Projection condenser）

Köhler 型投影聚光鏡，如圖 15-22。其目的為將像投影至一幕上。這可藉由放置一散射材料於幕上來達到成像。

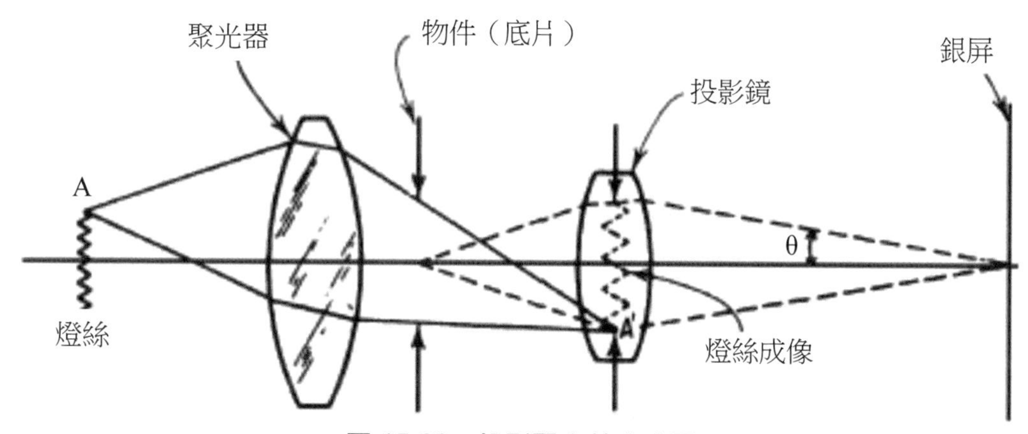

圖 15-22　投影聚光鏡光路圖

由於次散射材料可使像達到最大亮度，其可視為只比光源相當小一些，而使我們可見成像。聚光鏡的功能為將光源之成像位於投影透鏡之孔徑上，使得透鏡孔徑有著和光源一樣之亮度。由式 6.14 其立體角為幕對投影透鏡上之光源成像所張之立體角。則最大幕上照度可藉由限制投影透鏡的孔徑來達到。如果要求在幕上邊緣也有著最大照度，這需要所有的點都在視場角（field of view）之內，而聚光鏡得夠大而不至於產生遮罩。在這要求之下，在幕上邊角處所對應的透鏡孔鏡邊緣不產生遮罩會是個高要

求。當然，cosine-fourth 會降低你的邊緣處照度。

由以上來看，可以斷定一聚光鏡有著有效足夠放大率時，則在一很小的光源所成之像會是有效足夠的入射投影透鏡孔徑。所需的照射圓錐角可由幕之間以及幕和透鏡孔徑（換言之為光源之像）距離來決定。在第 2 章我們發現放大率為 $m = h'/h = u/u'$。在 Abbe sine 條件下使用 $m = \sin u/\sin u'$。由於 $\sin u'$在此處已被光罩所固定，代表著大的放大倍率需要大的 u 值。u 值最大可至 90°。這也限制了放大率的達成，其限制可表示如下：

$$\frac{P\alpha}{nS} \leq 0 \qquad \text{式 } 15.27$$

P 為投影透鏡孔徑，α為一半的投影角度，n 為光源所在的介質之折射率（一般為空氣中 $n = 1.0$），S 為光源大小。要使式 15.27 之值超過 1 是不可能的，在一般的系統大多為 0.5。注意其值為 0.5 等效於 f/1.0，而放大率為 1 等效於 f/0.5。

當光源有著不規則形狀 LED 燈泡為例。式 4.13 的立體角如同所預測的決定，其是由白熱燈泡所分開的實際像面積和幕之距離平方來決定。

15.7.3 望遠鏡亮度（Telescope brightness）

由眼睛所看到像平面之一部分亮度會是眼睛孔徑的函數。由式 6.14 可知視網膜決定了其照度。當眼睛使用一個光學儀器時，例如望遠鏡，儀器的出瞳會座落於圖像上。如果出瞳大於眼睛則由儀器所看到物體表面亮度會等於物體之亮度，而由視網膜孔徑所張之立體角不變。當儀器之出瞳小於眼睛時，則物體表面之亮度會隨著孔徑的面積相對減少。在物體和成像的亮度關係例外的是當物體小於光學系統的繞射極限（如星星）。在一非擴展光源中，所有視網膜成像的能量都集中於少數視網膜接受器，當放大率和望遠鏡的孔徑增加時，出瞳直徑仍然不變，其有效接受面積增加，則有愈多的能量集中於相同的視網膜細胞，其結果導致於增加來源的表面亮度。例如一個高功率的望遠鏡使用很大的孔徑，在白天可以看到星星，是由於星星的表面亮度增加，而天空（寬廣光源）的亮度則未增加。

參考資料

W, Smith, *Modern Optical Engineering: The Design of Optical system*, 3rd, Ch.13, 2001.

習題

1. 簡述影像重合測距儀原理。
2. 簡述變焦鏡組原理。

軟體操作題

1. 用光學軟體設計影像重合測距儀。
2. 設計一變焦鏡組。

II. 光學機械設計原則

第十六章　光機電系統的環境和材料

16.1 光機電重要案例——哈伯望遠鏡

在前面章節中提到的光學原理是光機電的基礎，但是其中的光學系統是架構在金屬或其他材料上。因此，在考慮一個光機電系統必先考慮材料結構，及在使用時周遭的環境，可以外太空、高空、陸地、海面及深海運作；一個產品在出廠時，都需要有環境之條件，任何系統在工程化時，必須考慮到環境參數的極限，以使系統功能在操作範圍內正常運作；但因為光學元件及儀器的耐久性和常用性是會因光機的環境和材料以及材料的光機特性兩個因素影響：在此，先討論光機的環境物理因素。光機電系統的環境和材料上的參數是系統成功被使用的重要參數。

哈伯望遠鏡的研發過程是一個很好的案例，在 1990 年發射升空到距地面 353 miles（569 公里）軌道上；因為望遠鏡是在大氣層以下，可以避開大氣層吸收，或因為折

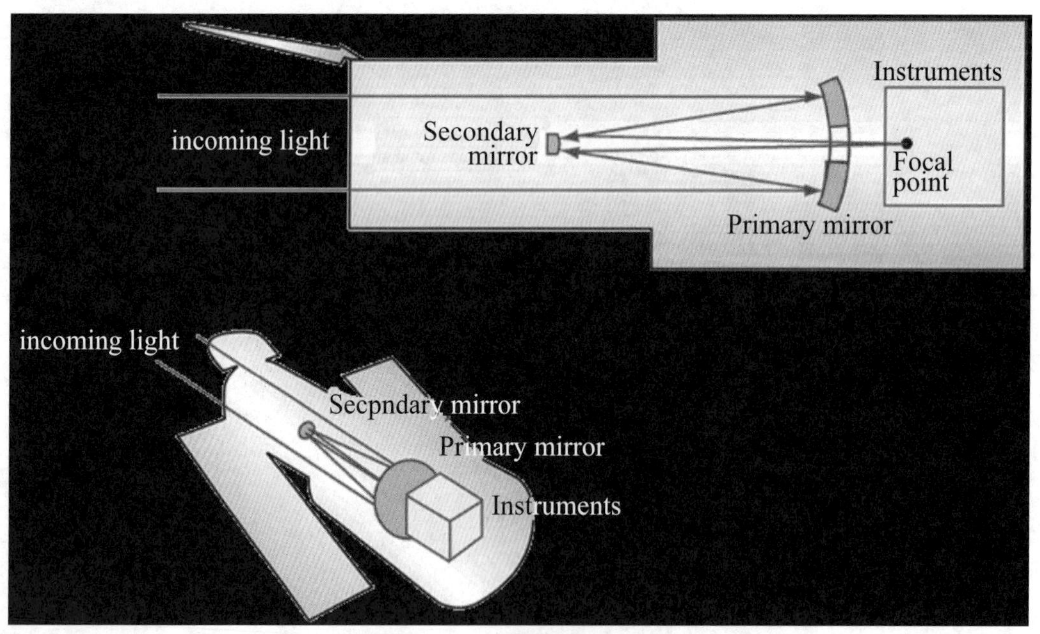

圖 16-1　哈伯望遠鏡簡圖

射率不同所產生畸變等像差，一方面可以觀察地球即時影像，另一方面可以對星球及廣大環宇觀測，在傳到同步衛星，再傳回地面上（如圖 16-2），對一個 10 米（如 20 章）地面望遠鏡清晰許多。每 97 分鐘，哈伯望遠鏡繞地球一週，每秒 8 公里，在 10 分鐘可以橫跨美國。

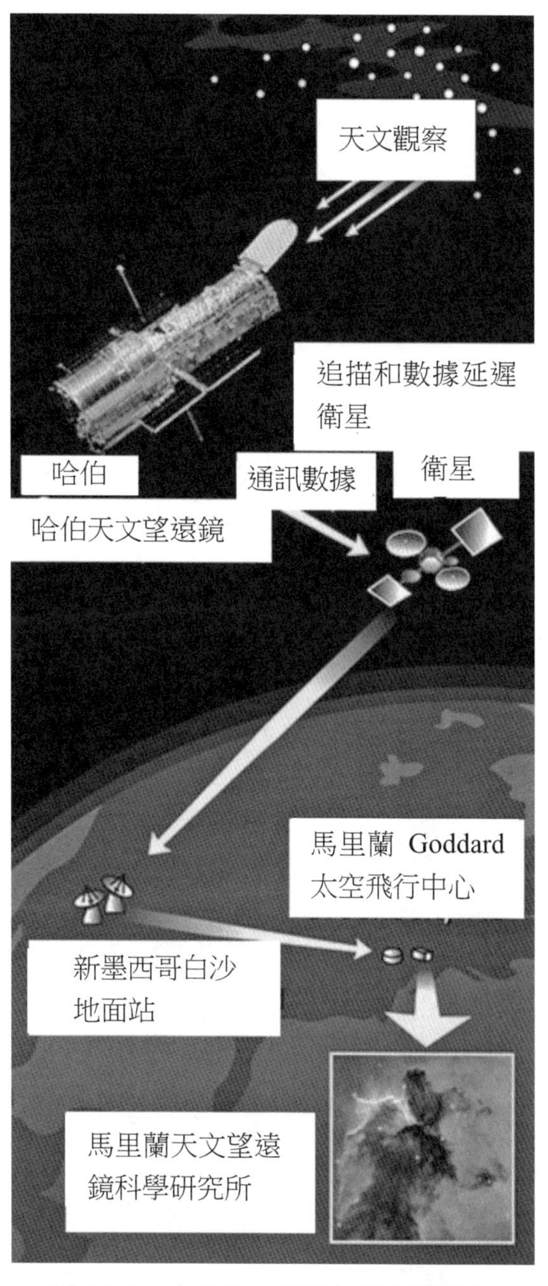

圖 16-2　太空天文望遠鏡的觀測系統

但是，由於它升空後，雖在正確的軌道上，但卻使回傳影像不如預期，由回傳資料比對後，研發團隊發現，CASSAGRAIN 的第一面鏡具有球差，全鏡面球差其值大小為一片紙厚的 1/50 誤差約 5μm 球差，而產生影像模糊的現象。為了解決失效等問題，於 1993 年另一批太空科學家搭冒險家太空梭，將COSTA球差校正模組並加入並調校，使得望遠鏡恢復功能。1994 年美國太空中心重新得到原來哈伯望遠鏡該有的影像，後續美國多次派太空人乘坐太空梭維修或加裝儀器到哈伯望遠鏡上。

圖 16-3 為一 1990 年傳回的影像，下圖為修復後傳回的影像，由於其性能已達到應有之功能，同時其影像可供在望眼鏡中補捉影像，供在望遠鏡中的其他儀器作分析；經過美國團隊檢討，發現第一面鏡和第二面鏡分別在二個光學廠製作，但是，因為哈伯望遠鏡因為次鏡組在製作時所用校正標準桿被一個保護蓋罩住，而製作人員也一直將參考點對準保護蓋罩外殼的某一點，未對準校正標準桿面，而保護蓋和校正標準桿面正好差 1mm；導致工件無法達到原有的規格，而在發射前又沒有作組合測試，導致後續補償花費極大的代價；雖然，最後達到原有的功能。

由以上的案例可知，僅是 CASSAGRAIN 望遠鏡第一面鏡的 50μm 球差，卻無法達到原初的功能，這就是光機電實作的一個案例；總之，在一個光機電系統必須先考慮環境和材料，才不致花更多事後的補償作為。

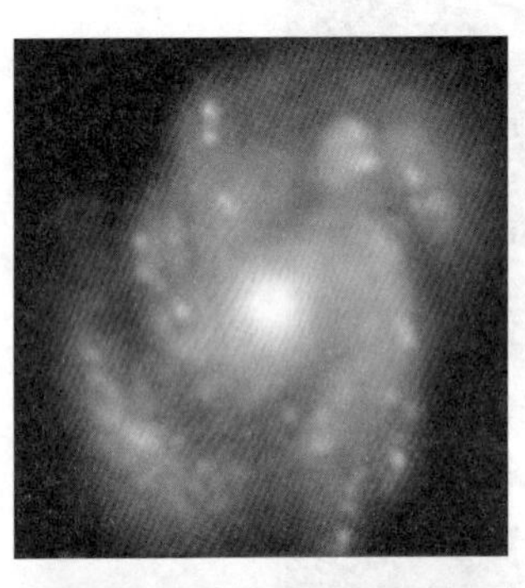

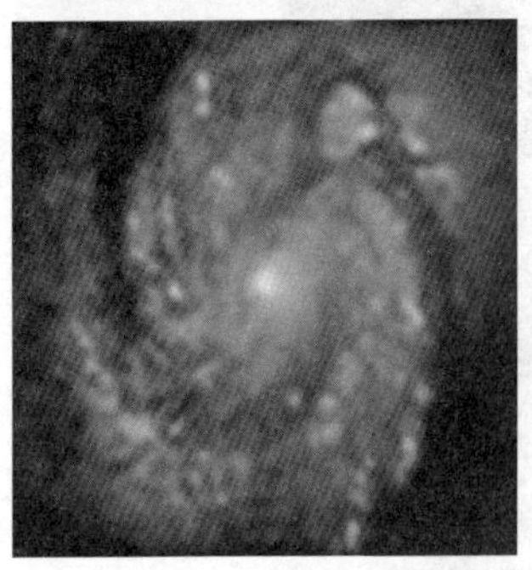

圖 16-3　由哈伯望遠鏡在修護前（上）和修護後（下）影像

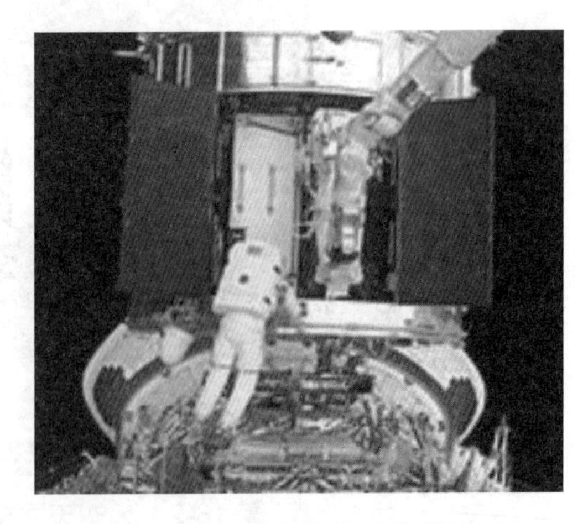

圖 16-4　太空人修理哈伯望遠鏡

16.2 環境物理因素

圖 16-5 為美國國家標準局所公布的大氣垂直溫度的分布，由溫度對垂直高度顯示溫度的變動可以在攝氏溫度 100 度之間。因此，一個光機電系統，在使用時必須考慮外在所處環境的物理因素，這是影響光機電系統能成功運作的重要因素。

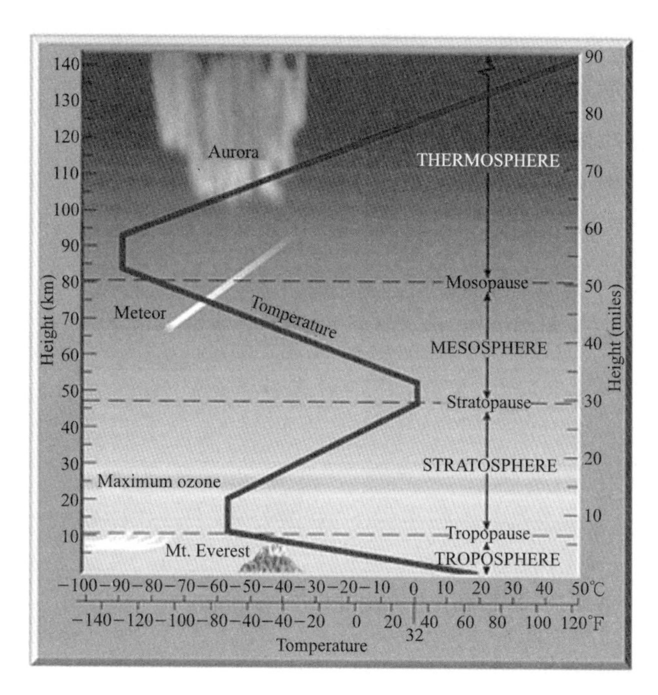

圖 16-5　大氣垂直的溫度的分布

太空攝影系統，如哈伯望遠鏡而言，因為是在大氣層外，要忍受非常嚴格的環境需求：因此要滿足環境因素，其中包括：溫度、壓力等，是環境中的基本參數，尤其是太空梭在火箭發射中振動、衝擊及大氣壓忽然改變，在系統中都是需要考慮的。

以下將依續討論環境及系統的各項因素。

16.2.1 溫度

任何的機械材料都會受溫度的熱效應影響，多數的物質在溫度上升時會伸長，其主要的參數如下：依照 Maxwell 定義「物體的導熱狀態對其他物體的聯絡曲率的參考」。

標度的互換式如下所列：

攝氏 CLELSIUS 和華氏，℃ = (5/9)(°F − 32)

攝氏 CLELSIUS 和凱爾文，K = 273.16 + ℃

物質的熱作用有以下三種：

1. 傳導：直接通過物質或橫跨不同的物質之間的介面而由分子或原子碰撞而將熱傳遞。
2. 對流：調動由更熱的物質散發的物質環境影響溫度。
3. 輻射：吸收熱的實際動作在A被測量的溫度是穿透毗鄰物質或空間和由另一物質吸收在更低溫度以這一種方式達到熱平衡。

正常環境影響溫度範圍如下：

- 溫度極端的對抗地球上：生存從 −62℃（−80°F）對 71℃（160°F）
- 操作（由人）從 −54℃（−65°F）到 52℃（125°F）溫度在大氣之內在比例極限。

如圖 16-6，在太空使用的儀器，或是軍品都是需要通過嚴格的溫度範圍操作，才能真正被使用。

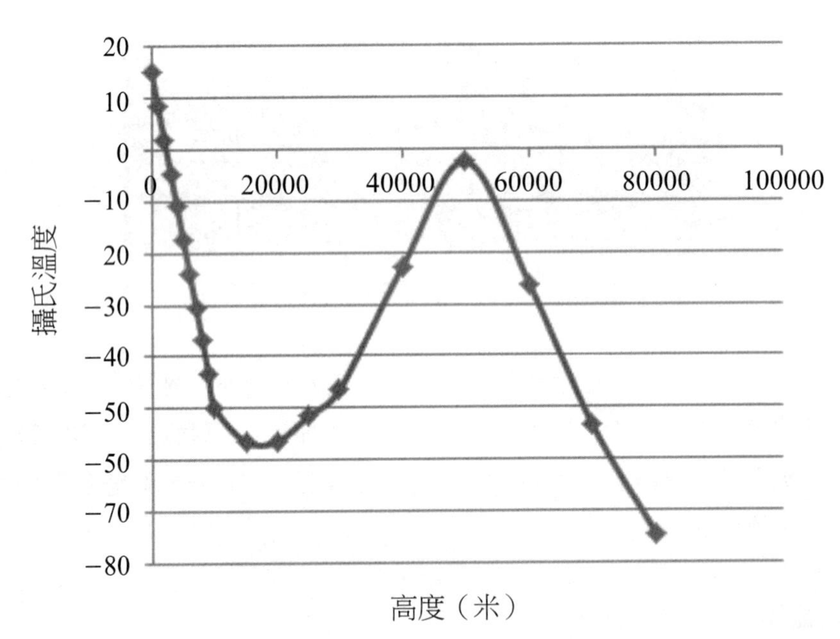

圖 16-6　美國 NIST 大氣垂直的溫度的分布

16.2.2 大氣壓力

氣壓的國際單位是帕斯卡（或簡稱帕，符號是Pa），指氣體對某一點施加的流體靜力壓強，來源是大氣層中空氣的重力，即為單位面積上的大氣壓力。在一般氣象學中人們用千帕斯卡（KPa）、或使用百帕（hPa）作為單位。測量氣壓的儀器叫氣壓表。其他的常用單位分別是：巴（bar，1bar＝100000帕）和公分水銀柱（或稱公分汞柱）。在海平面的平均氣壓約為101.325千帕斯卡（76公分水銀柱），這個值也被稱為標準大氣壓。另外，在化學計算中，氣壓的國際單位是「atm」。一個標準大氣壓即是1atm。1個標準大氣壓等於10.1325帕，1.01325巴，或者76公分水銀柱（Hg）。

如圖16-7在光機電系統使用時，必須要考慮壓力的參數，若是太空梭或的飛機時，艙內和外壓力差大，因此，其機窗必須使用強化玻璃；另外，一個觀測系統內部為保持內部不受潮必須內部充氣以使得內部不受潮；使用時，若是封閉的系統一有漏氣，也容易造成內部光學鏡片及光機的汙染。

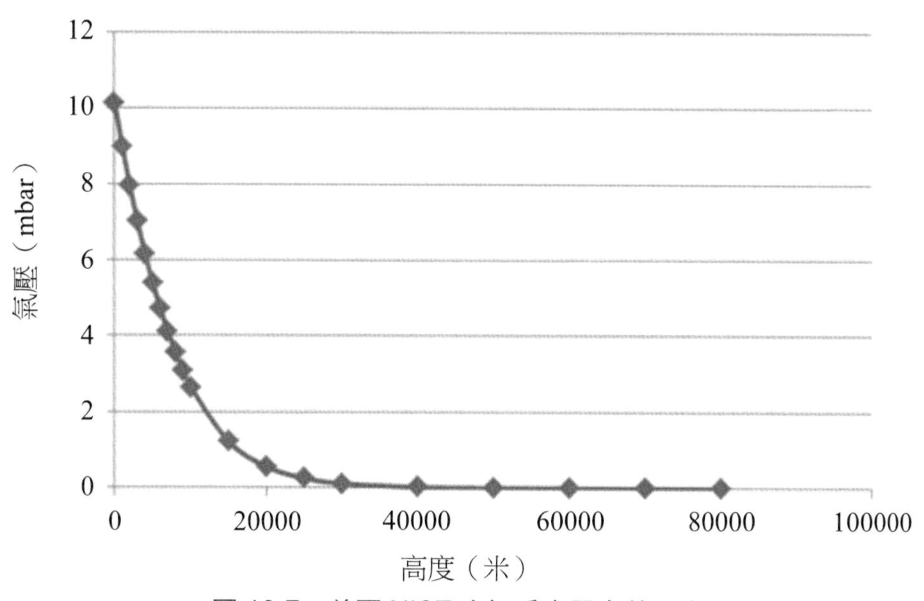

圖 16-7　美國 NIST 大氣垂直壓力的分布

16.2.3 振動及衝擊

振動及衝擊是從軍規需求到現代各電子儀具、機械工廠器具都必須考慮到的環境因素；環境模擬試驗的重要性自不待言，而屬於動力環試的振動及衝擊試驗是最被經常用以驗證產品品質的技術，各試驗的規格訂定、試驗執行及最後的報告都相當專業。

在光機電系統使用時，必須要考慮振動及衝擊，尤其是戰車，軍艦等武器用之光電系統，或是太空梭或飛機升空時都有振動或衝擊，光機電系統都要確保在振動及衝擊後功能仍然正常。

因此，在光機電系統使用時，要計算阻尼大小並估算振動及衝擊的最大容忍時間，用以作機械設計和材料選擇和參考的參數。

16.2.4 溼度效應

概括大氣中的溼度會影響人們對溫度的感覺。高溫時，人體散熱需通過汗液將熱量排出體外。如空氣溼度較大，汗不易揮發時，人就感到悶熱，感覺溫度往往比實際溫度高。所以在高溫條件下，地面河湖眾多，水面面積較大會使空氣溼度增大，進而影響到人們對氣溫的感覺。溼度的這種影響稱為「溼度效應」。

在計量法中規定，溼度定義為「物象狀態的量」。日常生活中所指的溼度為相對溼度，%rh 表示。總言之，即氣體中（通常為空氣中）所含水蒸氣量（水蒸氣壓）與其空氣相同情況下飽和水蒸氣量（飽和水蒸氣壓）的百分比。溼度有相對和絕對溼度兩類；在海島地區相對溼度在 70%，在乾燥地區為 5%；但是在颱風或下雨前相對溼度可達到 90%。溼度效應和溫度有關——溼度效應的概念，即降水中穩定同位素比率與大氣的溫度露點差ΔTd 存在顯著的正比的關係。

溼度效應的處理：在溼度高的海島地區，尤其對光機電系統中光學鏡組和電路板常會因為溼度高而使得水氣進入系統，而導致光學鏡組內部長霉或使電路板損壞；因此，一般處理的方式是光學鏡組採用氣密方式或充氮氣，在材料上必須能防氧化或其他防鏽處理的程序，或放入乾燥劑等。

16.2.5 浸蝕效應

浸蝕效應主要是因為光機電系統的表面缺陷、夾雜物、偏析區等被浸蝕劑有選擇性的浸蝕，經過年日，而表現出可看得見的浸蝕特徵。主要原因有二：其一是由於系統是在海水中，或是長時置於酸或鹼性溶液中。易造成光學鏡頭鏡面毀損，電路短路，或因浸蝕效應造成機械結構損壞；另一是物理因素，主要是因為材料在使用時因外在環境，如沙漠操作的系統，易受沙的長期磨損，而在系統造成表面粗糙。因此，在光機電系統使用時，必須要考慮使用防浸蝕效應的材料。以確保系統正常。

16.2.6 汙染效應

汙染效應主要是來自環境對光學及機電系統；主要是因為環境的化學物質直接或間接和系統作用。汙染物負面影響身體健康。有毒的化學物質包括核廢料、鉛、食物和水汙染等影響。

在光機電系統使用時，必須要考慮汙染效應，使用無毒的物質，用以作機械設計和材料選擇和參考旳參數。

16.2.7 花粉效應

花粉效應是指水果栽培學上講的植物開花期，如果有同一科的其他植物花期重疊，一個物種的花粉會黏連在另外一個物種的柱頭上，雖不能使那個物種產生雜交現象，但仍能使得那個物種的果實具有另外物種的風味。比如梨樹水果開花期，如果附近有梨樹花期重疊，這棵樹的果實會具有水果的味道，但同時也在空氣中產生有機的自由基，這些自由基極容易和系統產生作用而形成穩定的化學物；但是，對於鏡頭的鍍膜層因為有機的自由基形成有機化學物，改變折射率和穿透率，使系統無法保持應有的功能；例如：影像模糊。因此，對在室外及農用光機電系統，必須在外部有花粉效應防護處理，如：使用穩定的無機材料，避免花粉效應，及常常清潔系統

16.2.8 腐蝕效應

腐蝕是自然現象，不可避免，僅程度的差別而已。防蝕工程師會利用不同的方法減緩其發生速率，而位於海水中的構體其腐蝕情形最為嚴重，故必須專門處理，加以保護以達使用壽命。

光機電系統座之鋼鐵結構在海水中有自然腐蝕的傾向，海水之流速、酸鹼度、含氧量等所形成之綜合效應，會在鋼體表面形成局部電解，同時深入內部，以致穿孔，而造成結構之快速破壞。腐蝕為一電化學反應（e.g. $4Fe+2H_2O+8OH+O_2 \rightarrow 4Fe(OH)_3$），而海水中的氯離子（$Cl^-$）又是好的腐蝕催化劑，因此若不加以防止、此反應會繼續

進行而造成鋼鐵結構的快速破壞。

在光機電系統使用時，必須要在金屬作防自然腐蝕，尤其是戰車，軍艦等武器用之光電系統，確保能長期防腐蝕。

16.2.9 刮傷及侵蝕效應

刮傷及侵蝕效應（或長霉）會影響光機功能，尤其對望遠鏡而言。需置於乾燥的環境下，避免主鏡長霉。光機電的光學鏡頭需要有類碳鍍膜以減少刮傷及侵蝕效應，若光學鏡髒了，避免用手觸摸，可先用氣刷將灰塵吹掉，再用無水酒精輕輕清洗。

16.2.10 高能輻射作用

輻射效應是指光線同物質的相互作用。所有的光線，不管是帶電的或是不帶電的、是粒子還是電磁波，它們都能與物質發生相互作用，當穿過物質時，或者是被物質部分或全部吸收，或者是從一定厚度的物質中穿透出去。尤其在核電場所使用的監視系統，常因為常期接受幅射，而使得鏡片功能逐漸使鏡片出現黃色或穿透率降低，都是要考慮因素；在設計時要採用幅射鏡片。

16.3 材料重要機械特性參數

以上為光機電系統之外參數，而構成光機電的結構的是材料，而材料可否能和光學鏡組能夠配匹配，且能耐環境的影響，是光機電能產品化的另一關鍵因素。在此，必須考慮到設計時，光機電材料重要機械特性參數如下所列；而下列的參數是指機械設計在環境因素時影響的參數。

16.3.1 應力 stress

在物體的二平行面或相對物體所鏡像的面與物體作用，而產生擠壓之內力應力定義為單位面積所承受的作用力。以公式標記為：

$$\sigma_{ij}=\lim_{\Delta A_i\to 0}\frac{\Delta F_j}{\Delta A_i}\ ;$$

其中，σ表示應力；ΔF_j表示在 j 方向的施力；ΔA_i表示在 i 方向的受力面積。

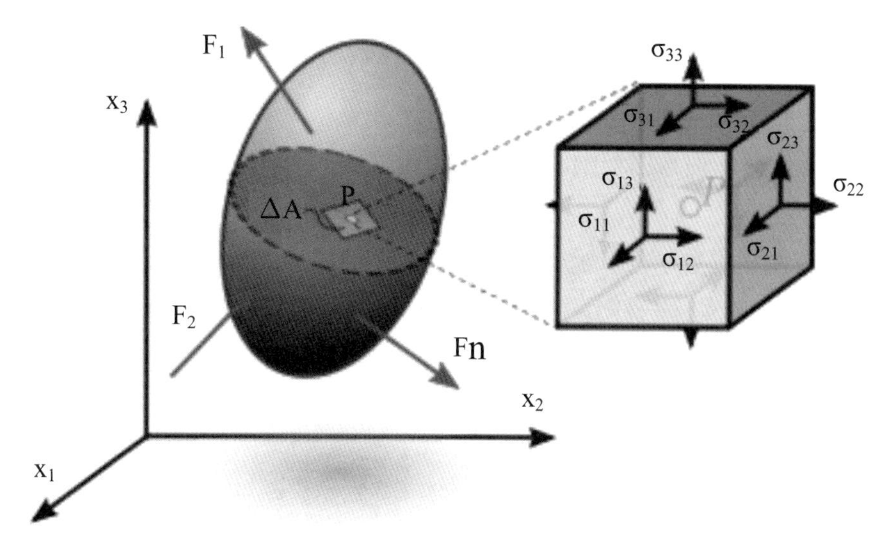

圖 16-8　在一個可變形連續物質內部的各種可能應力

假設受力面積與施力同方向，則稱此應力分量為正向應力。

16.3.2 應變 strain

物體的維度因被外力所產生的改變物體在力的作用下產生變形時，物體中的任何兩點間都會出現相對位移。如以 O 及 A 表示物體內部距離很近但位置不同的兩點，而△OA 代表 O 與 A 兩點在 OA 方向上的距離變化，則△OA/OA 即表示在 OA 方向上的平均線應變。物體內部兩相互垂直的微小線段在變形後所夾角度的改變值為剪應變或角應變。物體變形後，物體內部任一微單元的體積改變與原單元體積之比值稱為體積應變。

16.3.3 彈性係數 modulus of elasticity

應力所產生應變量之比例彈性模量是指當有力施加於物體或物質時，其彈性變形（非永久變形）趨勢的數學描述。物體的彈性模量定義為彈性變形區的應力——應變曲線的斜率：

其中λ是彈性模量，stress（應力）是引起受力區變形的力，strain（應變）是應力引起的變化與物體原始狀態的比。應力的單位是帕斯卡，應變是沒有單位的，那麼λ的單位也是帕斯卡。

16.3.4 橫向力係數 Poisson.sratio

橫向應變與縱向應變之比值稱為泊松比，也叫橫向變形係數，它是反映材料橫向變形的彈性常數。

在材料的比例極限內，由均勻分布的縱向應力所引起的橫向應變與相應的縱向應變之比的絕對值。比如，一杆受拉伸時，其軸向伸長伴隨著橫向收縮（反之亦然），而橫向應變e'與軸向應變e之比稱為泊松比V。材料的泊松比一般通過試驗方法測定。

16.3.5 密度

單位體積的質量。是最基本物質的參數，光機電系統中，玻璃的密度約在2.8到3.8g/cm^3，光機多半是用鋁製的機座，而外面機構都是鐵製品製作；在全系統中，都要考慮整體的重量；若為子系統則要考量其整體重量的配比，若是一個旋轉系統，在系統的配重上必須考慮平衡，以避免系統因操作時，旋轉軸因操作時，因力的不平衡而損壞。

另外，在減少在重量以符合16.2.3振動及衝擊，也是設計主要考慮因素。

16.3.6 熱脹係數

物體因熱所產生的變量和同軸長度之比值。

因為任何光機電系統都是在一個溫度變動的系統；因此，在設計時必須要考慮進去，以光學鏡組為例，熱脹係數10^{-6}／攝氏溫度，而光機的熱脹係數10^{-6}／攝氏溫度的等級，以確保溫度在升高時，聚焦位置不變；因此，在設計時必須採用匹配設計，以配合物件的功能，將在第17章詳細討論。

16.3.7 比熱

物體和攝氏15℃水所含熱量比。水的比熱值為1，金屬小於1，非金屬和有機物等可大於1，比熱是系統儲熱的單位，因此溫度控制在光機電系統很重要，因為電子系統在使用時就會升溫，通常用風扇或冷卻器使其冷卻，使其達到平衡的溫度值。

所有的系統都要在熱平衡的狀態進行，因此，要依各元件依比熱值和物體質量作計算：其中包括開機時，或靜態，並且計算周圍環境的吸收量；使兩者達到平衡，才能使系統運作正常。

16.3.8 硬度

物體對研磨或縮進之曲率壓入硬度用來反映一種物質抵抗形變的能力。在壓入硬度測試裡，被測物質經過數次檢測直到表面產生壓痕。而壓入硬度測試可以在宏觀或者微觀的條件下進行。壓入硬度主要應用於工程學和冶金術，它從多方面描述物質的抗形變性質，如抗永久形變和特別的抗彈性形變。通常測量壓入硬度是通過在被測物質上載入一個特定形狀的壓頭然後測量其產生的形變量。

在光機電系統中，鏡組中頭一片和末一片鏡片，都必須考慮硬度，以保持系統之功能。

16.4 一個實際的光機電系統的考慮因素

一個的光機電系統除了在設計時的參數及公差，也必須是在原設計的環境中能自由的操作，並且保持在原初的設計功能規格，能在原參數及公差之內。

以一個哈伯望遠系統的光學鏡組為例，如圖 16-9。

本系統是用在距地面 353miles（569 公里，軌道上使用，且單面要面對太陽。因此，溫度使用範圍是在 100 度（參圖 16-5）中，要考慮環境因素有物體因熱所產生的變量和同軸長度之比值。因此，光機電系統的光機和光學鏡組，在設計時必須採用匹配設計，才能保持影像性能規格。

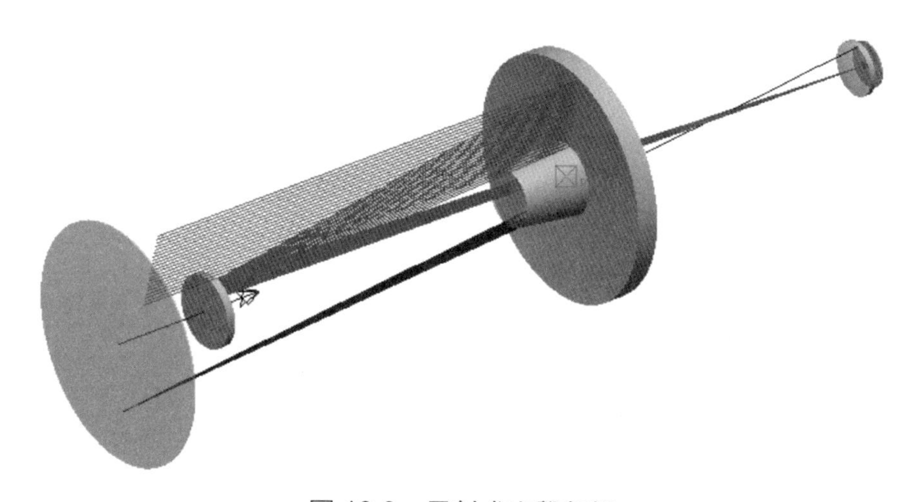

圖 16-9　反射式光學架構

習題

1. 計算在 20 度和 100 攝氏度的單鏡組 lens（BK7）有效焦距。
2. 若機座為 1 公尺的光學支架，在離地 300 公里的軌道上，若向陽和背陽時，長度差為何？

軟體操作題

1. 用光學軟體求出 1.計算在 20 度和 100 攝氏度的單鏡組 lens（BK7）有效焦距。
2. 用軟體估算，若機座為 1 公尺的光學支架，在離地 300 公里的軌道上，若向陽和背陽時，長度差為何？

第十七章　光學材料

在第 16 章已經對光機系統使用之外在環境和內在物理性質作討論，這些因素可以影響光學系統之功能，而本章是討論光學材料是決定性能的重要因素。和一般材料不同，因為光學材料是運用在使用光波段系統之光學元件材料，除了要滿足原光學設計之規格外，還要滿足光機系統使用之外在環境參數；因此，物理特性要求更高。

17.1 光學材料的物理特性：反射、吸收、散布

光學材料必須滿足某些物理特性的要求。它應該能經得起使用之外在環境，如 16.1 所述，有一致的折射率，沒有不良的人工製品，並且在它的波長範圍能穿透（或反射出）輻散能量。

有關光學材料的主要物理特性，包括穿透率和折射率，其中兩者都隨波長而變化。光學元件的穿透率被認為是兩種單獨的效應所組成。在兩種光介質之間的邊界表面，入射光的小部分被反射。通常對在邊界上入射光，其反射光為：

$$R = 1 - T = \frac{(n-1)^2}{(n^2+1)} \qquad \text{式 } 17.1$$

n 和 n'為兩種介質的折射率。

在光學元件內，一些輻射可能被材料所吸收。假設一種 1mm 的厚度的過濾材料在給定波長（除了表面反射）穿透了入射光輻射量的25%。然後 2mm 厚度穿透了 25% 的 25%，3mm 厚度將穿透 $0.25 \times 0.25 \times 0.25 = 1.56\%$。

然後，假設 t 是單位厚度的穿透率，則通過 x 單位的厚度，其穿透率為：

$$T = t^x \qquad \text{式 } 17.2$$

此關係經常被寫成下列形式：

$$T = e^{-ax} \qquad \text{式 } 17.3$$

其中，a 被稱為吸收係數，並等於 $-\log_e t$。

因此，顯然透過一光學元件的總穿透率為其表面穿透率和內部穿透率的乘積。在空氣中，平面上的兩平行面，第一個表面的穿透率為（由式 17.1）

$$T=1-R=1-\frac{(n-1)^2}{(n+1)^2}-\frac{4n}{(n+1)^2} \quad \text{式 17.4}$$

現在透過第一個表面穿透的光部分被介質所穿透並且透入第 2 個表面，這裡它被部分反射出且部分穿透。被反射出的部分透過介質（向後）傳遞並且被第一個表面部分反射出且部分穿透，一直連續下去。因此總穿透率被以無窮級數表示之

$$T_{1,2}=T_1T_2(K+K^3R_1R_2+K^5(R_1+R_2)^2\cdots\cdots)=\frac{T_1T_2K}{1-K^2R_1R_2} \quad \text{式 17.5}$$

T_1 和 T_2 為兩個表面穿透率，R_1 和 R_2 為表面的反射率，K 是它們之間的這塊材料的穿透率。（這個方程式也能用來決定兩種或更多元件要的穿透率，例如：平板，找到第一個 $T_{1,2}$ 和 $R_{1,2}$，接著使用 $T_{1,2}$ 和 T_3 等。）如果把

$$T_1=T_2=4n/(n+1)^2 \quad \text{式 17.6}$$

代入式 17.5 並令 $K=1$，發現包括內部所有反射，及完全不吸收平面的穿透率為：

$$T=\frac{2n}{(n^2+1)} \quad \text{式 17.7}$$

很清楚的，這是一個未經鍍膜且折射率為 n 的平面之最大可能穿透率。

同樣推導，其折射率為

$$R=1-T=\frac{(n-1)^2}{(n^2+1)} \quad \text{式 17.8}$$

值得強調的是材料的穿透率與波長相關，不能被看做可察覺波長間隔的一簡單數字。例如，假設有一個濾波器可穿透在 1 和 2μm 之間的入射能量的 45%。這不能認為兩個這樣串聯的濾波器的穿透率將是 $0.45\times0.45=20\%$，除非它們有相同的光譜穿透率（中性密度）。舉一個極端例子，如果濾波器從 1～1.5μm 不穿透，從 1.5～2μm 穿透了 90%，它在 1～2μm 範圍內的「平均穿透率」為 45%。但是，兩個這樣的濾波器結合後，從 1～1.5μm 穿透 0，並且從 1.5～2μm 大約為 81%，這樣其「平均穿透率」約是 40%，而不是兩個相同中性密度濾波器的 20%。

濾波器的影像密度是定義為它的不透明度（穿透率的倒數）取 log 值如

$$D=\log\frac{1}{T}=-\log T$$

D 是密度，T 是材料的穿透率。注意到這裡的穿透率不計入表面反射損失；因此，密度與厚度成正比。一般估算，中性密度吸收濾波器的「堆積」密度來說是個別密度

的總合。

式 17.3 可以寫成 10 為底，用在以「密度」來描述穿透率，例如，一個影像濾波器。方程式變成：

$$T = 10^{-\text{density}}$$

所以 1.0 的密度表示 10%的穿透率，2.0 的密度表示 1%的穿透率等。注意到密度可能增加。一個 1.0 密度的中性密度濾波器與 2.0 密度的濾波器相結合將產生 3.0 的密度和 $0.1 \times 0.01 \times = 0.001 = 10^{-3}$ 的穿透率。

17.1.1 折射率色散

如圖 17-1 所示，光學材料的折射率隨波長而變化非常長的光譜的範圍。曲線的虛線部分表示吸收帶。注意到折射率在每條吸收帶顯著提升，然後開始隨著波長增加而下降。波長繼續增加，曲線斜率變得水準直到接近下一個吸收帶，其中斜率再度增加。

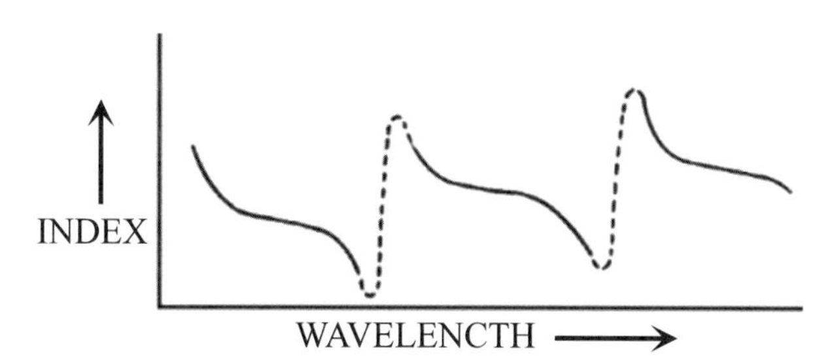

圖 17-1　光學材料的散布線，虛線表示吸收帶（非常態分布）

作為光學材料，通常只關心曲線的一個部分，雖然大部分的光學材料有一吸收帶在紫外線帶和另一個在紅外線線帶，而它們有用的光譜區在這兩個之間。

很多研究者已經想出解決描述「無理性的波長變化」方程式的問題。這樣的方式在內插、數據光滑化、測量散布曲線的點以及在次要範圍光學系統的特性的研究具有數值。一些這些色散的方程式列舉如下：

$$\text{Cauchy} \quad n(\lambda) = a + \frac{b}{\lambda^2} + \frac{c}{\lambda^4} + \cdots \qquad \text{式 17.9}$$

$$\text{Hartmann} \quad n(\lambda) = a + \frac{b}{(c - \lambda)} + \frac{c}{(e - \lambda)} \qquad \text{式 17.10}$$

$$\text{Conrad} \quad n(\lambda) = a + \frac{b}{\lambda} + \frac{c}{\lambda^{3.5}} \qquad \text{式 17.11}$$

Kettler-Drude $n^2(\lambda) = a + \frac{b}{c - \lambda^2} + \frac{d}{e - \lambda^2} + \cdots$ 式 17.12

Sellmeier $n^2(\lambda) = a + \frac{b\lambda^2}{c - \lambda^2} + \frac{d\lambda^2}{e - \lambda^2} + \frac{f\lambda^2}{g - \lambda^2} + \cdots$ 式 17.13

Herzberger $n(\lambda) = a + b\lambda^2 + \frac{e}{(\lambda^2 - 0.035)} + \frac{d}{(\lambda^2 - 0.035)^2}$ 式 17.14

OldShcott $n^2(\lambda) = a + b\lambda^2 + \frac{c}{\lambda^2} + \frac{d}{\lambda^4} + \frac{e}{\lambda^6} + \frac{f}{\lambda^8}$ 式 17.15

新 Schott 目錄使用 Sellmeier 方程式（式 17.13）。

常數（a、b、c 等）代入個別材料的折射率和波長，並且解決含有這些常數的聯立方程組。Cauchy 公式顯而易見，在零波長只能考慮到一條吸收帶。Hartmann 公式是經驗式，但是允許吸收帶位於波長 c 和 e。Herzberger 表示法是一個 Kettler-Drude 方程式的近似值，並且在可見光範圍到大約 1μm 的近紅外線帶是可靠的。

Herzberge 後來使用 0.028 作為恆定分母。Conrady 方程式也是經驗式，並且在可見光範圍裡為可用來設計光學玻璃。所有這些方程式受折射率接近無限隨接近吸收波長的不利之苦。還好很少使用接近吸收帶的光學材料，這通常是小結果的。

Schott 和其他光學玻璃製造商使用了式 17.15 作為光學玻璃的色散方程式。在 0.4 和 0.7μm 之間，準確值大約為 3×10^{-6}，0.36 和 1.0μm 之間大約是 5×10^{-6}。在式 17.15 可以加進λ^4的項可以改進在紫外線範圍內的準確度，以及加入λ^{-10}的項以提高紅外線線範圍的準確度。近年來，為了改進準確度，玻璃製造商已經轉向式 17.13 Sellmeier 方程式。

材料的色散是折射率對波長變化的比率，亦即 $dn/d\lambda$。根據圖 17-1 和 17-2，顯然色散在短的波長較大並且在長的波長成為較小的。當波長繼續增加，當這波長接近吸收帶，色散再次增加。注意到圖 17-2 的鏡片當波長超過 1μm 時幾乎有相同斜率。

對於被在可見光譜的材料而言，傳統上，折射的特性有兩個數字描述，氦 d 線（0.5876μm）的折射率和 Abbe V-number，或倒數相對於色散。V-number 或 V-value，定義為：

$$V = \frac{n_d - 1}{n_F - n_C}$$ 式 17.16

n_d、n_F 及 n_C 分別是氦 d 線，氫 F 線（0.4861μm），以及氫 C 線（0.6563μm）。注意到$\Delta n = n_F - n_C$是折射率差，並且與$n_d - 1$的比率代表與光光線曲率有關的色散程度（亦有效地表明材料的折射基本曲率）。

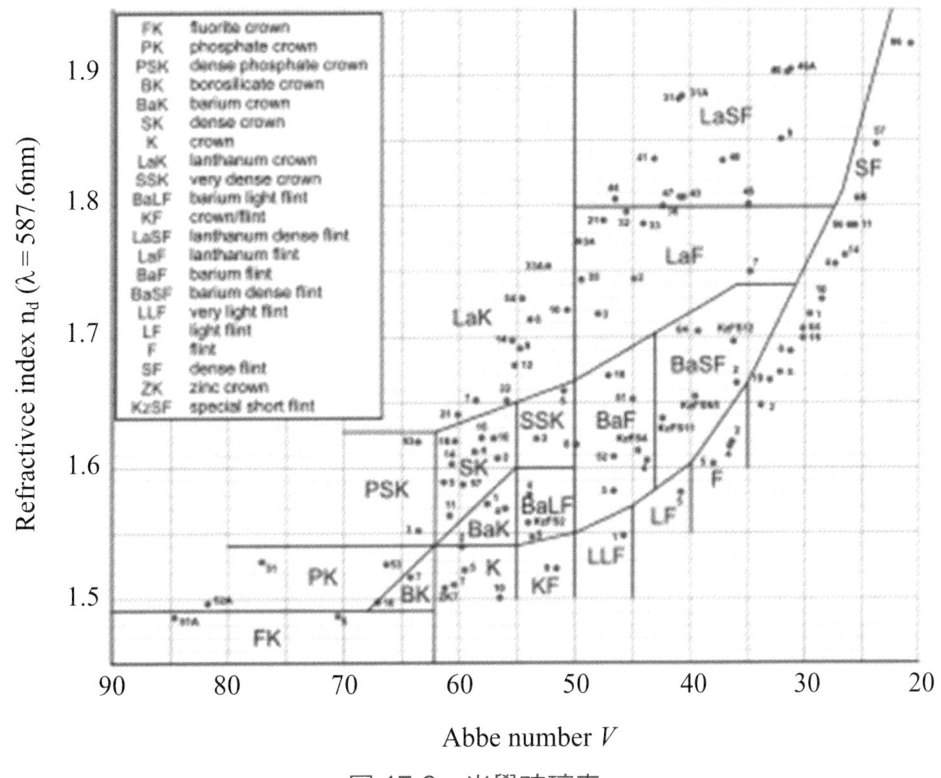

圖 17-2　光學玻璃表

對光學玻璃而言，這些兩個數字描述玻璃類型並且傳統上寫成一個六位數代碼 $n_d - 1$：V。例如，一個玻璃的 $n_d = 1.517$ 和 $V = 64.5$ 可寫成 517 ： 645。很多方面來說，折射率與V值已足夠提供關於一種材料的訊息。對於二次光譜而言，必須更要知道相對部分色散。

$$P_C = \frac{n_d - n_C}{n_F - n_C} \qquad \text{式 17.17}$$

這在二次光譜經常使用。P_C 為量測折射率斜率的變化率與波長曲線的關係式（即光焦度或二次微分）。注意到相對部分色散可定義在光譜的任何範圍，一般玻璃的目錄會列舉出光譜的很多部分。

折射率慣例上會列在目錄、手冊等，這些數據透過在空氣裡測量後得出，並且折射率相對於在不同波長、溫度、溼度和壓力的折射率在測量過程裡記錄下來。因為折射率在光學計算上是相對的數值，簡單的說，空氣的折射率被假設為 1.0（除非這個光學系統是在真空裡使用，無論在哪種情況下折射率必須被調整到空氣折射率）。

17.2 玻璃材料

目前，SCHOTT 提供 16 個種類的輻射電阻帶光學眼鏡及 15 個類型可根據要求生產特殊用途。所有的 31 型都顯示在一個特別的「抗輻射玻璃圖」。表 17-1 是一玻璃（BK7G25）特性表。這應該是性能表；提供光學系統的重量及有些系統可採用低密度光學材料，有些材料是以同樣的折射率，卻有較小的密度和特殊物性，能符合特殊系統之需求。

光學玻璃幾乎是供視覺和近紅外線光譜的範圍使用的理想材料。它是穩定的，容易組裝、省錢及相當大的特性範圍。

表 17-1　玻璃重要機械特性參數表

Glass CODE	SCHOTT TYPE	DN/DT	比熱 X^{-6}	Y MODULE	POISSON'S RATIO	DENSITY	specific heat	THERMAL CONDUCTIVITY	KNOOP HARDNESS	STRESS OPTIC COEFFICIENT
517642	BK7	3	7.1	8.1	0.208	2.51	858	0.741	400	2.65
564608	SK11	3.2	6.5	7.9	0.239	3.08	600	0.959	510	2.45
617366	F4	4	8.3	5.5	0.225	3.58	553	0.768	360	2.84
720504	LAK10	5.0	5.7	11.1	0.288	3.81	580	0.840	580	1.81

從表 17-1，可得到光學玻璃的種類識別。每個點代表 n_d 相對 V 值的玻璃，注意到 V 值傳統上反向，即等級下降。玻璃通常粗略地分為兩組，冠冕玻璃和火石玻璃；冠冕玻璃的 V 值為 55 折射率不超過 1.60，或是 V 值為 50 而折射率大於 1.6，火石玻璃分類上則是 V 值小於上述範圍。圖 17-2 裡的「玻璃線」是增加氧化物到冠冕玻璃所做出的普通光學玻璃的位置。這些玻璃相對便宜，十分穩定且容易提供。

沿著這條玻璃線，可看出增加氧化物到冠冕玻璃會提升折射率，以及減少 V 值。高於這條玻璃線是鋇冠冕和火石；這些是加入鋇氧化物混合到玻璃的產物。在圖 17-2 裡鋇（barium）以符號 Ba 代替。這有提升折射率而沒有顯著降低 V 值的影響。稀土元件鏡片是完全不同鏡片類有別於不是二氧化矽的稀有氧化物（由主要其他玻璃組成）。在圖 17-2 裡以符號「La」代表這些，表示有鑭存在。

表 17-1 的表列舉最普通光學玻璃類型的特性。每個表格裡的玻璃類型都在可以從主要玻璃製造商中獲得，因此列舉的全部類型都容易能獲得。所給的折射率數據取自 Schott 目錄；來自其他供應商的玻璃可能有一些不同的標稱特性。

以前，光學玻璃的作法是在陶罐或坩堝內加熱那些成分，讓那些熔融塊加熱均勻，並且徹底的冷卻。變硬的玻璃被打成碎塊，然後依照品質來分類。而目前熔融狀玻璃都會倒入版模內，這更容易控制所需要的玻璃尺寸。由於具腐蝕性的熔融玻璃會腐蝕陶罐壁，而被熔解的陶罐材料會影響玻璃特性，所以很多鋇玻璃和稀土玻璃被倒入在鉑坩堝裡處理。在大量生產方面，會使用某種連續製程，即未加工的原料從爐膛一端進入，而從另一端擠壓出長條或桿狀的玻璃。未加工的玻璃經常被壓進粗略的欲完成元件大小和形狀的模具。成品前的最後階段是進行退火，這是一個緩慢的冷卻過程，可以能花上幾天或數週，目的在減少玻璃裡的應變，以保持成品折射率的一致，並且與目錄上所記載的值相同。

光學鏡片的特性隨著不斷地熔融（因為組成和製程的不同）以及不同退火過程而產生變化。通常低的折射率鏡片（對 n＝1.55 來說），其公差為±0.001；對於高的折射率鏡片則對於其標稱值的公差為±0.0015。

同樣的，V 值也和目錄上的值有些不同，通常低於 46 的 V 值其典型的公差是±0.3；46～58 的 V 值為±0.4；大於 58 的 V 值則為±0.5。大多數鏡片製造商隨著公差的接近，其鏡片價格也會相對地上升。

光學鏡片有數百種不同的類型；產品訊息可從製造商的產品目錄裡清楚地獲得。

表 17-1 表示光學鏡片的光譜穿透讀數。通常，大多數光學鏡片在 0.4 到 2.0μm的波長範圍穿透良好。重火石有在短的波長吸收更多並且在長的波長穿透更多的傾向。稀土元件鏡片光譜同樣在藍光範圍內吸收良好。微小雜質參雜，對鏡片的穿透率影響甚大，相同的製造商所製造出的不同批的鏡片，鏡片的精確特性可能變化顯著。

因為短波長（藍光）的吸收度上升，當暴露於核輻射時，大多數光學鏡片轉為棕色的（或黑色）。為了提供能在輻射環境裡使用的鏡片，鏡片製造商已經發展出含鈰的「防護」或「非棕色」的鏡片，這些鏡片可公差量 100 萬倫琴的輻射劑量。熔化石英鏡片，其成分幾乎是純的 SiO_2，對褐色輻射極其有抵抗力。

嚴格來說，普通的窗戶玻璃和平板玻璃不能稱為「光學玻璃」，但考慮到費用的重要因素，這些玻璃還是經常被使用。窗戶玻璃的折射率大約在 1.514～1.52，取決於各家製造商而定。普通的窗子玻璃帶有點綠色，主要由於紅光和藍光波長有適度良好的吸收率；紅光吸收率則是持續到大約 1.5μm。窗戶玻璃也有如同「水」般的高品質產品，而沒有帶淡綠色。對於有一兩個平面的表面並且有適度的精確要求的光學元件而言，窗戶玻璃經常能勝任而不需要更進一步處理；平面表面的精確度出乎意料的好。經過特別挑選的平行平面鏡片可以達到相當嚴格要求，其中的秘訣是避免在製造過程從大片玻璃邊緣切的部分；而中段部分在表面和厚度方面達到非常均勻。注意到「漂浮鏡片」的表面有 1/3 或 1/4 的平滑程度，雖然新近流程已經改進窗戶玻璃和平板玻璃表面平整度。

17.3 塑膠光學材料

塑膠光學材料已廣泛運用在數位照相機，手機或成品較低的產品，由於可以加工，CAST 或注塑成型，可由精密加工的模具，雖模具製作經費較貴，但因為量產，攤銷後成本較低；但由於熱膨脹係數通常是 35～38 的 PPM/F；材質軟、易刮傷，且有些吸溼，並在使用後傾向於黃色混濁及老化。

塑膠製品很少用於高精密光學元件。在第二次世界大戰期間，很多人努力為光學系統開發塑膠製品，並且生產一些合併塑膠製品的系統。從那以後，塑膠光學元件的組裝科技已有顯著進步，並且今天，除像玩具和放大鏡那樣的新穎項目之外，塑膠透鏡可被在眾多光學應用裡發現，包括廉價、一次性的相機鏡頭，很多伸縮鏡頭，投影電視鏡頭，以及甚至一些高品質的相機鏡頭。批量生產的塑膠光學元件的低成本是普及的重要因素；另一個是便於非球表面的生產。一旦建立好非球模具時，非球表面就球面一樣容易做（與玻璃光學形成顯著對比）。經驗法則證實若是非球面的引進到光學系統可減少系統的光學元件，因而使得非球面光學塑膠元件具有其價值。它的非球面大大補償球面元件曲率的不足，但是，實際上，合適的光學塑膠製品的數量很少，只有相對低的折射率那類產品。

表 17-2　塑膠穿透率表

波長μm	折射率	吸收率 cm^{-1}
0.2	1.49531	—
0.3	1.45400	—
0.4	1.44186	—
0.4861(F)	1.43704	—
0.5893(D)	1.43384	—
0.6563(C)	1.43249	—
1.014	1.42884	—
2.058	1.42360	—
3.050	1.41750	—
4.0	1.40963	—

波長μm	折射率	吸收率 cm^{-1}
5.0	1.39908	—
7	—	0.02
8	—	0.16
8.84	1.33075	—
9	—	0.64
10	—	1.8

$V = 95.3 \quad P_c = 0.297$

$\Delta n = -10^{-5} \Delta T(℃)$

當考慮到進入塑膠光學場角的風險時，一是在塑膠光學製造方面尋找專家。不僅是典型射出模具不適合塑膠光學製造，並且可能完全不懂該如何做。成功組裝廠要有好的一貫優質原料可靠來源和材料操作技術，並且有適合光學特殊要求的鑄造機器。溫度控制極其關鍵，並且需要更長週期以達到精密的光學等級。

除一般用途外，光滑的非球面曲率，使塑膠製品被廣泛的用來做Fresnel透鏡，其中好的台階是必要的。投影機的聚焦系統以及在單眼相機的觀景窗景的場鏡是塑膠Fresnel 透鏡的例子。目前受歡迎應用是在繞射光學方面，其中繞射表面基本上是台階高度按半波長等級的 Fresnel 表面。

在批量生產過程中的另一優勢是將透鏡元件和安置零件一次鑄造完成的曲率。實際上能設計出容易相互組合的零件，並且一滴適當溶劑便可永久組合。

塑膠的明顯優勢——輕與不易碎，補償了許多劣勢，它是軟且易於抓取。除了透過模造，則很難建立。苯乙烯塑膠經常模糊、像散、並且偶爾淡黃。塑膠製品易在60～80℃變軟。在一些塑膠製品內折射率是不穩定的並且將在一個週期改變多達0.0005。大多數塑膠製品將吸收水和尺寸變化大；幾乎所有在壓力下受冷流影響。熱膨脹係數是將近玻璃的 10 倍，為 7 或 8×10^{-5}。

塑膠製品的折射率隨溫度變化非常大（大約玻璃的 20 倍）。而且，塑膠光學元件一定溫度範圍要維持焦距是個顯著的大問題。經常它們是不透輻射熱和無色。塑膠製品的密度是低的，通常為 1.0 到 1.2 的等級。一些被最廣泛使用的光學塑膠製品的特性總結，如表 17-3。

另一種塑膠製品的光學應用是複製過程，在這個過程裡精確製作的主要模具被真空鍍上釋放劑，或分別層，加上任何需要高或低反射的鍍膜（釋放層的性質通常是專利，但是非常薄的銀層、鹽、矽酮或塑膠已經被公開）。然後，很少的低收縮環氧的被擠進（理想上大約 0.001 或 0.002 厚度）在那些主要模具和接近底層之間的薄層。底層可能是 Pyrex、陶器或很穩定的鋁（對反射光學而言），或玻璃（用於折射光學）。當環氧膠已經起作用，主要模具被除去，在底層上一件合理準確的複製品可以產出。這個過程有幾個好處，例如，因為主要模具可被重複使用，主要模具可以是任何表面（包括非球面鏡）被相對省錢的複製。其他好處是一面鏡子可做為它的底座的組成部分，一個盲孔的底部可以有光學的拋光劑和圖案，可生產出極薄和輕便的部分。在許多案例上不可能有效標準光學製造技術做出來的。對複製部分的限制是來環氧膠之柔軟的特質，使得模具表面圖案的變化，無法重覆使用。

表 17-3　不同塑膠比較表

Wavelength, μm	Acrylic (Lucite)	Polystyrene	Polycarbonate	Copolymer Styrene-Acrylonitrilt (SAN)
	495：574	590：309	585：299	567：348
1.01398t	1.483115	1.572553	1.567248	1.551870
0.85211s	1.484965	1.576196	1.570981	1.555108
0.70652r	1.487552	1.581954	1.576831	1.560119
0.65627C	1.489201	1.584949	1.579864	1.562700
0.64385C'	1.489603	1.585808	1.580734	1.563438
0.58929D	1.491681	1.590315	1.585302	1.567298
0.58756d	1.491757	1.590481	1.585470	1.567440
0.54607e	1.493795	1.595010	1.590081	1.571300
0.48613F	1.497760	1.604079	1.599439	1.579000
0.47999F'	1.498258	1.605241	1.600654	1.579985
0.43584g	1.502557	1.615446	1.611519	1.588640
0.40466h	1.506607	1.625341	1.622447	1.597075
0.36501j	1.513613	1.643126	1.643231	1.612490
Thermal expansion coefficient ℃$^{-1}$	68×10^{-6}	70×10^{-6}	66×10^{-6}	65×10^{-6}
dn/dt, ℃$^{-1}$	-105×10^{-6}	-140×10^{-6}	-107×10^{-6}	-110×10^{-6}
Service temperature ℃	83°	75	120	90
Density	1.19	1.06	1.20	1.09

表 17-3 中一些工學塑膠製品的性質。（來自 Lytel 和 Altman）。注意到折射率會隨製造商不同而變。

17.4 晶體光學材料

晶體材料用於光學應用主要是在紫外線和紅外線光譜區，而光學玻璃不穿透量。重要的光學機械特性的一些常用紅外發射材料列於表 17-4。

晶體材料用於光學應用，可分為以下幾大類：

17.4.1 玻璃和其他氧化物

自然水晶某些有數值的光學性能雖然已經找出多年，不過在過去由於欠缺所需尺寸和光學應用所需品質，嚴重限制了這些材料的用途。而現在很多水晶以合成形式提供，它們在仔細控制的條件下長成所需尺寸以及用其他方法得不到的清澈度。

表 17-4 列舉許多有用水晶的顯著特性，穿透範圍是 2mm 厚的樣品並以μm 表示，波長是穿透點 10%，穿透帶有幾段波長有給定折射率。石英水晶和方解石因為它們為雙折射材料所以不常被使用，幾乎完全的限制它們的用途僅在極化稜鏡和相似的鏡片，藍寶石極其堅硬所以必須被鑽石粉研磨。它們用來做窗子、干涉濾波器的底層，和偶爾做成透鏡。輕微的雙折射限制角場有好折射特性，鹵素鹽有好的穿透率及折射特性，但是它們的物理性能經常有不足之處，因為它們易軟、脆、並且偶爾吸溼。

17.4.2 四價材料

矽和鍺在紅外線光學中非常重要，因為為四價結構，較鹼鹵化物晶體結構強，較多軍用光電系統所採用。

鍺及特別是矽廣泛的用在紅外線線裝置裡的折射元件。它們是物理性質上很相像的玻璃，並且可用普通玻璃技術處理。兩個外觀上是金屬的且視覺上是不透明的。設計者喜愛這些透鏡的極高折射率，因為高折射率所引起的弱光焦度易於設計出無法在其他相似鏡片系統複製出的好品質。因為表面反射相當高，所以特殊低反射鍍膜是必要的。例如，36%未鍍膜的鍺表面。鋅硫化物、鋅亞硒酸鹽和 AMTIR 也在紅外線系統裡被廣泛使用。

表 17-4 特殊材料的穿透性質

材料	μm	折射率	說明
(SiO_2)	0.12-4.5	$n_o = 1.544$, $n_e = 1.553$	雙折射
$(CaCO_3)$	0.2-5.5	$n_o = 1.658$, $n_e = 1.486$	雙折射
(TiO_2)	0.43-6.2	$n_o = 2.62$, $n_e = 2.92$	雙折射
(Al_2O_3)	0.14-6.5	1.834@0.265, 1.755@1.01, 1.586@5.58	硬，微雙折射
$(SrTiO_3)$	0.4-6.8	2.490@0.486, 2.292@1.36, 2.100@5.3	紅外浸透鏡
(MgF_2)	0.11-7.5	$n_o = 1.378$, $n_e = 1.390$	紅外光學，低身反射膜
(LiF)	0.12-9	1.439@0.203, 1.38@1.5, 1.109@9.8	稜鏡、窗鏡、抗色差鏡
(CaF_2)	0.13-12	See Fig. 7.10	和 LIF 相同
(BaF_2)	0.25-15	1.512@0.254, 1.468@1.01, 1.414@11.0	窗鏡
(NaCl)	0.2-26	1.791@0.2, 1.528@1.6, 1.175@27.3	稜鏡，窗鏡，水中鏡
(AgCl)	0.4-28	2.096@0.5, 2.002@3., 1.907@20.	易裁，易風化，變黑
(KBr)	0.25-40	1.590@0.404, 1.536@3.4, 1.463@25.1	稜鏡，窗鏡，軟，水中鏡
(Kl)	0.25-45	1.922@0.27, 1.630@2.36, 1.557@29	水中鏡，稜鏡及窗鏡
(CsBr)	0.3-55	1.709@0.5, 1.667@5, 1.562@39	水中鏡，稜鏡，窗鏡
(CsI)	0.25-80	1.806@0.5, 1.742@5, 1.637@50	稜鏡和窗鏡
(Si)	1.2-15	3.498@1.36, 3.432@3, 3.418@10	紅外光學
(Ge)	1.8-23	4.102@2.06, 4.033@3.42, 4.002@13	紅外光學，在高溫吸收
(ZnSe)	0.5-22	2.489@1, 2.430@5, 2.406@10.2, 2.366 @15	大，攝氏 40 度
(ZnS)	0.5-14	2.292@1, 2.246@5, 2.200@10, 2.106 @15	
(Ge/As/Se)	0.7-14	2.606@1, 2.511@5, 2.497@10, 2.482 @14	
(GaAs)	1-15	3.317@3, 3.301@5, 3.278@10, 3.251 @14	
(CdTe)	0.2-30	2.307@3, 2.692@5, 2.680@10, 2.675 @12	
(MgO)	0.25-9	1.722@1, 1.636@5, 1.482@8	

17.4.3 鹼金屬和鹼土金屬之鹵化物

特別值得一提的是鈣氟化物或螢石。這材料在紫外線及紅外線兩方面都有極好的穿透特性，使它具有適合做成儀器的數值。另外，它的部色像散特性可以和光學玻璃組合成沒有二次光譜的鏡片系統。但因為它是軟、脆、難抵抗風化，且因其水晶架構之故所以有時難拋光，因此它的物理性能不傑出。在開放式的應用過程中，瑩石元件有時被夾在其他玻璃元件之間以保護它的表面。表 17-4 列出可供選擇的瑩石折射率和穿透值。用自然的瑩石使用在顯微鏡的物鏡裡已經多年。FK 鏡片，特別是 FK51，FK52 和 FK54，占有大多數瑩石特性並且對改正二次光譜非常有用。

17.5 金屬材料

由於使用金屬材料作為光學鏡面有以下幾個優點：

1. 無色差：因為入射面和出射面為同一介質，所以無色差。
2. 材料外型可用金屬加工完成。
3. 因為光學單點鑽石加工機之進步，可以使得光學反射鏡可以用這種加工方式完成，因此，在天文望遠鏡，或衛星上觀測系統多採用金屬材料，以減少用折射材料製作的光學系統。

光機所用金屬料材有多種，其中以鋁料 6061 常使用為光學鏡片，而 7072 硬度較大可用作光機。

參考資料

W, Smith, Chapter 7 Modern Optical Engineering, The Design of Optical system, 3rd, Ch.9, 2001.

習題

1. 設計固緊光機，表單的源的單鏡組和光照圖顯示在接收器。
2. 設計為三片鏡組鏡頭的金屬固緊光機。
3. 由上題，計算在 20 度和 100 攝氏度的單鏡組 lens（BK7）有效焦距？

軟體操作題

1. 用矽為材料，設計一紅外標準鏡（EFL = 100mm，F/# = 5，FOV = 5 degrees）。
2. 比較同一個單鏡曲面，若用不同材料其聚焦相差為何？
3. 設計 Lightool 圓柱的固緊光機。
4. 設計固緊光機，表單的源的單鏡組和光照圖顯示在接收器。

第十八章　光學機械設計原則

光學機械設計是光機電工程化之光機電的設計之理念的實化，必須考慮到在第 16 和第 17 章已經對光機系統使用之外在環境和內及系統之光學元件在物理性質去設計，因此，和普通機械不同，因為其精準度都必須要達到光波長等級的要求，所以，必須使得系統功能在規格環境下始終保持正常。因此，在設計時不僅要能滿足室溫的需求，並且要將實際的環境中功能正常，以火箭將太空望遠鏡送上大氣層以上的同步軌道上，並且長時間繞行地球觀察，而功能要始終保持正常。

對太空望遠鏡之光機的設計而言，在下列的物質參數有以下之考量：

在發射到進入同步軌道

溫度：當載具火箭升空到同步軌道的高度為時 10 分鐘，其溫度由室溫 23.5 度到 −185 度（平流層）到 45 度（同步軌道），溫度變動到 200 度。

大氣壓力：由 1 大氣壓到接近 0 大氣壓。

重力：重力由載具火箭離開發射架時，數微秒內要承受數十倍重力加速度（G）所產生的瞬間壓力。

震動等因素：由載具火箭離開發射架時震動可達到瞬間數 G 力。

在軌道上

一旦望遠鏡在軌道上開始運作，就必須考慮在無大氣層之下的背光和向光之太陽照射下所產生的溫差變化，而要使光機電系統的功能仍在規格之內。

對軍用產品有其動態和靜態之環境規格當然是較嚴格，對於數位相機也有其環境規格。在此，這樣溫度、壓力及震動等參收參數，在各種階段的環境條件下，必須在光機設計階段先作考量，才能製作出合用的產品。

因此，光機設計是依據環境的規格而設計：若選擇好適當的光學和機械材料，應該可以製造出不僅功能符合，並且能滿足環境的需求。

本章節先討論鏡片機械誤差的原因及改善方法，再逐項討論溫度影響對策及固緊及光機機作設計以滿足環境的規格。

18.1 光機偏差量

首先分析光機偏差量最基本的原因：一個光學系統若鏡組和光機若產生不對稱的現象（包括離心、傾斜），如圖 18-1，會使得聚焦光斑擴大及機電基本功能降低：

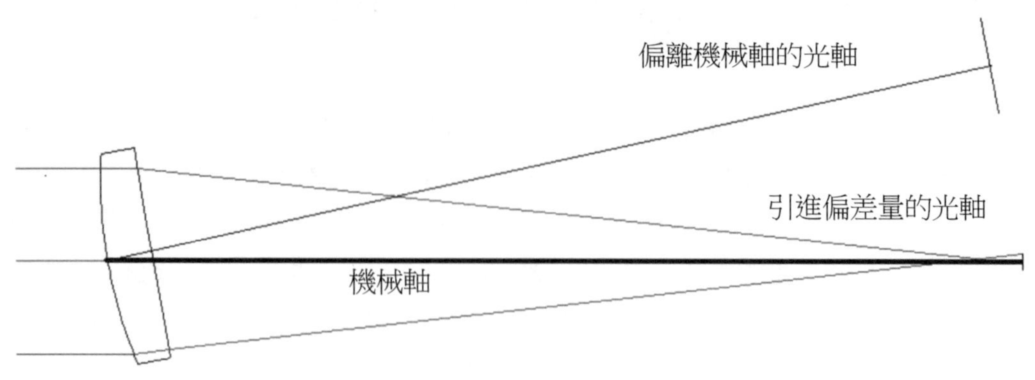

圖 18-1　擬元件偏離光軸

一個鏡組系統產生之誤差是因為光軸和機械軸不在同一條直線上，產生不對稱，會使得光斑擴大等誤差量。而校正的原則是將光軸和機械軸重合；這類的公差可以分為二類，一個是光件本身的誤差，另一個軸的光軸之引進偏差量的光路徑而偏離機械軸。若元件製作已經達到誤差量是因偏離機械軸的光軸所引進，就需要調整光軸使其和機械軸重合。依照光學軟體CODE V，光學元件的誤差差種類如下：圖 18-2 兩鏡片的曲率中心未和光軸一致；圖 18-3 兩元件光軸未同軸產生不對稱轉動，這一類誤差的產生是光件本身的誤差所引起的；圖 18-4 為鏡心與光軸平移；圖 18-5 偏角誤差，這一類誤差的產生是偏離機械軸；圖 18-6 厚度誤差，這一類誤差的產生是元件厚度的誤差，會產生在距焦面相對在光軸面上的位置的誤差，這一類的誤差只要延光軸調整聚焦位置。

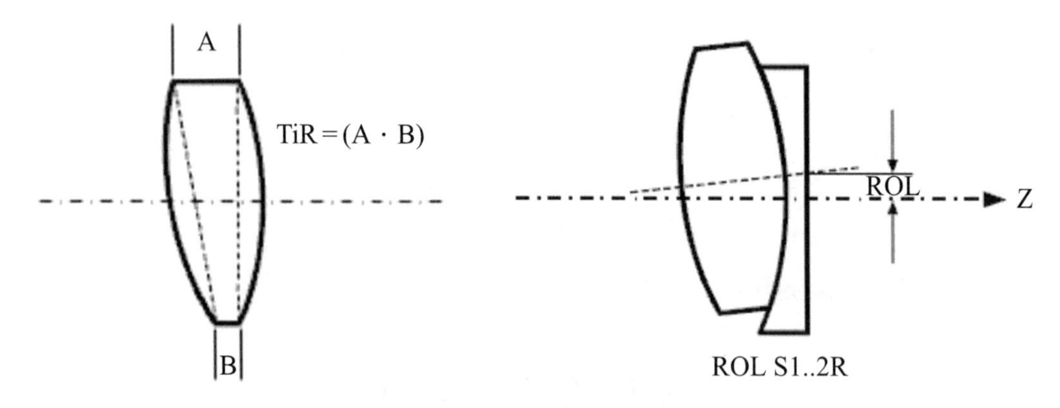

圖 18-2　兩鏡片的曲率中心未和光軸一致

圖 18-3　兩元件光軸未同軸產生不對稱轉動

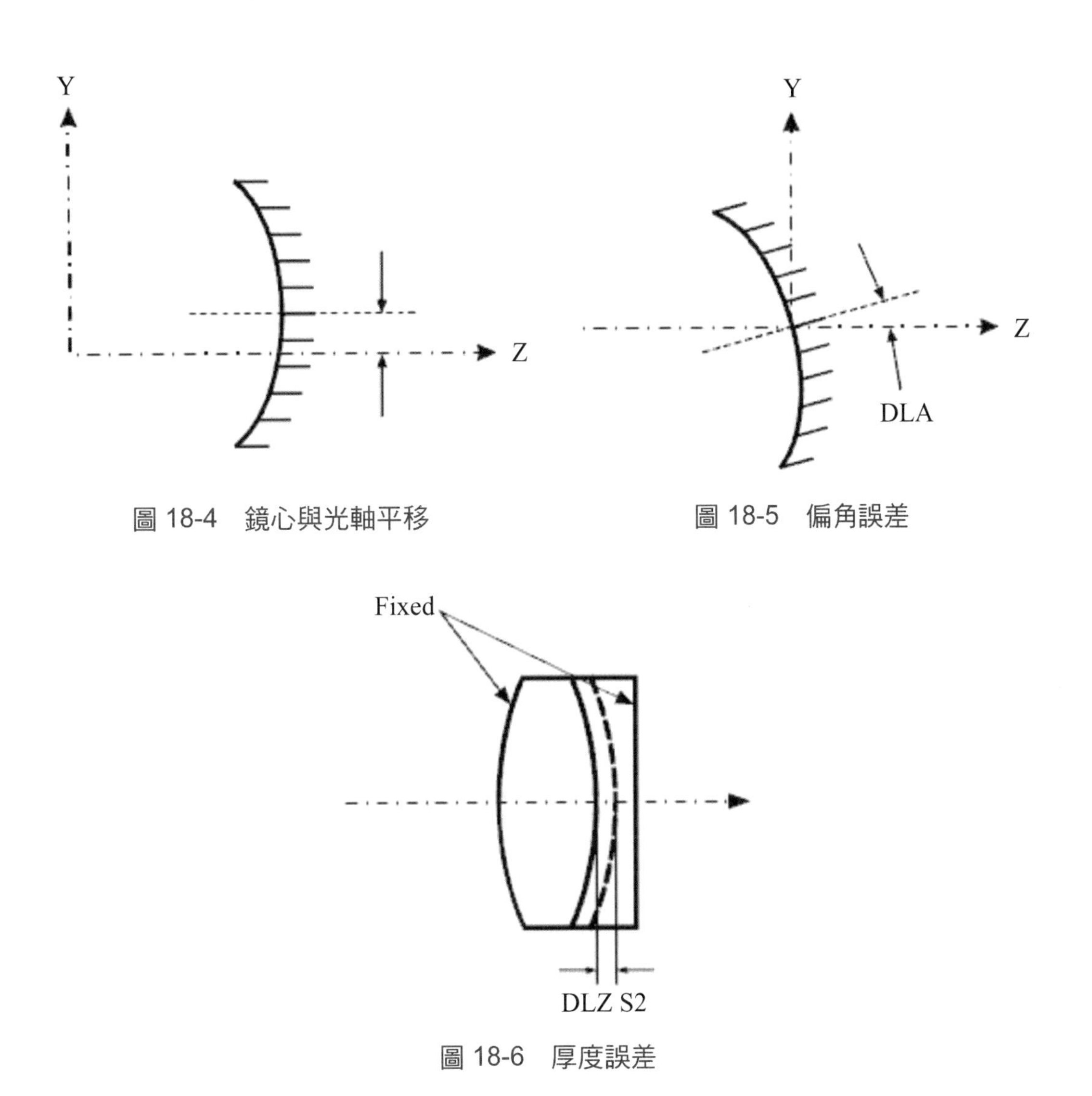

圖 18-4　鏡心與光軸平移

圖 18-5　偏角誤差

圖 18-6　厚度誤差

18.2 光學元件誤差的原因及改善方法

因為生產機具本身都有其精度的極限，使得被製作的光機較易出現誤差量：如圖 18-7 鏡片機械誤差原因主要是因為機械軸和光軸產生超過設計所產生的公差量，其原因可能是因為組裝或光機誤差產生，若這一誤差的產生使得光學系統無法達到原光學設計時的公差量時，誤差量已經影響系統。這時就要改良光機以達到公差量內，否則系統就無法達到規格。

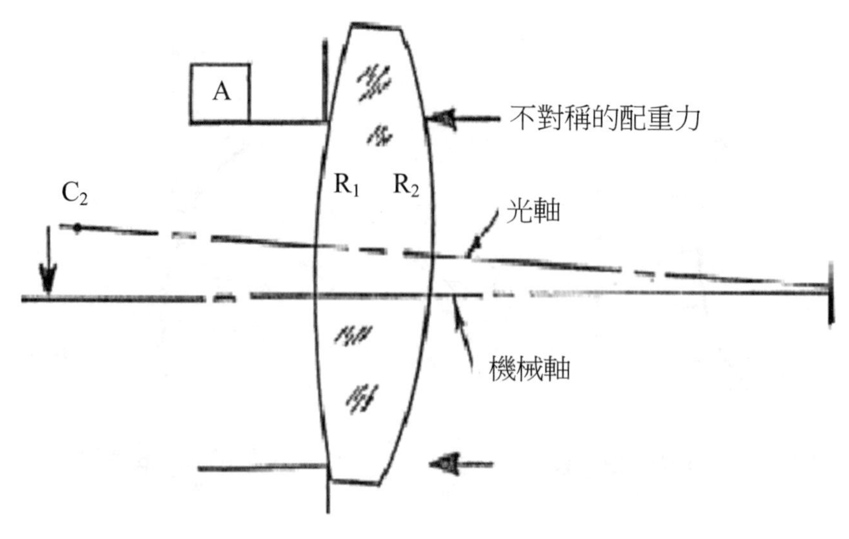

圖 18-7　光機失效圖

以一個 CCD 的偵測元件而言，若系統橫向予許一個元件大小的誤差，或縱向的離焦移動位移允許散光斑大小落在偵測元件之內偵測器的位移；以上這些物理量公差量或允許機械誤差的一種簡單估算的方法。

對光學元件而言，以下列出幾種在光機製造時常產生的誤差原因及解決方法：

1. 光學鏡片在製作時，滾邊程續產生誤差而使得在光學鏡片放入筒狀光機時，無法將光軸和機械軸重合，如圖 18-8。
2. 鏡片放入一個有間隙的機械夾具內，無法將光軸和機械軸重合，如圖 18-9。

解決方法：光學元件若是在製作時若對心時已經有瑕疵，如果是雙凸鏡片可依其球面性質，要製作校正光機使其經由球面之對稱性，可以將光軸和機械軸重合，如圖 18-10。

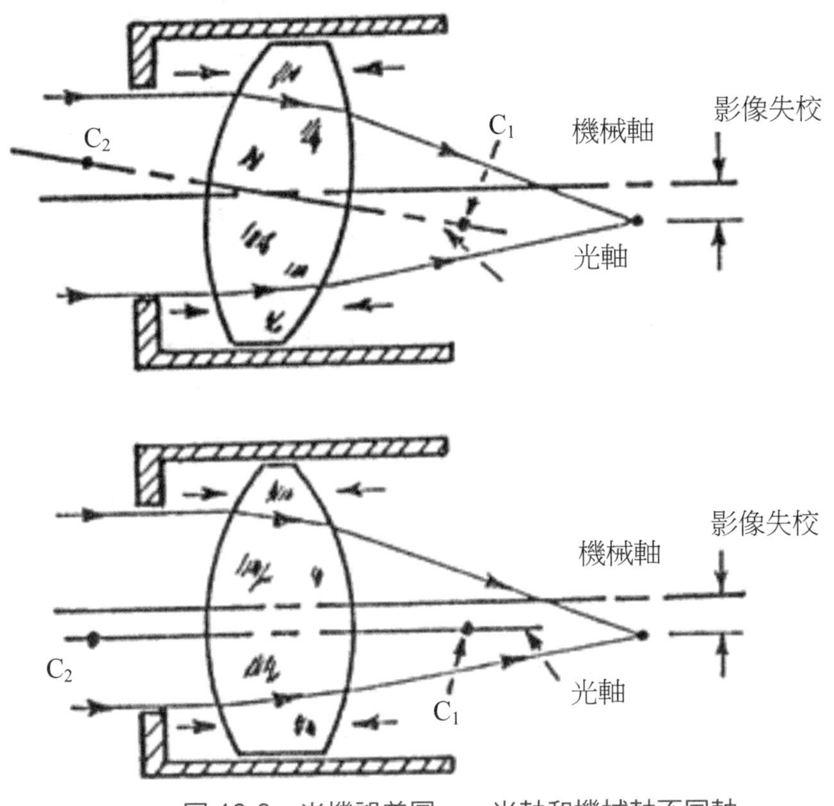

圖 18-8　光機誤差圖——光軸和機械軸不同軸

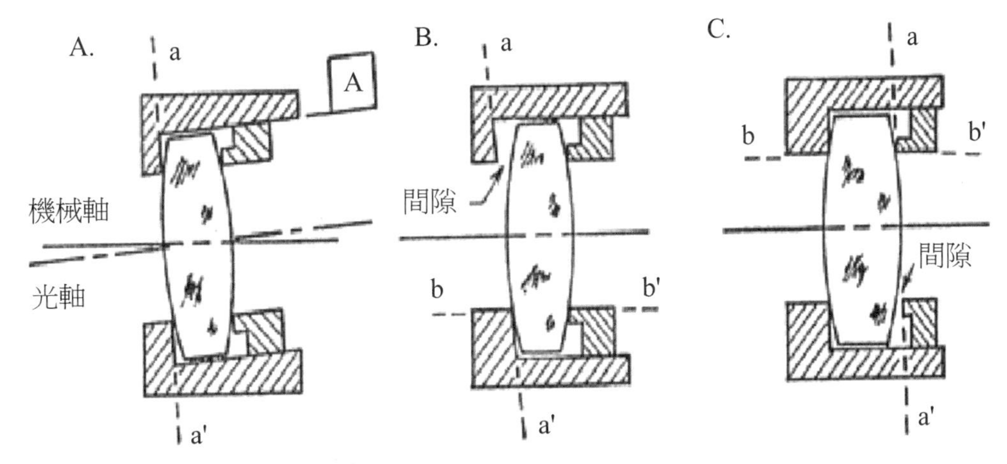

圖 18-9　有間隙的機械夾具

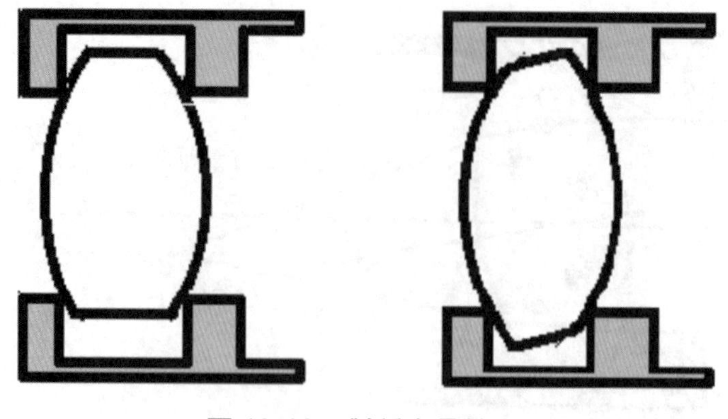

圖 18-10　對稱夾具校正

18.3 單鏡組光機的設計

上節已討論鏡片機械誤差的原因及改善方法，本節是將鏡片組合成單一鏡組的設計，目的是要使得光軸和機械軸重合，或依據設計之公差量予以設計，並且要選擇機械材料及固定環夾等，這一切在設計單鏡時都必須事先考量。

圖 18-11 說明正確單一鏡組光機，光學透鏡元件幾乎總是安裝在較緊的軸鏡筒內。對一定數量元件的方法，在安裝上，用以固緊元件；圖 18-12(a)和(b)在彈簧圓環為軸襯的透鏡。在圖(a)，彈簧在 V 槽內，彈簧導線適當安裝（按反向元件的面孔和凹線的外面面孔，在它的自由狀態承擔一更大的半徑）透鏡因而在輕的壓力下。圖(b)平的彈簧保持片是較不合宜的，很容易滑出，除非彈簧是強的或有咬住入安裝的鋒利的邊緣。其他方法，也可以適用於低精確度元件，包括：用襯片夾在微小單件透鏡元件的小物件上的金屬彈片鉤組或定位組。聚光器系統經常安裝在像被表明在圖(c)，這提供

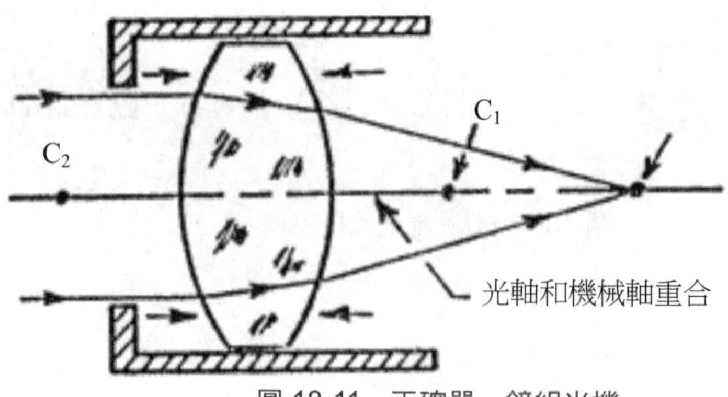

圖 18-11　正確單一鏡組光機

投影燈之聚光器從安裝的寬鬆且沒有收縮的挖溝槽的三定位桿之間，可以自由擴展熱並且允許冷卻空氣自由流通。這兩點引入熱的濾光器的架置特別重要。小元件對透鏡組合精確度必須嚴格。透鏡直徑也許是品質好的光學公差+0.000，−0.001 之間，並且裡面微小單件直徑公差+0.001，0.000 而各小元件之一般直徑空隙在 0.001 到 0.0005 之間。為要求高精度、小透鏡，這些公差可能被平分，因此，這些公差在生產上較困難達到。

另外，圖 18-12(b)是平的彈簧圓環；(c)有三條 120°的定位桿；(d)和(e)有螺紋的鎖圓環；(f)轉動的力軸，在拋光之前和（加點）以後；(g)用光膠塗到位與低谷為光膠溢出。

大直徑光學元件通常有寬鬆的公差。照圖 18-12(d)或(e)，透鏡共同保留一個有螺紋的鎖圓環。像透鏡有時鎖圓環，有無螺紋直徑相同是為了引導透鏡安裝在一定位座上而不是鎖螺紋。分開的間隙可便於調整。有螺紋的零件，應可用寬鬆間隙，以便透鏡可調整位置和力軸，而不是從頻繁的直插入有鏍紋的鎖圓環。

在圖 18-12(f)透鏡像被顯示通過透鏡的薄邊緣（或環斜面）利用轉動的力軸或轉動進入的安裝方法：透鏡元件可通過邊緣安裝（或環斜面）。這轉動的力軸是以一英吋的幾千分之一，其厚度在外部邊緣有 10°或 20°的斜角。通常是由轉動微小單件當尖型介面被曲面透鏡插入時，並且薄的尖型介面變曲方向就改變了。這個技術有很多優點，但需要心細和技巧操作。在安裝時，轉動的力軸的壓力傾向於對心透鏡。這方法在組合時，需要極端精確度要求：若對位不能經常對到透鏡直徑，或透鏡可能轉動到位到沒有去除從車床餘料；結果是很難達到重覆對心的要求。

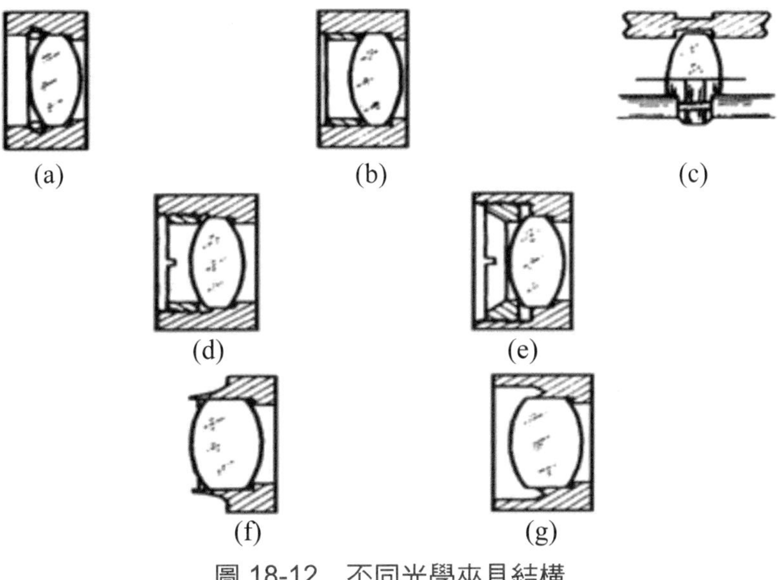

圖 18-12　不同光學夾具結構

對於塑膠鏡片如圖 18-13(a)、(b)，可以採用鏡片和固緊光機一體成型，如圖(c)、(d)、(e)或如圖(f)、(g)採用鏡片和固緊光機合體的鏡組。

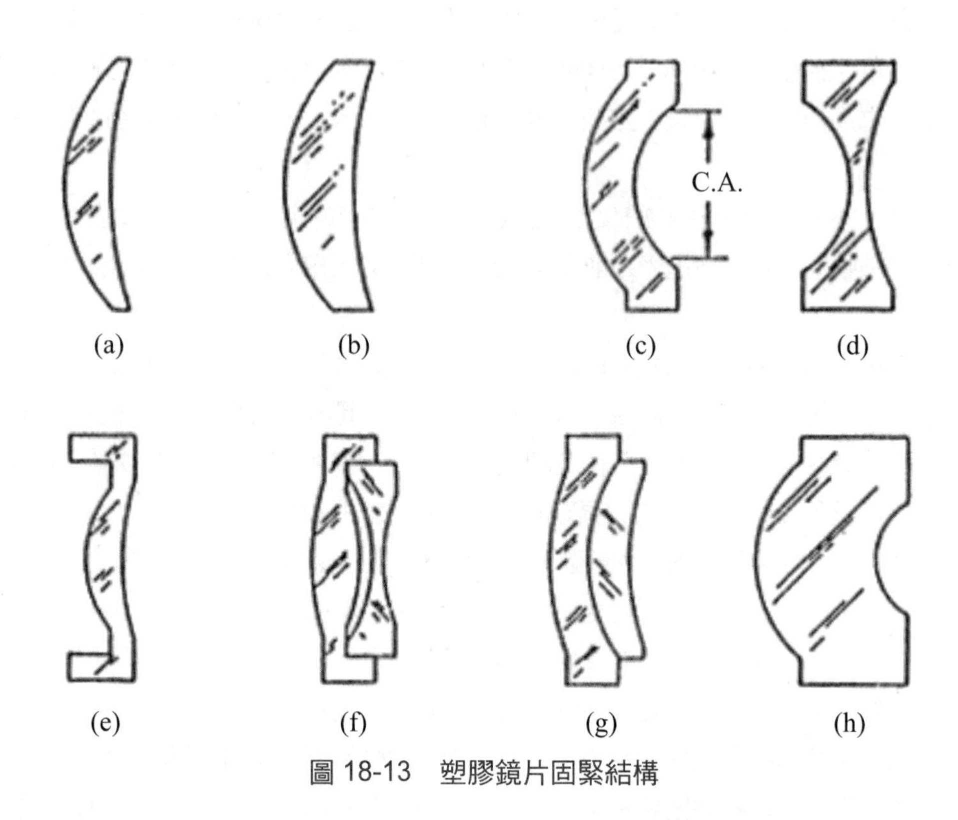

圖 18-13　塑膠鏡片固緊結構

單一鏡組架置的方法是用一組共軸圓筒，將不對稱光學元件，夾入其內，使其吻合，在此其必須是一組球面輪廓；若是非球面就必須用單一軸方法——各非球面元件必須校正在共軸上。將影響光學成像結果；所以在光學鏡組製作完成時，必須是一個對稱的鏡組，而若是無法作成這樣的成品時，將可以有其他之校正方式。

光膠定位是用光膠塗入透鏡以定位是其他省錢和精確的技術。光膠是一次普通的對心的動作，並且使用優值塑膠光膠，透鏡可以安全被保存。但是，要注意依照溢出凹線去膠（圖 18-12(g)），以便剩餘光膠從透鏡的表面被除去。

為了必須承受大的溫度梯度環境（或者振動環境）的光學，以 RTV 膠安裝是一個有用的方法：使置放光機之內徑加大，使元件可放入，並用 RTV 膠固定。這個技術在大直徑元件和安裝之間是不同的散熱係數的差很大時特別有用。因為，在元件和微小單件之間各 RTV 層可足夠吸收因溫度差產生的厚度變量。

18.4 複鏡組光機設計

在設計複鏡組光機設計，先從二鏡片組成的複鏡組。如圖 18-14 所示為一複鏡組結構，在此主要設計要項包括二部分，其一為通光口徑，這一個值通常是依據在光學設計的數據而定，其二為依據各光學各組件的擺設計算重要光機設計參數，包括

鏡面中心間距：T

二鏡面緣間距：L

鏡面和鏡筒固緊距離：Y

固緊點和鏡頂點在光軸上間距：S

其機械間隙的計算是依據光學設計中相近二元件半徑R及鏡面中心間距而得；為已知值，依下列公式，可以求得 T 和 L 值：

$$S_i = R_i - (R_i^2 - Y_i^2)^{1/2} \quad \text{式 18.1}$$

$$S_j = R_j - (R_j^2 - Y_j^2)^{1/2} \quad \text{式 18.2}$$

$$L = T_A - (S_j + S_j) \quad \text{式 18.3}$$

由以上的公式可求得二鏡面緣間距 L 和固緊點和鏡頂點在光軸上間距 S；將以上數據代入機械設計中光機參數。

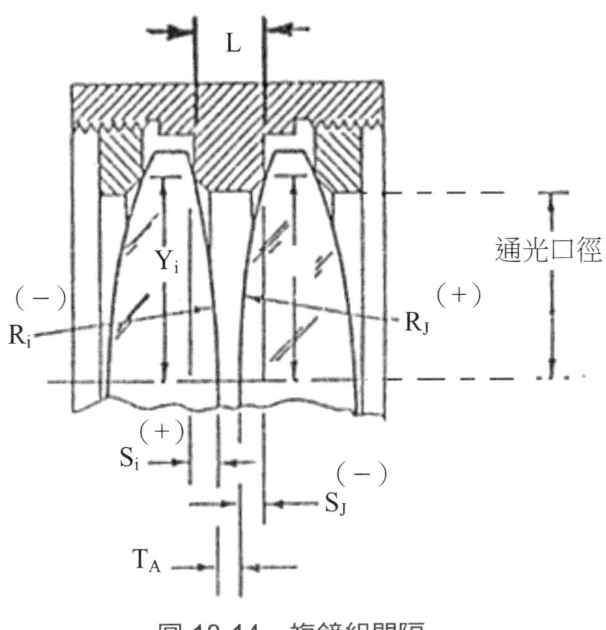

圖 18-14　複鏡組間隔

三片以上的複鏡組，如圖 18-15 在顯微物鏡組組合結構中，是將幾個透鏡和間隔片由一個唯一鎖圓環保留的組合件時要留意厚度公差量，在透鏡和間隔片外部透鏡，因：(1)它外延伸的位置超過固定座，(2)在鏡組各組件是無法固定的，無法用圓型固緊裝置鎖入，以上的缺點，因此是不允許使用的，但是可以加膠固定；另一觀點是，在一個長的組合筒口內徑常有鐘形曲線，並且徑內的透鏡組有過多的自由度。

在重要組合件裡，常需支付更多的固裝以使得鏡組得以組成。透鏡位置和各個微小單件的外部支撐的內徑在同樣操作下被轉動；的確，在一個重要系統，光學元件也許可以用車床轉動去除沒有到位的部分。（用光膠塗透鏡定位可以用轉動取代。）在主要安裝的所有微小單件有同樣公差量，並且他們與由一個長的間隔片和螺紋鎖環被隔絕。所有這些技術，是製作精準頭等顯微鏡所需同心的目的所必要的。

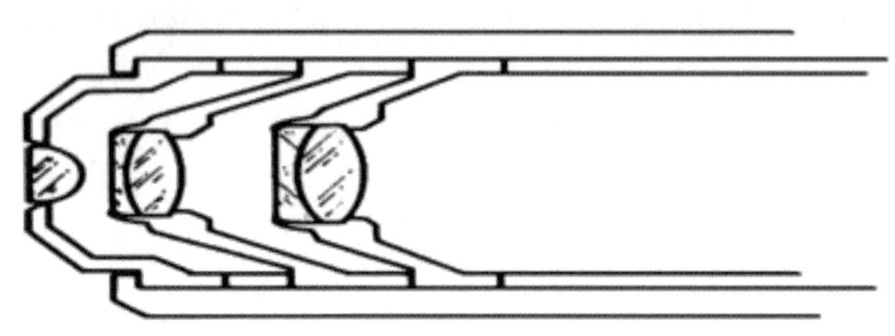

圖 18-15　顯微物鏡組組合結構

18.5 光機和光學元件之間介面與應力的關係

依據 18.3 光學單一元件或 18.4 多重光學元件組，光機和光學元件之間介面與應力的關係在靜態和動態都是重要的，在置於系統時，有四種接觸方式：點接觸、環輪接觸、切面接觸及緊密接觸。各鏡面之外緣及光機都要有接觸區，尤其是在動態環境中時，更要考慮其受力後對鏡片的影響。

在動態環境中，在接點的部分，要使得在及時和常時的表面作用力，都能在鏡片材質，鍍膜所能忍耐的範圍下設計，才能使得系統合用；因此，Paul Yoder 作過以下的實驗，由圖 18-18 及 18-19 將環狀接觸面和切面接觸面作分析，分析結果顯示切面接觸面所受的彈性力較小。

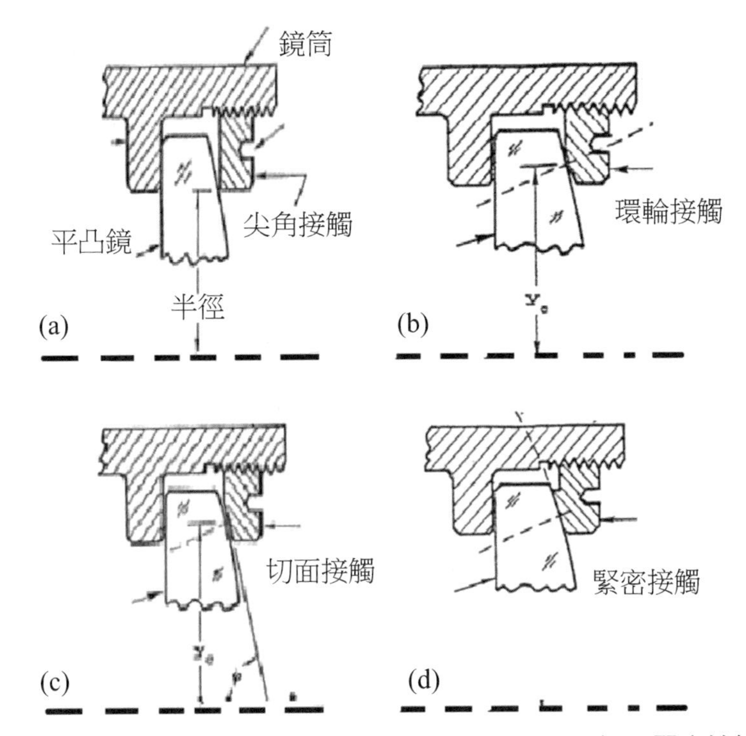

圖 18-16　對凸面的尖角接觸、環輪接觸、切面接觸及緊密接觸

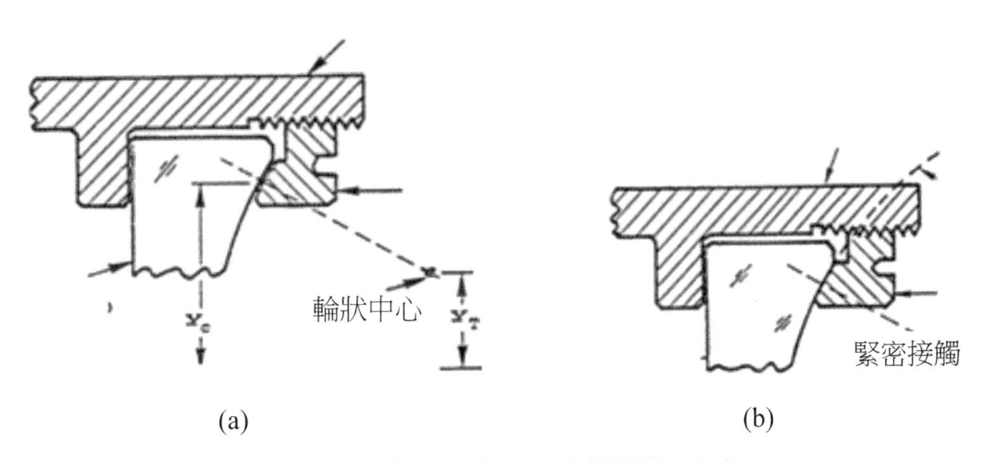

圖 18-17　對凹面的切面接觸及緊密接觸

依據理論計算，尖角接觸、環輪接觸的接觸如圖 18-16(a)、(b)，其等效如大柱子對小柱子；切面接觸的接觸如圖 18-16(c)，其等效如大柱子對平面；由圖可知切面接觸的彈性張力小。

圖 18-18 小圓（尖）點接觸到切面接觸點，接觸受壓力大，到面接觸壓力小；由點接觸，到面接觸，其單位面積之受力，會隨著接觸面積之大小，逐漸分攤壓力；因

此，可推知對同一光學元件，點接觸受壓力大，而面接觸壓力小；點接觸易使元件表面受損，到面接觸壓力小，不易使元件表面受損；但點接觸的優點是可利用其性質，在固緊時，會使鏡心自然對位，而面接觸，其工件要求精度高，不易製作，若製作不良，效果差。

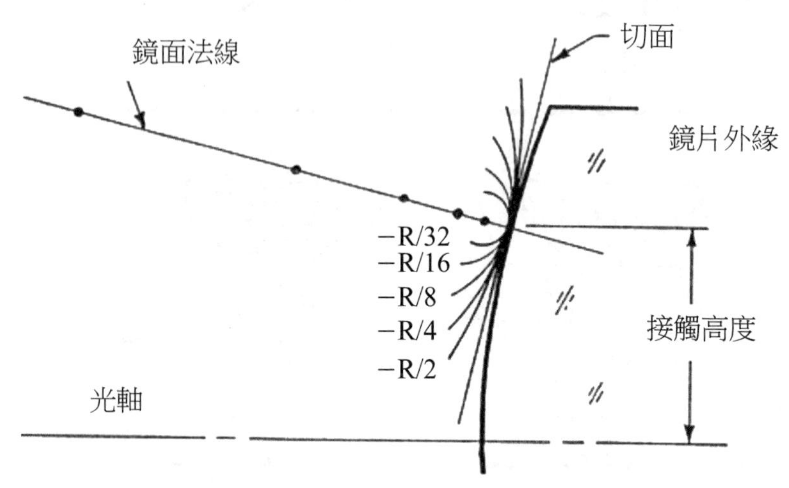

圖 18-18　小圓（尖）點接觸到切面接觸

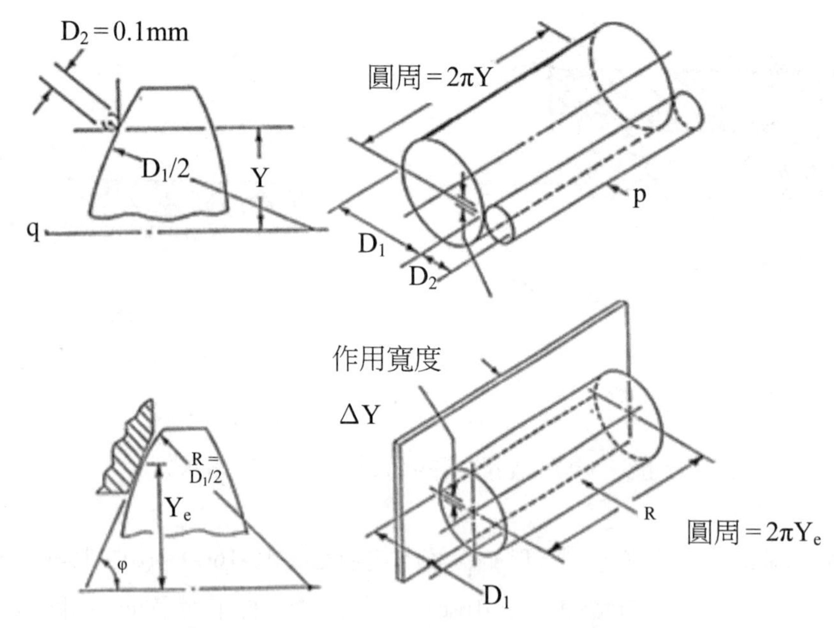

圖 18-19　元件和不同接觸面之等效圖

切面計算的正切函數值可由圖 18-20 求得，對於相鄰兩鏡的設計經由計算求得不同的參考圓心，採用直角，有些一半採用直角介面，另外採用切面或其他介面接觸，如圖 18-21 是直角介面的案例。圖 18-22 鏡組加保持環，可以防止在震動的環境下破裂。

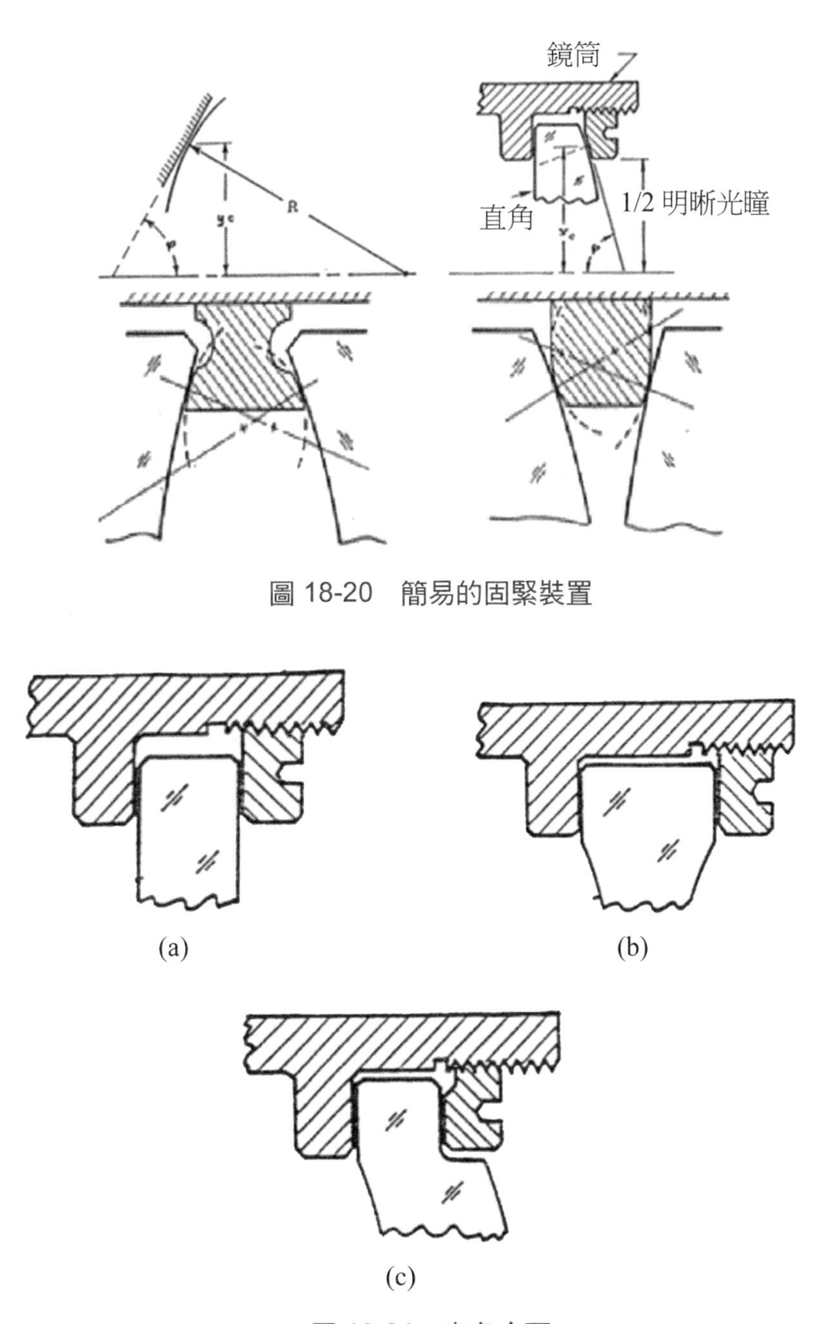

圖 18-20　簡易的固緊裝置

圖 18-21　直角介面

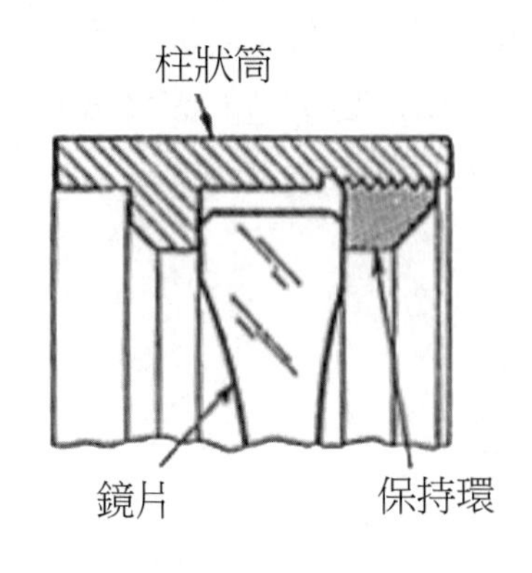

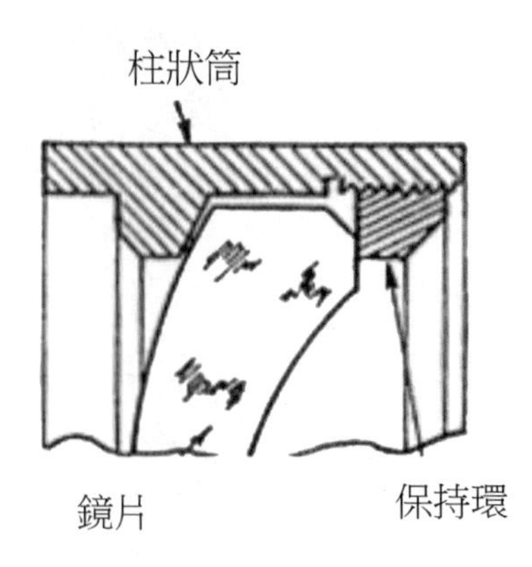

圖 18-22　鏡組加保持環

18.6 抗溫度變化之光學機械設計

溫度是影響光學的重要因素，因為在物理環境中最常見有溫度和壓力，依據波以耳定律，若在一個密閉空間內，PV/T 為常數，因而在環境中影響光學性質的物理參數為溫度壓力及材料：以下將討論材料對溫度的影響。

以一個鍺鏡組，如圖 18-23。

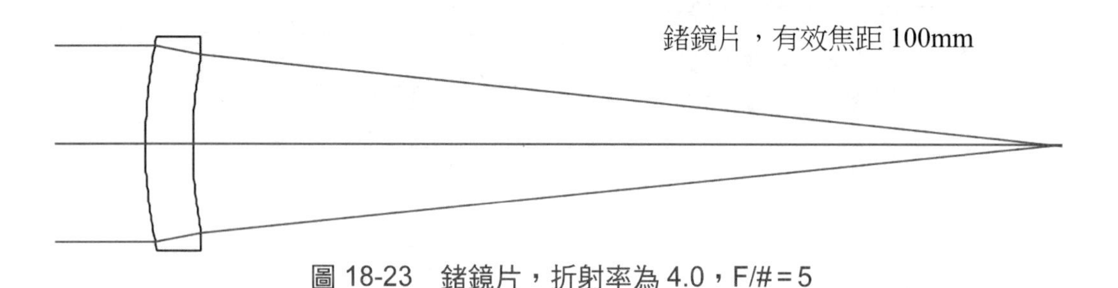

圖 18-23　鍺鏡片，折射率為 4.0，F/# = 5

鍺鏡片折射率為 4.0，F/# = 5，而 dN/dT = 0.000396/℃，由於體脹係數為線脹係數 3 倍，所以，溫度變量離焦關係式可以以下式子表示：

$$\delta = \left(\frac{1}{3}\right) f \frac{dN}{dT} \Delta T \qquad \text{式 18.4}$$

若以上例代入：

$$\delta = \left(\frac{1}{3}\right) f \frac{dN}{dT} \Delta T = 1.34\text{mm}$$

依焦深公式：

$$焦深 = 波長(F/\#)^2 = 0.01 \times 5 \times 5 = 0.25mm$$

光學鏡片隨溫度而改變焦距，若溫度差超過 50℃，則以超過焦深量，會造成影像模糊。因此，在設計時必須要考慮到選擇光學鏡片及光學架置之機械材來補償；有以下二種分法。

18.6.1 單一光機材料法

單一光學材料的溫度補償方式是採取單一機械材料，和光學鏡組之膨脹率相等或相近，如此可以達到聚焦平面不因溫度變化而有所改變，而選擇匹配之光學鏡組和光機材料之配表如表 18-1。

表 18-1　可匹配的光機材料

光機材料	線脹係數	匹配玻璃	玻璃線脹係數
鋁	22 ppm/℃	FK51	22 ppm/℃
不鏽鋼	10 ppm/℃	PK50	9.2 ppm/℃
invar	2 ppm/℃	BK7	1.8 ppm/℃

若以一組鏡組為例：若其焦距為 L，單鏡組光學線脹係數為 CTE 為 C_1，因無法找到光機材料與原長度相配，所以以兩種材料相接，L_1和L_2如何選擇不同的線脹係數推導如下：

$$\Delta L = L\alpha\Delta T$$

在此，

$$\Delta L = L\alpha_m\Delta T \qquad 式 18.5$$

由此可知，只要找到一相近光機的線脹係數，即可以使得成像位置達到補償的效果，不會受溫度的影響。

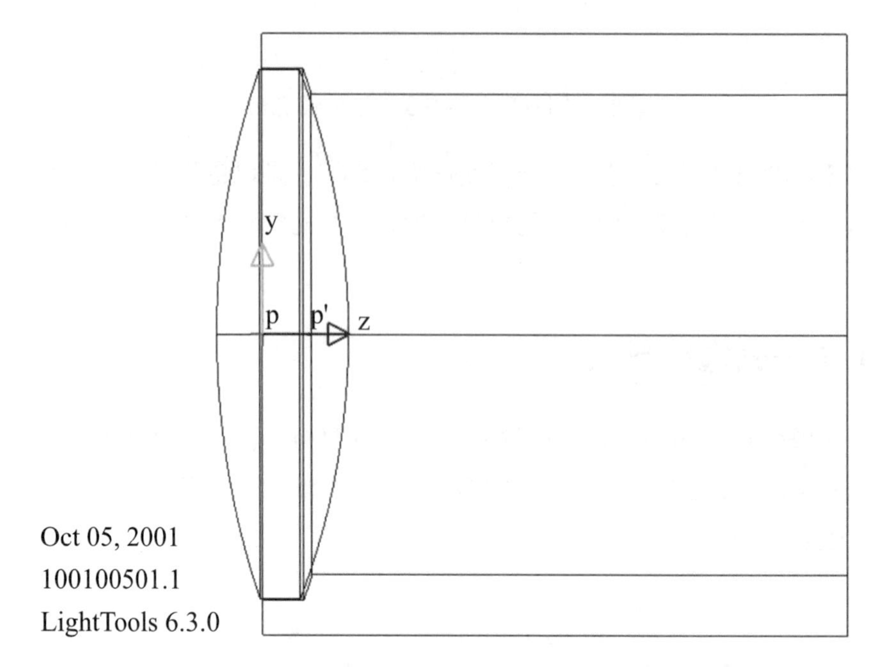

圖 18-24　單鏡組加上單一材料抗溫鏡架

18.6.2 多重光機材料法

光學材料的溫度補償方式是採取多重機械材料，主要是因為光學鏡組之膨脹率相等或相近極少。所以，在光機上採用二種或二種以上之材料，可以達到聚焦平面不因溫度變化而有所改變，其基本之推導理論如下所述。

圖 18-25，若以一組鏡組為例：若其焦距為 L，單鏡組光學線脹係數為 CTE 為 C_1，因無法找到相同線脹係數光機材料與原長度相配，所以以兩種材料相接，L_1 和 L_2 如何選擇不同的 L 線脹係數推導如下：

$$\Delta L = L\alpha\Delta T \qquad \text{式 18.6}$$

在此，

$$L = L_1 + L_2 \qquad \text{式 18.7}$$

$$\Delta L = (L_1\alpha_1 + L_2\alpha_2)\Delta T \qquad \text{式 18.8}$$

$$L\alpha = L_1\alpha_1 + L_2\alpha_2 \qquad \text{式 18.9}$$

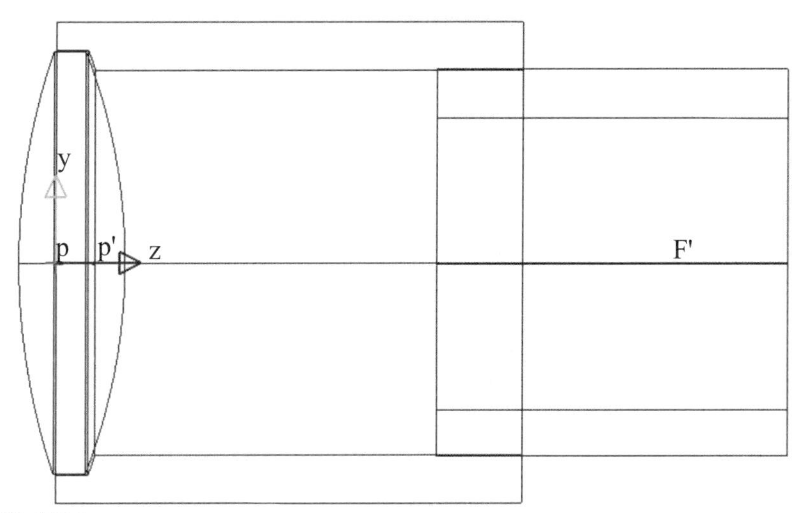

圖 18-25　單鏡組加上兩種抗溫材料鏡架

若α，α_1及α_2為常數：

$$L_1 = \frac{(c - c_2)L}{c_2 - c_1} \quad \text{式 18.10}$$

$$L_2 = \frac{(c_1 - c)L}{c_2 - c_1} \quad \text{式 18.11}$$

由此可知，只要找到兩組相近光機的線脹係數，即可以使得成像位置達到補償的效果，不會受溫度的影響。

表 18-2　常用光機材料表

光機材料	線脹係數	硬度	說明
鋁	22 ppm/℃	FK51	22 ppm/℃
不鏽鋼	10 ppm/℃	PK50	9.2 ppm/℃
invar	2 ppm/℃	BK7	1.8 ppm/℃
光機材料	10 ppm/℃	PK50	9.2 ppm/℃
鋁	2 ppm/℃	BK7	1.8 ppm/℃
不鏽鋼	10 ppm/℃	PK50	9.2 ppm/℃
invar	2 ppm/℃	BK7	1.8 ppm/℃

18.7 稜鏡組的架置

光學系統是運用動力學的精確機械設備。一個物件在空間有六個自由度。這些是各自垂直的三個座標軸和三個轉軸。當每個這些自由度限定，物件就充分被固裝。但是，如果這些動作中有超過一個的限制，那麼物件是過多限制，並且二個情況的當中一個發生；或者所有除了（倍數）限制的當中一個，其他是無效的，或物件受多個限制而扭曲。

圖 18-26 是依運動學安裝的實驗室安置典型例子。這裡有上部板材和底部板材之關係。在 A 有一球面端點桿壓入圓錐型孔內。這（在 D 有重力或組合彈簧壓力）壓入板可以從所有側向移動。在 B 點，V 凹線槽可消除二自轉，那關於一個在 A 垂直軸和那 AC 軸。最後的自轉（繞 AB 軸）因在 C 聯絡在球末端和板材之間被消除。除了沒有額外限制外，也沒有重要公差量。距離 AB、BC 和 CA 可能廣泛變化沒有引進任何一個約束條件。將由組件接受的一獨特的位置；組件也許被去除和被替換和確切的將擔任同樣位置。一個完全運動學系統常因在無法預期的製作程序上，經常使用部分動力學的方法。如這個替補小區域接觸，是運動學上的聯絡點和線安裝是必要的，這是因為以下二個原因：(1)材料經常沒有足夠剛性或接觸承受點有變形。(2)是穿在點上保護層，很快使它降低到接觸在任何情況下的區域。因而在光學儀器的設計上，由規格允許自由度和被加強限制程度是最佳開始。這些可能由幾何點和軸開始考慮，首先要有幾何型狀概述，然後考慮減少到實用墊片、軸承等。這類方法可使得製造公差

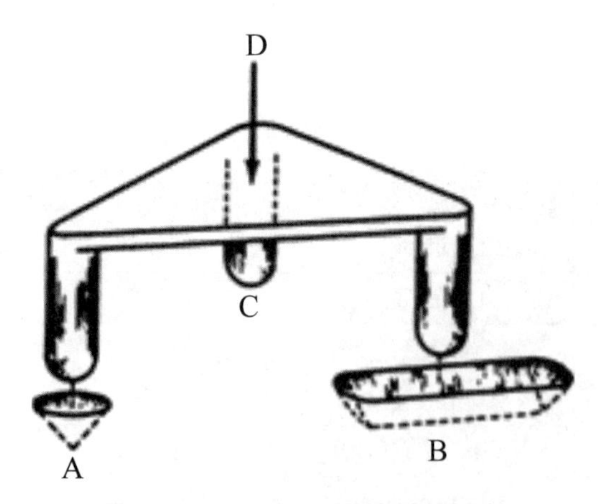

圖 18-26　光學夾具的動態結構

量作用可以詳盡清楚的分析後製作，使得在設備的功能上，能用低廉和簡單方法來維護高精度。

18.7 光學元件在光機之校正方法

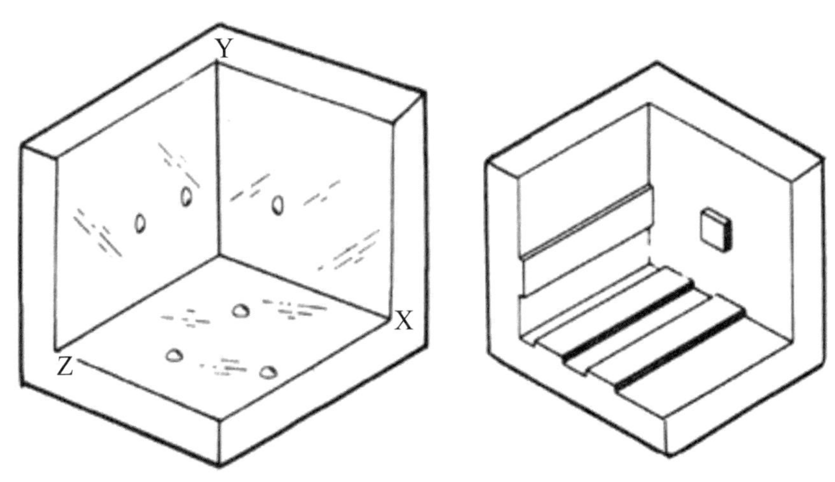

圖 18-27　動態及半動態機械結構

在安裝任一類型光學元件要避免翹曲或任何扭轉。在一般情況下，實際上被夾緊在力軸和鎖圓環之間的透鏡元件（或它們的等值），這並不是太困難的，因為壓力點結果是在彼此壓縮透鏡相對面。但是，若是裝鏡子和稜鏡，出於形狀表面翹曲壓到鏡面，在這種情況下，相當容易犯錯；簡單方法是將一個墊直接放在各接觸點上以便扭轉時，力不被引進，鏡子和稜鏡可避免被壓。

因此，在安排一調校座時，可以一個線為參考軸，另一個點以旋轉柱方式調整上下高度，可以達到 INDEPENDENT 調校三軸。

18.8 光機製圖

在考量光學及其環境參數分析後，可以開始光機製圖，將設計參數後，及計算出的公差量最後的數據繪製成為工圖，以開始製作。這工圖包括：光學尺寸，材料、機械規格，如圖 18-28，是一個二元件的鏡組；如圖 18-29，是一個三元件的鏡組。其中 1、2、3、4、5、6 為光學面參數，可以光學工圖去定義。

而標準工圖由光學程式產生，如圖 18-30 為這光學工程圖，包括：光學尺寸、材料、機械規格及公差量，以提供製作所需的一切資料。

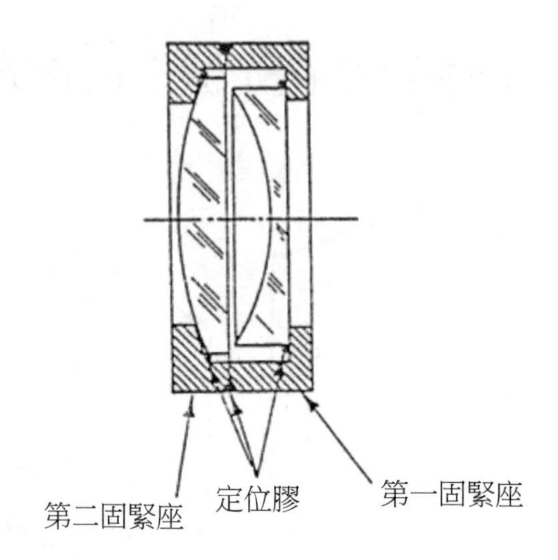

圖 18-28　二元件的鏡組

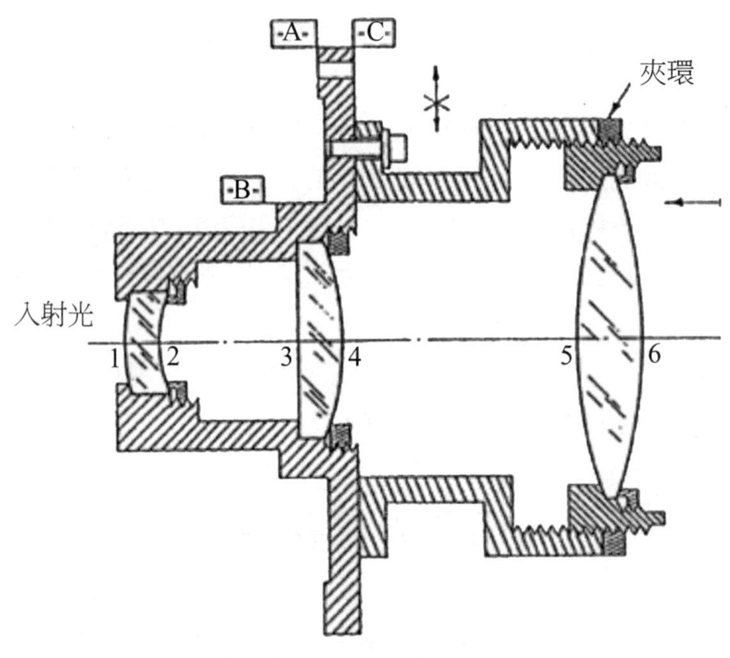

圖 18-29　三元件的鏡組

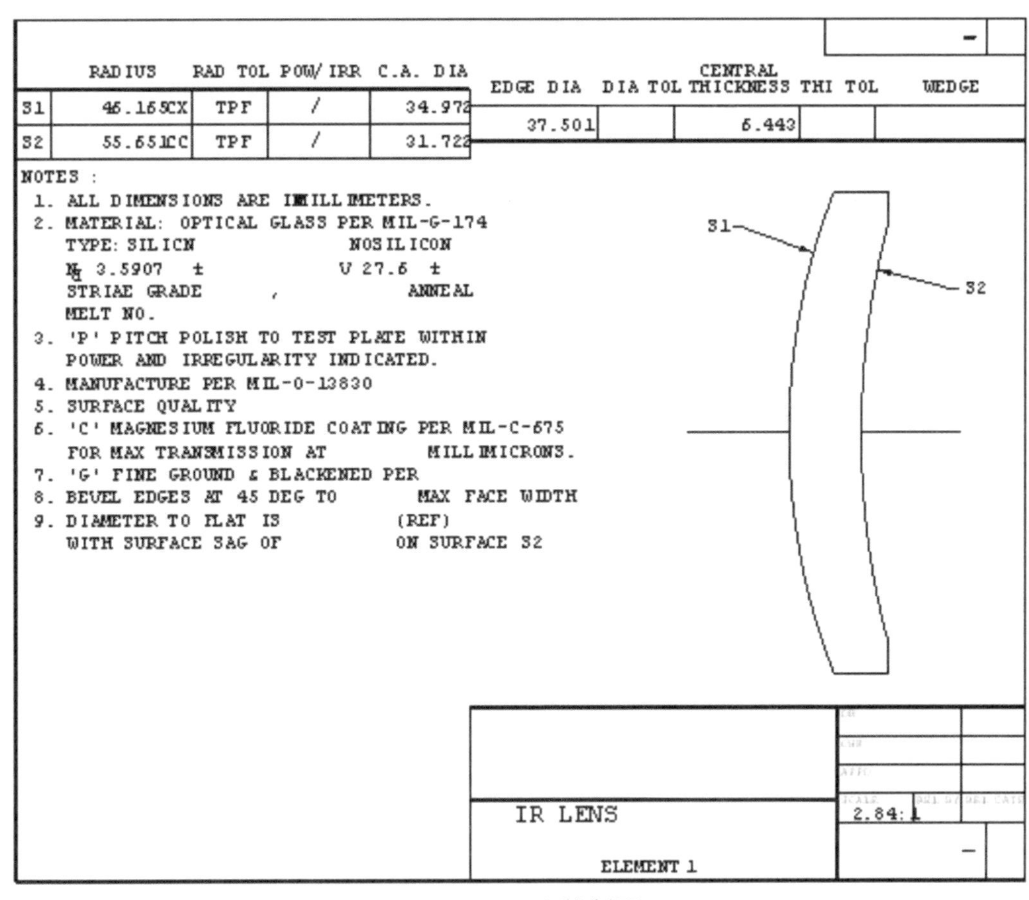

圖 18-30　光學製圖

參考資料

1. P. Yoder, Optical Mechanical Design 3rd. (1994)
2. W. Smith, Optical Engineering Design 3rd. (1994)
3. codeV 操作手冊（2009）.

習題

1. 描述鏡頭與固緊光機，四種接觸並比較他們的壓力。
2. 估算一個有效焦距 100mm，若在 CCD 上只容許 5 微米的偏差量；請問機座傾斜的最大角為何？

軟體操作題

1. 用光學軟體計算 TRIPLET 鏡組的最便組裝的機構。
2. 設計凹透鏡的單個的固緊光機。

第十九章　大型鏡組

從中世紀天文學家哥白尼和伽利略用望遠鏡觀測天文以定出地球之在太陽系中行進之軌道及觀測星座和四季的關係，用以定義四季的關係，並且以星座按年月日而定出方向而應用在航海的導航，更有一些人以觀測天象作為星象學。但是，因為製作技術有限，所用的鏡組尺寸都不大，無法製作出大型的鏡組，因此，觀測的範圍很有限，觀測距離也不長，最多只是在太陽系中的銀河系統。

20世紀起，人們因為有感於地球資源有限，各國研發人員漸漸領悟，若以大型鏡組作為工具，進一步的開發太空資源，是開拓新殖民區的路。二次世界大戰之後，隨著鏡組製作技術的進步，漸漸可以製作出直徑超過1公尺以上的鏡組，並且建立天文觀測站，在美國夏威夷 Mauna Kea 的天文工作站就是一個例子。

1950年起，多位科學家，利用大型望遠鏡系統，作星際資源的探索。以雷射發明人湯斯（Charles H. Townes）為例，湯斯利用微波的信號探測宇宙的物質——銀河系的訊號。過去的科學家認為星球之間完全真空，沒有任何物質存在。但是湯斯將銀河系傳來的微弱訊號利用微波技術進行光譜分析，發現那片遙遠的空間，除了有氫分子、氨分子以外，還有有機芳香環分子存在，難怪科學家會在宇宙隕石中，發現有機物。這些有機質在宇宙間飄浮了幾億年，由飄浮的有機分子到凝聚的宇宙星雲，變化由每平方公分10個分子到10的8次方個分子，這些不同密度的宇宙星雲，溫度都非常低，約在絕對溫度10～70度（攝氏溫度−263～−203度）之間，所有的分子幾乎是處在靜止的狀態。這一些物質現象的分析和觀察結果，對宇宙冷星雲的物質的發現和分析，對科學基礎的研究都有極大的影響。

大尺寸鏡組定義

大尺寸的鏡組在可見光和紅外線是由表19.1得知，多半是直徑8公尺以上到10公尺的尺寸的鏡組，它適合用於在地面站以垂直的或可調整之背地向上的觀測或以機械制動的方式定位觀測原定之天文的目標區域，以達到原設計的目的

大尺寸製片之製作無法用尺寸小於8米以下的測量儀具，如干涉儀等去量測鏡面。因此，要有其他的方法去量測表面輪廓，平整度及粗糙度。另外，大鏡面的加工必須及時量測。所以，在製作的過程中必須及時量測及校正，以保證表面輪廓，平整度及粗糙度在規格內。

有效焦距

以有效焦距為例可用以下式子說明：

$$EFL = D\frac{X}{W}$$ 式 19.1

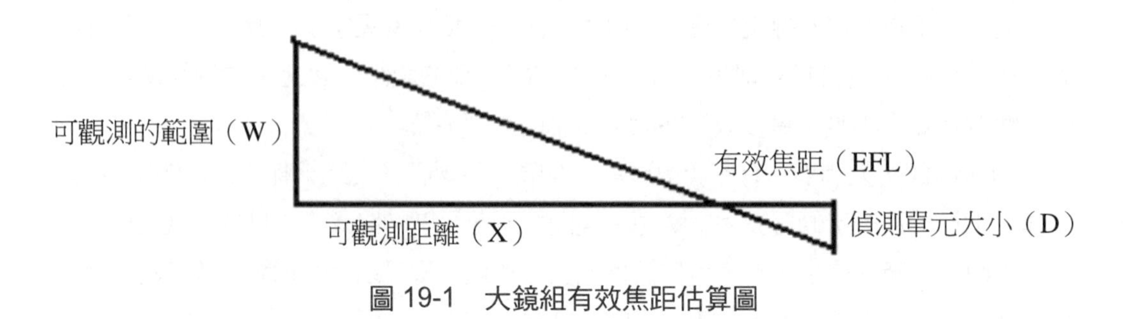

圖 19-1　大鏡組有效焦距估算圖

在此鏡組有效焦距（EFL），可觀測距離（X），可觀測的範圍（W），偵測單元大小（D）。

若是以用一可見光偵測單元大小為 2 微米，若使用 3 個點為可以偵測之條件；若要觀測 100 公里外影物：若為卡車 6 公尺，由式 19.1 可推知有效焦距為 1 公尺。同理可知，若要觀測在地表以上 1000 公里之 6 公尺大小衛星，則可推知有效焦距為 10 公尺；若要觀測地表 10000 公里以外的外太空則同樣可以依此公式估算。

偵測大小

偵測單元是依照波段設計與製作，若是可見光可由光學鏡組之 f/#及繞射極限公式得知 CCD 各檢知單元的尺寸。

觀測的波段

觀測的波段大部分是可見光和紅外線，因為以地面觀測站紫外線較不易觀測。但是，若在太空中，應可以觀測到較廣的波域。

大型鏡組是觀測大氣和天文資源必要的大型設備，且對未來人類極具價值。因為造價高，只有美俄等大國才能擁有。在本章節除了列舉世界各國之大型鏡組外，再對垂直、水平、動態及金屬鏡的光機簡單討論。

表 19-1　各國大型鏡組尺寸，性能及位置

口徑	名稱	所在地	緯度	說明
10.4	Gran Telescopio Canarias	La Palma, Canary Islands, Spain	28 46 N: 17 53 W 2400 m	Observatorio del Roque de los Muchachos: segmented mirror based on Keck
10.0	Keck	Mauna Kea, Hawaii	19 50 N: 155 28 W 4123 m	each mirror composed of 36 segments
	Keck II			operated separately or in tandem as the Keck Interferometer
~10	SALT	South African Astronomical Observatory	32 23 S: 20 49 E: 1759 m	based on the HET design
9.2	Hobby-Eberly	Mt. Fowlkes, Texas	30 40 N: 104 1 W 2072 m	very inexpensive: spherical segmented mirror: fixed elevation: spectroscopy only
8.4	Large Binocular Telescope	Mt. Graham, Arizona	32 42 N: 109 53 W 3170 m	a pair of 8.4-m mirrors on one mount giving the light gathering of an 11.8m and eventually the resolution of a 23-m
8.3	Subaru	Mauna Kea, Hawaii	19 50 N: 155 28 W 4100 m	NAOJ
8.2	Antu	Cerro Paranal, Chile	24 38 S: 70 24 W 2635m	operated separately or as units of the VLT Interferometer
	Kueyen			
	Melipal			
	Yepun			
8.1	Gillett	Mauna Kea, Hawaii	1950 N: 155 28 W 4100 m	aka Gemini North
	Gemini South	Cerro Pachon, Chile	30 20 S: 70 59 W (approx) 2737 m	twin of Gemini North

由上表可知大部分尺寸為 8 公尺以上，緯度以 19.5、 30、 32 為主，觀察領域為多廣域（紅外、可見光、或紫外光），對人類未來資源的探測極具價值。

19.1 垂直大型鏡組

如圖 19-2，垂直大型鏡組是指鏡身和光學桌或機台垂直。常見是在實驗室的光學桌，作為光學的準直鏡，其目的是產生準直光用作光學參數量測；垂直大型鏡組，在使用時常是作成離軸拋物面鏡，如圖 19-3，其目的是可以減少在瞄準線被遮到。如圖 19-4，是離軸拋物面鏡製作時常使用的方式，是將一大模塊同時研拋，在出貨時才將其切割成單個拋物面鏡。通常出貨時會在扰物面邊上加註方向，以方便在使用時的調校。

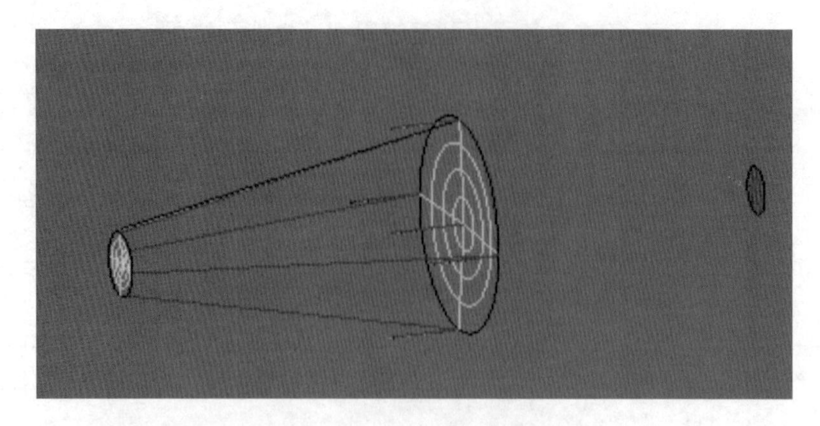

圖 19-2　大型鏡組垂直架設

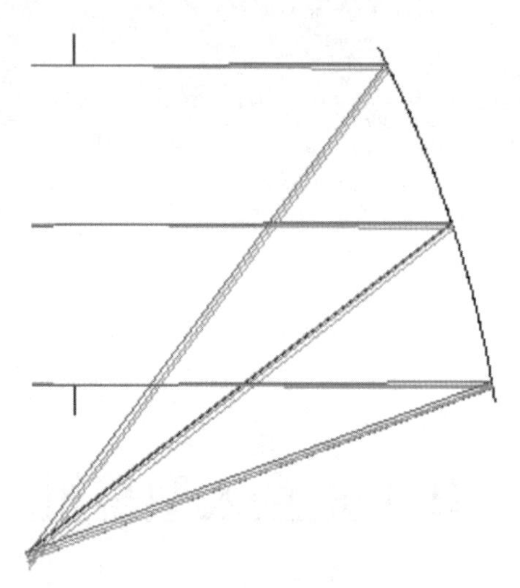

圖 19-3　離軸拋物面鏡

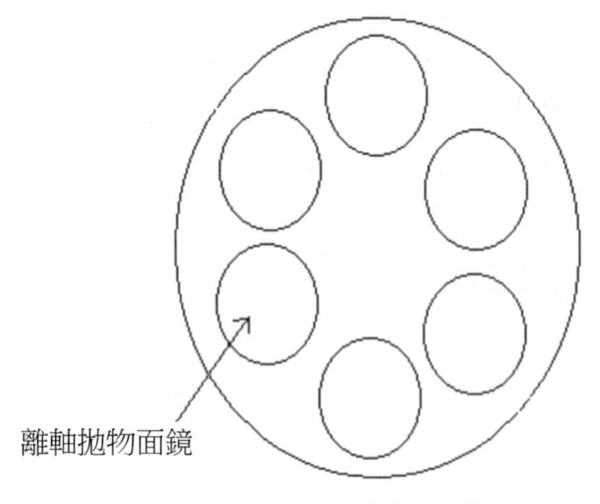

圖 19-4　離軸拋物面鏡

可由干涉圖 19-5 得知，干涉條紋並不對稱，這是由於鏡體垂直時因各部分的重力不平均所引起的。因此，補償的方式是支撐鏡面底面，及改良上端支撐架構，達到波前的校正，以使得鏡組功能保持極佳化。

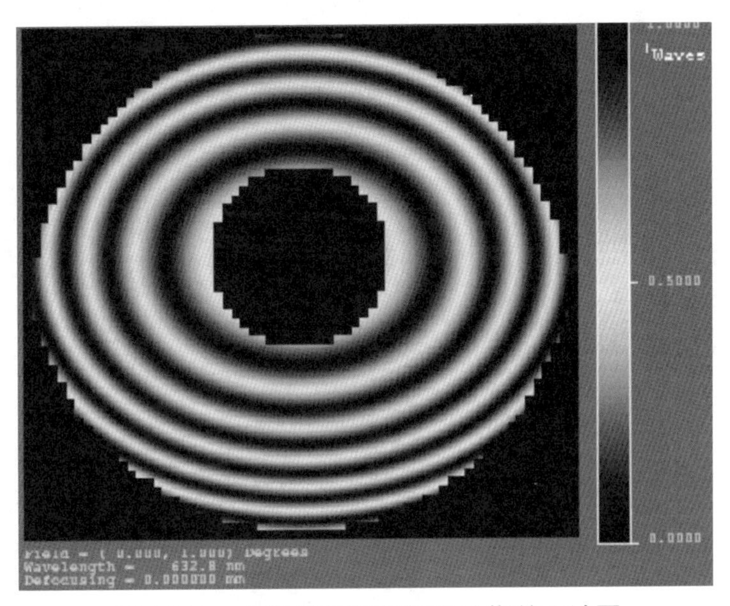

圖 19-5　大型鏡組垂直架設的像差干涉圖

19.2 水平大型鏡組

水平大鏡組常用在地面天文台上固定向上觀測，用以天文物理、追瞄衛星、光雷達在平流層光行進方向的應用，通常鏡組直徑可以從 1 公尺到 10 公尺。若是以一個 50 公尺有效焦距的鏡組，可以直接觀測到月球表面 1 公尺範圍的影像，可用於星際及太陽系等資源的履勘，或定點之光雷達裝置，達到各大氣層之溫度，壓力和風速之測定。

目前，在美國夏威夷天文台已有此裝置；圖 19-7 水平大型鏡組垂直大鏡組需要有機台支撐，而因為徑向力不同常會造成鏡面變形，可由干涉圖 19-8 得知，在徑向上的鏡面形變會使得鏡片 MTF 等功能參數下降。

補償的方式可依照形變圖或干涉圖，如圖 19-9 逐項改變各支撐點之力結構，以達到波前的校正；若是可能可以採用各支點支撐結構採用 PZT 可以及時校正鏡面的表面使鏡組功能保持極佳化。

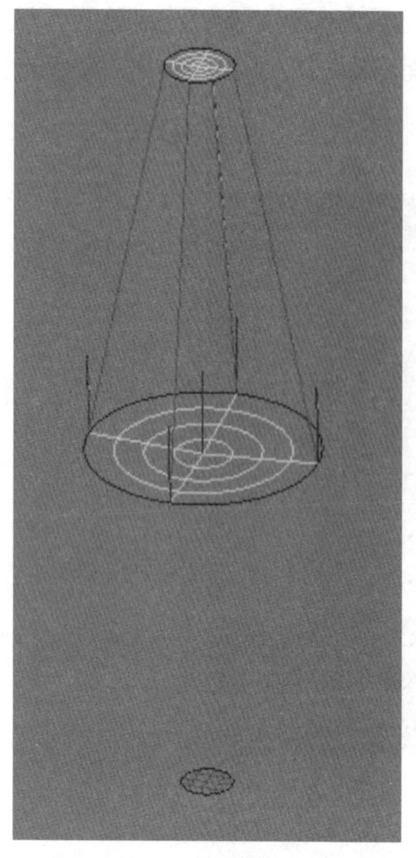

圖 19-6　大型鏡組水平架設

圖 19-7　大型鏡組

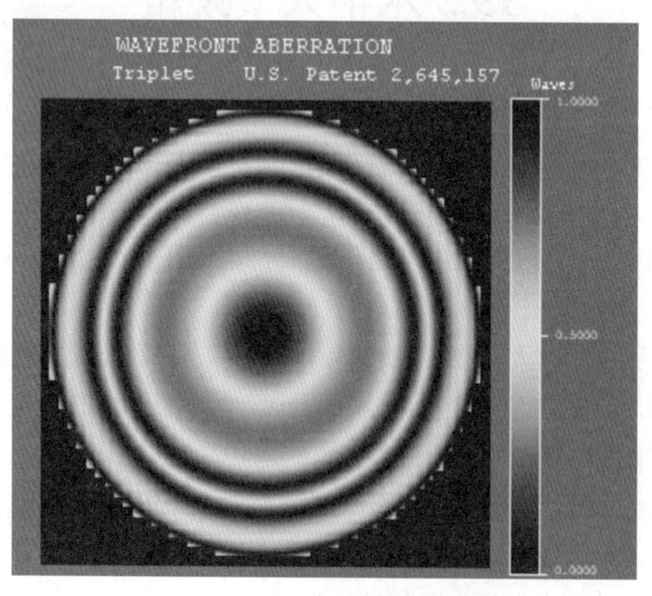

圖 19-8　水平架設的像差干涉圖

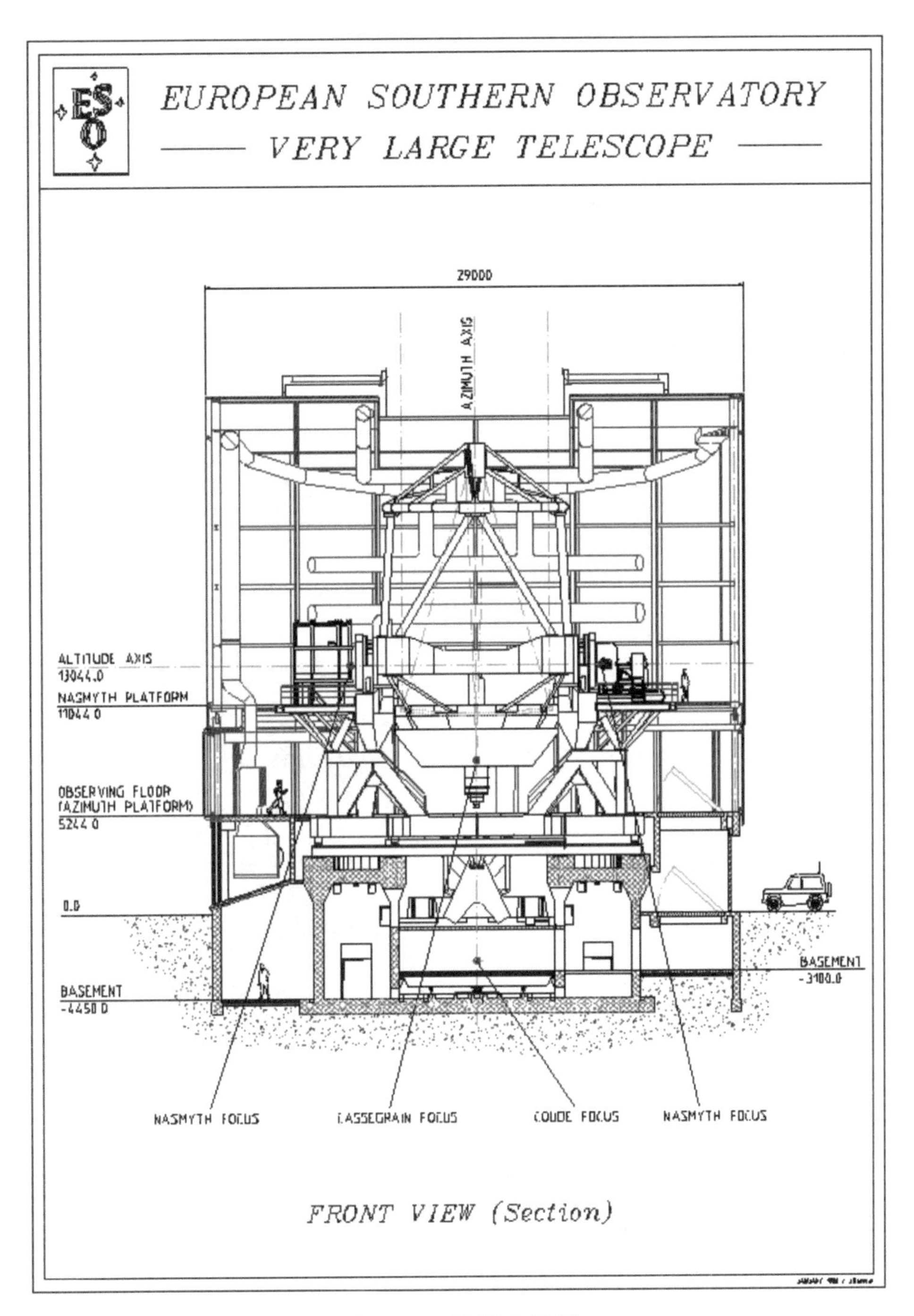
ESO
EUROPEAN SOUTHERN OBSERVATORY
VERY LARGE TELESCOPE
29000
AZIMUTH AXIS
ALTITUDE AXIS
13044.0
NASMYTH PLATFORM
11044.0
OBSERVING FLOOR
(AZIMUTH PLATFORM)
5244.0
0.0
BASEMENT
-4450.0
BASEMENT
-3100.0
NASMYTH FOCUS
CASSEGRAIN FOCUS
COUDE FOCUS
NASMYTH FOCUS
FRONT VIEW (Section)

圖 19-9　歐洲大鏡組

19.3 動態大型鏡組

動態大型鏡組主要用在追描動態物件，如圖 19-10，因此，其觀測的角度及動態範圍更大。因此，在氣象，天文及軍事用途上廣為使用，可用以追描軍事目標或衛星。其結構包括機械旋轉及俯仰角及鏡組，因為在使用時的載台和環境是動態的。因為，其表面常有溫度，壓力及載具移動動態的變化，會造成表面的動態形變，會減少原設計要達到的功能。

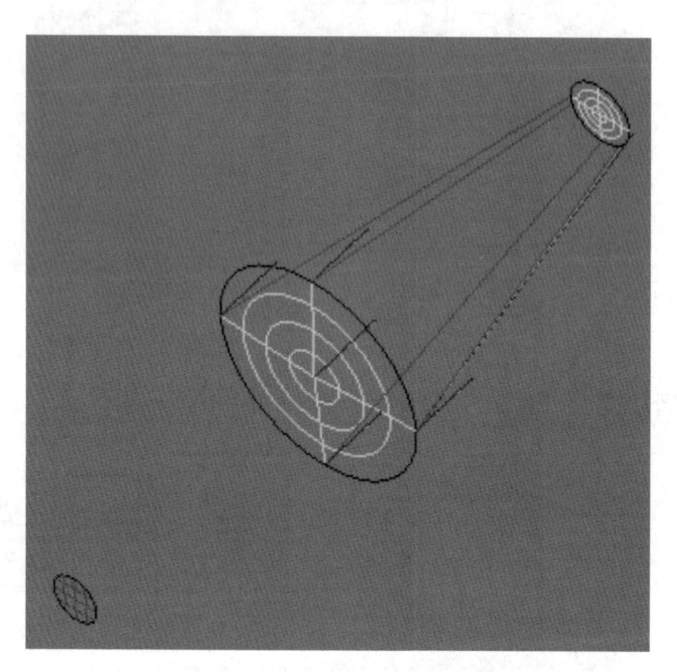

圖 19-10　大型鏡組動態架設

因而，可由干涉圖 19.11 得知，在光學面的形變會造成原設計功能參數下降。補償的方式可依照形變圖或干涉圖，採用各支點支撐結構及採用PZT，可以及時校正鏡面的表面使鏡組功能保持極佳化。如圖 19-12 及圖 19-13 就是地面觀測站之大型鏡組動態架設，都是採用各支點支撐結構。

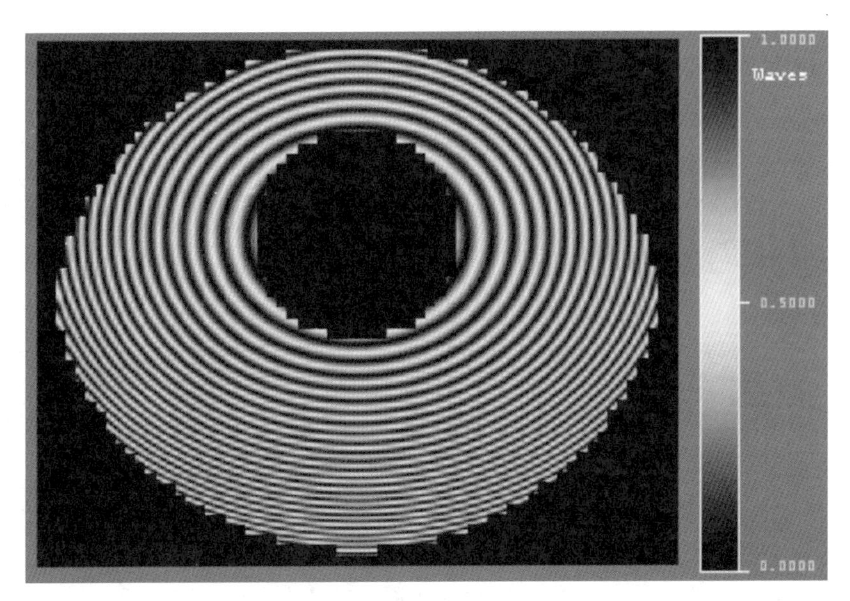

圖 19-11　大型鏡組動態架設的像差干涉圖

圖 19-12　Palomar 天文望遠鏡，http://www.astro..caltech.edu./palomar/halephotos.html

圖19-13 俄羅斯天文望遠鏡 6-meter Bol'shoi Teleskop Azimultal'nyi (BTA), Nizhnii Arkhyz, Russia

19.4 金屬大型鏡組

反射式的鏡組以金屬製作是一個常用的方法；因為以金屬製作，有以下的優點：其一，光滑金屬面可以直接反射，沒有色差；其二，金屬可以用大型精密機械車床機台直接製作，可塑性較高，並且不像玻璃材質容易碎裂，並且耐衝撞。但其缺點是金屬層容易氧化，所以表面鍍膜或其他處理方式都需要加強；有些金屬有毒，在加工時要有防護的機制，另外，金屬的線脹系數較玻璃大，因此，在使用時要採用抗熱脹設計或恒溫環境，才能使得功能正常。另外，金屬的密度較玻璃為大，例如鋁合金 6.0g/cm^3，玻璃 2.8g/cm^3。因此，在如何在本體減重是常見的方式。

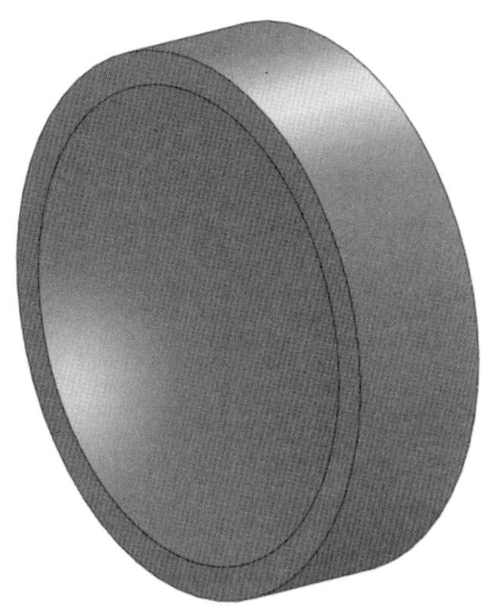

圖 19-14　金屬大型鏡組

19.5 大型鏡組之減重方式

減重的方式就是在表面不變形下，減少大型鏡組的本體重量；常用的方式，如圖 19-15 是對本體以徑向對稱的挖空。

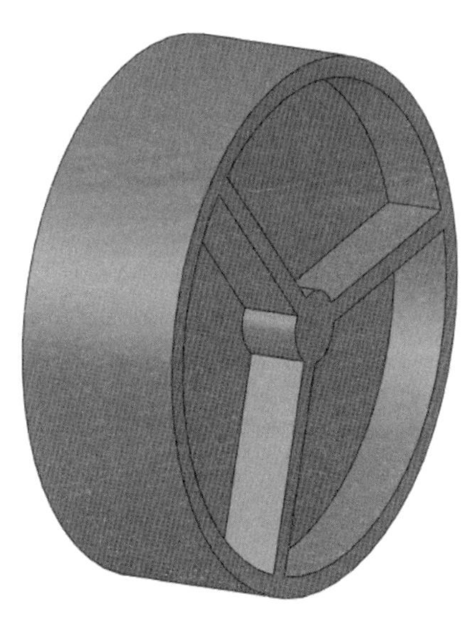

圖 19-15　大型鏡組的減重方式

參考資料

http://www.astro..caltech.edu./palomar/halephotos.html

習題

1. 請上網查出目前最大的天文望原鏡：地點、大小、尺寸、觀察能譜。
2. 垂直大鏡及水平大鏡之鏡面的底座，支撐力如何？

軟體操作題

用光學軟體設計一組 10M Cassagrain 反射鏡組。

III. 電子和電機設計原則

電子電路的設計是依據電路理論設計，主要的電路功能可以分為以下幾類：類比、數位、類比轉數位及數位轉類比等電路。用以上的電子元件設計和製作成為：示波器、萬用表、函數發生器、波特圖圖示儀、失真度分析儀、頻譜分析儀、邏輯分析儀、網路分析儀電子設備或光機電系統等。

第二十章　電路設計

光機電的電路設計是依照其對系統設計理論，將電子元件作成為控制的元件，而控制迴路是拡據數學理論建立的，因而應用電子元件作為數學的功能的元件，例如：微分放大器、積分器、比較器；以電子回饋電路，實際內容就是一個 LAPLACE 方程式，但其控制目的達成是一個電路。

在光機電的電路，以一個數位照相機，除了光學鏡組、馬達及機械結構外，通常都是有一個處理器，以程式管制其各種功能，都有其結構的聯貫性及結構分工，以控制層次為最高。在工程化時，可以在規格依電路來界定：驅動電路、馬達控制電路、成像電路、閃光燈電路、影像處理、儲存、輸出及控制器等電路，以達到系統整合的效果。

在此，以一個數位相機之拆解為例，從而分析各組件之分類，用以說明各種電路之設計。

20.1 類比電路

電源電路

在鏡頭組件的右側是電源控制轉換電路。最右邊是一個電池匣子，用來放置專用的鋰電池。

電源電路可以包括一個交流轉直流的電路，之後經過電容濾波器，可以得到直流電路。

若是電源不穩可以加上 Zenor 二極體，用以穩定電壓，或者是加入一穩壓元件；有些電源是用電池作為電源，通常在電源低於內定值時會有一顯示電路可以顯示出來。

CCD 模組

在相機的中央就是數位相機的核心：CCD 鏡頭組件了（如圖 20-1 中的 CCD），可惜看不到 CCD 晶片。這是由於這個相機採用了整合的鏡頭組件，那個 2M 象素、1/2 英吋的 CCD 晶片被封裝在組件裡面了。一般的數位相機也是無法直接看到 CCD 晶片的，這是因為它要在鏡頭後面進行感光，所以大都進行了封裝。CCD 數據排線能夠將 CCD 晶片產生的圖像信號傳送給控制電路，並將 CCD 晶片需要的驅動信號傳送給它。由於這個相機是全自動對焦的，在鏡頭（如圖中的 Lens）中還可以看到裡面的快門。因此在鏡頭組件中還整合了一個自動對焦系統以及快門控制系統。

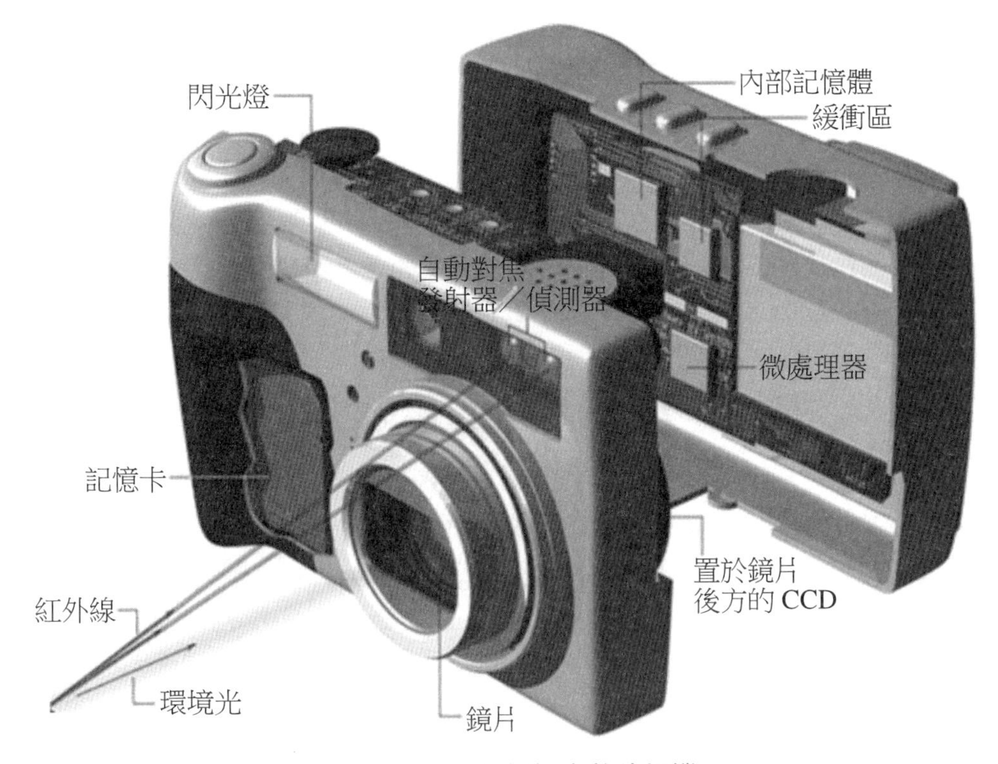

圖 20-1　一個拆解之數位相機

20.2 數位電路

數位電路即是以數位資料傳輸為主的電路，有 8、16 及 32 或更高位元的輸入和輸出端點，配合時序作運算及儲存的功能。如 74LS161D 是 4 位元二進位同步計數器晶片。

暫存器

因此電路中配置了 16M 的內存（兩片 Fujitsu 的 81F41642D），其中 9M 記憶體作為圖像暫存。

因此即使不插 SM 卡，該相機也可以進行拍攝。強大的處理器和充足的內存使得這台 PDRM4 在圖像處理的速度上非常優秀。內存晶片圖像處理晶片 SM 卡座相連接的排線插座。

Firmware 儲存器

在圖 20-1 中還有一片 EEPROM － 29LV400，該晶片中保存著這台相機的 firmware，就相當於計算機主板的 BIOS 晶片。通過 TC200E 的控制，用戶可以改寫其中的內容，從而實現數位相機功能的軟體升級。

CCD 驅動控制器

電路中還配置了 SHARP 公司的 CCD 驅動控制器 LR36685 以及為 CCD 提供時序的時序控制晶片 LR38616。有關液晶顯示的驅動電路是以 SHARP 的 IR3Y29B 為核心組成的。

20.3 處理器電路

圖像處理電路是 176 引腳 LQFP 封裝的 LR38563。這個晶片就是圖像處理的核心，它是 SHARP 公司的圖像處理專用 DSP。你可能熟知 CANON 大力宣傳的圖像處理晶片 DIGIC。這個 DSP 的功能就和 DIGIC 一樣，進行圖像的壓縮、轉換、濾波、修正工作。圖像處理對存儲器的需求是非常大的，

相機控制器電路

在插座的旁邊就是東芝專門為該相機設計的專用控制器：TC200E。該控制器管理用戶通過按鍵對相機的操作，並完成 SM 卡的讀寫功能，以及文件系統的管理功能。對於拍攝參數的設定、拍攝照片的瀏覽、照片的刪除、編輯、轉換與計算機的通信控制，以及相機工作狀態的設定都是在該晶片的控制之下完成的

光學取景器

該鏡頭組建中還集成了一個光學取景器，以方便那些習慣了傳統相機取景方式的用戶。這些電路板分別是：

CCD 及液晶控制電路板（LCD Driver）、圖像處理及存儲控制電路板、外圍接口控制電路板、測光及閃光燈控制電路板。液晶控制電路亦可整合到 SoC（如 LCDDriver）。

數位相機專用的 CCD 信號處理器。

8 位元微處理機

這個晶片是 Fujitu 公司的 8 位元微處理機 MB89165。除了完成液晶以及按鍵的控制，它還要管理這塊電路板上的各種接口電路，並完成輔助的電源管理。

輔助顯示液晶功能按鍵 8 位單片機

段碼式的輔助液晶模組

同絕大多數的數位相機一樣，這台相機也配置一塊段碼式的輔助液晶模組。這個液晶模組同模擬相機的液晶指示板功能相似，主要顯示相機的工作情況，如：照片張數、電池情況、拍攝模式、閃光功能狀態等。此外，該模塊上還有 3 個按鈕，分別可以調節畫質、設定閃光模式、設定自拍模式。對這個模塊的控制是通過80引腳，LQFP 封裝的晶片完成的。

液晶控制電路

從圖 20-1 中可以看到 CCD 及液晶控制電路板的正面。這一面主要有同 CCD 鏡頭組件的接口插座以及和控制液晶顯示的排線接口插座。此外還有一些輔助的電阻、電容、晶體振蕩器等元件。

20.4 輸出介面電路

USB 介電路

就是 Philips 公司的 PDIUSBD12。串行接口電路是基於 MAXIM 公司的 MAX3226 設計的。

Firmware 晶片從左往右分別是：直流電源輸入插座、視頻輸出插座、USB 以及串行通信接口插座。還可以看到一塊電池，這塊電池是用來維持機器內部時鐘以及保存一些用戶設定參數的。以保證在沒有外界供電的時候機器的時鐘可以照常運行，設定的參數不丟失。這和主板上的電池功能差不多。

SM 卡

該電路板的正面是操作數位相機的一些按鈕。在電座路板的背面焊接一個 SM 卡的插槽。此外，從圖中還可以看到黑色的接近開關。當放置 SM 卡的艙門打開，開關處於彈開狀態；當艙門閉合時，開關處於壓緊狀態。這樣就可以監測 SM 卡的艙門是否關閉。如果沒有關閉艙門相機將提示用戶並拒絕工作。

馬達驅動電路

金屬擋板下面是一個微型步進電機，焦距的調節就是通過這個電機完成的。旁邊的貼片電路是該電機的控制驅動電路。控制信號排線是用來連接快門控制、對焦指示、對焦控制等信號的。當按下快門開關時，相機通過這些排線向鏡頭發出對焦、測光、曝光等指令從而完成一張數位照片的拍攝。

20.5 馬達設計超微小型步進馬達的設計

超微小型步進馬達已廣泛運用在光學鏡組調焦機制上，並且和其機械架構配合，以形成光機電系統，本章是說明其參數的運用，以便設計電控馬達到對位、距焦及相關之機械功能。因此，以下將討論馬達之設計重點。

20.5.1 轉子徑值與定子徑值

首先，需先依照此O徑分析出轉子徑值與定子徑值，在定子徑值部分，首先需先算出電氣特性中所需要的電感量，馬達的運轉主要是因為轉子的自感磁場與定子經流通電流的右手安培定則所產生的感應磁場相對應而產生旋轉量，所以在定子上所纏繞的線圈與繞線的線徑需計算，所需要的傳動扭力推理至轉子徑值與定子徑值，其參考計算公式有：

$$\Psi=LI \qquad \text{式 20.1}$$

所以由上式可參考計算出扭力 F、電感 L、電流 I 之關係與需求然後再透過下列的參考公式做參考檢驗：

$$\oint H \cdot dl = nI \qquad \text{式 20.2}$$

$$\oint H \cdot dl = H_g(g/2) + H_g(g/2) + H_i l = H_g g + H_i l \qquad \text{式 20.3}$$

$$H_g = nI/g；B_g = \mu_0 nI/g \qquad \text{式 20.4}$$

$$\Phi = xw_\mu 0_{nI}/g；\Psi = n\Phi = xw_\mu 0_{n2} I/g \qquad \text{式 20.5}$$

符號說明：F，扭力；W_m，磁能；U，位能；x，x 方向位移；L，電感值；I，電流值；Ψ，交連磁通（W_b）；e，電動勢（V）；H，磁場強度；Hg，空隙磁場強度；H_i，鐵部磁場強度；g，空隙長度；n，匝數。

其實際設計過程並非全部都能以公式推導，所以上述公式僅為參考用，實際量仍需實測與不斷編修才行。首先訂出定子的徑值後便可規畫出繞線軸的值而繪出線軸尺寸圖，再來就是加入一片沖壓件的厚度，加入此沖壓件的主要目地為導入由線圈所產生的感應磁場來與自感磁場相吸相斥。此沖壓件於業界通稱為極齒，若設計的厚度為 t=0.5。所以定子徑值減掉兩個沖壓件厚度後便是內徑總值，再由此一內徑總值扣除一般步進馬達的轉子與定子的間隙量（約 0.15～0.4mm）便可推出轉子的直徑。

20.5.2 馬達的步進角

馬達的機構部分，要設計步進馬達的步進角為 18°，所以 360°/18°會等於 20 個極數，而此 20 個極數由上下兩線磁所構成。因此，各線磁會有 10 個磁極所分配，每單線磁又由兩個極齒包覆，所以每片極齒為五片極爪，而每一片極齒的結構設計應以此為出發點。換句話說，以此例而言，由於計算出定子的徑值為 4.0mm，所以每一片齒的齒弧長應該為 1.25mm，如此才不會使得運轉中轉子產生因為不同的引磁片寬造成偏擺與失步過擺幅現象。

20.5.3 設計出線軸與極齒

設計出線軸與極齒後，就是部品發包的問題，線軸為塑膠射出的元件可以請塑膠廠配合，但在結構體中，一定要考量到塑膠材質的縮水問題，所以在設計尺寸圖面上一定要以上限值為基準標訂。再者，極齒為鐵的元件，為了步進角能準確其鐵件的要求是很重要的，而沖壓的精度於±0.01 以下的廠商可能沒有幾家，而鐵件的材質最好是以導磁係數愈高愈好。以目前來說，經測試結果以 SECC-20E 板材較好，然而有關於線軸與極齒兩者間定位的問題也是設計中的一大技術，為了使極齒與線軸能定位組裝，在設計考量上需做定位點。

考量完極齒與線軸的尺寸規格後，接下來的就是有關整體外觀部分。外觀零件就是上蓋與外殼，上蓋與外殼的尺寸是有關於客戶使用上的要求。也就是說，在外觀設計上，一定要符合ϕ8 的條件。上蓋及外殼與軸承的組，一般而言，軸承組立的設計需以鬆緊配剛好為準，其上蓋與軸承組立和外殼與軸承組立主要技術於不得造成軸承內孔徑縮心的不當組合。

20.5.4 組合

以馬達來說，軸心於上下軸承中運轉，而上下軸承除了零件本身的精度以外，就是如何將組合後排除組合誤差了。以專業觀念來說，「同心度」是組裝結構中一個非常非常重要的一環，如何將上下軸承定位在相同的中心線上，是決定在生產線量化的焦點組合機構（治具），開發完成之微精密型步進馬達成品外觀及尺寸。

20.5.5 馬達之驗證方式

採用單晶片 8051 加上控制電路做控制。為了準確的表達微精密馬達的旋轉角度，外加一組環形測試機台。每旋轉一步，其角度為 18°，旋轉角度為 360°，表示總共旋轉 20 步，以此種方式來驗證馬達的準確性及功能。

參考資料

數位相機原理，教育部通識教育簡報

習題

1. 請列出數位像機的主要電子功能結構。
2. 列舉二種類比電路，及二種數位電路並說明之。
3. 步進馬達的原理如何？
4. 步進馬達二相位和四相位若電源供應相同，在動力狀態時有何不同？

軟體操作題

1. 用光學軟體設計一數位相機鏡頭，並估算其焦深。
2. 用 C 或其他軟體寫一鏡頭聚焦控制程式輸入 8051 晶片。

IV. 整合設計原則

第二十一章　系統工程

光機電系統是一種整合的系統，是運用光學，機械，電子及電機原理，以達成系統製造的目的。就一單一子系統的功能，若無法和其他系統整合，並予以優化，其系統至多只有分系統的功能。以一個數位照像機為例，若只有一個變焦鏡組，最多只有光學的功能，若無法和控制馬達、光偵收器、記憶裝置和介面整合，最多只有光學的聚焦功能，無法達到數位照像機的功能。

光機電系統的工程整合是一種系統工程和管理。內容主要在訂出產品之生命週期，通常可分為：需求確認、概念設計、初型展示和確認、工程發展、生產、銷售和後勤支援及退出市場等階段。導入系工程管理方法的目的則是在產品從研發到退出市場階段皆能具產品管理效益和組織管理效率，研發生產之產品能在適當的上市時機，依顧客要求的品質，生產市場需求的數量給顧客，以得到顧客滿意度為目標。

21.1 系統工程程序的七個階段

對系統工程師而言，在分析產品的生命週期前，首先，需要是一種顧客起源到顧客終結流程，是一種顧客啟始－顧客終結的過程；系統生命週期依系統工程學可以分為 7 個過程：

1. 需求的確定
2. 概念發展及設計
3. 雛型展示及確認
4. 工程發展
5. 量產
6. 使用及後勤支援
7. 退出使用、使用年限

以上各階段的需求，設定檢核項目於完成修正後進入下一階段。

21.1.1 需求的確定

本階段主要依據市場的需求，定義範圍，提出研改之可行性分析，成本與效益初步分析等基本研究，並定出各系統指標，功能與運作需求。

21.1.2 概念發展及設計

主要工作為專案規化和系統設計，專案規劃時包括系統工程、構型、管理工作規劃，各專案計畫須依照系統分析之要求，執行壽期輪廓和任務輪廓，並進行系統機能展開與需求配當，及系統整合，優化等設計工作；作為測試評估之標準。

另外，還要執行能量研究，成本及效益分析，研究外包或商源評選計畫及選優評估及風險分析工作，以上工作執行完成後，可以將系統規格（或稱為A規格）定出。

於系統規格定出後，就可以定出 WBS（工作分工架構）和評估計畫（TEMP）等，及系統需求審查 SRR，以確認後續系統設計和發展的基礎。

21.1.3 雛型展示及確認

於通過系統需求審查（system requirement review SRR）完成後，本階段主要工作為系統驗證與分系統初步設計。本階段是對前一段的結果對各子系統需求配當的結果，確定各子系統之主要物性特徵功能，並進行系統設計擇優及分析驗證；經由設計、雛型製作、測試和評估，以展示並確認系統及子系統發展規格（或稱為 B 規格），確定各項備案之擇優規劃，期使全案風險降低，接著實施設計審，查以確認成果；本階段完成初步設計審查確定後，將產生以下之文件：

- 系統整合測試計畫（ITP）
- 初期操作測試與評估（IOT&E）計畫
- 系統設計審查（SDR）報告
- 軟體規格審查（SDR）報告
- 系統研制成本估計及運作成本與壽期成本

重估報告

- 子系統／主裝備發展規格（B 規格）
- 後勤支援計畫評估及分析報告
- 軟體發展規劃書
- 初步設計審查（PDR）報告
- 初步研發測試與評估（DT&E）報告
- 雛型展示確認階段工作報告

21.1.4 工程發展

本階段之主要作業為細部設計及系統驗證，系統整合測驗及先期生產，工作的點各子系進行細部設計，並驗證，發掘並改進介面設計缺點，並經由關鍵設計，確認符合市場及顧客需求。

當研製之系統經過子系統測試驗證，並依照系統及子系統之發展規格（B 規格）設計與製作後，應進行評估工作以驗證確認系統功能是否符合原訂之功能需求目標；以顧客執行初期測試評估，以驗證系統性能及介面是否功能合乎需求和正常運作：

- 子系統及系統設施細部設計報告
- 軟體製作現況與單元測試報告
- 關鍵設計審查（CDR）報告
- 子系統軟體測試驗證規劃書與報告
- 功能構型稽核（FCA）工作計畫與報告
- 生產規格（C 規格）、製程規格（D 規格）與材料規格（E 規格）
- 先導生產構型文件
- 研發測試與評估（DT&E）報告
- 初期操作測試與評估（IOT&E）報告
- 研發轉生產評估報告
- 生產備便審查（PRR）工作計畫與報告
- 實體構型稽核（PCA）工作計畫與報告
- 製程評鑑問題分析與改善報告
- 後勤支援計畫
- 生產前可靠度設計審查（PRDR）報告
- 工程與製程發展總結報告
- 生產計畫

21.1.5 系統工程程序－生產與銷售

由生產備便查確認製程各項物料之完備性，系統生命進入生產階段，主要作生產與銷售部署，其重點除了落實生產製造之品管檢測作業，執行不符合件管制，確保量產系統之品質水準和穩定性之外，執行出廠及系統使用品質與可靠度驗測，如有需求可持需執行後續操作測試和評估；作為後續性能提升或工程修改的依據。

21.1.6 系統工程程序，品使用和後勤支擾階段

主要進行產品之品質和可靠度監測，以及完善之銷售和支擾服務，並依據市場反應持續行產品功能修和升級等。

21.1.7 退出使用-使用年限

於顧客需求消失或被破壞性創新，因新產品取代時而結束。

21.2 系統工程管理

系統工程管理為目標導向，包括成本技術及性能，後勤主要範疇為進入管制，工程管理、構型管理、生產製造及支援等，其首要工作界定範圍，以減少不確定性和風險以增進作業效率，提供作業項目管制的基礎。

系統工理是一項管制系統發過程中各項作業管理功能，其目的在促使組成系統之各均能達到最佳的平衡。實施系統工程管理則是一種程序管理，其目的在將反操作需求轉換為描述系統各項參數，並整反參數全系統之最佳效益，主要作業的目標如下。

21.2.1 系統工程管理目的

1. 確保系統的定義和設計均可反映顧客對系統的需求。
2. 整合各專業技術成為團隊，以期成為最佳的系統設計。
3. 提供基本資訊作為專案管理和技術方案之規劃依據。
4. 就系統各層次需求，提出有條不紊的架構，作為系統設計、測試、製造和作業準則等。
5. 確保系統需求和成本，系統評估壽命週期及製造階段中均已經完滿的考量以滿足其需求。

工程管理審查於系統生命週期各階段完成前執行，以作為此階段執行成效之具體量化結果，以及是否可進入另一個階段之決策重要依據，系統成效的評量方法主要以召開技術審查會或稽核方式實施評量。

21.2.2 系統工程的評核

系統生命週期源於市場或需求，此為第一個評核點。主要工作為系統需求與專案之建立，其目的在確認系統功能需求。

通過第一個評核點，進入概念發展設計階段，主要工作為系統工程管理規化，此階段進入專案管理規化及構型管理、工作規化、品質與可靠度工作規劃、測試和評估規劃、可生產性規化和後勤支援工作規化等工作。其結果將具體界定系統工程和各項工作和及時需求，此階段最重要輸出項目有系統規格工作分項架測和評估準計，並經系統需求審查，後續系統之設計具關鍵性的影響。

通過第二個評該點，系統進入初示認階主要工作為系統計證系統初期設計包括針對概階竹烏之反子系統需求配當，確各子系統之主要功能，並進行系統設計驗證，此階段之工作成果需通過系統設計及初步設計審查，以為後續工作的依據。

通過三個評核點，研製作業為細部設計，子系統測試驗證整合測試，主要工作為各子細部設計及介面設計，並透過整合驗證系統之設計缺點，並進而執行改善動作，階段之工作成果需通過關鍵技術審查以確保系統符合顧客品質要求。

經由生產備審查確認物料之完備性後，即通過第四個評核，系統開始進入生產銷售階段，此階段主要的作業生產銷售布署和後支援服務，其重點除了落實生產製造之品管作業外，要對產品於使用者之品質可靠度監測，以及完善的後勤支援服務，並對產品進行功能研改或功能改良。

綜整以上部分，包括設計審查技術查核，目的對成熟構型在各檢核點技術諮詢，是否已滿足需求，以決定後續之工作。技術審查之範圍不但要滿足所有功能需求，也需審查確認和驗證系統開發的每一階段是否符合需求規格，並具備其可追溯性。

系統工程管理的概念是將產品以全系的觀點，取捨考量整體成效，並著重於全系統之平衡，於產品從無到有和從有到無的循環，其中透過系統的有程序方法，以確保從概念到退出市場，即顧客開始使用及顧客的使用中都能具備一定品質。

系統工程管理的生命週期包括以上 7 個階段，產品的研製透過這樣的分割，可將全系統發展成有重點且易管理的階段單元，其管理經驗也較易以知識管理方式保留傳承。

此外，系統工程管理思維最大貢獻應該是建立了團隊共同的溝通語言和管理平台，無論計畫管理或技術工程，由不同階段審查及稽核手段，確保系統產出品質，也讓系統的管理工程人員清楚的工作重點和目標。

系統工程平台應常保持彈性，以面對不同的產品型態，系統工程管理應依據系統特性，調整系統生命週期內工作重點，如軟體開發和家電產品等。另外，在資源有限下，依據外在子系統內部實際狀況和互動，進行系統動態調整，或中止系統開發，將決定一個成功系統是否能達成目標。

21.3 光機電的系統工程

光機電系統是一種系統工程，在開發時也是要經過系統工程的程序，可以分為以下三個階段：

21.3.1 設計

21.3.1.1 初階設計

初階設計是在對需求產品提出構想，依步驟可分為產品需求、分析、設計、繪圖。這需要由需求者提出所要產品的需求：其中包括：物理功能和機械功能方面。

21.3.1.2 關鍵設計

是在對需求產品提出構想，依產品需求分析、設計、繪圖，經過多次的評核及修定，提出最後的裁決，若依現今技術考量及市場需求，已達到決策點，就宣告執行。

21.3.2 製造

若依產品需求分析、設計、繪圖，經過多次的評核及修定，提出最後的裁決。若依現今技術考量及市場需求，可將產品依續製作。

21.3.2.1 原型製作

原型製作是將關鍵設計的結果，產生料件表（Bill of Material, BOM）。工廠依料件表所列的項目，分類後逐項製作，於製造完成後組裝測試；原型製作的目的是要達到原設計的目標，並且找出在關鍵設計時未注意到的事項，並提出方法解決。

21.3.2.2 少量試製

少量試製在找出關鍵設計時未注意到的事項，並提出方法解決後，可提出製造程序的安排，以作出修改後原型製作品之複製品，並可在此製造流程，及材料取得上最佳化的規化；少量試製的產品已是量產前必須之過程：包括功能測試及環境測試。

21.3.2.3 大量生產

在少量試製的產品已完成功能測試及環境測試時。可開始安排大量生產；因為生產時，有大量的工作量，除了需要有人員外，也可使用機械人完成裝配的工作。而測試可包括元件測試或系統測試；這些手續完成後，再包裝後，由行銷管道送到使用者。

21.3.3 產品出廠後服務

產品出廠後服務，於行銷管道送到使用者後開始，到產品的壽期。若產品使用後有消耗品或故障，製造方面可提出解決方法，或備料及維修服務已使得產品功能正常。

21.4 生產理論

21.4.1 產業之結構分級

光機電依一般產業分級，通常分為三級：

第一級是原料供應群，包括光學、機械、電子材料、化學原料及稀有材料。

第二級是製造群，將原料加工製作成為有價或高價值光機電的產品。

第三級是服務群，如：銷售、售後服務、產品資料網路化、運輸等。

21.4.2 製造系統的架構

製造系統的架構製造模式可分為：包工方式、勞動分工、自動化生產；而當系統已決定製作，將依以下步驟執行：

輸入（人力、需求、資金等）→生產製程（設計、生產）→輸出（產品、服務）。

電腦整合製造系統之共用資料庫的內容，包括：裝配包裝、客戶服務、運輸、品質管制、生產管制、製造規劃、零件加工、財務管理、人力調配、產品設計及開發、物料採購、市場調查。

21.4.3 製造公司的組織

典型的架構包括：董事會、總經理、研究發展、製造、採購、財務、行銷、行政

（總務）、人事部門，其中製造部門又包括現場作業、輔助製造、品質管制、生產管制、生涯規劃與監控工業安全與衛生等，都需要依所訂之任務執行，其詳細內容可參考企業管理書籍。

參考資料

黃志文，系統工程管理程序與審查，19-24，中華民國電子零件認證委員會。

習題

1. 系統工程對光機電工程的重要性。
2. 系統工程對研發產品的步驟為何？

第二十二章　光機電的極佳化理論

在光機電系統使用Lagrange式的目的，是對一個系統中物理的參量的關係可以使用 Lagrange 式推導而得。

22.1 Lagrange Multiplier 原理

22.1.1 Lagrange Multiplier

光機電系統的優化方法可採取 Lagrange Multiplier 法：

典型表示式為

$$L = f(x, y) - \lambda g(x, y) \qquad \text{式 22.1}$$

在此 f(x, y)為 evaluation function，而 g(x, y)為 constrain function，在以下的偏微分條件滿足時，

$$\frac{\partial L}{\partial x} = 0 \qquad \text{式 22.2}$$

$$\frac{\partial L}{\partial y} = 0 \qquad \text{式 22.3}$$

$$\partial L/\partial \lambda = 0 \qquad \text{式 22.4}$$

解聯立方程式：可得 $f(x(\lambda), y(\lambda))$

可以使得 f(x, y)的極佳值

22.1.2 舉例

如有一個公司要求二個 LCD 電視工廠完成同一購型而不同價錢的 LCD 電視。若二廠家，A 家只產 X 台，每台 a 元，而 b 家只產 Y 台，每台 b 元，每月總產值為 90 台，而公司的評估函數為 $f(X, Y) = aX^2 + bY^2$，而該公司如何決定採購數量，可以使得利益極佳化

$$L = aX^2 + bY^2 - \lambda(X + Y - 90)$$

在此 f(x, y)為 evaluation function，而 g(x, y)為 constrain function，在以下的偏微分

條件滿足時，

$$\frac{\partial L}{\partial x}=2aX-\lambda=0$$

$$\frac{\partial L}{\partial y}=2bX-\lambda=0$$

$$\partial L/\partial\lambda=X+Y-90=0$$

$$\frac{\lambda}{2a}+\frac{\lambda}{2b}-90=0$$

$$\lambda=\frac{2ab}{(2a+2b)}$$

$$X=\frac{\lambda}{2a}$$

$$Y=\frac{\lambda}{2b}$$

解聯立方程式：可得最佳評估函數為

$$f(x(\lambda),\ y(\lambda))=\frac{\lambda^2}{4a}+\frac{\lambda^2}{4a}$$

$$\lambda=\frac{2ab}{(2a+2b)}$$

以一個抗球差鏡為例，若是鏡組的焦距一定，要求出使球面像差最小的各鏡面曲率，即為一例。因此，各設計程式已多用這樣的原理去執行優化。

在極佳化理論上，必須先定出評估函數，若是一個光學系統，常是以在成像面上光斑大小的分布，或在成像面的 MTF 為評估函數，而以焦長、場角、波長及光學材料，或其他參數為其限制條件。另外，也以形狀參數，各面或單一面曲率為變數，再使用光學程式中以不同數學系統方法找評估函數解，以光學成像系統而言，就是找出成像面上光斑大小最小時的變數值，或在成像面的MTF在某一頻率下的最高值；LAGRANGE MULTIPLIER 的找出極佳解法，是優化理論的常用的一種，是將評估函數和限制條件，寫成Lagrange方程式經偏微變量而求其解。為了解如何使用這一種方法，舉例如下：

例 21-1 若有一個單透鏡之物距和像距相同，並且設定EFL = 100mm，若球面像差要極小，請求出透鏡的兩表面曲率值為何？

在此，先定出球面像差為評估函數，而有效焦距為限制條件。今將方程式設定如下：

使用 11.2.5 節中，G. E. Wiese 簡化三階像差的計算公式

$$SA = -\frac{1}{8NA} y_p^4 \phi^3 (AX^2 - BXY + CY^2 + D)$$

因為物距和像距相同，所以 $Y = 0$

以上式子可簡化為

$$SA = -\frac{1}{8NA} y_p^4 \phi^3 (AX^2 + D)$$

若寫成曲率半徑表示如下：

$$SA = -\frac{1}{8NA} y_p^4 \phi^3 \left(A\left(\frac{c_1 + c_2}{c_1 - c_2}\right)^2 + D\right)$$

有效焦距若為限制條件

$$\frac{1}{f} = (n-1)\left(\frac{1}{R_1} + \frac{1}{R_2}\right) = (n-1)(c_1 + c_2)$$

若用曲率表示可寫成以下的式子：

$$f = \frac{1}{(n-1)}\left(\frac{1}{c_1 + c_2}\right)\left[\frac{1}{(n-1)}\left(\frac{1}{c_1 + c_2}\right) - 100\right]$$

將評估函數和限制條件，寫成 Lagrange 方程式：

$$\begin{aligned} L(c_1, c_2, \lambda) &= SA + \lambda\,(f - 100) \\ &= -\frac{1}{8NA} y_p^4 \phi^3 \left(A\left(\frac{c_1 + c_2}{c_1 - c_2}\right)^2 + D\right) + \lambda\left[\frac{1}{(n-1)}\left(\frac{1}{c_1 + c_2}\right) - 100\right] \end{aligned}$$

在此各常數簡單表示如下：

$$A_1 = -\frac{1}{8NA} y_p^4 \phi^3 A$$

$$A_2 = -\frac{1}{8NA} y_p^4 \phi^3 D$$

$$A_3 = \frac{1}{(n-1)}$$

可將式子簡化如下：

$$L(c_1, c_2, \lambda) = SA + \lambda\,(f - 100) = A_1\left(\frac{c_1 + c_2}{c_1 - c_2}\right)^2 + A_2 + \lambda\left[A_3\left(\frac{1}{c_1 + c_2}\right) - 100\right]$$

若用 LAGRANGE MULTIPLIER 的找出極佳解法：

$$\frac{\partial L(c_1,c_2,\lambda)}{\partial\lambda}=0=\left[A_3\left(\frac{1}{c_1+c_2}\right)-100\right]$$

$$\frac{\partial L(c_1,c_2,\lambda)}{\partial c_2}=0=2A_1\left[\frac{c_1+c_2}{c_1-c_2}\right]\frac{2c_1}{(c_1-c_2)^2}+\lambda A_3\frac{1-(c_1+c_2)}{(c_1+c_2)^2}$$

$$\frac{\partial L(c_1,c_2,\lambda)}{\partial c_1}=0=-2A_1\left[\frac{c_1+c_2}{c_1-c_2}\right]\frac{2c_2}{(c_1-c_2)^2}+\lambda A_3\frac{1-(c_1+c_2)}{(c_1+c_2)^2}$$

由上列式整理：

$$-2A_1\left[\frac{c_1+c_2}{c_1-c_2}\right]\frac{2c_1}{(c_1-c_2)^2}=\lambda A_3\frac{1-(c_1+c_2)}{(c_1+c_2)^2}$$

$$2A_1\left[\frac{c_1+c_2}{c_1-c_2}\right]\frac{2c_2}{(c_1-c_2)^2}=\lambda A_3\frac{1-(c_1+c_2)}{(c_1+c_2)^2}$$

$$c_1=-c_2$$

再代回有效焦距

可得

$$A_3\left(\frac{1}{2c_2}\right)=100;$$

$$c_1=-c_2=\frac{100}{A_3}$$

在此 $A_3=\frac{1}{(n-1)}$

以上的例子是單一限制條件之求單透鏡組之表面曲率。在一般系統，可能有多個限制條件及評估函數，在設定好多維的LAGRANGE方程式後，也可以依序解出。光機電系統的極佳化的方法、其他光機電系統之變量，原則上，也都可以使用以上的方法計算。在光學設計程式可用蒙特卡羅方式，或統計方式得到最佳解，若發現結果已經發散，就必須考慮重新設定評估函數。

22.2 Lagrange 方程式原理

Lagrange 方程式即是完整系統用廣義座標表示的動力學方程。其典型表示式為

$$\frac{d}{dt}\frac{\partial T}{\partial\dot{q}_j}-\frac{\partial T}{\partial q_j}=Q_j\ (j=1,2\cdots N) \qquad \text{式 22.5}$$

式中 T 是系統的動能，它必須用 N 個廣義座標 q_j 和 N 個廣義光感率 $\dot{q}_j\left(=\frac{dq_j}{dt}\right)$ 來

表示，Q_j是對應於廣義坐標 q_j的廣義力。對於保守系統還存在著勢函數 V，因為有 $Q_j=-\frac{\partial V}{\partial q_j}$和$\frac{\partial V}{\partial \dot{q}_j}=0$的關係，所以令 $L=T-V$ 後，即得$\frac{d}{dt}\frac{\partial L}{\partial \dot{q}_j}-\frac{\partial L}{\partial q_j}=Q_j$，其中 L 稱為 Lagrange 函數或稱為動勢。

22.3 Lagrange Equation 實例

對於保守系統還存在著勢函數V，因為有$Q_j=-\frac{\partial V}{\partial q_j}$和$\frac{\partial V}{\partial \dot{q}_j}=0$的關係，所以令$L=T-V$後，即得$\frac{d}{dt}\frac{\partial L}{\partial \dot{q}_j}-\frac{\partial L}{\partial q_j}=Q_j$，其中L稱為 Lagrange 函數或稱為動勢。

以一個機械複擺為例，以$L=T+V$若只求擺幅週期並不容易，但是若用Lagrange函數很容易求出運動關係式。

習題

1. 為什麼優化在本課程中如此重要？
2. 電視工廠完成同一購型，而不同價錢的LCD電視，該工廠的評估函數為CX^2+DY^2+XY，而若二廠家，A家只產X台，每台a元而b家只產Y台，每b元，每月總產值為90台，如何決定採購數量可以使得利益極佳化？

第二十三章　控制理論

自動控制是一種理論，可以運用在光機電系統的整合。人類過去習常於手動去完成工作。但是，隨著科技進步，因而有些理論發展出來。因而一個工作的系統可以在人沒有參與的情況下，利用一個控制系統完成人類原定意要作的工作，而大大減少人類的工作量，並且可以增加工作的效率。相對於手動控制，人們在以居家生活為例，冷暖氣系統中的自動控制裝置可調節室內的溫度及溼度而使人們過得更為舒適；尤其在綠能時代，更考慮要達到最大的能源使用效率。

「控制」這門技術在過去歷史有以下的發展，在過去，馬由人控制作為交通工具到達目的地；漸漸地，於輪車發明之後，人以機械的輔功達到人為的控制；而從工業革命之後，配合大量生產的需求，從蒸氣機（1788 年），自動電壓調節器（1900 年），而從一次世界大戰之後，大砲仰俯器（1910 年），飛機自動穩定系統（1920 年）等加速技術的發展。然而，二次世界大戰之後數位計算機理論及系統的開發（1945 年後），使得控制理論漸漸成形，尤其是對於回饋控制理論的建立。因此使得自動化控制系統的機具，如電腦控制車床，及產品，如自動檢測等設備，使得控制系統已在現代文明與技術的發展過程中占有無可取代的角色。

控制理論的建立，可以作為光機電控制器設計的基礎，而對於一個特定的光機電系統控制系統的形成，可以包括以下幾個步驟：

- 依據數學理論建立系統的模式（model）：數學理論，包括：複變理論（complex-variable theory）、微分方程，Laplace equation、z-transformtion 等理論。而依據以下的理論而建立系統的數學模式。
- 模式建立後物理量的分析。
- 依據分析結果設計系統。
- 依據控制參數結果修正系統。
- 形成可用之控制系統。

23.1 控制系統之定義

對一個鏡頭聚焦的控制是調整、駕馭及驅使或命令，使其完成聚焦的目的。因此控制系統為定義於某種調整或命令要求下的相關系統。一個光學成像對焦系統，若要使得其聚焦到最佳成像位置時除了手動調整外，可以以原聚焦位置，製作一個焦位調整機構，輔助一個光偵測器。而後，可以將光偵測器和鏡頭的軸向位移作一參照表，在作一次光強度掃描後，即可以將位置移到最大強度。另一，是將聚焦位置光的強度與原強度作比較，以達到最小強度差時即是最佳位置。

23.2 控制系統的主要機構

通常控制系統的主要機構可以分為二：一為受控元件與另一為控制元件。

受控元件是一例如一個直流馬達，要作機構控制元件則稱為受控廠或受控系統或受控程序，而控制元件則稱為控制器或補償器。控制系統達成控制目標的基本架構根據是否有回授存在，分為下列兩大類。

23.2.1 開迴路控制系統

定義為輸出訊號對控制輸出的動作，沒有任何影響的控制系統。其動作原理是給定一個參考輸入或命令後，希望系統的輸出能自動到達或追隨此一命令，但是動作過程中系統的輸出訊號並不回授。只適用於系統輸入輸出關係已知，且無任何外來干擾的控制系統。其結構固然簡單，但系統的精密度也較低。

23.2.2 閉迴路控制系統

定義為輸出訊號對控制輸出的動作，有直接影響的控制系統。其動作原理是給定一個參考輸入或命令後，將系統的輸出訊號經由測量器回授，命令值與誤差訊號在比較器中比較之後產生另一誤差訊號，控制器接受誤差訊號後合成致動訊號到受控廠以減少誤差，並降低外來的雜訊及干擾。由於回授的存在使結構較為複雜，但系統的精密度卻較高。

23.3 回授控制系統的分類

回授控制系統在工業上根據受控廠輸出的種類，大致分為三類。

23.3.1 伺服機構

通常指機械對焦系統的位置、光感率及加光感率或機械旋轉系統的角位置、角光感率及角加光感率等輸出的控制。此類系統常見於機電整合的控制系統。

23.3.2 自動調整

光度，及電機、電力系統的電壓，電流及功率因數等輸出變數的控制。其控制的目的在保持這些輸出變數固定於某一特定的位準，若因外來干擾或系統參數的變動致使輸出變數值漂移，能自動調整輸出變數回歸原位準。

23.3.3 程序控制

系統的聚焦位置可依光欄和亮度，和成像等輸出變數予以控制。

控制系統的研究步驟

1. 建立受控廠模式及其數學描述。
2. 規格的選取與系統的分析。
3. 控制器設計。
4. 電腦模擬與實品製作。

23.4 控制材料與方法

23.4.1 控制理論數學基礎

對於單一輸入和輸出（SISO）的系統，線性統控制特性而言，可將系統分為三大部分，即輸入 r(t)、系統 g(t)、輸出 c(t)三部分，其關係如下圖所示：

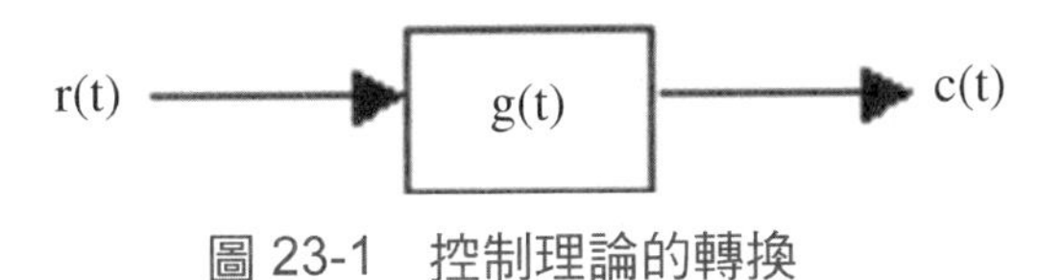

圖 23-1　控制理論的轉換

其關係式為 c(t)是 r(t)與 g(t)之摺積（convolution）：

$$
\begin{aligned}
c(t) &= r(t) * g(t) \\
&= \int_0^\infty r(t-\tau)\cdot g(\tau)d\tau \\
&= \int_0^\infty r(\tau)\cdot g(t-\tau)d\tau
\end{aligned}
\qquad \text{式 23.1}
$$

為化簡此一控制系統之積分式，可利用拉普拉斯轉換（Laplace Transform）使其在時間上的積分式轉換為在頻域 s 上的代數式。拉普拉斯轉換定義為：

$$F(s)=\mathcal{L}[f(t)]=\int_0^{\infty} f(t)\cdot e^{-st}\,dt \qquad \text{式 23.2}$$

反之，則為反拉普拉斯轉換，即

$$f(t)=\mathcal{L}^{-1}[F(s)] \qquad \text{式 23.3}$$

23.4.2 控制系統的時域分析

對於控制系統時域行為之響應特性可分為暫態響應與穩態響應，影響系統暫態特性行為之主要因素來自系統本身之特性，而影響系統穩態特性行為之主要因素來自外加之輸入。以一階系統時域分析為例：

一無零點一階系統可表示為

$$G(s)=\frac{s}{s+a} \qquad \text{式 23.4}$$

若以單位步階函數輸入，即 $R(s)=\frac{1}{s}$，則

$$C(s)=\frac{a}{s(s+a)}$$
$$=\frac{1}{s}-\frac{1}{s+a} \qquad \text{式 23.5}$$

若以單位步階函數輸入，即 $R(s)=\frac{1}{s}$，則

$$C(s)=\frac{a}{s(s+a)}$$
$$=\frac{1}{s}-\frac{1}{s+a} \qquad \text{式 23.6}$$

取反普拉斯轉換

$$C(t)=1-e^{-at} \qquad \text{式 23.7}$$

23.5 控制理論分析

控制理論數學基礎是對上述控制系統之輸出 c(t)取拉式轉換，則可表示為

$$t' = t - \tau\text{：}t = t' + \tau \qquad \text{式 23.8}$$

$$c(s) = \int_0^{\infty} \left[\int_0^{\infty} r(t-\tau)\cdot g(t)\cdot e^{-s(t-\tau)}\,d\tau\right]\cdot dt'$$

$$= \int_0^{\infty} r(t')\cdot e^{-st}\,dt'\cdot\int_0^{\infty} g(\tau)\cdot e^{-st}\,d\tau$$

$$= R(s)\cdot G(s)$$

因此對於分析控制系統之輸入 R(s)、系統 G(s)、輸出 C(s)三者之關係可簡單地表示為代數式之相乘積。

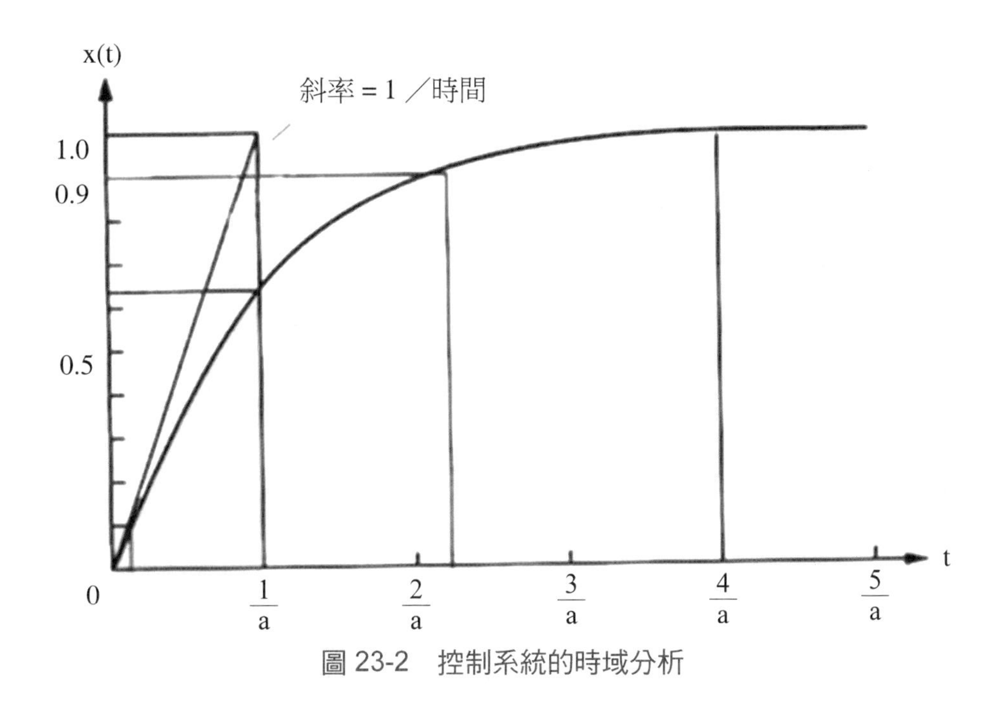

圖 23-2　控制系統的時域分析

1. 響應時間常數 $\frac{1}{a}$：為 e^{-at} 的衰減指數特性，系統時間常數越小，則表示系統響應光感率越快。
2. 上升時間 Tr：定義為響應從系統終值的 0.1 倍至 0.9 倍所需的時間，即

$$Tr = T_{0.9} - T_{0.1} = \frac{2.31}{a} - \frac{0.11}{a} = \frac{2.2}{a}$$

3. 安定時間 Ts：定義為響應到達系統終值的 2%誤差內所須的時間，即

$$C(Ts) \cong 0.98$$

$$Ts \cong \frac{4}{a}$$

23.6 控制系統建立

建立控制系統有四個主要理由：功率、放大遙控、輸入便捷與干擾量的補償。控制系統是光機電系統的工作法則，有既定的「目標」需要達成，而達成這些目標的手段，及牽涉到的控制方法，可以由光機電的系統設計而達到需求。

健全控制理論（Robustness Control Theory）是將控制的由自動化而推進至自動控制，且由簡單的自動控制再發展成複雜的自動控制系統，而形成理論，一般來說在 1930 年代至 1960 年代，它是屬於一個經驗控制的時代，且在嘗試錯誤中求進步的年代，而 1960 至 1980 年代是屬於現代控制的時代，這個年代的所有控制系統皆是建立在 H2-control 理論上。從 1980 年之後，控制這門學問就完全建立在 H∞-control 理論，或稱為健全控制理論。而這時期我們稱之為後現代控制理論時期（Post modern control）。

在固定座標的線性常時動態系統（finite dimentional linear time invariant, FDLTI），系統中可以用若在「單一輸入和輸出（SISO）」的系統中，各個變數都是屬於一度空間實數域；可用控制方程式表示，若將控制方程式用 Laplace 轉換成為距陣，而距陣為非對稱距陣，用數學計算程式計算可得共軛解，而得到最佳的狀態參數。

23.6.1 H2-控制理論

在固定座標的線性常時動態系統（finite dimentional linear time invariant, FDLTI），系統中可以用若在「多一輸入和輸出（MIMO）」的系統中，各個變數都是屬於二度以上距陣空間的向量實數域，或稱為 Hardy 空間，故將這理論命名為 H2-控制理論；以下為一線性常時動態系統方程式組的例子：

閉迴路控制系統 P：

$$\dot{x} = Ax + B_w w + B_u$$

$$z = C_z x + B_u$$

$$y = Cx + D_w w$$

控制器 K：

$$\dot{x}_K = A_K x_K + B_K y$$

$$u = C_K x_K$$

如果 $\dot{\xi} = A\xi + Bw$，$z = C\xi$以距陣表示

$$\left(\begin{array}{c|c} A & B \\ \hline C & D \end{array}\right) = \left(\begin{array}{cc|c} A & BC_K & B_w \\ B_K C & A_K & B_K D_w \\ \hline C_z & D_z C_K & 0 \end{array}\right)$$

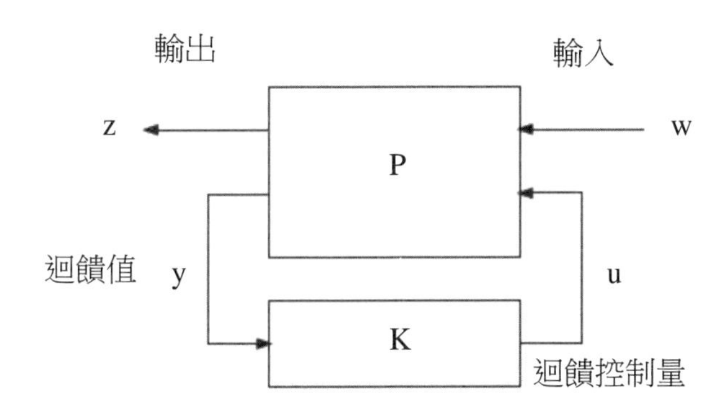

可用控制方程式表示，若將控制方程式用Laplace在左和右複變數轉換成為距陣，而距陣為非對稱距陣，用數學計算程式計算可得共軛解，而得到最佳的狀態參數。

23.6.2 H∞-控制理論

在固定座標的線性常時動態系統（finite dimentional linear time invariant, FDLTI），系統中可以用若在「單一輸入和輸出（SISD）」的系統中，各個變數都是屬於二度以上距陣空間的向量複數域，或稱為 Banach 空間。

可依上述控制方程式複變表示，若將控制方程式用 Laplace 在左和右複變數轉換成為距陣，而距陣為非對稱距陣，用數學計算程式計算可得共軛解，而得到最佳的狀態參數。

參考資料

Kemin Zhou, "Essentials of Roubust Control", (1999).
淺談控制理論：葉芳柏演講林聖哲記錄

習題

1. 簡述控制系統之基本要件。
2. 如何將以控制理論鏡頭自動調焦極佳化？

軟體操作題

用以儀控軟體設計一冷氣機的控制架構。

第三篇

光機電軟體應用

設計規格的釐訂，就像一個人到衣服店中，訂製衣服，必須將一尺寸及衣服的種類，及所喜歡的樣式告訴設計師，而設計師也因此會照著顧客的需要開始設計，進而製作直到顧客接受並且也穿著合宜。光機電的設計也是一樣，首先必須定出產品的規格，而後依產品之規格加以設計及製作，以達到產品的成功生產。

以光機電設計而言，必須先擬定規格，而後設計者才能依所擬定之規格設計，而光機電系統之設計則需考慮光機，機電，及光機電整合後之功能予以設計，期以產生設計優良的光機電產品。

I. 規格的釐定

第二十四章　各種規格

一個光學系統製作要先釐訂光機電設計首先重在規格，一個光學系統依表 24-1 所列項目為規格設計。

24.1 光學系統規格

在製作光學系統時光學設計的規格是非常重要的，無論您是工程師或是廠商，都要以此為製作依據，以一個數位照像機而言，除了要有機械的尺寸以外，有效焦長、後焦長、F/#、使用波長、接收器大小、場角等，若進一步時，則會有 MTF 在某波長的值。表 24-1 是光學設計規格表，設計者需要依其規格及特殊需求填滿後，設計者將依其規格設計，和光學工廠依其此製作成產品。

各種規格參數的釐訂，必須合乎物理原理及實際工程水準，另外，其材料價格也是在實例中所需考慮的。

表 24-1　光學設計規格表

<table>
<tr><th colspan="3">初　階　規　格</th></tr>
<tr><td colspan="2">像方 F/NO</td><td></td></tr>
<tr><td colspan="2">入瞳直徑／物方數值孔徑／焦距</td><td></td></tr>
<tr><td colspan="2">物距</td><td></td></tr>
<tr><td colspan="2">後焦距</td><td></td></tr>
<tr><td colspan="2">全視場角／物體大小</td><td></td></tr>
<tr><td colspan="2">成像大小</td><td></td></tr>
<tr><td colspan="2">波長範圍／中心波長</td><td></td></tr>
<tr><td rowspan="3">系統長度</td><td>A.前頂點至像面</td><td></td></tr>
<tr><td>B.頂點至頂點</td><td></td></tr>
<tr><td>C.物像共軛距</td><td></td></tr>
<tr><td colspan="2">入瞳／出瞳要求</td><td></td></tr>
<tr><td colspan="2">其他要求</td><td></td></tr>
<tr><th colspan="3">像　質　要　求</th></tr>
<tr><td colspan="2">光譜加權量</td><td></td></tr>
<tr><td colspan="2">感光元件（眼、底片、CCD…）</td><td></td></tr>
<tr><td colspan="2">總穿透率</td><td></td></tr>
</table>

像質定義			□程式設計結果　□程式公微分析結果			
像質		0 視場	0.5 視場	0.7 視場	1.0 視場	備註
成像點直徑						
發散角						
平均波像差						
M	Contrast(%)					
T	Spatialfr 式.（lps/mm）					
漸暈（%）						
畸變（%）						
場曲（%）						
環境要求						
其他要求（重量、直徑…）						

典型光學鏡頭需要包括以下幾個要件：

・像方 F/NO：輸入 F/NO

・入瞳直徑／物方數值孔徑／焦距：輸入系統入瞳直徑／物方數值孔徑／焦距

・物距：輸入有效距

・後焦距：輸入最後一面到成像面距離

・全視場角／物體大小：輸入全視場角／物體大小

・成像大小：輸入成像大小

・波長範圍／中心波長：輸入工作波長範圍／中心波長

・前頂點至像面：輸入前頂點至像面

・系統長度：頂點至頂點：輸入系統長度

・物像共軛距：輸入物像共軛距

・入瞳／出瞳要求：輸入入瞳／出瞳要求

光機規格要件：

環境條件：輸入環境條件

尺寸大小：輸入尺寸大小

材料：輸入光機材料

光電規格：輸入光電規格

光源種類：輸入光源種類

功率：包括波長範圍／中心波長

24.1.1 光電規格

光電規格是依據光電效應之元件而制定；元件可以分為光轉為電及電轉為光，依產品：可以分為照明、影像、綠能、通訊類，照明的規格有照度和輸入的電的功率，影像包括CCD規格，輸入和輸出格式及影像器使用波長。綠能為太陽電池及轉換量，通訊類則為電信號規格，及穿透量距離和波段，穿透量方法等。

表 24-2　電設計規格表

項目	規格
光源	
接收器	

24.1.2 機電規格

機電規格主要是機電控制及動力源及控制方法，包括：電壓及機械的動態性能、馬達種類、尺寸、電流、電壓等參數都需要考慮。

表 24-3　機電設計規格表

項目	規格
馬達種類	
尺寸	
電壓	
電流	

24.1.3 整合規格

整合光機電規格主要是光學，機電控制及動力源及控制方法，包括：光學和照明性質電壓及機械的動態性能、馬達種類、尺寸、電流、電壓等參數都需要考慮。

表 24-4　光機電設計規格表

設計目的：	
計畫名稱	
效率	
成本	
維修	
功能	
環境要求	
其他要求（重量、直徑…）	

24.2 規格的確定

光機電規格的釐訂是依據需求市場或需求單位，其規格是依據系統的功能而定出，而所定的規格是以物理量表示，有些規格是依據當時的技術水準而製定，同時要考慮到功能和成本；若只考慮該項技術功能的最佳值，通常不容易實用。本階段主要依據市場的需求，定義範圍，提出研改之可行性分析，成本與效益及初步析等基本研究，設定各系統指標，功能與運作需求；

依據系統工程程序 21.1 節，第一階段，需求的確定：是依據市場的需求，設定各系統指標，功能與運作需求而製定其規格，而在第二概念發展及設計階段，進行系統機能展開與需求配當，及系統整合，優等系設計工作，作為測試評估之標準。還要製作能量研究，成本及效益分析選優評估及風險分析工作，以上工作執行完成後，可以將系統規格（或稱為 A 規格）定出。由此，在光機電系統開始定出各分項之規格，開始設計及少量試製，而後再訂出 B、C 規格。

24.3 規格釐訂時的要點

規格的擬定必須要量化及合理，釐訂以下列出規格注意事項。

24.3.1 設計要熟悉通用規格

為了產品的量產及行銷，工程界已定有多項的規格，已減少設計者，製造者，和使用者三方面之間認知上的不一致，並減少規格的參數量成為一個通用的規格。當然通用的規格中，也包括了較完全的參數，並且在光機電的規格上在電方面：如電源規格：直流為 1.5V、3V、12V 或 24V，或交流 110、220V；電信介面：包括：RS-232、RS-232、RS-232 ETHERNET。如果設計工程師必須熟悉通用規格，在設計上就可以在光機電的特定規格內，另外，規格則為該系統的特別規格，這規格也是光機電設計時要達到的目標。

表 24-5　基本光機電通用規格

分類	通用規格
光學介面	C-Mount，CS-Mount
電源	直流為 12V/24V，或交流 110/220V
介面	RS-232，RS-422，RS-485，IEEE 802.3、802.3u (10/100Base-TX、100Base-Fx)，USB2.0，USB3.0
影像介面	RS-170，NTSC

24.3.2 設計者和需求者必須溝通

在工程起始及過程中必須有修定和檢討，設計者和需求者必須溝通，以使系統能達到目的；並且不失去系統功能。

24.3.3 工程規格必須顧及其設計構思的創新

實際施工製作時的可行性構思必須創新，而實施時要實用。若是規格當初無法工程化的，在實施上就必須謹慎考量。

24.4 規格釐訂的實例

規格釐訂的實例在以上工作執行完成後，可以將系統規格（或稱為 A 規格）定出。

以下為光電系統的規格實例：

例 24.1　10/100Mbps 高速光電轉換器

►具有 2 個 10/100Mbps 自動偵測模式的 RJ-45 埠。

►符合 IEEE 802.3、802.3u (10/100Base-TX、100Base-Fx) 標準。

►提供 Store-and-forward 交換模式。

►具 LED 燈號可顯示：電源（Power）、每埠之連結（link）、資料傳送狀態（activity）、全半雙工顯示（FDX）、傳輸速度（Speed）、碰撞情況（Collision）。

►可裝置在 19 吋標準機架收容箱上（可收容 14 台光電收發器）。

►提供外置直流電源和內置電源兩種形式。

►支持自動 MDI/MDIX，無需進行電纜選擇。

規格	IEEE802.3 10Base-T Ethernet,IEEE802.3u,100Base-TX/FX Fast Ethernet, IEEE802.3x Flow control, IEEE802.1q VLAN, IEEE802.1p QoS, IEEE802.1d Spanning Tree
波長	850nm/1310nm/1550nm
傳遞距離	雙芯多模：2Km，雙芯單模；25/40/60/80/100/120Km，單芯單模：25/40/60/80/100Km，伍類雙絞線：100m
端口	RJ45 埠*2：連接 STP/ UTP 光纖埠*1：多模-SC 或 ST（光纖尺寸：50,62.5/125μm）／單模-SC/FC 光纖埠（光纖尺寸：9/125μm） 單芯單模-SC/FC 光纖埠（光纖尺寸：9/125μm）
收發器模式	介質轉換，存儲轉發／直通
MAC 地址表	1K
緩衝器空間	1Mbit
流量控制	全雙工狀態：流量控制；半雙工狀態：反壓力方式
延時	9.6μs
誤碼率	<1/1000000000
MTBF	100,000 小時

LED 指示燈	POWER（電源），FX LINK/ACT（光纖連結／動作） FDX（FX 全雙工模式），TXLINK/ACT（雙絞線連結／動作） TX 100（雙絞線 100M 傳輸速率），FX 100（光纖 100M 傳輸速率）
電源	DC5V/1A（外置），AC220 0.5A/DC-48（內置）
功率消耗	3W
工作溫度	−10～55°C
工作濕度	5～90%
儲存溫度	−40～70°C
儲存濕度	5%～90%（無凝結）
尺寸	24mm(H)*59mm(W)*98mm(D)（高*寬*深）（外置電源） 26mm(H)*85mm(W)*135mm(D)（高*寬*深）（內置電源） 110mm(H)*22mm(W)*81mm(D)（高*寬*深）（插卡式）

由以上的例子，前半部為一般規格，後半部為光電，電源，環境規格及尺寸。

習題

1. 光學規格制定時，如何使規格成為需求者和設計者的溝通文件？
2. 請制定一手機鏡頭規格。

II. 設計軟體應用

光機電系統工程化及優化（以光功能為主的機電系統－可控光學鏡組，電為主的光機系統－數位相機，以機為主的光電系統－類人機械）；光機電工程用具－開發軟體（光－ CODE V，照明－ LT，機械－ SOLIDWORKS，電路設計－ PROTELS OR OTHERS，儀器介面控制軟體-LABVIEW，自行開發介面－ 8051 軟體撰寫）。

第二十五章 光學設計軟體

光學設計在應用軟體及設計理論的應用，用以達到實用並優化的光學系統。因此，光學設計程式是一種工具，讓光學系統經過設計後能達到所要求的功能。因為光學設計程式自 1950 年以後電子計算機廣泛應用，有不少的程式已經商品化，不同的公司各有其特點。

其中較為人所知 SYSNOPSIS 的 Optical Research Associates（ORA®）是成像與照明設計／分析軟體供應商，提供 CODE V®和 LightTools®光學系統設計程式和照明程式。原公司 ORA 創立於 1963 年，已有將近 50 年的歷史，ORA 的光學設計軟體產品可協助工程師為各種不同產業設計出絕佳的光學系統。對整個光學設計的範圍提供極富創造力、符合成本效益的解決方案。在 2010 年以前，已經成功地完成了超過 4800 件的各國政府、商業以及消費者產品的專案，包括光碟播放器光學系統、全像式抬頭顯示器以及精密照明系統等突破性的設計。與製造廠商合作，提供從設計到製造的完整光學解決方案。因此，較其他軟體使用者多，在美國國家太空總署及美軍都廣為使用，提供尖端的光學設計服務。該公司主要願景是加速全球光學技術的開發與應用，使其在光學產業中成為創新的解決方案的公司。2011 年該公司成為 syspnosis 公司的子公司，因為 syspnosis 為知名系統設計公司，這樣的改變，可使得該軟體更能整合進入系統。因此，選擇使用 ORA 公司所出產的 CODE V 設計軟體，及 Lightools 照明設計軟體，若熟這些程式操作，極有益於進階的學習。

CODE V 是用於成像光學系統以及自由空間光子裝置的最佳化、分析與公差。

簡潔、使用簡單的介面，無與倫比的最佳化與公差功能；基於繞射的影像模擬可形象化及通訊光學系統效能。

光機電設計是需要軟體去完成的；因為現代的光學設計軟體是將光學大多數原理都設計在程式裡，因此，使用者只需要將所要規格，依據軟體的操作法則及設計原理，就可以得知其正確答案。唯因為軟體的種類很多，本書選出較具有代表性的軟體，作為操作的示範，以供讀者應用參考。

然而，光學設計除了熟悉軟體外，更需要熟悉光學原理的應用，環境及市場需求，以下是如何使用本軟體的基本操作手續，如依續執行將可以進入各設計階段：

25.1 規格的釐定

若以一個三合鏡組的設計為題目，首先需求者需要決定尺寸、材料、使用環境、波段、視場角、F/#、波長等必須制定的參數，通常是將以下表格（如表 25-1）填入後開始進入程式。

表 25-1　光學設計規格表

<table>
<tr><td colspan="8">名稱：照像機用三面鏡組規格</td></tr>
<tr><td colspan="4">像方 F/NO</td><td colspan="4">3</td></tr>
<tr><td colspan="4">入瞳直徑／物方數值孔徑／焦距</td><td colspan="4">33mm/0.166/100mm</td></tr>
<tr><td colspan="4">物距</td><td colspan="4">無限遠</td></tr>
<tr><td colspan="4">後焦距</td><td colspan="4">小於 60mm</td></tr>
<tr><td colspan="4">全視場角／物體大小</td><td colspan="4">40 度/5m</td></tr>
<tr><td colspan="4">成像大小</td><td colspan="4">25mm</td></tr>
<tr><td colspan="4">波長範圍／中心波長</td><td colspan="4">450～650mm</td></tr>
<tr><td colspan="2" rowspan="3">系統長度</td><td colspan="2">A.前頂點至像面</td><td colspan="4">60</td></tr>
<tr><td colspan="2">B.頂點至頂點</td><td colspan="4">10</td></tr>
<tr><td colspan="2">C.物像共軛距</td><td colspan="4">200</td></tr>
<tr><td colspan="4">入瞳／出瞳要求</td><td colspan="4">出瞳在成像面 30 以上</td></tr>
<tr><td colspan="4">其他要求</td><td colspan="4"></td></tr>
<tr><td colspan="8">像　質　要　求</td></tr>
<tr><td colspan="4">光譜加權量</td><td colspan="4">450(1)</td></tr>
<tr><td colspan="4">感光元件（眼，底片，CCD，…）</td><td colspan="4">CCD</td></tr>
<tr><td colspan="4">總穿透率</td><td colspan="4">大於 95%</td></tr>
<tr><td colspan="4">像質定義</td><td colspan="4">□程式設計結果　□程式公微分析結果</td></tr>
<tr><td colspan="3">像質</td><td>0 視場</td><td>0.5 視場</td><td>0.7 視場</td><td>1.0 視場</td><td>備註</td></tr>
<tr><td colspan="3">成像點直徑</td><td>0</td><td>5</td><td>7</td><td>10</td><td></td></tr>
<tr><td colspan="3">發散角</td><td></td><td></td><td></td><td></td><td></td></tr>
<tr><td colspan="3">平均波像差</td><td>0.1</td><td>0.3</td><td>0.5</td><td>1.0</td><td></td></tr>
<tr><td>M</td><td colspan="2">Contrast(%)</td><td>90</td><td>70</td><td>45</td><td>30</td><td></td></tr>
<tr><td>T</td><td colspan="2">Spatialfr 式.（lps/mm）</td><td>0.9</td><td>0.7</td><td>0.5</td><td>0.3</td><td></td></tr>
<tr><td colspan="3">漸暈（%）</td><td>0</td><td>20</td><td>40</td><td>60</td><td></td></tr>
<tr><td colspan="3">畸變（%）</td><td>0</td><td>0.2</td><td>0.4</td><td>0.6</td><td></td></tr>
</table>

場曲（%）	0	0.2	0.4	0.6	
環境要求-20 到 65 度					
其他要求（重量、直徑…）：重量小於 2000 克					

設計步驟將依續說明：

25.1.1 初階輸入

進入 CODE V 步驟說明如下：

以滑鼠將軟體標示點兩次：

程式進入首頁：

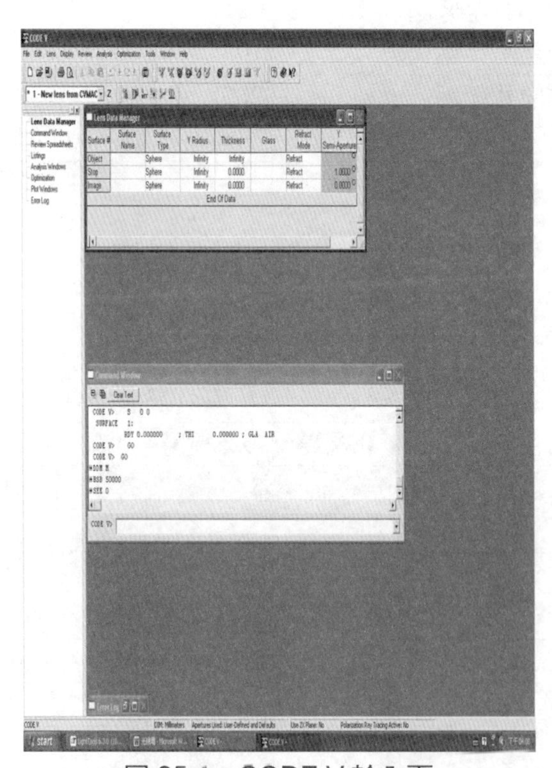

圖 25-1　CODE V 輸入頁

輸入初始數據：有四種方法可以選擇：

1. 選擇範例：如果配合規格需求之外型已經確立，可以選擇此一項目，因為本程式提供範例數據，可以很快達到目標。
2. 專利：如果光學規格：如 F/#、能譜區、片數、放大率等光學參數已經確立，可以選擇此一項目，因為本程式提供專利，可以很快達到目標。
3. 我的最愛：本項次是將已經設計好的個人存入檔案，再次載入可以繼續設計。
4. 空白：空白是自已輸入參數，逐步達到設計之規格。

以下是以第一種方法－選擇範例，而達到基本設計之要求之步驟，將逐步介紹：

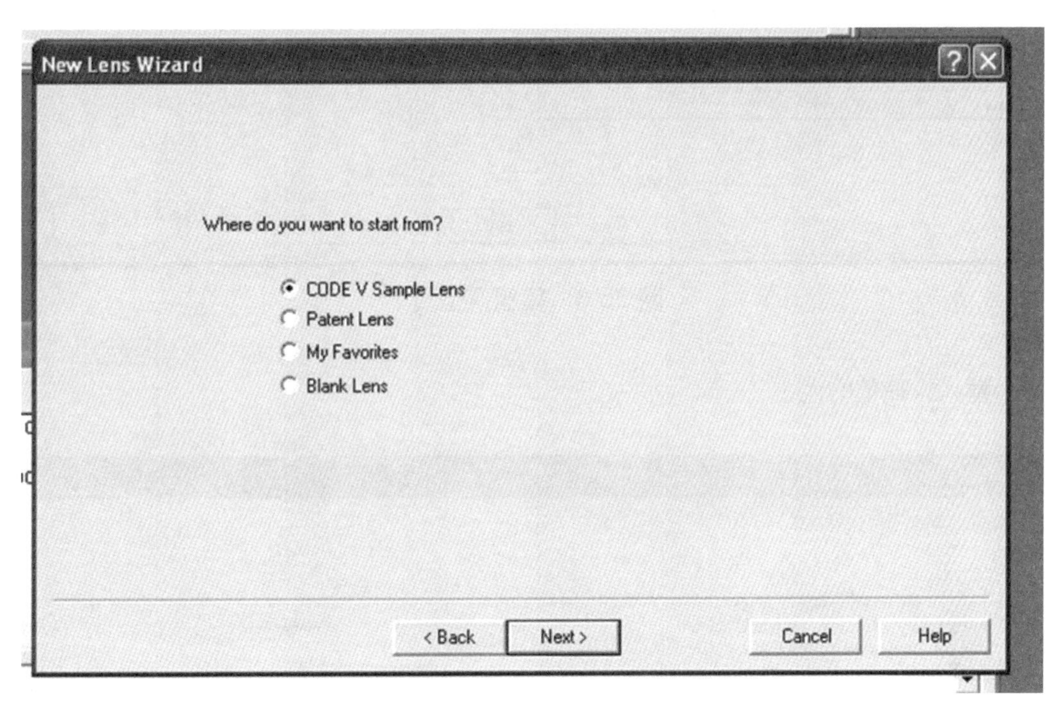

圖 25-2　初始選擇頁

首先選擇三合鏡組為範例：

再此先選擇：cv_lens:triplet.len，再按 next

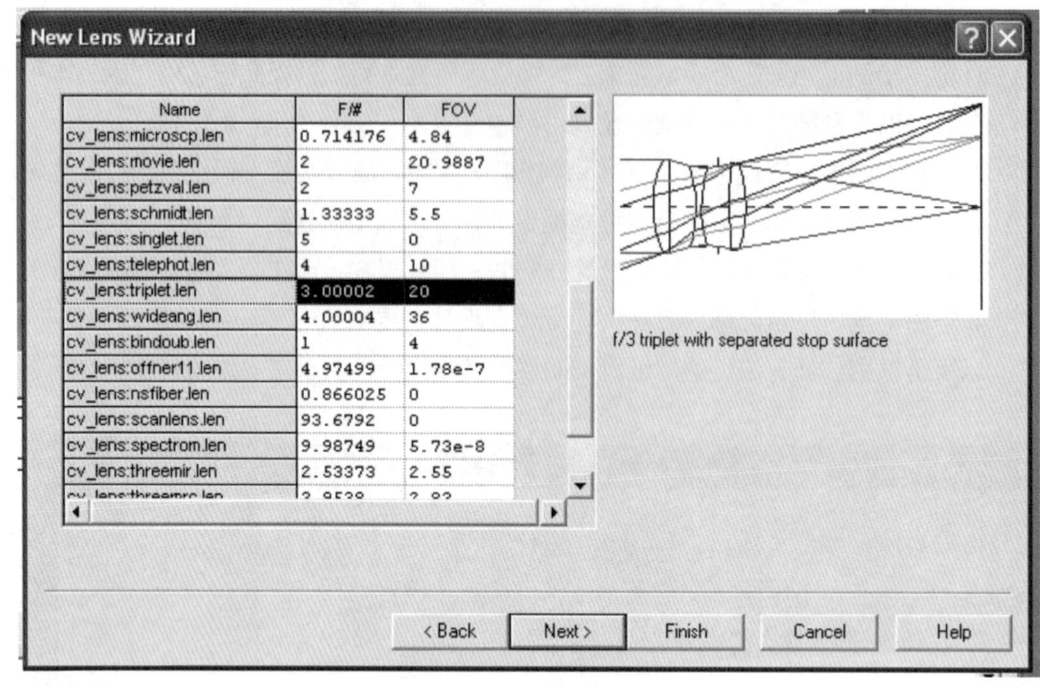

圖 25-3　鏡組選型頁

輸入入瞳值的大小

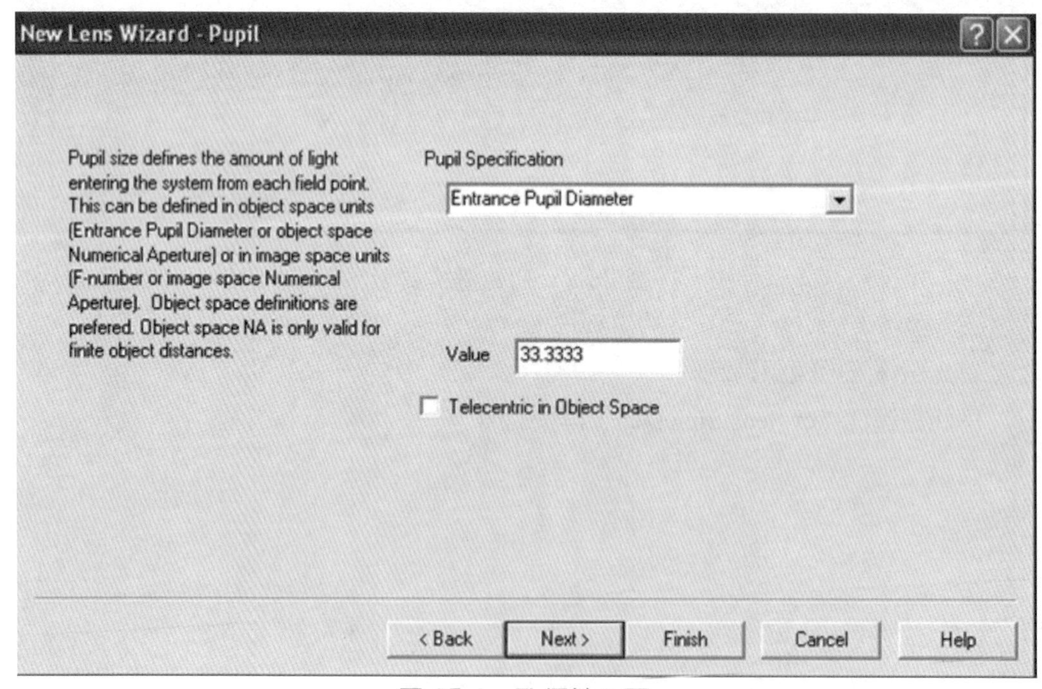

圖 25-4　孔徑輸入頁

光波長及能譜範圍選擇：在此取 587nm，Photonics 3

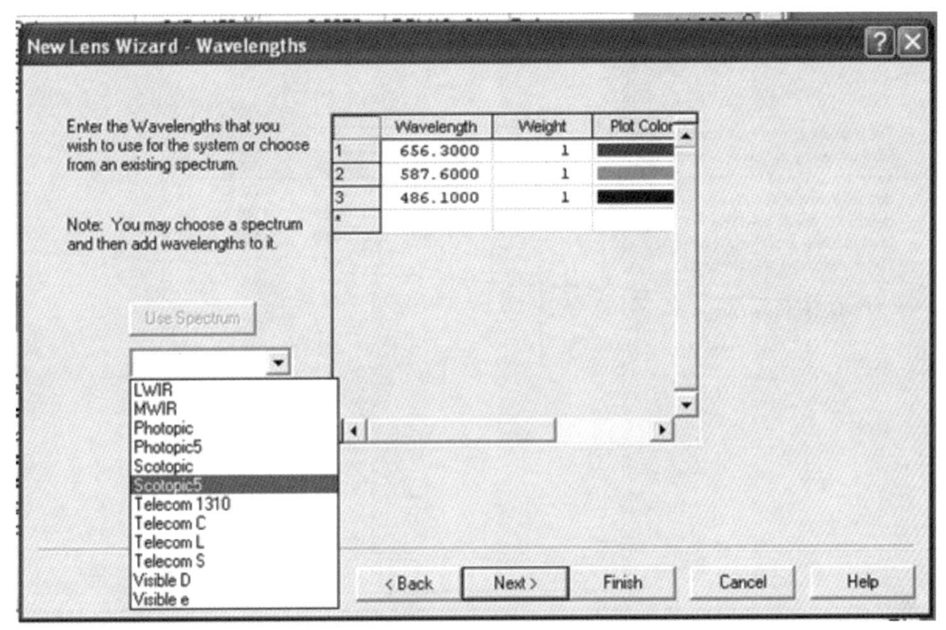

圖 25-5　波長輸入頁

輸入參考波長

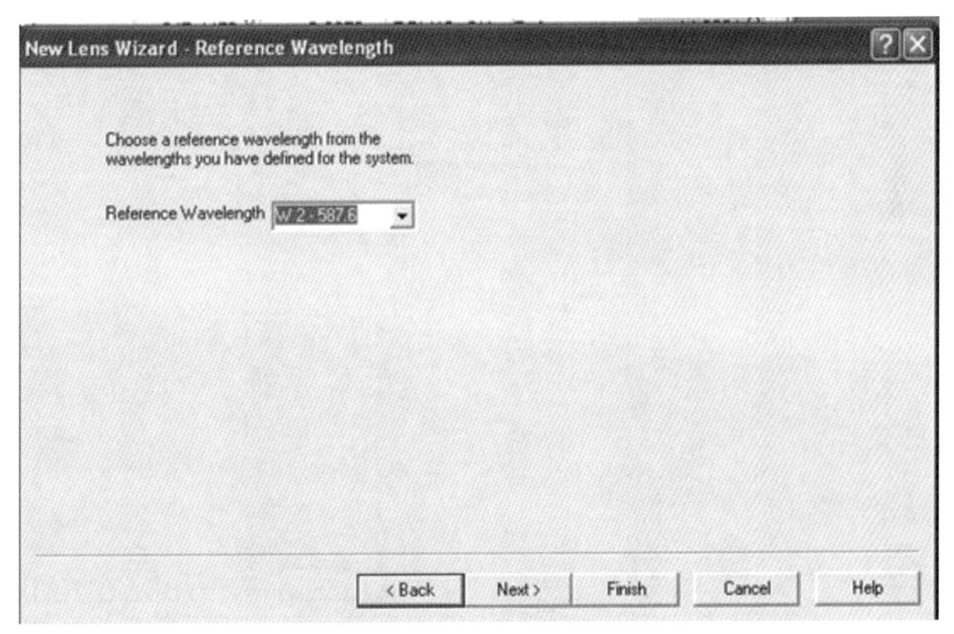

圖 25-6　參考波長輸入頁

輸入場角

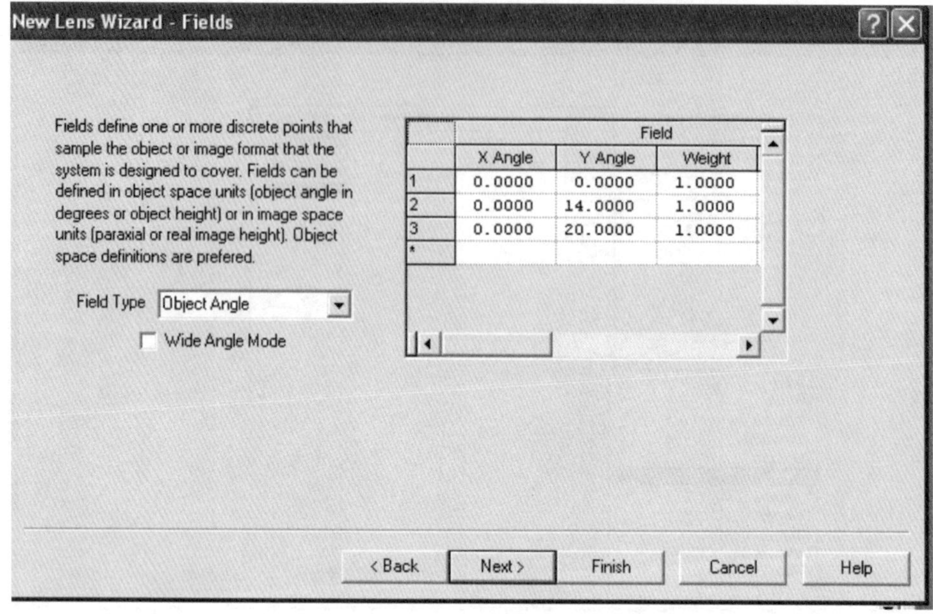

圖 25-7　場角輸入頁

隨即完成設計

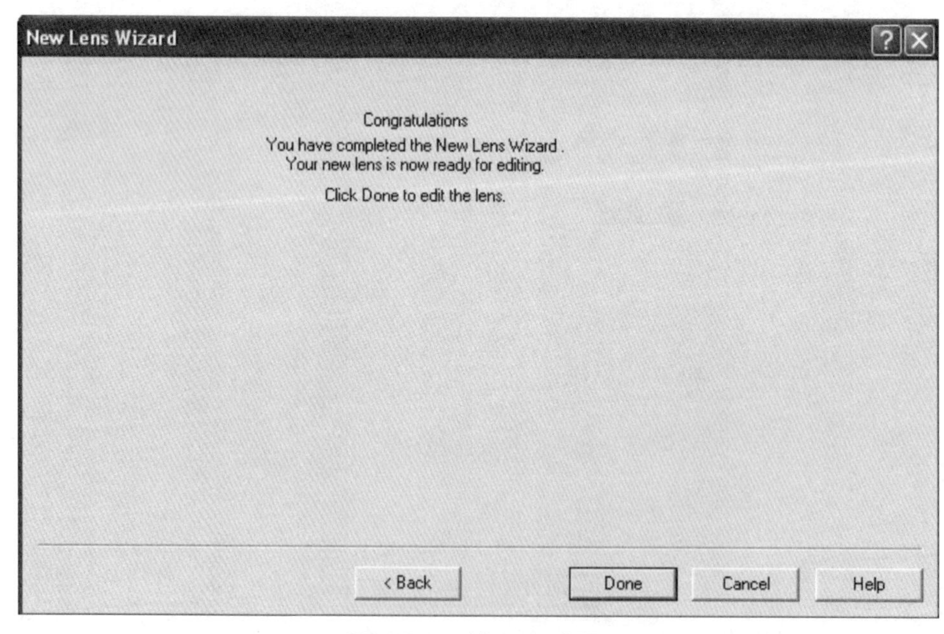

圖 25-8　輸入完成頁

25.1.2 進階分析

進階分析是將光學材料，外型及間距輸入後，以參數子程式評量光學性能，作為進一步解的極佳化參考。

基本參數分析有各場角的聚光點分散圖（spot size）、三階象差圖及 MTF 圖，若有其他參數要評估，各案可選擇其他子程式。

25.1.3 優化

優化就是極佳化，就階段完成之光學設計之數據，根據限制條件再予以重新計算以達到最佳解。在 CODE V 中由指令開始是用 AUT，再設定限制條件，最後用 GO 指令，即可以得到優化函數值，而再調整參數及限制條件一直達到設計規格內。若發現無法達到時，可以使用特殊參數；非球面或材料，或者可依前面章節之理論，重新改型，再作優化。

25.1.4 工程製圖

在完成優化設計後，必須先產生公差圖，隨即可運用公差圖而產生工程製圖。

如圖 25-9，必須包括：鏡片大小、有效半徑、淨空孔徑、材料、公差及導角等其他規格，表面精度及平整度。

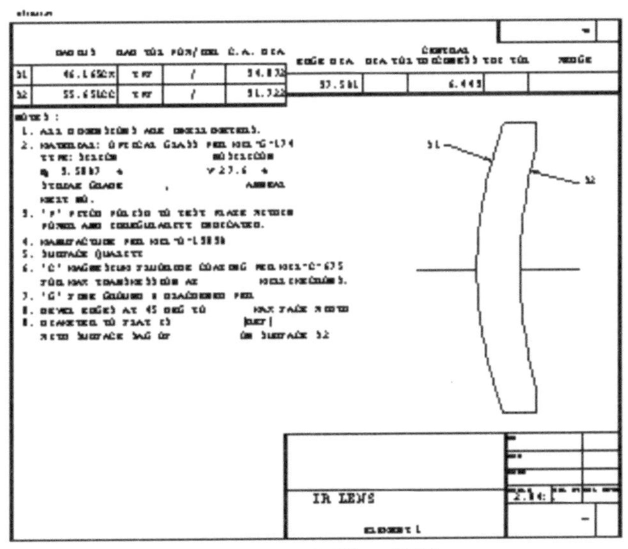

圖 25-9　光學工程圖

25.2 實例應用

25.2.1 防恐用單光放大管光學系統

設計的部分，可分三部分進行：物鏡組、延像鏡組及目鏡組三部分：

25.2.1.1 物鏡組

設計物鏡組其規格為 F/# = 1.2，EFL = 50mm，而開始這一項之設計是以美國 patent 為 2.012.822 的 sonnar 型之鏡片，經過優化後可以成為四片之鏡組，而其有效焦距應為 27.3mm，而這樣的設計是配合成像面和最後一面之距離。

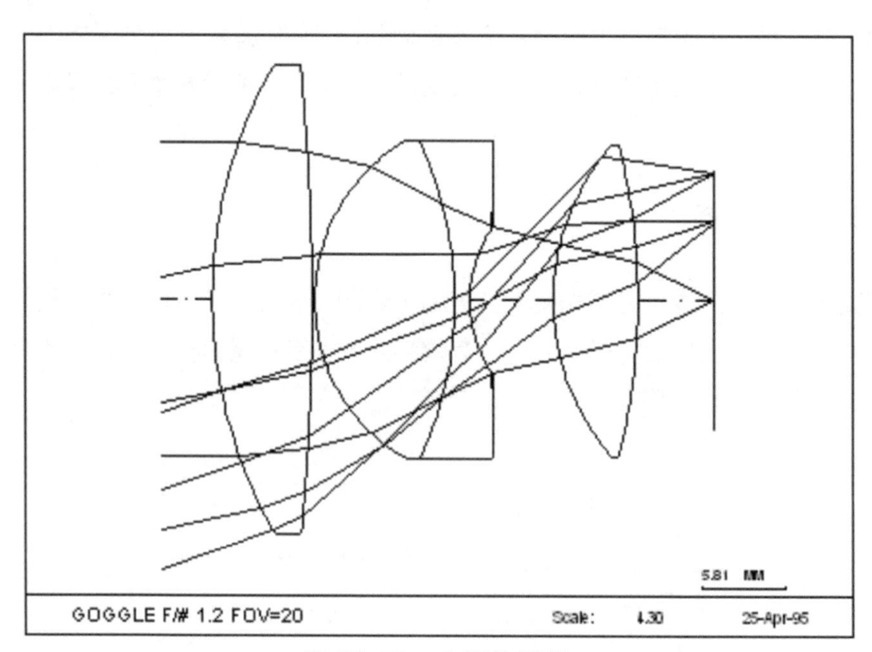

圖 25-10　夜視物鏡組

物鏡部分的玻璃以 SF12、SF11 和 BK7 為主，其鍍膜之範圍必須包括夜視波段，其波長和穿透率之要求如下：

表 25-2　夜視鍍膜穿透率表

波長	穿透率
400	0.3
450	0.6
500	0.95
550	0.95
600	0.95
650	0.95
700	0.95
750	0.95
800	0.95
850	0.95
900	0.6
950	0.3

表 25-3　物鏡組玻璃表

	波長	波長	波長
GLASS CODE	850.00	750.00	650.00
SF12_SCHOTT	1.633545	1.637441	1.643147
SF11_SCHOTT	1.762107	1.767928	1.776662
BK7_SCHOTT	1.509840	1.511836	1.514520

25.2.1.2 準直鏡／延像／目鏡

第二部分為三部分：第一為準直（colimmating）鏡組，第二為延像（relay）和第三為目鏡組（eyepiece），這三部的鏡頭以一個總成之設計來完成。如圖 25-11。

準直（colimmating）鏡組的目的是將光放管的影像能準直輸出。因為其幾何空間有限，所以其有效焦距小於反射鏡組和光放管之間的距離。

延像鏡（relay）的目的是將光放管的影像延像在目鏡組成像，使得影像能經由目鏡組進入眼睛。

目鏡組（eyepiece）使得影像能經由目鏡組進入眼睛，須使得目鏡組的入瞳大於在夜間人眼的瞳孔大小，並且焦距要和物鏡組一致，才不會使得使用者不適。

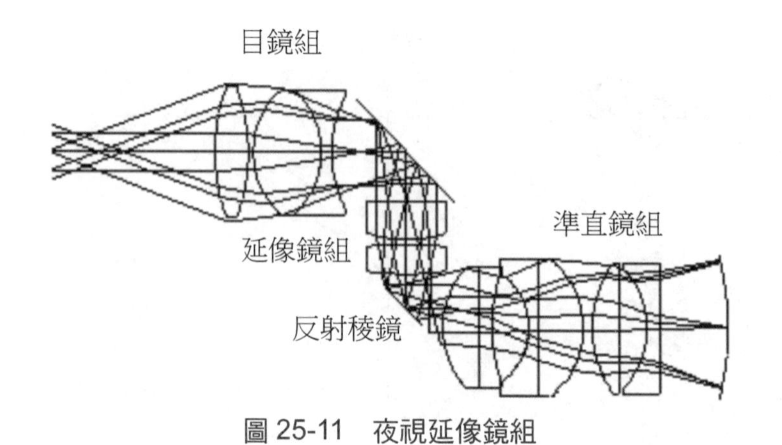

圖 25-11　夜視延像鏡組

25.2.2 寬角熱像鏡

本設計為寬視角紅外角紅外線鏡（中華民國專利 100782），是 F/#＝2 之鏡頭，有效焦距為 60mm 之鏡頭，用 CODE V 光學程式予以優化，並用 MTF 之 0.01 誤差量算出公差，再用互動法算出公差量。而冷卻器是以現在可用之尺寸，現有系統尺寸之條件為限制作設計參數，故可使得在焦長為 60mm 鏡頭所用之冷卻器是一樣的。而在第四片和光機之間之 compensator 也已經由自動計算方式求得。

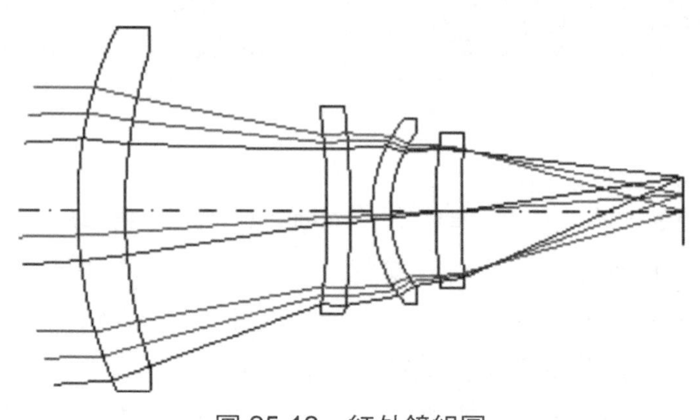

圖 25-12　紅外鏡組圖

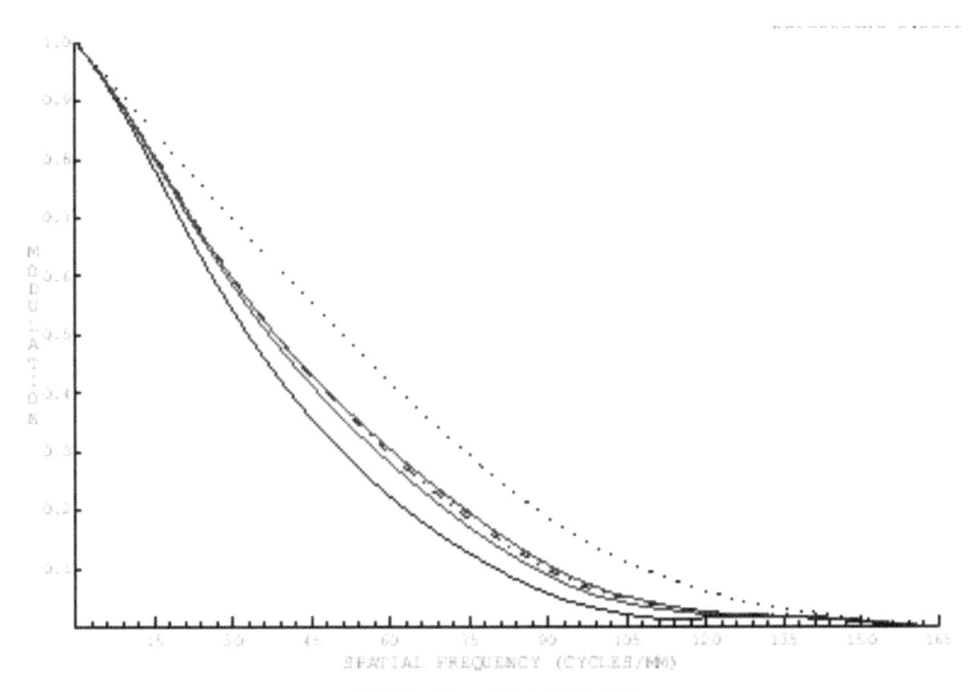

圖 25-13　調制傳遞函數

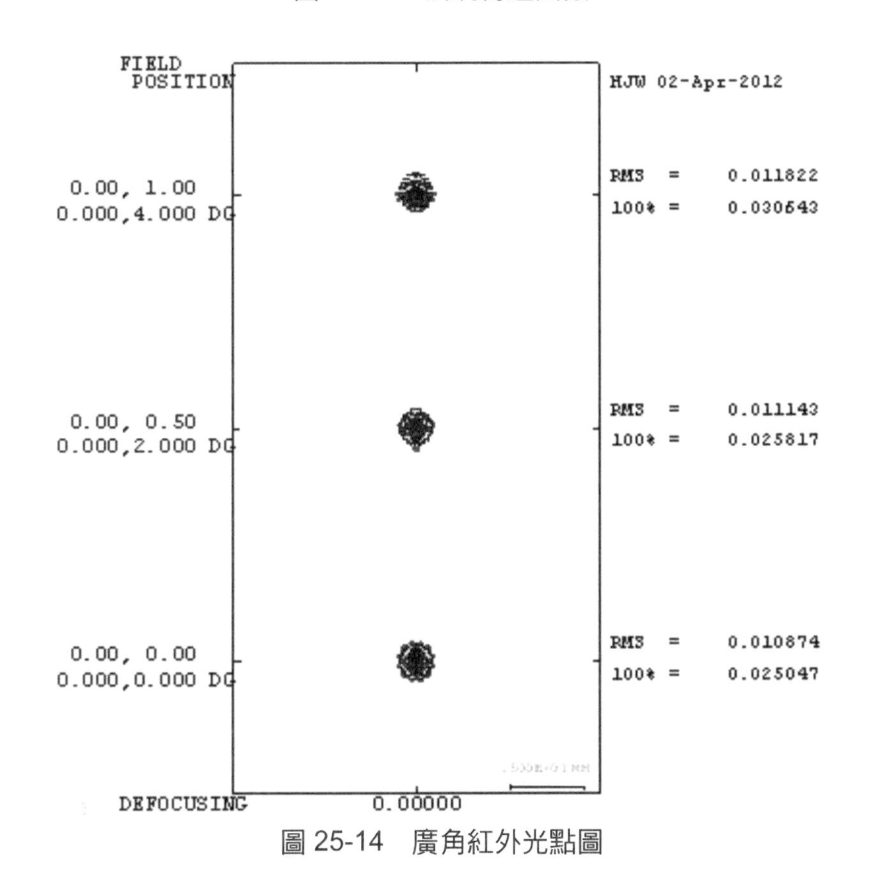

圖 25-14　廣角紅外光點圖

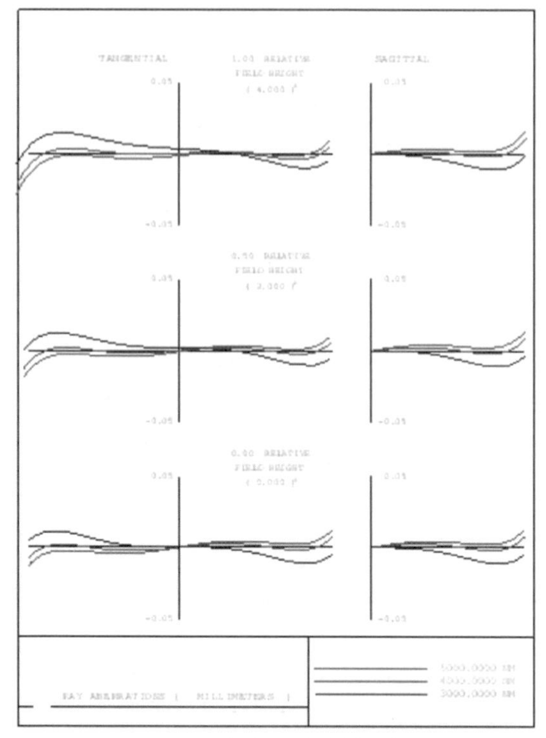

圖 25-15　廣角紅外鏡組像差圖

表 25-4　廣角紅外鏡頭光學參數

INFINITE CONJUGATES	
EFL	50.0001
BFL	27.0155
FFL	−17.5591
FNO	2.0000
IMG DIS	26.9668
OAL	46.2403
PARAXIAL IMAGE	
HT	3.4963
ANG	4.0000
ENTRANCE PUPIL	
DIA	25.0000
THI	74.9807
EXIT PUPIL	
DIA	13.5077
THI	0.0000

25.2.3 非球面的光學設計

非球面的光學元件在現代光學系統占很重要的角色，其原因是非球面之光學元件可以減少光學系統之鏡片的片數，並且可以增強其成像之品質，因此可以直接提升光學系統之功能，也可以增加產品之附加價值。而目前在國內的設計、製造和測試都還在建立階段，在國際市場上，對於非球面之光學元件也都視為商業機密；對軍事用之非球面光學相關之設備，也更是如此，故選擇非球面光學研究，對軍用和民用都為合乎時代趨勢之主題。

光學非球面種類很多。本例是以軸對稱之非球面為主。而由於非球面在鏡組上之目的是在減少像差，而其對精度的要求也較高；所以，第一步是以對鏡組像差之校正之設計為主，此類之設計，可以直接運用在紅外線，或光倍管之產品，而增加其產品之數值。而在設計上也必須是能找出影響像差之鏡片，而在予以非球面化，經過優化後可以取得最佳成像值；而其對非球面之設計之要求則必須是要非球面度小，也就是在量測上以干涉儀能測到的非球面之設計為主，而目前對非球面的較大的量測也已需委外建立。

25.2.4 成像模擬

光學程式可以用實際的物件影像（*.BMP 檔）輸入，可經由光學系統得知成像結果，即提供模擬影像通過已經完成的設計，經過程式，而得到成像的結果。

25.2.4.1 變焦鏡頭成像模擬

提供模擬影像進入變焦鏡頭成像模擬，可以知道在 1 到 6 倍焦距的影像穩定清晰。

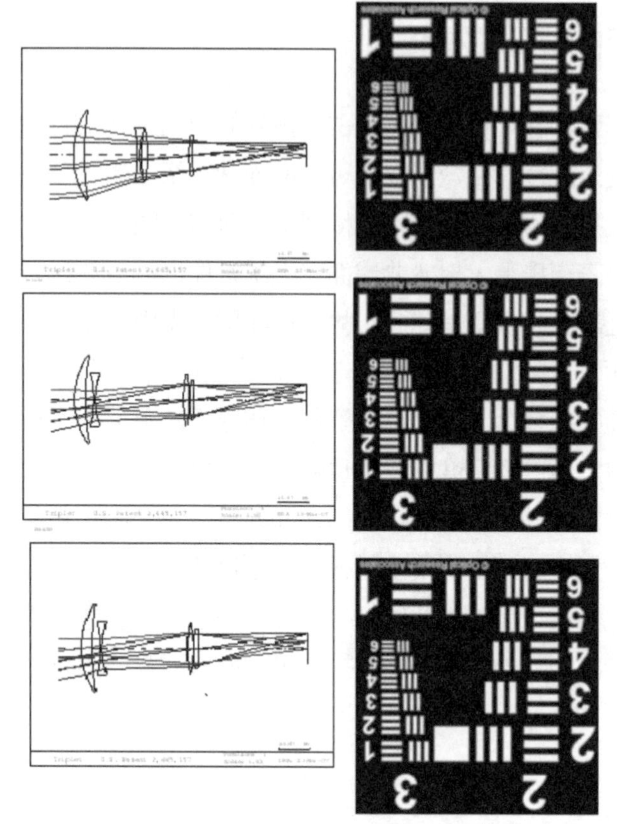

圖 25-16　變焦鏡各焦位及成像模擬

25.2.4.2 PECHAN 稜鏡成像模擬

模擬影像進入 PECHAN 稜鏡成像模擬，可以知道成像品質及成像相位。

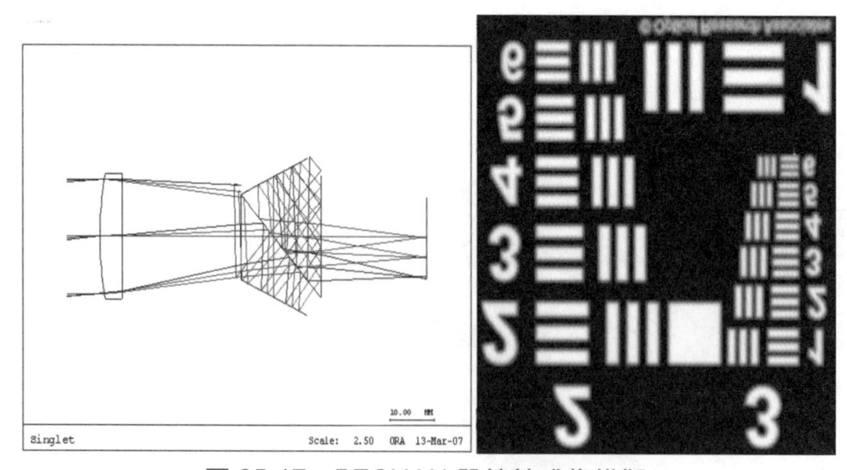

圖 25-17　PECHAN 單鏡鏡成像模擬

25.2.4.3 魚眼鏡頭成像模擬

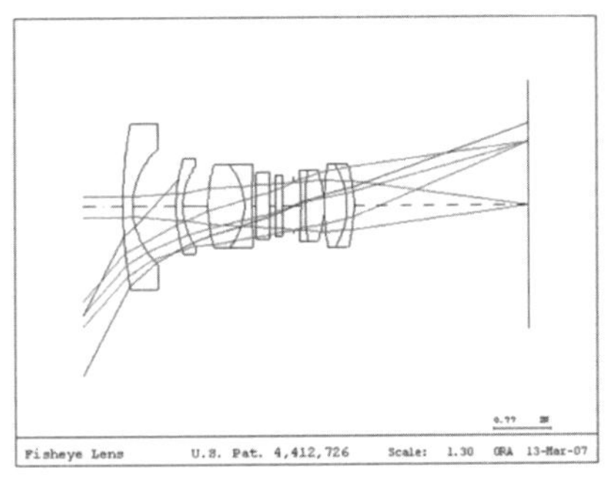

圖 25-18　魚眼鏡頭成像模擬

25.2.4.4 單和雙面反射成像模擬

影像進入單和雙面反射成像模擬，可以知道單和雙面成像品質及成像相位。在此可知單面鏡的成像為反相，雙面鏡為正相倒立。

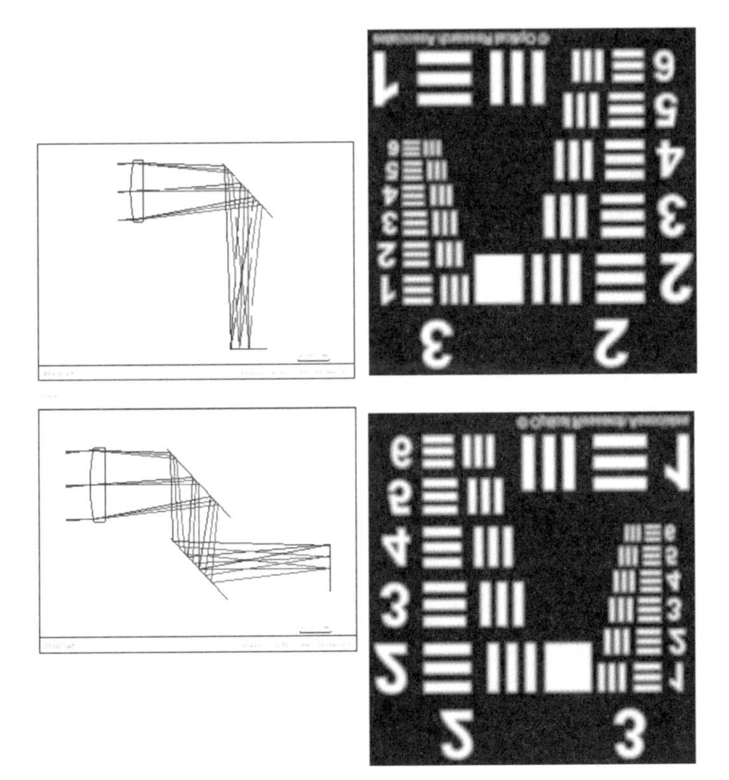

圖 25-19　單及雙面反射單鏡組

25.2.4.5 傾斜的單鏡

一個單鏡組如果角度有大的改變時，可以由程式預知傾斜影像。

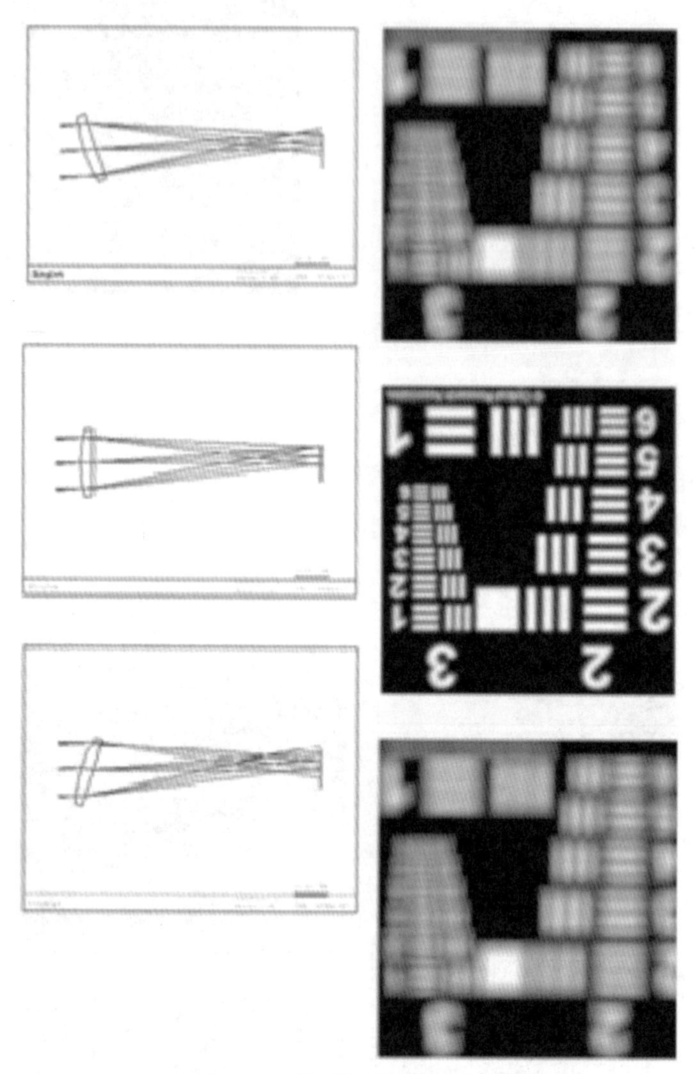

圖 25-20　傾斜單鏡組成像模擬

25.2.5 變焦鏡頭

紅外線變焦鏡頭與一般可見光之變焦鏡頭不同，其原因有二，一在材料上的選項紅外線之材料較可見光有限，二是在於紅外線之偵測器的pixel size大小，與可見光相比，紅外線偵測器較大，只要能掌握設計要訣，即可設計出來。

設計的規格是以 STANDARD FLANGE MP SERIES 為其冷卻器之結構，以 20 倍變焦，所採用之方式是以正負正為結構，是以第二面鏡組作線性位置之移動，再以三階，四組鏡組作倍數及波長散射之補償，第五面鏡組為長度之限制之啞面。

20 倍連續變焦鏡（VARIABLE FOCAL(ZOOM) 20X LENS）規格：20 倍變焦鏡，焦長 15mm 到 300mm，全長 130mm，視角 40 度（WFOV）到 2 度（NFOV）。

1 倍-10 倍-20 倍變焦鏡-CAM 圖

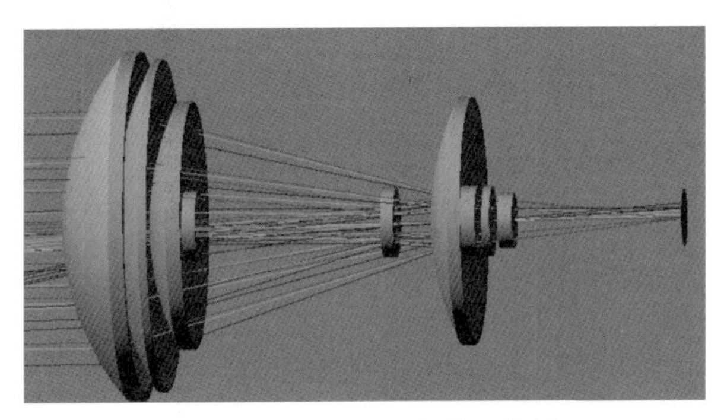

圖 25-21　20 倍連續變焦鏡

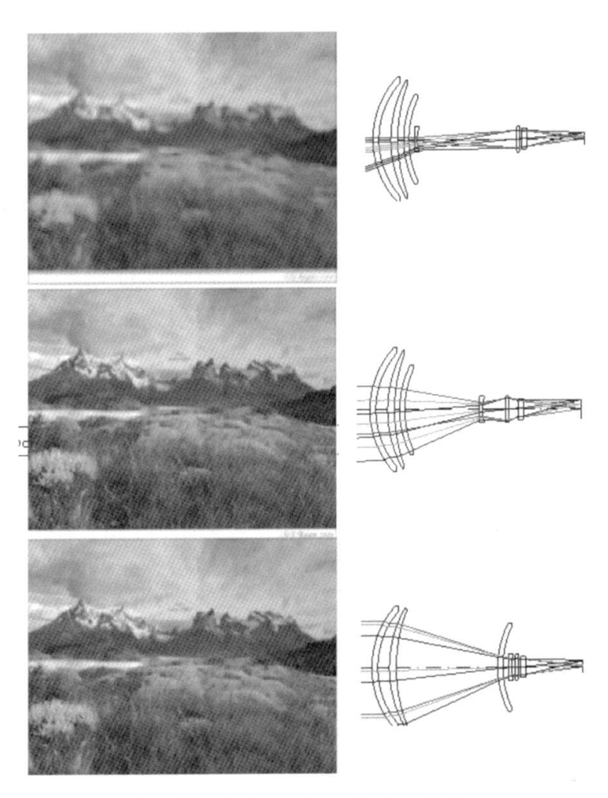

圖 25-22　紅外聚焦鏡 1 倍-10 倍-20 倍之成像模擬

25.2.6 綠能光學設計

因為能源缺少，省能的設計是目前研發所必須走的方向。另外，光學的紅外線材料也因為資源漸缺使得金屬鏡成為一種趨勢：

為解決能源危機及材料資源危機，在此以金屬為製作材料的建議，以二個例子來解決：

- 使用金屬鏡取代紅外鏡鏡組。
- 使用金屬鏡作為太陽能集光器以解決上述問題。

25.2.6.1 金屬鏡取代紅外鏡鏡組

使用一個 CASSAGRAIN 的反射鏡組，其材料為鋁，其成像比較如圖 25-23，效果和折射元件相當。

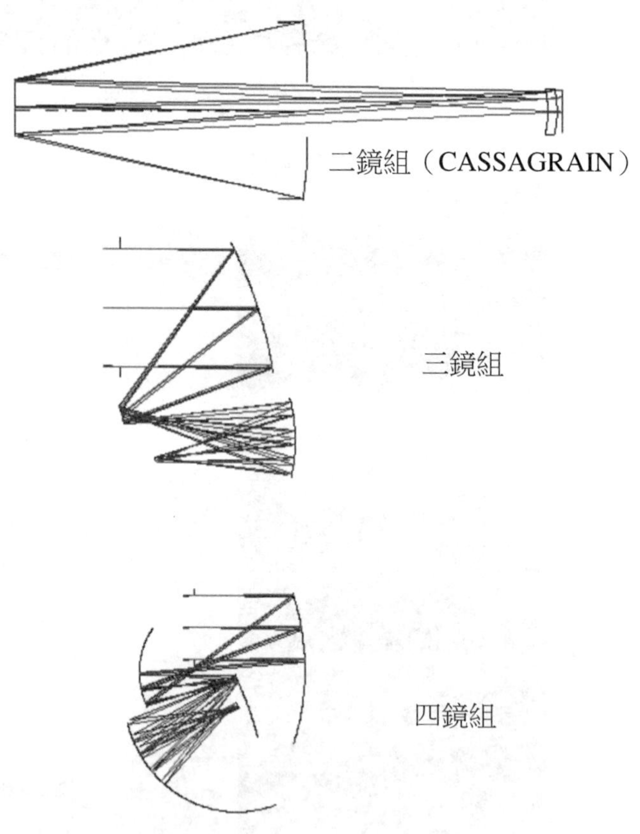

圖 25-23　三種紅外鏡組：二片，三片和四片

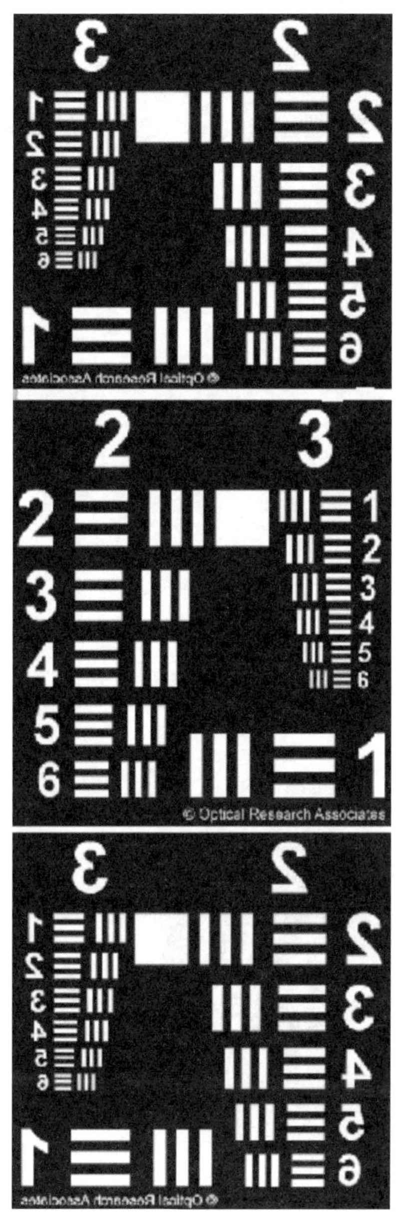

圖 25-24　經過三種不同反射鏡物鏡組之成像模擬

25.2.6.2 太陽能集光器

太陽能集光器採用反射式效率較折射式高，除了折射式元件在經過太陽光照射之後，物理性質改變而影響穿透率，另原因有二：一為成本低，二為耐用。因此，採用金屬材料為主要趨勢。

設計原則是要取得每一方向的光。因太陽能板多為平面，只接受直晒光，而若採用經過優化多面反射鏡，將可以使得接收效率提高。

在此採用漏斗式集光器，有多面向太陽，各面因角度的改變，可產生反射，使得光能集中偵測器中心，若改變到適當角度可以達到最高效率。

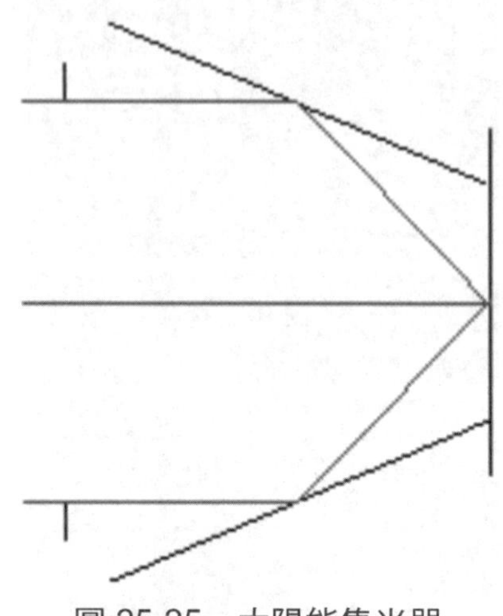

圖 25-25　太陽能集光器

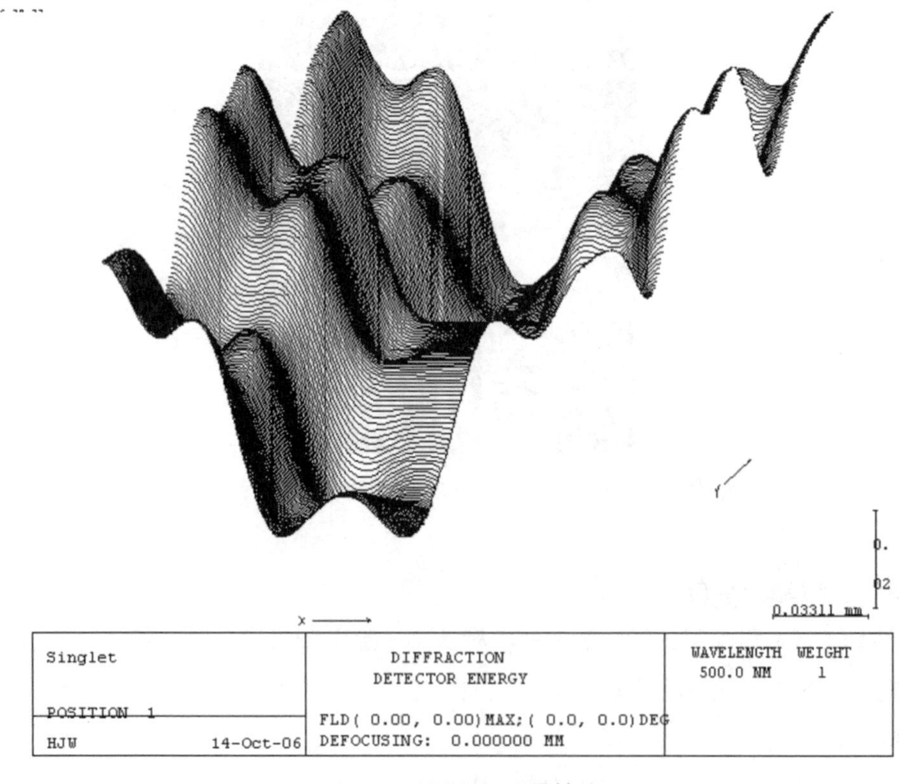

圖 25-26　繞射偵測器效率

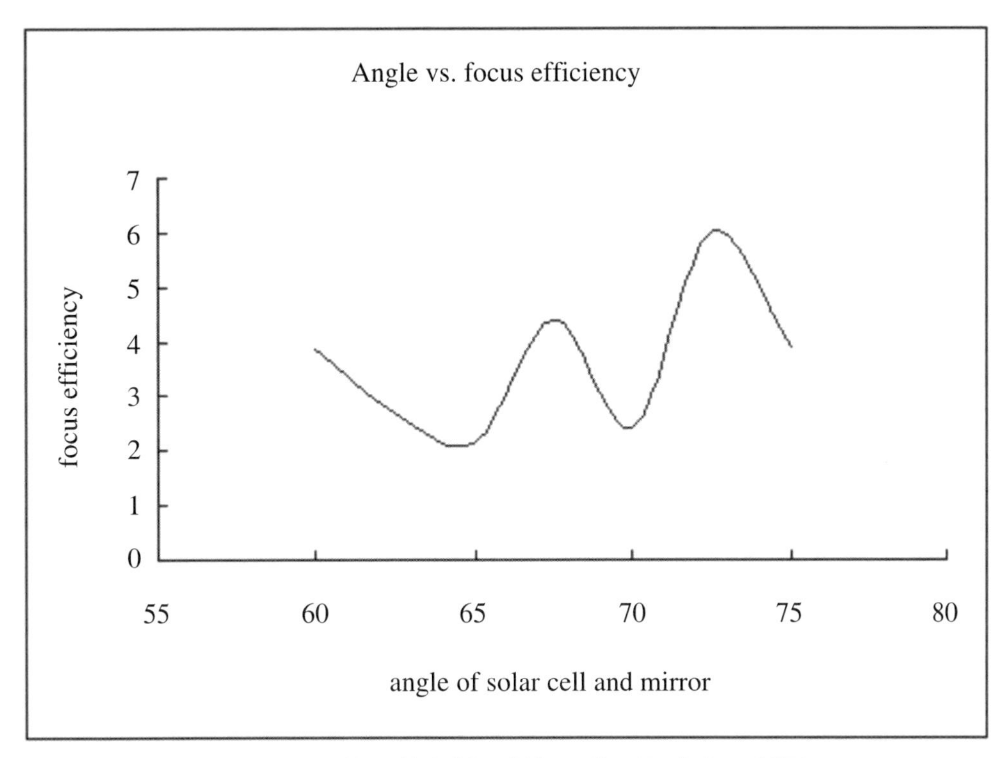

圖 25-27　能量效率對反射板和偵測器夾角關係圖

表 25-5　能量效率對反射板和偵測器夾角關係圖

Angle	focus efficiency
60	1.932
62.5	1.39
65	1.178
67.5	2.486
70	1.451
72.5	3.754
75	2.419

表 25-6 能量效率對反射板和偵測器夾角關係表（有考慮太陽能面板）

Angle	focus efficiency
60	3.864
62.5	2.673
65	2.173
67.5	4.388
70	2.443
72.5	6.012
7	3.864

因此，若繼續改變反射片及角度可以達到極大的接收效率。

25.2.7 二元光學面設計

繞射二元光學是在一個光學元件面上加工，以產生繞射表面，而這些表面的結構是經過光學軟體的計算而產生的光學元件。這樣的光學元件可以取代抗色差鏡片，並在製作成本和方法上較為簡單；又因為半導體製作的機台已能夠製作完成，因此，在1990 年後普遍被運用。

在此使用一個單鏡組如圖 25-28 的複合式繞射單鏡組，其中第一面為球面，第二面基材為平面，而結構為繞射面，其輸入定義如圖 25-29，經過優化後可得到最小聚焦，和近乎 0 的像差，而再用全相對稱方式產生二元光學光罩，如圖 25-30。而這光罩半導體製作的機台已能夠製作完成。

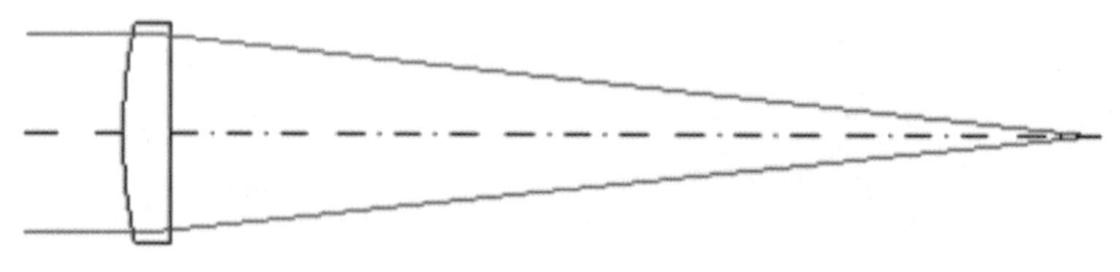

圖 25-28 複合式繞射單鏡組

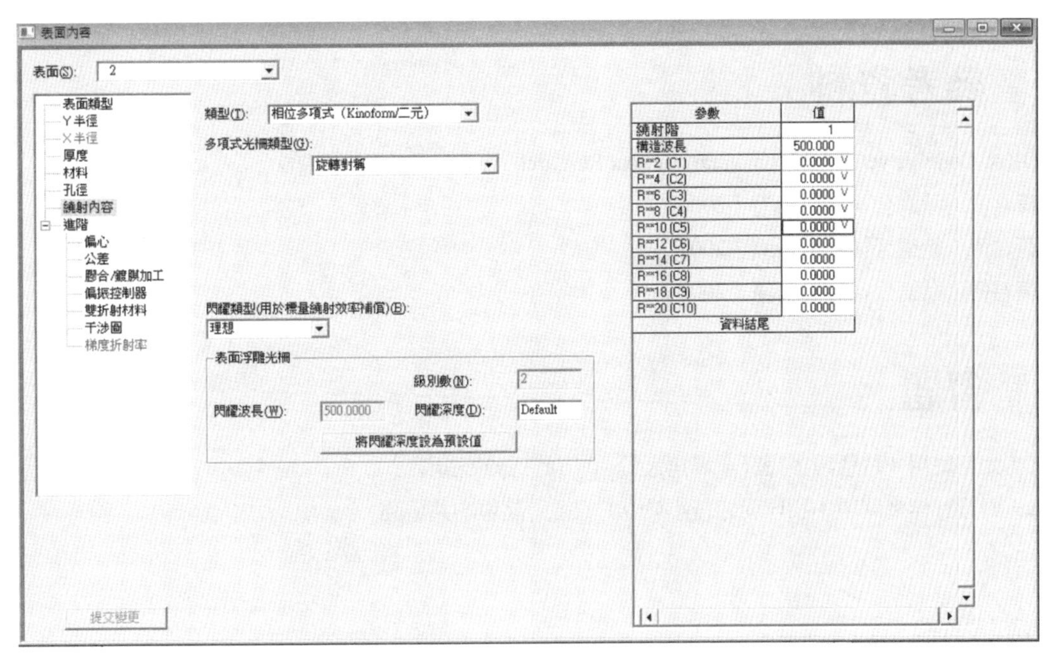

圖 25-29　二元繞射面的定義

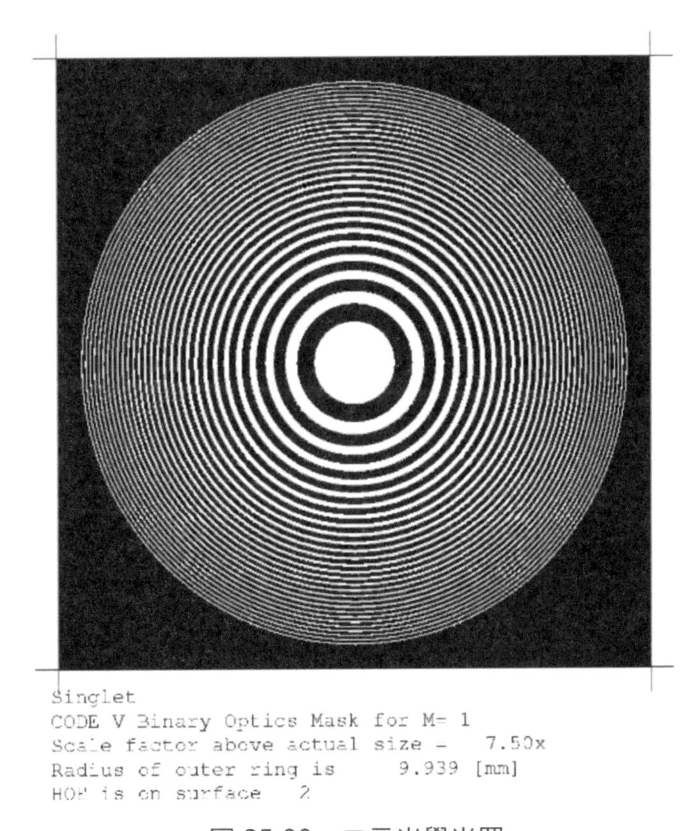

圖 25-30　二元光學光罩

參考資料

ORA, Code V, version 10.2 manual, Opitcal Research Association, CA, (2009).

黃君偉：鈦鍶公司高峰論譠（2006）

黃君偉：鈦鍶公司高峰論譠（2007）

黃君偉：鈦鍶公司高峰論譠（2008）

習題

1. 如何使用 4 片透鏡，設計全場角大於 90 度的低畸變鏡組？
2. 對設計作為問題 1 和球面像差小於 0.1 的鐳射晶體的共振腔。

第二十六章　照明設計軟體

配合光機電設計，*LightTools* 是一套完整的照明設計軟體套件，以三維立體建模為基礎，將最高光學精準度與強大的分析功能完美結合。快速的照明應用虛擬原型，並穩固而精確的蒙特卡羅光線追跡，及具開創性的照明最佳化功能可自動改善系統效能，且具高速實感繪製可用於最終的設計驗證或商品簡報。

照明設計除了熟悉軟體外，更需要熟悉光學原理的應用，環境及市場需求，所設計的物件才合用。因此，以下是如何使用本軟體的基本操作手續，如依續執行將可以進入初級設計階段，而後再以列舉實例說明。

26.1.1 設計步驟

依規格的釐訂開始進入程式。

光學元件的建立：LT 在軟體圖面上有三個功能區。

第一功能區包括六項：

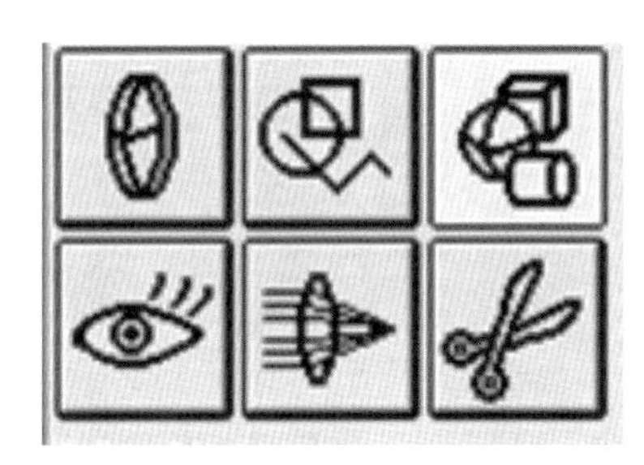

第二功能區包括五項

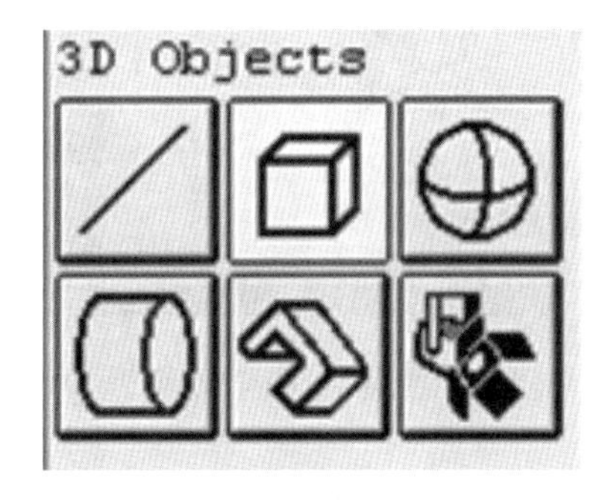

三階功能區在第二功能選擇後，會依第二功能選擇後顯出其最終功用。

要建立模型：包括三部分，第一光源，第二元件，第三接收器，在建立完成以上之元件後開始計算，每一計算的結果可以顯示圖示或數據供評估，再作優化直到極佳值。

光源的選定有二種方式：其一可以如圖 26-1 左，可以用光線追跡中的光源設定進入，標定位置，在點入光源內設定定義，另一方法是由 LIBRARY 光源中選入所要光源，放入三 D 圖標定位置及再定義光源。

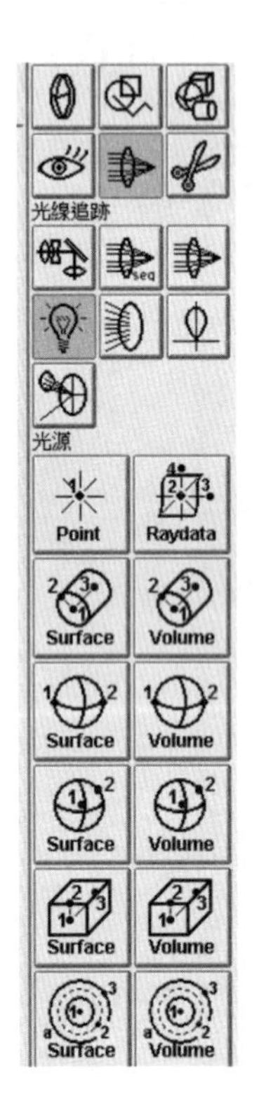

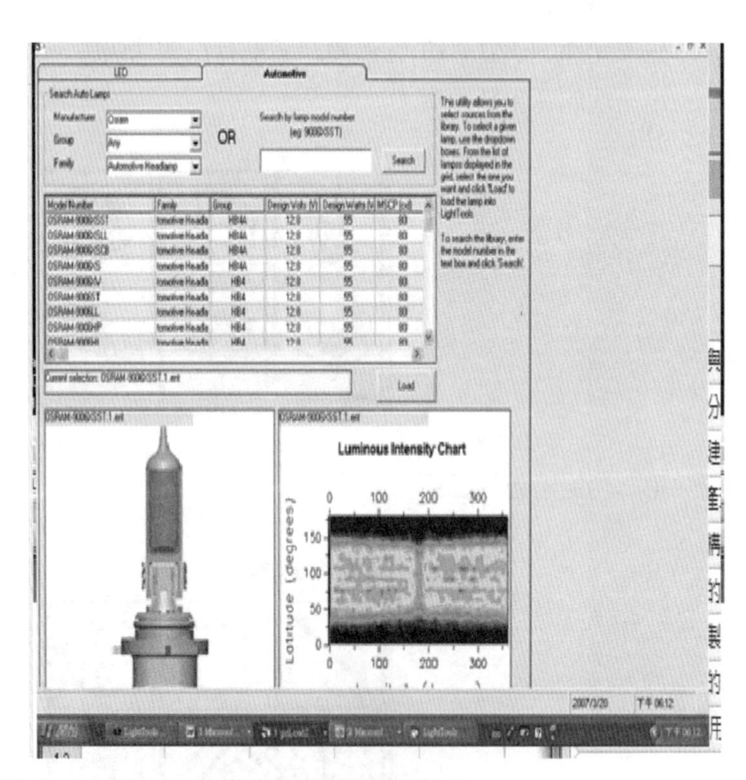

圖 26-1　Lightools 的指令和燈源選擇畫面

如圖 26-2，接收器的設定：包括二個步驟，第一為設定一個平面，可由繪製一個 BLOCK 完成。

第二步驟為定出接收器面，經過這二個步驟後，可以確定接收器定義已經完成。

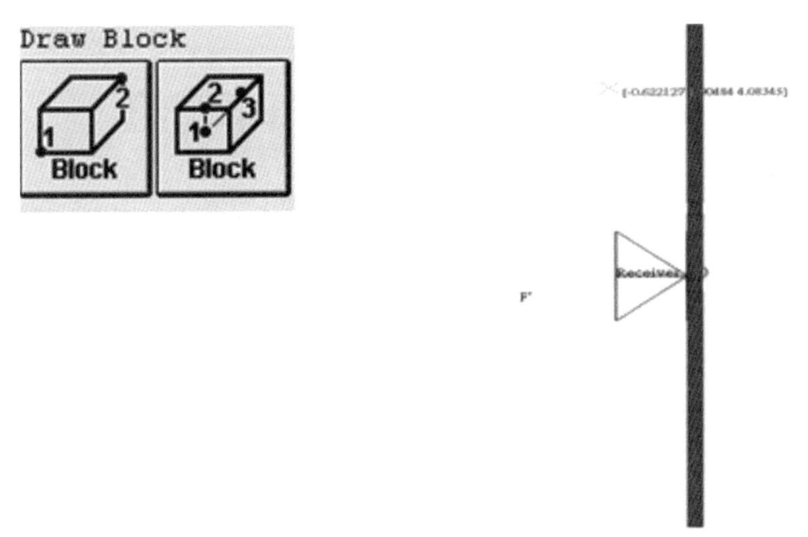

圖 26-2　Lightools 在一長方體上定義接收面

在完成以上之設定後，即可以開始進入計算手續，即進入以上的模擬計算，此時將可從光強度分布中判斷光的強弱及均勻度，再進行下一步驟。

26.1.2 分析階段

可從光強度分布中判斷光的強弱及均勻度，其光度分布不一致，或是光強度未達到規格值時，就必須考慮尺寸，型狀或功率等參數，用以達到規格值；可採用手動調整或自動調整。

26.1.3 優化階段

優化是自動設計的一種，優化是先設定優化函數，再設定參數條件。參數的設定條件，以一個單鏡組為例：可先設定 Z 軸為變數，再將優化函數設定成為準直或聚焦；如經過優化功能後，可以得到最佳解。

26.1.4 工程階段

在完成分析和優化階段以後，可將光學數據、光源設定、接收器、評鑑結果工程化，就是產生工程數據交換檔或其他格式檔，或LINK SOLIDWORK轉入其他格式。

接收器及光源大小可依光電規格，電路設計之依據，進一步再用 PROTELS 或其他軟體設計。

26.2 設計實例——汽車車燈

汽車車燈為車輛無論是靜態和動態都是重要零組件，其中包括三大要項：

頭燈、後燈及車內燈，因配合不同的功能，有不同的設計原則，基本上可以有以下的設計原則：

頭燈：其目的是為著在車輛行進時可以將光指向遠方或無限遠方。

後燈：其目的是為著在車輛行進時可以將光擴散，或近點聚焦，無需指向無限遠方。

車內燈：其目的是為著在車輛內部時閱讀，只要固定焦距。

以下依序討論。

26.2.1 頭燈

如圖 26-3，其頭燈目的是為著在車輛行進時可以將光指向遠方或無限遠方。第一要燈源，一旦確定就要設計反射器；反射器的規格，需和汽車外型整合。因此，設計完成後的尺寸整合於機械設計。

圖 26-3 BENZ180（w202）前燈

頭燈選擇：可由LIBRARY中（圖26-4），依選定燈源，載入（LOAD）進入3D圖面（圖26-5）。

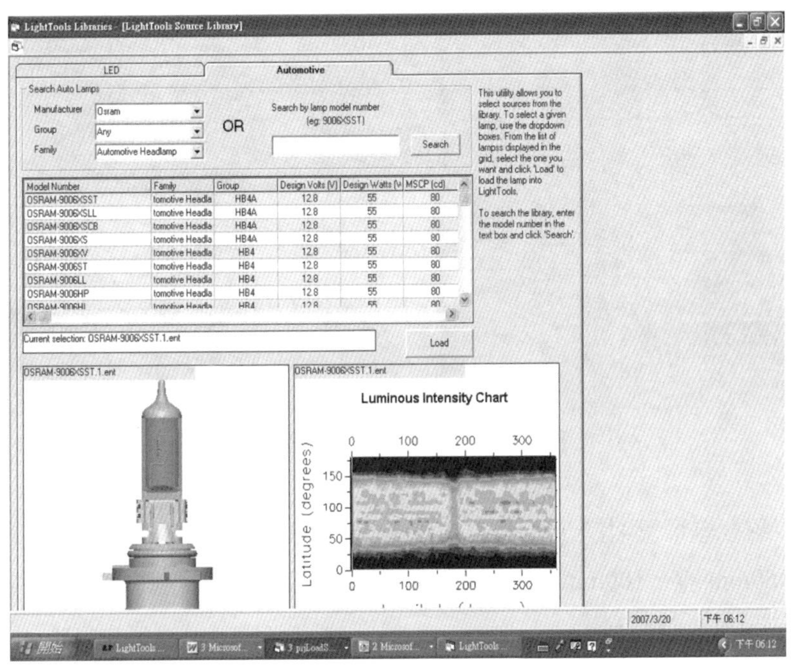

圖 26-4　光源定義

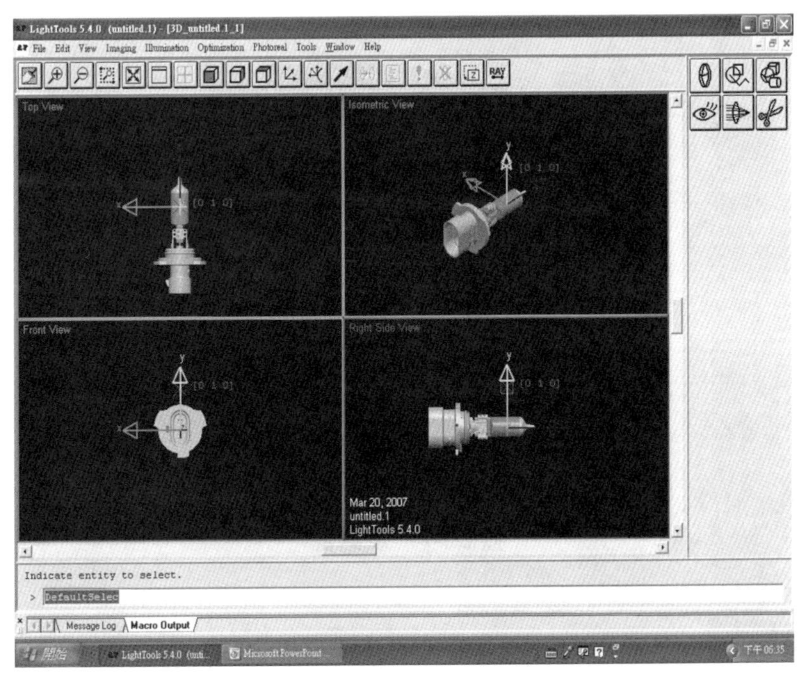

圖 26-5　操作畫面

另外，在選擇光源時要參考，進入SAE Analyzer（如圖 26-6），選擇 "SAE J1383 Low Beam" from the SAE Standard list，以符合規範。

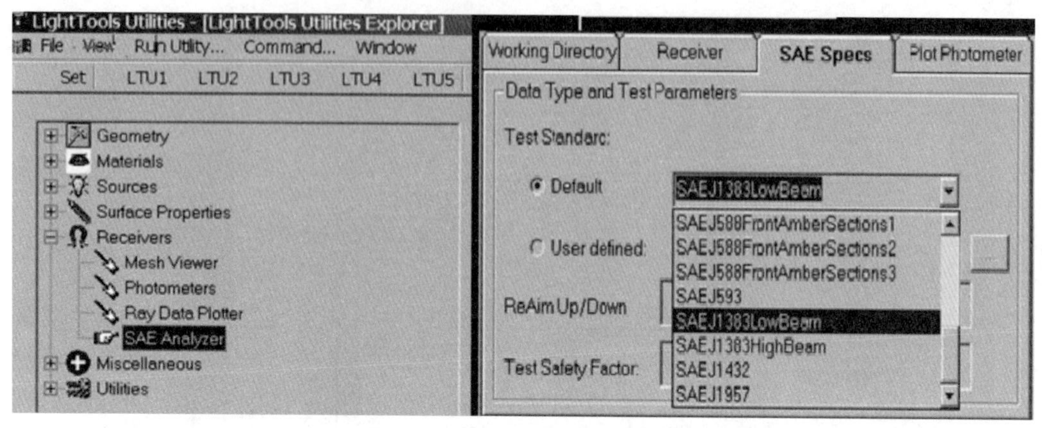

圖 26-6　車輛光源規格選擇

第二步驟要選擇反射鏡，如圖 26-7，其規格如下：

尺寸 150mm 寬×100mm 高

9 面垂直結合反鏡設計

反射率 85%

設計時先將目標定於一個特定點，但是，實際上光可以在近無窮遠。

圖 26-7　反射面

但是，經過優化後，如圖 26-8，可以使得光線準直，到達無限遠。

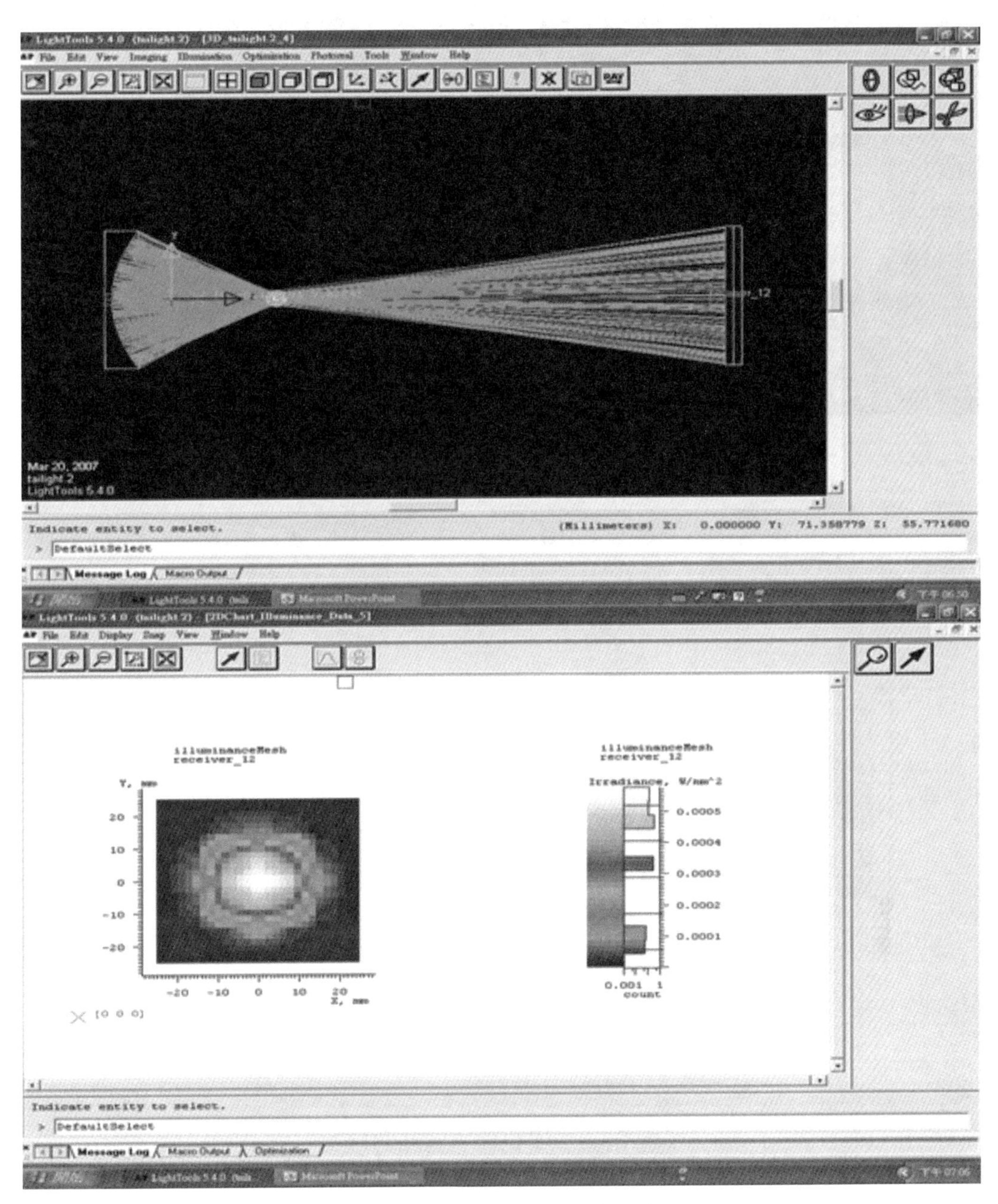

圖 26-8　原光路和照度分布

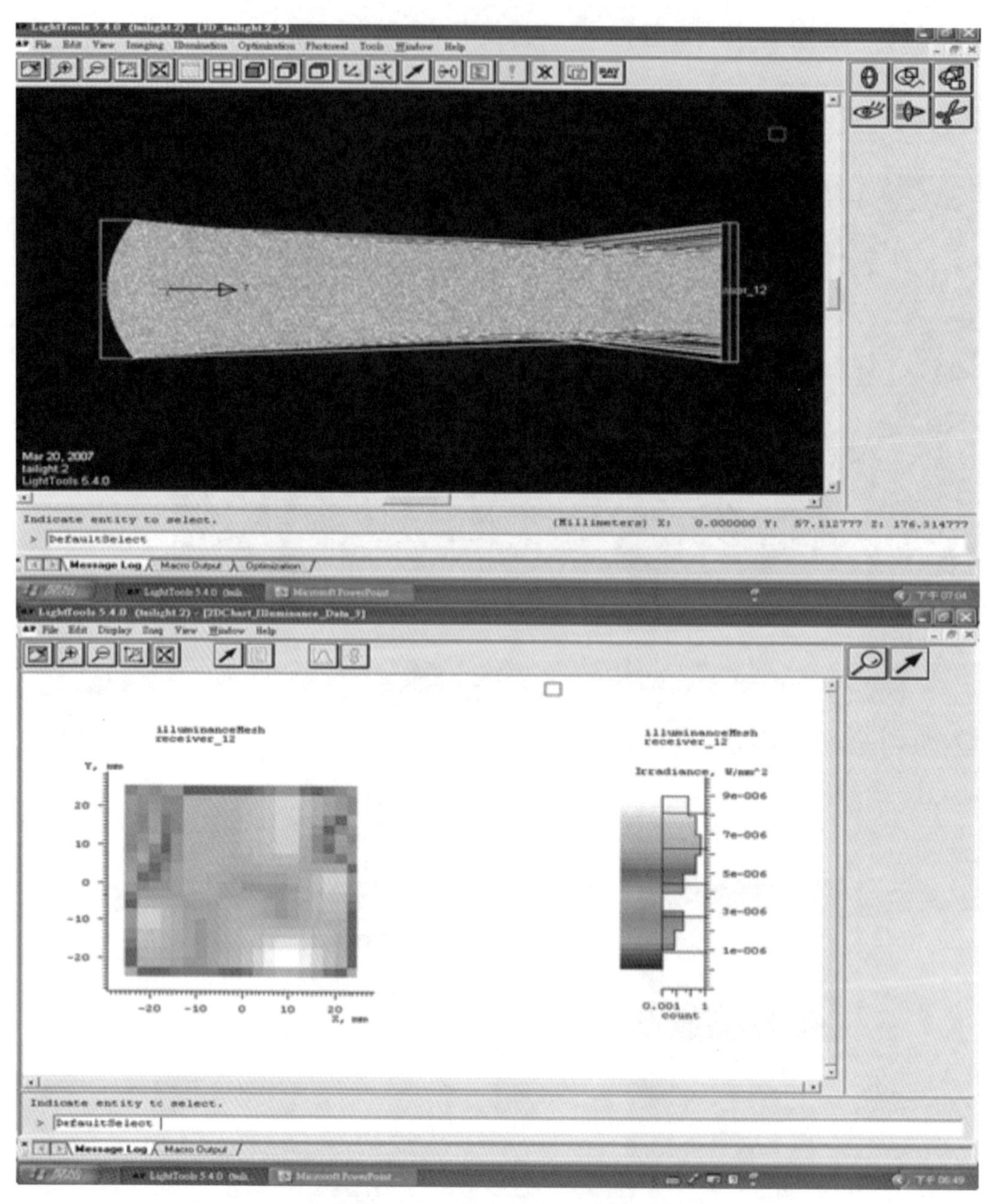

圖 26-9 優化後光路和照度

26.2.2 後燈

後燈如圖 26-10，其目的是為著在車輛行進時可以將光擴散，或近點聚焦，無需指向無限遠方；只要在 10 公尺內聚焦，因為正是警告後車的最佳距離。

在本設計採用 5 燈設計（如圖 26-11），和BENZ C180（W202）相似，光源及接器設定後開始計算。

圖 26-10　BENZ180（w202）後燈

經過設定完成後，即進入模擬計算光線圖顯示在近處一接收器（如圖 26-11），這一個正是警告後車的最佳距離及光強數據如表 26-1。

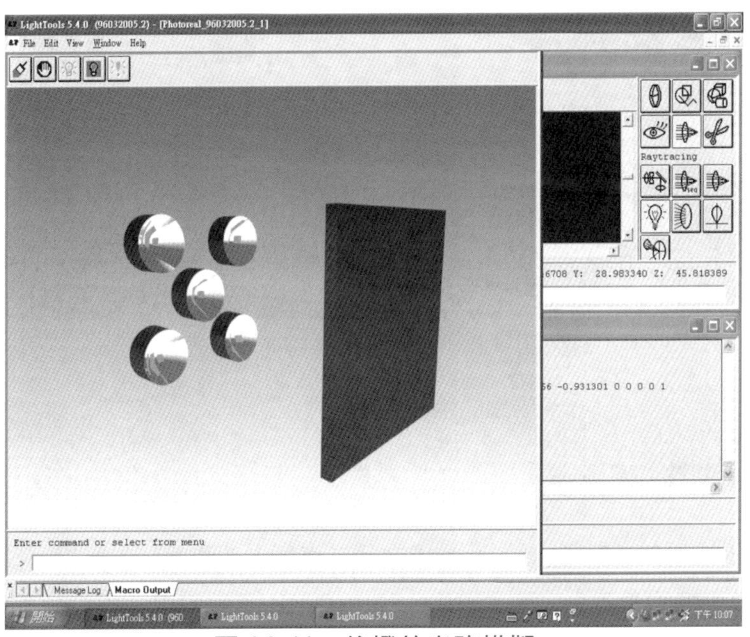

圖 26-11　後燈的光路模擬

表 26-1　後燈照度表

z1	z2	z3	z4	z5
0	0	0	0	0
0.097348	−0.30339	0.328578	0.428817	0.26314
0.244782	−0.32957	0.333265	0.416462	0.251724
0.244782	−0.32957	0.333265	0.416462	0.251724

經過優化後，可得最佳解（表 26-1 及圖 26-12）。

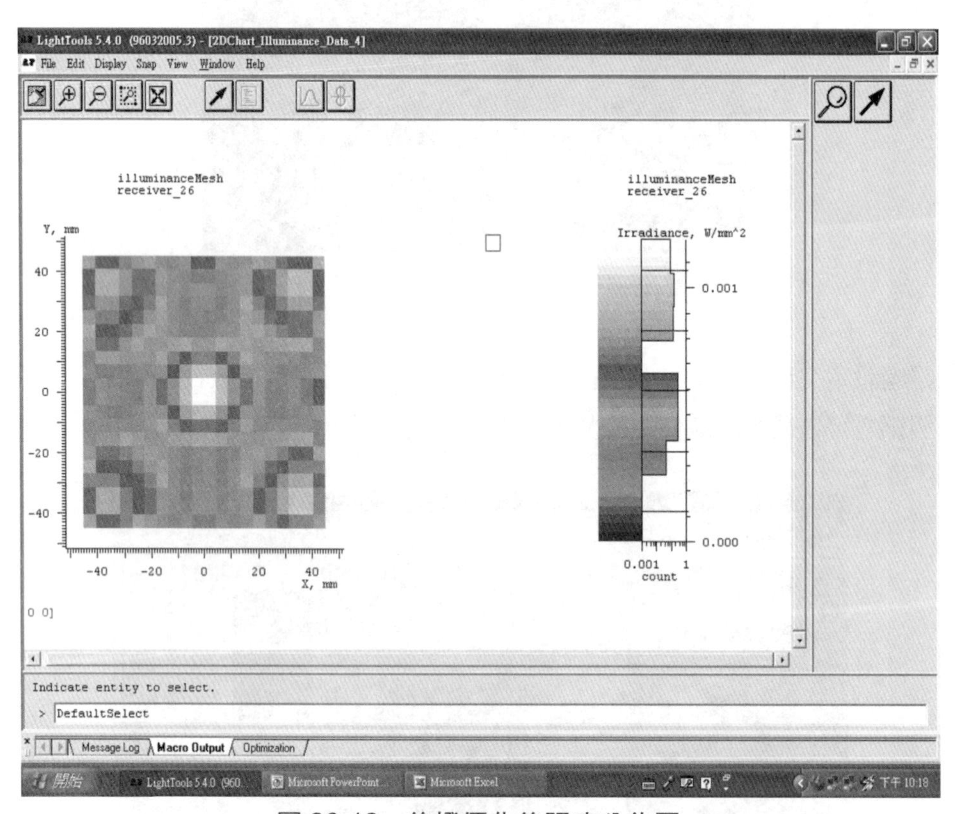

圖 26-12　後燈優化後照度分佈圖

26.2.3 車內燈

車內燈（如圖 26-13）設計的目的是為著在車輛內部時閱讀，所以只要固定焦距，距焦位置為距燈距 75 公分。

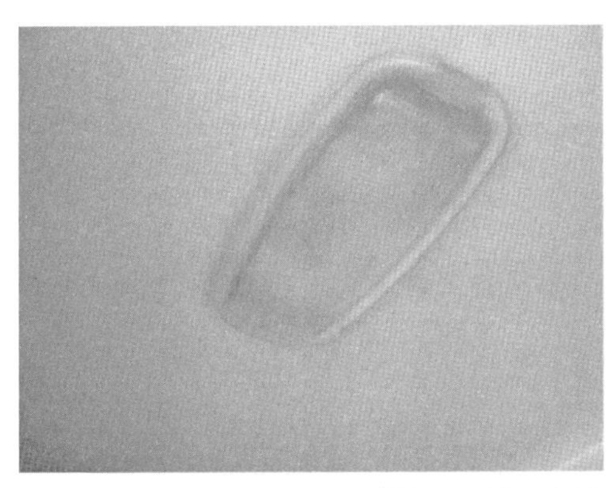

圖 26-13　BENZ180（w202）內燈

在本設計採用三燈設計（如圖 26-14），光源及接器設定後開始計算。

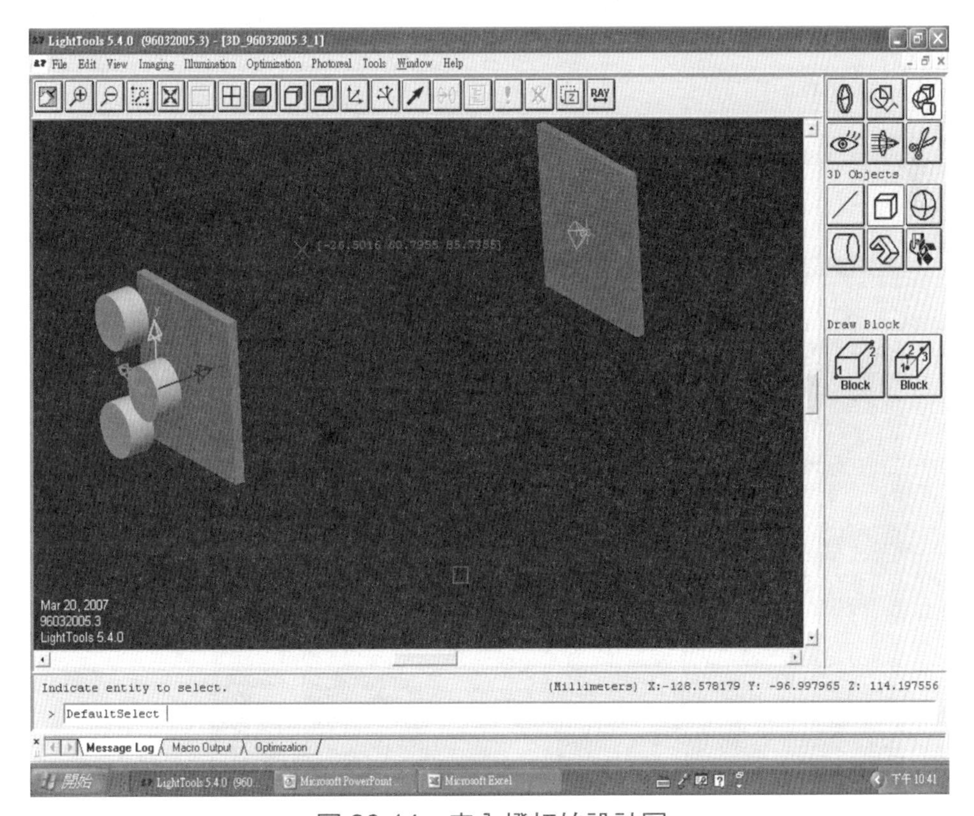

圖 26-14　車內燈初始設計圖

經過設定完成後，即進入模擬計算光線圖顯示在近處一接收器，這一個正是警告後車的最佳距離及光強數據（如圖 26-15）。

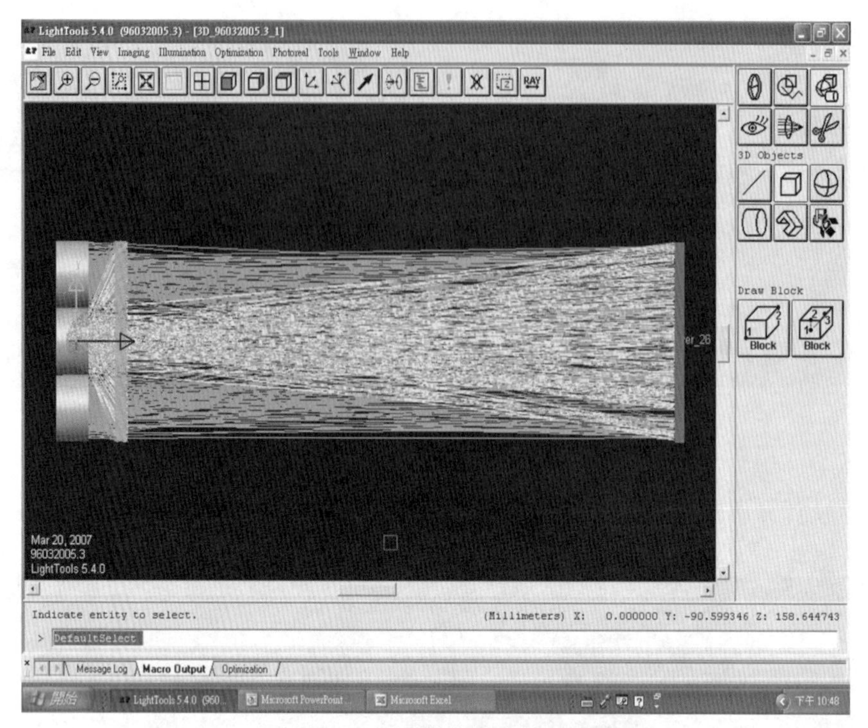

圖 26-15　初階車內燈光路圖

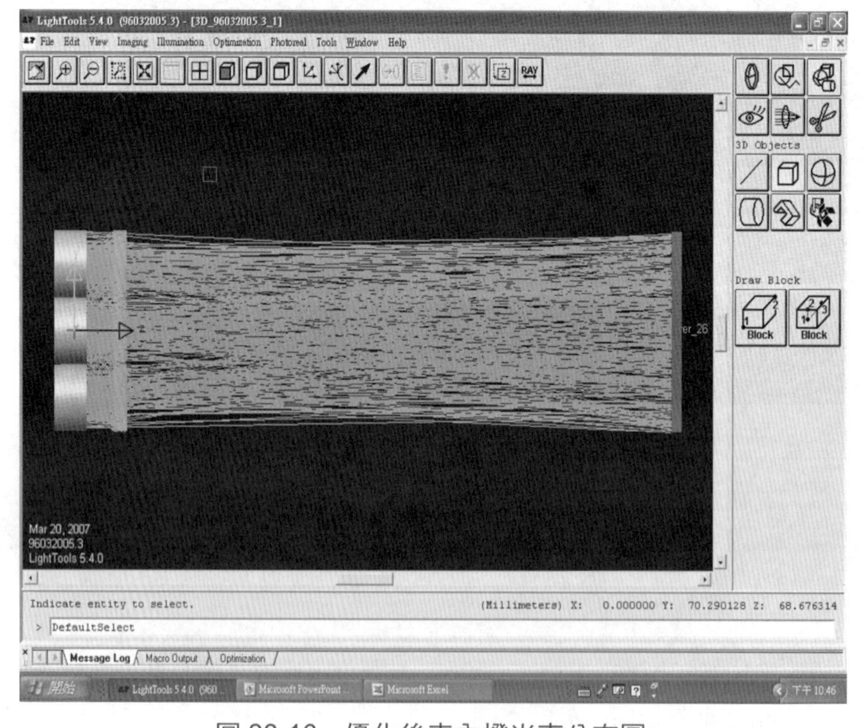

圖 26-16　優化後車內燈光束分布圖

經過優化後，如圖 26-16 及 26-17，得最佳解。

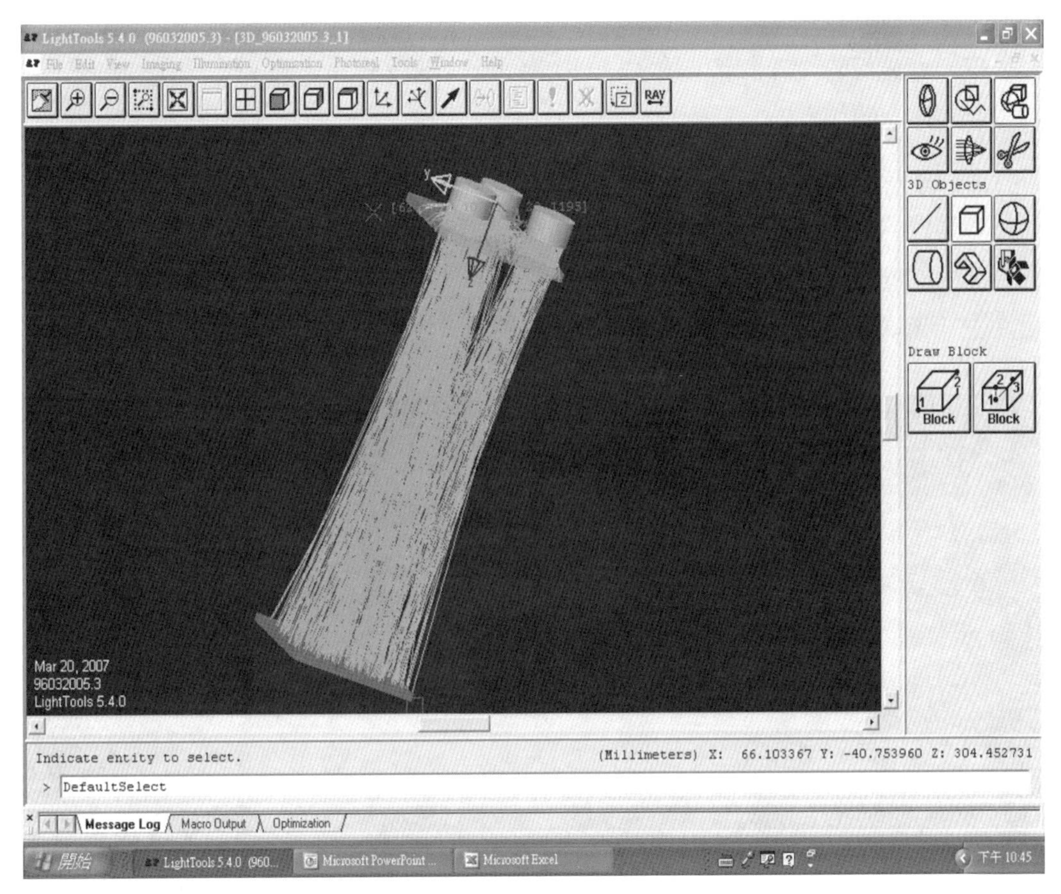

圖 26-17　車內燈的照明圖

LT 可以產生並模擬指向性光源，可以使其準直或聚焦，尤於光源資料齊全，所以可以選擇不同的光源，並設計不同的反射鏡依其不同的設計原則，經過設計，可以達到需求者的需要。對於不同的汽車部分之燈，有不同的設計。另外，LT 在此也可以提供多 CPU 計算功能，在速度上及使用介面上更為友善。

26.3 LED 背光板

背光板的光源在 2000 年以前多半使用細日光燈（CCFL）作為光源，隨著LED的耐久性，廣域光源及省能，用LED作背光板光源取代CCFL，在起初是用在手機，後可以運用在大型背光板上。以下就是一個如何設計及優化背光板的例子。

26.3.1 元件建立

LED背光板的設計步驟依續建立的次序如下：導光板、光源、反射板、接收器。將依此次序說明如下。

26.3.1.1 導光板

導光板的目的是將光源的光引到大面積的板塊作為光源，以照明顯示器上的液晶開關陣列的內容。因此，所需要的功能就是將光源的光能引出，如圖 26-18 所示，就是產生一光學長方體，並定義光學材料，並將長方體的六面都定義為透光。

圖 26-18　導光板基材

26.3.1.2 反射器

反射器是要將光源的光導出，通常都使用反射的方式，如圖 26-19，就是將一反射器設定，將焦距大小和反射器長度，及相對於導光板的位置定出，使光能夠被導入光導板內。

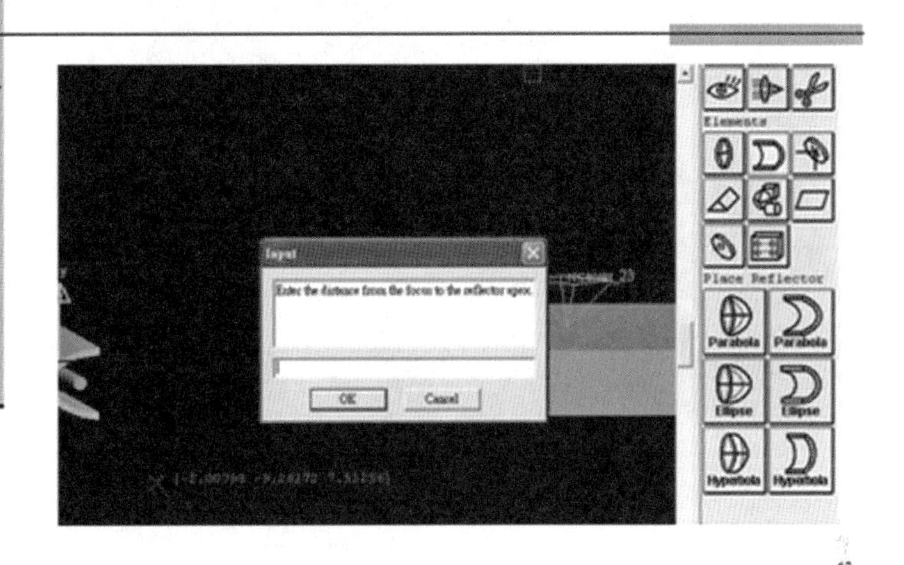

圖 26-19　反射板設定

26.3.1.3 光源的設定

在反光板及導光板被設定完成後，光源的設定也要完成，如圖 26-20，先選擇所用之 LED，及適合目的之光場，而後將兩個 LED 置於反光板及導光板之間，如圖 26-21。

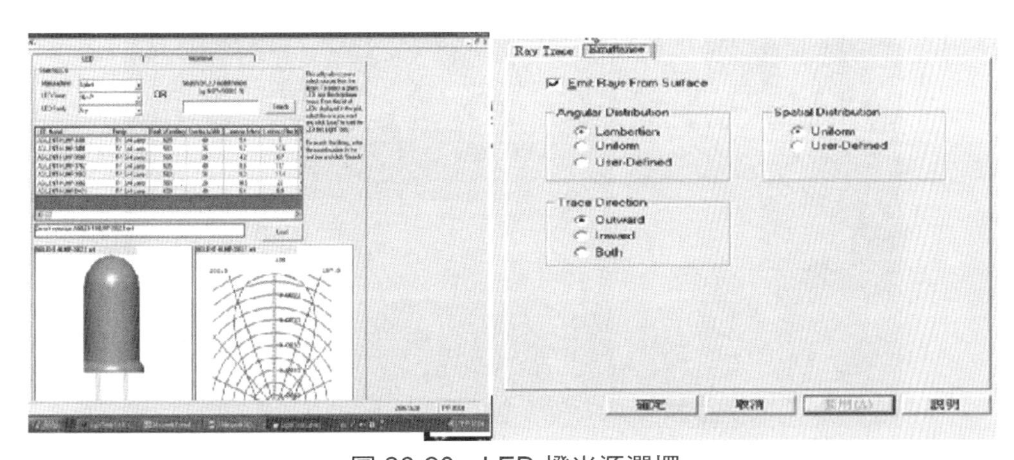

圖 26-20　LED 燈光源選擇

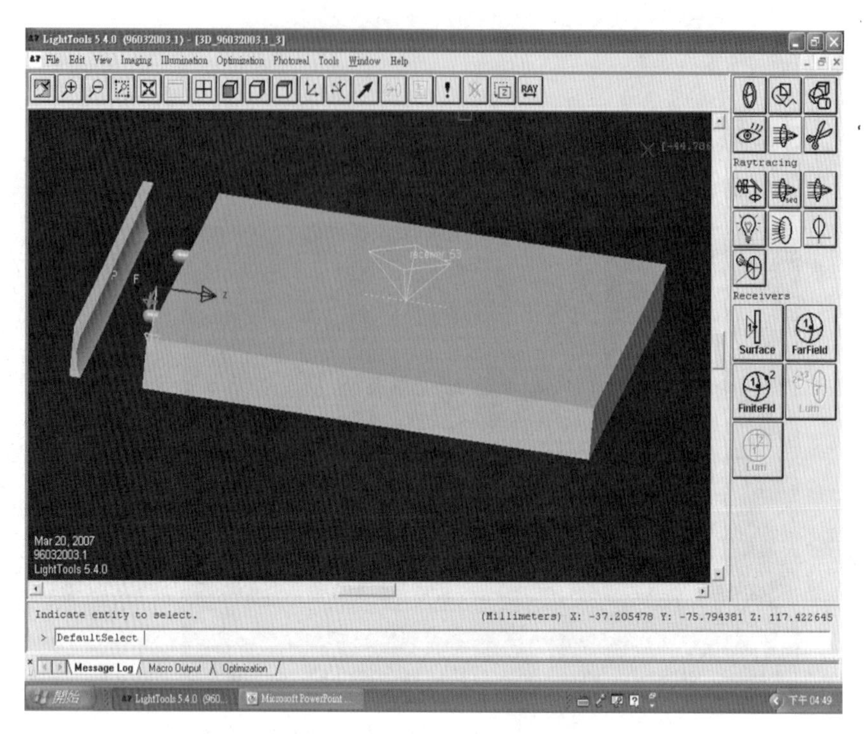

圖 26-21　背光板初階光學架構

26.3.1.4 接收器

接收器是光線計算時所有數值的儲存資料庫，目前是以 2 度空間的矩陣，在每一個單元內諸有數據，可以用作照度，光強的 2 度空間或 3 度空間的分析。在本程式中，必須以一個面為定義基礎，目前是以導光板的一個面作為定義基礎，如圖 26-22。

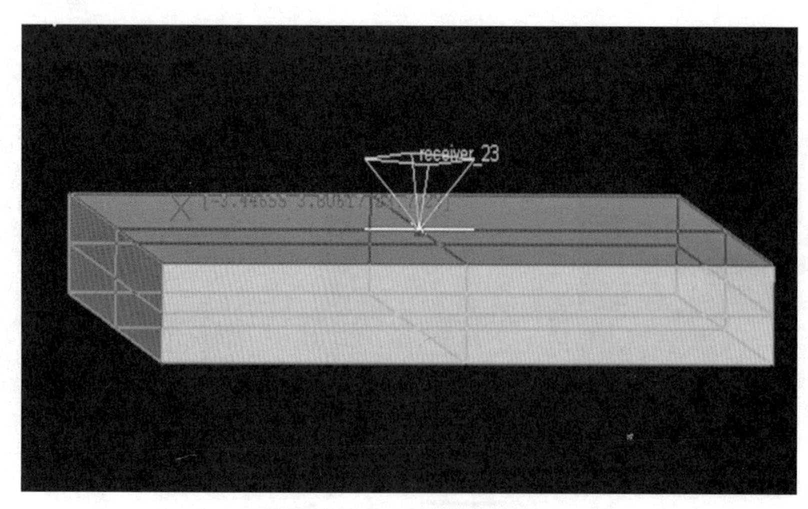

圖 26-22　設定接收面

26.3.2 照度的計算

在模型確定後，即可進行光線計算（SIMULATION），可先定出模擬的光線數，再進行計算，如圖 26-23，計算時可以用多處理器模式定義分工，可以減少計算時間；於計算完成後，再用結果指令，可得如圖 26-24。

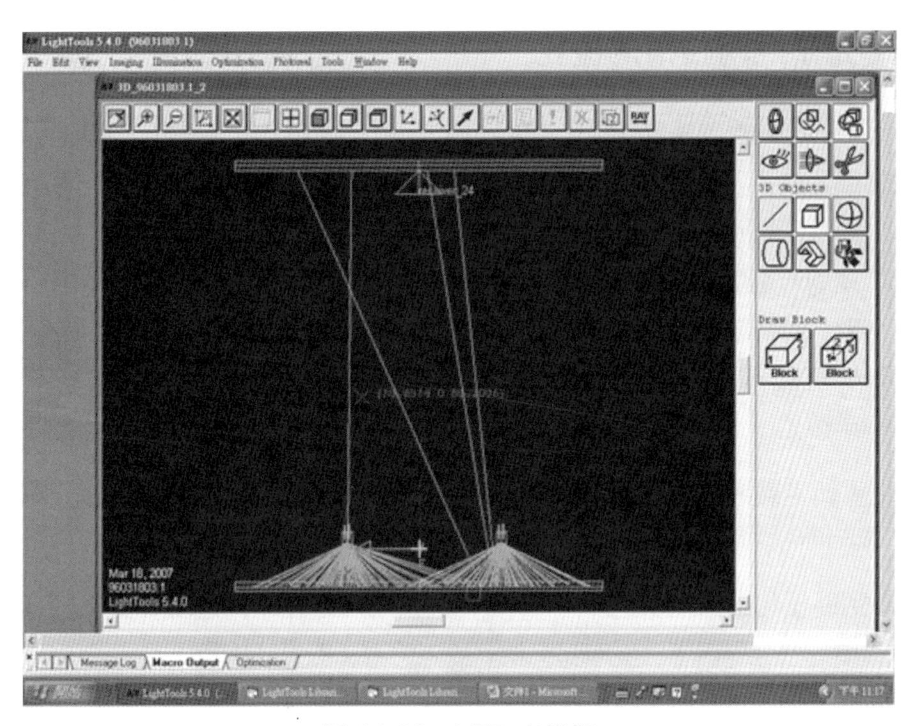

圖 26-23　LED 光模擬

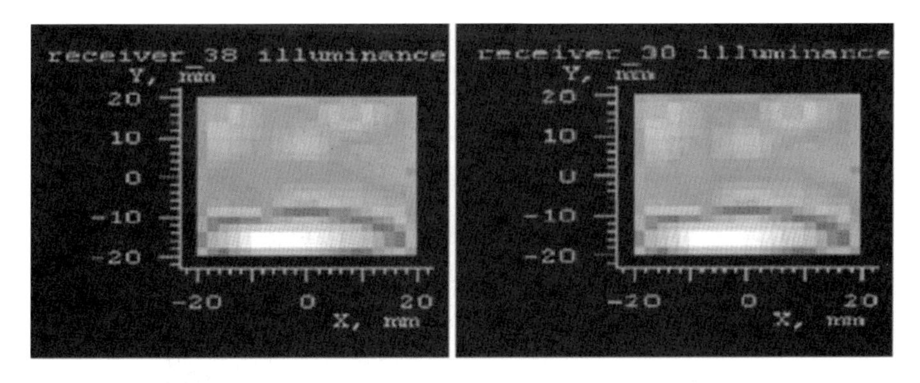

圖 26-24　照度分布圖

26.3.3 功能評估

在背光板功能評估上除了功率要滿足視光學的要求外，其另一個要求能量要均勻。在計算完成後，可以看出照度計算之結果可知，其能量不均勻，必須要進行優化計算，以得到最佳解。

26.3.4 光學照明結構的優化

背光板設計的目的是要使得光接收面均勻，由圖 26-25 結果顯示，接收器的量度在接收器部分較強，需要調整。由光學照明結構上，除光源和反射器的形狀之外，可以調整之參數為光源相對背光板及反射板的所在位置，而優化函數是要定義接收器的能量都能達到一定值才能達到目標。Lightool 是一個有優化功能的程式，可以依可以改變的參數，如聚焦位置或鏡片曲率，定出一個優化方程式，如第 23 章所述 Lagrange Multiplier，可依所定的限定條件，求最佳解。

操作手續如下：

26.3.4.1 重新定義參數

光學表面的性質或光學其他光學參數為變數，使原參數變為紅色的。

26.3.4.2 定義優化函數

優化過程有二方面，一方面光學參數，另一方定義優化函數。

在這一個例子可設定光源位置為唯一變數，而將接收器的全域設定陣列在同一定值。

26.3.4.3 再優化

在優化後可以得到一個結果，若是結果不能達到預期，就必須改變變數，或優化函數的預期值，直到達到全面的接收器的全面的能量都能達到均勻，如圖 26-26。在本例子中，優化使得兩個 LED 都接近背光板照度分布圖（如圖 26-27）。

Optimized LED positions

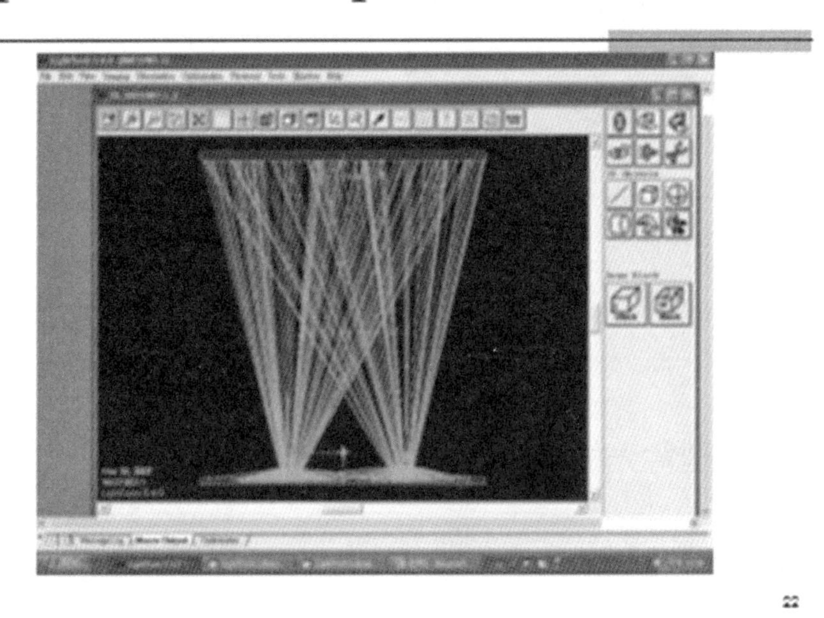

圖 26-25　優化計算光路分布

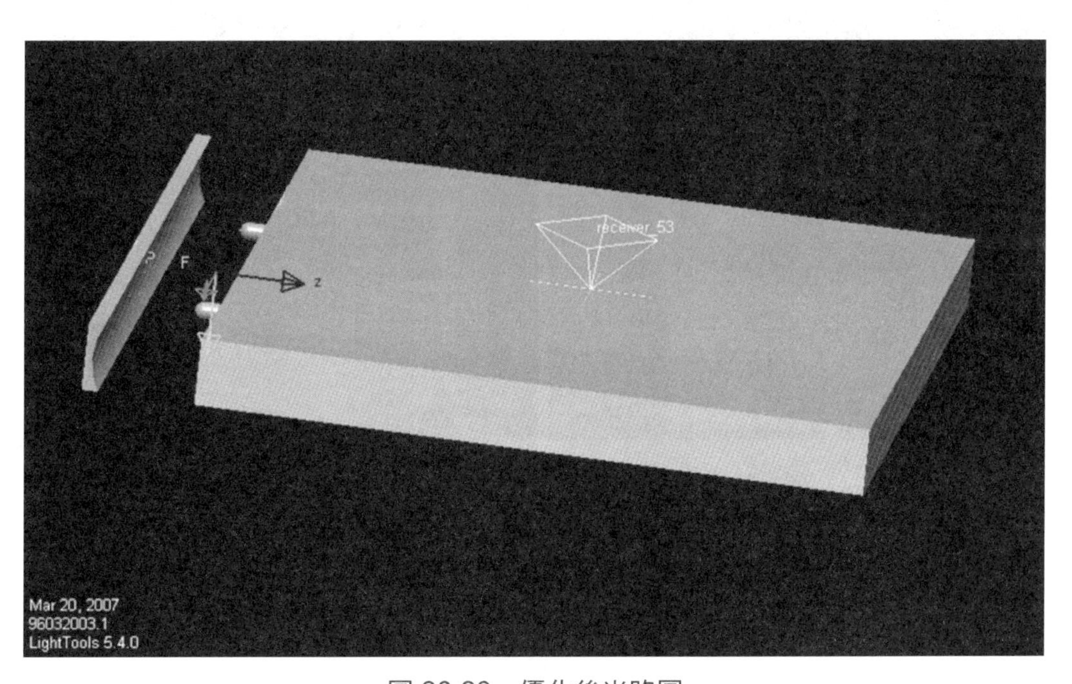

圖 26-26　優化後光路圖

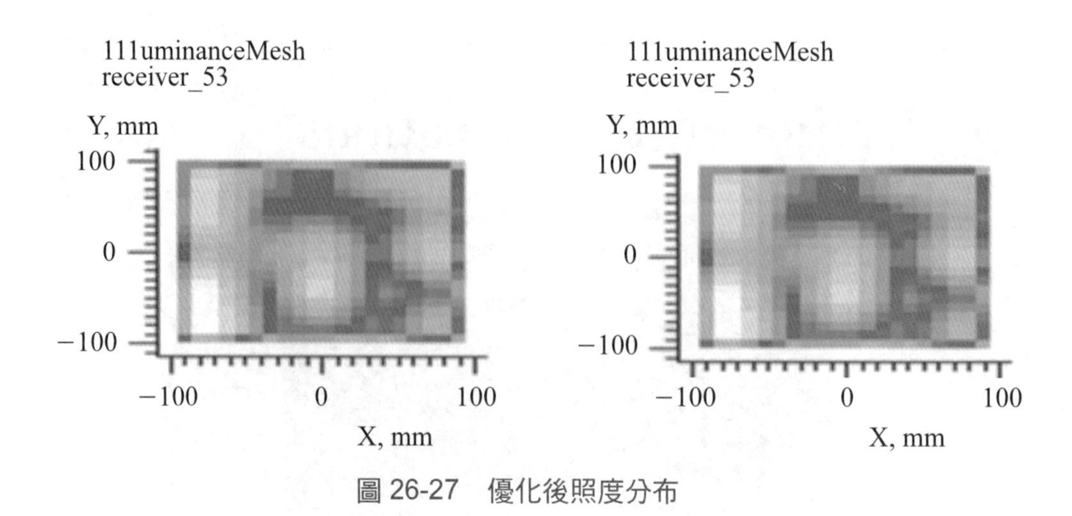

圖 26-27　優化後照度分布

26.3.5 大型背光板

大型背光板功能評估是要求照度要均勻，圖 26-29 可以看出不同的均勻度，但是若採用不同型狀的反射板如圖 26-28，經過優化可以達到均勻的照度分布，如圖 26-30 及 26-31 亮度表的指標指向一個區域的照度強度。

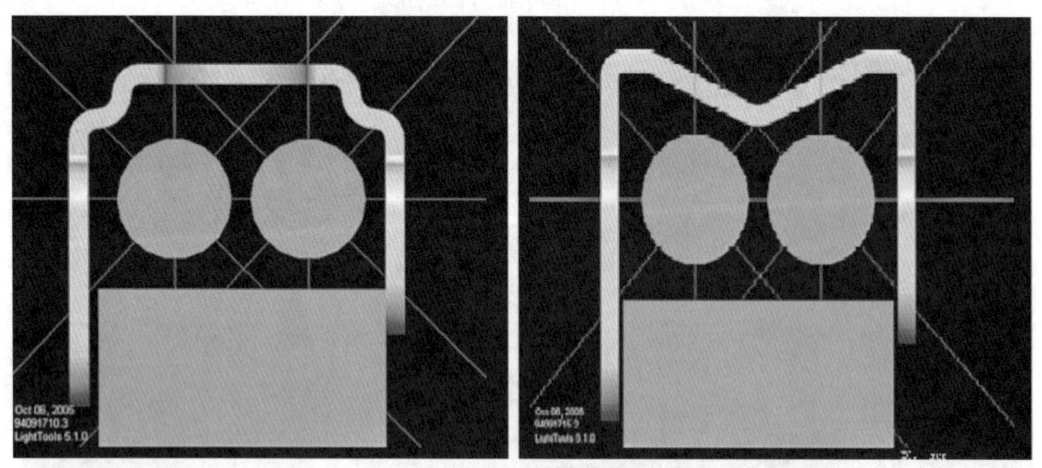

圖 26-28　不同反射板及背光板定義光學及機械結構

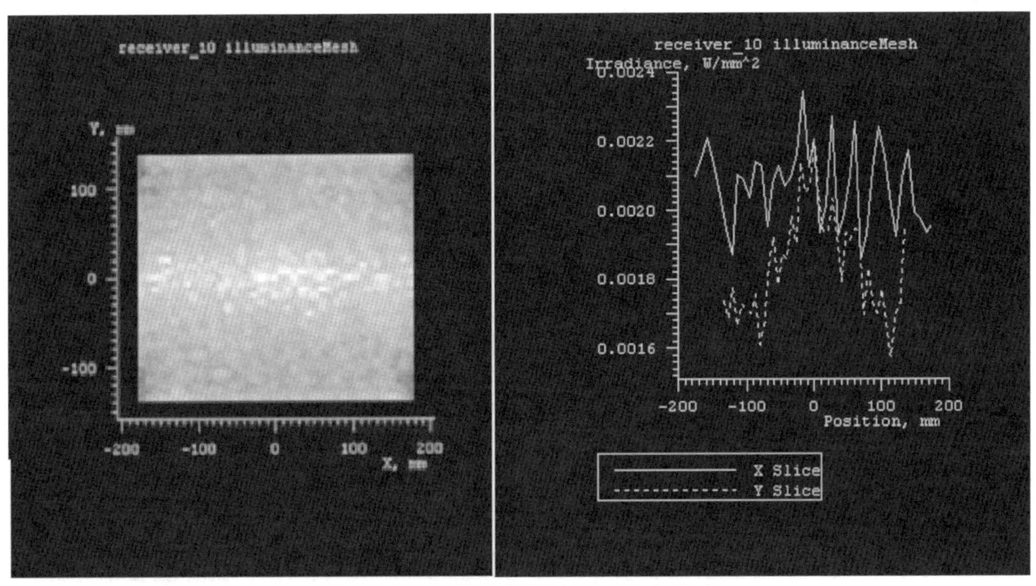

圖 26-29　背光板不均勻照度分布

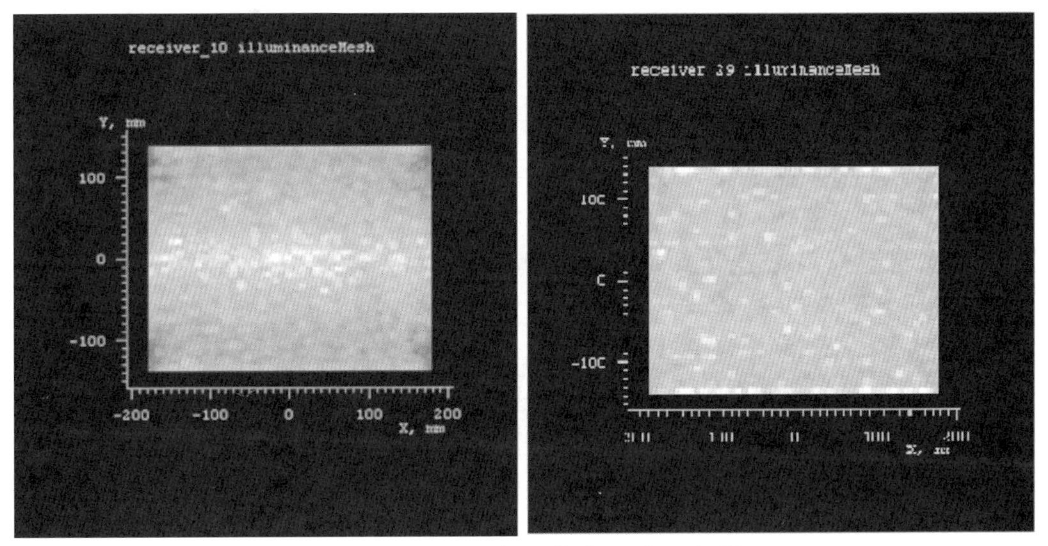

圖 26-30　不均勻和均勻照度分布圖

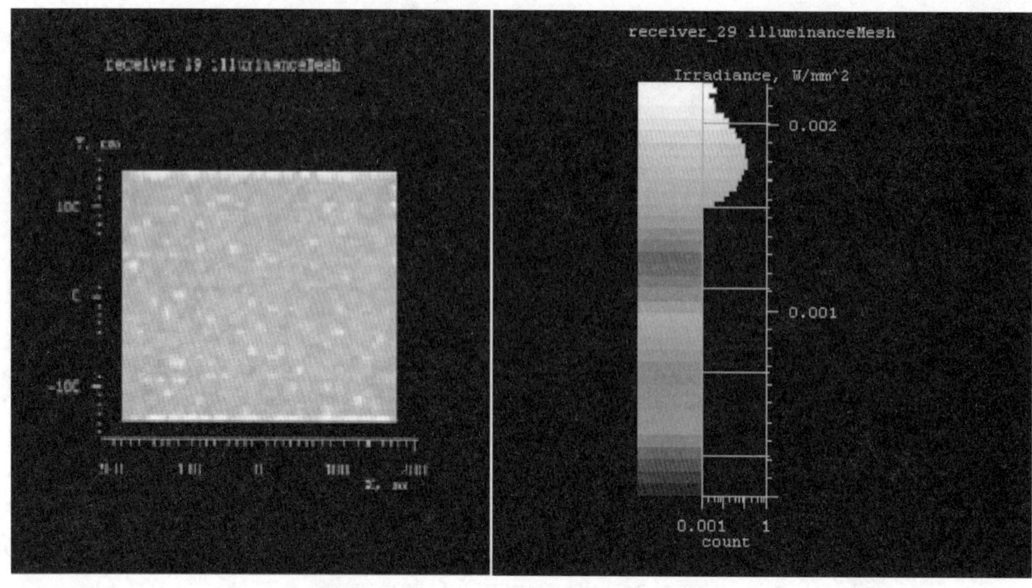

圖 26-31　背光板不均勻照度分布

習題

1. LighTools 的鏡頭系統設計的步驟是什麼？
2. 如果用黑體溫度在 5500 開氏度的點源，並且一個大小 10cm×10 釐米接收機設置，並且被帶到該點距離位於源 40 釐米，請問接收器中顯示的強度和視圖的圖表為何？
3. 設計 3mm×4mm 手機背光板。

第二十七章　機械軟體

光機電系統多半元件都需要架構在機械的結構上，而機械軟體是機械的設計所必備，除了單一物件設計，組合物件及出圖都需要軟體。已往是以2維的軟體如AUTO-CAD等，但是，因為光機電設計，對於大多數人來說，三維機械軟件為軟體的主流，而目前在市場較多人使用的有PRO-E及SolidWorks。軟體公司設計師和其他創意專業人士的工具，幫助設計產品，提供了一系列的模擬產品，在設計就可以依照所產生的參數去生產。產品的數據管理（PRODUCTS DATA MANAGEMENT PDM）軟件可以將數據組織起來，版本控制，確保每個人在辦公室裡在同一工作上。甚至提供的3D成像軟體提供設計者評估，並在同一時間讓文件同步與設計變更和降低成本，或稱為同步工程，如果切換到三維製作，也可發展到產品新功能。

Solidworks 主要功能是建立3D 實體模型，可以協助產業機械設計，過去已減少程式操作手續，可於最短時間完成單一組件、結合總成、產品組合圖、爆炸圖及工程製圖。除此之外，可以整合三階方軟體和光學設計，或電子設計、功能分析等軟體之設計檔案，可以互相轉換，以設計及評估之極佳化結構。

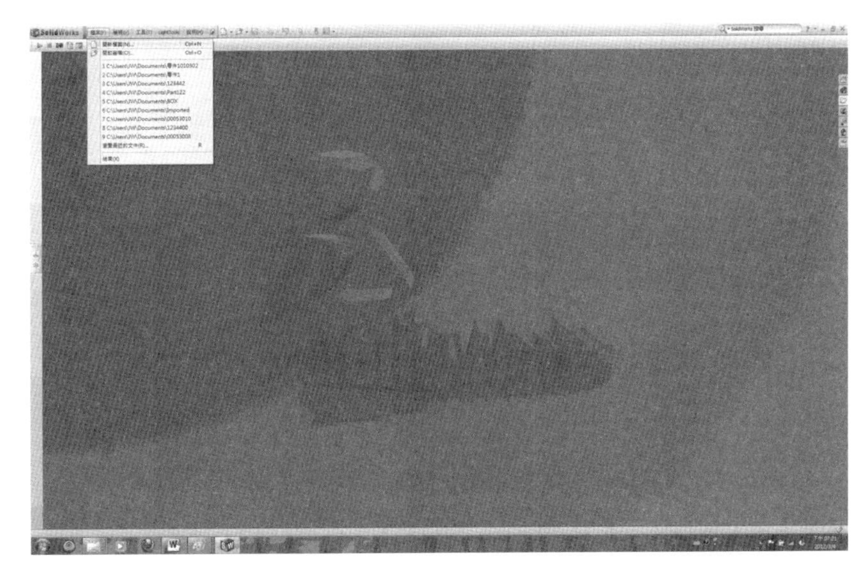

由起始畫面，選擇新檔案，可得到以下圖面：

可分零件，組合件及工程圖。

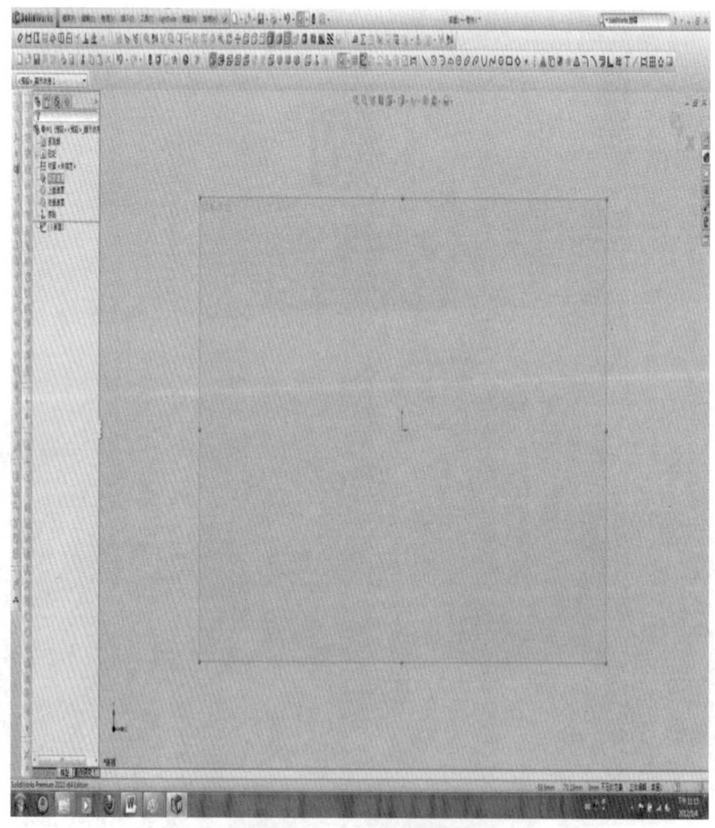

圖 27-1　繪圖起始面

27.1 操作步驟

首先設計是零件圖的建立

單一設計零組件的 3D 呈現

開始時即出現畫面，選擇基準面。

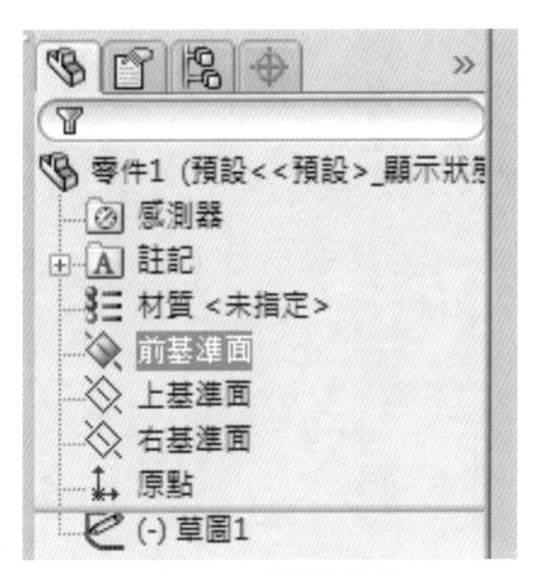

圖 27-2　選擇基準面

組合件

零件和／或其他組合件的 3D 配置

工程圖

通常是零件或組合件的 2D 工程設計圖

27.2 設計實例——單一相同零件組成一中空四方體的方法

本設計是以中華民國專利（公開編號 200819647），名稱：單一相同零件組成一中空四方體的方法，作為操作範例。

27.2.1 零組件繪製及產生

依單一相同零件組成一中空四方體的方法內的定義，繪製單一組件之平面圖，如圖 27-3 及立體圖 27-4，再存成零組件檔，如圖 27-5。

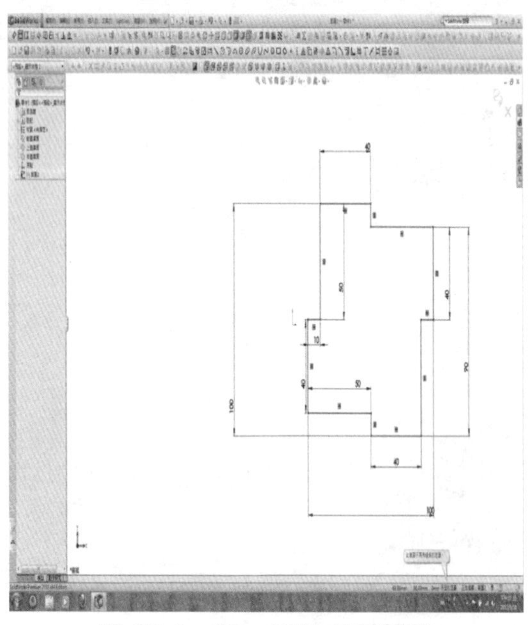

圖 27-3　單一組件平面製圖

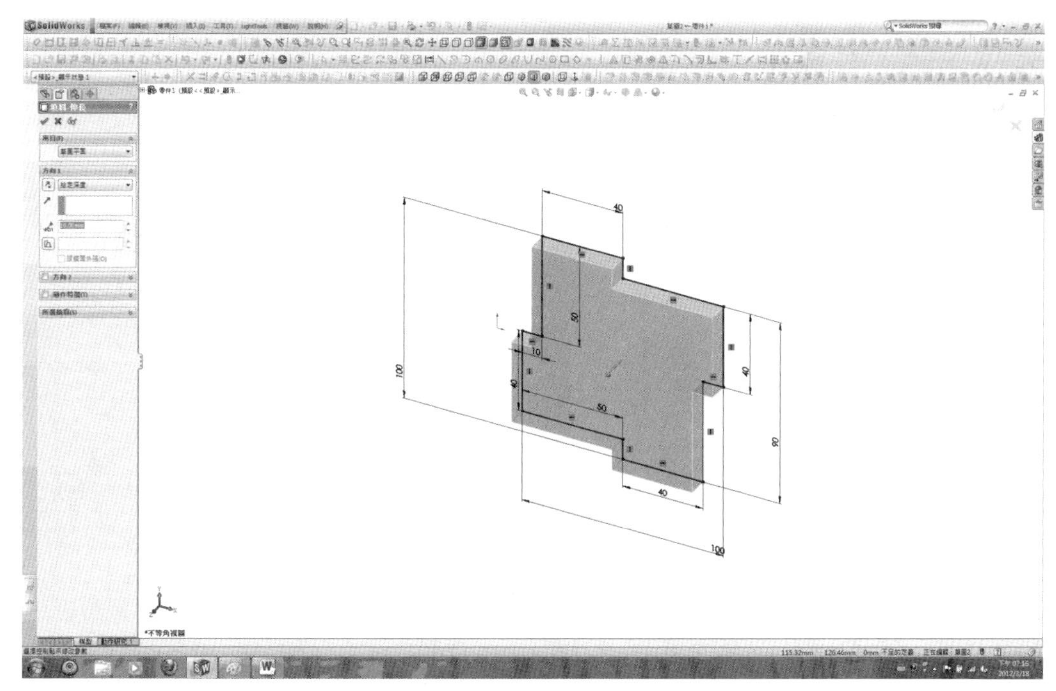

圖 27-4　單一組件立體製圖

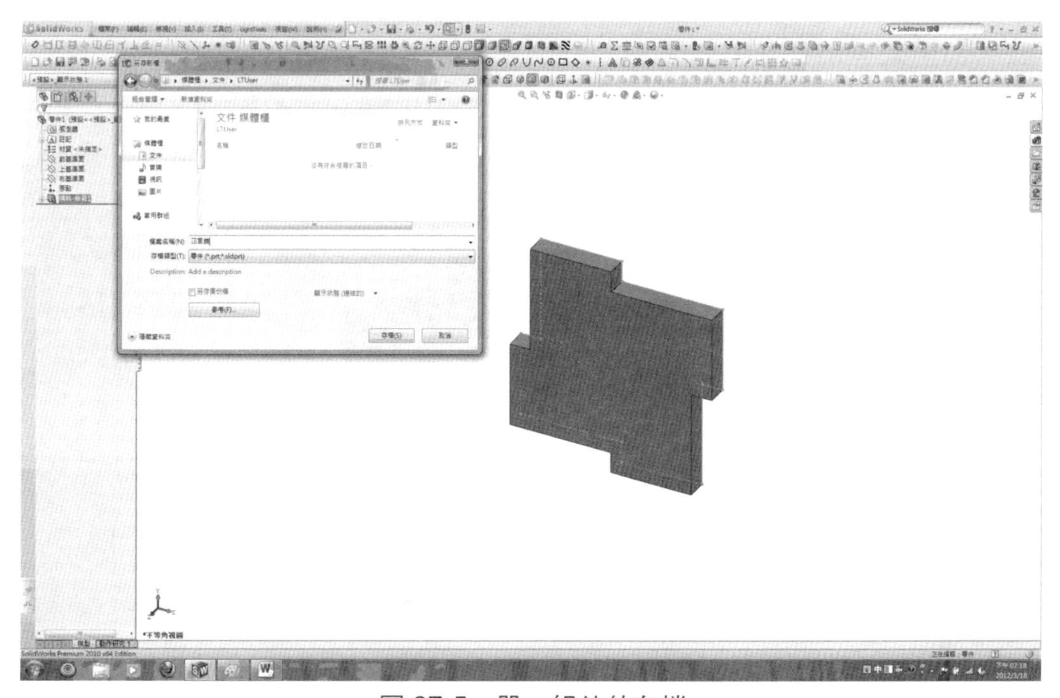

圖 27-5　單一組件的存檔

27.2.2 組合件產生

組合件產生的步驟，首先，進入開啟畫面，將零件和／或其他組合件的3D配置。

按下，如圖27-6，然後將第一個單一相同零件載入組合畫面，如圖27-7，再將另外六個組件載入畫面，如圖27-8。

其次開組合，將每一個組件運用組合指令（如圖27-9），組成一中空四方體：兩組件結合，如圖27-8，2到5組件結合，如圖27-9～27-11，最後組成一個中空四方體，如圖27-12。存檔，如圖27-13。其爆炸圖如圖27-14。

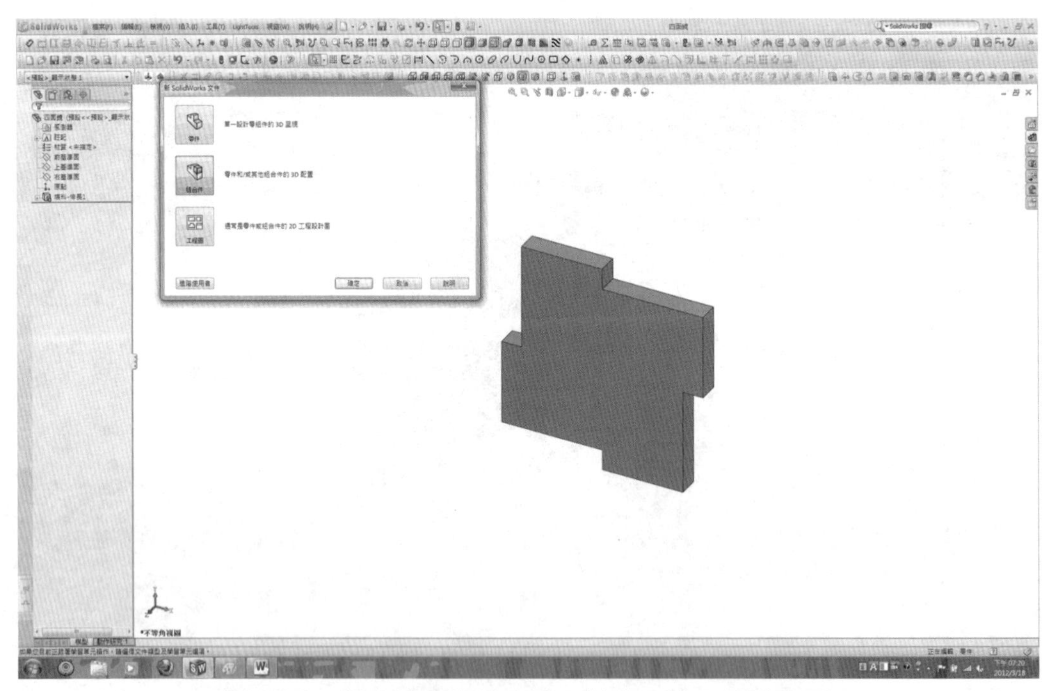

圖27-6 組合件產生的步驟，首先，進入開啟畫面

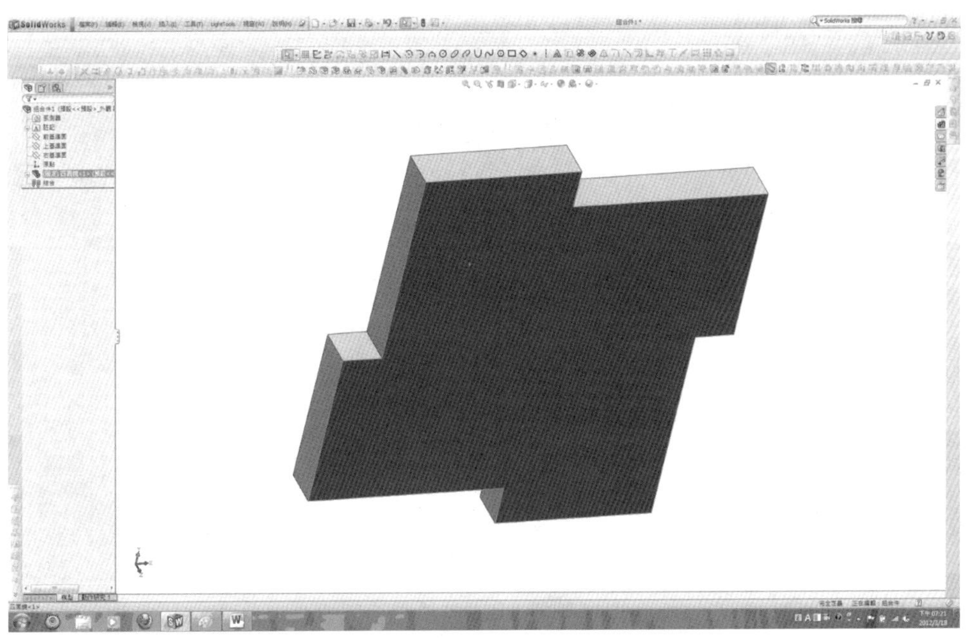

圖 27-7　將單一組件載入組合件畫面

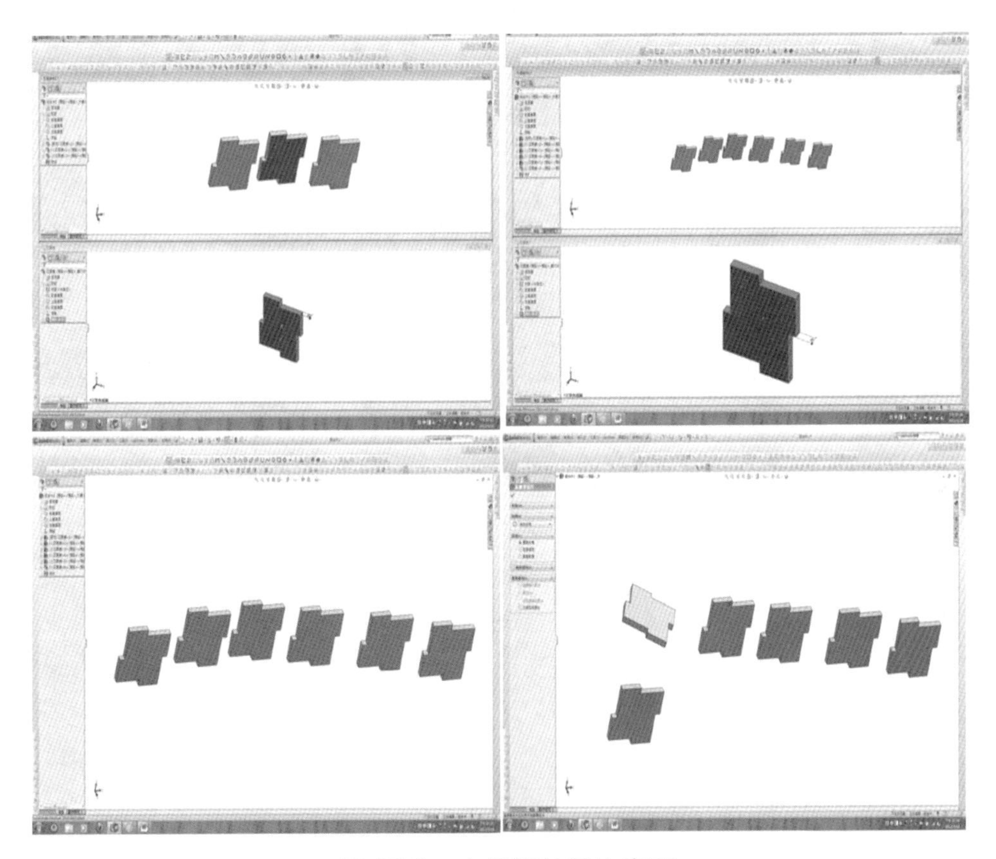

圖 27-8　六個組件載入畫面

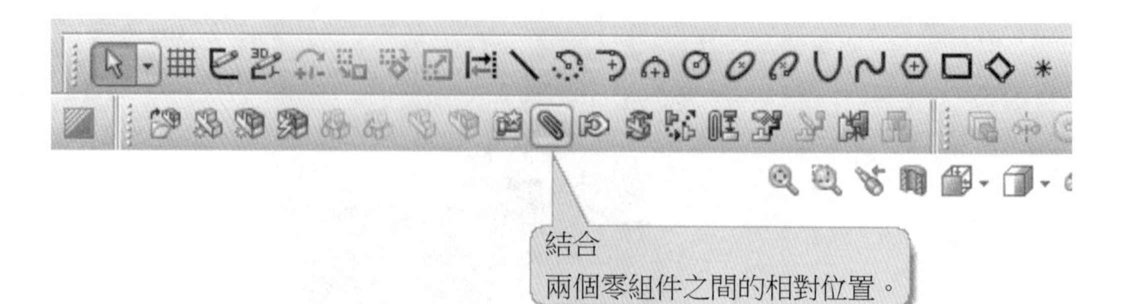

圖 27-9　組合指令

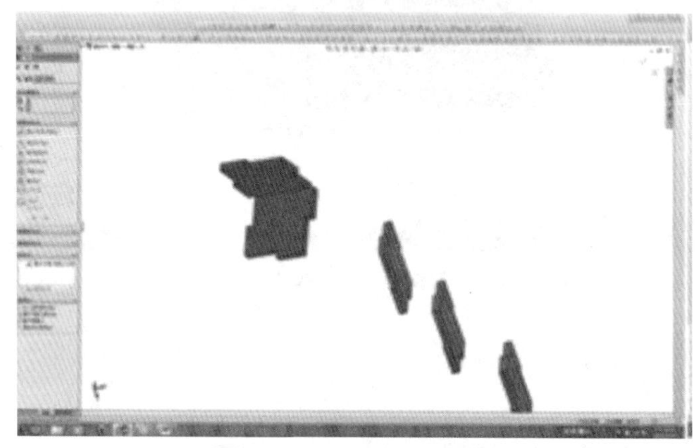

圖 27-10　兩組件結合

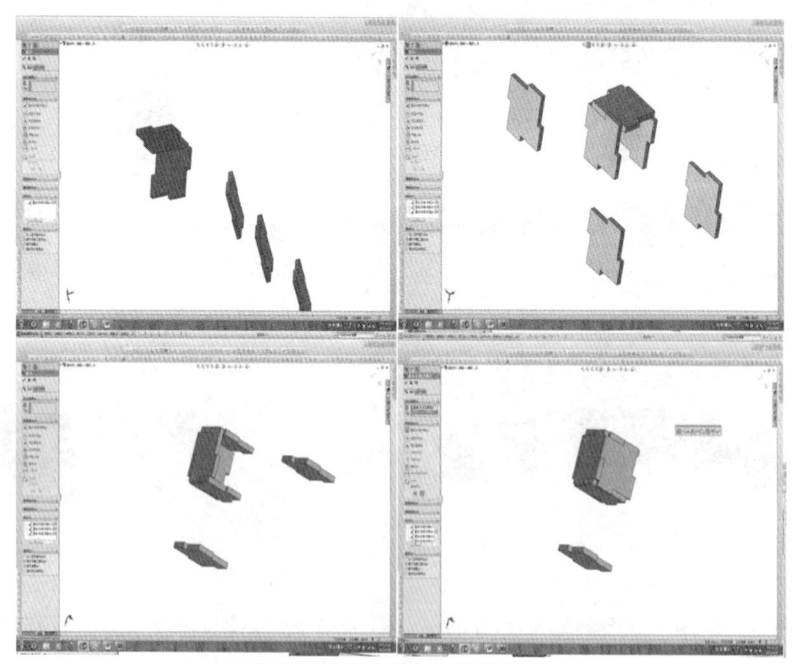

圖 27-11　2 到 5 組件結合

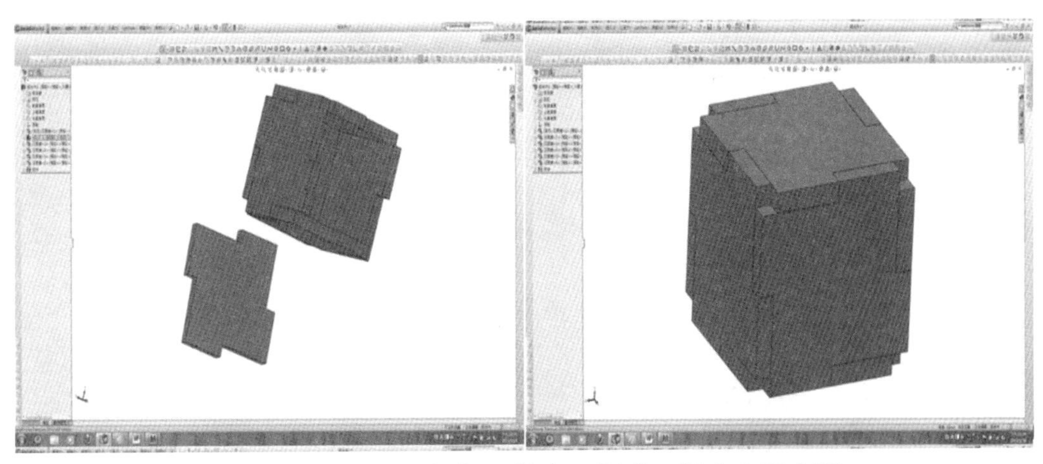

圖 27-12　最後一個組件結合，組成一個中空四方體

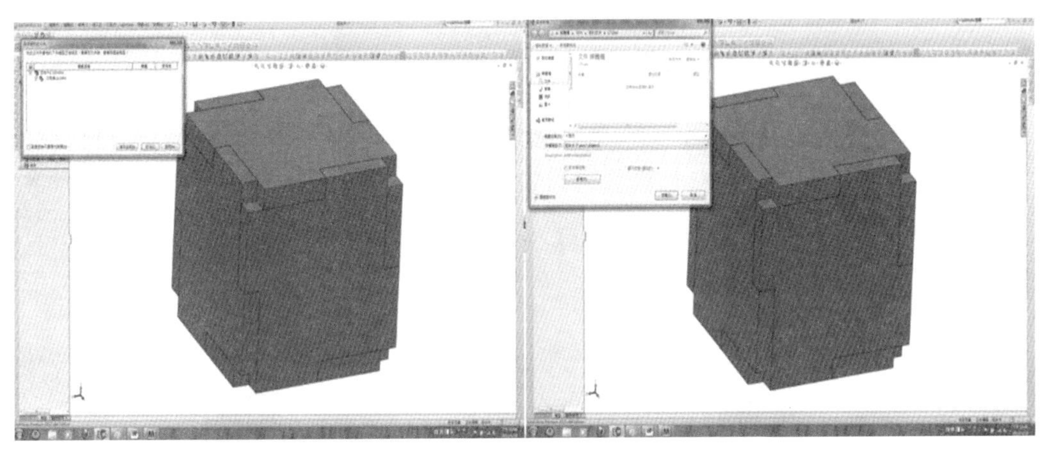

圖 27-13　組合件存檔手續航力

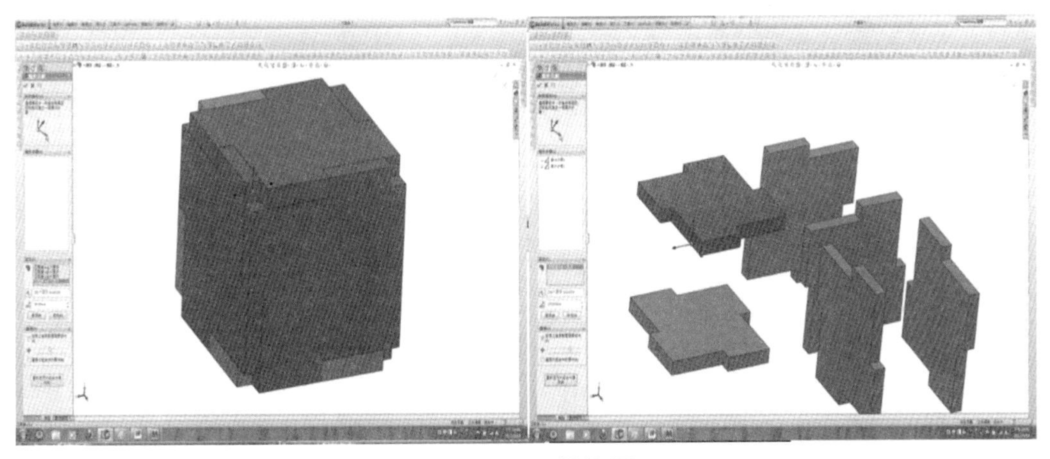

圖 27-14　爆炸圖

27.2.3 工圖產生及繪製

在完成零組件及組合件後，可以開始工圖產生及繪製，如圖 27-15，再按下

通常是零件或組合件的 2D 工程設計圖

之後，定義輸出頁大小（通常為尺寸 3A）產生工圖空白頁，如圖 27-16，再將零組件，或組合件載入，產生工圖，如圖 27-17，或更詳細的尺寸及工程資料圖，如圖 27-18，或存檔，如圖 27-19。

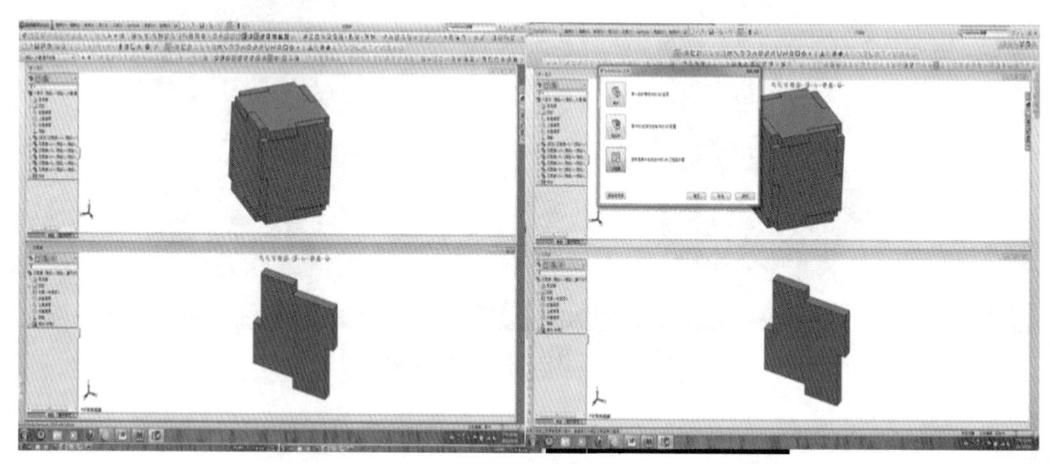

圖 27-15　開始工圖產生及繪製介面

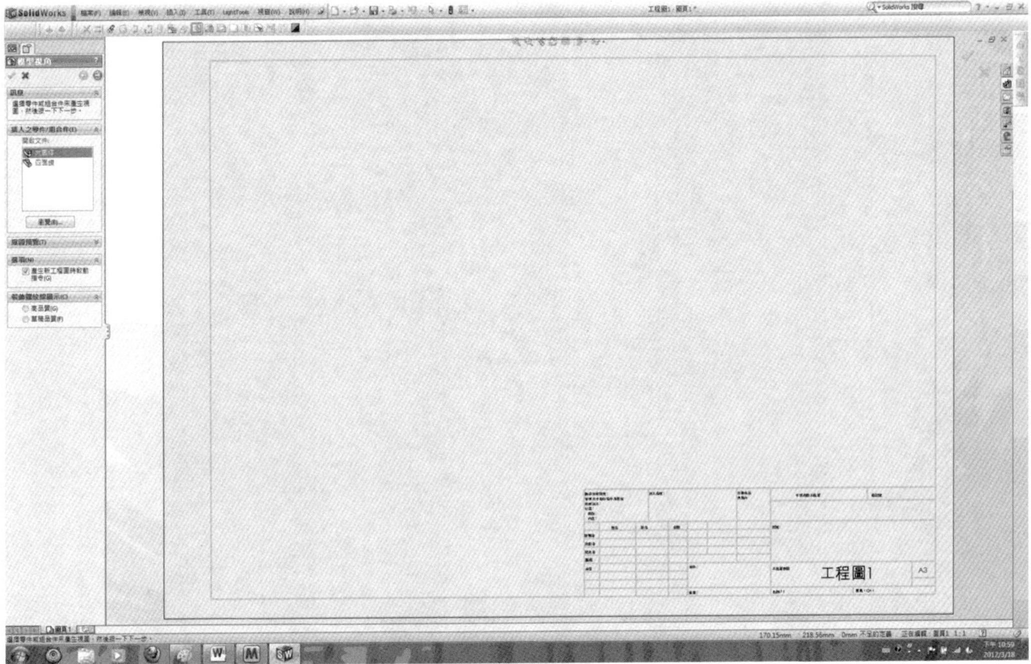

圖 27-16　工圖空白頁

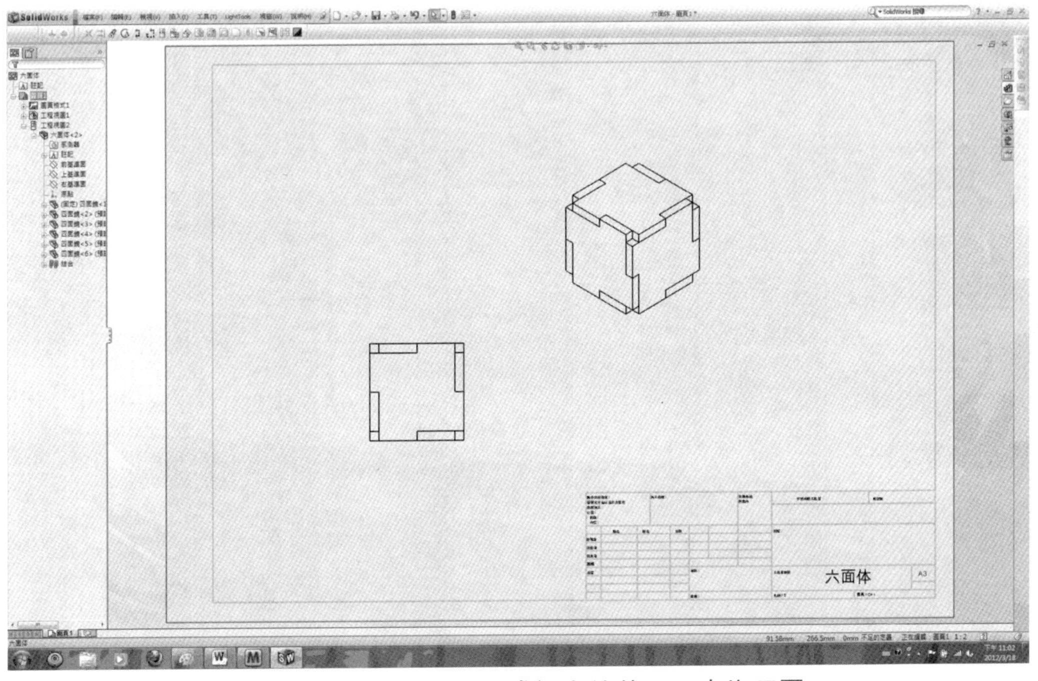

圖 27-17　將零組件，或組合件載入，產生工圖

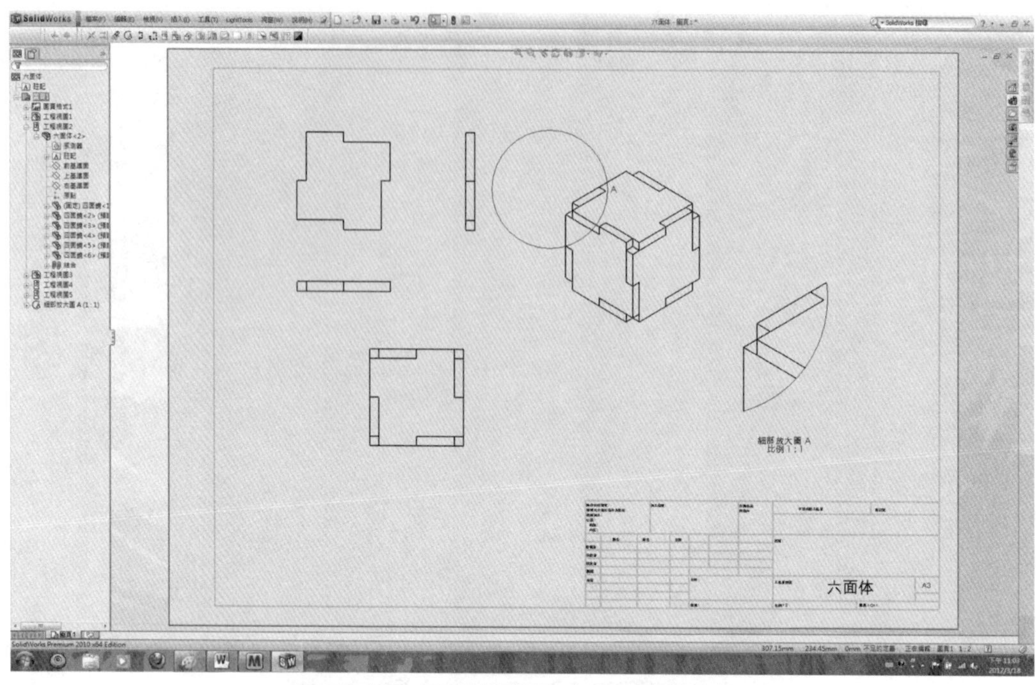

圖 27-18　更詳細的尺寸及工程資料圖

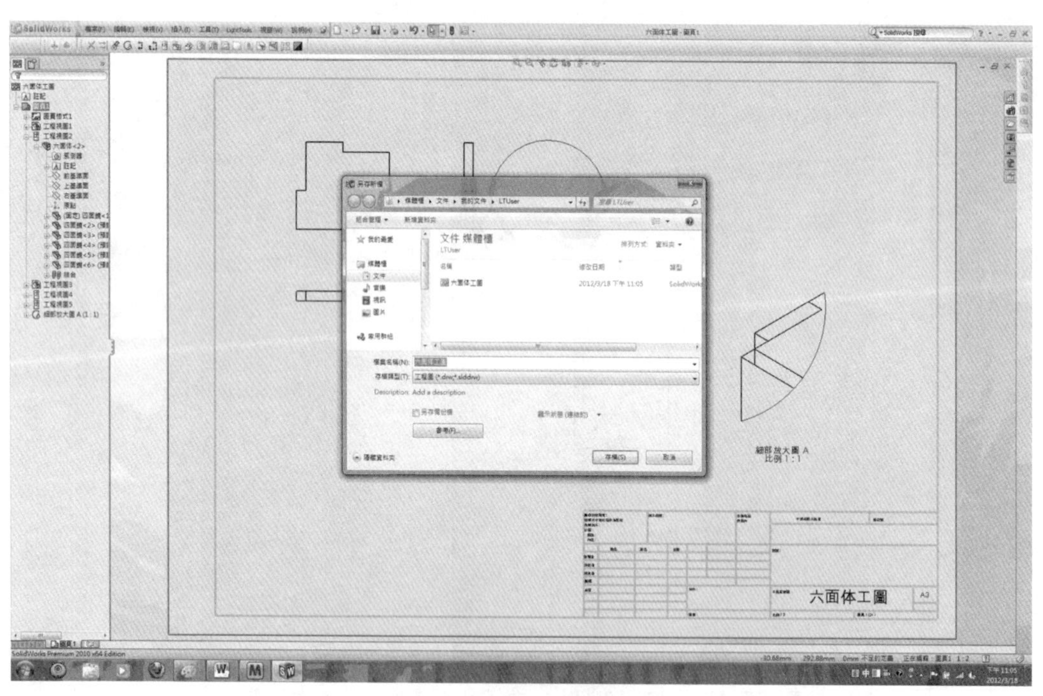

圖 27-19　存檔

27.3 相機機構簡易設計

27.3.1 零組件繪製及產生

首先，繪製相機前機身，如圖 27-20，再繪製相機前機身，如圖 27-21，再存成零組件檔。

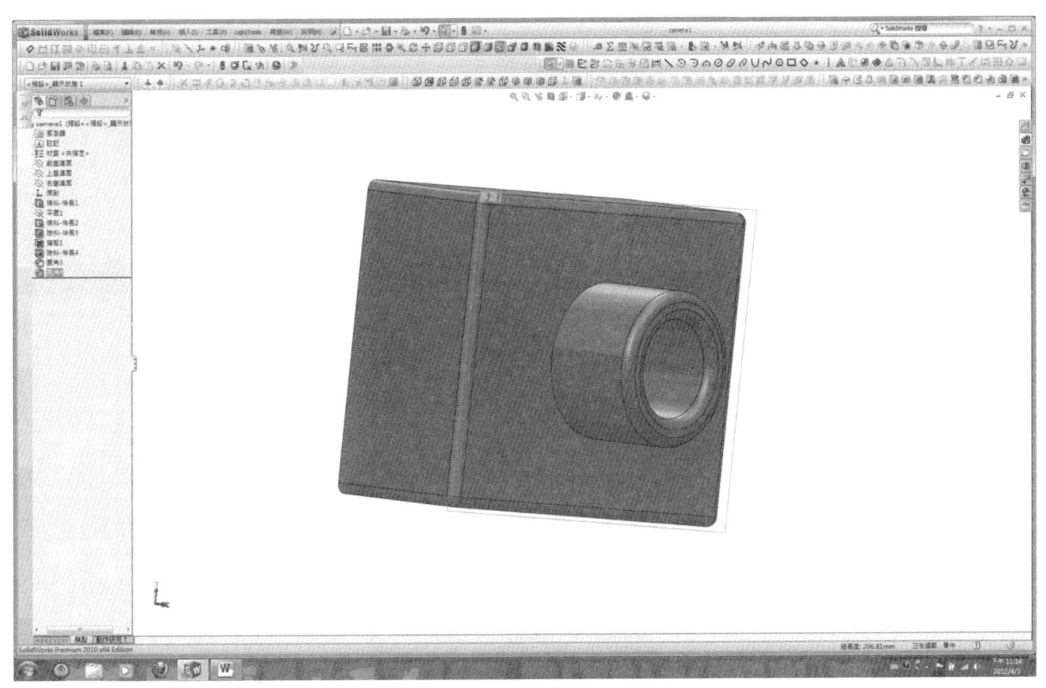

圖 27-20　相機前機身

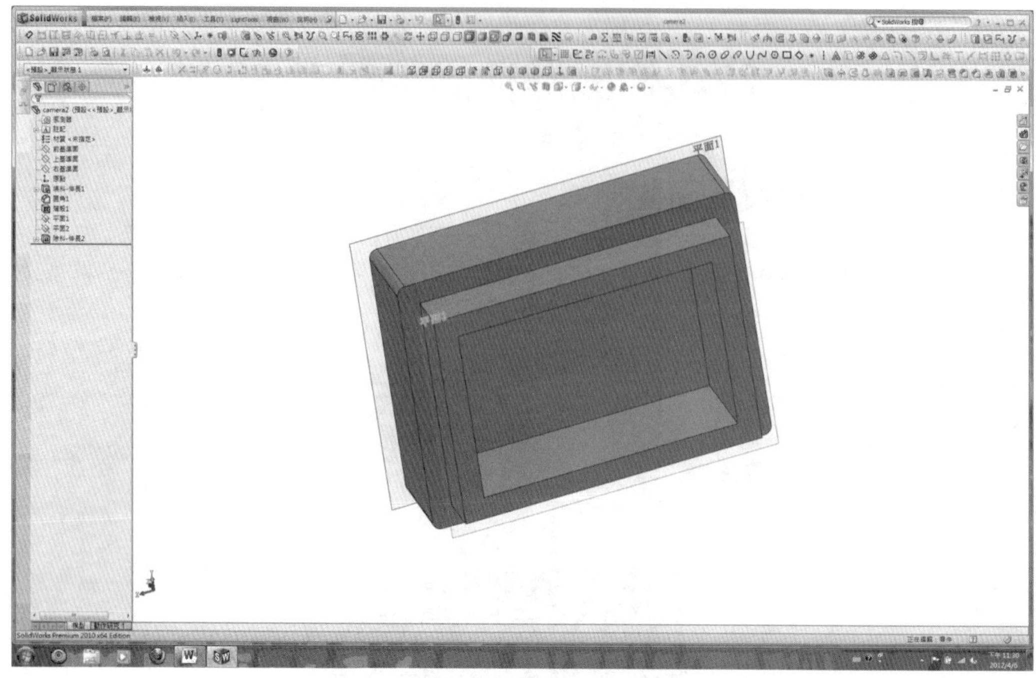

圖 27-21 相機後機身

27.3.2 組合件繪製及產生

組合件產生的步驟，首先，進入開啟畫面，將零件和／或其他組合件的 3D 配置

按下，再將零件載入，如圖 27-22、27-23，然後開始組合，將每一個組件運用組合指令，組成相機如圖 27-24。其爆炸圖如圖 27-25。

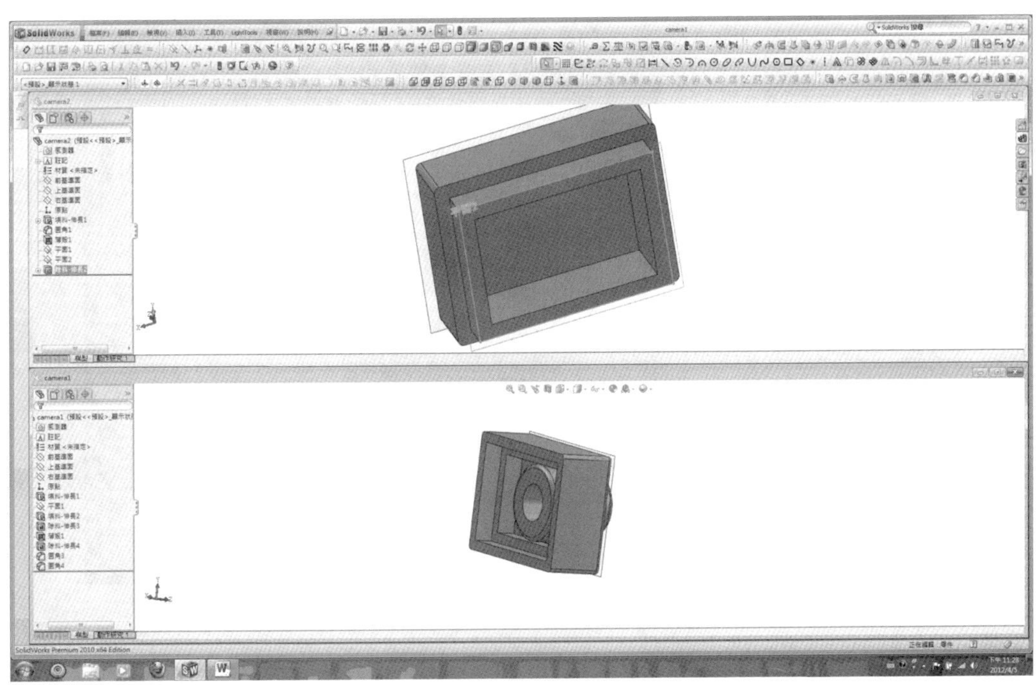

圖 27-22　兩零件圖

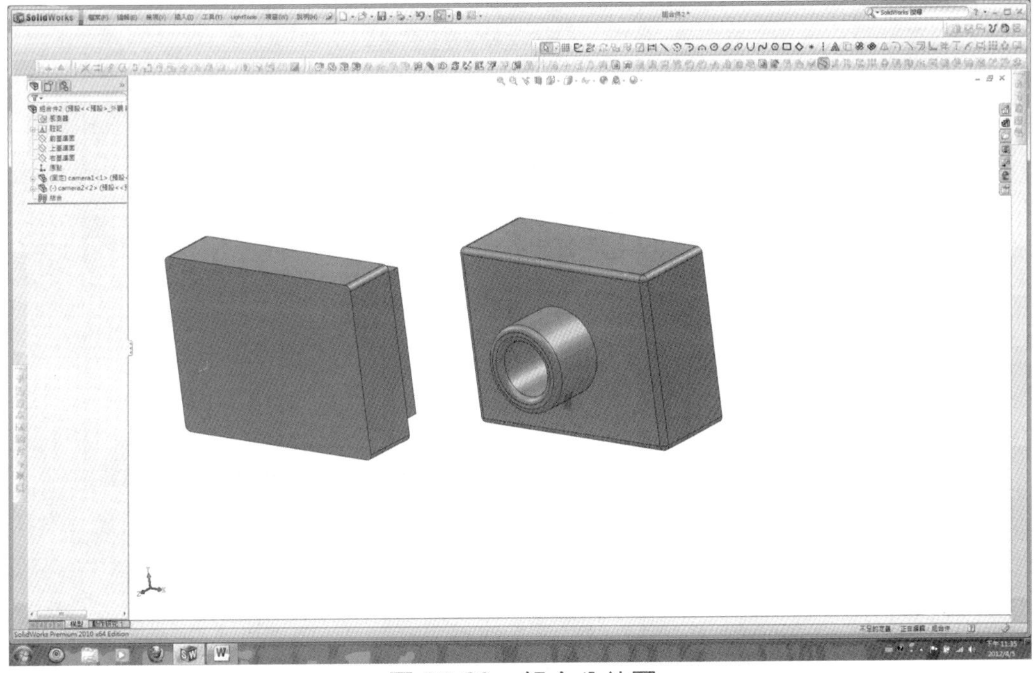

圖 27-23　組合分件圖

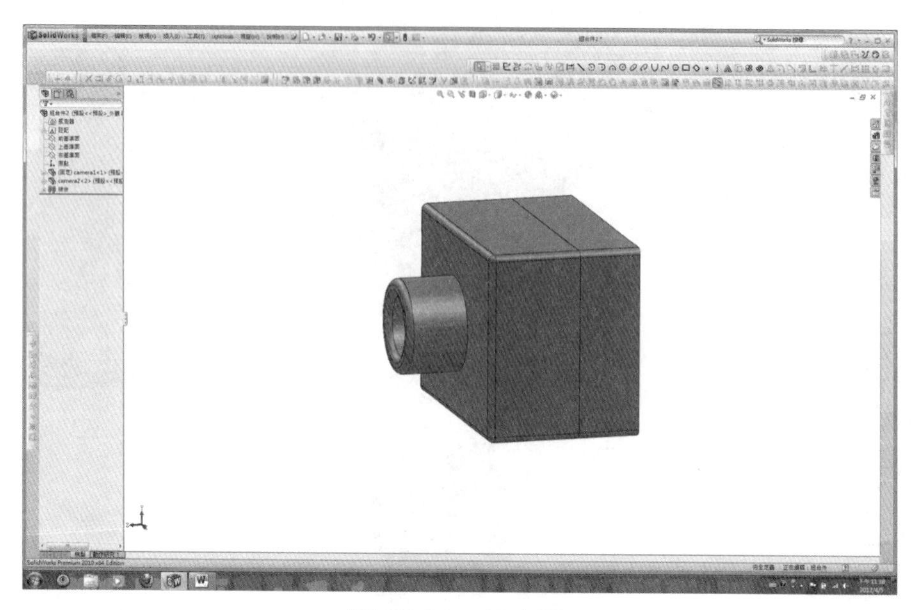

圖 27-24 組合圖

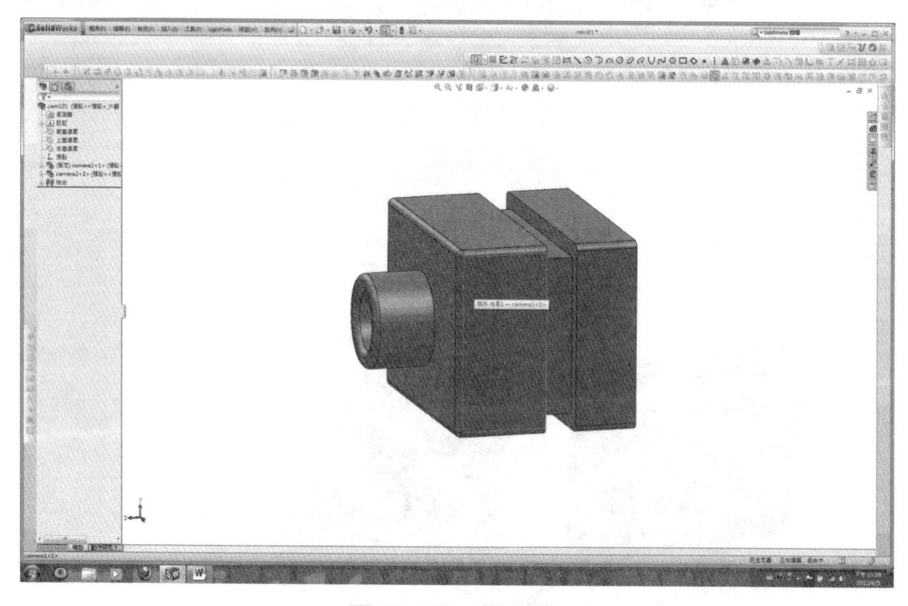

圖 27-25 爆炸圖

習題

1. 建立凸 lens（R = 300mm）solidwork。
2. 設計 CMOS 攝像頭的情況下，包括探測器蓋和鏡頭固緊光機。大小為 50×40×50mm^3。

第二十八章　電路設計軟體

在機電整合設計中，雖有多種電路設計軟體，但以 Protel 99 SE 電腦輔助電路設計軟體較為普遍，因此以此程式編輯電路、進行電路模擬，再輸出製作成印刷電路板（PCB），最後以電路版雕刻機完成電路版原型的過程。在此，引進基本的操作手續，對於較進階的功能，使用者可自行參考關教學書籍。在學習使用電路設計軟體之前，應對電子電路具備基本的了解。

28.1 電路設計程式操作步驟

在程式執行 Protel 99 SE 開始，先點擊程式指標二下。

進入畫面後，如圖 28-1，再由畫面中的 EXPLORER 選擇。

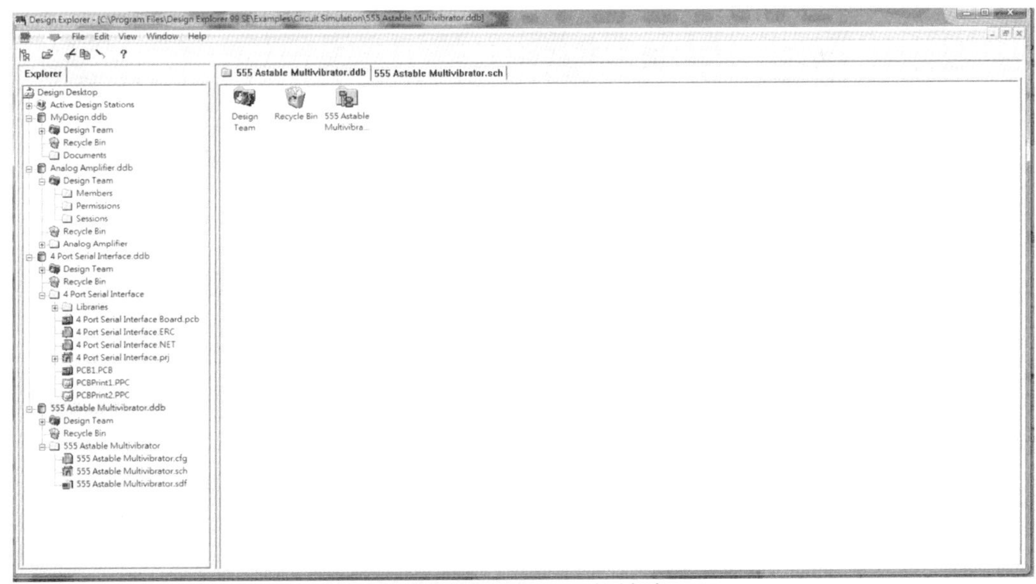

圖 28-1　PROTEL 起始畫面

以上可以依所用次序進入所需：圖 28-1 為 PROTEL 起始畫面，在左邊有 EXPLORER 畫面（圖 28-2），由選項樹中選擇所要檔案。如圖 28-3 之蜂鳴器電路。

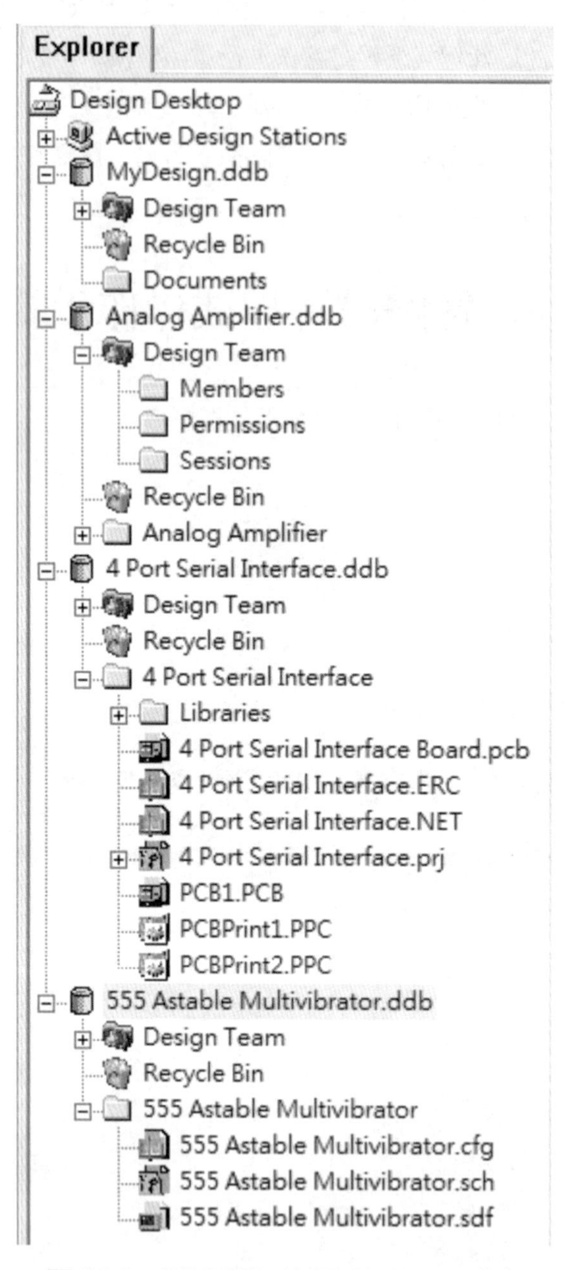

圖 28-2　PROTEL 的 EXPLORER 畫面

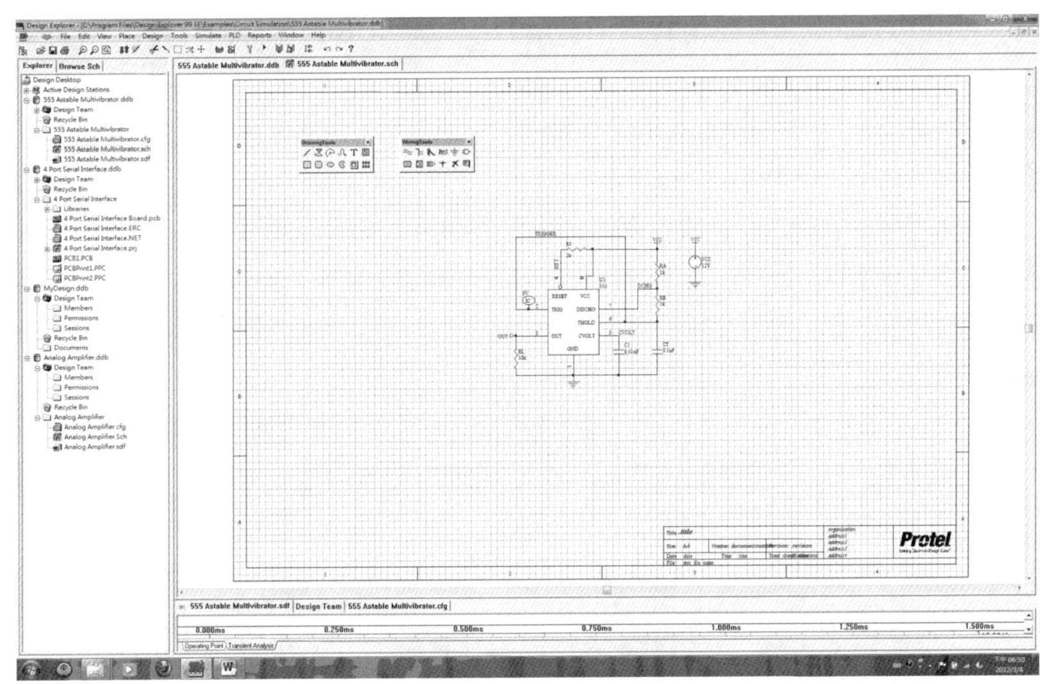

圖 28-3　蜂鳴器電路

有以下之選項：

執行手續可分為幾部分：

- 電路設計（檔案.SCH）
- 模擬信號
- NET
- 排列組件以實質設計電路，並同時除錯
- 產生電路製檔
- 製作和測試電路板

28.2 基本操作介面與檔案架構

以下介紹 Protel 99 SE 的操作介面使用手續。

28.2.1 起始階段

以下拉式選單或工具列按鈕點選「File→New Design」後會出現如圖 28-4 中視

窗，其中「Location」頁籤內有三個選項，分別為「Design Storage Type（檔案類型）」、「Database File Name（專案資料庫名稱）」以及「Database Location（專案資料庫位置）），此外「Password」頁籤內可對檔案加入密碼，在每次開啟檔案時都會要求輸入密碼，使用者可自行設定。

使用 Protel 時除了在軟體內設計電路圖（Schematic Document）外，也可產生電路板檔案（PCB Document），或電路板印列管理檔案（PCB 主要nter）等，這些個別檔案都屬於同一個「設計專案資料庫（database）」。Protel 99 SE 的檔案存取型態分為：

- MS Access Database：此類檔案將所有產生的工作檔案均壓縮在DDB 專案資料庫檔案內。因此在未開啟 Protel 99 SE 之前，以檔案總管瀏覽時，只能看見一個副檔名為*.DBB 的壓縮檔。
- Windows File System：此類檔案為一般 Windows 格式檔案，程式將產生一個以 DDB 專案資料庫為檔案名稱的資料夾，所有的工作檔案都獨立放置於此資料夾中。

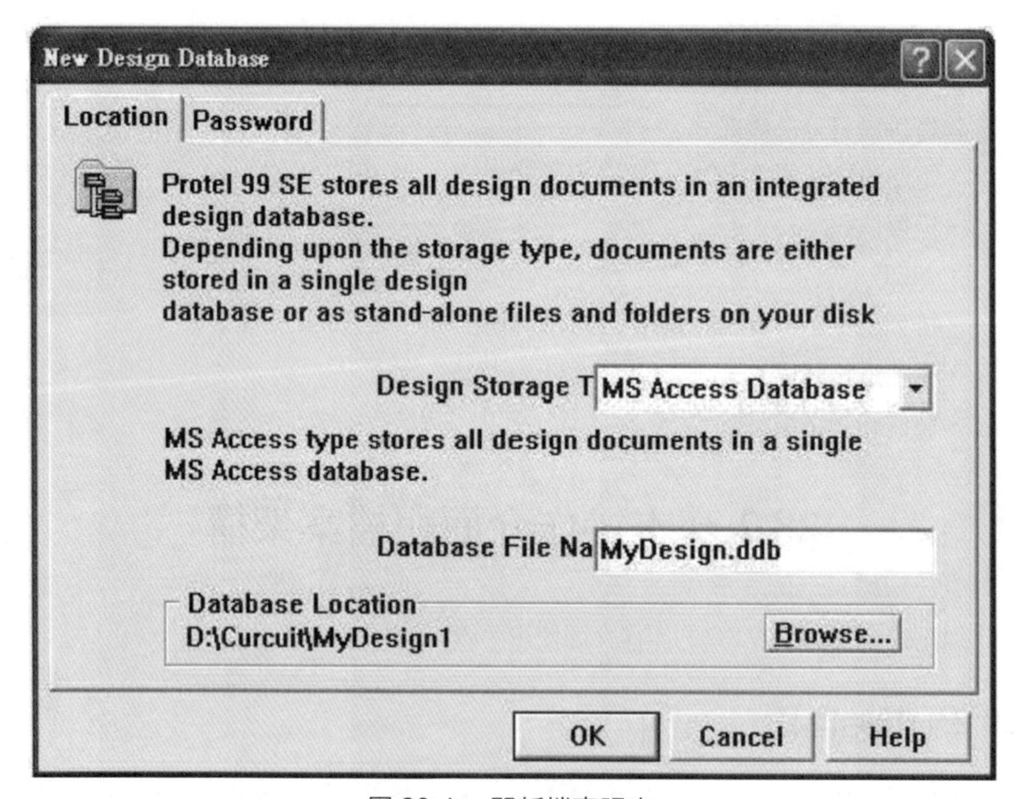

圖 28-4　開新檔案視窗

完成上述設定後，點選下拉式選單「File→New」，或於空白工作區中以滑鼠右鍵彈出快捷工作列，點選「New」開啟新工作檔案，出現如圖 28-5 視窗，視窗內為所有 Protel 的工作檔案。所有的工作檔案都必須從電路圖檔案開始，因此接著點選「Schematic Document」後並加以命名，系統會在目前的 Database 與資料路徑底下產生一個預設檔名為 Sheet1.Sch 的檔案，使用者可自行設定名稱，名稱不一定要與其 Database 名稱相同。接著再點選此檔案圖示，雙擊滑鼠左鍵便可進入電路圖編輯模式。

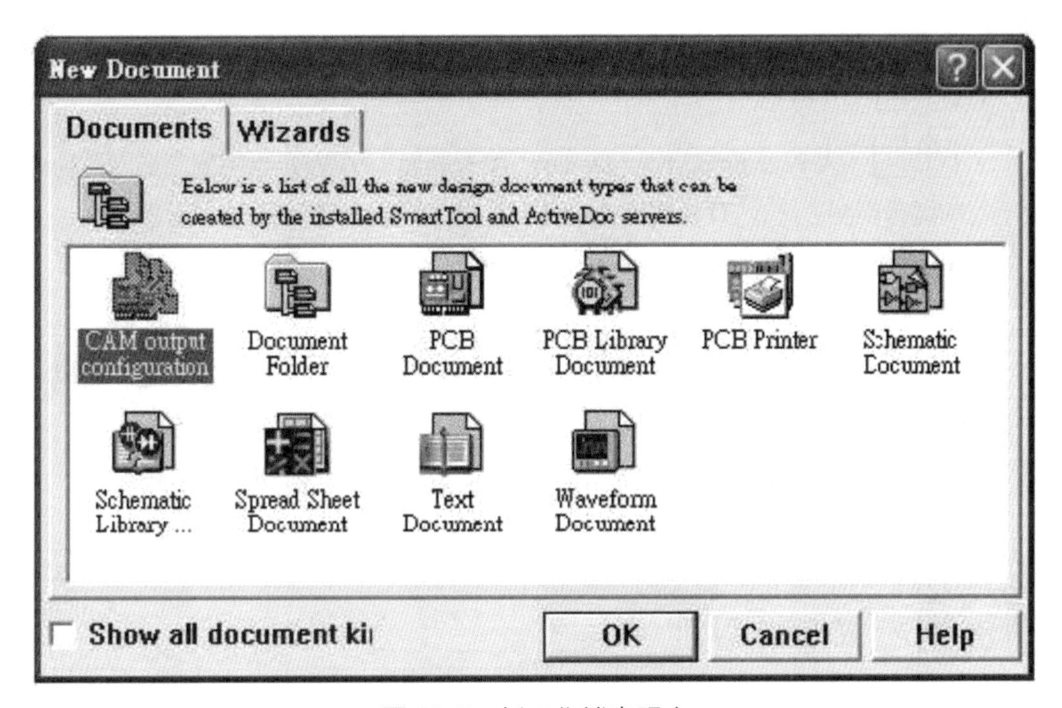

圖 28-5　新工作檔案視窗

28.2.2 電路編輯（Schematic）

28.2.2.1 環境介面

進入電路編輯模式後，出現如圖 28-6 視窗，視窗內除了功能表與工具列圖示外，分為數個功能組件，其中「設計管理器」可管理所有編輯所有檔案，在電路圖編輯模式下，也提供所有零件資料庫的管理（圖 28-6）。「電路繪圖工具列」提供電路連接、穿透量路徑等功能選項；「一般繪圖工具列」則提供非電氣相關的繪圖圖樣，整個電路編輯的內容，都在「編輯區」內進行。在電路編輯模式下，「設計管理器」Browse Sch 頁籤中會列出相關零件資料庫，其中 Miscellaneous Devices.lib 為預設零件庫，包含常用的基本零件如電容、電阻以及各類 IC 腳座等。編輯區圖面的移動可由水平與垂直捲軸調整，調整圖面大小可由工具列圖示。

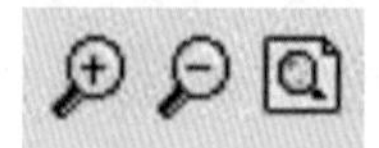

調整，類似功能的快速鍵如下：

Page up

V+F：

・V+D：Page up 與 Page Down ：縮放圖面。・ V+F ：將圖面範圍自動縮放至目前編輯範圍。・ V+D ：將圖面範圍自動縮放至整個編輯圖面（最適範圍）。

Z：整合性圖面調整選單，提供所有的瀏覽模式。

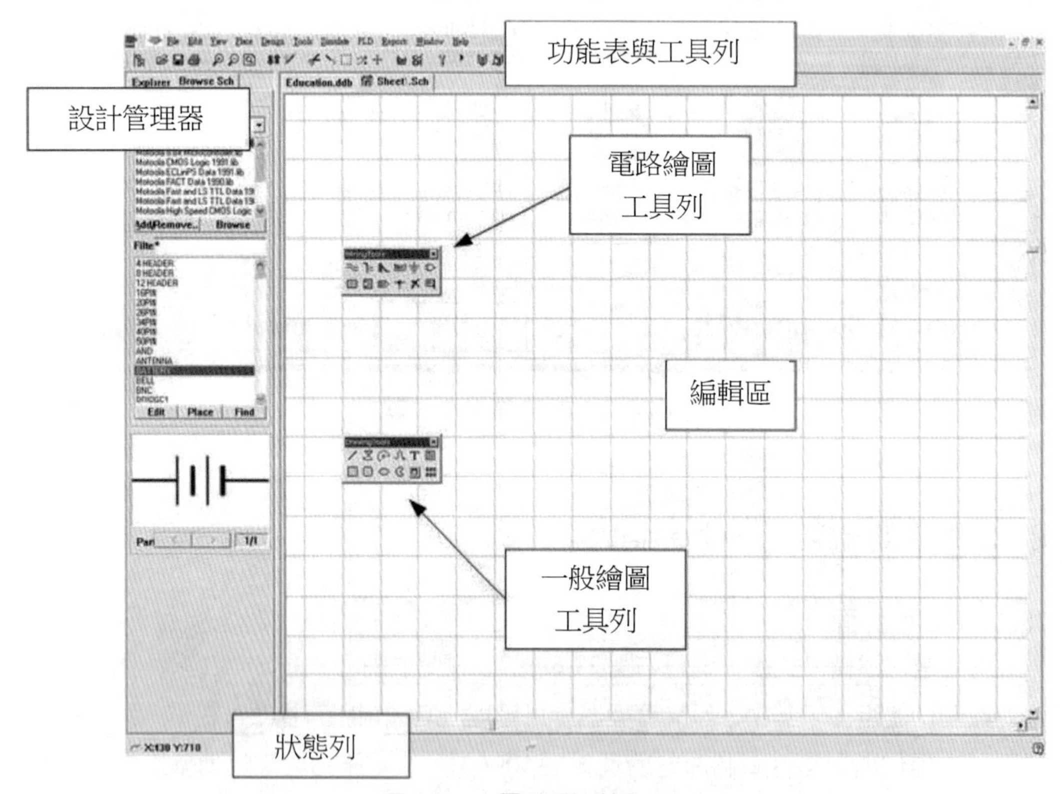

圖 28-6　電路圖編輯視窗

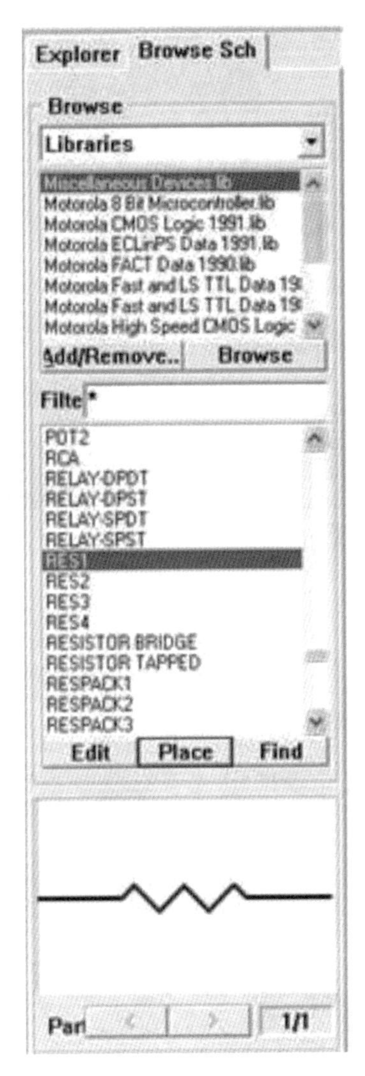

目前可使用的零件庫

該零件庫下所包含的零件

所選定零件的外型圖樣

圖 28-7　元件管理器介面

28.2.2.2 擷取零件

取用一個零件，首先，使用者必須知道該零件位於哪一個零件庫內。基本的零件都收錄在 Miscellaneous Devices.lib 內，例如欲取用一個電阻，在 Miscellaneous Devices.lib 零件庫下提供 RES1、RES2、RES3、與 RES4 等四種形式的電阻，由下方符號圖示可以看出 RE3 與 RE4 為可變電阻。假設，需要 RES1 電阻，則選取「RES1」後再點選 Place 按鈕，此時滑鼠游標會跟隨一個浮動狀態的電阻圖案，移動該電阻圖案至編輯區適當位置後，再單擊滑鼠左鍵，便可將該電阻零件固定（步驟參見圖 28-7）。欲移動固定後的零件，只要將游標指向該零件，按住滑鼠左鍵拖曳即可。

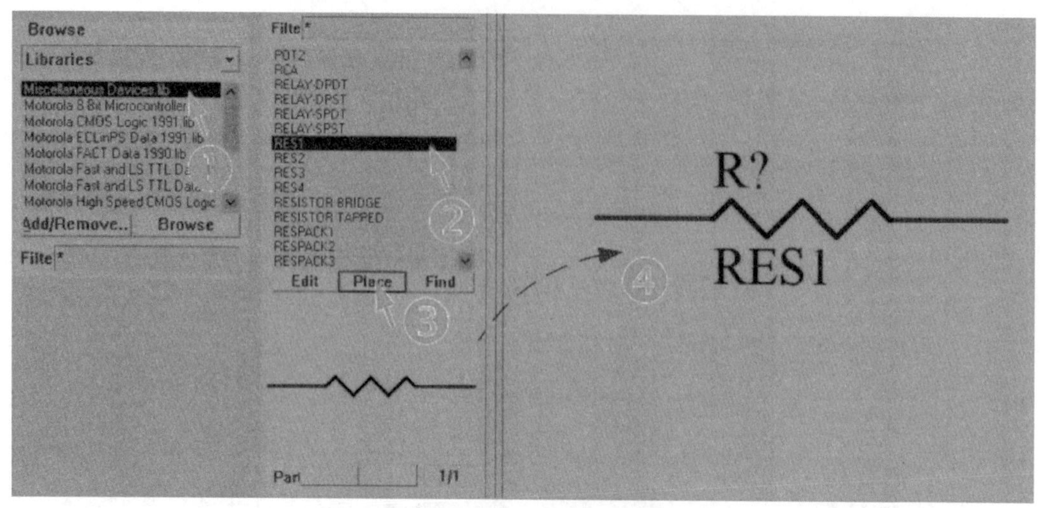

圖 28-8　取用零件步驟

欲改變零件放置方向，有下列幾個方式調整：

(1)滑鼠左鍵快按兩次，出現「Part」視窗，該視窗「Graphical Attrs」頁籤中的「Orientation」即可調整零件擺放。（0°、190°、180°與 270°）

(2)以滑鼠左鍵「緩慢快按兩次」（間隔約 1 秒），零件隨即變成浮動狀態，接著按下鍵盤 Tab 鍵同樣可出現「Part」視窗。

(3)零件為浮動狀態時，可直接以鍵盤 x 與 y 鍵分別控制水平與垂直翻轉，鍵盤空白鍵則以逆時針方向 90 度旋轉零件。

若要刪除零件，選取下拉式功能表「Edit→Delete」後，再點選該零件即可，可連續點選刪除多個零件；選取多個零件時，往往會使用滑鼠拖曳矩形區域的方式選取多個零件，此時被選取的零件會以黃色外框線標示，欲刪除被選取零件，可直接以快速鍵 Ctrl + Delete 即可一次刪除。取消選取可自下拉式功能表「Edit→Deselect」選擇，也可以快速鍵 X + A 取消選取，會比滑鼠點選下拉式選單便捷。

28.2.2.3 線路連接

圖 28-9 所示的電路繪圖工具列提供電路連接與穿透量路徑設定，其中較為常用的如下：

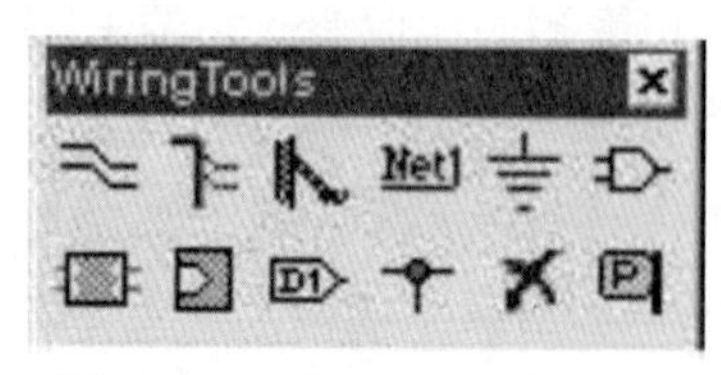

圖 28-9　電路繪圖工具列

Place Wire：放置電路線，各個零件可藉此相互連接。

Place Power Port：可將線路設為等電位，通常用於表示接地，雙擊滑鼠左鍵出現 Power Port 視窗，可調整名稱、符號以及擺放位置，浮動狀態下同樣以鍵盤空白鍵，逆時針調整擺放方位。

Place Net Label：當電路線太長的時候，避免編輯版面過於繁雜，善用此功能讓電路看起來更簡潔明瞭。例如某兩個接腳必須相連接，但這兩個接腳在編輯版面中相距太遠，直接放置電路線連接則會讓電路過於繁瑣，因此可以將此標示放至於這兩端接腳，再以相同名稱命名後，即代表這兩個接腳已經相互連接，但是圖面上不會實際顯示出電路線。

Place Junction：將相交錯的線路設為匯合點，電路圖編輯中相交錯的電路視為各自獨立，若要將這些相交錯的線路設為共接匯合點，可使用此符號標注。

Place No ERC：連接零件時若有未使用（即未連結）的接腳，可以用此符號標注，確定此路徑或端點沒有任何線路連接，在後續的 ERC 電路規則檢查時將會略過。

以 放置電路線時，軟體提供數種走線方式，可以用鍵盤空白鍵切換，使用者可以自行觀察其間的差異，並依實際需要使用（如圖 28-10）。欲編修導線時，先點選該線段，此時線段上會顯示數個節點，接著再點選欲調整的節點，線段即可變成局部浮動狀態以供修改；若要移動整個線段，則直接以滑鼠拖曳該線段即可。

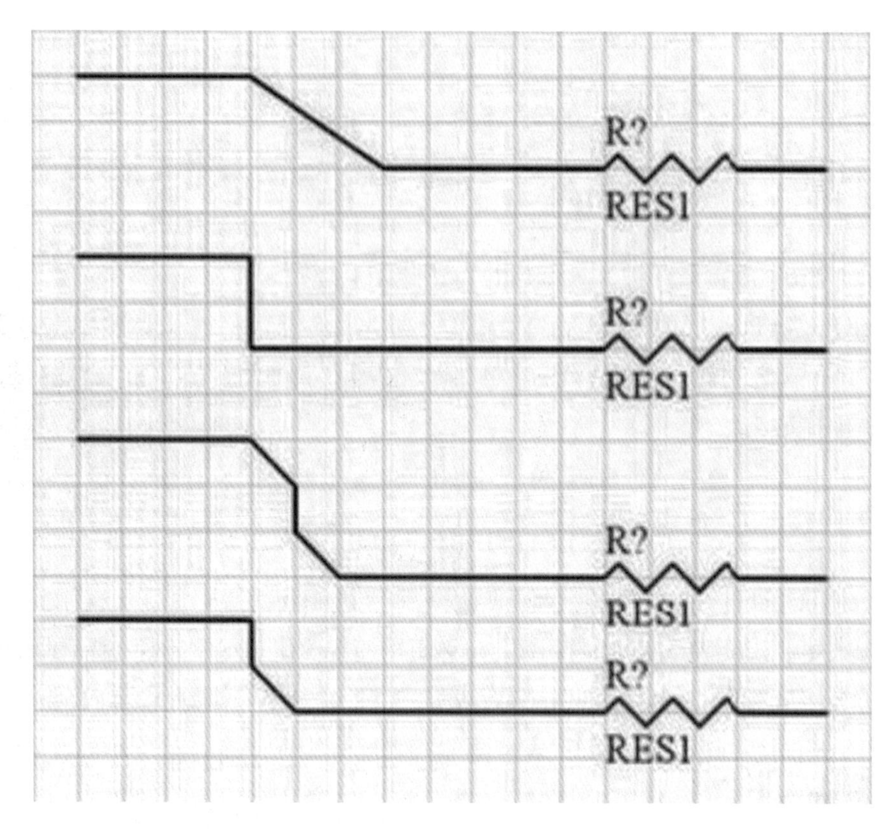

圖 28-10　以空白鍵切換數種走線模式

28.2.2.4 零件屬性設定

編輯電路時，除了選取零件以及連結電路線之外，必須對每一個零件設定其屬性，每一個零件的屬性設定無誤後，才能進行後續的電路規則檢查（ERC）以及PCB Layout等程序。進行零件屬性設定時，直接點該零件符號，便可彈出零件屬性設定視窗，以 Miscellaneous Devices.lib 內的 RES1 為例，屬性視窗如圖 28-11 所示，在 Attributes 頁籤中，其中需要設定的欄位如下：

- Lib Ref：表示該零件在所屬零件庫中的名稱（如 RES1），此欄位不必更動。
- Foot主要nt：本欄位為零件腳位外型，在編輯電路板時是不可缺少的項目，如表 28-1 所示為 PCB Foot 主要 nt.lib 內針對電阻、電容與電晶體所提供的一些腳位外型，使用者須依照所選零件而選擇適當的腳位外型。

表 28-1　常見零件腳位外型

電阻	可變電阻	電容	電晶體
AXIAL0.3	VR1	RAD0.1	TO-3
AXIAL0.4	VR2	RAD0.2	TO-5
AXIAL0.5	VR3	RAD0.3	TO-92A
AXIAL0.6	VR4	RAD0.4	TO-92B
AXIAL0.7	VR5	RB.2/.4	TO-220
AXIAL0.8		RB.3/.6	
AXIAL0.9		RB.4/.8	
AXIAL1.0		RB.5/1.0	

- Designator：該零件的零件序號，例如電阻為「R？」、電晶體為「Q？」、電容為「C？」等，「？」由使用者給定，由 1 開始，假若整個電路使用了四個電阻與兩個電容，則這四個電阻必須分別被設定為「R1」、「R2」「R3」與「R4」，同理，這兩個電容為「C1」與「C2」。不可存在兩個相同的零件序號，例如出現兩個相同的「R1」電阻，此情形在後續的 ERC 電路規則檢查時會出現誤差。
- Part Type：這個選項讓用者自由填入所需的零件資訊，以方便使用者編輯。

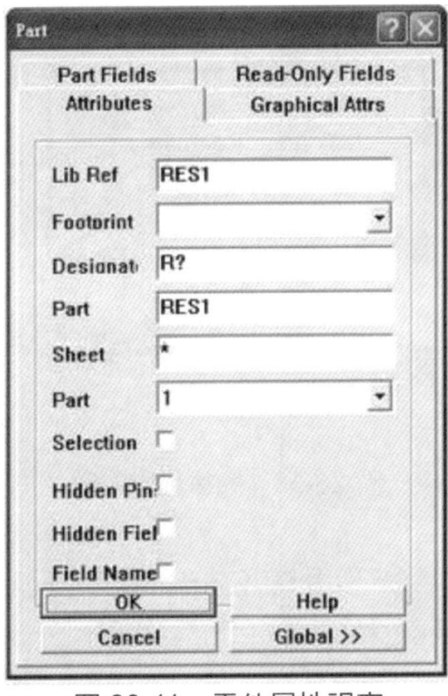

圖 28-11　零件屬性視窗

28.3 實作範例——簡單穩壓電路圖

穩壓電路，包括二極體的及電源供應器。由市電 110V/220V 交流電先經由變壓器降壓，經過全波整流後轉換為直流電，再以濾波線路濾除漣波（ripple）之外，最後還得調節電壓，以求穩定的電壓輸出，其中調節電壓的部分便由穩壓電路構成。

圖 28-12 常見的穩壓 IC 外型（封裝型式為 TO-220 ）與腳位說明，圖 28-13 為最簡單的穩壓電路設計，由一只穩壓 IC 與兩個電容器構成，本節將說明如何用 Protel 99 SE 繪製這個簡單的穩壓電路。

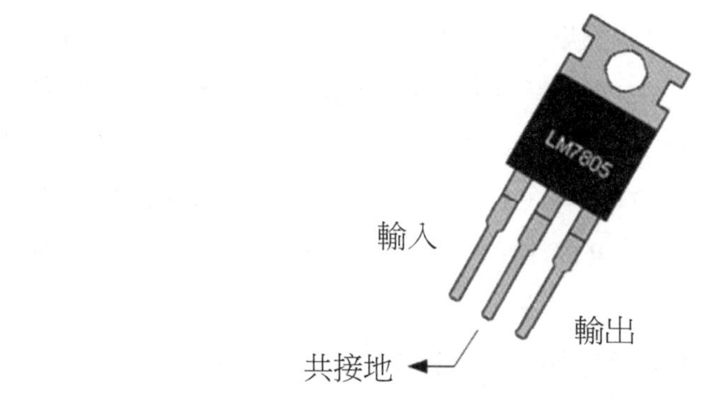

圖 28-12　穩壓 IC 外觀與腳位說明

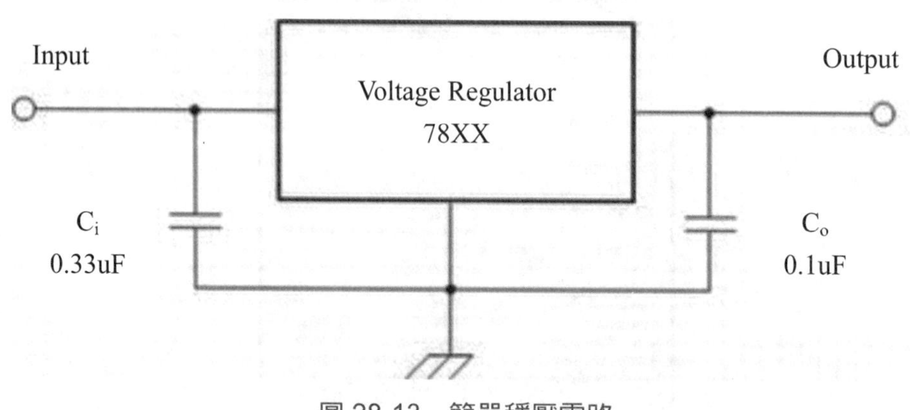

圖 28-13　簡單穩壓電路

這個電路所需的零件包含一個穩壓 IC（在此以 7805 5V 穩壓 IC 為例）、兩個電容（0.33uF 與 0.1uF）以及兩個電源端子（輸入與輸出各一）。開啟 Protel 99 SE 電路編輯程式後，接下來便開進行電路編輯

28.3.1 選取零件

這個電路所需零件在預設的Miscellaneous Devices.lib零件庫內都找的到，各自的零件名稱如下列所示，找出這些零件，並全部選取至編輯區內（圖28-14）。

・穩壓 IC：「VOLTREG」。・電容：「CAP」（或 CAPACITOR）。・電源端子：「CON2」

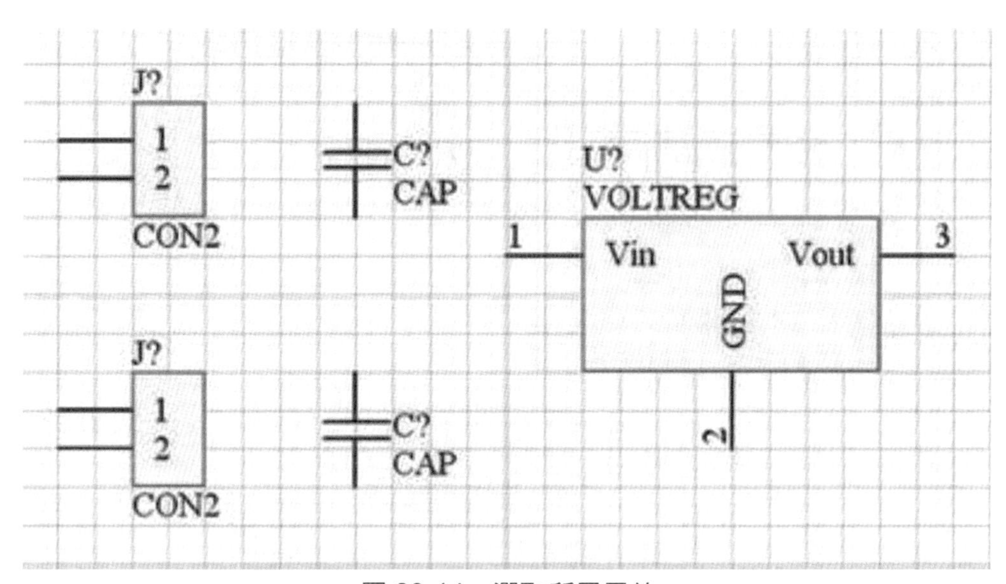

圖 28-14　選取所需零件

28.3.2 零件電路連結

依照圖28-14電路簡圖約略放置各個零件，並連接相互間的電路線，電源端子部分在此統一以「1」為正端，「2」為接地端，以免混淆；須注意零件與電路線要確實連接，匯合點記得要加上 符號。電源接地端符號也記得要一致，軟體才能將這些接地點連接起來，使用者可參考圖28-15所示自行選擇，完成後電路圖如圖28-16所示。

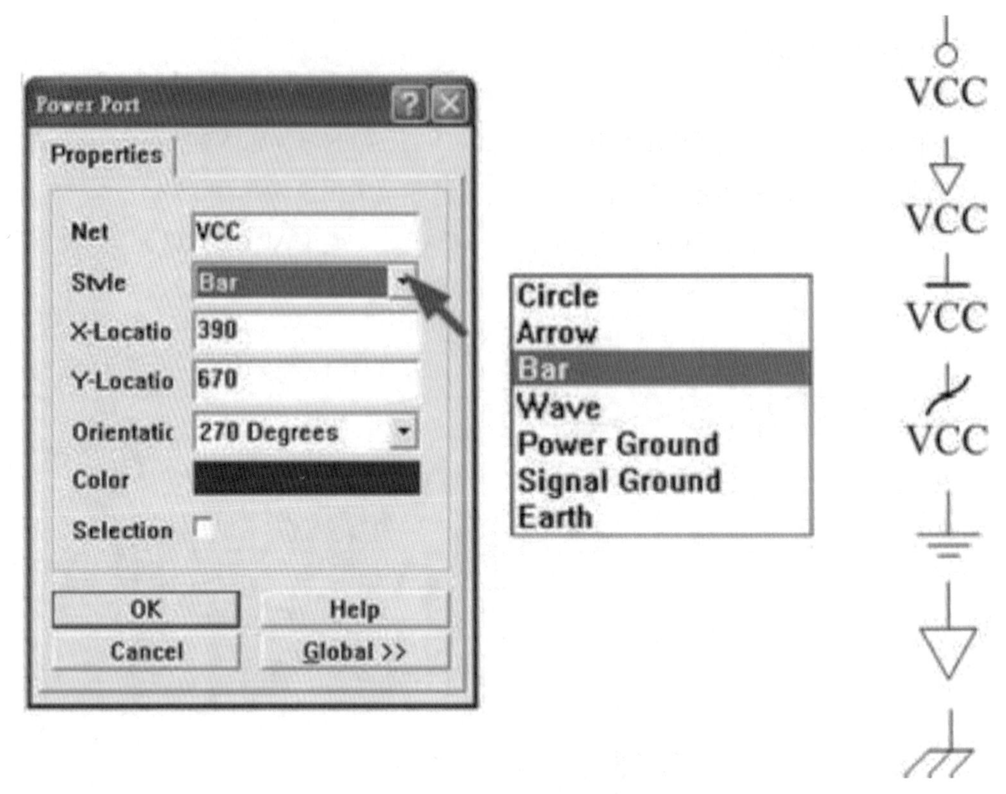

圖 28-15　各式接地符號

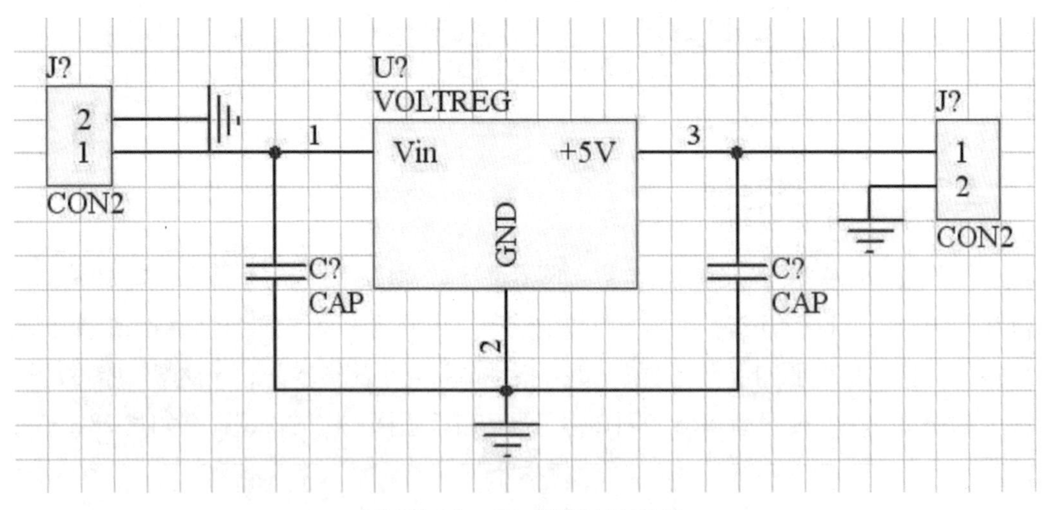

圖 28-16　完成連結各零件

28.3.3 零件屬性設定

圖 28-14 中的各個零件有「J?」、「U?」等問號標注，表示該零件的屬性尚未設定，必須針對每個零件進行屬性設定，接下來的電路規則檢查與電路板製作才不會出現誤差。屬性中有三個欄位必須設定，分別為「Foot Print」、「Designator」與「Part Type」，可依照表 28-2 所列依序填入。特別注意穩壓 IC 零件預設的 Foot Print 腳位設定為「TO220H」，這一個腳位在 Protel 99 SE 的中 PCB Foot Print.lib 腳位零件庫內並不存在，因此務必改為「TO-220 」。完成後的電路圖如圖 28-17 所示。

表 28-2　屬性設定

零件	屬性設定	
電源端子 1	Foot Print	SIP2
	Designator	J1
	Part Type	inPUT
電源端子 1	Foot Print	SIP2
	Designator	J1
	Part Type	OUTPUT
穩壓 IC	Foot Print	TO-220
	Designator	U1
	Part Type	7805
電容 1	Foot Print	RAD0.1
	Designator	C1
	Part Type	0.33uF
電容 2	Foot Print	RAD0.1
	Designator	C2
	Part Type	0.1uF

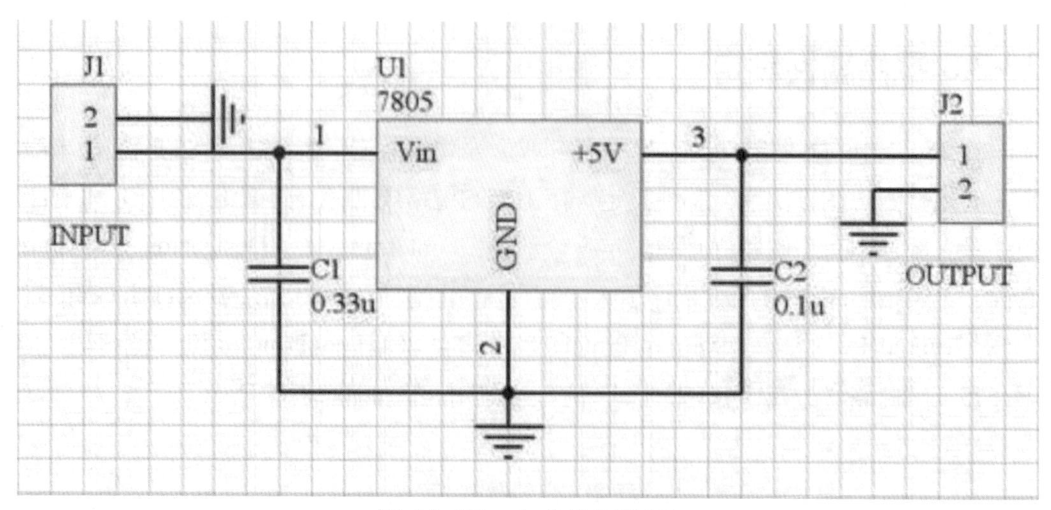

圖 28-17 完成的電路圖

28.3.4 電氣規則檢查（ERC, Electrical Rule Check）

從下拉式功能表選取「Tool→ERC」進行電氣規則檢查，會出現電氣規則檢查選單（圖 28-18），使用者不必更動任何預設選項，直接點選 OK 進行檢查，檢查完成後會在編輯區開啟新頁面產生檢查報表，並產生*.ERC 檢查檔。如果檢查結果正確無誤，則報表內容如表 28-3，若檢查結果出現任何誤差，會將訊息顯示於報表中，誤差訊息內容為何請自行參照相關軟體手冊。

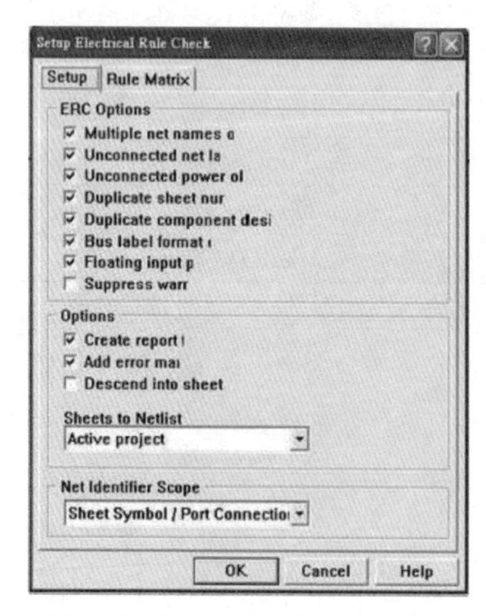

圖 28-18 ERC 電路規則檢查選單表 3.無誤差的 ERC 檢查結果

28.3.5 產生網路表檔案（Netlist）

在電路檔案編輯模式下，先前編輯完成且經過 ERC 電氣規則檢查確認無誤後，需要從電路圖產生網路表，才能進行後續的電路模擬或電路板設計。由下拉式功能表「Design→Create Netlist」出現網路表選單（圖 28-19），接著不需要更動預設選項，直接點選 OK 產生網路表，軟體會產生一個*.NET 的網路表檔案（表 28-3），檢視 Netlist 網路表可輔助設計者檢查電路的連接，內容列出電路中各零件的序號（Designator）、腳位外型（Foot Print）與名稱（Part Type），以及零件之間的電路連結關係。表 28-3 中「[ ]」中括號內表示一個零件的屬性設定，例如「[C1　RAD0.1 0.33u]」為 C1 電容的屬性內容；「( )」小括號則表示所有接腳的連接關係，例如「（NetJ1_1 C1-1 J1-1 U1-1 ）」表示在 NetJ1_1 這個電路連結中有 C1 的 1 號接腳、J1 的 1 號接腳、U1 的 1 號接腳為共接。

整個電路編輯流程操作至此步驟，若 ERC 檢查結果也沒有出現誤差，這個電路編輯工作便告完成，可以輸出進行 PCB Layout 電路板製作。需要釐清的一點是，在*.Sch 電路圖製作階段中的零件位置排列與版面大小與後續的電路板製作無關，換言之，最終電路板尺寸大小、電路排列、電路粗細與零件排列等會在後續的 PCB Document 檔案編輯中加以設定。

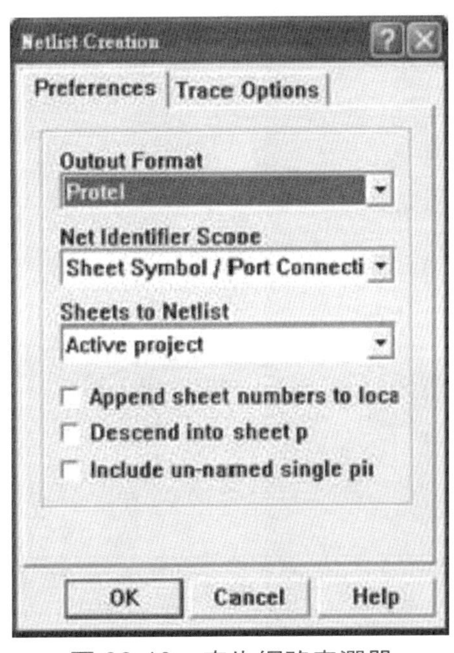

圖 28-19　產生網路表選單

表 28-3 Netlist 列表內容

```
[ C1 RAD0.1 0.33u ]
[ C2 RAD0.1 0.1u ]
[ J1 SIP2 inPUT ]
[ J2 SIP2 OUTPUT ]
[ U1 TO-220 7805 ]
( NetJ1_1 C1-1 J1-1 U1-1 ) ( NetU1_3 C2-2 J2-1 U1-3 ) ( VCC C1-2 C2-1 J1-2 J2-2 U1-2 )
```

參考資料

http://designer.mech.yzu.edu.tw/

習題

1. 利用電路設計一個 LD 的溫度控制電路。
2. 設計一 USB 電路作為數位溫度計界面。

第二十九章 控制軟硬體

29.1 8051 晶片

8051 用在簡單光機電控制的儀具之最簡單控制器，其電子電路結構是單晶片，具有一中央處理器，及 64K 記憶單元（ROM）及 640K 可寫入可消除記憶單元（RAM），並且有四個 8bits 數位輸出或輸入；內部提供的串列穿透量介面，是一種「非同步式串列資料傳輸」（Universal Asynchronous Receiver Transimitter，簡稱 UART）。

29.1.1 串列穿透量

串列穿透量是透過一條穿透量線將資料傳送出去，傳送的方法是使用分時傳送方式，由傳送端每隔一段時間將一 Bit 的資料狀態傳送出去，直到這筆 8Bit 資料傳送完畢為止，如此即完成了一筆資料的傳送工作。而接收端也必須以同樣光感率，以分時的方式一個 bit 接一個 bit 的讀入。

29.1.2 非同步式串列資料傳輸

8051 內部提供的串列穿透量介面，是一種「非同步式串列資料傳輸」（Universal Asynchronous Receiver Transimitter，簡稱 UART）。

UART 資料傳送的同步：UART 的同步方式，是在 8 個資料位元的前面加上一個同步用的起始位元（Start bit），以及在 8 個資料位元後面再加上另一個同步用的光欄位元（Stop bit）。並且規定起始位元為「0」，光欄位元為「1」。UART 每傳一個 byte 需花 10 個 bit 的時間（8 個為資料位元及 2 個同步位元），此種工作效率雖然不高，但是卻可大大提高了串列穿透量的可靠性。

29.1.3 穿透量速率

串列穿透量是以分時的方式，將一個 bit 資料狀態（「0」或「1」）呈現在穿透量線上，如果這個 bit 在穿透量線上呈現的時間越短，則資料穿透量的光感率越快，通常是以每秒傳幾個 bit 的方式來衡量穿透量速率，其單位為 bit/sec。，稱之為位元率（bit rate）或飽率（Baudrate）。目前較常用的飽率有 19200、9600、4800、2400、1200。飽率在通訊協定上是很重要的參數，如果傳送端的傳送資料光感率，與接收端的接收資料光感率不一樣，那一定無法接收到正確的資料。

29.2 8051 UART 的工作方式

UART是一個全雙工串列埠，意思是說它可以在同一時間內進行發送與接收的工作。UART的接收端具有緩衝器（Buffer）的功能，當UART接收到一個byte的資料後，會將這個 byte 放在緩衝器中，然後繼續接收下一個 byte 的資料。但必須注意的是，當第 2 個 byte 被接收完畢時，若第 1 個 byte 尚未被 CPU 提取，則第 1 個 byte 的資料將會被覆蓋掉。所以，在第 2 個 byte 被接收完畢前，就要把第一個 byte 從緩衝器中取出。UART與CPU之間的溝通都是靠 8051 內部的SCON這個 8 位元暫存器。當 8051 要透過 UART 以串列方式傳送一個 byte 資料出去時，只要將這個 byte 寫入SBUF暫存器中，UART就會將這個byte中的 8bit 轉換成串列資料從 TXD 腳送出去。而 UART 則透過 RXD 腳接收由外部傳送過來的串列資料，UART 的接收 Buffer 會將這些串列位元集成一個 Byte，然後放到 SBUF 暫存器中等待 CPU 來讀取。

8051 UART 的傳送與接收雖然都是使用 SBUF 暫存器，實際上傳送時所使用的SBUF與接收時所使用的SBUF是完全獨立的兩個暫存器。8051是將這兩個不同的暫存器放在相同的記憶體位址上，並使用相同的名稱。CPU利用讀（Read）與寫（Write）的動作來區分這兩個暫存器，指令「MOVSBUF，A」，CPU 會發出「寫入 Write」的信號，而將要傳送出去的資料放到傳送用的 SBUF。而指令「MOV A，SBUF」，CPU則會發出「讀取Read」的信號，去讀取接收用的SBUF資料，所以不會互相干擾。

串列穿透量飽率的設定

8051 串列穿透量飽率的設定依設定不同的操作模式而定，其中模式 0 及模式 2 屬固定飽率，而模式 1 及模式 3 為可變飽率，由計時計數器 1 加以規劃。

表 29-1　飽率設定表

模式 0 飽率設定	在模式 0 之下，飽率是固定的，為工作頻率的 1/12
模式 2 飽率設定	在模式 2 的操作下，當 SMOD＝1，飽率＝（工作頻率）/32，當 SMOD＝0，飽率＝（工作頻率）/64

模式 1 及模式 3 鮑率設定	在模式 1 及模式 3 的操作下，鮑率由 TIMER1 控制，且須於工作模式 2，自動重新載入模式（使用TIMER1 之TL1，而 TH1 則是在做自動載入計時值的設定）

UART 模式 1

在 8051 系統中，真正作串列通信用的 UART 是在 MODE1，在此模式中，發射端是 TXD，接收端是 RXD。每次發送或接收以 10 個 bit 為一個單位，其中包含 1 個起始位元（「0」），8 個資料位元（D7～D0）D0 最先發送出去，及一個光欄位元（「1」）。

當 UART 的工作模式設定在 MODE1 時，要將一個 byte 的資料透過 UART 傳送出去時，只須將這個 byte 寫入 SBUF 暫存器，UART 就會自行將這個 byte 資料轉成串列脈波從 TXD 腳輸出。當，透過 UART 欲從 RXD 端接收外面資料時，當接收端檢查到 RXD 接腳上由 1→0 的變化（Start Bit），就知道即將有 8bit 的串列資料要輸入。UART 在 MODE1 的串列埠接收資料時，會將光欄位元載入到存在於 SCON 暫存器中的 RB8 內。8 個資料位元則載入到 SBUF，形成一個 byte 的資料。且將 SCON 暫存器中的 RI 旗號設定為 1，等待 CPU 來讀取，因此 CPU 只要檢查 RI 位元就可以決定 SBUF 暫存器中的內容是否有效。MODE1 的鮑率是由計時／計數器 1（Timer1）的溢位率所控制，因此可由程式設計者自行來規劃設定。

29.3 馬達控制實例

因為步進馬達是一個固定的步階的運轉的馬達，用 8051 處理器可以控制馬達，因為 8051 有四個埠，可以運用其中一個埠；以下就是利用 8051 處理器，以一程式，控制相位，使數位馬達的控制線圈相位改變，使馬達因而轉動 8051 處理器使其中一個埠 P3，改變其中 8 位元中相鄰 1（高）的改變，使得馬達能轉動。

29.3.1 步進馬達的控制程式

以下是一步進馬達的控制程式實例，用以了解其控制的步驟。

表 29-2　8051 實例：以 8 章中的馬達控制為例

	ORG	0000H	說明
	MOV	A	使馬達相位 1，使磁鐵在工作靜態 11101110B 進入 A
	主程式		
LOOP	MOV	R	定義正轉 2000 轉
FOR	RL	A	A 向左記憶體一個位元
	MOV	P1，A	將 A 的資料送到 8051 之 P1 轉出，改變馬達相位
	ACALL	DELAY	延時
	DJNZ	R1，FOR	迴圈 2000 轉
	ACALL	HOLD	暫停 2 秒
	MOV	R1，#200	定義反轉 2000 轉
REV	RR	A	A 向右記憶體一個位元
	MOV	P1，A	將A的資料送到 8051 之P1 轉出，反向改變馬達相位
	ACALL	DELAY	延時
	DJNZ	R1，REV	迴圈 2000 轉
	ACALL	HOLD	暫停 2 秒
	AJMP	LOOP	重覆執行程式
	副程式		
HOLD	MOV	R5，#200	停 2 秒
DL1	ACALL D E - LAY	DJNZ R5，DL1	
D E -	MOV	R6，#25	延時 10 微秒
DL2	MOV	R7，#200	
	DJNZ	R7，$	
	DJNZ	R6，DL2	
	:		
	END		

以上為本程式的內容。

29.3.2 語法說明

使馬達相位 1，使磁鐵在工作靜態 11101110B 進入 A。若要順時旋轉時，定義正轉 2000 轉，A 向左記憶體一個位元，將 A 的資料送到 8051 之 P1 轉出，改變馬達相位後再延時，迴圈 2000 轉。轉到定位後暫停 2 秒。若要逆時旋轉時，則定義反轉 2000 轉，A 向右記憶體一個位元，將 A 的資料送到 8051 之 P1 轉出，反向改變馬達相位，延時，迴圈 2000 轉，轉到定位後暫停 2 秒，本程式重覆執行程式直到電源關閉。另外，副程式則包括：HOLD 和 DELAY 兩程式，HOLD 可以延時 2 秒；而 DELAY 可延時 10 微秒。

29.3.3 偏譯器執行

因為程式碼寫完後，其檔案名為*.asm，程式需要經過 COMPILER 偏譯器執行，以產生*.HEX 檔去控制馬達。完成偏譯後，可將*.HEX 將程式輸入燒錄器，將程式輸入 8051 處理器內。

29.3.4 燒錄和測試

在 8051 完成燒錄可以實際進行測試。若要修正，可以依所要修改部分進入前章節手續，進行修正，直到目標達到。因為市場已有不同模擬器，也可以減少實體電路製作。

習題

1. 比較單一晶片處理器和小型電腦的作用。
2. 設計一個 TRIPLET 自動對焦用 8051 控制程式。

第三十章　光機電整合軟體

30.1 簡介

LabVIEW 為 Laboratory Virtual instrument Engineering Workbench 的簡稱。它是一種圖形化程式語言〔又稱之為 G（GRAPHIC）語言〕，即它的指令多數是看見圖形便大概知道其用途，也因為如此，它較一般其它的語言容易著手學習。並且，LabVIEW 還具有強而有力的功能，包括資料擷取（DAQ）、資料分析與結果呈現。除此之外，LabVIEW 更提供量測後的數學分析與顯示功能，並且對於您與真實世界中所選擇的待測物提供一個溝通的介面。

LabVIEW 已使用於太空梭和美國海軍的潛艇與世界各地（如被用來做石油的探勘工作）。而 LabVIEW 使用 IEEE488、USB、高速網路介面，就以虛擬儀器系統的功能整合。在過去一套儀器系統（如 RF 測試儀）比起真正去花費上百萬甚至上千萬的投資在儀器裝備或製造上易於未來發展，所以 LabVIEW 已成為普及的軟體程式。在一般的工廠裡，也常常需要去量測一些不同的資料：不論是電爐、冷凍櫃、高溫爐、溫室或者是大液筒等，量測的物理量大多是溫度。除此之外，使用者亦可以用來量測壓力、位移、張力、pH 值等。

NI LabVIEW 2011 為最新版本的系統設計軟體，其內工具可協助工程師／科學家建立任何量測與控制系統。並可銜接目前市面上最高頻寬的示波器，相容於.NET 物件與.m 檔案架構，亦可銜接最新的現成硬體，且僅需低成本即可接觸高效能的可重設 I/O(RIO)平台。

LabVIEW 2011 另根據使用者直接反應的意見，而強化相關功能。不論是初階或高階的 LabVIEW 使用者，均可協助解決問題、提高產能，並能體現任何創新概念。

30.2 LabVIEW 2011 子程式的內容

因為本程式可以由不同介面控制光機電等系統，新版程式在手機，機械影像，及時控制，增加不少的稱為協助者的子程式（ASSISTANT），可以幫助程式設計者更快完成程式，當完成後就成為一個標示指令（ICON），但是其標示指令內容就是 LabVIEW 的基礎的指令。在此將協助者的子程式列於後。

30.2.1 MOTION

每組 NI 運動控制器皆包含 NI-Motion 驅動軟體。NI-Motion 驅動軟體為高階軟體指令集，適於溝通 NI 運動控制器。此軟體包含多種 LabVIEW VI 與範例，可快速建立運動控制應用。NI 運動控制小幫手（Motion Assistant）可產生 NI-Motion 等。

NI運動小幫手具有簡單易用的互動式環境，可加速開發並測試運動應用。並可透過 NI 運動小幫手，將任何已開發的應用轉換為 C 程式碼或 NI LabVIEW VI，適用於機器布署作業；降低進行額外程式設計的需要。NI運動小幫手 2.2 版，可使用普遍的 DXF 檔案格式，匯入以 CAD 或草擬封包（如 Drafting）等功能。

30.2.2 VISION

只要是執行機器視覺開發（Vision Development）模組應用的布署系統（包含 Real-Time 與 Windows 系統），均需要此 NI 機器視覺開發（Vision Development）模組 Run-Time 授權。此 Run-Time 授權包含 NI 機器視覺擷取等。

30.3 關鍵操作手續

有些指令的使用，步驟較為複雜，所以需要有及時協助或訓練。

30.3.1 CONECTIVITY

LabVIEW 連結與效能（Connectivity）課程，即為先前的LabVIEW 中級課程二；此課程為 LabWindows/CVI 基礎課程一的後續，適於初階與中階使用者。將學習如何使用網路通訊、DLL，與 ActiveX，以設計強大的多執行應用。另將使用主動式功能表、圖形化控制元，與工具列，建立強大的使用者介面。另可學習設計多執行緒的應用，讓自己的應用完整發揮電腦功能。

30.3.2 COMPAC RIO

可程式化自動控制器（PAC）是低成本的可重設控制／擷取系統，專為高效能、高穩定度的應用所設計。此系統整合了開放式的嵌入式架構，搭配精巧、堅固耐用、可熱插拔的工業級 I/O 模組。CompactRIO 亦具備可重設 I/O（RIO）的 FPGA 技術。

30.3.3 NI LabVIEW FPGA Module

使用 LabVIEW 嵌入式技術，可針對 NI 可重設 I/O（RIO）硬體，擴充 LabVIEW 圖形化開發與 FPGA 系統的功能。由於 LabVIEW 即代表了平行機制與資料流，因此特別適用於 FPGA 的程式設計作業。再輸入可程式化自動控制器（PAC）。

30.3.4 CORE 3

LabVIEW 核心課程 3（LabVIEW Core 3）為 NI LabVIEW 教育訓練的第三階階，可實際設計、開發、測試，並布署 LabVIEW 應用。將學習應如何分析應用需求、為應用選擇正確的設計模式，並迅速測試／布署自己的設計，以縮短開發時間且提升應用效能。若能於早期開發過程中整合設計實作，將不必重新設計應用，且降低維護成本。

30.3.5 基礎操作

基礎操作，包括：基本指令、回圈、介面輸入與輸出、數字、字串及轉換，與各種 assistant，及手機、面板介面等。

30.4 基本操作實例

以 LabVIEW 對 DAQ 透過 LabVIEW 程式來取代示波器及訊號產生器的功能為實例。以 National instruments 型號為 AT-MIO-16E-10 之 DAQ，在程式端設定為 1「Device Number =1」。

其工作原理為：在電腦的DAQ卡與外面的Connector Blocks間，接上一條Ribbon Cables，以便將 DAQ 卡的 68 pins 轉為 Connector Blocks 的 50pins，而成為所使用的 50 個 channels，其中包括 analog/digital input、analog/digital output、+5V output、external reference 等。再用 BNC Cables 來連結實驗儀器（如示波器或信號產生器）。在此運用以下的例子說明 LabVIEW 基本操作程式。

30.4.1 類比輸入

由信號產生器產生信號（sine 形波或鋸齒波），經由 Connector Blocks 進入 Lab-

VIEW 程式處理過後，便可以在螢幕上出現。此時電腦所扮演的工作便是一個示波器的功能。

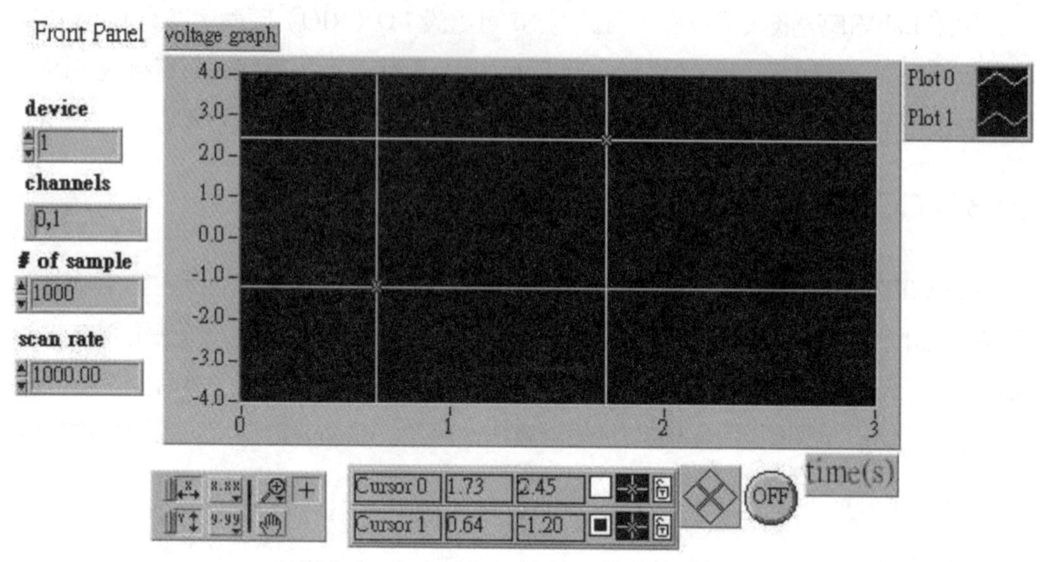

圖 30-1　LabVIEW 等效示波器之顯示器

利用LabVIEW程式裡的AI Acquire Waveforms.vi來擷取兩台信號產生器的波形，分別為鋸齒波－頻率為 4Hz、振幅為 5V；Sine 形波－頻率為 2Hz、振幅為 2V，程式見圖 30-2，顯示見圖 30-3。

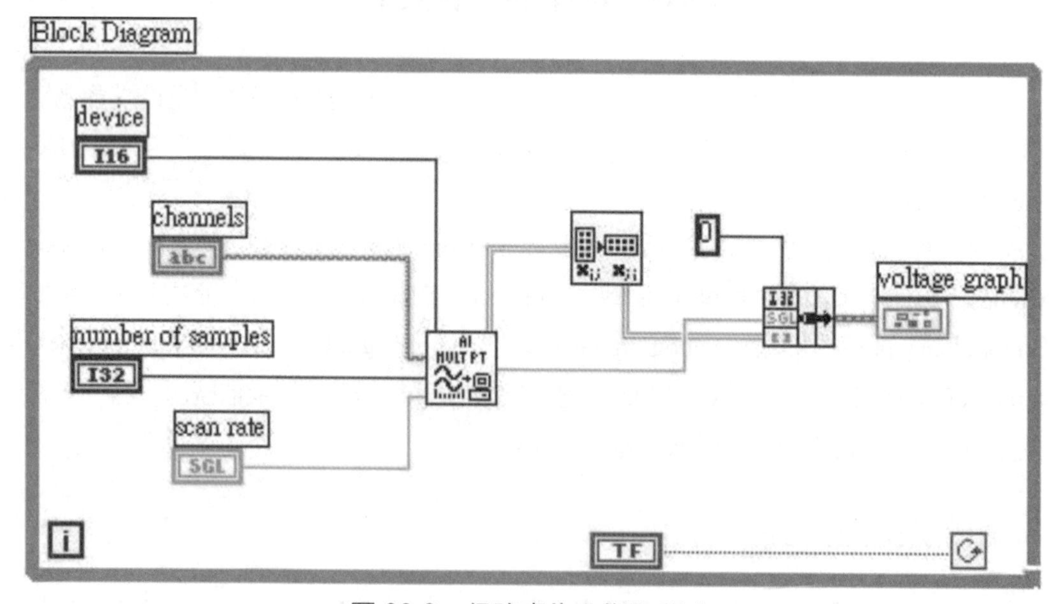

圖 30-2　信號產生和擷取程式

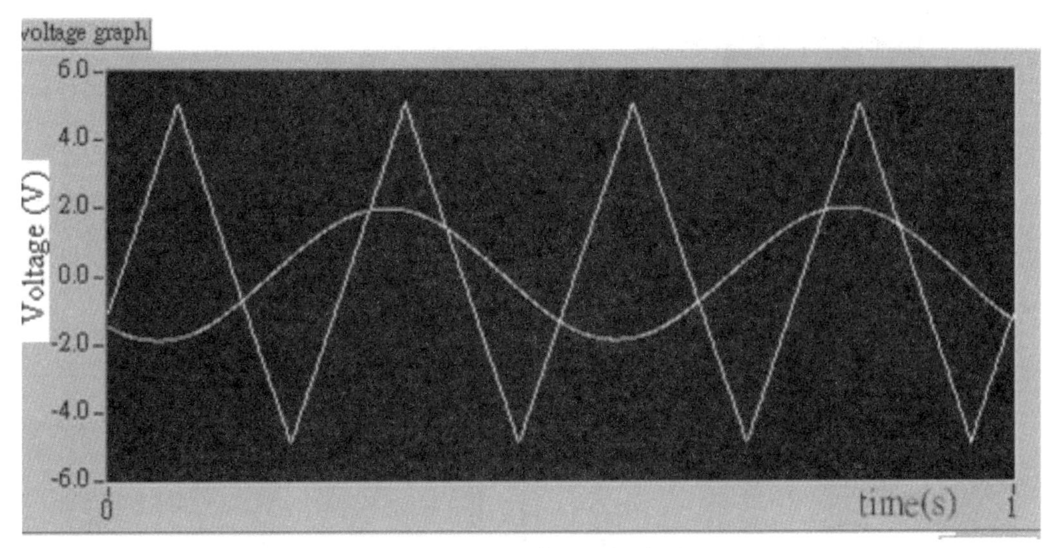

圖 30-3　正弦波和鋸齒波

30.4.2 X/Y 類比輸出

由 LabVIEW 的程式模擬信號產生器送出信號，同樣由 Connector Blocks 將信號傳接到示波器上，此時電腦透過 LabVIEW 的程式而具備信號產生器的功能：舉下面這個例子來說明。

利用 LabVIEW 裡的數學程式，產生正弦及餘弦函數，並且使餘弦函數每次的相位角有一微小的變化「ϕ」。即參數式

$$X = A\cos(\omega_1 t + \phi)\quad \phi = 2\pi/n \qquad \text{式 30.1}$$

$$Y = B\sin(\omega_2 t) \qquad \text{式 30.2}$$

程式如圖 30-4。將函數轉換成 2D 陣列，送入 LabVIEW 裡的 Icon-AO Generate Waveform 中，藉由 Connector Blocks 傳接到示波器上，便可以在示波器上得到一個會旋轉的圓或橢圓。如圖 30-4 下（右、中、左）中所顯示。當 $A=3$，$B=6$，$\phi=2\pi/500$，$\omega_1=\omega_2=2\pi/100$ 時的橢圓圖形。隨著相位角的增加ϕ，圖形正轉動著，三張圖形的間隔時間約為 1 秒鐘。

在類比輸入和輸出中，LabVIEW 程式的應用，但這並不代表著 LabVIEW 程式就只能做示波器和信號產生器的工作。事實上，它甚至比它們的功能更強上許多。原因是除了顯示以外，它還可以做資料存取的工作，以便將即時所需要的資料儲存做分析。

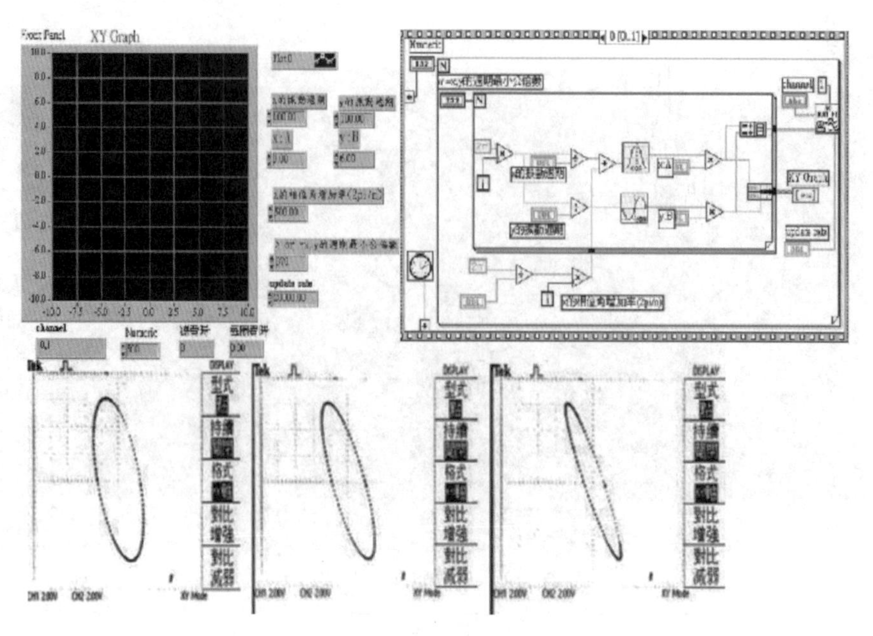

圖 30-4　X/Y 類比輸出程式及顯示

30.4.3 亂數產生器

在 LabVIEW 程式裡的亂數產生器是一個骰子的圖形，其產生的亂數是介於 0 和 1 之間的 20 位有效小數。如圖 30-5，寫一個小程式來檢測它每次出現的數是否均勻分布或者是對心在某一區域。利用兩顆骰子來產生亂數，其中一顆產生的數當 X 軸，另一顆為 Y 軸，當各產生一點時，便形成座標中的一點，而只要控制點數，再看其分布便大概可以知道是否均勻。其中，點數左上 100 點，右上 500 點，左下 1000 點，右下 10000 點。計時器和亂數產生器，實驗需要借助類比輸入的功能時，必要去了解有關它的精確度和解析度（precision and resolution）。

30.4.4 類比輸入的時間解析度（Resolution）

有一輸入訊號為頻率 300Hz，振幅約為 10mV 的 sine wave。而使用 G = 1 和 G = 20 的 scale 去讀取此波形，且擷取點數皆為 301 點，擷取光感率為 3000samples/sec。很明顯的，因為 G = 1 的 precision 只有 4.88mV，所以雖然擷取 301 個值，但卻會發現它們有許多個點都是同時分布在同一個 scale 上（圖 30-6(a)）；但就 G = 20 而言，因為其 precision 為 244.14μV，所以它的分布失真程度就沒有那麼嚴重（圖 30-6(b)），也比較像輸入進去 sine wave。必須依照輸入訊號的大小來決定上下限，使其有較好的 Gain（較好的 precision）。

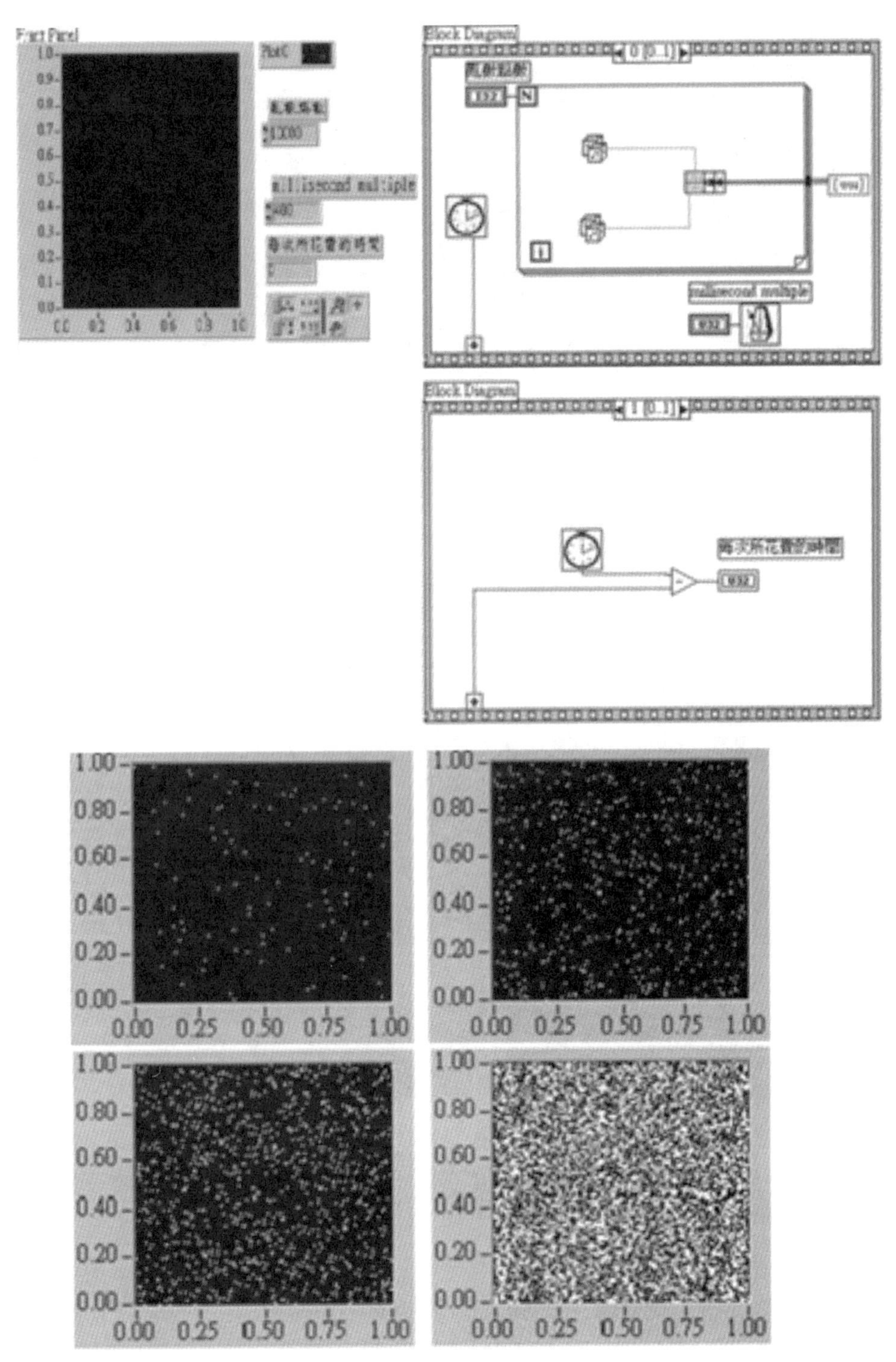

圖 30-5　亂數產生器及顯示器結果（點數左上 100 點，右上 500 點，左下 1000 點，右下 10000 點）

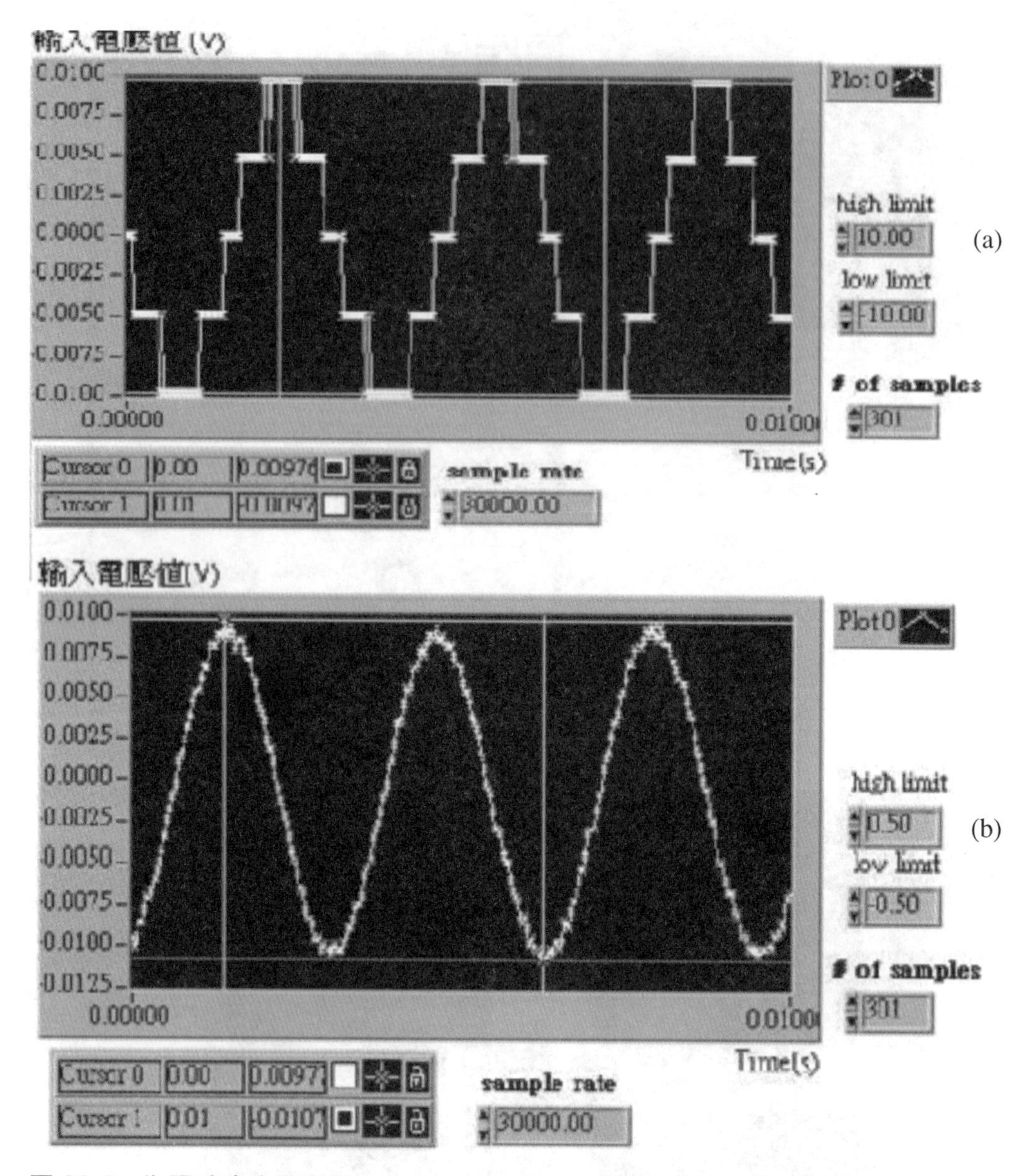

圖 30-6　為訊號產生器所輸入 sine wave 給 LabVIEW 程式，其頻率為 300Hz、振幅約為 10mV。(a)(b)兩圖 sample rate 皆為 30000#/sec、點數皆為 301 點。(a)Gain＝1　(b)Gain＝20

類比輸入時，是將 Analog 訊號轉換成 Digital 訊號，由 12bits 轉換，所以有 2^{12}＝4096 個區間來平分輸入電壓，也就是說，如果設定的上下限差值為 10V 的話，其準確度（Precision）便為 10V/4096＝2.44mV。由這邊，就可以知道增益值（Gain）只是一個指標作用，隨著 Gain 的增加，準確度亦跟著增加，但真正決定準確度的還是由所選定的上下限來決定。

30.4.5 時序調整程式

做類比輸出時，必要提高精確度和解析度。除了精確度會影響實驗是否會失真外，還有一個因素便是時間解析度（Time Resolution）。如果一個事件的解析度不夠的話，將造成實驗結果的嚴重失真，而解析度跟實驗數據的擷取速率有密切的關係。當 Analog 訊號要轉換成 Digital 訊號時，一定會有失真的現象發生，如何使失真現象小到可以忽略而不影響實驗結果，那便要設法將 Precision 和 Resolution 提高。

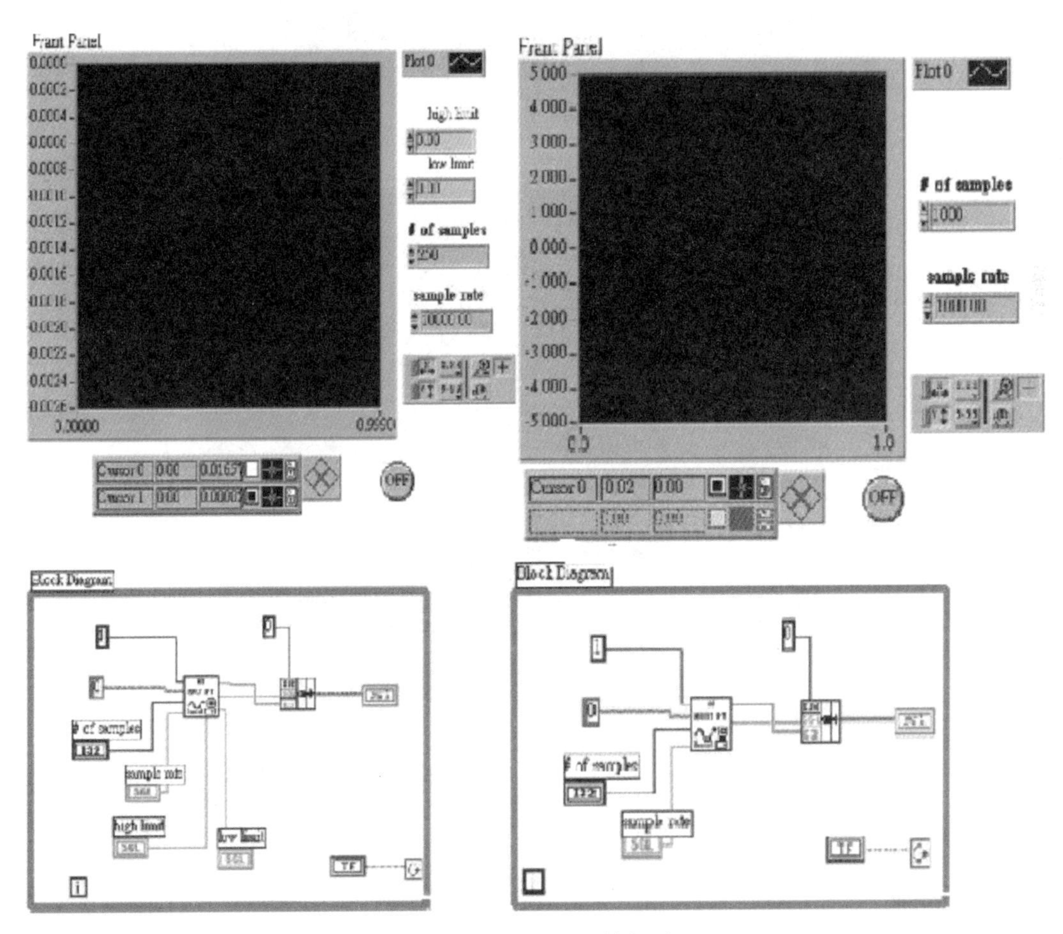

圖 30-7　時序調整程式

假設有一個正弦波輸入，而擷取率卻跟不上它的輸入頻率，每次擷取相鄰的點便可能是在不同的一個週期上，而得到的波形將無法被辨識。一般而言，一個週期的正弦波至少需被擷取到 5 個點以上，才能使這個波形得以辨識。

以下便是一個這樣的例子：如圖 30-8 在做類比輸出時，如果讀取率（sampling rate）不夠快時，在示波器上將呈現不是很平滑，甚至在某一些區域裡會有間斷的情況；但是，若讀取率（sampling rate）加快，在示波器上顯示就會近於類比取樣。

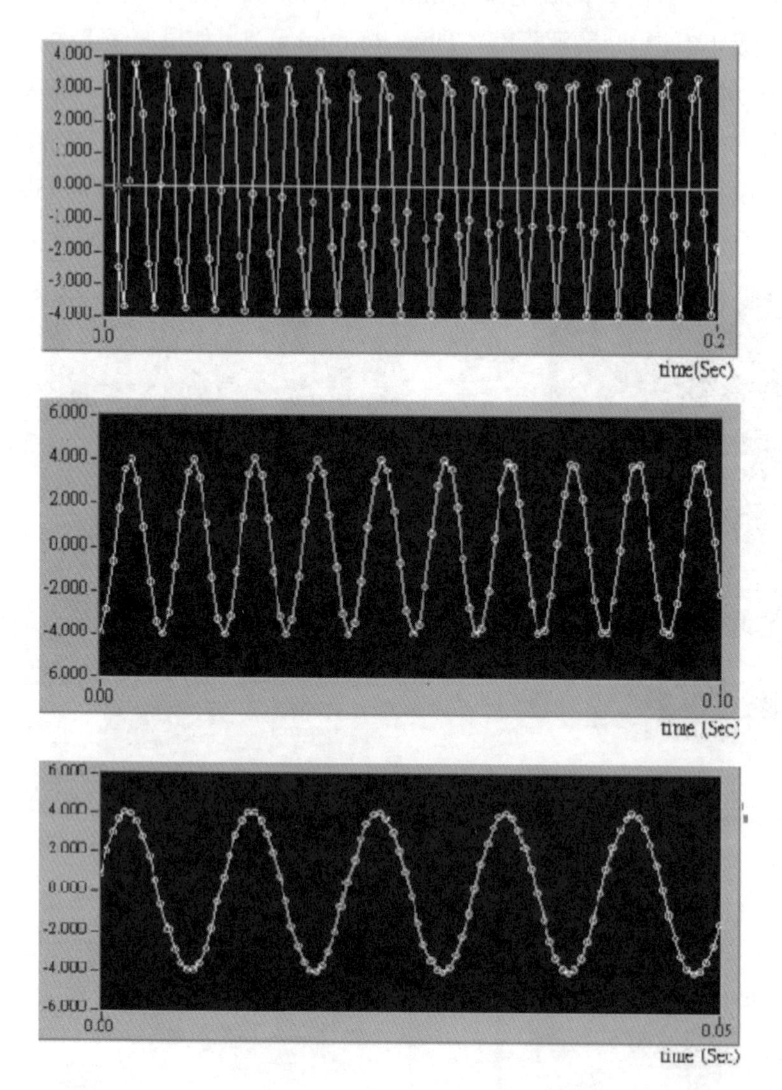

圖 30-8　上圖輸入頻率 = 100Hz，擷取光感率（sample rate）= 500#/Sec，擷取點數（#）= 100

中圖輸入頻率 = 100Hz，擷取光感率（sample rate）= 1000#/Sec，擷取點數（#）= 100

下圖輸入頻率 = 100Hz，擷取光感率（sample rate）= 1000#/Sec，擷取點數（#）= 100

30.5 操作實例——影像擷取

利用 LabView 裡的 Vision 協助子程式之影像擷取功能中，可以將一個影像由一個以 USB2.0 介面接之類比對數位影像之轉換器，可以直接將影像直接輸入 LabVIEW，並可以作影像處理或其他光機電功能上的運用，以下以一個簡單的例子說明。

本例子是由一個以 USB2.0 介面接之類比對數位影像之轉換器擷取影像。首先，先在視窗上按兩下：即進入LabView啟動畫面；如圖 30-9，再按下Launch LabView 即可進入主程式畫面。

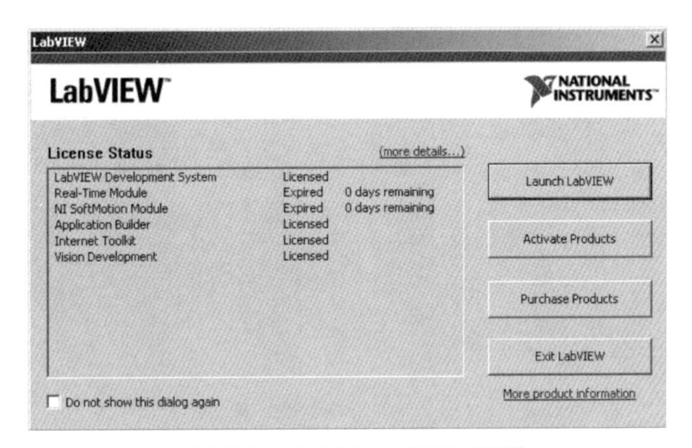

圖 30-9　LabView 啟動畫面

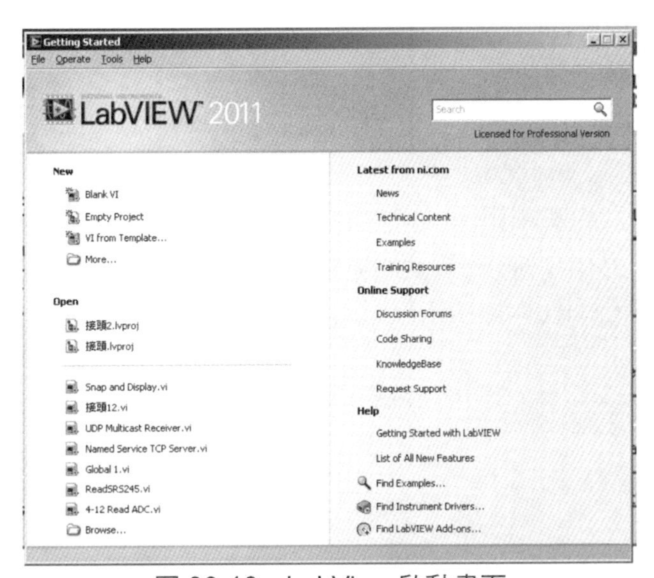

圖 30-10　LabView 啟動畫面

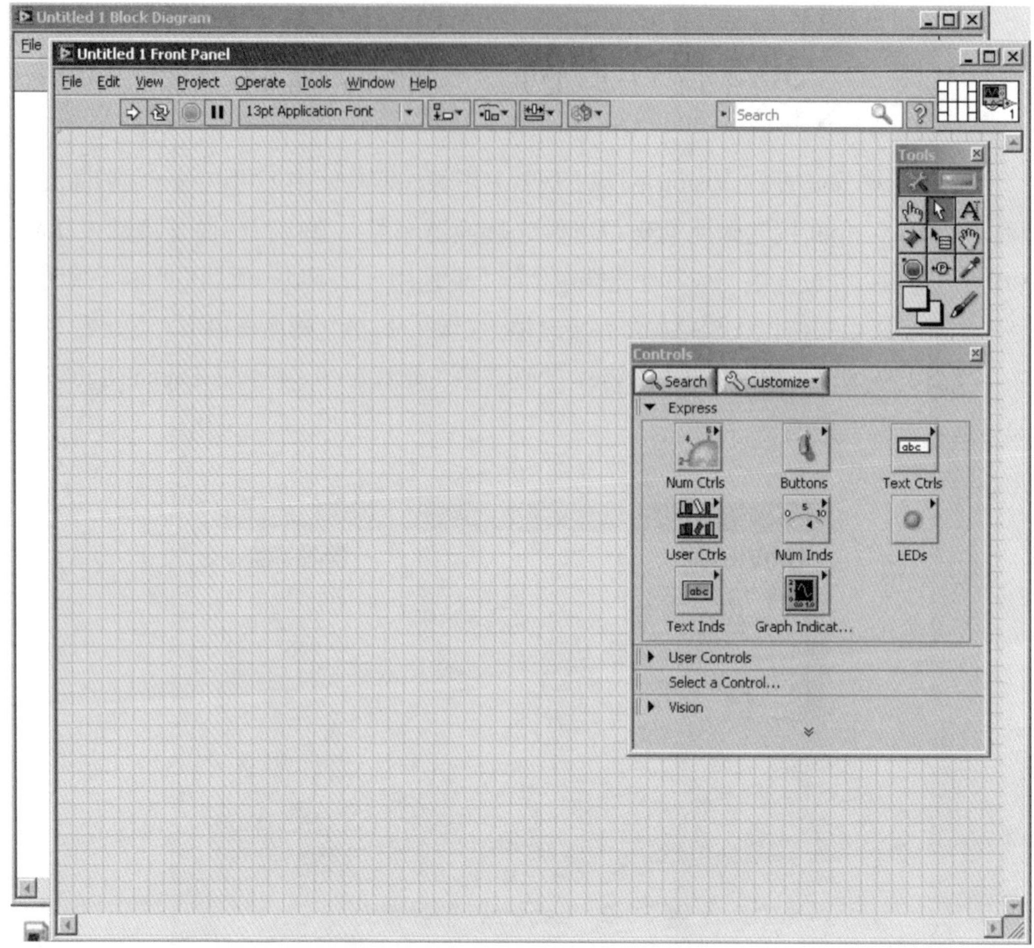

圖 30-11　LabView 面板主畫面

30.5.1 影像程式的撰寫

LabView的程式的撰寫並不是逐行撰寫，而是在圖形程式中改變或加入指令，並改變參數。在 VISIO 中找到影像程式的範例：Snap and Display Continuous 程式，並載入，如圖 30-12，再由其中改變或加入指令，並改變參數。

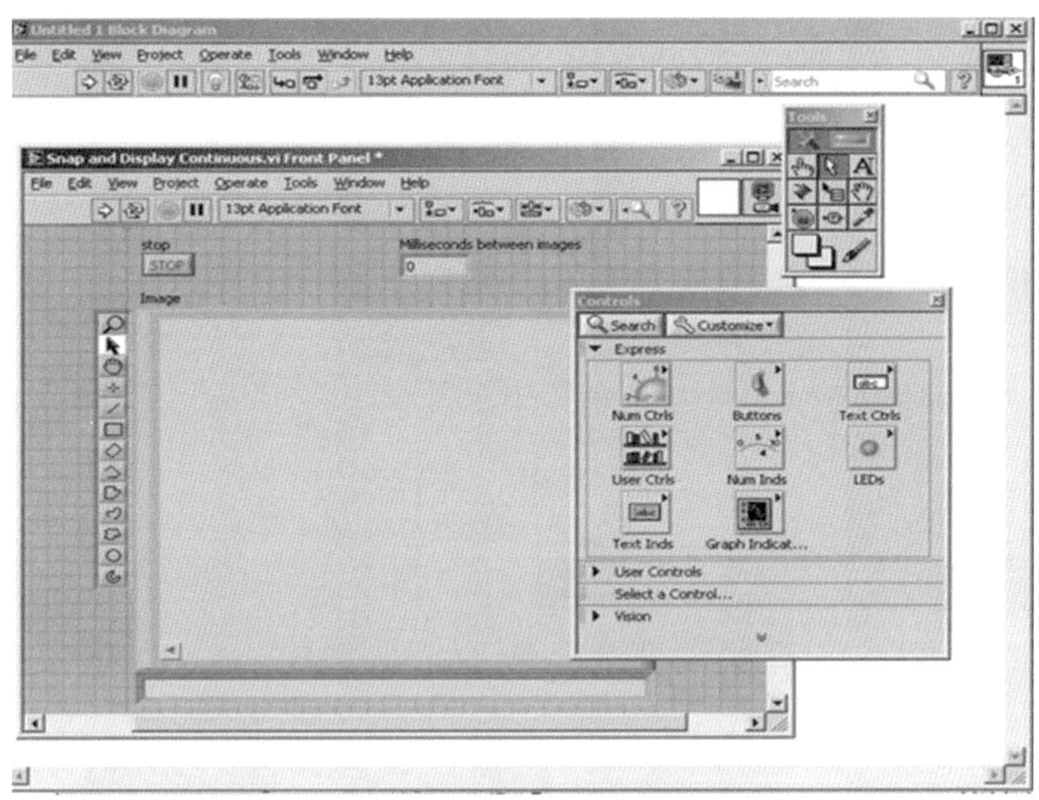

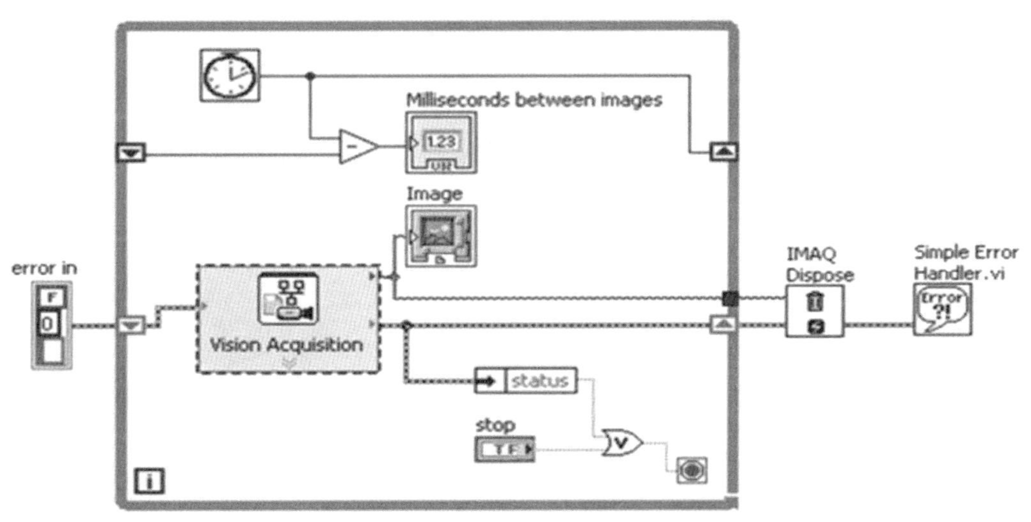

圖 30-12　範例：Snap and Display Continuous 程式

30.5.1.1 輸入介面的設定

LabView 的程式的對其他硬體的介面必須經過 measurement & Automation 這程式得以定義 ，如圖 30-13。

在 Snap and Display Continuous 程式，按下 Vision Acquisition 時，就直接進入 measurement & Automation 這程式，然後自動進入設定之畫面；本畫面主要定義界面，LabView 界面有很多，如：IEEE488、RS-232、PXI、高速網路介面等，在此選擇 NI-IMAQdx，在圖 30-13 右可顯示熟出介面的名稱 AverMedia Polaris Camera。

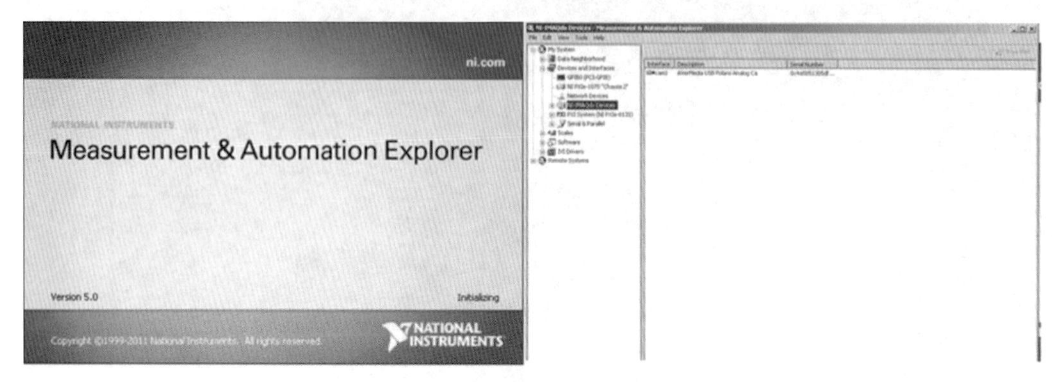

圖 30-13　measurement & Automation 程式

30.5.1.2 取像參數的確定

再由 measurement & Automation 程式，的 CAM1 按下，可得到圖 30-14，可以定義畫面大小、顏色等，如圖 30-15，也可選擇連續或單張取像，再此，選擇有限連續，在此已完成影像選擇的設定。

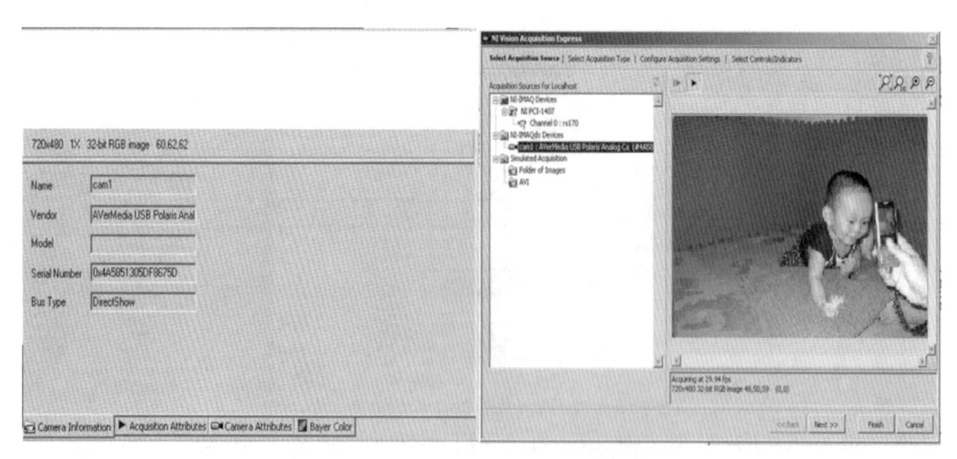

圖 30-14　Vision 程式參數設定頁

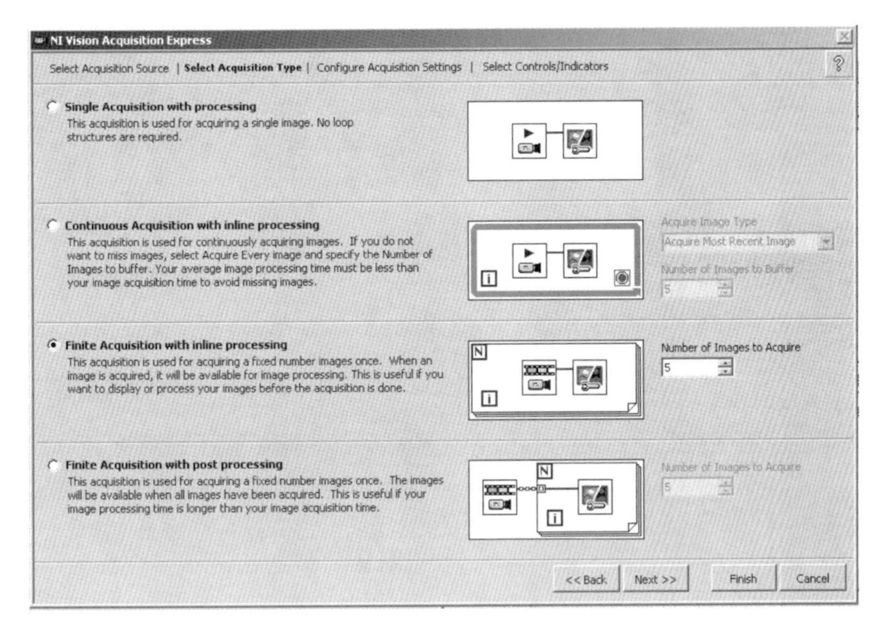

圖 30-15　Vision 取像選擇頁

30.5.2 影像程式的測試

在完成設定後，會回到圖 30-14 畫面，再執行 LabView 程式，可以呈現如圖 30-16，其中的影像是即時影像，可進一步處理，或者可以存檔如圖 30-17。

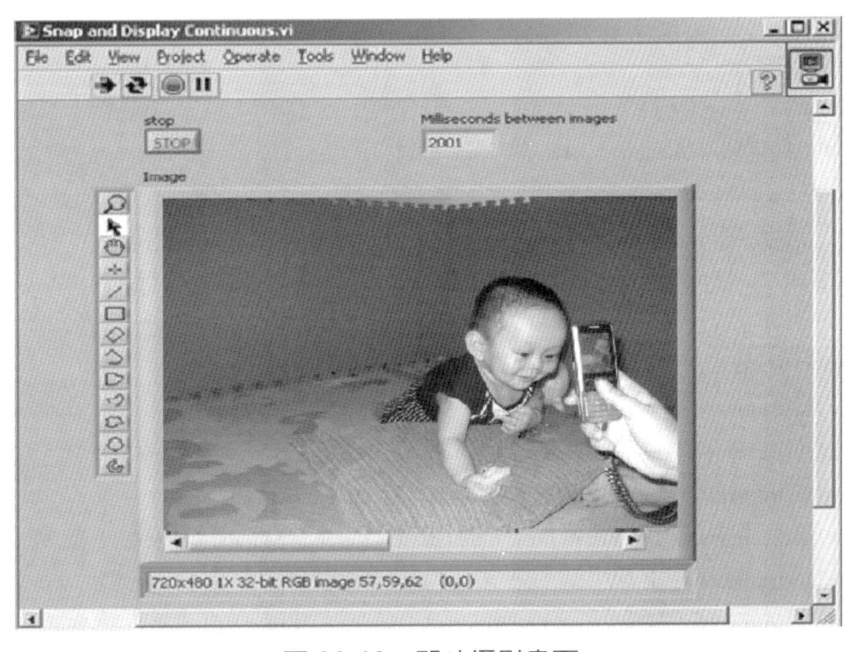

圖 30-16　即時攝影畫面

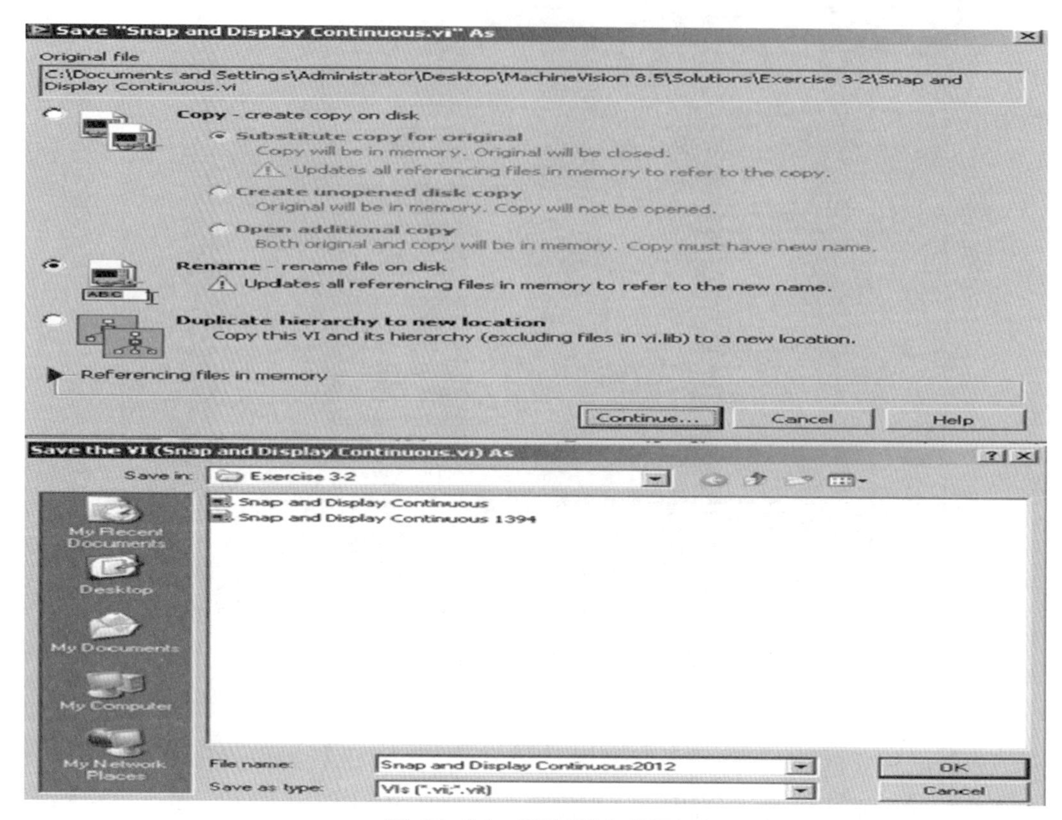

圖 30-17　檔案儲存畫面

參考資料

1. National Instrument, Machine Vision 2011 訓練教材。
2. Lisa K.Wells, and Jeffrey Travis 原著，蕭子健、儲昭偉、王智昱編譯，『LabVIEW 基礎篇』，民國八十七年。
3. Lisa K.Wells, and Jeffrey Travis 原著，蕭子健、儲昭偉、王智昱編譯，『LabVIEW 進階篇』，民國八十八年。
4. National instruments, 『instrumentation Catalogue 1998』, 1998.
5. National instruments, 『DAQ-AT-MIO/AI E Series User Manual』, 1996.
6. National instruments, 『LabVIEW User Manual』 ,1998.
7. National instruments, 『LabVIEW Windows User Manual』, December 1993.
8. National instruments, 『LabVIEW Function and VI Reference Manual』, 1997.
9. National instruments , 『LabVIEW Data Acquisition Basics Manual』, May 1997.
10. National instruments , 『LabVIEW ForWindows Data Acquisition VI Reference Manual』, Decem-

ber 1993.
11. National instruments,『IMAQ Vision For G Reference Manual』
12. National instruments,『IMAQ Vision User Manual 』

習題

1. 前面板和 Labviews，由塊圖的職能，並演示一個例子。
2. 說明 VISION 如何取圖。

軟體操作題

1. 用程式以一個 USB 影像介面，取一影像並予以儲存。
2. 撰寫一個以 DAQ 介面或 IEEE488 介面的溫度和電壓讀取程式。

第四篇

製作和測試

光機電的元件和產品組裝及測試，在此將討論製作過程所需的各個步驟，也包括是光學基本的測試。依光學製作和測試、電路製作及機械加工等次續，在以下章節中討論。

I. 光學製作

第三十一章　光學元件製作

本章節主要討論光學元件的製作過程所需的各個步驟，也是光學工廠基本的作業流程。

31.1 胚料

常用的量產光學材料，經常使用初步加工鑄造未加工粗材的玻璃。這是將大量的玻璃材料加熱成膠狀態和做成原先預定金屬模子的形狀。然而，在使用未加工粗材到完成的元件時，要考慮到將處理的被消去材料或在加工時邊緣必須除去的粗材（在極小值）或是低品質，包含缺點或粉狀火泥被使用在造型未加工粗材的外層。通常透鏡的未加工粗材比完成的透鏡厚 3 毫米及直徑大 2 毫米。稜鏡的未加工粗材比完成的透鏡在各加工表面大 2 毫米。這些預留公差量是隨各粗材的大小變化。然而，對於較完好的未加工粗材預留量則較少。但是，當未加工粗材是昂貴的材料，譬如矽或稀有材料，在加工時除了保留較小的預留量並同時將被除去的材料搜集保存下來並再利用。雖然多數未加工粗材多是單數，但是，在成本較為省錢考量上，常是以「群」的形式加工小元件。群的形式加工也許包括五或十未加工粗材置放於一個薄的圓盤上。如果被鑄造的未加工粗材是不容易得到的，或是稀少的類型材料，將未加工粗材先用切削或鋸成適當的形狀成為小型的儲料。未加工粗材可使用分極鏡，能相當容易檢查，因於玻璃粗劣的燜火所出現的張力。折射率的要求需要準確，通常是將平板玻璃拋光後，切割取樣。但是，如果批次未加工粗材是一般材料，只需要將一兩片未加工粗材作折射率的檢查，因為折射率在同一融解的玻璃之內是相當一致的。因為最後的燜火過程，為提高折射率，卻使得張力出現，因而折射率產生變量。尤其，當未加工粗材的形狀較厚，中心在厚度上有大變量，要使得裡外折射率一致非常困難。所以，折射率的變量在大的未加工粗材較大。尤其是對一些難鍛煉的異於尋常的光學玻璃特別明顯。然而玻璃以平板形狀更加容易使得鍛煉玻璃折射率均勻，尤其對重要透鏡特別需要。

31.2 初胚塑造

在初胚塑造的製作，經常使用附著鑽石的研磨輪完成。在球面狀表面，有以下過程產生：①將未加工粗材被真空吸附軸並轉動，並和一個轉動的環型鑽石研磨輪有一個設定角度，如圖 31-1，描述這一個裝置可製作產生球面。②球面半徑通常由被加工透鏡伸出邊緣的鑽石研磨輪軸和支點形成有效的直徑。③球面大小由二個軸（真空吸附軸和鑽石研磨輪軸）之間角度而且確定。④而厚度則是決定在真空吸附和鑽石的研磨輪之距離。平面研磨的工作是大略相似二個軸平行的方式完成。長方形初胚是用銑床成形後，再使用鑽石工具加工。

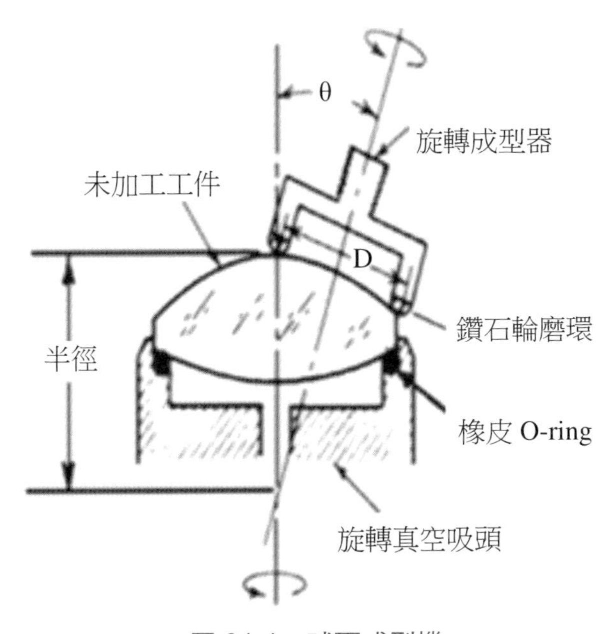

圖 31-1　球面成型機

31.3 研拋固裝

在光學工廠的習慣上，處理研拋固裝是將光學元件以倍數緊固或共同固裝成一個適當的數字的元件。其主要理由有二：其一是幾個元件同時被處理，可節省成本。其二是當處理平均在更大的區域由一定數量的片數時，表面結果會更好。

為著特別目的之元件是以蠟和松香各種各樣的化合物附著，常被使用。瀝青是有用的吸附材料，因它在加熱時具有吸附性，而在冷卻後對表面並不黏附。瀝青吸附元件只要變冷時是易碎的狀態，只要輕拍擊，吸附瀝青就脫落並碎落。

典型地元件被緊固在預鍛模具，由被鑄造件和元件的後面的瀝青底盤（瀝青適當的加熱），然後底盤和預鍛模緊密結合，如圖 31-2。（元件的表面和瀝青底盤對齊後，經由一適當的半徑放置工具，放入預鍛模內。）

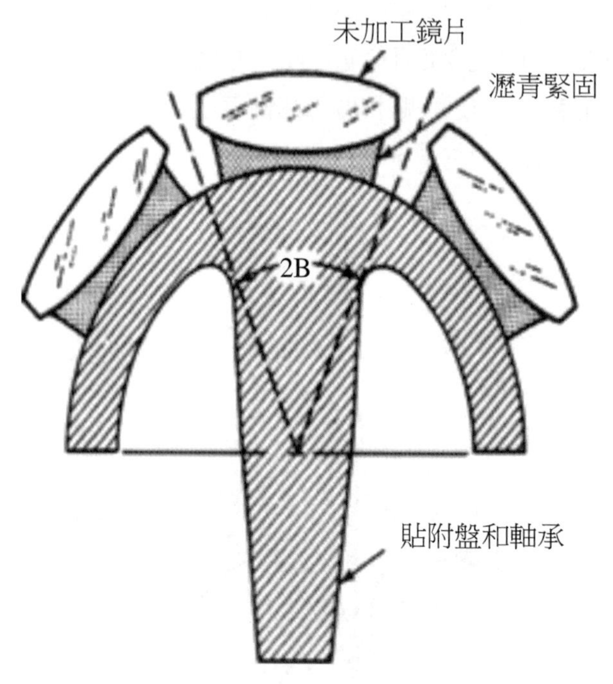

圖 31-2　玻璃上模

處理元件的花費與可能被緊固在工具元件的數量上明顯地緊密相關。雖然沒有簡單的方式可確定這個數字，但是，以下表示（是「有限制情況」表示，被適合修改以符合實際數值）每製具含一個元件內是準確的。

為平板表面：

$$\text{每製具的工件數} = \frac{3}{4}\left(\frac{D_t}{d}\right)^2 - \frac{1}{2} \qquad \text{式 31.1}$$

每製具向下四捨五入到最近的整數，

D_t 是製具阻板的直徑，並且 d 是每工件的有效直徑（和應該包括容限為清除在元件之間）。

為球狀表面：

$$每製具的工件數 = 6\frac{6R^2}{d^2}\left[\frac{SH}{R}\right] - \frac{1}{2} \quad 式 31.2$$

在此R是表面半徑，d是透鏡直徑（包括有效孔徑極限），並且SH製具的高度。

為分散角為 180°時 SH＝R

上式可表示為

$$每製具的工件數 = \frac{6R^2}{d^2} - \frac{1}{2} = \frac{1.5}{(\text{Sin B})^2} - \frac{1}{2} \quad 式 31.3$$

四捨五入向下到最近的整數，B依照被表明是一半角度由透鏡直徑擴張（加上間距極限）從表面的曲率中心，如圖 31-2。它有幾個透鏡的工具，以下表格為方便參考用的。

表 31-1　工件數與尺寸表

件數	最大 d/D	最大 Sin B	2B
2	0.500	0.707	90.
3	0.462	0.655	81.79.
4	0.412	0.577	70.53.
5	0.372	0.507	60.89.
6	-	0.500	60.
7	0.332	0.447	53.13.
8	0.301	0.398	46.91.
9	0.276	0.383	45.
10	-	0.369	43.24.
11	0.253	0.358	41.88.
12	0.243	0.346	40.24.

31.4 拋光

元件的表面改善，需進行一系列研拋的手續，在光膠漿和生鐵使用寬鬆研磨劑的研拋工具。如果元件產生其研拋的過程是從粗加工時，就需用快速切口剛玉粉開始研拋。否則，就可以從一個中級拋光半成品開始進行細拋光，將可使玻璃的柔而光滑。

研拋（和拋光）球狀表面達到高度精確度過程，與相對取用球狀表面粗設備的獨特的研磨面的優點，即凹面球形和同樣半徑凸面球形親密地與聯繫，不管他們的相對任何方向。因而，如果是近似地球狀的二個嚙合面被接觸（與研磨劑在他們之間），並且任意被彼此移動，一般傾向是在兩表面互磨時，在兩工件的最高點會接近於真實的球狀表面。

如圖 31-3，通常凸面物件（或預鍛模或研的工具）是裝在一個電動的紡錘，並且凹面物件被安置在上面。上部工具只將球頭針放入插口，以壓抑自由轉動，是依照被它滑的聯絡導向桿用以壓制更低的物件：它像更低的物件傾向於承擔自轉的同樣有角率。球頭桿擺動反覆以便在二個工具之間連續變化。由調整球頭桿的垂距和高度的動作，在玻璃能修改光學外型的樣式因而影響詳細的產生對數值過程修正及半徑均一值。各個製程可連續地使用剛玉粉，將先前操作留下的坑再被研平，直到最佳狀況。

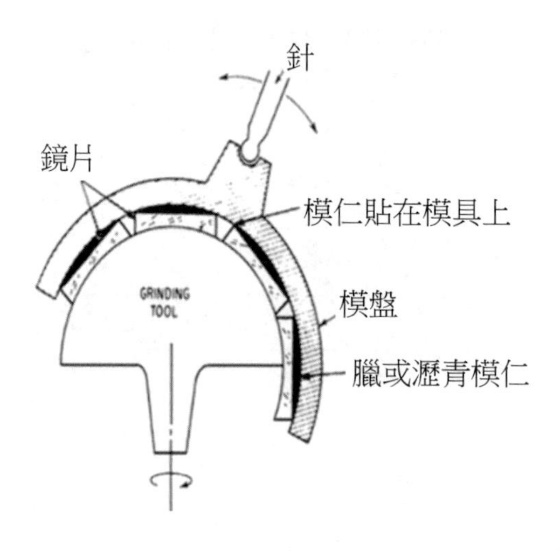

圖 31-3　玻璃拋光機

31.5 精密拋光

拋光的過程是相當類似於研的過程。拋光的工具是用瀝青層，拋光的化合物是光膠漿和胭脂（氧化鋼）或鈰氧化物。拋光的瀝青有穩定的冷卻流程因而在非常短時間能完成成形的工作。拋光的過程是至今仍然未被完全了解。玻璃的表面由拋光的泥漿水解並且收效的膠凝體層數由拋光的化合物微粒刮被埋置在拋光的瀝青。拋光這「水流」在拋光關閉，但以後開放當激昂或暴露在大氣的分析解釋許多現象與拋光，譬如抓痕相交及壓制。在過去曾使用的拋光工具材料，如：毛氈、主角、塔夫綢、皮革、木頭、銅，和黃柏等不同的材料，和那拋光的化合物，成功地用於不同材料。另外，許多光學材料（即，矽、鍺、鋁、鎳，和水晶）有其化學性質，因此，會有各種各樣拋光的機制。一些拋光的媒介物實際上具侵蝕性：一些材料可能是被乾燥拋光的。

連續拋光直到表面免於所有坑或抓痕。板材（或測試玻璃的）用以測試半徑的準確性。這是對被拋光後真實的球形確切的半徑，對板材以波長的一個微小的分數表示出一個非常精確地測量儀。測試板材被安置在接觸以工件，並且在上二者之間形狀區別被形成的可由干涉條紋確定（牛頓環）。二表面的相對曲率，可以判斷是否測量儀與工件接角觸是在邊緣或中心。如果圓環的數量計數，可區別在二條半徑之間差值。

可以式子表示：

$$\Delta R = N\lambda\left(\frac{2R}{d}\right)^2 \qquad \text{式 31.4}$$

R 是半徑，ΔR 是半徑差，N 是條紋的數量，λ是照明的波長，R 是測試板材的半徑，並且 d 是測量被製作的直徑。

一個干涉條紋表示間距在二表面之間二分之一波長的變動。若是一組非圓條紋樣式是非球面表面的特徵。若是一組橢圓條紋顯示為輪胎面。或由拋光機的衝程的調整或拋光的工具的修刮，可以單一除去少部分餘料太高的工件的部分。

31.6 對心

在元件的兩表面被拋光之後，透鏡需要被對心。這由研修透鏡的外緣以便機械軸（由透鏡的地面邊緣定義）與光學軸相符：這光學軸是在二表面的曲率的中心點之間的線。在一個轉動的紡錘對一個準確地被對齊的筒形製具，在視覺對心元件被緊固（以蠟或瀝青）。當透鏡被按在製具上，與製具相反的工件表面，因此與轉動軸及工具自動地被排列。當瀝青是軟的時間，操作員則砂磨透鏡外表面直達到真圓。如果透鏡慢慢地被轉動，或者表面的任一離心是可發現作為由那表面形成被反射的影像的運動（一個附近的目標）。為高精密度的工作，影像也許以望遠鏡或顯微鏡被觀察，以增加操作員對影像動的敏感性。然後透鏡的周圍可被一個鑽石砂輪研磨達到期望的直徑。此時斜面或防護斜面通常也以同樣方式研製。為適度地省錢的生產精確光學，一個機械對心的過程被使用。在這個方法，叫做「玻璃型」或「鈴型」對心，透鏡元件被夾住在二個準確地被校正的筒形工具之間。工具的壓力導致透鏡滑動直到在工具之間距離最少，如此，將透鏡對心。然後透鏡被轉動鑽石砂輪研磨預估的直徑。

如果元件是一個複合組件的一部分，由用光膠塗按照要求，完成由低反射塗上表面的透鏡的製造。標準修改處理技術有時必須為較不常見的材料。特別是在研磨易碎的材料（即，鈣化）必須小心處理。用軟刷是更好的，有時肥皂來增加磨蝕，並且在生鐵位置，軟的黃銅研磨工具常被使用。另一方面，由於青玉（Al_2O_3）極端堅硬無法與普通的材料被處理，但是可以和鑽石粉末研和拋光時同時被使用。使用會受破壞的光學材料研磨時，是用一種泥漿的材料飽和溶液。例如，如果玻璃研磨時受到水破壞，煮沸了或被浸泡在水裡幾天玻璃粉末所組成的泥漿。或有時可選擇煤油或油泥漿。被使用了在泥漿的其他液體：包括 1，2-亞乙基二醇、丙三醇，和三乙酸酯。

31.7 高速處理

若表面準確性需求不是高精度的光學元件，製程是可以加快的。平常研磨時間通常需要長時間。拋光需要 1 或 2 小時，對在困難的工件則要 8 或 10 小時。這些操作可能由增加加速紡錘自轉的光感率和調整工件和製具之間壓力。製具穿戴和變形是後續問題，如此對變動是非常有抵抗性。使用製具面對鑽石微粒或被銲接在金屬矩陣研磨是成功的方法：這叫做化學藥粉研拋或粒子研拋。拋光使用金屬（鋁）工具，對塑膠（即，聚氨酯）稀薄的（0.01 到 0.02 吋）層數完成面加工。寬鬆研磨劑不被使用。處理時間要求到數分鐘：表面拋光在 5 或 10 分鐘之內可以完成。半徑產生器所製的製具半徑有一個確切的關係，對鑽石顆粒式研磨製具不合是常有的，因此需要研製堅硬塑膠拋光半徑的成型製具，以達到精準的半徑要求。這個過程廣泛被應用為太陽鏡、過濾器、低廉照相機鏡頭等。若表面幾何傾向於設計最大公差時，使用固定磨蝕研製具，雖會導致一些表層下破碎，但這製程是快且節省的，但是如果有製具的要求及優化調整步驟達到時，會使量產受到限制。

31.8 非球面製作

對於非球面、柱面及輪型面並沒有共同的球面，因此他們製作的過程都不相同。當球面可預備好研拋（因為任一條線通過中心是軸）。但是，非球面只有一個對稱軸，因而可任意研拋產生球形，對於非球面必須有不同的方法。普通的球面光學，表面是對真實的球形是在幾萬分之一英寸內。對非球面的精確度可能由複合式的測量的組合和熟練的「手工校正」或它的等效的方法。適度半徑圓柱形表面可能由加工引起物件在中心之間（即，在車床）。但是，任一不規則在過程中傾向於在表面顯示凹線或圓環。這可能由增加控制軸工作，沿軸相對自轉。在工作圓柱面裡，難避免小量的逐漸變得尖細（即，圓錐形表面）。

大半徑圓柱面難搖擺在中心之間和通常工件和工具軸同時處理，用以壓抑及避免馬鞍表面的一個 x-y 晃動的機制。

自轉加工，譬如拋物面，橢球等非球面，如果精確度是低精度可有普通的生產數量，例如，目鏡組。通常使用一套凸輪被引導的研拋的製具（與鑽石輪）盡可能準確地產生非表面。

理想研磨，然後拋光表面，而不改變其凸輪外形則較困難。因為均一的運作，表面的任一動作會傾向於改變成為球狀。另一極端可能是採用跟隨表面等高的彈性的製具是必要的。但是，他們有彈性雖可以完成他們的目的，但在製造過程，會使得在製具表面不規則性光滑，引起的製具形狀的改變。因此氣動力學（即，空氣填裝，有彈性）或吸水的製具，已證明可以使用，並且製具外型不會改變。

非球面在準確地被研磨和被拋光後，需要被測量，必須用「手動」或「微分量」實際校正。測量技術必須足夠精確查出和定量誤差。每一優質工件的測量表面畸變必須能用波長的比值表明。Foucault 刀刃測試和 Ronchi 光柵測試廣泛被應用，這些非球面測試都會直接應用，雖然有許多非球面應用（即 Schmidt 校正板材）測試必須和全系統測試才能確定在非球面的誤差。

若當表面是接近設計值，它可能用干涉儀測試，即一臺簡單的干涉儀：在球面透鏡被測試時是當然的測試板材。但是，對非球面表面就需要非球面波前修正的測試板材，以便非球面因匹配干涉儀的參考波前波而反射。對圓錐形表面，就需要輔助鏡，以便使圓錐曲面形能從焦點對到另一焦點，並且可建立一個完善的完全圓錐面參考波前。一種更加普遍是使用校正鏡，此校正鏡是依待測鏡設計以非常精準的研製手續，使得改變表面形狀，使得反射波前線能確切形成球面狀。對橢圓球，未校正球狀消除拋物面以一過校正的一兩個平凸透鏡可測試它的曲率的中心，若用標準鏡也是一樣簡單。但是對一般非球面，也許標準鏡製作是相當複雜的。

當表面誤差被測量後被驗出時，面拋光修正是對表面高的區域。這可由刮磨方式（以一臺大型拋光機和一個非常短的衝程）對那些較低區域的表面，拋光機做拋物面細拋光以完成表面。譬如使用在一臺小天文學望遠鏡，表面是足夠接近球形，修正方法可能由修正簡單地經常影響拋光機的衝程。但是，為大非球面工件，修正是困難的，通常最好使用小或圓環（環型）製具一次直接磨掉較高區域。某一區域有相當數量需要研磨，須纖巧和精良方法：如果過程是繼續一分鐘或比較長時間，則需要一個被壓的圓環表面匹配，使整個工件平衡研磨達到較低區域的面。

目前，幾個公司已開發了更多或較少自動化過程的設備。包括，一臺電腦控制的拋光機，使用一個小拋光的工具（或工具包括被驅動對中心旋轉的三個小工具）被安置在工件指定需要研拋的區域。其位置和停留時間是依據表面的干涉圖，加上拋光的製具產生的圖樣的知識。對一臺小而被驅動的拋光機不僅可以在拋光環型區域工件，也可以對不對稱的表面誤差能有效率修正。

其他電腦控制的過程叫磁性拋光技術。這裡拋光的泥漿包括一變種磁性鋼化合物。泥漿通過轉動的透鏡，被移動並且磁場導致泥漿在透鏡僵硬。這引起對表面的一次地區化的拋光的（或佩帶）動作。電腦控制之下推進入移動，使透鏡在泥漿裡晃動和轉動，表面能因局地拋光達到預期的表面。再者，以透鏡的位置區域化的拋光的動作，一個不對稱的表面誤差量可被同步校正。

31.9 Single-point 鑽石輪磨機

現代數位控制車床極端準確，並且已經能夠達到光學完成面和現代銑床也可完成精確幾何光學表面。如圖 31-4，切割工具使用單點單晶鑽石，並且在機檯上，用視覺機器製造，一臺車床與一定位飛刀。單點鑽石加工機的操作葉子工具標記這完成的表面加工，其最後加工面類似繞射光柵。這製程是有其限制的，在完成的工件表面的轉動的標記外，常需要經過「後加工」使其光滑。更加嚴格的限制是，唯一材料可適當的用機器製造，雖然，光學玻璃不能使用。但是，有幾種可用的材料是能加工的，包括銅、鎳、鋁、矽、鍺、鋅硒化物、硫化物和塑膠。因而，鏡面和紅外光學可能被這樣製造。紅外光因波長較可見光波長大 20 倍。以這樣的製作方法，正確的將非球面作在球面表面一樣容易做，這樣的工件目前已在紅外和軍事光學廣泛使用。

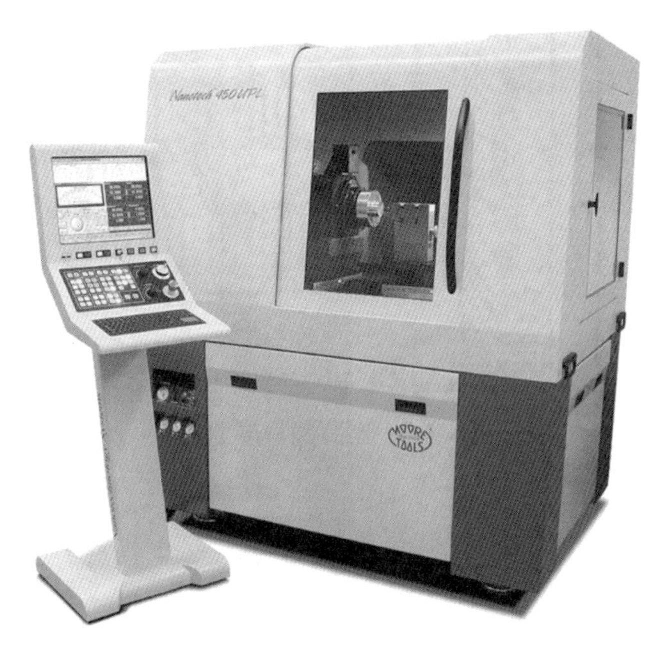

Moore Nanotechnology Systems， LLC (Nanotech®) is dedicated to the development of ultra-precision machining systems

圖 31-4　鑽石輪轉加工機

31.10 塑膠鏡製作

塑膠鏡製作在批量生產過程中的另一優勢是將透鏡元件和緊固零件一次鑄造完成。實際上能設計出容易相互組合的零件，並且一滴適當溶劑便可永久組合。如圖 31-5，在製成工件時，以金屬或鋼性較強的物質作成一組模具，在大量生產時，塑料後入口加入，控制進料流量，進入高壓管，進入模仁，經過優化過的流程，經控制單元，完成進入填充，壓製，釋放，冷卻及修整，而產出塑膠鏡片。

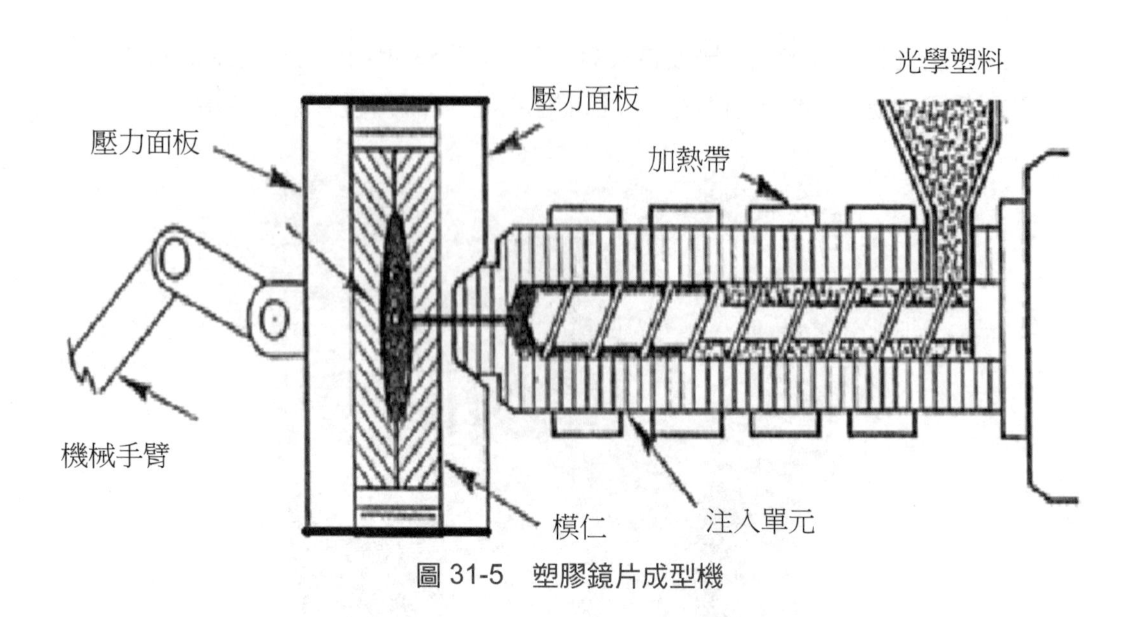

圖 31-5 塑膠鏡片成型機

31.11 反射鏡

雖然拋光的塊狀金屬偶爾用作鏡子表面，大多數光學反射鏡利用蒸鍍一個或更多薄膜在拋光的表面（通常是玻璃）上來製造。顯而易見地，先前描述過的干涉式濾波器是作專用反射鏡的實例，他們的光譜特性是合適的。不過，負荷重的反射材料絕大多數應用是真空蒸發鋁薄霧在底層沉積。當正確地使用時，鋁有相當高反射率的寬光譜帶並且合理耐用。幾乎所有鋁鏡都是「過渡沉積」矽氧化物或鎂氟化物薄保護層。這種結合生產鏡子的第一個表面，其強度足以禁的起一般處理和不過度地清潔和其他形式的磨損。

圖 31-6 為幾個蒸發的金屬薄霧的光譜反射特性。除銠的曲線之外，這裡列出的反射率很少能被在實用中去達到；銀薄層將失去光澤和鋁薄霧將被氧化，所以反射率易隨時間而減少，特別在更短的波長。當鍍膜被正確地保護時，銀的高反射率才管用。

圖 31-7 為商業鋁鏡的特性種類。一般的防護鋁鏡預計有大約 88%的平均視覺反射率，或更多層干涉薄膜可加入以改進反射率，在額外成本可接受的情況下。另一面低反射率的損失帶來了鏡子的帶通範圍內的加強反射率，圖 31-7 裡虛線可看出。

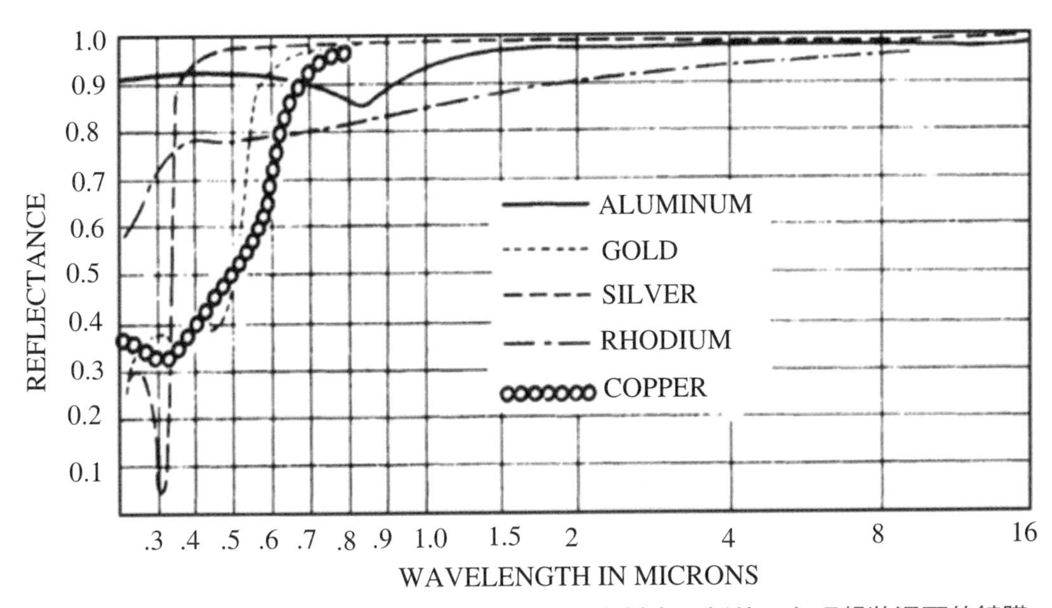

圖 31-6 蒸發金屬薄霧在玻璃的光譜反射率，資料表示新的、在理想狀況下的鍍膜

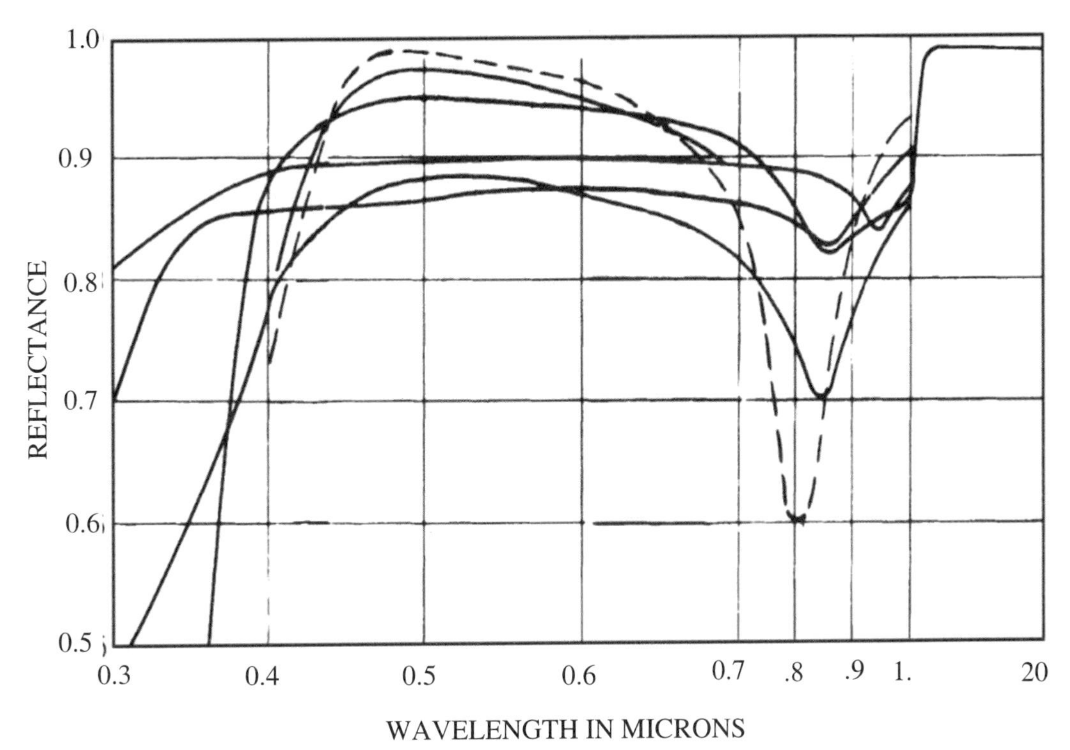

圖 31-7 鋁鏡的光譜反射率。實線是各種過度蒸鍍形式（為了防護或提升反射率）的鋁薄霧。虛線是特別高反射率多層鍍膜。所有鍍膜都可商業上提供

Dichroics 和 semireflecting 鏡是另一種類的反射鏡。兩者都可用來使一束光分成兩個部分。dichroic 反射鏡可個別地分開光束的光譜，它讓某些波長穿透並且讓其他波長反射。dichroic 反射鏡經常用在放映機和其他照亮設備的熱控制。熱鏡是讓可見光範圍穿透並且反射近紅外線的 dichroic 鏡；冷鏡則剛好相反，它則是讓紅外線穿透並且反射可見光。例如，引入一冷鏡到光路中將可讓不想要的熱以紅外線輻射的形式把熱從光束中除去。這些鏡子比吸收熱的濾波器玻璃更具優勢是因為他們不會變熱且不需要風扇來冷卻。Semireflecting 鏡各波段光譜是平均的；它的功能是將一光束分成兩部分，其中每個光譜具有相似特性。圖 31-11 顯示這些反射鏡的多樣特性。

31.12 吸收濾波器

吸收濾波器由可選擇穿透光的材料組成，亦即它們能穿透某些波長多於其他元件。入射光有小百分比被反射，但是沒被透過濾波器穿透的能量的主要部分是被濾波器材料所吸收。廣義上，是吸收濾波器並且偶爾這些材料被引入光學系統作為濾波器。但是，大多數濾波器以增加金屬鹽來清潔玻璃或以染上些微明膠的方式，來生產比自然材料能提供的更多能選擇吸收的材料。

染料膠濾波器的主要來源是伊斯曼柯達公司，Wratten 濾波器的生產線廣泛地應用多用途的染明膠，且其環境要求不那麼嚴格。明膠濾波器通常安裝在玻璃之間以保護其柔軟明膠免受損害。

在濾光器玻璃裡適合使用的染色材料數量是有限的，並且這些可得的濾波器玻璃的類型不像想像中的一樣多。在可見光區裡，有幾種主要類型。紅、橙和黃的玻璃全部穿透紅色和近紅外線線，並且有一個相當激烈的切斷，如圖 31-8。這次切斷位置決定了濾波器的明顯外觀。綠色的濾波器易於吸收紅光和藍光範圍的部分，它們的穿透曲線經常像眼睛的光譜敏感性曲線。藍色的光學玻璃濾波器表現令人失望，它們偶爾不僅讓藍光穿透，也讓一些綠光、黃、橙並且經常還有相當大範圍的紅光。紫色的濾波器穿透紅光和藍光的末端，及完全地抑制黃光和綠光的光譜範圍。大多數光學玻璃公司製造出濾波玻璃和許多生產商業有色玻璃（與「光學」玻璃相反，在製作時更需要仔細控制）。

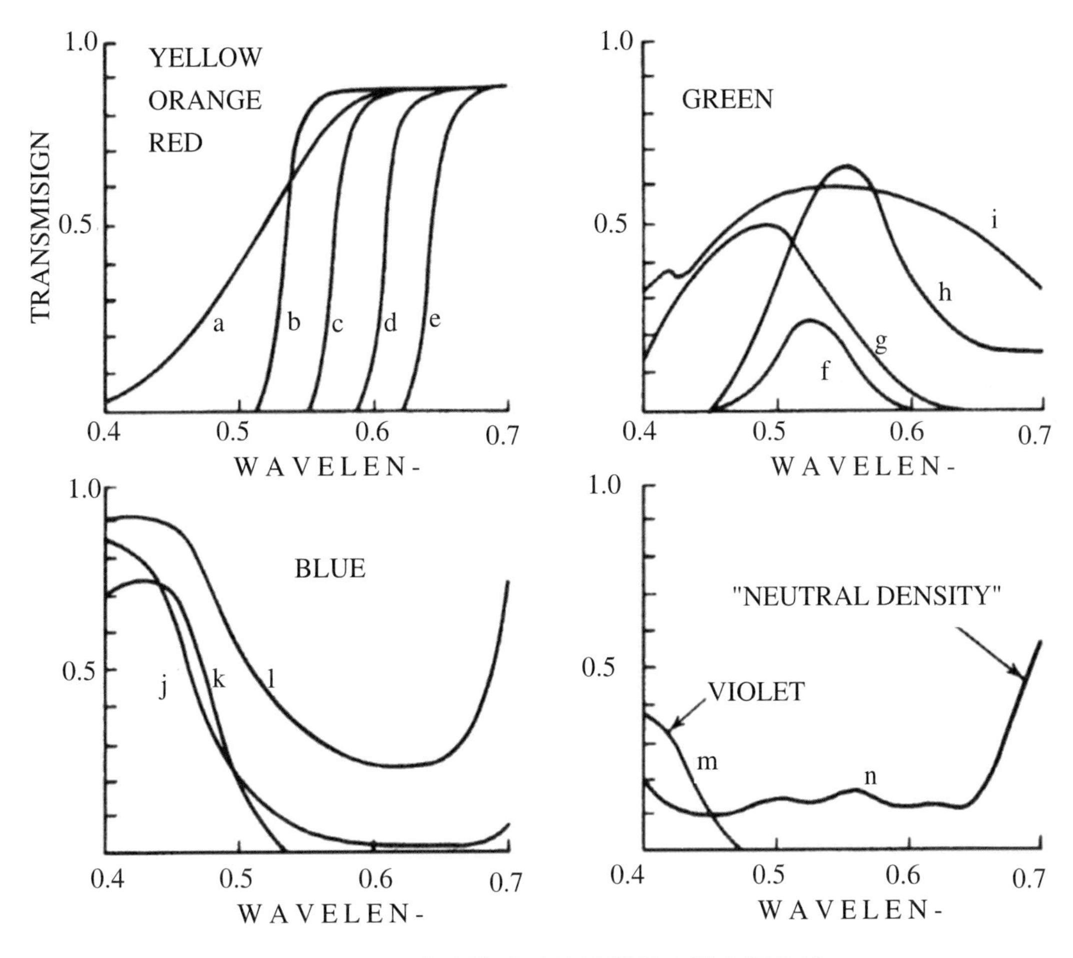

圖 31-8　一些光學玻璃濾波器的光譜穿透曲線

各型的濾波器玻璃穿透特性隨融化情況而變化。如果濾波器的穿透應用要求要準確控制，則調整濾波器的完成厚度以補償這些變化是必要的。紅色濾波器是最易變的，因為它們對加熱敏感，一些紅色玻璃不能重新壓入毛坯內。濾波器的光譜穿透數據通常對應於特定厚度，並且包括 Fresnel 表面反射所造成的損失。為了得到除了額定值的其他厚度穿透率，這裡所要決定的穿透率是指沒有反射損失的「內部」穿透率。

這個過程因為使用穿透率的對數-對數坐標圖而簡化許多。Schott 目錄的濾波器玻璃利用這類尺度，一目了然的圖使評估厚度改變影響成為可能。圖 31-8 的研究表明出這類穿透率圖，對相同的濾波器在上面放對數-對數尺度，下面放線性尺度。對照對數-對數尺度，簡單的圖上垂直位移影響厚度變化。右邊厚度尺度決定了位移量。以這類形式繪製的數據是穿透率。為了確定濾波器的總穿透量，表面反射損失一定要考慮到。

玻璃濾波器也有能穿透紫外線或紅外線範圍而不能穿透可見光範圍的玻璃。圖31-9 顯示了這些典型濾波器的穿透圖，熱吸收玻璃被用於穿透可見光並且吸收紅外線的能量。這些經常被在放映機裡使用來保護底片或 LCD 擋住投射燈的熱。因為它們吸收大量輻射熱，它們本身相當熱並且必須被仔細安裝且冷卻避免熱膨脹破損。由圖31-9 光譜的穿透特性，磷酸鹽玻璃易有大氣泡，不過並不影響其大多數應用。

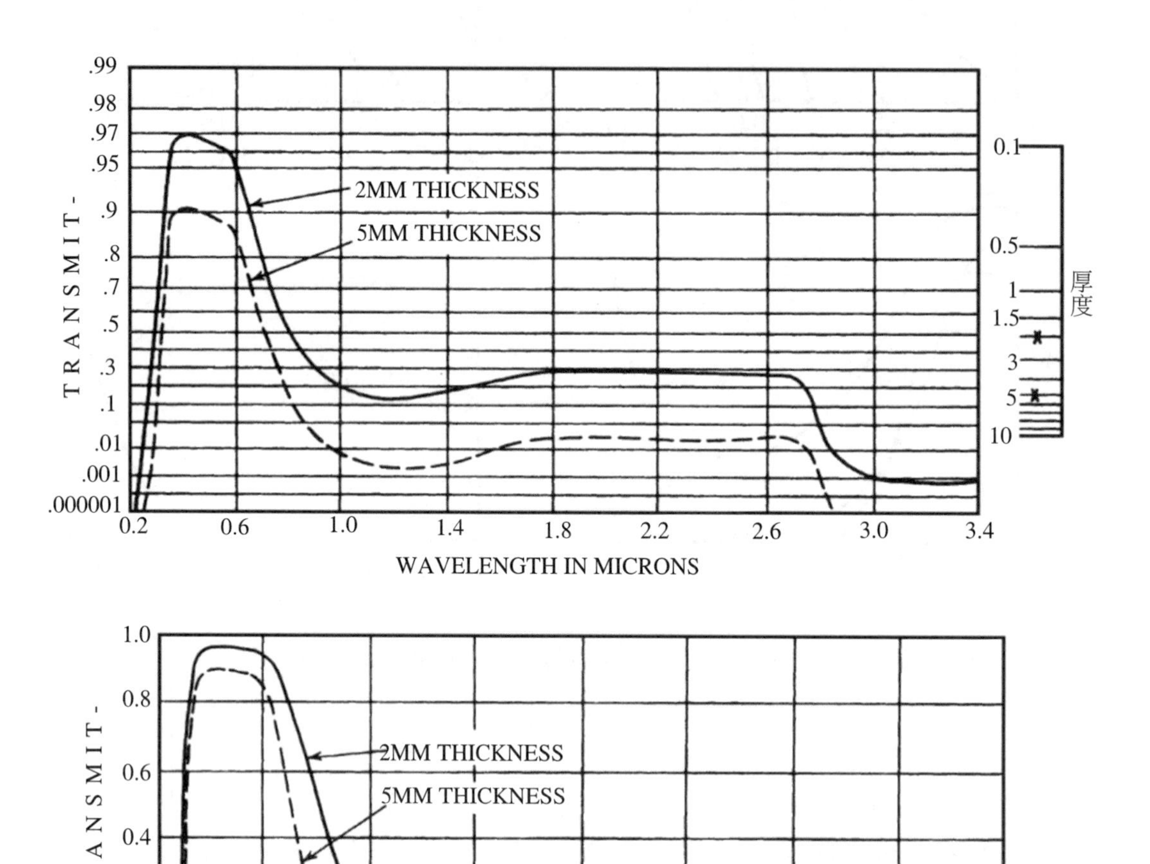

圖 31-9 不同厚度的穿透率

圖 31-10 Schott KG2 熱吸收濾波器玻璃的光譜穿透率，上面是對數-對數尺度。注意到兩圖的垂直間隔與右邊 2 到 5 的厚度尺度相同。同樣的數據畫在下面傳統線性尺

度上以茲比較。

Aklo 是一種平版玻璃，用特殊的化學配方，能對紅外線熱輻射、吸收，在 1930 年代是一種常用熱吸收玻璃。

31.13 散射材料和投射螢幕

以一張白色的吸墨紙為（反射）散射材料為例。打到它表面的光被四面八方散布，因此，不管從被照亮角度或被觀看的角度，紙看起來有幾乎相同的亮度。完美散射（或 lambertian）是任何角度都有相同明顯的亮度。因此每單位表面面積所輻射出的能量可以用 $I_0 \cos\theta$ 表示，其中 θ 與表面法線間的夾角及 I_0 是元件面積垂直平面方向的強度。

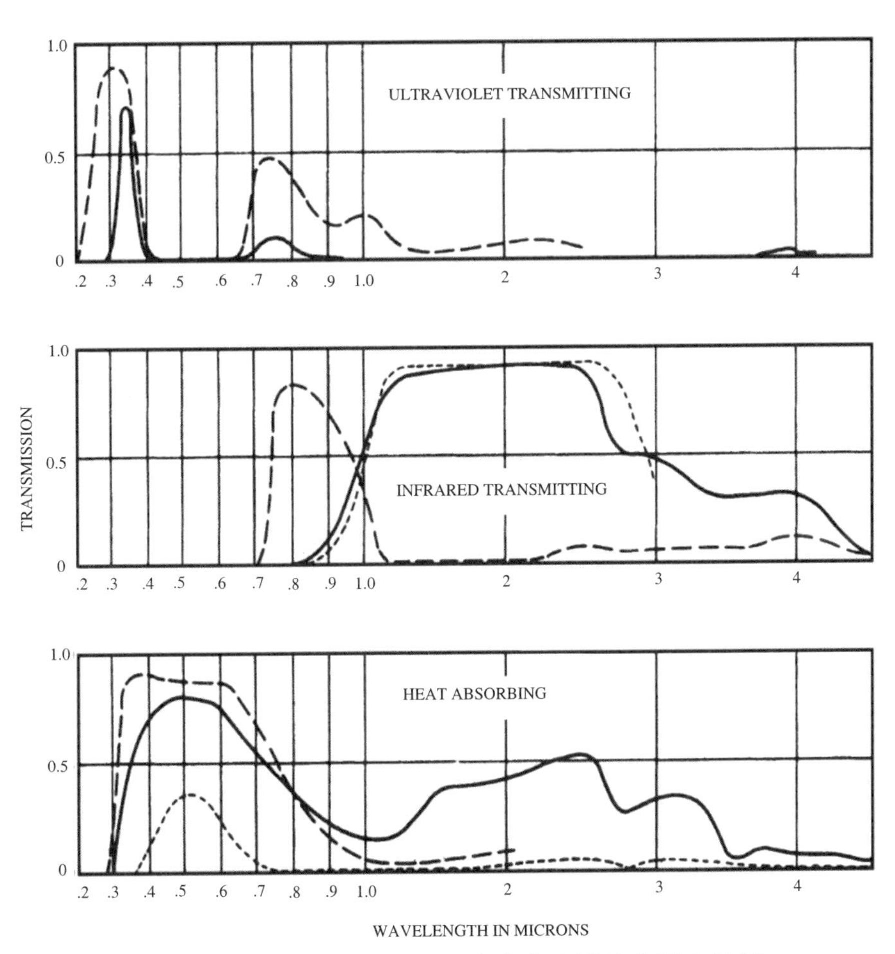

圖 31-10　一些特殊目的的玻璃濾波器的穿透率性質

圖 31-10 中，紫外穿透：實線為 Corning 7-60；虛線為 Corning 7-39。紅外穿透：實線為 Corning 7-56（#2540）；虛線為 Corning 7-69；點線為 Schott UG-8。熱吸收：實線是 CorningI-59 extra Light Aklo；虛線是 Pittsburgh Plate Glass #2043 Phosphate；點線是 Corning I-56 dark shade Aklo。

有許多相對高效率的相當好的反射散射器，表面粗糙的白紙是非常便利的一種且可反射出入射可見光的百分之 70 到 80。因為鎂氧化物和鎂碳酸鹽的百分之 97 或 98 等級的高效率，所以經常在光測的工作裡使用。

完全散射反射鏡的亮度（明度）與落在它上的照明度及反射率成正比。如果照明度以呎燭光測量，乘上反射率後產生呎-朗伯。亮度以朗伯表示時以每平方公分流明的照明度乘上反射率，如果其乘積除上，結果為每平方公分燭光亮度，或是平方公分球面流明度（見第 6 章有更多的光度考慮的材料）。

如上述，不管從任何角度觀看，完全散射表面總有相同的亮度。不完全散射的投影螢幕則有零到放映機光源分布的亮度。例如，考慮一完美橢圓形狀鏡子螢幕，觀眾眼睛在一個焦點而放映機在另一焦點。所有光都會反射到眼睛而不會有任何散射。從眼睛的位置看到螢幕的亮度與直接從投射透鏡看進去相同；而當被從其他位置觀看時，螢幕似乎是完全黑。投射螢幕的增益是它的亮度和完全散射螢幕（或 lambertian）時的比率，透過定義得知完全散射的增益為 1.0。散射螢幕從任何方向，其亮度雖然低但是與觀測角無關。螢幕的增益越高，其觀測角隨增益增加而越小。珠狀螢幕和雕琢面，燈螢幕被用來控制光的對心及色散。鋁漆常被用來塗在螢幕以保持極化，而且用光滑曲面在商品上可增加螢幕增益高至 4.0。球狀螢幕能達到如 10.0 的增益，但是這僅限於極端限制角度。很多投射螢幕大約有 2.0 的增益。

穿透散射器用於像後投射螢幕這樣的應用以及產生照明。最通常使用是蛋白石玻璃和毛玻璃（圖 31-11）。蛋白石玻璃包含微小懸掛膠狀的粒子，因為短波長比長波長散射更多，所以穿透光有點淡黃。

圖 31-11 左圖適合一「完美」散射器，表面單位面積的強度分布隨 cosθ而變化。右圖則為單或雙毛玻璃和閃爍玻璃蛋白石的相對強度分布。

蛋白石玻璃通常被作為閃爍蛋白石使用，這是一薄層的蛋白石玻璃相連到透明玻璃的支撐層。閃爍蛋白石的散射十分好。當正常亮度時，垂直 45 度的亮度是大約是從一個完美的散射器期望值的 90%。它的總穿透率十分低，大約 35 或 40%。應當指出的是，好散射意味著入射光被散布成 2 球面，當與一個劣質的散射器相比較時，好的散射器的後亮度螢幕的軸向亮度非常低。

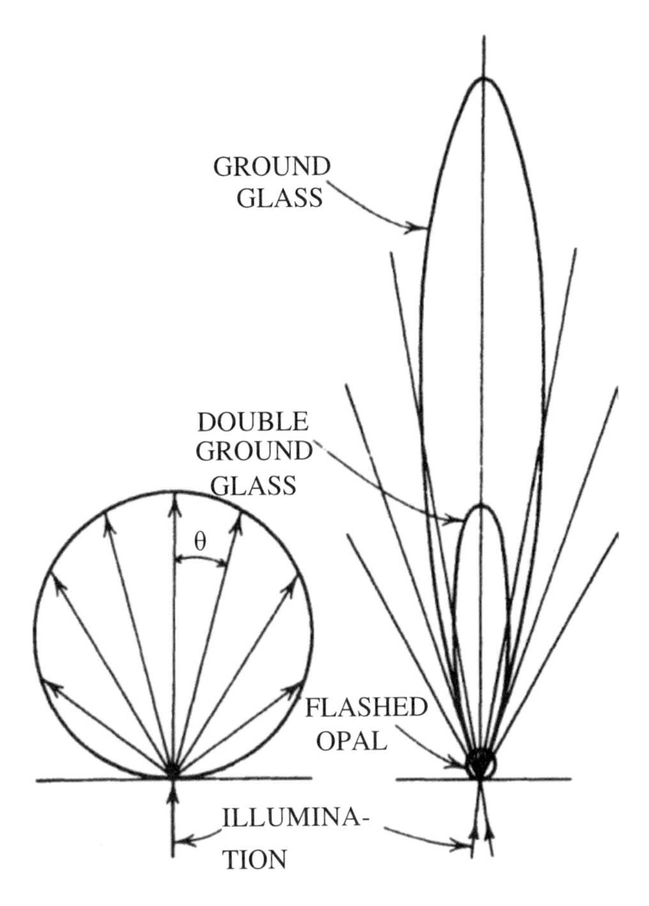

圖 31-11　散射材料的極強度圖

毛玻璃的生產是透過細研磨（或蝕刻）某玻璃面的表面以產出可隨機折射或多或少入射光許多很小的方面。毛玻璃的總穿透率大約是 75%，穿透指向性十分地強，並且毛玻璃不是個完美的散射器。它的特性有一些變化，取決於表面的粗糙度。通常，一個標準亮的表面，其垂直方向 10°亮度大約是標準的 50%；30°亮度大約是標準亮度的 2.5%。當需要部色散射時，這種特性當然十分有用。透過結合兩片毛玻璃（毛的那面結合），穿透率降低大約 10%，但是改進散射；垂直 20°的亮度大約是 20%；在 30°大約 7%。增加兩薄片在它們之間可增加散射，但會破壞它們作為一面投射螢幕的效用。

圖紙有十分類似於毛玻璃的散射特性，與毛玻璃相比較，這是幾種商業上可提供散射曲率比毛玻璃好的塑膠螢幕材料。塑膠表面可做成可控制光傳播的形狀。

在亮的房間裡使用一面後投射螢幕，可被從兩側照亮。房間光降低投射影像的對比。這種狀況有時可用引進一片灰色玻璃（即一個中立的濾波器）在散射的螢幕和觀察者之間來減輕。當這實行時，來自放映機的光是以T的因數降低，穿透灰色玻璃，房間光降低為 T2，因為房間光必須透過灰色玻璃兩次，從返回房間到散射器及到觀察者眼睛。

31.14 極化材料

光的行為與橫向波（波振動與傳送方向垂直）是相同的，如果波運動是在由兩互相垂直平面的振動疊加，若其中一方向被除去則產生平面偏振光。普通光源輻射透過可提供的極化稜鏡可產生平面偏振光。這些稜鏡取決於方解石（$CaCO_3$）的雙折射特性，即為不同折射率的極化平面。因為一極化方向的光比起另一方面被強烈折射，如內部反射（如Glan-Thompson稜鏡內）或不同方向的偏向（如同在Rochon和Wollaston稜鏡內），使得分開兩方向的光成為可能。

這樣的稜鏡是大、沉重和昂貴的。薄偏光板（在合適基礎內調整好微小水晶）較薄、輕、相對廉價，可用在更寬的視角，和可輕易地裝配在幾乎無限範圍的大小與形狀。因此，儘管事實上他們不如好的偏振稜鏡般地有效率，且其穿透的波長範圍不怎麼有效，他們基本上還是在絕大多數需要極化作用應用上的取代了稜鏡。馬薩諸塞州劍橋市的Polaroid公司，生產許多類型的薄偏光板。對在可見光範圍裡的作業來說，幾種類型是可提供的，取決於是否考慮最佳穿透還是最佳消除（透過偏光版）。特別的類型可在高溫下以及近紅外線（0.7 到 2.2μm）使用。偏光板也以薄片形式生產圓（與平面相反）的偏光板。

因為平面偏光板會消除一半能量，顯然一「完美的」偏光板的最大穿透率是未偏振光的50%。實際上薄的Polaroid其範圍在25%到40%內，取決於類型。如果兩偏光板成「正交」，亦即極化方向成 90 度，則當極化作用完成時其穿透率為零。這可用 Nicol 稜鏡來辦到，但是薄偏光板有一殘餘穿透範圍在 10^{-6} 到 5×10^{-4} 內，同樣地依類型而定。薄偏光板的穿透特性也依波長而定。

當二偏光板安置在非偏振光時，這一對板的穿透率取決於它們極化軸的相對夾角。如果θ角是兩軸間夾角，其穿透率為：

$$T = K_0 \cos^2\theta + K_{90} \sin^2\theta \qquad \text{式 31.5}$$

K_0是最大的穿透率，K_{90}是最小量。K_0和 K_{90}的一般值對是 42%和 1%或 2%；32%和 0.005%；22%和 0.0005%。

來自玻璃盤的表面反射可能也用來產生平面偏振光。當光入射到平面成 Brewster 角時，在極化面的光可完全穿透，（如果玻璃完全乾淨）和大約 15%另一個被反射。這種現象將發生在當反射與折射角成 90 度。因此，Brewster 角為

$$I = \arctan \frac{n'}{n} \qquad \text{式 } 31.6$$

反射光束完全偏振，穿透光為部分偏振。偏振光占穿透光的的百分比可透過使用堆積（斜率 Brewster 角）薄板來提高。對折射率 1.52 而言，Brewster 角為 56.7 度。注意到 Brewster 角是當式 31.6 中的切線項為零時的角度。

偏振光的主題值得用更長篇幅在物理光學裡撰述，讀者可再去參閱。另外有兩點值得注意到：一、干擾過濾器通常有極化作用並且偶爾作為偏光板使用；二、蛋白石玻璃和其他擴散器是極好的非偏光版，可當積分球用。

31.15 準星

準星是在一個光學系統的焦點上或附近使用的一種圖案，例如在望遠鏡裡的十字準線。對一種簡單的十字準線圖案來說，偶爾使用細線或蜘蛛（網）毛，橫跨一個開放的架。但是，支托在玻璃（或其他材料）底層的圖案提供多用途、及大多數的準星、尺度、圓弧，還有具有這種類型圖案。

生產準星最簡單的形式是用鑽石工具在玻璃表面畫線或刻痕。以這種方法生產的線，雖不透明，但在適當的照明下這條線會變黑，於是便足以改變玻璃。當考慮一不透光的背景的清楚的線，玻璃可能被鍍上一層不透明的薄層，例如鋁蒸鍍薄霧，並且使用鑽石或硬鋼工具在這層薄層劃線（取決於想要的類型）。劃線可生產非常細的線。

另一種較早的技術是蝕刻底層材料。臘製的抗蝕劑鍍在底層，需要的圖案穿過抗蝕劑。暴露的底層稍後被蝕刻（用在玻璃情況下的氫氟酸）產出在材料中的溝槽。溝槽可能充滿鈦二氧化物（白色），或是一種水玻璃介質的亮黑色，或蒸發的金屬。蝕刻的準星是耐用的並且如果有足夠照明，它們有亮邊緣的優勢。容易蝕刻的任何底層可被使用。這個過程用在很多軍事準星以及準確的計量鋼尺上。

準星的多用途生產過程基於使用抗光，或感光的材料。抗光劑像一種攝影的乳膠般透過原板的接觸印刷或透過攝影暴露出來。不過，當抗光性質「感光後」，被暴露的範圍被留下為抗蝕劑所覆蓋，未暴露的範圍則完全清除。因此，一層蒸發任何許多

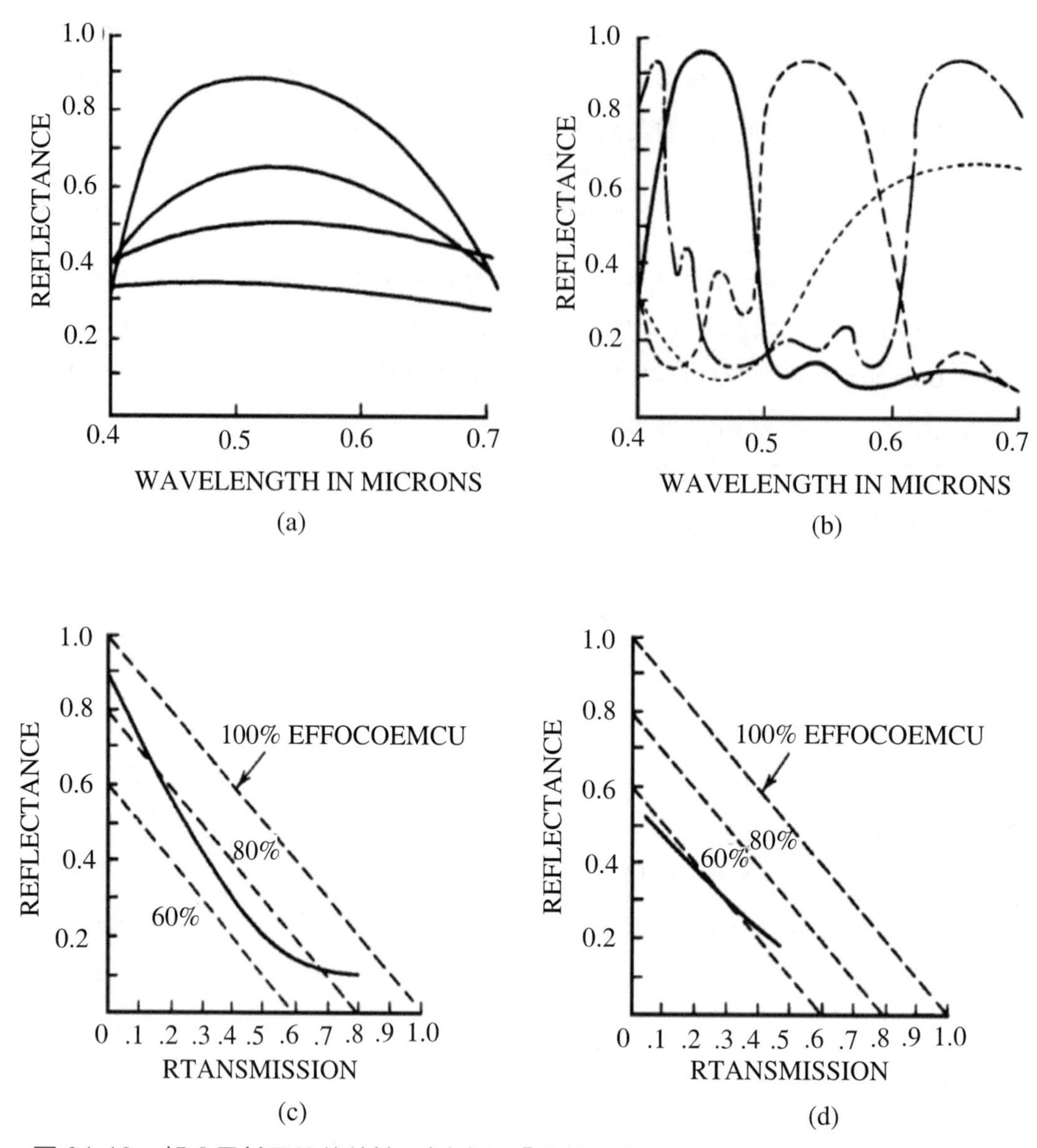

圖 31-12 部分反射元件的特性。(a)多層「中性」半反射元件（比 99%有效率）。(b) Dicchroic 多層反射元件-藍、綠、紅和黃光反射。(c)鋁半反射元件的光學效率。(d)鉻半反射元件的光學效率

金屬（鋁、鉻、inconel、nichrome、銅、鍺等）可能沉積在抗蝕劑的上方。在清除區鍍膜與底層相疊，當抗蝕劑被除去時，同時也帶走在它上沉澱的這層鍍膜，留下是精確的原板的副本的耐用圖案。精密、多用途、強化和適合大量生產準星製造的技術已經建立。

抗光技術可和蝕刻技術結合，被蝕刻的材料為金屬底層或金屬蒸鍍薄層。

準星圖案一定具有抗反射性質，要使用膠銀鹽過程或黑色印刷。這種技術類似於在生產抗光圖案過程中所使用，除了感光的材料是不透明的。清除區沒有乳膠。膠銀準星脆但是能高細節解析度，黑色印刷品的過程更耐用。非常高解析度的攝影乳膠偶爾用於準星圖案。不過，那些在圖案清除區不容許乳膠的存在。

表 31-2 指出了這些技術的解析度和準確度。

表 31-2　準星用材料

方法	最細線寬，in	重複維度，in	最小外形高度
劃線	0.00001	±0.00001	
蝕刻（並且充滿）	0.0002-0.0004	±0.0001	0.004
抗光（蒸發的金屬）	0.001-0.002	±0.00005	0.002
膠銀	0.00003-0.0002	±0.00005-0.0005	0.002
黑色印刷	0.001	±0.0001	0.005
乳膠	0.00005-0.0001	±0.00005	0.001

31.16 光學膠和液體

光膠用來把光元件固定在一起。膠結可提供兩主要目的：元件可和其他機械底座獨立部分的精準地固定，和大量消除表面反射。通常使用的這層膠極薄，它對系統光學特性的影響可全部忽視。一些新的光膠，厚度僅為幾千分之一吋，被使用設計用來抵抗極端溫度（會影響在光束有大斜度時的極端情況下光學系統的性能）。

加拿大香脂由香脂樅樹的汁液製成，它可提供流動形式（溶在二甲苯），和以棍狀或實體形式。被膠結的元件在一個熱盤子上清潔並且與膠一同安置。當元件溫暖得足以融化香脂時，其香脂的棍狀會擦在下面的元件。拿起上面元件，過多的膠和任何洞內氣泡透過擺動或晃動上面元件來解決。然後安置元件在一個調整固定設備裡冷卻。香脂膠折射率是 1.54 及 V 值大約 42。這些是在王冠和火石玻璃之間的折射特性的折衷辦法。令人遺憾地，加拿大香脂無法抵抗高或低的溫度。當加熱時，它變軟，在低溫裂開並且不適宜在嚴格的熱環境。香脂今天很少使用。

許多塑膠已經被發展可抵抗溫度和極端的震動。雖然一些熱塑性塑膠（變軟熱）材料被使用，但是在很大程度上，這些是熱固的（熱加工）或紫外線加工的塑膠製品。在正確使用下，膠可抵抗溫度從 82℃到 65℃而不被破壞。一般熱固膠分別裝在兩容器（有時冷藏），其中一容器含有啟動劑（在使用之前混合成膠）。一滴膠被滴在欲膠結的元件之間，解決過度膠和氣泡，並且元件被安置在一個固定設備或加工膠的加熱循環篩裡。一旦膠已凝固，要分開是非常困難的。通常要震開它們的技術是浸入熱蓖麻油（150 到 200℃）。塑膠的折射率為 1.47 到 1.61 的範圍內（取決於類型），大部分的膠掉在 1.53 和 1.58 之間，V 值在 35 和 45 之間。環氧樹脂和異丁烯酸鹽被廣泛地使用。因為類型的多樣性和可提供的特性，可參閱製造商關於所提供膠的細節的文獻。

把光元件固定在一起的方法是所謂的光接觸。兩片必須徹底清潔（經常最後的清潔方式是用極少髒汙的擦布）並擺在一起。表面形狀搭配良好，將空氣從其間榨出，分子吸引力將它們在一起緊密鍵結，將可抵抗大約 95.2 磅／平方英寸的光焦度。通常可分開接觸面的唯一方法是加熱它們讓熱膨脹把破壞接觸（它經常也打碎玻璃）。偶爾，在水裡浸泡可分開那些片。

光學液體主要為顯微鏡浸入流體和供折射率測量（在臨界角反射測量器方面）之用。對顯微術來說，水（$n_d = 1.33$）、雪松油（$n_d = 1.515$）和甘油（紫外線 $n = 1.45$）經常被利用。對於反射測量器而言，α-bromonaphthalene（$n = 1.66$）是最常使用的液體。亞甲基碘化物（$n = 1.74$）用於高折射率測量（因為液體折射率必須大於樣品以避免內部總反射射回樣品內）。

這壓力是防止外力在點上插入。有一定數量的優質光膠可利用為接合玻璃物件金屬安裝。一些相關必要的在設計安裝當結合一個稀薄的鏡子，因為光膠也許翹曲鏡子（往安裝的形狀），如果被固定的區域是大的。

31.17 鍍膜技術——非導電性反射和干涉濾波器

普通的非導電性的材料的表面所反射出光的部分（Fresnel 反射）（如玻璃）為

$$R = \frac{1}{2}\left[\frac{\sin^2(I - I')}{\sin^2(I + I')} + \frac{\tan^2(I - I')}{\tan^2(I + I')}\right] \qquad \text{式 31.7}$$

其中 I 和 I'是分別入射角和折射角。式 31.7 式的第一個項為與入射面垂直的偏極光（s 極化）的反射光部分，且第二項的其他平面偏極光的反射部分（p 極化）。如 17.1 節所提到，垂直入射光式 32.7 將化簡為

$$R = \frac{(n' - n)^2}{(n' + n)^2} \qquad \text{式 31.8}$$

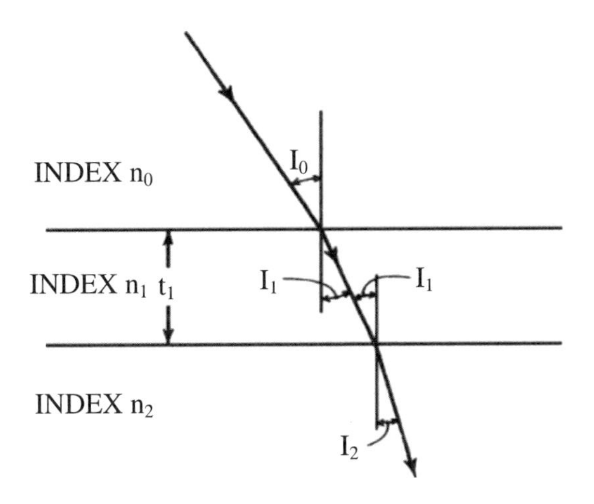

圖 31-13　光通過薄層的通路

圖 31-13 顯示空氣玻璃介面反射率的變化與入射角（I）的函數關係，實線是R，虛線是 sin 項，並且點線是 tan 項。注意到虛線在布魯斯特角時降低到零反射率（式 32.7）；當表面間的分離與光的波長相比是相當大時，來自不止一個表面的反射可用式 32.7 處理。不過，表面對表面分離是小的時，則在從各種表面反射干擾將發生及表面層間的反射率與式 32.8 有顯著不同。

光鍍膜是各種物質的薄層，主要有氟化鎂（MgF_2，n＝1.38）、硫化鋅（ZnS，n＝2.3）、一氧化矽（SiO，n＝1.86）、五氧化鉭（Ta_2O_5，n＝2.15）、氟化釷（ThF_4）、三硫化鑭（LaF_3，n＝1.57）、氟化鈰（CeF_3，n＝1.60）、氧化鉿（HfO_2，n＝2.05）、氟化釹（NdF_3）和氧化釔（Y_2O_3，n＝1.85）及其他。這些是為了控制或修改表面的反射和穿透特性而被放置在層裡。這薄霧的光學厚度（折射率乘上機械厚度）為波長的部分，通常是 1/4 或一半。薄膜的沉積在真空裡進行並且透過加熱沉積材料到它的蒸發溫度和讓它聚光到被鍍的表面上。薄層的厚度由蒸發光感率（或更確切地說，為凝結）及過程時間長度所決定。由於干涉效應，從薄膜反射出的光裡會產生顏色，正如同在潮濕行人穿越道的油薄層，透過從它反射的光的明顯顏色來判斷薄層的厚度是可能的。運用這種影響，可視覺地控制簡單的鍍膜，但是由幾個層組成的薄層常用光電監控，使用單色光，反射率指數式地上升下降可準確估計，每層厚度可被控制。透過使用兩不同的波長（經常是鐳射），這種技術能取得高精密度。另一個常用的監控的技術是利用石英振盪測厚技術。這種水晶的振盪頻率隨它的品質或厚度而變化。透過直接沉澱薄層在水晶上並且測量它的振盪頻率，薄層厚度可被準確監控。

首先考慮光學厚度（nt）正是波長的四分之一的單層薄層。對於垂直入射薄層的光來說，薄層的第二個表面反射光將是從第一個表面反射光落後半波長，當他們在第一個表面重新結合時（如果透過反射沒有相位變化），導致有破壞性的干涉。如果從每個表面反射的光量相同，將發生完整的相消，不會有光反射出。因此，如果有關材料是無吸收性，在表面上的全部能量將穿透。這是幾乎被普遍用來增加光學系統穿透性的「四分之一波長」低反射薄層的基礎。因為低反射薄層降低了反射，他們易於消除能譜影及降低偏心反射光在最終像內的對比。在低反射薄層技術發明之前，因為在表面反射和頻繁的能譜影過程中招致的穿透損耗，由很多單獨的元件組成的光學系統是不實用的。即使複雜的透鏡通常局限於只四個空氣玻璃表面。氟化鎂鍍膜提供了另外好處是防護鍍膜（當適當運用時）；很多玻璃的化學穩定性被鍍膜所保護並加強。

表面鍍上一層薄膜的反射率如下式

$$R=\frac{r_1^2+r_2^2+2r_1r_2\cos X}{1+r_1^2+r_2^2+2r_1r_2\cos X} \qquad \text{式 31.9}$$

其中

$$X=\frac{4\pi n_1 y_1 \cos I_1}{\lambda} \qquad \text{式 31.10}$$

$$r_1=\frac{-\sin(I_0-I_1)}{\sin(I_0+I_1)} \text{ or } \frac{\tan(I_0-I_1)}{\tan(I_0+I_1)} \qquad \text{式 31.11}$$

$$r_2=\frac{-\sin(I_1-I_2)}{\sin(I_1+I_2)} \text{ or } \frac{\tan(I_1-I_2)}{\tan(I_1+I_2)} \qquad \text{式 31.12}$$

λ是光的波長，t是薄層的厚度，n_0、n_1和n_2是媒體的折射率，以及I_0、I_1和I_2是入射角和折射角。圖 31-13 顯示薄層圖並且表明符號的物理意義。r_1和r_2的正弦或切線表示法取決於式 31.10 裡入射光的極化作用：對由兩方向極化光組成非偏振光而言，計算 R 是分別的極化光取平均。如果假設無吸收性材料，穿透率 $T=(1-R)$。在垂直入射時 $I_0=I_1=I_2=0$，及r_1和r_2降低為

$$r_1=\frac{n_0-n_1}{n_0+n_1} \qquad \text{式 31.13}$$

$$r_2=\frac{n_1-n_2}{n_1+n_2} \qquad \text{式 31.14}$$

使用，式 31.13 和式 31.14 計算r_1和r_2。式 31.9 可求出產生最小反射率的厚度。正如先前的討論可預期當薄層的光學厚度是 1/4 的波長時

$$n_1t_1=\frac{\lambda}{4}$$

在垂直入射時四分之一波長薄層的反射率等於

$$\left[\frac{(n_0n_2 - n_1^2)}{(n_0n_2 + n_1^2)}\right]^2 \qquad \text{式 31.15}$$

以及反射率為零的薄層折射率

$$n_1 = \sqrt{n_0\, n_2} \qquad \text{式 31.16}$$

因此，要生產在空氣玻璃表面能完全消除反射的薄層，需要四分之一波長的鍍膜且折射率是玻璃折射率的平方根的材料。折射率 1.38 的氟化鎂（MgF_2）用於這目的；它的薄層抵抗風化及能經常清潔的曲度是使用它的首要原因，儘管它有折射率幾乎比所有光學玻璃的最佳值為高的事實。用氟化鎂的折射率為 1.38 代入式 31.16，則要給底層的塗上某種 $1.38^2 = 1.904$ 折射率的理想低反射材料。比起普通玻璃的低折射率，它為高折射率玻璃提供一層更有效的低反射的薄層。圖 31-14 顯示各種折射率材料塗上低反射薄層材料的在標準的白光反射時的變化。

從式 31.9 可明顯得到鍍膜的表面反射率將隨波長而變化。顯而易見地對某波長的四分之一波長鍍膜將是更多或不到對其他波長的四分之一波長鍍膜，並且干涉效應將隨之改變。因此反射鍍膜供那些可見光範圍使用設計時將對黃光有最小反射率，且對紅光和藍光其反射率會顯著提高。這是引起單層低反射鍍膜的特徵紫色的原因。圖 31-14 指出這個變化量。

當多加一層，可建造出更有效的無反射鍍膜。理論上，如果可得到合適折射率的材料，兩層就可降低反射率至零，但經常用三層來達成。

這樣的鍍膜在單一波長反射率為零但犧牲了在另一邊有相當高的反射率。因為反射率曲線的形狀，這稱為 V-鍍膜。它廣泛地運用於單色系統，例如那些利用鐳射為光源的系統。

用三層或更多層可做出如圖 31-15 具寬頻、高效率、低反射的鍍膜。這樣的鍍膜可能如圖示的那樣最少要兩層或三層，取決於鍍膜設計的複雜性。在可見光範圍的典型反射是 0.25%階次，有時散布和吸收效應消散另外 0.25%。

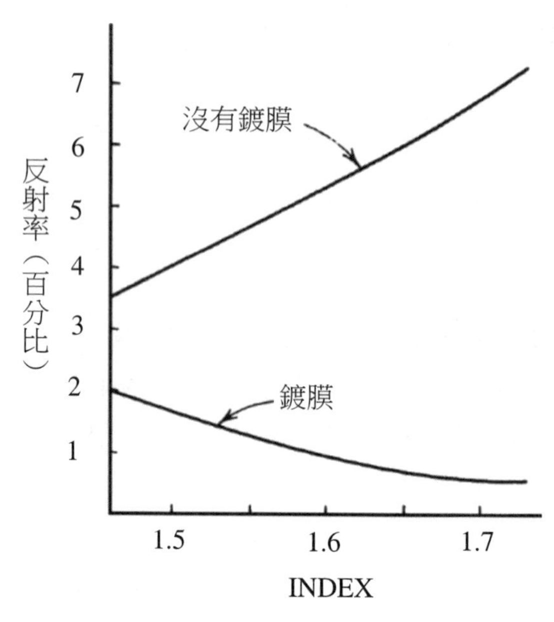

圖 31-14　鍍膜和沒有鍍膜層之反射率比值

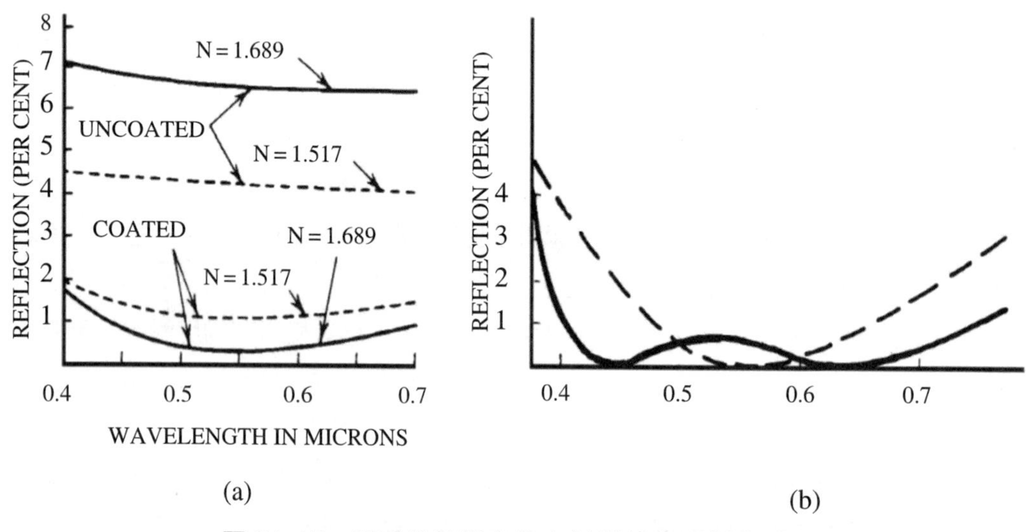

圖 31-15　不同的鍍膜和沒有鍍膜材之反射率比值

參考資料

W, Smith, "Modern Optical Engineering-The Design of Optical system", 3rd, Ch.15, 7(2001)

習題

1. 由胚料到製作完成光學元件之製造過程如何？
2. 鑽石輪轉加工機對矽紅外鏡片之加工過程為何？

軟體操作題

1. 用光學軟體計算光學元件公差量。
2. 設計一個繞射面，並提供鑽石輪轉加工機的加工數據。
3. 用軟體設計一個人體溫度計的鍍膜數據。

II. 光學元件量測

光學的精度是以波長的精準為單位。因此，機械的儀器工具若以光學的方法為尺度的標準值可以增加精度。故光學量測為重要之依據。

第三十二章　眼睛

在光學工程的應用上，有關人類眼睛特性的知識是非常重要的，因為對於大部分的光學系統實現而言，系統的最後一個元件通常是眼睛。因此，對於眼睛曲率所及範圍的了解，對於一個光學工程師而言是不可缺少的。例如，設計一個要求能夠辨識特定大小與解析度的視覺光學系統，則影像對於眼睛表現的放大光焦度，就必須能讓眼睛充分接受到必需的細節內容。換句話說，設計出產生眼睛無法接受影像的系統是無意義的。

32.1 人眼功能

人的眼睛是一個靈活的光學系統，並且眼睛的特性是因人各自不同個體狀況，而有不同的特性，就算是特定的個體，眼睛的特性依然隨每天的狀況而有所變化。事實上，是每小時都處在不同的特性狀況下。所以，這一章所提供的參數必須用設定特定中間值，往上往下找一定範圍的大小的方式來設計。事實上，有一些參數，只有在某些特性達到一定強度時才有用。在決定眼睛的表現行為時，考慮眼睛是處在何種條件下時使用，扮演了重要的角色，並且在設計系統時必須要考慮。

在生理光學方面，量測透鏡或光學系統的能量的單位是屈光度（diopter），簡寫成D，一個透鏡的屈光強度和它的有效焦距（單位為公尺），有著簡單的反比關係。例如，某個焦距為 1 公尺的透鏡，有著 1 屈光強度，則公尺焦距的透鏡則有 2 屈光強度的能量，而 1 in 焦距的透鏡，則有 40 屈光強度的能量（事實上精確點來說是 39.37D）。當有一表面，屈光能量被給$(n' - n)/R$（R 的單位為公尺）。1-diopter 稜鏡導致 1cm 的偏差在 1-m 距離，如：0.01 弧度的偏差，或大約 0.57 度。

32.2 眼睛的結構

眼球像是一個堅韌的塑膠殼，內部基本上充滿果凍一樣的膠狀物質，在一定的壓力下仍然可以保持它的形狀。它被安置在頭顱骨凹洞的內部，受到柔軟的肌肉與油脂的包覆，受到充足的保護。它被六條小肌肉所固定，並藉由此六條小肌肉達到旋轉的功效。圖 32-1 是右眼球的上視截面圖，鼻子位於圖的下邊。外部被白色不透明的鞏膜（sclera）所包覆著，除了角膜以外。角膜（cornea）是清澈透明的，能夠提供眼睛改變折射程度的曲率。角膜的後面是膠狀液（vitreous hunor），正如其名，是由類似水的液體所組成。在水晶體（鏡組）上有虹膜（Iris)，也就是眼睛顏色的來源，藉由虹膜的擴張或收縮，可以控制進入眼睛中光線的強度。而瞳孔（pupil），也就是虹膜控制的入光孔徑，可以在很暗的環境下張開到直徑 8mm，一直到在光線充足的狀況下收縮至直徑 2mm。眼睛的透鏡（鏡組）是一個靈活的膠囊，在它的周遭被眾多纖維或者韌帶環繞，藉著這些韌帶，眼睛可以改變透鏡的形狀。而眼睛的聚焦，就是改變此透鏡的形狀來達成。當韌帶處於放鬆時，透鏡呈現扁平的形狀，則眼球聚焦在無限遠。當這些肌肉收縮時，透鏡膨脹，因此，它的半徑更短，並且眼睛針對附近物件做聚焦。這過程被叫為自我對焦。

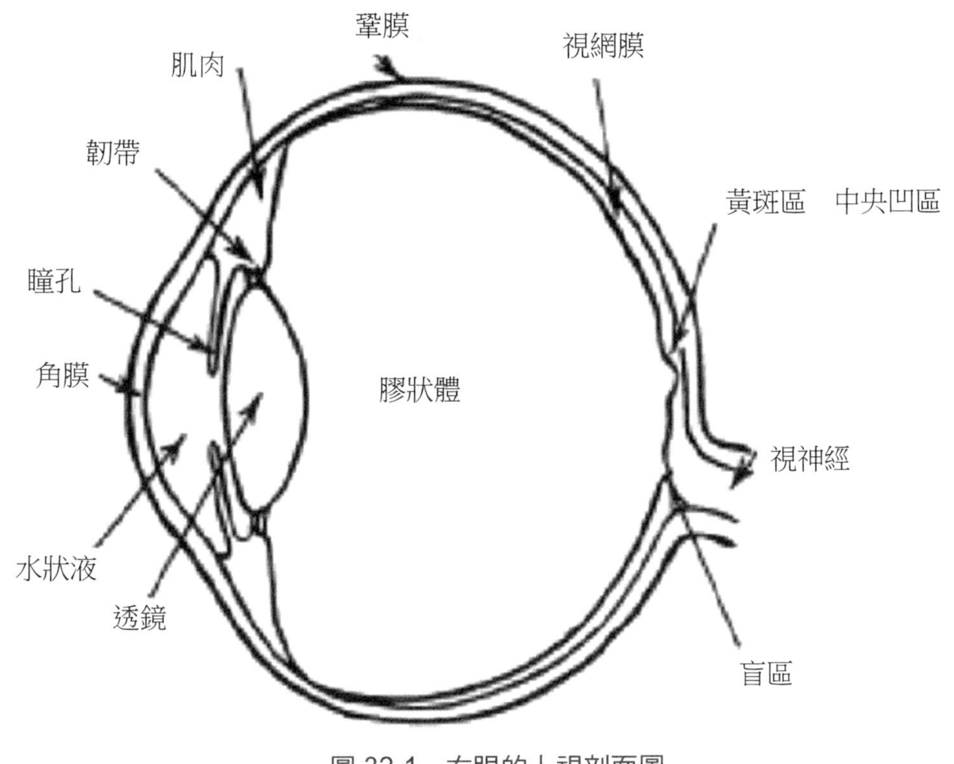

圖 32-1　右眼的上視剖面圖

在透鏡的後面為玻璃狀液，是一種稍微堅硬的稀果凍狀物質。所有眼睛內的光學元件大部分的物質就是水。事實上，在模擬眼睛的光學性質時，將眼睛視作為入水面的折射是合理的（$n_D = 1.333$，V = 55）。

下面列出眼睛光學面的半徑、厚度和光學表面的性質的大約值。當然，這些值的大小，隨個人而有所不同。

R1（air to cornea）_+7.8 mm　t1（cornea）0.6　n1 1.376

R2（cornea to aqueous）_+6.4 mm　t2（aqueous）3.0　n2 1.336

R3（aqueous to 鏡組）_+10.1 mm　t3（鏡組）4.0　n3 1.386～1.406

R4（鏡組 to vitreous）_−6.1 mm　t4（vitreous）16.9　n4 1.337

主點位置落在角膜後面約 1.5 至 1.8mm 的地方，而節點的位置在角膜後面的 7.1 到 7.4mm的地方，第一個焦點位置在眼球外約 15.6mm處，當然第二個焦點的位置落在視網膜上。第二個節點到視網膜的距離大約是 17.1mm，因此在視網膜上像的大小，就可以用物角（以弧度表示）乘上該距離。當眼球的聚焦時，透鏡的光焦度約為 5.3mm，而節點大概朝視網膜移動幾個毫米，眼球的旋轉中心約略在角膜後約 13～16 mm。

眼睛沒有較可明確的圖表示。第一，眼睛的表面並非完美的球體，在一些表面上，尤其是透鏡表面，和球面明顯相差甚多。通常，表面的光焦度越朝表面接近就越小。第二，透鏡的折射率並非均勻的，而是越靠近中間的部分越高。這樣的折射率梯度使得入到眼睛中的光線強度，是越往中央越高，而邊界的折射率越低。而這些梯度的變化，使得眼球外殼表面，與虹膜附近表面的非球面得到修正，

視網膜按照光線前進方向，分別由微血管、視神經，與感光的桿微小單件與圓錐微小單件，與感色層組成。視神經與相關的盲點位置介於眼球到大腦之間。在眼睛光軸附近的是黃斑區（macula），而中間部分是黃斑區中央凹區（fovea），在中央凹區中，靠中央約 0.3mm 直徑的部分只有圓柱感光微小單件存在，屬於比較能分辨物體邊緣的部分，越靠外圈，則桿狀的微小單件分布越多，最後只剩下桿狀微小單件。

視網膜上約有七萬個圓錐微小單件，一百二十五萬個桿微小單件，和大概一萬條視神經，視網膜上的中央凹區約 1.5μm 是圓柱微小單件分布的區域，而其他 2 到 2.5μm 是桿微小單件分布的位置。而感覺微小單件分布較廣，且與視神經連接在一起。無論如何，一個微小單件連接一條神經。眼睛的視角接近一個橢圓，大約高 150 度配合寬大約 210 度。雙目的視角（同時兩只眼睛看），大約是圓形且 130 度的範圍。

32.3 眼睛的特性

32.3.1 視力

眼睛是人的重要感覺器官，是人的影像接收器，是光學工程之人因工程時必須考慮到的。眼睛功能就是可以清晰的辨識物件微小細節。而視力就是以小細節可以被眼睛辨識的角度大小來定義並良測。如圖 32-2 通常是用大寫的英文字母或缺口的粗圓圈所繪製的圖表來測量視力。大寫字母通常由五個單元所組成，如大寫的E就是由三條橫線和兩條未加工粗材所組成。視力是這些部分其中之一的可辨識角（以弧度為單位）的倒數，正常的視力大小是 1.0，也就是由眼睛最小可辨識的字母的角度，是 5 弧度分，而每個單元就是 1 弧度分。視力通常就是由眼睛到辨識物的距離（通常約 20 呎），對每個單元的高度所得的比值，使得這單元可以辨識的角度為 1 弧度分。因此，如果視力為 0.5，則指的就是對整各字母的辨識角度是 10 弧度分，而單元的辨識角是 2 弧度分。而E型視力檢查表，如圖 32-2，則是利用圓缺的寬度比缺口的大小去等效字母的大小與單元的大小。在狀況良好的情形下，視力有可能達到 2 或 3。

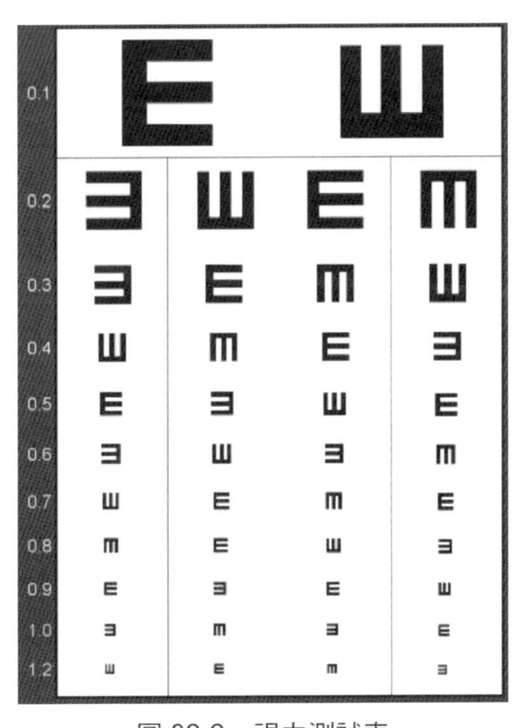

圖 32-2　視力測試表

通常，視力大小為 1.0，也就是單元的視角大概約 1 弧度分，這也是在設計眼睛要連接光學系統時所假設的的視角，注意單位弧長的一對線段（或一個圓周）實際上對應到 VA 可能是 2，或 20/10。但是，在這個狀況之下，此 VA 值也許被定義為「正常情況」。且這值只是視網膜中心窩的一部分的可視角度。在視網膜中心窩以外，視力驟然下降，如圖 32-3，以觀察物在視場的中心窩角度位置對視力，以對數座標做圖。並且，眼睛在垂直軸上的視力比在橫軸上的高 10 個百分比，而在垂直與水準軸上的視力又比斜向 45 角的視力高 30 個百分比。

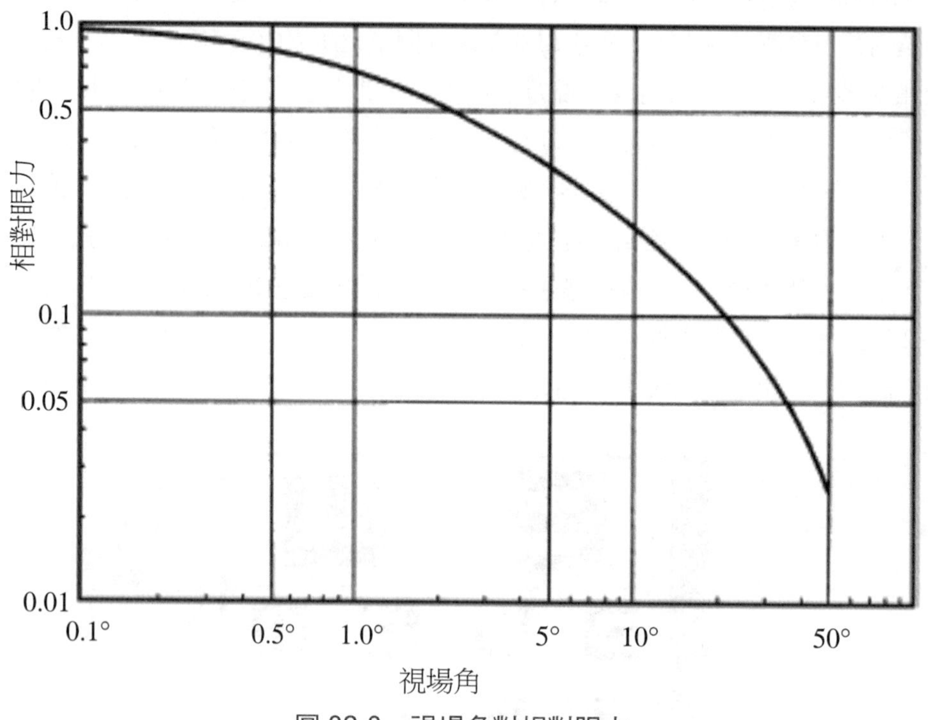

圖 32-3　視場角對相對眼力

當視覺上的亮度降低時，虹膜便張開，且桿狀微小單件替代了圓錐微小單件。在低照度的情況下，眼睛是處於色盲的狀況下，且視網膜中心窩變成了盲點，這是因為圓錐微小單件在低照度的情況下缺乏靈敏度。其結果之一就是視力也隨著照度的降低而減少。圖 32-4 表示此兩者的關係，並且也表示出瞳孔的大小變化程度。觀察物四周環境的照度影響視力。在均勻的照度下可使視力達到最大值，如圖 32-5，且減低觀察物的亮度對比也會降低視力。

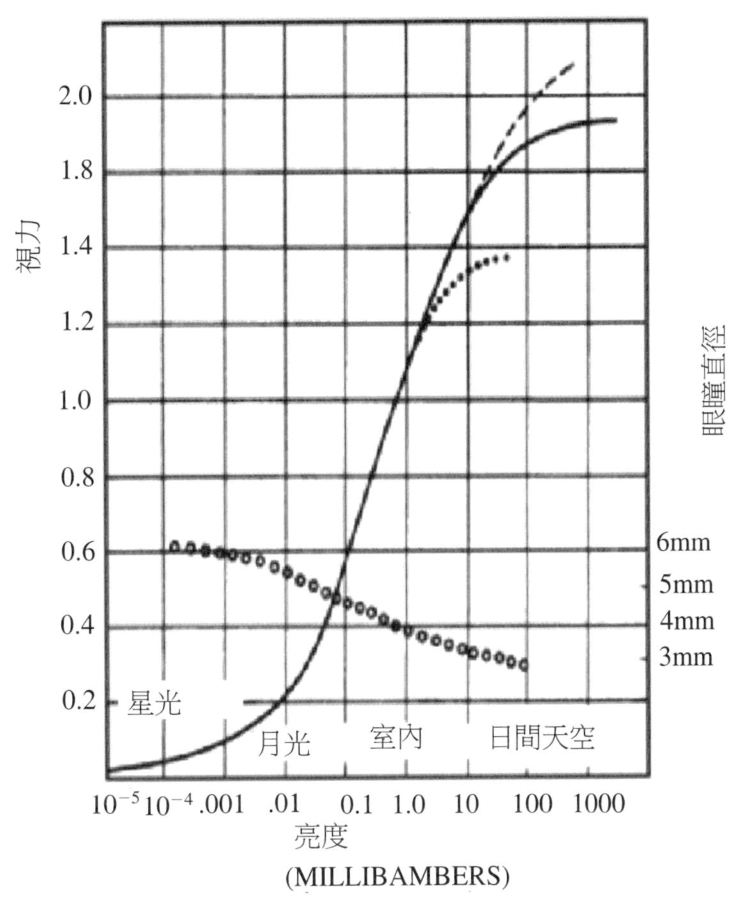

圖 32-4　眼瞳尺寸對視力和亮度反應圖

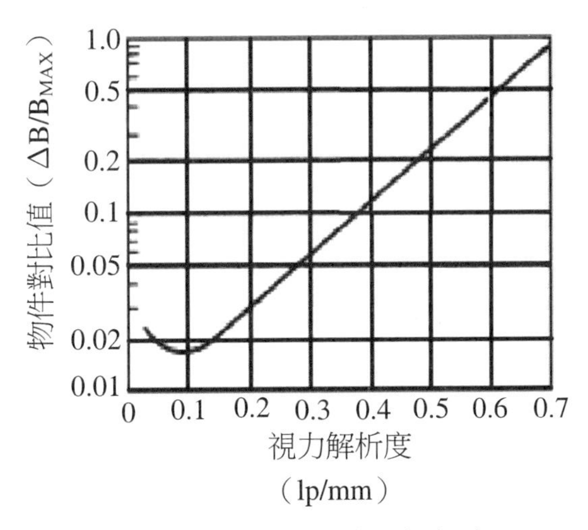

圖 32-5　物件對比對人眼解析度

因為眼睛有約0.75D的色像差，所以視力也受到不同照射光波長的亮度所影響。通常視力的檢測市在白光的環境下作的。在單色光的狀況下，視力在黃色到黃綠色光範圍較高，在紅光波長範圍較低。而在藍光或遠紅光範圍，視力約降低10到20個百分比，在紫外光下視力又降低20到30個百分比。眼睛對色彩被修正或加倍（藉由外在透鏡）並不會感覺得到，直到改變成四倍。在色彩變化的作用下，視力可能少於期望值，因為輕微地黃色透鏡遮蔽紫外線，並且黃斑過濾掉藍光和紫光。圖32-8表示眼睛對顏色的響應函數。

32.3.2 其他視覺

Vernier是眼睛將兩個物件連貫一起的曲率，如兩條直線、一條線與交錯的頭髮、或在兩條平行線間的直線，在這方面，人眼有非常好的曲率。在儀器的設計上，其實可以放心的假設多數的人可以符合五個分弧度的設定，實際上可以達到十個弧度。特殊的可以達到一到二個分弧度。

對於在明亮狀況下對於狹窄的黑線，眼睛的辨識程度可以到達角度秒弧度。反觀如果是發亮的點或虛線時，這些點或線段的寬度反而沒有它的亮度來的重要。主要的因素成了到底這些點所散發出來的能量，有多少能到達視網膜上並且觸發微小單件反應。最低標準好像是50到100個量子能量到達角膜上（實際上這些能量只有幾個百分比達到角膜並觸發出感官反應）。

眼睛對角運動的解析度可達到10弧度秒的等級，眼睛最慢可以偵測到的運動是1或2弧度分。最極端的，眼睛對單點運動超過200度／秒，就會看到模糊成一條線的影像。

眼睛判斷距離的方法是利用幾個方法。調節、收斂（眼睛在觀察近物的翻轉）、朦朧、透視、經驗等都扮演重要的角色。三維立體視覺是因為分開的兩眼的結果，使得兩眼所看到同一物體有些微差別的影像。所有的立體視差可以在兩到四秒內判斷出來。在無參考的環境下，一待測物距離20呎時，可以被分別成兩根間距一 in。可判斷解析的大小（單位公釐）正比於其距離眼睛的平方（單位公尺）。

32.3.3 敏感度

判斷最低眼睛可以偵測與接收的光，在眼睛適應了該光度以後。當照度降低時，眼睛的瞳孔放大，容許更多光線通過，且視網膜變得更靈敏（因為從圓錐微小單件視覺轉換為桿狀微小單件視覺，且包含了視網膜色素的電化學機制，視紫紅質）。此過程稱為無光適應。圖 32-6 表示這種適應過程，在眼睛處於黑暗的時間長度的關係。其中視網膜中心窩的曲線指出，約五到十分鐘後，亮度可視程度對區別視覺的區域已經低到最低了。當在最低的照度時，只剩下視網膜外圍範圍有用處，視網膜中心成為盲點。圖 32-5 表示約為兩度範圍內，可視亮度的起點約是較大的東西低一點，較小的東西高一點。虛線表示的範圍為此測試有很大的容許變動範圍，在對於測試可視程度上。所以圖 32-6 的資料應該視為一個程度上的指標。

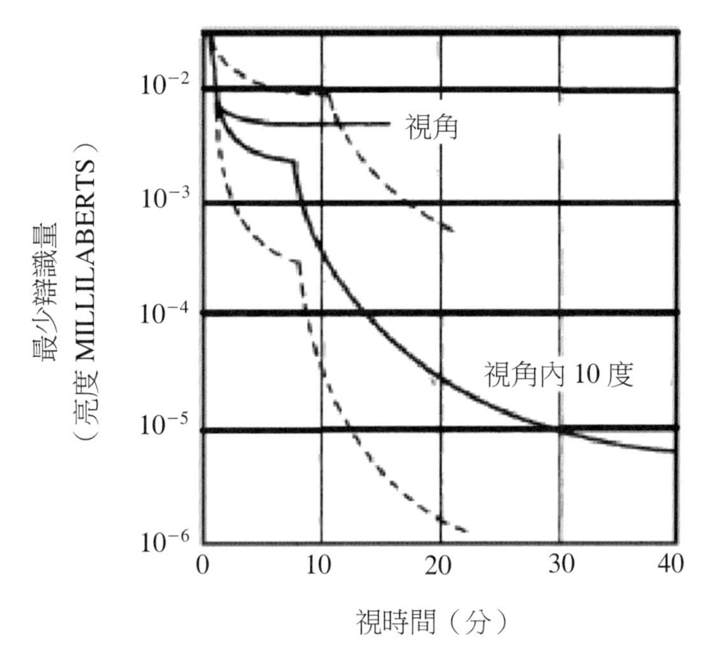

圖 32-6　視網膜適應過程

在對於亮度等級的判斷上，眼睛其實是一個很糟的光感度計。但是眼睛卻是一個很好的比較判斷用的儀器，也可以用來精確地比較兩鄰近區域的光亮程度或顏色。圖 32-7 表示眼睛可以判斷的亮度和絕對亮度的區域的函數關係。在普通的光度下，差 1 至 2 個百分比是可以被比較出來的。實驗方法是利用將雙眼分別由兩塊不同面板覆蓋，透過儀器精密調整面板的亮度，先控制其中一塊在一半的讀數，在將另一半變化區域調整其亮度，直到受測者確定兩塊區域亮度相同時光欄，再來由高亮度往下調整變化的區域，也是直到兩區域亮度相同。最後在平均兩種方法的數據。沒有可見物在兩個區域分線之間比較下時，對比敏感性最好。區域被分開，或者如果在地區之間的劃分不清楚，對比敏感性顯著下降。

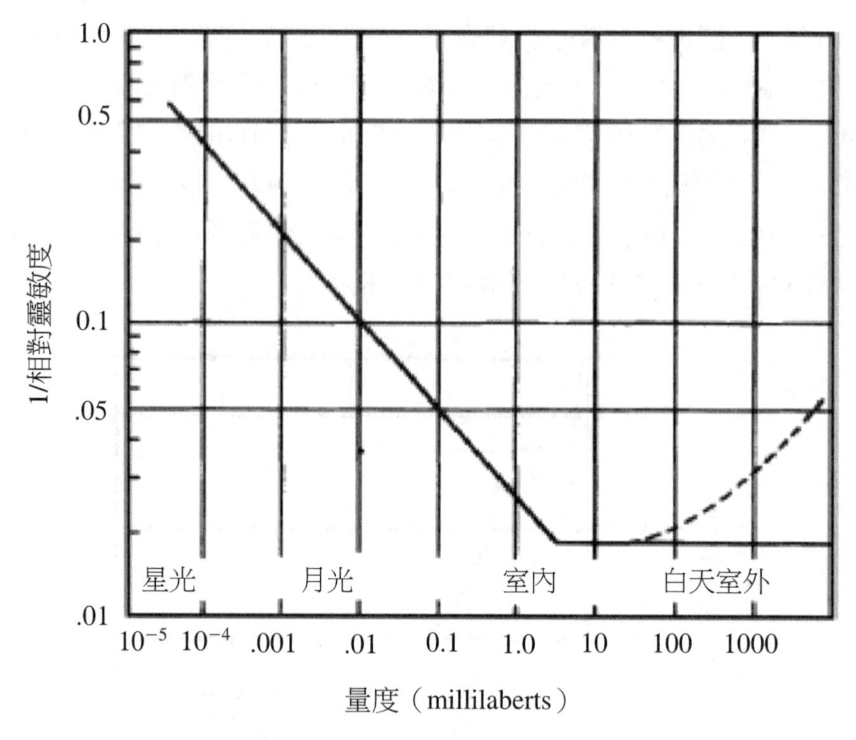

圖 32-7　各種不同的照度環境之相對靈敏度

圖 32-8 表示正常的眼睛有如同色度計般的曲率。如同上面情況，眼睛無法正確的判別所看到色光的波長，但是卻對顏色的比較非常在行；甚至在特定的條件之下，可以判別波長只有幾個奈米差別的顏色。

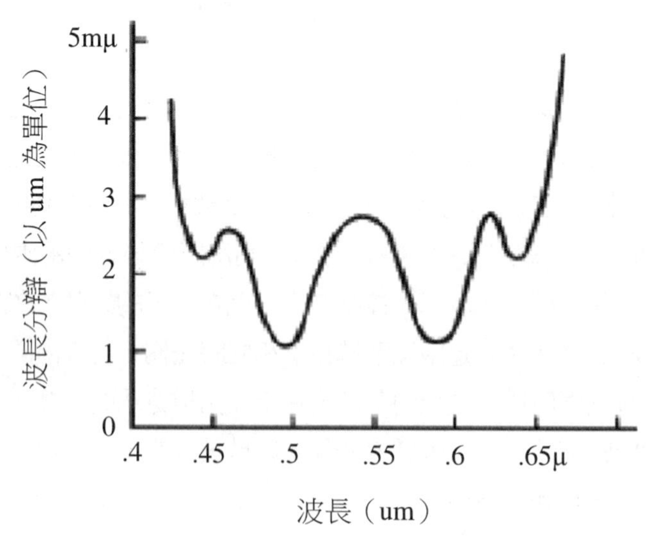

圖 32-8　眼睛對光線顏色的敏感度與光線的波長成函數關係

在正常照度條件之下，眼睛對波長為 0.55μm 黃綠光的感度最敏感，然後以此為峰值，向兩旁下降。因為大多數人的眼睛的敏感性被認為從 0.4m 到 0.7μm。因此，在設計一個供視覺使用的光學儀器過程中，單色偏光被修正為 0.55μm 的波長或者 0.59μm，將色差透過修正將紅、藍色修正靠攏至這個範圍附近。波長被通常選擇是 e（0.5461μm），C（0.6563μm）為黃色的，d（0.5876μm）設定為紅色，以及藍色的F（0.4861μm）。

圖 32-9 顯示對於正常的照明和適應黑暗的狀況來說，有關眼睛與波長的敏感性的關係。有明視力（photopic）曲線給予亮度約為照度 3cd/m^2 或更多，並且暗視力（scotopic）曲線給予亮度為照度 3×10^{-5} cd/m^2 或更少。在這兩個水準之間，屬於中間區域（mesopic）。注意到，在暗適應視覺的靈敏度的最高峰值向藍色波段末端移動，大約在 0.51μm 附近。這就是普辛吉效應（Purkinje Shift），原因是因為視網膜上桿狀微小單件與圓柱微小單件對於不同單色光的靈敏度不同的關係，如圖 32-8 所示。圖 32-10 (a)是眼睛敏感性在使用比色法決定出的一個標準圖表。這條曲線（圖 32-10(b)）的長波長的部分對估計近紅外的探照燈在安全使用條件下（像在紅外線瞄準鏡上使用的情況等）的能見度是有用。

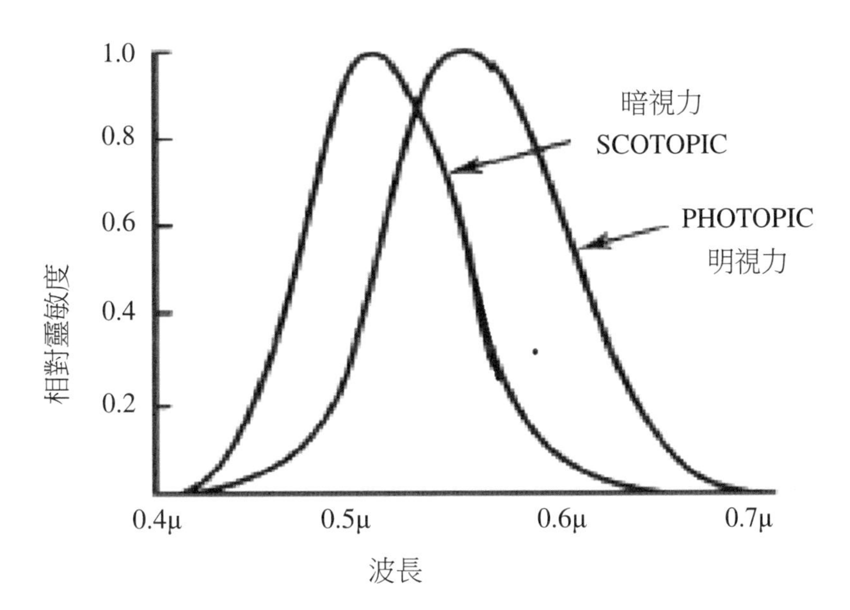

圖 32-9　眼睛與波長的敏感性的關係。有明視力（photopic）曲線給予亮度約為照度或更多，並且暗視力（scotopic）曲線

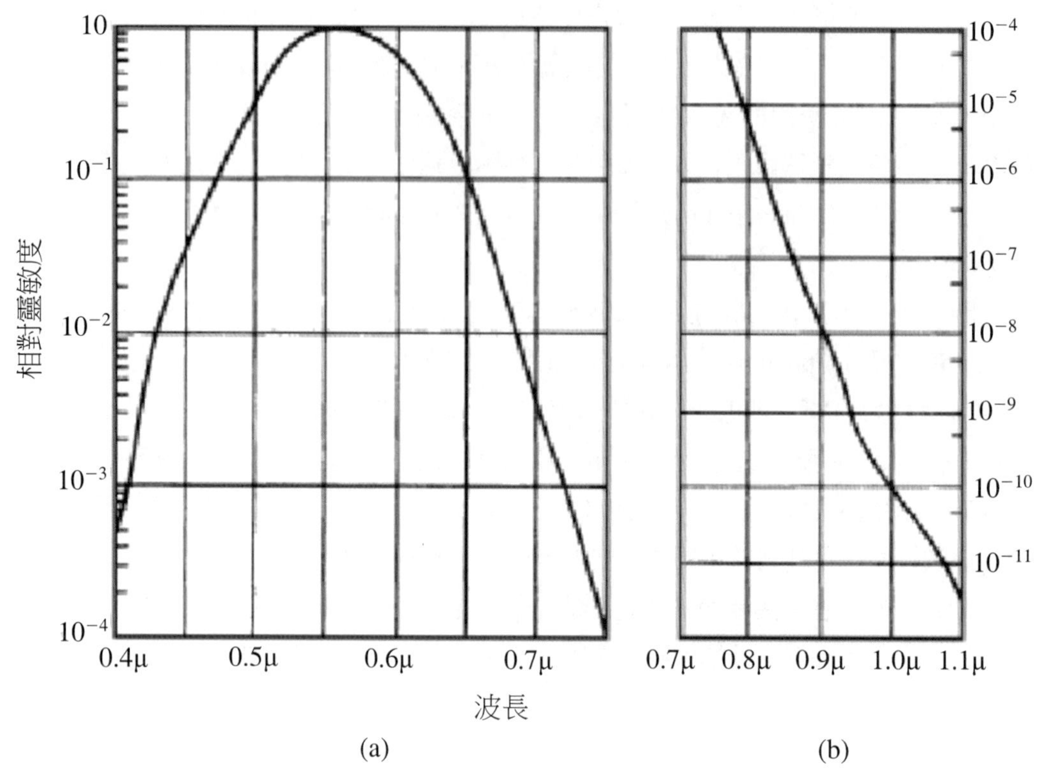

圖 32-10　使用比色法對眼睛敏感性的標準圖表

32.4 眼睛的缺點

32.4.1 近視（myopia）

因為長時間眼球內的透鏡和角膜固定在一個焦距下，造成彈性疲勞的缺陷。結果使得在遠處物體提早在視網膜前面成像，而無法對心在視網膜上。因為近視造成過高程度的正透鏡成像，故可以利用在眼前安置一隻負透鏡來矯正。之所以選擇負透鏡，因為它可以使近視眼中遠端物體的成像對心在在視網膜上。例如，近視眼度數 2 的人不能看清楚 20 in 外的物體，故使用一負 2 度的透鏡，焦距在−20 in，用來矯正近視。近視眼發生的時期恰巧與青春期同時，因此發展的非常迅速。

當一個觀察者（特別一個未受訓練的觀察者）調節一台顯微鏡或者望遠鏡那樣的光學儀器焦距時，儀器近視眼就可能發生。通常因為調節焦距不準確，使得物體成像在離眼睛 20 in 遠處（度數 200）。因此導致觀察者會誤認為影像成像在鏡筒內部，或是附近。較有經驗的觀察者在操作顯微鏡的時候，通常會先讓鏡筒成像在無限遠處，藉由調整鏡筒向試片移動來調整焦距，因此一開始，影像聚焦在眼睛的後方（因此尚未聚焦），直到調整至聚焦為止。夜間近視也可以類比於儀器近視，當眼睛處於黑暗且無外界刺激的時候，眼睛通常會將焦點設定在較近的距離上（60 至 80 in）。

32.4.2 遠視（Hyperopia）

遠視的狀況恰是近視的相反，並且起因於眼睛收縮的太短和在過程中眼睛折射的元件能量太少的緣故。一個遠的物體的影像形成（當眼睛放鬆時），是在視網膜後面。遠視可因為使用正透鏡，矯正成正確的景象。明顯地，若改善遠視的人的調節折射的曲率，將使得他們的眼睛能重新聚焦，使成像在視網膜上。如果延誤治療，將有可能導致頭痛的發生。

32.4.3 散光（Eye Astigmatism）

為分布在眼睛垂直的子午線到水準的子午線上的能量不均勻的關係，原因通常是因為角膜的形狀不完整所造成，例如角膜一邊的半徑比另外一邊大。眼睛的像散可以利用具有弧面的外部鏡片得到改善。

隱形眼鏡安置並接觸於角膜的表面，有效改變眼睛（大部分折射的能量）的外表面的曲率。硬式隱形眼鏡能容易地透過用它自己的球面，替換角膜的弧狀表面，改正像散。顯而易見，一副柔軟的（靈活）隱形眼鏡需要一個固定的機制使它的環面的能量能符合眼睛，來改善像散。近視和遠視可因為隱形眼鏡，使眼睛的光學系統的外表面變平或者加強曲率的程度，一起改正。

放射角膜切開術是一種施行在角膜上的外科手術，來改變角膜的厚度。就由削弱角膜的強度，使得眼睛內部的壓力迫使手術切割的表面膨脹改變，使得角膜的形狀與入射能量分布改變。這種手術有兩個副作用，一是切割的傷口，會影響入射光，二是當人年紀改變後，能量的分布又有改變的可能，所以矯正並不能持久。另外一種手術（PRK），是利用雷射切除的方式，先移除角膜的一小片表面薄片，再改變角膜的形狀，最後在將表面覆蓋回去。

眼睛的色差在前節已經討論過了。同樣地，一些眼睛的球面形狀也矯正不足。眼睛內部的透鏡同樣有著球面形狀，中央的折射率比周圍的折射率來的高，上述兩點都減少了系統中透鏡的能量並矯正過低的角膜球面。少數人有這種過低的球面表面。大部分的人的眼睛，再看近物時，眼球中央的膨脹大於邊緣處，球面多趨向過調節。最多可以量測到達球面±2 屈光度上下，因此，在單色光狀況下，球面差多多少少影響了眼睛的解析度。

32.4.4 老花眼

是因為隨著年齡的增長，眼球內部物質產生硬化，導致調整焦距的曲率降低所造成的。圖 32-11 表示年齡與眼球調節曲率的關係。當眼球退化至無法負荷閱讀所需要的距離時，戴老花眼鏡（凸透鏡）可以提供較舒適的閱讀方式。

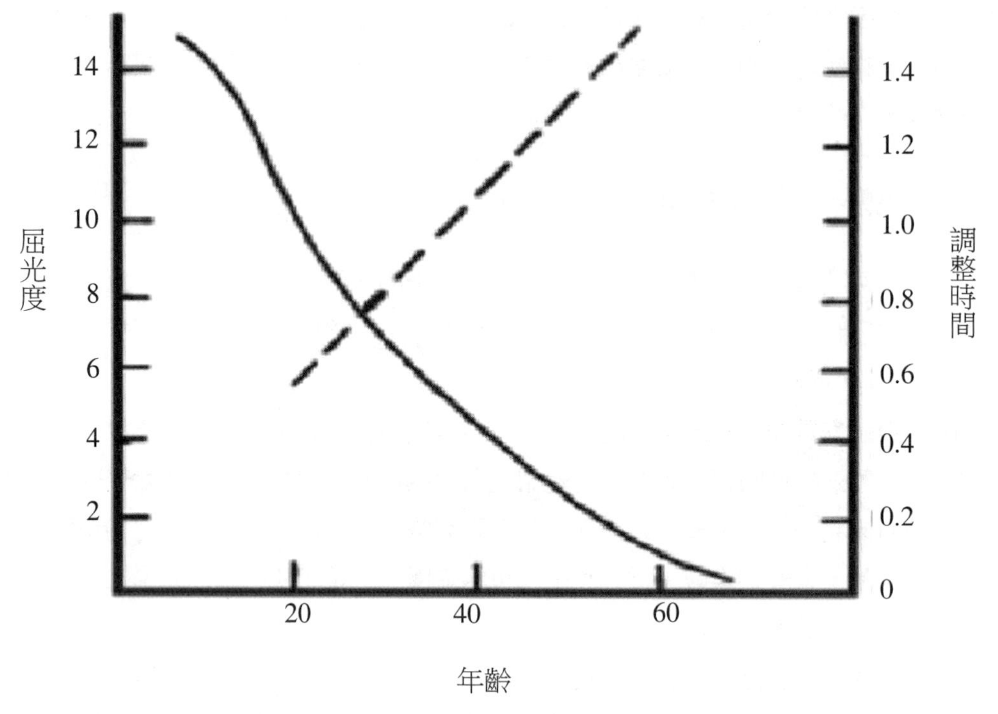

圖 32-11　表示年齡與眼球調節曲率的關係

32.4.5 角膜變形（Keratoconus）

是因為角膜成圓錐狀，只要使用隱形眼鏡，就可以有效的提供球面，達成矯正的效果。不透明或灰暗的水晶體通常被以外科手術移除的方式，來修復視力。而因此喪失的聚焦功能，可以用特別的凸透鏡來代替。但是較佳的解決方式，是使用隱形眼鏡或用手術的方式植入塑膠的水晶體替代品於虹膜下，來治療這些沒有水晶體的狀況。

此外，由於眼睛折射率由內而外的變化，導致在視網膜的影像尺寸變化，假如只有一隻眼睛缺乏水晶體，則儘量避免戴雙眼眼鏡。

32.4.6 目視儀器的光學原則

在儀器裡設計，許多另外的因素應該被考慮，特別是雙眼用的儀器。必須提供可以調整符合雙眼間距離的設備，以便儀器的兩側可能與眼睛的瞳孔一致。這距離通常大約是 2 1/2 in，但是分布在 2 到 3 英吋的範圍內。兩眼儀器的雙筒兩者都需具有相同的放大倍率（隨個人不同，公差量從 0.5 到 2 個百分比），且兩鏡筒的軸必須平行。且兩筒必須具有獨立的可調變聚焦系統，以便適應兩眼不同的狀況。大約屈光度在±4 約可以滿足大部分的人，±2 大約可以滿足百分之八十五的人，眼睛範圍（在兩邊上視力最清楚的焦點的距離是不同的）的最深處約是±1/4 屈光度。聚焦光線四分之一波長是±1.1/（筒徑直徑平方）屈光度，例如直徑為 3mm 的筒徑則有±1/8 的屈光度。對生物科技設備來說，例如抬頭顯示器（HUDs），在眼睛之間的角度不應該少於 0.001 弧度。

參考資料

W, Smith, “Modern Optical Engineering-The Design of Optical system”, 3rd, Ch.5, (2001)

習題

1. 眼睛的基本結構為何？
2. 人眼近視，遠視，和散光有何不同？

軟體操作題

1. 設計一個人眼睛的光學結構。
2. 設計一個成人眼近視 500 度的眼鏡，並求出其鏡組兩面之曲率半徑。

第三十三章 光學元件參數量測手續

33.1 透鏡測試座

光學平台或透鏡的測試座，包括準直鏡、測試標靶、光學系統測試把持座、測試顯微鏡和支持這些組件的支架台。準直儀，依被設計的用法之組件，或許可採取各種各樣的形式。準直儀包括一個很好校正的物件並且照明目標在物件的焦點。為可見光工件或物件通常是一很好校正的抗色差鏡：為著紅外線工件量測，通常使用「離軸」或Herschel橢圓鏡。標靶也許是一個簡單的針孔（為星測試或能量分布），解析度目標，或一個「焦點」準直儀期望值已被校的標度。

透鏡支撐座是在複雜範圍，從一個簡單的平臺，將透鏡用蠟黏附其上，並置於產生平的影像表面的 T 棒滑軌上的節點上。通常顯微鏡至少安裝一具裝有測微表的滑軌，或經常安裝二或三具正交的滑軌以便做到準確測量。後面將討論一些透鏡平台的應用。

兩種有效的焦距的量測基本的透鏡平台技術：節點移位方法和焦點準直儀法。兩種方法敘述如下。

33.1.1 焦距量測

33.1.1.1 節點移位法

一個在軸上旋轉的透鏡支撐座允許透鏡軸可以旋轉，由此軸可以縱向地移位（圖33-1）。因而，移動透鏡向前或向後，透鏡關於任一期望的點都能轉動。如果透鏡在軸上旋轉第二節點，由定義可知從光線涵節點，和系統方向平行，必和平台光軸重合。因而當透鏡在第二節點轉動，會使得影像是沒有側向運動的。一旦鏡組位於這點，透鏡與準直儀軸已完成重新校正，且焦點的位置是不動的。當透鏡是在空氣中，節點和主要點是一致，有效的焦距就是從節點到焦點的距離。

這個技術是基本和可適用於各樣的系統。它的限制主要是在節點的位置。擺動透鏡的操作，轉移它的位置，再擺動等，手續較繁，並且因為它是不連續的，它難做一個確切的設置。如果測試透鏡的軸轉動或移動，不是準確地對準節點，成像就會移動。最後，除非設備仔細地被校準，距離的測量誤差是依據從轉動軸的到空間影像的位置。

33.1.1.2 焦點準直儀法

包括一個焦點上有被校準星盤的物鏡。物鏡大小的焦距和準星的大小必須是已知值。標準鏡必須先被設定・並且由透鏡形成影像的大小，可以準確地量測用顯微鏡量測。

$$\text{從圖可知，} F_x = A'\left(\frac{F_0}{A}\right) \quad \text{式 33.1}$$

圖 33-1 中 A'是影像的被量測的大小，A 是光靶的大小，F_0 是準直儀物件的焦距。注意焦點準直儀也許被使用測量負焦距以及正面：比透鏡的（負）後焦是使用顯微鏡物鏡運作的距離。

由上式所有 A'，A，或 F_0 的數值不精確性，會影響焦距值。任一個誤差在設置測量的顯微鏡的縱向位置在焦點將被反映在 F_x。注意節點移位法和焦點準直儀方法假設，測試件必須免於畸變。如果工件已有畸變存在時，測量必須一個小角度執行時準確性將受限制。

在設定一個焦點準直儀，對一樣高準確度量度，儘可能是必要確定準直鏡 $\frac{F_0}{A}$ 值。A 靶盤間距，可能準備好一個量測的顯微鏡量測。瞄準的透鏡的焦距量測，對高準確度由焦點準直儀技術的一個有限共軛方法。一個準確標度（或在玻璃板一對線）從準直儀透鏡設定 20 到 50ft，如圖 33-1 所示，使用顯微鏡準確地測量目標的影像的大小，並且從物件到成像距離可測量。p 為在主點之間估計距離，或從透鏡的設計資料或它是大約三分之一透鏡（玻璃）厚度（只要 p 對 D 比較小，誤差被 p 的不精確的數值影響小）。現在從 $D = s + s' + p$ 和 $A：s = A'：s'$，s 和 s'的值是由下式決定：

$$\frac{1}{s'} = \frac{1}{f} + \frac{1}{s} \quad \text{式 33.2}$$

可算出並代入有效的焦距的 s 的 f_s 和數值被確定。估計數值必要為 p 可能被測量消除，如果需要，被測量前焦距和運用牛頓等式可供選擇，前和後焦距（如下段所述），確定 p = ffl 前焦 + bfl 後焦 + t 厚度 − 2f 焦距，和重覆開始的演算：在幾個疊算過程將可確切的達到 p 和 f 收斂值。

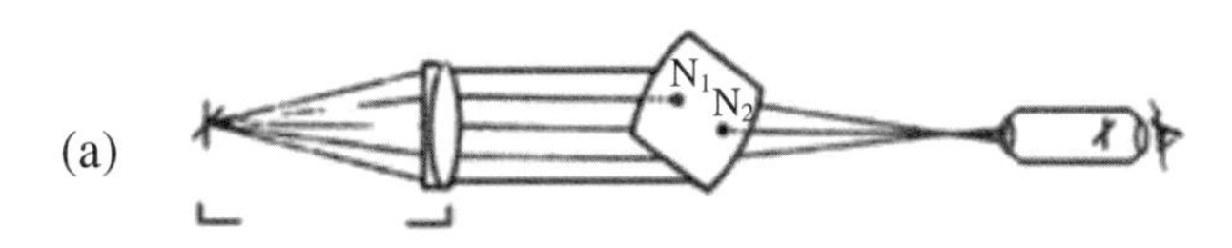

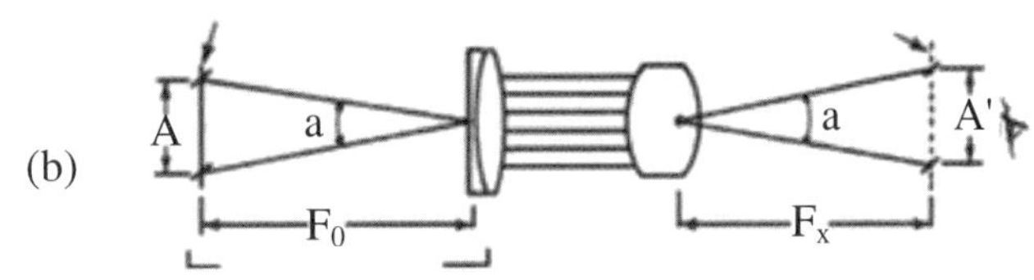

圖 33-1　光學平台上　(a)量節點　(b)量有效焦距

33.1.2 光學參數量測

33.1.2.1 準直鏡鏡和前焦距和後焦距的測量

圖 33-2，當物件和被反射的影像是在同樣平面（焦點平面）時系統就完成自動校準。在測試時，因平面鏡被安放在透鏡前面，以便反射光可以回到透鏡。當被反射的影像和目標於一個螢幕在平面一樣對心，螢幕和目標都在焦平面。

如圖 33-3，為原準確對準一工件，使用自動校準的顯微鏡可以得到好的結果。燈和聚光鏡照亮靶盤，包括清楚的鍍鋁的劃線。靶盤是在顯微鏡物鏡的焦點成像。顯微鏡的目鏡被安放，以便它的焦點平面確切地與靶盤是共軛。因而當顯微鏡對心於測試透鏡的焦點平面，靶盤影像是由測試透鏡平面鏡子合成自動校準在目鏡上鋒利的焦點可以看見。然後顯微鏡移向測試透鏡的後方表面：移動距離顯微鏡與透鏡的後面和後焦是相等的。透鏡平台準直儀也許被調整為確切的準直使用這個技術。當準直儀靶鏡和反射顯微鏡靶盤的影像同時是在焦點上，那麼準直儀是已校正。

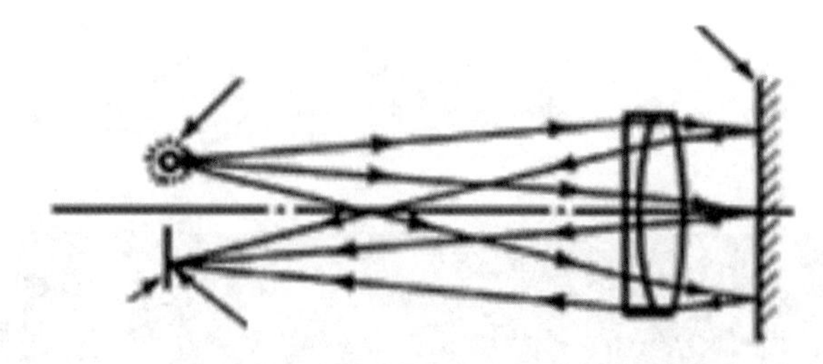

圖 33-2　自準式量測焦點法

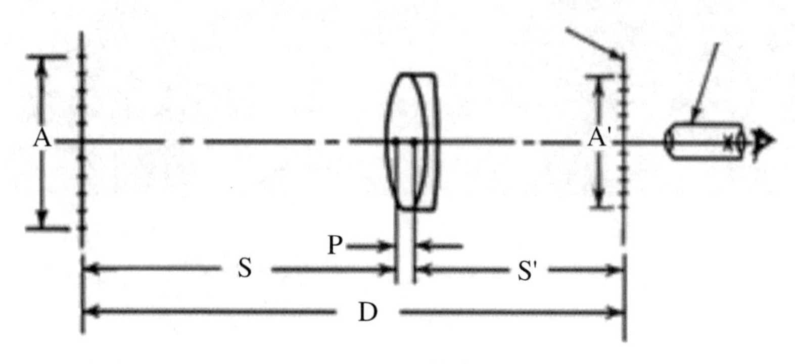

圖 33-3　量測焦距的架設

平台準直儀對後面焦點的定期測量法可用平面鏡子取代，並且如果自動校準的顯微鏡不是可利用的，少許粉末或一個油彩筆標記在測試透鏡的後方表面可能被使用在對心於透鏡表面作為輔助。

在實驗室無設備時，決定焦距和焦點。透鏡可由瞄準一個遙遠的物件。誤差在校正可能由牛頓等式 x'f 確定 2/x，x 是物件距離一個焦距的地方並且 x'是誤差在決定定焦點位置。一個較遠的目標，譬如大廈邊緣，煙窗或其他特徵。

33.1.2.2 望遠鏡的倍率測量

一個望遠鏡系統的倍率可用幾種不同方式測量。(1)量測物鏡和目鏡的焦距比值。(2)入口和出口孔徑的直徑的比值的倍率。目鏡和物鏡的放大率是一視場角的正切函數比。注意幾乎不可避免的畸變在望遠鏡目鏡裡通常將導致倍率的測量由不同焦距或孔徑直徑做。望遠鏡是在無焦鏡組調整在測量倍率之前。單程做這將使用低光焦度（3到 5）輔助望遠鏡（或 dioptometer），早先聚焦了為無限在目鏡：在減少視覺適應的作用時焦點已被調整。

33.1.2.3 像差的測量

測試透鏡的像差，是能在透鏡平台由模仿光線追跡。為球狀或色彩像差的測量，以一測試檔片，每個使用一對小孔（1mm 直徑）。依照被表明在圖 33-5，這樣測試檔片對心在測試透鏡，可模擬二「光線」，只有當顯微鏡被聚焦在二光線的交叉點，在顯微鏡才會看到一個重覆影像目標，若使用各種各樣的孔間距測試檔片，測量光線交叉點的相對縱向位置：如此可以量測到球狀像差可。如果紅色和藍色光被量測，也可產生透鏡單色球差和球面色差像差。

圖 33-4 是一個相似的三孔測試檔片用來測量測試透鏡的正切慧差。一個多個孔測試檔片可能並且被使用測量和繪出光線截住曲線，如果需要。圖 33-5 三孔測試檔片可能被使用測量測試透鏡的慧差。

場曲的測量的技術，如圖 33-6，平台準直儀靶盤包括平行和垂直線。測量測試透鏡的焦距，然後透鏡被調整以便它的第二交點是在節點移位的自轉的中心，並且焦點的位置（以透鏡軸平行與平台軸）是已知值。然後透鏡被轉動通過某一角度。如圖，從透鏡在平台軸透鏡的焦平面的交叉點移動值等於透鏡在軸上旋轉通過角度。平台顯微鏡測量焦點沿光軸移動值D，。二個軸向向量測是必要的，一個為水平的焦點和一個為垂直焦點：這是樣式靶盤上有垂直和水平線的主要原因。離軸法線和光軸的交點和原焦點的距離可用下式表示：

$$\mathrm{efl}\left(\frac{1}{\cos\theta}-1\right)$$

離軸法線和光軸的交點和成像點的距離可用下式表示：

$$D-\mathrm{efl}\left(\frac{1}{\cos\theta}-1\right)$$

場曲可用下式表示：

$$x=\cos\theta\left[D-\mathrm{efl}\left(\frac{1}{\cos\theta}-1\right)\right] \qquad \text{式 33.3}$$

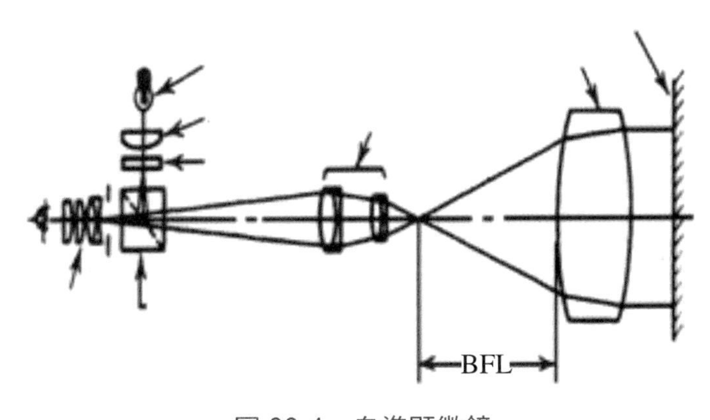

圖 33-4　自準顯微鏡

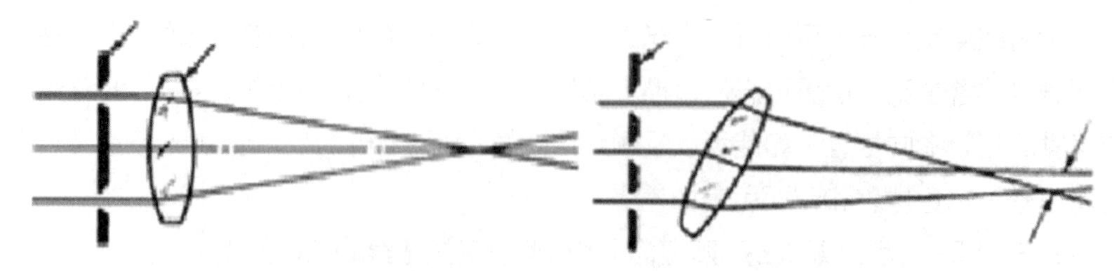

圖 33-5 三點間隔等距罩板用以量測慧差

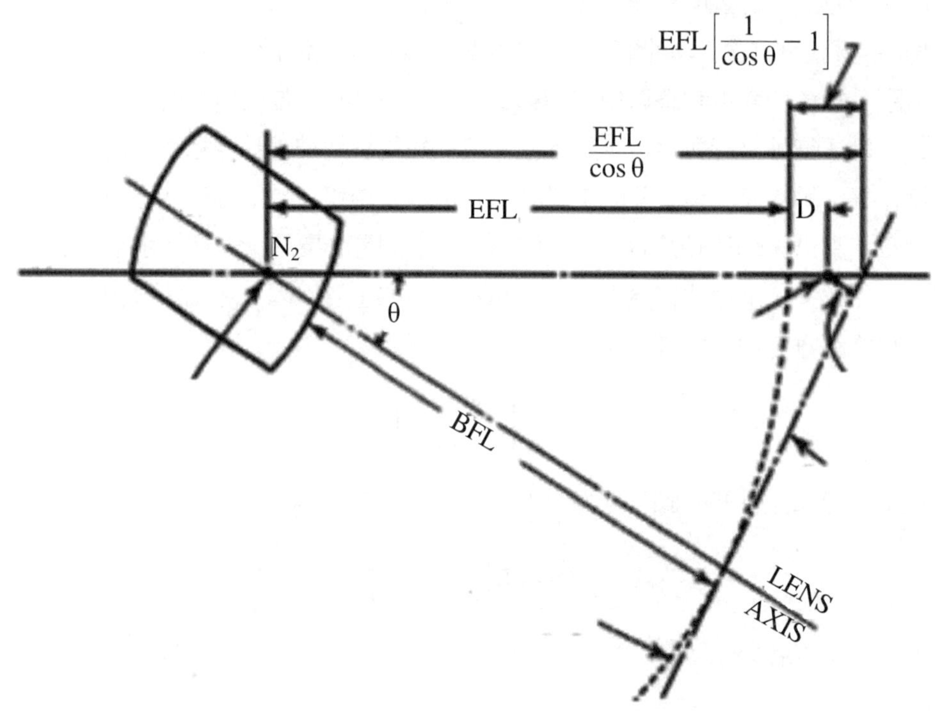

圖 33-6 場曲量測的設置，光學檯上節點的滑動

許多工件在確定場曲，若能在上圖節點上使用可移位一個T型鏡座作附件，就可以消除以上複雜方法。因為T型鏡座作為平台顯微鏡一個對位的工具，當透鏡是在T型鏡座轉動，可使它在平場位置對焦點。直接測量 x/cos 的數值：雖然它使節點移位的建構複雜化，但是對T型鏡座的用途消除幾個潛在的誤差的來源在固有方法上面被描述。這樣的裝置也測出鏡組的歪斜。

畸變可使用節點移位法量測。由於透鏡在滑軌的節點上的小角度自轉時影像不會移動。然後透鏡在軸上大的角度旋轉，影像的任一個側向位移就是畸變。另一種方法使用透鏡射出一個直線目標和測量在影像下陷或曲率，或測量不同角度和不同標靶的放大率。

33.1.2.4 發亮標靶測試法

如果物件成像由透鏡觀看是一個有效「點」，如果它一般影像大小比 AIRY DISK 小，影像將是一個非常近似值對繞射樣式。關於透鏡這樣「星」影像的一次顯微測試對老練的觀察員可能非常熟悉。通常，顯微鏡 NA 比那被測試的透鏡大。在一個完全對稱（關於軸）系統的星影像必須明顯是對稱樣式。所以，任一非對稱在系統軸樣式是缺乏對稱的特徵。一個火焰型或慧差形狀的樣式在軸一般表明系統離心或偏角元件。如果軸向樣式為十字形或顯示一個雙重焦點的特徵，起因也許是軸向像散適當或對輪胎表面的偏角或離心元件，或折射率多相性。

軸向標靶被使用確定球狀和色彩像差的修正狀態。但是，外面圓環在一個很好校正的透鏡的繞射樣式，同樣兩個裡面和外面最佳的焦點，當離焦是相對地明顯影像成為模糊；在未校正球差樣式，將顯示圓環在焦點裡面，將在焦點之外：相反是真實的過校正球差。當球狀像差是帶狀殘餘，圓環樣式傾向於深和可預期的比那從未校或過校正的球狀像差簡單。在色彩未校正的情況下，在焦點樣式裡面將有一個藍色中心和一片紅色或橙色外面火光。當顯微鏡焦點從透鏡移動，樣式的中心也許轉動綠色、黃色、橙色，和最後將變得紅色以一個藍色光暈。反向序列將起因於過校正色彩。一個「色彩校正過的」透鏡以一個殘餘的次要光譜通常顯示一個樣式以一個典型黃綠（蘋果綠的）中心由一個藍色或紫色光暈圍攏。

離軸星樣式變異性更大。古典慧差像十字架或蔥形狀的樣式由於像散容易地被測出。但是，它是發現一個系統只有一種樣式，並且，多半是很多像差的合成，如果不整理，是不可能分析出來。星測試是一套非常有用的診斷器械，且使用唯一最小的設備。

33.1.2.5 刀刃邊緣法-Foucault 測試法

Foucault 刀刃邊緣法，測試時將刀刃邊緣，如圖 33-7，依光源的影像成像點（或線）側向移動。在刀刃之後，在系統的出瞳位置用眼睛，或照相機觀察。Foucault 測試的安排如圖 33-7。如果透鏡是理想工件時，刀子些微的擺在焦點之前，一個平直的陰影將動作橫跨出口孔徑在方向和刀子一樣。當刀子是在焦點之後，陰影移動的方向是刀子方向的相反。當刀子正好通過焦點，整個孔徑（一個理想的透鏡）被看見均勻變暗。同樣類型分析可能向孔徑的區域被運用。如果區域或孔徑的圓環突然變暗和均勻當刀子被推進入光線，那麼刀子削減軸在那個特殊區域焦點。這是大多的依據定量測量用 Foucault 測試。技術一般使用安置一個測試檔片在透鏡以二對稱被找出的入瞳定義區域測量。刀子縱向地轉移直到它同時切除了光通過兩入瞳。然後位於焦點為區域由測試檔片定義。過程被重覆為其他區域，並且刀子的被測量的位置與期望的位置比較。這個測試是在大凹面鏡製造有用的，可能測試或在他們的焦點或在他們的曲率的中心。為中心曲率測試，若是一個針孔在刀子（圖 33-8 附近），並且空間極小值並且設備必需。明顯地如果鏡子是球形，所有區域將有同樣焦點，並且完善的球形均勻將變暗如同刀子通過焦點。

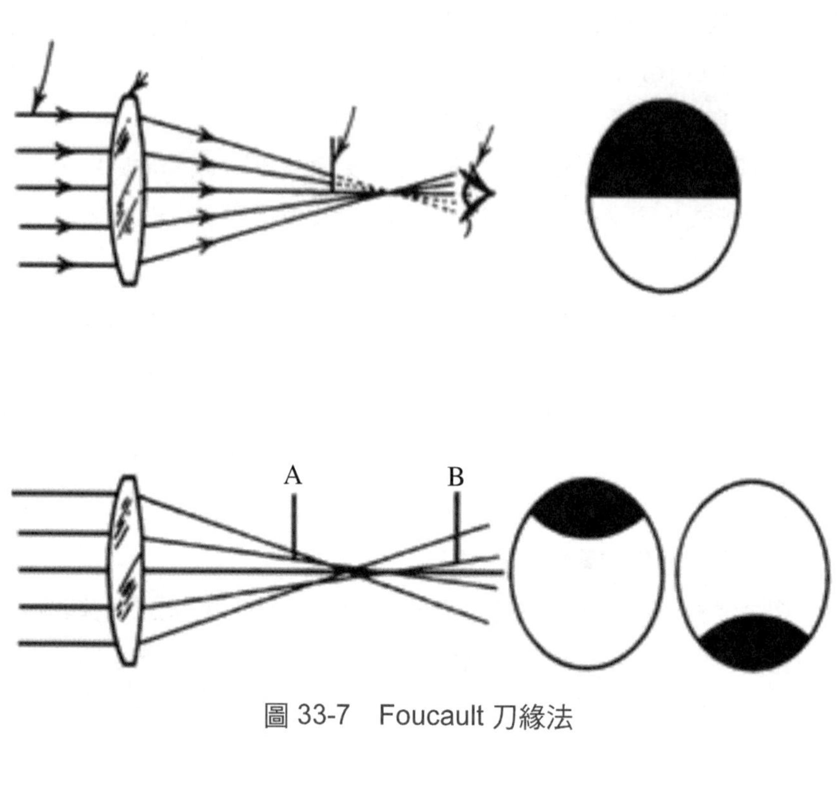

圖 33-7　Foucault 刀緣法

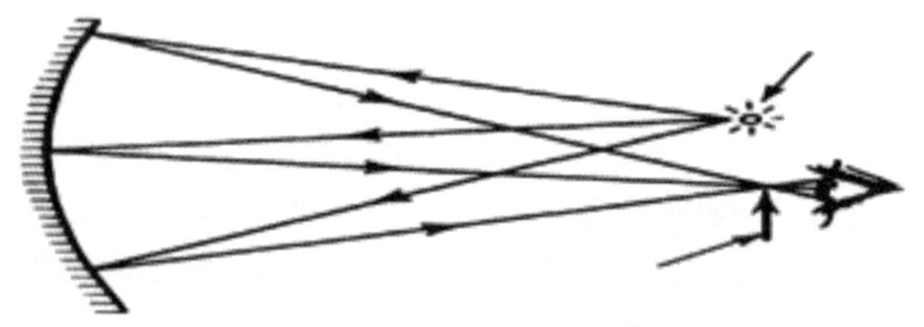

圖 33-8　用刀緣法測試凹面鏡，將刀面和中心重合

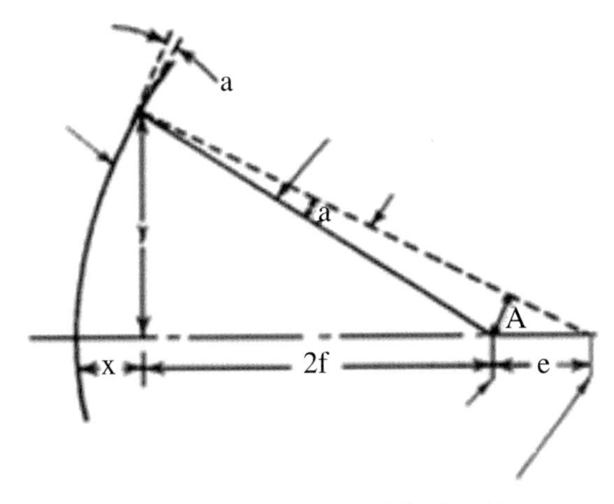

圖 33-9　用刀緣法量測非球面輪廓

當表面測試非球面，期望的焦點為各種各樣的區域計算從設計資料並且測量與比較計算數值。這是一件相對地簡單的事情轉換這些焦點不同，成為表面等高誤差：這樣能確定透鏡或鏡子的區域要求，進一步拋光降低表面。如果非球面表面等式被表達以形式

$$x = f(y) \qquad \text{式 33.4}$$

法線等式對表面在點(x_1, y_1)然後是

$$y = y_1 + f(y_1)\, f'(y_1) - xf'(y_1) \qquad \text{式 33.5}$$

$$f'(y_1) = dx/dy \qquad \text{式 33.6}$$

其中：

$$x_0 = x_1 + \frac{y_1}{f'(y_1)} \qquad \text{式 33.7}$$

法線的交叉點以光學軸

然後以下為例：

$$x = \frac{y^2}{4f} \qquad \text{式 33.8}$$

$$f'(y) = \frac{dx}{dy} = \frac{y}{2f} \qquad \text{式 33.9}$$

依上式

$$x_0 = x_1 + \frac{y_1}{(y_1/2f)} = x_1 + 2f = \frac{y_1^2}{4f} + 2f \qquad \text{式 33.10}$$

最後一個等式提供刀邊緣應該在縱向位置，可使變暗y_1半徑圓環均勻變暗，當拋物面被測試在曲率的中心（圖 33-10）和刀子、來源同時沿軸移動。製作手續上，刀刃縱向地調整直到鏡子的中心區域均勻一致變暗。從刀子的距離到鏡子與 2f 是相等的。然後一系列的測量被做使用測試檔片以 y_1、y_2、y_3等、各次測量產生誤差 e_1、e_2、e_3等一半間距，e是從「期望的」位置的縱向距離為刀子到實際位置。資料也許準備好被轉換成區別在表面的實際斜率和期望的斜率之間拋物面例子用幾何刀刃測試使用確定一個凹面（拋拋物面）鏡子的表面等高。

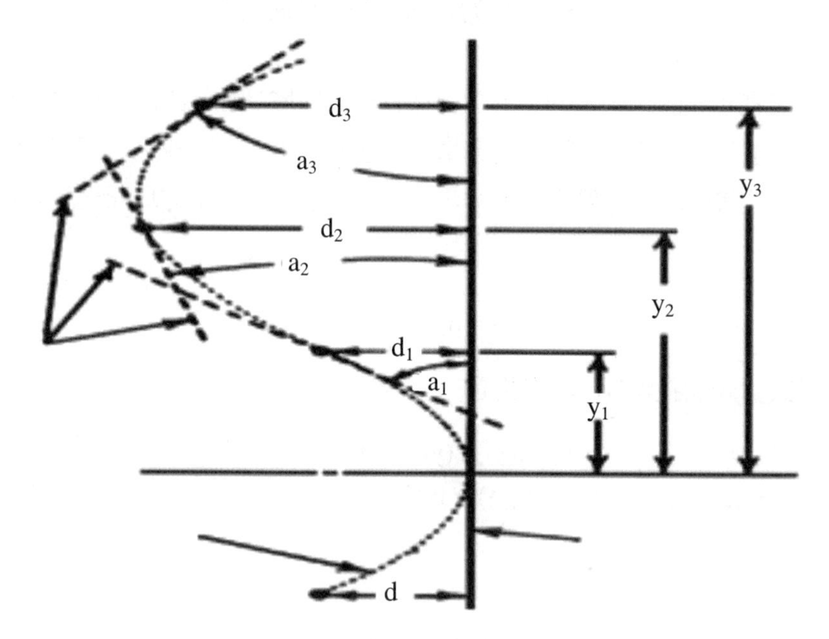

圖 33-10　如何換算完成面和設計面誤差

$$\frac{A}{e} = \frac{y}{\sqrt{4f^2 + y^2}} \qquad \text{式 33.11}$$

期限在右邊分母是從表面的距離到軸被採取沿法線的地方。現在角度在實際正常和期望的法線之間是相等的，並且替代品對於A從早先表示，得到數額表面斜率是誤差的

$$\alpha = \frac{A}{\sqrt{4f^2 + y^2}} \qquad \text{式 33.12}$$

取代上式

$$\alpha = \frac{ye}{4f^2 + y^2} \quad \text{式 33.13}$$

能確定表面的實際離開從它的期望的形狀。採取表面誤差在軸作為零，估算離開從期望的曲線

在 y_1

$$d_1 = \frac{y_1\alpha_1}{2} \quad \text{式 33.14}$$

在 y_2

$$d_2 = d_1 - \frac{(y_2 - y_1)(\alpha_1 + \alpha_2)}{2}$$

在 y_3

$$d_3 = d_2 - \frac{(y_3 - y_2)(\alpha_3 + \alpha_2)}{2} \quad \text{式 33.15}$$

總之，能寫成

$$d_3 = \sum_{i=1}^{i=n} \frac{(y_{i-1} - y_i)(\alpha_{i-1} + \alpha_i)}{2} \quad \text{式 33.16}$$

在起始位置，d 的標號是正面的，如果實際表面是上述期望的表面。

以上方法概述可能向任何準備好被運用凹面非球面，因為它對非球檢查只是在不同的間隔間，當然對整個非球面，無論表面是光滑或凹面，或有割槽都需要修補後才能完全。測試凸面是更加困難的：他們通常被檢查與其他被選擇鏡子組合一起，才容易接近「中心焦點」。以上法線的計算法可應用在這種情況下，但應用的原則是相同。

33.1.2.6 細夾縫測試法-Schlieren 測試

Schlieren 測試實際上是刀片由一個小針孔或細夾縫，替換 Foucault 測試的修改。因而錯過針孔的任一光線導致一個變暗的區域在光學系統的入瞳。Schlieren測試在查出在折射率小變化上特別有用，或在光學系統或在中等（空氣）包圍。在直線夾縫被設定在一個瞄準的光學系統和對心影像於針孔的一個匹配的系統之間。當測試攝影上被記錄，影片是可能從密度測量獲得關於氣流的定量資料。

33.1.2.7 解析度測試

解析度是使用交替的明亮和黑暗的線或型鏡座的標靶的影像量測。一般明亮和黑暗的靶是相等的寬度。包括幾套被分級的間距的靶樣作為在測試之下的限制的解析度。靶可能是最佳的樣式（在一些在物件靶的數量在影像與數字是相等的）。

解析度靶樣在使用中變化在二個細節（較不重要）意義：排數或不同樣式靶和線的長度相對他們的寬度。普遍做法是每樣式使用三條靶（和二空間），長度為 5 倍（或更多）靶寬度。美國空軍 1951 瞄準這一類型，並且樣式是等級在頻率以 2 六次方根的比率。美國 NIST 圓形 533 規範靶，包括是近似值 1 in 長和範圍頻率從大約每毫米三分之一線到大約三條線每毫米，取 2 四次方根為比率：三靶樣式之對比，各為高頻（25：1）和低頻（1.6：1）。一定數量的透明（在影片或玻璃）目標是商用的：這些，很大程度上，是根據美國空軍目標。圖 33-11 顯示二類型解析度測試目標。美國空軍 1951 標靶是最廣泛被使用的和被接受的解析度目標。輻形目標是有趣因為它恰好展示光學調動作用的 180 度相位移動。

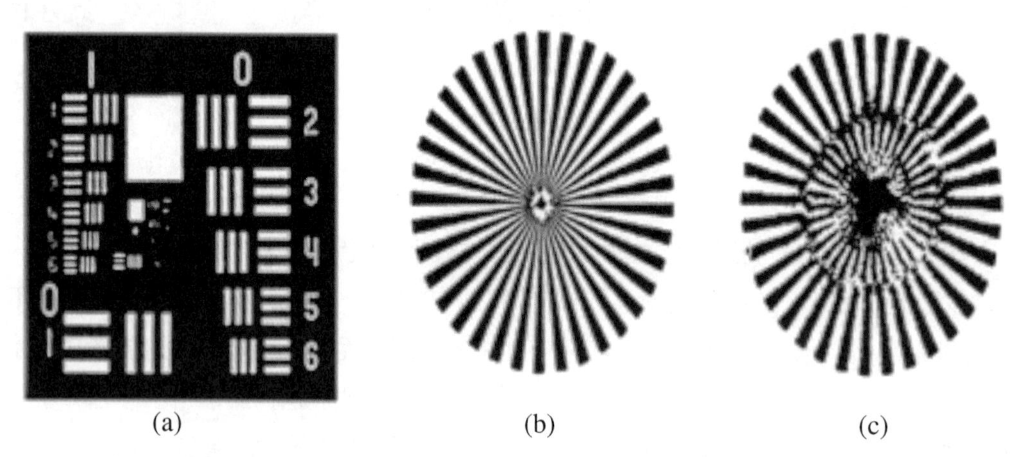

圖 33-11　(a)USAF1951 靶，(b)Siemen 星狀解析靶，(c)待校正星狀解析靶

在評估系統的解析度很重要，採取一個合理的標準為決定靶樣依據。

33.1.3 光學逆向工程

光學逆向工程是對一個現有的光學系統的工程參數量測。其一，也許是對樣品系統失效的原因，執行設計師的期望它的性能而疏忽未達到的分析。其二，也許是對一個現有的透鏡的分析，以便取得它的設計資料，用以作為一個新設計起點。大部分量測系統組件的半徑、厚度、間隔，和折射率。目的不僅是量度的精確，並且在分析過程中能提供許多不同檢驗結果。因而第一步應該包括有效、後面和前面焦距，並且像差的準確測量，以便當所有被測量的系統資料收集後，可完成被測量的系統的演算，最後能提供比較準確設計參數分析。

系統的厚度和間距的測量。對小型系統，可使用測微表（被裝備以球打翻為凹面表面）。對大型系統，較深測量儀可用大的柱塞輪尺（Nonius 測量儀）。如果尺寸及外型若從二種不同測量（作為驗測）推演，額外分析的時間通常是值得的。光學表面的半徑測量有許多方式。最簡單大概是利用一稀薄的樣板、或「黃銅測量儀」，製作一個已知道的半徑的標準面和工作表面接觸。若在一英寸和幾萬區間，測量儀和玻璃都可能容易地被驗出，但這樣測量儀使用性不高，除非與它非常相合的表面。

半徑測量的古典儀器是球面儀，基本原則被概述在圖 33-12。球面儀測量表面的子午方向的高度可得知直徑：半徑可由下式計算

$$R = \frac{Y^2 + S^2}{2S}$$

Y 是球徑計圓環的半徑

S 是量度子午方向的高度

因為子午方向的高度是一個相當小的值，因而若相對大時，將引進量測誤差，因此，球徑計因環形夾具要校正。最佳的方式是將一個球徑計作為比較組，將由未知的半徑測量和已知標準半徑（即測試玻璃）作比對。

曲光度 diopter 測量儀，或透鏡措施，或日內瓦透鏡測量儀可能是提供表面曲率的一個較快的近似的工具。它包括一個可調整測量儀與它的柱塞在二個固定點之間。曲光度測量儀的可調整是在曲光度校正。依下公式，讀數可被轉換成半徑

$$R = \frac{525}{D}\ \text{millimeters} \qquad \text{式 } 33.17$$

525 是常數，代表眼鏡玻璃 1000(N − 1)的平均值。一個典型的曲光度測量儀的準確性是 0.1 曲光度。

可能最佳的方式測量一條凹面半徑是利用一個自動校準的顯微鏡。顯微鏡首先對表面對心和然後在曲率的中心聚焦（顯微靶盤影像成像的後面在本身由反射從表面）的地方。平移距離可由顯微鏡在這兩個位置之間差值，這與半徑是相等的。這個方法精確度可能是對測微表，如果顯微鏡被使用是相當大倍率（150 倍與 NA = 0.3），被反射的影像的品質，在球狀曲率中心的表面是優質。

凸面表面可以被測量，這樣在顯微鏡物鏡比半徑的工作距離長條件下的。一系列

的長焦點長度物件是有用的，因為物件的NA降下（長焦點長度物件通常有小NA），雖然方法的精確度下降歸結於增加的景深。如果一條長的凸面半徑的鏡組精確量測是必要的，聯接的凹面表面可能被做以便它完全擬合（依照干涉圓環測試），並且測量凹面玻璃。主要測試板材由這個技術測量。如上面所述，可能用於計算小半徑，區別可以從干涉條紋的數量決定。

在分析下，若玻璃和鏡組是分開的物件，精確折射率的測量是可被做到的。在實驗室分光儀測試稜鏡的極小偏差可被測量，利用稜鏡公式可計算折射率。或者方法準備好將產生給定值準確對第四個小數位。但是對透鏡元件非破壞性量測比較困難。折射率用正常玻璃，可先測量元件的密度。折射率可由密度值近似推出。關係式為 n＝(11＋D)/9：折射率（n）和密度（d）。

有些一般的方法將測量元件由對心一個自反射的顯微鏡測量軸向厚度和然後測量光學厚度，首先量測一表面，然後其他表面。用簡單的近軸公式演算，考慮到被觀看第二表面半徑的折射性質，可計算出產生折射率數值。依據量測元件的厚度去計算常是不可靠的。其原因是由於在量測時球像差被加入玻璃厚度，因而造成誤差。

如果你仔細地測量半徑和元件近軸焦距，厚透鏡公式可以計算折射率。這個方法若有熟練的實驗室技術，它是達到小數點二位的準確。若是，焦點長度測量沒有考慮消滅球狀像差的作用，量測誤差值大。而其他非破壞性的技術，是將玻璃浸入折射率匹配液，以升高匹配液溫度直到無法區分測件及溶液時，取得溫度值，可由換算表中求得折射率。

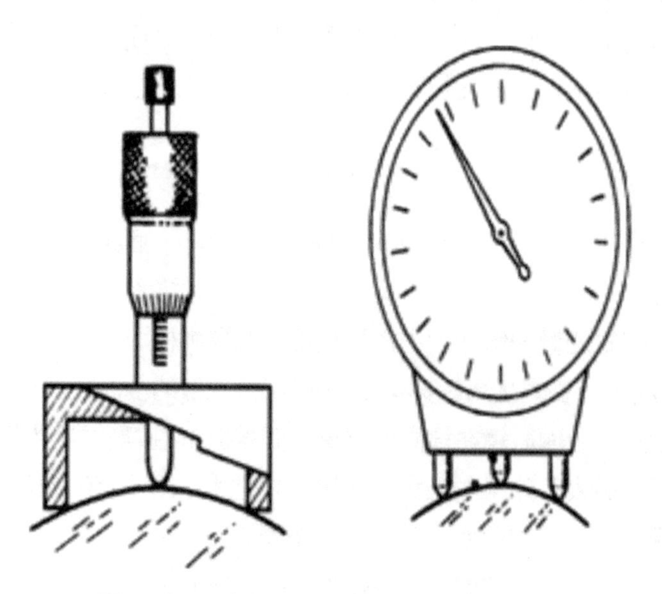

圖 33-12　(a)簡單球徑計，(b)屈光度計

33.2 高解析度之勢位式干涉儀分析非球面之表面輪廓

高解析度之勢位式干涉儀（GROWTH POTENTIAL inTERFEROMETER）分析一非對稱式非球面之表面輪廓，以求取光學製造表面之輪廓參數，利用勢位式干涉儀計算ZERNIKES之參數結果，推算出製造之參數，並與逐點量測作比對，比對其量測值勢位式干涉儀（GROWTH POTENTIAL inTERFEROMETER）分析精度都優於逐點量測法，而達到光學之製造之準度。

非球面光學之表面之量測在光學量測中極其重要，量測方式有以逐點式之量測，或是以光學干涉式之非球面之量測，機機式之量測方式其量測精度在於其量測儀具之準確性，而干涉式之量法是以量測之波長為其量測之尺度，而在經過計算之後求取輪廓和參考面之差值。

33.2.1 高解析度之勢位式干涉儀

比對其量測值勢位式干涉儀（GROWTH POTENTIAL inTERFEROMETER）分析精度都優於逐點量測法，而達到光學之製造之準度。量測使用ZYGO公司所發展之干涉儀具的精確度（準確度<1/200 量測波長），結構如圖 33-13，並安裝MetroPro計算料分析軟具治計算資曲率，並可三維立體顯像

MetroPro 包含特殊用軟體，配合干涉儀的使用，可應用在不同的量測上：

1. 角度量測應用，量測光學和直角稜鏡。

2. 角度量測應用。

勢位式干涉儀為 ZYGO 公司所發展的 GPI XP 型干涉儀，如圖 33-13 所示，此型干涉儀同時安裝了MetroPro資料計算分析軟體，具有甚強的資料計算分析功能，可將分析後的資料以三維圖示，具有良好的精確度（準確度達λ/100，peak-vally，精密度可達λ/1000，rms）。

此 GPI XP 干涉儀配合 MetroPro 軟體內所包含的一些特殊的應用程式，可分別應用在光學元件楔角量測、光焦度半徑量測、表面平整度量測、ZERNIKE 量測等應用上。本文所討論的量測方法即為 ZERNIKE 量測應用，利用 GPI XP 干涉儀產生的干涉圖紋，經計算後得到一組 ZERNIKE 係數，進而利用 CODEV 光學設計軟體的模擬功能，模擬此組ZERNIKE係數的鏡面外形，進而分析求得一組非球面的製造參數值。

圖 33-13　ZYGO GPI 干涉儀

33.2.2 Zernikes 分析參數分析

在輪廓分析上採用 Zernikes 參數以計算最佳擬合係數，進而可以提供分析或其他用途。Zernikes 參數，繪出之 Zernikes 之 3D 輪廓，如圖 33-14。

33.2.3 Zernike 定義

Zernike 多項式如下：polynomials.

$$Z_n^m(\rho, \phi) = R_n^m(\rho)\cos(m\phi) \qquad \text{式 } 33.18$$

奇數可定義為

$$Z_n^{-m}(\rho, \phi) = R_n^m(\rho)\sin(m\phi), \qquad \text{式 } 33.19$$

在此 m 和 n 是非正數且正整數 $n \geq m$，ϕ是子午角，and ρ是孔徑半徑。

若以半徑表示的 ZERNIKES R_n^m 如下

$$R_n^m(\rho) = \sum_{k=0}^{(n-m)/2} \frac{(-1)^k (n-k)!}{k!((n+m)/2-k)!((n-m)/2-k)!} \rho^{n-2k} \qquad \text{式 } 33.20$$

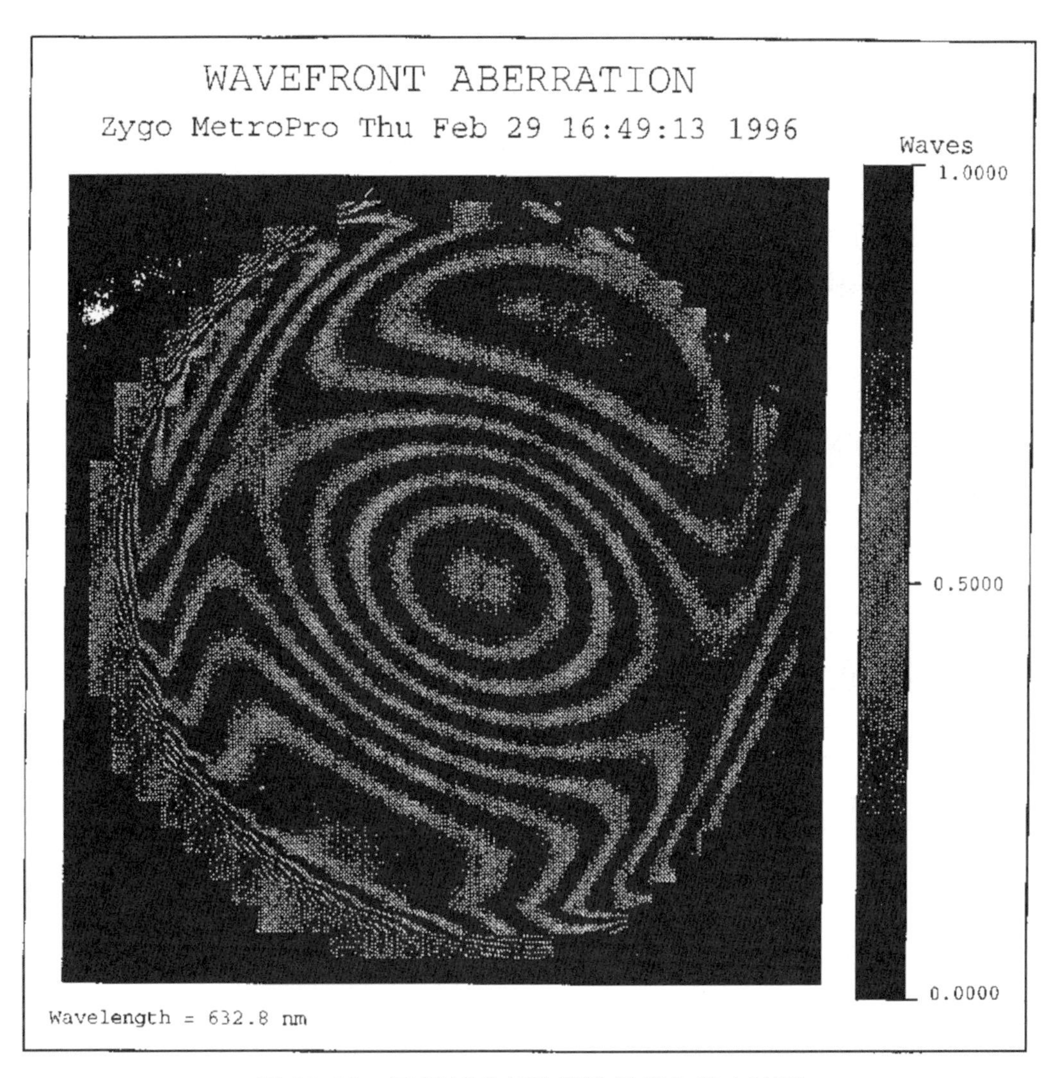

圖 33-14　用 ZYGO ZPI 干涉儀產生出之波形

在此(n − m)為偶數且對奇數(n − m)為 0

正交

用半徑座標表示的正交性如下

$$\int_0^1 \rho\sqrt{2n+2}\,R_n^m(\rho)\,\sqrt{2n'+2}R_{n'}^m(\rho)d\rho = \delta_{n,n'} \qquad \text{式 33.21}$$

用角座標表示的正交性如下

$$\int_0^{2\pi}\cos(m\phi)\cos(m'\phi)d\phi = \varepsilon_m\,\pi\delta_{|m|,|m'|} \qquad \text{式 33.22}$$

$$\int_0^{2\pi}\sin(m\phi)\sin(m'\phi)d\phi = (-1)^{m+m'}\pi\delta_{|m|,|m'|};\ m \neq 0 \qquad \text{式 33.23}$$

$$\int_0^{2\pi}\cos(m\phi)\cos(m'\phi)d\phi=0 \qquad \text{式 33.24}$$

在 ε_m（或稱為 Neumann 因子，因為常出現在 Bessel 函數，因此常定為 m = 0 和 1，若 $f_m \neq 0$。

這相乘量在角度和徑度上都可以建立 Zernike 函數的正交性，

若對式以環碟積分如下式，

$$\int Z_n^m(\rho,\phi)Z_{n'}^{m'}(\rho,\phi)d^2r=\frac{\varepsilon_m\pi}{2n+2}\delta_{n,n'}\delta_{m,m'} \qquad \text{式 33.25}$$

在 $d^2r=rdrd\phi$ 是環座標的積分單位，$n-m$ 和 $n'-m'$ 時偶數

特殊例

$$R_n^m(1)=1.$$

對稱性

T 對依 X-軸的配對性可表示為

$$Z_n^m(\rho,\phi)=(-1)^m Z_n^m(\rho,-\phi). \qquad \text{式 33.26}$$

配對性對中心座

$$Z_n^m(\rho,\phi)=(-1)^m Z_n^m(\rho,\phi+\pi)\text{，} \qquad \text{式 33.27}$$

在此 $(-1)^m$ 可寫成 $(-1)^n$ 因為 $n-m$ 為偶數並且是相關非消失值，徑度多項式可以是奇數或是偶數

$$R_n^m(\rho)=(-1)^m R_n^m(-\rho). \qquad \text{式 33.28}$$

週期性的三角函數可以乘以 $2\pi/m$ 徑度旋轉

$$Z_n^m(\rho,\phi+2\pi k/m)=Z_n^m(\rho,\phi),\ k=0,\pm1,\pm2\cdots \qquad \text{式 33.29}$$

$$R_0^0(\rho)=1$$

$$R_1^1(\rho)=\rho$$

$$R_2^0(\rho)=2\rho^2-1$$

$$R_2^2(\rho)=\rho^2$$

$$R_3^1(\rho)=3\rho^3-2\rho$$

$$R_3^3(\rho)=\rho^3$$

$$R_4^0(\rho)=6\rho^4-6\rho^2+1$$

$$R_4^2(\rho)=4\rho^4-3\rho^2$$

$$R_4^4(\rho)=\rho^4$$
$$R_5^1(\rho)=10\rho^5-12\rho^3+3\rho$$
$$R_5^3(\rho)=5\rho^5-4\rho^3$$
$$R_5^5(\rho)=\rho^5$$
$$R_6^0(\rho)=20\rho^6-30\rho^4+12\rho^2-1$$
$$R_6^2(\rho)=15\rho^6-20\rho^4+6\rho^2$$
$$R_6^4(\rho)=6\rho^6-5\rho^4$$
$$R_6^6(\rho)=\rho^6 \qquad \text{式 } 33.30$$

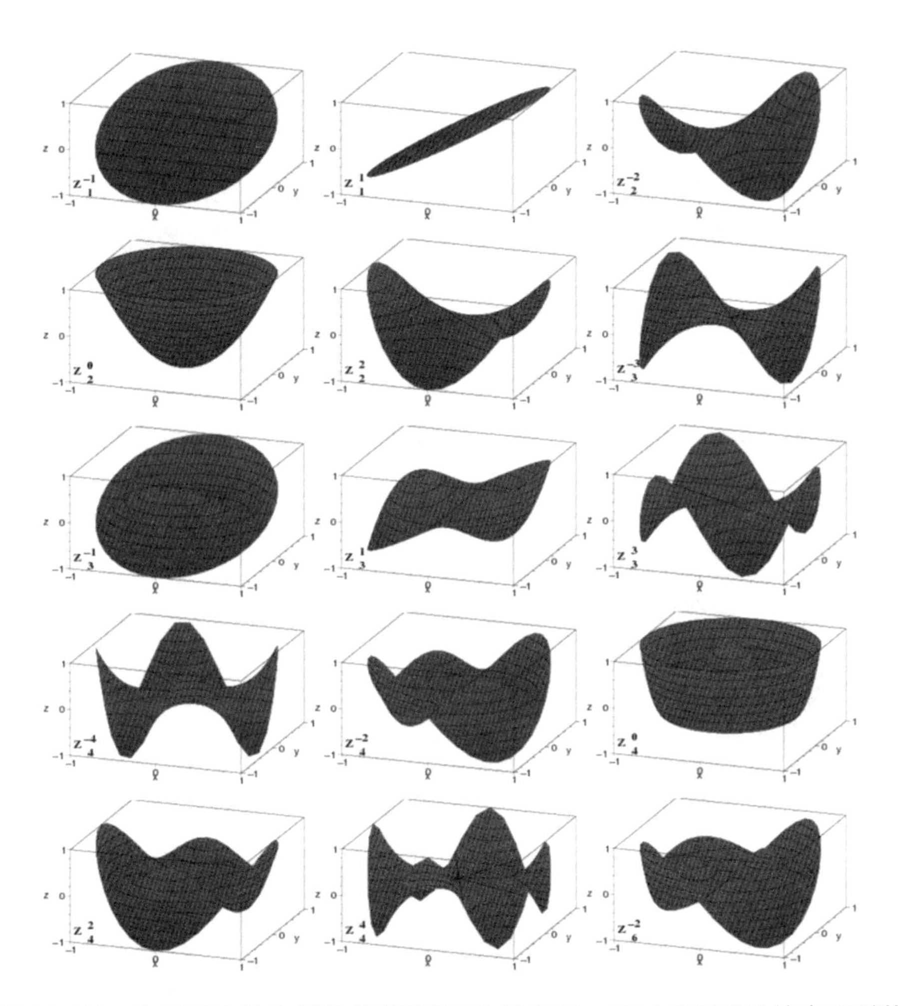

圖 33-15　依據干涉儀分析後 ZERNIKES 的參數，可以求得工件的真正形狀
參考資料：黃君偉，台灣光電研討會（1996）

33.3 光學系統量測——MTF 原理和應用

光學校正是光機的調校過程，因著殘餘誤差的影響（特別是元件的傾斜或離心），用以改正或補償系統像差及瞄準線的偏差量。

33.3.1 MTF（頻率特性的）實際量測

如圖 33-16，基本的元件相當直接簡單。一個亮光變化測試圖形卡作為一維的一個正弦作用。這樣各組件不容易準備。幸運的，引進誤差不是真實地正弦的靶標，因此不需要考慮。一些儀器運用「s 方波」靶標。靶標樣式由測試透鏡成象在方向與靶標樣式確切地平行的窄夾縫。光電探測器測量通過夾縫讀取光強度。

因為靶標或夾縫被側向移動時，相當數量光變化將可由探測器量測，並且在光電探測器影像被調制

$$M_i = \frac{\max - \min}{\max + \min} \qquad \text{式 33.31}$$

化物鏡被調制 M_0 可靶的最大值和極小值亮度可被測得。MTF（或頻率特性，或正弦波函數，或對比調制）比率為 M_i：M_0。

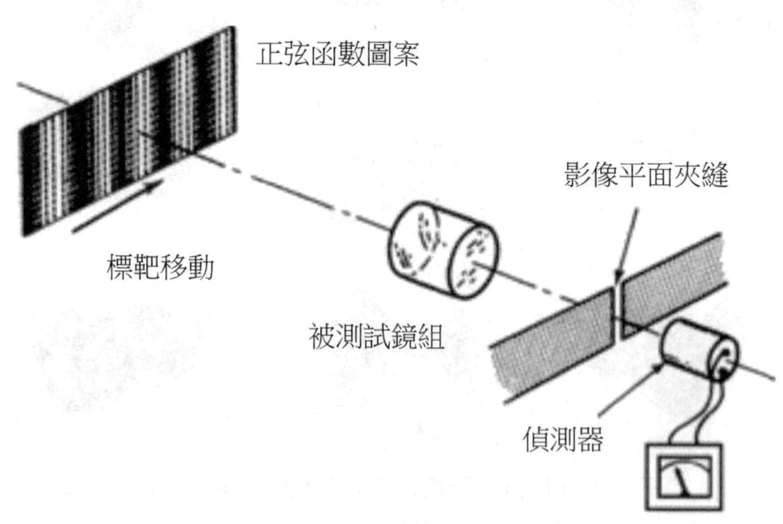

圖 33-16　直接式 MTF 的量測架構

靶樣的空間頻率通常被做變化以便反應能被繪出相反頻率。系統的靶標部分也許

一樣簡單是一套可用手動互換靶標，或是移動靶標和同時掃描不同頻率的自動裝置。影像平面夾縫幾乎從未是真正的夾縫，因為必需的狹窄的維度的夾縫可能是相當困難的。反而，影像可由一個頭等顯微鏡物鏡放大，這允許對一個更寬的夾縫使。任一個真正的夾縫寬度明顯地在測量有一些作用，並且夾縫寬窄應該可用在光電探測器的靈敏度調整。在反應上，也許夾縫寬度的作用準備好被計算，因為它長方形橫剖面簡單地代表線轉換作用，並且在必要時資料可能相應地被調整。光源的照明和光偵測器的能譜反應是必須，當然，對系統在測試之下被匹配將被使用的應用。否則，於不需要的輻射在系統被設計了的能譜帶之外，將引起在測量嚴重的誤差。通常將提供一套過濾器以適當發現可能的反應。其他的技術，如：刀刃掃瞄法也被廣泛應用。

刀刃通過點（或夾縫的）影像並且光通過邊緣被測量。如果被測量的光線被繪出相對刀刃y的側向位置，曲線的斜率（dI/dy）與透鏡的線分布函數是相等的。MTF可能從線分布函數被計算。多數商業 MTF 設備被設定以便刀邊掃讀法直接用電腦處理資料，計算任何期望頻率MTF。這個技術不需要正弦靶標，亦不需要為各個頻率分開的靶標。總之，在 MTF 測量中，在應用時光源的能譜和光量測傳感器的反應必須互相匹配。用干涉儀量測波前可以計算MTF。干涉條紋樣式被掃描成數字化資料，並且電腦處理計算在刀刃掃瞄和任一個期望的頻率MTF。這是整個鏡子系統或系統若只用在特定雷射波長是足夠的。但是運用在有限能譜帶或不同波長的系統，結果並不正確。

圖 33-16 調制化的基本的元件轉移（頻率反應）測量設備。靶標的動作掃描它的影像橫跨狹窄的夾縫，極大和極小值照明水準被測量。由使用另外空間頻率的靶標，可能獲得調制化調動作用的圖表（對頻率）。

調制傳遞函數（MTF）是檢驗成像光學系統的最好方法之一，也是目前在光學系統制定上所需具有之光學規格。其原因是目前光學的設計都必須考到光學接收器的特定大小，和靶特定要求，例如，紅外熱像的CCD有一定的規格，而所設計的鏡組MTF必須滿足這樣的要求。同樣的，人眼的 MTF 在日間和夜間不同，而設計者此時也必須考慮到鏡組和人眼能配合的設計；如此的考慮是和一般的儀器設計上的 MTF 不同的，這樣看來，系統的設計都必須以 MTF 作系統的設計和評估的尺度。這是一般光學測試台不能量出來的。

為建立可見光和紅外線成像光學系統的 MTF 標準，是先以標準可見光和紅外線鏡為量測標準。方法是利用線分析法之 MTF 測量儀和光學系統設計軟體 codeV 計算結果作比較，同時，建立線分析法之調校 MTF 測試儀調校手續和標準量測手續，並提供一可見光和一紅外光的 MTF 之量測實例，證明此種方式的可行性。

33.3.2 理論和儀器預備

簡單的說，MTF就是將光線追跡後的2度空間之光線分布圖作富氏轉換，而得到在空間頻率的分布。

33.3.2.1 MTF 的原理

在 MTF 的理論中，假設所測之物體為一群週期性之明亮與黑暗的函數：

$$G(x) = b_0 + b_1 \cos(2\pi v x) \qquad \text{式 } 33.32$$

v 是每單位長度下亮度的變化頻率，$(b_0 + b_1)$是最大亮度，$(b_0 - b_1)$是最小亮度，x 代表垂直明暗帶的空間座標，此種圖案的調制值為

$$M_0 = \frac{(b_0 + b_1) - (b_0 - b_1)}{(b_0 + b_1) + (b_0 - b_1)} \qquad \text{式 } 33.33$$

當這些線圖案在光學系統成像時，物上的每一點都會成像模糊。此模糊的能量分布取決於光學系統本身的孔徑與像差大小。因為，處理的是一個線狀的物體，每一條線的成像都會被描述成線展開函數，為了方便，假設式 33.32 中 x 的單位和 1/v 的單位與成像的單位一樣。顯然的，成像在 x 處的能量分布為 G(x)與 A(δ)的乘積，表示為：

$$F(x) = \int A(\delta) G(x - \delta) d\delta \qquad \text{式 } 33.34$$

結合式 33.32 和式 33.34，可以得到：

$$F(x) = b_0 \int A(\delta) d\delta + b_1 \int A(\delta) \cos(2\pi v (x - \delta)) d\delta \qquad \text{式 } 33.35$$

對式 33.35 除$\int A(\delta) d\delta$作正規化，可得到：

$$\begin{aligned} F(x) &= b_0 + b_1 |A(v)| \cos(2\pi v x - \phi) \\ &= b_0 + b_1 A_C(v) \cos(2\pi v x) + b_1 A_S(v) \sin(2\pi v x) \end{aligned} \qquad \text{式 } 33.36$$

當

$$|A(v)| = (A_C^2(v) + A_S^2(v))^{\frac{1}{2}} \qquad \text{式 } 33.37$$

$$A_C(v) = \frac{\int A(\delta) \cos(2\pi v \delta) d\delta}{\int A(\delta) d\delta} \qquad \text{式 } 33.38$$

$$A_S(v) = \frac{\int A(\delta) \sin(2\pi v \delta) d\delta}{\int A(\delta) d\delta} \qquad \text{式 } 33.39$$

$$\cos\phi = \frac{A_C(v)}{|A(v)|} \qquad \text{式 } 33.40$$

$$\tan\phi = \frac{A_S(v)}{A_C(v)} \qquad \text{式 } 33.41$$

注意最後在成像處能量的分布依然受到同頻率的餘弦函數影響，就像是一個餘弦分布的物永遠會生成餘弦函數的像。如果線展開函數A(δ)依然是非對稱關係，則會產生相位差。造成影像位置的橫像移動。

像的調制值為：

$$M_i = \frac{b_1}{b_0}|A(v)| = M_o|A(v)| \qquad \text{式 } 33.42$$

其中|A(v)|為 MTF。

$$MTF(v) = |A(v)| = \frac{M_i}{M_o}$$

所以，調制函數（MTF）的值，其實就是光線分布函數對調變頻率的 FOURIER 富氏積分的實數部。

細夾縫測試法 MTF 測試儀的原理：

但平行光源所形成的光點分布之成像，如果不經過分析是無法量出其Line Spread Function 線分布函數‧一般使用在 MTF 上之分析方式有兩種，其一為用線光柵分析函數（33.1.2.6 細夾縫測試法），另一為刀切函數（33.1.2.5 刀切法）；而本儀具使用線分布數之分析結果會比刀切法所得的Line Spread Function（LSF）較理想，故採線分布數之分析儀器。因為刀切法容易產生Smearing（滲透）的現象。下面為一捲積之積分式，而 A(x)為原未被分析之 LSF，如圖 33-17 為一模擬線分布函數，而在此的Delta function　可分為線光柵分析函數（圖 33-18）和刀切函數（圖 33-19），本圖是利用 Excel 將 LSF 和刀切函數所算出之 Smearing（滲透）的結果。而圖 33-20 為兩種之分析函數所求出之結果；明顯的，刀必法所得對原線分布函數的結果較線分析函數法之結果，較不對稱。

故以線分布函數法較佳，如圖 33-20

$$F(x) = b_0 \int_{-\infty}^{\infty} A(x)\delta(x)dx \qquad \text{式 } 33.43$$

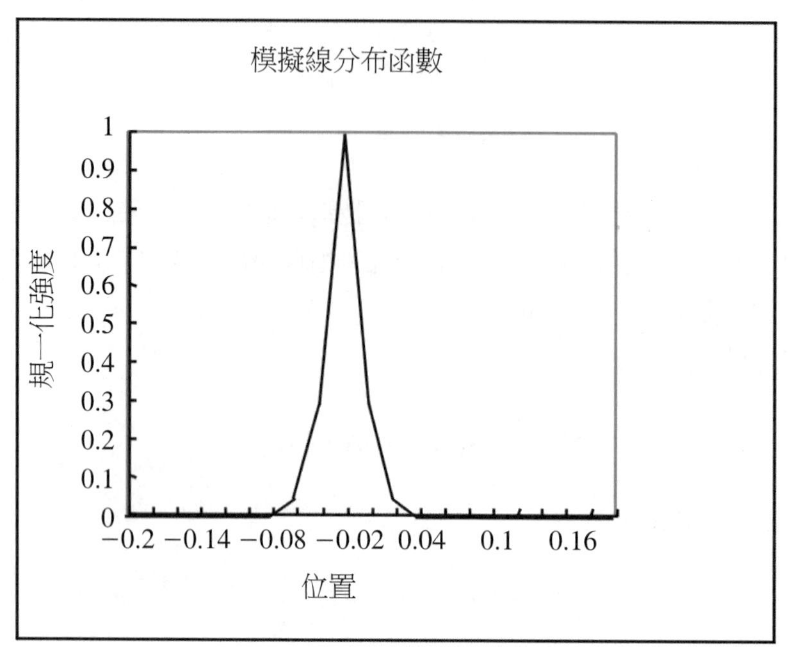

圖 33-17　模擬 Line Spread Function 線分布函數

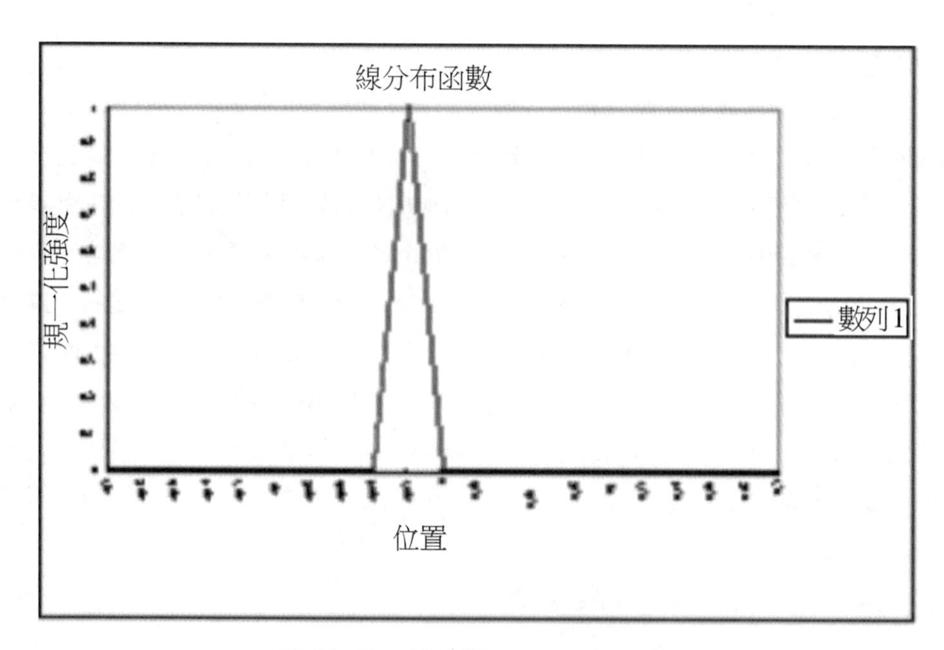

圖 33-18　線光柵 delta 分析函數

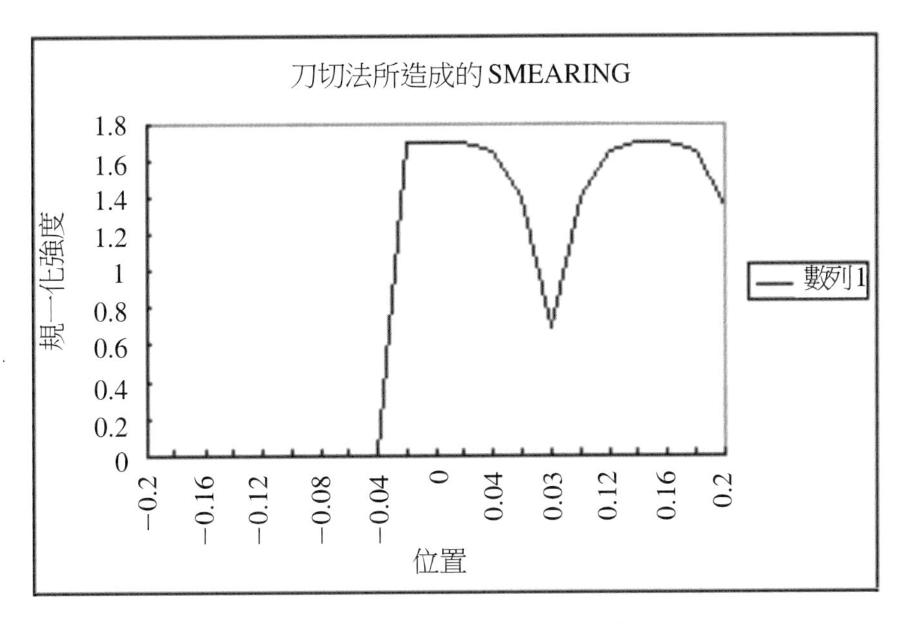

圖 33-19　刀切的 delta 函數

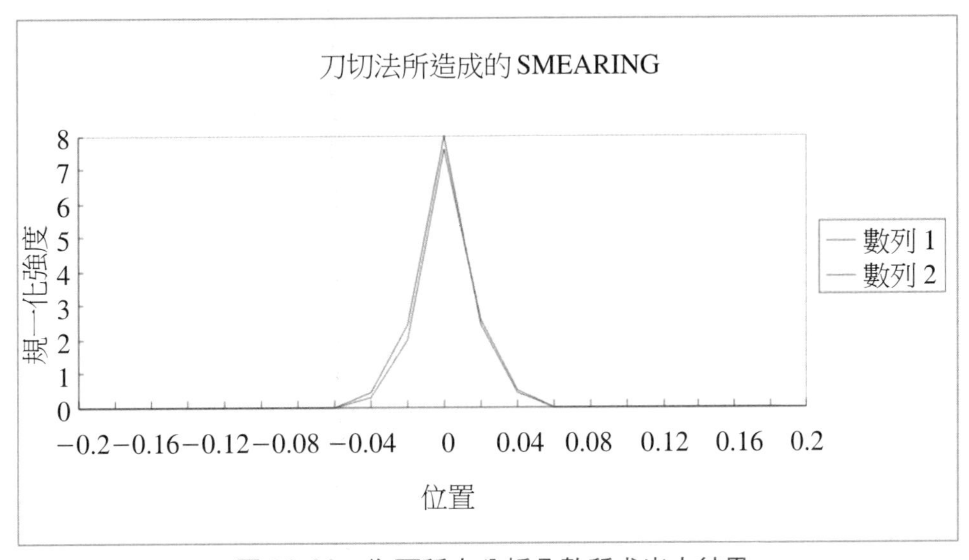

圖 33-20　為兩種之分析函數所求出之結果

33.3.2.2 線分布 MTF 測試儀的基本架構

如圖 33-21，SIRA 的 MTF 儀器上，就是以線形的分析函數的捲積原理來操作．MTF 的裝置一般需具備(1)等位移的光、(2)準直光鏡、(3)影像分析器，並實際的圖形可由圖 33-21 表示出來。SIRA 在光源部分採用一個等距位移的線光源，也就類似一個明暗的週期的光源，所在每一特定的位置上的光點，經過待測元作和合適的光柵，以此光柵，作為影像分析函數（IMAGE ANALYZER），並和光源部分的同步葉片配合，最後，再被偵測器的逐點的記錄，而結果就是一個線散布函數LSF，由線散布函數對頻率作 FOURIER TRANSFORMATION 求得實數部，而得到 MTF。

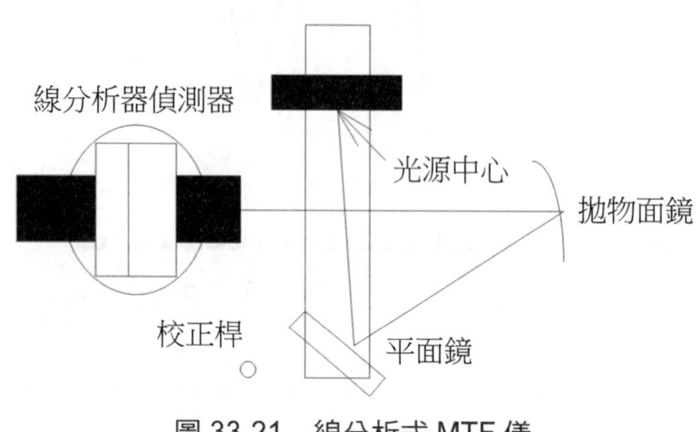

圖 33-21　線分析式 MTF 儀

33.3.3 MTF 的校正手續（standard alignment instruction）

校正光學 MTF 系統是宜接影響量測的結果，所以手續相當重要，以下就是校正手續：

(1)首先，必須把光學桌上的偵測器的框架架上一間距量規（GAUGE），並在鏡片的夾具的框架上，放一標準的平面，用以做平行交正，即將一個間距量規放在兩個框架之間，然後調整視場角的框架，使兩面接近平行：其距指標顯示一邊界到另一邊界的橫向間距，必須不能超過 10μm。

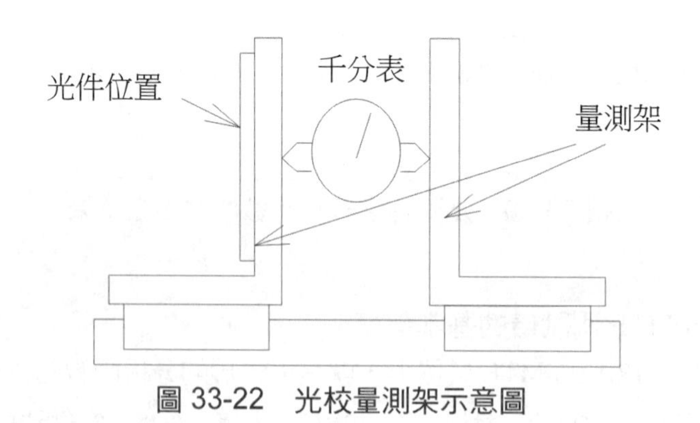

圖 33-22　光校量測架示意圖

(2)調整視場角的框架，在 SIRA 機器上，確定其位置在框架的軸上 12.5mm 處，而後開始設定好雷射，使得雷射光束必須同時通過視場角的框架和同源校準鏡的中心。

(3)調整同源校準鏡後的，直至其反射的光束落在校正棒的中央，而後將平面反射鏡截取光束，且至其反射光落在紅外光源的中央（圖 33-23）。

(4)接著沿著光學檯移動紅外光源，確定在任何位置其光束都聚在紅外光源的中心。若是光束不能對心在中心時，可調整光學檯底座鏍絲，直至光束確實與光學檯平行，並且光束總落在紅外光源的中心。

(5)而後卸掉光源上理想黑體空腔蓋子，並且，將一平面鏡放入視場角的框架內（圖 33-22）。

(6)然後，從紅外光源後方看紅外校正熱絲的成像，此時調整紅外光源的位置，以找著正確的焦點的位置，讓反射的燈絲物像沒有遮擋的現像，而且，找著紅外燈絲和成像的位置保持不變的位置。而後，再將紅外光源沿光軸轉九十度，在重復上面的步驟，直至所觀察的狀況能與未轉時一樣，如圖 33-24。

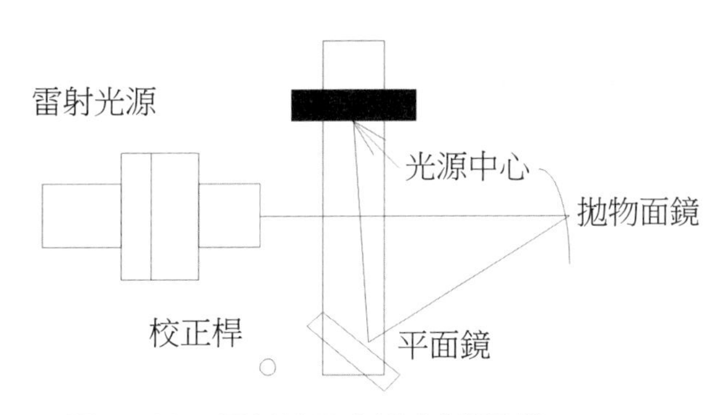

圖 33-23　雷射校正分析式 MTF 儀

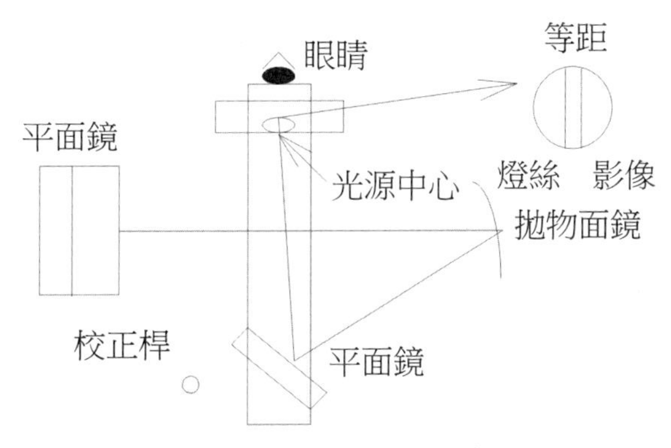

圖 33-24　眼睛目視光校準儀

(7)調整綜合光學座（universal optical mount）的位置，便至像與物重合，而後重新調整尺標，經過這樣的步驟校正的過程才結束，如此就完成 MTF 的光學部分的校正。

SIRA MTF 的數據處理系統原是用 U-MAN 電腦和 MOTORALA-68000 的 CPU，而為配合光學 CIM 資料相容性的考量，已改用 486 和更新的 MTF 數據咨詢軟體，此軟體為購買原廠的零組件，自行組合測試，成功完成了介面和程式各種功能的測試。此數據處理系統包括(1)系統的監控（包括燈的電流的大小，調角度和微調焦），(2)線分布函數的測量，(3)MTF 和 PTF 的計算，(4)其對外的傳送資料的軟體，因此，所有的手續都由電腦來控制。光源的影像等距離的移動，光線經由鏡組和影像分析儀的光柵而信號被感測器接收，而由電腦的數字咨詢系統依光源相對的影相位置由程式記錄。

33.3.4 MTF 的鏡頭標準量測手續

33.3.4.1 光源大小和光柵的選擇

MTF 儀的光源寬度大小的選擇和在偵測器前的分析器有很大的關係。以一個實例，來說明其算法，而選擇偵測器前之分析器的寬度要根據繞射條件。其條件是繞射限制是繞射限度

$$D = 1.22\lambda * (F/\#) \qquad \text{式 } 33.44$$

例如，在工作波段在 3.7μm 到 F/#為 1.2 之紅外鏡，根據以下情況，依式 33.44，其 D 值是 5.4168μm，所用的光柵大小必須是小於這樣一個值，而以 5μm 的光柵來切光線分布圖，應能超過其繞射極限，而又能使光通量不會太小的值，

另一面，在像空間的所產生像大小也可以決定物空間中的光源寬度，像如待測的鏡之有效焦距為 50 厘米，而準直鏡的焦距為 2000 厘米，由圖 33-24 得知，在物體擺在準直鏡的焦距位置時，物角與像角必須相等，由此可得下面的數學式。圖 33-25，得知其物角和像角之關係，$\theta_1 = \theta_2$ 運用如此的關係，像空間的 spot size 大小和物空間上相對大小即可確定。以上面的例子以繞射極限值為物寬，如果分析器上的 slit 為 5 而紅外燈絲的寬度就必須小於 200μm，而目前所用之紅外光源為 137μm 的錮燈絲。不過雖然可以用較窄的光源，但是光度若太小，S/N 比會變小・信號會造成無法區分。

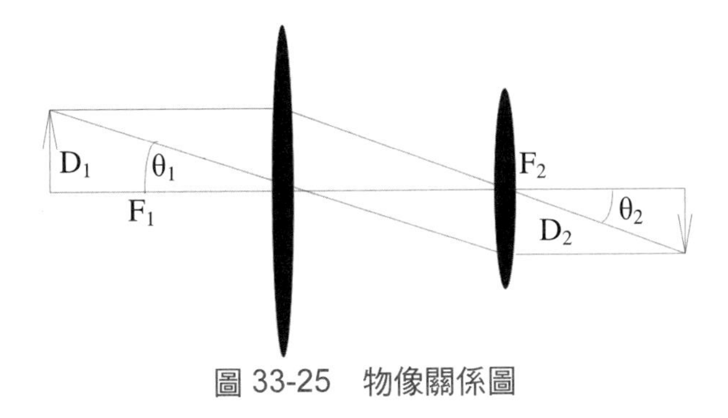

圖 33-25　物像關係圖

$$D_1/F_1 = D_2/F_2$$ 式 33.45

33.3.4.2 量測步驟

1. MTF鏡頭量測標準手續是先調整焦光焦距，並線光源和分析器線單光柵之間的平行，在確知其 Azimuth 的 0 度和 90 度之角度均相等時，在 0 度和 90 度的值要接近，並且其強度值要最大，而使得在電腦所取的光分布函數之相對最大值不超過百分之 20。
2. 求其 Through-Focus MTF 的值，而在此時可以得到特定空間頻率之 MTF 的最大值之最適焦點位置。
3. 選擇所需量測之空間頻率，而對到所要之MTF，而後再根據所要的轉角和場角取 MTF 之值。

33.3.5 量測實例：MTF 鏡頭量測－量測評估

33.3.5.1 標準的可見光鏡

標準的可見光鏡的MTF量測是一個 50mm之可見光平凸鏡（如圖 33-26），而其 f/#是可以用 aperture 而改變，而目前使用為標準的是一個 f/#為 8.0 的光孔洞。首先，是以原廠所提供之量測值和本身利用線分析 MTF 測量儀量測值作比較，以達到小於 5%之差量（Discrepancy），並同時利用光學系統設計軟體 CODE V。將三者的離焦 MTF（如圖 33-28）和在 50lp/mm的MTF（如圖 33-29）作比較，其差值不超過 5%。

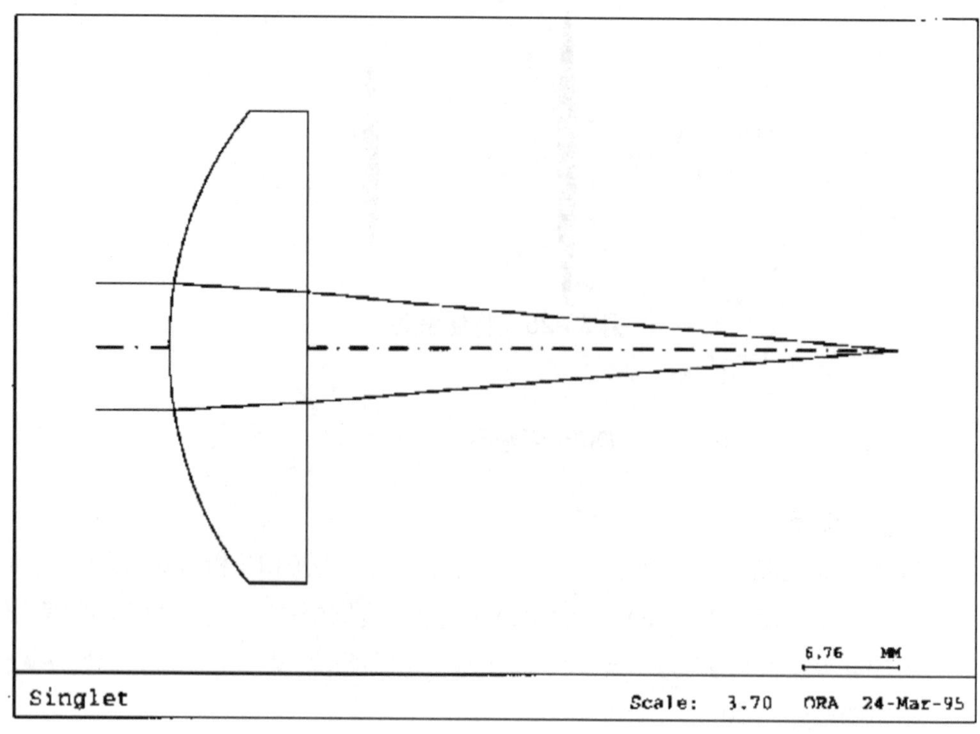

圖 33-26 光平凸鏡標準的可見光鏡

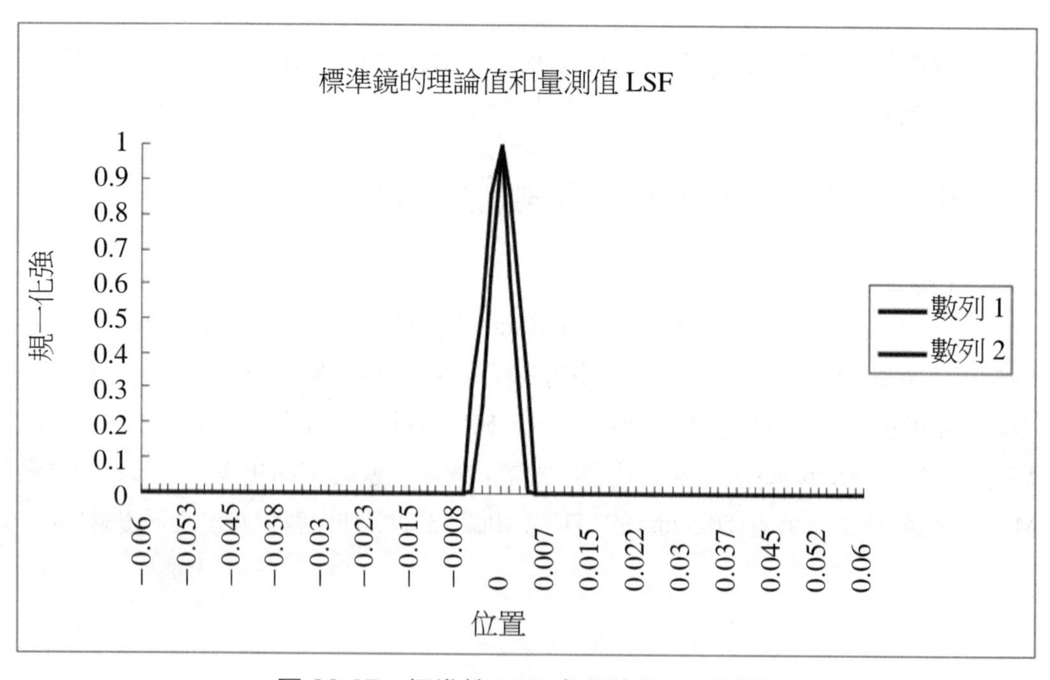

圖 33-27 標準鏡 LSF 之理論值和量測值

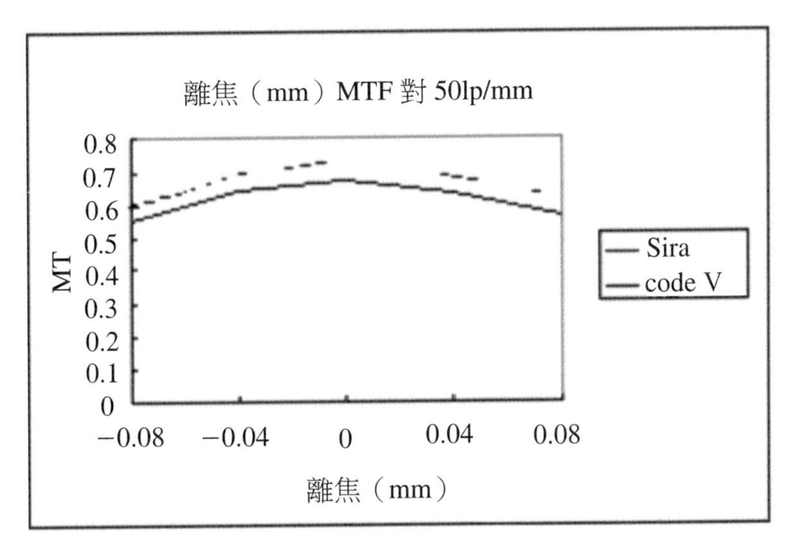

圖 33-28　經焦點 Through-focus MTF

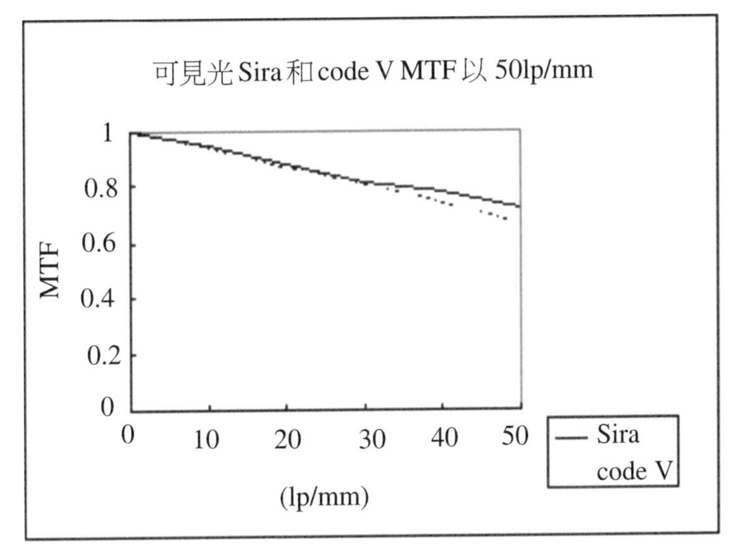

圖 33-29　標準的可見光鏡 MTF

33.3.5.2 標準的紅外線鏡

如圖 33-30，標準的紅外線鏡的 MTF 量測是一個 silicon 材質 72mm 之紅外線平凹鏡，而其 f/#是 2.2，將原廠量測值和本身利用線分析式 MTF 測量儀量測值作比較，以達到小於 5%之差量（Discrepancy），並同時利用光學系統設計軟體 CODE V。將三者的 MTF 同時比較，如圖 33-31 和圖 33-32 誤差值不超過 5%。

由以上的紅外和可見光之數據，量測數據和 CODE V 所計算出之值都不超過 5%，在此已經證明此方法可行，於是，繼續量測以下的一可見光和一紅外光鏡組。

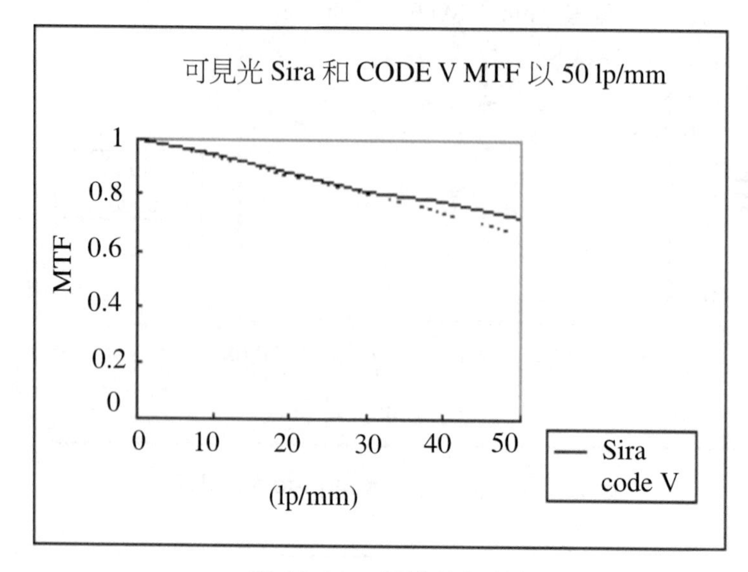

圖 33-30 標準的紅外鏡

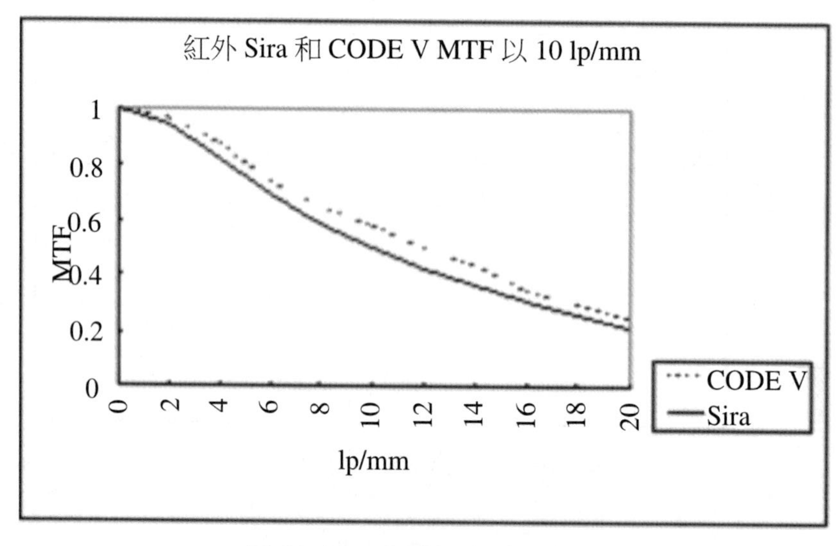

圖 33-31 理論和實測 MTF

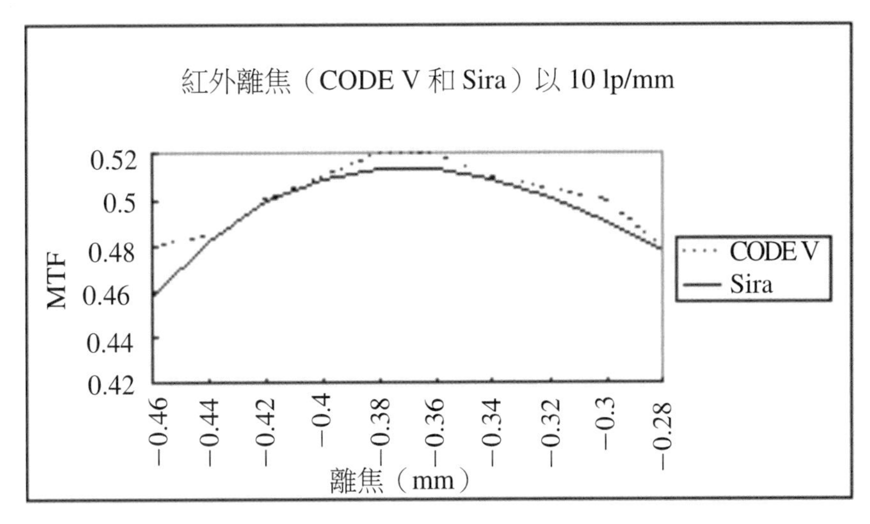

圖 33-32　理論和實測離焦 MTF

33.3.6 鏡組的 MTF 的測量

33.3.6.1 在可見光鏡組 MTF 的測量

而量測的實例一為一個 F/#為 1.4 成像鏡頭，其焦距為 50mm 的鏡頭，首先，由其規格判定所需用之 source slit 和分析器之 slit 的大小。由式 33.14 和所用之波段 400～700nm 的計算其 slit 的大小，故以 2μm 的為分析器的 silt，而以所產生之繞射極限去反算光源的大小，以式 33.45 的計算，只要 50μm 以下的 slit 就可以，而在此例子，用 20μm 足足有餘。

而依照操作手續，由圖 33-33 為離焦圖 MTF，由此可找出其最佳的工作頻率的位置，再將 LSF（圖 33-34）和 MTF（圖 33-35）求出。

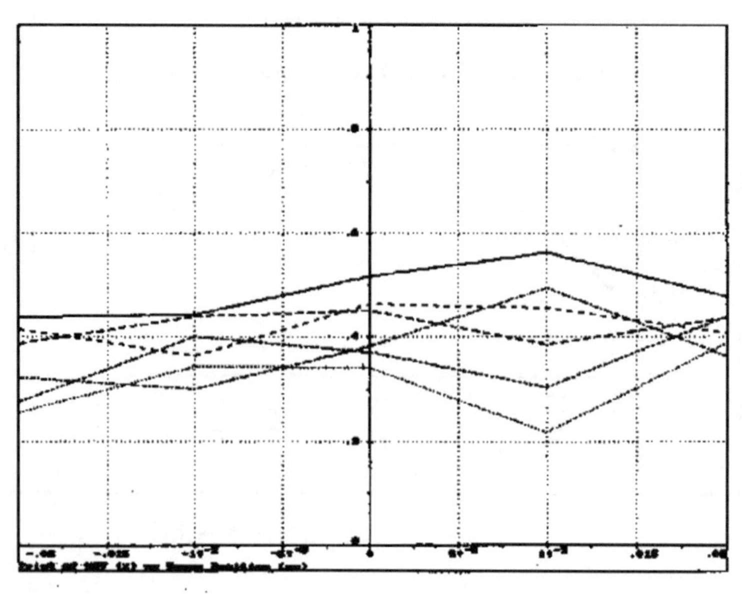

Table of results (Focus vs MTF)

圖 33-33 可見光離焦圖

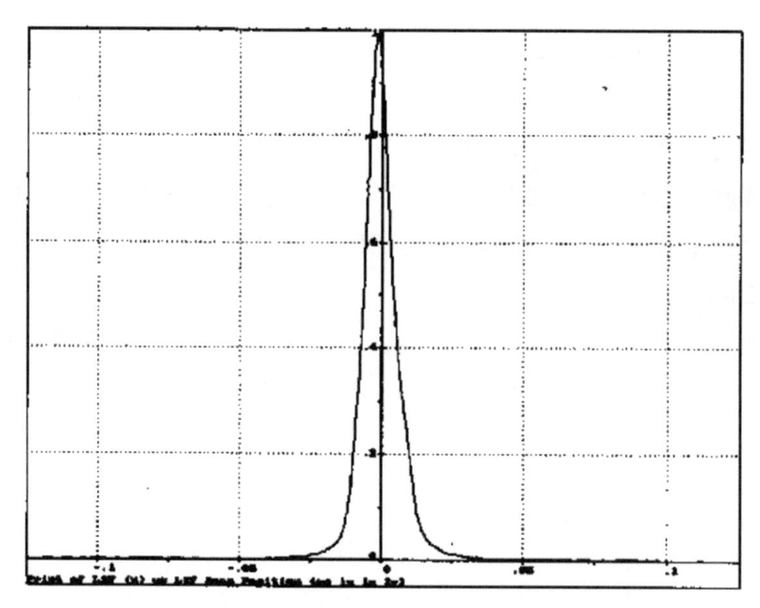

Table of results (Scan Pos vs LSF)

圖 33-34 可見光 LSF

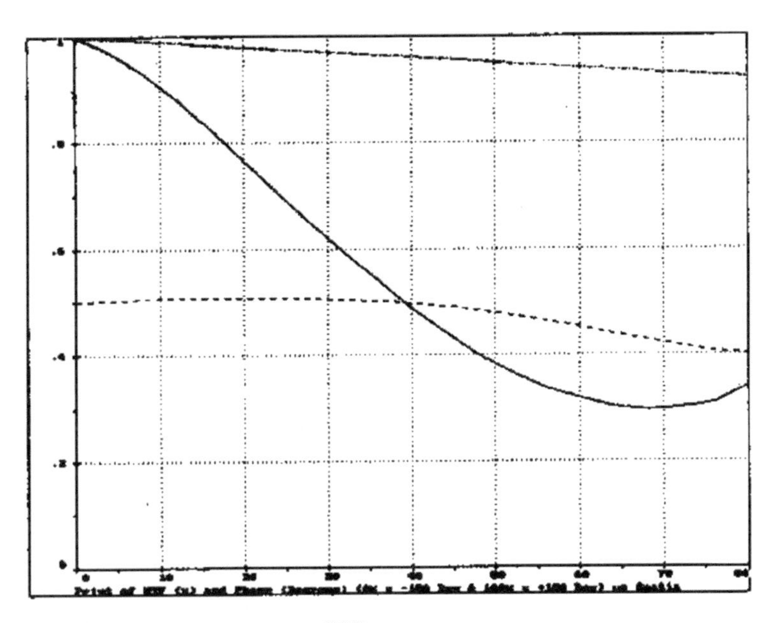

Table of results (Frequency vs MTF)

圖 33-35　可見光 MTF

33.3.6.2 紅外鏡組 MTF 的測量

而量測的實例二為一個紅外CCD前之一個F/#為 1.5 而其焦距為 100mm的鏡頭，首先，由其規格判定所需用之 sourceslit 和分析器之 slit 的大小。由式 33.14 和所用之波段 4μm 的計算其 slit 的大小，故以%μm 為分析器的 slit，而以所產生之繞射極限去反算光源的大小，以式 33.44 的計算，只要 200μm 以下的 slit 就可以，而在此例子，所以，用 137μm 足足有餘。

而依照操作手續，由離焦圖 MTF，由此可找出其最佳的工作頻率的位置，再將 LSF（圖 33-36）和 MTF（圖 33-37）求出。由此看來，理論值相差 13.3%。

而結果 MTF 所示之 30 lp/mm 的值是依其 CCD ARRAY 和其他偵測器的需要或其他調變的設計的需要，此一結果能夠改進。

對一個光學系統而言 MTF 的測試的數據是非常重要的，在本儀具中標準鏡和軟體 CODE V 之差值已作比對，小於 5%；基本光校手續和操作手續已經建立。所以，可以作為分析式 MTF 的標準手續及標準操作程序，可以用作量測 MTF 之用。

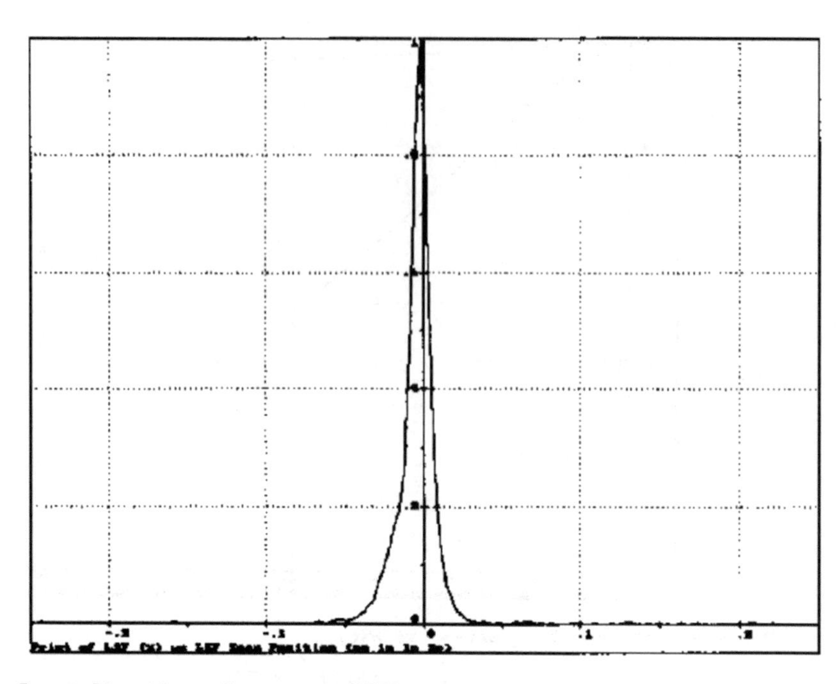

Table of results (Scan Pos　　vs LSF)

圖 33-36　紅外線 LSF

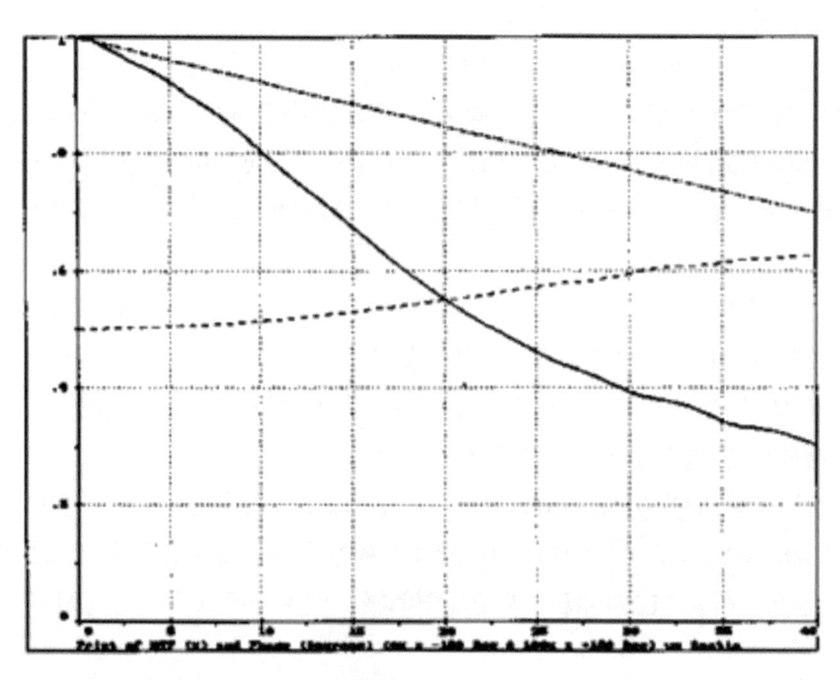

Table of results (Frequency　　vs MTF)

圖 33-37　紅外線 MTF

參考資料

黃君偉，第四屆國防科技研討會（1996）

習題

1. 在光學測台上，如何量測一透鏡焦距、場角、波長和三階像差？
2. 說明 MTF 刀切法和線分析法的原理及其優缺點。

軟體操作題

1. 用光學軟體優化方法，將一個有效焦距 100mm 的鏡組，縮成 50mm。
2. 求出上題軸上及離軸之 MTF 圖。

III. 電路製作

第三十四章　電路及相關介面製作

在電子裝配中，印刷電路板是個關鍵零件。它搭載其他的電子零件並連通電路，以提供一個安穩的電路工作環境。

34.1 印刷電路板種類

在電子裝配中，印刷電路板是個關鍵零件。它搭載其他的電子零件並連通電路，以提供一個安穩的電路工作環境。如以其上電路配置的情形可概分為三類：

【單面板】將提供零件連接的金屬線路佈置於絕緣的基板材料上，該基板同時也是安裝零件的支撐載具。

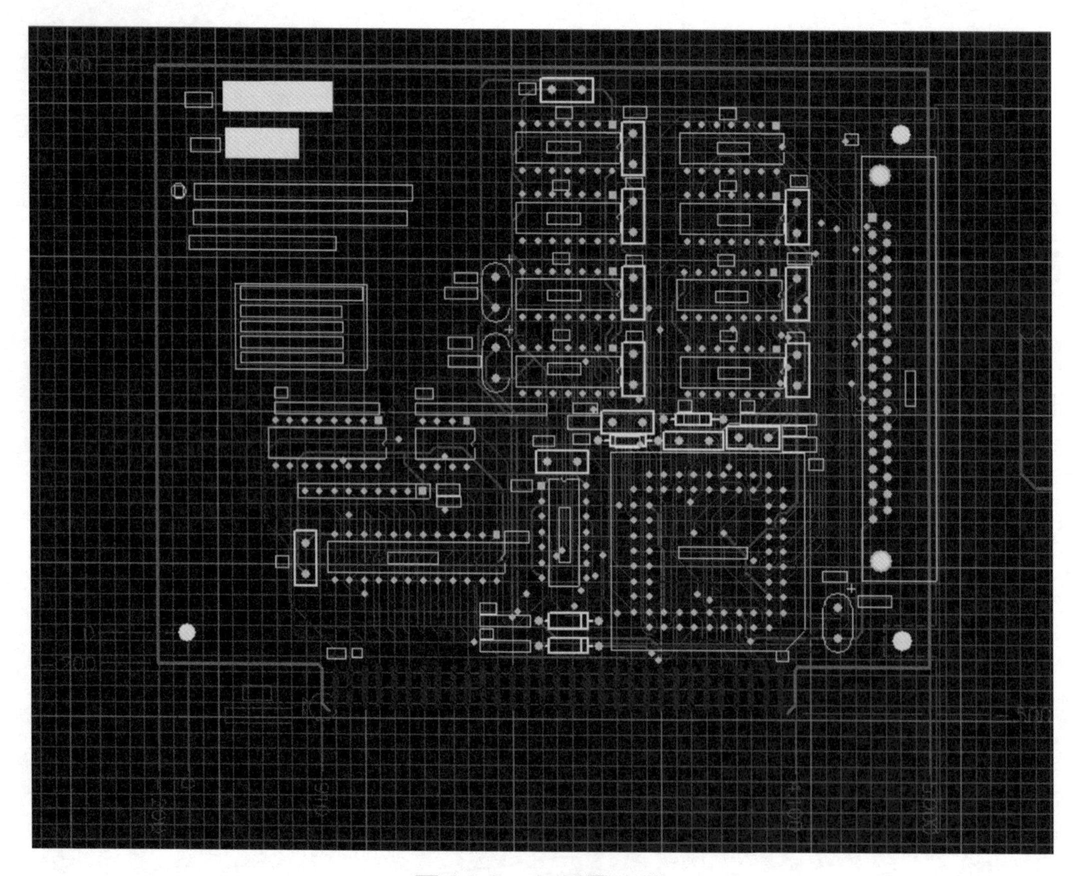

圖 34-1　印刷電路檔

【雙面板】當單面的電路不足以提供電子零件連接需求時，便可將電路布置於基板的兩面，並在板上布建通孔電路以連通板面兩側電路。

【多層板】在較複雜的應用需求時，電路可以被布置成多層的結構並壓合在一起，並在層間布建通孔電路連通各層電路。

34.2 內層線路

銅箔基板先裁切成適合加工生產的尺寸大小。基板壓膜前通常需先用刷磨、微蝕等方法將板面銅箔做適當的粗化處理，再以適當的溫度及壓力將乾膜光阻密合貼附其上。將貼好乾膜光阻的基板送入紫外線曝光機中曝光，光阻在底片透光區域受紫外線照射後會產生收斂反應（該區域的乾膜在稍後的顯影、蝕銅步驟中將被保留下來當作蝕刻阻劑），而將底片上的線路影像移轉到板面乾膜光阻上。撕去膜面上的保護膠膜後，先以碳酸鈉水溶液將膜面上未受光照的區域顯影去除，再用鹽酸及雙氧水混合溶液將裸露出來的銅箔腐蝕去除，形成線路。最後再以氫氧化鈉水溶液將功成身退的乾膜光阻洗除。對於六層（含）以上的內層線路板以自動定位沖孔機沖出層間線路對位的鉚合基準孔。

34.3 壓合

完成後的內層線路板須以玻璃纖維樹脂膠片與外層線路銅箔黏合。在壓合前，內層板需先經黑（氧）化處理，使銅面鈍化增加絕緣性；並使內層線路的銅面粗化以便能和膠片產生良好的黏合性能。疊合時先將六層線路（含）以上的內層線路板用鉚釘機成對的鉚合。再用盛盤將其整齊疊放於鏡面鋼板之間，送入真空壓合機中以適當之溫度及壓力使膠片硬化黏合。壓合後的電路板以 X 光自動定位鑽靶機鑽出靶孔做為內外層線路對位的基準孔。並將板邊做適當的細裁切割，以方便後續加工。

34.4 鑽孔

將電路板以 CNC 鑽孔機鑽出層間電路的導通孔道及焊接零件的固定孔。鑽孔時用插梢透過先前鑽出的靶孔將電路板固定於鑽孔機床檯上，同時加上平整的下墊板

（酚醛樹酯板或木漿板）與上蓋板（鋁板）以減少鑽孔毛頭的發生。

34.5 一次銅

層間導通孔道成型後需於其上布建金屬銅層，以完成層間電路的導通。先以重度刷磨及高壓沖洗的方式清理孔上的毛頭及孔中的粉屑，再以高錳酸鉀溶液去除孔壁銅面上的膠渣。在清理乾淨的孔壁上浸泡附著上錫鈀膠質層，再將其還原成金屬鈀。將電路板浸於化學銅溶液中，藉著鈀金屬的催化作用將溶液中的銅離子還原沉積附著於孔壁上，形成通孔電路。再以硫酸銅浴電鍍的方式將導通孔內的銅層加厚到足夠抵抗後續加工及使用環境衝擊的厚度。

34.6 二次銅

在線路影像轉移的製作上如同內層線路，但在線路蝕刻上則分成正片與負片兩種生產方式。負片的生產方式如同內層線路製作，在顯影後直接蝕銅、去膜即算完成。正片的生產方式則是在顯影後再加鍍二次銅與錫鉛（該區域的錫鉛在稍後的蝕銅步驟中將被保留下來當作蝕刻阻劑），去膜後以鹼性的氨水、氯化銅混合溶液將裸露出來的銅箔腐蝕去除，形成線路。最後再以錫鉛剝除液將功成身退的錫鉛層剝除（在早期曾有保留錫鉛層，經重鎔後用來包覆線路當作保護層的做法，現多不用）。

34.7 防焊綠漆

外層線路完成後需再披覆絕緣的樹酯層來保護線路避免氧化及焊接短路。塗裝前通常需先用刷磨、微蝕等方法將線路板銅面做適當的粗化清潔處理。而後以網版印刷、簾塗、靜電噴塗等方式將液態感光綠漆塗覆於板面上，再預烘乾燥（乾膜感光綠漆則是以真空壓膜機將其壓合披覆於板面上）。待其冷卻後送入紫外線曝光機中曝光，綠漆在底片透光區域受紫外線照射後會產生收斂反應（該區域的綠漆在稍後的顯影步驟中將被保留下來），以碳酸鈉水溶液將塗膜上未受光照的區域顯影去除。最後再加以高溫烘烤使綠漆中的樹酯完全硬化。

較早期的綠漆是用網版印刷後直接熱烘（或紫外線照射）讓漆膜硬化的方式生

產。但因其在印刷及硬化的過程中常會造成綠漆滲透到線路終端接點的銅面上而產生零件焊接及使用上的困擾，現在除了線路簡單粗獷的電路板使用外，多改用感光綠漆進行生產。

34.8 文字印刷

將客戶所需的文字、商標或零件標號以網版印刷的方式印在板面上，再用熱烘（或紫外線照射）的方式讓文字漆墨硬化。

34.9 接點加工

防焊綠漆覆蓋了大部分的線路銅面，僅露出供零件焊接、電性測試及電路板插接用的終端接點。該端點需另加適當保護層，以避免在長期使用中連通陽極（+）的端點產生氧化物，影響電路穩定性及造成安全顧慮。

【鍍金】在電路板的插接端點上（俗稱金手指）鍍上一層高硬度耐磨損的鎳層及高化學鈍性的金層來保護端點及提供良好接通性能。

【噴錫】在電路板的焊接端點上以熱風整平的方式覆蓋上一層錫鉛合金層，來保護電路板端點及提供良好的焊接性能。

【預焊】在電路板的焊接端點上以浸染的方式覆蓋上一層抗氧化預焊皮膜，在焊接前暫時保護焊接端點及提供較平整的焊接面，使有良好的焊接性能。

【碳墨】在電路板的接觸端點上以網版印刷的方式印上一層碳墨，以保護端點及提供良好的接通性能。

34.10 成型切割

將電路板以 CNC 成型機（或模具沖床）切割成客戶需求的外型尺寸。切割時用插梢透過先前鑽出的定位孔將電路板固定於床檯（或模具）上成型。切割後金手指部位再進行磨斜角加工以方便電路板插接使用。對於多聯片成型的電路板多需加開X形折斷線，以方便客戶於插件後分割拆解。最後再將電路板上的粉屑及表面的離子汙染物洗淨。

34.11 終檢包裝

在包裝前對電路板進行最後的電性導通、阻抗測試及焊錫性、熱衝擊耐受性試驗。並以適度的烘烤消除電路板在製程中所吸附的濕氣及積存的熱應力，最後再用真空袋封裝出貨。

習題

1. 簡述電路製作的過程。
2. 製作電路所需的圖形檔為何？

軟體操作題

1. 用電路設計軟體，用 8051 處理器對一四位（十進位）計時器的電路。

IV. 機械製作

第三十五章 機械製作方法

光機電加工製造在於應用機械製造的優異特性技術、方法、原理。對於先進光學鏡片之外的，可用精密機械，3C 與自動控制零組件，模具加工，或極難加工等特殊材料，及形狀複雜到高精密度微細加工技術，達到預期規劃目標。

光機電所用之機械製作技術如下所列：

1. 鑄造技術
2. 金屬切削技術
3. 焊接與接合技術
4. 金屬熱處理技術
5. 金屬冷處理技術
6. 金屬沖壓技術
7. 膠材料與技術
8. 非傳統加工與精微技術

以下就對各技術作逐項簡介。

35.1 鑄造技術

光機電的鑄造技術是用在機械外殼，以高溫溶融金屬進入模仁，於緩慢降溫後而形成光機電外殼，對於內部細節結構，於結構穩定後再作材料加工，而鑄造模具為耐高溫的陶瓷材料，或含鎺材料。對於塑膠材料，除了溫度較低外，多採用金屬模具。在模具尺寸設計必須考慮因熱效應所需預度尺寸的考量。

35.2 金屬切削技術

光機電所用之金屬切削技術，是用來製作金屬鏡或模具，所用機具都採用銑刀或其他工具，在精密車或銑床上加工而得。金屬切屑的形成過程與用刀具把一疊卡片位置的情形相似，卡片之間相互滑移即表示金屬切削區域的剪切變形經過這種變形以後，切屑從刀具前面上流過時又在刀、屑介面處產生進一步的摩擦變形。通常，切屑的厚度比切削厚度大，而切屑的長度比切削長度短，這種現象就叫切屑變形。金屬被刀具前面所擠壓而產生的剪切變形是金屬切削過程的特徵。由於工件材料刀具和切削條件不同，切屑的變形程度也不同，因此可以得到各種類型的切屑。而產生工件的技術；切屑的形成過程是被切削層金屬受到刀具前面的擠壓作用，迫使其產生彈性變形，當剪切應力達到金屬材料屈服強度時，產生塑性變形。隨著刀具前刀面相對工件的繼續推擠，與切削刃接觸的材料發生斷裂而使切削層材料變為切屑。

35.3 傳統機械技術

光機電所用之機械製作技術如下所列。機械加工技術：主要內容包括：機械製造領域的專業技能、機械專業相關的數學基礎、技術圖紙的閱讀、幾何尺寸與公差、量具量規及粗糙度的測量、劃線技術、切削刀具、鑽削、車削、銑削、磨削等加工方法，熱處理技術以及硬度測量等。

35.4 焊接與接合技術

光機電所用之機械製作技術如下所列焊接，也可寫作「銲接」或稱熔接，是一種以加熱方式接合金屬或其他熱塑性材料如塑料的製造工藝及技術。焊接透過下列三種途徑達成接合的目的：

1. 加熱欲接合之工件使之局部熔化形成熔池，必要時可加入熔填物輔助。
2. 單獨以熔填物借毛細作用連接工件。
3. 在相當於或低於工件熔點的溫度下輔以高壓、疊合擠塑使兩工件間相互滲透接合。

綜合上列三種途徑焊接又可細分為軟焊、硬焊（brazing）、氣焊、電阻焊、電弧焊、感應焊接、鍛焊及其他特殊焊接。

35.5 金屬熱作用技術

光機電所用之機械製作技術如下所列。一般而言，鋼錠必須先經進一步加工，先製成各種桿、型或板材後，才能應用於各種製品的製造，但鋼錠在常溫下硬度高、韌性大。因此，為利於工作，常將之加熱到某一定的溫度以上，以達到完全軟化的狀態，再行加工，這就是所謂的熱加工。

35.6 金屬冷作用技術

光機電所用之機械製作技術如下所列。冷完成則先施行初步熱加工，使達到較接近的尺寸與形狀，再用冷加工來完成，以改進機械性質，可獲得光平的表面與精確的尺寸。塑性變形係指材料在固體狀態下，其結晶作某種形式的流動，但不會太大的改變其性質，而僅是形狀的改變。而金屬熱加工是在金屬的再結晶溫度以上進行，是塑性變形加工的一種，其雖然產生大量的塑性變形，卻不產生應變應化作用、不增加彈性限度與強度，且可降低降伏強度。其中，再結晶溫度的高低，則依金屬不同而異。

35.7 塑膠材料與技術

光機電所用之機械製作技術如下所列塑膠鏡製作在批量生產過程中的另一優勢是將透鏡元件和固緊零件一次鑄造完成。實際上能設計出容易相互組合的零件，並且一滴適當溶劑便可永久組合。在製成工件時，以金屬或鋼性較強的物質作成一組模具，在大量生產時，塑料由加工機入口加入，控制進料流量，進入高壓管，進入模仁，經過優化過的流程，經控制單元，完成進入填充、壓製、釋放、冷卻及修整，而產出塑膠鏡片。

35.8 非傳統加工與超精密技術

現代數位控制車床極端準確，並且已經能夠達到光學完成面的現代銑床也可完成精確幾何光學表面。切割工具使用單點單晶鑽石，並且在機檯上，用視覺機器製造，一臺車床或一定位飛刀。單點鑽石加工機的操作葉子工具標記這完成的表面加工，其最後加工面類似繞射光柵。這製程是有其限制的，在完成的工件表面的轉動的標記外，常需要經過「後加工」使其光滑。更加嚴格的限制是，唯一材料是可適當的用機器製造，雖然，光學玻璃不能使用。但是，有幾種可用的材料是能加工的，包括銅、鎳、鋁、矽、鍺、鋅硒化物和硫化物與塑膠。因而，鏡面和紅外光學可能被如此製造。紅外光學，因波長較可見光波波長大 20 倍。以這樣的製作方法，將正確的將非球面作在球面表面一樣容易做，這樣的工件目前已在紅外和軍事光學廣泛使用。

習題

1. 光學鏡頭的機械加工，需有哪幾種加工技術？
2. 光學反射面加工是用何種技術？

軟體操作題

用光學軟體產生一個 TRIPLET 鏡組，並產生公差；由公差量分析所需加工機台的精度如何？

第五篇

系統整合實例應用

從 HP 多功能電表到一個精密自動化的數百萬美元的機台或是一架高性能的到 IPAD，I-PHONE，這些產品後面都包括著許多光學，機械及電子的技術。光機電產品不斷的往「輕、薄、短、小」的方向發展，使得整個光機電產品不管是在元件或在系統的等級上，其能量密度值均持續上揚，此使得光機電產品的設計，製作及能源效率將成為下一波產品決勝負的最主要關鍵之一。因此，光機電產品熱傳的問題勢必將是本世紀研發的主要課題。全球光電產業除持續在各光電元件增加產能、改善製程、降低成本的方向。

為了逐步走向發展投資增益比較高的光機電系統成品及開發新產品設計技術。以下章節是光機電系統整合實例應用，作為未來開發構想之啟發。

第三十六章 數位單眼照像機

單眼照相機在 20 世紀初就出現了，到 20 世紀 60 年代變得普遍。是多數專業和非職業攝影師的最佳選擇。單眼照相機有它的好處，例如簡單的操作，通過透鏡觀看場面，更寬的開口範圍和更大的開口等等。但是它仍然有些缺點，例如更大、重、移動鏡子花費時間、限制最大射擊速度等。所以，如果了解它怎麼運作，即可發現改善方法使之在將來更加有用。

36.1 單眼相機基本構造

圖 36-1 Hasselblad 500C 照相機使用一個輔助快門窗簾

單眼照相機（SLR）是使用一個被安置在透鏡和影片之間可移動的鏡子射出通過透鏡看的圖像到一個表面無光澤的聚焦的螢幕照相機的類型。多數 SLRs 用五角棱鏡或 pentamirror 通過目鏡觀察圖像，但是也有其他類型，例如 porro 棱鏡。在幾乎所有當代 SLRs 的快門在焦平面前面（可稱為焦平面快門）。SLR 系統簡易剖面圖：

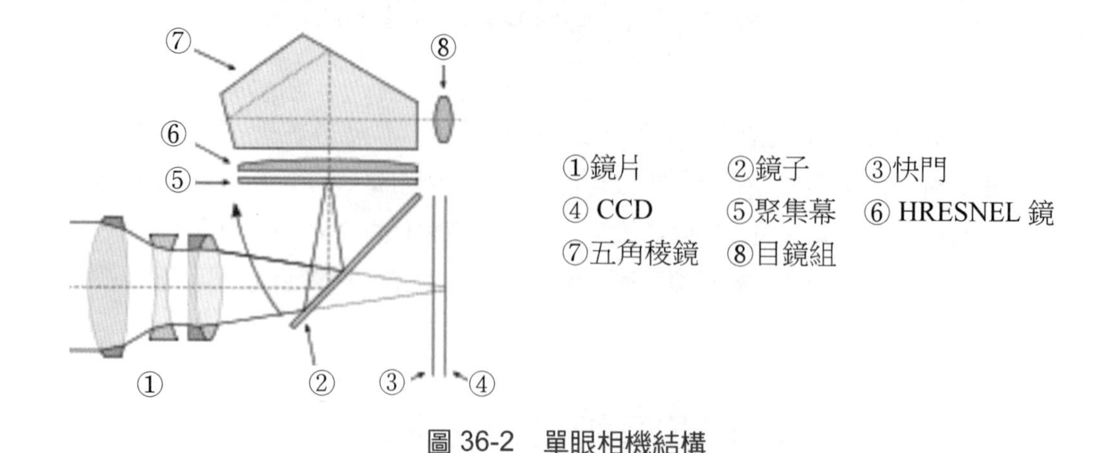

圖 36-2 單眼相機結構

一臺典型的SLR照相機的光學組分的橫斷面顯示光怎麼在表面無光澤的聚焦的屏幕⑤穿過透鏡彙編①，由鏡子②反射和被射出通過一個凝聚的透鏡⑥，並且在屋頂五角稜鏡⑦的內部反射圖像出現於目鏡⑧。當圖像被採取時，鏡子朝箭頭的方向移動，焦平面快門③打開，並且圖像被射出在影片或傳感器④上以同一方式出現在聚焦的屏幕。這個特點與其他照相機區別 SLRs，因為攝影師可看到正確組成的圖像，因為它在影片或傳感器即被截取。

TTL意味著場面被觀看，聚焦和測量直接地通過透鏡，接踵而來的光顯示往五角稜鏡的一個「反射」鏡子（全玻璃或者屋頂鏡子類型反射作為一種更小和更加便宜的方式）。稜鏡改光方向到反光鏡。結果，反光鏡通過「顯示一個場鏡」透鏡。相當數量透過光依靠大致透鏡的最大的開口，因此越快速透鏡越明亮的是反光鏡。五角稜鏡的質量也有關，並且全玻璃類型通常提供更加明亮的圖像。

如圖 36-3，這是實際所有現代 35mm SLR 照相機的一個普通曝光序列。更早的SLR沒有所謂「今天立即返回」鏡子，在每一個照像按下動作時，他們的鏡子必須手動地移動與在照相機機身之外前後位於的槓桿。現代中等格式 SLR 照相機有這個特點。

他們的鏡子很大且很重，故立即返回機制將引起臨近地轉移到影片飛機的極大的相當數量振動，造成應該採取特殊照料的問題。

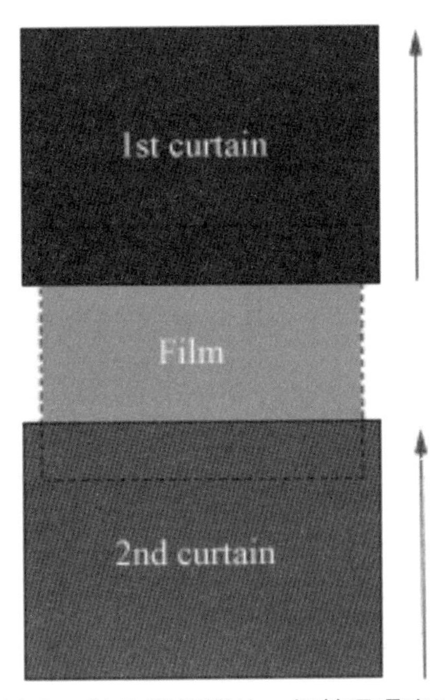

圖 36-3　SLR 照相機的一個普通曝光序列

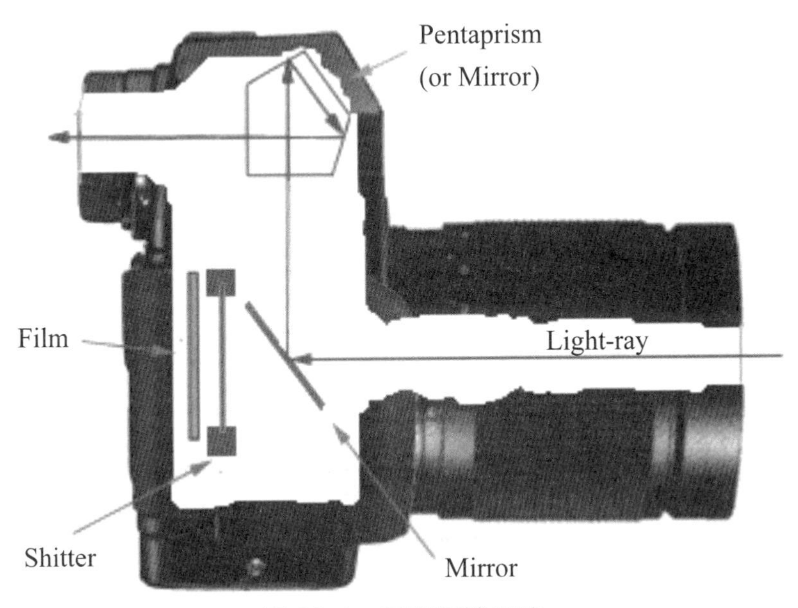

圖 36-4　單眼相機光路

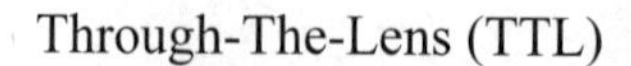

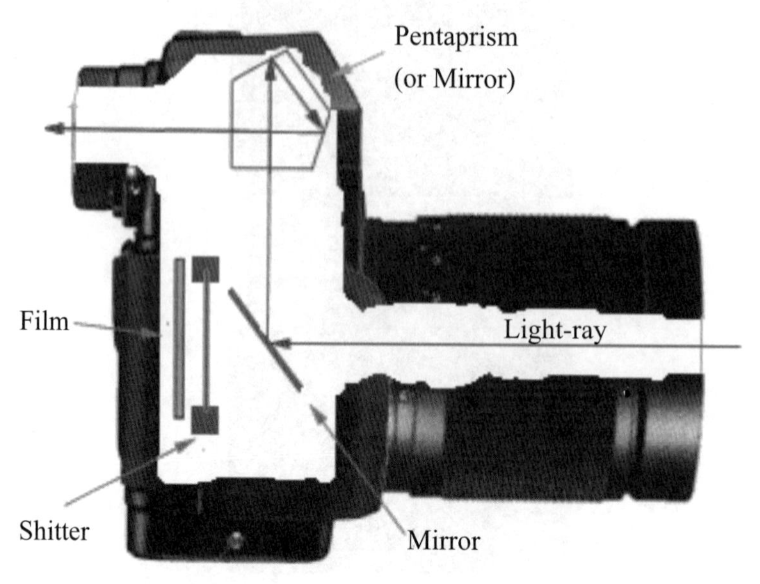

圖 36-5　單一鏡頭兩光路系統

36.2 數位影像建立

以一個數位照像機為例，如圖 36-5，一個數位照像機若依其技術分類可以分為以下幾類：

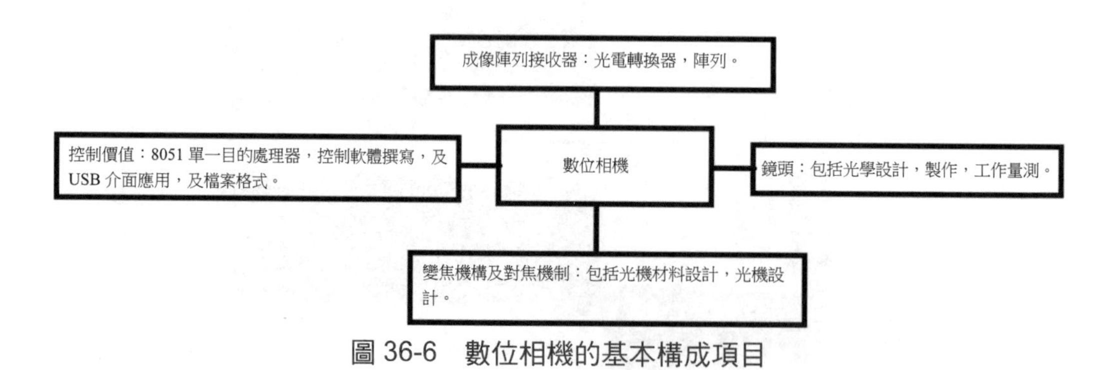

圖 36-6　數位相機的基本構成項目

鏡頭；包括光學設計，製作，工作量測。

變焦機構及對焦機制：包括光機材料設計，光機設計。

成像陣列接收器；光電轉換器，陣列。

控制介面：8051 單一目的處理器，控制軟體撰寫，及 USB 介面應用，及檔案格式的儲存方式。

雖然數位相機是屬於相機的一種，就像是汽車一般，當科技越來越進步，大家開始講究的並不是這部車可以跑多快的光感率，而變成講究內裝的舒適度、行駛的穩定度與各種電子化配備，也就是說，當一項產品被需求的功能已經滿足了使用者時，若不在產品的附加數值上做變化，便很難提升其在市場的競爭力。由於數位相機的解析度關鍵技術成長快速，在短短的幾年之間就從 30 萬畫素的解析度提升到 1200 萬以上，當解析度的要求已經可以達到一般使用者的需求時，接下來的就是擴充數位像機本身的附加功能。如增加數位相機「可錄音」功能，讓拍攝者可以隨著拍攝的場景記錄下一些提示的話語，這樣在製作相片光碟時可以有更多樣的變化，而且錄音記錄也可以提醒操作者當時的拍攝情形，也就是說數位相機本身具有錄製動態影像的基本功能，雖然所得到的影像並不像 V-8 或是 DV-8 這樣的清晰，但也是可以應付一般短時間的動態攝影，只不過數位相機本身的記憶媒體起碼要 32GB 以上，錄製的時間才會比較長，建議是以 64GB。

除了可以錄音或是錄製動畫影像之外，數位元相機也有朝向類似傳統相機可加裝或是更換鏡頭的趨勢，例如 Nikon 所推出的 CoolPIX 系列數位元相機，就可換裝廣角鏡頭或望遠鏡頭等，而 OLYMPUS 2500L 數位相機除了可以安裝濾鏡之外，還可以使用專業單眼像機的閃光燈，以補拍現場燈光不足的功用。當然數位相機也可以改裝成為水底相機、只要安裝防水裝置，一樣可在潛水玩水時，輕輕鬆鬆的留下水中世界美麗的倩影。

外型與操作性的個性化趨勢設計的潮流，無論是何種產品，那是朝向輕、薄、短、小的方向前進著，數位相機也不例外，雖然說數位相機在一般的觀念中屬於「傻瓜型」的相機，但是相對的，無論是外型或是使用個性上，都逐漸跳脫出傳統傻瓜相機的陰影。單眼型甚至像一隻筆的外型紛紛出籠，更有的數位相機就像是一本筆記本那樣的輕薄，但是在解析度上卻高達到 1200 萬畫素以上，這樣的變化，全拜於數位相機為電子式的結構所賜。因為採用電子式，不再會被機械裝置所牽絆，外型創意可以無限的發揮。

除了外型的改變，數位相機的解析度增高，現在拍攝一張 1280×1024 解析度相片的檔案都是 400K 左右（以 JPEG 格式儲存），若是以 TIFF 格式儲存以 USB 甚至是 IEEE 1394 的介面做傳輸。

習題

1. 單眼數位像機之光學結構如何？
2. 單眼數位像機對焦手續如何？

軟體操作題

設計一個 DOUBLE GAUSS 鏡組適用於 25.4mm（對角線）成像面，全視場角大於 60 度的單眼數位相機鏡頭。

第三十七章　背光模組爲液晶顯示器面板

37.1 前言與背景

背光模組為液晶顯示器面板的關鍵零組件之一，由於液晶本身不發光，背光模組之功能乃是供應充足的亮度與分布均勻的光源，使其能正常的顯示影像。LCD面板線已廣泛的運用於監視器、筆記型電腦、數位相機及投影機等具成長潛力的電子產品，因此帶動背光模組的需求及成長，且在面板低價化及普及化的效應下，又以筆記型電腦即 LCD 監視器和 LCD TV 等大尺寸用面板需求最大，為背光模組需求成長的主要動力來源。在國內 LCD 面板產商機積極擴產下，國內內需市場持續擴大，加上在量產規模即就地供應上之優勢，國內背光模組自給率將可再度提升。

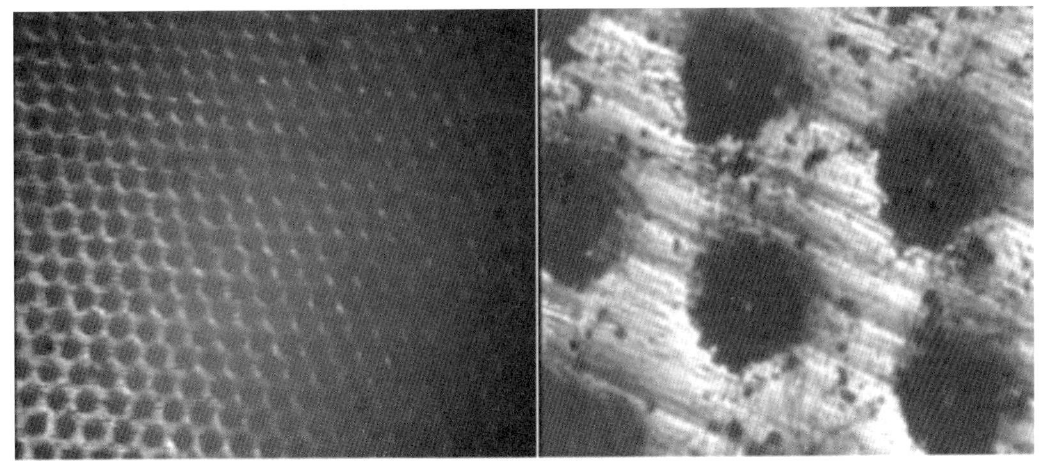

圖 37-1　LCD 背光板之外觀圖形及顯微圖案

37.2 背光模組簡介

由於 LCD 不是自發光性的顯示裝置，必須藉住外部光源達到顯示效果，一般的LCD幾乎採用背光模組，而背光模組主要提供液晶面板均勻、高亮度的光線來源，基本原理係將常用的點或線型光源，透過簡潔有效光轉化成高亮度且均一輝度的面光源產品。近年隨著液晶顯示器製造技術的提升，在大尺寸及低價格的趨勢下，背光模組在考量輕量化、薄型化、低耗電、高亮度及降低成本的市場要求，為保持在未來市場的競爭力，開發與設計新型的背光模組及射出成型的新製作技術，是努力的方向及重要課題。

一般而言，背光模組可分為前光式與背光式兩種，而背光式可依其規模的要求，以燈管的位置做分類，發展出下列三大結構。

37.2.1 側光式結構

發光源為擺在側邊之單支光源，導光板採射出成型無印刷式設計，一般常用於 18 吋以下中小尺寸的背光模組，其側邊入射的光源設計，擁有輕量、薄型、窄框化、低耗電的特色，亦為手機、個人數位助理（PDA）、筆記型電腦的光源，目前亦有大尺寸背光模組採用側光式結構。

37.2.2 直下型結構

超大尺寸的背光模組，側光式結構已經無法在重量、消費電力及亮度上占有優勢，因此不含導光板且光源放置於正下方的直下型結構便被發展出來，光源由自發性光源（例如燈管、發光二極體等）射出藉由反射板反射後，向上經擴散板均勻分散後正面射出，因安置空間變大，燈管可依 TFT 面板大小使用二至多支燈管但同時也增加了模組的厚度、重量、耗電量、其優點為高輝度、良好得出光試角、光利用效率高、結構簡易化等，因而適用於對可攜式及空間要求較不挑剔的LCD monitor與LCD TV，其高消費電力（使用冷陰極管），均一性不佳及造成 LCD 發熱等問題乃需要改善。

37.2.3 中空型結構

隨著影像要求的尺寸增加，LCD也朝更大尺寸的方向發展，使用監視器及壁掛式電視，不僅要求大畫面、高亮度及輕量化，在電器上亦要求高功率下的低熱效應。近年來發展的中空型結構的背光模組，使用熱陰極管作為發光源，此結構以空氣作為傳遞媒介，光源向下被稜鏡片與反射板對方向調整及反射後，一部分向上穿過導光板並出射於表面，另一部分因全反射再度進入中空腔直到經折返射作用後穿過導光板出射，而向上的光源或直接進入導光板出射，或經由一連串折反射作用後再出射。

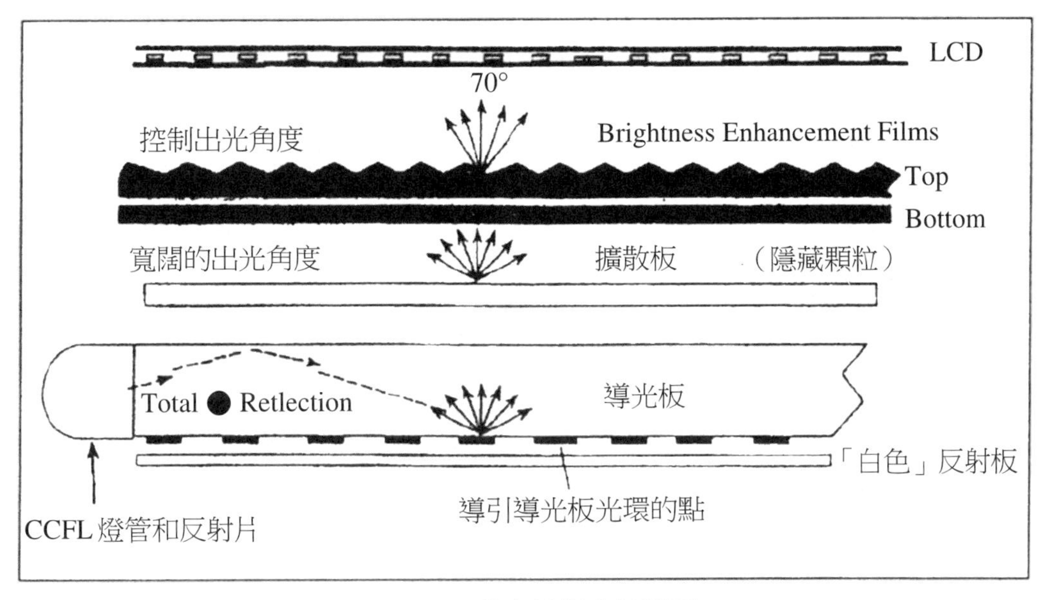

圖 37-2　背光模組之結構圖

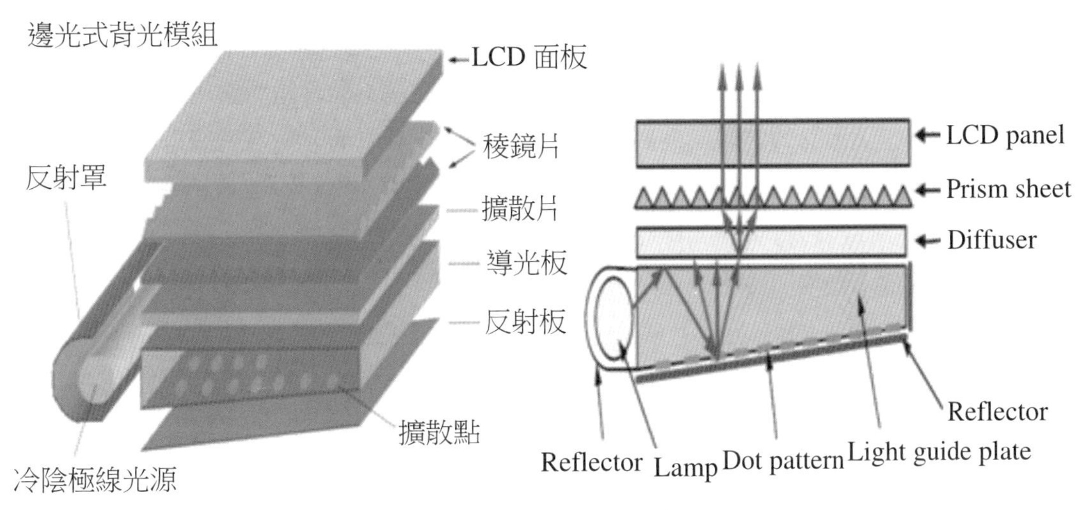

圖 37-3　邊光式背光模組

直下式背光模組

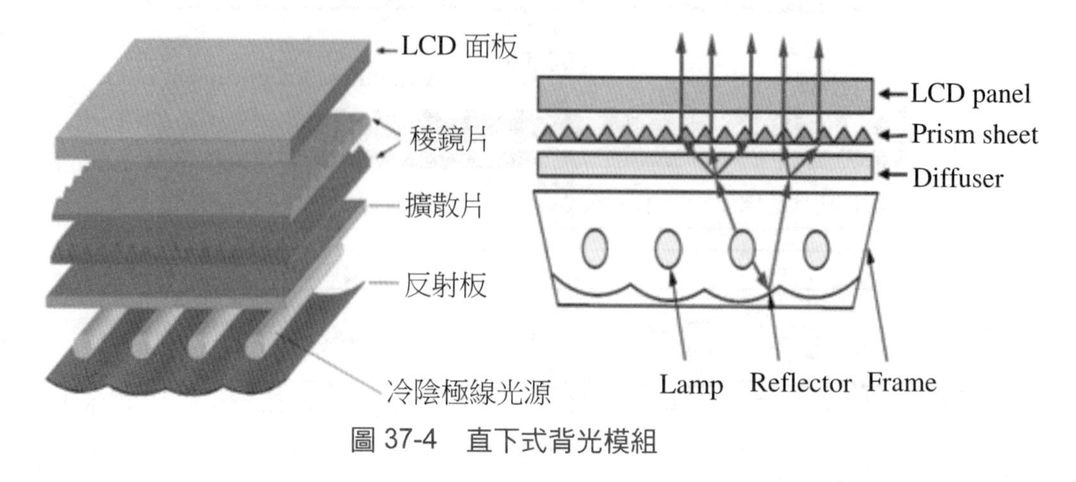

圖 37-4　直下式背光模組

37.3 背光模組之關鍵零組件

背光模組主要是提供面板均勻且高亮度的光源，基本原理是將常用的點光源或是線光源，透過簡潔有效之轉換成高亮度且輝度均勻一致的面光源。一般是利用冷陰極管的柱狀光源經反射罩反射至導光板，轉化柱狀光源成為均勻一致的面光源，再經由擴散片的均光作用與稜鏡片的極光作用以提高光源的亮度及輝度均勻度。在此依背光模組的幾個基本結構組成做簡單的介紹。

37.3.1 發光源

須具備亮度高及壽命長等特色，目前有冷陰極螢光管及熱陰極螢光管、發光二極體 LED 及電激發光片 EL 等，其中冷陰極燈管具有高輝度、高效率、壽命長、高演色性等特性，加上圓柱狀外形因此很容易與光反射元件組合成薄板狀照明裝置，故目前以冷陰極螢光管為主流，但因應節能環保議題，故白光發光二極體有逐漸取代冷陰極管的趨勢，現在也有很多高功率的 LED 可以應用在比較大一點的顯示面板上，但大尺寸面板用背光模組仍然以冷陰極管為主。相較於 CCFL，LED 不但體積比較小，更省電，且壽命更長。現在環保意識抬頭，LED 也可以避免汞在製程中的使用。但是 LED 也有一些缺點，例如需要比較高的電流值，然後本身在發光元附近光場比較不均勻，因此需要比較長的導光距離，使其光場更均勻。

37.3.2 導光板

應用於側光型背光模組，是影響光效率的重要元件，用射出成型的方法將PMMA製成表面光滑的板塊，然後用具高反射率且不吸光的材料，在導光板底面用網版印刷印上圓形或方形的擴散點。導光板主要功能在於導引光線方向，以提高面板光輝度及控制亮度均勻，所以導光板黃化問題在射出技術是有待克服的方向，另外生產導光板專用射出成型機性能有幾點要求：1.模板平行度要求。2.射出壓縮成型技術功能。3. PMMA光學專用料管開發。4.成型環境控制。現今導光板的製程技術主要為三種，如表37-1所示。

表37-1　導光板之製程技術

技術	方法	優缺點
印刷式	利用高散光源物質（SiO_2 和 TiO_2）的印刷材料，適當地分布於導光板底面，藉由印刷材料對光源吸收再擴散的性質，破壞全反射效應造成的內部傳遞，使光由正面射出並均勻分布於發光區	1. 製程簡單 2. 網點的油墨黏度不易控制 3. 精確度較低
LIGA製程	將設計好的導光圖樣利用類似於半導體之光罩曝光顯影方法轉印在光阻膜上，利用熱迴流製程使光阻表面形成圓滑之半球狀，再以精密電鑄之複製技術將光阻的圖案複製於電鑄模上	1. 網點分布可任意設計 2. 精確度提高 3. 網點設計較為複雜
微切削加工	以切銷的方式致罩出一條條長溝形的結構，使光源由導光板正面射出，由常溝之寬度及深度控制出光面之光學強度及性質	1. 製程簡單 2. 光均勻度較難控制

37.3.3 反射板

一般側光式背光模組的反射板放置於導光板底部，將自底面漏出的光反射回導光板中，防止光源外漏，以增加光的使用效率；而直下式背光模組則是置於燈箱底部表面或黏貼於其上，經由擴散板反射之光束由燈箱底部再次反射回擴散板以被利用。

37.3.4 擴散板

擴散板之功能為提供液晶顯示器一個均勻的面光源，一般傳統的擴散膜主要是在擴散膜基材中，加入一顆顆的化學顆粒，作為散射粒子，而現有之擴散板其微粒子分散在樹脂層之間，所以光線在經過擴散層時會不斷的在兩個折射率相異的介質中穿過，在此同時光線就會發生許多折射、反射與散射的現象，如此便造成了光學擴散的效果。或是使用全像技術，經由曝光顯影等化學程序將毛玻璃的相位分部記錄下來粗化擴散膜基材表面，以散射模糊導光板上的墨點或線條。但是此光路架構下，由於材料本身及化學顆粒的性質，將會造成無可避免的吸光而且其對光的散射式散亂，所以對固定觀察者而言，會有部分光源被浪費的現象，故會造成光源無法有效率的應用。

37.3.5 增亮膜

光自擴散板射出後其光的指向性較差，因此必須利用稜鏡片來修正光的方向，其原理藉由光的折射與反射來達到凝聚光線、提高正面輝度的目的，以增加光線自擴散板射出後的使用效益，使能整體的背光模組的輝度提高 60～100%以上。主要是以多元酯或聚碳酸酯為材料，其表面結構一般為稜鏡柱體或半圓柱體。目前跨國公司 3M 為全球獨家供應商，擁有多項專利，通常一部背光模組會使用兩片增亮膜，彼此方向垂直，將光源集中因而增加輝度及亮度。

37.3.6 偏光轉換膜

因在現有 LCD 液晶面板設計中，對光源模組給予過濾掉 S-ray 平行光，允許 P-ray 光源通過，並利用這單一的偏極態光來驅動或照明 LCD 液晶面板，產生所要的功能。所以會在光線進入液晶面板前會先經過一偏光板，此一偏光板會有吸收掉某一偏光方向的能量，而冷陰極管所產生的光為非偏極化光，在通過第一片偏光版時，有一半以上的光能量會被吸收掉，使得光的使用效率非常差，為解決這個問題須採用偏光轉換技術使光源做偏極態轉換。其發訪是利用反射偏光板將可通過與不可通過LCD偏光板的光分離，然後利用反射板將反射回來的光轉換成可用的偏光，達到亮度提升的目的。

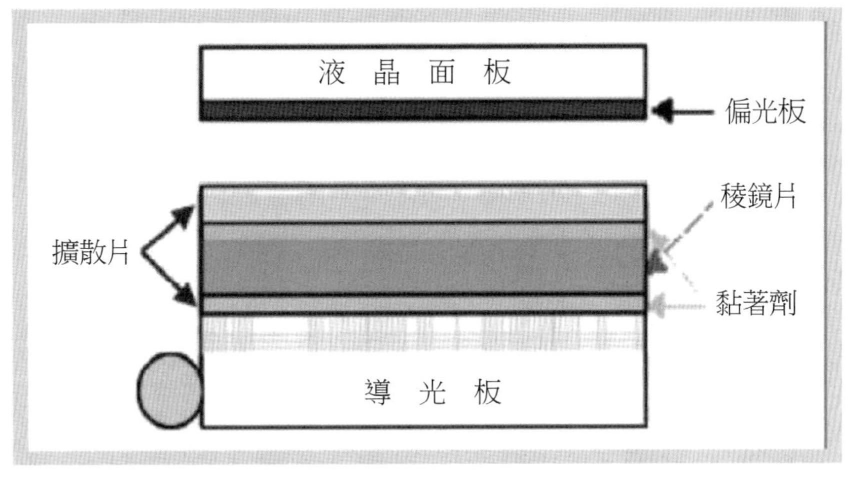

圖 37-5　稜鏡片於 LCD 面板之結構圖

37.4 參數模擬與優化結果

LCD 產業規模隨著政府「兩兆雙星」政策和國際大廠間激烈競爭日益擴大，在這一股潮流當中，其重要的關鍵零組件——背光模組也必須朝著大尺寸化的技術發展，其中背光板模組約占 LCD 30%左右的成本，故背光模組對 LCD 面板而言具有舉足輕重的地位。由於 LCD 必須依靠 BLU 產生光源，因此 BLU 的品質直接影響了 LCD 的良窳，其中輝度（luminance）及均勻度（uniformity）即為評估 BLU 品質的兩大指標。輝度為每單位面積、單位立體角、在某一方向上，自發光表面發射出的光通量，單位為 cd/m^2 或以 nits 表示。均勻度為量測螢幕表面或平面發光體表面上輝度變化的程度，若 L_{min} 及 L_{max} 分別為量測的最小及最大輝度值，均勻度則由 L_{min} 與 L_{max} 來量化。故可藉由軟體模擬的照度和輝度結果來判斷設計的背光模組好壞。比較 lightool 內建的背光模組的差異性：本模擬是以三個到七個 LED 做為光源，實作照明模擬，以取得最佳均勻性的條件。

37.4.1 三個 LED Backlight

以三個 LED 做為光源，實作照明模擬，以取得最佳均勻性的條件。

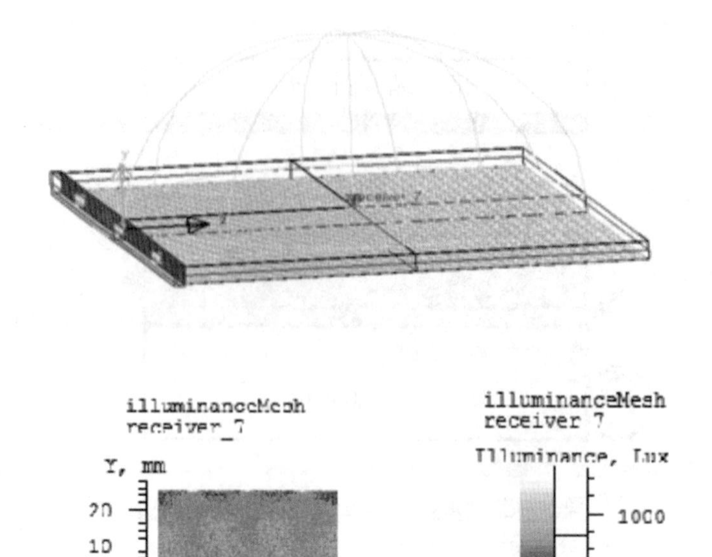

圖 37-6　三個 LED 邊光式背光模組的設計與均勻度

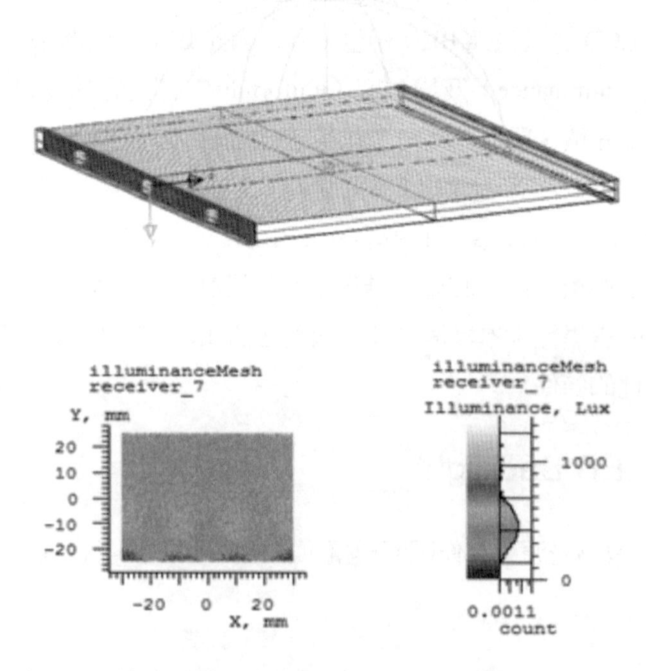

圖 37-7　三個 LED 邊光式背光模組的設計與均勻度（右側加一個反射罩）

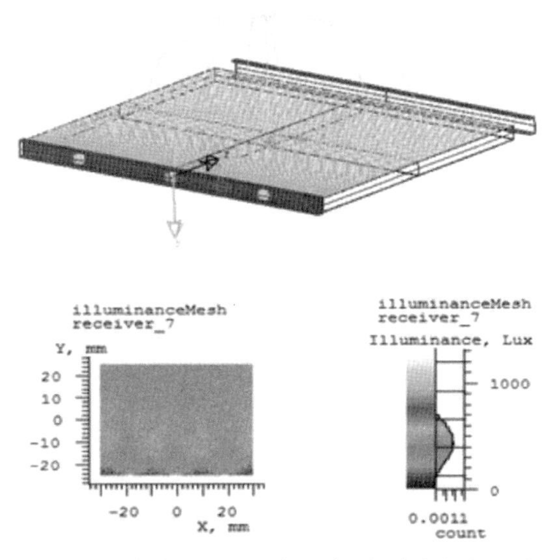

圖 37-8　三個LED邊光式背光模組的設計與均勻度（右側加一個反射罩且改變距離）

37.4.2 五個 LED Backlight

五個 LED Backlight 輝度分析圖如下：

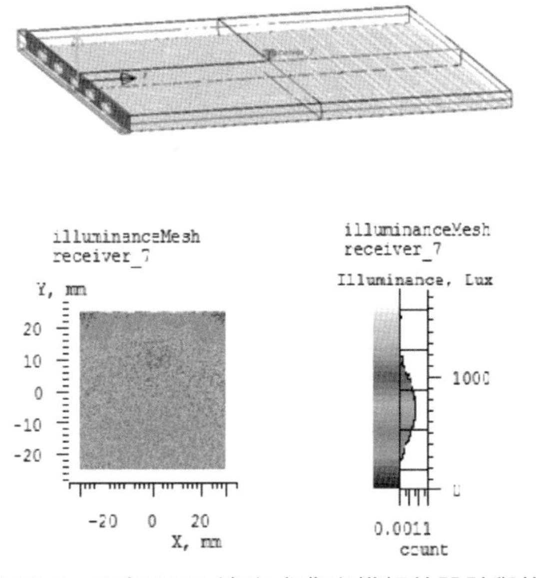

圖 37-9　五個 LED 邊光式背光模組的設計與均勻度

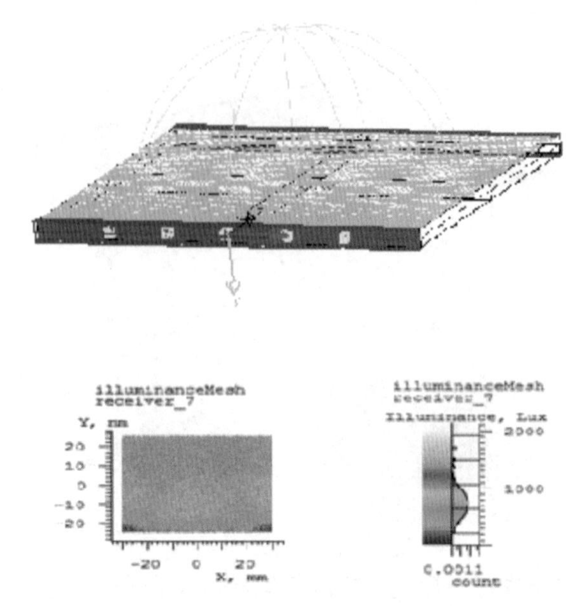

圖 37-10　五個 LED 邊光式背光模組的設計與均勻度（右側加一個反射罩）

37.4.3 七個 LED Backlight

以七個 LED 做為光源，實作照明模擬，以取得最佳均勻性的條件。

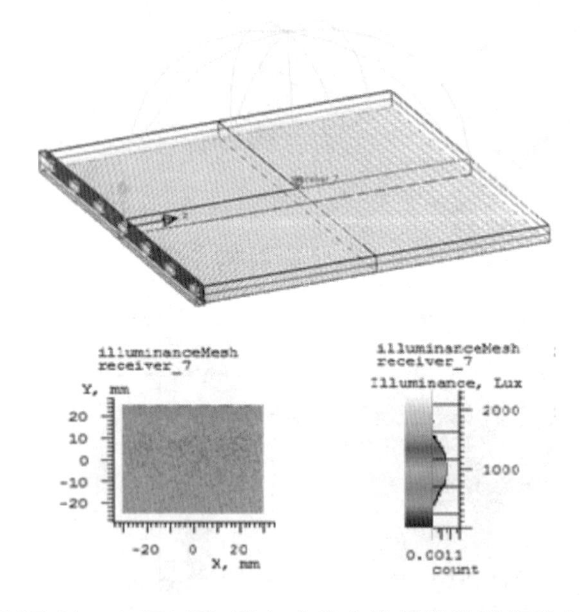

圖 37-11　七個 LED 邊光式背光模組的設計與均勻度

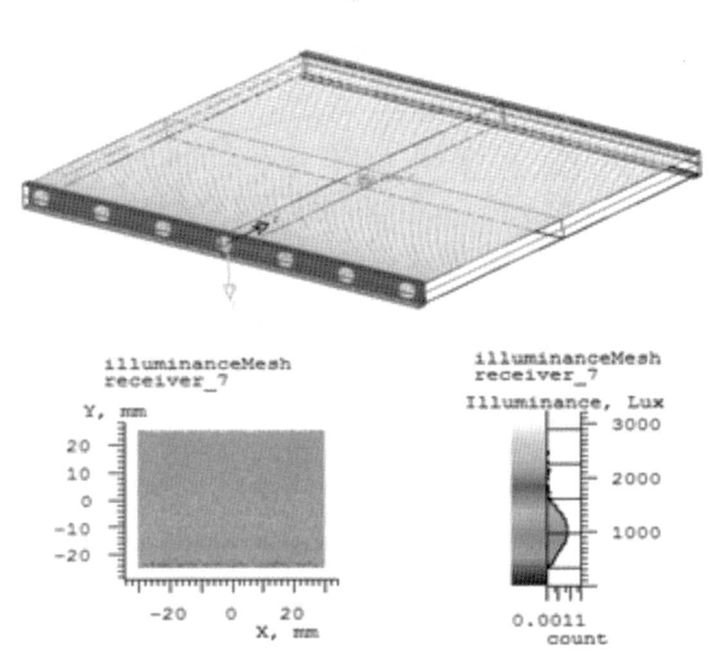

圖 37-12　七個 LED 邊光式背光模組的設計與均勻度（右側加一個反射罩）

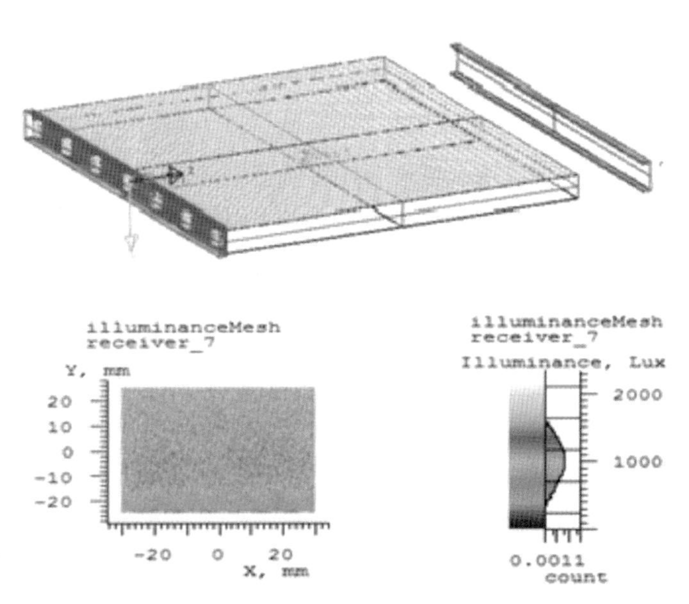

圖 37-13　七個 LED 邊光式背光模組的設計與均勻度（右側加一個反射罩且改變不同距離）

37.5 模擬結果分析

從上面的模擬結果得知，一般來說 CCFL 發光源比 LED 發光源的效率來的高，均勻度較高，且能量也較強一點，且就 LED 發光源之背光模組來說，在 LED 發光源處會有能量不集中的現象，且會有能量偏低的現象發生，且改變了不同 LED 發光源的個數，由三個增加到五個再到七個再到九個，可以大概看出LED發光源個數較多，則強度會有增強效果，且均勻度也會有提升的效果，而CCFL發光源可視為無窮多個 LED 發光源排列而成的情況，會有較均勻的光場分布，且能量也較數個 LED 發光源的效果還好。另外，我還比較了有無增加另一個反射罩的差別，可以大致看出有加反射罩的均勻度比沒多加反射罩的效果較好一點，且改變反射罩的不同距離，可以明顯觀察出不同距離的均勻度對強度都會有些微的變化，可能在距離特定一段距離會有最佳化（均勻度和能量較高）的現象，但再繼續移動強度則會變弱，所以可得知最佳化現象可能是參數達某些特定值的現象。另外，可以發現長寬為一比一的背光模組，其均勻度和光強度都非常良好。一般來說，以 LED 當發光旋的背光模組只適用於小尺寸之背光模組，因為從前面模擬出來的結果顯示，LED當發光源的強度會比CCFL當發光源較弱一點，所以容易造成均勻度不佳的現象發生，故一般來說以 LED 當發光源目前來說只適用於較小尺寸的背光模組，大尺寸背光模組則效果不彰。但 LED 發光源具有環保和節能的特性，是未來趨勢所趨，所以如何有效克服 LED 使用在大面積背光模組的問題，是一個重要的課題，也是值得深思探討的方向。

設計一個均勻度良好且強度的轉換效率高的背光模組，是設計背光模組最重要的課題所在；從以上的模擬可以得知不同參數對背光模組發光效率的影響，改變的因素其實很多，包括尺寸、LED 個數、CCFL、反射罩距離、材料參數、導光板網點等，都會造成均勻度的好壞，及發光效率的良窳。所以如何設計一個具有節能且均勻度又好的背光模組，是一個值得思考和探索的問題，也是現今將背光模組應用在 LCD 面板上和 LCD TV 的關鍵所在。背光模組占 LCD 面板將近 30%的成本，具有舉足輕重的地位，所以背光模組的好壞直接影響 LCD 的品質，有效降低背光模組的價格也是影響 LCD 成本的因素之一。未來可以繼續嘗試更多不同參數的比較，且如何將背光模組優化成最佳情況也是一個學習的方向。

參考資料

1. 機械工業雜誌　背光模組
2. 產業調查與技術第一四五期，背光模組產業概況徵信處　張明義
3. 工業技術研究院　大型 LCD TV 用背光模組技術趨勢探索
4. LCD 背光模組之產業趨勢、技術發展及設計方法　陳鴻滄　方育彬

習題

1. 背光板的種類如何？其結構有何不同？
2. 背光板的元件中，用何元件可以使得全背光板的光度均勻？

軟體操作題

請用照明軟體設計一個 10000nits，60 吋的 LCD 電視的背光模組，其中包括：照明模擬及機械結構。

第三十八章 投影機的模擬和設計

38.1 設計目標

隨著投影技術在這幾年內快速的發展，本節將以 LightTool 和 CodeV 光學軟體去設計一套完整的投影系統，主要利用 LightTool 擁有強大的照明分析能力以及光機設計之擴充功能，和CODE V分析像差之能力來設計。專題由分析目前市場上投影機系統架構，和設計原理開始，逐次完成各子部分系統設計，包含四大部分子系統（照明、分光、光調變、成像），最後分析模擬結果。

在光學系統中要用到大量的偏振、分光及濾光元件，這些都需要倚賴鍍膜（coating）技術來實現並且這些元件的鍍膜技術要求都很高，生產難度很大，因此設計時要注意到這些問題，盡量減少使用複雜的鍍膜技術。在藉由文獻可知，目前發展投影機的技術有：LCD、DLP（MEMS）、LCOS 三種。成像方式分為穿透式的LCD與反射式的DLP、LCOS 兩種。在投影機系統中需要應用到許多光學濾光片來達到其成像的功能。

圖 38-1 常見投影系統

表 38-1 是各種投影機所需相關的光學鍍膜元件。

表 38-1 不同結構的投影系統

投影機種類	相關濾光片
LCD	UV-IR、PBS、BPF (Dichroic-mirror)、AR、HR
DLP	UV-IR、BPF (color wheel、SCR)、AR、HR
LCOS	UV-IR、BPF、AR、HR

對於投影機產業而言，燈源的進步（Smaller arc gap）以及更高亮度、對比度、體積更小、重量更輕等的要求，對於其中所使用的各式光學元件都必須有相對應的解決之道，以其中被大量使用的各式薄膜元件來看必須面臨以下的挑戰：

更大範圍的光照射角度（以 UV-IR 約需至 30 度或以上）

更佳的偏振分光比（TP：TS > 1000：1）

更嚴格的環境測試要求（MIL-Standard）

更嚴格的光譜規格以及其他特殊功能鍍膜

而要達到以上種種的要求，對於光學薄膜而言，已不能單純使用傳統的整數膜堆設計來完成，非整數膜堆設計勢必要被大量使用，而對於非整數膜堆的設計而言，除了先天上設計的困難之外，在實際的製鍍上也有相當的困難性，除此之外由於嚴格的環境測試要求（MIL Specification），濾光片本身的材料，基板的選用至整體濾光片的應力行為都是需要被詳加考慮的。藉由光學模擬軟體將可以有效的節省測試成本，並使得研發達到最大的效率。

38.2 設計原理

目前市場主要的投影機可以依照顯示面版分為三類，包含高溫多晶矽穿透式液晶面扳（LCD）、數位微透鏡陣列裝置（DMD）以及反射式液晶面板（LCOS）。各架構也分為單片式、兩片式與三片式。

38.2.1 穿透式液晶投影機

穿透式的投影機是利用光源穿過 LCD 作調變，多晶矽 LCD 的黑色陣列（Black Matrix）與 TFT 等元件，都會阻擋光線的通過，必須加裝微小透鏡才能增加開口率，但也因而增加製造的困難度與成本。若是使用單片彩色 Amorphous LCD，則光學結構簡單且單價較低。但是，單片式 LCD 必須加裝彩色濾光片，因此消耗大量光能量，造成投影影像亮度低於 500ANSI 流明。另一方面，若是使用三片單色 LCD，則光學系統較複雜，雖然亮度能大幅增加至 1500ANSI 流明，但是成本卻偏高。

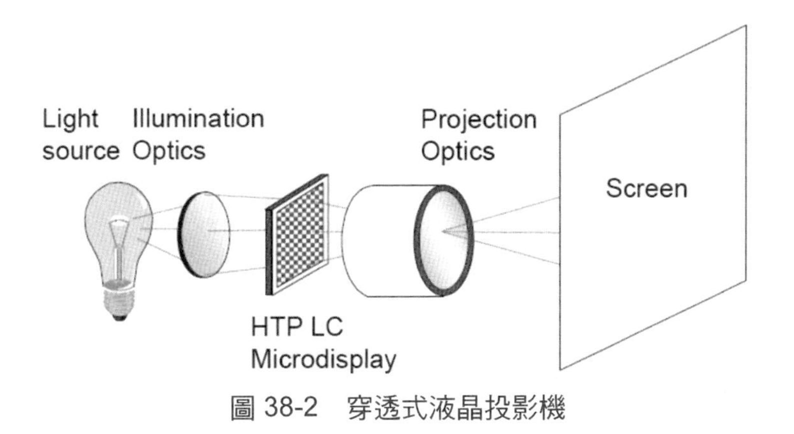

圖 38-2　穿透式液晶投影機

38.2.2 反射式液晶投影機

反射式液晶投影機使用反射式 LCD，反射式 LCD 由於本身結構的關係，LCD 的控制電路隱藏在反射鏡面之後，由於電晶體不會阻擋反射光，所以能提高開口率、亮度與精確性，降低 LCD 對光源能量的吸收，增大 LCD 的工作溫度範圍。此外，反射式 LCD 的製造是利用類似半導體的製程，因此較容易提高製造與設計的精密度，同時也降低其生產成本。其入射光與反射光的分開是利用極化分光鏡（Polarizing Beam Splitter, PBS）。PBS 是用特殊的玻璃塊製成，這種玻璃會依照光行進路程的比例不同，而阻擋不同極化的光。但因光前後來回於光學系統中，系統的結構必須比穿透式 LCD 投影機多出其所沒有的光控制技術，同時 LCD 的安裝也需要更高的準確性。

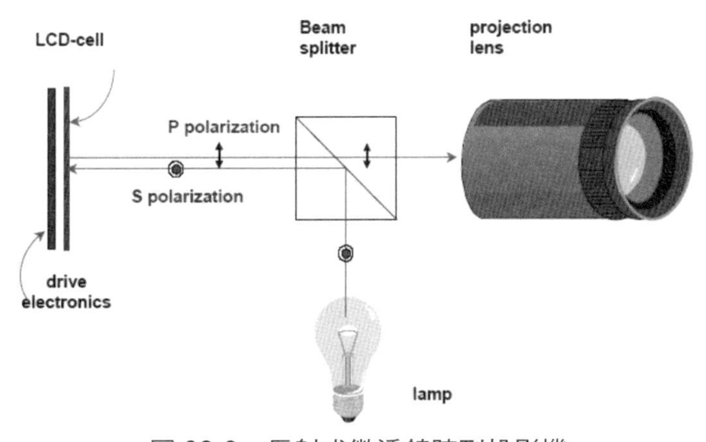

圖 38-3　反射式微透鏡陣列投影機

DLP 投影機的構造是由光源、彩色濾光片轉盤、數位微鏡組顯示（Digital Micro-mirror Display, DMD）晶片及投影鏡頭所構成。光源經過光罩集光後，藉由透鏡的聚焦，通過 RGB 三色濾光片轉盤，最後入射 DMD 晶片上。DMD 上每個圖素的記憶體會記錄該圖素的訊號數位值，並將數位訊號送給驅動電極來產生微小反射鏡的正負角度偏轉與控制偏轉時間。RGB 三色濾光鏡轉盤速度為 60HZ，利用三色的交錯式技術達成全彩色效果。

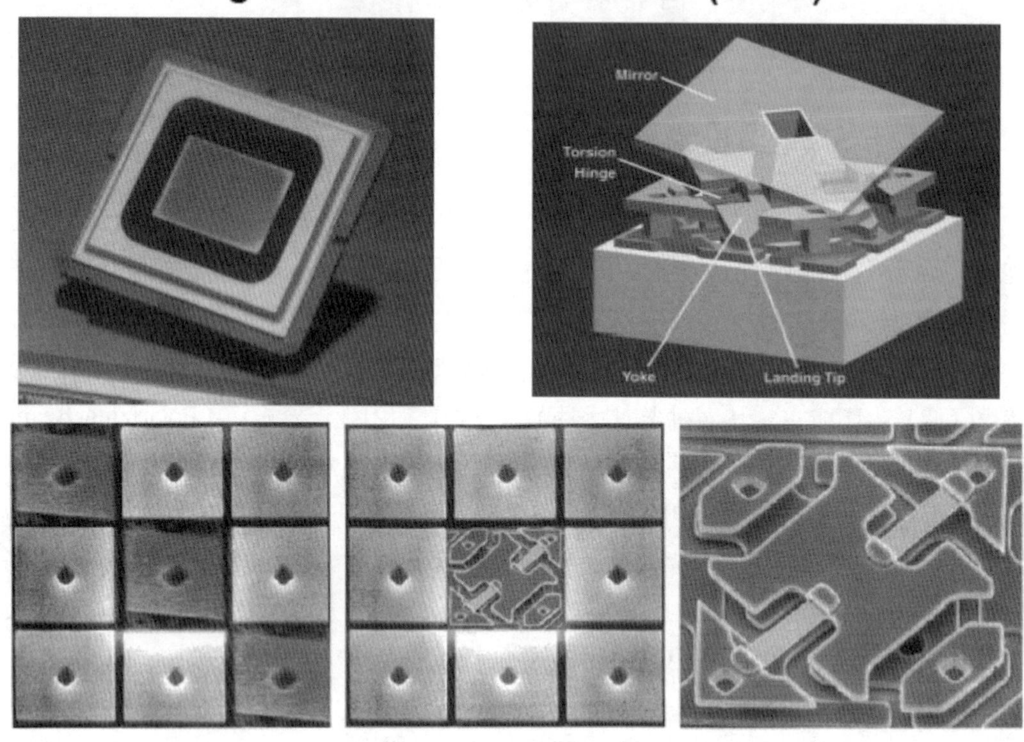

圖 38-4　DMD 投影系統

38.3 系統設計構想

本節將以 LCOS 穿透式液晶系統為設計藍本，依照液晶投影系統的結構來區分，可以分為四大部分子系統設計，以分別模擬分析，最後各子系統整合。

1. 色彩分光與重組光系統

2. 照明系統

3. 光調變系統

4. 投影系統

整個系統包含偏極光，色彩分光，與成像技術。

設計原理為光線由照明系統之燈泡出發，由色彩分光裝置分出紅、藍、綠三顏色，再經過液晶面板與偏光板之光調變系統之功用，經色彩重組系統組合為完整色彩，經投影系統投射在螢幕上，完成投影過程，幾個關鍵零組件將是影響系統性能之因素。幾個重要性能因素為：

1. 亮度（Brightness）

2. 顏色（Color）

3. 均勻度（Uniformity）

4. 對比度（Contrast）

5. 銳利度（Sharpness）

本專題將逐步完成各子系統部分：

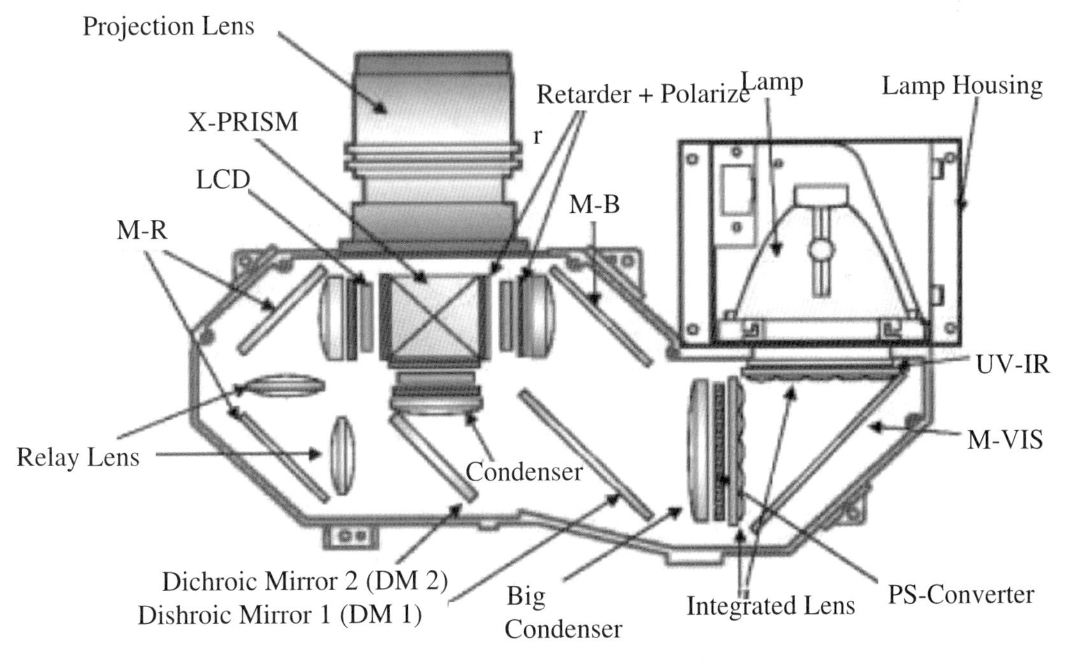

圖 38-5　反射式液晶投影機

38.3.1 色彩分光與重組光系統

本節以色彩分光與重組光系統為設計出發起點，而後擴充至其他子系統。此色彩分光與重組系統以彩色濾光片為中心，分別分光與結合光達到各種色彩，如圖 38-6 所示。為了同樣達到此效果，本節採用所謂的 X prism 架構，將 X 形中的四個面加上設計過的彩色濾光片，使白光分為綠藍光與綠紅光後，在分別分離為紅藍綠三色光。

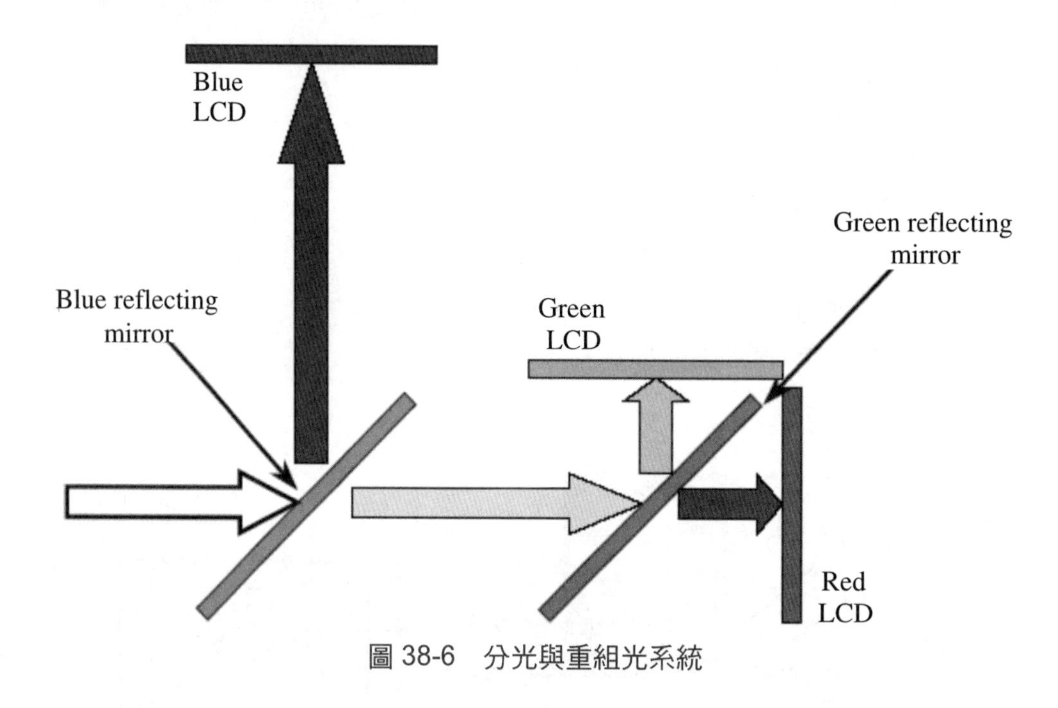

圖 38-6 分光與重組光系統

本節設計之 X Prism 彩色分光鏡架構原理如圖 38-7 所示：

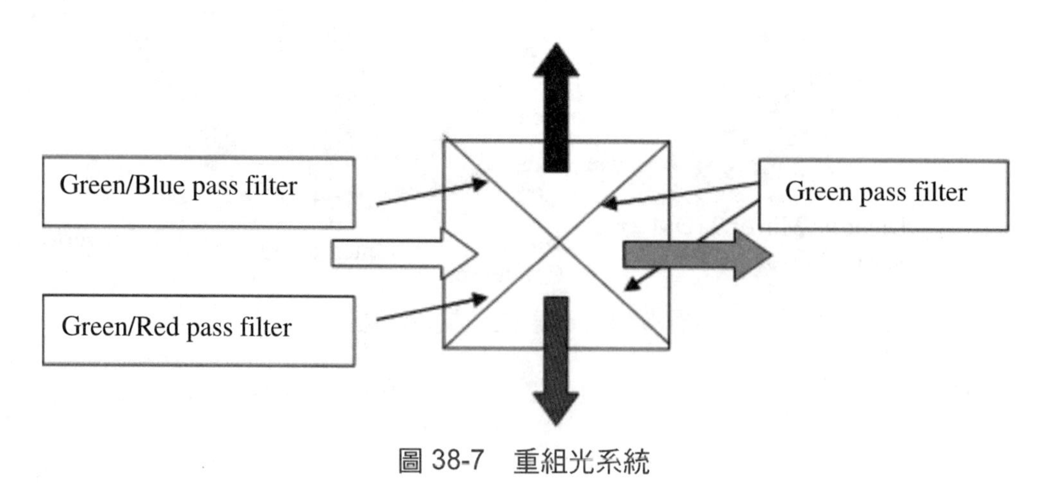

圖 38-7 重組光系統

以 LightTool 中之 User coating format 去定義，所要設計的光譜之濾光波段，結果如下圖所示，以穿透率表示之，其中藍色光以 460nm 為中心，綠色光以 521nm 為中心，紅色光以 648nm 為中心，所完成之設計如下：

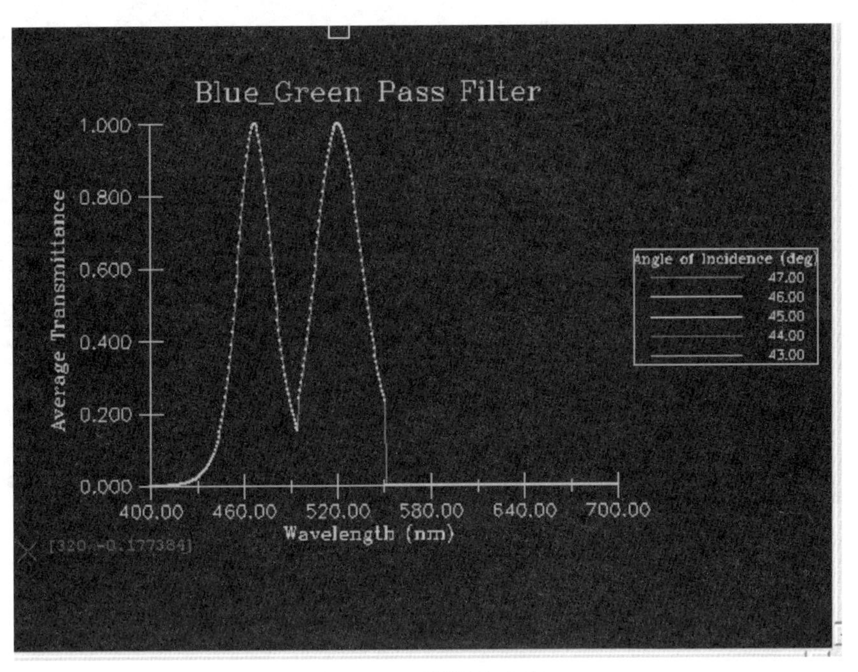

圖 38-8　藍綠濾光鏡

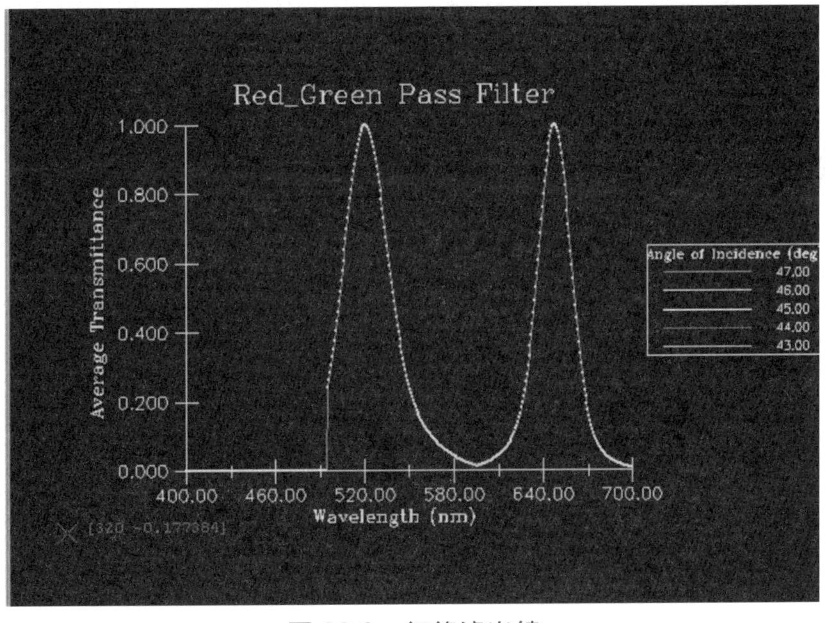

圖 38-9　紅綠濾光鏡

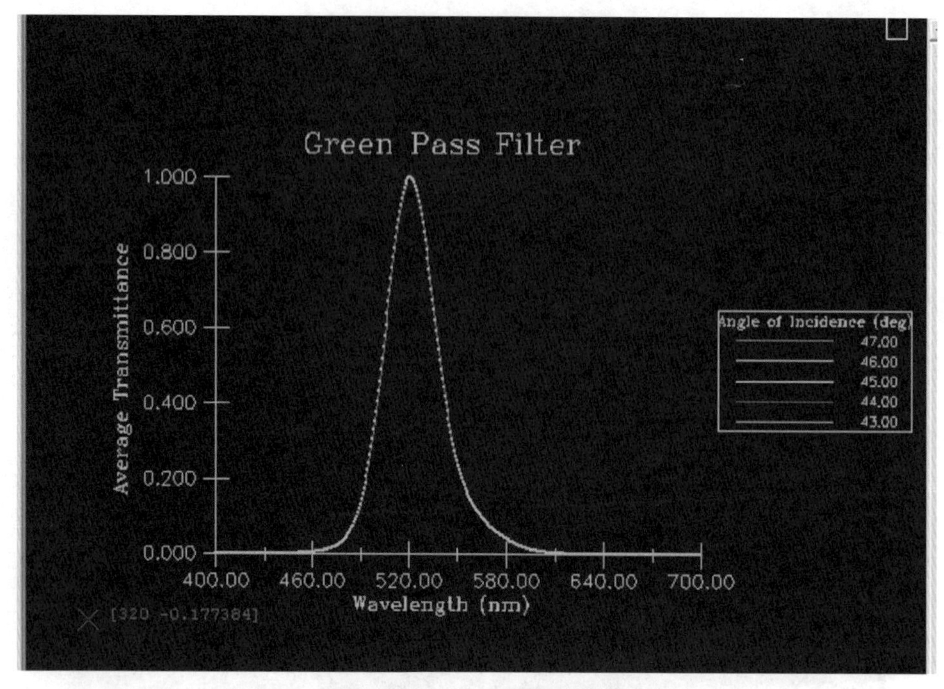

圖 38-10　綠色濾光鏡

將上述之濾光設計鍍在由兩個 prism 和一個 cube 所組成的色彩分光鏡：

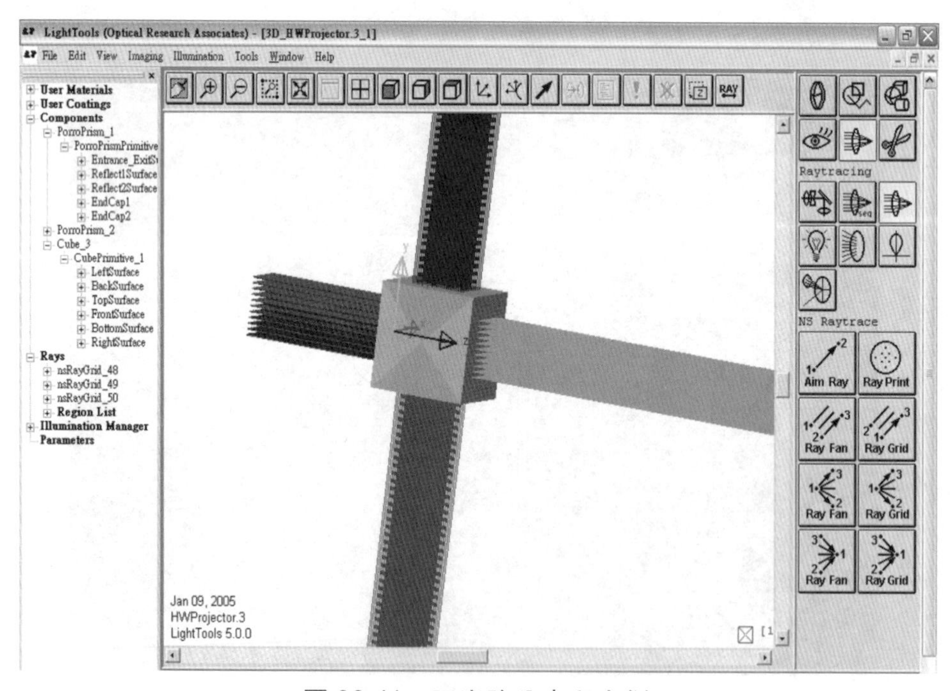

圖 38-11　三光路分束和合併

38.3.2 照明系統

照明主要元件為燈泡，以期當作光源與反射光罩收集光源，設計目標為減少光能量損失並進量保持平行光出射，光的均勻性也為設計考量因素。此處考量接下來的偏極轉換系統將做一個維度得擴張，為避免最後的光源經這些系統後變為長型的分布（即只有在某一個維度擴展），故先行在另一維度擴展，使最後成為二維均勻光源分布。首先一開始考量如背光模組中的圓柱型光源，但是幾經設計皆無法達成平行光出射，如圖 38-12 所示：

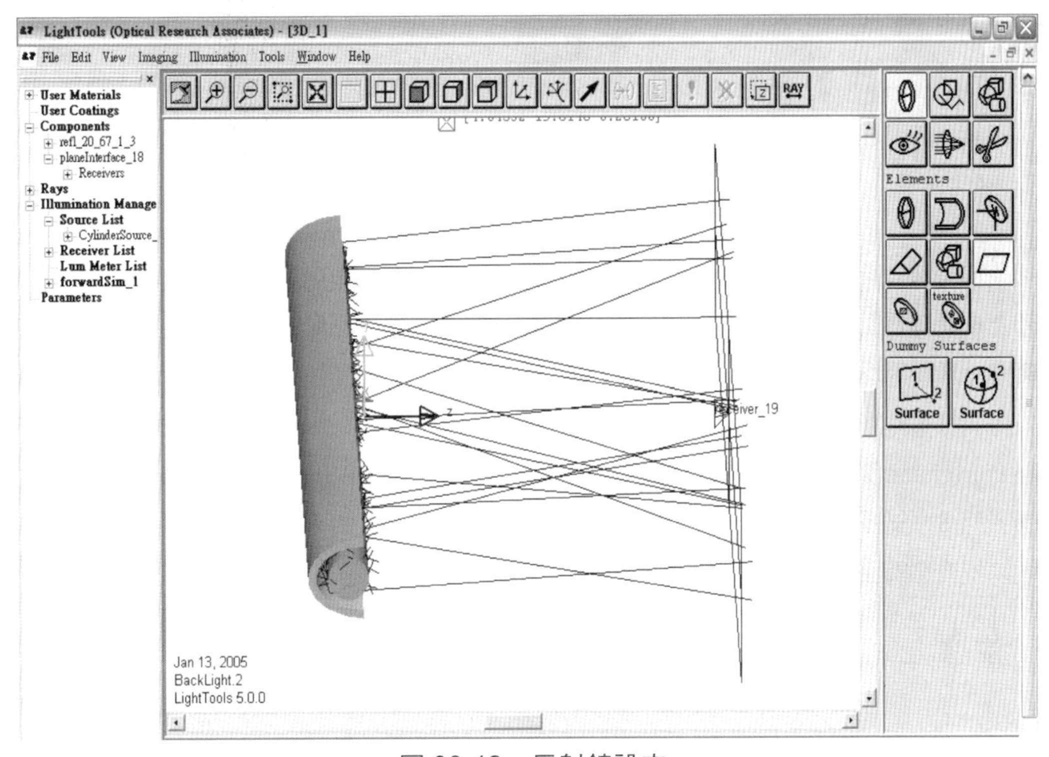

圖 38-12　反射鏡設定

故改以設計均勻雙光源架構如圖 38-13 所示，並利用 parabolic 反射鏡收集所有反射光源，和 LightTool 所提供之 source model 使光源幾近平行出射。

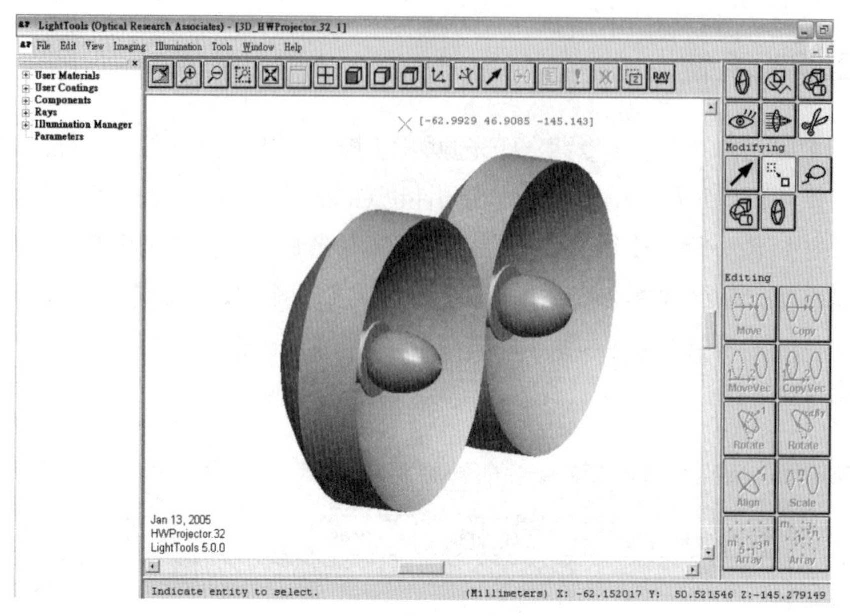

圖 38-13　光源設定

接下來，考量光源偏極態的問題，因為這將是影響光能量的一大因素。最主要是因為整個系統為一個偏光系統，所有光源進行需考量到偏極態的問題。以之後的LCD調變系統為例，必先經過一個 ploarizer，將會有一半光能量損失，故在照明系統中，先將偏極態轉換為相同，使其完全通過 polarizer，提高光效率。這也與背光模組中的PS conversion 架構觀念一樣。如圖 38-14 所示，將光源入射一組 PBS，其中 P 光將通過，而 S 光在經過一個旋轉 45 度的二分之一波板後轉換為 P 光也可以通過，如此將可以提升效率到 85%。

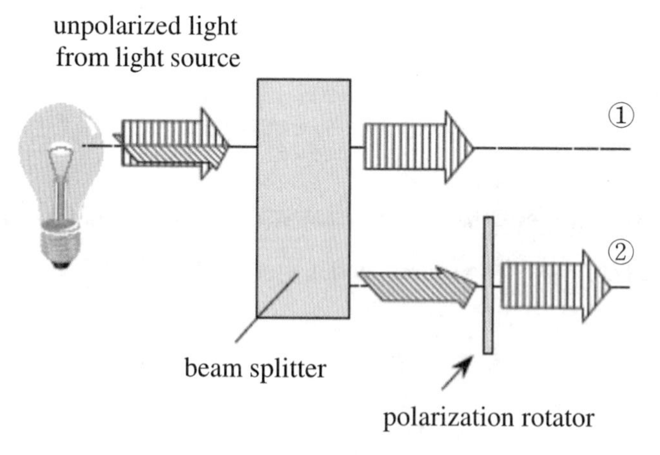

圖 38-14　偏光系統

首先需設計使 P 偏極態光通過和 S 偏極態光反射之 PBS，設計上是以兩個 Right prism 分別在斜面鍍上所要的鍍膜，並以黏合的方式將其斜面互相接合，使用此種 cube 結構作為偏極分光鏡將會比一般使用 plate 的架構好，是因為沒有 plate 的厚度所產生的光程差。而 PS conveter 則是將一組 PBS 上下黏合做成。

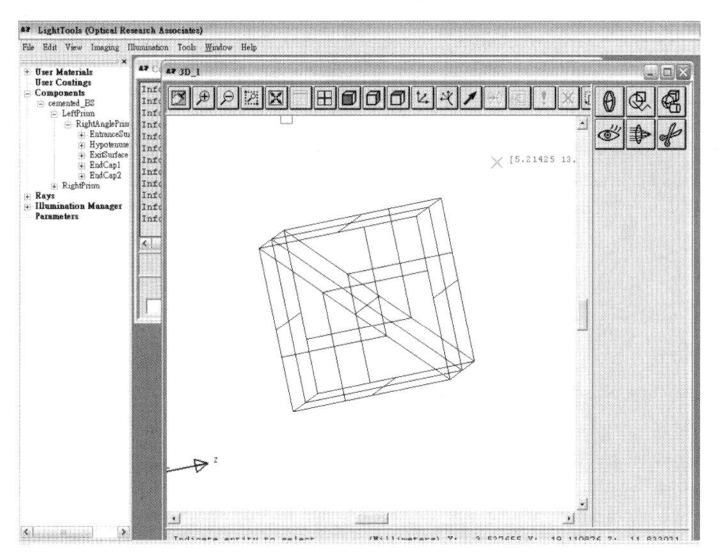

圖 38-15　PS conveter

偏極態光源架構設計測試如下：首先經過一個 polarizer，其中光通量為 1 流明。

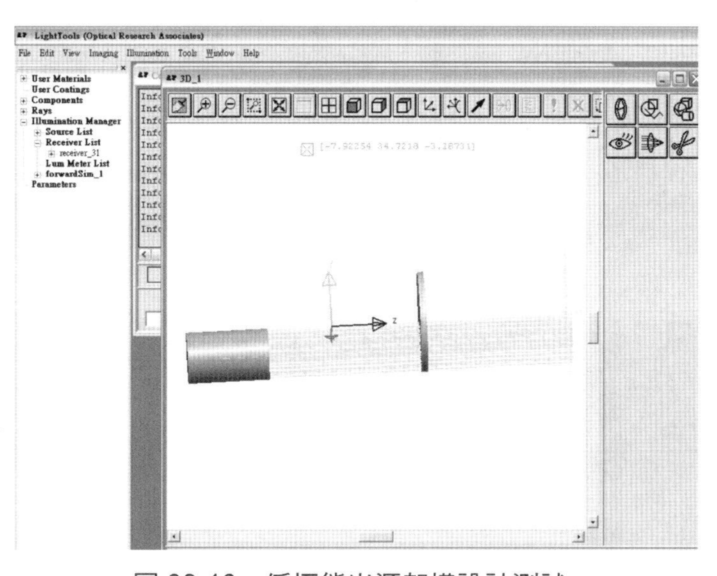

圖 38-16　偏極態光源架構設計測試

經過 polarizer 後可以發現，光通量變為一半，如圖 38-17 所示：

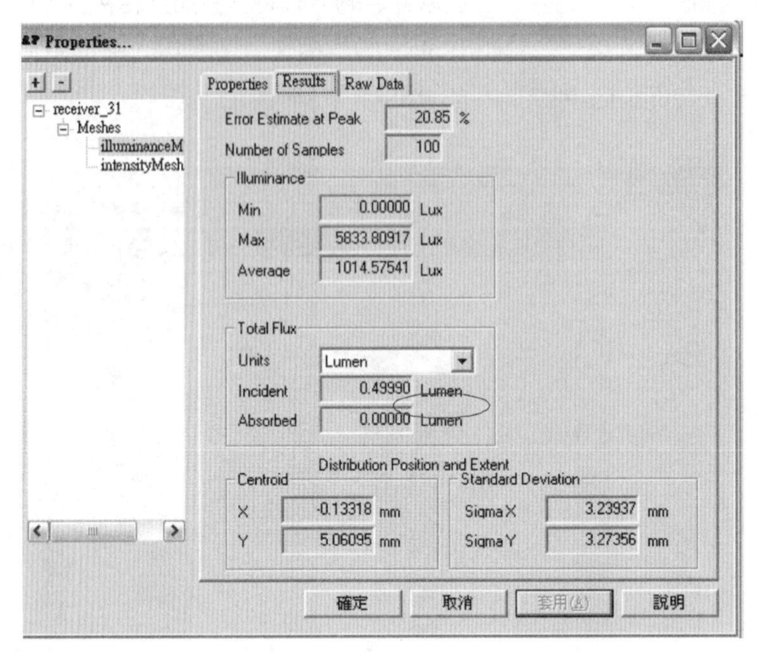

圖 38-17　olarizer 後可以發現，光通量變為一半

加入 PS converter 後，可以發現，上下光源皆可以穿透，如圖 38-18 所示：

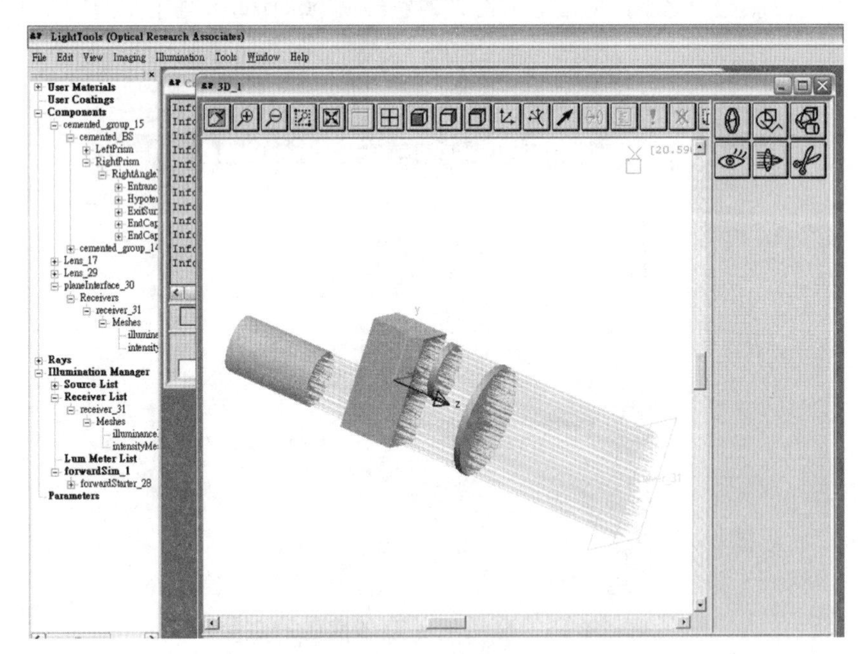

圖 38-18　PS converter 後，可以發現，上下光源皆可以穿透

而光通量也幾乎保持不變，如圖 38-19 所示：

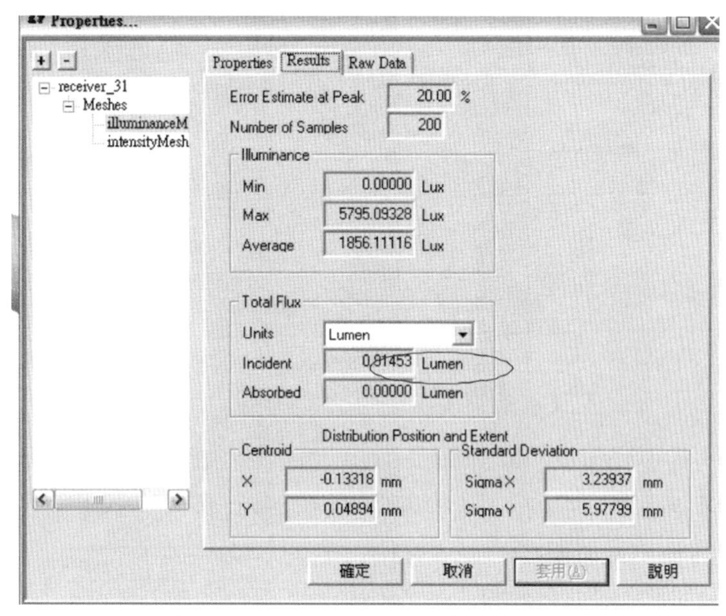

圖 38-19　光通量也幾乎保持不變

此外要注意二分之一波板快慢軸的角度，若無旋轉 45 度，將無法穿透光源，如圖 38-20 所示：

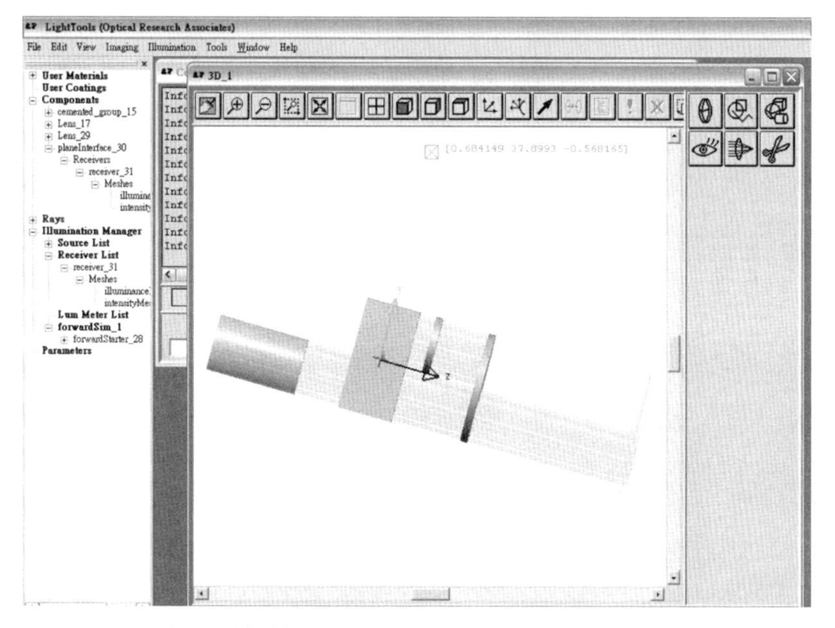

圖 38-20　二分之一波板快慢軸的角度，若無旋轉 45 度，將無法穿透光源

S 光無法穿透，故光通量變為一半，為 0.437 流明，如圖 38-21 所示：

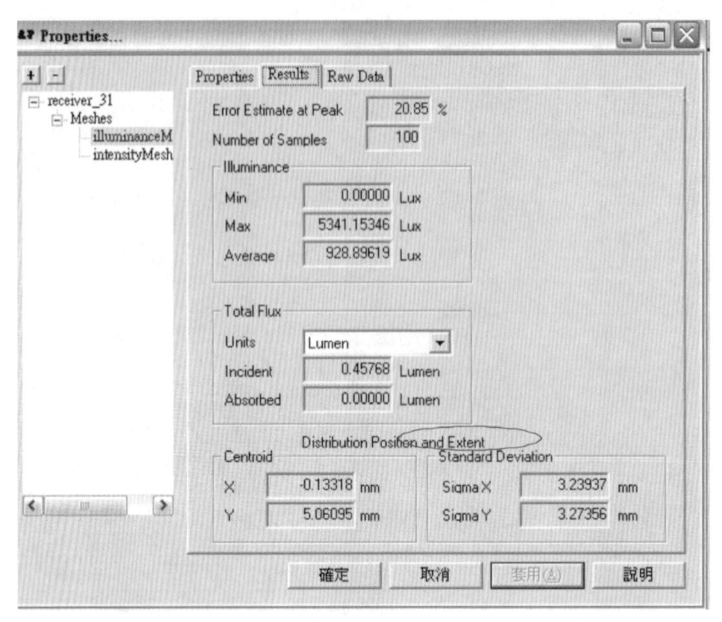

圖 38-21　光通量變為一半，為 0.437 流明

整合此偏光裝置與前面所設計之雙光罩光源，並加入第一部分所完成之 X prism 分光鏡於系統中，加入一個 receiver 先行測試分析：

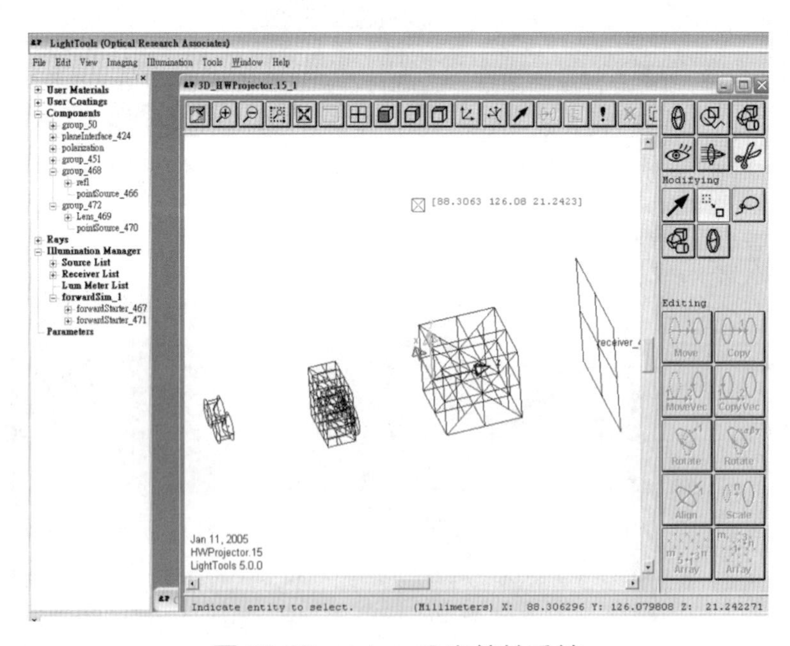

圖 38-22　prism 分光鏡於系統

Receiver 所得到之照明結果如下，有四個圓形區域，主要原因為燈罩所出射之光區域為圓形，並且通過旋轉 45 度的圓形 zone 之二分之一波板：

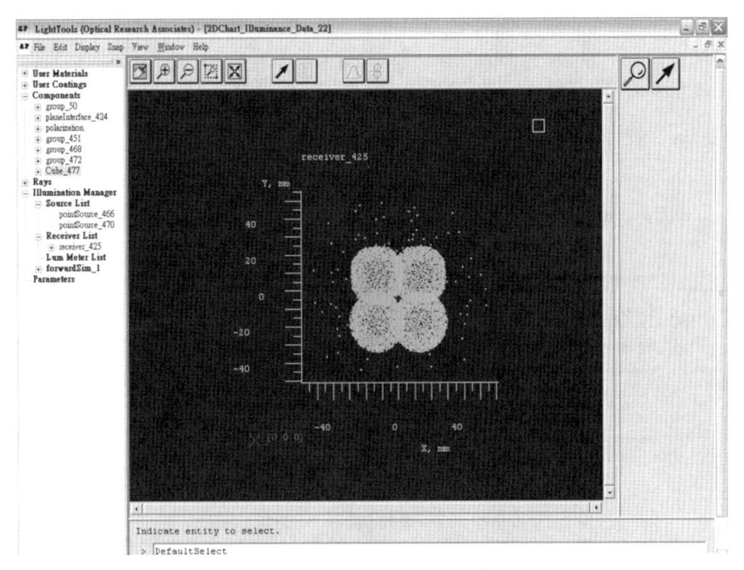

圖 38-23　Receiver 所得到之照明結果

所產生的問題很明顯可以由圖 38-23 看出，中間的空心將沒有光源，以圖 38-4 亦看得出其 Uniformity 十分得差，因此雖然達到了當初預定的二維光源分布，即類似面形光源，但是光能量分布仍須改善。

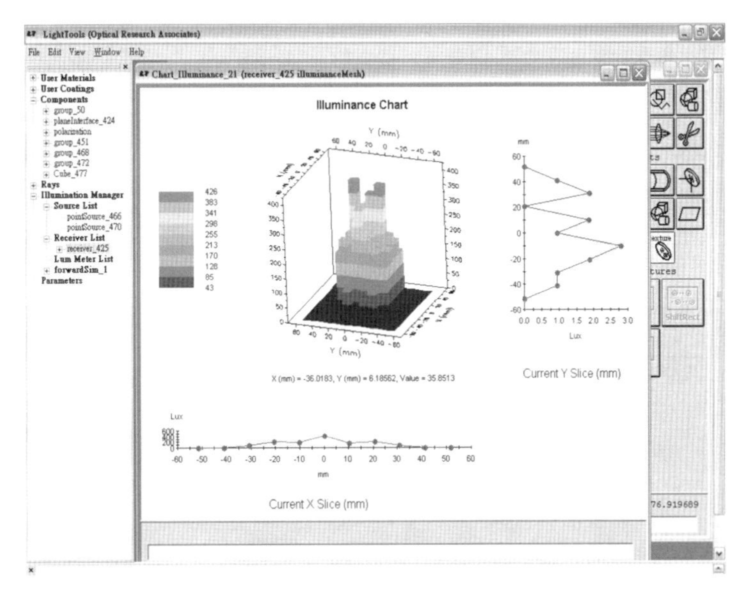

圖 38-24　光能量分布

因此改善的方法為加入一微陣列透鏡，即加入 Microlens array，改善均勻度與穿透效率等問題，而此透鏡組的各項參數，如分布距離，透鏡曲率半徑，透鏡形狀，大小等都會是影響光源分布的參數，如圖 38-25 所示：

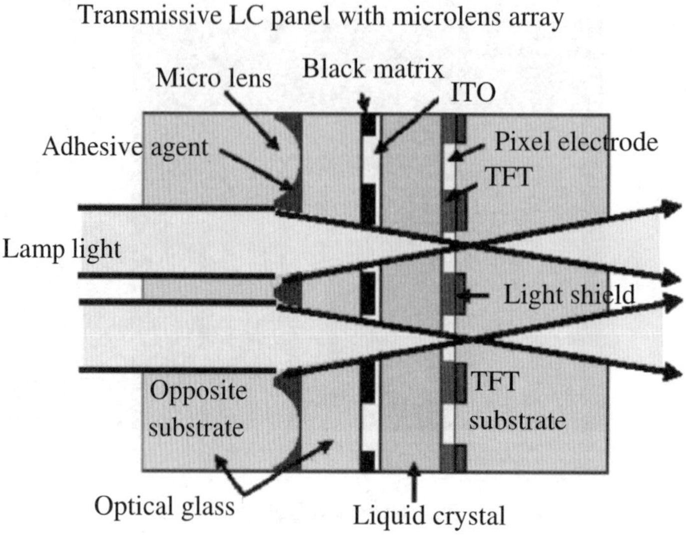

Transmissive LC panel with microlens array
Micro lens
Black matrix
ITO
Adhesive agent
Pixel electrode
TFT
Lamp light
Light shield
Opposite substrate
TFT substrate
Optical glass
Liquid crystal

圖 38-25　陣列透鏡，即加入 Microlens array

整合此偏光裝置與前面所設計之雙光罩光源與第一部分所完成之 X prism 分光鏡於系統中，加入一個微陣列透鏡組的板子，以一個 receiver 測試分析：

LightTools (Optical Research Associates)
3D_HWProjector.18_1
Jan 11, 2005
HWProjector.18
LightTools 5.0.0
Indicate entity to select.
DefaultSelect

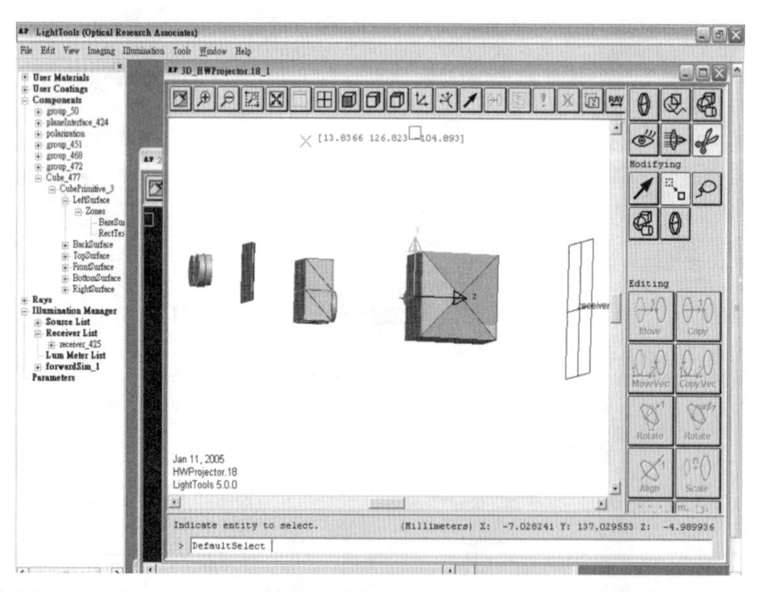

圖 38-26　X prism 分光鏡於系統中，加入一個微陣列透鏡組的板子

微陣列透鏡結構：一個二維的表面結構在一塊透明的玻璃基板上面：

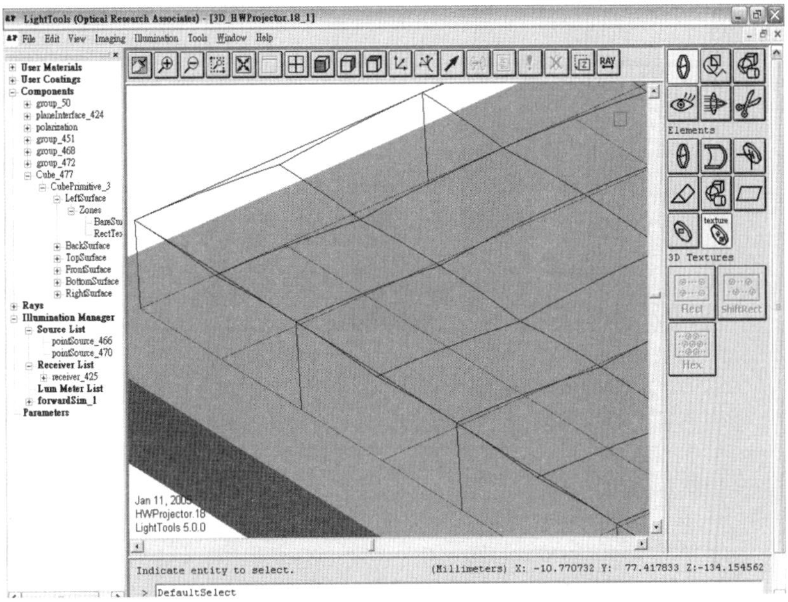

圖 38-27　二維的表面結構在一塊透明的玻璃基板上面

經由測試，由下兩個圖明顯發現二維的表面結構在一塊透明的玻璃基板上面，不再是之前的四個區域原形光源分布，如圖 38-28 所示：

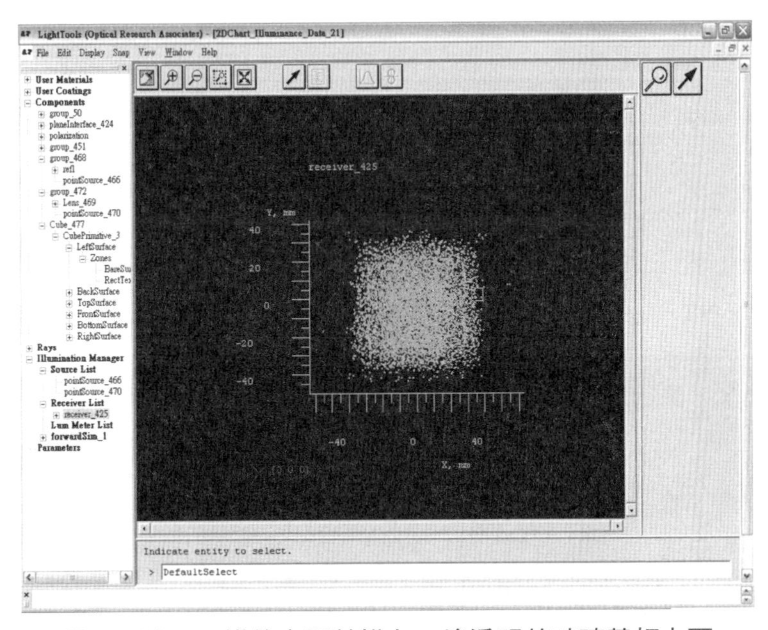

圖 38-28　二維的表面結構在一塊透明的玻璃基板上面

如圖 38-29 所示，在光亮度上以中前區域向兩旁遞減，雖然已明顯較前者為佳，但中間的區域仍較為陡峭，及光源中間不均勻，故再調整參數改善：

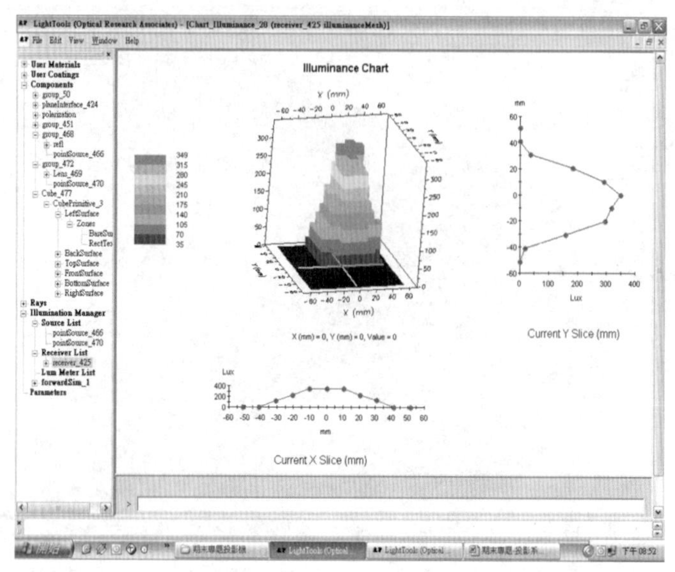

圖 38-29 光源中間不均勻，故再調整參數改善

調整參數如下，包含結構之分布距離，OFFSET，以及曲率半徑等，只到最佳化之結構，使光源均勻：

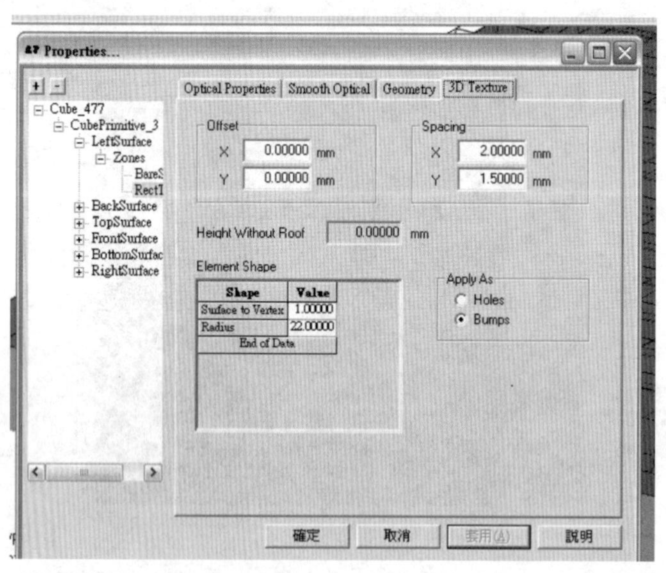

圖 38-30 調整參數包含結構之分布距離，OFFSET，以及曲率半徑等到最佳化之結構使光源均勻

最佳化之微結構如圖 38-31 所示：

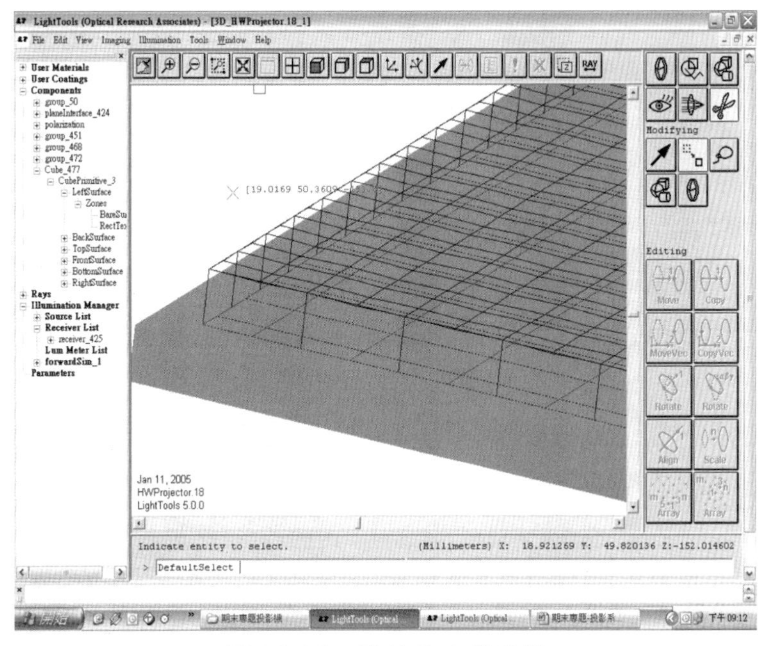

圖 38-31　最佳化之微結構

可以發現光源能量幾乎在集中在中間區域，且均勻度較前者明顯改善：

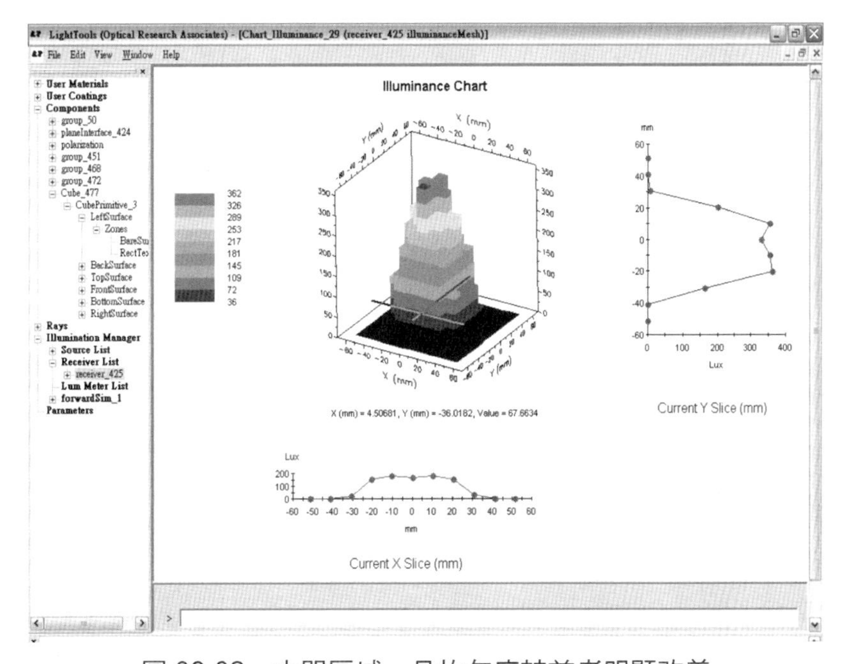

圖 38-32　中間區域，且均勻度較前者明顯改善

最後，整體個照明系統設計且測試模擬完成，系統包含雙光罩光源，微陣列透鏡玻璃板，PS conveter 模組，如圖 38-33 所示：

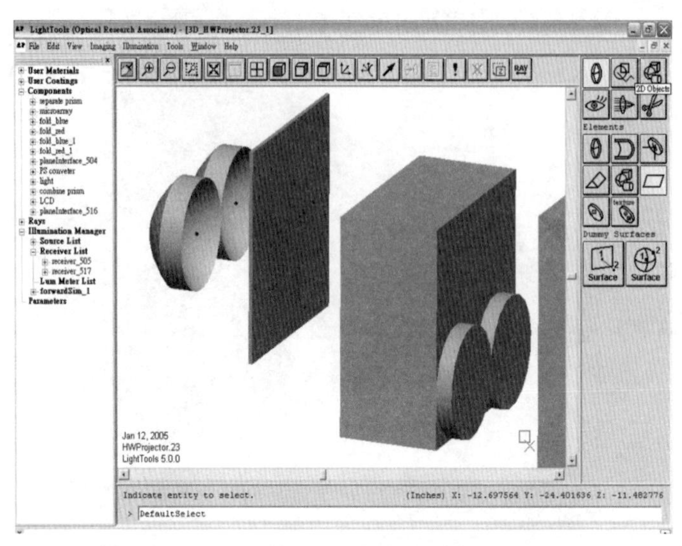

圖 38-33　雙光罩光源，微陣列透鏡玻璃板，PS conveter 模組

38.3.3 光調變系統

液晶面板系統，功能是利用不同電壓驅動下使得液晶與偏極光相互作用，改變光的偏極性，在利用偏極片（polarizer）達到調變光強度的功用：

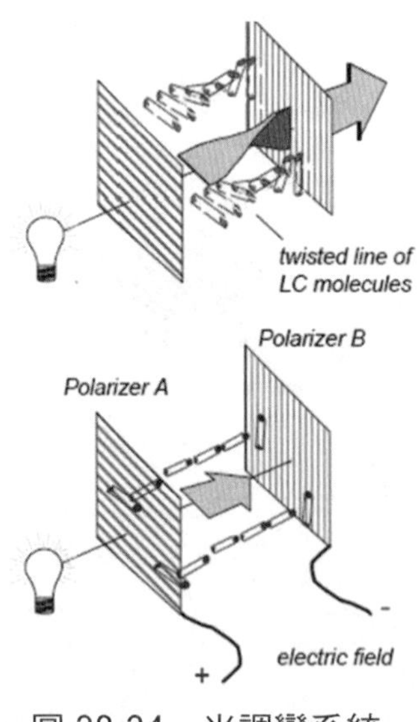

圖 38-34　光調變系統

為了模擬液晶效應，在設計上使用了包含四片光學膜片，即Polarizer、Analyzer、Retardance of 0 and 0.5wave delay。為了達到旋轉45度的效應，故 zone 選擇圓形區域，並以 2D pattern zone 設計棋盤格式完成交叉，模擬 pixels 的樣子方便比對亮度。

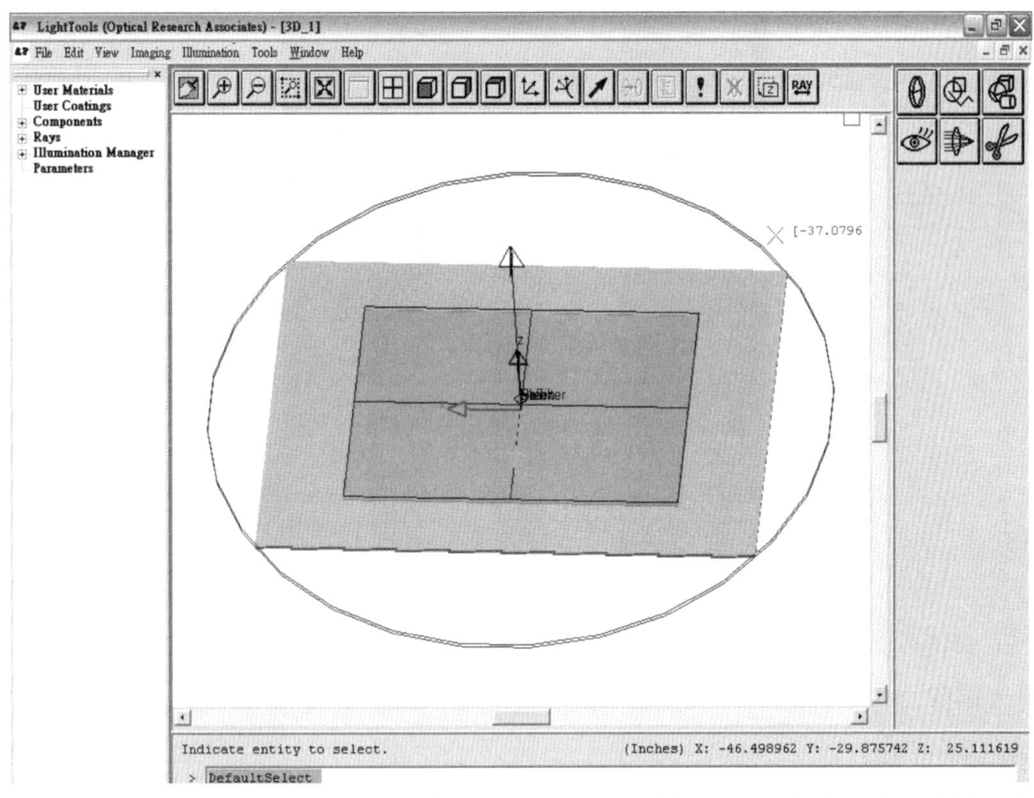

圖 38-35　2D pattern zone 設計棋盤格式完成交叉，模擬 pixels 的樣子方便比對亮度

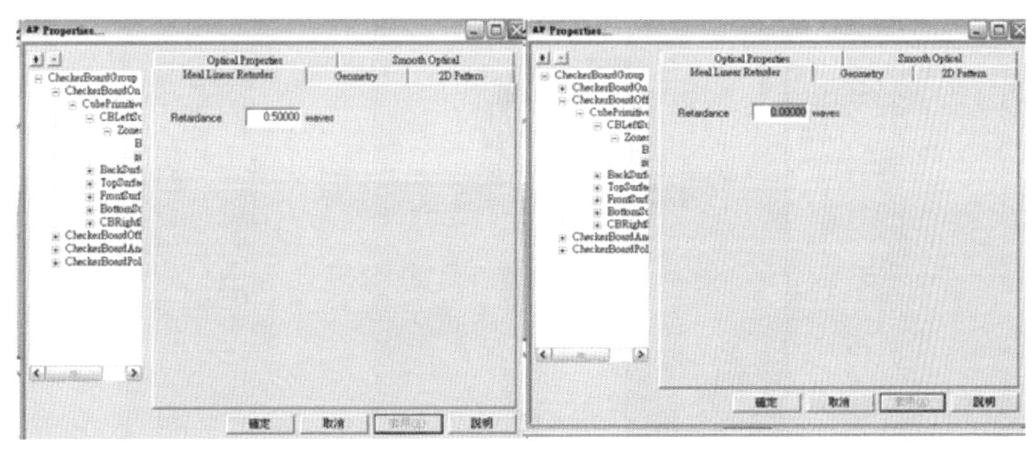

圖 38-36　模擬電壓 OFF 時，光可以通過模擬電壓 ON 時，液晶變向，光無法通過

並用標準紅藍綠光源測試，用 receiver 中的 wavelength filter 分別對各顏色光源進行濾波，可以發現各顏色十分明顯，最後左下角是沒有任何的 filter 之結果：

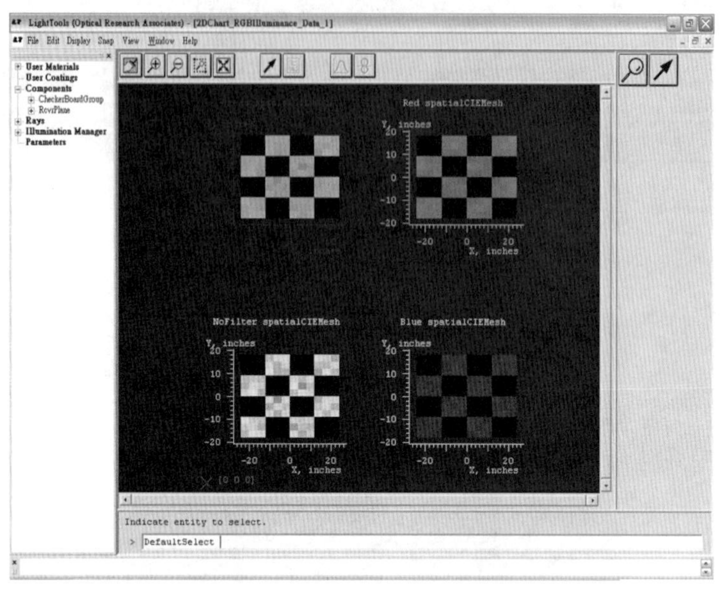

圖 38-37　各顏色光源進行濾波器

最後，實驗散射光源加以測試分析，並設計以一 polarizer 擺放 90 度使 S 光通過，P 光擋住，藉此測試各顏色光之偏極態是否皆為 P 光，首先測試紅光：

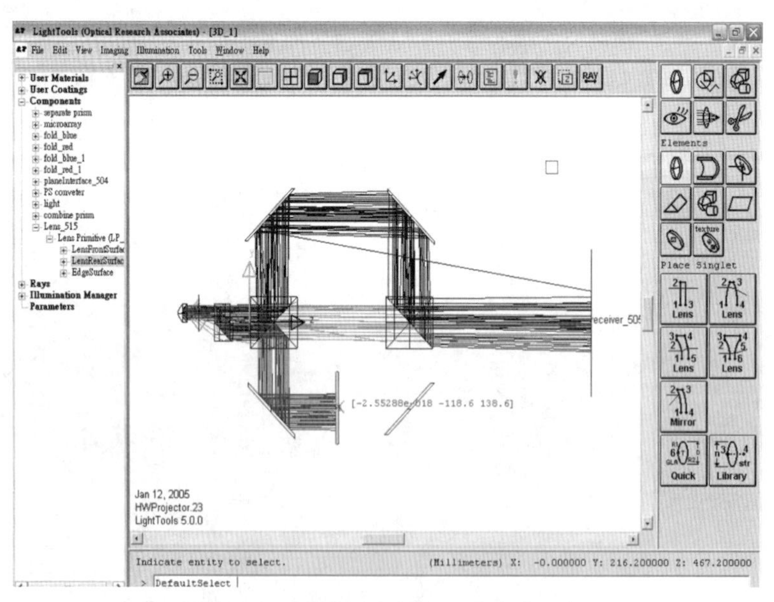

圖 38-38　散射光源加以測試分析

接著將此 polarizer 擺在中間測試綠光：

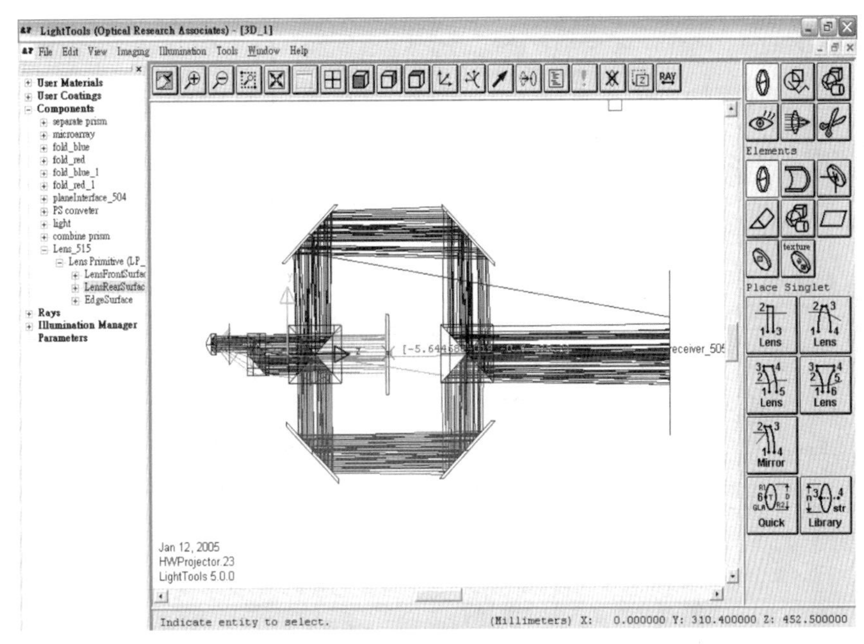

圖 38-39　散射光源加以測試分析，中間測試綠光

最後測試藍光，皆證實大部分光幾乎為 P 光，即偏極態改變不多：

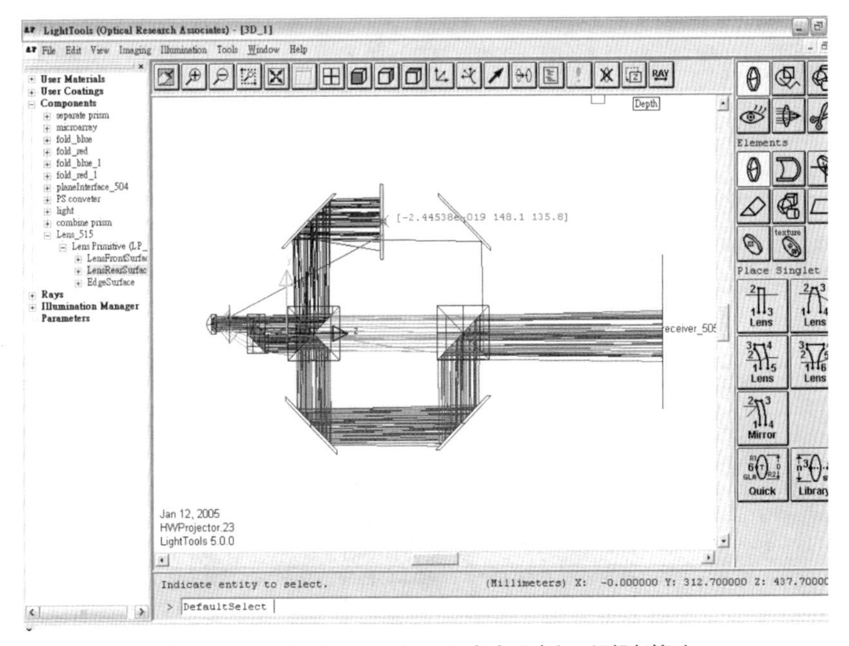

圖 38-40　散射光源加以測試分析，測試藍光

最後加入LCD，整合此光調變液晶裝置與前面所設計之所有子系統，在此需注意的是，由於考量到一開始的偏極態是以平行 Y 軸定義 P 光，平行 X 軸定義 X 光，故在加入LCD模組時，偏極態方向需重新考慮，以圖 38-41 所示，仍以交叉棋盤格子方式展現液晶電壓ON與OFF之方法。此外由於為類似點光源的 180 度光源，所以有些散射光成為雜訊光：

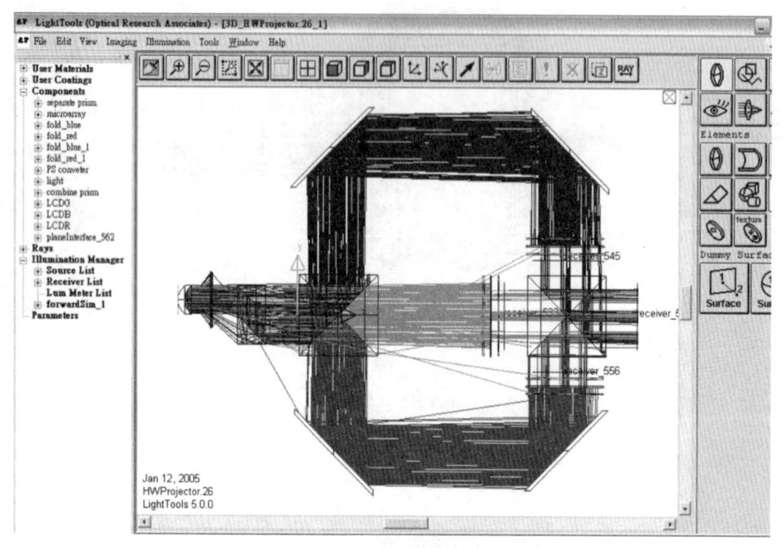

圖 38-41 交叉棋盤格子方式展現液晶電壓 ON 與 OFF 之方法

圖 38-42 以 30000 條光線追蹤模擬，右上角為整合光源，有部分重疊為白色。

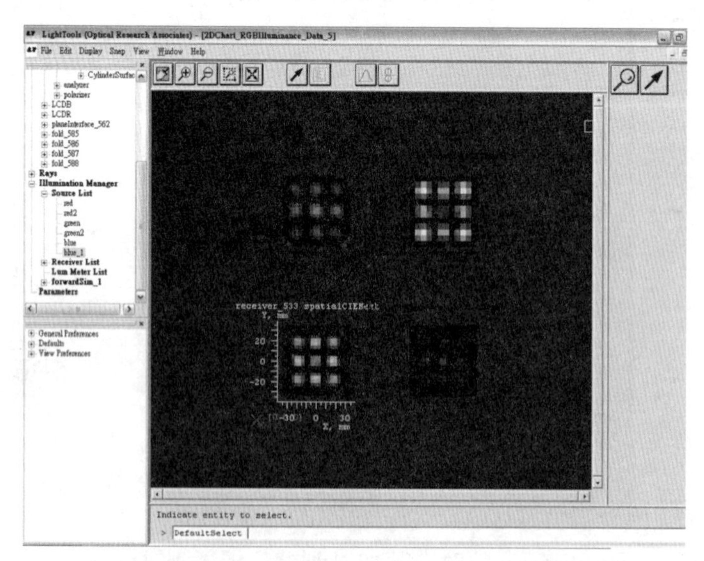

圖 38-42 30000 條光線追蹤模擬，右上角為整合光源，有部分重疊為白色

圖 38-43 為 CIE 圖，在此加以說明的是，要達到重疊光的顏色出現在中間區域，出射光源是要設計的，即不可以以 RGC 一樣的權重出射，測試發現，要達到最中間的白色區域，RGB 的比大約為：2：10：1 的出光通量。

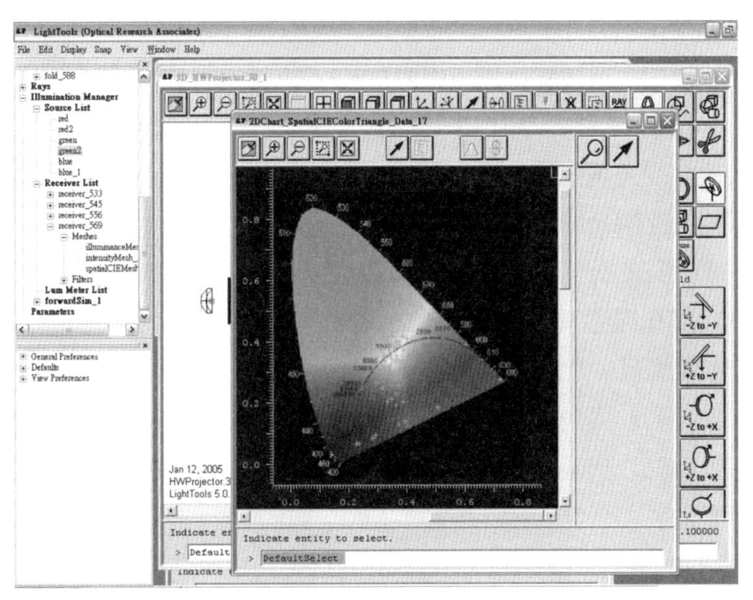

圖 38-43　CIE 圖，RGB 的比大約為：2：10：1 的出光通量

依序完成的分光與組合光系統、照明系統及光調變系統整合如圖 38-44 如示：

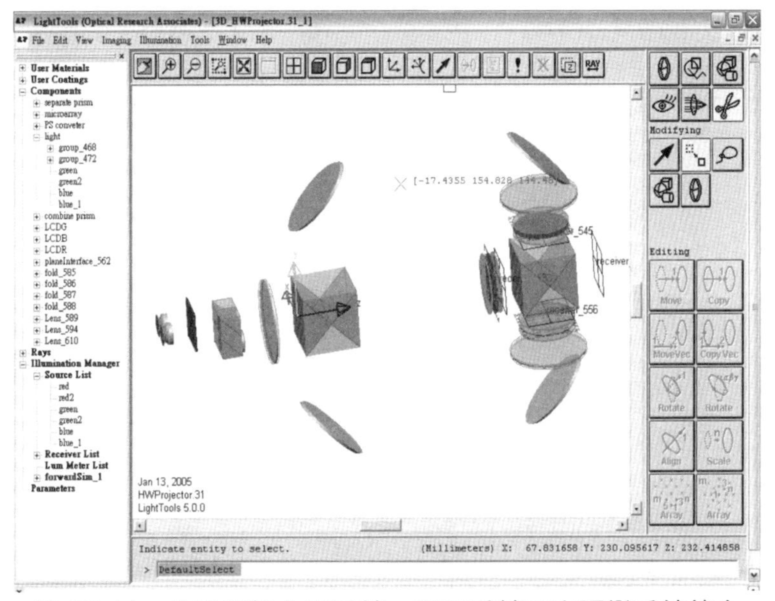

圖 38-44　分光與組合光系統、照明系統及光調變系統整合

38.3.4 投影系統

以鏡頭成像分析設計為重心，其功能為在適當的投影距離有效的收集照明系統之光源，把液晶面板上所有的 pixels 所呈影像完整的秀在螢幕上。本節在此將以 CODE V 系統設計光學鏡頭，最後輸出到 LightTool 上完成整體系統之架構。

一般說來，投影系統鏡組與相機鏡組會有幾點不同的差異：

1. 投影鏡組必須有承受高功率光源的能力。
2. 投影鏡組的光闌是固定的，不需要光欄調制。
3. 必須提供足夠的背焦距（Back focus）使得影像更為清晰。
4. 鏡組的出射孔徑必須與光源形成之像相符合。
5. 通常投影距離至少為鏡組焦距的一百倍，且其採用無限大的共軛焦距作為設計基礎，由於對於廣角透鏡來說，其像差會受到共軛焦距的嚴重影響。故在實際上的設計雖然以無限大的共軛焦距為基本，還是會使用有限的共軛焦距來進行分析評估。

使用美國專利編號 U.S.Patent 3,449,040 的投影鏡組為參考範例，在此使用 CODE V 進行鏡組系統之設計，此鏡組最大的特色在於其為兩組完全對稱的透鏡所組成，而可獲得良好的 MTF 及像差控制，代表此透鏡組在成像的畫質上具有良好的效果，其中 Lens Data Manager、2D Plot 以及像差分析曲線如圖 38-45 所示：

Lens Data Manager

Surface #	Surface Name	Surface Type	Y Curvature	Thickness	Glass	Refract Mode	Y Semi-Aperture
Object		Sphere	0.0000	172.6472	AIR	Refract	O
1		Sphere	0.0402	8.1432	620000.603	Refract	21.0000 O
2		Sphere	0.0190	2.2620	AIR	Refract	21.0000 O
3		Sphere	0.0495	2.7144	785000.261	Refract	14.5000 O
4		Sphere	0.0667	8.8127	AIR	Refract	12.0000 O
Stop		Sphere	0.0000	8.8127	AIR	Refract	6.2628 O
6		Sphere	-0.0667	2.7144	785000.261	Refract	12.0000 O
7		Sphere	-0.0495	2.2620	AIR	Refract	14.5000 O
8		Sphere	-0.0190	8.1432	620000.603	Refract	21.0000 O
9		Sphere	-0.0402	172.6472	AIR	Refract	21.0000 O
Image		Sphere	0.0000	0.0000	AIR	Refract	129.8802 O
End Of Data							

圖 38-45　光學鏡頭參數表

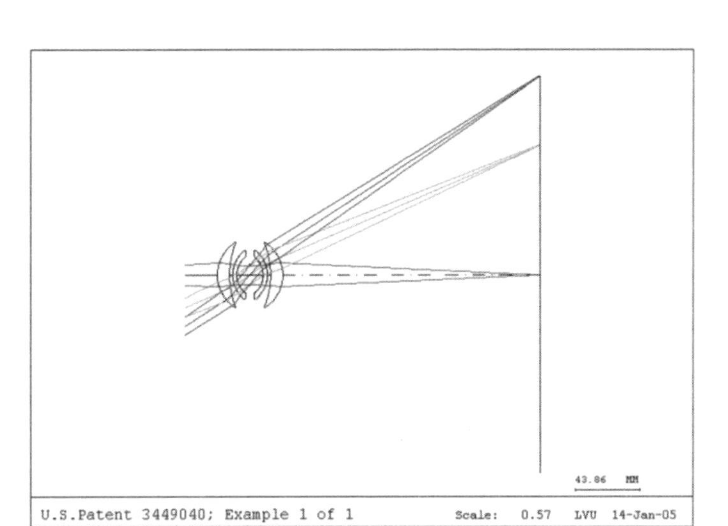

圖 38-46　光學設計

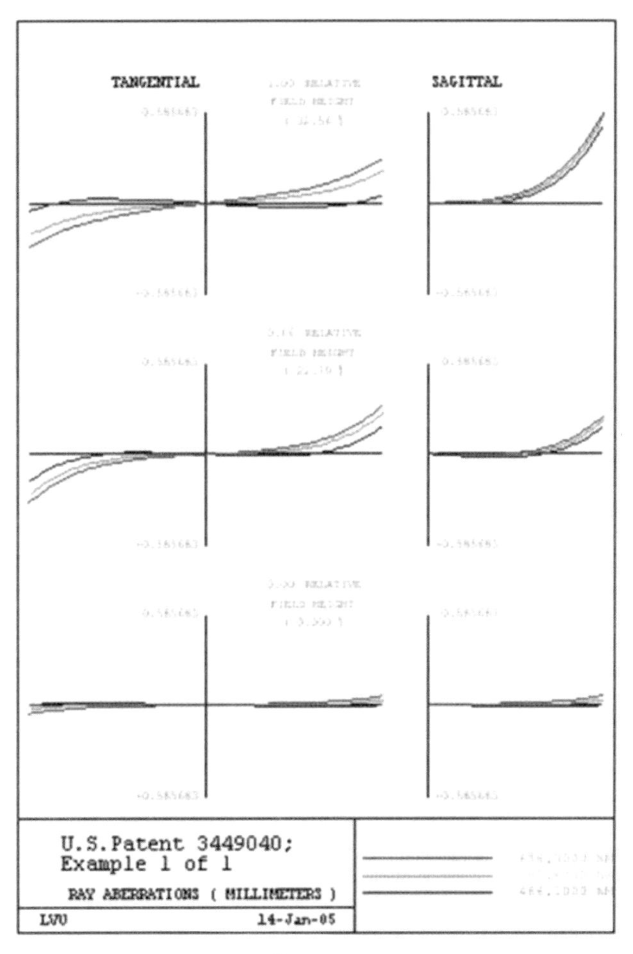

圖 38-47

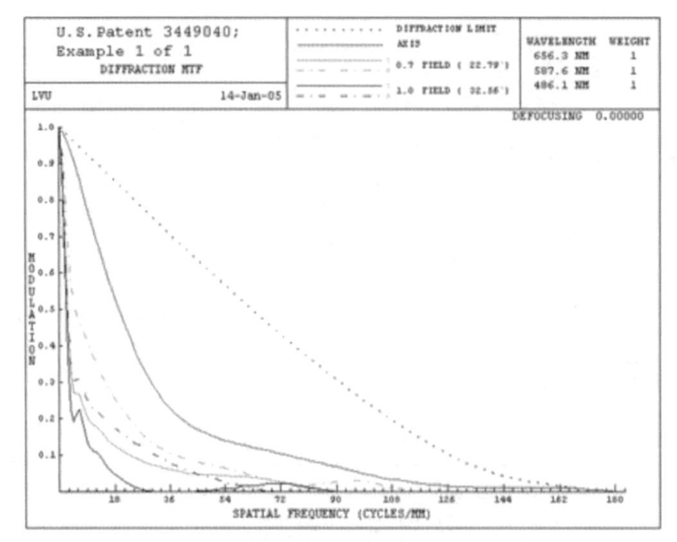

圖 38-48　MTF 圖

表 38-2　鏡頭規格

Effective Focal Length (EFL)	100 mm
Numerical Apertur (N. A.)	0.0445
F-Number (F/#)	5.59
Entrance Pupil Diameter (EPD)	17.875 mm

將上面的 CODE V 檔案 import 到 LightTool 中，鏡組如圖 38-49 所示：

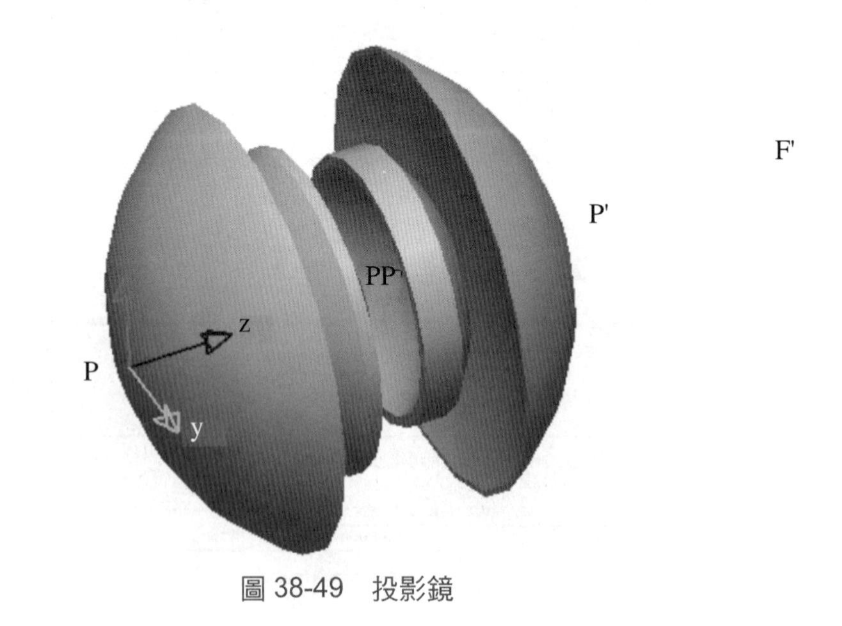

圖 38-49　投影鏡

圖 38-50 為本專體之整體架構，包含四個子系統之整合：

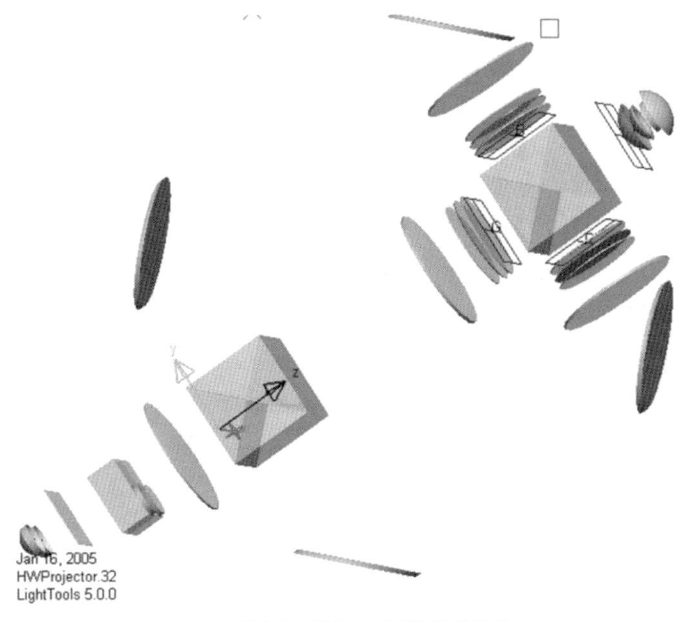

圖 38-50　光學系統圖

圖 38-51 為調整光源的出射角度設計在 120 度之整體系統測試模擬，避免雜散光之影響，並在距離 200mm 處擺放一個物體當作螢幕：

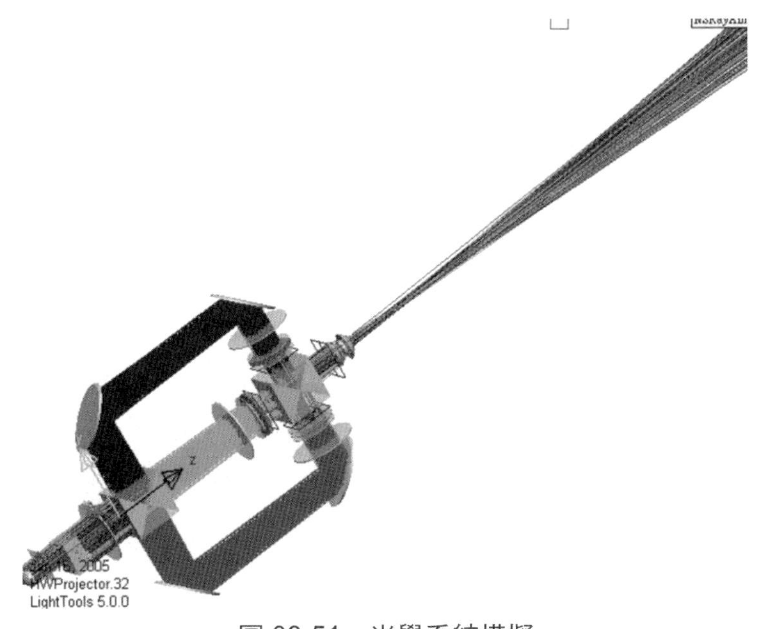

圖 38-51　光學系統模擬

圖 38-52 是以理想光源和由另一組 CODE V 之鏡組載入到系統中，其焦聚點在鏡組系統內部，故擴散角較大，系統必須還要再加入聚焦鏡，使得光源可以聚焦在載入投影機鏡組所預設的焦點。

表 38-3　光學設計參數表

Surface #	Surface Name	Surface Type	Y Radius	Thickness	Glass	Refract Mode	Y Semi-Aperture	
Object		Sphere	Infinity	Infinity		Refract	O	
Stop	Proj1_1	Asphere	183.3936	8.0000	491600.521	Refract	42.5000 O	
2	Proj1_2	Asphere	2651.8298	1.0000		Refract	42.5000 O	
3	Proj2_3	Sphere	118.9729	22.6125	625548.581	Refract	37.5000 O	
4	Proj2_4	Sphere	-119.1227	22.5072		Refract	37.5000 O	
5	Proj3_2_5	Sphere	534.1129	12.1360	699796.554	Refract	19.7075 O	
6	Proj3_2_6	Sphere	-53.7356	0.0000		Refract	19.7075 O	
7	Proj3_1_7	Sphere	-53.7356	4.0000	855030.238	Refract	17.9593 O	
8	Proj3_1_8	Sphere	141.4932	62.9810		Refract	18.3345 O	
9	Proj4_9	Sphere	105.3935	4.0000	704438.300	Refract	20.0000 O	Basic Decenter
10	Proj4_10	Sphere	-167.4343	80.0000		Refract	20.0000 O	
11	Proj5_11	Sphere	-35.7225	4.0000	624077.363	Refract	35.0000 O	
12	Proj5_12	Sphere	-96.0561	3.0000		Refract	35.0000 O	
13	Proj6_13	Asphere	-100.2274	7.0000	491600.521	Refract	40.0000 O	
14	Proj6_14	Asphere	-625.4830	0.0000 V		Refract	40.0000 O	
15		Sphere	Infinity	-48.1943 S		Refract	8.9946 O	
Image		Sphere	Infinity	0.0000		Refract	0.0751 O	
					End Of Data			

如表 38-4 所示：

表 38-4　鏡頭規格

Effective Focal Length (EFL)	53.47 mm
Numerical Aperture (N. A.)	0.187
F-Number (F/#)	2.67
Entrance Pupil Diameter (EPD)	20mm

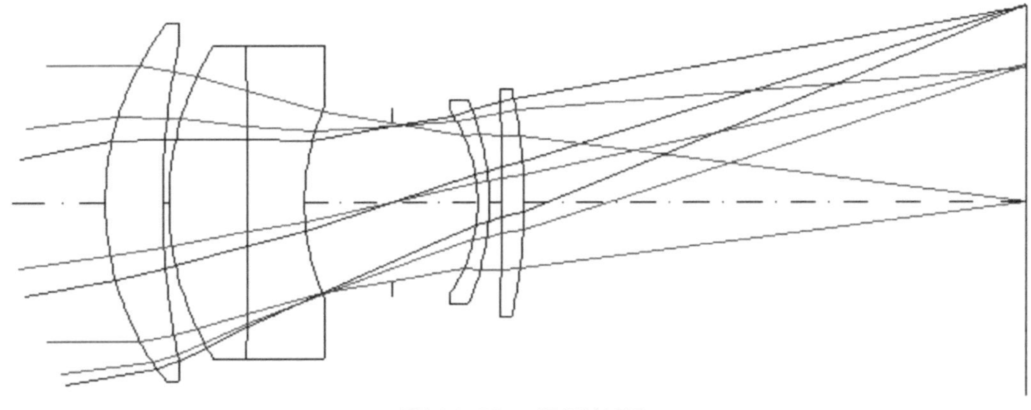

圖 38-52　投影鏡頭

最後一樣載入 LightTool 中，並以理想平行光 Ray Grid 方式測試之：

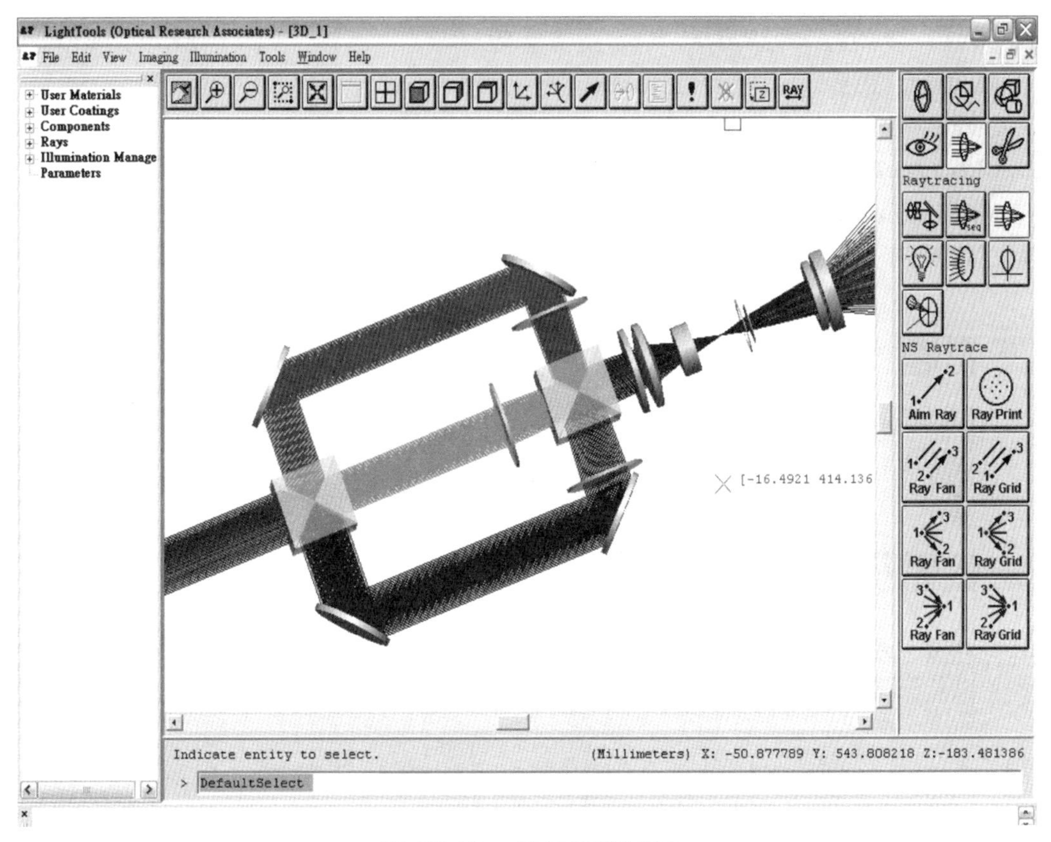

圖 38-53　系統模擬測試

38.4 設計評估

在本章中完成 LCD、LCOS 和 DLP 不同形式之投機系統，並了解其中原理與優缺點。且以 LCD 系統為設計藍圖，依序完成所有子系統設計，並測試結果。

其中，整體設計包含各色光譜的考量，偏極態光的考量，以及成像品質與聚焦情形的考量，為一套完整個光學系統設計模擬。並且由於是在 LightTool 介面所設計，更使得光機構部分得以在之後完成設計，成功的完成光學系統模擬，並接近實際之情形。

參考資料

1. 黎俊和，*液晶投影機的發展介紹與數為光源處理投影機之光機研究*，國立交通大學機械工程系碩士論文，民國九十二年七月。
2. 陳政寰，*投影顯示器*，國立台灣科技大學電子工程系，民國九十三年八月。
3. ORA, *LightTools Introductory Tutorial*, 2003/7
4. Milton, *Lens Design*, Marcel Dekker, INC. 1990

本文為 2005 年，台大應力所碩士生：陳昭宇、周佩廷等二位研究生期末報告，經著者修改。

習題

1. 投影機的種類如何？其結構有何不同？
2. 請參閱 15.7.2 節的投影機型式，分析其光學結構。

軟體操作題

用照明軟體，產生紅綠藍光，並經過四方體分光器（5mm×5mm×5mm），而產生三色分光。

第三十九章　共光路系統設計

通常光電觀測系統只是在機械界面，將數個系統：可見光觀瞄、紅外線及雷射測距儀，或光電定位器，作一個外殼包裝，成為一個產品。這樣的產品並不是整合，只是以一個機械結構框入所有組件，但是，每一元件仍是各別操作無相連關係。若處理器要同時輸入各組件資料加以處理，但因為組件讀入的影像資料並不共光軸，都需要對關連的資料再經過校正，且不一定到精確值。除此之外，因為可見光觀瞄、紅外線及雷射測距儀三種不同的次系統的光路各自獨立，造價自然高，且光學調校覆雜，若是在一個衝擊的環境，光軸要一校再校還是不能穩定，是一個沒有光機電系統設計的產品。

光機電設計是要將不同功用系統整合，其中各組件必須分享同一個系統資源，並不需要重覆，並且在控制上必須是有中央處理器，將工作分配到次系統，並和系統可以達到及時控制，達到系統高效的目的，並且在控制上及元件上都能極佳化，並且所用材料必須精簡，共光路系統設計的目的就是為此。本系統共光路，已得到美國及中華民國 168830 號等專利，今將內容說明如下。

39.1 系統架構

共光路全景穩定潛望鏡，包括光學系統及止轉鏡結構。省光學材料的系統的設計，圖 39-1 中反射鏡為前總成，將所用收集的影像搜集在 40，為前總成成像點，其中包括一個穩像反射鏡，影像可以止轉；而在前總成之後，系統分為三個光路：可見觀測系統、紅外光及雷射測距儀三個光路。由結構可知，本系統在前總成，只有一組反射式止轉鏡組，除了大大減少了組件的數目外，在光學調校上只需調校一組光學鏡組將其調到基準線，因此，可減少調校步驟。

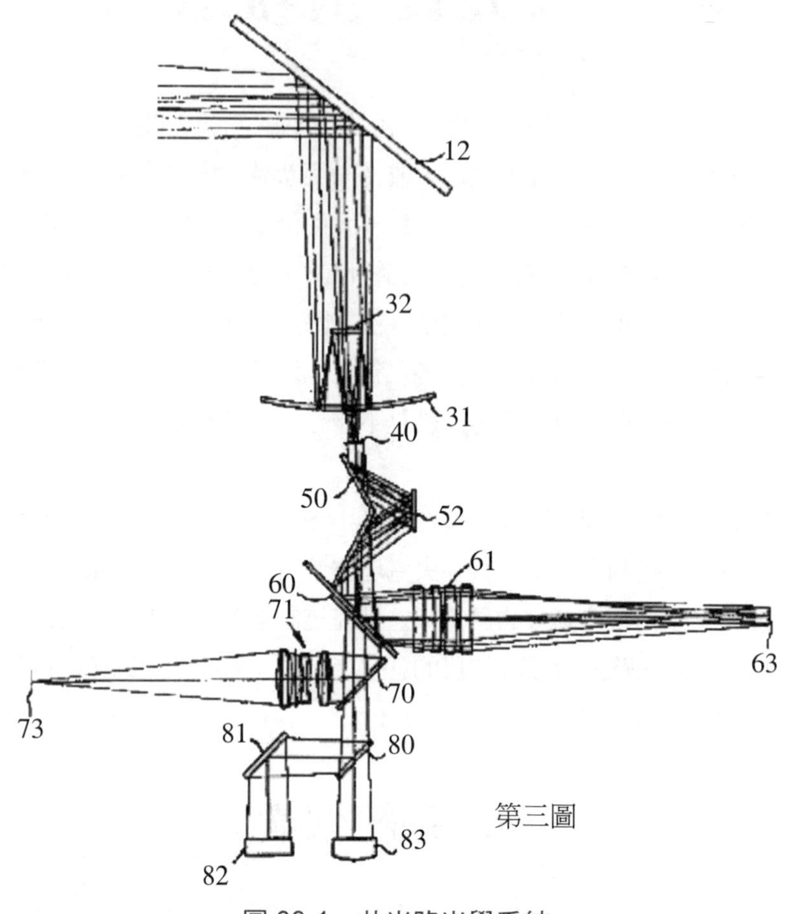

圖 39-1　共光路光學系統

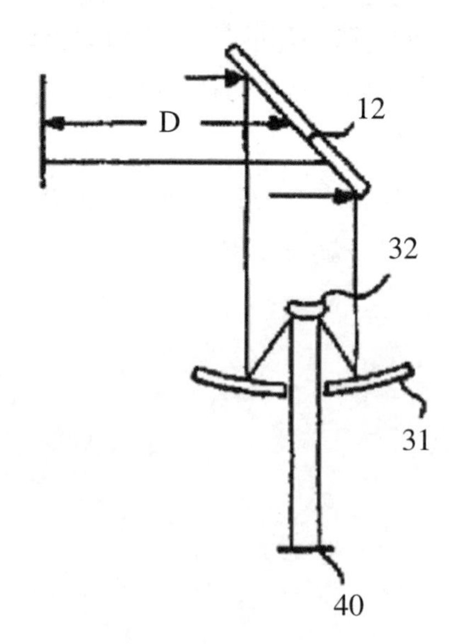

圖 39-2　共光路系統前總成

39.2 系統主要元件

圖 39-1 反射鏡為前總成，將所用收集的影像搜集在 40，為前總成成像點，其中包括一個穩像稜鏡，影像可以止轉；而在前總成之後，系統分為三個光路：可見觀測系統、紅外光及雷射測距儀三個光路。

39.2.1 可見觀測系統

可見觀測系統是將前總成的影像經過止轉稜鏡，延像到可見光偵測器內，其中要經過二個雙波段分光片，將前總成的影像延像可見光偵測器。

39.2.2 紅外光觀測系統

紅外光系統是將前總成的影像經過止轉稜鏡，延像到紅外線偵測器內，其中要經過一個雙波段分光片，將前總成的影像延像可見光偵測器。

39.2.3 雷射測距儀

雷射測距儀，包括兩部分，第一部分是將光從雷射光源發射經過偏極化片，穩轉鏡，前總成光學射出，因為是同軸輸入，只是偏極化方向改變射出及輸入光線，所以，第二部分是將前總成光學將光接收，再經過偏極化光學將信號引進。

39.3 系統功能

由一個中央處理器，經過三個後總成光路：可見觀測系統和紅外光兩個影像資料，及雷射測距儀距離資料，及反射指向角度，或一定位系統，即可以知道物件的所在；並且因為影像可以融合影像，因為基準線一致。

39.4 效益

由結構可知，本系統在前總成，只有一組反射式止轉鏡組，在光學調校上只需調校一組光學鏡組將其調到基準線，同時，減少調校步驟。因為大大減少了組件的數目，在未來的進步的光機電系統發展應是一種趨勢。

參考資料

中華民國發明專利 168830

習題

1. 簡述共光路系統的結構。
2. 簡述共光路光機電系統的特點。

軟體操作題

將一個共光路系統，置於一個城市的最高建築時，若要對全城觀測，其規格如何？並如何執行光機電設計設計？

第六篇

未來發展

第四十章　光機電產業趨勢

能源危機的影響，使得光機電技術已成為新一代科技必須具有的技術。我國政府已投資的四大產業，雖面臨國際對手的策略，不是放棄競爭，而是要在這四大產業技術上創新，以光機電的設計的觀念，在已有的產業上有不斷的技術更新，才能使產業對人類貢獻，而能夠永續經營。以下就已有光電產業的更新、智慧機器、綠能設計、光機電整合設計依續討論。

40.1 已有光電產業的更新

40.1.1 LED 技術

因為能源危機的影響，使得光機電科技已成為新一代科技必須具有的技術。過去LED以指示照明、裝飾照明、手機背光應用為主。隨著光源效率不斷提升，開始取代部分傳統汽車照明、建構照明以及部分室內照明。

專利是台灣LED產業面臨的挑戰之一，由於日本日亞化學（Nichia）為目前高亮度白光 LED 的領導者，市占率高達 70%以上，其擁有多項 LED 關鍵技術的專利，並傾向以量制價，用專利訴訟策略防禦控制 LED 市場，因此台灣 LED 中上游廠商多受其牽制，難以伸展。此外，LED 上游原材料受限於競爭對手，關鍵設備與製程的開發曲率不足，且缺乏產品開發的主導性，這些因素都是台灣 LED 產業極需突破之處。

由於它還具有無汙染、長壽命、耐震動和抗衝擊的鮮明特點，白光 LED 是 LED 產業中最被看好的新興產品。在全球能源短缺的憂慮再度升高的背景下，白光LED在照明市場的前景備受全球矚目，歐、美及日本等先進國家也投注許多人力，並成立專門的機構推動白光 LED 研發工作。它將成為 21 世紀的新一代光源——第四代電光源，以替代白幟燈、螢光燈和高壓氣體放電燈等傳統光源，白光 LED 孕育著巨大的商機。它是 21 世紀的新型光源，具有效率高，壽命長，不易破損等傳統光源無法與之比較的優點。

目前市面常見的用以發出白光之發光模組中的發光二極體（LED， light emitting diode），由於其具有下列特性：(1)體積小：可用於陣列封裝之照明使用，且可視其應用條件做不同顏色種類的搭配組合。(2)壽命長：其發光壽命可達 1 萬小時以上，比一般傳統鎢絲燈泡高出 50 倍以上。(3)耐用：由於發光二極體是以透明光學樹脂作為其封裝，因此可耐震與耐衝擊。(4)環保：由於其內部結構不含水銀，因此沒有汙染及廢棄物處理問題。(5)省能源與低耗電量：白光發光二極體為「綠色照明光源」的明日之星，因其耗電量約是一般鎢絲燈泡的 1/5～1/3。

而所謂「白光」通常係指一種多顏色的混合光，以人眼所見之白色光至少包括二種以上波長之色光所形成，例如：藍色光加黃色光可得到二波長之白光，藍色光、綠色光、紅色光混合後可得到三波長之白光。

白光發光二極體可依照其製作所使用的物質而分為：有機發光二極體與無機發光二極體。目前市場主要半導體白光光源主要有以下三種方式：

一、為以紅藍綠三色發光二極體晶粒組成白光發光模組，具有高發光效率、高演色性優點，但同時也因不同顏色晶粒磊晶材料不同，連帶使電壓特性也隨之不同。因此使得成本偏高、控制線路設計複雜且混光不易。

二、為日亞化學提出以藍光發光二極體以激發黃色 YAG 螢光粉產生白光發光二極體，為目前市場主流方式。在藍光發光二極體晶片的外圍填充混有黃光 YAG 螢光粉的光學膠，此藍光發光二極體晶片所發出藍光之波長約為 400～530nm，利用藍光發光二極體晶片所發出的光線激發黃光螢光粉產生黃色光。但同時也會有部分的藍色光發射出來，此部分藍色光配合上螢光粉所發出之黃色光，即形成藍黃混合之二波長的白光。

然而，此種利用藍光發光二極體晶片與黃光螢光粉組合而成之白光發光二極體，有下列數種缺點：一、由於藍光占發光光譜的大部分，因此，會有色溫偏高與不均勻的現象。基於上述原因，必須提高藍光與黃光螢光粉作用的機會，以降低藍光強度或是提高黃光的強度。二、因為藍光發光二極體發光波長會隨溫度提升而改變，進而造成白光源顏色控制不易。三、因發光紅色光譜較弱，造成演色性（color rendition）較差現象。四、最後是以紫外光發光二極體激發透明光學膠中含均勻混有一定比例之藍色、綠色、紅色螢光粉，激發後可得到三波長之白光。三波長白光發光二極體具有高演色性優點，但卻有發光效率不足缺點。

40.1.2 液晶顯示器

LCD顯示器，背光模組為LCD顯示器的關鍵零組件，主要是由稜鏡片、導光板、光源、擴散板、反射模及外框架等零組件組裝而成。其中發光源需具備高亮度及壽命長等特色，大尺寸背光模組一般以冷陰極管為主流，具有壽命長、發光效率高等優點，而小尺寸面板則採用 LED 作光源，已有逐漸取代冷陰極管的趨勢。導光板則用導引光線方向，主要作用為提高面板輝度及均勻度。擴散膜是將來自導光板的光線擴散。稜鏡片則是將擴散後的光源加以折射向面板，以提升背光板亮度。

在背光模組的零組件中，稜鏡片、導光片及冷陰極管為最關鍵的零組件，總共約占背光模組總成本之63%。目前國內背光模組的關鍵零組件多由日本進口，部分國內廠商導光板可給自足，但是像是稜鏡片和冷陰極管受限於材料供應商的產能，會有缺貨之虞，其中稜鏡片更由3M所寡占將近八成。原材料約占背光模組九成的成本，所以對台灣廠商來說較不利的因素為大部分關鍵材料來源皆掌握在少數日本和美國廠商手裡，因而造成議價空間減少，成本無法有效降低。

40.1.2.1 背光模組之主要零組件及成本組合

背光模組為 LCD 顯示器的關鍵零組件，主要是由稜鏡片、導光板、光源、擴散板、反射模及外框架等零組件組裝而成。其中發光源需具備高亮度及壽命長等特色，大尺寸背光模組一般以冷陰極管為主流，具有壽命長、發光效率高等優點，而小尺寸面板則採用LED作光源，已有逐漸取代冷陰極管的趨勢。導光板則用導引光線方向，主要作用為提高面板輝度及均勻度。擴散膜是將來自導光板的光線擴散。稜鏡片則是將擴散後的光源加以折射向面板，以提升背光板亮度。

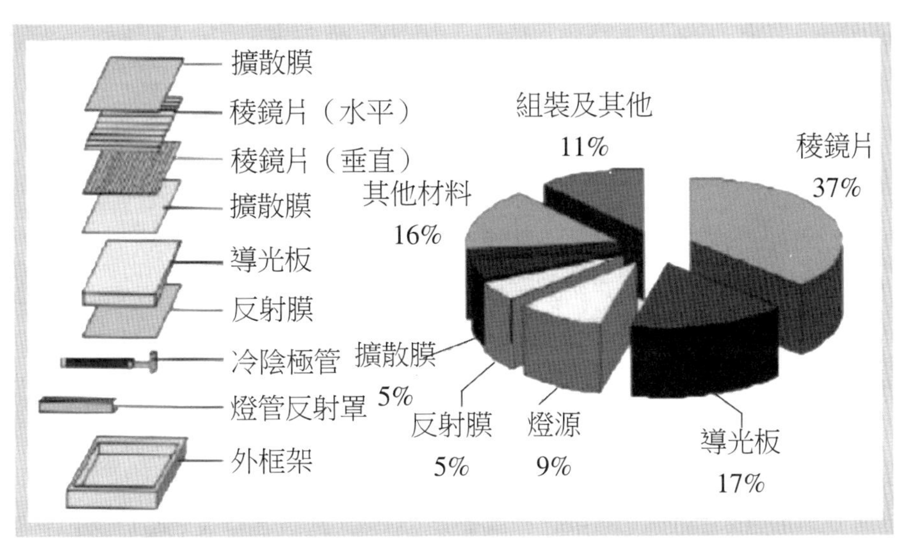

圖 40-1　背光模組主要零組件及成本組合（資料來源：IKE）

40.1.2.2 背光模組廠商特殊的經營模式

日本是最早擁有LCD相關產品的量產經驗，對於LCD關鍵零組件的生產技術及材料掌握度也具有領先地位，然而因近年來日本總體經濟影響所致，使得其對於LCD

產業投資策略傾向於新技術開發研究，爭取新產品成長期切入點時的豐厚利潤。韓國則傾向於「大兵團」作戰的模式，以大筆資金投入量產迅速搶占市場，在保有強大市占率的優勢下，鯨吞市場利益。台灣則擅長於製造生產管理，以優良的代工品質，壓低生產利潤，蠶食既有市場。正因為有此差異性，使得在背光模組的經營模式上也有所不同。背光模組上游材料分別為增亮膜、光源、擴散膜及導光板，日本在這些關鍵材料的占有率上，具有絕對的優勢，以增亮膜（又稱稜鏡片）為例，市面上幾乎為住友 3M 所獨占，即是因 3M 握有專利權，擴散膜亦是同樣情形，雖然韓國 SKC 有能力生產，但其市占率僅有 18.5%，其餘則為日廠所占，冷陰極燈管（CCFL）也幾乎都是日本廠商的天下，日商 Harison 東芝市占率高達 47%，目前台灣生產廠商僅有一家威力盟電子。因此，在關鍵材料幾乎為日本所獨占的情況下，台灣在積極投入 TFT-LCD 面板的生產布局中，關鍵零組件的掌握是整個產業鏈中不可或缺的重要環節，而想在目前材料技術專利為日本大廠所掌握的背光模組產業中，取得一席之地，非得靠有效的生產成本控管及突破性的關鍵技術開發不可。就成本控管層面而言，材料內製將可取得較大獲利空間，但目前唯有導光板是台灣能著力的部分，因為塑膠射出成型技術在台灣已有相當基礎，目前跨入此一領域的廠商均有一定程度的水準，如瑞儀光電在創新技術上獲得「導光板之圖樣相干方法（Pattern Correlation Method）」的專利權，科橋電子則研發出「V-Cut」新製程能力，其他廠商也都積極投入研發，希望能改善現有導光技術，如省稜鏡片式背光模組、無稜鏡片式背光模組等。而背光模組屬於客製化（Design in）產品，必須合乎生產週期短及變換製程時間快的特性，既要滿足客戶小量的需求，又可同時多線生產以滿足客戶大量的訂單需求。因此，如何就近提供服務客戶，減少運送過程中包裝、毀損的成本消耗都是廠商在爭取利潤時所必須加以考量的，「In House」的經營策略型態也應運而生。所謂「In House」是指將關鍵零組件的生產廠房，建置在面板或模組生產廠區內，由於各段製程對環境的潔淨程度有不同的要求，及產業特質的不同（如：背光模組需人力組裝）。因此，「In House」經營模式又可區分為狹義與廣義兩種，所謂「狹義 In House」即所謂的「廠內有廠」的建構模式，通常是在同棟大樓不同樓層或鄰近大樓建置生產線，而「廣義 In House」（又可稱為虛擬 In House）則是將相關廠商納於距離不遠的基地設立廠區，聚成群落，形成專業光電園區的型態。目前奇美電子及中華映管均致力推動此一模式的產生，已分別於南科及龍潭招募多家廠商進駐。

針對背光模組廠商採用「In House」經營策略，分析採行此一模式下所面對的優勢、劣勢、機會及威脅各項競爭條件的分析說明如下：

1. 優勢：在搭配客製化產品的量產上，及時供應、爭取時效及減少成本開銷一直是「In House」的最佳賣點。

2. 劣勢：由於進駐特定LCD模組廠區內，易成為固定廠商甚至固定產品線所專用的生產線，主導權易被掌握於下游客戶手中，且因其依附於系統產品設計的關連性高，在市場面有降價壓力下時，往往背光模組產品的利潤也易受壓縮。
3. 機會：在景氣看好的前提下，可適時掌握客戶動向，爭取商機。
4. 威脅：由於背光模組廠通常不止一家客戶，如客戶群過於分散，易造成管理上的不便及人事成本的增加，也不可排除面板大廠自行規劃生背光模組，走向廠內自行垂直整合的可能性。

40.1.2.3 背光模組產業趨勢

在LCD的成本結構中，背光模組占有16%，次於彩色濾光片及驅動IC，占三階位，由於背光模組的技術門檻低於其它關鍵零組件，並且屬於勞力集中生產和製造管理要求高的產業，因此背光模組本土化的生產可降低LCD的成本。另外背光模組材料增亮膜、導光板和冷陰極管最關鍵三種零組件，合計占背光模組總成本之60%，但是增亮膜、導光板及冷陰極管關鍵零組件的材料來源及零組件技術都掌握在美、日少數廠商手上，背光模組廠商只能侷限在零組件組裝和技術較低的零組件上得到利潤。另外非印刷式導光板是利用精密模具使導光板再射出成型時，在PMMA塑料中加入少量不同折射率的顆粒材質，直接形成密布的微結構，其作用有如網點，非印刷式導光板的技術難度較高，但是輝度上表現優異，可是在模具開發技術與料管開發技術為瓶頸所在，此方面技術的提升，將有助於背光模組廠商生產更高精密的產品及降低產品的成本。

背光模組目前運用在各種資訊、通訊、消費產品上，如：液晶顯示器、底片掃描器、幻燈片看片箱等產品，不過以作為液晶顯示器的光源組件之市場較大。背光模組是液晶顯示器的光源提供者，液晶顯示器由於其厚度薄，質量輕且攜帶方便，近年來需求快速的增加，已能在顯示器的市場占有一席之地。隨著液晶顯示器製造技術的提升，大尺寸及低價格的趨勢下，背光模組在考量輕量化、薄型化、低消費電力、高亮度及降低成本的市場要求，為保持在未來市場的競爭力，開發、設計新型的背光模組及射出成型的新製作技術，是努力的方向及重要課題。

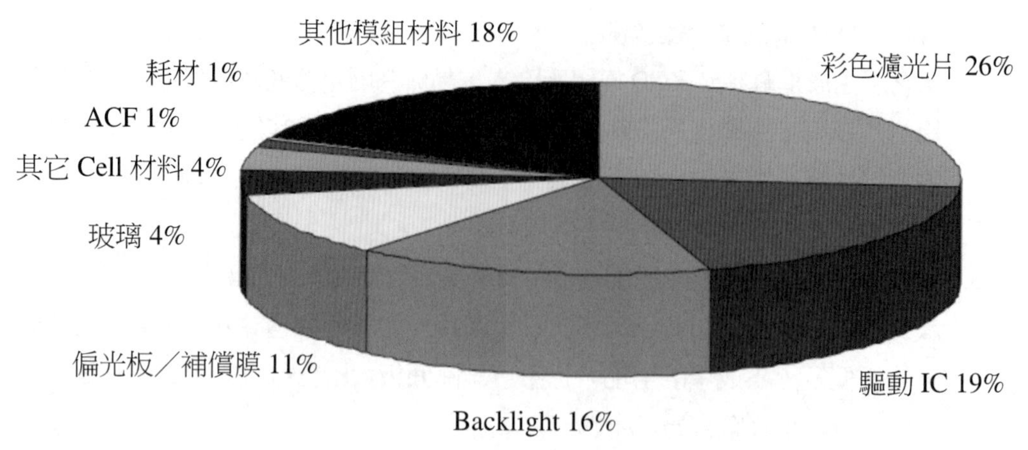

圖 40-2 LCD 材料元件成本結構分析

資料來源：IKE

40.1.3 DRAM

DRAM是動態記憶卡，早期是以使用記憶卡的方式作為儲存媒體，但是隨著技術的進步，在單一體積上的儲存容量隨之增大但數位相機儲存的未來發展，不再只是在CF、SM、SD及M-SD卡的容量上著墨，各種樣式的儲存方式也陸續出籠。此儲存媒體不只是使用在數位相機，還可以應用在家電、Digital Video。凡舉數位攝影機、IPAD，Palm、IPHONE-4S都使用DRAM。光機電技術可開發 3-D IC等創新整合型光機電產品。

40.1.4 太陽電池

太陽電池目前正朝設計的創新和極佳化進步；目前市場上大量產的單晶與多晶矽的太陽電池平均效率約在 15%上下，也就是說，這樣的太陽電池只能將入射太陽光能轉換成 15%可用電能，其餘的 85%都浪費成無用的熱能。所以嚴格地說，現今太陽電池，也是某種型式的「浪費能源」。當然理論上，只要能有效的抑制太陽電池內載子和聲子的能量交換，換言之，有效的抑制載子能帶內或能帶間的能量釋放，就能有效的避免太陽電池內無用的熱能的產生，大幅地提高太陽電池的效率，甚至達到超高效率的運作。而這樣簡易的理論構想，在實際的技術上，卻可以用不同的方法來執行這樣的原則。超高效率的太陽電池（第三代太陽電池）的技術發展，除了運用新穎的元件結構設計，來嘗試突破其物理限制外，也有可能因為新材料的引進，而達成大幅增加轉換效率的目的。

40.1.4.1 薄膜太陽電池

包括非晶矽太陽電池，CdTe 和 CIGS（copper indium gallium selenide）電池。雖然目前多數量產薄膜太陽電池轉換效率仍無法與晶矽太陽電池抗衡，但是其低製造成本仍然使其在市場有一席之地，且未來市場占有率仍會持續成長。First Solar 為 CdTe 技術的領導廠商以 2010 年第三季的財報中顯示其薄膜太陽能電池模組的每瓦的成本不到 80 美分或 0.8 美金。這個成本遠低於目前多晶矽太陽能電池模組的報價。CIS/CIGS 在 2010 由於設備廠商的技術進展電池轉換效率已經可以穩定的高於 10%，因此許多薄膜太陽能模組廠商開始引進 CIS/CIGS 薄膜太陽模組的投資。根據 PVinsights 的薄膜太陽能成本分析，CIS/CIGS 的成本在 2011 年會降低到每瓦 1.0 美金的水準並隨著轉換效率的提升而進一步將成本降低到每瓦 0.8 美金以下，這樣的成本改善將使得 CIS/CIGS 的薄膜太陽能模組具有比較好的成本競爭力。

40.1.4.2 染料敏化太陽電池

染料敏化太陽能電池（Dye-sensitized solar cell, DSSC）是最近被開發出來的一種嶄新的太陽電池。DSsC 也被稱為格雷策爾電池，因為是在 1991 年由格雷策爾等人發明的構造，和一般光伏特電池不同，其基板通常是玻璃，也可以是透明且可彎曲的聚合箔（polymer foil）。玻璃上有一層透明導電的氧化物（transparent conducting oxide, TCO）通常是使用 FTO（SnO_2：F），然後長有一層約 10 微米厚的 porous 奈米尺寸的 TiO_2 粒子（約 10～20nm）形成一 nano-porous 薄膜。然後塗上一層染料附著於 TiO_2 的粒子上。通常染料是採用 ruthenium polypyridyl complex。上層的電極除了也是使用玻璃和 TCO 外，也鍍上一層鉑當電解質反應的催化劑，二層電極間，則注入填滿含有 iodide/triiodide 電解質。雖然目前 DSC 電池的最高轉換效率約在 12%左右（理論最高 29%），但是製造過程簡單，所以一般認為降低生產成本會更多，能用更低的成本提供同樣的發電量。

40.1.4.3 串疊型電池

串疊型電池（Tandem Cell）屬於一種運用新穎原件結構的電池，藉由設計多層不同能隙的太陽能電池來達到吸收效率最佳化的結構設計。目前由理論計算可知，如果在結構中放入越多層數的電池，將可把電池效率逐步提升，甚至可達到 50%的轉換效率。例如核能研究所利用 MOCVD 磊晶生長的方法進行堆疊式單體型 InGaP/GaAs/Ge 三接面太陽電池磊晶片的開發與太陽電池元件製程，所完成的太陽電池在 128 個太陽條件下，最佳能量轉換效率為 39.07%。此種高聚光太陽光發電（High Concentration

Photovoltaic, HCPV）技術由於具有發電效率高、溫度係數低及最有降低發電成本的潛力等優勢，近年來逐漸受到國際的重視。依據聚光型太陽光發電協會（CPV Consortium）資料顯示，聚光型太陽光發電的全球市場將以 145%年複合成長率向上增長，預估至 2015 年之安裝量將達 1.8GW。（資料來源：核能研究所 100 年度-新能源與再生能源科技研究成果年報）。

40.2 機器人化

一九六〇年代，美日誕生了機器人產業，初期是以勞工替代的觀點應用在工業上，其在生產線上至今仍扮演著重要的角色。不過在近年來，高齡化、少子化的長期社會趨勢造成了人們對於服務型機器人的需求日益蓬勃，由工業用轉化為服務用，配合科技各領域的發展，機器人的規格也悄悄地在進化。

服務型機器人因其應用的多元化，已然跳脫純工業用機器人之思維，除了實用層面上的達成外，一些感官上、情感上的機器人「器官」也慢慢被開發出來，配合在感測、動作與思考次系統元件上的進步，逐漸看到各種不同的應用領域，如導覽服務、休閒娛樂、家庭照護等。不過也因多元應用之故，泛用型平台因成本負擔過重而不復主流，反倒是針對使用情境所組合出的系統越來越重要，符合了機器人產業的再起並非是機器人本身的數量變多，而是各種設備的機器人化（Robotization）。

機器人化重點在於次系統巧妙的選擇與整合，既稱機器人，定義上就是模擬人類行為或思想的機器，因此仿生學中的仿人學是此產業的特色，而心理學上的研究發現人類有百分之八十的經驗來自於視覺，因此機器視覺次系統在機器人化的設備上扮演重要的角色。

應用機器視覺的科技有千千萬萬，但專門應用機器視覺而形成機器人化的產業則大致只有自動光學檢測（Automated Optical Inspection、AOI）與安全監控等領域，其中安全監控業更是較偏向於服務性質的代表，值得多加留意，近年來隨著全球經濟發展與人民所得增加，人類對於安全需求與日遽增，安全監控系統已逐步成為防護之基本設備。

在各種安全監控系統中，智慧高速球（High Speed Dome）是一種科技結晶的球型攝影機，具有轉動速度快、定位精確、監控方式靈活等特點，目前在更多的途徑和場合得到了應用，室外應用如道路、廣場、社區、校園、地鐵等；室內應用如視訊會議、智慧大廈監控、銀行保安、遠端教學、商場、機場、車站等室內監控場合。

隨著電子技術的高速發展，電信與網通等大型營運商的加盟，以及視頻處理、壓縮演算法的質的飛躍，使得高速球技術的發展步伐越來越快，在短短幾年裡，高速球已經從單純的類比圖像的攝取發展到現在的網路化、智慧化產品，如智慧跟蹤球、網路球等。

高速球原是攝影機的一個類別，屬於安全監控系統的前端監控設備，根據機器人化發展的需要，整合並拓展出鏡頭、傳動平台、普通攝影機等功能合為一體的設計，若能夠進一步增加功能、縮小體積、降低成本，相信更有助於推動其它相關機器人化設備的採用，進而提升機器人產業整體的產值，引導並激發出更多的市場需求，最終促成一個更好的社會體系。其次系統的選擇與整合，提出一個具備光學分析特性的解決方式，以達到體小、價低的要求，使其有利整合進其他機器人系統，加深機器視覺系統應用的多元價值。未來，可利用光機電設計和製造的技術，而產生高智慧型機械人產品。

40.3 光機電驅動人工器官

醫學上光機電擬人工器官，人工器官（artificial organs）是用人工材料製成，能部分或全部代替人體自然器官功能的機械裝置。目前，除人工大腦外，幾乎人體各個器官都在進行人工模擬研製中。不少人工製造的器官已經成功地用於臨床，較為著名的人工製造器官包括人工腎、人工心肺、人工晶體、人工耳蝸、人工喉等，這些人工器官修復了病人病損器官功能，挽救並延長了病人的生命。若因著更先進設計軟體的整合及材料的更新，可以使得人工腎、人工心肺、人工晶體、人工耳蝸、人工喉微小化，材料及功能更近於真實器官。利用光機電設計和製造的技術，而產生光機電驅動人工器官產品。

40.4 綠能設計

因為能源對人類的限度，因此，就產業發展層面，綠色科技即是將原有之設計、製程改善，得以使得原料利用、產品及所產生之廢棄可資源化，達成最小汙染及最大回收。就永續經濟與環境面，綠色科技發展之概念為：持續滿足社會需求而不損害或耗盡自然資源。將產品定位成最終可重新被加工再製或重覆利用之商品。改變製造或消費方式減少廢棄及汙染。發展其他替代性科技取代有害科技。利用光機電設計和製造的技術，而產生光機電綠色能源產品。

40.5 整合性的光機電軟體

整合光機電軟體是未來發展的方向，也就是使用一個軟體來設計；所有的系統只要運用一個整合光機電軟體就可以設計不同的光學、機械、電子產品或光機電整合產品，這個目標應是科技軟體的方向，但目前並沒有完全發展完全之軟體。

回想前一世紀光學、機械或電子之設計，是以人工方式計算及製圖，手續很繁覆。因此，在設計上光學、機械或電子的各組件的介面的定義多樣，最多是以機械尺寸為整合之介面。

在同步工程的理念被引進後，所有產品之產出都能及時的修改和修正，省掉過去太多不必要的試製，而以軟體模擬及時知道產品的性能，直到產品經過多次的關鍵評估後已斷定生產無後續太多的維護時，配合市場的趨勢，就可以產出成功的產品。在同時，BEAM3、ASAP、KIDGER 等以 PC 為基底的光學設計被廣為使用，而原以型計算機的 CODE V 已不只為大公司使用，而同時轉為 PC 為基底的光學設計。機械軟體由 AUTOCAD，PRO-E 及 SOLIDWORKS 等軟體，作機械設計。而在電子軟體則有 OrCAD/SDT、PROTEL98、99 等，這一類軟體雖有進步，但是，都是光機電領域上之必備之設計和分析工具，但彼此之間只有在 2000 年以後之產品，在檔案互換有改良。但是，對光機電之設計和分析功能也不能互用，雖 PRO-E 軟體具有在機械功能之子程式的分析的功能，但還是不易和光電軟體之間有互通的介面。

分析目前的光機電整合軟體的撰寫的困難在於跨領域的知識不足，軟體公司無法推出較成功的產品。2011 年 SYSNOPSIS 公司，是美國電子工程及系統工程之整合軟體公司，已合併 Optical Research Associate 公司，其中產出的軟體如 CODE V 及 Lighttool 是全球公認的光學設計及照明軟體的權威，已證明光電整合之設計軟體是光機電工程發展之必備利器；但是，目前只有 codeV 及 Lighttool，和 Solidworks 可以 link。但是，只能在檔案互換上，對於彼此之功能還無法直接使用，原因就是跨領域的知識不足。

未來的軟體的願景是光機電設計必須同時運用光學、機械和電子領域的知識同步工程軟體，目前可以用 CODE V 所設計的鏡頭用在照像機指令看到輸入的影像；未來的願景是可以將物件經由整合軟體的光學部分設計鏡頭，在將模擬的方式將物件照明產生光，進入整合軟體的電子部分設計接收器內，經過設計的處理的電路，及控制鏡頭參數包括聚焦及信號處理等功能，其中聚焦部分的信號介面也可以進入整合軟體的機械部分設計控制變焦之機構，及並設計系統外型及分析各種光機電物性的性能等；具以上功能之光機電整合軟體。

由此可知，未來，具創新理論、優化、及時控制等功能之整合光機電軟體是未來發展的方向。本書已提供入門的知識，若進一步的研發，一定會有成果。

40.6 工業 4.0、物聯網和大數據

工業 4.0

在人類歷史的四次工業革命：第一次工業革命是利用水力及蒸汽的力量作為動力源突破了以往人力與獸力的限制，第二次工業革命則使用電力為大量生產提供動力與支援，也讓機器生產機器的目標實現，第三次工業革命則是使用電子裝置及資訊技術（IT）來校除人為影響以增進工業製造的精準化、自動化。工業 4.0 的核心詞彙是智慧型整合感控系統，而且是高度自動化，可以主動排除生產障礙，在中國製造 2025 和美國製造業振興計畫也都提到了。

工業 4.0（Industry 4.0），或稱生產力 4.0，是一個德國政府提出的高科技計畫。不等於第四次工業革命、2013 年德國聯邦教育及研究部和聯邦經濟及科技部將其納入《高技術戰略 2020》的十大未來專案，投資預計達 2 億歐元，用來提升製造業的電腦化、數位化和智慧型化。德國機械及製造商協會（VDMA）等設立了「工業 4.0 平台」；德國電氣電子及資訊技術協會發布了德國首個工業 4.0 標準化路線圖。

德國的工業 4.0 一詞最早是在 2011 年的漢諾瓦工業博覽會提出。2012 年 10 月由羅伯特·博世有限公司的 Siegfried Dais 及利奧波第那科學院的孔翰寧（Henning Kagermann）組成的工業 4.0 工作小組，向德國聯邦政府提出了工業 4.0 的實施建議。2013 年 4 月 8 日的漢諾瓦工業博覽會中，工業 4.0 工作小組提出了最終報告。

在德國機器人展，所謂的 4.0 目標與以前不同，並不是單單創造新的工業技術，而是著重在將現有的工業相關的技術、銷售與產品體驗統合起來，是建立具有適應性、資源效率和人因工程學的智慧型工廠，並在商業流程及價值流程中整合客戶以及商業夥伴，提供完善的售後服務。其技術基礎是智慧型整合感控系統及物聯網。這樣的架構雖然還在摸索，但如果得以陸續成真並應用，最終將能建構出一個有感知意識的新型智慧型工業世界，能透過分析各種大資料，直接生成一個充分滿足客戶的相關解決方案產品（需求客製化），更可利用電腦預測，例如天氣預測、公共運輸、市場調查資料等等，及時精準生產或調度現有資源、減少多餘成本與浪費等（供應端優

化），需要注意的是工業只是這個智慧型世界的一個部件，需要以「工業如何適應智慧型網路下的未來生活」去理解才不會搞混工業的種種概念。

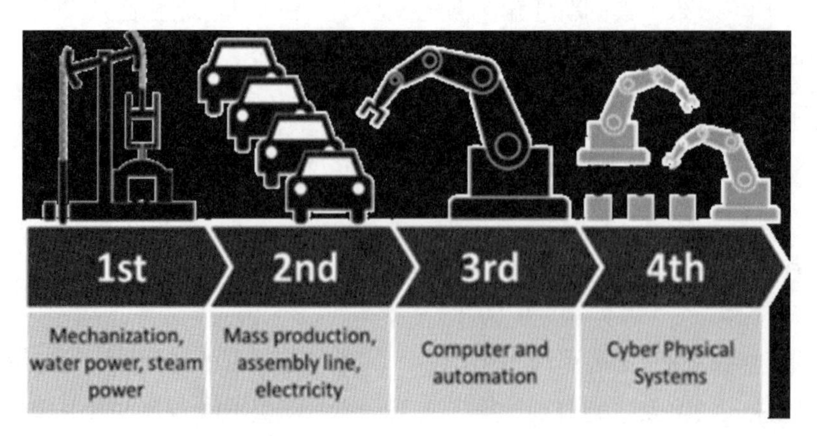

圖 40-3　工業革命的演進

物聯網

物聯網是一個基於互聯網、傳統電信網等信息承載體，讓所有能夠被獨立尋址的普通物理對象實現互聯互通的網絡。物聯網一般為無線網，由於每個人周圍的設備可以達到一千至五千個，所以物聯網可能要包含 500 萬億至一千萬億個物體。在物聯網上，每個人都可以應用電子標籤將真實的物體上網聯結，在物聯網上都可以查找出它們的具體位置。通過物聯網可以用中心計算機對機器、設備、人員進行集中管理、控制，也可以對家庭設備、汽車進行遙控，以及搜尋位置、防止物品被盜等各種應用。物聯網將現實世界數字化,應用範圍十分廣泛。

大數據

大數據（Big data）指的是傳統資料處理應用軟體不足以處理它們的大或複雜的資料集的術語。大數據也可以定義為來自各種來源的大量非結構化或結構化資料。從學術角度而言，大數據的出現促成了廣泛主題的新穎研究。這也導致了各種大數據統計方法的發展。大數據並沒有抽樣，它只是觀察和追蹤發生的事情。因此，大數據通常包含的資料大小超出了傳統軟體在可接受的時間內處理的能力。由於近期的技術進步，發布新資料的便捷性以及全球大多數政府對高透明度的要求，大數據分析在現代研究中越來越突出。

40.7 虛擬實境和擴張實境

虛擬實境和擴張實境是因應未來人類生活大數據生活視覺的主要介面。虛擬實境（virtual reality, VR）是利用模擬產生一個三維空間的虛擬環，提供使用者關於視覺等感官的模擬，讓使用者感覺彷彿身歷其境，可以及時、沒有限制地觀察三度空間內的事物。使用者進行位置移動或轉動時，經由GPS、陀螺儀、轉速儀等感測單元，將資料輸入處理器以及時進行高速的運算，將精確的三維影像顯於面板上。該技術整合了電腦圖形、電腦仿真、人工智慧、感應、顯示及網路並列處理等技術的最新發展成果，是一種由電腦技術輔助生成的高技術模擬系統，如圖 40.4 和圖 40.5。

圖 40.4　手槍射擊的 VR

圖 40.5　跳傘的 VR

VR 的構型，如圖 40.6，是將單一的影像投入眼中，所看見的物件是實像卻是可以虛像呈現，在 1980 年時軍用上的 GOGLE 其實已具有應用，但在近十年卻已極為普遍廣泛應用在 3C 產品上。

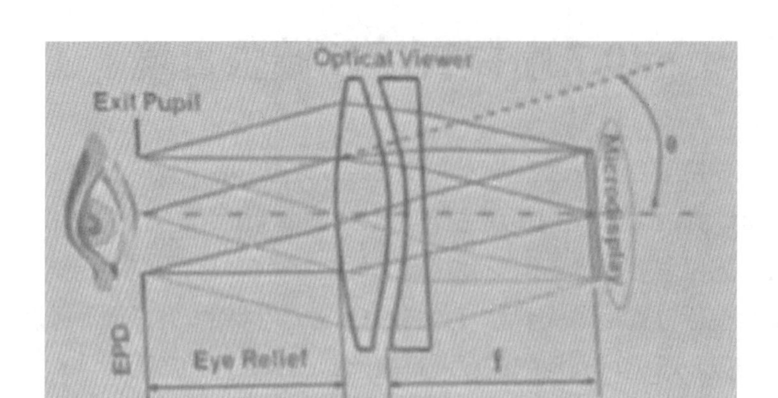

圖 40.6　VR 的構型

由圖 40.6 所示，眼睛能看見 MICRODISPLAY 內的物件，經由一目鏡組，為配合 VR，在構型上也加上定位裝置 GPS、陀螺儀器，用以模擬直實環境，可以配合微軟的開發軟體，作成 HMD HUD 的 VR。

AR 的構型

擴張實境是在已有的視場影像，如圖 40.7，加入可擴增的影像，一般在雙眼 GOGLE 的成像是 3D 的影像效果，但要在單眼呈現 3D 立體影像時，就需要在單一眼睛的架構上使用場照像機的架構。

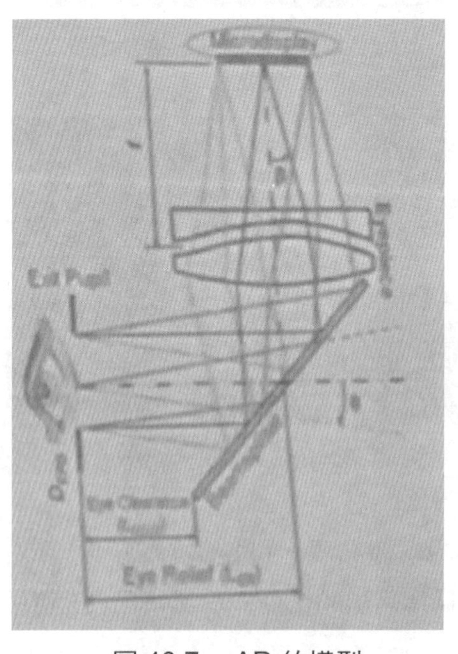

圖 40.7　AR 的構型

40.8 總結

從多功能電表到一個精密自動化的數百萬美元的機台或是一架高性能的 IPAD、I-PHONE，這些產品後面都包括著許多光學，機械及電子的技術；光機電產品不斷的往科技進步的方向發展，使得整個光機電產品不管是在元件或在系統的等級上，其能量密度值均持續上揚，此使得光機電產品的設計，製作及能源效率將成為下一波產品決勝負的最主要關鍵之一。因此，光機電產品熱傳的問題將勢必是本世紀研發的一主要課題。

參考資料

1. 發光二極體之原理與製程　陳隆建編著　全華圖書
2. 工研院光電所（2002）。藍色發光二極體（Blue GaN LED）。2005 年 9 月 30 日，取自 http://www.oes.itri.org.tw/coretech/semicon/sem_led_und_001.html。
3. 工研院光電所*（2002）。白光 LED。2005 年 8 月 30 日，取自 http://www.oes.itri.org.tw/coretech/semicon/sem_led_adv_001.html。科技政策研究與資訊中心 http://cdnet.stpi.org.tw/intro.htm
4. 工研院奈米科技研發中心 http://www.ntrc.itri.org.tw/member/msgcontent.jsp? newsid=823
5. 錸寶科技 http://www.ritdisplay.com/in_Chinese/Product_Technology/Product_Technology-5.htm
6. 白光發光二極體製作技術　全華科技圖書公司　劉如熹　王健源　編著
7. 1 新電子科技雜誌　172 期　2000　七月號　三階波資訊
8. 2 電腦繪圖與設計雜誌　150 期　2000　九月號　三階波資訊
9. American institute of Physics Handbook, 3d ed., New York, McGraw-Hill, 1972.

習題

1. 解釋何為一光機電學，及您對這一門學科的學習後感想。
2. 預測未來光機電系統的趨勢。

名詞中英對照

aberration correction　像差校正與殘餘校正
aberration measurement　像差的測定
aberration　像差
achromat prism　消色差稜鏡與直視稜鏡
achromat telescope　消色差望遠鏡物鏡（型狀設計）
achromat telescope　無色差望遠鏡物鏡（薄透鏡理論）
advance analysis　進階分析
anamorphic　歪像的系統
ant- rust painting　防焊綠漆
artificial organ　光機電驅動人工器官
aspheric fabrication　非球面製作
aspheric fabrication　非傳統加工與精微技術
aspheric　非球面的光學設計
athermal design　抗溫度變化之光學機械設計
atmosphere pressure　大氣壓力
auto adjustment　自動調整
automatic design　自動化設計
Azimuthal ray light　子午光線
back light　後燈
back light　背光模組為液晶顯示器面板
big mirror　大型鏡組
binary optics design　二元光學面設計
blackbody radiation　黑體輻射
block　初胚塑造
block　胚料
burning and testing　燒錄和測試
calibration　校正方法
camera case design　相機機構簡易設計
centering　對心
circuit design operation steps　電路設計程式操作步驟
circuit design software　電路設計軟體
circuit design　電路設計
circuit　電路及相關介面製作
close loop　閉迴路控制系統
coating technique　鍍膜技術－非導電性反射和干涉濾波器
collector　聚光器系統
color aberration　色散像差
color temperature　色溫
common optical path periscope　共光路全景穩定潛望鏡
common optical path periscope　共光路系統設計
company　frame　製造系統的架構
company　structure　製造公司的組織
compiler　編譯器執行
compound microscope　複合顯微鏡
compund lens　複鏡組間隔計算
control analysis　控制理論分析
control definition　控制系統之定義
control setup　控制系統建立
control structure　控制系統的主要機構
control system　控制系統
conttington equation　柯丁登方程式
copper　一次銅
critical design　關鍵設計
crucial operation procedure　關鍵操作手續
crystal material　晶體光學材料
cutting　成型切割
cutting　金屬切削技術
density　密度
Depth of Focus　焦深
dero prism　正像稜鏡系統
detector　光電二極體探測器
deviation　最小偏移量
diffractive material　散射材料和投射螢幕
diffractive optics　繞射光學
digital camera history　數位相機的起源
digital camera lens　數位相機的鏡頭
digital camera system　數位相機的光學
digital camera　光機電應用實例－數位相機
digital camera　數位相機工作原理
digital circuit　數位電路
digital single lens camera　數位單眼照像機
digital to analog circuit　數位轉類比 DAC 電路
dispersion prism　分光稜鏡
dynamical large mirror　動態大型鏡組
E-M wave and optics　電磁波與光學

engineering draw generation and production　工圖產生及繪製
engineering draw　工程製圖
engineering step　工程階段
entrance and exit pupil　光欄孔徑，入瞳及出瞳
environmental factors　環境物理因素
ERC, Electrical Rule Check　電氣規則檢查
evaluation (geometry)　成像能量分布（幾何）
evaluation of tolerance　鏡組公差值評估
exit pupul, eye and resolutio　出射孔徑，眼睛及解析度
Eye Astigmatism　散光
eye sight　視力
eyes　人眼功能
far sight　老花眼
feed back loop　回授控制系統的分類
field and relay　場鏡及延像鏡組
field pupil　視場孔徑
filter　吸收濾波器
first order imaging principle　一階光學成像原理
f-Number and Cosine-Fourth f-Number　光欄和影像照明
fourier tranfer lens　傅立葉轉換透鏡與空間濾波器
function evaluation　功能評估
fungus　花粉效應
glass　玻璃材料
glue material　膠材料與技術
gramatic　語法說明
green opitcal design　綠能設計
hardness　硬度
head light　頭燈
hemisphere radiation　半球面上之輻射
high energy radiation　高能輻射作用
high speed processing　高速處理
humility　溼度效應
hyperopia　遠視
illumination caculation　照度的計算
illumination optimization　光學照明結構的優化
illumination software　照明設計軟體
image location　影像的位置與大小
image quality　影像品質
imager parameters　影像感測器參數
imaging radiation　輻射計量學之成像：輻射率恆定關係
impricision　製造微誤分析
initial input　初階輸入
input and output　輸入輸出方式
Integration software　光機電整合軟體
integration specification　整合規格
interference and diffration　干涉與繞射
interior light　車內燈
internal reflction　全內反射
invariance　光學的不變量
irrosion　浸蝕效應
irrosion　腐蝕效應
Keratoconus　角膜變形
Lagrange Multiplier　Lagrange Multiplier 原理
Lagrange theory　力學 Lagrange 理論
large backlight　大型背光板
large mirror　水平大型鏡組
large vertical mirror　垂直大型鏡組
laser diode and semi-conductor laser　雷射半導體激發固態雷射
laser diode　雷射二極體
LCD display　液晶顯示器
LED　光電二極體
lens assembly precision for small lens　小元件對透鏡組合精確度
light source　光源
manufacturer　製造
mass production　大量生產
material parameters　材料重要機械特性參數
math for control　控制理論數學基礎
matrix optics　矩陣光學
mechanical draws　光機製圖
mechanical environment and material　機械環境與材料
mechanical fabrication and method　機械製作方法
mechanical software　機械軟體
mechatronics specification　機電規格
menicunus camera　簡單凹凸透鏡像機鏡片
metal large mirror　金屬大型鏡組
metal　金屬材料
method　控制材料與方法
microscope　單筒顯微鏡或放大器
modulation transfer function　調制傳遞函數
modulus of elastic　彈性係數
motor application　馬達的應用

motor step angle　馬達的步進角
motor test　馬達之驗證方式
MTF (frequency)　MTF（頻率特性的）測量
MTF calculation　MTF 的計算
MTF instrument　MTF 儀原理和應用
MTF-diffraction limit　特別的調制傳遞函數：繞射限制的系統
multi-material mount　多重光機材料法
myopia　近視
neeting　零件電路連結
Netlist　產生網路表檔案
nonautomatic　廣義無自動化
one dimenstion receiver　一維的接收系統－光接收器
open-loop　開路控制系統
optical bench　透鏡測試座
optical calculation　光學計算
optical design software　光學設計軟體
optical device　基本光學裝置
optical element　光學元件製作
optical fiber　光纖光學
optical glue　光膠定位
optical glue　光學膠和液體
optical material　光學材料
optical path difference　光程差
optical path difference: focus shift　光程差：聚焦位移
optical property: reflection, absorbance　光學材料的物理特性：反射、吸收、散布
optical specification　光學系統規格
optical system design　一般光學系統設計
optical tolerance　光學公差
optic-mechanical design rule　光學機械設計原則
optimization procedure　優化階段
optimization　優化
para axial region　平行軸區域
parallel light ray tracing　平行光線追縱透過不同的表面
parallel reflecting plane　平行平面平板
paraxial line　近軸光線
part drawing　零組件繪製及產生
particle and wave characteristic of light　光的粒子及波動性
penta prism　五角稜鏡
photo-effect　光電效應及其他相關應用
photo-effect　光電導效應
photometry　光度學
photomutiplier　光電倍增器
plane reflector　平面反射
plane stop, cold stop and reflector　平滑孔徑、冷卻孔徑、反射板
plane　平面鏡組
plastic fabrication　塑膠鏡製作
plastic optics　塑膠光學材料
point and line spread function　點和線的展開函數
pointing work　接點加工
poisson's ratio　橫向力係數
polarization　極化材料
potting　金屬沖壓技術
practical consideration　實用考慮
precision punishment　精密拋光
precision　表面準確性
pressing　壓合
printed circuit　印刷電路板種類
prism and mirror　稜鏡與鏡子
prism and reflector　稜鏡與反射系統的設計
prism structure　稜鏡組的架置
production　生產理論
programmin timer adjustment　時序調整程式
projector　投影機的模擬和設計
property　零件屬性設定
prototype　原型製作
punishing　拋光
punishing　研拋固裝
pupil and stop　孔徑和光欄
radial energy distribution　徑向能量分布
radiation and Lambert's law　輻射率和 Lambert's 定律
radiation intensity　輻射強度
radiation of scatter light　發散光源之輻照度
radiometer　輻射計和探測器光學
radiometry and photometry　輻射計量學和光度學
random number generator　亂數產生器
range finder　測距儀
reflecting system　反射系統
reflector　反射鏡
refraction of a Gaussian (Laser) Beam　高斯光束之繞射
refrigerating　金屬冷作用技術

resolution　光學系統解析度
reticle　準星
reverse engineering　光學逆向工程
reverse prism　倒像稜鏡
right angle prism　直角稜鏡
robatic　機器人化
root prism　屋脊型稜鏡
rotor dimension　轉子徑值與定子徑值
sample time　取像時間
Scheimpflug condition　Scheimpflug 條件
Schematic　電路編輯
scratch and corrosion　刮傷及侵蝕效應
second electron emission effect　二次電子發射效應
second order copper　二次銅
seidel aberration　像差多項式與賽得像差
sensitivity　敏感度
servo　伺服機構
single material mount　單一光機材料法
single tube optical design　防恐用單光放大管光學系統
Single-point machine　Single-point 鑽石輪磨機
singlet　單鏡組的設計
small amount production　少量試製
small motor　馬達設計超微小型步進馬達的設計
snell's law　折射率司乃爾定律
software for controlling　控制軟硬體
solar battery　太陽電池
solar energy　太陽能電池
solar reflector　太陽能系統
special design　特定光學系統設計：特殊性
specific heat　比熱
specification of Optic-Electronics　光電規格
specification　各種規格
splitter　偏長稜形稜鏡與分束器
spot size　球面像差所造成的幾何點像
step-motor principle　結構原理－步進馬達基本原理
step-motor principle　微精密型步進馬達
step-motor　步進馬達的控制程式
stop and field object　光欄與視場物件差的變化
stop effect in refracton　光欄的折射影響
storage media　儲存媒體
strain　應變
stress　應力
surface roughness　表面品質
symmetric　對稱原則
system engineering　系統工程
system structure　系統組裝機構
telecetric stop　遠心光欄
telescope　望遠鏡
telescope, infinite conjugate　望遠鏡，無限聚焦系統
temperature　溫度
thermal expansion　熱脹係數
thermal treatmen　金屬熱作用技術
thin lens　薄透鏡
third order aberration: thin lens: stop shift equation　三階像差：薄透鏡；光欄移位方程式
third order aberration: thin lens: suface contribution　三階像差：表面貢獻
time domain analysis　控制系統的時域分析
tolenrance　像差公差量
tolerance for lens　鏡組公差量
tolerance for mount and improving　鏡片機械誤差的原因及改善的法
trandition mechanics　傳統機械技術
tranditional camera and digital camera　數位相機與傳統相機的比較
trend of Optro-Mechatronics　光機電產業趨勢
triplet anti-astigamtism　三合鏡組的無像散透鏡
two-dimenstion CCD　二維接收器 CCD
vibration and strike　振動及衝擊
viewing equipment　目視儀器的光學原則
vignetting　暈邊現象
voltage stable circuit　實作範例－簡單穩壓電路圖
volt-ampere　伏安特性
wave front　基本透鏡的行為和稜鏡的波前
wedding　焊接與接合技術
weight reduction for big mirror　大型鏡組之減重方式
white LED　白光發光二極體
wide angle thermal imager　寬角熱像鏡
word printing　文字印刷
X/Y analog output　X/Y 類比輸出
y-yBar Graph　y-y 靶圖
Zernikes coefficient　Zernikes 分析參數分析

國家圖書館出版品預行編目資料

光機電系統設計與製作／黃君偉著. -- 二版. -- 臺北市：五南, 2018.09

面； 公分

I S B N: 978-957-11-9949-8（平裝）

1.光電科學 2.電機工程

448.68 107015848

5DH0

光機電系統設計與製作

Design and Fabrication of Optro-Mechatronics system

作　　者 — 黃君偉（291.6）

發 行 人 — 楊榮川

總 經 理 — 楊士清

主　　編 — 王正華

責任編輯 — 金明芬

封面設計 — 王麗娟

出 版 者 — 五南圖書出版股份有限公司

地　　址：106 台北市大安區和平東路二段 339 號 4 樓

電　　話：(02)2705-5066　傳　　真：(02)2706-6100

網　　址：http://www.wunan.com.tw

電子郵件：wunan@wunan.com.tw

劃撥帳號：01068953

戶　　名：五南圖書出版股份有限公司

法律顧問　林勝安律師事務所　林勝安律師

出版日期　2013 年 9 月初版一刷

　　　　　2018 年 9 月二版一刷

定　　價　新臺幣 900 元

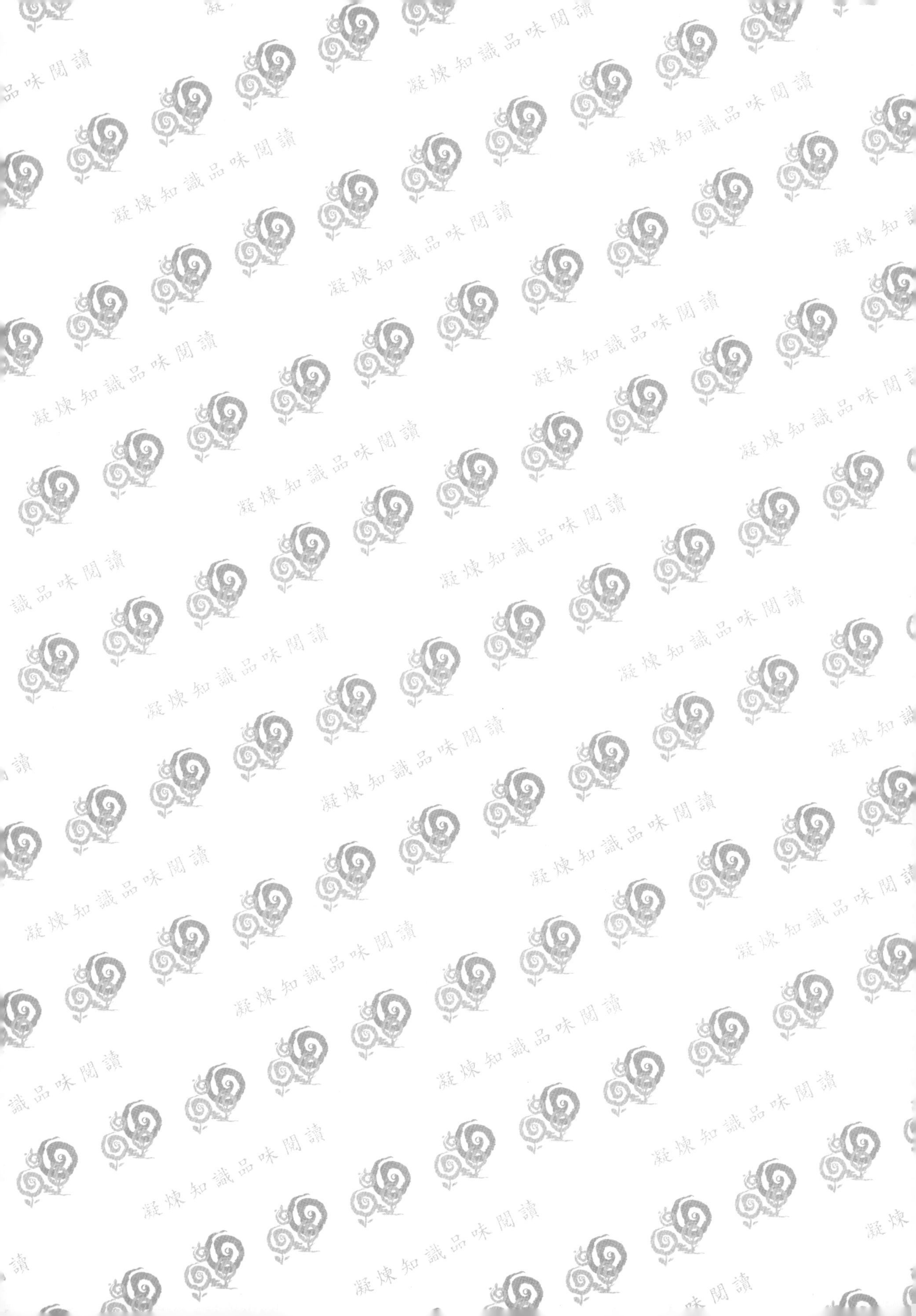